# Springer-Lehrbuch

Philipp Christen • Rolf Jaussi

# Biochemie

Eine Einführung mit 40 Lerneinheiten

Mit 400 Abbildungen

 Springer

Professor Dr. med. PHILIPP CHRISTEN
Biochemisches Institut
Universität Zürich
Winterthurerstraße 190
CH-8057 Zürich
Schweiz

christen@bioc.unizh.ch

PD Dr. phil. ROLF JAUSSI
Biomolekulare Forschung
Paul Scherrer Institut
CH-5232 Villingen
Schweiz

rolf.jaussi@psi.ch

## ISBN 3-540-21164-0 Springer-Verlag Berlin Heidelberg New York

Bibliografische Information der Deutschen Bibliothek
Die Deutsche Bibliothek verzeichnet diese Publikation in der Deutschen Nationalbibliografie; detaillierte bibliografische Daten sind im Internet über <http://dnb.ddb.de> abrufbar.

Springer ist ein Unternehmen von Springer Science+Business Media
springer.de

© Springer-Verlag Berlin Heidelberg 2005
Printed in Germany

Satz: K+V Fotosatz GmbH, Beerfelden
Einbandgestaltung: deblik Berlin
Titelbild: Polyribosom bei der Proteinsynthese (s. Abbildung 10.2 auf Seite 143)

29/3150WI – 5 4 3 2 1 0 – Gedruckt auf säurefreiem Papier

# Vorwort

Dieses Lehrbuch gibt eine Einführung in die Biochemie und Molekularbiologie. Es ist für alle geschrieben, die sich für die molekularen Aspekte der Lebensvorgänge interessieren – insbesondere für Studierende, denen die Biochemie als Grundlagenwissenschaft dient. Es kann auch von Studierenden mit Hauptfach Biochemie als eine fundierte, übersichtliche Einführung benutzt werden. Das Buch versucht, die Leserin/den Leser nicht nur lauter Bäume, sondern auch den Wald sehen zu lassen. Wir haben vieles vereinfacht, haben aber wichtige Prinzipien ausführlich, wenn möglich mit Beispielen, dargestellt. Bezüge auf medizinische und praktische Aspekte veranschaulichen die Bedeutung biochemischer Vorgänge. Um den Ansprüchen einer breiten Leserschaft zu genügen, ist das weite Feld der Biochemie und Molekularbiologie möglichst umfassend dargestellt. Die 40 Kapitel von je etwa 15 Seiten können weitgehend unabhängig voneinander benutzt werden und erlauben eine á-la-carte-Lektüre des Buches. Wir empfehlen die ersten sieben Kapitel (Teil I) zuerst zu lesen. Die Auswahl der weiteren Lernmodule kann der Studienrichtung und den persönlichen Interessen angepasst werden.

Wir haben über Jahrzehnte Studierende der Medizin, Biologie, Chemie und Biochemie in Vorlesungen und praktischen Kursen im Fach Biochemie unterrichtet. Auf dieser Grundlage haben wir es gewagt, dieses Lehrbuch zu verfassen. Dabei wurden wir von mancher Seite tatkräftig unterstützt, wofür wir herzlich danken. Kompetente Hilfe bei den praktisch-technischen Belangen der Erstellung des Manuskripts leisteten Frau Margrit Mathys, Frau Silvia Kocher und Frau dipl. nat. Kathrin Stirnemann; bei der Darstellung dreidimensionaler Molekülstrukturen und bei weiteren Abbildungen halfen uns Frau Dr. Annemarie Honegger und die Herren dipl. nat. Pekka Jäckli und Dr. Dirk Kostrewa. Frau Ruth Christen gab uns zahlreiche Ratschläge zur graphischen Gestaltung des Buches. Frau Iris Lasch-Petersmann, Frau Elke Werner und Herr Karl-Heinz Winter vom Springer-Verlag unterstützten uns vielfach und ermöglichten eine sehr angenehme Zusammenarbeit. Der Zeichner Herr Harald Konopatzki realisierte mit gestalterischem Gespür und großer Geduld unsere Vorstellungen.

Ein großes Dankeschön auch unseren Familien für ihr Verständnis der manchmal recht einschneidenden Notwendigkeiten, welche sich durch unsere Arbeit an diesem Buch ergeben haben.

Wir hoffen, im Buch die Essenz der molekularen Sichtweise der belebten Natur aufgezeigt zu haben. Wir halten uns für lernfähig und werden dankbar sein für Kommentare, Korrekturen und Verbesserungsvorschläge, die uns Leserinnen und Leser zukommen lassen.

Zürich, im Juli 2004

PHILIPP CHRISTEN
ROLF JAUSSI

# Inhaltsverzeichnis

## II    Molekulare Genetik

# Quellenangaben

Die folgenden Abbildungen sind mit Genehmigung der Autoren bzw. der Verlage aus den genannten Quellen übernommen bzw. als Vorlagen für Umzeichnungen benutzt worden.

| Seite | Abb. | Quelle |
|---|---|---|
| 35 | Sichelzelle | Löffler G, Petrides PE (2003) Biochemie & Pathobiochemie, 7. Aufl., Springer, Berlin Heidelberg New York Tokyo, S. 347, Abb. 11.20 |
| 41 | 3.3 | ibd. S. 74, Abb. 3.22 |
| 360 | 25.2 | ibd. S. 199, Abb. 6.27 b |
| 435 | 32.1 | ibd. S. 1033, Abb. 33.1 |
| 455 | 32.2 | ibd. S. 1037, Abb. 33.5 |
| 43 | 3.6 | Creighton TE (1993) Proteins, 2$^{nd}$ edn. Freeman, New York, S. 230, Abb. 6.21 |
| 161 | Puffing von Riesenchromosom | Hägele K, Kalisch W-E (1980) Chromosoma 79: 75–83, Springer, Berlin Heidelberg New York Tokyo, S. 77, Abb. 1c |
| 596 | 40.3 | Tucker CL, Gera JF, Uetz P (2001) Trends Cell Biol 11: 102–106. Elsevier, Amsterdam, S. 102, Abb. 1 |

# I Die Moleküle des Lebens

# 1 Biomoleküle und ihre Wechselwirkungen

Das Leben ist im Wasser entstanden, und Wasser ist der quantitativ wichtigste Bestandteil aller Lebewesen. Wasser ist das Lösungsmittel, in welchem die chemischen Reaktionen der Zellen stattfinden. Die Trockensubstanz besteht vorwiegend aus den verschiedenen biologischen Makromolekülen; niedermolekulare Verbindungen und anorganische Ionen nehmen einen wesentlich geringeren Anteil ein. Die Lebensvorgänge beruhen auf einem Zusammenspiel der Biomoleküle, in erster Linie durch nichtkovalente Wechselwirkungen. Die Lebewesen beziehen Energie von außen, um während des Wachstums ihre hohe innere Ordnung aufzubauen und sie während der Dauer ihres Lebens zu erhalten.

ne von Biopolymeren könnten, wie Experimente zeigen, aus Mischungen von $H_2O$, $CO_2$, $CH_4$, $NH_3$ und $H_2$ in der Atmosphäre der Erde vor 4000 Millionen Jahren unter der Einwirkung elektrischer Entladungen, ultravioletter und radioaktiver Strahlung entstanden sein. Freier Sauerstoff wurde wahrscheinlich erst durch später entwickelte photosynthetisierende Zellen gebildet. Aus den Vorstufen entstanden im Laufe der **chemischen Evolution** Aminosäuren, Pyrimidinbasen und Purinbasen und Zucker. Aus diesen Bausteinen in der „Ursuppe" bildeten sich Proteine und Nucleinsäuren, welche die zwei Grundfunktionen des Lebens wahrnehmen können: zum einen den Stoffwechsel durch Katalyse bestimmter Reaktionen, zum anderen die Herstellung und die Verwendung eines Trägers genetischer Information. Lipidmembranen, welche die Anreicherung der Biomoleküle aus der „Ursuppe" ermöglichten, werden zur Bildung der ersten Zellen geführt haben.

---

**Stoffwechsel**: Die Gesamtheit der chemischen Umsetzungen in einem Organismus. Die Reaktionen dienen der Gewinnung chemischer Energie aus der Umgebung, dem Aufbau und dem Abbau von Körpersubstanz.

---

## 1.1 Die Entstehung des Lebens

**Die Urzellen, die Vorfahren der heutigen Zellen und Lebewesen, haben sich im Wasser entwickelt** – Vorstufen der Bausteine

**Alle Lebewesen sind aus Zellen aufgebaut** – Die Zellen der heutigen Organismen sind aus gemeinsamen Urzellen entstanden. Die **biologische Evolution** beruht einerseits auf Veränderung der genetischen Information, welche von einer Gene-

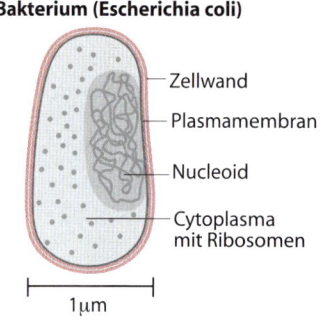

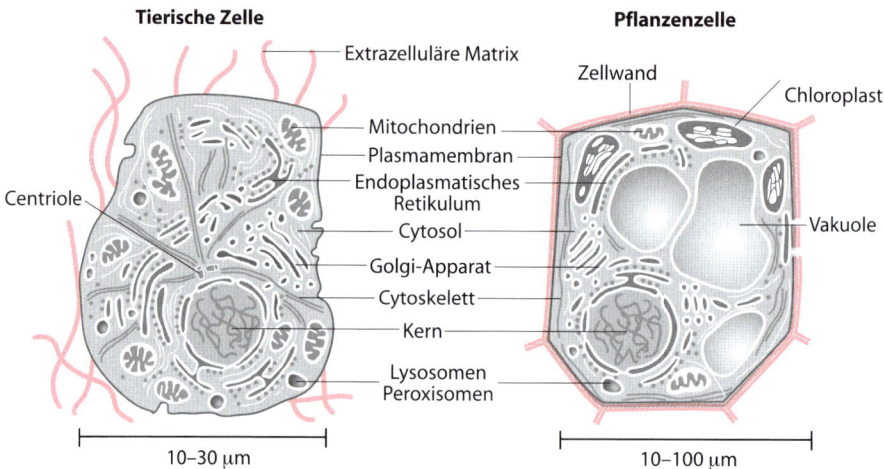

**Abb. 1.1.** Prokaryontische und eukaryontische Zellen. Eukaryontische Zellen sind nicht nur viel größer als Bakterienzellen, sondern enthalten durch Membranen abgegrenzte Zellorganellen. Bei Prokaryonten fehlt diese intrazelluläre Kompartimentierung. Zum Größenvergleich: Mitochondrien sind etwa so groß wie eine Bakterienzelle. Die bakterielle und pflanzliche Zellwand sowie die extrazelluläre Matrix sind einander entsprechende sezernierte Elemente, welche den Zellen und Geweben Formstabilität verleihen

ration an die nächste weitergegeben wird, und andererseits auf der Selektion derjenigen genetischen Information, welche die Fortpflanzung des Trägers am besten sichert. Grundsätzlich sind zwei Zelltypen zu unterscheiden: Die einfachen, kleinen **Prokaryonten** und die sehr viel komplexeren und auch größeren Zellen der **Eukaryonten** (Abb. 1.1).

■ Das Leben ist im Wasser entstanden, und die meisten Vorgänge im Innern von Organismen finden in einer wässrigen Lösung statt. Die zwei biologischen Grundfunktionen Stoffwechsel und Speicherung der Erbinformation werden durch Proteine bzw. Nucleinsäuren wahrgenommen. Lipidmembranen grenzen die Zellen gegen außen ab. Die kleinen prokaryontischen Zellen besitzen keine membranbegrenzten Organellen, während eukaryontische Zellen durch Membranen in verschiedene intrazelluläre Kompartimente unterteilt sind.

## 1.2
## Größe biologischer Strukturen, Geschwindigkeit biologischer Vorgänge und molekulare Zusammensetzung der lebenden Materie

Grundmaße für den Größenvergleich biologischer Moleküle liefern die Länge einer C-C-Bindung (0,15 nm = 1,5 Å) oder der Durchmesser eines Wassermoleküls (0,4 nm). Kleinere Biomoleküle wie kleine Aminosäuren oder Glucose sind weniger als 1 nm lang. Biologische Makromoleküle wie Proteine haben einen Durchmesser von mehreren nm.

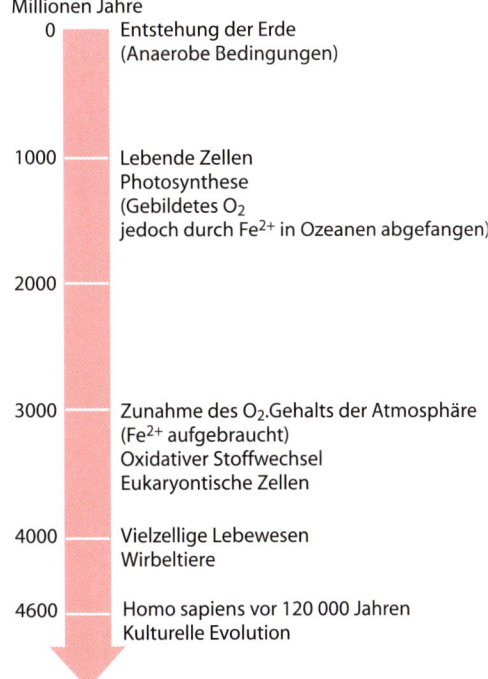

Millionen Jahre

| | |
|---|---|
| 0 | Entstehung der Erde (Anaerobe Bedingungen) |
| 1000 | Lebende Zellen Photosynthese (Gebildetes $O_2$ jedoch durch $Fe^{2+}$ in Ozeanen abgefangen) |
| 2000 | |
| 3000 | Zunahme des $O_2$.Gehalts der Atmosphäre ($Fe^{2+}$ aufgebraucht) Oxidativer Stoffwechsel Eukaryontische Zellen |
| 4000 | Vielzellige Lebewesen Wirbeltiere |
| 4600 | Homo sapiens vor 120 000 Jahren Kulturelle Evolution |

---

**Größenvergleich biologischer Strukturen**

| 1 mm = $10^3$ µm = $10^6$ nm [= $10^7$ Ångström (Å)] | Durchmesser bzw. Länge |
|---|---|
| C-C-Bindung | 0,15 nm |
| $H_2O$-Molekül | 0,4 nm |
| Hämoglobin | 6,4 nm |
| Mitochondrien | 0,5–2 µm |
| Bakterien | 0,5–3 µm |
| Erythrocyt | 7–8 µm |
| Eukaryontische Zelle | 10–50 µm |

Auf dem Durchmesser eines menschlichen Erythrocyten (7–8 µm) lassen sich etwa 1200 Hämoglobinmoleküle anordnen.

---

Die Zeitbereiche, in denen biologische Vorgänge ablaufen, sind sehr verschieden. Die meisten enzymkatalysierten Reaktionen laufen innerhalb von Millisekunden ab. Noch schneller, im Nano- bis Mikrosekundenbereich stattfindend, sind Konformationsänderungen von Molekülen, die ohne Änderung kovalenter Bindungen durch Drehung von Molekülteilen um Einfachbindungen zustande kommen. Der langsamste biologische Vorgang ist die Evolution der Lebewesen, ein Vorgang, der, wie angenommen wird, vor über 3500 Millionen Jahren begonnen hat und noch heute andauert.

■ Erste einfache Zellen waren schon vor 3500 Millionen Jahren vorhanden, eukaryontische Zellen entwickelten sich erst vor 1400 Millionen Jahren, d.h. gut 2000 Millionen Jahre später. Der *Homo sapiens* ist erst vor einem Vierzigtausendstel der Gesamtdauer der biologischen Evolution aufgetaucht.

**Die lebende Materie besteht aus 23 verschiedenen Elementen** – Von den insgesamt über 90 Elementen der Erdkruste sind nur 23 unbedingt notwendige Bestandteile von Lebewesen:

| | |
|---|---|
| Hauptelemente | C, H, O, N, P, S (95% der Trockenmasse) |
| Ionische Elemente | $Na^+$, $K^+$, $Mg^{2+}$, $Ca^{2+}$; $Cl^-$ |
| Spurenelemente | Fe, Zn, Cu, Mn, Co, Mo, I, F, Se, Cr, Si, V |

Die Hauptelemente bauen die organischen Verbindungen, insbesondere die biologischen Makromoleküle, auf. Die ionischen Elemente kommen nur als Ionen vor; vier anorganischen Kationen steht Chlorid als einziges anorganisches Anion gegenüber. Die Spurenelemente erhielten ihren Namen in den Anfängen der analytischen Chemie, als diese Elemente nur "in Spuren" festgestellt, aber noch nicht quantitativ bestimmt werden konnten.

**Die Biomoleküle lassen sich nach dem Grad ihrer Komplexität ordnen** – Diese hierarchische Ordnung entspricht sowohl dem Verlauf der chemischen Evolution als auch der Bildung dieser Strukturen in der Zelle:

> **Selbstorganisation (*Self-assembly*):**
> Spontane Zusammenlagerung der Komponenten ohne Unterstützung durch zusätzliche Moleküle. Das Assoziat entspricht einem Minimum der freien Energie (s. Kapitel 1.6)

Mit zunehmender Molekülmasse nimmt die Komplexität der Biomoleküle zu. Ihre zunehmende Vielfalt ist ersichtlich aus der molekularen Zusammensetzung lebender Organismen (Tabelle 1.1).

| Anorganische Vorstufen Beispiele (18–44 Da) | $CO_2$, $H_2O$, $NH_3$ | | | |
|---|---|---|---|---|
| Bausteinvorstufen *Metaboliten* Beispiele (50–250 Da) | | Oxalacetat | Pyruvat | Acetat |
| Bausteine (100–350 Da) | Mononucleotide | Aminosäuren | Einfache Zucker | Fettsäuren, Glycerin |
| Makromoleküle ($10^3$–$10^6$ Da) | **Nucleinsäuren** | **Proteine** | **Polysaccharide** | **Lipide** (500–2000 Da) |
| Supramolekulare Assoziate | z. B. Multienzymkomplexe, Membranen, Viren (Relative Partikelmasse $10^6$–$10^9$ Da) | | | |
| Organellen | z. B. Kern, Mitochondrien | | | |

**Die biologischen Makromoleküle (Nucleinsäuren, Proteine, Polysaccharide) sind Polymere aus wenigen relativ einfach gebauten Bausteinen** – Die Makromoleküle sind echte Moleküle, d. h. alle ihre Atome werden durch kovalente Bindungen (Elektronenpaarbindungen) zusammengehalten. Die Synthese der Makromoleküle aus Vorstufen und der Abbau der Makromoleküle benötigen daher Enzyme als Katalysatoren. Im Gegensatz dazu stellen die **supramolekularen Strukturen** Assoziate von Makromolekülen dar, welche durch nichtkovalente Wechselwirkungen zusammengehalten werden und durch nichtkatalysierte **Selbstorganisation** entstehen.

Die Lipide sind keine Polymere und auch keine großen Moleküle. Sie kommen jedoch mit Makromolekülen vergesellschaftet vor und bilden zusammen mit Proteinen große supramolekulare Strukturen, die Membranen. Die Lipide werden daher als vierte Klasse biologischer Moleküle aufgeführt.

■ Sechs Hauptelemente, fünf ionische und zwölf Spurenelemente bauen die belebte Materie auf. Wasser bildet den Hauptteil der Masse einer Zelle. Proteine, Nucleinsäuren und Polysaccharide sind die biologischen Makromoleküle. Enzyme bewerkstelligen deren Aufbau und Abbau. Supramolekulare Strukturen entstehen durch Selbstorganisation und werden durch nichtkovalente Wechselwirkungen stabilisiert.

**Tabelle 1.1.** Molekulare Zusammensetzung lebender Organismen

| | Bakterienzelle (*E. coli*) | | Erwachsener Mensch |
|---|---|---|---|
| | Anzahl verschie-dener Moleküle | Anteil in % der Gesamtmasse | Anteil in % der Gesamtmasse |
| Wasser | 1 | 70 | 60 |
| Anorganische Ionen | 20 | 1 | 4 |
| Zucker und Vorläufer | 250 | 1 | |
| Aminosäuren und Vorläufer | 100 | 0,4 | 1,5 |
| Nucleotide und Vorläufer | 100 | 0,4 | |
| Lipide | 50 | 2 | 15 |
| Andere niedermolekulare Verbindungen | ~300 | 0,2 | |
| Makromoleküle | ~3000 | 25 | 20 |

In der Bakterienzelle sind die Makromoleküle Proteine, RNA, DNA und Polysaccharide im Massenverhältnis von 15:6:1:2 vertreten

## 1.3
## Wechselwirkungen zwischen Biomolekülen

Drei verschiedene Arten **nichtkovalenter Bindungen**, auch als **Sekundärbindungen** bezeichnet, führen zu intramolekularen Wechselwirkungen zwischen verschiedenen Teilen biologischer Makromoleküle und zu (häufig reversiblen) Wechselwirkungen zwischen Biomolekülen untereinander.

**Elektrostatische Anziehung ist wirksam zwischen entgegengesetzt geladenen Gruppen** – Die dabei ausgeübte Kraft P wird durch das **Coulombsche Gesetz** gegeben:

$$P = \frac{q_1 \cdot q_2}{D \cdot r^2}$$

$$E = \frac{q_1 \cdot q_2}{E_0 \cdot r^2}$$

P = Kraft; q = elektrische Ladung; r = Abstand der Ladungen; D = Dielektrizitätskonstante des Mediums

Im Vakuum ist D = 1; in Wasser ist D = 80, wodurch elektrostatische Wechselwirkungen sehr stark abgeschwächt werden. Im Innern von Makromolekülen wie Proteinen entspricht der Wert der Dielektrizitätskonstante jedoch nahezu demjenigen im Vakuum. Die Anziehung zwischen entgegengesetzt geladenen Gruppen von Molekülen wird als **Ionenpaar-Bindung** oder Salzbrücke bezeichnet.

**Wasserstoffbindungen können sich zwischen geladenen oder ungeladenen polaren Gruppen ausbilden** – Ein Wasserstoffatom bildet dabei eine Brücke zwischen zwei anderen Atomen, welche sich das Wasserstoffatom teilen. Das Atom, welches das Wasserstoffatom stärker bindet, wird als **Wasserstoffdonor** bezeichnet. Das andere Atom, welches das Wasserstoffatom über ein freies Elektronenpaar bindet, ist der **Wasserstoffakzeptor**. Die wichtigsten Donoren sind O- oder N-Atome in HO- oder HN-Gruppen, Akzeptoren sind O- oder N-Atome:

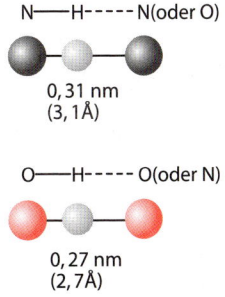

N——H-----N(oder O)

0,31 nm
(3,1Å)

O——H-----O(oder N)

0,27 nm
(2,7Å)

**Wasserstoffbindungen oder H-Bindungen (*Hydrogen bonds*)** werden im Deutschen oft auch als Wasserstoffbrücken oder Wasserstoffbrückenbindungen bezeichnet.

**Tabelle 1.2.** Kovalente Bindungen und nichtkovalente Wechselwirkungen

| Bindungstyp | Länge (nm) | Bindungsenergie (kJ/mol) | |
|---|---|---|---|
| | | Im Vakuum | In $H_2O$ |
| Kovalente Bindung | 0,15 | 350 | 350 |
| Ionenpaar-Bindung | 0,25 | 250 | 10 |
| Wasserstoffbindung | 0,30 | 15 | 4 |
| Van-der-Waals-Anziehung | 0,35 | 1 | 1 |

Die Bindungslänge entspricht dem Abstand der Mittelpunkte der beteiligten Atome, bei der Wasserstoffbindung des Donor- und Akzeptoratoms. Die Bindungsenergie ist die Energie, die notwendig ist, um eine Bindung zu spalten. Die angegebenen Werte sind Richtwerte; die Bindungsenergie hängt von den an der Bindung beteiligten Atomen ab

Die Bindungsenergie beträgt 12–30 kJ/mol und ist damit maximal ein Zehntel derjenigen einer kovalenten Bindung. In wässriger Lösung konkurrieren die Wassermoleküle um die Donoren und Akzeptoren, die H-Bindungen werden dadurch stark abgeschwächt. Eine H-Bindung ist am stärksten, wenn Donor, Wasserstoffatom und Akzeptor auf einer Geraden liegen. H-Bindungen sind deshalb gerichtete Kräfte und bestimmen damit wesentlich die Form biologischer Strukturen.

**Van-der-Waals-Kräfte werden wirksam bei sehr kurzen Abständen zwischen zwei Atomen** - Sie beruhen auf der über die Zeit fluktuierenden Verteilung der elektrischen Ladungen um die Atome. Die dabei entstehenden **transienten Dipole** ziehen sich elektrostatisch an. Van-der-Waals-Kräfte sind schwächer und weniger spezifisch als elektrostatische Anziehungen und H-Bindungen. Wenn zwei Atome sich sehr nahe kommen, stoßen sie sich gegenseitig kräftig ab. Diese Abstoßung liegt der gegenseitigen sterischen Behinderung (Behinderung durch Raumbeanspruchung) von Teilen eines Moleküls zugrunde und bestimmt damit zu einem wesentlichen Teil die möglichen Konformationen, die ein Molekül annehmen kann. Befinden sich zwei Atome im Abstand ihrer **Van-der-Waals-Radien**, halten sich Anziehung und Abstoßung die Waage.

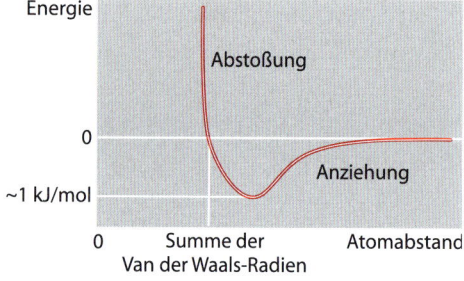

Die nichtkovalenten Wechselwirkungen sind sehr viel schwächer als kovalente Bindungen (Tabelle 1.2), insbesondere ist eine einzelne Van-der-Waals-Bindung zwischen einem Paar von Atomen mit 4 kJ/mol nur wenig stärker als die mittlere thermische Energie von Molekülen bei Raumtemperatur (2,5 kJ/mol). Nur wenn sich viele dieser nichtkovalenten Wechselwirkungen gleichzeitig ausbilden können, führen sie zu einer starken Bindung zwischen zwei Molekülen.

■ Elektrostatische Anziehungen entgegengesetzt geladener Gruppen, Wasserstoffbindungen und Van-der-Waals-Kräfte führen zu schwachen nichtkovalenten Wechselwirkungen. Neben kovalenten Bindungen und so genannten hydrophoben Effekten (Kapitel 1.4) sind es diese relativ schwachen nichtkovalenten Wechselwirkungen, welche allen biologischen Strukturen und Vorgängen zugrunde liegen.

## 1.4
## Wasser und hydrophober Effekt

**Wasser ist ein unbedingt notwendiger Bestandteil der lebenden Substanz** - Wasser ist das universelle biologische Lösungsmittel, in welchem sich alle biochemischen Vorgänge abspielen. Wasser ist Reaktionspartner bei vielen biochemischen Reaktionen, z. B. hydrolytischen Spaltungen. Wasser liegt dem **hydrophoben Effekt** zugrunde und ist damit wesentlich mitverantwortlich für die Ausbildung aller größeren biologischen Strukturen.

Die folgenden Eigenschaften des Wassers sind biologisch wichtig:

- **Hohe Kohärenz** (starke intermolekulare Wechselwirkungen durch H-Bindungen), die sich im hohen Schmelz- und Siedepunkt wie auch der hohen Oberflächenspannung manifestiert. $H_2O$ ist trotz ähnlichem Bau wie gasförmiges $H_2S$ bei physiologischen Temperatur- und Druckverhältnissen flüssig.
- **Hohe Dielektrizitätskonstante** (Maß für die Schwächung eines elektrischen Feldes durch einen Dipol). Die polaren Wassermoleküle schwächen die elektrostatischen Wechselwirkungen zwischen Ionen ab und erleichtern damit Vorgänge, bei denen entgegengesetzte Ladungen getrennt werden, z. B. die Dissoziation von Salzen in Ionen oder die Deprotonierung von Säuren. In wässriger Lösung sind Ionenpaarbindungen und H-Bindungen dementsprechend stark abgeschwächt (Tabelle 1.2).

Die genannten Eigenschaften lassen sich durch den Bau des $H_2O$-Moleküls erklären. Das $H_2O$-Molekül ist zwar elektrisch neutral, aber durch die ungleichmäßige Verteilung der Bindungselektronen decken sich die positiven und negativen Ladungsschwerpunkte nicht:

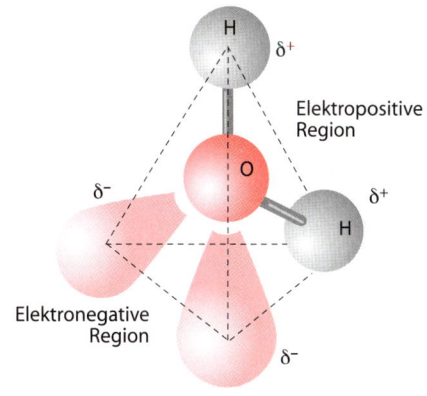

Die Teilladungen des $H_2O$-Moleküls liegen in den Ecken eines Tetraeders

Der **Dipolcharakter des $H_2O$-Moleküls** ermöglicht die Ausbildung von H-Bindungen zwischen $H_2O$-Molekülen selbst und auch zwischen $H_2O$-Molekülen und anderen polaren Verbindungen. Im Eis sind die Wassermoleküle in ein Kristallgitter eingebaut, wobei jedes O-Atom zwei H-Bindungen eingeht. Die zwei kovalent gebundenen H-Atome und die H-Atome der H-Bindungen sind tetraedrisch angeordnet. In flüssigem Wasser werden die H-Bindungen nur noch vorübergehend gebildet. Trotzdem sind bei 37 °C noch 15 % der $H_2O$-Moleküle mit vier anderen über H-Bindungen zu einem kurzlebigen Komplex verbunden:

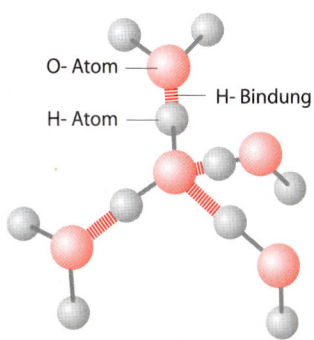

O- Atom
H- Bindung
H- Atom

**Die Wasserlöslichkeit von Verbindungen wird wesentlich bestimmt durch deren Fähigkeit, mit den $H_2O$-Molekülen H-Bindungen einzugehen** – Zu den **hydrophilen Verbindungen** gehören ionische bzw. ionisierbare Verbindungen (Salze, Säuren, Basen) und Verbindungen mit Heteroatomen (O, N, S). Ionen oder geladene Gruppen haben eine starke Tendenz, sich mit Wasserdipolen, d.h. mit einem Hydratmantel, zu umgeben (Beispiele: Aminosäuren, Proteine, Nucleotide). Die Ionisierung wird, sofern dabei eine Ladungstrennung stattfindet, durch die hohe Dielektrizitätskonstante des Wassers begünstigt. Verbindungen mit Heteroatomen haben ähnliche Dipoleigenschaften wie $H_2O$; man nennt sie deshalb **polare Verbindungen** (Beispiele: Zucker, Alkohole). Auch sie gehen H-Bindungen mit $H_2O$ ein und sind gut wasserlöslich:

Kation          Anion

Polares Molekül

**Hydrophobe (lipophile) Verbindungen** besitzen keine geladenen oder polaren Gruppen; sie sind **apolar** und können keine H-Bindungen eingehen. $H_2O$-Moleküle bilden daher um hydrophobe Moleküle und Gruppen eine käfigartige Struktur, die durch H-Bindungen zwischen den $H_2O$-Molekülen zusammengehalten wird und sich über mehrere Schichten von Wassermolekülen erstrecken kann. Diese Käfigstruktur entspricht einem Zustand höherer Ordnung, d.h. niedrigerer Entropie, und ist daher energetisch ungünstig (s. Kapitel 1.6). Die geringe Wasserlöslichkeit hydrophober Verbindungen und Gruppen ist auf diese Abnahme der Entropie der Wasserstruktur zurückzuführen.

**Amphiphile Verbindungen** (griechisch: *amphi* = beiderseits) Verbindungen besitzen sowohl polare (hydrophile) Gruppen

als auch apolare (hydrophobe, lipophile) Teile und zeigen im Allgemeinen nur geringe echte Wasserlöslichkeit.

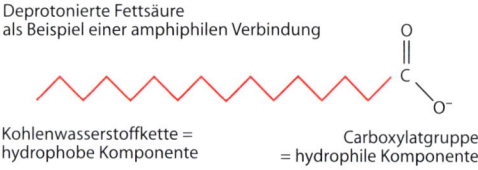

Deprotonierte Fettsäure als Beispiel einer amphiphilen Verbindung

Kohlenwasserstoffkette = hydrophobe Komponente          Carboxylatgruppe = hydrophile Komponente

Es ist eine Erfahrungstatsache, dass Seife (= Alkalisalz längerkettiger Fettsäuren) in Wasser keine echte Lösung bildet, in der Einzelmoleküle von $H_2O$ umgeben sind. Seifen bilden eine trübe Suspension von **Mizellen** (Abb. 1.2). Die Struktur der Mizelle entspricht einem Kompromiß zwischen der Wasserlöslichkeit der ionisierten Carboxylatgruppen und der Unlöslichkeit der apolaren Kohlenwasserstoffketten. Das Zusammenspiel zwischen den Löslichkeitseigenschaften der amphiphilen Verbindung und den Lösungseigenschaften des Wassers führt zu einer definierten Orientierung der Moleküle und damit zur Ausbildung einer, wenn auch sehr einfachen, supramolekularen Struktur. Die mizelläre Struktur wird im Wesentlichen durch hydrophobe Effekte stabilisiert.

■ Hydrophile Verbindungen besitzen polare Gruppen, die mit $H_2O$-Molekülen H-Bindungen eingehen. Apolare Verbindungen sind hydrophob. Amphiphile Verbindungen können in Wasser supramolekulare Strukturen bilden, die einem Kompromiss zwischen der Wasserlöslichkeit des polaren Teils und der Unlöslichkeit des apolaren Teils entsprechen.

**Hydrophobe Effekte (hydrophobe Wechselwirkungen) sind nicht Kräfte oder Bindungen im herkömmlichen Sinn** – Die Wassermoleküle, welche apolare Gruppen oder Moleküle umgeben, befinden sich in einem Zustand höherer Ordnung als im Großteil des Wassers, da die Möglichkeiten, H-Bindungen auszubilden, weniger zahlreich sind. Lagern sich die

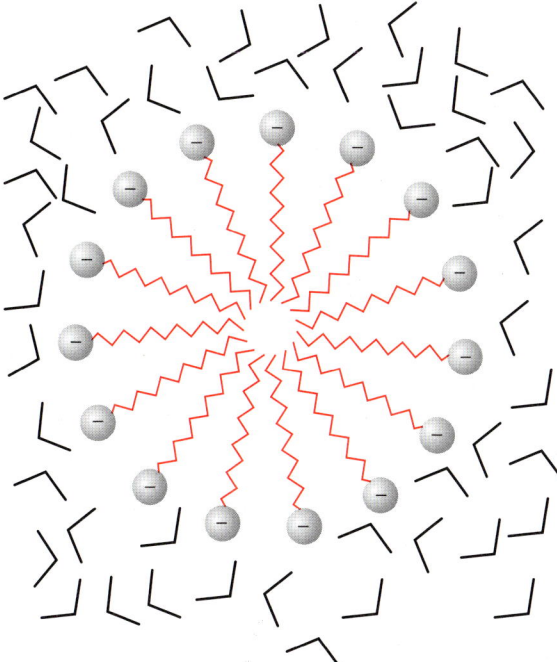

**Abb. 1.2.** Stearat-Mizelle in Wasser. Stearat-Anionen lagern sich zu supramolekularen Assoziaten zusammen. Die negativ geladenen Carboxylatgruppen treten in Kontakt mit $H_2O$-Dipolen. Die hydrophoben (lipophilen) Kohlenwasserstoffketten meiden das Wasser und lagern sich aneinander

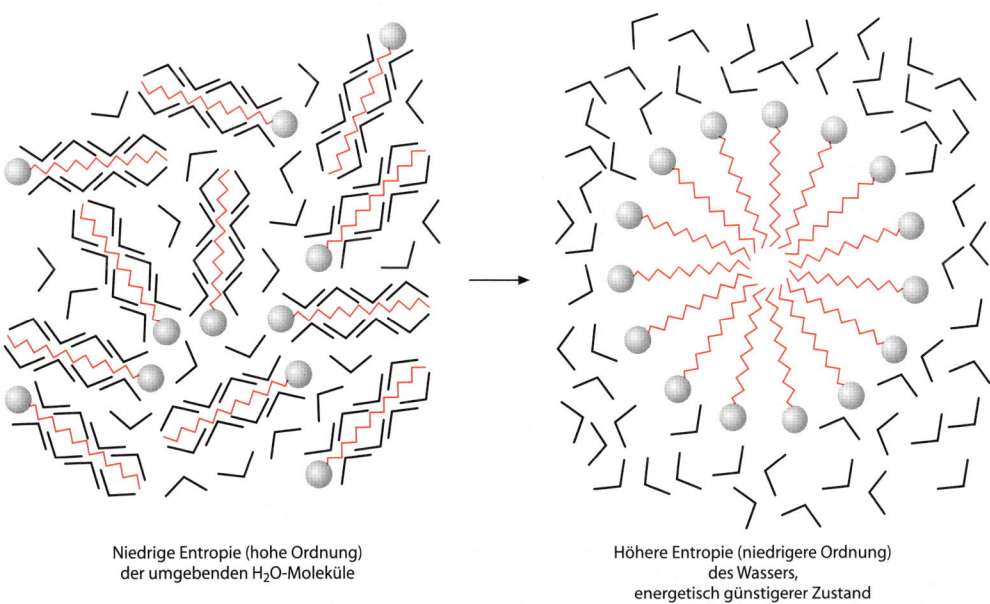

Niedrige Entropie (hohe Ordnung)
der umgebenden $H_2O$-Moleküle

Höhere Entropie (niedrigere Ordnung)
des Wassers,
energetisch günstigerer Zustand

**Abb. 1.3.** Hydrophober Effekt stabilisiert Seifenmizelle. Der Entropie-Effekt der $H_2O$-Moleküle überwiegt denjenigen der Fettsäure-Anionen

apolaren Moleküle zu einem größeren Aggregat zusammen, verringern sie ihre Kontaktfläche zum Wasser (Abb. 1.3). Die Freiheitsgrade der Wassermoleküle werden vermehrt, weil sie keine geordneten Strukturen um die apolaren Kohlenwasserstoffketten bilden müssen. Die Entropie der Lösung wird vergrößert, d.h. es wird ein thermodynamisch günstigerer Zustand niedrigerer Ordnung erreicht. Hydrophobe Effekte sind nicht auf eine gegenseitige Anziehung der apolaren Moleküle, sondern auf deren Ausschluß durch die fest aneinanderhaftenden $H_2O$-Moleküle zurückzuführen. **Ohne Wasser gibt es keine hydrophoben Effekte!** Die Änderung der freien Energie ($\Delta G_o'$) für die Überführung eines apolaren Moleküls der Größe von Cyclohexan aus seiner flüssigen Phase in eine wässrige Lösung beträgt 25 kJ/mol.

**Hydrophobe Effekte stabilisieren biologische Strukturen und ermöglichen deren konformationelle Flexibilität** – Zusammen mit den anderen Sekundärbindungen, insbesondere den H-Bindungen, sind die hydrophoben Effekte verantwortlich für die Stabilisierung aller größeren biologischen Strukturen wie Proteine, Ribosomen oder Membranen im wässrigen Milieu der Zelle. Diese Stabilisierung durch relativ leicht lösbare nichtkovalente Wechselwirkungen verschafft den biologischen Makromolekülen eine gewisse Flexibilität. Für biologische Makromoleküle, z.B. Proteine, ist die Möglichkeit, ihre Konformation zu verändern, eine Grundlage ihrer Wirkungsweise.

■ Hydrophobe Effekte sind durch das Wasser bedingte Assoziationseffekte apolarer Moleküle oder Gruppen.

## 1.5
## Molekulare Erkennung

**Alle biologischen Vorgänge beruhen auf spezifischen Wechselwirkungen zwischen bestimmten Molekülen** – Wie treffen Moleküle aufeinander? In einer Lösung bewegen sich die Moleküle durch **Diffusion**. Kollisionen mit anderen Molekülen führen zu einem statistischen Diffusionsweg; die durchschnittliche Distanz in "Luftlinie" zum Startpunkt ist proportional zur Quadratwurzel der Zeit. Wenn z.B. ein bestimmtes Molekül eine durchschnittliche „Luftlinien"-Distanz von 1 µm in einer Sekunde zurücklegt, wird es für eine Distanz von 2 µm vier Sekunden brauchen. Für die kurzen Distanzen innerhalb einer Zelle ist die Diffusion eine durchaus genügend schnelle Art der Fortbewegung.

Ein Molekül der Größe von ATP braucht nur 0,2 s, um über 10 µm, den Durchmesser einer kleinen tierischen Zelle, zu diffundieren.

Eine Zufallskollision zwischen zwei Makromolekülen, z.B. zwei Proteinen oder einem Makromolekül und einem kleinen Molekül, kann zur sofortigen Bildung eines Komplexes führen. Die Geschwindigkeit der Komplexbildung wird in diesem Fall durch die Geschwindigkeit der Diffusion bestimmt; man spricht deshalb von **diffusionslimitierter Komplexbildung**. Die Komplexbildung ist langsamer, wenn nicht alle Kollisionen zur Bildung eines Komplexes führen. Dieser Fall tritt ein, wenn die Moleküle nicht in der richtigen Orientierung aufeinandertreffen oder wenn die Moleküle nicht immer die gleiche Konformation einnehmen, so dass die Oberfläche eines Teils der Moleküle zur Zeit der Kollision nicht auf die Oberfläche des Bindungspartners passt. Sind sich die strukturell komplementären Oberflächen der beiden Moleküle genügend nahe gekommen, bildet sich eine Vielzahl schwacher nichtkovalenter Bindungen. Der entstehende Komplex bleibt bestehen, bis die statistischen thermischen Bewegungen der Moleküle und Molekülteile zu seiner Dissoziation führen. Unterschiede in der Stabilität verschiedener Komplexe sind zumeist auf Unterschiede in der Geschwindigkeit ihrer Dissoziation zurückzuführen.

- Moleküle in Lösung bewegen sich auf einem durch Zusammenstöße mit anderen Molekülen bedingten statistischen Diffusionsweg.

**Strukturelle Komplementarität ist ein fundamentales Prinzip der Organisation der lebenden Materie** - Proteinmoleküle unterscheiden sich untereinander aufgrund ihrer verschiedenen Oberflächenbeschaffenheit sehr scharf in ihrer Wechselwirkung mit anderen Molekülen; ein gegebenes Protein bindet selektiv nur gewisse andere Moleküle. Diese **biologische Spezifität** wird **durch räumliche Komplementarität** verwirklicht: Proteinmoleküle gehen mit anderen Molekülen nur dann spezifische Wechselwirkungen ein, wenn das Protein und das Molekül räumlich komplementär strukturiert sind (Abb. 1.4). Strukturelle Komplementarität ist die Voraussetzung aller spezifischen Wechselwirkungen von Proteinen. Strukturelle Komplementarität führt zur Einlagerung von Proteinen in supramolekulare Strukturen bei der Biogenese von Zellmembra-

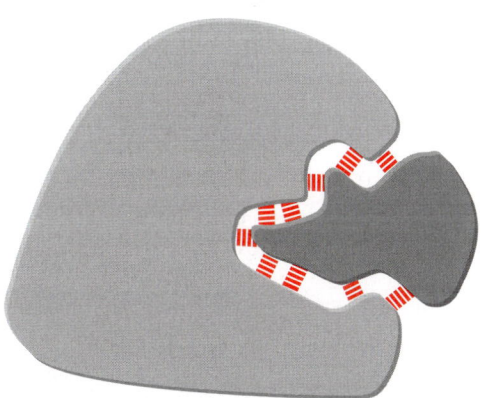

**Abb. 1.4.** Bildung eines Komplexes zwischen zwei Molekülen. Die intermolekularen Wechselwirkungen sind schwach und von geringer Reichweite. Ein Komplex ist nur dann stabil, wenn viele solcher Bindungen bestehen. Nur bei genauer struktureller Komplementarität der beiden Bindungspartner kann sich die maximale Anzahl von Bindungen ausbilden

nen, Viren oder Nucleoproteinen und ist verantwortlich für die Bindung von Substratmolekülen an Enzyme, von Hormonen an spezifische Rezeptoren oder von Antigenen an Antikörper. Auch bei anderen Biomolekülen beruht die Spezifität der Wechselwirkungen auf struktureller Komplementarität. Die Paarung komplementärer Basen bei den Nucleinsäuren sichert die exakte Weitergabe der genetischen Information. Auf struktureller Komplementarität beruht die molekulare Arbeitsteilung und Spezialisierung.

- Die Spezifität der Bildung eines Komplexes zweier Moleküle beruht auf deren struktureller Komplementarität. Nur bei struktureller Komplementarität der Bindungsstellen können die schwachen Wechselwirkungen geringer Reichweite den Komplex stabilisieren.

**Die Bindungsgleichgewichtskonstante ist ein Maß für die Stabilität eines Komplexes** – Die **Dissoziationsgleichgewichtskonstante** $K_d$ entspricht dem Quotienten der Dissoziationsgeschwindigkeitskonstante $k_{-1}$ und der Assoziationsgeschwindigkeitskonstante $k_1$:

$$AB \xrightleftharpoons[k_1]{k_{-1}} A + B$$

Geschwindigkeit der Dissoziation
$v_{diss} = k_{-1} [AB]$
Geschwindigkeit der Assoziation
$v_{ass} = k_1 [A][B]$

Im Gleichgewicht ist

$$v_{diss} = v_{ass}$$

$$k_{-1}[AB] = k_1[A][B]$$

$$\frac{[A][B]}{[AB]} = \frac{k_{-1}}{k_1} = K_d$$

Die reziproke Gleichgewichtskonstante wird als **Bindungsgleichgewichtskonstan-**

te oder Assoziationskonstante $K_{ass}$ bezeichnet.

$$K_{ass} = \frac{1}{K_d}$$

Die gebräuchlichsten Einheiten sind für
| | |
|---|---|
| $k_{-1}$ | $s^{-1}$ |
| $k_1$ | $M^{-1}\,s^{-1}$ |
| $K_d$ | $M$ |
| $K_{ass}$ | $M^{-1}$ |

Je höher die Bindungsgleichgewichtskonstante ist, d.h. je niedriger die Dissoziationskonstante eines Komplexes AB ist, umso stärker ist die Bindung zwischen A und B, d.h. umso größere Anteile der Moleküle A und B liegen nicht in freier Form sondern als Komplex vor (Tabelle 1.3). Die $K_d$-Werte für Komplexe zwischen Biomolekülen liegen im Bereich von $10^{-3}$ bis $10^{-12}$ M. Diese Werte entsprechen Bindungsenergien von 18–72 kJ/mol, welchen z. B. 4 bis 17 H-Bindungen zugrunde liegen könnten.

Eine Konzentration einer Verbindung von 1 μM in einer Säugerzelle mit einem Volumen von 2 nl entspricht 600 Mio. Molekülen dieser Verbindung in der Zelle.

**Tabelle 1.3.** Komplexbildung und Dissoziationskonstante. Die Dissoziationskonstante $K_d$ bestimmt bei gegebener Konzentration des ungebundenen Liganden das Verhältnis der Konzentrationen von freiem und ligandiertem Protein. Als Ligand wird die, i.d.R. niedermolekulare, Verbindung bezeichnet, die durch ein Makromolekül, i.d.R. ein Protein, gebunden wird

Enzym-Inhibitor-Komplex

E + I $\rightleftharpoons$ EI        Falls [I] = $K_d$, ist $\frac{[E]}{[EI]} = \frac{10^{-5}}{10^{-5}} = 1$

$\frac{[E][I]}{[EI]} = K_d = 10^{-5}$ M    d.h. die Hälfte des Enzyms liegt als Enzym-Inhibitor-Komplex vor.

Falls [I] = $10^{-3}$ M, ist $\frac{[E]}{[EI]} = \frac{10^{-5}}{10^{-3}} = \frac{1}{100}$

d.h. 100/101, d.h. ~99% des gesamten Enzyms liegen als Enzym-Inhibitor-Komplex vor

**Die gegenseitige Erkennung von Molekülen folgt statistischen Gesetzmäßigkeiten und verläuft deshalb nicht ohne Fehler** – Ein Enzymmolekül wird ein Molekül, das seinem spezifischen Substrat ähnlich ist, gelegentlich auch binden, selbst wenn dessen Bindungsgleichgewichtskonstante viel kleiner ist als diejenige des Substrats. Das Enzymmolekül wird u. U. ein solches falsches Substrat, wenn auch seltener als das echte spezifische Substrat, in Produkt umsetzen. Fehler könnten in diesem Fall nur vermieden werden, wenn (eine unmögliche Voraussetzung) die Bindungsgleichgewichte um sehr große Energiebeträge verschieden wären. Für eine Reihe sehr wichtiger Vorgänge der molekularen Erkennung hat die Zelle daher Korrekturmechanismen entwickelt, welche eingeführte Fehler beheben.

Für die Zelle selbst bedeuten Irrtümer, welche durch die molekulare Maschinerie der Zellen begangen werden, im besten Fall eine Verschwendung chemischer Energie. Solche Irrtümer sind aber auch unbedingt notwendig für das Entstehen der vielfältigen Lebensformen. Ohne Fehler im Kopieren der Nucleotid-Sequenzen von DNA hätte die biologische Evolution nicht stattgefunden. Im Weiteren ist es verlockend zu spekulieren, ob statistisch bedingte Ungenauigkeiten in biochemischen Abläufen auch den höheren Funktionen insbesondere denen des menschlichen Nervensystems zugrunde liegen.

■ Biomoleküle bilden Komplexe mit Dissoziationskonstanten von $10^{-12}$ M bis $10^{-3}$ M. Fehler in der Komplexbildung lassen sich nicht vermeiden. Für Vorgänge, von deren hoher Genauigkeit das Leben der Zelle abhängt, sind Korrekturmechanismen entwickelt worden. Fehler im Reproduzieren der genetischen Information liegen der biologischen Evolution zugrunde.

## 1.6
## Fluss von Materie und Energie, energetische Koppelung von Reaktionen

Der zweite Hauptsatz der Thermodynamik besagt, dass in einem geschlossenen System die **Entropie** nur zunehmen kann. Die Entropie ist ein Maß für die Wahrscheinlichkeit des Zustands eines Systems und damit ein Maß für die Unordnung des Systems. Lebende Organismen besitzen einen sehr hohen Grad von Ordnung. Wenn sie wachsen, vergrößern sie den Bereich hoher Ordnung. Wie lässt sich dies mit dem zweiten Hauptsatz vereinbaren?

**Organismen sind offene Systeme, welche Energie aus der Umgebung beziehen und Wärme in die Umgebung entlassen** – Die primäre Energiequelle der belebten Natur auf der Erde ist die Sonnenstrahlung. **Photosynthetisierende Zellen** von Bakterien oder Pflanzen verwandeln die elektromagnetische Energie des Sonnenlichts in chemische Energie, d.h. in Energie chemischer Bindungen, gemäß folgender Nettogleichung:

$$Lichtenergie + CO_2 + H_2O \rightarrow Zucker + O_2$$

**Chemotrophe Zellen**, dazu gehören alle Zellen von Tieren und Mensch, benutzen die chemische Energie, die in den von photosynthetisierenden Zellen aufgebauten Verbindungen steckt. Durch oxidativen Abbau wird durch die Zellen direkt verwertbare chemische Energie in Form von ATP gewonnen:

$$Zucker \text{ und andere Verbindungen} + O_2$$

$$\rightarrow CO_2 + H_2O + \text{Chemische Energie (ATP)}$$

Der Kohlenstoff durchläuft damit einen Kreislauf zwischen photosynthetisierenden und oxidierenden chemotrophen Zellen.

**Die in ATP (Adenosintriphosphat) steckende chemische Energie wird verwendet, um Vorgänge anzutreiben, die sonst aus energetischen Gründen nicht ablaufen würden** – Dazu gehören die Synthese zellulärer Makromoleküle, der Transport von Molekülen und Ionen durch Membranen gegen ein Konzentrationsgefälle und die Leistung mechanischer Arbeit. Es sind diese Vorgänge, welche den hohen Grad von Ordnung in Zellen und Organismen aufbauen und erhalten.

■ Lebewesen sind, thermodynamisch gesehen, offene Systeme, die Energie von außen beziehen, um den hohen Grad von Ordnung in ihrem Inneren aufzubauen und zu erhalten.

**Freie Energie und Gleichgewicht** – Ein System wie das untenstehende besitzt eine bestimmte **freie Energie**, welche von den Konzentrationen der Reaktionsteilnehmer abhängt und sich daher im Laufe einer Reaktion ändert. Als System wird hier eine Reaktionslösung bezeichnet, die von der Umwelt isoliert ist, d.h. weder Stoff noch Wärme mit der Umwelt austauscht.

$$A + B \rightleftharpoons C + D$$

Die freie Energie G ist definiert als

$$G = H - T \cdot S,$$

wobei H die Enthalpie (Energie + $p \cdot V$), T die absolute Temperatur, S die Entropie, und p der Druck und V das Volumen ist.

Beim Umsatz von 1 mol A und B in C und D, bei gegebenen Konzentrationen und gegebener Temperatur, ändert sich die freie Energie um $\Delta G$, wobei $\Delta G = \Delta H - T \cdot \Delta S$.

$\Delta G$ ist abhängig von $\Delta G°$, der Änderung der freien Energie bei Standardbedingungen und von den Konzentrationen der Reaktanten.

$$\Delta G = \Delta G° + RT \cdot \ln \frac{[C][D]}{[A][B]}$$

**$\Delta G°$ ist bestimmt durch die Gleichgewichtskonstante K. $\Delta G$ kann je nach dem Verhältnis der Konzentrationen der Reaktanten größer, gleich oder kleiner**

sein als $\Delta G°$ – Falls die Konzentrationen von Produkten und Edukten 1 M (1 mol/l) sind (Standardbedingungen), gilt $\Delta G = \Delta G°$. Es ist der Wert von $\Delta G$ und nicht von $\Delta G°$, der entscheidet, in welcher Richtung eine Reaktion ablaufen kann:

- Falls $\Delta G < 0$, handelt es sich bei der Reaktion von A + B nach C + D um eine **exergonische Reaktion.** Eine Nettoreaktion A + B nach C + D führt in Richtung Gleichgewicht und ist möglich.
- Falls $\Delta G = 0$, befindet sich das System im **Gleichgewicht,** d. h. $\frac{[C][D]}{[A][B]} = K$
  Es findet keine Nettoreaktion statt.
- Falls $\Delta G > 0$, handelt es sich bei der Reaktion von A + B nach C + D um eine **endergonische Reaktion.** Eine endergonische Reaktion führt vom Gleichgewicht weg und kann nur dann ablaufen, wenn sie mit einer anderen, exergonischen Reaktion gekoppelt ist. Die Rückreaktion von C + D nach A + B kann hingegen ablaufen, sie führt zur Erreichung des Gleichgewichts.

---

**Numerischer Zusammenhang zwischen K und $\Delta G°$ (bei 25 °C) für die Reaktion A+B $\rightleftharpoons$ C+D.**

| $\Delta G°$ (kJ/mol) | $K = \dfrac{[C] \cdot [D]}{[A] \cdot [B]}$ im Gleichgewicht |
|---|---|
| 18 | 0,001 |
| 12 | 0,01 |
| 6 | 0,1 |
| 0 | 1 |
| –6 | 10 |
| –12 | 100 |
| –18 | 1000 |

---

■ Der $\Delta G$-Wert einer Reaktion gibt an, in welche Richtung die Reaktion unter den gegebenen Bedingungen ablaufen kann.

**$\Delta G$ ist eine Zustandsfunktion,** d. h. der Wert von $\Delta G$ ist nur abhängig vom Anfangs- und Endzustand des Systems; der Weg, über den das System vom Anfangs-

in den Endzustand gelangt, ist hierfür ohne Bedeutung. Für die Werte von $\Delta G°$ und $\Delta G$ spielt es keine Rolle, ob z. B. Glucose mit Sauerstoff als Oxidationsmittel direkt zu $CO_2$ und $H_2O$ verbrannt wird oder ob im Organismus aus Glucose über viele aufeinanderfolgende enzymkatalysierte Reaktionen die gleichen Produkte entstehen.

**Biomoleküle sind thermodynamisch labil und kinetisch stabil** – $\Delta G$ gibt nur an, in welcher Richtung die Reaktion ablaufen kann. Über die Geschwindigkeit der Reaktion wird nichts ausgesagt. Alle biochemischen Reaktionen sind entweder von sich aus exergonisch oder werden durch Koppelung an exergonische Reaktionen ermöglicht. Die thermodynamischen Voraussetzungen, dass die Reaktionen ablaufen könnten, sind demnach erfüllt. Dennoch laufen sie spontan nicht oder nur sehr langsam ab. Glucose zum Beispiel ist in Gegenwart von Luftsauerstoff stabil. Die Reaktionen können erst mit messbarer Geschwindigkeit ablaufen, wenn sie durch Erhöhung der Temperatur oder durch Katalysatoren beschleunigt werden (Verbrennung der Glucose in der Flamme bzw. enzymkatalysierter Abbau der Glucose im Organismus). Verbindungen, welche unter den gegebenen Bedingungen nicht exergonisch reagieren können, werden als **thermodynamisch stabile Verbindungen** bezeichnet. Thermodynamisch labile Verbindungen, die, wie die Glucose und alle anderen Biomoleküle, exergonisch reagieren können, dafür aber einen Katalysator brauchen, werden **kinetisch stabile Verbindungen** genannt.

■ Die allermeisten biochemischen Reaktionen laufen nur dann mit messbarer Geschwindigkeit ab, wenn sie durch Enzyme katalysiert werden. Ohne Enzyme sind die Biomoleküle kinetisch stabil.

**In der Biochemie gelten besondere thermodynamische Standardbedingungen** – Die Standardbedingungen der Chemie (Konzentrationen 1 M = 1 mol/l) entsprechen physiologischen Unmöglichkeiten. Daher werden spezielle **biochemische Standardbedingungen** definiert:

Alle biochemischen Reaktionen laufen in wässriger Lösung ab. Wasser nimmt an manchen Reaktionen teil. Für die Standardbedingungen der Biochemie gilt deshalb:

$[H_2O] = 55$ M (Ein Liter Wasser enthält 55 Mcl $H_2O$)

Protonen nehmen an vielen Reaktionen teil, z.B.: $ATP^{4-} + H_2O \rightarrow ADP^{3-} + HPO_4^{2-} + H^+$. Eine Wasserstoffionenkonzentration von 1 M entspricht einem pH-Wert von Null und ist damit weit entfernt von physiologischen Bedingungen. Man definiert deshalb für die biochemischen Standardbedingungen:

$[H^+] = 10^{-7}$ M, entsprechend pH 7

Zur Berechnung von $\Delta G^\circ$ und $\Delta G$ unter biochemischen Standardbedingungen werden demnach eine Wasserkonzentration von 55 M und eine Wasserstoffionenkonzentration von $10^{-7}$ M je mit dem Wert 1 in die Gleichungen eingesetzt. Wenn mit diesen Werten gerechnet wird, werden andere Werte für $\Delta G^\circ$ und $\Delta G$ erhalten, welche mit **$\Delta G^{\circ\prime}$** bzw. **$\Delta G^\prime$** bezeichnet werden.

■ $\Delta G^{\circ\prime}$ und $\Delta G^\prime$ entsprechen biochemischen Standardbedingungen: $[H_2O] = 55$ M und $[H^+] = 10^{-7}$ M (pH 7).

**Die energetische Koppelung von Reaktionen bringt auch endergonische Reaktionen zum Ablaufen** – Wir betrachten als Beispiel eine Reaktion, die aus zwei Teilreaktionen besteht.

Teilreaktion 1:
$A \rightleftharpoons B + C$   $\Delta G^\prime = 5$ kJ/mol
ist unter den vorliegenden Bedingungen endergonisch und kann nicht von A nach B + C ablaufen.

Teilreaktion 2:
$B \rightleftharpoons D$   $\Delta G^\prime = -8$ kJ/mol
ist exergonisch und kann ablaufen.

---

**Rechenbeispiel zu $\Delta G^\prime$ und $\Delta G^{\circ\prime}$:**
Glucose wird in der Zelle über zahlreiche Einzelreaktionen zu Pyruvat abgebaut; dabei läuft auch folgende Reaktion ab:

$$
\begin{array}{lcl}
H_2C\text{-}OH & & HC\text{=}O \\
| & & | \\
C\text{=}O & \rightleftharpoons & HC\text{-}OH \\
| & & | \\
H_2C\text{-}O\text{-}\textcircled{P} & & H_2C\text{-}O\text{-}\textcircled{P}
\end{array}
$$
Dihydroxyaceton-phosphat (DHAP)   Glycerinaldehyd-3-phosphat (GAP)

$K^\prime_{(25°C)} = 0{,}0475$, d.h. im Gleichgewicht ist $\frac{[GAP]}{[DHAP]} = 0{,}0475$

$\begin{aligned}
\Delta G^{\circ\prime} &= -RT \cdot \ln K^\prime \\
&= 8{,}31 \cdot 298 \cdot \ln 0{,}0475 \\
&= 7549 \text{ J/mol} = 7{,}549 \text{ kJ/mol},
\end{aligned}$ das bedeutet, dass unter Standardbedingungen die Reaktion **endergonisch** ist; das Gleichgewicht liegt ja links.

Setzt man nun Konzentrationen ein, die nicht den Standardbedingungen (1 mol/l) entsprechen, z.B.

$[DHAP] = 2 \cdot 10^{-4}$ M und $[GAP] = 3 \cdot 10^{-6}$ M, so erhält man:

$\begin{aligned}
\Delta G^\prime &= \Delta G^{\circ\prime} + RT \cdot \ln \frac{[GAP]}{[DHAP]} \\
&= 7549 + 8{,}31 \cdot 298 \ln \frac{3 \cdot 10^{-6}}{2 \cdot 10^{-4}} \\
&= 7549 - 10405 = -2856 \text{ J/mol} \\
&= -2{,}856 \text{ kJ/mol}
\end{aligned}$

Unter den oben eingesetzten Konzentrationen ist die Reaktion exergonisch und kann von DHAP nach GAP ablaufen, obwohl $G^{\circ\prime}$ positiv ist! Zu diesem Schluss kann man auch folgendermaßen kommen:

$\frac{[GAP]}{[DHAP]} = \frac{3 \cdot 10^{-6}}{2 \cdot 10^{-4}} = 0{,}015 < K^\prime = 0{,}0475$

Demnach ist, verglichen mit den Gleichgewichtskonzentrationen, noch zu wenig Produkt GAP vorhanden, die Reaktion DHAP nach GAP führt zur Erreichung des Gleichgewichts und ist daher thermodynamisch möglich.

---

Die Gesamtreaktion
$A \rightleftharpoons C + D$   $\Delta G^\prime = -3$ kJ/mol
ist exergonisch, sie wird ablaufen, obwohl sie eine endergonische Teilreaktion einschließt. Die beiden Teilreaktionen sind

miteinander gekoppelt über das gemeinsame Zwischenprodukt B.

Die endergonische Teilreaktion 1 wird von der exergonischen Teilreaktion 2 angetrieben, welche die dafür nötige Energie liefert. Eine Reaktion mit stark negativem $\Delta G^{\circ\prime}$ (Gleichgewicht stark auf Seite der Produkte) wird als **energieliefernde Reaktion** bezeichnet, wenn sie durch energetische Koppelung eine Reaktion, die von selbst nicht ablaufen kann, möglich macht.

Eine Verbindung, welche eine große Tendenz hat, eine Gruppe auf ein Akzeptormolekül zu übertragen, wird in der biochemischen Terminologie als **energiereiche Verbindung** bezeichnet. Das Gleichgewicht der Reaktion einer energiereichen Verbindung mit einem Akzeptor liegt stark auf Seiten der Produkte; die energiereiche Verbindung hat, wie das ausgedrückt wird, ein **hohes Gruppenübertragungspotential**. Beim Vergleich der verschiedenen energiereichen Verbindungen wird Wasser als Akzeptor gewählt, d.h. es werden die $\Delta G^{\circ\prime}$-Werte der Hydrolyse miteinander verglichen.

**ATP (Adenosintriphosphat)** ist der wichtigste Überträger chemischer Energie in der Zelle und damit der Prototyp einer energiereichen Verbindung. Die $\Delta G^{\circ\prime}$-Werte für die Hydrolyse der zwei Phosphorsäureanhydridbindungen weisen diese als energiereiche Bindungen aus. Die Phosphorsäureesterbindung ist dagegen nicht energiereich:

ATP + $H_2O \rightleftharpoons$ ADP + $P_i$
$\Delta G^{\circ\prime} = -30$ kJ/mol $= -7{,}3$ kcal/mol (bei pH 7,0; 25 °C).
Unter physiologischen Bedingungen beträgt $\Delta G'$ der ATP-Hydrolyse ungefähr $-50$ kJ/mol.

ADP + $H_2O \rightleftharpoons$ AMP + $P_i$
$\Delta G^{\circ\prime} = -30$ kJ/mol $= -7{,}3$ kcal/mol

AMP + $H_2O \rightleftharpoons$ Adenosin + $P_i$
$\Delta G^{\circ\prime} = -14$ kJ/mol $= -3{,}4$ kcal/mol

ATP (Adenosin-5′-triphosphat)

ADP (Adenosin-5′-diphosphat)

AMP (Adenosin-5′-monophosphat)

$P_i$ (anorganisches Phosphat)

ATP besitzt zwei energiereiche Bindungen, d.h. Bindungen, deren hydrolytische Spaltung ein stark negatives $\Delta G^{\circ\prime}$ aufweist. Energiereiche Bindungen werden in der biochemischen Literatur häufig mit einer Tilde $\sim$ bezeichnet. Ein $\Delta G^{\circ\prime}$ von $-30$ kJ/mol entspricht einer Gleichgewichtskonstante $K' = 10^5$, d.h. das Gleichgewicht liegt um diesen Faktor auf Seiten der Produkte:

$$\frac{[\text{ADP}][\text{P}_i]}{[\text{ATP}][\text{H}_2\text{O}]} = K' = 10^5$$

d.h. 1 nM ATP und 55 M $H_2O$ stehen mit je 10 mM ADP und $P_i$ im Gleichgewicht (Zu beachten: 55 M $H_2O$ ist mit Wert 1 in die Gleichung einzusetzen.)

**Tabelle 1.4.** Freie Energie der Hydrolyse von ATP im Vergleich mit der Hydrolyse anderer Verbindungen. $\Delta G^{\circ\prime}$ entspricht der Änderung der freien Energie bei Hydrolyse von 1 mol unter biochemischen Standardbedingungen bei 25 °C. ATP nimmt im Vergleich mit anderen Verbindungen eine Mittelstellung ein.

|  | $\Delta G^{\circ\prime}$ (kJ/mol) |
|---|---|
| Phosphoenolpyruvat | −60 |
| 3-Phosphoglyceroylphosphat | −54 |
| Kreatinphosphat | −43 |
| ATP ($\rightarrow$ ADP + $P_i$) | −35 |
| ATP ($\rightarrow$ AMP + $PP_i$) | −37 |
| Diphosphat $PP_i$ | −33 |
| Acetyl-Coenzym A | −35 |
| Aminoacyl-tRNA | −35 |
| Uridindiphosphat-Glucose | −30 |
| $N^{10}$-Formyltetrahydrofolat | −26 |
| Alanyl-Glycin | −17 |
| Glucose-6-phosphat | −14 |

■ Die energetische Koppelung an eine energieliefernde exergonische Reaktion einer energiereichen Verbindung ermöglicht das Ablaufen endergonischer Reaktionen. Energiereiche Verbindungen haben ein hohes Gruppenübertragungspotential, d. h. eine große Tendenz, eine Gruppe auf einen Akzeptor, z. B. Wasser, zu übertragen. ATP ist die allgemeine Energiewährung der Zelle. Wenn für einen Vorgang in der Zelle chemische Energie benötigt wird, wird zumeist mit ATP bezahlt, d. h. es werden Phosphatgruppen von ATP abgespalten.

Ein Vergleich mit anderen Verbindungen mit hohem Phosphatgruppenübertragungspotential sowie weiteren energiereichen Verbindungen zeigt, dass der $\Delta G^{\circ\prime}$-Wert von ATP eine Mittelstellung einnimmt (Tabelle 1.4), die ATP zum generellen Überträger chemischer Energie in der Zelle prädestiniert. In der Zelle liegt ATP immer als $Mg^{2+}\cdot$ATP-Komplex vor. Das positiv geladene $Mg^{2+}$-Ion schirmt die negativen Ladungen der Phosphatgruppen des ATP ab.

# 2 Kovalente Struktur der Proteine

Im Jahr 1838 fand Gerardus Mulder spezifische N-haltige Stoffe, die in den Geweben quantitativ vorherrschten, und gab diesen den Namen „Proteine" (griech. *proteion* = die erste Stelle). Die ersten gründlichen Untersuchungen von Proteinen wurden an Hühnereiweiß durchgeführt und deshalb werden Proteine im Deutschen auch als **Eiweiße** bezeichnet. Nach heutigem Wissen ist die Bezeichnung Proteine auch in einem qualitativen Sinn gerechtfertigt. Proteine sind die wichtigsten und vielfältigsten Funktionsträger in der Zelle. Immer wenn Stoff- und Energieumwandlungen stattfinden, werden sie durch Proteine bewerkstelligt; zudem erfüllen gewisse Proteine wichtige strukturelle Funktionen:

- **Enzyme** katalysieren alle chemischen Umsetzungen in Organismen.
- **Proteine des genetischen Apparats** sind an der geordneten Packung der DNA beteiligt oder regulieren als Transkriptionsfaktoren die Expression der Gene; Replikationsenzyme verdoppeln die DNA vor der Zellteilung.
- **Strukturproteine** kommen sowohl intrazellulär (z. B. Proteine des Cytoskeletts) wie auch extrazellulär vor (z. B. Kollagen als Hauptbestandteil des Bindegewebes und als organische Grundsubstanz des Knochens).
- **ATP-Synthase-Komplexe** in der inneren Mitochondrienmembran verwandeln die Energie eines Protonengradienten in chemische Energie (ATP).
- **Motorproteine** wie Myosin und Actin setzen chemische Energie (ATP) in mechanische Arbeit um.
- **Membranproteine** wie Ionenpumpen, Ionenkanäle und Trägerproteine bewerkstelligen den Transport von Ionen und Metaboliten durch biologische Membranen.
- **Speicherproteine** wie die Gliadine, die Samenproteine des Weizens, dienen als Speicherform von Aminosäuren. Andere Speicherproteine (z. B. Myoglobin) speichern gewisse andere Verbindungen ($O_2$), indem sie diese reversibel binden.
- **Hormone** regulieren Stoffwechselvorgänge und gehören z. T. der Stoffklasse der Peptide und Proteine an.
- **Transportproteine** des Blutes wie Hämoglobin binden gewisse Stoffe reversibel und ermöglichen auf diese Weise deren effizienten Transport im Blut.
- **Schutzproteine** wie Immunglobuline (= Antikörper) fangen in den Organismus eingedrungene Fremdstoffe (= Antigene) ab.
- **Gifte,** welche von Tieren, Pflanzen und Bakterien produziert werden und auf den tierischen und menschlichen Organismus toxisch wirken, sind z. T. auch Proteine (Beispiele: Ricin aus Riziniussamen, Schlangengifte, Diphtherietoxin, Tetanustoxin).

Proteine sind unverzweigte Polymere aus 20 verschiedenen Aminosäuren, die durch Peptidbindungen miteinander verknüpft sind. Die Nucleotidsequenz der DNA bestimmt die Abfolge der Aminosäurereste längs der Polypeptidkette; die Aminosäuresequenz bestimmt ihrerseits die räumliche Struktur des Proteins. Die meisten Polypeptidketten, die in der Zelle synthetisiert werden, besitzen einige Hundert Aminosäurereste, die eine Molekülmasse von 10 000 bis 100 000 Da ergeben. Viele

Proteine bestehen jedoch aus mehreren Polypeptidketten. Die Untereinheiten dieser oligomeren Proteine werden durch nichtkovalente Wechselwirkungen zusammengehalten. Einem ungenauen Sprachgebrauch zufolge werden oligomere Proteine trotzdem als Moleküle bezeichnet.

# 2.1
## Prinzipien der Struktur der Proteine

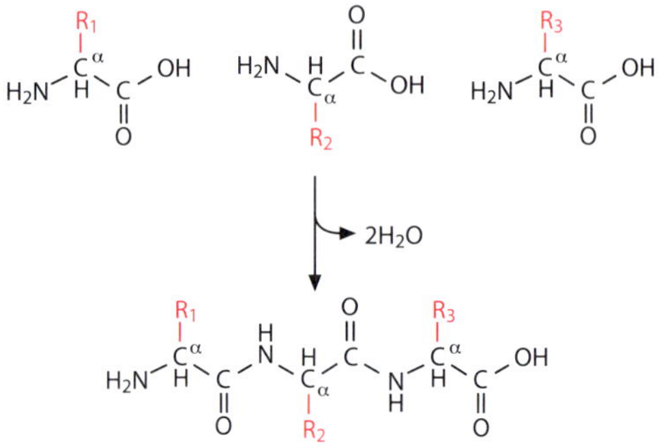

**Abb. 2.1.** Struktur eines Tripeptids. Drei Aminosäuren dienen als Bausteine. Die Aminosäuren besitzen eine $\alpha$-NH$_2$-Gruppe und eine $\alpha$-COOH-Gruppe; sie unterscheiden sich jedoch in ihrer Seitenkette (R-Gruppe). Die $\alpha$-Carboxylgruppe der vorangehenden Aminosäure bildet eine Amidbindung (Peptidbindung) mit der $\alpha$-Aminogruppe der nächstfolgenden Aminosäure. Je nach Anzahl der Aminosäurereste bezeichnet man das entstehende Molekül als Dipeptid, Tripeptid, Tetra-, Penta-, Hexa-, Hepta-, Octa-, Nona-, Deca-, … Polypeptid. Der Ladungszustand ionisierbarer Gruppen ist in dieser Darstellung nicht berücksichtigt

**Proteine sind nach einem einfachen Prinzip aufgebaut; 20 verschiedene Aminosäuren dienen als Bausteine für ein lineares Polymer** – Die Aminosäuren sind durch Peptidbindungen miteinander verknüpft. Diese Säureamidbindungen kommen zustande durch Verknüpfung der $\alpha$-Carboxylgruppen einer Aminosäure mit der $\alpha$-Aminogruppe der nächsten Aminosäure. Es kommen keine Verzweigungen und Ringschlüsse vor (Abb. 2.1). Dieses einfache Bauprinzip ergibt eine sehr große Zahl von Kombinationsmöglichkeiten. Aus 20 verschiedenen Bausteinen lassen sich $20^2 = 400$ verschiedene Dipeptide oder $20^3 = 8000$ verschiedene Tripeptide synthetisieren. Bei einem kleinen Protein mit 100 Aminosäureresten bestehen $20^{100} = 1{,}27 \cdot 10^{130}$ Möglichkeiten. (Zum Vergleich: die geschätzte Anzahl von Atomen im Universum ist $8 \cdot 10^{78}$.) Allerdings werden nur sehr wenige dieser theoretisch möglichen Polypeptidketten eine stabile definierte dreidimensionale Struktur einnehmen können und damit als Protein brauchbar sein.

Die periodische Abfolge von C$\alpha$-Atomen und der sie verbindenden Peptidbindungen wird als **Hauptkette** des Peptids oder Proteins bezeichnet; daran hängen in unregelmäßiger Folge die verschiedenartigen **Seitenketten**.

**Die Aminosäuresequenz der Peptidkette ist genetisch bestimmt** – Die kovalente Struktur eines Proteins, d.h. die Abfolge der verschiedenen Aminosäuren längs der Polypeptidkette ohne Berücksichtigung der räumlichen Struktur, wird auch als **Primärstruktur** bezeichnet. Die Polypeptidkette faltet sich zu einer definierten, für ein bestimmtes Protein spezifischen dreidimensionalen Struktur. Die **Faltung der Polypeptidkette im Raum (Kettenkonformation = 3D-Struktur)** wird eindeutig bestimmt durch die Primärstruktur und ist damit indirekt genetisch festgelegt. Die 3D-Struktur wird durch nichtkovalente Bindungen und hydrophobe Effekte stabilisiert. Bei einzelnen, besonders extrazellulären, Proteinen tragen auch Disulfidbindungen zur Stabilisierung bei. Die für ein bestimmtes Protein typische Faltungsform wird als dessen **native Struktur** bezeichnet. Die native Struktur bildet sich spontan nach der Biosynthese durch Selbstorganisation. Nur native Proteine sind biologisch aktiv. Infolge der definierten Raumstruktur können reine Proteine in ein Kristallgitter eingebaut werden. **Die meisten Proteine haben eine sehr ähnliche elementare Zusammensetzung:**

C   H   O   N   S
53  8   21  16  0–3 Massen-%

Der Stickstoffanteil von Proteinen ist ziemlich konstant und kann deshalb zur quantitativen Bestimmung von Proteinen benutzt werden.

---

Die Keratine (Proteine, welche Hautanhänge wie Haare, Nägel, Hufe oder Hörner bilden) enthalten bis zu 10% Schwefel. Der typische Geruch versengter Haare ist auf $SO_2$ zurückzuführen.

---

Die Proteine können aufgrund ihrer chemischen Zusammensetzung eingeteilt werden in **einfache Proteine,** welche aus einer oder mehreren Polypeptidketten bestehen, und **zusammengesetzte Proteine**, welche außerdem eine Nichtproteinkomponente, d.h. ein Metallion oder eine niedermolekulare organische Verbindung, enthalten (Tabelle 2.1). Diese **prosthetische Gruppe** ist durch kovalente oder nichtkovalente Bindungen fest an das Protein gebunden. Sie ist notwendig für die biologische Aktivität des Proteins. Zudem ist sie verantwortlich für die charakteristische Farbe einiger Proteine. Proteine selbst sind farblos.

■ Proteine sind lineare Polymere aus 20 verschiedenen Aminosäuren. Das Gen eines Proteins bestimmt die Aminosäuresequenz der Polypeptidkette und damit auch deren räumliche Faltungsform. Die native 3D-Struktur eines Proteins bildet sich grundsätzlich durch Selbstorganisation. Niedermolekulare organische Verbindungen und Metallionen sind strukturell und funktionell notwendige Bestandteile vieler Proteine.

## 2.2
## Größe und Gestalt der Proteine

Die Molekülmassen der Proteine liegen im Bereich von $10^4$–$10^6$ Da. Die Molekülmasse eines Proteins ist ein Maß für die Anzahl der Aminosäurereste im Molekül.

---

Durchschnittliche Molekülmasse eines Aminosäurerests = 120 Da;  Molekülmasse des Proteins/120 = Anzahl Aminosäurereste

---

Ein Protein besitzt im Gegensatz zu einem Peptid eine definierte 3D-Struktur. Für die Abgrenzung zwischen Protein und Peptid spielt demnach die Molekülmasse primär keine Rolle. Wohl ist aber die Tendenz zu eindeutiger Raumstruktur umso größer, je höher die Molekülmasse ist. Die meisten Polypeptidketten von über 10 000 Da besitzen eine defi-

**Tabelle 2.1.** Proteine mit prosthetischen Gruppen

|  | Beispiel | Zugehörige prosthetische Gruppe | Massenanteil der prosthetischen Gruppe (%) |
|---|---|---|---|
| Cofaktor-abhängige Proteine | Gewisse Enzyme | Coenzym | <1 |
|  | Metallenzyme | Metallion | <1 |
|  | Hämoglobin | Häm | 4 |
| Lipoproteine | Apo-Lipoproteine | Lipid | 80 |
| Glykoproteine | $a_1$-Glykoprotein | Kohlenhydrat | 40 |
| Phosphoproteine | Casein (in Milch) | Phosphat | 4 |

nierte Raumstruktur und sind demnach den Proteinen zuzuzählen.

**Viele Proteine sind aus mehreren Untereinheiten zusammengesetzt** – Die längsten Polypeptidketten, welche in Zellen synthetisiert werden, besitzen über 1000 Aminosäurereste. Die meisten Polypeptidketten sind kürzer. Proteine mit Molekülmassen > 50 000 Da bestehen zumeist aus mehr als einer Polypeptidkette. Man unterscheidet demnach **monomere Proteine** mit einer Polypeptidkette und **oligomere Proteine**, die aus mehreren Polypeptidketten aufgebaut sind. Das Hämoglobin ist ein Beispiel für ein tetrameres Protein. Seine vier Untereinheiten werden durch nichtkovalente Wechselwirkungen zusammengehalten; trotzdem wird das Hämoglobin-Tetramer als Hämoglobin-Molekül bezeichnet.

Die hohe Molekülmasse der Proteine manifestiert sich in deren Dimensionen. Proteine sind Makromoleküle und unterscheiden sich von niedermolekularen Substanzen in ihrem Verhalten gegenüber Membranen. Viele biologische und künstliche Membranen lassen Wasser und nie-dermolekulare Stoffe durchtreten, sind aber für große Moleküle wie Proteine undurchlässig. Dieses Verhalten wird bei der Dialyse ausgenützt.

**Dialyse:** Eine semipermeable Membran mit Poren von etwa 2 nm, die kleine Moleküle und Ionen durchlässt, Proteine aber zurückhält, dient dazu, Proteine von niedermolekularen Substanzen zu befreien. Auf dem gleichen Prinzip beruht die Hämodialyse in der „künstlichen Niere". Dabei wird ungerinnbar gemachtes Blut gegen eine Elektrolytlösung mit physiologischer Zusammensetzung dialysiert. Harnpflichtige Stoffe werden entfernt und Blutzellen und Blutproteine zurückgehalten.

**Die Proteine können in zwei große Klassen eingeteilt werden:**

– **Globuläre Proteine:** Die Polypeptidketten sind zu kompakten, annähernd kugeligen Formen gefaltet (Abb. 2.2). Globuläre Proteine sind zum großen Teil gut wasserlöslich und haben äußerst vielfältige Funktionen.

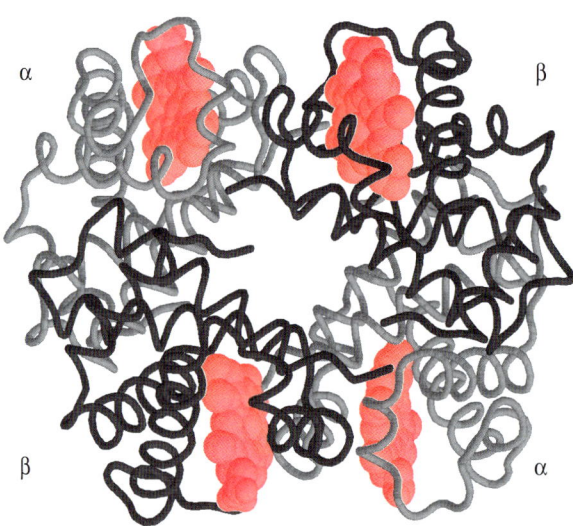

**Abb. 2.2.** Hämoglobin als Beispiel eines oligomeren Proteins aus globulären Untereinheiten. Hämoglobin ist ein Tetramer aus zwei $\alpha$- und zwei $\beta$-Untereinheiten. Je ein $\alpha$- und $\beta$-Globinmolekül bilden ein Dimer. Durch Zusammenlagerung von zwei Dimeren entsteht das tetramere Hämoglobin. Jede Untereinheit besitzt als prosthetische Gruppe ein Häm-Molekül (*in Rot*), welches ein $O_2$-Molekül binden kann

**Abb. 2.3.** Kollagen als Beispiel eines Faserproteins. Drei Kollagen-Polypeptidketten winden sich umeinander, um Tripelhelices zu bilden, welche sich wiederum aneinander lagern, um kollagene Fasern zu bilden. Kollagen ist der wichtigste extrazelluläre Bestandteil des Bindegewebes und der organischen Grundsubstanz des Knochens. Der gezeigte Abschnitt einer Kollagentripelhelix ist 11,4 nm lang und entspricht damit nur ~4% der ganzen Länge der 300 nm langen Kollagentripelhelix

– **Fibrilläre Proteine (Faserproteine)** bilden langgestreckte Strukturen (meist aus vielen aneinandergelagerten Polypeptidketten), sind in der Regel wasserunlöslich und haben vorwiegend mechanische Funktionen (Abb. 2.3). Die mechanischen Eigenschaften gewisser Faserproteine haben dazu geführt, dass Produkte, welche diese Proteine enthalten, praktische Verwendung finden:

| Protein | Produkt |
|---|---|
| Haarkeratin | Wollfasern |
| Kollagen | |
|   im Bindegewebe | |
|   der Haut | Leder |
|   als organische Grund- | Gelatine, |
|   substanz des Knochens | Tischlerleim |
| Seidenfibroin | Seidenfasern |

■ Globuläre Proteine können aus mehreren Untereinheiten aufgebaut sein. Faserproteine bestehen aus aneinandergelagerten langgestreckten Polypeptidketten.

## 2.3
## Aminosäuren, die Bausteine der Proteine

**Proteine sind ausschließlich aus L-Aminosäuren aufgebaut** – Die Vielfalt in Struktur und Funktion der Proteine wird bestimmt durch die Eigenschaften der 20 verschiedenen in Proteinen vorkommenden Aminosäuren. Alle $\alpha$-Aminosäuren können formal als Derivate des Glycins aufgefasst werden, in welchem ein H-Atom am $\alpha$-Kohlenstoffatom durch einen spezifischen Rest (Seitenkette) substituiert ist. Dabei wird C$\alpha$ zum chiralen Zentrum. In Proteinen kommen nur L-Aminosäuren vor. Alle L-Aminosäuren mit Ausnahme von L-Cystein gehören zur S-Reihe im R/S-System. Die Aminosäuren können nach der Art ihrer Seitenketten geordnet werden (Abb. 2.4). Diese Einteilung berücksichtigt die Rolle der Seitenketten für die Ausbildung der Raumstruktur der Proteine.

Gewisse Aminosäure-Bausteine von Proteinen zeichnen sich durch besondere Eigenschaften aus: **Glycin** kann wegen der geringen Raumbeanspruchung besonders gut in die Raumstruktur von Proteinen eingebaut und daher in der Regel nicht leicht durch einen anderen Aminosäurerest ersetzt werden. Die **aromatischen Aminosäuren** (Trp, Tyr, Phe) sind verantwortlich für das Absorptionsmaximum der Proteine bei 280 nm (s. Kapitel 37.4).

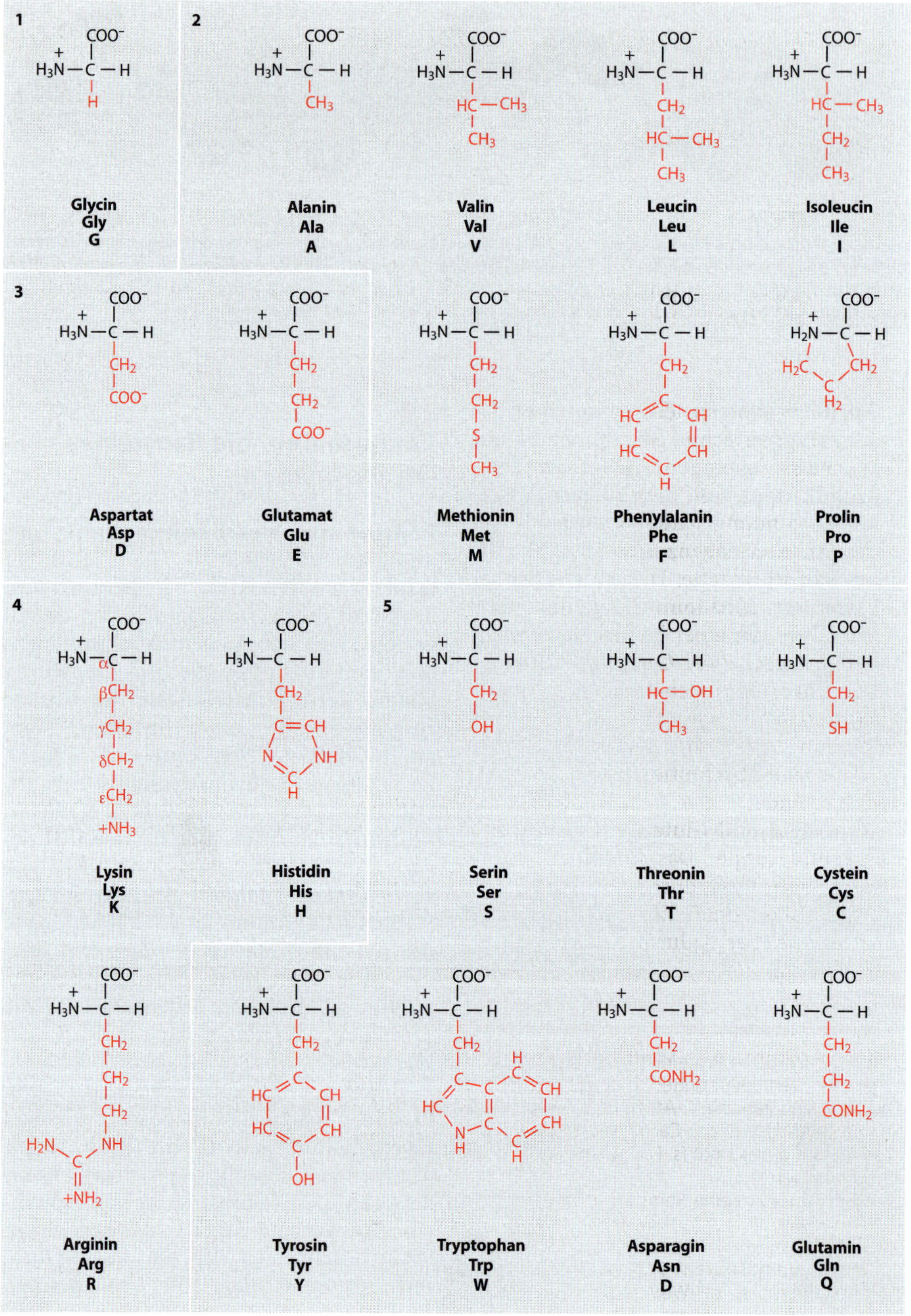

**1**

$$H_3\overset{+}{N}-\overset{\overset{\displaystyle COO^-}{|}}{\underset{\underset{\displaystyle H}{|}}{C}}-H$$

**Glycin**
**Gly**
**G**

**2**

$$H_3\overset{+}{N}-\overset{\overset{\displaystyle COO^-}{|}}{\underset{\underset{\displaystyle CH_3}{|}}{C}}-H$$

**Alanin**
**Ala**
**A**

$$H_3\overset{+}{N}-\overset{\overset{\displaystyle COO^-}{|}}{\underset{\underset{\underset{\displaystyle CH_3}{|}}{HC-CH_3}}{C}}-H$$

**Valin**
**Val**
**V**

$$H_3\overset{+}{N}-\overset{\overset{\displaystyle COO^-}{|}}{\underset{\underset{\underset{\displaystyle CH_3}{|}}{HC-CH_3}}{CH_2}}-H$$

**Leucin**
**Leu**
**L**

$$H_3\overset{+}{N}-\overset{\overset{\displaystyle COO^-}{|}}{\underset{\underset{\displaystyle CH_3}{|}}{C}}-H$$

**Isoleucin**
**Ile**
**I**

**3**

**Aspartat**
**Asp**
**D**

**Glutamat**
**Glu**
**E**

**Methionin**
**Met**
**M**

**Phenylalanin**
**Phe**
**F**

**Prolin**
**Pro**
**P**

**4**

**Lysin**
**Lys**
**K**

**Histidin**
**His**
**H**

**5**

**Serin**
**Ser**
**S**

**Threonin**
**Thr**
**T**

**Cystein**
**Cys**
**C**

**Arginin**
**Arg**
**R**

**Tyrosin**
**Tyr**
**Y**

**Tryptophan**
**Trp**
**W**

**Asparagin**
**Asn**
**D**

**Glutamin**
**Gln**
**Q**

**UV-Absorption der aromatischen Aminosäuren**

|  | Absorptionsmaximum $\lambda_{max}$ (nm) | Molarer Extinktionskoeffizient $\varepsilon$ ($M^{-1}\,cm^{-1}$) |
|---|---|---|
| Phenylalanin | 258 | 197 |
| Tyrosin | 275 | 1420 |
| Tryptophan | 280 | 5600 |

Der molare Extinktionskoeffizient gibt die Extinktion einer (hypothetischen) 1-M Lösung bei einer Schichtdicke von 1 cm an.

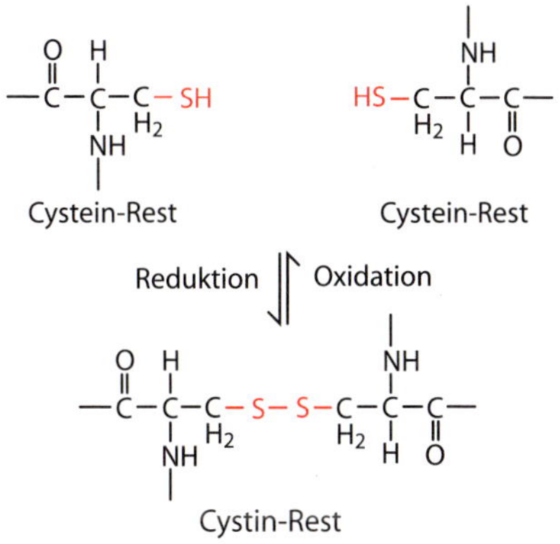

**Prolin** besitzt anstelle einer primären eine sekundäre Aminogruppe. Durch den Ringschluss zwischen Seitenkette und $\alpha$-Aminogruppe wird die freie Drehbarkeit der N-C$\alpha$-Bindung stark eingeschränkt mit wichtigen Konsequenzen bei der Faltung einer Polypeptidkette. Die **schwefelhaltige Aminosäure Methionin** ist die einzige Aminosäure mit einer langen unverzweigten Seitenkette. Zwei **Cystein**reste mit ihren Sulfhydrylgruppen können zu einem Cystinrest oxidiert werden, dessen Disulfidbindung zwei Polypeptidketten oder verschiedene Abschnitte einer Polypeptidkette verbindet.

**Asparagin** und **Glutamin** besitzen eine **Säureamidgruppe.** Das eng benachbarte O-Atom beeinflusst durch seine Elektronegativität das freie Elektronenpaar am N-Atom, welches dadurch nicht mehr wie bei den Aminen zur Protonenbindung

Cystein-Rest    Cystein-Rest

Reduktion ⇅ Oxidation

Cystin-Rest

zur Verfügung steht. Die Amidgruppen von Asn und Gln sind somit wohl polar, aber nicht mehr basisch. Außer den 20 Standard-Aminosäuren kommen in Proteinen noch einige weitere Aminosäuren vor, die nicht in der DNA codiert sind, sondern im fertiggestellten Protein durch

**Abb. 2.4.** Die 20 in Proteinen vorkommenden Aminosäuren. Unterhalb der Namen sind die Drei- und Einbuchstabenabkürzungen angegeben. Der gezeigte Ladungszustand der ionisierbaren Gruppen gilt für pH 7. Das zentrale C-Atom wird als C$\alpha$ bezeichnet (s. die Formel von Glycin) und trägt die sogenannte $\alpha$-Amino- und $\alpha$-Carboxylatgruppe. Die weiteren Atome werden fortlaufend mit griechischen Buchstaben bezeichnet (s. Formel von Lysin). Die Aminosäuren sind nach der Art ihrer Seitenketten (*in Rot*) geordnet:
1. **Glycin** besitzt keine Seitenkette und ist daher nicht chiral.
2. **Aminosäuren mit hydrophober Seitenkette.** Die Seitenketten bestehen aus Kohlenwasserstoffketten ohne reaktive Gruppen.
3. **Saure Aminosäuren** (Monoaminodicarbonsäuren). Die negativen Ladungen von Proteinen bei physiologischen pH-Werten befinden sich auf diesen Aminosäureresten.
4. **Basische Aminosäuren**. Diese Aminosäurereste tragen die positiven Ladungen von Proteinen.
5. **Aminosäuren mit polarer Gruppe in der Seitenkette.** Diese Aminosäuren können H- Bindungen eingehen.
Die Aminosäuren, die keine geladene Gruppe in der Seitenkette tragen, werden als **neutrale Aminosäuren** bezeichnet

chemische Modifikation von Standard-Aminosäuren entstehen (**posttranslationale Modifikation**). Solche besonderen Aminosäuren sind nur in wenigen Proteinen zu finden.

- Nach der Art ihrer Seitenkette werden Aminosäuren mit hydrophober, mit ungeladener polarer und mit saurer oder basischer Seitenkette unterschieden. Bei physiologischen pH-Werten sind die sauren Aminosäurereste eines Proteins negativ und die basischen Aminosäurereste positiv geladen.

## 2.4
# Ionisationszustände von Aminosäuren und Proteinen

**Alle Aminosäuren sind in wässrigem Milieu ionisiert und können als Säure (Protonendonor) und auch als Base (Protonenakzeptor) reagieren** – Substanzen, welche sowohl saure als auch basische Eigenschaften aufweisen, werden als **Ampholyte** (amphotere Elektrolyte) bezeichnet. Die Protonierung und Deprotonierung der Aminosäuren und damit deren Ladungszustand hängen vom pH-Wert der Lösung ab. Am einfachsten sind diese Verhältnisse bei den neutralen Aminosäuren, die nur zwei ionisierbare Gruppen, nämlich die $\alpha$-Aminogruppe und die $\alpha$-Carboxylgruppe, aufweisen (Abb. 2.5).

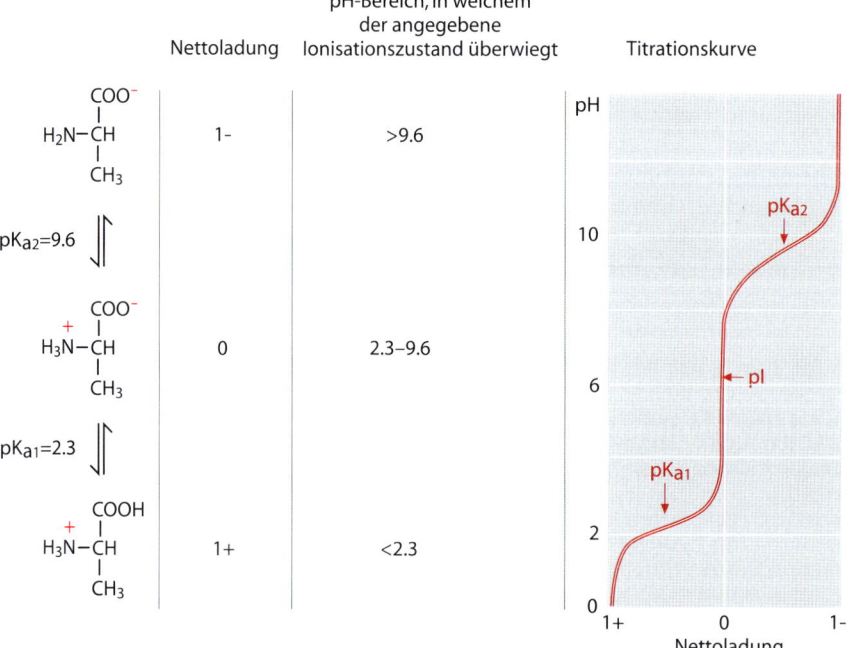

**Abb. 2.5.** Säure-Base-Titration von Aminosäuren. Bei einer Aminosäure mit einer ionisierbaren Gruppe in der Seitenkette kommt zu den zwei Titrationsstufen von $\alpha$-Carboxyl-Gruppe und $\alpha$-Aminogruppe, wie sie sich bei Alanin finden, noch eine dritte Titrationsstufe dazu

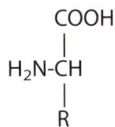

Diese nichtionisierte Form einer Aminosäure kommt in wässriger Lösung bei keinem pH-Wert vor. Gelegentlich wird diese Darstellung der Einfachheit halber besonders bei Besprechungen des Stoffwechsels verwendet.

Die Ionisation einer ionisierbaren Gruppe (z. B. AH $\rightleftharpoons$ A$^-$ + H$^+$) wird durch das Massenwirkungsgesetz beschrieben:

$$\frac{[H^+] \cdot [A^-]}{HA} = K_a,$$

wobei $K_a$ die Säuredissoziationskonstante darstellt.

Logarithmieren gibt

$$\log[H^+] + \log\frac{[A^-]}{[HA]} = \log K_a.$$

Wird $-\log[H^+] = pH$ und $-\log K_a = pK_a$ gesetzt, ergibt sich

$$pH = pK_a + \log\frac{[A^-]}{[HA]},$$

die **Henderson-Hasselbalchsche Puffergleichung.**

Wenn $pH = pK_a$, ist $\log\frac{[A^-]}{[HA]} = 0$, d.h. $\frac{[A^-]}{[HA]} = 1$. Je die Hälfte der Moleküle liegt in protonierter bzw. deprotonierter Form vor.

Bei einem bestimmten pH-Wert der Lösung einer Aminosäure liegen, außer dem Zwitterion, die anionische und kationische Form in gleicher Konzentration vor (Abb. 2.5). Die über die Moleküle und die Zeit gemittelte Nettoladung der Aminosäure ist in diesem Fall gleich Null. Dieser pH-Wert wird als **isoelektrischer Punkt pI** der Aminosäure bezeichnet und entspricht dem arithmetischen Mittel der $pK_a$-Werte.

$$pI = \frac{pK_1 + pK_2}{2}.$$

**Die Ladungseigenschaften der Proteine leiten sich von den Ladungseigenschaften ihrer Seitenketten ab** – Die Ladung der einzelnen Gruppen wird nach Maßgabe der $pK_a$-Werte durch den pH-Wert der Lösung bestimmt. Die $pK_a$-Werte können nur ungefähr angegeben werden, da sie von ihrer Mikroumgebung im Protein beeinflusst werden (Tabelle 2.2). Wie die Aminosäuren sind auch Peptide und Proteine Ampholyte. Abhängig vom pH-Wert der Lösung kann ihre Gesamtladung positiv, negativ oder auch Null sein (Tabelle 2.3). Wie Aminosäuren weisen demnach auch Proteine einen isoelektrischen Punkt auf. Die pH-Titrationskurve eines Proteins entspricht der Summe der Titrationskurven aller ionisierbaren Gruppen. Bei vielen Proteinen zeigt sie deren v.a. durch Histidinreste ($pK_a = 6$–$7$) bedingte Pufferwirkung im physiologischen Bereich. Proteine sind wichtige Puffer in Zellen und im Blut.

Proteine können aufgrund ihres isoelektrischen Punktes in **saure, neutrale** und **basische Proteine** eingeteilt werden:

| | | pI | Ladung bei pH 7 | Aminosäurezusammensetzung |
|---|---|---|---|---|
| Saure Proteine | pI < 7 | Pepsin ~2,9 | stark negativ | viel Asp und Glu |
| Neutrale Proteine | pI~7 | Hämoglobin 7,1 | ~0 | gleichviel saure und basische Aminosäuren |
| Basische Proteine | pI > 7 | Histone 10,8 | stark positiv | viel Lys und Arg |

**Tabelle 2.2.** $pK_a$-Werte ionisierbarer Gruppen in Proteinen

| Amino-säurerest | Bezeichnung der ionisierbaren Gruppe | Protonierte Form | Deprotonierte Form | Beobachtete $pK_a$-Werte |
|---|---|---|---|---|
| Asp | $\beta$-Carboxyl | $-CH_2-COOH$ | $-CH_2-COO^-$ | 3,9–4,0 |
| Glu | $\gamma$-Carboxyl | $-CH_2-CH_2-COOH$ | $-CH_2-CH_2-COO^-$ | 4,3–4,5 |
| Arg | Guanidinium/Guanidino | $-CH_2-CH_2-CH_2-NH-C{\overset{\overset{+}{NH_2}}{\diagdown}}{\underset{NH_2}{}}$ | $-CH_2-CH_2-CH_2-NH-C{\overset{NH}{\diagdown}}{\underset{NH_2}{}}$ | 12,0 |
| Lys | $\varepsilon$-Amino | $-CH_2-CH_2-CH_2-CH_2-NH_3^+$ | $CH_2-CH_2-CH_2-CH_2-NH_2$ | 10,4–11,1 |
| His | Imidazol | $-CH_2$ (Imidazolium) | $-CH_2$ (Imidazol) | 6,0–7,0 |
| Cys | Sulfhydryl | $-CH_2-SH$ | $-CH_2-S^-$ | 9,0–9,5 |
| Tyr | phenolische OH-Gruppe | $-CH_2-$ (Phenol–OH) | $-CH_2-$ (Phenolat–O$^-$) | 10,0–10,3 |
| COOH-Ende | $\alpha$-Carboxyl | $-COOH$ | $-COO^-$ | 3,5–4,3 |
| $NH_2$-Ende | $\alpha$-Amino | $-NH_3^+$ | $-NH_2$ | 6,8–8,0 |

**Tabelle 2.3.** Ladung eines Peptids in Abhängigkeit vom pH-Wert. Die Ladungszustände bei den verschiedenen pH-Werten ergeben sich aus den $pK_a$-Werten der ionisierbaren Gruppen in Tabelle 2.2. Die Ladungseigenschaften von Peptiden oder Proteinen werden in erster Linie durch die Ladungsverhältnisse an den Seitenketten bestimmt. Die Amidgruppe (Peptidbindung: -NH-CO-) ist elektrisch neutral und hat weder basische noch saure Eigenschaften; nur die $\alpha$-Amino- und $\alpha$-Carboxyl-Gruppe an den Enden der Kette tragen zur Ladung eines Polypeptids bei

| Reaktion der Lösung | Ionisationszustand | Nettoladung |
|---|---|---|
| sauer (pH 1) | $\overset{+}{H_3N}$-$\overset{+}{Arg}$-Val-Glu-Asn-Asp-$\overset{+}{Lys}$-Ala-COOH | 3+ |
| neutral | $\overset{+}{H_3N}$-$\overset{+}{Arg}$-Val-$\overset{-}{Glu}$-Asn-$\overset{-}{Asp}$-$\overset{+}{Lys}$-Ala-$\overset{-}{COO}$ | 0 |
| basisch (pH 13) | $H_2N$-Arg-Val-$\overset{-}{Glu}$-Asn-$\overset{-}{Asp}$-Lys Ala-$\overset{-}{COO}$ | 3– |

■ Für die Ladungseigenschaften eines Proteins sind in erster Linie die ionisierbaren Gruppen der Seitenketten verantwortlich. Im physiologischen pH-Bereich besitzen basische Proteine eine positive und saure Proteine eine negative Nettoladung.

## 2.5
## Aminosäurezusammensetzung und Aminosäuresequenzen von Proteinen

Bei der Aufklärung der Struktur eines Proteins stellt sich als erstes die Frage, aus welchen und wie vielen Aminosäureresten es besteht. Die Aminosäureanalyse (s. Kapitel 38.1) hat für die Untersuchung von Proteinen die gleiche Bedeutung wie die Elementaranalyse niedermolekularer Verbindungen in der Chemie. Die durchschnittliche Häufigkeit, mit der Aminosäuren in Proteinen vorkommen, variiert

**Häufigkeit des Vorkommens der verschiedenen Aminosäuren in Proteinen,** ermittelt aus den Zusammensetzungen von 1021 nicht verwandten Proteinen

Durchschnittliche Häufigkeit
in Proteinen (%)

| | | | | |
|---|---|---|---|---|
| Gly | 7,5 | Cys | 1,7 | |
| Ala | 8,3 | Trp | 1,3 | |
| Val | 6,6 | Tyr | 3,2 | |
| Leu | 9,0 | Asn | 4,4 | |
| Ile | 5,2 | Gln | 4,0 | |
| Met | 2,4 | Asp | 5,3 | } 11,5 |
| Phe | 3,9 | Glu | 6,2 | |
| Pro | 5,1 | Lys | 5,7 | } 11,54 |
| Ser | 6,9 | Arg | 5,7 | |
| Thr | 5,8 | His | 2,2 | |

recht stark: Leucin kommt siebenmal häufiger vor als Tryptophan.

Die Aminosäurezusammensetzung ist ein spezifisches Merkmal für ein bestimmtes Protein. Im Allgemeinen ist jedoch keine direkte Beziehung zwischen Aminosäurezusammensetzung und der räumlichen Struktur oder gar der Funktion des Proteins ersichtlich. Nur in gewissen Extremfällen hängt die Struktur und Funktion eines Proteins vom Vorhandensein eines großen Anteils bestimmter Aminosäurereste ab:

– Histone kommen im Chromatin des Zellkerns vor. Es sind stark basische Proteine mit einem hohen Gehalt positiv geladener Lysin-Reste, die an die negativ geladenen Phosphatgruppen der DNA binden.

– Kollagen ist ein Faserprotein des Bindegewebes, welches langgestreckte Tripelhelices bildet, deren Struktur durch den Gehalt an Glycin, Prolin, Hydroxyprolin und Hydroxylysin ermöglicht wird. Hydroxyprolin und Hydroxylysin kommen ganz selten in anderen Proteinen vor, sind aber sehr typisch für das Kollagen. Ihre Hydroxylgruppen dienen als Ansatzpunkte für kovalente Quervernetzungen (s. Kapitel 32.1). Für diese beiden Aminosäuren existiert kein eigenes genetisches Codewort (Basentriplett), d.h. ihre Seitenketten werden nach der Synthese der Peptidkette hydroxyliert (posttranslationale Modifikation).

– Das Faserprotein Keratin bildet die Haare und andere Hautanhangsgebilde. Es enthält sehr viele Disulfidbindungen, welche die einzelnen Polypeptidketten zusammenhalten und dem Haar seine mechanische Festigkeit verleihen.

**Proteine mit gleicher Zusammensetzung aber ungleicher Sequenz der Aminosäuren sind nicht identisch** – Die speziellen Eigenschaften und Funktionen eines Proteins werden außer durch die Aminosäuren-Zusammensetzung in ganz entscheidendem Maße durch die Reihenfolge der Aminosäuren in der Polypeptidkette bedingt.

Die erste Sequenzbestimmung mittels chemischem Abbau war die von Insulin, einem Protein aus zwei Peptidketten mit insgesamt 51 Aminosäureresten. Frederick Sanger arbeitete zehn Jahre (1945–1955) an der Sequenzierung von Insulin. Auch heute dauert die **Bestimmung der Aminosäuresequenz eines Proteins** noch einige Monate. Die Fortschritte der molekularen Genetik bieten aber ein weniger aufwändiges Verfahren an: Die **Aminosäuresequenz** kann auch **aus** der **Nucleotidsequenz der entsprechenden DNA** abgeleitet werden. Die Nucleotidsequenz der DNA kann durch raschere und einfachere Methoden bestimmt werden, setzt aber die Isolierung der entsprechenden DNA voraus. Von der Nucleotidsequenz kann mit Hilfe des genetischen Codes die Aminosäuresequenz abgeleitet werden. Aufschluss über etwaige posttranslationale Modifikationen verschafft ein Vergleich der kovalenten Struktur, die anhand des isolierten Proteins zu bestimmen ist, mit der aus der DNA abgeleiteten Aminosäuresequenz.

**Zur Nomenklatur (Beispiel eines Pentapeptids)**
Alanyl-Seryl-Isoleucyl-Phenylalanyl-Lysin
Ala-Ser-Ile-Phe-Lys
ASIFK
Zu beachten:
– Sequenz wird vom $NH_2$-Terminus zum COOH-Terminus (entspricht der Richtung der Biosynthese) angegeben,
– Peptid wird als Acylderivat der C-terminalen Aminosäure bezeichnet,
– Aminosäuresequenzen von Proteinen werden ausschließlich mit den Dreibuchstaben- oder Einbuchstabenabkürzungen angegeben

■ Die Aminosäuresequenz eines Proteins kann entweder durch Analyse des Proteins selbst ermittelt oder aus der Nucleotidsequenz der entsprechenden DNA abgeleitet werden.

**Vergleich der Aminosäuresequenzen von Proteinen** – Aus Sequenzvergleichen kann die **molekulare Evolution von Proteinen** rekonstruiert werden. Beim Vergleich der Sequenzen verwandter Proteine, z.B.

von Myoglobin und Hämoglobin, werden deren einzelne Aminosäurereste so aneinander ausgerichtet, dass sich der größtmögliche Grad von Sequenzidentität ergibt (Abb. 2.6). Eine offensichtliche Ähnlichkeit in der Aminosäuresequenz (Identität >30%) wird als **Sequenzhomologie** bezeichnet. Sie ist die Folge des gemeinsamen evolutionären Ursprungs dieser Proteine. Oft ergibt sich das klare Bild einer Homologie erst, wenn in den ausgerichteten Sequenzen bestimmte Positionen freigelassen werden. Diese „Lücken" existieren in Wirklichkeit nicht. Sie sind bloß Zeugen davon, dass im Laufe der molekularen Evolution an diesen Positionen Aminosäuren eliminiert (**Deletion**) oder zusätzlich eingeschoben (**Insertion**) worden sind.

**Die molekulare Evolution homologer Proteine lässt sich durch Sequenzvergleiche nachzeichnen** – Nach Genduplikation, d.h. Verdoppelung eines Gens, können aus einem gemeinsamen Vorfahren zwei Proteine entstehen, die sich gesondert für die Erfüllung einer bestimmten Funktion spezialisieren können. Beispiele sind die Entwicklung von Myoglobin und der verschiedenen Hämoglobinketten (*α, β, γ, δ, ε, ζ*), welche durch mehrfache Genduplikationen ermöglicht wurde. Ein weiteres eindrückliches Beispiel liefert die *α*-Familie der Pyridoxal-5′-phosphat-abhängigen Enzyme, welche nicht weniger als 60 verschiedene Enzyme einschließt. Gemeinsam ist diesen Enzymen, dass sie alle Pyridoxal-5′-phosphat als Coenzym benutzen und Reaktionen von Aminosäuren kataly-

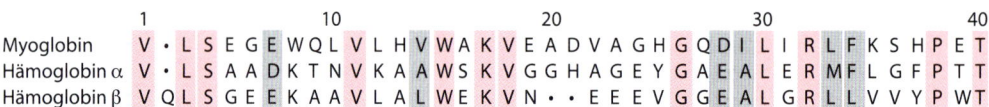

**Abb. 2.6.** Vergleich der Aminosäurensequenzen von Myoglobin (Pottwal) und *α*- sowie *β*-Ketten des Hämoglobins (Pferd). Diese Proteine binden reversibel Sauerstoff. Die Abbildung zeigt nur die ersten 40 Aminosäurereste der Polypeptidketten, die je nach Protein 141 bis 153 Reste lang sind. Mit Punkten sind Deletionen angegeben.
*Rot:* Invariante Position (identische Aminosäurereste in den markierten Sequenzen)
*Grau:* Position mit konservativen Substitutionen (verschiedene aber einander ähnliche Aminosäurereste, d.h. der gleichen Gruppe gemäß Abb. 2.4 zugehörig)
*Weiss:* Variable Position (Aminosäurereste gehören verschiedenen Gruppen von Aminosäuren an)

sieren. Strukturell oder funktionell besonders wichtige Positionen sind invariant, d.h. auch in entfernt verwandten Proteinen mit der gleichen Aminosäure besetzt. In der $\alpha$-Familie der Pyridoxal-5′-phosphat-abhängigen Enzyme sind jedoch nur 2 Positionen von insgesamt ungefähr 400 strikt invariant.

**Aus Sequenzvergleichen lassen sich phylogenetische Stammbäume ableiten** – Sequenzvergleiche von Proteinen haben folgende grundsätzliche Merkmale ergeben:

– Die Ähnlichkeit in den Sequenzen eines gegebenen Proteins nimmt mit evolutionärer Distanz der Spezies ab. Die phylogenetische Distanz verschiedener Spezies lässt sich aus morphologischen Vergleichen und paläontologischen Untersuchungen ermitteln.
– Die Änderungsgeschwindigkeit bleibt für ein gegebenes Protein über Jahrmillionen ungefähr konstant. Die „Proteinuhr" tickt gleichmäßig.
– Die Änderungsgeschwindigkeit ist für verschiedene Proteine verschieden (Tabelle 2.4).

Auf der Grundlage dieser Erkenntnisse lassen sich durch Sequenzvergleiche von Proteinen Schlüsse über den Verlauf der **phylogenetischen Evolution** ziehen (Tabelle 2.5 und Abb. 2.7). In ähnlicher Weise können auch Nucleotidsequenzen, z.B. die ribosomaler RNA, verglichen werden. Ein solcher Vergleich hat die evolutionäre Sonderstellung von Archaebakterien aufgezeigt.

■ Proteine, die aus einem gemeinsamen Vorfahren entstanden sind, bezeichnet man als homologe Proteine. Durch Vergleich der Aminosäuresequenzen homologer Proteine lassen sich Schlüsse über deren molekulare Evolution oder auch über den Verlauf der Phylogenese ziehen.

**Erbkrankheiten sind molekulare Krankheiten** – Ein Protein kann durch eine Mutation seiner DNA dermaßen verändert werden, dass es seine biologische Funktion nicht mehr oder nur noch in ungenügendem Maße erfüllen kann. Eine solche molekulare Krankheit kann oft durch Sequenzuntersuchungen eindeutig erklärt werden. Schon der Austausch einer einzigen Aminosäure führt unter Umständen zu einer vererbbaren Krankheit. Bei vielen Erbkrankheiten ist ein bestimmtes Enzym betroffen. Die fehlende oder mangelhafte Katalyse einer bestimmten Reaktion im Stoffwechsel führt zu einer **Stoffwechselkrankheit**. Nicht nur defekte Enzyme, sondern auch andere funktionsuntüchtige Proteine sind als Ursache hereditärer Krankheiten identifiziert worden. Zum Beispiel liegt ein ungenügend funktionierender Chloridkanal der cystischen Fibrose (Mucoviscidose) zugrunde und Kollagendefekte führen zu Schäden des Bindegewebes.

**Tabelle 2.4.** Änderungsgeschwindigkeit verschiedener Proteine während der Evolution. Offensichtlich verhält sich ein Protein umso konservativer, je kritischer seine physiologische Funktion ist

| Protein | Zeit, in der eine von 100 Aminosäuren substituiert wurde (Millionen Jahre) | Funktion des Proteins |
| --- | --- | --- |
| Histone (H3 und H4) | 300–400 | Beteiligt an der Packung der DNA im Chromatin |
| Cytochrom c | 20 | Beteiligt an der Atmungskette |
| Hämoglobin | 6 | $O_2$-Transport |
| Fibrinopeptide | 1 | Verhindern Aggregation des Fibrinogens, werden bei Gerinnung abgespalten, ohne eine weitere Funktion zu haben |

**Tabelle 2.5.** Paarweise Sequenzidentität von Cytochrom c aus verschiedenen Spezies. Die Zahlen entsprechen der Anzahl der Unterschiede in den Aminosäuresequenzen der zwei verglichenen Spezies

| | Mensch | Pferd | Huhn | Klapper-schlange | Ochsen-frosch | Thunfisch | Drosophila | Bäckerhefe | Weizen |
|---|---|---|---|---|---|---|---|---|---|
| Mensch | 0 | | | | | | | | |
| Pferd | 12 | 0 | | | | | | | |
| Huhn | 13 | 11 | 0 | | | | | | |
| Klapperschlange | 14 | 22 | 19 | 0 | | | | | |
| Ochsenfrosch | 18 | 14 | 11 | 24 | 0 | | | | |
| Thunfisch | 21 | 19 | 17 | 26 | 15 | 0 | | | |
| Drosophila | 28 | 23 | 24 | 30 | 21 | 25 | 0 | | |
| Bäckerhefe | 45 | 46 | 46 | 47 | 47 | 47 | 46 | 0 | |
| Weizen | 43 | 46 | 46 | 46 | 48 | 49 | 46 | 47 | 0 |

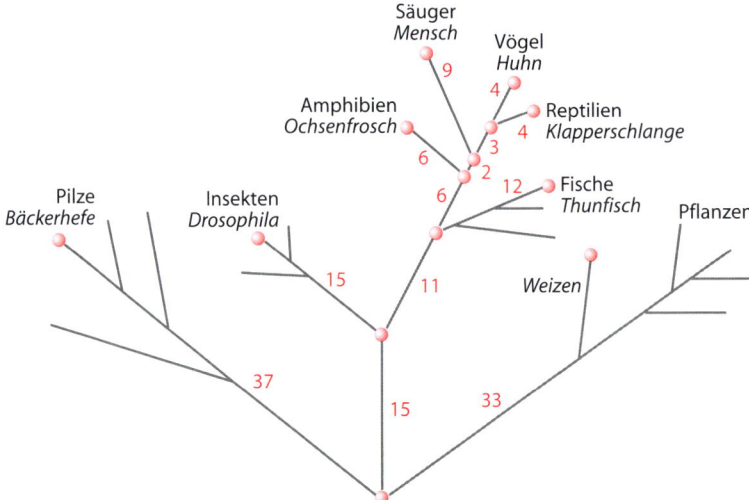

**Abb. 2.7.** Phylogenetischer Stammbaum abgeleitet aus Vergleichen von Cytochrom-c-Sequenzen. Die Verzweigungspunkte entsprechen einem gemeinsamen Vorfahren der daraus hervorgehenden evolutionären Linien. Die Zahlen geben die ungefähre Anzahl der zwischen den Verzweigungspunkten bzw. den angegebenen Spezies vorgefundenen Unterschiede pro 100 Aminosäurereste an

**Eine eingehend untersuchte molekulare Krankheit ist die Sichelzellanämie des Menschen** – In der $\beta$-Kette des Sichelzell-Hämoglobins (HbS) ist in Position 6 ein Glu durch Val ersetzt worden. Der Austausch des negativ geladenen Glu durch das hydrophobe Val führt zur Aggregation von desoxygeniertem HbS in den Kapillaren der peripheren Gewebe. Es bilden sich HbS-Filamente aus, die sich durch den ganzen Erythrocyten erstrecken und diesen zur Sichelzelle deformieren:

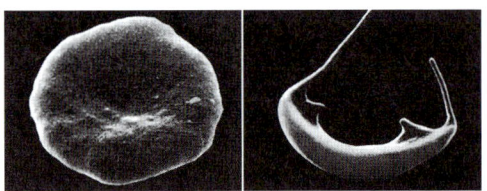

Die Sichelzellen behindern die Blutzirkulation in den Kapillaren. Gewebeschäden durch Hypoxie sind die Folge. Zudem besteht eine hämolytische Anämie, da die Lebensdauer der Erythrocyten auf 60 Tage, die Hälfte der normalen Lebensdauer, herabgesetzt ist. Homozygote HbS-Kranke sterben frühzeitig. Heterozygote Träger zeigen eine erhöhte Resistenz gegen Malaria. Aus diesem Grund hat sich das HbS-Gen im tropischen Afrika und anderen Gebieten, in denen die Malaria vorkam, verbreitet.

■ Erbkrankheiten sind auf genetisch bedingte Veränderungen der Aminosäuresequenzen bestimmter Proteine zurückzuführen. Die mutierten Proteine können ihre Funktionen nicht mehr oder nur noch ungenügend erfüllen. In vielen Fällen liegt dem Defekt die Substitution eines einzigen Aminosäurerests zugrunde.

# 3 Raumstruktur der Proteine

Proteine sind dreidimensionale Gebilde. Nur in gefalteter Form, der genau definierten nativen Konformation, sind Proteine biologisch aktiv. Die Faltung der am Ribosom entstehenden Polypeptidkette zur nativen Konformation erfolgt durch Selbstorganisation. Ein direkter Hinweis dafür ist die spontane Bildung enzymatisch aktiver Ribonuclease nach chemischer Synthese der Polypeptidkette aus Aminosäuren. Offenbar enthält die Aminosäurensequenz die gesamte Information, welche die Faltung leitet und bestimmt. Die native Konformation entsteht, weil sie unter den in der Zelle herrschenden Bedingungen die wahrscheinlichste Konformation ist, d.h. diejenige mit kleinster freier Energie.

Es sollte demnach möglich sein, die native Konformation aufgrund der Aminosäuresequenz vorauszusagen. Dazu müssten jedoch alle physikalisch-chemischen Eigenschaften der Peptidkette und der Seitenketten sowie deren Wechselwirkungen genau bekannt und in ihrem Zusammenwirken berechenbar sein. Noch ist dieses große Problem der Proteinchemie ungelöst. Im Folgenden werden allgemeine Prinzipien der Faltung der Peptidkette besprochen, welche den Einfluss der individuellen Seitenketten allerdings noch nicht berücksichtigen.

> **Native Konformation**: Die eindeutig definierte 3D-Struktur, welche das Protein im lebenden Organismus aufweist und mit welcher es die gleiche biologische Aktivität wie im Organismus besitzt.

## 3.1 Stabilisierung der Raumstruktur

**Die Faltung globulärer Proteine ist ein intramolekularer Vorgang** – Er kommt zustande durch Wechselwirkungen zwischen verschiedenen, in der Sequenz oft weit auseinanderliegenden Abschnitten der Polypeptidkette. An diesen Wechselwirkungen sind sowohl die Hauptkette als auch die Seitenketten beteiligt. Es gibt zwei Gruppen faltungsbestimmender Faktoren:
- Stereochemische Eigenschaften der Kette (Raumbeanspruchung der einzelnen Gruppen, Drehbarkeit um Bindungen).
- Die Wechselwirkungen, welche zwischen den einzelnen Kettenabschnitten auftreten und die Faltung stabilisieren. Am wichtigsten sind nichtkovalente Sekundärbindungen: **H-Bindungen** zwischen polaren Gruppen, **Van-der-Waals-Wechselwirkungen**, **hydrophobe Effekte** apolarer Gruppen, **elektrostatische Wechselwirkungen** zwischen geladenen Gruppen. Besonders bei extrazellulären Proteinen kommen noch intramolekulare **Disulfidbindungen** dazu.

Die **3D-Struktur wird bestimmt durch das Zusammenspiel von zwei einander entgegengesetzten Tendenzen:**
- Die **Hauptkette** mit ihrer regelmäßigen Struktur fördert die Tendenz zu einem **regelmäßigen Faltungsmuster.**
- Die **Seitenketten** mit ihren unregelmäßigen Strukturen sind verantwortlich für ein **unregelmäßiges Faltungsmuster.**

Die verwirklichte Faltungsform der meisten Proteine entspricht einem Kompromiss zwischen beiden Tendenzen. Diese beiden entgegengesetzten Faltungsmuster bilden die Grundlage für die Organisation der Raumstruktur von Proteinmolekülen, die in nachfolgender Tabelle zusammengefasst ist.

**Die Struktur der Proteine ist hierarchisch organisiert:**

|  | Definition | Verantwortlicher Bindungstyp |
|---|---|---|
| **Primärstruktur** | Sequenz der Aminosäuren | Peptidbindungen |
| **Sekundärstruktur** | Abschnitte regelmäßiger Faltung ($\alpha$-Helix, $\beta$-Faltblatt, $\beta$-Schleife) | Wasserstoffbindungen zwischen Amidgruppen der Hauptkette |
| **Tertiärstruktur** | Räumliche Gesamtstruktur einer Polypeptidkette bestehend aus regelmäßig und unregelmäßig gefalteten Abschnitten | Hydrophobe Effekte, Wasserstoffbindungen zwischen: <br> – Amidgruppen der Hauptkette <br> – Amidgruppen der Hauptkette und polaren Gruppen von Seitenketten <br> – polaren Gruppen von Seitenketten <br> Salzbindungen zwischen geladenen Gruppen* <br> Disulfidbindungen* <br> (* nicht in allen Proteinen vorkommend) |
| **Domäne** | Globulärer Teil eines größeren Proteins; faltet sich i.d.R. unabhängig von anderen Domänen. Oft Träger einer bestimmten Funktion. | |
| **Quartärstruktur** | Zusammenlagerung von zwei oder mehr Polypeptidketten (Untereinheiten) mit eigener Tertiärstruktur zu einem stabilen oligomeren Proteinmolekül | Gleiche Bindungstypen wie für Tertiärstruktur |

■ Die kovalente Struktur (Primärstruktur) der Polypeptidkette bestimmt vollständig und allein die Raumstruktur der Proteine.

## 3.2
## Sekundärstruktur

**Die Peptidbindung ist ein planares Resonanzsystem** – Die Geometrie der Peptidbindung und deren chemische Eigenschaften sind die Grundlage für die Ausbildung von Sekundärstrukturen.

Die Peptidbindung (Amidbindung) kann durch zwei mesomere Grenzstrukturen beschrieben werden. Sowohl die C$\doteq$O- als auch die C$\doteq$N-Bindung entsprechen partiellen Doppelbindungen; die Peptidbindung ist ein Resonanzhybrid:

Aus dieser Struktur der Peptidbindung ergeben sich zwei wichtige Konsequenzen:
- Sterische Konsequenz: Durch den partiellen Doppelbindungscharakter der C—N-Bindung wird deren freie Drehbarkeit eingeschränkt. Damit wird die Peptidbindung planar. Die Peptidkette kann als Reihe von Ebenen, die durch substituierte Methylengruppen (-CHR-) voneinander getrennt sind, angesehen werden (Abb. 3.1).
- Chemische Konsequenz: Die Elektronendelokalisation führt zu Partialladungen am O- und N-Atom der Peptidbindung: das O-Atom, partiell negativ geladen, wird nucleophiler und somit zu einem wirksameren H-Akzeptor. Ein solches O-Atom zeigt erhöhte Tendenz, H-Bindungen zu bilden. Das N-Atom, partiell positiv geladen, wird weniger nucleophil und somit zu einem besseren H-Donor. Das N-gebundene H-Atom zeigt demnach eine erhöhte Tendenz, H-Bindungen einzugehen.

**Die α-Helix und das β-Faltblatt sind die wichtigsten Sekundärstrukturen** – Ausgehend von den oben geschilderten Eigenschaften der Peptidbindung forderte Linus Pauling für stabile Sekundärstrukturen die Einhaltung folgender Kriterien:
- Planarität der Peptidbindung,
- Ausbildung einer maximalen Anzahl von H-Bindungen zwischen den Amidbindungen (eine H-Bindung pro Aminosäurerest),
- Optimale Bindungslängen und Bindungswinkel für H-Bindungen.

Die Anforderungen werden durch die α-Helix (Abb. 3.2) und das β-Faltblatt (Abb. 3.3) erfüllt. Diese zwei wichtigsten und stabilsten Sekundärstrukturen sind durch röntgenkristallographische Untersuchungen von Proteinen bestätigt worden. α-Helices und β-Faltblätter kommen sowohl in globulären Proteinen als auch in Faserproteinen vor. Trotz der sterisch günstigen Anordnung der Seitenketten bei beiden Strukturen sind sterische Konflikte der Seitenketten untereinander oder auch mit der Hauptkette nicht auszuschließen. Treten solche Konflikte auf, kommt es zur Unterbrechung oder zum Abbruch der regelmäßigen Struktur.

**Weitere Sekundärstrukturen haben besondere strukturelle Aufgaben** – Die **β-Schleife (β-turn)** wird häufig in kompakten globulären Proteinen bei Richtungsänderungen der Polypeptidkette um fast 180° gefunden (Abb. 3.4).

Neben der α-Helix gibt es eine Reihe anderer helicaler Formen (π-Helix usw.), die man in Proteinen gefunden hat. Eine weitere sehr wichtige Sekundärstruktur ist die nur im Kollagen vorkommende **Tripelhelix**, in welcher drei Peptidketten miteinander verdrillt sind (s. Kapitel 3.8).

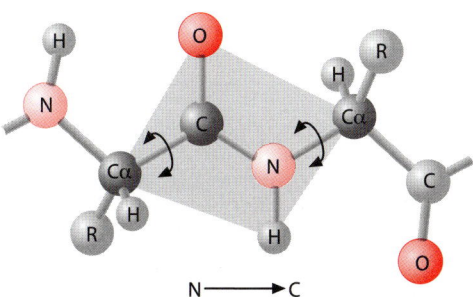

**Abb. 3.1.** Geometrie der Peptidbindung. Freie Drehbarkeit besteht nur noch um die mit *Pfeilen* bezeichneten Einfachbindungen, die Cα-C- und die N-Cα-Bindung. Alle sechs Atome liegen in der gleichen Ebene; die Peptidbindung ist planar. N → C gibt die Richtung der Peptidkette vom Aminoende (N) zum Carboxylende (C) an. Die Seitenketten sind mit R bezeichnet

■ Sekundärstrukturen (α-Helix, β-Faltblatt) sind regelmäßige Faltungsmuster der Polypeptidkette, deren Struktur durch H-Bindungen zwischen den periodisch angeordneten Amidgruppen der Hauptkette bestimmt wird.

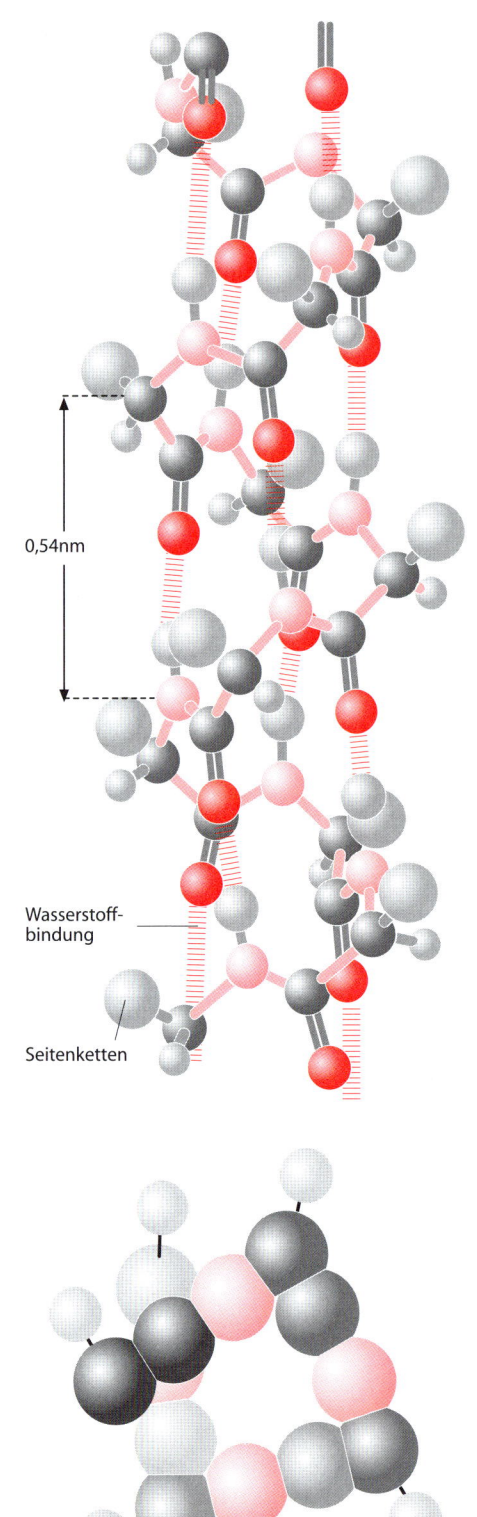

0,54nm

Wasserstoff-
bindung

Seitenketten

# 3.3
# Tertiärstruktur

Als Tertiärstruktur wird die räumliche Anordnung der gesamten Polypeptidkette bezeichnet. Sie wird stabilisiert durch Wechselwirkungen zwischen Aminosäureresten,
die in der Sequenz weit voneinander entfernt sein können.

**Information über die Tertiärstruktur
lässt sich nur durch experimentelle Messungen gewinnen** – Die bekannten Prinzipien reichen für die Vorhersage der Raumstruktur globulärer Proteine nicht aus. Die
Seitenketten sind maßgeblich mitbestim-
mend, ihre Einflüsse aber zu vielfältig,
um derzeit rechnerisch erfasst werden zu
können. Die umfassendste Untersuchungs-
methode ist die **Röntgenkristallographie**.
Die Struktur kleinerer Proteine lässt sich
auch durch Messungen der **magnetischen
Kernresonanz (NMR)** bestimmen. Die
mit der Röngtenkristallanalyse theoretisch
erreichbare Auflösung liegt bei 0,1 nm
(1 Å) und ermöglicht es, einzelne Atome
darzustellen. Das erste Protein, das 1960
mit dieser Methode in seiner ganzen Komplexität (auch Position der Seitenketten)
dreidimensional abgebildet wurde, war
Myoglobin. Experimentell konnte bei vielen Proteinen gezeigt werden, dass die

◄ **Abb. 3.2.** $a$-Helix. Die Peptidkette ist schraubenartig (helical) rechtshändig aufgewunden. Bei einer rechtshändigen Helix windet sich die Polypeptidkette, wenn längs der Helixachse in
N → C-Richtung gesehen, im Uhrzeigersinn um
die Schraubenachse (*kleines Bild*). Die H-Bindungen innerhalb derselben Kette stehen mehr oder
weniger parallel zur Helixachse. Eine Peptidbindung i bildet immer mit der drittnächsten Pep-
tidgruppe i+3 eine H-Bindung, indem die CO-
Gruppe des Aminosäurerests i eine H-Bindung
mit der NH-Gruppe des Rests i+4 eingeht. Die
starren Ebenen der Peptidbindungen sind parallel zur Längsachse der Helix angeordnet. Die Helix bildet keinen Zylinder, sondern eine eckige
Struktur mit den C$a$-Atomen in den Ecken (*kleines Bild*). Auf eine Windung kommen 3,6 Aminosäurereste. Die Ganghöhe ist 0,54 nm (5,4 Å). Die
Seitenketten (R$_1$–R$_5$) sind radial nach außen orientiert. Die Möglichkeit einer gegenseitigen sterischen Behinderung ist dadurch minimalisiert

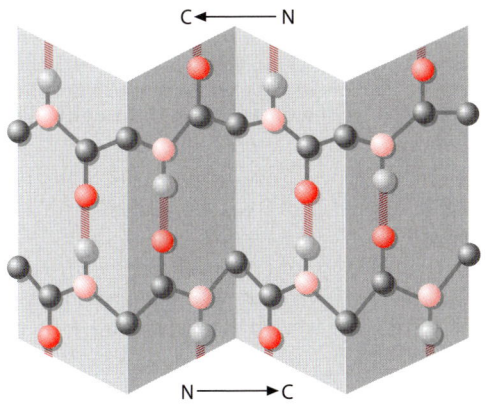

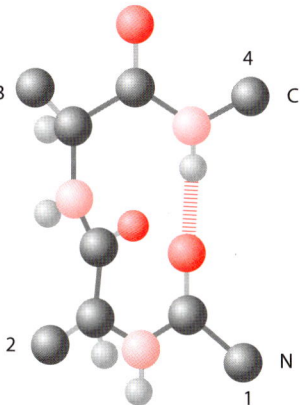

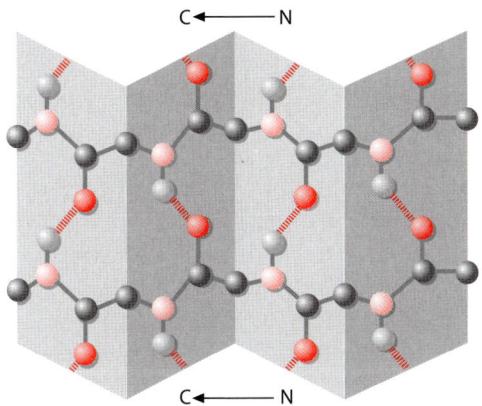

**Abb. 3.4.** β-Schleife. Die CO-Gruppe des Restes i eines Polypeptids bildet eine H-Bindung zur NH-Gruppe des Restes i+3. Die Peptidkette ändert dadurch ihre Richtung um fast 180°

**Abb. 3.3.** β-Faltblatt. Ein β-Faltblatt entsteht durch Aneinanderlagern mehrerer Polypeptidketten oder verschiedener Abschnitte einer Kette. Die fast vollständig gestreckten Peptidketten sind antiparallel (⇆) oder parallel (⇉) angeordnet. N → C und C ← N geben die Richtung der Peptidkette vom Aminoende (N) zum Carboxylende (C) an. Die H-Bindungen zwischen den verschiedenen Ketten stehen senkrecht zur Kettenrichtung. Die Abstände der Ketten entsprechen der Länge der H-Bindungen (0,28 nm = N-O-Abstand). Pro Aminosäurerest gibt es eine H-Bindung. Die Amidgruppen (Peptidbindungen der verschiedenen Stränge) bilden eine „Zickzack-Ebene", ein Faltblatt. Die Seitenketten befinden sich alternierend über oder unter der Faltblattebene; sie sind hier der Klarheit wegen weggelassen

Struktur, welche durch Kristallanalyse ermittelt worden ist, der Struktur in Lösung sehr ähnlich ist.

**Gewisse Bauprinzipien sind allen globulären Proteinen gemeinsam** – Die folgenden allgemeingültigen Ergebnisse sind durch Röntgenkristallanalyse von Proteinen gewonnen worden:

– Die Gesamtfaltung der Polypeptidkette globulärer Proteine (**Tertiärstruktur**) ist meist **hochgradig aperiodisch** und entbehrt jeglicher Symmetrie.

– Globuläre Proteine und Faserproteine enthalten Sekundärstrukturen in wechselndem Ausmaß. Die jeweils verwirklichte Tertiärstruktur ist eindeutig durch die Art und Sequenz der Seitenketten bedingt. Der Abbruch von Sekundärstrukturen wird durch Seitenketten erzwungen. Unter den Aminosäuren gibt es „Helix-Bildner" und „Helix-Brecher" bzw. „Faltblatt-Bildner" und „Faltblatt-Brecher" (Tabelle 3.1). Besonders einschneidend ist der Einfluss von **Prolin** auf die Kettenkonformation (Abb. 3.5).

– Die **Packungsdichte** im Inneren von Proteinmolekülen ist **sehr hoch**; etwa drei Viertel des Gesamtvolumens werden durch Atome mit ihren Van-der-Waals-Radien eingenommen (Abb. 3.6). Nur sehr wenige $H_2O$-Moleküle sind integrierende Bestandteile von Proteinen.

– Als große Moleküle lassen die globulären Proteine eine Innen- und Außenseite unterscheiden. An der Außenseite finden sich bevorzugt polare Aminosäurereste, welche die Tendenz haben, den

**Tabelle 3.1.** Präferenzen der Aminosäuren für bestimmte Sekundärstrukturen. Ergebnisse dieser Art werden verwendet, um Algorithmen auszuarbeiten, welche Sekundärstrukturen in Proteinen aus deren Aminosäurensequenz vorhersagen. Die Zahlen entsprechen dem Anteil jeder Aminosäure, die in der angegebenen Sekundärstruktur vorkommt, geteilt durch die Häufigkeit dieser Aminosäure in den Proteinen. Eine Zufallsverteilung eines Aminosäurerests in einer gegebenen Sekundärstruktur würde den Wert 1 ergeben

| Aminosäurerest | Präferenz | | |
|---|---|---|---|
| | $\alpha$-Helix | $\beta$-Strang | $\beta$-Schleife |
| Glu | **1,59** | 0,52 | 1,01 |
| Ala | **1,41** | 0,72 | 0,82 |
| Leu | **1,34** | 1,22 | 0,57 |
| Met | **1,30** | 1,14 | 0,52 |
| Gln | **1,27** | 0,98 | 0,84 |
| Lys | **1,23** | 0,69 | 1,07 |
| Arg | **1,21** | 0,84 | 0,90 |
| His | **1,05** | 0,80 | 0,81 |
| Val | 0,90 | **1,87** | 0,41 |
| Ile | 1,09 | **1,67** | 0,47 |
| Tyr | 0,74 | **1,45** | 0,76 |
| Cys | 0,66 | **1,40** | 0,54 |
| Trp | 1,02 | **1,35** | 0,65 |
| Phe | 1,16 | **1,33** | 0,59 |
| Thr | 0,76 | **1,17** | 0,90 |
| Gly | 0,43 | 0,58 | **1,77** |
| Asn | 0,76 | 0,48 | **1,34** |
| Pro | 0,34 | 0,31 | **1,32** |
| Ser | 0,57 | 0,96 | **1,22** |
| Asp | 0,99 | 0,39 | **1,24** |

höchstmöglichen Kontakt mit dem Lösungsmittel Wasser zu suchen. Die apolaren hydrophoben Aminosäurereste hingegen zeigen die Tendenz, diesen Kontakt nach Möglichkeit zu vermeiden (**hydrophober Effekt**) und finden sich vorwiegend im Innern des Proteins. Die ausgebildete Struktur entspricht einem Kompromiss beider Tendenzen und führt dazu, dass **Proteinmoleküle** die Struktur einer **Mizelle** annehmen (Abb. 3.6).

– Die Zahl der verschiedenen Faltungsmuster von Proteinen wird auf einige Tausend geschätzt und ist damit wesentlich kleiner als die Zahl der Proteine mit

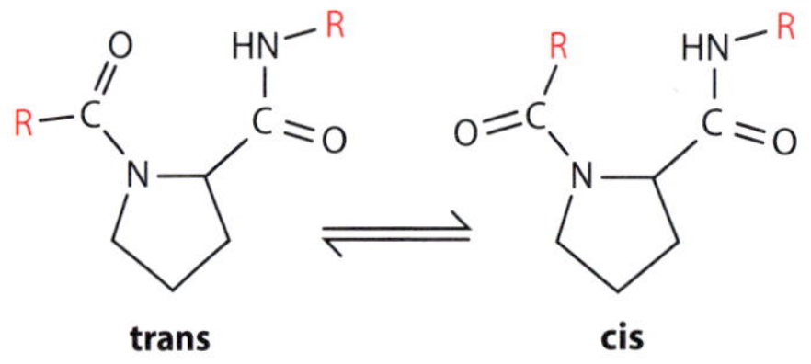

**Abb. 3.5.** Prolinrest in Peptidkette. Bei einem Prolinrest besteht eine Ringbildung zwischen der Seitenkette und der Hauptkette. Die Drehbarkeit um die N-C$\alpha$-Bindung ist dadurch aufgehoben. Das N-Atom kann keine H-Bindung eingehen. Konsequenz: Ein Prolinrest in einer Polypeptidkette ist ein „Helix- und Faltblatt-Brecher". Das Auftreten eines Prolinrests ist eine ausreichende aber nicht notwendige Voraussetzung für den Abbruch einer regelmäßigen Struktur. Tatsächlich findet sich in der Tertiärstruktur von Proteinen häufig am Ende von Helixabschnitten und $\beta$-Strängen ein Prolinrest. Das Gleichgewicht einer X-Pro-Bindung in einem Peptid ohne definierte Konformation liegt bei 80% des *trans*-Isomers. In manchen Proteinen liegen jedoch einige der X-Pro-Bindungen in der *cis*-Form vor. Katalyse der *trans* → *cis* Isomerisierung durch die Peptidyl-Prolyl-Isomerase beschleunigt in diesen Fällen die Faltung des Proteins. R bezeichnet C$\alpha$ des vorangehenden und des folgenden Aminosäurerests ◄

**trans**                    **cis**

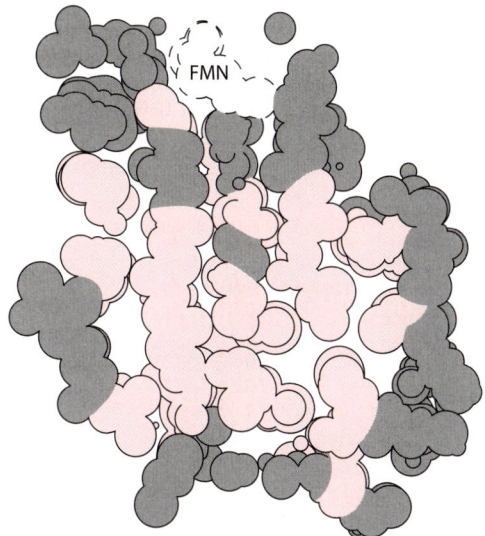

FMN

**Abb. 3.6.** Schnitt durch das Innere eines Proteinmoleküls. Drei im Abstand von 0,1 nm aufeinanderfolgende Schnitte durch Flavodoxin sind gezeigt. Flavodoxin ist ein elektronenübertragendes Protein stickstofffixierender Bakterien. Zwei wichtige Strukturmerkmale globulärer Proteine sind ersichtlich: die dichte Packung der Polypeptidkette im Innern des Proteins, die nur für einzelne Wassermoleküle Platz lässt, und das unpolare Innere (unpolare Aminosäurereste *in Rot*) umgeben von einer polaren Hülle (polare Aminosäurereste *in Grau*). Die prosthetische Gruppe Flavinmononucleotid (FMN) ist gestrichelt angegeben

verschiedener Funktion. Gewisse Faltungsmuster (z. B. $(\beta a)_8$-barrel) sind sehr weit verbreitet und werden bei Proteinen angetroffen, die ganz verschiedene Funktionen erfüllen und deren Homologie sich aus Sequenzvergleichen nicht feststellen lässt.

**Hydrophobe Effekte stabilisieren die 3D-Struktur von Proteinen** – Die hydrophoben Effekte, die durch das Wasser erzwungen werden, tragen am meisten zur Stabilisierung der räumlichen Struktur der Proteine bei. Sie sind verantwortlich für den Mizellen-ähnlichen Bau der Proteine. Als **ungerichtete „Kräfte"** bestimmen sie jedoch nur in geringem Maße den genauen Faltungsmodus der Polypeptidkette.

Die H-Bindungen hingegen sind gerichtete Kräfte und damit die wichtigsten strukturbestimmenden Wechselwirkungen. Alle polaren Gruppen von Hauptkette und Seitenketten im Innern der Proteine sind in H-Bindungen einbezogen. Zur Stabilisierung der Proteinstruktur tragen H-Bindungen wenig bei, weil in der ungefalteten Polypeptidkette die polaren Gruppen mit $H_2O$-Molekülen H-Bindungen eingehen und die $\Delta G^{\circ\prime}$-Werte für die Bildung einer H-Bindung mit einer anderen polaren Gruppe im gefalteten Protein oder mit einem $H_2O$-Molekül i. d. R. gleich sind. Hingegen würde, aus den gleichen Gründen, das Fehlen einer H-Bindung einer polaren Gruppe des gefalteten Proteins, die nicht mit $H_2O$ in Kontakt ist, die Struktur des Proteins destabilisieren. Für die Stabilität des Proteins ist es daher wichtig, dass alle diese Gruppen in intramolekulare H-Bindungen engagiert sind.

**Größere Proteine sind aus Domänen aufgebaut** – Längere Polypeptide mit mehr als ~200 Aminosäureresten falten meist in zwei oder mehrere voneinander unabhängige Faltungseinheiten, in **Domänen**. Jede Domäne entspricht dabei einem kleinen globulären Protein. Häufig können Multidomänen-Proteine durch limitierte Proteolyse in Domänen zerlegt werden, ohne den Faltungsmodus der einzelnen Domänen wesentlich zu verändern. In manchen Fällen haben die verschiedenen Domänen eines Proteins verschiedene Funktionen. Im Laufe der Evolution scheinen viele Proteine modular aus verschiedenen Domänen aufgebaut worden zu sein.

■ Globuläre Proteine haben eine Mizellen-ähnliche Struktur, die vorwiegend durch hydrophobe Effekte stabilisiert wird. Domänen sind Faltungs- und Funktionseinheiten größerer Proteine. Bei der Evolution der Proteine scheinen sie die Rolle von strukturellen und funktionellen Modulen gespielt zu haben.

## 3.4
## Äußere Gestalt und Quartärstruktur der Proteine

Aus der Fixierung des Verlaufs der Hauptkette und der Lage der Seitenketten im Innern eines Proteins ergibt sich eine ebenso eindeutige Fixierung der äußeren Form. Die vorwiegend polaren äußeren Aminosäurereste stehen in Kontakt mit dem Lösungsmittel Wasser und sind verantwortlich für die gute Wasserlöslichkeit der globulären Proteine. Die Aminosäurereste an der Oberfläche sind auch verantwortlich für die biologische Spezität der Proteine.

**Strukturelle Komplementarität führt zu biologischer Spezität** – Proteinmoleküle unterscheiden sich aufgrund ihrer verschiedenen Oberflächenbeschaffenheit scharf voneinander in ihren Wechselwirkungen mit anderen Molekülen. Ein gegebenes Protein bindet sehr selektiv nur gewisse andere Moleküle. Proteinmoleküle gehen mit anderen Molekülen nur dann spezifische Wechselwirkungen ein, wenn die Liganden-Bindungsstelle des Proteins räumlich komplementär zum Liganden ist.

Strukturelle Komplementarität ist ein fundamentales Prinzip der Organisation der lebenden Materie. Die Basenpaarung bei den Nucleinsäuren beruht auf einer zweidimensionalen Komplementarität, welche die exakte Weitergabe der Information sichert. Bei den Proteinen handelt es sich um eine dreidimensionale Komplementarität, welche durch die fixierte räumliche Struktur und Oberfläche der Proteine ermöglicht wird. Die strukturelle Komplementarität führt zu Spezität, weil die intermolekularen Kräfte schwach und von geringer Reichweite sind (Abb. 1.11). Die Bindung zwischen Protein und Ligand wird stark durch die kooperative Wirkung vieler an sich schwacher hydrophober Effekte. Strukturelle Komplementarität ist die Grundlage für die **molekulare Arbeitsteilung** und damit auch für die supramolekulare und zelluläre Spezialisierung. Sie ist die Voraussetzung aller spezifischen Wech-

selwirkungen zwischen Proteinen und ihren Liganden, wie sie z. B. den folgenden Vorgängen zugrunde liegen:
- Proteine lagern sich in supramolekulare Strukturen ein (Morphogenese von Zellmembranen, Viren, Nucleoproteinen durch Selbstorganisaton),
- Enzyme binden ihre spezifischen Substrate,
- Proteinuntereinheiten bilden Quartärstrukturen (Beispiel Hämoglobin),
- Rezeptoren binden spezifische Hormone,
- Antikörper bilden einen Komplex mit den passenden Antigenen.

**Die Struktur bestimmt die Funktion** – Da die spezifische Gestalt eines Proteins dessen spezifischer Funktion zugrunde liegt, wird die Tertiärstruktur von Proteinen im Verlauf der Evolution mit erstaunlicher Zähigkeit erhalten. Dieses Beibehalten von Form und Funktion während der Evolution beruht auf der Invarianz bzw. der konservativen Substitution gewisser Aminosäurereste in einem Protein. Die invarianten Aminosäurereste sind demnach die struktur- und funktionsbestimmenden Aminosäurereste.

> Konservative Substitution: Austausch mit einem Aminosäurerest mit ähnlichen Eigenschaften (z.B. Arg → Lys oder Leu → Ile).

■ Die biologische Spezität beruht auf der strukturellen Komplementarität der Bindungsstelle des Proteins zum Liganden. Die strukturelle Komplementarität ermöglicht eine starke Bindung durch eine Vielzahl von schwachen Wechselwirkungen geringer Reichweite.

**Die meisten Proteine bestehen aus mehreren Untereinheiten (Polypeptidketten) und weisen demnach eine Quartärstruktur auf** – Man unterscheidet zwei Typen solcher Assoziate:

– **Globuläre Proteine** sind oligomere Assoziate. Sie bestehen aus wenigen Ketten (Beispiel Dimer, Tetramer), welche man als Untereinheiten bezeichnet und die ein **„geschlossenes" Assoziat** bilden. Das Hämoglobin zum Beispiel ist ein Tetramer von zwei Paaren von Untereinheiten ähnlicher Tertiärstruktur. Die Kontaktflächen der Untereinheiten (rote Streifen) sind abgesättigt, sobald sie sich zu einem Tetramer zusammengeschlossen haben. Das Oligomer wird vorwiegend durch hydrophobe Effekte stabilisiert. Das Myoglobin besitzt eine durchgehend polare Hülle und bleibt ein Monomer.

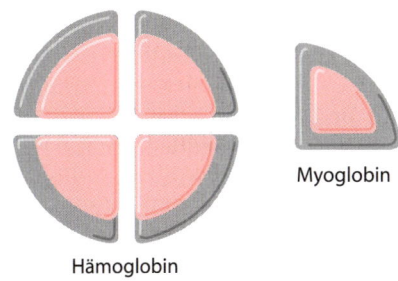

Myoglobin

Hämoglobin

– **Faserproteine** (fibrilläre Proteine) bilden wasserunlösliche polymere Assoziate, die aus vielen Ketten bestehen. Durch die Assoziierung der Fasern werden die Kontaktflächen nicht abgesättigt und es bildet sich ein **„offenes" Assoziat**, dessen Größe nicht genau definiert ist.

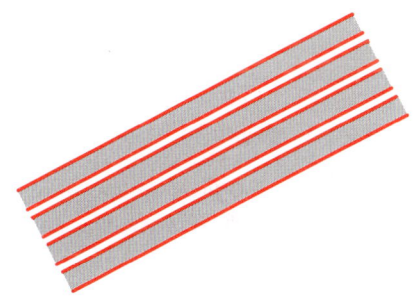

Voraussetzung für die Bildung oligomerer Proteine ist eine räumlich komplementäre Struktur der Kontaktflächen. Quartärstrukturen entstehen durch Selbstorganisation; z. B. lagern sich $\alpha$-Ketten des Hämoglobins spontan mit $\beta$-Ketten zusammen, aber mit keinem anderen Protein, welches gleichzeitig in derselben Lösung vorhanden ist. Die Untereinheiten werden durch Sekundärbindungen zusammengehalten (hydrophobe Effekte, H-Bindungen, elektrostatische Wechselwirkungen; Disulfidbindungen nur in einzelnen Fällen). Am wichtigsten sind dabei die hydrophoben Effekte, v. a. infolge der Kooperation zahlreicher Kontakte. Sind die Kontaktflächen nicht hydrophob, bildet sich keine Quartärstruktur. Dies zeigt der Oberflächenvergleich von Myoglobin und Hämoglobin.

■ Globuläre Proteine bestehen zumeist aus einer kleinen, genau definierten Anzahl von Untereinheiten. Faserproteine bilden zumeist polymere Assoziate variabler Größe.

## 3.5 Dynamik und funktionsgebundene Strukturänderungen von Proteinen

**Proteine sind dynamische Strukturen** – Der Eindruck von Proteinen als starre Moleküle, wie ihn Bilder von Proteinmodellen vermitteln, täuscht. Die Teile des Gesamtproteins, d. h. einzelne Atome, Gruppen, Aminosäurereste, Schlaufen der Polypeptidkette und auch größere Teile wie Domänen, bewegen sich sehr rasch, im ps-Bereich (1 ps $= 10^{-12}$ s), gegeneinander. Allerdings finden diese raschen Bewegungen innerhalb sehr enger Grenzen statt. Ausgehend von der 3D-Struktur können mit aufwändigen Computer-unterstützten Rechnungen die Bewegungen aller Atome eines Makromoleküls, welche sich aufgrund von Wechselwirkungen mit den umgebenden Atomen ergeben bzw. möglich sind, ermittelt werden (Simulation der Moleküldynamik). Die Struktur eines Proteins, wie sie durch Röntgenkristallanalyse bestimmt wird, entspricht einer über die Zeit gemittelten Struktur, die angibt, an welchem Ort sich ein bestimmtes Atom bevorzugt aufhält.

**Proteine können ihre Konformation ändern** – Die Funktion eines Proteins wird durch den Bau des Moleküls bestimmt. Das Hämoglobinmolekül muss eine ganz bestimmte Struktur und Form haben, um $O_2$ zu binden und wieder abzugeben. Ein Enzym muss an seiner Oberfläche fixierte Gruppen besitzen, die räumlich komplementär zu seinem spezifischen Substrat positioniert sind. Nur so kann das Enzym seine spezifische katalytische Funktion erfüllen. In vielen Fällen lässt sich jedoch beobachten, dass sich die Struktur des Proteins bei der Erfüllung seiner Funktion innerhalb gewisser, genau festgelegter Grenzen ändert. Das Protein geht dabei von einer definierten Struktur in eine andere definierte Struktur über. Solche **Konformationsänderungen** sind die Grundlage für die Regulation der biologischen Aktivität der Proteine und sind auch an der katalytischen Wirkung von Enzymen beteiligt (Beispiel: Kooperativität zwischen verschiedenen Untereinheiten oligomerer Proteine und Allosterie: s. Kapitel 4.6).

> Konformationsänderung: Änderung der Struktur durch Drehung bestimmter Gruppen um Bindungsachsen ohne Änderung der kovalenten Struktur.

Gut bekannt sind die Konformationsänderungen mancher Enzyme, die durch das Binden des Substrats ausgelöst werden. Bei vielen Konformationsänderungen verschiebt sich die gegenseitige Lage zweier Domänen.

Einzelne Domänen gewisser Proteine sind unstrukturiert. Der betreffende Abschnitt der Polypeptidkette faltet sich erst zu einer definierten 3D-Struktur, wenn das Protein mit einem anderen Protein oder auch einer Nucleinsäure eine spezifische Wechselwirkung aufnimmt. Dieses Verhalten wird z. B. bei einigen Transkriptionsfaktoren beobachtet, welche erst beim Binden an die DNA eine geordnete Struktur annehmen.

■ Das Binden eines Liganden führt bei vielen Proteinen zu einer Konformationsänderung.

## 3.6
## Denaturierung von Proteinen

Von den funktionsgebundenen Konformationsänderungen sind weitergehende Strukturänderungen zu unterscheiden, welche durch unspezifische äußere Einflüsse hervorgerufen werden und zum Verlust der nativen Konformation und damit zum Verlust der biologischen Aktivität führen. Globuläre Proteine sind i. d. R. nicht sehr stabile Gebilde. Die freie Energie, welche zur Aufhebung ihrer definierten 3D-Struktur notwendig ist, beträgt nur etwa 0,4 kJ/mol pro Aminosäurerest. Sobald Bedingungen eintreten, die entweder die destabilisierenden Kräfte verstärken (erhöhte Temperatur) oder die stabilisierenden Kräfte schwächen (z. B. organische Lösungsmittel), verliert das Protein seine definierte 3D-Struktur, es wird denaturiert.

Durch Denaturierung wird der geordnete, biologisch aktive Faltungsmodus des Proteins abgelöst durch weniger geordnete, biologisch nicht aktive Faltungsmuster, ohne dass es dabei zu einer Änderung der kovalenten Struktur der Polypeptidkette kommt.

**Die Denaturierung hat wichtige Konsequenzen:**

– **Verlust der biologischen Aktivität:** Ein denaturiertes Enzym ist katalytisch inaktiv und ein denaturierter Antikörper bindet das Antigen nicht mehr. Die biologische Aktivität ist strikt in der nativen Struktur des Proteins begründet.

– **Herabgesetzte Löslichkeit:** Die Denaturierung hebt die mizelläre Struktur des Proteins auf. Hydrophobe Segmente der Polypeptidkette werden exponiert und führen zur Bildung intermolekularer Aggregate. Deswegen fallen denaturierte Proteine häufig aus.

– **Erhöhte Empfindlichkeit gegen Proteasen:** Eine denaturierte Polypeptidkette kann leichter in die aktive Stelle eines eiweißspaltenden Enzyms eingepasst werden.

**Ein Protein wird denaturiert, sobald es unter Bedingungen vorliegt, bei denen die native Konformation nicht mehr die stabilste ist:**
- **Hitzeeinwirkung:** Die verstärkte thermische Bewegung von Teilen des Proteins führt zum Lösen der stabilisierenden Sekundärbindungen (Beispiel: Gerinnung von Hühnereiweiß beim Kochen).
- **Organische Lösungsmittel** (z. B. Aceton, Ethanol) **und Detergenzien** (z. B. Seifen, Dodecylsulfat) lagern sich an hydrophobe Seitenketten und interferieren mit den proteinstabilisierenden hydrophoben Effekten.
- **Extreme pH-Werte** (Säuren, Basen) verändern den Ladungszustand ionisierbarer Gruppen und damit deren H-Bindungen und Salzbindungen. Die im biochemischen Labor häufig zum Ausfällen von Proteinen verwendete Trichloressigsäure ist besonders wirksam wegen ihrer drei großen Chloratome.
- **Harnstoff und Guanidiniumsalze** in hoher Konzentration (8 M bzw. 6 M) kompetieren als polare Substanzen mit den polaren Gruppen des Proteins um die Bildung von H-Bindungen und verändern die Struktur des Wassers.
- **Kontakt mit Grenzflächen** kann durch Spreiten der Proteinmoleküle ebenfalls deren Denaturierung bewirken (Beispiel: Die „Haut" auf gekochter Milch besteht aus denaturiertem Milcheiweiß).

Das Ausmaß der Strukturänderung zeigt große Variationen je nach Protein und Bedingungen der Denaturierung. Im Extremfall kommt es zur totalen Entfaltung der Kette (z. B. in hochkonzentrierter Harnstofflösung). Wenn ein Protein keine fixe strukturelle Organisation mehr aufweist, spricht man von einem **Zufallsknäuel (statistisches Knäuel,** *random coil*), welches eine unendliche Anzahl isomerer Formen aufweist.

**Die Denaturierung von Proteinen ist oft reversibel** – Die native Struktur kann sich spontan zurückbilden, sobald die Bedingungen wiederhergestellt sind, unter denen die native Form die stabilste ist (Abb. 3.7).

**Die Proteindenaturierung ist von physiologischer und praktischer Bedeutung:**
- Die Labilität denaturierter Proteine gegenüber proteolytischen Enzymen ist wichtig für den fortwährenden Umsatz von Proteinen. Der Abbau und die Eliminierung von Enzymen ist entschei-

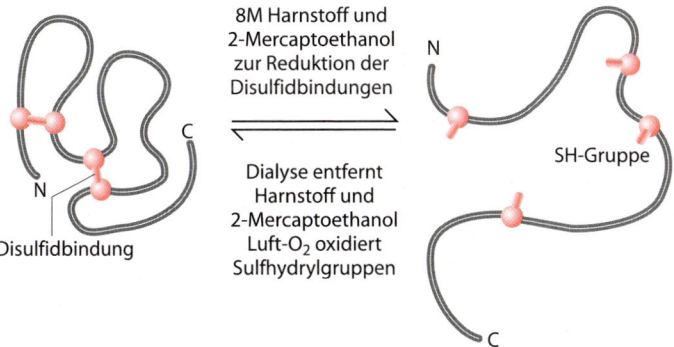

8M Harnstoff und 2-Mercaptoethanol zur Reduktion der Disulfidbindungen

Dialyse entfernt Harnstoff und 2-Mercaptoethanol Luft-$O_2$ oxidiert Sulfhydrylgruppen

Disulfidbindung

SH-Gruppe

**Abb. 3.7.** Reversible Denaturierung eines Proteins. Bei der Renaturierung faltet sich die Polypeptidkette in die native Konformation zurück, so dass sich wieder die „richtigen" Disulfidbindungen bilden können. Bei oligomeren Proteinen wird sich auch die Quartärstruktur spontan zurückbilden. Aus Experimenten dieser Art wurde geschlossen, dass die Primärstruktur eines Proteins alle Informationen zur Ausbildung der nativen 3D-Struktur enthält

dend für die Anpassung des Organismus an neue Stoffwechselsituationen.

– Die Denaturierung ist wichtig für die Verdauung von Nahrungsproteinen im Magendarmtrakt. Die Denaturierung wird erreicht durch Kochen oder Braten der Nahrung sowie durch die Salzsäure im Magensaft.

– Beim Sterilisieren von Geräten, Lösungen und Textilien wie auch bei der Desinfektion werden Mikroorganismen abgetötet durch Denaturierung ihrer Proteine und durch Zerstörung ihrer Membranen.

■ Denaturierte Proteine sind biologisch nicht mehr aktiv und schlecht wasserlöslich. Unter geeigneten Bedingungen ist die Denaturierung vieler Proteine reversibel.

## 3.7
## Faltungswege von Proteinen

Auf welchem Weg erlangen Polypeptidketten ihre native 3D-Struktur? Untersuchungen der Faltung naszierender Polypeptidketten in der Zelle wie auch von renaturierenden Proteinen zeigten übereinstimmend, dass es bestimmte Wege gibt, die zum gefalteten Protein führen, d. h. dass die 3D-Struktur nicht durch ein langwieriges Absuchen aller möglichen Konformationen gefunden wird. Für eine Zufallssuche würden Milliarden von Jahren nicht ausreichen. Faltungswege kommen dadurch zustande, dass Teilstrukturen, die gebildet werden, stabil genug sind, um zum Teil zu überdauern, bis sich durch Bildung weiterer Teilstrukturen die stabile Gesamtstruktur ausgebildet hat. Die zunehmende Bildung von Teilstrukturen mit einer gewissen Stabilität schränkt die Zahl der möglichen Konformationen rasch ein. Bei der Renaturierung vollständig denaturierter Proteine mit völlig entfalteter Kette (Zufallsknäuel) zur nativen Struktur sind als Zwischenformen die sogenannten *„Molten globules"* zu beobachten. In die-

sen „geschmolzenen" globulären Proteinformen haben sich die Sekundärstrukturelemente ($\alpha$-Helices, $\beta$-Faltblätter) innerhalb von Millisekunden bereits ausgebildet, doch ist deren gegenseitige Anordnung noch nicht fixiert.

■ Proteine erreichen ihre definitive 3D-Struktur über bestimmte Faltungswege. *Molten globules* sind dabei sich sehr rasch bildende Zwischenformen.

**Die Faltung von Proteinen in der Zelle wird von besonderen Enzymen und molekularen Chaperonen unterstützt** – Die **Protein-Disulfid-Isomerase** katalysiert die Verschiebung von Disulfidbindungen, so dass die Cysteinreste eines Proteins diejenigen Disulfidbindungen beschleunigt ausbilden, welche der 3D-Struktur entsprechen. Die **Peptidyl-Prolyl-Isomerase** beschleunigt die *cis-trans*-Isomerisierung von Peptidbindungen, in welche Prolinreste einbezogen sind (Abb. 3.5).

Das Immunsuppressivum Cyclosporin ist ein Inhibitor der Peptidyl-Prolyl-Isomerase-Aktivität von Cyclophilin. Die immunsuppressive Wirkung ist jedoch nicht auf diese Hemmung zurückzuführen. Der Cyclophilin-Cyclosporin-Komplex hemmt die Aktivierung von T-Lymphocyten.

**Molekulare Chaperone (Hitzeschockproteine)** sind keine Enzyme. Sie beschleunigen die Proteinfaltung nicht, erhöhen aber deren Ausbeute. Sie verringern die Aggregation hydrophober Segmente noch nicht gefalteter oder teilweise durch denaturierende Einflüsse wieder entfalteter Polypeptidketten und entknäueln bereits gebildete Aggregate. Sie schützen damit

*Chaperon* (frz.): In vergangenen Zeiten eine erwachsene Person, welche junge Leute bei gesellschaftlichen Anlässen begleitete, um unerwünschte Kontakte zu verhindern.

die Zelle bei erhöhter Temperatur (Hitze-schock) und anderen Arten von schädi-gendem Stress (Anoxie, Bestrahlung, Gifte aller Art). Chaperone sind auch an der Translokation von Proteinen durch Mem-branen beteiligt. Der Wirkungsmechanis-mus der molekularen Chaperone ist noch nicht aufgeklärt. Die vorübergehende Se-questrierung apolarer Segmente von Poly-peptidketten scheint wichtig zu sein. Viele dieser Proteine verbrauchen ATP bei der Ausübung ihrer Funktion. Durch Binden und Hydrolyse von ATP wird die Affinität des Chaperons für die Zielsegmente der Polypeptidketten gesteuert. Wichtige mo-lekulare Chaperone sind die **Hitzeschock-proteine70 (Hsp70),** die aus 7 Aminosäu-reresten bestehende gestreckte Segmente von Polypeptidketten binden. Die **Hsp60** (Chaperonine) bilden einen Behälter aus zwei heptameren Ringen, in welchem par-tiell gefaltete kleinere Proteine oder Domä-nen größerer Proteine vor Wechselwirkun-gen mit apolaren Sequenzen anderer Poly-peptidketten geschützt sind und so ihr korrektes Faltungsmuster erlangen kön-nen.

■ Molekulare Chaperone schützen die Zellen vor Stress aller Art, indem sie vom normalen Faltungsweg abwei-chende Aggregationen apolarer Seg-mente entfalteter Polypeptidketten verhindern.

**Die Fehlfaltung gewisser Proteine kann Krankheiten verursachen** – Bei einer Rei-he vererblicher Krankheiten zeigte sich, dass eine mutationsbedingte Aminosäure-substitution die korrekte Faltung des be-troffenen Proteins verhindert. Beispiele solcher Krankheiten sind:

| Krankheit | Betroffenes Protein |
|---|---|
| Cystische Fibrose (Tödlich ver-laufende Störung des Chlorid-transports in Epithelzellen) | Protein eines Chloridkanals ($\Delta$F508) |
| Marfan-Syndrom (Bindege-webskrankheit) | Fibrillin |

**Prionenkrankheiten sind übertragbare Proteinfaltungskrankheiten** – Bei den **Prionenkrankheiten** wie Scrapie bei Scha-fen, Rinderwahnsinn (übertragbare spon-giforme Enzephalitis des Rindes), Creutz-feldt-Jakob-Krankheit und Gerstmann-Sträussler-Syndrom des Menschen schei-nen falsch gefaltete Zellproteine dem Krankheitsgeschehen zugrunde zu liegen. Eine experimentell zunehmend besser un-terstützte Hypothese nimmt an, dass falsch gefaltete Moleküle weitere Moleküle des-selben Proteins dazu veranlassen, ebenfalls die falsche Konformation einzunehmen und zu Fibrillen zu aggregieren. Gemäß dieser Hypothese wären Aggregate eines Proteins der Erreger dieser Krankheiten. Das Scrapie übertragende Agens wird als **Prion** (*Pro*teinaceous *i*nfectious particle) bezeichnet. Das **Prion**-**P**rotein PrP ist ein hydrophobes Membran-Glykoprotein aus 208 Aminosäureresten, das sich bei Prio-nenkrankheiten zu **amyloiden Plaques** zu-sammenlagert.

Ähnliche Plaques, gebildet aus anderen Proteinen, finden sich bei anderen **neuro-degenerativen Krankheiten** wie der Alz-heimerschen Krankheit oder der amyotro-phen Lateralsklerose, die allerdings nicht wie die Prionenkrankheiten übertragbar sind.

■ Gewissen hereditären und wahr-scheinlich auch gewissen infektiösen Krankheiten liegt eine gestörte Fal-tung eines Proteins zugrunde.

## 3.8
## Faserproteine

Diese Proteine sind lange Polypeptidketten, welche Sekundärstrukturen, aber keine Tertiärstruktur aufweisen. Die meisten Faserproteine haben eine strukturelle Funktion und sind Teil der Gerüstwerke, welche eine Zelle, ein Gewebe und einen Organismus zusammenhalten. Einige sind, wie gewisse Muskel- und Zilienproteine, an der Erzeugung von Bewegung beteiligt. Faserproteine assoziieren zu Fasern, in denen ihre Längsachsen mehr oder weniger parallel in Faserrichtung verlaufen. Die 3D-Strukturen der Faserproteine sind nicht so gut bekannt wie diejenigen der globulären Proteine, da Faserproteine nicht kristallisiert werden können.

**Aus α-Keratin sind die Hautanhänge höherer Vertebraten, wie Haare, Nägel, Hufe, Hörner, aufgebaut** – Das Grundelement besteht aus einem Dimer von zwei α-Helices, welche sich schraubenartig umeinander winden (*Coiled coil*; Abb. 3.8). Die einzelnen Dimere lagern sich über ihre globulären Kopfdomänen zu Protofilamenten zusammen; die Protofilamente bilden Mikrofibrillen, welche zu Makrofibrillen zusammentreten, die ihrerseits die (abgestorbenen) Haarzellen ausfüllen. Zahlreiche Disulfidbrücken verbinden die *Coiled coil*-Dimere in den Protofilamenten und Mikrofibrillen. Diese kovalenten Vernetzungen liegen der Unlöslichkeit und der Reißfestigkeit von α-Keratin zugrunde.

> Bei der Bildung von „Dauerwellen" werden die Disulfidbindungen im α-Keratin des Haars zunächst reduktiv gespalten. Nun wird das Haar mechanisch verformt, d.h. in Locken aufgerollt. Die Wiederherstellung oxidativer Bedingungen führt darauf zur Bildung neuer Disulfidbindungen, welche die neugeformten Locken stabilisieren.

Bei Spaltung nur weniger Disulfidbindungen und feuchter Hitze können Fasern von α-Keratin auf mehr als das Doppelte ihrer Länge gestreckt werden. Die α-Heli-

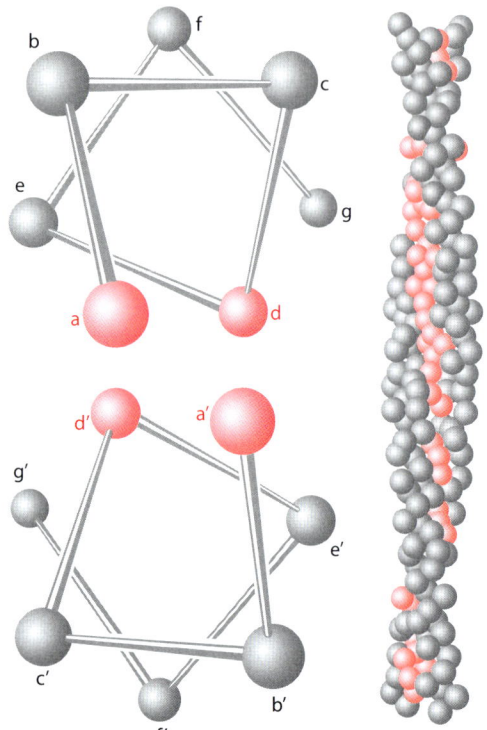

**Abb. 3.8 a, b.** *Coiled coil.* Zwei α-Helices sind umeinander gewickelt und bilden eine Doppelschraube. **a** Die Doppelschraubenstruktur ergibt sich aus der Aminosäurensequenz des α-Keratins. In einer annähernd repetitiven Struktur von sieben Resten a-b-c-d-e-f-g finden sich in Positionen a und d vorwiegend unpolare Reste. Bei der Bildung einer α-Helix (mit 3,6 Resten pro Windung) finden sich diese unpolaren Reste aufgrund der quasi-repetitiven Struktur auf einer Seite übereinander aufgereiht. **b** Der sich dabei ergebende hydrophobe Längsstreifen kann mit dem hydrophoben Streifen einer zweiten α-Helix gleicher Art assoziieren. Die kleine Diskrepanz von (3 + 4)/2 = 3,5 Resten der durchschnittlichen Position der unpolaren Reste mit den 3,6 Resten pro Windung der α-Helix führt dazu, dass die zwei α-Helices nicht in gestreckter Form, sondern als Doppelschraube assoziieren

ces gehen dabei in eine β-Faltblattstruktur über. **β-Keratin**, wie es z. B. in Vogelfedern zu finden ist, zeigt schon in seiner nativen Form β-Struktur. **Seidenfibroin** ist das Protein, aus dem die von Insekten und Spinnen produzierte Seide aufgebaut ist. Es scheint aus antiparallelen β-Faltblättern aufgebaut zu sein. In der Aminosäure-

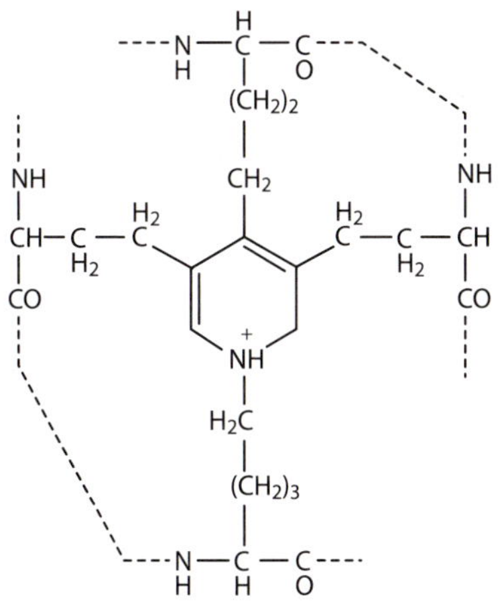

**Abb. 3.9.** Desmosin. Diese Aminosäure entsteht als Abbauprodukt des Elastins. Vier unter Ringbildung miteinander verbundene Lysin-Reste vernetzen die Polypeptidketten des Elastins

Molekül des Kollagens besteht aus drei Polypeptidketten, welche je eine steile Helix bilden und sich zu einer nur im Kollagen zu findenden Superhelix, der **Kollagen-Tripelhelix**, umeinander winden (Abb. 2.3). Die Aminosäurensequenz ist ebenfalls sehr typisch: von den insgesamt etwa 1000 Aminosäureresten der Tripelhelix ist jeder dritte Rest Gly und an zweiter Position findet sich häufig Pro (**Gly-Pro/X-Y**). Außerdem kommen ungewöhnliche, durch posttranslationale Modifikation entstandene Aminosäuren wie Hydroxyprolin und Hydroxylysin vor.

**Elastin** ist der Hauptbestandteil der elastischen Fasern des Bindegewebes. Es findet sich besonders reichlich in der Lunge, den Wänden der großen Arterien und auch im Nackenband von Wiederkäuern. Die Aminosäurensequenz ist, wie beim Kollagen, sehr typisch: ein Drittel Glycin; über ein Drittel hydrophobe Aminosäuren (Ala, Val, Leu, Ile) und viel Pro, sehr wenig Hydroxy-Pro, kein Hydroxy-Lys. Die Quervernetzungen zwischen den Polypeptidketten sind dieselben wie im Kollagen. Typisch für das Elastin sind vierfache Quervernetzungen vom Typ des Desmosins

sequenz findet sich häufig die Hexamer-Wiederholung (Gly-Ser-Gly-Ala-Gly-Ala).

**Kollagen** ist bei Vertebraten das am häufigsten vorkommende Protein. Es ist ausschließlich extrazellulär lokalisiert und in allen Geweben zu finden als Teil des Bindegewebes (s. Kapitel 32.1). Ein Einzel-

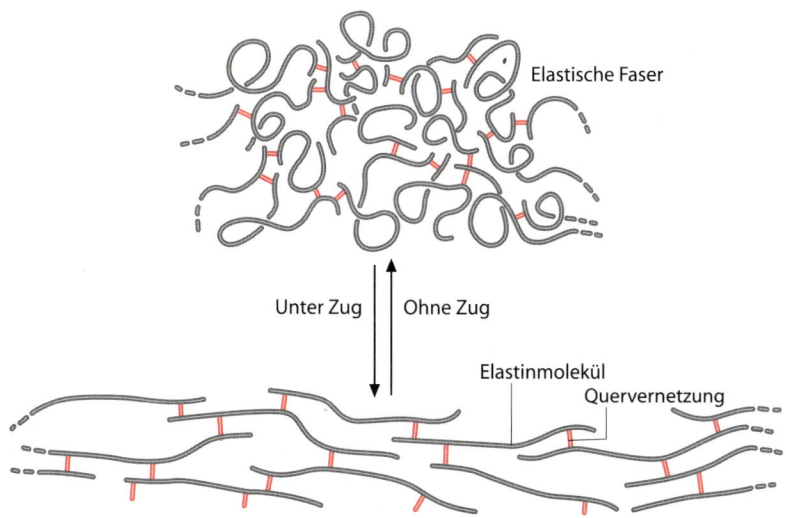

**Abb. 3.10.** Ausschnitt aus einer elastischen Faser. Quervernetzungen sind *in Rot* angegeben. Unter mechanischem Zug kommen unpolare Regionen der Polypeptidketten in Kontakt mit Wasser. Bei Nachlassen des Zuges relaxiert die Faser in den energetisch günstigeren, verkürzten Zustand

(Abb. 3.9). Noch ist unklar, worauf die elastischen Eigenschaften des Elastins beruhen. Möglicherweise werden im gedehnten Zustand apolare Reste im Wasser exponiert, hydrophobe Effekte sorgen dann bei der Relaxation für die Rückführung in den Ausgangszustand (Abb. 3.10).

- In Faserproteinen lagern sich Polypeptidketten Seite-an-Seite zusammen. Die Polypeptidketten weisen zumeist Sekundärstrukturen auf. Über die weitere Struktur der meisten Faserproteine ist noch wenig bekannt, da diese Proteine nicht kristallisiert werden können.

# 4 Enzyme

Die Stoffwechselwege in den Zellen setzen sich aus vielen verschiedenen Einzelschritten zusammen, von denen jeder durch ein besonderes Enzym katalysiert wird. Ohne Enzyme laufen die allermeisten biochemischen Reaktionen unmessbar langsam ab. **Enzyme** sind **katalytisch wirksame Proteine.** Eine Zelle von *Escherichia coli* enthält etwa 1000 verschiedene Enzyme, eine eukaryontische Zelle ein Vielfaches davon. Enzyme beschleunigen die Einstellung des Gleichgewichts zwischen dem Edukt, das bei Enzymreaktionen als Substrat bezeichnet wird, und dem Produkt:

$$\text{Substrat(e)} \underset{}{\overset{\text{Enzym}}{\rightleftharpoons}} \text{Produkt(e)}$$

Wie alle Katalysatoren verändert das Enzym die Lage des Gleichgewichts nicht. Das Enzym wird durch die Reaktion nicht verbraucht, es durchläuft einen Kreisprozess, aus dem es unverändert hervorgeht. Im Deutschen werden Enzyme auch als Fermente bezeichnet. Als *Fermentum* wurde ursprünglich das Agens bezeichnet, welches die alkoholische Gärung auslöst. Enzymatische Vorgänge fanden seit Urzeiten biotechnologische Verwendung (alkoholische Gärung und Säuregärung zur Herstellung von besser haltbaren Getränken und Nahrungsmitteln; Käseherstellung).

Beispiele praktischer Verwendung von mindestens partiell gereinigten Enzymen:
- Nahrungsmittel- und Getränkeindustrie (z.B. Cellulasen, Pektinasen)
- Käseproduktion (Labferment aus Kälbermagen oder bakterielle Proteinasen)
- Enzymreaktoren (Stärke → Maltose → Glucose → Fructose)
- „Bioaktive" Waschmittel
- Chemische Synthesen (Hydroxylierungen bei Steroidhormonen)
- Gentechnik (Reverse Transkriptase, DNA-Polymerase, DNA-Ligasen, Restriktionsenzyme usw.).
- Analytik in der klinischen Chemie
- Enzymimmunassays (anstelle von Radioimmunassays)
- Messung von Enzymaktivitäten im Blutplasma zur Diagnose vieler Krankheiten

## 4.1 Allgemeine Eigenschaften der Enzyme

**Enzyme sind substratspezifisch und reaktionsspezifisch** – Ein gegebenes Enzym wird nur eine bestimmte Verbindung oder eine Gruppe einander ähnlicher Verbindungen als Substrat akzeptieren und nur eine bestimmte Reaktion des Substrats katalysieren. Im Vergleich zu nichtenzymatischen Katalysatoren sind Enzyme außerdem sehr effizient. Sie machen es daher möglich, dass die Reaktionen des Stoffwechsels bei vergleichsweise niedriger Temperatur, im neutralen pH-Bereich und bei niedrigen Substratkonzentrationen (µM–mM) ablaufen können. Die Aktivität, d. h. die reaktionsbeschleunigende Wirkung, der Enzyme wird reguliert durch die Konzentration der Substrate und durch besondere regulatorische Substanzen. Die Enzyme sind monomere oder oligomere globuläre Proteine, ein Teil von ihnen enthält auch Nichtproteinbestandteile (prosthetische Gruppen).

**Es lassen sich sechs verschiedene Typen von Enzymreaktionen unterscheiden.** Die Reaktionen des Stoffwechsels lassen sich in sechs Klassen einteilen; dementsprechend werden die Enzyme eingeteilt und bezeichnet:

- **Oxido-Reduktasen** katalysieren Oxidations- und Reduktionsvorgänge (H- bzw. Elektronenübertragung). Beispiele: Dehydrogenasen (LDH, Lactat-Dehydrogenase) mit $NAD^+$, $NADPH^+$ als Elektronenakzeptoren; Oxidasen (Glucoseoxidase) mit $O_2$ als Elektronenakzeptor.
- **Transferasen** übertragen eine Gruppe von Substrat 1 auf Substrat 2. Beispiel: Transaminase (Coenzym: Pyridoxal-5′-phosphat)

$$
\begin{array}{cccc}
COO^- & COO^- & COO^- & COO^- \\
| & | & | & | \\
H_3\overset{+}{N}-CH & C=O & C=O & H_3\overset{+}{N}-CH \\
| \quad + & | \quad \rightleftharpoons & | \quad + & | \\
CH_2 & CH_2 & CH_2 & CH_2 \\
| & | & | & | \\
CH_2 & COO^- & CH_2 & COO^- \\
| & & | & \\
COO^- & & COO^- & \\
\end{array}
$$

Glutamat   Oxalacetat   2-Oxoglutarat   Aspartat

- **Hydrolasen** spalten Bindungen hydrolytisch. Dazu gehören Esterasen (Beispiel Phosphatasen), Glykosidasen (Beispiel Amylase) und Peptidasen, Proteasen.
- **Lyasen** lagern Gruppen an Doppelbindungen an oder umgekehrt entfernen Gruppen aus ihren Substraten unter Bildung von Doppelbindungen (nichthydrolytische Spaltung). Beispiel: Fructose-1,6-bisphosphat-Aldolase.

$$
\begin{array}{ll}
\text{Fructose-} & 
\begin{array}{ccc}
H_2C-O-\circledP & & H_2C-O-\circledP \\
| & & | \\
C=O & & C=O \\
| & & | \\
HOCH & \rightleftharpoons & H_2COH \\
| & & + \\
HCOH & & HC=O \\
| & & | \\
HCOH & & HCOH \\
| & & | \\
H_2C-O-\circledP & & H_2C-O-\circledP \\
\end{array}
\end{array}
$$

Fructose-1,6-bis-phosphat; Dihydroxyacetonphosphat; Glycerinaldehyd-3-phosphat

- **Isomerasen**
  Beispiel: Triosephosphat-Isomerase

$$
\begin{array}{ccc}
HC=O & & H_2COH \\
| & & | \\
HCOH & \rightleftharpoons & C=O \\
| & & | \\
H_2C-O-\circledP & & H_2C-O-\circledP \\
\end{array}
$$

Glycerinaldehyd-3-phosphat; Dihydroxyacetonphosphat

Glycerinaldehyd-3-phosphat ist ein Beispiel einer Verbindung, die von zwei verschiedenen Enzymen umgesetzt wird. Die Fructose-1,6-bisphosphat-Aldolase wird Glycerinalde-hyd-3-phosphat mit Dihydroxyacetonphosphat zu Fructose-1,6-bisphosphat kondensieren, wohingegen die Triosephosphat-Isomerase die gleiche Verbindung zu Glycerinaldehydphosphat isomerisieren wird.

- **Ligasen** katalysieren die Bildung von Bindungen unter gleichzeitiger Spaltung von ATP. Beispiel: Aminoacyl-t-RNA-Synthetasen

Alle Enzyme haben dreiteilige systematische Namen:

Substrat(e)/Reaktionstyp/Endsilbe -ase

Beispiel:
L-Lactat: NAD-/Oxidoreduct/ase

Nummerncode der *Enzyme Commission* EC 1.1.1.27 (Klasse/Subklasse/Subsubklasse/individuelle Nummer). Viele Enzyme besitzen Trivialnamen: Lactatdehydrogenase (EC 1.1.1.27), Pepsin, Trypsin.

---

**Isoenzyme** sind definiert als Enzyme, welche in der gleichen Spezies (nicht unbedingt im gleichen Individuum) die gleiche Reaktion katalysieren, sich jedoch genetisch bedingt in ihrer Aminosäurensequenz (Primärstruktur) unterscheiden. Mögliche Typen von Isoenzymen sind:
- Enzyme mit separaten Genen
  Beispiel: Glutamat-Oxalacetat-Transaminase. Es existieren in jedem Individuum zwei Isoenzyme; das eine findet sich in den Mitochondrien, das andere im Cytosol.
- Genetische Varianten (multiple Allele)
  Beispiel: Glucose-6-phosphat-Dehydrogenase. Beim Menschen sind bei Vergleichen verschiedener Individuen über 50 Varianten gefunden worden.
- Oligomere Enzyme aus verschiedenen genetischen Varianten von Untereinheiten.
  Beispiel: Die Lactatdehydrogenase (LDH) ist ein Tetramer. Die Zellen synthetisieren sowohl H- als auch M-Untereinheiten. Dementsprechend können sich 5 verschiedene Tetramere bilden: $H_4$, $H_3M$, $H_2M_2$, $HM_3$, $M_4$. Im menschlichen Serum kommen die 5 verschiedenen Isoenzyme der LDH nebeneinander vor, die z.B. elektrophoretisch voneinander getrennt werden können.

---

■ Enzyme sind katalytisch wirksame Proteine (Ribozyme: katalytisch wirksame RNA-Moleküle). Ein Enzym beschleunigt die Einstellung des Gleichgewichts, ohne die Lage des Gleichgewichts der Reaktion zu verändern. Enzyme zeigen Reaktionsspezifität (Wirkungsspezifität) und Substratspezifität.

**Das Enzym durchläuft mit dem Substrat einen Kreisprozess** – Der **Enzym-Substrat-Komplex ES** bildet sich, indem das Substrat S an die aktive Stelle bindet, die in einer Furche an der Oberfläche des Enzyms E liegt. Das Substrat wird durch nichtkovalente Kräfte gebunden (H-Bindungen, Salzbindungen, Van-der-Waals-Kräfte und hydrophobe Effekte). Die Struktur der aktiven Stelle ist derjenigen des Substrats komplementär (der berühmte Chemiker Emil Fischer hat dafür das Bild von „Schlüssel und Schloss" geprägt). Diese Komplementarität ist die Grundlage für die Substratspezifität des Enzyms. Wechselwirkungen zwischen der aktiven Stelle und dem Substrat, die auch kovalente Bindung einschließen können, führen dazu, dass die Reaktion ES $\rightleftharpoons$ EP schneller abläuft als die nichtkatalysierte Reaktion S $\rightleftharpoons$ P.

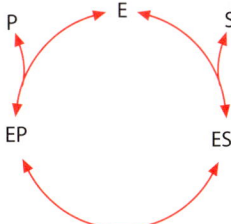

In der Phase des Bindungswechsels wird der Enzym-Substrat-Komplex ES in den Enzym-Produkt-Komplex EP umgewandelt. Die Dissoziation des EP-Komplexes schließt den Kreis. Das Enzymmolekül ist dann bereit, den Zyklus erneut mit einem anderen Substratmolekül zu durchlaufen. Prinzipiell sind alle Teilreaktionen umkehrbar. Der katalytische Zyklus wird von den meisten Enzymen innerhalb weniger Millisekunden durchlaufen.

Beim Binden des Substrats kommt es meistens zu einer Veränderung der Struktur sowohl des Enzyms als auch des Substrats. Die substratinduzierte Konformationsänderung des Enzyms wird als **induzierte Anpassung** (*Induced fit*) bezeichnet. Die aktive Stelle des Enzyms wird erst nach erfolgter Anpassung an die Struktur des Substrats katalytisch wirksam. Konformationsänderungen dieser Art tragen daher zur besseren Erkennung von Substraten bei, nur Verbindungen, welche die Anpassung induzieren, werden zu Produkt umgesetzt, bloßes Binden an die aktive Stelle genügt nicht. Bei manchen Enzymen führt das Binden des Substrats dazu, dass die aktive Stelle aus einer offenen in eine geschlossene Form übergeht. Das Substrat wird dadurch in eine weitgehend wasserfreie Umgebung übergeführt, in welcher elektrostatische Wechselwirkungen verstärkt sind und Nebenreaktionen mit Wasser und darin gelösten Stoffen ausgeschlossen sind. Die beim Binden an die aktive Stelle erfolgende Veränderung der Struktur des Substrats trägt wesentlich zur reaktionsbeschleunigenden Wirkung vieler Enzyme bei.

- ■  Wechselwirkungen zwischen Enzym und Substrat bewirken, dass der ES-Komplex rasch in den EP-Komplex übergeführt wird. Der katalytische Zyklus der meisten Enzyme läuft innerhalb von Millisekunden ab.

## 4.2
## Katalyse und Aktivierungsenergie

Chemische Reaktionen können beschleunigt werden, einerseits durch eine Erhöhung der Temperatur und andererseits durch einen geeigneten Katalysator. Dieser Sachverhalt lässt sich mit der Theorie des Übergangszustandes beschreiben.

**Die Aktivierungsenergie bestimmt die Geschwindigkeit einer Reaktion** – Bei der Reaktion $S \rightleftharpoons P$ muss ein Substratmolekül S, um in Produkt P umgewandelt zu werden, einen aktivierten, angeregten Zustand erreichen. Dieser **Übergangszustand** hat eine höhere freie Energie als der Ausgangszustand, die Differenz in der freien Energie wird als **freie Aktivierungsenergie** bezeichnet (Abb. 4.1). Die Aktivierungsenergie der enzymkatalysierten Reaktion ist für die Hin- und Rückreaktion um den gleichen Betrag niedriger als die Aktivierungsenergie der nichtkatalysierten Reaktion: Hin- und Rückreaktion werden um den gleichen Faktor beschleunigt. An der Lage des Gleichgewichts zwischen S und P ändert das Enzym nichts. Die Lage des Gleichgewichts ist gegeben durch die Dif-

ferenz der freien Energie von S und P. Die Aktivierungsenergie einer enzymatischen Reaktion wird durch das jeweilige Enzym und nicht durch das Substrat oder den Typ der Reaktion bestimmt. Sie liegt im Bereich von 20–80 kJ/mol (5–20 kcal/mol). Die reaktionsbeschleunigende Wirkung eines Enzyms wird als dessen **katalytische Aktivität** bezeichnet.

---

**Definitionen:**

**Einheit (U) der Enzymaktivität**: 1 µmol Substrat/min (bei 25 °C und definierten, wenn möglich optimalen Reaktionsbedingungen).
**Spezifische Aktivität:** U/mg Protein (ein Maß für die Reinheit eines Enzympräparats)
**Molekulare Aktivität (Wechselzahl):** mol Substrat / (mol Enzym · min). Die molekulare Aktivität gibt an, wie viele Male pro Minute ein Enzymmolekül den katalytischen Zyklus durchläuft; für die meisten Enzyme liegt sie im Bereich von $10^3$–$10^5$ min$^{-1}$.

---

**Die Enzymaktivität lässt sich aus der Zeit-Umsatz-Kurve bestimmen** – In einem Reaktionsansatz wird die Geschwindigkeit am Anfang der Reaktion, d. h. nach Zugabe des Enzyms, bestimmt, da zu diesem Zeitpunkt noch kein P vorhanden ist und daher keine Rückreaktion stattfindet ($E + S \rightleftharpoons ES \rightarrow E + P$). Die Anfangsgeschwindigkeit wird aus der Zeit-Umsatz-Kurve abgelesen (Abb. 4.2).

- ◤ Die Reaktion $ES \rightleftharpoons EP$ ist schneller als die Reaktion $S \rightleftharpoons P$, weil sie aufgrund der Wechselwirkungen zwischen Enzym und Substrat über einen weniger energiereichen Übergangszustand verläuft. Das Enzym verändert das Gleichgewicht zwischen Substrat und Produkt nicht.

**Beschleunigung durch Erhöhung der Temperatur**

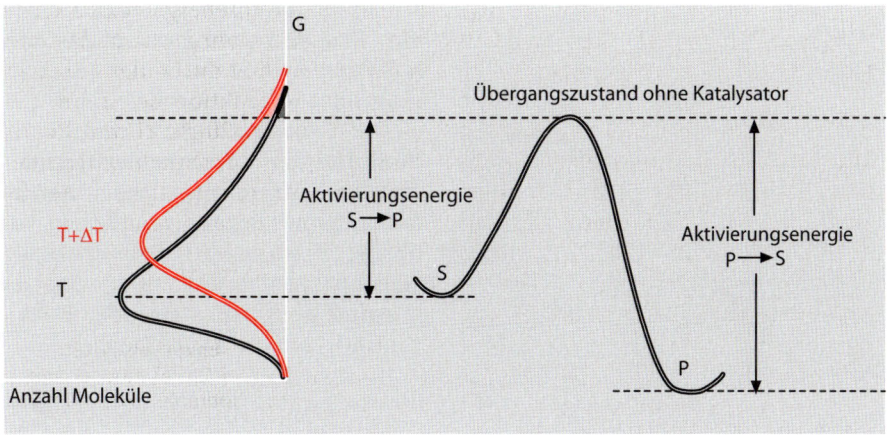

**Beschleunigung durch Katalyse**

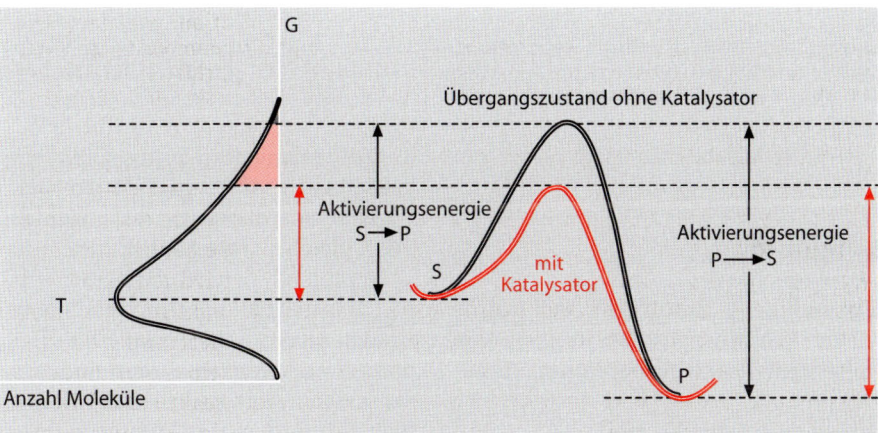

**Abb. 4.1.** Aktivierungsenergie und Reaktionsgeschwindigkeit. Die Reaktion $S \rightleftharpoons P$ verläuft um so schneller, je mehr S-Moleküle eine freie Energie aufweisen, die gleich oder höher ist als diejenige des Übergangszustandes. Die Energieverteilung in einer Molekülpopulation bei bestimmter Temperatur T ist gegeben durch die Boltzmannsche Verteilung. Eine Temperaturerhöhung um $\Delta T$ verschiebt die Boltzmannsche Verteilung zu höheren Energien der einzelnen Moleküle. Ein Enzym hingegen eröffnet einen neuen Reaktionsweg $ES \rightleftharpoons EP$, welcher über einen Übergangszustand mit niedrigerer freier Energie verläuft. In beiden Fällen besitzt ein größerer Anteil der Molekülpopulation eine freie Energie, die gleich oder höher ist als diejenige des Übergangszustandes der Reaktion $S \rightleftharpoons P$, d.h. in beiden Fällen verläuft die Reaktion schneller

Konzentration

Abb. 4.2. Bestimmung der Aktivität eines Enzyms aus der Zeit-Umsatzkurve. Die Anfangsgeschwindigkeit der Reaktion $v = \frac{d[P]}{dt} = -\frac{d[S]}{dt}$ ist gleich der Neigung der Tangente an die Zeit-Umsatzkurve zur Zeit Null: $v = \frac{d[P]}{dt} = \mathrm{tg}\,\alpha_{t=0}$. Das Ermitteln der Zeit-Umsatzkurve ist einfach, wenn sich Substrat und Produkt in ihren Absorptionsspektren unterscheiden. Das ist zum Beispiel der Fall beim Cosubstrat $NAD^+/NADH$ (s. Abb. 14.2)

## 4.3
## Enzymkinetik

Die Enzymkinetik untersucht, auf welche Weise die Reaktionsgeschwindigkeit von den folgenden Reaktionsbedingungen abhängt:
- Konzentration des Enzyms
- Konzentration des Substrats
- Temperatur
- pH
- Konzentration von Inhibitoren und Aktivatoren, d.h. Verbindungen, die an der Reaktion nicht direkt beteiligt sind, also weder S noch P sind, die aber die Geschwindigkeit der Reaktion beeinflussen.

Für die folgende Besprechung sollen drei Voraussetzungen erfüllt sein: Mit Geschwindigkeit v ist immer die Anfangsgeschwindigkeit gemeint; $[S] \gg E$; Einsubstratreaktion. Die abgeleiteten Beziehungen lassen sich auch auf Zweisubstrat-Reaktionen übertragen, indem eine der-

maßen hohe Konzentration des zweiten Substrats gewählt wird, dass sie während der Reaktion praktisch nicht verändert wird und als Konstante in die Gleichungen eingesetzt werden kann.

**Die Geschwindigkeit ist eine lineare Funktion der Enzymkonzentration** – Die meisten enzymkatalysierten Reaktionen laufen ohne Enzym unmessbar langsam ab: bei $[E] = 0$ ist $v = 0$. Falls die obigen Voraussetzungen erfüllt sind, wird die Geschwindigkeit mit steigender Enzymkonzentration linear zunehmen.

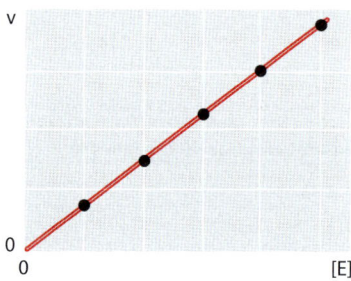

**Die Michaelis-Menten-Gleichung beschreibt die Abhängigkeit der Geschwindigkeit von der Substratkonzentration** – Die gleiche Sättigungskurve, die sich asymptotisch der Maximalgeschwindigkeit $V_{max}$ annähert, beschreibt allgemein das Binden eines Liganden an ein Protein (z.B. von $O_2$ an Myoglobin oder eines Hormons an seinen Rezeptor). Die Kurve weist darauf hin, dass das Enzym mit dem Substrat einen Komplex, den ES-Komplex, bildet. Die Michaelis-Menten-Gleichung $v = \frac{V_{max} \cdot [S]}{K_m + [S]}$ entspricht der Gleichung einer Hyperbel.

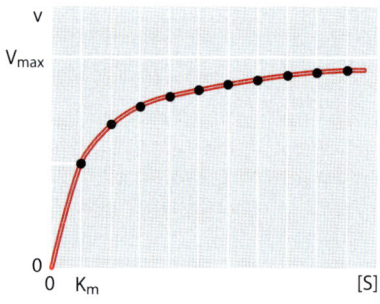

**Ableitung der Michaelis-Menten-Gleichung.** Der Reaktionszyklus eines Enzyms lässt sich vereinfacht durch die folgende Reaktionsgleichung darstellen:

$$E + S \underset{k_{-1}}{\overset{k_1}{\rightleftharpoons}} ES \overset{k_2}{\longrightarrow} E + P$$

wobei $k_1$, $k_{-1}$ und $k_2$ die Reaktionsgeschwindigkeitskonstanten der jeweiligen Reaktionsschritte darstellen.

Falls sich ES in einem Fließgleichgewicht (stationärer Zustand = *Steady state*) befindet, d.h. mit gleicher Geschwindigkeit gebildet und verbraucht wird, gilt

$$k_1 [E][S] = k_{-1} [ES] + k_2[ES] \text{ oder}$$

$$\frac{[E][S]}{[ES]} = \frac{k_{-1} + k_2}{k_1}$$

Der Quotient der Geschwindigkeitskonstanten wird als **Michaelis-Menten-Konstante $K_m$**

$$K_m = \frac{k_{-1} + k_2}{k_1} = \text{definiert.}$$

Aus $\frac{[E][S]}{[ES]} = K_m$ und $[E] = [E_0] - [ES]$,

wobei $[E_0]$ die Gesamtkonzentration des Enzyms ist, ergibt sich

$$\frac{[E_0] - [ES]}{[ES]} = \frac{K_m}{[S]} \text{ oder } \frac{[E_0]}{[ES]} = \frac{K_m}{[S]} + 1$$

Die Geschwindigkeit der Reaktion ist

$$v = \frac{d[P]}{dt} = k_2[ES]$$

Die **maximale Geschwindigkeit $V_{max}$** wird erreicht, wenn alles Enzym als ES-Komplex vorliegt: $V_{max} = k_2 [E_0]$.

Demnach ist $\frac{v}{V_{max}} = \frac{[S]}{K_m + [S]}$ oder

$$v = \frac{V_{max}[S]}{K_m + [S]}$$

Aus der Michaelis-Menten-Gleichung ergibt sich, dass die Reaktion bei niedriger Substratkonzentration gemäß einer Kinetik erster Ordnung und bei hoher Substratkonzentration gemäß einer Kinetik nullter Ordnung abläuft:

$$[S] \ll K_m: v \approx [S] \quad \text{(Kinetik 1. Ordnung)}$$
$$[S] \gg K_m: v = V_{max} \quad \text{(Kinetik 0. Ordnung)}$$

---

Reaktion 0. Ordnung: $A \rightarrow B$

$$v = \frac{d[B]}{dt} = k$$

Reaktion 1. Ordnung: $A \rightarrow B$

$$v = \frac{d[B]}{dt} = k[A] \quad [A] = [A]_0 \cdot e^{-kt}$$

Reaktion 2. Ordnung: $A + B \rightarrow C$

$$v = \frac{d[C]}{dt} = k[A][B]$$

---

Die Maximalgeschwindigkeit $V_{max}$ wird erreicht, wenn das Enzym mit Substrat gesättigt ist, d.h. wenn alle Enzymmoleküle als ES-Komplex vorliegen: Bei $[S] \gg K_m$ ist $v = V_{max}$.

$K_m$ hat die Dimension einer Konzentration und entspricht der Substratkonzentration, bei welcher die halbe Maximalgeschwindigkeit erreicht wird: Bei $[S] = K_m$ ist $v = V_{max}/2$.

Falls $k_2 \ll k_{-1}$, wird $K_m = \frac{k_{-1}}{k_1} = K_d$ d.h. der Wert von $K_m$ entspricht dem Wert der Dissoziationskonstanten des ES-Komplexes. Bei der Mehrzahl der Enzyme ist dies der Fall.

---

| | |
|---|---|
| $[S] = K_m$ | $v = \frac{1}{2} V_{max}$ |
| $[S] = 10 K_m$ | $v = \frac{10}{11} V_{max} = 91\%$ von $V_{max}$ |
| $[S] = 20 K_m$ | $v = \frac{20}{21} V_{max} = 95\%$ von $V_{max}$ |

---

Eine Erniedrigung von $K_m$ bewirkt, dass bei gegebener Substratkonzentration die Geschwindigkeit der Reaktion zunimmt, d.h. die Ausnützung des Substrats verbessert wird (Abb. 4.3). $K_m$ kann daher als reziprokes Maß für die „Affinität" des Enzyms für ein bestimmtes Substrat bezeichnet werden. Die $K_m$-Werte der meisten Enzyme liegen zwischen 0,01 bis 1 mM. In vielen Fällen liegt der $K_m$-Wert im Bereich der Konzentration des jeweiligen Substrats in der Zelle. Enzyme arbeiten demnach in der Zelle nicht unter Sättigungsbedingungen. Es ergibt sich damit ein einfacher Regulationsmechanismus

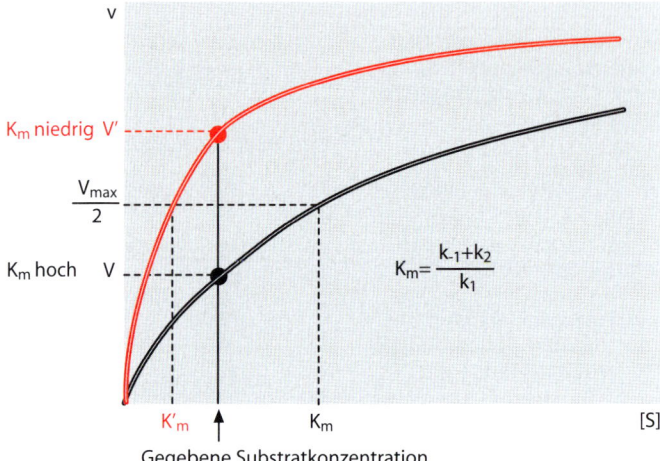

Gegebene Substratkonzentration

**Abb. 4.3.** $K_m$ als reziprokes Maß der „Affinität" eines Enzyms für dessen Substrat. Die Ausnützung des Substrats wird verbessert unabhängig davon, ob der erniedrigte $K_m$-Wert auf eine Erhöhung von $k_1$ oder eine Erniedrigung von $k_{-1}$ oder $k_2$ zurückzuführen ist. Je niedriger $K_m$, umso höher ist bei gegebener Substratkonzentration die Geschwindigkeit

zur Aufrechterhaltung des Fließgleichgewichts der Stoffwechselzwischenprodukte in der Zelle: bei niedrigerer Konzentration wird das Substrat langsamer umgesetzt und umgekehrt bei höherer Konzentration schneller aufgebraucht.

**Experimentelle Bestimmung von $V_{max}$ und $K_m$**

Nach dem Verfahren von Lineweaver-Burk wird die Michaelis-Menten-Gleichung linearisiert:

$$\frac{1}{v} = \frac{1}{V_{max}} + \frac{K_m}{V_{max}} \cdot \frac{1}{[S]}$$

$\frac{1}{v}$ wird dabei eine lineare Funktion von $\frac{1}{[S]}$

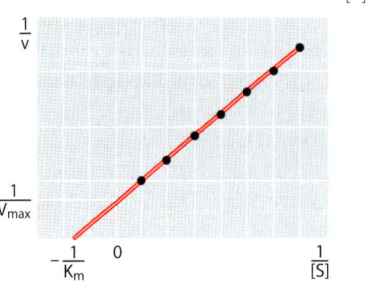

Graphische Auswertung oder rechnergestütztes Curve-fitting ergeben die Werte von $K_m$ und $V_{max}$.

■ $$v = \frac{V_{max}[S]}{K_m + [S]}$$

Die Michaelis-Menten-Gleichung beschreibt eine Sättigungskurve. $K_m$ entspricht der Substratkonzentration, bei welcher die Reaktion mit halber Maximalgeschwindigkeit abläuft. Die Maximalgeschwindigkeit $V_{max}$ wird bei hohen Substratkonzentrationen erreicht: bei $[S] = 10\ K_m$ ist $v = 10/11\ V_{max} = 91\%$ von $V_{max}$.

**Bei erhöhter Temperatur laufen Enzymreaktionen schneller** – Bei erhöhter Temperatur verschiebt sich die Boltzmannsche Verteilung: ein größerer Anteil der ES-Komplexe besitzt eine freie Energie, die gleich groß oder größer ist als die Aktivierungsenergie, die Reaktion läuft schneller ab (Abb. 4.1). Die Reaktionsgeschwindigkeits-Temperatur-Regel (RGT-Regel) gilt – als grobe Faustregel – auch für Enzyme: Eine Temperaturerhöhung um 10 °C verdoppelt die Reaktionsgeschwindigkeit (Abb. 4.4). Bei Temperaturen, die höher sind als die üblichen Umgebungstemperaturen des Organismus oder die Körpertemperatur, werden die Enzyme denaturiert.

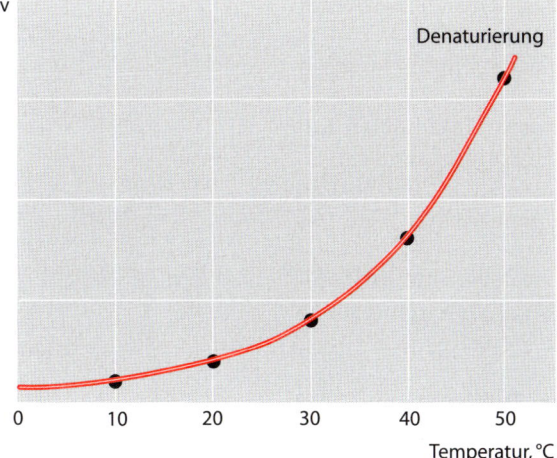

**Abb. 4.4.** Temperaturabhängigkeit der Geschwindigkeit enzymatischer Reaktionen. Die angegebene Kurve entspricht einem Temperaturkoeffizienten von 2 (bei einer Temperaturerhöhung von 10 °C verdoppelt sich die Reaktionsgeschwindigkeit). Oberhalb einer gewissen Temperatur wird das Enzym rasch denaturiert und damit inaktiviert. Bei Überschreiten der Denaturierungstemperatur lässt sich deshalb die Geschwindigkeit der enzymkatalysierten Reaktion nicht mehr messen

Die Temperaturabhängigkeit einer chemischen (auch enzymkatalysierten) Reaktion ist gegeben durch

$$k = \frac{k_B \cdot T}{h} e^{-\Delta G^{\ddagger}/RT},$$

wobei k die Reaktionsgeschwindigkeitskonstante, $k_B$ die Boltzmannsche Konstante, T die absolute Temperatur, h die Plancksche Konstante, $\Delta G^{\ddagger}$ die Aktivierungsenergie und R die allgemeine Gaskonstante darstellt. Die damit verwandte Arrhenius-Gleichung $\ln k = \ln A - E_a/RT$ (A ist eine Konstante, welche den maximal möglichen Wert der Geschwindigkeitskonstante bei $E_a = 0$ angibt – bei 25 °C $\sim 10^{13}$ s$^{-1}$ –; $E_a$ ist die Aktivierungsenergie) zeigt, dass $\ln k$ eine lineare Funktion von $1/T$ ist.

Die Temperaturabhängigkeit enzymatischer Reaktionen ist von praktischer Bedeutung: Die Aufbewahrung von Lebensmitteln bei Kühlschranktemperatur oder in tiefgefrorenem Zustand erhöht deren Haltbarkeit. Im Winterschlaf gewisser Tiere und bei der künstlichen Hibernation von Patienten werden die Stoffwechselreaktionen verlangsamt und dadurch der Bedarf an Nährstoffen und Sauerstoff herab-

gesetzt. Auf diese Weise können winterschlafende Tiere mit ihren beschränkten Vorräten an Nährstoffen die lange kalte Jahreszeit überleben und kann in der Chirurgie bei Operationen am offenen Herzen der Blutkreislauf länger stillgelegt werden.

■ Die RGT-Regel gilt auch für enzymkatalysierte Reaktionen.

**Aktivatoren und Inhibitoren können die Aktivität von Enzymen verändern** – Verbindungen, welche die Geschwindigkeit einer enzymkatalysierten Reaktion beschleunigen oder verlangsamen und weder Substrat noch Produkt der Reaktion sind, werden als Aktivatoren bzw. Inhibitoren des Enzyms bezeichnet. Es sind viel mehr Inhibitoren als Aktivatoren von Enzymen bekannt. Zu den **Enzymaktivatoren** gehören gewisse Ionen, welche die Aktivität bestimmter Enzyme stimulieren (z.B. aktivieren Chlorid-Ionen die Amylase). Die so genannten allosterischen Aktivatoren sind zusammen mit den allosterischen Inhibitoren sehr wichtig für die Regulation des Stoffwechsels (s. Kapitel 13.4). **Enzyminhibitoren** hemmen das Enzym, ohne es

zu denaturieren. Sie lassen sich nach ihrer Wirkungsweise einteilen:
- Irreversible Inhibitoren binden kovalent an das Enzym.
- Reversible Inhibitoren bilden einen Enzym-Inhibitor-Adsorptionskomplex:

Kompetitive reversible Inhibitoren erhöhen $K'_m$, den gemessenen Wert von $K_m$.

Nichtkompetitive reversible Inhibitoren erniedrigen $V'_{max}$, den gemessenen Wert von $V_{max}$.

**Ein kompetitiver Inhibitor** und das Substrat können nicht gleichzeitig an das Enzym binden. In der Gegenwart eines kompetitiven Inhibitors wird ein höherer Wert von $K_m$ gemessen. Durch Erhöhung der Substratkonzentration kann jedoch der gleiche Wert von $V_{max}$ wie in der nichtgehemmten Reaktion erreicht werden.

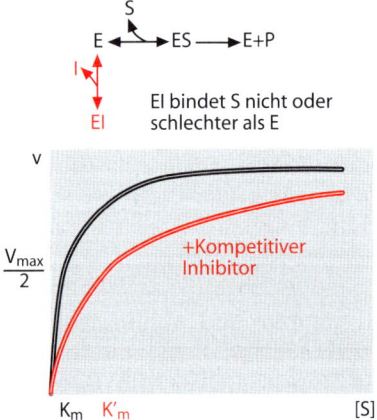

**Ein nichtkompetitiver Inhibitor** bindet unabhängig vom Substrat an das Enzym. Die Hemmwirkung äußert sich wie eine Erniedrigung der Enzymkonzentration. In der Gegenwart eines nichtkompetitiven Inhibitors wird ein niedrigerer Wert von $V_{max}$ gemessen. Der $K_m$-Wert bleibt unverändert.

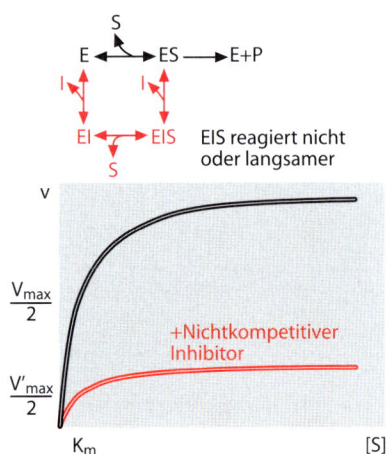

■ Kompetitive und nichtkompetitive Enzyminhibitoren erniedrigen die Affinität des Enzyms für sein Substrat bzw. die Geschwindigkeit der Umsetzung des ES-Komplexes.

**Der einfachste Aktivator und Inhibitor von Enzymen ist das $H^+$-Ion** – Die katalytische Aktivität jedes Enzyms ist vom Ladungszustand ionisierbarer Gruppen des Enzyms, (insbesondere an dessen aktiver Stelle) und des Substrats abhängig. Der Ladungszustand dieser Gruppen hängt seinerseits vom pH-Wert ab. Das pH-Optimum der meisten Enzyme liegt im physiologischen pH-Bereich oder in dessen Nähe (Abb. 4.5). Es kann sehr scharf begrenzt sein oder sich über mehrere pH-Einheiten erstrecken.

| Enzyme mit pH-Optima außerhalb des physiologischen pH-Bereichs: | |
|---|---|
| Pepsin im Magensaft | pH 2 |
| Saure Phosphatase in Lysosomen | pH 5 |
| Alkalische Phosphatase im Darm und Knochen | pH 9 |

**Mit spezifischen Enzyminhibitoren können Enzyme gezielt gehemmt werden** – $H^+$-Ionen wirken auf alle Enzyme. Von besonderem Interesse sind jedoch spezifische Hemmstoffe, welche ausschließlich auf ein bestimmtes Enzym wirken. Inhibi-

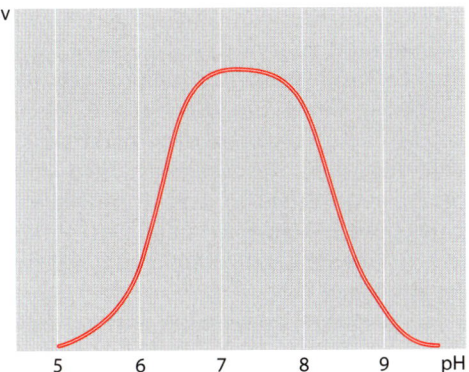

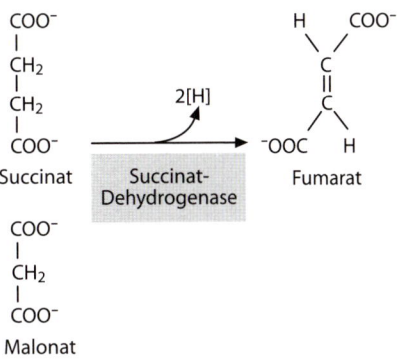

**Abb. 4.5.** pH-Aktivitätskurve eines Enyzms. Im einfachsten Fall entsprechen die flankierenden Äste der Kurve den Titrationskurven der für die Aktivität kritischen ionisierbaren Gruppen. Die gezeigte Kurve könnte einem Enzym entsprechen, in welchem ein bestimmter Histidinrest mit $pK_a$ 6,5 deprotoniert und ein Lysinrest mit $pK_a$ 8,5 protoniert sein muss, damit das Enzym katalytisch aktiv ist

toren dieser Art bieten nicht nur eine Grundlage für eine rationale Pharmakotherapie, sondern werden auch vom Organismus selbst gebildet. Insbesondere Inhibitoren bestimmter Proteasen sind für zelluläre Regulationsvorgänge wichtig.

**Substratanaloge**, d. h. Verbindungen mit substratähnlicher Struktur, binden an die aktive Stelle und verhindern damit das Binden des Substrats. Das klassische Beispiel hierfür ist die kompetitive Hemmung der Succinat-Dehydrogenase durch Malonat. Malonat mit seinen beiden Carboxylatgruppen bindet anstelle von Succinat an die aktive Stelle. Der Inhibitor kann jedoch nicht dehydrogeniert werden, da wegen Fehlens einer Methylengruppe keine Doppelbindung eingeführt werden kann.

Durch die spezifische Hemmung eines Enzyms kann gezielt in den Stoffwechsel eingegriffen werden. Dadurch können therapeutisch erwünschte Effekte erzielt werden.

Sulfonamide wirken bakteriostatisch, weil sie die Synthese der Folsäure, eines essentiellen Cofaktors für wichtige Synthesereaktionen, kompetitiv hemmen. Nach dem gleichen Mechanismus hemmen andere Folsäureantagonisten das Wachstum von Krebszellen (s. Kapitel 20.4).

Die bisher erwähnten spezifischen Enzyminhibitoren sind reversibel in ihrer Wirkung. Von irreversiblen Inhibitoren, die kovalent an das Enzym gebunden werden, ist zu erwarten, dass sie stärker und länger anhaltend wirken. **Affinitätsreagenzien** bestehen aus zwei Teilen: einem Substratanalogen, welches an die aktive Stelle des Zielenzyms bindet, und einem Reagenz, welches eine (oder mehrere) Gruppe(n) an oder in der Nähe der aktiven Stelle chemisch modifiziert und das Enzym dadurch inaktiviert. **Mechanismus-aktivierte Inhibitoren** ($k_{cat}$-Inhibitoren) sind Substratanaloge, die von selbst nicht reaktiv sind, jedoch durch die katalytische Wirkung des Enzyms in eine reaktive Form übergeführt werden. Sie nutzen nicht nur die Bindungsspezifität, sondern auch die Reaktionsspezifität des Zielenzyms, um dessen spezifische Hemmung zu erreichen. Das Antibiotikum Penicillin wirkt als $k_{cat}$-Inhibitor.

■ **Spezifische Enzyminhibitoren:**
**irreversibel** (Affinitätsreagenzien,
Mechanismus-aktivierte Inhibitoren)
**reversibel  kompetitiv**
**nichtkompetitiv**

## 4.4
## Struktur der aktiven Stelle und Wirkungsmechanismen von Enzymen

Bestimmte Gruppen an der aktiven Stelle
sind verantwortlich für das Binden des
Substrats und für die Katalyse des Bindungswechsels. Es kommen hierfür in Frage:
– Proteinseitenketten, welche mit dem
  Substrat eine nichtkovalente Bindung
  eingehen können, Protonen aufnehmen
  oder abgeben können oder als Nucleophil mit dem Substrat vorübergehend
  eine kovalente Bindung eingehen. An
  der Bindung der zumeist anionischen
  Substrate ist sehr häufig die Guanidini-
  umgruppe von Arg beteiligt. Weitere
  Beispiele für funktionelle Gruppen an
  aktiven Stellen sind die Imidazolgruppe
  von His, die SH-Gruppe von Cys, die
  OH-Gruppe von Ser, die Carboxyl-
  gruppppe von Asp und Glu und die
  $\varepsilon$-Aminogruppe von Lys.
– Prosthetische Gruppen (Nichtproteinbestandteile), statten bei sehr vielen Enzymen die aktive Stelle mit chemischen
  Eigenschaften, z.B. Redoxaktivität, aus,
  welche mit den Proteinseitenketten allein nicht zu bewerkstelligen wären. Dazu gehören organische Verbindungen
  und Metallionen:
  – Coenzyme: im Vergleich zu den Pro-
    teinseitenketten kompliziert gebaute
    organische Verbindungen, die in vie-
    len Fällen aus einem Vitamin gebildet
    werden.
  – Metallionen, z.B. $Zn^{2+}$, $Fe^{2+}$, $Cu^{2+}$.

■ Holoenzym = Apoenzym + prosthetische
               (=Protein)     Gruppe
      aktiv        inaktiv      inaktiv

Wechselwirkungen zwischen Enzym
und Substrat führen dazu, dass die Reak-
tion $ES \rightleftharpoons EP$ schneller abläuft als die
nichtkatalysierte Reaktion $S \rightleftharpoons P$ – Der
Beitrag der verschiedenen reaktionsbeschleunigenden Wechselwirkungen zum
katalytischen Effekt ist je nach Enzym verschieden; viele Enzyme benutzen nur einen Teil der im Folgenden aufgeführten
Mechanismen.
– **Ionisierbare Gruppen der aktiven Stelle
  wirken als $H^+$-Donoren oder $H^+$-Ak-
  zeptoren**. Viele Reaktionen werden
  durch $H^+$- oder $OH^-$-Ionen beschleunigt; wenn Brønstedtsche Säuren und
  Basen allgemein die Reaktion katalysieren, spricht man von **allgemeiner Säure-Basenkatalyse**. Ein Beispiel hierfür
  gibt der Reaktionsmechanismus von
  Chymotrypsin (s. Abb. 4.7). In manchen
  Enzymen übernimmt ein Metallion an
  der aktiven Stelle die Rolle einer Lewis-
  Säure, d.h. eines Elektronenpaarakzep-
  tors.
– **Gewisse Enzyme bilden vorübergehend
  eine kovalente Bindung zum Substrat**.
  Durch nucleophilen Angriff einer Gruppe der aktiven Stelle des Enzyms auf das
  Substrat kommt es zu einer kovalenten
  Bindung. Die damit elektrophil gewordene katalytische Gruppe zieht Elektronen aus dem Reaktionszentrum ab
  und erleichtert so die Spaltung von Bindungen. Zum Abschluss der Reaktion
  wird die katalytische Gruppe wieder eliminiert. Die Reaktionsmechanismen
  von Chymotrypsin und der Pyridoxal-
  phosphat-abhängigen Enzyme geben
  hierfür Beispiele (s. Abb. 4.7 bzw. Abb.
  4.9).
– **Das Binden des Substrats an die aktive
  Stelle führt zu einer Annäherung von
  dessen Struktur an die Struktur des
  Übergangszustandes**. Ein Teil der freien
  Bindungsenergie des Substrats ($\Delta G'$ der
  Bildung des ES-Komplexes) wird auf-
  gewendet, um das Substrat strukturell
  dem Übergangszustand anzunähern.
  Die Wechselwirkungen mit der aktiven
  Stelle führen dazu, dass Bindungswinkel, Bindungslängen, aber auch die

Elektronenverteilung im Substrat dem Übergangszustand angeglichen werden. Dabei ist zu beachten, dass die Reaktion des Substrats an der aktiven Stelle in einem praktisch wasserfreien Medium mit niedriger Dielektrizitätskonstante abläuft, so dass die elektrostatischen Wechselwirkungen wesentlich stärker als im Wasser sind. Drei experimentelle Befunde belegen die Wirksamkeit dieses Mechanismus der Enzymwirkung:

- Nichtenzymatische Reaktionen laufen schneller ab, wenn die Struktur des Reaktanten der Struktur des Übergangszustandes angenähert wird:

$$
\begin{array}{cc}
\text{R—O} \quad \text{O}^- & \text{H}_2\text{C—O} \quad \text{O}^- \\
\quad\;\;\text{P} & \quad\;\;\text{P} \\
\text{R—O} \quad \text{O} & \text{H}_2\text{C—O} \quad \text{O} \\
1 & 10^8
\end{array}
$$

Relative Geschwindigkeit der alkalischen Hydrolyse

- Stabile Analoge des Übergangszustandes werden vom Enzym stärker gebunden als das Substrat und das Produkt.
- Antikörper gegen Analoge des Übergangszustandes können katalytische Wirkung aufweisen. Diese **katalytischen Antikörper** können Reaktionen beschleunigen, welche in der Natur nicht vorkommen und für welche es keine Enzyme gibt.
- **Enzyme verwandeln intermolekulare Reaktionen in quasi-intramolekulare Reaktionen.** Die meisten enzymkatalysierten Reaktionen sind mehrmolekulare Reaktionen, welche aus statistischen Gründen langsam sind. Durch Bildung des ES-Komplexes werden alle Reaktanten (Substrat 1 + Substrat 2 + katalytische Gruppen des Enzyms) Teil ein und desselben Komplexes. Nichtenzymatische Modellreaktionen zeigen, dass dieser entropische Effekt (**Katalyse durch Proximität**) zur Reaktionsbeschleunigung beitragen kann (Abb. 4.6). Zudem werden als weiterer entropischer Effekt der Bildung des ES-Komplexes die Reaktanten optimal gegeneinander orientiert, indem ihre relative Beweg-

lichkeit eingeschränkt wird (**Katalyse durch Orientierung**).

Obwohl die Strukturen vieler Enzyme mittels Röntgenkristallanalyse bis zu atomarer Auflösung ermittelt worden sind, ist eine quantitative Rückführung der katalytischen Wirkung eines gegebenen Enzyms auf die verschiedenen reaktionsbeschleunigenden Mechanismen in der Regel nicht möglich. Es scheint, dass jedes Enzym eine Kombination verschiedener Möglichkeiten ausschöpft. Noch ist es nicht gelungen, eine neues Enzym, dessen Bauplan nicht der Natur abgeschaut wurde, zu konstruieren.

■ Proteinseitenketten und prosthetische Gruppen (Coenzyme und Metallionen) binden das Substrat an die aktive Stelle. Durch ihre Wechselwirkungen mit dem Substrat beschleunigen sie die Umwandlung des ES- in den EP-Komplex. Die aktive Stelle der meisten Enzyme liegt in einer ausgeprägten Furche an der Oberfläche des Enzyms, die sich beim Binden des Substrats schließt und sich erst wieder bei der Freisetzung des Produktes öffnet. In der Phase des Bindungswechsels ist die aktive Stelle für das umgebende Wasser unzugänglich.

## 4.5
## Beispiele von Enzymmechanismen

**Serinproteasen besitzen an der aktiven Stelle einen besonders reaktiven Serinrest** – Die bekannteste Serinprotease ist das **Chymotrypsin**, ein Verdauungsenzym aus dem Pankreas, welches Peptidbindungen der Nahrungsproteine hydrolysiert. Es spaltet auch Esterbindungen künstlicher Substrate. Der Reaktionsmechanismus des Chymotrypsin ist aus sehr vielen chemischen und strukturellen Daten abgeleitet worden (Abb. 4.7). Die OH-Gruppe von Ser195 ist ungewöhnlich stark nucleophil durch die Wechselwirkung mit His57

**Abb. 4.6.** Katalyse durch Proximität. Vergleich der Geschwindigkeiten der Imidazol-katalysierten Hydrolyse von Phenylacetat-Ester als intermolekulare und intramolekulare Reaktion.

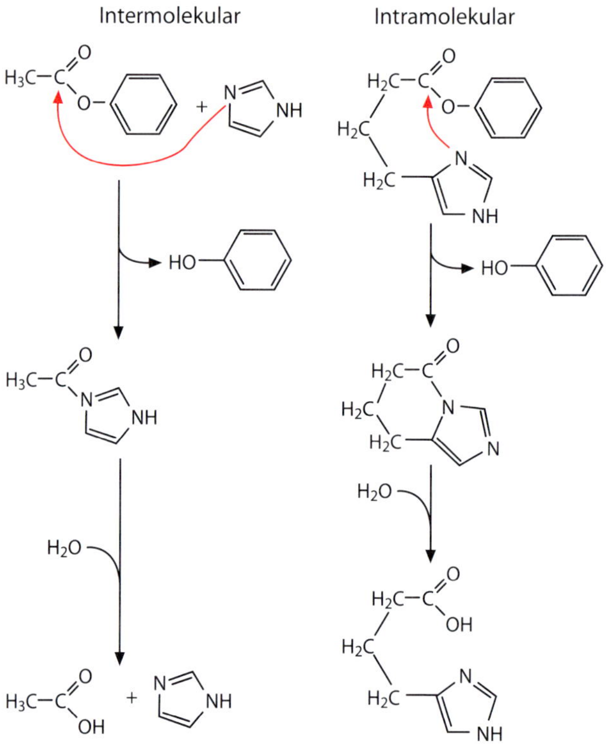

$$v_{inter} = k_{inter} \, [\text{Ester}] \cdot [\text{Imidazol}] \qquad v_{intra} = k_{intra} \, [\text{Ester-Imidazol}]$$

$$\frac{k_{intra}}{k_{inter}} = 30M,$$

d.h. damit bei gleichen Konzentrationen von Ester und Ester-Imidazol die intermolekulare Reaktion gleich schnell abläuft wie die intramolekulare Reaktion, müsste die Konzentration von Imidazol 30 M sein. Bei der intramolekularen Reaktion beträgt demnach die „effektive" Konzentration von Imidazol 30 M

und Asp102. Im Verlauf der Reaktion wird der Acylrest vorübergehend kovalent an Ser195 gebunden. Aufgrund seiner Reaktivität wird Ser195 spezifisch durch Diisopropylfluorophosphat (DFP) und andere **Alkylphosphate (Organophosphate)** alkyliert. Eine ähnliche irreversible Hemmung wird bei der Acetylcholinesterase an cholinergen Synapsen beobachtet; Organophosphate sind Nervengifte.

Ein Serinrest mit analoger Funktion und Reaktivität gegenüber DFP findet sich auch bei anderen Serinproteinasen (Tabelle 4.1). Mit Ausnahme des Subtilisins haben sich alle Serinproteinasen in Tabelle

**Tabelle 4.1.** Serinproteasen

| Enzym | Vorkommen und Funktion |
|---|---|
| Chymotrypsin | Pankreas, Eiweißverdauung |
| Trypsin | do. |
| Elastase | do. |
| Thrombin | Blutplasma, Auflösung von Fibringerinseln |
| Komplement C1 | Blutplasma, Zell-Lyse bei Immunreaktion |
| Subtilisin | In *Bacillus subtilis* durch Plasmid codiert, wird sezerniert (Verdauung? Abwehr?) |

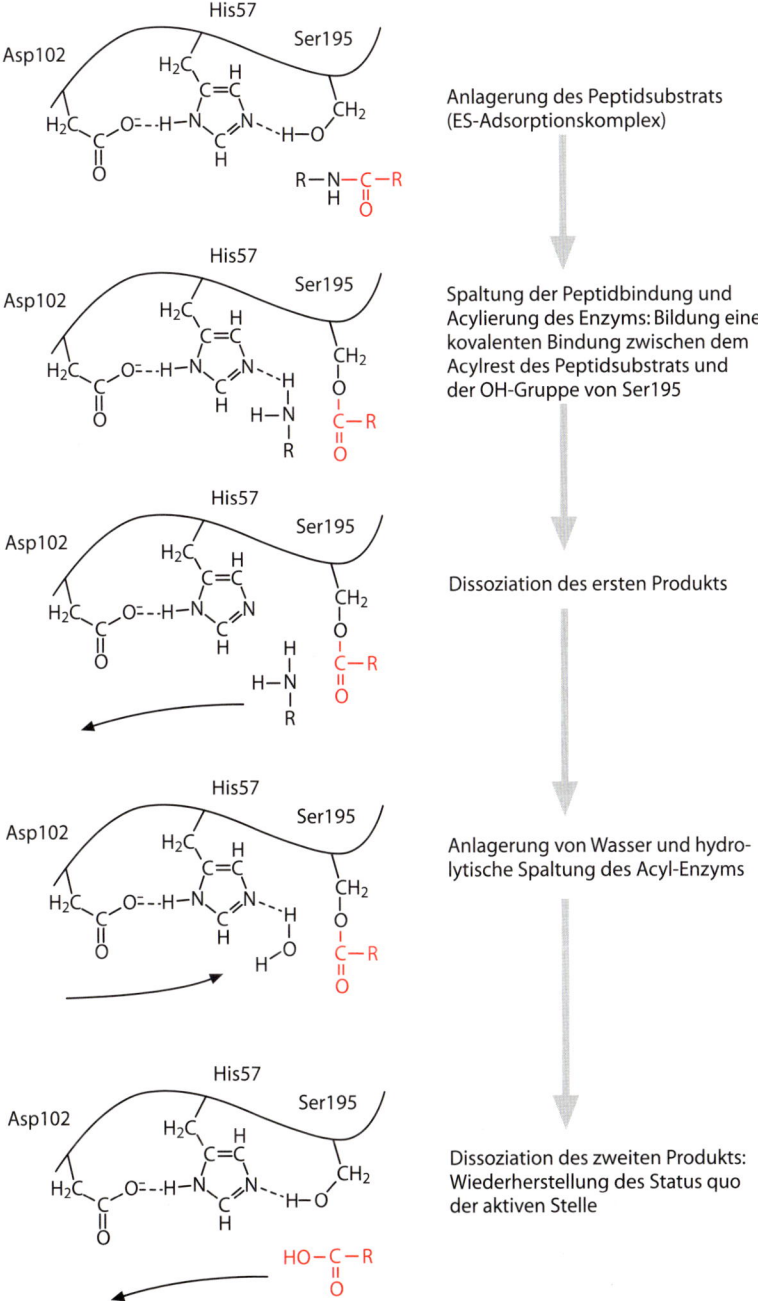

**Anlagerung des Peptidsubstrats (ES-Adsorptionskomplex)**

**Spaltung der Peptidbindung und Acylierung des Enzyms: Bildung einer kovalenten Bindung zwischen dem Acylrest des Peptidsubstrats und der OH-Gruppe von Ser195**

**Dissoziation des ersten Produkts**

**Anlagerung von Wasser und hydrolytische Spaltung des Acyl-Enzyms**

**Dissoziation des zweiten Produkts: Wiederherstellung des Status quo der aktiven Stelle**

**Abb. 4.7.** Kovalente Katalyse der Hydrolyse von Peptidbindungen durch Chymotrypsin

4.1 aufgrund ähnlicher Aminosäuresequenzen und 3D-Strukturen als zueinander homolog erwiesen. Einzig Subtilisin weist keine Ähnlichkeit mit den anderen Serinproteinasen auf, so dass man annimmt, dass Subtilisin nicht vom gleichen Proteinvorfahren abstammt. Subtilisin weist aber an seiner aktiven Stelle die gleichen drei katalytischen Aminosäurereste in gleicher räumlicher Anordnung auf.

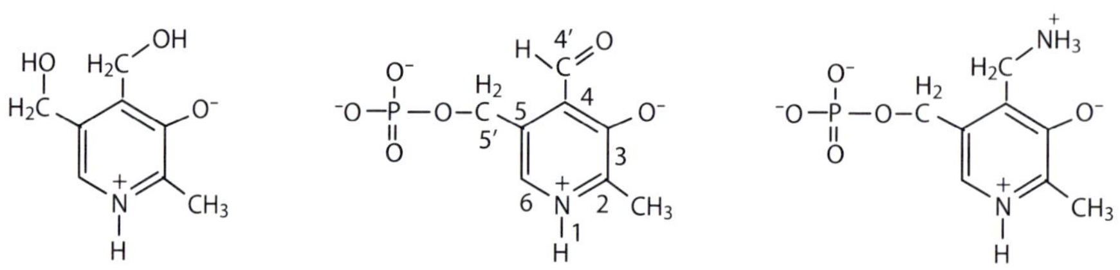

Pyridoxol
(Vitamin B$_6$)

Pyridoxal-5'-phosphat
(PLP)

Pyridoxamin-5'-phosphat
(PMP)

Beispiele Pyridoxalphosphat-abhängiger Reaktionen

Racemisierung

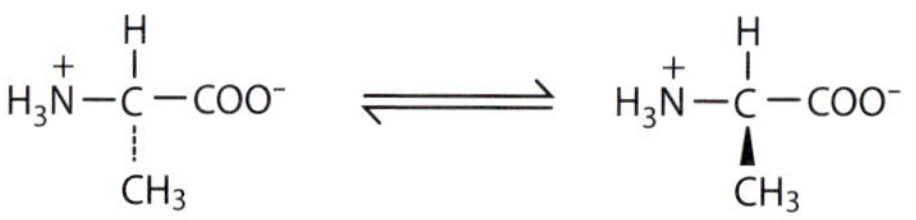

Transaminierung

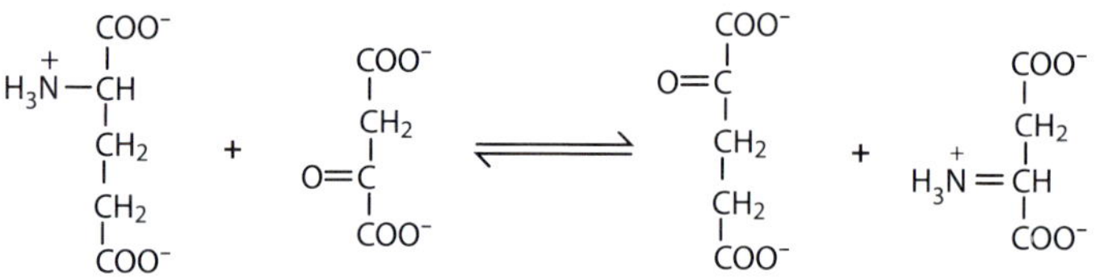

Decarboxylierung

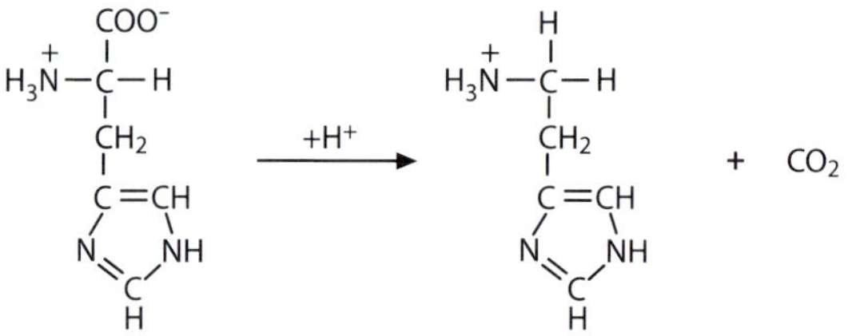

Aldolspaltung

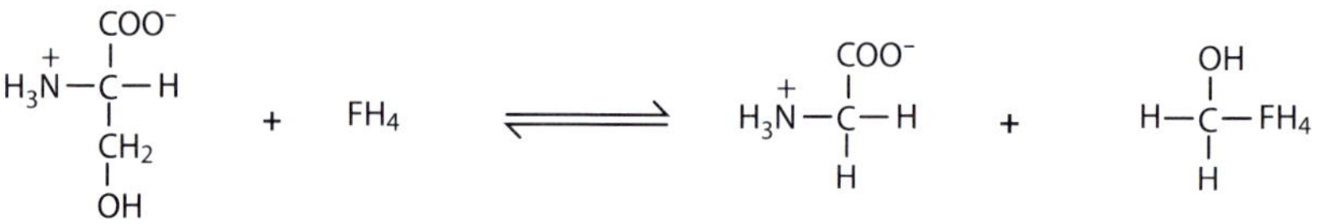

Serin · Tetrahydrofolat · Glycin · (Hydroxymethyl)-tetrahydrofolat

**Abb. 4.8.** Beispiele Pyridoxalphosphat-abhängiger enzymatischer Reaktionen. Pyridoxamin-5'-phosphat wird bei Transaminierungsreaktionen aus Pyridoxal-5'-phosphat gebildet. Außer den angezeigten Reaktionen werden auch $\beta$- und $\gamma$-Eliminierungen und -Substitutions-Reaktionen von PLP-abhängigen Enzymen katalysiert. Das Co-substrat Tetrahydrofolat ist ein allgemeiner Überträger von Einkohlenstoff (C$_1$)-Fragmenten

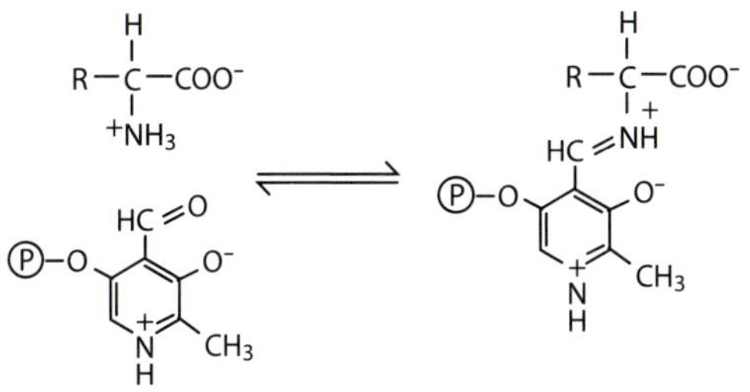

**Abb. 4.9.** Gemeinsames Zwischenprodukt aller PLP-abhängiger Reaktionen. Pyridoxalphosphat und Aminosäure bilden ein Imin (Schiffsche Base). Diese kovalente Zwischenverbindung ist allen nichtenzymatischen und enzymatischen PLP-abhängigen Reaktionen gemeinsam. Die Iminzwischenverbindung kann vielfältige Reaktionen eingehen (Abb. 4.8 zeigt nur wichtige Beispiele). Welche davon katalysiert wird, hängt vom entsprechenden Enzym ab

Offenbar ist durch **konvergente molekulare Evolution** aus verschiedenen Ursprüngen der gleiche katalytische Mechanismus mehrfach entwickelt worden.

**Pyridoxalphosphat-abhängige Enzyme katalysieren mannigfaltige Reaktionen von Aminosäuren** – Pyridoxalphosphat (PLP) ist ein Derivat von Vitamin B$_6$ (Pyridoxol) und prosthetische Gruppe vieler Enzyme im Stoffwechsel von Aminosäuren (Abb. 4.8). Alle Reaktionen von Aminosäuren, die von PLP-abhängigen Enzymen katalysiert werden, laufen auch mit PLP allein ab. Allerdings laufen in diesem Fall alle Reaktionen gleichzeitig nebeneinander und sehr viel langsamer ab. Offenbar verlaufen alle nichtenzymatischen und auch enzymatischen Reaktionen über eine gemeinsame Zwischenverbindung (Abb. 4.9). Die PLP-abhängigen Enzyme zeigen angesichts der vielfältigen nichtenzymatischen und enzymatischen Reaktionen sehr eindrücklich, dass der Proteinteil des Enzyms (Apoenzym) verantwortlich ist für die Substratspezifität, die Reaktionsspezifität und den hohen Beschleunigungseffekt (10$^7$).

Enzyme sind hochspezifische, aber nicht absolut spezifische Katalysatoren. Jedes Molekül besitzt eine gewisse Energie, die kinetische seiner translatorischen, rotatorischen und vibratorischen Bewegungen und die potentielle seiner Elektronenverteilung. Kollisionen zwischen den Molekülen verteilen diese Energie statistisch über alle Atome. Einzelne Moleküle und Molekülteile können so gelegentlich ungewöhnliche Zustände erreichen und zu einer „Nebenreaktion" des Enzyms führen.

**Reaktionsspezifität eines Enzyms.** Als Beispiel sind die Hauptreaktion und die Nebenreaktionen der Aspartat-Aminotransferase aufgeführt. Die Werte wurden bei 25 °C gemessen.

| Substrat | Reaktion | Molekulare Aktivität (min$^{-1}$) |
|---|---|---|
| L-Aspartat | Transaminierung | 13 200 |
| | β-Decarboxylierung | 0,008 |
| | Razemisierung | 0,0004 |
| L-Alanin | Razemisierung | 0,0009 |
| L-Serine | Dehydratisierung | 0,001 |

■ Die Aktivität vieler Enzyme ist von einem Nichtproteinbestandteil, der prosthetischen Gruppe, abhängig. Die typischen Merkmale der enzymatischen Katalyse, hohe Substrat- und Reaktionsspezifität, sowie ein großer Teil des reaktionsbeschleunigenden Effekts sind jedoch auf den Proteinteil des Enzyms zurückzuführen.

## 4.6
## Regulation der Enzymaktivität

Veränderungen der Bedingungen wie wechselnde Zufuhr von Nährstoffen, wechselnder Bedarf an bestimmten Stoffwechselprodukten oder an chemischer Energie verlangen eine entsprechende Anpassung

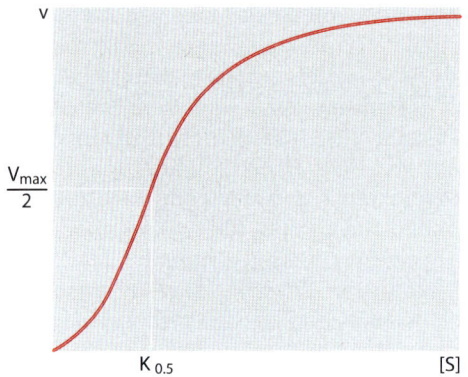

**Abb. 4.10.** „Sigmoide" Kinetik eines Enzyms. Die Abhängigkeit der Reaktionsgeschwindigkeit von der Substratkonzentration wird durch eine sigmoide Kurve beschrieben. Die Kurve entspricht der Hillschen Gleichung, in der $K_{0,5}$ der Ligandenkonzentration bei Halbsättigung entspricht:

$$v = \frac{V_{max} \cdot [S]^n}{K_{0,5} + [S]^n}$$

Der Hill-Koeffizient n ist ein Maß für den Grad der Kooperativität. Sein Wert ist maximal gleich der Zahl der Substrat-Bindungsstellen des Enzyms. Ein Wert von 1 bedeutet Fehlen von Kooperativität (Die Hillsche Gleichung entspricht in diesem Fall der Michaelis-Menten-Gleichung). Bei maximaler Kooperativität liegt das Enzym nur als freies Enzym und als vollbesetztes Enzym (alle Bindungsstellen mit Substrat besetzt) vor, Zwischenformen fehlen. Maximale Kooperativität ist selten

des Stoffwechsels der Zelle. Grundsätzlich bestehen hierfür zwei Möglichkeiten:
– Änderung der Konzentration von Enzymen durch Änderung der Geschwindigkeit von deren Synthese. Natürlich beruht eine Modulation der Konzentration eines Enzyms in der Zelle nicht nur auf einer Regulation der Genexpression,

sondern setzt ebenso voraus, dass die Enzyme kontinuierlich abgebaut werden.
– Änderung der Aktivität der in der Zelle vorhandenen Enzyme. Im Folgenden werden die allgemeinen molekularen Grundlagen der Regulation der Aktivität von Enzymen besprochen.

**Die Geschwindigkeit einer Stoffwechselreaktion kann durch die Substratkonzentration reguliert werden** – In der Zelle liegen die Konzentrationen der meisten Stoffwechselzwischenprodukte im Bereich der $K_m$-Werte der Enzyme. Die Geschwindigkeit der enzymkatalytischen Umsetzung des Substrats ist deshalb von der Substratkonzentration abhängig (Abb. 4.3). Es ergibt sich damit ein einfacher Mechanismus zur Stabilisierung der Fließgleichgewichte des Stoffwechsels.

**Enzyme mit „sigmoider" Kinetik (= Kooperativität) reagieren besonders empfindlich auf Veränderungen der Substratkonzentration** – Eine Reihe von Enzymen folgen nicht der Michaelis-Menten-Gleichung. Die Auftragung der Reaktionsgeschwindigkeit als Funktion der Substratkonzentration ergibt eine S-förmige Kurve (Abb. 4.10). Diese „sigmoide" Kinetik findet sich nur bei oligomeren Enzymen und ist auf eine gegenseitige Beeinflussung der aktiven Stellen auf den verschiedenen Untereinheiten zurückzuführen: Binden des Substrats an die aktive Stelle einer Untereinheit fördert das Binden des Substrats an die aktiven Stellen der anderen Untereinheiten. Der Begriff „Kooperativität" be-

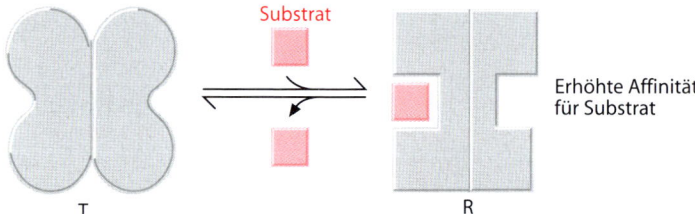

**Abb. 4.11.** Kooperativität bei oligomeren Enzymen. Das Binden des Substrats an eine aktive Stelle, oder allgemein eines Liganden an eine Bindungsstelle, erhöht die Affinität der anderen, noch unbesetzten Bindungsstellen. Häufig wird die Form mit niedriger Affinität als T-Zustand und die Form mit erhöhter Affinität als R-Zustand bezeichnet

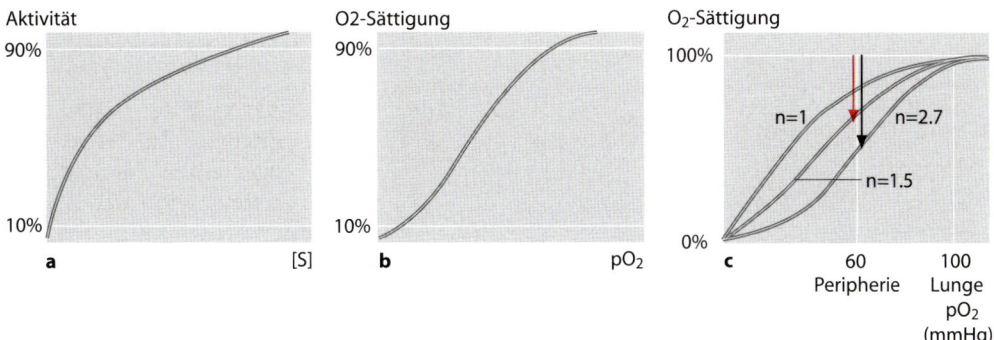

**Abb. 4.12a–c.** Physiologische Bedeutung der Kooperativität. Der Sättigungsgrad kooperativer Enzyme spricht empfindlicher auf Veränderung der Ligandenkonzentration an

**a** Ohne Kooperativität: Um den Sättigungsgrad eines Enzyms mit Michaelis-Menten-Kinetik von 10% auf 90% zu steigern, muss die Ligandenkonzentration 81-fach erhöht werden.

**b** Mit Kooperativität: Beispiel Hämoglobin: Für dieselbe Steigerung des Sättigungsgrades genügt eine 7-mal höhere $O_2$-Konzentration.

**c** Hämoglobin mit herabgesetzter Kooperativität führt zu Problemen bei der $O_2$-Abgabe: Normales Hämoglobin hat einen Hill-Koeffizienten n=2,7. Dieser Grad an Kooperativität erlaubt, in der Peripherie viel $O_2$ abzugeben (*schwarzer Pfeil*), obwohl der Unterschied im $O_2$-Partialdruck verhältnismäßig klein ist. Eine genetisch bedingte Hämoglobin-Variante weist einen Hill-Koeffizient von nur 1,5 auf. Dadurch kann im Gewebe zu wenig $O_2$ abgegeben werden (*roter Pfeil*). Die Patienten leiden an den Folgen einer chronischen Unterversorgung der Gewebe mit $O_2$. Im klinischen Vordergrund steht eine starke Zunahme der Zahl der Erythrocyten, die wegen der erhöhten Viskosität des Blutes zu hämodynamischen Störungen führt

deutet in diesem Fall, dass die besetzte Stelle die Affinität der unbesetzten Stelle erhöht (Abb. 4.11). Kooperativität führt zu einem empfindlicheren Ansprechen des Sättigungsgrades auf die Ligandenkonzentration (in der Regeltechnik als **steilere Regelcharakteristik** bezeichnet). Eine Hämoglobinvariante illustriert eindrücklich die physiologische Bedeutung der Kooperativität (Abb. 4.12).

■ Bei Proteinen mit Kooperativität binden die einzelnen Untereinheiten den Liganden nicht unabhängig voneinander. Die Besetzung einer ersten Bindungsstelle mit dem Liganden erleichtert die Besetzung der weiteren Bindungsstellen. Der Sättigungsgrad der Bindungsstellen spricht damit empfindlicher auf die Ligandenkonzentration an.

**Manche Enzyme besitzen zusätzlich zur aktiven Stelle eine allosterische Regulatorstelle** – Die Aktivität gewisser Enzyme kann durch Verbindungen beeinflusst werden, die entfernt von der aktiven Stelle an einer anderen (allosterischen) Stelle an das Enzym binden. Das Binden des **allosterischen Effektors (allosterischen Aktivators oder Inhibitors)** bewirkt eine Konformationsänderung des Enzyms, welche die Struktur und damit die funktionellen Eigenschaften der aktiven Stelle verändert (Abb. 4.13).

**Allosterische Effekte sind von fundamentaler biologischer Bedeutung** – Sie erlauben regulatorische Beziehungen zwischen Substanzen herzustellen, die chemisch-strukturell keine Möglichkeit haben, miteinander direkt in Wechselwirkung zu treten. Bei allosterisch regulierten Enzymen gibt es keine direkte Wechselwirkung zwischen allosterischem Effektor und Substrat; direkte Wechselwirkungen gibt es nur zwischen dem Enzym und dessen Liganden; das Protein wirkt als Mittler, als Relaisstation in der Übermittlung zellulärer Signale. Allosterische Effekte ermöglichen es, dass sich die verschiedenen Vorgänge in der Zelle wie auch im Gesamtorganismus gegenseitig steuern und zu ei-

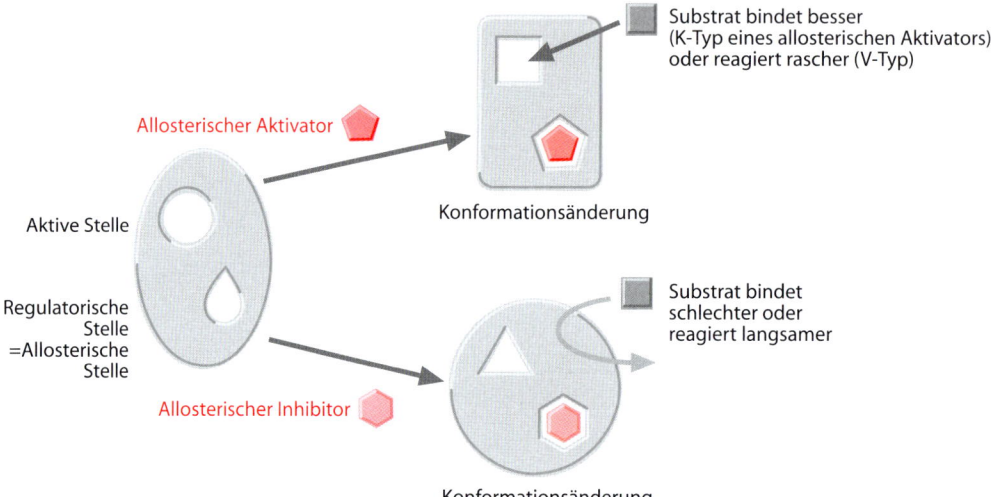

nem regulatorischen Netzwerk verknüpft werden.

**Abb. 4.13.** Allosterische Regulation der Enzymaktivität

Beispiele allosterischer Regulation
– Rückkoppelungshemmung (*Feedback inhibition*):

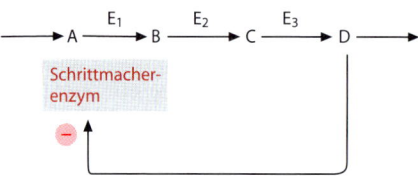

wird allosterisch durch Endprodukt
der Stoffwechselkette gehemmt

Schrittmacherenzym: Enzym, welches den geschwindigkeitsbestimmenden, in der Regel irreversiblen, Schritt einer Stoffwechselkette katalysiert und dessen Regulation für den bedarfsgerechten Durchsatz durch die Stoffwechselkette sorgt (Beispiel: Phosphofructokinase als Schrittmacherenzym der Glykolyse, s. Abb. 15.7).
– Allosterische Aktivierung: ADP aktiviert die Phosphofructokinase, das Schrittmacherenzym der Glykolyse. ADP aktiviert die Isocitrat-Dehydrogenase, das Schrittmacherenzym des Citrat-Zyklus.
– Bei der Übertragung hormonaler Signale wirken *Second messengers* wie cAMP als allosterische Effektoren bestimmter Zielenzyme (z. B. Regulation des Auf- und Abbaus von Glykogen).
– Signalverstärkung: Chemische Signale können verstärkt werden, indem das Produkt einer allosterisch aktivierten Enzymreaktion ein zweites Enzym allosterisch aktiviert (Kaskadenmechanismus der Signalverstärkung).

**Die Aktivität gewisser Enzyme wird durch kovalente Modifikation reguliert –** Diese Art der Regulation kann als ein Spezialfall der allosterischen Regulation betrachtet werden, bei welchem der allosterische Effektor kovalent an das Enzym gebunden ist.

Beispiele:
Phosphorylierung (reversibel)

2 Phosphorylase b    inaktives Dimer
|
SerOH

(ATP) $\Updownarrow$ ($H_2O$)

Phosphorylase a    aktives Tetramer
|
Ser–$OPO_3^{2-}$

Proteolytische Aktivierung (irreversibel; der allosterische Inhibitor ist ein kovalent gebundener Proteinteil und wird proteolytisch entfernt)

$$\text{Inaktives Zymogen} \xrightarrow{\text{Proteinase}} \text{aktives Enzym}$$
(Proenzym)

Pepsinogen           $\rightarrow$ Pepsin + Peptid
Chymotrypsinogen     $\rightarrow$ Chymotrypsin
Prothrombin          $\rightarrow$ Thrombin

■ Allosterische Regulationsmechanismen und kovalente Modifikationen steuern den Stoffwechsel und viele andere zelluläre Vorgänge und verknüpfen sie zu einem regulatorischen Netzwerk.

# 5 Polysaccharide

Die größte Menge der Kohlenhydrate in der Natur sind Polysaccharide mit hohen Molekülmassen. Polysaccharide sind Polymere aus Monosacchariden und werden auch als Glykane bezeichnet. Sie liefern nach vollständiger Hydrolyse durch Säuren oder durch Enzyme Monosaccharide bzw. Monosaccharidderivate. Entsteht bei der Hydrolyse eines Polysaccharids nur eine Art von Monosacchariden, spricht man von **Homoglykanen** (Homopolymeren); ein **Heteroglykan** (Heteropolymer) besteht dagegen aus zwei oder mehr verschiedenen Arten monomerer Einheiten.

Nach ihrer Funktion unterteilt man Polysaccharide in solche, die als Energiereserven der Zelle oder des Gesamtorganismus dienen, und in solche, die strukturelle Elemente von Zellen oder der extrazellulären Substanz bilden. Im Gegensatz zu Proteinen oder Nucleinsäuren haben Polysaccharide keine genau definierte und in manchen Fällen auch keine über die Zeit konstante Molekülmasse. Insbesondere bei den Speicherpolysacchariden werden je nach der Stoffwechsellage der Zelle laufend Monosaccharideinheiten an- oder abgekoppelt.

## 5.1 Reservehomoglykane

Energie in Form von Zucker (meist Glucose) wird von den Zellen immer als Polysaccharid gespeichert, da für den osmotischen Druck die Teilchenkonzentration, nicht aber die Größe der Teilchen ausschlaggebend ist. Auf diese Weise können sehr viele Monosaccharideinheiten gelagert werden, ohne dass der osmotische Druck die physiologische Grenze überschreitet.

Eine Ausnahme bilden gewisse Pflanzenzellen, die aufgrund ihrer starken Zellwand hohe Konzentrationen niedrigmolekularer Substanzen ohne osmotische Probleme speichern können (z. B. Zucker und organische Säureanionen wie Malat, das Anion der Äpfelsäure).

**Stärke ist das wichtigste Speicherpolysaccharid in Pflanzen** - Stärke findet sich besonders reichlich in Knollengewächsen (z. B. Kartoffeln) und Samen (z. B. im Getreide), doch besitzen die meisten Pflanzenzellen die Fähigkeit, Stärke zu bilden und intrazellulär in Granula zu speichern. Stärkeähnliche Glucosepolymere kommen auch in Bakterien vor. Stärke besteht aus einer Kombination von zwei verschiedenen Glucosepolymeren, die aufgrund ihrer Verknüpfungsart unterschieden werden. Die **Amylose** besteht aus langen, unverzweigten Ketten, deren D-Glucoseeinheiten alle α-1,4-glykosidisch miteinander verknüpft sind (Abb. 5.1). Die relative Molekülmasse dieser Ketten variiert von wenigen Tausend bis 500 000. Durch die α-1,4-Bindung sind die Moleküle nicht langgestreckt, sondern die Kette wird in Schraubenform aufgewickelt (Abb. 5.2). Das **Amylopektin** ist stark verzweigt. Die

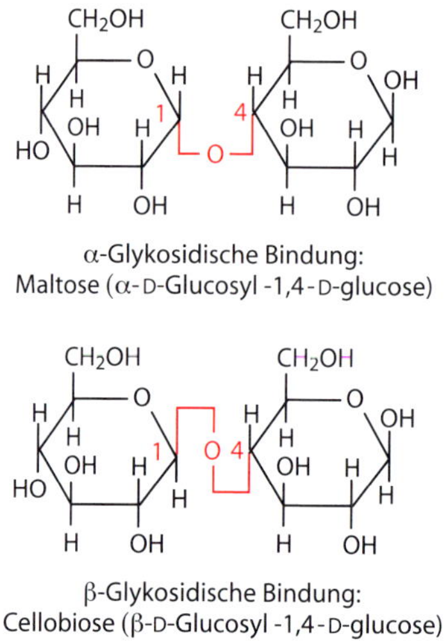

α-Glykosidische Bindung:
Maltose (α-D-Glucosyl -1,4-D-glucose)

β-Glykosidische Bindung:
Cellobiose (β-D-Glucosyl -1,4-D-glucose)

**Abb. 5.1.** 1,4-verknüpfte D-Glucosereste. In der Ringform der Glucose (und anderer Zucker) sind zwei Isomere möglich: Die Hydroxylgruppe an C1, d.h. die freie Hemiacetalgruppe, kann nach unten (im α-Anomer) oder nach oben (im β-Anomer) gerichtet sein. Es ergeben sich dadurch zwei Typen glykosidischer Bindung

**Jodprobe auf Stärke**: Einlagerung von $I_2$ in die Amylose-Helices (Einschlussverbindung) ergibt eine tiefblaue Farbe.

Glucoseeinheiten des Grundgerüsts sind ebenfalls durch α-1,4- Bindungen verknüpft, dazu erfolgt im Mittel bei jedem 25. Glucoserest eine Verzweigung mit einer α-1,6-Bindung (Abb. 5.3). Es ist wahrscheinlich, dass die einzelnen Kettenabschnitte wiederum schraubenartig aufgebaut sind. Die relative Molekülmasse des Amylopektins beträgt etwa $10^6$.

**Glykogen, das Speicherpolysaccharid in Tieren, ist dem Amylopektin sehr ähnlich** – Das Glykogen ist besonders reichlich zu finden in den Zellen der Leber und des Skelettmuskels, in welchen es in Granula gespeichert wird. Wie Amylopektin ist auch Glykogen ein verzweigtes Polymer der D-Glucose mit α-1,4-Bindungen entlang der Kette und α-1,6-Bindungen an den Verzweigungspunkten. Das Molekül ist aber kompakter gebaut; eine Verzweigung findet sich etwa bei jedem zehnten Glucoserest.

**In Pflanzen kommen noch weitere Reservehomoglykane vor** – **Dextran** ist ein verzweigtes Glucosepolymer, das in vielen Bakterienhüllen und bei Pilzen (z.B. Hefe) vorkommt. Die Glucosereste sind α-1,6-glykosidisch verbunden. An Verzweigungsstellen kommen α-1,2-, α-1,3- und α-1,4-Bindungen vor. Im biochemischen Labor findet quervernetztes Dextran Verwendung als Molekularsieb bei der Gelfiltrations-Chromatographie. **Inulin** ist ein Polyfructosan, das in vielen Pflanzen vor-

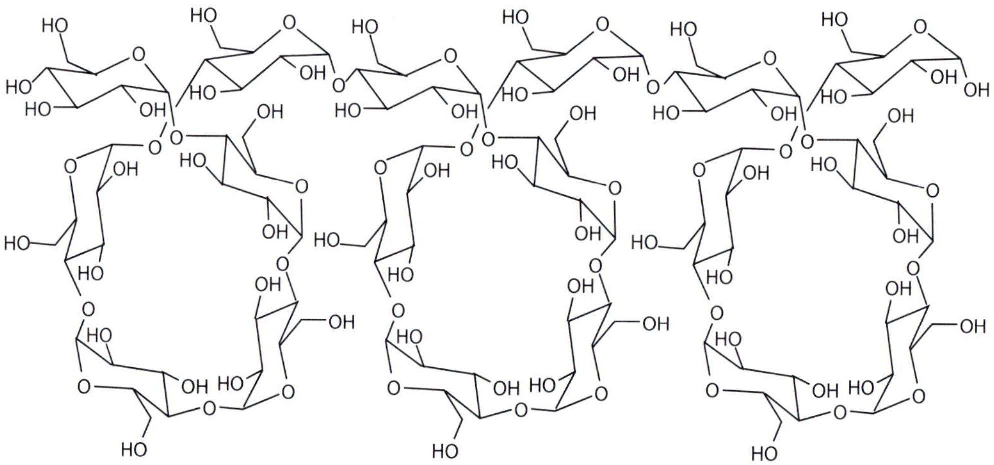

**Abb. 5.2.** Amylose. Die helicale Struktur ergibt sich aus den Bindungswinkeln der α-1,4-glykosidischen Bindungen

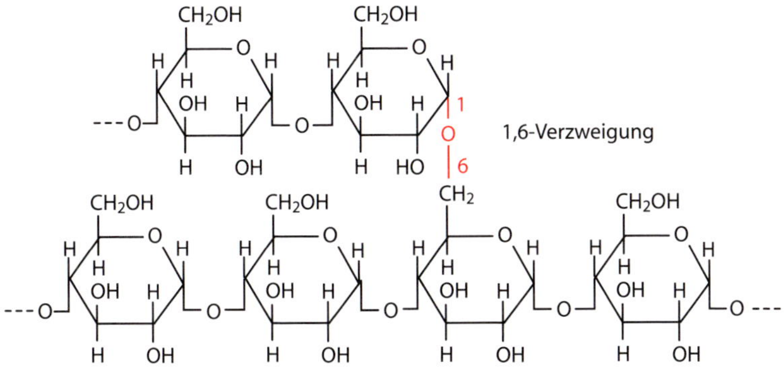

**Abb. 5.3.** $\alpha$-1,6-Verzweigungen in Amylopektin und Glykogen

kommt. In der Physiologie wird dieses im tierischen Körper nicht abbaubare Polysaccharid zur Bestimmung des Volumens des Extrazellulärraums und in der Medizin für Nierenfunktionsteste verwendet.

■ Glucose wird in den Zellen in der Form eines Polymers gespeichert, um die Auswirkung auf den osmotischen Druck möglichst gering zu halten.

## 5.2
## Strukturhomoglykane

**Die quantitativ wichtigste organische Verbindung der Biosphäre ist Cellulose, ein Struktur-Homoglykan** – Cellulose macht mehr als 50% des gesamten organisch gebundenen Kohlenstoffs aus (fossile Kohlenwasserstoffe nicht eingerechnet). Cellulose ist eine faserige, feste, wasserunlösliche Substanz, die in den Zellwänden der Pflanzen sowie in den holzigen Teilen

der Pflanzengewebe vorkommt. Sie liegt fast ausschließlich extrazellulär vor. Das organische Material des Holzes enthält etwa 50% Cellulose. In den Zellwänden der Baumwollhaare findet sich fast reine Cellulose.

Cellulose ist ein lineares Homopolysaccharid aus D-Glucoseeinheiten, die durch $\beta$-1,4-Bindungen verknüpft sind (Abb. 5.4). Native Cellulose besteht aus 8000 bis 12 000 Glucoseeinheiten, was einer Molekülmasse von 1,4 bis 2 Mio. Da entspricht. Die langen Fadenmoleküle lagern sich aneinander und sind untereinander durch H-Bindungen verbunden. Es ergeben sich so langgestreckte, sehr zugfeste Fasern, die wasserunlöslich sind. Die meisten höheren tierischen Organismen können Cellulose nicht verwerten, da sie kein Enzym zur Spaltung der $\beta$-glykosidischen Bindung besitzen. Ausnahmen bilden holzbohrende Insekten und Tierarten (z. B. Wiederkäuer), die eine symbiontische Beziehung mit Mikroorganismen eingehen, welche ein Cellulose hydrolysierendes Enzym produzieren.

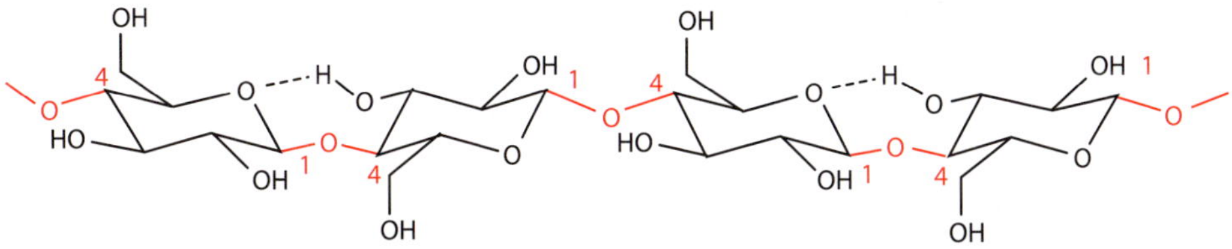

**Abb. 5.4.** Cellulose. Die $\beta$-Konfiguration bedingt, dass aufeinander folgende Glucosereste um 180° gegeneinander gedreht sind. Die Konsequenz ist eine gestreckte Konformation der Kette. Es gibt keine Verzweigungen

**Chitin ist auch ein Homoglykan** – Das Grundgerüst des Exoskeletts von Insekten und Crustaceen besteht aus Chitin. Bei Schalentieren enthält das Chitingerüst oft Calciumcarbonat, wodurch der Panzer härter und fester wird. Chitin besteht aus *N*-Acetylglucosamin-Einheiten, die durch *β*-1,4-Bindungen verknüpft sind. Im Unterschied zu Cellulose ist bei Chitin die Hydroxylgruppe an C-2 des Glucosebausteins durch eine acetylierte Aminogruppe ersetzt. Chitin ist wie Cellulose wasserunlöslich.

*N*-Acetylglucosamin (NAG)

■ Cellulose, das quantitativ bedeutendste Biomolekül, besteht aus langen unverzweigten Ketten *β*-1,4-verbundener Glucoseeinheiten.

## 5.3 Heteroglykane

Neben den bisher besprochenen Bausteinen von Polysacchariden (Glucose, Galactose usw.) kommen in Heteroglykanen auch Derivate von Zuckern vor (Abb. 5.5). Die Zuckerderivate können mit Schwefelsäure verestert sein (z.B. im Chondroitinsulfat oder Heparin).

Die Heteroglykane sind meist kovalent mit Proteinen oder Peptiden verknüpft. Aufgrund des Mengenverhältnisses zwischen Kohlenhydrat- und Proteinanteil unterscheidet man Proteoglykane, Glykoproteine sowie Peptidoglykane (Tabelle 5.1). Alle sind fast ausschließlich Bestandteile der extrazellulären Matrix tierischer Gewebe, der Zellmembran oder der Zellwand bei Bakterien.

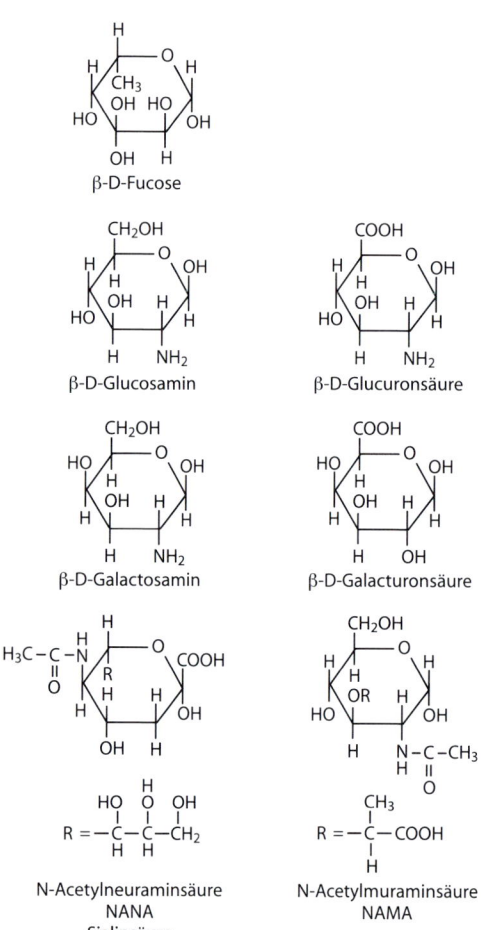

**Abb. 5.5.** In Heteroglykanen vorkommende Zuckerderivate

**In Proteoglykanen sind Heteroglykane und Proteine kovalent miteinander verbunden** – Die in Proteoglykanen vorkommenden Heteroglykane werden als **Glykosaminoglykane** oder **saure Mucopolysaccharide** bezeichnet. Das Präfix „Muco" weist darauf hin, dass sie zuerst aus schleimartigen Sekreten isoliert wurden (lat. *mucus*, Schleim). Die Glykosaminoglykanketten bestehen aus sich wiederholenden Disaccharideinheiten. Mindestens ein Zucker im Disaccharid besitzt eine negativ geladene Carboxylat- oder Sulfatgruppe; der zweite Zuckerrest ist oft ein Derivat eines Aminozuckers. In der Regel sind die Glykosaminoglykanketten ko-

**Tabelle 5.1.** Vergleich Proteoglykane und Glykoproteine

| Bezeichnung | Kohlenhydrat | Nichtkohlenhydrat | Funktion |
|---|---|---|---|
| Glykoproteine | Oligosaccharide aus 2–20 verschiedenen Monosacchariden | Verschiedendste Proteine | Vielseitig, vom Protein und Zelltyp abhängend; u.a. Marker bei Zell-Zellerkennung |
| Proteoglykane | Glykosaminoglykane mit sich wiederholenden Disacchariden; Molekülmasse $2\cdot10^3$–$3\cdot10^6$ | Einfach aufgebaute Proteinskelette (Kernprotein) | Bestandteil der extrazellulären Matrix |
| Peptidoglykane | Disaccharid aus N-Acetylglucosamin und N-Acetylmuraminsäure | Peptide aus 4–5 Aminosäuren | Bestandteil der bakteriellen Zellwand |

valent an Proteine gebunden unter Bildung von Proteoglykanen mit einem Polysaccharidanteil von etwa 95%. Proteoglykane sind demnach große Polyanionen, die Wasser und Kationen binden und sehr gut wasserlöslich sind. Sie bestimmen die viskoelastischen Eigenschaften von Strukturen wie z.B. dem Gelenkknorpel.

**Hyaluronsäure** ist ein nichtsulfatiertes Glykosaminoglykan, welches oft als Rückgrat komplexer Proteoglykane gefunden wird. Die Grundeinheit der Hyaluronsäure bildet ein Disaccharid. In riesigen Proteoglykankomplexen mit insgesamt über 500 000 Zuckereinheiten (Molekülmasse $10^5$ kDa) bildet eine Hyaluronsäurekette das Rückgrat. Untereinheiten, die aus einem langen Kernprotein mit angehefteten Heteroglykanketten bestehen, sind über ein Verbindungsprotein nichtkovalent mit dem Rückgrat verbunden (Abb. 5.6). Hyaluronsäure findet sich auch an Zelloberflächen adsorbiert, als Bestandteil der Gelenkschmiere, in der Gallerte der Nabelschnur und im Glaskörper des Auges.

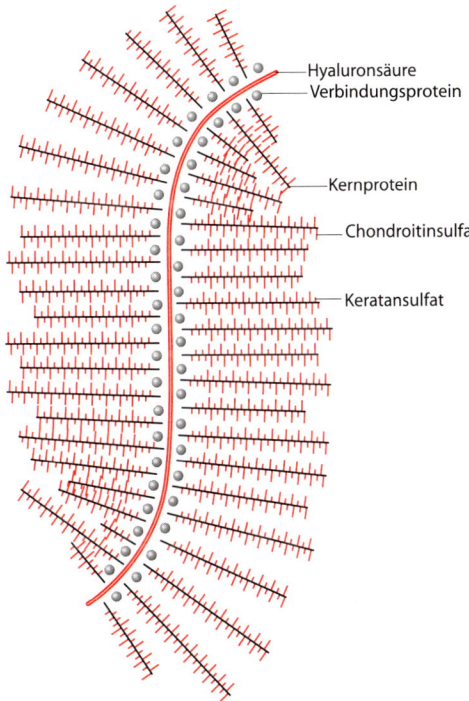

**Abb. 5.6.** Proteoglykankomplex aus Knorpel. Ein 400–4000 nm langes Hyaluronsäuremolekül dient als Rückgrat, an dem bis zu 100 Kernproteine hängen. Jedes Kernprotein trägt um die 50 Keratansulfatketten mit bis zu 250 Disaccharideinheiten und etwa 100 Chondroitinsulfatketten, die bis viermal länger sein können. Der Proteoglykankomplex besteht aus 95% Kohlenhydrat und 5% Protein

Hyaluronat
Das Kettenmolekül kann bis
zu 4000 nm lang werden

**Chondroitinsulfat** hat einen fast identischen Bau wie Hyaluronsäure. Es enthält als Aminozuckerderivat *N*-Acetylgalactosamin anstelle von *N*-Acetylglucosamin, welches zusätzlich mit Schwefelsäure verestert ist. Man findet Chondroitinsulfat

Glucuronat          NAG-Sulfat

Chondroitinsulfat

an Zelloberflächen adsorbiert oder in der Grundsubstanz der Bindegewebe (v. a. in Knorpel, Knochen und Cornea). Zusammen mit Hyaluronsäure ist Chondroitinsulfat Bestandteil großer Proteoglykanaggregate in der Grundsubstanz (Abb. 5.6).

**Keratansulfate** sind ebenfalls ähnlich aufgebaut.

Galactose       *N*-Acetylgalactosaminsulfat

Keratansulfat

**Heparin** ist ähnlich wie Chondroitinsulfat gebaut und besitzt eine Molekülmasse von 17 000 bis 20 000 Da. Der Sulfatgehalt von Heparin ist höher als der von Chondroitinsulfat. Heparin kommt besonders reichlich in der Lunge, der Leber und in den Arterien vor. Im Gegensatz zu den anderen Heteroglykanen ist es nicht extrazel-lulär im Bindegewebe zu finden, sondern ist in die Granula von Mastzellen eingelagert. Es wirkt als Antikoagulans durch Aktivierung von Antithrombin III.

Heparin

**Agar.** Die meisten Rotalgen enthalten Agar, ein Gemisch der Polysaccharide Agarose und Agaropektin. Das Hauptpolysaccharid besteht aus D-Galactose und 3,6-Anhydrogalactose, die linear verknüpft sind. Agar wird zur Herstellung fester Nährböden für Bakterienkulturen verwendet.

■ Proteoglykane enthalten 95 Massen-% Glykosaminoglykane. Diese werden auch als saure Mucopolysaccharide bezeichnet und bestehen aus sich wiederholenden Disaccharideinheiten, von denen jede mindestens eine negative Ladung trägt.

**Bei den Glykoproteinen überwiegt der Proteinanteil den Zuckeranteil** – Die meisten Glykoproteine sind globuläre Proteine, an welche kürzere Zuckerketten kovalent angeheftet sind. Die Oligosaccharide können *N*- oder *O*-glykosidisch mit dem Protein verbunden sein (s. Kapitel 24.6) und sind zumeist an β-Schlaufen der Polypeptidkette gebunden. Diese Lokalisation sowie die gute Wasserlöslichkeit der Zuckerketten weisen darauf hin, dass diese nicht Teil der kompakten Proteinstruktur sind, sondern als deren Anhängsel zu betrachten sind. In der Tat wird die 3D-Struktur von Glykoproteinen bei der Entfernung der Oligosaccharide wenig verändert. Trotzdem kann die Glykosylierung Eigenschaften eines Proteins verändern, z. B. dessen Resistenz gegen Proteasen erhöhen oder dessen Verweildauer im Blut verlängern.

Zur Analyse und Reinigung mittels Affinitätschromatographie von Zuckern und Glykoproteinen haben sich die **Lectine** als wertvolle Hilfsmittel erwiesen. Lectine sind Proteine, welche spezifisch gewisse Zuckerreste binden.
Bekannteste Lectine:
– Concanavalin A aus einer Bohnenart bindet $\alpha$-D-Glucose und $\alpha$-D-Mannose.
– Weizenkeim-Agglutinin bindet $\beta$-N-Acetylmuraminsäure und $\alpha$-N-Acetylneuraminsäure.

■ Die Oligosaccharide, welche *N*- oder *O*-glykosidisch an die Oberfläche globulärer Glykoproteine gebunden sind, beeinflussen deren 3D-Struktur nicht.

**Heteroglykane spielen eine wichtige Rolle bei der Zell-Zell-Erkennung** – Statt starrer Wände besitzen Zellen von Tieren eine weiche, flexible Oberfläche, die oft als **Zellmantel** (*Cell coat*) oder **Glykokalyx** bezeichnet wird. Die Kohlenhydratbestandteile des Zellmantels stammen von Glykoproteinen und von Glykolipiden der Plasmamembran wie auch von adsorbierten Proteoglykanen. Die Glykolipide sind Derivate des Sphingosins mit einem oder mehreren Zuckerresten (s. Kapitel 6.3). Kohlenhydrate finden sich nur auf der nichtcytoplasmatischen Seite der Plasmamembran und gewisser intrazellulärer Membranen. Einige Makromoleküle, die an die Plasmamembran adsorbiert werden, sind Komponenten der extrazellulären Matrix (z. B. Proteoglykane mit Hyaluronsäure und Chrondroitinsulfat). Dadurch kommt es zu einem fließenden Übergang zwischen der Plasmamembran und der extrazellulären Matrix.

Drei Monosaccharidreste des gleichen Typs können über 1000 verschiedene Trisaccharide bilden:
– Die einzelnen Monosaccharide können miteinander über verschiedene Hydroxylgruppen verknüpft sein.
– Die glykosidische Bindung kann $\alpha$- oder $\beta$-Konfiguration haben.
– Bei längeren Polysacchariden können sich Verzweigungen bilden.

Zellen können zudem durch Variation der Struktur der Oligosaccharide und durch Veränderung von deren Anzahl sowie des Ortes der Verknüpfung mit dem Protein eine große Anzahl art- und zellspezifischer Glykoformen eines Proteins herstellen.

Die Kohlenhydrate auf Zelloberflächen sind für die gegenseitige Erkennung von Zellen wichtig: Die Wechselwirkung verschiedener Zellen bei der Bildung eines Gewebes und das Erkennen fremder Zellen durch das Immunsystem eines höheren Organismus sind Beispiele für Vorgänge, die von der Erkennung einer Zelloberfläche durch eine andere abhängen. Die meisten extrazellulären Proteine, z. B. die Proteine des Blutplasmas, sowie die extrazellulär exponierten Proteine der Plasmamembran sind Glykoproteine. Die Blutgruppenantigene entsprechen dem Kohlenhydratanteil von Glykoproteinen oder Glykolipiden. Zelloberflächen-Oligosaccharide spielen auch bei der Infektion von Zellen durch Bakterien und Viren eine Rolle. Die Erreger haften sich an die Zelloberfläche, indem sie an gewisse Kohlenhydratkomponenten derselben binden.

■ Die Heteroglykane an der Zelloberfläche sind wichtig für die Zell-Zell-Erkennung. Die Blutgruppenantigene sind bestimmte Kohlenhydratanteile von Glykoproteinen und Glykolipiden der Zellmembran.

**Heteroglykane sind auch Teil der Zellwand von Bakterien** – Im Gegensatz zur tierischen Zelle besitzen Eubakterien außerhalb der Plasmamembran eine Zell-

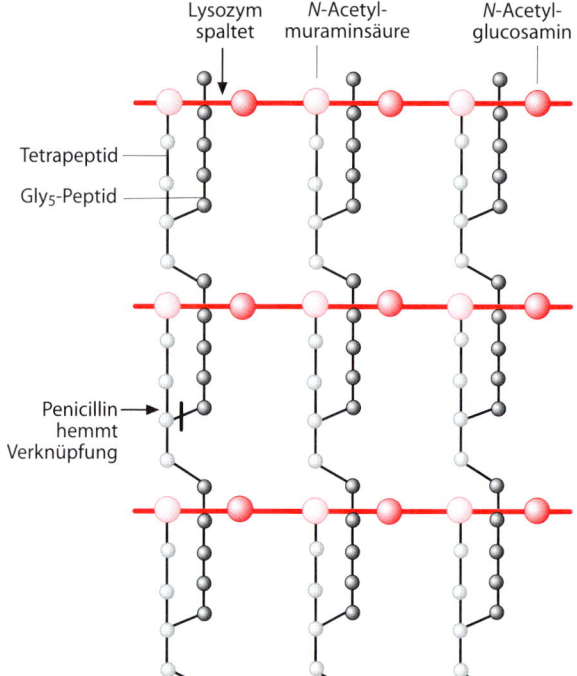

**Abb. 5.7.** Peptidoglykan, das Grundgerüst der Zellwand von Bakterien. Die Polysaccharidketten beste-hen aus *N*-Acetylglucosamin und *N*-Acetylmuraminsäure, die alternierend auftreten und $\beta$-1,4-glykosi-disch verknüpft sind. Ein Tetrapeptid, bei *E. coli* z. B. (Ala – D-Gln – Lys – D-Ala), setzt am *N*-Acetylmu-raminsäure-Rest an. Das Vorkommen von D-Aminosäuren ist typisch für bakterielle Zellwände. Ein Pen-tapeptid (Gly$_5$) verbindet die Tetrapeptide benachbarter Ketten

wand. Der wichtigste Bestandteil dieser starren, porösen Schale ist das Riesen-molekül **Murein**, welches als *Sacculus* (lat. Säckchen) die ganze Zelle umhüllt. Dieses **Peptidoglykan** besteht aus langen paralle-len Polysaccharidketten, welche durch Peptidbrücken quervernetzt sind (Abb. 5.7). Intakte Zellwände sind für das Bakte-rium lebensnotwendig. Eine Bakterienzelle mit lädierter Zellwand wird in hypotonem Milieu infolge ihres intrazellulären osmo-tischen Druckes lysiert. Nach dem Verhal-ten bei der sogenannten Gram-Färbung werden gram-positive und gram-negative Bakterien unterschieden. Die gram-negati-ven Bakterien besitzen nur eine dünne Zellwand, jedoch außerhalb derselben zu-sätzlich noch eine äußere Membran aus Li-popolysacchariden (Abb. 5.8). Archaebak-terien besitzen in ihrer Zellwand ein Pseu-

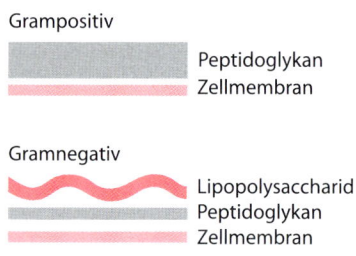

**Abb. 5.8.** Die Zellhüllen von gram-positiven und gram-negativen Bakterien. Bei gram-positiven Bakterien besteht die Zellwand aus bis zu 20 La-gen Peptidoglykan. Bei gram-negativen Bakte-rien wie z. B. *E. coli* hingegen ist das Peptidogly-kan nur einschichtig. Darüber findet sich aller-dings eine zusätzliche Membran aus Lipo-polysacchariden, welche die Färbung verhindert. Die Gramfärbung von Bakterien wurde von Hans Chr. J. Gram eingeführt

dopeptidoglykan, dessen Bau von dem in Eubakterien wesentlich verschieden ist.

Das Enzym Lysozym und das Antibiotikum Penicillin sind zwei Beispiele von Substanzen, welche die Zellwand zerstören bzw. deren Synthese blockieren und dadurch das Wachstum von Bakterien hemmen. **Lysozym** spaltet das Murein in Disaccharide mit angehängten Peptiden. Es kommt im Nasensekret und der Tränenflüssigkeit vor und wirkt als Schutzmittel vor bakteriellen Infektionen. Das Antibiotikum **Penicillin** hemmt den letzten Schritt in der Biosynthese des Mureins, indem es eine irreversible kovalente Bindung mit der aktiven Stelle der Glykopeptid-Transpeptidase eingeht, welche die Vernetzung des bakteriellen Zellwand-Peptidoglykan (Abb. 5.7) katalysiert. Penicillinresistente Bakterienstämme sezernieren das Enzym $\beta$-Lactamase, welches den Lactamring des Penicillins hydrolytisch spaltet und damit das Antibiotikum inaktiviert.

Alexander Fleming, Bakteriologe in London, entdeckte 1922 das Lysozym, als er beobachtete, dass ein Tropfen Nasensekret Bakterien auflöst. Alexander Fleming entdeckte zudem 1928 das Penicillin, als er eine Bakterienkultur beobachtete, die mit dem Schimmelpilz *Penicillium notatum* kontaminiert war. In der Umgebung des Pilzes wuchsen keine Bakterien.

■ Zum Thema „Zufallsentdeckung" bemerkte Louis Pasteur: „Dans le champ de l'observation le hasard ne favorise que l'esprit préparé". Auf Deutsch könnte das etwa heißen: Alle haben Glück, nur merkt's nicht jeder!

# 6 Lipide und biologische Membranen

Lipide sind wasserunlösliche organische Verbindungen, welche sich durch apolare organische Lösungsmittel wie Chloroform, Ether oder Benzol aus Gewebshomogenaten extrahieren lassen. Entsprechend dieser Definition, die keinerlei strukturelle Merkmale anführt, sind die Lipide eine strukturell recht heterogene Gruppe von Biomolekülen. Außer ihren Löslichkeitseigenschaften ist ihnen gemeinsam, dass sie in den Zellen aus aktivierter Essigsäure synthetisiert werden. Zu den Lipiden zählt man die Fette (Neutralfette) und die Lipoide (fettähnliche Substanzen). Ihre Funktionen sind vielfältig:

- Lipide bilden zusammen mit Proteinen die biologischen Membranen.
- Sie bilden intrazelluläre Reserven an chemischer Energie.
- Sie sind eine der extrazellulären Transportformen chemischer Energie.
- Sie bilden einen Schutzmantel an Oberflächen (Bakterienzellwände, Pflanzenblätter, Insektenintegument, Haut von Vertebraten).
- Gewisse Vitamine und Hormone sind den Lipiden zuzuzählen.

Jede Zelle besitzt eine Plasmamembran (Zellmembran), die sie gegen außen abgrenzt und ihr erlaubt, ein Eigenleben zu führen. Eukaryontische Zellen besitzen zudem intrazelluläre Membranen, welche das Zellinnere in verschiedene Kompartimente unterteilen. Die Gesamtfläche der intrazellulären Membranen überwiegt diejenige der Plasmamembran bei weitem. Grundsätzlich sind alle biologischen Membranen gleich gebaut: Eine durchgehende Lipiddoppelschicht erfüllt die passive Funktion einer Barriere zwischen zwei wässrigen Kompartimenten, und Proteine erfüllen die aktiven Membranfunktionen. Zu diesen Funktionen gehören: der Transport bestimmter Stoffe durch die Membran, das Erkennen und die transmembranäre Weiterleitung chemischer und physikalischer Signale, mit vektoriellen Prozessen gekoppelte chemische Synthesen wie auch die Verankerung des Cytoskeletts. Einzelne Membranen, insbesondere die Plasmamembran, tragen an ihrer Oberfläche auch Kohlenhydrate.

## 6.1 Fettsäuren

Die Bausteine vieler Lipide sind lange unverzweigte Monocarbonsäuren, die Fettsäuren. Die in natürlichen Lipiden enthaltenen Fettsäuren besitzen eine gerade Anzahl von Kohlenstoffatomen, weil für ihre Biosynthese $C_2$-Einheiten als Bausteine verwendet werden. Wichtig in der Biochemie sind v. a. die langkettigen Fettsäuren mit 12 bis 24 C-Atomen. Sie können eine

**Tabelle 6.1.** Die am häufigsten vorkommenden Fettsäuren und ihre Schmelzpunkte

| Fettsäure | Anzahl C-Atome und Anzahl Doppelbindungen | Schmelzpunkt ($°C$) |
|-----------|-------------------------------------------|------------------|
| Palmitinsäure | 16:0 | 63 |
| Stearinsäure | 18:0 | 70 |
| Ölsäure | | |
| *cis*-Isomer | 18:1 | 13 |
| *trans*-Isomer | | 45 |
| Linolsäure | 18:2 | −5 |
| Linolensäure | 18:3 | −11 |
| Arachidonsäure | 20:4 | −49 |

Stearinsäure    Ölsäure    Linolsäure

oder mehrere Doppelbindungen enthalten (einfach oder mehrfach ungesättigte Fettsäuren). Die am häufigsten vorkommenden Fettsäuren haben 16 bis 20 C-Atome und bis zu 4 Doppelbindungen (Tabelle 6.1). Bei einer **gesättigten Fettsäure** besteht freie Drehbarkeit um alle C-C-Bindungen, wobei die wahrscheinlichste Konformation mit niedrigster freier Energie die gestreckte Kette ist. Die meisten in der Natur vorkommenden **ungesättigten Fettsäuren** haben eine Doppelbindung zwischen den C-Atomen 9 und 10. Die Doppelbindungen liegen in der *cis*-(Z-) Konfiguration vor.

trans        cis

**Die Länge und die Zahl der Doppelbindungen bestimmen den Schmelzpunkt einer Fettsäure** – Wie aus Tabelle 6.1 hervorgeht, ist der Schmelzpunkt umso tiefer, je kürzer die Kohlenwasserstoffkette ist bzw. je mehr Doppelbindungen die Fettsäure besitzt. Eine Doppelbindung in der *cis*-Konfiguration bewirkt einen Knick in der Kette, welcher die regelmäßige Molekülpackung stört. Mehrfach ungesättigte Fettsäuren werden starr und verkürzt.

> Mehrfach ungesättigte Fettsäuren können durch Luftsauerstoff oxidiert werden (Autoxidation). Dabei entstehen Produkte, welche zu einem harzähnlichen Material polymerisieren können. Leinöl, die Basis von Ölfarben, „trocknet" auf diese Weise zu einem Harz.

■ **Die meisten in natürlichen Lipiden vorkommenden Fettsäuren sind langkettig ($C_{16}$ und $C_{18}$), unverzweigt und enthalten eine oder zwei Doppelbindungen.**

## 6.2
## Triacylglycerole (Neutralfette, Triglyceride) und Wachse

Triacylglycerole sind diejenigen Lipide, die in Eukaryonten in größter Menge, v. a. als Reservefett, vorkommen. Es sind Ester des dreiwertigen Alkohols Glycerol (Glycerin) mit drei Fettsäuremolekülen.

Triacylglycerol
(Tristearin)

**Tabelle 6.2.** Fettsäuren im Neutralfett der menschlichen Leber

|                        | Massenanteil (%) |
|------------------------|------------------|
| Palmitinsäure 16:0     | 24               |
| Stearinsäure 18:0      | 4                |
| Ölsäure 18:1           | 43               |
| Linolsäure 18:2        | 20               |
| Linolenäure 18:3       | 1                |
| Arachidonsäure 20:4    | 2                |

Membranlipide sind bei Körpertemperatur flüssig. Bei Raumtemperatur feste Triacylglycerole werden als **Fett**, flüssige als **Öl** bezeichnet. Triacylglycerole lassen sich hydrolytisch durch alkalische Hydrolyse (Verseifung) spalten:

Triacylglycerol + 3 NaOH
↓
Glycerol + 3 Seifen
(Eine Seife ist das Alkalisalz einer Fettsäure.)

Die in geringer Menge vorkommenden Mono- und Diacylglycerole, in denen nur eine bzw. zwei der drei Hydroxylgruppen des Glycerols mit Fettsäuren verestert sind, kommen als Zwischenprodukte des Fettstoffwechsels vor.

■ Das Reservefett besteht aus apolaren Triacylglycerolen, die sich zu Öltropfen zusammenlagern und osmotisch unwirksam sind.

**Wachse sind strukturell verwandt mit den Neutralfetten** – Es sind Ester langkettiger Fettsäuren mit langkettigen einwertigen Alkoholen. Bei Wirbeltieren werden Wachse von den Hautdrüsen als Schutzschicht ausgeschieden, um die Haut geschmeidig, gleitfähig und wasserabstoßend zu halten. Auch Haare, Wolle, Felle und Federn sind von wachsartigen Sekreten überzogen. Besonders die Lebewesen der Meere bilden und verwenden Wachse in großen Mengen. Auch die Blätter und Früchte vieler Pflanzen sind mit einer schützenden Wachsschicht überzogen. Bienen bauen mit Wachs ihre Waben.

Die meisten der natürlich vorkommenden Neutralfette sind gemischte Triacylglycerole, d. h. die drei Hydroxylgruppen des Glycerols sind mit Fettsäuren verschiedener Kettenlänge und verschiedenen Sättigungsgrades verestert. In Neutralfetten kommen mehr ungesättigte als gesättigte Fettsäuren vor (Tabelle 6.2).

Triacylglycerole bilden das Reservefett und werden v. a. im Fettgewebe in dafür spezialisierten Zellen gespeichert.

Fette sind weniger stark oxidierte Kohlenstoffverbindungen als Kohlenhydrate. Beim oxidativen Abbau zu $CO_2$ und $H_2O$ liefern sie deshalb mehr Energie.

Als Bausteine des Reservefettes sind langkettige Fettsäuren am günstigsten, da sich auf diese Weise viel Energie bei minimaler osmotischer Wirkung speichern lässt (ein Öltropfen ist osmotisch nicht wirksam). Das Reservefett und auch die

## 6.3
## Phospholipide und Glykolipide

**Die Phospholipide sind polare Lipide –** Sie besitzen neben zwei langen hydrophoben Kohlenwasserstoffketten bei pH 7 eine negativ geladene Phosphatgruppe und weitere geladene oder zumindest polare Gruppen. Im Gegensatz zu den Neutralfetten werden sie daher als **polare Lipide** bezeichnet. Ihr amphiphiler Charakter ist wichtig für den Aufbau und die Struktur der biologischen Membranen.

**Die Glycerolphosphatide sind Bestandteile von Membranen und von Lipoproteinen im Blutplasma –** Wie bei den Triacylglycerolen bildet Glycerol den Kern des Moleküls. Anstelle eines dritten Fettsäurerests enthalten Glycerolphosphatide eine Phosphatgruppe und eine zusätzliche Alkoholkomponente. Die am häufigsten vorkommenden Glycerolphosphatide sind Phosphatidylethanolamin und Phosphatidylcholin (= Lecithin). Daneben kommen Phosphatidylserin und Phosphatidylinosit vor, die analog aufgebaut sind.

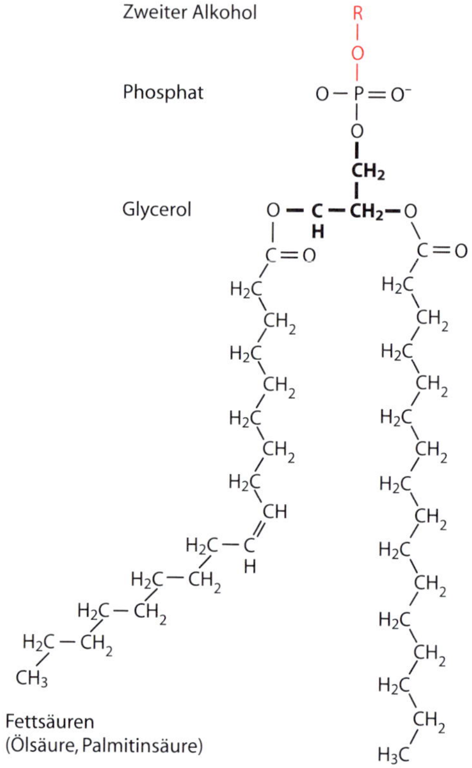

Zweiter Alkohol

Phosphat

Glycerol

Fettsäuren
(Ölsäure, Palmitinsäure)

Glycerolphosphatid

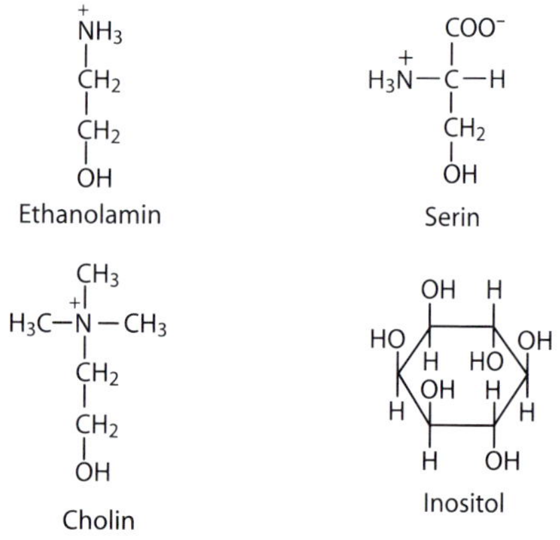

$\overset{+}{N}H_3$
$|$
$CH_2$
$|$
$CH_2$
$|$
$OH$

Ethanolamin

$CH_3$
$+|$
$H_3C-N-CH_3$
$|$
$CH_2$
$|$
$CH_2$
$|$
$OH$

Cholin

$COO^-$
$|$
$H_3\overset{+}{N}-C-H$
$|$
$CH_2$
$|$
$OH$

Serin

Inositol

Zweite Alkohole R–OH

Sphingosinphosphatide sind ebenfalls wichtige Membranbestandteile – Bei dieser Gruppe von Phospholipiden bildet Sphingosin den Kern des Moleküls. Sphingosin ist ein langkettiger ungesättigter Aminoalkohol. Bei allen Sphingolipiden wird die lange Kohlenwasserstoffkette des Sphingosins ergänzt durch einen Fettsäurerest, der über eine Amidbindung ans Sphingosin gebunden ist. Der häufigste Vertreter der Sphingosinphosphatide ist das **Sphingomyelin**:

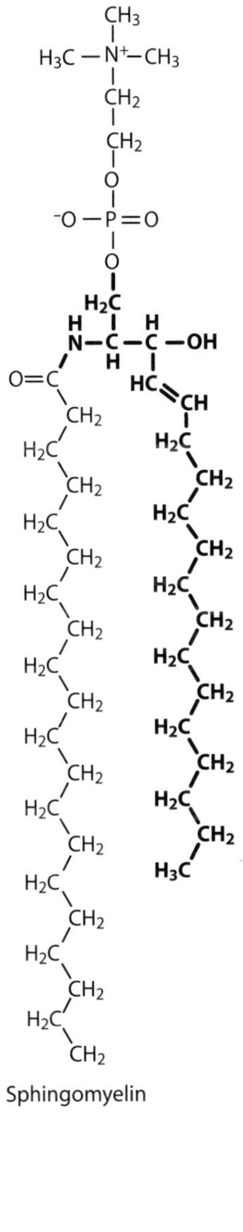

Glykolipide sind wie die Sphingosinphosphatide Derivate des Sphingosins – Sie enthalten als polare Teile einen oder mehrere Zuckerreste, aber keine Phosphatgruppe. **Cerebroside** enthalten außer Sphingosin einen Zuckerrest (z. B. Galactose) und einen Fettsäurerest. Sie kommen besonders häufig in den Myelinscheiden der Nervenzellen vor. **Ganglioside** enthalten mehrere Zuckerreste. Sie kommen in Membranen, besonders in denen von Nervenzellen, vor. Die Zuckerkomponenten sind gewöhnlich Glucose, Galactose, N-Acetylglucosamin, N-Acetylgalactosamin oder N-Acetylneuraminsäure (Abb. 6.1).

Sphingomyelin

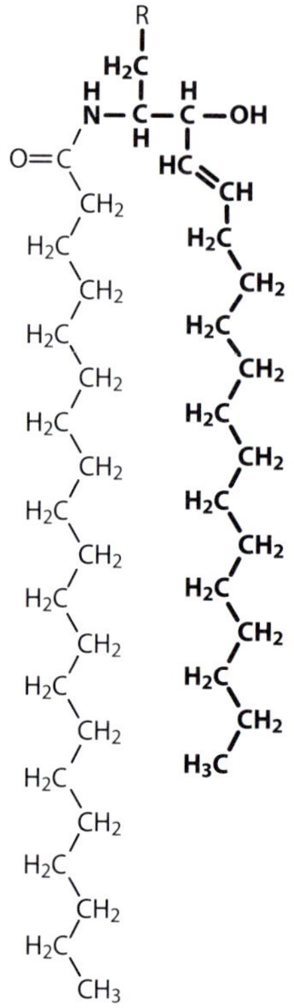

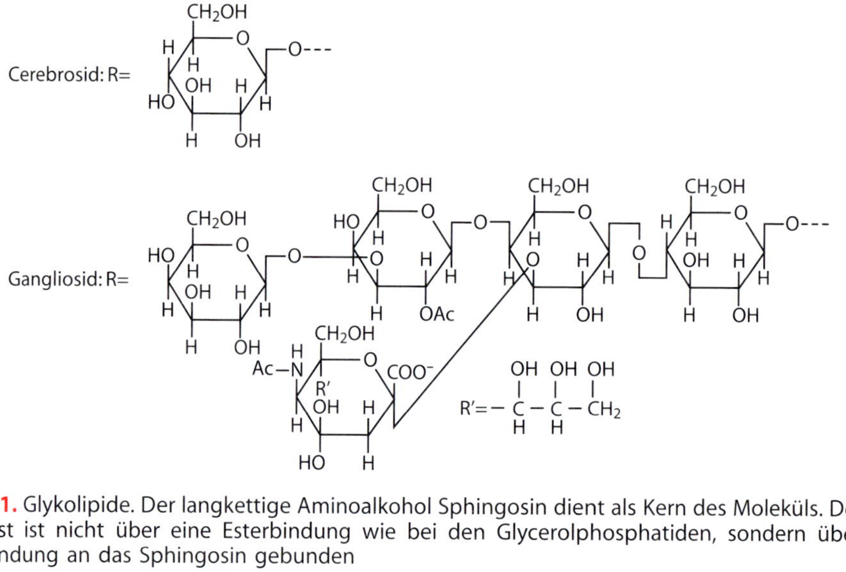

**Abb. 6.1.** Glykolipide. Der langkettige Aminoalkohol Sphingosin dient als Kern des Moleküls. Der Fett-säurerest ist nicht über eine Esterbindung wie bei den Glycerolphosphatiden, sondern über eine Amidbindung an das Sphingosin gebunden

■ Die polaren Lipide (Phospholipide und Glykolipide) sind Bestandteile der biologischen Membranen.

Die folgende Tabelle fasst die Bausteine und wichtigsten Merkmale der verschiedenen Glycerol- und Sphingosinlipide zusammen:

| | Triacyl-glycerol | Glycerol-phosphatid | Sphingosin-phosphatid | Cerebrosid | Gangliosid |
|---|---|---|---|---|---|
| **Bausteine** | | | | | |
| Alkohol | Glycerol | Glycerol plus zweiter Alkohol (z. B. Cholin) | Sphingosin plus zweiter Alkohol | Sphingosin | Sphingosin |
| Fettsäure | 3 | 2 | 1 | 1 | 1 |
| Phosphat | 0 | 1 | 1 | 0 | 0 |
| Zucker | 0 | 0 | 0 | 1 | mehrere |
| | | Phospholipide | | Glykolipide | |
| | Neutralfett | | Polare Lipide | | |
| **Funktion** | Reservefett | | Membranbestandteile | | |

## 6.4
## Nichtverseifbare Lipide: Cholesterol und andere Steroide, Terpene, Prostaglandine und Thromboxane

Alle bisher besprochenen Lipide sind verseifbar. Zu den Lipiden, die nicht verseift werden können, also keine Ester oder Amide sind, gehören die Steroide, Terpene und Eikosanoide.

**Die Steroide sind Derivate des Sterans** – Quantitativ am wichtigsten ist das **Cholesterol**, welches ein Bestandteil der Membranen eukaryontischer Zellen ist. Cholesterol ist auch die Ausgangssubstanz für die Synthese von Gallensäuren, Steroidhormonen (Progesteron, weibliche und männliche Sexualhormone, Nebennierenrindenhormone) und Vitamin D.

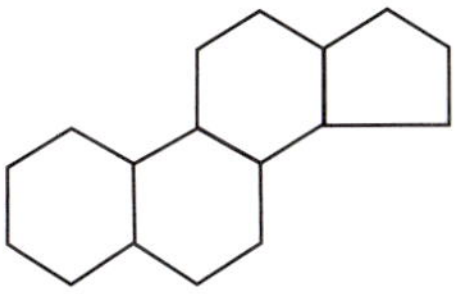

Steran

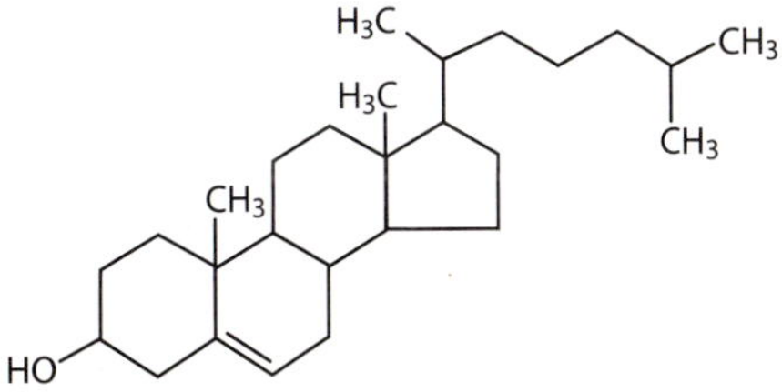

Cholesterol

**Zu den Terpenen gehören drei fettlösliche Vitamine** (Abb. 6.2):
– Carotinoide: Das β-Carotin besteht aus 8 Isopreneinheiten; es enthält zahlreiche konjugierte Doppelbindungen. Es kommt besonders reichlich in Karotten (gelben Rüben) vor, welchen es die typische Farbe gibt. β-Carotin ist eine

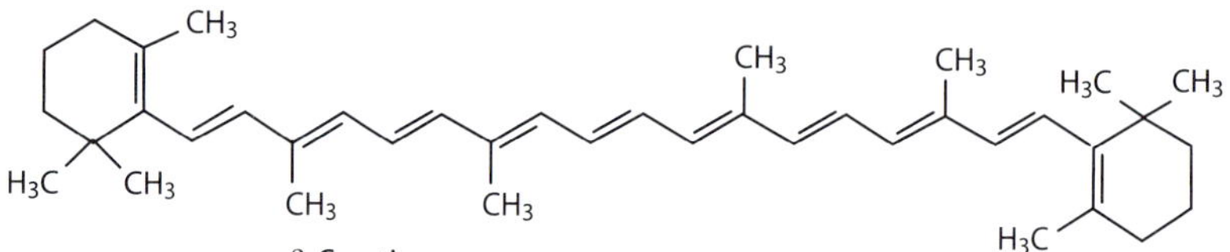

β-Carotin

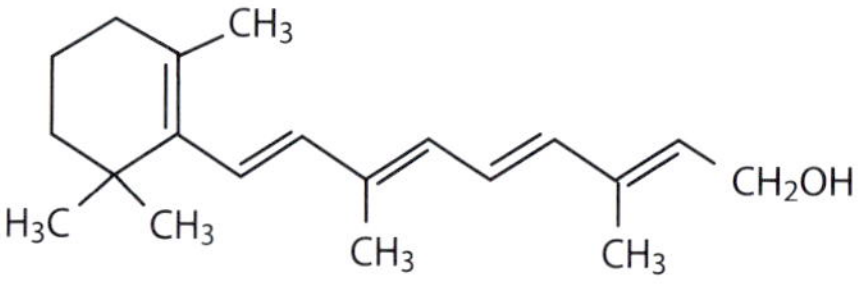

Vitamin A

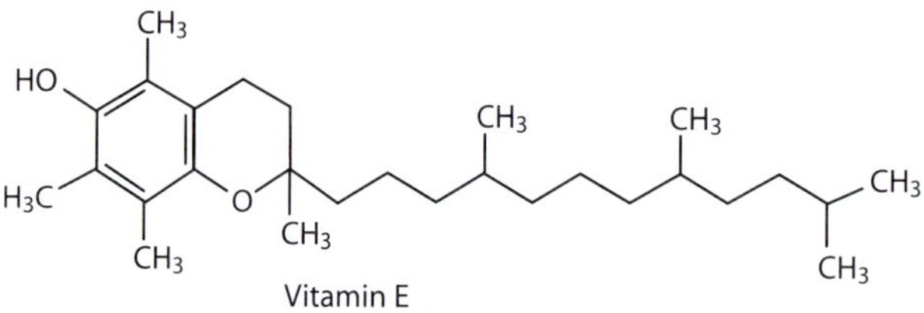

Vitamin E
α-Tocopherol

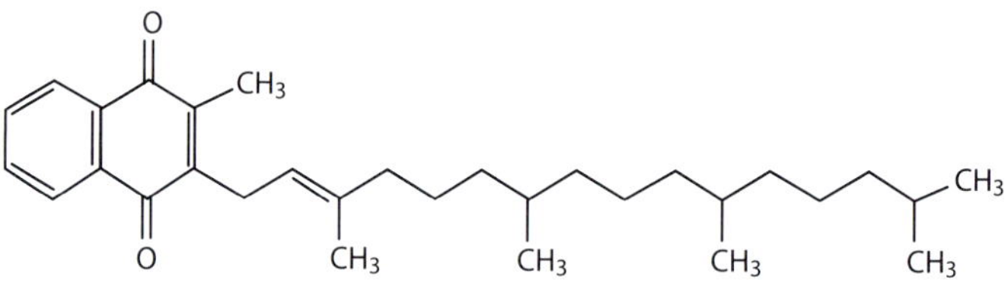

Vitamin K₁

**Abb. 6.2.** Terpene. Kohlenwasserstoffe dieser Klasse entstehen durch Polymerisation von $C_5H_8$-Einheiten (Isopentenyldiphosphat; s. Kapitel 18.3)

Vorläufersubstanz von Vitamin A und wird daher als Provitamin A bezeichnet.
– Tocopherole (Vitamin E)
– Phyllochinone (Vitamin K).

Vitamin A, D, E und K sind die vier fettlöslichen Vitamine

**Eikosanoide wie Prostaglandine und Thromboxane sind Derivate der Arachidonsäure, einer mehrfach ungesättigten $C_{20}$-Fettsäure** – Die Prostaglandine werden

im Prostatasekret gefunden, wo sie in hoher Konzentration vorkommen. Sie werden aber auch in vielen anderen Geweben gebildet und haben sehr vielfältige Wirkungen (s. Kapitel 30.8). Thromboxane leiten sich von den Prostaglandinen ab und finden sich u.a. in den Thrombocyten (Blutplättchen).

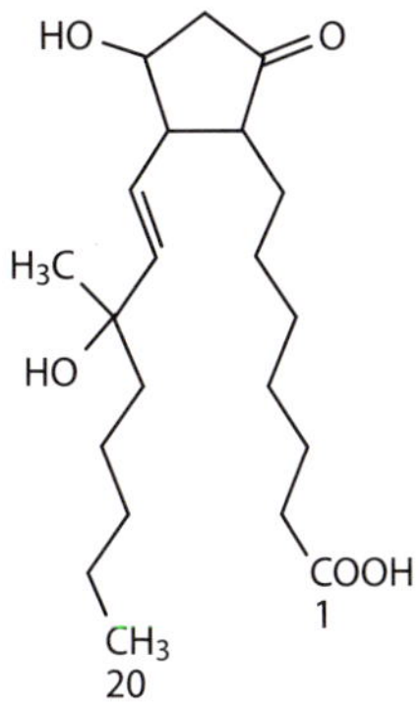

HO
O

H₃C

HO

COOH
1

CH₃
20

Prostaglandin E₂
PGE₂

**Tabelle 6.3.** Zusammensetzung der Plasmamembran von Zellen höherer Tiere (Richtwerte in Massen-%)

| | | | |
|---|---|---|---|
| Proteine | 50% | | |
| Lipide | 50% | Cholesterol | 25% |
| | | Polare Lipide (Erythrozyt des Schweins) | |
| | | Phosphatidyl-ethanolamin | 20% |
| | | Phosphatidyl-cholin | 20% |
| | | Sphingomyelin | 20% |
| | | Andere | 15% |
| Kohlenhydrate | 1–10% | kovalent an Proteine oder Lipide gebunden | |

■ Zu den nichtverseifbaren Lipiden gehören Cholesterol, Steroidhormone, Vitamin A, D, E, K sowie Prostaglandine und Thromboxane.

## 6.5
## Zusammensetzung und Bau biologischer Membranen

**Membranen sind supramolekulare Strukturen bestehend aus Lipiden, Proteinen (und Kohlenhydraten)** – Der relative Anteil der verschiedenen Membrankomponenten hängt von der Funktion der Membran ab und variiert von Zelltyp zu Zelltyp wie auch von Spezies zu Spezies:

– Die Membran ist eine zweidimensionale Lösung bestehend aus einer Doppelschicht polarer Lipide, deren apolare Ketten eine hydrophobe Zone im Innern der Membran bilden.
– Die Membranproteine sind globuläre Proteine; sie sind, wie die Membranlipide, amphiphil und mosaikartig in die Membran eingebaut.
– Membranproteine sind teils in die Membran eingebettet, teils an die Membranoberflächen angelagert. Sie können wie die Lipide selbst in der Lipiddoppelschicht lateral diffundieren.

| Membran | Funktion | Proteingehalt (Massen-%) |
|---|---|---|
| Myelinscheiden | Elektrischer Isolator | 18 |
| Plasmamembran einer Leberzelle | Selektiver Stoffaustausch mit Umgebung | 44 |
| Innere Mitochondrienmembran | Stoffaustausch und vektorielle Prozesse (oxidative Phosphorylierung) | 76 |

Je mehr aktive Funktionen eine Membran erfüllt, umso höher ist ihr Proteingehalt. Innerhalb einer bestimmten Spezies ist eine bestimmte Membran, z. B. die Erythrozytenmembran, immer gleich zusammengesetzt (Tabelle 6.3).

**Eine flüssige Lipiddoppelschicht ist die Grundstruktur jeder Membran** – In die Lipiddoppelschicht sind globuläre Proteine eingelagert. Die folgenden Charakteristika zeichnen die **Flüssigmosaik-Struktur biologischer Membranen** (Abb. 6.3) aus:

– Die Membran ist strukturell und funktionell asymmetrisch, d. h. die Lipide und Proteine der äußeren und inneren Seite sind verschieden.

**Amphiphile Lipide bilden spontan Doppelschichten** – Die polaren Lipide der Lipiddoppelschicht sind Phospholipide oder Glykolipide und bestehen alle aus einem hydrophilen Kopf und zwei hydrophoben Schwänzen. Bei eukaryonti-

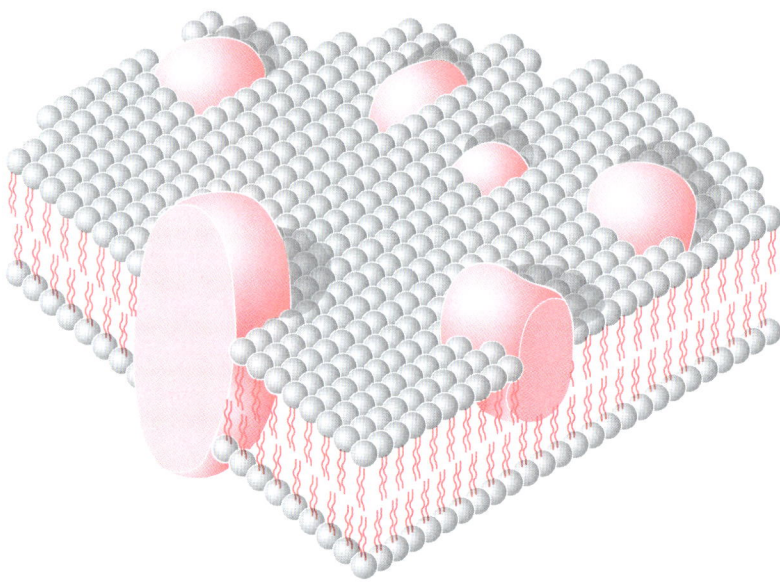

**Abb. 6.3.** Flüssigmosaikstruktur biologischer Membranen. Die folgenden Befunde stützen das Modell: Polare Lipide bilden in wässeriger Lösung spontan Doppelschichten (flächenartig ausgebreitete Vesikel); die Permeabilität für kleine Moleküle und Ionen entspricht etwa derjenigen einer Lipiddoppelschicht; das Bild der Membran im Elektronenmikroskop zeigt eine doppelschichtige Struktur. Das gezeigte Schema stammt aus der Publikation S.J. Singer and G.L. Nicolson: *Science* 175 (1972) 723, worin die Flüssigmosaikstruktur biologischer Membranen erstmals vorgeschlagen wurde. Die Abbildung gibt eine zu regelmäßige Struktur der Membran wieder, nicht alle Lipide haben die gleiche Struktur und außerdem ist bei Eukaryonten Cholesterol ein essentieller Membranbaustein. Nicht gezeigt sind die Kohlenhydratanteile der Glykolipide und Glykoproteine. Das berühmte Bild hält aber klar das Wesentliche fest: Lipiddoppelschicht, in welche die Proteine mosaikartig eingelagert sind. Wichtig auch, was kein Bild wiedergeben kann: Biologische Membranen sind dynamische Strukturen, die Lipiddoppelschicht ist flüssig, Lipidmoleküle und Proteine diffundieren in seitlicher Richtung

schen Zellen ist zwischen die Lipide Cholesterol eingelagert:

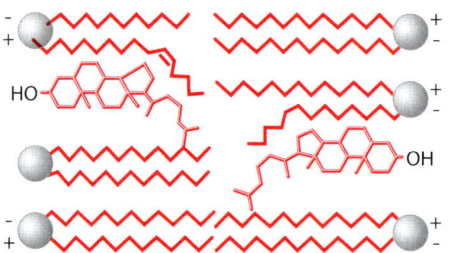

Wie Fettsäuren bilden auch die polaren Membranlipide aufgrund ihrer amphiphilen Eigenschaften im Wasser spontan supramolekulare Strukturen (Abb. 6.4).

**Die Lipiddoppelschicht befindet sich unter physiologischen Bedingungen in flüssigem Zustand** – Die Lipidmoleküle können rotieren, sich biegen und lateral diffundieren (Abb. 6.5). Ein Seitenwechsel (*Flip-flop*) von der äußeren Schicht zur inneren Schicht der Membran oder umgekehrt kommt dagegen sehr selten vor. Auch Membranproteine können sich in der Membran lateral verschieben. Die Fluidität der Membran wird bei Bakterien durch das Verhältnis von ungesättigten zu gesättigten Fettsäureresten in den Lipiden bestimmt.

Die Membranlipide von *E. coli*-Bakterien, welche bei 27 °C wachsen, enthalten gleichviel gesättigte und ungesättigte Fettsäuren. Bei 42 °C werden über 60% gesättigte Fettsäuren in die Membranlipide eingebaut.

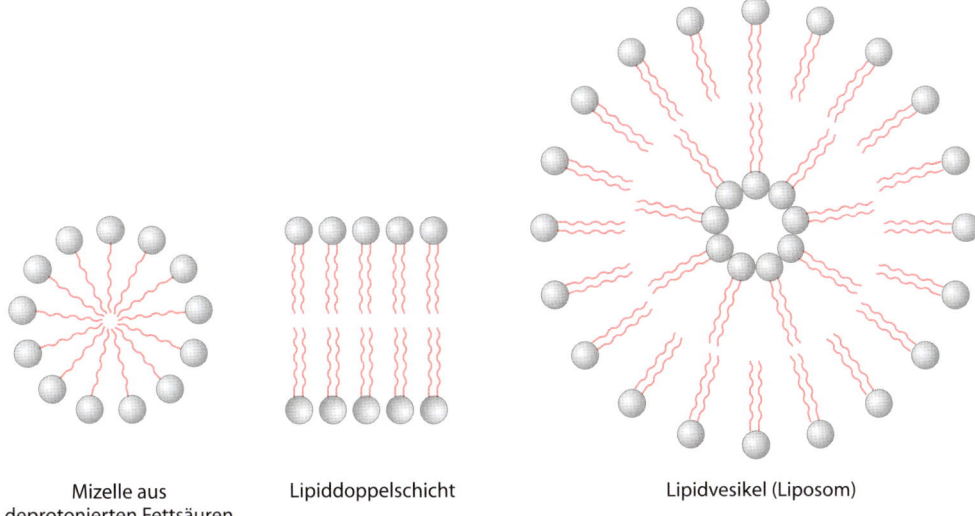

Mizelle aus
deprotonierten Fettsäuren
Lipiddoppelschicht
Lipidvesikel (Liposom)

**Abb. 6.4.** Supramolekulare Strukturen polarer Lipide in wässrigem Medium. In allen Fällen erreicht das System Lipid/Wasser ein Energieminimum, indem die hydrophoben Kohlenwasserstoff-Ketten sich aneinanderlagern und den Kontakt mit dem Wasser meiden (hydrophober Effekt). Die polaren Gruppen sind in Kontakt mit den Wasserdipolen. Supramolekulare Strukturen bilden sich nur mit amphiphilen Lipiden. Neutralfette in Wasser bilden Öltropfen ohne höhere innere Ordnung. Aus sterischen Gründen (2 Kohlenwasserstoffketten) bilden Membranlipide keine Mizellen. Lipiddoppelschichten schließen sich hingegen bei genügender Ausdehnung zu Vesikeln mit abgeschlossenem Innenraum. Experimentell hergestellte Strukturen dieser Art werden als Liposomen bezeichnet

Bei Eukaryonten enthalten Plasmamembranen bis zu einem Molekül Cholesterol pro Molekül polares Lipid (Tabelle 6.3). Cholesterol erniedrigt einerseits die Fluidität, hemmt aber andererseits den Phasenübergang vom flüssigen in den festen Zustand der Lipiddoppelschicht. Cholesterol puffert demnach den Grad der Membranfluidität bei Temperaturänderungen.

Die **Fluidität der biologischen Membran** ermöglicht Veränderungen der Zellform und die Fusion von Membranen. Teile von Membranen können sich einstülpen oder sich abschnüren und Vesikel bilden. Umgekehrt kann ein Vesikel mit einer Membran fusionieren, d. h. es können Membransegmente zwischen verschiedenen Membranen ausgetauscht werden, z. B. zwischen dem endoplasmatischen Reticulum und der Plasmamembran.

■ Die Lipiddoppelschicht biologischer Membranen ist flüssig; Lipide und darin eingelagerte Proteine können lateral diffundieren. Die Membran trennt zwei wässrige Räume und kann leicht ihre Form ändern.

## 6.6
## Membranproteine

**Proteine können in die Membran integriert oder peripher der Membran angelagert sein** – Die mannigfaltigen Funktionen der Membranproteine bedingen verschiedene Arten von deren Einbau in biologische Membranen (Abb. 6.6). Integrierte Membranproteine können mittels Detergenzien aus der Membran herausgelöst (solubilisiert) werden. Bei peripheren Membranproteinen genügen dazu hohe Salzkonzentrationen oder extreme pH-Werte.

Transmembran-Proteine sind sehr schwierig zu kristallisieren. Nur von weni-

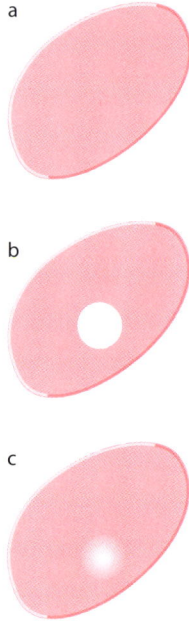

**Abb. 6.5 a–c.** Experimenteller Nachweis der lateralen Diffusion von Membranproteinen. **a** Fluoreszenzaufnahme einer Zelle, deren Membranproteine mit einer *rot* fluoreszierenden Gruppe markiert sind. **b** Durch einen intensiven Lichtpuls werden an einer zirkumskripten Stelle die fluoreszierenden Gruppen zerstört (gebleicht). **c** Durch Diffusion gelangen ungebleichte Membranproteine in den gebleichten Bereich. Membranproteine, welche nicht durch Wechselwirkungen mit der extrazellulären Matrix oder dem Cytoskelett in ihrer Beweglichkeit eingeschränkt sind, zeigen eine Diffusionsgeschwindigkeit von mehreren $\mu m\ min^{-1}$. Membranlipide diffundieren mit einer Geschwindigkeit von ~1 $\mu m\ s^{-1}$

gen ist deshalb die 3D-Struktur bekannt. Oft ist es jedoch möglich, in der Aminosäuresequenz die 20–30 Aminosäurereste langen hydrophoben Abschnitte zu erkennen, welche die Membran durchqueren.

■ „Integrierte" Membranproteine sind über eine oder mehrere hydrophobe $\alpha$-Helices, kovalent gebundene Kohlenwasserstoffketten oder GPI (Glykosyl-Phosphatidyl-Inositol) in der Membran verankert. Periphere Membranproteine sind über vorwiegend ionische Wechselwirkungen an integrierte Membranproteine gebunden.

**Membrankohlenhydrate sind immer kovalent an Lipide (Glykolipide) oder Proteine (Glykoproteine) gebunden** – Glykolipide und Glykoproteine kommen nur auf der Außenseite der Plasmamembran und der dem Cytosol abgewandten Seite anderer Membranen vor, z. B. auf der Innenseite der Membranen des Golgi-Apparats und des endoplasmatischen Reticulum. Glykolipide und Glykoproteine tragen viele, ausschließlich negative Ladungen. Bei Glykoproteinen ist der Kohlenhydratanteil *N*-glykosidisch an Asn oder *O*-glykosidisch an Ser oder Thr gebunden. Die Kohlenhydrate der Plasmamembran sind sehr mannigfaltig und variieren von Zelltyp zu Zelltyp und von Individuum zu Individuum. Sie spielen eine wichtige Rolle bei der Zell-Zell-Erkennung.

■ Kohlenhydrate kommen nur in Form von Glykolipiden und Glykoproteinen in Membranen vor.

**Biologische Membranen entstehen durch selbstorganisiertes Wachstum vorbestehender Membranen** – Die polaren Lipide können mit geeigneten Detergenzien (Verbindung mit einem polaren und einem apolaren Teil) aus der Membran extrahiert werden. Bringt man von neuem Lipide zu einer derart geschädigten Membran, kann sich die Membran unter geeigneten Bedingungen vollständig rekonstituieren. Offenbar entspricht die Anordnung der Proteine und Lipide einem Energieminimum, so dass die Rekonstitution durch Selbstorganisation möglich ist (keine kovalenten Bindungen zwischen Proteinen und Lipiden). Die Asymmetrie biologischer Membranen beruht hingegen darauf, dass diese durch Wachstum vorbestehender Membranen entstehen.

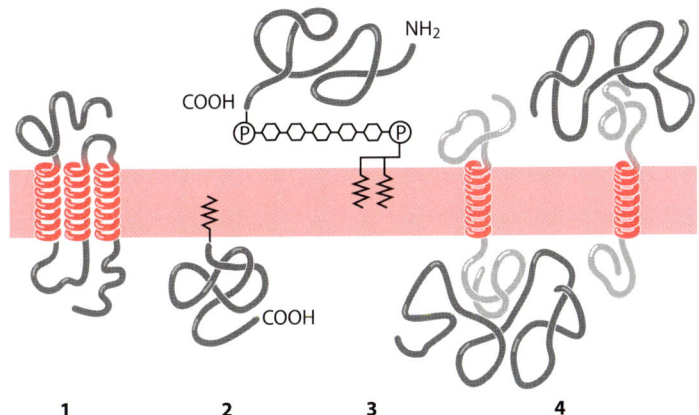

**Abb. 6.6.** Einbau von Proteinen in biologische Membranen und deren Solubilisierung
**Integrierte Membranproteine**: Bindung in Membran durch hydrophobe Effekte.
1  Transmembran-Proteine sind durch eine oder mehrere hydrophobe $\alpha$-Helices in der Membran verankert.
2  Verankerung in Membran durch einen kovalent aus Protein gebundenen langkettigen Kohlenwasserstoff.
3  Über Oligosaccharid und Phosphatidyl-inositol (Glykosyl-phosphatidyl-inositol (GPI)-Anker) in Membran verankert.
**Periphere Membranproteine:**
4  Bindung an Membranproteine durch nichtkovalente Wechselwirkungen

## 6.7
## Durchlässigkeit für Wasser, Ionen und Metaboliten

**Die Lipiddoppelschicht hat die Funktion einer Permeabilitätsschranke und eines elektrischen Isolators** – Der elektrische Widerstand und die Permeabilität biologischer Membranen für Moleküle und Ionen entsprechen etwa derjenigen einer Lipiddoppelschicht. Biologische Membranen sind für Ionen und größere polare Moleküle kaum durchlässig. Diese Undurchlässigkeit für geladene und größere polare Moleküle entspricht der Barrierenfunktion der Membranen; die meisten Stoffwechselzwischenprodukte sind polar und werden daher innerhalb der Zelle gehalten.

Für unpolare und kleinere polare Moleküle ist die Membran mehr oder weniger durchlässig. $O_2$, $CO_2$ und auch $H_2O$ können rasch diffundieren.

Wasser passiert die Membranen nicht als Einzelmolekül, sondern als Molekülhaufen, der sich zwischen den konformationell dynamischen Kohlenwasserstoffketten der Lipide hindurch bewegt. In spezialisierten Membranen mit hohem Wasserdurchsatz befinden sich Proteine aus der Familie der **Aquaporine**, welche selektive Kanäle bilden. Ein Kanal lässt ungefähr $10^9$ Wassermoleküle pro Sekunde passieren. Solche Aquaporine kommen in allen Organismen vor.

Bei größeren Molekülen hängt die Permeabilität von der Größe und der Fettlöslichkeit ab, je größer und je weniger lipophil ein Molekül ist, umso langsamer diffundiert es durch die Membran.

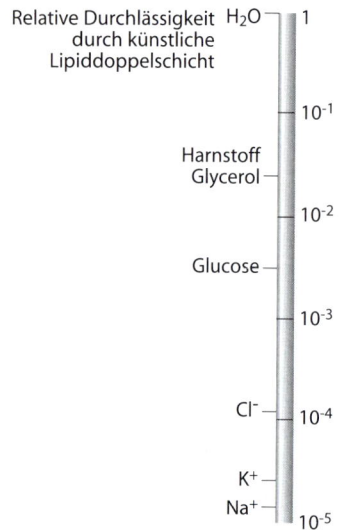

Relative Durchlässigkeit durch künstliche Lipiddoppelschicht

H₂O — 1

$10^{-1}$

Harnstoff
Glycerol

$10^{-2}$

Glucose

$10^{-3}$

Cl⁻ — $10^{-4}$

K⁺

Na⁺ — $10^{-5}$

**Narkosegase:**

Narkosegase

$N \equiv \overset{+}{N} - \overset{-}{O}$

Lachgas

$H_3C - \underset{H_2}{C} - O - \underset{H_2}{C} - CH_3$

Diethylether

F—C—C—Cl

Halothan

Wie kleine Gasmoleküle und $H_2O$ können auch lipidlösliche Fremdstoffe wie Ethanol, Narkosegase, Medikamente und Zellgifte frei durch biologische Membranen diffundieren.

Besondere Membranproteine bewerkstelligen den spezifischen Transport bestimmter Moleküle durch bestimmte biologische Membranen (s. Kapitel 28).

■ Das Flüssigmosaik-Modell biologischer Membranen wird durch folgende experimentelle Befunde gestützt: Elektronenoptischer Aspekt (Transmission und Gefrierätzung); Lipide bilden in wässriger Lösung spontan Doppelschichten; die Permeabilitätseigenschaften und der elektrische Widerstand biologischer Membranen entsprechen denjenigen von Lipiddoppelschichten; Lipid- und Proteinmoleküle diffundieren lateral in den Membranen.

# 7 Nucleinsäuren

Die Desoxyribonucleinsäure (DNA) ist die Trägerin der genetischen Information. Die Ribonucleinsäuren (RNA) vermitteln die Expression der genetischen Information in die Proteine. Die Aufklärung der molekularen Mechanismen der Vererbung und der Umsetzung des Gens ins Phän (das körperliche Merkmal) ist einer der eindrücklichsten Beiträge zum Gedankengebäude der modernen Naturwissenschaften. Beispielhaft zeigt die geschichtliche Entwicklung, wie Experimente zu Theorien führen und wie durch Vereinigung zweier Theorien neue Erkenntnisse gewonnen werden. Die Identifizierung der DNA als Trägerin der genetischen Information hat zusammen mit der Entdeckung der Doppelhelixstruktur der DNA vor einem halben Jahrhundert das weite Gebiet der Molekulargenetik konzeptuell eröffnet. Die in der Folge geschaffenen experimentellen Möglichkeiten haben zu bahnbrechenden Fortschritten in der Biologie und der Medizin geführt. Die Nucleotidsequenzen der Genome vieler Prokaryonten einschließlich *Escherichia coli* und mehrerer Eukaryonten einschließlich des Menschen sind bereits vollständig bestimmt worden.

## 7.1
## Prinzipien der Struktur und Funktion der Nucleinsäuren

**Nucleinsäuren sind unverzweigte Polymere aus Nucleotiden** – Die genetische Information ist in der Sequenz der Nucleotide in der DNA verschlüsselt. Ein Gen codiert ein Polypeptid oder eine RNA. In der eukaryontischen Zelle befindet sich der Hauptteil der DNA im Kern; kleine Anteile sind in den Mitochondrien und Chloroplasten zu finden. Die Größe des Genoms korreliert bei Tieren einigermaßen mit der morphologischen Komplexität der Organismus (Tabelle 7.1). Ausnahmen deuten darauf hin, dass bei Eukaryonten der größte Teil der DNA (bei höheren Tieren und Mensch über 95%) nicht als Träger genetischer Information dient.

Die DNA besteht aus zwei Polynucleotidsträngen, die strukturell strikt komplementär sind (Basenpaarung). Diese Komplementarität bildet die Grundlage für die identische Reproduktion des Genoms. Die RNA ist hingegen einsträngig. Sie wird bei der Expression der genetischen Information benötigt. Der genetische Informationsfluss beruht auf der **spezifischen Basenpaarung** in der doppelsträngigen DNA, zwischen DNA und RNA sowie zwischen RNA und RNA. Nach dem „zentralen Dogma der Molekularbiologie" wird die Information von DNA über RNA auf Proteine übertragen (Abb. 7.1).

**Tabelle 7.1.** Größe des haploiden Genoms verschiedener Organellen und Organismen

| | Anzahl Basenpaare | | Länge der gesteckten DNA (mm) |
|---|---|---|---|
| | absolut | relativ (*E.coli* = 1) | |
| Plasmid pBR322 | $4 \cdot 10^3$ | 0,001 | 0,0014* |
| Mitochondrien (Mensch) | $2 \cdot 10^4$ | 0,005 | 0,007* |
| Virus (Bakteriophage $\lambda$) | $5 \cdot 10^4$ | 0,0125 | 0,017* |
| Chloroplasten (Tomate) | $2 \cdot 10^5$ | 0,05 | 0,07* |
| *Escherichia coli* | $4 \cdot 10^6$ | *1,00* | 1,36* |
| Hefe | $2 \cdot 10^7$ | 5 | 6,8** |
| *Drosophila melanogaster* | $2 \cdot 10^8$ | 50 | 68** |
| Maus | $3 \cdot 10^9$ | 750 | 1100** |
| Mensch | $5 \cdot 10^9$ | 1250 | 1700** |
| Erbse | $9 \cdot 10^9$ | 2250 | 3100** |

\* In diesen Fällen liegt die DNA als Einzelmolekül vor.
\*\* In diesen Spezies ist die DNA auf mehrere Chromosomen verteilt.

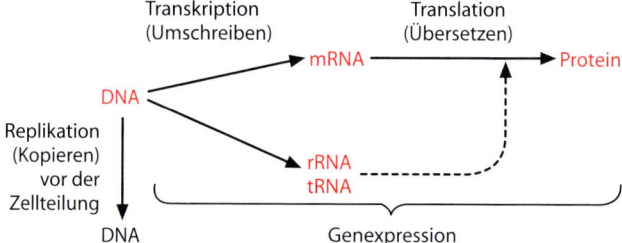

**Abb. 7.1.** Übertragung der Information vom Gen zum Phän. Die Replikation beruht auf der spezifischen Basenpaarung zwischen einem DNA-Einzelstrang und Desoxyribonucleotiden, aus denen der zweite, komplementäre Strang synthetisiert wird. Bei der Synthese der mRNA läuft der analoge Vorgang mit Ribonucleotiden ab. Bei der Translation führt die spezifische Basenpaarung zwischen der mRNA und einer bestimmten tRNA, die mit einer bestimmten Aminosäure geladen ist, zum Einbau dieser Aminosäure an bestimmte Positionen in der Polypeptidkette. Die tRNA dient damit als Übersetzerin der Nucleinsäure-Information in Protein-Information. Die rRNA ist ein Bestandteil der Ribosomen, der molekularen Maschinen, welche Proteine nach dem von der mRNA vorgegebenen Programm synthetisieren

## 7.2
## Mononucleotide

Die Mononucleotide erfüllen in der Zelle drei verschiedene wichtige Funktionen:
– Sie sind die Bausteine der Polynucleotide DNA und RNA.
– Als Überträger chemischer Energie und bestimmter Molekülgruppen sind sie Cosubstrate bei vielen Reaktionen des Stoffwechsels.
– Gewisse Mononucleotide sind an der Regulation des Stoffwechsels und anderer Prozesse beteiligt.

**Mononucleotide bestehen aus drei typischen Bestandteilen: Base, Pentose und Phosphat** – Die stickstoffhaltigen Basen sind Pyrimidine und Purine. Die am Aufbau von Nucleotiden beteiligten Basen sind Derivate von Pyrimidin und Purin.

Pyrimidin

Purin

Die häufigsten **Pyrimidinbasen** in Nucleotiden sind

Cytosin (C)  Uracil (U)  Thymin (T)

Die beiden wichtigsten **Purinbasen** sind

Adenin (A)  Guanin (G)

Pyrimidine und Purine und damit Nucleotide sowie Nucleinsäuren besitzen ein Absorptionsmaximum bei 260 nm.

Hydroxypyrimidine und Hydroxypurine zeigen Keto-Enol-Tautomerie:

Keto- und Enolform von Cytosin

Das Gleichgewicht liegt dabei stark auf der Seite der Ketoform. Für die korrekte Basenpaarung in der DNA muss die Ketoform vorliegen; durch die Enolform können Fehlpaarungen zustande kommen. Für die Nomenklatur wird jedoch die Enolform bevorzugt, z.B. wird Cytosin als 2-Hydroxy-4-Aminopyrimidin bezeichnet.

**Die Pentosen sind Ribose oder Desoxyribose** – Die $\beta$-D-Ribose ist ein Bestandteil von Monoribonucleotiden und Ribonucleinsäure = RNA (*Ribonucleic acid*). Die 2-Desoxy-$\beta$-D-Ribose ist ein Bestandteil von Monodesoxyribonucleotiden und Desoxyribonucleinsäure (*Deoxyribonucleic acid*) = DNA.

$\beta$-D-Ribose  2–Desoxy-$\beta$-D-ribose

Die Pentosen sind *N*-glykosidisch mit einer Pyrimidin- oder Purinbase verknüpft; diese Verbindungen heißen **Nucleoside**. C1′ der Pentose ist mit N1 der Pyrimidinbasen bzw. N9 der Purine verbunden. Zur Unterscheidung von den C-Atomen der Basen (einfache arabische Ziffern) werden die C-Atome der Pentose mit 1′ bis 5′ bezeichnet.

Cytidin (C)  Uridin (U)  Desoxythymidin (dT)  Adenosin (A)  Guanosin (G)

Die Nucleoside haben Trivialnamen, die von denen der Basen abgeleitet sind und bei den Pyrimidinnucleosiden auf -idin und bei den Purinnucleosiden auf -osin enden. Wenn sie Desoxyribose enthalten, wird dem Namen „Desoxy-" (engl. *Deoxy-*) vorangestellt.

**Nucleotide sind Phosphorsäureester der Nucleoside** – Die Esterbindung befindet sich an C3′ oder C5′ der Pentose.

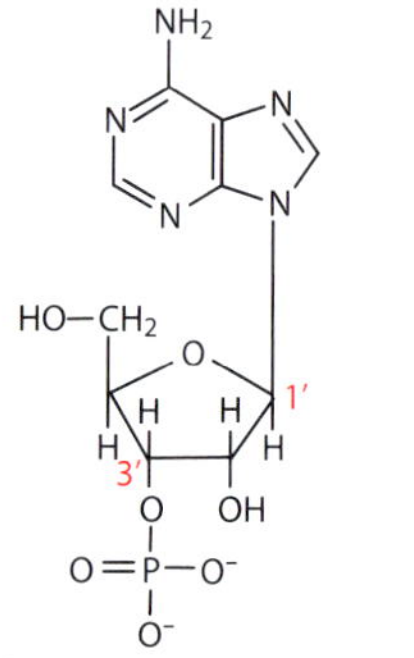

Adenosin-3′-monophosphat

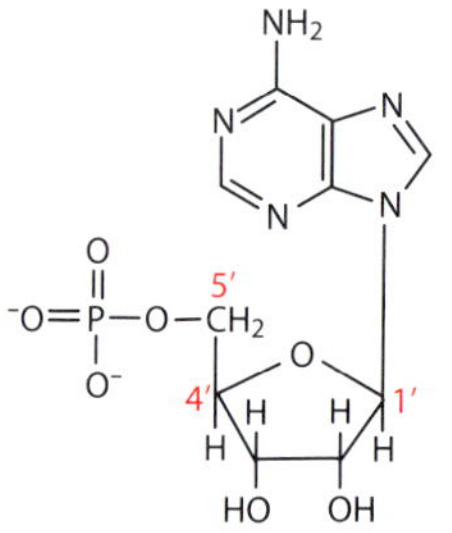

Adenosin-5′-monophosphat

Der erste, über eine Esterbindung an die Pentose gebundene Phosphatrest ($\alpha$-Phosphatgruppe) kann eine Säureanhydridbindung mit einem zweiten Phosphatrest ($\beta$-Phosphatgruppe) eingehen. Eine weitere Säureanhydridbindung führt zu einem dritten Phosphatrest ($\gamma$-Phosphatgruppe). Beide Phosphorsäureanhydrid-Bindungen sind energiereiche Bindungen (s. Kapitel 1.6).

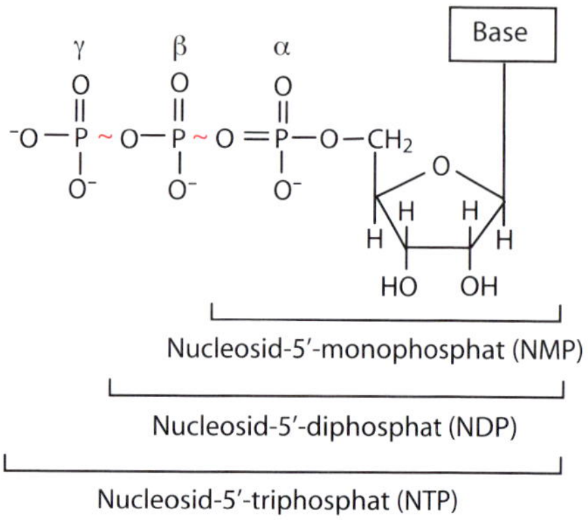

Nucleosid-5′-monophosphat (NMP)

Nucleosid-5′-diphosphat (NDP)

Nucleosid-5′-triphosphat (NTP)

Die Terminologie der Basen und der daraus abgeleiteten Nucleoside und Nucleotide samt Abkürzungen zeigt Tabelle 7.2. Die Nucleotide, welche in der Zelle in höchster Konzentration vorkommen, sind ATP, ADP und AMP. ATP ist der hauptsächliche Überträger chemischer Energie in der Zelle. Nucleosid-5′-monophosphate sind auch die Produkte des Abbaus von Nucleinsäuren durch Nucleasen.

■ **Nucleosid: Purin- oder Pyrimidinbase plus Pentose**

**Nucleotid: Purin- oder Pyrimidinbase plus Pentose plus Phosphat**

**Tabelle 7.2.** Terminologie der Basen, Nucleoside und Nucleotide

| Base | Nucleosid | Ribonucleosid-monophosphat | Desoxyribonucleosid-monophosphat | Nucleosid-diphosphat | Nucleosid-triphosphat |
|---|---|---|---|---|---|
| Adenin | Adenosin A | Adenosinmono-phosphat AMP | Desoxy-AMP dAMP | ADP/dADP | ATP/dATP |
| Guanin | Guanosin G | Guanosinmono-phosphat GMP | Desoxy-GMP dGMP | GDP/dGDP | GTP/dGTP |
| Cytosin | Cytidin C | Cytidinmono-phosphat CMP | Desoxy-CMP dCMP | CDP/dCDP | CTP/dCTP |
| Uracil | Uridin U | Uridinmonophos-phat UMP | | UDP | UTP |
| Thymin | Thymidin dT | | Desoxythymidin-monophosphat dTMP | dTDP | dTTP |

# 7.3
# Nucleinsäuren (Polynucleotide)

Nucleinsäuren sind lineare Polymere von Mononucleotiden, welche untereinander durch 3′,5′-Phosphodiester-Bindungen verknüpft sind (Abb. 7.2). Ähnlich wie bei den Proteinen bestehen die Polynucleotidstränge aus einer Hauptkette mit periodischer Struktur (-Phosphat-Pentose-Phosphat-Pentose-), die das Rückgrat des Moleküls bildet, und variablen Seitenketten (Basen). Grundsätzlich entspricht damit die kovalente Struktur der Nucleinsäuren derjenigen der Proteine: an einer Haupt-kette aus repetitiven Segmenten hängen die variablen Seitenketten als Träger der Individualität und Information. Aus der Verknüpfungsart der Nucleotide ergeben sich zwei definierte Enden des Nucleinsäure-Moleküls, das somit eine Polarität erhält. Gemäß Übereinkunft schreibt man die Kette in der Richtung vom 5′-Phosphat-Ende zum 3′-Hydroxyl-Ende ohne Phosphat. Die Nucleotidsequenzen von Oligonucleotiden und Nucleinsäuren werden abgekürzt dargestellt: (5′) pApCp-TpG(3′) oder in der Regel noch kürzer ACTG.

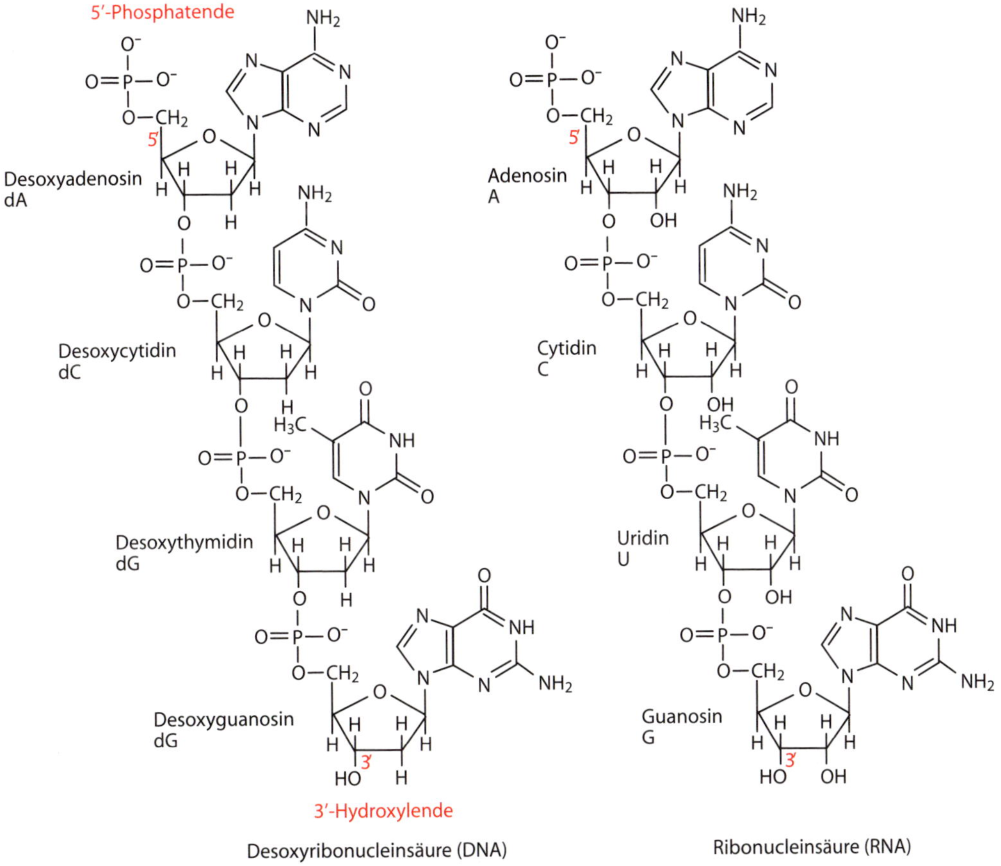

**Abb. 7.2.** DNA-Einzelstrang und RNA. Die RNA unterscheidet sich von der DNA dadurch, dass sie Uracil statt Thymin und Ribose statt Desoxyribose enthält. Sowohl bei der DNA als auch bei der RNA befindet sich am 5′-Ende eine Phosphatgruppe und am 3′-Ende eine freie Hydroxylgruppe

## Entdeckungsgeschichte der DNA und Aufklärung ihrer Raumstruktur

1869: Friedrich Miescher isoliert und charakterisiert die Nucleinsäuren aus Eiter und Fischsperma als zellkernreichem Material.

1944: Oswald Avery entdeckt, dass die DNA das verantwortliche Agens bei der Pneumokokkentransformation ist. Sein Experiment ist als Markstein in der Entwicklung der Biochemie zu betrachten. Vorher wurde allgemein angenommen, dass chromosomale Proteine die genetische Information tragen und dass die DNA eine zweitrangige Rolle spielt.

1950: Erwin Chargaff untersucht die Basenzusammensetzung der DNA und kommt zu wichtigen Schlussfolgerungen:
- Die Basenzusammensetzung der DNA variiert von einer Spezies zur anderen.
- Die Anzahl der Adeninreste ist bei allen DNAs, unabhängig von der Spezies, gleich der Anzahl der Thyminreste und die Anzahl der Guaninreste ist immer gleich der Anzahl der Cytosinreste:

$$A = T \qquad G = C$$
(Purin) (Pyrimidin)  (Purin) (Pyrimidin)

Es folgt daraus, dass die Summe der Purinreste gleich der Summe der Pyrimidinreste ist:

$$A + G = T + C$$

- DNA aus verschiedenen Geweben derselben Spezies hat dieselbe Basenzusammensetzung, die sich für ein und dieselbe Spezies weder mit dem Alter, noch mit dem Ernährungszustand, noch mit den Umweltbedingungen ändert. Zum Beispiel ist der Adeningehalt der menschlichen DNA eine konstante Größe und ist der gleiche in allen Zellen des menschlichen Organismus.

In den folgenden Jahren erbringen die von Rosalind Franklin und Maurice Wilkins durchgeführten Röntgenstrukturanalysen an DNA-Fasern charakteristische Beugungsmuster. Aus diesen Mustern können für die DNA-Fasern zwei Periodizitäten entlang der Längsachse abgeleitet werden, eine primäre von 0,34 nm und eine sekundäre von 3,4 nm. Das Problem bei der Ableitung der Raumstruktur der DNA besteht nun darin, ein dreidimensionales Modell zu formulieren, welches nicht nur diese zwei Periodizitäten berücksichtigt, sondern auch die von Chargaff gefundene Basenkomplementarität (A = T und G = C).

1953: James Watson und Francis Crick postulieren eine dreidimensionale DNA-Struktur, die Doppelhelix, die beide Bedingungen erfüllt, und leiten daraus unmittelbar deren Replikationsmechanismus ab.

**Die DNA ist doppelsträngig und bildet eine Doppelhelix:**

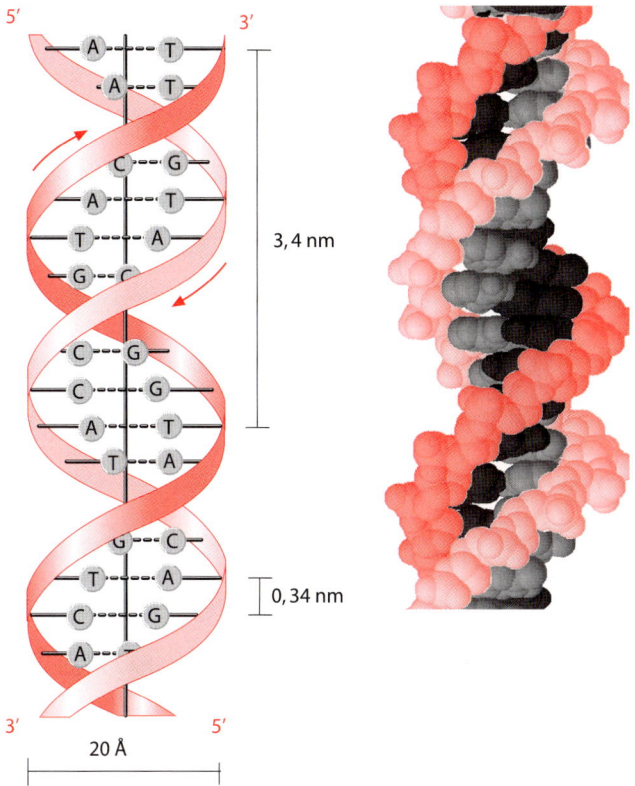

– Zwei helicale, antiparallele Polynucleotidstränge winden sich rechtsgängig um eine gemeinsame Achse (Doppelschraube). Die Abbildung ist eine leicht modifizierte Version des Modells, welches von James Watson und Francis Crick 1953 veröffentlicht wurde.

> **Rechtsgängige Helix:** Jeweils in 5′ → 3′-Richtung gesehen windet sich jeder Einzelstrang im Uhrzeigersinn um die Helixachse.

– Die Basen sind zum Inneren der Helix gekehrt, während sich die Phosphat- und Desoxyribosereste außen befinden. Die Ringebenen der Basen stehen senkrecht zur Helixachse. Die Struktur entspricht einer um die Längsachse verdrillten Leiter, wobei die Phosphat-Zucker-Ketten die Holmen und die Basenpaare die Sprossen bilden.

– Der Helixdurchmesser beträgt 2,0 nm. Aufeinanderfolgende Basen sind auf der Helixachse 0,34 nm voneinander entfernt. Nach 10 Basen wiederholt sich die Helixstruktur, d.h. die Ganghöhe der Schraube ist 3,4 nm.

– Die Basenpaarung ist spezifisch. Adenin ist immer mit Thymin über zwei H-Bindungen, Guanin stets mit Cytosin über drei H-Bindungen verbunden.

Adenin-Thymin-Basenpaar
A:::T

Guanin-Cytosin-Basenpaar
G:::C

Bei der Basenpaarung liegen die beiden Zuckerreste nicht genau gegenüber auf dem Durchmesser der Doppelhelix, d. h. die „Leitersprossen" führen nicht durch deren Längsachse. Die Windungen der beiden Helices liegen deshalb alternierend näher und weiter voneinander. An der Oberfläche der Doppelhelix ergibt sich eine große und eine kleine Furche. DNA-bindende Proteine, welche die Genexpression regulieren, treten mit der **großen Furche** in Wechselwirkung.

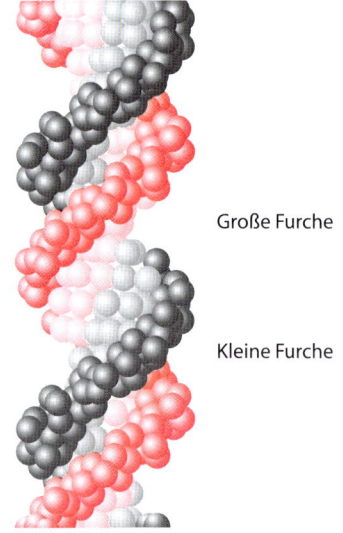

Große Furche

Kleine Furche

- Die Doppelhelix wird stabilisiert durch die H-Bindungen zwischen den Basen der komplementären Stränge, aber auch durch hydrophobe Effekte zwischen den aufeinandergestapelten Basen. Die hochpolare Zucker-Phosphat-Hauptkette befindet sich an der Außenseite, dem wässrigen Milieu ausgesetzt.
- Durch die regelmäßige Helixstruktur der Zucker-Phosphat-Hauptkette ergibt sich eine sterische Beschränkung der Basenpaarung. Die glykosidischen Bindungen der Purin-Pyrimidin-Basenpaare sind immer gleich weit voneinander entfernt. Die Sprossen der verdrillten Leiter sind immer gleich lang. Diese Distanz würde für zwei Purinbasen nicht ausreichen. Zwei Pyrimidinbasen wären hingegen zu weit voneinander entfernt, um H-Bindungen zu bilden.
- Die Voraussetzungen zur Ausbildung von H-Bindungen sind optimal bei der Paarbildung von Adenin mit Thymin bzw. Guanin mit Cytosin. Nur bei A:::T und G:::C liegt jeweils ein H-Donoratom gegenüber einem H-Akzeptoratom.

Die DNA kann neben der Watson-Crick-Doppelhelix, welche als **B-DNA** bezeichnet wird, eine Doppelschraube bilden, in welcher beide Stränge nicht rechts-, sondern linksgängig verlaufen. Die Phosphat-Zucker-Hauptkette verläuft dabei im Zickzack, weshalb diese Form **Z-DNA** genannt wird.

Die Z-DNA-Form scheint eine Rolle bei der Regulation der Genexpression in Eukaryonten zu spielen. B-DNA kann in GC-reichen Segmenten besonders leicht in Z-DNA übergehen. Die A-DNA ist eine weitere konformationsisomere Form der DNA, die bei der Röntgenbeugungsanalyse dehydratisierter DNA-Fasern gefunden worden ist. Sie ist wie die B-DNA rechtsgängig, ist jedoch kürzer und besitzt einen größeren Durchmesser.

■ Die DNA ist doppelsträngig; zwei gegenläufige Polynucleotidketten bilden ein DNA-Molekül.

**Die Doppelhelixstruktur der DNA hat wichtige Konsequenzen:**
– Die Basensequenz auf einem Polynucleotidstrang ist in keiner Weise eingeschränkt.
– Bei gegebener Basensequenz des einen Strangs ergibt sich zwangsläufig die Basensequenz des zweiten Strangs: Die beiden Stränge sind komplementär zueinander.
– Damit enthalten beide Stränge die gleiche Sequenzinformation.
– Die Komplementarität der beiden Stränge liefert den Schlüssel für das Verständnis der Replikation der DNA bei der Zellteilung unter Erhaltung der genetischen Information.

■ „It has not escaped our notice that the specific pairing we have postulated immediately suggests a possible copying mechanism for the genetic material." Aus der ersten Mitteilung von James D. Watson und Francis H.C. Crick über das Doppelhelixmodell der DNA: Nature 171 (1953) 737–738.

**Die Replikation der DNA erfolgt semikonservativ** – Bei der Synthese von DNA wird der Doppelstrang geöffnet, und jeder Einzelstrang determiniert jeweils einen komplementären Tochterstrang. Es werden zwei neue DNA-Doppelstränge gebildet, welche je aus einem alten und einem neu synthetisierten Strang bestehen:

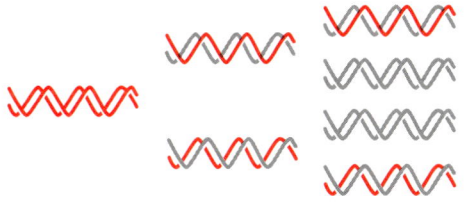

**Die DNA kann schmelzen** – Bei höheren Temperaturen (70–90 °C) lösen sich die Einzelstränge voneinander. Dieser der Denaturierung von Proteinen vergleichbare Vorgang kann sehr einfach anhand der Zunahme der Lichtabsorption bei 260 nm (Hyperchromie) verfolgt werden. GC-reiche Abschnitte von DNA haben einen höheren Schmelzpunkt, da sich zwischen G und C drei und zwischen A und T nur zwei H-Bindungen bilden. Der „Schmelzvorgang" ist grundsätzlich reversibel. Die **Renaturierung** (engl. *Annealing*) führt zur vollständigen Wiederherstellung der Doppelhelixstruktur.

**Nucleinsäuren mit komplementärer Basensequenz können hybridisieren** – Ein DNA-Einzelstrang kann mit einem anderen DNA-Einzelstrang, der eine größtenteils komplementäre Basensequenz aufweist (z.B. das gleiche Protein codiert, aber aus dem Genom einer anderen Spezies stammt), eine hybride Doppelhelix bilden. Zur Herstellung eines solchen **DNA-DNA-Hybrids** werden durch Behandlung mit Erhitzen oder hohen pH-Werten DNA-Einzelstränge erzeugt und bei tieferer Temperatur und neutralem pH mit der komplementären DNA hybridisiert. DNA-Einzelstränge können auch mit komplementärer RNA DNA-RNA-Hybride bilden.

■ G:::C-Basenpaare werden durch 3-H-Bindungen, A:::T (und A:::U)-Basenpaare nur durch 2 H-Bindungen zusammengehalten.

**Die genetische Information ist in der Nucleotidsequenz der DNA niedergelegt** – In den Proteinen ist die Reihenfolge von 20 verschiedenen Aminosäuren festzulegen: Dafür stehen in der DNA vier verschiedene Basen (A, G, T, C) zur Verfügung. Aus den vier „Buchstaben" A, G, T, C sind „Wörter" zu bilden, welche die 20 Aminosäuren codieren. Bei Zweibuchstabenwörtern ergeben sich nur $4^2 = 16$ mögliche Kombinationen. Hingegen können $4^3 = 64$ Dreibuchstabenwörter (**Tripletts**) gebildet werden, mehr als genug, um jeder Aminosäure mindestens ein Triplett zuzuteilen.

Für die Proteinbiosynthese wird durch Transkription die mRNA als Arbeitskopie des Gens hergestellt. Sie enthält die Information über die Aminosäuresequenz in Form der Dreiergruppen von Basen, die jeweils ein Codon bilden. Ein Codon der mRNA hat die gleiche Basensequenz (mit U statt T) wie das entsprechende Basentriplett auf dem codierenden Strang (= Plus-Strang = +Strang = Sinnstrang) des Gens (s. Kapitel 9).

**Die RNA ist in der Regel einsträngig** – Die kovalente Struktur der RNA unterscheidet sich von der DNA in zweierlei Hinsicht. Der Zucker in der RNA ist Ribose statt Desoxyribose und anstelle von Thymin kommt die Pyrimidinbase Uracil vor. Die RNA-Moleküle sind einsträngig (mit Ausnahme einiger Virus-RNAs). Durch die Bildung so genannter **Haarnadelschleifen** gibt es jedoch auch Abschnitte mit Doppelstrangstruktur. Die Basenpaarung ist nicht so genau wie bei der DNA-Doppelhelix. Zum Beispiel paart sich Uracil nicht nur mit A, sondern auch mit G.

■ DNA: Doppelsträngig, Desoxyribose, Thymin
  RNA: Einsträngig, Ribose, Uracil

**RNA ist an der Expression der genetischen Information beteiligt** – Die Gene bestimmen die Aminosäuresequenzen der Proteine, die von einer Zelle synthetisiert werden. Die DNA ist jedoch nicht die direkte Matrize für die Proteinsynthese. Diese Aufgabe übernehmen RNA-Moleküle. An der Proteinsynthese sind drei Typen von RNA beteiligt:

■ An der Umsetzung des Gens (DNA) ins Phän (Protein) sind drei verschiedene Typen von RNA beteiligt (mRNA, tRNA, rRNA).

## 7.4
## Struktur der Chromosomen

**Die kleinen Genome von Bakterien und Viren sind meist ringförmig** – Bei Organismen mit einem kleinen Genom, wie Bakterien (Tabelle 7.1), ist die gesamte Erbinformation in einem, zumeist einzigen, ringförmigen DNA-Molekül enthalten. Die DNA bildet zusammen mit basischen Proteinen, welche den chromosomalen Proteinen von Eukaryonten entfernt ähnlich sind, das **Nucleoid**.

Die Mitochondrien und Chloroplasten der Eukaryonten besitzen ebenfalls je ein ringförmiges DNA-Molekül. Diese kleinen Genome enthalten die Gene für einige wenige Proteine der Organellen und für mitochondriale rRNAs und tRNAs. Auch die Nucleinsäuren der Plasmide sind ohne Ausnahme ringförmig und die der Viren sind es zumeist.

Wie wird die DNA in Bakterienzellen gepackt? Die gestreckte DNA von *E. coli* ist etwa 1000-mal länger als die Zelle. Das Packungsproblem wird durch Verdrillung (*Supercoiling*) der DNA gelöst. Die dabei entstehende **DNA-Superhelix** ist wesentlich kompakter (Abb. 7.3). In der Zelle ist die DNA vorwiegend im negativen Drehsinn verdrillt. Die DNA wird hierbei in entgegengesetztem Sinn zur rechtshändigen Doppelhelix verdrillt, d.h. für jede neu entstehende Windung in der Super-

| | Relativer Anteil in der Zelle | Anzahl Nucleotide |
|---|---|---|
| **mRNA = messenger RNA** (Informationsüberträger von DNA zu Ribosom) | 5% | variabel |
| **tRNA = transfer RNA** (Träger der Aminosäuren, die zusammengehängt werden) | 15% | ~75 |
| **rRNA = ribosomale RNA** (Bestandteil der Ribosomen, der „Proteinsynthesemaschinen") | 80% | 3700, 1700, 120 (drei verschiedene rRNAs in *E. coli*) |

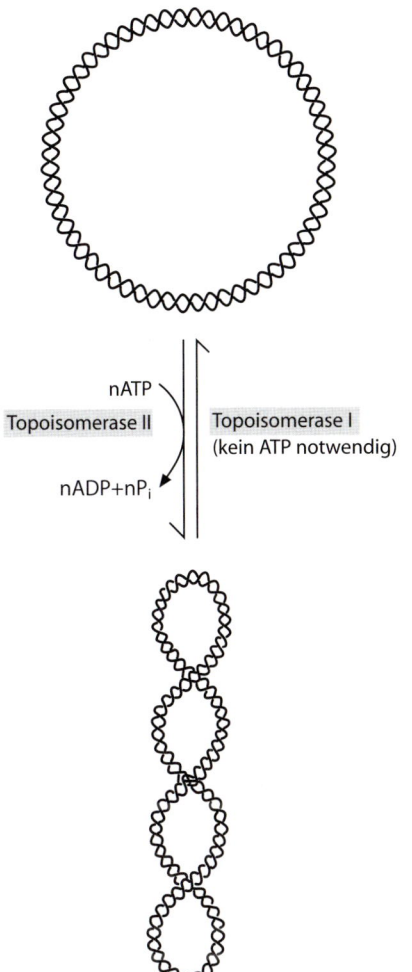

nATP

Topoisomerase II

nADP+nP$_i$

Topoisomerase I
(kein ATP notwendig)

**Abb. 7.3.** Verdrillung von ringförmiger DNA zu einer Superhelix. In Bakterien werden negative Supercoils durch ein Enzym, die **Topoisomerase II (Gyrase)**, unter ATP-Verbrauch eingeführt. Dabei werden Phosphodiesterbindungen in beiden Strängen der DNA gespalten und nach Veränderung der Topologie wieder zusammengefügt. Die **Topoisomerase I** ermöglicht den umgekehrten Vorgang, das Entdrillen der *supercoiled* DNA. Dabei wird in einer ATP-unabhängigen Reaktion nur ein Strang gespalten und wieder zusammengefügt

- Die ringförmige Doppelhelix-DNA kann zu einer rechts- oder linksgängigen Superhelix verdrillt werden.

**Eukaryontische DNA ist linear und in Chromosomen verpackt** – Jedes Chromosom enthält ein lineares DNA-Molekül mit freien Enden. Die gesamte Länge der 46 DNA-Moleküle in einer menschlichen diploiden Zelle beträgt etwa 2 m; durch basische Proteine (Histone) und andere Kernproteine (Nichthiston-Proteine) wird die DNA in die Chromosomen verpackt. Die Masse der Chromosomen verteilt sich etwa hälftig auf DNA und Proteine. Als Chromosomen wurden ursprünglich die nach Anfärbung im Lichtmikroskop sichtbaren Strukturen in Metaphase-Zellen bezeichnet. Im Interphase-Kern ist die Struktur der Chromosomen stark aufgelockert; sie füllen als **Chromatin** mehr oder weniger gleichmäßig den Kernraum aus, behalten aber ihre Identität.

Histone kommen nur in Eukaryonten vor. Man unterscheidet die nucleosomalen **Histone** H2A, H2B, H3 und H4. Es sind kleine Proteine (102–135 Aminosäurereste), die viel Lys und Arg enthalten. Die positiven Ladungen dieser basischen Seitenketten führen zu einer starken Bindung an die negativ geladenen Phosphatgruppen der DNA. Wahrscheinlich dissoziieren Histone kaum je von der DNA. H3 und H4 gehören zu den allerkonservativsten Proteinen. Offenbar sind alle Reste dieser kleinen Proteine wichtig für deren Funktion. Histon H1 ist größer (etwa 220 Aminosäuren) und seine Sequenz ist weniger konserviert.

> Histon H4 (102 Aminosäuren) des Rindes unterscheidet sich nur in zwei konservativen Aminosäuresubstitutionen (Val → Ile und Lys → Arg) von Histon H4 der Erbse.

helix wird eine Windung in der Doppelhelix aufgehoben. Eine negative Superhelix begünstigt daher die Trennung der Elternstränge bei der Replikation.

**Nucleosomen sind die strukturellen Einheiten des Chromatins** – Ein Chromosom ist etwa 10 000-mal kürzer als das darin enthaltene DNA-Molekül. Die erste

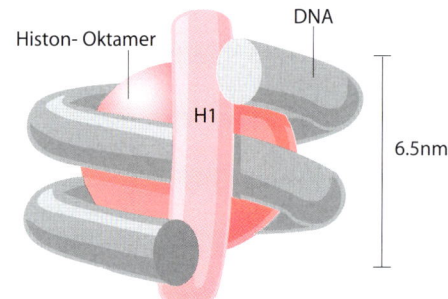

**Abb. 7.4.** Modell eines Nucleosoms. Zwei Windungen einer DNA-Superhelix schlingen sich um das (H2A, H2B, H3, H4)$_2$-Oktamer. Histon H1 ist außen aufgelagert und bindet an die DNA, welche zwischen benachbarten Nucleosomen liegt

Stufe der verdichtenden Packung der DNA erfolgt durch Bildung von Nucleosomen. Je zwei Kopien der vier nucleosomalen Histonproteine bilden den oktameren Kern des Nucleosoms, um den die DNA gewunden ist (Abb. 7.4). Das **Histon H1** ist dem Nucleosom aufgelagert und scheint die weitere schraubenförmige Packung der Nucleosomen zu stabilisieren. Die entstehende Nucleosomenfaser faltet sich zu Schleifen auf, an deren Stabilisierung die **Nicht-Histonproteine** beteiligt sind. Über die Chromatinstrukturen höherer Ordnung, die zu weiterer Verdichtung führen, ist noch wenig bekannt. Für die Replikation und Transkription muss die DNA segmentweise von den Nucleosomen freigesetzt werden. Die für die Regulation der Transkription wichtigen DNA-bindenden Proteine binden an nucleosomenfreie DNA-Segmente.

■ In den Chromosomen ist die DNA mit Hilfe von Proteinen in geordneter Weise verpackt und auf etwa ein Zehntausendstel ihrer gestreckten Länge verdichtet.

# II Molekulare Genetik

# 8 Replikation, Reparatur und Rekombination der DNA

Die Verdoppelung der DNA ist Voraussetzung für die mitotische Zellteilung. Für jede der beiden Tochterzellen werden identische Kopien der DNA bereitgestellt. Die DNA wird während der Synthesephase (S-Phase) des Zellzyklus synthetisiert. Wie jede Polymerisierungsreaktion lässt sich die DNA-Biosynthese in die drei Phasen Initiation, Elongation und Termination einteilen. Die genaue Weitergabe der genetischen Information beruht auf spezifischer Basenpaarung und garantiert die Konstanz von Organismus und Spezies. Die Replikation der DNA verläuft semikonservativ, die DNA-Doppelhelices der Tochtergeneration bestehen aus einem Elternstrang und einem neusynthetisierten komplementären Tochterstrang. Die gleichzeitige Bildung zweier neuer gegenläufiger Stränge bedingt einen komplizierten Synthesemechanismus, an welchem eine Reihe verschiedener Proteine beteiligt sind. Dabei werden die Polynucleotidstränge durch Anknüpfen eines Nucleotids nach dem anderen an das 3'-OH-Ende verlängert. Die Replikationsmaschinerie überprüft die Komplementarität der neusynthetisierten Stränge und korrigiert allenfalls auftretende Fehler.

> In einer Säugerzelle wird pro Replikationsrunde weniger als eine Punktmutation pro $3 \cdot 10^9$ bp eingeführt.

Die DNA-Synthese ist zuerst bei Prokaryonten, insbesondere bei *E. coli*, eingehend untersucht worden. Sie wird hier zunächst dargestellt. Grundsätzlich verlaufen die meisten Schritte bei Eukaryonten sehr ähnlich. Der Hauptunterschied liegt darin, dass sich bei Eukaryonten mit ihrem wesentlich größeren und komplexeren Genom und der Vielgestaltigkeit der Zellen entsprechend kompliziertere Regulationsmechanismen ausgebildet haben.

8.1 DNA-Replikation bei Prokaryonten
8.2 DNA-Replikation bei Eukaryonten
8.3 DNA-Schäden
8.4 Reparatursysteme
8.5 Genetische Rekombination

## 8.1 DNA-Replikation bei Prokaryonten

Das Kopieren beider Stränge der DNA-Doppelhelix durch spezifische Basenpaarung verlangt, dass die beiden Stränge voneinander getrennt werden, so dass die H-Bindungs-Donoren und H-Bindungs-Akzeptoren jeder Base beider Elternstränge mit den herandiffundierenden komplementären Nucleosidtriphosphaten die spezifischen Basenpaarungen (A:::T bzw. G:::C) eingehen können. Zur DNA-Synthese braucht die **DNA-Polymerase** sämtliche 4 Desoxyribonucleosid-Triphosphate, $Mg^{2+}$-Ionen, einen Primer (Startermolekül), d.h. eine freie 3'-OH-Gruppe eines vorbestehenden DNA- oder RNA-Strangs, sowie einen DNA-Matrizenstrang. Die DNA-Polymerase katalysiert das Anfügen einer Desoxyribonucleotid-Einheit nach der anderen an das 3'-OH-Ende des wachsenden DNA-Strangs. Der neue Strang kann daher

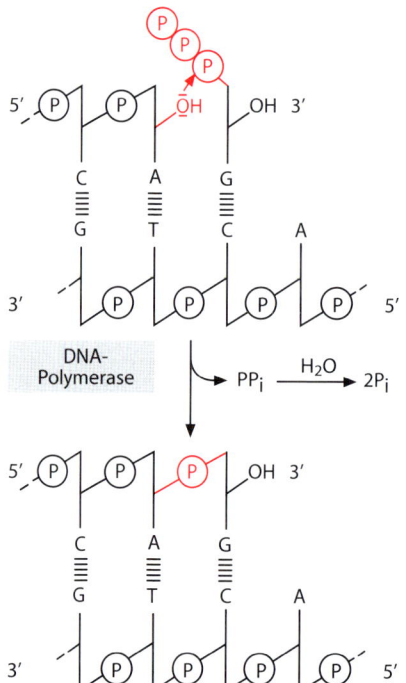

**Abb. 8.1.** Verlängerung der Polynucleotidkette durch die DNA-Polymerase. Ein Desoxyribonucleotid wird an das 3'-OH-Ende eines vorbestehenden Polynucleotidstrangs (Primer, Startstrang) angekoppelt. Durch einen nucleophilen Angriff der freien 3'-OH-Gruppe des Polynucleotidstrangs auf das $\alpha$-Phosphoratom des Nucleotids wird eine Phosphorsäurediesterbindung geknüpft. Der neue Strang wächst in 5' → 3'-Richtung. Die Polymerase kann die Bildung der Phosphorsäurediesterbindung nur katalysieren, wenn das neue Nucleotid eine Basenpaarung mit dem Matrizenstrang eingehen kann. Der Matrizenstrang bestimmt daher, welches Desoxyribonucleotid (A, G, T, C) an den Primerstrang angehängt wird. Die Reaktion wird angetrieben durch die Spaltung von zwei energiereichen Phosphorsäureanhydridbindungen: $NTP + H_2O \rightarrow NMP + PP_i$ und $PP_i + H_2O \rightarrow 2\,P_i$. Die Hydrolyse von $PP_i$ wird durch die in allen Zellen vorkommende Pyrophosphatase katalysiert

zwangsläufig nur in 5' → 3'-Richtung verlängert werden (Abb. 8.1).

> Die 5' → 3'-Richtung wird beibehalten für die Synthese von RNA und das Ablesen der Codons bei der Proteinsynthese. Diese Richtung wird als stromabwärts (*downstream*) bezeichnet.

**Beide Stränge der Eltern-DNA werden von je einer Untereinheit des DNA-Polymerase-Dimers als Matrize benutzt** – Die Y-förmige Struktur der DNA, an der die Replikation vor sich geht, die **Replikationsgabel**, bewegt sich dabei längs der Eltern-Doppelhelix.

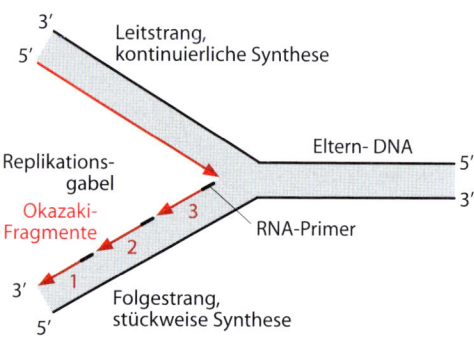

So einleuchtend einfach das Prinzip der semikonservativen Replikation ist, so ist dabei doch, neben der notwendigen Entwindung der Doppelhelix, gleich eine weitere Schwierigkeit zu erkennen. Die zwei Tochterstränge verlaufen antiparallel zueinander, die DNA-Polymerase kann sie jedoch nur vom 5'-Ende zum 3'-Ende synthetisieren. Das Problem der gegenläufigen Verlängerung der neusynthetisierten Stränge wird dadurch gelöst, dass der Strang, welcher von der Replikationsgabel wegwächst, der **Folgestrang**, stückweise aufgebaut wird. Dadurch wird dessen Gesamtwachstum in 3'→5'-Richtung ermöglicht, obwohl die einzelnen Nucleotide in 5'→3'-Richtung angehängt werden. Der andere Strang, der in Richtung auf die Replikationsgabel wächst, der so genannte **Leitstrang**, wird ohne Unterbrechung synthetisiert, wobei sich die Replikationsgabel weiter öffnet. Bei Bakterien sind die **Okazaki-Fragmente** 1000–2000 Nucleotide lang; in Eukaryonten sind sie nur 100–200 Nucleotide lang.

> Leitstrang   = *Leading strand*
> Folgestrang = *Lagging strand*

**Die DNA-Polymerase braucht einen Primer** – Die Verlängerung sowohl des Leitstrangs als auch des Folgestrangs wird bei Bakterien durch die **DNA-abhängige DNA-Polymerase III** (Pol III) katalysiert. Dieses Enzym kann Desoxyribonucleotide nur an ein vorbestehendes Oligonucleotid (**Primer = Startermolekül**) anfügen. Die RNA-Polymerasen hingegen brauchen keinen Primer, sie können die Polymerisierung mit zwei einzelnen Nucleotiden beginnen. Eine besondere RNA-Polymerase, die DNA-Primase, synthetisiert daher einen dem Anfang des Eltern-DNA-Strangs komplementären **RNA-Primer** von etwa 10 Nucleotiden. Für die Synthese des Leitstrangs bedarf es nur am Anfang eines besonderen Primers, danach liegt fortwährend ein 3'-Ende einer mit dem Matrizenstrang basengepaarten Nucleotidkette vor, an welche neue Nucleotide angehängt werden können. Auf dem Folgestrang muss hingegen für die Synthese jedes einzelnen Okazaki-Fragments ein Primer bereitgestellt werden, welcher darauf durch die DNA-Polymerase III verlängert wird. Die Synthese des Okazaki-Fragments wird abgebrochen, sobald die DNA-Polymerase III beim nächsten Primer angelangt ist.

> Die DNA-Polymerase von Bakterien kann etwa 500 Nucleotide pro Sekunde an das 3'-OH-Ende des wachsenden DNA-Strangs anhängen. Das Enzym der Säuger arbeitet etwa 10-mal langsamer.

Zur Bildung eines durchgehenden DNA-Strangs werden die RNA-Primer hydrolytisch abgebaut durch die 5'-3'-Exonucleaseaktivität der **DNA-Polymerase I**, welche RNA von DNA-RNA-Hybriden in die einzelnen Mononucleotide spaltet. Die dabei entstehenden Lücken zwischen den einzelnen DNA-Stücken werden durch dasselbe Enzym mit Desoxyribonucleotiden aufgefüllt. Die DNA-Polymerase I besitzt drei enzymatische Aktivitäten: Polymerase zum Ankoppeln von Desoxynucleotiden, 5'-3'-Exonuclease zum Entfernen von

RNA-Primern und 3'-5'-Exonuclease für das Korrekturlesen (s. unten).

> Die DNA-Polymerase I wurde 1957 als erstes DNA-synthetisierendes Enzym von Arthur Kornberg entdeckt. In *E. coli* sind drei DNA-Polymerasen identifiziert worden:
> – Pol I (Klenow-Polymerase) füllt die von den RNA-Primern hinterlassenen Lücken im Folgestrang und ist auch an der DNA-Reparatur beteiligt.
> – Pol II trägt wahrscheinlich auch zur Reparatur bei.
> – Pol III besorgt die Replikation des bakteriellen Genoms.

**Die DNA-Ligase verknüpft die einzelnen DNA-Stücke** – DNA-Ligasen verknüpfen aufgespaltene Phosphodiesterbindungen in einem Strang eines DNA-Doppelstrangs. Bruchstellen im Strang (engl. *Nicks*), wie sie zwischen den einzelnen aufgefüllten Okazaki-Fragmenten bestehen, werden dadurch repariert. Die Energie für diese Reaktion wird bei *E. coli* durch Koppelung an die Hydrolyse von $NAD^+$ zu Nicotinamid-Mononucleotid + AMP und bei Eukaryonten durch die Hydrolyse von ATP zu AMP + $PP_i$ geliefert (Abb. 8.2).

> Die ATP-abhängige DNA-Ligase des Bacteriophagen T4 kann bei hohen DNA-Konzentrationen zwei glattendige DNA-Duplexe miteinander verbinden (**Blunt end ligation**, eine wichtige Reaktion in der Gentechnik).

■ Bei der semikonservativen Replikation der DNA werden an beide Tochterstränge Nucleotide in 5'→3'-Richtung angehängt. Verknüpfen der Okazaki-Fragmente durch die DNA-Ligase führt zur stückweisen Verlängerung des Folgestrangs.

**Zwei verschiedene Korrekturlese-Mechanismen garantieren die geringe Fehlerhäufigkeit bei der DNA-Replikation:**
– Die DNA-Polymerasen können einen Primer nur verlängern, wenn er ein-

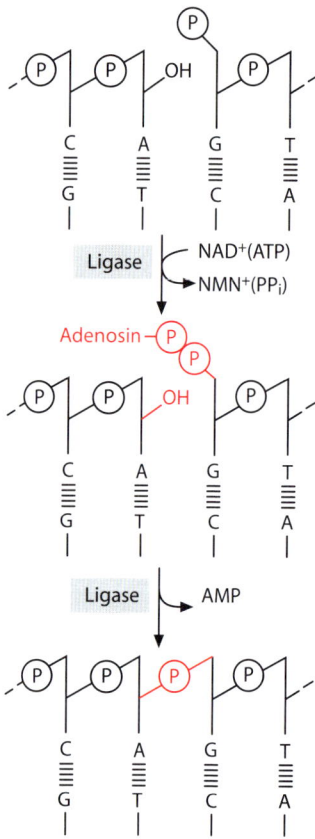

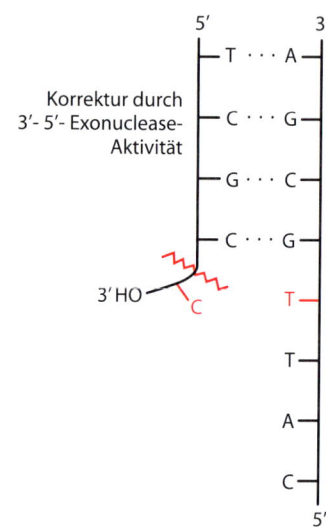

**Abb. 8.2.** DNA-Ligase. Ein AMP-Rest, der von NAD$^+$ (bei *E.coli*) oder ATP (bei Eukaryonten) stammt, wird auf die freie 5′-Phosphatgruppe des *Downstream*-Segments übertragen. Die entstandene Phosphorsäureanhydridbindung wird durch nucleophilen Angriff der 3′-OH-Gruppe des *Upstream*-Segments in die beide Segmente verbindende Phosphodiesterbindung umgewandelt

schließlich des Nucleotids am 3′-OH-Ende mit dem Matrizenstrang basengepaart ist.

– Die DNA-Polymerase III, welche den größten Teil der DNA synthetisiert, wie auch die DNA-Polymerase I besitzen zudem eine korrekturlesende 3′ → 5′-Exonucleaseaktivität. Die 3′ → 5′-Exonuclease entfernt ungepaarte, d.h. dem Matrizenstrang nicht komplementäre Nucleotide vom 3′-Ende, also dem wachsenden Ende des in Synthese begriffenen Strangs.

Das Entfernen ungepaarter Nucleotide vom 3′-OH-Ende erhöht die Genauigkeit der Replikation beträchtlich. Die Fehlerfrequenz der DNA-Polymerase III ist etwa $10^{-7}$, ohne Korrekturlesemechanismen wäre sie $10^{-6}$–$10^{-5}$. Zusätzliche Reparatursysteme, die erst nach der Synthese der DNA wirksam werden, erhöhen die Genauigkeit zusätzlich, so dass die auf Ungenauigkeiten bei der Replikation zurückzuführende Mutationsrate $10^{-10}$ pro Basenpaar und Generation beträgt.

**Die Initiation der Replikation findet am *Origin of replication*, einer definierten Stelle des bakteriellen Chromosoms, statt** – Am *Origin*, einem DNA-Segment mit einer besonderen Basensequenz, das bis zu 300 bp lang sein kann, entsteht die **Replikationsblase**, deren zwei Replikationsgabeln sich in entgegengesetzter Richtung von der Startstelle weg bewegen. Das ringförmige bakterielle Chromosom enthält nur ein *Origin*; dementsprechend bildet sich nur eine Replikationsblase aus:

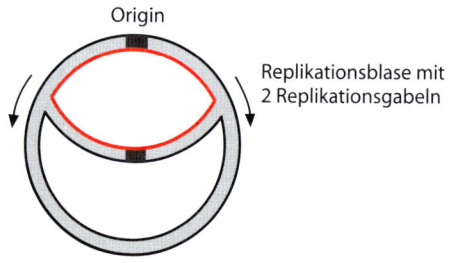

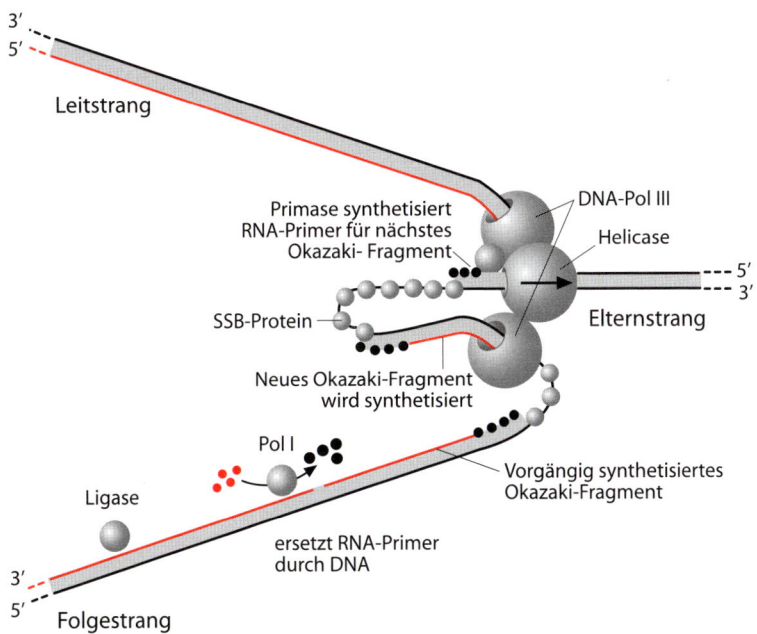

**Abb. 8.3.** Replikation von Leitstrang und Folgestrang durch einen Komplex von zwei DNA-Polymerase-III-Molekülen und Hilfsenzymen. Durch Bildung einer Schleife der Folgestrang-Matrize können beide Tochterstränge gleichzeitig durch den Komplex an der Replikationsgabel synthetisiert werden. Der Gabelkomplex umfasst noch weitere Proteine, die hier nicht aufgeführt sind. Nach Abschluss der Synthese eines Okazaki-Fragments muss Pol III vom Folgestrang dissoziieren und am Primer des nächsten Segments mit der Synthese neu beginnen

Zur Bildung der Replikationsblase werden eine Reihe verschiedener Proteine benötigt. Mehrere Kopien des **Initiatorproteins** binden an die Startstelle (*Origin*), bilden große Protein-DNA-Komplexe und öffnen den Doppelstrang. Nun kann je ein Molekül der **DNA-Helicase** an den Matrizenstrang des jeweiligen Folgestrangs binden und die DNA entwinden. Mit der Bildung zweier Replikationskomplexe, welche sich in entgegengesetzter Richtung vom *Origin* entfernen, ist die Initiation der Replikation abgeschlossen. Die wichtigste Helicase in Prokaryonten bewegt sich in $5' \rightarrow 3'$-Richtung entlang dem Matrizenstrang des Folgestrangs und zwingt unter ATP-Verbrauch die beiden Stränge auseinander (Abb. 8.3). Das Binden zahlreicher Moleküle des **Einzelstrang-Bindungsproteins** (SSB, *Single-strand binding protein*) verhindert, dass die Einzelstränge reassoziieren. Die **DNA-Primase** synthetisiert einen RNA-Primer auf einem der Einzelstränge, worauf die DNA-Polymerase III mit der Synthese der ersten DNA-Kette beginnen kann.

**Während der Elongation werden der Leitstrang und der Folgestrang durch ein Dimer des DNA-Polymerase-Moleküls synthetisiert**, welches sich mit der Replikationsgabel vom *Origin* wegbewegt. Das natürlich vorkommende negative *Supercoiling* der DNA erleichtert die Entwindung der Stränge, es ist aber auf etwa einen negativen *Supercoil* pro 20 bp limitiert. Es wird angenommen, dass der Matrizenstrang des Folgestrangs eine Schleife bildet, so dass beide Polymerasen des Komplexes an der Replikationsgabel ihren Matrizenstrang in $3' \rightarrow 5'$-Richtung ablesen können (Abb. 8.3).

Die **DNA-Topoisomerase II** (= DNA-Gyrase) löst das bei der Wanderung einer Replikationsgabel auftretende topologische Problem: Bei der Öffnung der DNA-Doppelhelix in zwei Einzelstränge müsste sich die voranliegende Doppelhelix um ihre Längsachse drehen. Da die B-DNA 10 bp pro Windung aufweist, müsste jedesmal, wenn die Replikationsgabel um weitere 10 bp geöffnet worden ist, eine volle Drehung stattfinden. Solche Rotationen des ganzen Chromosoms mit 50 Umdrehungen/s (500 Nucleotide werden pro s angehängt) sind nicht möglich in der Zelle. Bei Bakterien mit ihrer zirkulären DNA ist eine Rotation sogar grundsätzlich unmöglich, stattdessen würden positive *Supercoils* (Abb. 7.2) eingeführt. Das Problem wird durch die DNA-Topoisomerase II gelöst, welche beide Stränge der DNA spaltet. Dadurch werden die vor und nach der Spaltstelle liegenden DNA-Stücke frei gegeneinander drehbar; die DNA kann relaxieren und wird danach von der Topoisomerase wieder ligiert.

> Wirkstoff: Die DNA-Topoisomerase II (DNA-Gyrase) ist unbedingt notwendig für die DNA-Replikation bei Prokaryonten. Hemmstoffe der DNA-Topoisomerase II (z. B. Novobiocin) wirken als Antibiotica.

**Der Leitstrang wie auch die einzelnen Okazaki-Stücke werden kontinuierlich synthetisiert** – Die DNA-Polymerase III gleitet auf dem Matrizenstrang von einer Base zur nächsten und katalysiert die Bildung von vielen tausend Phosphodiesterbindungen, bevor sie von der DNA dissoziiert (**hohe** so genannte **Prozessivität der DNA-Polymerase III**). Die DNA-Polymerase I hingegen, welche die Lücken zwischen den Okazaki-Fragmenten auffüllt, katalysiert im Durchschnitt die Bildung von nur etwa 20 Phosphodiester-Bindungen in ununterbrochener Folge. Entsprechend der hohen katalytischen Leistungsfähigkeit und der verschiedenen katalytischen Aktivitäten (Polymerase, 5′-3′-Exonuclease, 3′-5′-Exonuclease) ist der Replikationsgabel-Komplex eine große, kompliziert gebaute Multiproteinmaschine. Sie besteht aus mindestens zehn verschiedenen Untereinheiten und hat eine Masse von 900 kDa.

Die dimere Struktur von Pol III erlaubt die gleichzeitige Replikation beider Elternstränge an der Replikationsgabel. Die kontinuierliche bzw. diskontinuierliche Synthese von Leitstrang und Folgestrang bedingt einen asymmetrischen Bau des Komplexes, dessen beide Hälften zum Teil aus verschiedenen Polypeptidketten bestehen. Die hohe Prozessivität des Enzyms ist auf zwei besondere Untereinheiten zurückzuführen, welche einen Ring (*Clamp* = Klammer) um den Matrizenstrang bilden. Der Ring verhindert, dass sich die Polymerase von der DNA löst, er ist aber weit genug, um der DNA entlang zu gleiten.

■ Das dimere DNA-Polymerase-III-Holoenzym ist das Kernstück einer DNA-Replikationsmaschinerie, die aus mindestens 10 verschiedenen Proteinen besteht und sich stetig der Eltern-DNA entlang bewegt.

## 8.2 DNA-Replikation der Eukaryonten

**Die DNA der Eukaryonten wird grundsätzlich auf gleiche Weise wie in Prokaryonten synthetisiert** – Folgende wichtige Unterschiede sind jedoch hervorzuheben:
- **In Eukaryonten wird DNA nur während der S-Phase (Synthesephase) des Zellzyklus synthetisiert.** In Bakterien wird während der Zellvermehrung dauernd DNA synthetisiert.
- **Tierische Zellen enthalten mindestens fünf verschiedene DNA-Polymerasen** (Tabelle 8.1).
- **Eukaryontische Chromosomen besitzen viele *Origins of replication*.** Die Vielzahl der sich an ihren beiden Enden verlängernden Replikationsblasen verkürzt die Synthesezeit des großen eukaryontischen Genoms. Die Replikation ist abgeschlossen, sobald alle Replikationsblasen miteinander verschmolzen sind.

**Tabelle 8.1.** DNA-Polymerasen beim Säuger

| | DNA-Polymerase | | | | |
| | $\alpha$ | $\beta$ | $\gamma$ | $\delta$ | $\varepsilon$ |
| --- | --- | --- | --- | --- | --- |
| Vorkommen | Kern | Kern | Mitochondrien | Kern | Kern |
| Funktion | Synthese von Primer und Folgestrang | Reparatur | Replikation der mitochondrialen DNA | Synthese des Leitstrangs; enthält PCNA* | Reparatur |

\* PCNA (**P**roliferating **c**ell **n**uclear **a**ntigen, reagiert mit Seren gewisser Patienten mit *Lupus erythematodes*, einer Autoimmunkrankheit) ist wichtig für die Prozessivität von DNA-Polymerase $\delta$

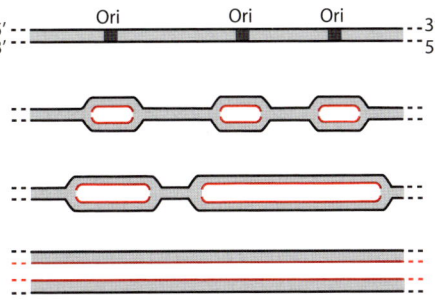

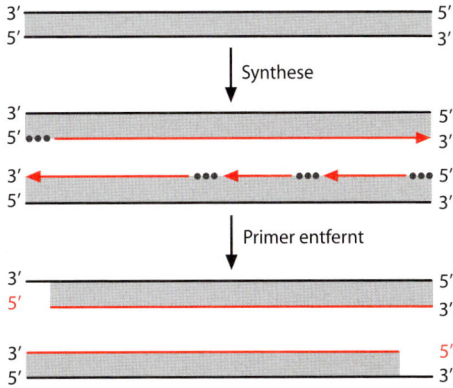

Die DNA-Polymerase $\alpha$ synthetisiert DNA mit einer Geschwindigkeit von etwa 50 Nucleotiden pro Sekunde, d.h. etwa 10-mal langsamer als die DNA-Polymerase III von *E. coli*. Eine eukaryontische Zelle enthält zudem 50–100-mal mehr DNA. Wenn deren Replikation von einem einzigen *Origin* ausginge, würde sie über einen Monat dauern. Auf eukaryontischen Chromosomen finden sich *Origins* in Abstand von 3–300 kb. Damit dauert die S-Phase nur einige Stunden.

– **Eukaryontische DNA ist linear, nicht zirkulär wie bakterielle DNA.** Bei der Synthese der 5'-Enden der Tochterstränge ergibt sich dadurch das Problem, dass nach Entfernen der RNA-Primer die Tochterstränge nicht aufgefüllt werden können, weil für das Ansetzen der Polymerase ein Primer notwendig ist, für dessen Synthese jedoch kein Matrizenstrang vorhanden ist:

– Die DNA-Synthesemaschinerie, wie sie Prokaryonten benutzen, genügt bei der linearen Eukaryonten-DNA nicht. Bei jeder Zellteilung würden die Chromosomen unvermeidlich um die Länge der RNA-Primers gekürzt und die an den Enden der Chromosomen liegenden Gene ausgeschaltet. Das Problem wird dadurch gelöst, dass eine besondere DNA, die keine genetische Information enthält, beide Enden der chromosomalen DNA verlängert. Diese als **Telomere**

> griech.: *Telos* = Ende

bezeichneten Enden von Chromosomen werden stückweise bei der Zellteilung ohne Schaden für die codierende DNA geopfert. Die Telomere sind bei allen Eukaryonten sehr ähnlich. Der Matrizenstrang von Telomer-DNA besteht aus einigen hundert Wiederholungen einer G-reichen Hexanucleotidsequenz (beim Menschen TTAGGG). Der komplementäre, C-reiche Strang ist 12–16 Nucleotide kürzer. Bei jeder Replikation gehen 50–200 Nucleotide der Telomere verloren.

Ein besonderer Protein-RNA-Komplex, die **Telomerase**, synthetisiert die Telomere. Als Matrize dient ein Segment des RNA-Teils der Telomerase (Abb. 8.4). Spermien, Oocyten und Zellen, die sich permanent in Kultur teilen (permanente Zelllinien und niedere Eukaryonten wie Hefe), besitzen Telomerase-Aktivität und Telomere konstanter Länge. Somatische Zellen vielzelliger Organismen hingegen besitzen keine Telomerase-Aktivität. Mit zunehmendem Alter des Organismus nimmt die Länge der Telomere und die Fähigkeit der Zellen ab, nach Auspflanzen in Kultur Zellteilungen zu durchlaufen (Zellproliferation).

> Warum haben somatische Zellen keine Telomerase? Vielleicht ist das Altern der Zelle, welches mit einer Verkürzung der Telomere einhergeht, ein Mechanismus, der vielzellige Organismen vor unkontrolliertem Wachstum der Zellen schützt.

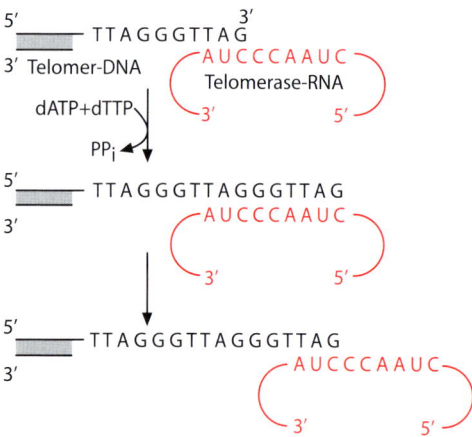

5′ ——————— TTAGGGTTAG 3′
3′ Telomer-DNA ⌐AUCCCAAUC⌐
                  Telomerase-RNA
dATP+dTTP⌐ ⌐3′          5′⌐
PP_i
5′ ——————— TTAGGGTTAGGGTTAG
3′ ⌐AUCCCAAUC⌐
   ⌐3′          5′⌐
5′ ——————— TTAGGGTTAGGGTTAG
3′ ⌐AUCCCAAUC⌐
   ⌐3′          5′⌐

**Abb. 8.4.** Mechanismus der Telomerase. Der Ribonucleoprotein-Komplex fungiert als reverse Transkriptase mit eingebauter RNA-Matrize. Eine der (TTAGG)_n-Sequenz komplementäre RNA, die Teil des Enzymkomplexes ist, dient als Matrize für die Verlängerung des 3′-Endes des Telomerenstrangs. Das 5′-Ende wird darauf durch die normale Folgestrangsynthese aufgefüllt

Alle vorbestehenden **Histone** bleiben an der Tochter-DNA-Doppelhelix, welche den Leitstrang enthält, gebunden. An die Tochter-Doppelhelix mit dem Folgestrang lagern sich neu synthetisierte Histone.

**Mitochondrien und Chloroplasten besitzen ihre eigene, ringförmige DNA,** welche durch die DNA-Polymerase $\gamma$ über einen besonderen Mechanismus repliziert wird. Diese Genome sind klein und codieren für wenige Proteine dieser Organellen sowie für die tRNA und rRNA, die zu deren Synthese nötig sind.

> Die ringförmige DNA menschlicher Mitochondrien enthält 16 569 bp, deren Sequenz vollständig bekannt ist. Sie enthält die Gene für 13 verschiedene Proteine, 22 tRNAs und 2 rRNAs. Zum Teil überlappen sich die einzelnen Gene, offenbar, um Platz zu sparen. Der genetische Code der Mitochondrien weicht in vier Codons vom üblichen „universellen" Code ab.

■ Die eukaryontische DNA-Polymerase $\alpha$ synthetisiert DNA etwa 10-mal langsamer als die DNA-Polymerase III von *E. coli*. Trotz zahlreicher *Origins* (im Abstand von 3–300 kb) dauert die vollständige Replikation der DNA in Eukaryonten einige Stunden.

## 8.3
## DNA-Schäden

Die Beibehaltung einer unveränderten Erbmasse verlangt nicht nur eine wiedergabetreue Replikation sondern auch die Reparatur unvermeidbarer Schäden der DNA. Der biologischen Stabilität der DNA steht die chemische Labilität der DNA gegenüber, die zu häufigen, potentiell vererbbaren, Veränderungen der Nucleotidsequenz führt. Die Zahl der spontan auftretenden DNA-Schäden in einer menschlichen Zelle wird auf 100 000 pro Tag geschätzt. Veränderungen an der DNA sind in der Mehrzahl endogenen Ursprungs (Replikationsfehler, Reaktionen mit körpereigenen Substanzen, insbesondere $H_2O$), können aber auch durch Einwirkung von außen (Chemikalien, Strahlen) bedingt sein.

**Unter normalen Lebensbedingungen überwiegen die auf endogene Ursachen zurückzuführenden Veränderungen der DNA bei weitem die Schäden, welche durch exogene Einwirkung entstehen.**

Die wichtigsten **endogenen Vorgänge**, die zu Mutationen führen können, sind:

- Oxidationen, insbesondere durch Sauerstoffradikale,
- Replikationsfehler,
- Depurinierung, Depyrimidinierung durch spontane hydrolytische Abspaltung der Basen vom Desoxyriboserest,
- Hydrolytische Desaminierung von Adenin zu Hypoxanthin (paart mit C) und von Cytosin zu Uracil (paart mit A),
- Methylierung: Nichtenzymatische Bildung von 3-Methyladenin und 7-Methylguanin durch S-Adenosylmethionin.

Zu den **exogenen Faktoren**, die zu DNA-Schäden führen können, zählen:

- UV-Licht führt zu Thymin-Dimeren. Zwei aufeinanderfolgende Thyminbasen werden kovalent miteinander verbunden. Die dadurch fast auf die Hälfte verkürzte Distanz zwischen den Ringen führt zu lokalen Verformungen des DNA-Duplexes und zu Fehlablesungen bei der Replikation und Transkription.
- Ionisierende Strahlung kann Radikale bilden und Bindungen spalten. Sie kann zu Ringöffnungen der Basen und zu Strangbrüchen der DNA führen. Doppelstrangbrüche können fehlerhafte Rekombination zur Folge haben.
- Mutagene Agenzien. Es werden nur einige Beispiele angeführt:
  - Basenanaloge wie 5-Bromuracil oder 2-Aminopurin können in die DNA eingebaut werden und führen zu falscher Basenpaarung.
  - Nitrit führt zur Bildung kanzerogener Nitrosamine.
  - Alkylierende Verbindungen modifizieren Basen in verschiedener Weise. Benzo(a)pyren wird in Organismen

in ein hochreaktives Epoxid umgewandelt, welches Aminogruppen alkyliert. Methylnitrosamin methyliert OH- und $NH_2$-Gruppen. Mutagenitäts-Teste mit Bakterien und mit Tieren zeigen, dass die Dosis-Wirkungskurven der allermeisten Substanzen linear sind, d. h. dass es keine Schwellenkonzentration für die Mutagenität eines Karzinogens gibt. **Auch natürlich vorkommende Substanzen können karzinogen wirken.** Viele Mutagene sind natürlich vorkommende Pflanzeninhaltsstoffe. Eines der wirksamsten Karzinogene ist **Aflatoxin $B_1$**, welches durch Schimmelpilze, die auf Erdnüssen oder Mais wachsen, produziert wird.

**Die meisten Veränderungen der DNA führen zu falschen Basenpaarungen,** welche bei der ersten folgenden Replikationsrunde zu stabilen Mutationen führen, z.T. verhindern sie die Basenpaarung. Die häufigste **Punktmutation** ist die Substitution eines Basenpaares durch ein anderes. Weitere Typen von Punktmutationen sind **Deletionen** oder **Insertionen** von einem oder mehreren Basenpaaren.

> Von den Punktmutationen, lokal begrenz-
> ten Änderungen der Nucleotidsequenz,
> sind die chromosomalen Mutationen zu
> unterscheiden, bei denen ganze Chromo-
> somen fehlen, verdoppelt sind oder auch
> Bruchstücke ausgetauscht haben.

■ **Veränderungen der DNA, die häufig
endogen oder seltener auch exogen
bewirkt sind, können bei der Replikation zu falschen Basenpaarungen
führen. Bei der nächsten Replikation
eines solchen DNA-Duplexes entsteht
eine stabile Mutation.**

## 8.4
## Reparatursysteme

Die allermeisten auftretenden Veränderungen der DNA werden durch besondere Reparatursysteme erkannt und sofort
behoben. Die Reparatur von Schäden, die
in der Regel nur einen Strang der DNA betreffen, ist möglich, weil die genetische Information im DNA-Duplex zweifach gespeichert ist. Nicht ausgebesserte und re-
plizierte, stabile Veränderungen in der
Nucleotidsequenz der DNA werden als **Mutationen** bezeichnet. Das Vorkommen von
Mutationen ist eine Voraussetzung für die
biologische Evolution. Eine zu hohe Muta-
tionshäufigkeit würde jedoch die Lebensfähigkeit der individuellen Organismen
und damit auch der Spezies gefährden.
Mutationen können auch die Wachstums-
kontrollmechanismen der Zelle schädigen
und daher kanzerogen sein. Die Reparaturmechanismen im Verein mit der biologischen Selektion führen zu einer hohen
Stabilität der DNA einer gegebenen Spezies. Vererbbare Aminosäuresubstitutionen in Proteinen sind selten.

**Die Photolyase spaltet Pyrimidin-Di-
mere** – UV-Bestrahlung (200–300 nm)
kann zur Quervernetzung von zwei neben-
einanderliegenden Thyminresten führen.
Cytosin-Dimere und Cytosin-Thymin-Di-
mere werden seltener gebildet. Die DNA-

Photolyase spaltet die C-C-Bindungen zwischen den Pyrimidinringen in einer lichtabhängigen Reaktion (300–500 nm). Bei
dieser Photoreaktion sind zwei Cofaktoren
notwendig. Ein Chromophor vermittelt die
Anregung von $FADH^-$, welches seinerseits
das zur Spaltung der C-C-Bindung notwendige Elektron liefert.

> Chromophor, eine lichtabsorbierende
> Gruppe; bei der Photolyase je nach Spe-
> zies $N^5$, $N^{10}$-Methylentetrahydrofolat oder
> ein Flavinderivat.

**Alkyltransferasen reparieren alkylierte
Nucleotide** – Die Einwirkung alkylieren-
der Agenzien auf DNA führt neben anderen Produkten zu an O6 alkylierten Gua-
ninresten. Diese Veränderung ist stark
mutagen, da sie häufig zum Einbau von
Thymin statt Cytosin führt. Die O6-Me-
thylguanin-DNA-Methyltransferase repariert den Schaden, indem sie die O6-Me-
thylgruppen entfernt.

**Andere Reparaturmechanismen erset-
zen das beschädigte Nucleotid statt es zu
reparieren** – Dabei wird ein Stück des beschädigten Strangs herausgeschnitten und
durch neu anpolymerisierte Nucleotide ersetzt: **Nucleotidexcisions-Reparatur.** Zum
Beispiel können Pyrimidindimere auch
auf diese Weise entfernt werden (Abb. 8.5).

> *Xeroderma pigmentosum* wird durch einen
> Defekt des Excisions-Reparatur-Mechanis-
> mus verursacht. Bei dieser Erbkrankheit
> des Menschen steht die Unfähigkeit der
> Hautzellen, durch UV-Licht verursachte
> DNA-Schäden zu reparieren, im Vorder-
> grund. Es entstehen Lichtschäden der
> Haut, insbesondere entwickelt sich bei die-
> sen Patienten 2000-mal häufiger ein Haut-
> krebs als bei Normalpersonen.

**Veränderte Basen werden durch DNA-
Glykosylasen entfernt** – Desaminierte
oder methylierte Basen oder durch ionisierende Strahlen beschädigte Basen werden
von DNA-Glykosylasen, die für die jeweils

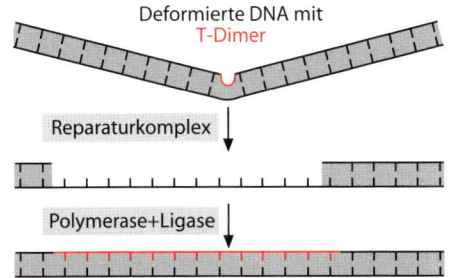

Deformierte DNA mit T-Dimer

Reparaturkomplex

Polymerase+Ligase

**Abb. 8.5.** Reparatur der DNA durch Nucleotidexcision. Der Reparaturkomplex besteht aus verschiedenen Untereinheiten und erkennt allgemein lokale Veränderungen der Form der DNA-Doppelhelix, wie sie z.B. bei Thymin-Dimeren zu finden sind. Der Reparaturkomplex entfernt ein 10–20 Nucleotide langes Oligonucleotid an der schadhaften Stelle. DNA-Polymerase und Ligase füllen und schließen die entstandene Lücke

beschädigten Basen spezifisch sind, durch hydrolytische Spaltung der N-glykosidischen Bindung aus der DNA entfernt. Der Desoxyribose-Rest bleibt im DNA-Strang zurück, dessen Hauptkette damit intakt. Die Stelle ohne Base wird als **AP-Stelle** bezeichnet, da sie „apurinisch" bzw. „apyrimidinisch" ist. Solche AP-Stellen können auch unter physiologischen Bedingungen spontan auftreten. Durch die vereinte Wirkung einer AP-Endonuclease, DNA-Polymerase und DNA-Ligase wird der Desoxyribose-Rest entfernt und die Lücke im Einzelstrang aufgefüllt.

**Warum ist es von Vorteil, wenn DNA Thymin statt Uracil enthält?** Cytosin wird leicht zu Uracil (s. Kapitel 8.3) desaminiert, sei es spontan oder durch die Einwirkung von Nitrit ($NO_2^-$). Wenn die DNA Uracil enthielte, könnte ein Reparaturmechanismus bei einem fehlgepaarten GU-Basenpaar nicht entscheiden, ob es sich um ein ursprüngliches GC- oder AU-Basenpaar handelt. Weil in der DNA kein Uracil, sondern Thymin vorkommt, entspricht ein U in DNA fast sicher einem desaminierten C. Uracilreste, die in der DNA vorkommen, werden durch die Uracil-N-Glycosylase, eine der DNA-Glykosylasen, excidiert (*excidere*, lat. herausschneiden).

**Durch Rekombination kann DNA auch nach der Replikation repariert werden** – Es ist möglich, dass beschädigte DNA repliziert wird, bevor der Schaden ausgebessert ist. Die Replikation eines beschädigten Matrizenstrangs wird an der Schadensstelle, z.B. einem Pyrimidin-Dimer, unterbrochen. Der Tochterstrang wird daher eine Lücke aufweisen. Dieser Schaden kann nicht durch eine Excisions-Reparatur behoben werden, da kein intakter Komplementärstrang, der als Matrize dienen könnte, vorhanden ist. Der Schaden lässt sich jedoch durch Rekombinations-Reparatur beheben, indem die Lücke durch das entsprechende Segment aus dem intakten Schwester-Duplex gefüllt wird. Anschließend kann der Schaden auf dem ersten Strang durch die Photolyase oder über eine Excision behoben werden. Rekombinations-Reparaturen verlaufen nach einem ähnlichen Mechanismus wie die genetische Rekombination (s. unten).

**Auf DNA-Schäden reagiert *E. coli* mit einer SOS-Reaktion** – Bedingungen, welche zu DNA-Schäden führen, wie z.B. UV-Licht oder mutagene Agenzien, lösen in *E. coli* die so genannte SOS-Reaktion (*SOS response*) aus. Das RecA-Protein bindet an einzelsträngige DNA, wie sie in beschädigter DNA auftritt. RecA wird dadurch aktiviert und stimuliert nun die autokatalytische Spaltung des LexA-Repressorproteins, welches dadurch inaktiviert wird. Die SOS-Gene werden nun exprimiert und über 15 verschiedene Proteine, die alle an der Reparatur beschädigter DNA beteiligt sind, werden synthetisiert.

**Anhand des geringeren Methylierungsgrades unterscheiden die Reparatursysteme den Tochterstrang vom Elternstrang** – Falsche Basenpaare wie auch Deletionen und Insertionen, die sich bei der Replikation ergeben haben und dem Korrekturlesemechanismus der DNA-Polymerase entgangen sind, können auch nachträglich noch korrigiert werden. Die Fehlerhäufigkeit der DNA-Polymerase III und I in *E. coli* ist $10^{-7}$ pro bp, die beobachtete Mutationsfrequenz ist jedoch nur $10^{-8}$–$10^{-10}$ pro bp. Für die bis tausendfache Verbesserung

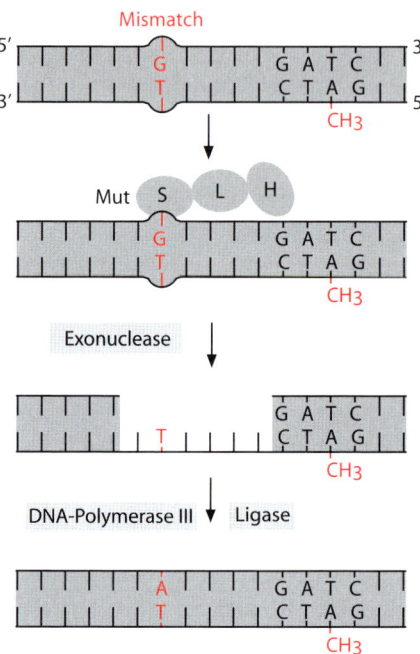

**Abb. 8.6.** Methylierungsgesteuerte *Mismatch*-Reparatur in *E. coli*. Die Fehlpaarung G-T äußert sich in einer lokalen Deformierung der DNA-Doppelhelix, welche durch das MutS-Protein erkannt wird. MutH, welches über MutL mit MutS verbunden ist, bindet an die nächste GATC-Sequenz, welche nicht methyliert ist. Damit ist dieser Strang als der neusynthetisierte Strang identifiziert und wird an dieser Stelle durch MutH gespalten (*nicked*). Diese Stelle kann bis 1000 bp vom *Mismatch* entfernt liegen. Wenn die GATC-Sequenz weit weg vom *Mismatch* liegt, wird eine Biegung in der DNA erlaubt, die Mut-Proteine in gegenseitigen Kontakt zu bringen. Eine Exonuclease entfernt nun mit Hilfe von Helicase und SSB-Protein alle Nucleotide zwischen der Spaltstelle und der Region des *Mismatch*, welche MutS identifiziert hat. Die DNA-Polymerase III füllt dann die Lücke und behebt den Fehler. Die Ligase beendet den Korrekturvorgang. Um eine Fehlpaarung zu korrigieren, werden unter Umständen Tausende von Nucleotiden entfernt

ist die so genannte *Mismatch*-**Reparatur** verantwortlich. Bei diesem Reparaturtyp muss nicht nur die Fehlpaarung im DNA-Duplex erkannt werden, sondern es muss auch der Tochterstrang, welcher den Fehler trägt, vom Elternstrang unterschieden werden. Bei fehlender Unterscheidung zwischen Tochter- und Elternstrang würde in der Hälfte der Fälle der Elternstrang dem fehlerhaften Tochterstrang angepasst und damit der Fehler genetisch fixiert. Die Unterscheidung erfolgt aufgrund der geringeren Methylierung des Tochterstrangs. Nach der Replikation erfolgt die Methylierung des neuen Tochterstranges mit einer gewissen Verzögerung. Die Reparatursysteme haben damit etwa zwei Minuten Zeit, den Tochterstrang vom Elternstrang zu unterscheiden. Methyliert werden die A- und C-Reste. Die eingeführten Methylreste kommen in der großen Furche der B-DNA zu liegen, wo sie mit DNA-bindenden Proteinen in Wechselwirkung treten können. Der Methylierungsgrad der DNA wechselt von Zelle zu Zelle, meist ist nur ein kleiner Teil der methylierbaren Basen methyliert.

Das Reparatursystem für die methylgesteuerte Fehlpaarungskorrektur in *E. coli* umfasst eine ganze Reihe von Proteinen, außer den drei Mut-Proteinen sind eine Helicase, eine Exonuclease, das SSB-Protein, DNA-Polymerase III und die DNA-Ligase beteiligt (Abb. 8.6). Homologe der Mut-Proteine finden sich auch bei Eukaryonten. Defekte in diesen Proteinen führen beim Menschen zu einer vererbbaren Prädisposition für gewisse Krebserkrankungen.

■ Zahlreiche Reparatursysteme beseitigen den allergrößten Teil der auftretenden Veränderungen der DNA. Hereditäre (vererbbare) Defekte der Reparaturenzyme äußern sich in einer erhöhten Mutationsfrequenz und in erhöhtem Krebsrisiko.

## 8.5
## Genetische Rekombination

Ist die Stabilität des Erbguts wichtig für das Überleben des Individuums, so ist die Möglichkeit der genetischen Adaptation an eine sich verändernde Umgebung wichtig für das Fortbestehen der Spezies über Generationen. Neben den oben besprochenen Punktmutationen liegt solchen Anpassungsvorgängen auch der Austausch längerer DNA-Stücke zwischen verschiedenen Genen zugrunde. Die Gene oder Genteile eines Genoms können in verschiedenartiger Weise rekombiniert werden. Es können sich so Variationen in der Domänenstruktur von Proteinen, aber auch Veränderungen in der zeitlichen und quantitativen Steuerung der Expression eines gegebenen Proteins ergeben.

Zwei Typen genetischer Rekombination werden unterschieden: die allgemeine oder homologe Rekombination und die ortsspezifische Rekombination.

**Bei der homologen Rekombination werden komplementäre Segmente zwischen zwei homologen DNA-Molekülen ausgetauscht** – Die Rekombination beginnt damit, dass in zwei homologen DNA-Doppelsträngen an miteinander identischen Stellen Einzelstrangbrüche entstehen. Die dabei gebildeten freien Enden verbinden sich übers Kreuz mit den komplementären Einzelsträngen im Nachbar-DNA-Duplex (**Crossing over**). Eine Ligase verbindet die Bruchstücke in der neuen Kombination (Abb. 8.7). Der Kreuzungspunkt kann sich nach beiden Richtungen verschieben. Die viersträngige so genannte **Holliday-Struktur** kann auf zwei Wegen (Spaltung der **crossed-over** Stränge oder Spaltung der unveränderten Stränge) in zwei DNA-Duplexe geteilt werden.

In *E. coli* wird die homologe Rekombination gefördert durch das RecA-Protein (welches auch die Autoproteolyse von LexA zur Auslösung der SOS-Reaktion stimuliert). RecA-Moleküle assoziieren auf einzelsträngiger DNA zu langgestreckten Polymeren. Das RecA-ssDNA-Filament bindet darauf an einen DNA-Duplex. Die Doppelhelix wird dabei entwunden und nach einer Sequenz abgesucht, welche der ssDNA komplementär ist. Der Duplex wird weiter entwunden und die ssDNA paart sich mit dem komplementären Strang des Duplex. Fortsetzung des Strangaustausches führt zur Wanderung des Kreuzungspunktes.

**Die ortsspezifische Rekombination führt spezifische DNA-Segmente in ein Genom ein** – Der Ort, an welchem ein DNA-Segment in eine andere DNA eingeführt wird, ist in diesem Fall nicht durch die Basenpaarung zwischen homologen DNA-Segmenten gegeben, sondern wird durch ein Rekombinationsenzym bestimmt, welches spezifische Nucleotidsequenzen auf einem oder beiden zu kombinierenden DNA-Molekülen erkennt (s. auch Abb. 12.2).

Die ortsspezifische Rekombination wurde mit dem Bakteriophagen $\lambda$ entdeckt, welcher auf diese Weise sein Genom in das Chromosom von *E. coli* einführt.

Bakteriophage: Ein Virus, das Bakterien als Wirtszellen benutzt.

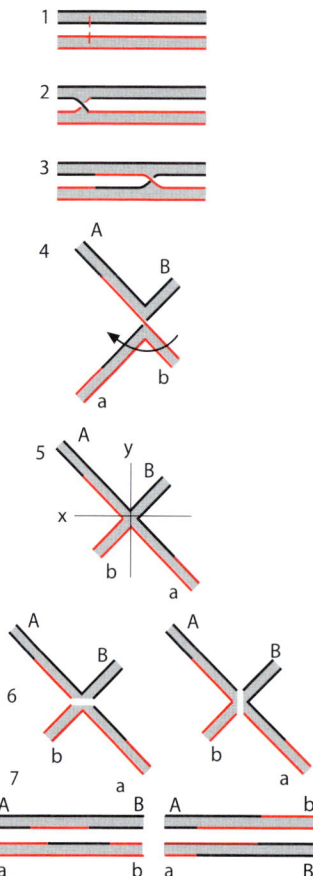

**Abb. 8.7.** Rekombination übers Kreuz, die Holli-day-*Junction*. Der Austausch homologer Segmente zwischen zwei DNA-Molekülen wird als allgemeine Rekombination bezeichnet. Die klassische Genetik gab schon überzeugende Hinweise auf das Vorkommen solcher Austauschprozesse, Robin Holliday schlug 1964 dafür das folgende Modell vor: 1. Zwei homologe DNA-Duplexe lagern sich aneinander. Je ein Strang jedes Duplex wird von einer Endonuclease gespalten. 2. Ein Ende jedes gespaltenen Strangs dringt in den Nachbarduplex ein und wird dort mit dem anderen Ende des gespaltenen Strangs ligiert. 3. Der Austausch der Einzelstränge kann weitergehen, der Kreuzungspunkt zwischen den zwei Duplexen kann sich verschieben (*Branch migration*). 4. Dieses Zwischenprodukt der Rekombination kann auf zwei verschiedene Arten geschnitten und wieder ligiert werden. Eine Rotation (Gedankenexperiment!) des unteren Teils macht die Topologie verständlicher. 5. Es können die beiden rekombinierten Stränge geschnitten werden (Schnitt x) oder die beiden unveränderten Stränge (Schnitt y). 6. Für Fall x und y ergeben sich diese Strukturen. 7. Nach Ligation ergeben sich diese Rekombinationsprodukte

Wenn das Virus in die Wirtszelle gelangt, wird eine virus-codierte Transposase, die $\lambda$-Integrase, synthetisiert. Dieses Protein bindet sowohl an ein bestimmtes Segment der zirkulären Virus-DNA als auch an eine bestimmte Sequenz der bakteriellen DNA. Die Integrase schneidet nun wie ein Restriktionsenzym die zwei DNAs, wobei nur sehr kurze komplementäre Einzelstränge (*Sticky ends*) entstehen, und ligiert die Virus-DNA an die bakterielle DNA. Der ganze Vorgang kann auch in umgekehrter Richtung ablaufen. Die ortsspezifische Rekombination verschiedener Gene ermöglicht auch, zusammen mit anderen Mechanismen, die Bildung der riesigen Vielfalt von Antikörpern (s. Kapitel 34.4).

**Transposons sind mobile Genstücke** – Chromosomen enthalten genetische Elemente, die aufgrund ihrer besonderen Struktur besonders leicht ihren Platz im Genom wechseln können. Solche mobilen Gene werden **Transposons** genannt und kommen sowohl in Prokaryonten als auch in Eukaryonten vor. Die einfachsten Transposons sind die **Insertionssequenzen (IS)** mit einer Länge von etwa 1 kb. Sie codieren für eine hochspezifische Nuclease, die Transposase. Komplexe Transposons enthalten außer den flankierenden Elementen und dem Transposase-Gen weitere Gene, z. B. für Enzyme, die zu Antibiotika-Resistenz führen (s. Kapitel 12.1). Bei Eukaryonten werden Transposons über eine RNA-Zwischenstufe transponiert (Retrotransposition). Im Allgemeinen zeigen Retrotransposons Sequenzhomologie zum Genom von Retroviren.

■ Der genetischen Adaptation und damit auch der phylogenetischen Evolution liegen nicht nur Punktmutationen, sondern auch der Austausch längerer DNA-Segmente zwischen verschiedenen Genen (genetische Rekombination) zugrunde. Der Austausch kann innerhalb eines Genoms, aber auch zwischen Genomen verschiedener Spezies erfolgen.

# 9 Transkription: Biosynthese der RNA

Die Expression der in der DNA gespeicherten genetischen Information erfolgt grundsätzlich über RNA als Zwischenstufe. Die Synthese einer Kopie eines Gens in Form eines RNA-Einzelstrangs wird als **Transkription** bezeichnet. Trotz gewisser struktureller Unterschiede zwischen DNA und RNA ist die Biosynthese der RNA, die Art der Speicherung der genetischen Information in der RNA und deren Weitergabe durchaus ähnlich den entsprechenden Vorgängen bei der Replikation der DNA. Synthetisiert wird die RNA wie die DNA nach dem Prinzip der Basenkomplementarität; die Syntheserichtung ist ebenfalls $5' \rightarrow 3'$. Die Nucleotidsequenz der RNA ist komplementär zur Nucleotidsequenz des Matrizen-Strangs der DNA und ist identisch mit der Sequenz des codierenden Strangs mit der Ausnahme, dass U statt T eingebaut ist. Die Synthese aller RNA-Typen (mRNA, tRNA, rRNA, snRNA) wird durch DNA-abhängige RNA-Polymerasen katalysiert. Allerdings sind die Anforderungen an die Genauigkeit der Wiedergabe geringer als bei der DNA-Replikation; ein Korrekturlesen der RNA-Kopie findet nicht statt.

Die Replikation folgt dem Alles-oder-Nichts-Gesetz: entweder wird das gesamte Chromosom kopiert oder es wird nicht kopiert. Die Transkription hingegen ist selektiv: in einer gegebenen Zelle und zu einem bestimmten Zeitpunkt werden nur gewisse Gene transkribiert. Damit die Transkription jedes einzelnen Gens individuell reguliert werden kann, muss die RNA-Synthese-Maschinerie Start- und Stopp-Signale erkennen. Das Signal für die Initiation ist ein A- und T-reicher Abschnitt auf dem +-Strang, der **Promotor**. Bei der Elongation wird nur der +Strang (Plus-Strang) kopiert. Der zum +Strang komplementäre –Strang (Minus-Strang) dient als Matrize für die Synthese der RNA. Je nach Gen liegt der Promotor auf dem einen oder dem andern Strang des Chromosoms, d.h. des DNA-Duplexes; der Strang mit dem Promotor wird zum +Strang des betreffenden Gens.

Die primären Produkte der Transkription werden bei Eukaryonten in vielfältiger Weise verändert. Diese **Reifung (*Processing*) der RNA** zeigt Unterschiede bei den drei RNA-Typen. Bei der mRNA werden beide Enden modifiziert und im Falle eukaryontischer mRNA werden nichtcodierende Abschnitte aus dem primären Transkriptionsprodukt herausgeschnitten.

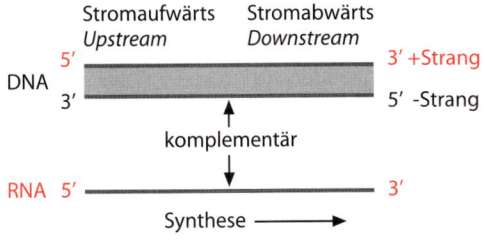

Synonyma:
+Strang = Sinn-Strang = Codierender Strang (*Coding strand*)
-Strang = Antisinn-Strang = Matrizenstrang (*Template strand*)

## 9.1
## DNA-abhängige RNA-Polymerasen

**Die RNA-Synthese benötigt keinen Primer** – Die RNA-Polymerase benutzt DNA als Matrize und die Ribonucleotide ATP, GTP, UTP und CTP als Substrate. Durch nucleophilen Angriff der 3'-OH-Gruppe des wachsenden Strangs auf das $\alpha$-Phosphoratom eines neuen Ribonucleosidtriphosphats wird die Kette um einen Ribonucleosidmonophosphat-Rest verlängert. Die Synthese wird angetrieben durch die Hydrolyse des dabei entstehenden Pyrophosphats ($PP_i$). Im Unterschied zur DNA-Synthese wird für die Transkription kein Primer, d.h. keine vorbestehende Doppelstrangstruktur benötigt. An die 3'-OH-Gruppe des ersten Nucleotids (GTP oder ATP) werden die weiteren Nucleotide angehängt. Neugebildete RNA besitzt daher am 5'-Ende noch eine Triphosphatgruppe. Die RNA, welche durch nucleäre DNA codiert ist, wird im Kern selbst synthetisiert. Die DNA von Mitochondrien und Chloroplasten wird in den Organellen transkribiert.

■ Die DNA-abhängigen RNA-Polymerasen katalysieren die analoge Reaktion wie die DNA-Polymerasen. Die RNA wird wie die DNA in $5' \rightarrow 3'$-Richtung synthetisiert.

**Prokaryonten besitzen nur eine RNA-Polymerase** – Das Enzym von *E. coli* besteht aus einem **Kern (*Core*)-Enzym** mit vier Untereinheiten ($\alpha_2\beta\beta'$; 449 kDa) und einer $\sigma$ (**sigma**)-**Untereinheit,** dem Initiationsfaktor, der notwendig ist für die Erkennung der Startstelle. Die Transkription beginnt, wenn die RNA-Polymerase an das Promotorsegment der DNA bindet. Der Promotor, die Basensequenz 5'-TATAAT-3' (auch **Pribnow-Box** genannt) oder eine ähnliche Sequenz, liegt etwa 10 bp stromaufwärts vom Start der RNA-Synthese. Eine weitere Erkennungsstelle für den Transkriptionskomplex liegt 35 bp stromaufwärts vom Start (Abb. 9.1). Verschiedene $\sigma$-Untereinheiten erkennen verschiedene Promotoren; der in einer Zelle vorhandene Satz an $\sigma$-Untereinheiten bestimmt, welche Gene transkribiert werden.

**Consensus-Sequenz:**
Ein Sequenzabschnitt, der innerhalb einer Gruppe verwandter DNAs, RNAs oder auch Proteine nur geringfügig variiert. Die Consensus-Sequenz gibt für jede Position an, welches Nucleotid oder welche Aminosäure dort am häufigsten zu finden ist. Die Consensus-Sequenz bleibt erhalten, weil sie funktionell wichtig ist. Häufig dienen Consensus-Sequenzen der Erkennung durch andere Moleküle. Die Pribnow-Box ist ein Beispiel für eine Consensus-Sequenz. Ein Vergleich vieler Pribnow-Boxen zeigt, dass sich folgende Nucleotide mit der angegebenen Wahrscheinlichkeit (%) an der jeweiligen Position befinden: $T_{80}A_{95}T_{45}A_{60}A_{50}T_{96}$. In der AT-reichen Promotorregion lassen sich die beiden Stränge leichter voneinander trennen, da ein AT-Basenpaar nur 2 statt 3 H-Bindungen wie ein GC-Paar besitzt. Für die Transkription ist es notwendig, dass die zwei Stränge getrennt werden.

**Eukaryonten besitzen drei verschiedene Typen von RNA-Polymerasen:**

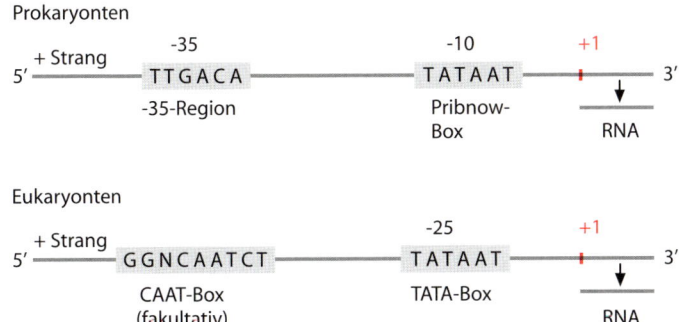

**Abb. 9.1.** Prokaryontische und eukaryontische Promotoren im Vergleich. Das erste Nucleotid, das zu transkribieren ist, wird mit +1 bezeichnet; das auf der 5'-Seite, d.h. stromaufwärts, daneben sich befindliche Nucleotid wird mit −1 bezeichnet. Die angeführten Sequenzen sind diejenigen auf dem +-Strang der DNA. Die Größe des eukaryontischen Promotors ist nicht genau festgelegt. Kontrollregionen wie die GC-Box (Consensus-Sequenz GGGCGG), die CAAT-Box (*nur diese ist angegeben*) und die Oktamer-Box können fehlen und, falls vorhanden, bis zu 200 Nucleotide stromaufwärts liegen. Der Buchstabe N in der CAAT-Box bezeichnet irgendeines der Nucleotide A, T, G oder C. Die GC-Box findet sich bei konstitutiven Genen, deren Expression nicht reguliert wird und die kontinuierlich exprimiert werden (*House-keeping genes*)

– RNA-Polymerase I im Nucleolus synthetisiert die Vorläufer von rRNA.
– RNA-Polymerase II im Nucleoplasma synthetisiert die Vorläufer von mRNA und einen Teil der kleinen Kern-RNAs (snRNA = *small nuclear RNA*).
– RNA-Polymerase III im Nucleoplasma synthetisiert die kleinen RNAs wie tRNA, ribosomale 5S-RNA und einen Teil der sn-RNAs.

α-Amanitin, ein Giftstoff aus *Amanita phalloides*, dem Knollenblätterpilz, hemmt die RNA-Polymerase II mit einem $K_i$ von $10^{-8}$ M.

In Eukaryonten werden weniger als 5% der gesamten DNA transkribiert. Obwohl das menschliche Genom ($3 \cdot 10^9$ bp) etwa 1000-mal größer ist als das Genom von Bakterien, lassen sich in ihm nur 30 000 bis 40 000 Gene erkennen, d.h. nur etwa 10-mal mehr Gene als in Bakterien. Mehr als 95% der menschlichen DNA tragen keine erkennbare Erbinformation, die Grundlage der Existenz und die eventuelle Funktion dieses Teils des Genoms sind vorderhand ein Rätsel.

**Allgemeine Transkriptionsfaktoren bilden den eukaryontischen Initiationskom-** plex – Eukaryontische RNA-Polymerasen binden nicht von allein an die Startstelle der Transkription, sondern brauchen dazu die allgemeinen Transkriptionsfaktoren (TF). Der Initiationskomplex der RNA-Polymerase II, welche die Protein-codierenden Gene transkribiert, enthält die größte Zahl **allgemeiner Transkriptionsfaktoren**, darunter auch das TATA-Box-bindende Protein. Insgesamt sind etwa 35 verschiedene Proteine am allgemeinen Transkriptionskomplex beteiligt.

Allgemeine Transkriptionsfaktoren werden bei der Initiation der Transkription aller Gene gebraucht; zusätzliche Transkriptionsfaktoren haben spezifische regulatorische Funktionen.

**Die eukaryontische Promotorregion besteht aus der TATA-Box und zusätzlichen Promotorsequenzen** – Das Vorhandensein einer TATA-Sequenz in dem einen oder anderen Strang der DNA bestimmt, welcher der beiden Stränge der +Strang ist; der komplementäre −Strang wird durch die RNA-Polymerase abgelesen, d.h. fungiert als Matrizenstrang. Die **TATA-Box** der Eukaryonten (Abb. 9.1) ist ähnlich der

Pribnow-Box der Prokaryonten, liegt jedoch 25 bp (statt 10 bp) stromaufwärts vom Transkriptionsstart. An die TATA-Sequenz bindet der TATA-Faktor, ein Protein, welches damit eine Bindungsstelle für die RNA-Polymerase und weitere Komponenten des Initiations-Komplexes am Startpunkt erzeugt. Die zusätzlichen Promotoren binden weitere allgemeine Transkriptionsfaktoren, welche Bestandteile des allgemeinen Transkriptionskomplexes sind. **Stromaufwärts-Transkriptionsfaktoren** (*Upstream transcription factors*) binden an spezifische DNA-Sequenzen, die vor der TATA-Box liegen. Diese Proteine bestimmen, wie rasch der Initiationskomplex aus RNA-Polymerase II und den allgemeinen Transkriptionsfaktoren mit der Transkription beginnen kann. Die Konzentrationen der Stromaufwärts-TF variieren in verschiedenen Zellen und zu verschiedenen Zeiten. Sie regulieren damit die Genexpression in einer zell- und zeitspezifischen Art und Weise. Sie sind z.B. verantwortlich für die differentielle Expression der verschiedenen Globingene im menschlichen Embryo, Fetus und beim erwachsenen Menschen (s. Kapitel 35.2). Zu den spezifischen DNA-Sequenzen, an welche Stromaufwärts-Transkriptionsfaktoren binden können, gehören die **GC-Box**, die **CAAT-Box** und die **Oktamer-Box** (Abb. 9.1). Je nach Gen enthält der Promotor nur einzelne Typen dieser zusätzlichen Promotorelemente, deren Anzahl ebenfalls variiert. **Induzierbare Transkriptionsfaktoren** müssen, um an ihre Zielsequenzen auf der DNA binden zu können, zuerst aktiviert werden durch Phosphorylierung oder Binden eines spezifischen Liganden. Im Übrigen entspricht ihre Wirkungsweise derjenigen von Stromaufwärts-TFs. Ein Beispiel für induzierbare TFs sind die Steroid-Rezeptoren. Verabreichung des weiblichen Sexualhormons β-Oestradiol erhöht die Kopienzahl der mRNA des Ovalbumins von ungefähr 10 auf 50 000 pro Zelle. Steroidhormone als apolare Verbindungen diffundieren ohne weiteres durch die Zellmembran ihrer Zielzellen. Im Cytosol binden sie an ihren spezifischen Rezeptor. Ste-

roid-Rezeptor-Komplexe ihrerseits dringen in den Kern ein und binden an spezifische DNA-Sequenzen. Zum Beispiel binden die Rezeptoren der glucocorticoiden Hormone an die *Glucocorticoid-responsive-elements* (GRE), 15 bp lange Sequenzen, die stromaufwärts vom Promotor liegen. Näheres zur Regulation der Transkription findet sich in Kapitel 11.2 und 11.3.

Promotoren von Genen, die durch die Polymerase I oder III transkribiert werden, haben besondere Transkriptionsfaktoren. Viele dieser Gene haben auch eine TATA-Box, und das TATA-Box-bindende Protein ist auch Teil des Initiationskomplexes.

■ Bei Prokaryonten bindet die RNA-Polymerase ohne Vermittlung weiterer Proteine an den Promotor; bei Eukaryonten sind im Falle der RNA-Polymerase II mindestens 35 weitere Proteine, die als allgemeine Transkriptionsfaktoren (TF) bezeichnet werden, Teil des Initiationskomplexes. Die höheren regulatorischen Bedürfnisse der eukaryontischen Zelle scheinen für diesen eklatanten Unterschied verantwortlich zu sein.

## 9.2
## Zusätzliche eukaryontische Transkriptionsfaktoren (Genregulator-Proteine)

Neben den Promotorregionen, die in direkter Sequenz-Nähe der Bindungsstelle der RNA-Polymerase liegen (bis zu etwa 200 bp stromaufwärts), gibt es spezifische Basensequenzen, welche die Transkription eines Gens beinflussen und welche sehr weit weg vom Promotor liegen können (Tausende von bp stromaufwärts oder stromabwärts, auch innerhalb des codierenden Abschnitts; auf dem +Strang oder –Strang des Gens). DNA-Abschnitte dieser Art werden als *Enhancer* (Verstärker) bzw. *Silencer* (Abschwächer) bezeichnet. Spezifische DNA-bindende Proteine, die **Gen-**

regulator-Proteine, binden an diese Sequenzen. Ein spezifisches Genregulator-Protein erkennt eine spezifische Basensequenz. Durch Wechselwirkung mit dem allgemeinen Transkriptionskomplex beeinflussen diese speziellen Transkriptionsfaktoren die Frequenz der Transkription, d.h. wie oft pro Zeiteinheit die Transkription initiiert wird.

**Die meisten eukaryontischen Gene sind nur aktiv, wenn sie gezielt durch Genregulator-Proteine angeschaltet werden** – Bei Eukaryonten wird die Genexpression in erster Linie auf der Ebene der Transkription reguliert. Aktivatoren und Repressoren der Genexpression werden wirksam, indem sie die Geschwindigkeit der Bildung des Transkriptionskomplexes beeinflussen. Transkriptionsaktives Chromatin hat eine offenere Struktur als inaktives Chromatin, um den für die Transkription notwendigen Proteinen Zugang zur DNA zu gewähren (s. Kapitel 11.5). Entsprechend wird **transkriptionsaktive DNA** durch pankreatische DNase I, eine unspezifische Nuclease, leichter verdaut als inaktives Chromatin.

Die **DNA-bindenden Proteine**, wie Transkriptionsfaktoren und Genregulator-Proteine, weisen mindestens zwei Domänen auf: Die DNA-bindende Domäne erkennt eine bestimmte Basensequenz oder eine Reihe einander sehr ähnlicher Sequenzen, während die Wirkungsdomäne den Aufbau des Transkriptionskomplexes beschleunigt oder verlangsamt (s. Kapitel 11.2).

■ Bei Eukaryonten vermitteln allgemeine Transkriptionsfaktoren die Bindung der RNA-Polymerase an die Startstelle der Transkription, während zusätzliche Transkriptionsfaktoren (Genregulator-Proteine) die Frequenz der Initiation der Transkription regulieren.

## 9.3
# Elongation und Termination

Sobald die COOH-terminale Domäne (eine repetitive Tyr-Ser-Pro-Thr-Ser-Pro-Ser-Sequenz) der RNA-Polymerase II durch eine spezifische Proteinkinase, die möglicherweise Teil eines Transkriptionsfaktors ist, phosphoryliert worden ist, beginnt die Polymerase mit der **Elongation.** Der Initiationskomplex zerfällt, die RNA-Polymerase wird frei und kann nun beginnen, sich längs der DNA zu verschieben und ein Nucleotid nach dem anderen anzuhängen. Damit die RNA-Polymerase mit dem Ablesen des Matrizenstrangs (–Strangs) beginnen kann und die Basenpaarung des Matrizenstrangs mit den Ribonucleotiden stattfinden kann, müssen die beiden Stränge der DNA voneinander getrennt werden. Das dazu notwendige Entwinden der Stränge übernimmt ein TF mit Helicaseaktivität. Auf einer Strecke von etwa 12 bp entsteht ein DNA-RNA-Heteroduplex. Die Region des Transkriptionskomplexes mit der RNA-Polymerase samt lokal entwundener DNA und DNA-RNA-Heteroduplex wird als Transkriptionsblase bezeichnet (Abb. 9.2). Die Geschwindigkeit der Kettenverlängerung ist bei allen Genen die gleiche, sie wird nicht reguliert. Ein Korrekturlesen der neuen Basensequenz findet nicht statt. Die Fehlerfrequenz ($10^{-5}$–$10^{-4}$) ist dementsprechend $10^5$-mal höher als bei der DNA-Synthese.

Für die **Termination** der Transkription sind bei Prokaryonten Terminationssignale auf der neusynthetisierten RNA verantwortlich. Bei *E. coli* sind es besondere Merkmale in der Sekundärstruktur der am 3′-Ende der neusynthetisierten RNA (Haarnadelschleifen) und die geringe Stabilität des DNA-RNA-Hybrids (wegen des Überwiegens von schwachen AU-Basenpaaren), welche die Dissoziation der RNA-Polymerase vom Matrizenstrang verursachen. Über den Mechanismus der Termination bei Eukaryonten ist noch wenig bekannt.

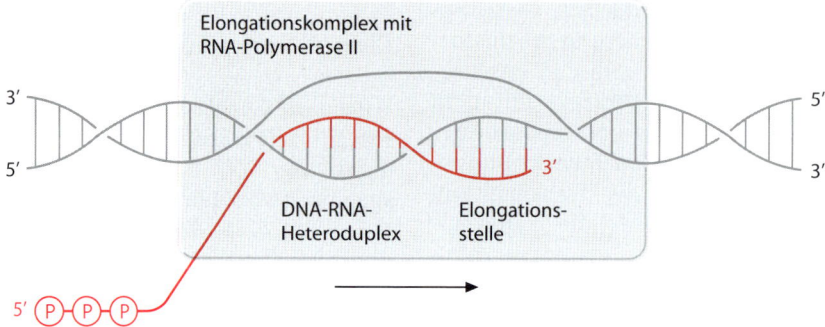

**Abb. 9.2.** Transkriptionsblase. Das Modell zeigt, wie der DNA-Duplex vorübergehend entwunden wird, damit sich der DNA-RNA-Heteroduplex aus Matrizenstrang (in 3′→5′-Richtung abgelesen) und der neu in 5′→3′-Richtung synthetisierten RNA bilden kann. An der Elongationsstelle wird ein Ribonucleotid nach dem anderen gemäß dem Prinzip der Basenpaarung angefügt. Der Elongationskomplex bewegt sich mit der beachtlichen Geschwindigkeit von etwa 50 Nucleotiden pro Sekunde

■ Bei der Elongation werden pro Sekunde etwa 50 Nucleotide angehängt. Die RNA-Polymerasen verfügen über keinen Korrekturlesemechanismus. Eine RNA-Haarnadelschleife, gefolgt von mehreren U-Resten, bildet das Terminationssignal bei Prokaryonten.

## 9.4
## Bearbeitung des primären Transkriptionsprodukts

Nach abgeschlossener Synthese und zum Teil auch schon während der Synthese wird die RNA modifiziert. Diese Bearbeitung (*Processing*) des primären Transkriptionsprodukts ist je nach RNA-Typ verschieden:

**Ribosomale RNA.** Eukaryonten-Genome enthalten Tausende bis Millionen von Kopien des rRNA-Gens. Das primäre durch die RNA-Polymerase I synthetisierte Transkriptionsprodukt ist eine RNA von 45S (~ 13 000 Nucleotide). Nach ausgedehnter Methylierung an den 2′-OH-Gruppen schneiden spezifische Ribonucleasen daraus drei verschiedene rRNA-Moleküle: 18S rRNA für die kleine Ribosomen-Untereinheit, 5.8S und 28S rRNA für die große Untereinheit. Die 5S rRNA der großen Untereinheit wird durch die RNA-Polymerase III synthetisiert.

**Transfer-RNA.** Die tRNAs werden wie die rRNAs durch Nucleasen aus längeren primären Transkripten herausgeschnitten. Am 3′-Ende wird durch die t-RNA-Nucleotidyltransferase die für tRNAs typische Endsequenz CCA(3′) angehängt.

Die rRNA und tRNA werden direkt durch Transkription gebildet, fungieren in der Zelle jedoch auf der gleichen Ebene wie die Proteine. Bei der Synthese der Proteine führt ein einziges Molekül des Transkriptionsprodukts, d.h. ein mRNA-Molekül, zur Synthese vieler Proteinmoleküle. Dieser Amplifikationseffekt fehlt bei der Synthese von rRNA und tRNA; sein Fehlen wird durch eine erhöhte Anzahl von Genen ausgeglichen.

**Messenger-RNA.** Bei Eukaryonten ist das primäre Transkriptionsprodukt der Protein-codierenden Gene eine hochmolekulare RNA mit einer durchschnittlichen Länge von etwa 8 kb, wobei Transkripte bis 20 kb möglich sind. Die mRNA-Vorläufer werden als **Prä-mRNA** oder **heterogene nucleäre RNA (hnRNA)** bezeichnet. Die hnRNA ist im Unterschied zur rRNA oder tRNA heterogen in Bezug auf ihre Länge, daher der Name. Die Prä-mRNA wird im Kern durch drei Reifungsreaktionen verkürzt und modifiziert zur reifen mRNA, welche die Aminosäuresequenz eines Proteins codiert und zudem die notwendigen Translationssignale aufweist.

> Die mRNA eines Proteins von 300 Aminosäureresten ist etwa 1200 Nucleotide lang: 3×300 Nucleotide zur Codierung der Aminosäuresequenz plus die Translationssignale vor und nach dem Protein-codierenden Abschnitt. Die Reifungsreaktionen dauern etwa 30 min, sind also langsam im Vergleich zur Transkription. Weniger als 10% des primären Transkripts erscheinen als reife mRNA im Cytosol, der Rest wird beim Prozessieren eliminiert. In einer Zelle kommen 10 000–20 000 verschiedene mRNA-Spezies vor, einzelne davon nur in wenigen Kopien.

■ **In der Regel besteht für ein Protein ein einziges Gen. Hingegen kommen die rRNA- und tRNA-Gene in vielfachen Kopien vor.**

**Die Reifung der Prä-RNA zu mRNA umfasst drei verschiedene Vorgänge:** Modifikationen an beiden Enden der RNA sowie die Eliminierung nichtcodierender Abschnitte (Introns) im Innern der Prä-RNA durch Spleißen.

**Modifikation am 5′-Ende (*Capping*).** Bereits kurz nach Beginn der Transkription wird das 5′-Ende der sich in Synthese befindlichen Prä-mRNA zu einer Struktur umgewandelt, die als „*Cap*" (Kappe; Abb. 9.3) bezeichnet wird und die mRNA vor der Verdauung durch 5′-Exonucleasen und Phosphatasen schützt (und auch wichtig ist für Spleißen und Translation).

**Modifikation am 3′-Ende.** Eine RNA-Endonuclease spaltet die hn-RNA 10–30 Nucleotide nach einem AAUAAA-Signals. An das dabei neuentstehende 3′-Ende der hn-RNA wird durch die PolyA-Polymerase ein **PolyA-Schwanz** von bis zu 250 Nucleotiden angefügt. Die Bedeutung dieser Polyadenylierung ist unklar, möglicherweise wird dadurch die Lebensdauer der mRNA verlängert.

> Praktische Bedeutung des PolyA-Schwanzes: mRNA lässt sich sehr einfach durch Chromatographie über eine Oligo-dT-Säule von anderen Nucleinsäuren trennen.

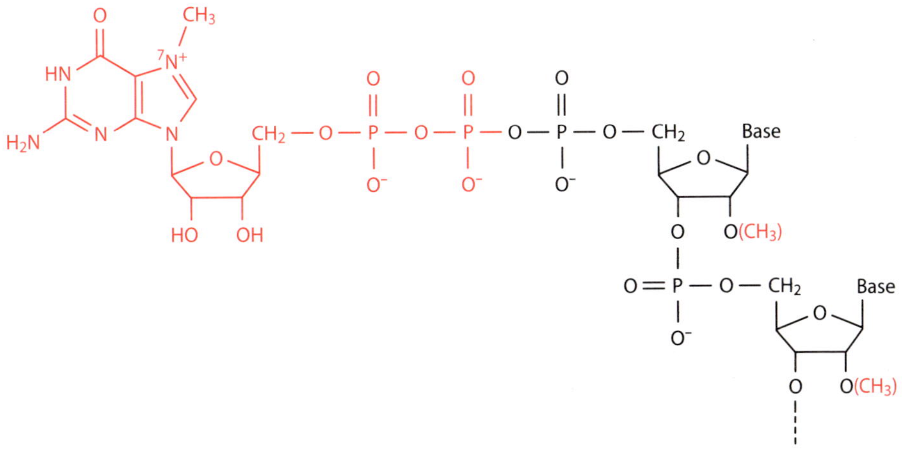

**Abb. 9.3.** Cap am 5′-Ende der mRNA. 7-Methylguanylat ist mit umgekehrter Polarität angelagert, indem es über eine 5′-5′-Triphosphatbrücke mit dem nächsten Nucleosid verbunden ist. Es sind drei verschiedene Cap-Formen bekannt: In Cap 0 ist nur der Guaninrest methyliert, in Cap 1 ist zusätzlich die Ribose des nächsten Nucleotids und in Cap 2 auch die Ribose des übernächsten Nucleotids methyliert. Die besonderen strukturellen Merkmale, welche die Cap-Struktur auszeichnen, sind *in Rot* wiedergegeben

## 9.5
## Spleißen (*Splicing*)

**Die Gene höherer Eukaryonten enthalten die codierende Sequenz nicht in kontinuierlicher Form** – Die proteincodierenden Abschnitte einer Prä-mRNAs sind durch nichtübersetzbare Abschnitte unterbrochen. Eine nichtcodierende „intervenierende" Sequenz wird als **Intron**, ein codierender Abschnitt, der exprimiert wird, als **Exon** bezeichnet. Der Nachweis des Vorhandenseins von Introns ergibt sich einerseits aus dem Vergleich der Primärstrukturen von Gen und Protein, andererseits kann man durch die elektronenmikroskopische Darstellung von Hybriden aus genomischer DNA und mRNA nachweisen, dass die Introns als einzelsträngige Schleifen aus dem Hybridisierungsprodukt heraushängen. Die transkribierten Intronabschnitte werden im Kern bei der Reifung der Prä-mRNA zur mRNA herausgeschnitten, und die codierenden Abschnitte der mRNA werden zusammengefügt (Spleißen), so dass sich eine kontinuierliche codierende Sequenz ergibt. Bestimmte Signalsequenzen sind dafür verantwortlich, dass die Exon-Intron-Grenzen richtig erkannt werden:

mäne ist eine globuläre Faltungseinheit, welche meist auch eine funktionelle Einheit bildet.) Durch Austausch solcher Exons (*Exon shuffling*) beim *Crossing-over* der Chromosomen könnten im Verlauf der Evolution neue Proteine entstanden sein, welche in bestimmten Domänen bereits definierte Funktionen verankert hatten. Neue Proteine wären demnach durch Rekombination von Teilen vorbestehender Proteine entstanden (Modulbauweise von Proteinen). Die langen Intronabschnitte würden nach diesem Konzept die hierzu notwendigen Rekombinationsvorgänge erleichtern, indem diese nicht in protein-codierenden Genabschnitten abzulaufen hätten, sondern sich in Introns abspielen könnten.

> Zwei Wege können zur Exon-Intron-Struktur der Gene der höheren Eukaryonten geführt haben:
> – Zu Beginn der Evolution hatten die Gene keine Introns. Diese entwickelten sich erst im Laufe der Evolution.
> – Introns waren ursprünglich bei allen Genen aller Organismen vorhanden, wurden jedoch sekundär, im Sinne einer Rationalisierung der Zellfunktion, in niederen einzelligen Organismen eliminiert. Diese Ansicht gilt heute als die wahrscheinlichere.

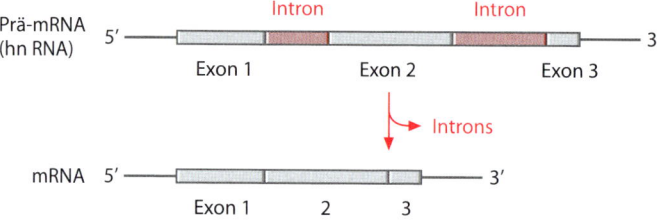

enthält die Protein-codierenden Exons sowie die 5'- und 3'-nichtcodierenden Sequenzen

Die Zahl der Introns variiert von Protein zu Protein: das Globin-Gen enthält zwei Introns, dasjenige des Gerinnungsfaktors VIII besitzt 25 Introns. Die biologische Bedeutung von Introns ist noch unklar. Eine Hypothese weist darauf hin, dass Exonabschnitte häufig gerade solche Proteinbereiche codieren, welche in der Tertiärstruktur der Proteine Domänen bilden. (Eine Do-

**snRNPs besorgen das Spleißen** – Das Spleißen findet im Zellkern statt und kann wie das Capping schon vor Abschluss der Transkription erfolgen. Das Herausschneiden der Introns und Zusammenfügen der Exons wird durch kleine Ribonucleoprotein-Partikel, die *Small nuclear ribonucleoproteins* (snRNPs oder „*Snurps*") katalysiert. Die snRNPs binden an die Exon-Intron-Übergänge und bilden zusammen mit der hnRNA die sogenannten Spleißosomen (*Spliceosomes*). Bei höheren Eukaryonten sind sechs verschiedene snRNPs gefunden worden, die mit U1, U2 etc. bezeichnet werden, da ihre kurze RNA (100–200 Nucleotide) viel Uracil enthält. Ihre Aufgaben sind das Binden der 5′- und 3′-Spleiß-Stellen sowie die Katalyse der Spleißreaktionen.

Ein Intron kann die codierende Sequenz beliebig unterbrechen, kann also durchaus ein Codon unterbrechen. Die snRNPs binden an Consensus-Sequenzen in der hnRNA und bringen so das absolut genaue Herausschneiden des Introns in Gang. Die exakte Erkennung der Consensus-Sequenzen werden durch die RNAs bestimmter snRNPs gewährleistet, die mit den Consensus-Sequenzen Basenpaarungen eingehen. Das genaue Herausschneiden ist kritisch, da das Ableseraster der Exons nicht verändert werden darf.

Ein „Lasso"-Mechanismus spleißt die Prä-mRNA. Der Spleißvorgang beginnt mit einem nucleophilen Angriff der 2′-OH-Gruppe von A der Verzweigungsstelle des Introns auf das 5′-terminale P-Atom des Introns (Abb. 9.4). Es entsteht eine 2′, 5′-Phosphodiesterbindung innerhalb des Introns und damit die „Lasso"-Struktur. Das 3′-OH-Ende von Exon 1 wird frei und greift nun seinerseits die Phosphodiesterbindung zwischen Intron und Exon 2 an. Dadurch werden Exon 1 und 2 miteinander verbunden und das Intron in Lassoform freigesetzt. Das Spleißen kommt demnach durch zwei aufeinander folgende Umesterungen zustande, eine Hydrolyse von Phosphoestern findet nicht statt. Die beiden Fragmente der Prä-mRNA, die bei der ersten Umesterung entstehen, werden durch das Spleißosom zusammengehalten, bis die zwei Exons miteinander verbunden sind.

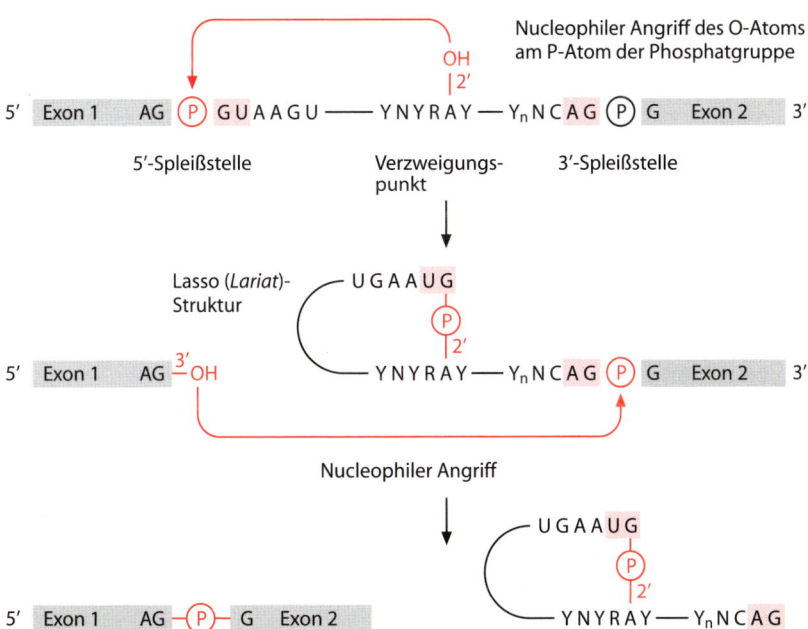

**Abb. 9.4.** Spleißen der Prä-mRNA. Die angegebenen Sequenzen an den beiden Spleißstellen (*Splice sites*) und am Verzweigungspunkt (*Branch site*) sind Consensus-Sequenzen. N steht für irgendeine der vier Basen A, U, G oder C; Y ist ein Pyrimidinnucleotid, $Y_n$ eine Sequenz hauptsächlich aus Pyrimidinnucleotiden (häufig ist n = 10), R ein Purinnucleotid. Die Basen GU zu Beginn des Introns (5′-Ende) und AG an dessen 3′-Ende sind obligat. Die Consensus-Sequenzen garantieren eine eindeutige Erkennung durch die RNAs der snRNP und damit die exakte Eliminierung des Introns

**Störungen im Spleißen können Krankheiten verursachen** – Die Thalassämie ist eine Anämie, die auf ungenügende Synthese der $\alpha$- oder $\beta$-Globinkette zurückzuführen ist. Einige Formen der Thalassämie sind auf falsches Spleißen zurückzuführen. Eine Mutation in einem Intron kann zu einer zusätzlichen Spleißstelle führen. Beim systemischen *Lupus erythematodes*, einer Autoimmunkrankheit, blockieren Antikörper gegen snRNP das Spleißen. Die Krankheit manifestiert sich durch Nierenschäden und Arthritis, die sich durch das Einlagern von Immunkomplexen in die Gefäßwände und darauf folgende Entzündungsreaktionen ergeben.

**Alternatives Spleißen führt zu unterschiedlichen Genprodukten** – Durch Spleißung an verschiedenen Stellen können aus der gleichen hnRNA (Prä-mRNA) verschiedene mRNA gebildet werden. In solchen Fällen codiert das gleiche Gen verschieden lange Proteine oder es können der mRNA verschiedene Promotoren vorgeschaltet werden. Alternatives Spleißen trägt bei zur posttranskriptionalen Regulation der Genexpression (s. Kapitel 11.4).

**Gewisse RNA-Moleküle sind katalytisch aktiv** – Bei *Tetrahymena* (einem Ciliaten) wird das reife 26S-rRNA-Molekül durch Herausschneiden eines Introns von 414 Nucleotiden gewonnen. In der Gegenwart von Guanosin oder einem Guaninnucleotid läuft dieser Spleißvorgang ohne die Mitwirkung von Proteinen ab. Durch nachfolgendes zweimaliges Selbstspleißen des Introns entsteht eine lineare RNA, die 10 Nucleotide weniger als das Intron aufweist.

Dieses RNA-Molekül besitzt sowohl Nuclease- als auch Polymerase-Aktivität.

> Katalytisch aktive RNA-Moleküle werden auch als **Ribozyme** bezeichnet. Die Polymeraseaktivität gewisser Ribozyme hat zur Vermutung geführt, dass sich RNA in den Anfangsstadien der biologischen Evolution ohne die Mitwirkung von Proteinen repliziert haben könnte. Das Spleißen durch Spleißosomen könnte sich aus der Selbstspleißung entwickelt haben, indem Proteine die katalytische Funktion der Introns übernommen haben.

**Nach Entfernen aller Introns verlässt die reife mRNA den Kern** – Die Bindung an die snRNPs verhindert den Austritt der hnRNA ins Cytosol. Reife mRNA wird unter Mitwirkung bestimmter Proteine durch die Kernporen ins Cytosol bugsiert. RNA im Cytosol kann nicht mehr zurück in den Kern gelangen, sie wird sofort an cytosolische RNA-Bindungsproteine gebunden.

**mRNA wird rasch abgebaut** – Die Konzentration von mRNA und damit das Ausmaß der Expression verschiedener Gene wird nicht nur durch die Geschwindigkeit der RNA-Synthese, sondern auch von deren Abbau bestimmt. Zunächst baut eine PolyA-Nuclease den PolyA-Schwanz ab, darauf wird die Cap-Struktur entfernt und eine 5′, 3′-Exonuclease depolymerisiert anschließend das ganze RNA-Molekül. Die Halbwertszeiten von mRNA in Säugerzellen variieren zwischen 10 min und 24 h.

■ **Struktur der reifen mRNA**

## 9.6
# Synthese der tRNA und rRNA

**In der Zelle kommen um die 24 verschiedene tRNAs vor, die von etwa 1300 Genen codiert werden** – Die tRNA-Gene sind tandemartig hintereinander angeordnet mit nichtcodierenden Zwischensequenzen (*Spacer*). Die primären Transkriptionsprodukte werden durch Nucleasen in einzelne Kopien zerlegt. Die weiteren posttranskriptionalen Modifikationen umfassen Methylierungen und andere Modifikationen gewisser Basen, Einführung einer CCA-Sequenz am $3'$-Ende und bei Eukaryonten das Eliminieren von Introns.

**Auch die rRNAs entstehen durch posttranskriptionale Spaltung längerer RNA-Vorläufermoleküle** – Bei *E. coli* zum Beispiel werden drei rRNAs und eine tRNA aus einem Vorläufer gebildet. Bei Eukaryonten wird die rRNA im Nucleolus durch die RNA-Polymerase I synthetisiert. Das menschliche Genom enthält sehr viele rRNA-Gene und tRNA-Gene (Tabelle 9.1). Die Vielzahl der Gene ermöglicht es, eine ausreichende Menge dieser RNAs pro Zeit-

einheit zu synthetisieren. Die einzigen Proteine, für welche normalerweise mehr als ein Gen vorhanden ist, sind die Histone. Die Gene für die 18S/28S-rRNA sind in Tandem-Anordnung viele Male hintereinander wiederholt. Endonucleasen schneiden aus dem 45S-Transkript die 18S- und 28SrRNA heraus. Eine wachsende eukaryontische Zelle kann $10^7$ Ribosomen enthalten! Die kleinen und großen Untereinheiten der Ribosomen werden im **Nucleolus** aus den rRNAs und den ribosomalen Proteinen zusammengesetzt. Die Proteine und die 5S-rRNA werden vom Cytosol bzw. vom Kern dem Nucleolus zugeführt. Die kleinen und großen Ribosomen-Untereinheiten verlassen den Kern durch dessen Poren.

---

**Nucleolus**: Ein oder mehrere kleine dichte Körperchen im Kern (Nucleus) eukaryontischer Zellen ist von keiner Membran umgeben, sondern entsteht durch die Ansammlung von Ribonucleoproteinen bei der Synthese und dem Processing des 45*S* rRNA-Vorläufers sowie durch die Assoziation der rRNAs mit ribosomalen Proteinen, die außerhalb des Nucleolus entstehen.

---

■ **Für ein Protein existiert in der Regel nur ein einziges Gen. Für rRNAs und tRNAs gibt es hingegen Hunderte bis Tausende von Genen.**

**Tabelle 9.1.** Die Genome der Prokaryonten und Eukaryonten enthalten viele rRNA- und tRNA-Gene

| Spezies | Anzahl Gene für | | |
| --- | --- | --- | --- |
| | 18*S*/28*S*-rRNA | 5*S*-rRNA | tRNA |
| *E. coli* | 7 | 7 | 60 |
| Hefe | 140 | 140 | 250 |
| Mensch | 280 | 2000 | 1300 |

# 10 Translation: Übersetzung des Gens ins Phän

Die Umsetzung der Nucleotidsequenz der DNA in die Aminosäuresequenz der Proteine, die so genannte Translation, beruht auf einem eindeutigen Übersetzungscode, der als **genetischer Code** bezeichnet wird. Die Entzifferung des genetischen Codes bestätigte die aus der DNA-Struktur abgeleitete Hypothese über die Speicherung der genetischen Information: Die Nucleotidsequenz der DNA bestimmt die Aminosäuresequenz der Proteine. Die Aufschlüsselung der Übersetzungsregeln lieferte die Grundlagen zum Verständnis genetischer **Mutationen** und für gezielte Eingriffe ins Genom, wie sie in der **Gentechnik** durchgeführt werden.

Die Dolmetschermoleküle, welche beide Sprachen, d.h. die Nucleotidsprache der Gene mit 4 Buchstaben und die Aminosäuresprache der Proteine mit 20 Buchstaben, verstehen und daher die DNA → Protein-Übersetzung bewerkstelligen, sind die **tRNAs** zusammen mit den **Aminoacyl-tRNA-Synthetasen**, welche hochspezifisch die tRNAs mit der jeweils zugehörigen Aminosäure aufladen. Die **Ribosomen** sind die molekularen Maschinen, welche unter Verbrauch von ATP und GTP Aminosäuren zu Polypeptiden zusammensetzen. Sie bestehen aus rRNA und Proteinen. Die **mRNA** liefert das Programm, welches die Ribosomen steuert und die Aminosäuresequenz des Translationsprodukts bestimmt (Abb. 10.1).

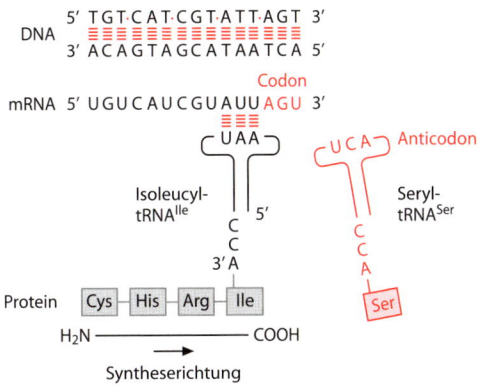

**Abb. 10.1.** Translation. Die dem +Strang der DNA entsprechende mRNA enthält das Programm zur Synthese des Proteins mit genetisch bestimmter Aminosäuresequenz. Die Basenpaarung zwischen dem Codon auf der mRNA und dem Anticodon auf der Aminoacyl-tRNA sorgt für den Einbau der korrekten Aminosäure durch das Ribosom. Voraussetzung dafür ist, dass die jeweilige tRNA mit der richtigen Aminosäure aufgeladen worden ist

## 10.1 Der genetische Code

**In der mRNA kommen vier verschiedene Basen vor, die 20 verschiedene Aminosäuren determinieren müssen** – Demnach bilden vier Buchstaben (A, G, C und U) das Alphabet, aus dem die Codewörter (Codons) zusammengesetzt sind. Mit vier Buchstaben können $4^3 = 64$ verschiedene Tripletts gebildet werden, mehr als genug, um die 20 proteinogenen Aminosäuren zu verschlüsseln. In der Tat gibt es, mit zwei Ausnahmen, für jede Aminosäure mehr als nur ein Codon. Bei der Entschlüsselung des genetischen Codes wurde die Möglichkeit ausgenutzt, dass synthetische RNA zur Programmierung der Translation dienen kann. Experimente mit Polymeren eines Nucleotids (z. B. PolyU: UUUU…) und mit Copolymeren mit repetitiven Sequenzen von zwei (z. B. UGUGUG… oder GU-GUGU…) oder drei Nucleotiden führten zur Ermittlung der eindeutigen Bedeutung aller 64 möglichen Codons. Dabei ergaben sich die folgenden Gesetzmäßigkeiten:

- Die Codons überlappen nicht, sind aber auch nicht durch irgendwelche Interpunktionszeichen getrennt.
- Die Basensequenz wird von einem bestimmten Startpunkt aus abgelesen, der das **Leseraster** für die gesamte mRNA bestimmt.
- Deletionen und Insertionen von Basen können das Leseraster verschieben und damit den Sinn der Sequenz verändern.

Von den 64 möglichen Tripletts haben alle eine bestimmte Bedeutung (Tabelle 10.1): 61 Tripletts codieren je eine einzige Aminosäure, wobei eines davon, AUG, zudem als **Startcodon**, d. h. als Teil des Initiationssignals der Translation, benutzt wird. Drei Tripletts, die **Stoppcodons**, dienen als Terminationssignale. Für zwei Aminosäuren (Trp, Met) existiert nur je ein einziges Codon, für andere gibt es bis zu 6 synonyme Codons (Leu, Ser, Arg).

---

**Offenes Leseraster (*Open reading frame*, ORF)**: Eine aus der Nucleotidsequenz der DNA abgeleitete Abfolge von Codon-Tripletts, welche bei einem bestimmten Leseraster (eine der drei Möglichkeiten, eine Nucleotidsequenz als eine Folge von Tripletts zu lesen) ein 5′-Startcodon, ein 3′-Stoppcodon und dazwischen eine codierende Sequenz (ohne Stoppcodons!) von plausibler Länge aufweist. Von einem solchen DNA-Abschnitt kann angenommen werden, dass er einem bekannten oder auch einem unbekannten Gen entspricht. Bei der Analyse von DNA-Banken tritt häufig die Frage auf, ob ein bestimmter DNA-Abschnitt ein offenes Leseraster und damit wahrscheinlich ein Gen darstellt.

---

**Tabelle 10.1.** Der genetische Code. AUG codiert nicht nur für Methionin, sondern ist auch Startcodon, d. h. Teil des Initiationssignals. Ein Codon wird immer in 5′ → 3′-Richtung der mRNA angegeben und entspricht damit der Basensequenz des +Strangs der DNA

| Erste Base (5′) | Zweite Base (Mitte) | | | | Dritte Base (3′) |
|---|---|---|---|---|---|
| | U | C | A | G | |
| U | Phe | Ser | Tyr | Cys | U |
| | Phe | Ser | Tyr | Cys | C |
| | Leu | Ser | Stopp | Stopp | A |
| | Leu | Ser | Stopp | Trp | G |
| C | Leu | Pro | His | Arg | U |
| | Leu | Pro | His | Arg | C |
| | Leu | Pro | Gln | Arg | A |
| | Leu | Pro | Gln | Arg | G |
| A | Ile | Thr | Asn | Ser | U |
| | Ile | Thr | Asn | Ser | C |
| | Ile | Thr | Lys | Arg | A |
| | Met | Thr | Lys | Arg | G |
| G | Val | Ala | Asp | Gly | U |
| | Val | Ala | Asp | Gly | C |
| | Val | Ala | Glu | Gly | A |
| | Val | Ala | Glu | Gly | G |

Der genetische **Code** wird als **degeneriert** bezeichnet, um aufzuzeigen, dass es mehrere Möglichkeiten gibt, eine bestimmte Aminosäure zu codieren. Der genetische Code ist aber vollkommen eindeutig, jedes Codon bestimmt nur eine einzige Aminosäure. Ein gegebenes Codon wird nur von denjenigen tRNAs erkannt, welche die entsprechende Aminosäure übertragen. Es gibt jedoch einzelne tRNAs, die mehr als ein Codon in einer Familie degenerierter Codons erkennen. In diesen Fällen ist es jeweils die dritte Base des Codons, welche bei der Erkennung des Anticodons weniger strikten sterischen Bedingungen genügt [Wackel (*Wobble*)-Mechanismus]. Zum Beispiel erkennt das Anticodon einer Alanin-tRNA der Hefe drei verschiedene Codons, die aber selbstverständlich alle für Alanin codieren.

|  | Codon | Codon | Codon |
|---|---|---|---|
| mRNA | 5′    3′ | 5′    3′ | 5′    3′ |
|  | –GCU– | –GCC– | –GCA– |
|  | · · · | · · · | · · · |
|  | · · · | · · · | · · · |
|  | · · · | · · · | · · · |
|  | 3′ · · · 5′ | 3′ · · · 5′ | 3′ · · · 5′ |
| tRNA | –CG I – | –CG I – | –CG I – |
|  | Anti- | Anti- | Anti- |
|  | codon | codon | codon |

I = Inosin = Nucleosid von Hypoxanthin (6-Hydroxypurin) kann mit U, C und A jeweils 2 H-Bindungen eingehen. Die tRNAs enthalten mehrere in keinen anderen Nucleinsäuren vorkommende Basen.

Es fällt auf, dass der Code, von zwei Ausnahmen abgesehen, nach einem bestimmten Prinzip degeneriert ist: In der 3. Position wird nur zwischen „Pyrimidin" und „Purin" unterschieden; manchmal haben in dieser Position sogar alle vier Basen die gleiche Bedeutung. Nur in vier Fällen ist auch die dritte Base entscheidend: UGA Stopp, UGG Trp; AUG Met, AUA Ile. Für jede der 20 Aminosäuren gibt es in der Regel mehrere spezifische tRNAs, die z.T. auch verschiedene Anticodons tragen. Es existiert aber nicht für jedes Codon eine besondere tRNA mit dem auch in der dritten Base komplementären Anticodon.

Warum ist der genetische Code degeneriert?
– Schädliche Folgen von Mutationen werden minimiert: Wäre der Code nicht degeneriert, würden 20 Codons den Einbau von Aminosäuren und die restlichen 44 Codons einen Kettenabbruch bewirken. Während ein Kettenabbruch i.d.R. zu einem inaktiven Protein führt, bleiben Aminosäuresubstitutionen häufig ohne funktionelle Folgen.
– Bei gleichbleibender Aminosäuresequenz kann die Basenzusammensetzung in einem weiten Bereich variieren.

**Der genetische Code ist universell** – Er gilt für alle Lebewesen, mit gewissen Ausnahmen bei der DNA von Mitochondrien und bestimmten Einzellern. Die Vermeh-

rung von Viren in Zellen ist nur möglich, weil der Replikations-, Transkriptions- und Translationsapparat der Zelle die genetische Information des Virus ablesen und ins Phän umsetzen kann.

■ Für jede Aminosäure gibt es 1 bis 6 verschiedene Codons und in der Regel mehrere tRNAs. Das Codon auf der mRNA wird durch das Anticodon der tRNA, welche die entsprechende Aminosäure trägt, erkannt. Für die Informationsübertragung sind v.a. die erste und zweite Base des Codons wichtig.
   Der genetische Code ist degeneriert, eindeutig, nichtüberlappend, ohne Interpunktion und universell.

## 10.2
## Synthese von Proteinen, Übersicht

Die Proteine sind die hauptsächlichen Träger biologischer Struktur und Funktion. Dementsprechend stellen sie mengenmäßig und auch am Energieaufwand gemessen das Hauptprodukt des synthetischen Stoffwechsels dar (Tabelle 10.2). Die Proteinsynthese ist wahrscheinlich der komplizierteste biochemische Vorgang. An dieser Schnittstelle von Gen und Phän wird Information in Struktur und Funktion umgesetzt. Proteine werden ständig synthetisiert, da sie, wie die meisten anderen Biomoleküle außer der DNA, fortwährend erneuert werden. Die durchschnittliche Halbwertszeit von Proteinen ist recht verschieden; sie beträgt beim Menschen für Verdauungsenzyme aus dem Pankreas

**Tabelle 10.2.** Relativer ATP-Verbrauch für Synthesen in einer wachsenden Kultur von *E. coli*

|  | ATP (%) |
|---|---|
| DNA | 2,5 |
| RNA | 3,1 |
| Protein | 88 |
| Lipide | 3,7 |
| Polysaccharide | 2,7 |

**Tabelle 10.3.** Zusammensetzung der Ribosomen. Der Sedimentationskoeffizient ist ein Maß für die Sedimentationsgeschwindigkeit eines Partikels im Zentrifugalfeld einer Ultrazentrifuge und wird in Svedberg-Einheiten ($S = 10^{-13}$ s) angegeben (s. Kapitel 37.1). In Klammern die Anzahl der Nucleotide (Nt)

|  | Ribosomen | Kleine Untereinheit | Große Untereinheit |
|---|---|---|---|
| **E. coli** |  |  |  |
| Sedimentationskoeffizient | 70 S | 30 S | 50 S |
| Masse (kDa) | 2520 | 930 | 1590 |
| RNA (Massenanteil 66%) |  | 16 S (1542 Nt) | 23 S (2904 Nt) |
|  |  |  | 5 S (120 Nt) |
| Anzahl Proteine (Massenanteil 34%) |  | 21 | 31 |
| **Ratte** |  |  |  |
| Sedimentationskoeffizient | 80 S | 40 S | 60 S |
| Masse (kDa) | 4220 | 1400 | 2820 |
| RNA (Massenanteil 60%) |  | 18 S (1874 Nt) | 28 S (4718 Nt) |
|  |  |  | 5,8 S (160 Nt) |
|  |  |  | 5 S (120 Nt) |
| Anzahl Proteine (Massenanteil 40%) |  | 33 | 49 |

8 h, für Leberproteine 5 Tage und für Muskelproteine 30 Tage.

**Proteine werden durch Ribosomen synthetisiert** – An der Synthese von Proteinen sind beteiligt: Ribosomen (Riesenkomplexe aus je einer kleinen und großen Untereinheit, die ihrerseits aus Proteinen und rRNA bestehen), mRNA, tRNA (mindestens 24 verschiedene), Aminosäuren (20 verschiedene), Enzyme (Aminoacyl-tRNA-Synthetasen zur chemischen Aktivierung und Markierung der Aminosäuren, >20 verschiedene) und eine Reihe von Cofaktoren (ATP, GTP, $Mg^{2+}$ usw.). Für die Synthese eines Proteinmoleküls werden insgesamt um 150 verschiedene Komponenten benötigt. Die Ribosomen von Prokaryonten und Eukaryonten sind einander ähnlich, wenn sie sich auch in vielen Einzelheiten unterscheiden (Tabelle 10.3). Die kleine Untereinheit ist verantwortlich für das Binden der mRNA und tRNA; die große Untereinheit ist auch am Binden der tRNA beteiligt und katalysiert die an der Elongation der Polypeptidkette beteiligten Reaktionen.

Geschwindigkeit der Translation (bei 37 °C):
E. coli  15–20 Aminosäuren pro s
Mensch 2–5 Aminosäuren pro s

**Die Synthese eines Proteins lässt sich in vier Phasen unterteilen:**

1. Aktivierung der Aminosäuren und Bindung der Aminosäuren an die entsprechenden tRNAs. Die hochspezifischen Aminoacyl-tRNA-Synthetasen sorgen dafür, dass jede tRNA mit der entsprechenden Aminosäure aufgeladen wird. Jeder Aminosäurebaustein wird dadurch mit dem zugehörigen Anticodon markiert. Mit der Bildung der Aminoacyl-tRNA wird die Nucleinsäuresprache in die Proteinsprache übersetzt. Das Codon auf der mRNA kann nun bestimmen, welche Aminosäure in die wachsende Polypeptidkette eingebaut wird (Abb. 10.1).

2. Initiation. Die mit der ersten Aminosäure beladene tRNA (Initiator-tRNA), die mRNA, die kleine und die große Untereinheit des Ribosoms bilden zusammen mit Hilfsproteinen (Initiationsfaktoren, IF) den **Initiationskomplex**. Damit ist die Maschinerie zur rastergerechten Ablesung der mRNA bereit.

3. Elongation. Gemäß der Abfolge der Codons in der mRNA wird ein Aminosäurerest nach dem anderen an die Peptidkette angefügt. Für jeden Syntheseschritt verschiebt sich das Ribosom auf der mRNA um ein Codon (3 Nucleotide) in $5' \rightarrow 3'$-Richtung. An jedes

Codon wird jeweils die entsprechende Aminoacyl-tRNA angelagert. Die Verknüpfung der Aminosäuren durch Peptidbindungen erfordert keine zusätzliche Energie, da die neu ankommenden Aminosäuren schon in aktivierter Form vorliegen. Das Protein wächst von seinem Aminoende her.

4. Termination. Sobald das Ribosom das Stopp-Codon erreicht, löst sich das fertig synthetisierte Polypeptid vom Ribosom, welches darauf von der mRNA dissoziiert und in seine Untereinheiten zerfällt.

Noch während die Kettenverlängerung an einem Ribosom in vollem Gange ist, können weitere Ribosomen an der mRNA mit der Translation beginnen. Demnach bildet sich zumeist eine ganze Kette von Ribosomen, welche im Gänsemarsch in 5′ → 3′-Richtung der mRNA entlangfahren. Solche Komplexe nennt man **Polyribosomen** (Abb. 10.2). Proteine, die im Cytosol der Zelle bleiben oder in gewisse Zellorganellen wie Mitochondrien importiert werden, werden durch freie Ribosomen bzw.

Polysomen gebildet. Proteine, die aus der Zelle exportiert werden (z. B. Plasmaproteine, Verdauungsenzyme), werden durch Ribosomen synthetisiert, die an die Membran des endoplasmatischen Reticulums gebunden sind (s. Kapitel 24.3). Die ribosomenbesetzte Membran erscheint im elektronenoptischen Bild als „raue" ER-Membran.

Polysomen: Der Minimalabstand zwischen den Ribosomen auf einer mRNA ist 80 Nucleotide (= 25 nm). Die Ribosomen haben einen Durchmesser von 22 nm und folgen demnach recht dicht aufeinander. Auf der mRNA für eine Globinkette sind 5–6 Ribosomen gleichzeitig am Werk, je eine Globinkette von etwa 140 Aminosäureresten zu synthetisieren.

■ Die Ribosomen sind molekulare Proteinsynthese-Maschinen, welche durch mRNA programmiert werden. Alle Ribosomen einer Zelle sind gleich, die mRNA bestimmt allein, welches Protein synthetisiert wird.

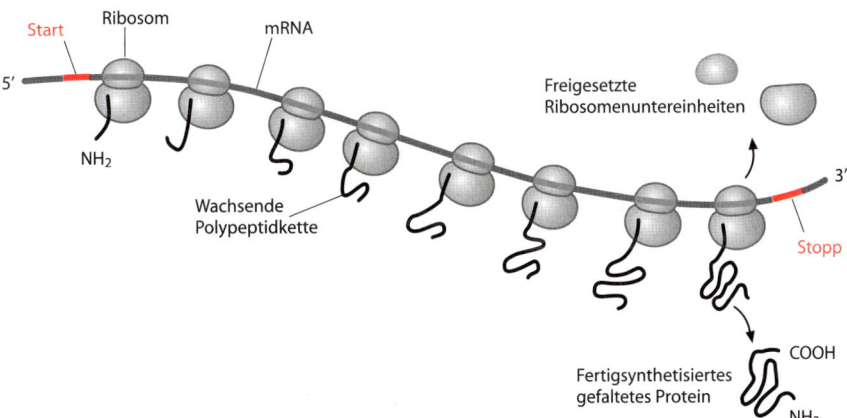

**Abb. 10.2.** Polyribosom. Die Ribosomen bestehen aus einer kleinen und einer großen Untereinheit, die ihrerseits aus rRNA und Proteinen aufgebaut sind (Tabelle 10.3). Ribosomen bilden sich nur beim Vorgang der Translation; untätige Ribosomen liegen in ihre Untereinheiten dissoziiert vor. Die mRNA ist an die kleine Untereinheit gebunden. Die vom NH$_2$- zum COOH-Ende wachsende Polypeptidkette verlässt das Ribosom auf der Seite der großen Untereinheit und beginnt sich schon vor Beendigung ihrer Synthese zu falten. Meist lesen mehrere Ribosomen gleichzeitig eine mRNA ab, so dass sich die hier schematisch dargestellte Situation eines Polyribosoms ergibt, die sich elektronenoptisch darstellen lässt

## 10.3
## Bildung der Aminoacyl-tRNA

**Jede der 20 verschiedenen Aminosäuren wird kovalent an eine für die betreffende Aminosäure spezifische tRNA gekoppelt** – Die Spezifität der Kopplung wird garantiert durch **Aminoacyl-tRNA-Synthetasen**, welche sowohl die Aminosäure als auch die betreffende tRNA erkennen. Dementsprechend gibt es in der Zelle pro tRNA eine spezifische Aminoacyl-tRNA-Synthetase. Das Enzym katalysiert zwei aufeinanderfolgende Reaktionen: die Carboxylgruppe der Aminosäure wird zuerst aktiviert und daraufhin an die zugehörige tRNA gebunden. Die Aminosäure wird über eine Esterbindung an die 2'- oder 3'-OH-Gruppe des 3'-endständigen Adenosinnucleotids der tRNA gekoppelt. Alle tRNAs besitzen ein CCA 3'-Ende:

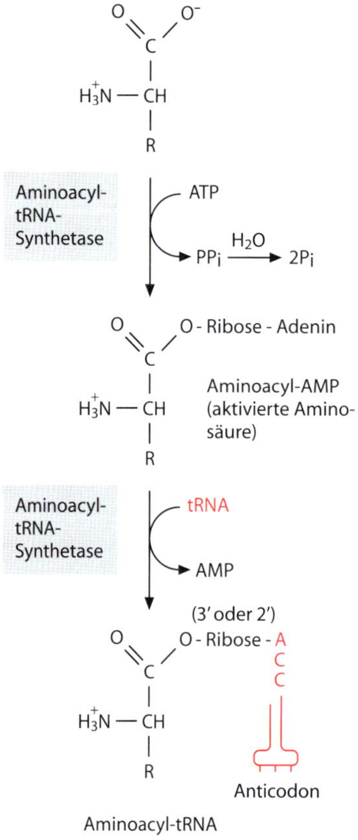

Aminoacyl-tRNA

Die Ribosomen bauen diejenige Aminosäure in die wachsende Polypeptidkette ein, welche an der tRNA hängt, deren Anticodon an das Codon der mRNA gebunden ist. Eine weitere Kontrolle der einzubauenden Aminosäure oder der Aminosäuresequenz der entstehenden Polypeptidkette findet nicht statt.

> Durch Reduktion lässt sich an tRNA$^{Cys}$ gebundenes Cys in Ala verwandeln. Wird die damit entstandene Ala-tRNA$^{Cys}$ einem zellfreien Proteinsynthesesystem zugegeben, wird Ala anstelle von Cys in die Polypeptidkette eingebaut.

Es ist die Spezifität der Aminoacyl-tRNA-Synthetase für eine bestimmte Aminosäure und für die zugehörige tRNA (mit dem richtigen Anticodon), die dafür sorgt, dass möglichst wenig falsche Aminosäuren ins Protein eingebaut werden. Das Enzym erkennt bei der Bindung der tRNA neben der Anticodonschleife weitere Strukturmerkmale wie die Dihydrouridin- und die Thymidin-Pseudouridin-Schleife (Abb. 10.3). Während die großen tRNA-Moleküle mit ihren zahlreichen verschiedenen Strukturmerkmalen leicht auseinander zu halten sind, bereitet dies bei den in manchen Fällen einander sehr ähnlichen Aminosäuren größere Schwierigkeiten. Isoleucin und Valin sind zum Beispiel einander sehr ähnlich, sie unterscheiden sich in einer einzigen –$CH_2$–-Gruppe (s. Abb. 2.4). Es kann vorkommen, dass die tRNA mit einer falschen Aminosäure geladen wird, z.B. dass Isoleucyl-tRNA$^{Val}$ gebildet wird. Für diese Fälle besitzen die Aminoacyl-Synthetasen einen **Korrekturmechanismus**: Die falsche Aminosäure wird durch eine von der Synthetase katalysierte hydrolytische Spaltung von der tRNA abgelöst. Der Korrekturmechanismus beruht auf einem kinetischen Effekt: Val-rRNA$^{Ile}$ wird 100-mal rascher hydrolytisch gespalten als Ile-tRNA$^{Ile}$:

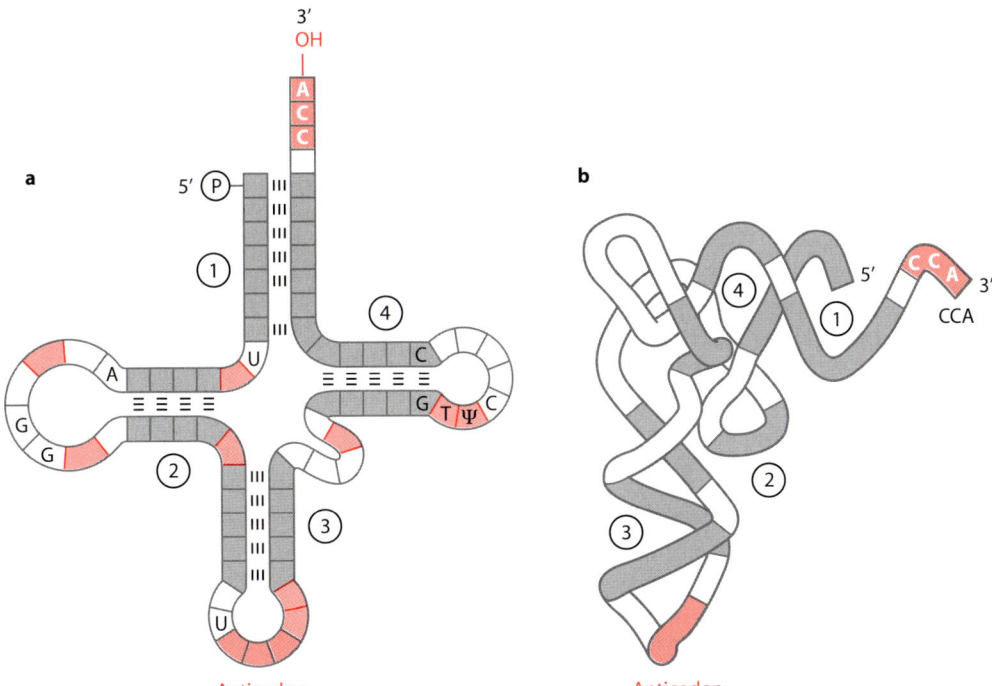

**Abb. 10.3 a, b,** Struktur der tRNA. **a** Die schematische Kleeblattstruktur zeigt die möglichen Basenpaare. Die angegebenen Nucleotide entsprechen einer Consensus-Sequenz. Die anderen insgesamt etwa 75 Nucleotide variieren und verleihen jeder tRNA Individualität, so dass jede Aminoacyl-tRNA-Synthetase ihre zugehörige tRNA klar erkennen kann. Die tRNAs enthalten zahlreiche modifizierte Nucleoside (für die Alanin-tRNA der Hefe hier *in Rot* angegeben) wie T (Ribothymidin), $\psi$ (psi, Pseudouridin). Weitere nicht im Consensus inbegriffene ungewöhnliche und hier nicht angegebene Basen sind: Methylinosin, Dihydrouridin, Methylguanosin und Dimethylguanosin. **b** Die 3D-Struktur der tRNAs ist durch Röntgen-kristallanalyse ermittelt worden und zeigt deren kompakten, L-förmigen Bau. Die gezeigten Basenpaarungen führen zu vier kurzen Doppelhelixabschnitten (*in Grau*, Nummerierung wie in **a**). Das Anticodon befindet sich in gut zugänglicher Position am Ende des langen Arms des L; das 3′-CCA-Ende, wo die Aminosäure angehängt wird, ist am Ende des kurzen Arms ebenfalls gut zugänglich und frei beweglich

| Aktivierung der Aminosäure (E = Aminoacyl-tRNA-Synthetase) | Relative Frequenz |
|---|---|
| $E^{Ile} + Ile \xrightarrow{\;ATP\;\;PP_i\;} Ile\text{-}AMP \cdot E^{Ile}$ (richtig) | 0,99 |
| $E^{Ile} + Val \xrightarrow{\;ATP\;\;PP_i\;} Val\text{-}AMP \cdot E^{Ile}$ (falsch) | 0,01 |

Aufladen der tRNA

| | |
|---|---|
| $Ile\text{-}AMP \cdot E^{Ile} \xrightarrow{\;tRNA^{Ile}\;\;AMP\;} Ile\text{-}tRNA^{Ile} + E^{Ile}$ (richtig) | >0,99 |

Korrekturmechanismus

| | |
|---|---|
| $Val\text{-}AMP \cdot E^{Ile}$ (falsch) $\xrightarrow{\;tRNA^{Ile}\;\;AMP\;}$ $\xrightarrow{\;H_2O\;}$ Val + tRNA$^{Ile}$ + E$^{Ile}$ (Fehler eliminiert) | 0,99 |
| Val-tRNA$^{Ile}$ + E$^{Ile}$ (Fehler hat Korrekturmechanismus passiert) | 0,01 |

Mit dem Korrekturmechanismus ergibt sich eine Fehlerfrequenz $0,01 \cdot 0,01 = 10^{-4}$. Die endgültige Fehlerrate von $1:10\,000$ bedeutet, dass bei der Synthese eines Proteins von 500 Aminosäureresten in einem von 200 Proteinmolekülen eine falsche Aminosäure eingebaut wird.

---

Bei der Abschätzung der **Konsequenzen von Fehlern bei Replikation, Transkription und Translation** sind folgende Überlegungen nützlich. Punktmutationen in der DNA (Austausch einzelner Basen) und Fehler bei Transkription/Translation können aus mehreren Gründen ohne funktionelle Folgen bleiben (Stille Mutationen, *Silent mutations*):

- Die Aminosäuresequenz des Proteins bleibt unverändert, weil der genetische Code degeneriert ist.
- Die Aminosäuresequenz des Proteins wird wohl verändert, das Protein bleibt jedoch funktionstüchtig, weil der ausgetauschte Aminosäurerest strukturell und funktionell ohne Bedeutung ist oder weil der Aminosäurerest mit einem Rest mit sehr ähnlichen Eigenschaften ausgetauscht worden ist (z.B. Glu↔Asp oder Leu↔Ile, so genannte konservative Aminosäuresubstitution).
- Das fehlerhafte Protein ist zwar nicht mehr aktiv oder ist instabil mit einer verringerten Halbwertszeit, der Defekt macht sich jedoch, zumindest unter Laborbedingungen, nicht bemerkbar, weil andere Proteine den Ausfall kompensieren (Redundanz). Zahlreiche *Knock-out*-Mutanten von Mäusen, bei denen gezielt ein bestimmtes Gen ausgeschaltet worden ist, zeigen aus diesem Grund keinen erkennbaren Phänotyp.

---

## 10.4
## Initiation, Elongation, Termination

Diese Vorgänge laufen bei Prokaryonten und Eukaryonten in sehr ähnlicher Weise ab. Im Folgenden besprechen wir jeweils zunächst den Vorgang bei *E. coli*, um danach auf die wichtigsten Besonderheiten bei Eukaryonten aufmerksam zu machen.

**Bei der Initiation wird die Proteinsynthesemaschinerie zusammengestellt und deren Ableseraster eingestellt** – Dazu werden benötigt:
- mRNA mit 5′-*Cap*
- *N*-Formyl-Methionyl-tRNA$^f$ („f" steht für Formyl-Methionin); in Eukaryonten Methionyl-tRNA$^i$ („i" steht für Initiator)

*N*-Formyl-Met-tRNA$^f$

- Initiationsfaktoren IF (3 bei Prokaryonten; mindestens 11 bei Eukaryonten)
- GTP, ATP als Energielieferanten (wie immer als Komplexe mit $Mg^{2+}$)
- Kleine und große Untereinheiten von Ribosomen.

---

■ Die Aminoacyl-tRNA-Synthetasen sind die für die Richtigkeit der Translation entscheidende Instanz. Wenn einmal eine falsche Aminosäure auf eine tRNA geladen ist, gibt es keine Möglichkeit, deren Einbau in ein Protein zu verhindern. Die mittels Korrekturmechanismus erreichte Genauigkeit der verschiedenen molekulargenetischen Polymerisierungsreaktionen ist proportional zum Ausmaß des Schadens, der sich aus einem Fehler ergibt:

| Replikation (Verändertes Erbgut | > | Transkription (Eine fehlerhafte mRNA → viele fehlerhafte Proteine) | > | Translation (Ein fehlerhaftes Protein) |

AUG (in Prokaryonten selten auch GUG) ist Startcodon (Tabelle 10.1), es bindet Initiator-Met-tRNA (fMet-tRNA$^f$ bzw. Met-tRNA$^i$). AUG codiert auch für internes Methionin (und GUG für internes Valin), wird jedoch in dieser Funktion von einer anderen tRNA (tRNA$^{Met}$ bzw. tRNA$^{Val}$) erkannt.

Die **Initiationsfaktoren** fixieren unter ATP-Verbrauch die kleine (30S)-Untereinheit des Ribosoms und Formyl-Met-tRNA$^f$ ans Startcodon (Abb. 10.4). Das Auffinden des Startcodons auf der mRNA wird erleichtert durch ein zusätzliches Initiationssignal, die Ribosomen-Bindungsstelle, eine purinreiche Consensus-Sequenz (**Shine-Dalgarno-Sequenz** in *E. coli*), deren Mitte etwa 10 Nucleotide stromaufwärts des Startcodons liegt. Die Consensus-Sequenz geht eine Basenpaarung mit einem Abschnitt der 16S-rRNA der kleinen Ribosomenuntereinheit ein. Der vollständige Initiationskomplex besteht aus dem 70S-Ribosom, fMet-tRNA$^f$ und mRNA. Das Startcodon und die Initiator-Met-tRNA liegen an der **P-Stelle (Peptidyl-Stelle)** des Ribosoms.

Bei Eukaryonten verläuft die Initiation in ähnlicher Weise, allerdings sind mindestens 11 verschiedene Initiationsfaktoren beteiligt (als eIF bezeichnet, wobei „e" für eukaryontisch steht). Ein wichtiger Unterschied ist, dass bei Eukaryonten das Initiator-Methionin nie formyliert ist. Eine zusätzliche Ribosomen-Bindungsstelle wie die Shine-Dalgarno-Sequenz bei Prokaryonten fehlt. Die kleine Untereinheit bindet an die *Cap*-Region und verschiebt sich dann stromabwärts bis zum ersten AUG-Triplett, wo nach Binden der großen Untereinheit die Translation beginnt. Eukaryontische mRNAs sind ohne Ausnahme monocistronisch, d. h. codieren für ein einziges Protein.

Für die **Elongation**, d. h. das Anfügen der zweiten und weiterer Aminosäuren werden die folgenden Komponenten benötigt (Abb. 10.5):
- Initiationskomplex oder ein Ribosom mit einem Peptid in der P-Stelle,
- Weitere Aminoacyl-tRNAs,

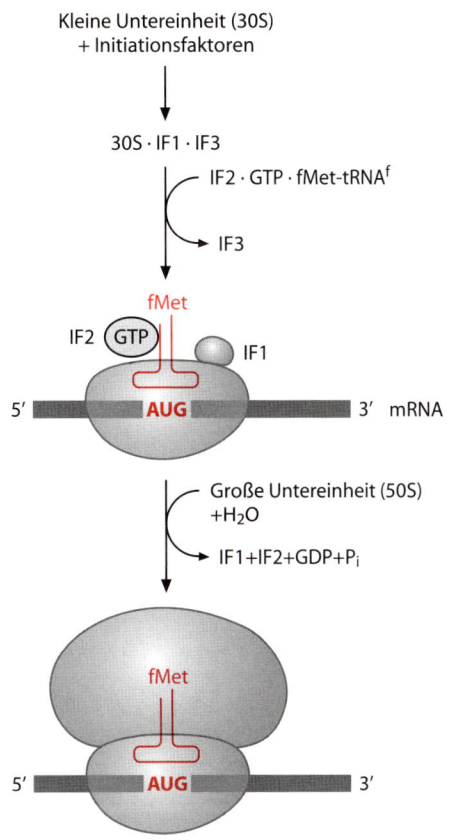

**Abb. 10.4.** Initiation der Translation bei Prokaryonten. Die drei Initiationsfaktoren IF1-3 bilden zunächst mit der kleinen Ribosomen-Untereinheit den 30S-Initiationkomplex, welcher darauf unter GTP-Verbrauch zum 70S-Komplex komplettiert wird. Das Binden von IF1 und IF3 an die kleine Untereinheit verhindert die Bildung eines unproduktiven 70S-Komplexes ohne mRNA und fMet-rTNA$^f$. Im Initiationskomplex ist fMet-tRNA$^f$ an das Startcodon und die P-Stelle (Peptidyl-Stelle) des Ribosoms gebunden

- Die Elongationsfaktoren EF-Tu und EF-Ts, die Enzyme, welche die Übertragung des Methioninrests bzw. des wachsenden Peptids in der P-Stelle auf die nächste Aminoacyl-tRNA in der **A-Stelle (Akzeptorstelle)** katalysieren. Met-tRNA unterscheidet sich von fMet-tRNA$^f$, indem sie nicht an IF2, sondern an EF-Tu bindet. EF-G wird benötigt für die Translokation der Peptidyl-tRNA von der A-Stelle zur P-Stelle.

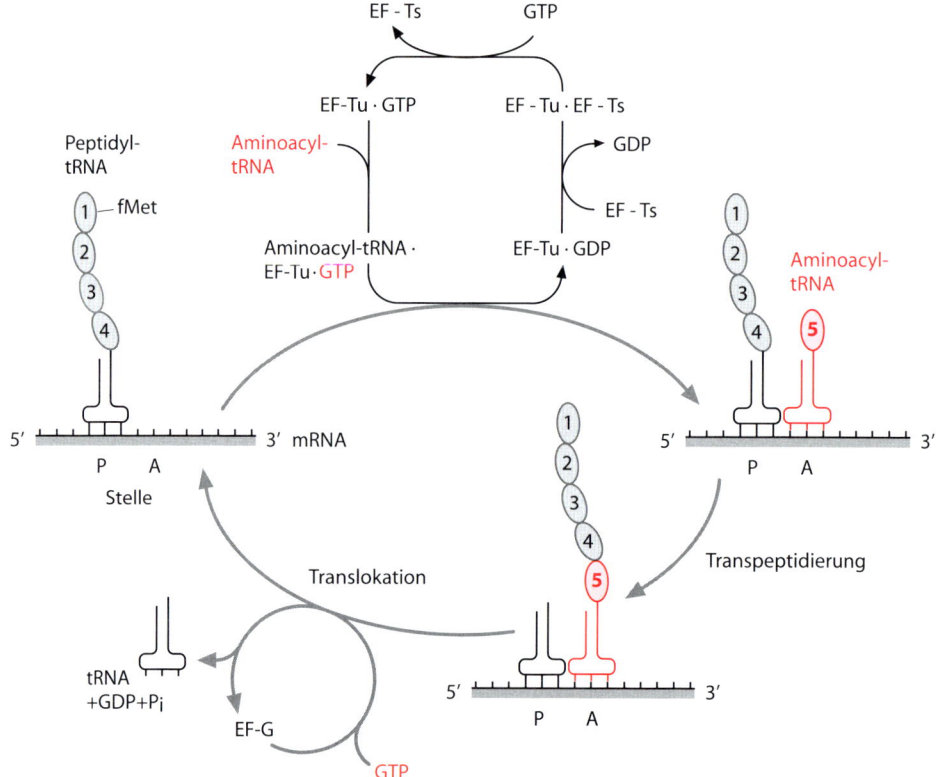

**Abb. 10.5.** Elongations-Zyklus bei *E.coli*. In der Ausgangssituation (*oben links*) befindet sich die Peptidyl-tRNA (oder die fMet-tRNA[f] vor dem ersten Elongationsschritt) an der P-Stelle (Peptidyl-Stelle) des Ribosoms. Die neue Aminoacyl-tRNA bindet im ersten Schritt an die A-Stelle (Akzeptor-Stelle). Dazu wird der Elongationsfaktor EF-Tu benötigt, welcher GTP hydrolysiert. Im zweiten Schritt wird die Peptidkette auf die $\alpha$-Aminogruppe des neuen Aminosäurerests übertragen (Transpeptidierung). Im letzten Schritt wird die um den neuen Aminosäurerest verlängerte Peptidyl-tRNA von der A-Stelle in die P-Stelle verschoben. Dabei bleibt die Peptidyl-tRNA über die Anticodon-Codon-Basenpaare mit der mRNA verbunden. Zusammen mit der Peptidyl-tRNA wird daher auch die mRNA um drei Nucleotide verschoben, so dass das nächste Codon in die A-Stelle zu liegen kommt. Die Aufrechterhaltung der Codon-Anticodon-Bindung ist bei der Peptidyl-tRNA nicht mehr wichtig, um die einzubauende Aminosäure zu bestimmen, sie ist jedoch wichtig, um die mRNA genau drei Nucleotide zu verschieben und so das Leseraster nicht zu verändern

Die drei Schritte der Elongation wiederholen sich in einem Kreisprozess: Andocken von Aminoacyl-tRNA an A-Stelle, Bildung der Peptidbindung und Translokation des Ribosoms längs der mRNA um drei Nucleotide in $5' \rightarrow 3'$-Richtung.

Die Elongation bei Eukaryonten ist derjenigen bei Prokaryonten sehr ähnlich. Die Funktionen von EF-Tu und EF-Ts werden von den zwei verschiedenen Untereinheiten des eukaryontischen Elongationsfaktors eEF-1 übernommen. eEF-2 entspricht EF-G.

Energieverbrauch für Elongation (s. Abb. 10.5):
Beladen der tRNA
  2 ATP (ATP $\rightarrow$ AMP + 2P$_i$; s. Kapitel 10.3)
Andocken der Aminoacyl-tRNA an A-Stelle
  1 GTP
Translokation der Peptidyl-tRNA (A $\rightarrow$ P)
  1 GTP

Pro angefügten Aminosäurerest werden demnach 4 energiereiche Phosphatbindungen verbraucht.

Die **Termination** wird eingeleitet, sobald ein Stopp-Codon der mRNA an die A-Stelle gelangt. Für die Termination werden benötigt:
- Stopp-Codon (UAG, UAA, UGA),
- Terminationsfaktor, welcher das Stopp-Codon erkennt,
- GTP.

In der Zelle existiert keine tRNA, deren Anticodon einem Stopp-Codon entspräche. Statt einer tRNA bindet je nach Sequenz des Stopp-Codons einer von zwei Terminationsfaktoren (***Release factors*** RF1 und RF2) an die A-Stelle, d. h. ein Protein statt eines Anticodons erkennt das Stopp-Codon. Dadurch wird die Reaktionsspezifität der Peptidyltransferase derart verändert, dass dieses Enzym das Peptid auf Wasser statt auf die Aminogruppe einer neuen Aminosäure überträgt, womit die Peptidkette hydrolytisch von der tRNA in der P-Stelle abgespalten wird. Nach Abspalten des Peptids zerfällt das Ribosom in seine beiden Untereinheiten, welche erneut für die Proteinsynthese verwendet werden. RF3 unterstützt diese Vorgänge unter Verbrauch von GTP. Eukaryonten besitzen nur einen Terminationsfaktor (*Release factor* eRF), der ebenfalls GTP verbraucht.

---

Bei den meisten Proteinen wird der $NH_2$-terminale Formyl-Methionin-Rest (bei Prokaryonten) oder Methionin-Rest (bei Eukaryonten) enzymatisch abgespalten. Bei Eukaryonten wird die dadurch frei gewordene $\alpha$-Aminogruppe des nachfolgenden Rests sehr häufig acetyliert oder sonstwie modifiziert.

---

■ Die Synthesemaschinerie der Ribosomen wird durch zusätzliche Proteine, die Initiations-, Elongations- und Terminationsfaktoren unterstützt. Die Anticodon-Codon-Wechselwirkung sorgt nicht nur für den Einbau der richtigen Aminosäure, sondern auch für die Einhaltung des Leserasters.

## 10.5
## Hemmstoffe der Proteinsynthese

Spezifische Inhibitoren sind hier wie bei anderen biochemischen Vorgängen wichtige Werkzeuge der experimentellen biochemischen Forschung, da sie erlauben, das zu untersuchende System gezielt zu stören. Außerdem haben manche dieser Hemmstoffe auch eine medizinisch-therapeutische Anwendung gefunden.

**Puromycin** aus *Streptomyces alboniger*, einem Strahlenpilz, ist ein Strukturanalog des Tyrosyl-Adenosin-Teils der Tyrosyl-tRNA und kompetiert mit der Tyrosyl-tRNA$^{Tyr}$ um die Bindung an die A-Stelle. Puromycin geht eine Peptidbindung ein mit der Carboxylgruppe des wachsenden Peptids an der P-Stelle und bildet auf diese Weise ein Peptid mit Puromycin am C-Terminus, welches nicht zur P-Stelle translozieren kann. Das Proteinfragment mit Puromycin am C-Ende dissoziiert vom Ribosom. Puromycin führt zum Abbruch der Proteinsynthese, es wird experimentell als allgemeiner Inhibitor der Proteinsynthese verwendet. Medizinische Bedeutung hat Puromycin nicht, es ist wie viele Wachstumshemmstoffe aus Pilzen zu toxisch, da es die Proteinsynthese nicht nur in Prokaryonten, sondern auch in Eukaryonten hemmt. **Cycloheximid** hemmt die Peptidyltransferase-Aktivität der 60S-Untereinheit eukaryontischer Ribosomen. Es wird nur für experimentelle Zwecke verwendet.

Zahlreiche andere Antibiotika, die nur in Prokaryonten die Proteinsynthese hemmen, werden jedoch für medizinische Zwecke verwendet:
- Streptomycin:
  Hemmt bei Prokaryonten die Initiation und führt zu fehlerhafter Ablesung der mRNA.
- Tetrazykline:
  Binden an die prokaryontische 30S-Untereinheit und hemmen das Binden der Aminoacyl-tRNAs.
- Chloramphenicol:
  Hemmt bei Prokaryonten die Peptidyltransferase-Aktivität der 50S-Untereinheit.

– Erythromycin:
Bindet bei Prokaryonten an die 50S-Untereinheit und hemmt die Translokation.

**Diphtherie-Toxin** – Die Diphtherie war vor der Entwicklung einer wirksamen Impfung eine sehr gefürchtete bakterielle Infektionskrankheit mit hoher Letalität. Die hohe Sterblichkeit ist auf ein äußerst wirksames Toxin zurückzuführen, das von den Bakterien (*Corynebacterium diphtheriae*) ausgeschieden wird. Das Toxin ist ein Enzym; durch kovalente Modifikation inaktiviert es den Elongationsfaktor $EF_2$ von Eukaryonten, der für die $A \rightarrow P$-Translokation notwendig ist. Ein Molekül des Enzyms genügt, um die Proteinsynthese einer Zelle abzustellen. Für den nicht-immunisierten Menschen sind einige Nanogramm tödlich.

■ Die Ermittlung der molekularen Grundlagen der Vererbung und der Mechanismen, welche die genetische Information ins Phän umsetzen, ist eine der wichtigsten wissenschaftlichen Errungenschaften des letzten Jahrhunderts. Die molekulare Genetik ist die Grundlage einer neuen Technologie, der Gentechnik und Biotechnologie. Aus der Biologie, einer beschreibenden und experimentellen Wissenschaft, hat sich eine biologische Ingenieurwissenschaft abgezweigt.

# 11 Regulation der Genexpression

Die Regulation der Genaktivität stellt das primäre Mittel der Organismen zur zeit- und ortsgerechten Bereitstellung ihrer Makromoleküle in der benötigten Menge dar. In allen Zellen eines Organismus liegt die genetische Information grundsätzlich in gleicher Form vor; alle Zellen eines Organismus besitzen das gleiche **Genom** (die Gesamtheit der Gene). Die Palette der zellulären Proteine, das **Proteom** (die Gesamtheit der Proteine), hingegen variiert stark je nach Zelltyp. In einer bestimmten Zelle werden schätzungsweise nur etwa 5% aller Gene exprimiert. Der Vielfalt von Zellen und Organismen steht ein geringes Repertoire der Mechanismen zur Genregulation gegenüber: Die Genregulationsmechanismen der verschiedenen Organismen gleichen sich in den Grundzügen. Die Mehrzahl der Gene wird über die Frequenz des Transkriptionsstarts gesteuert. Ein Promotor kontrolliert, gesteuert durch die intrazelluläre Signaltransduktion, die Häufigkeit der Transkriptionsereignisse eines oder mehrerer Gene. Die wesentlichsten Unterschiede der Genregulationsmechanismen finden sich zwischen Prokaryonten und Eukaryonten.

Die Genome der Prokaryonten sind dichter mit Genen bepackt als diejenigen der Eukaryonten, und die Genregulation ist in den Prokaryonten rationalisiert: ein **Operon** enthält mehrere miteinander regulierte Gene. Die Gene eines Operons liegen hintereinander aufgereiht vor und werden nach erfolgter Genaktivierung auf eine einzelne mRNA transkribiert. Anschließend werden die Proteine ausgehend von dieser meist kurzlebigen mRNA synthetisiert.

In Eukaryonten hingegen kann jedes Gen bezüglich seiner Regulation als ein Individuum betrachtet werden; die Promotoren aller Gene sind verschieden, und es existieren zusätzliche regulatorische DNA-Abschnitte. Jedes Gen hat seine eigene mRNA, und die Stabilitäten der mRNAs sind sehr verschieden. Auf den ersten Blick mutet die Vielzahl der Genregulationsmechanismen der Eukaryonten verschwenderisch an, insbesondere weil bezüglich Wachstumsgeschwindigkeit, Anpassungsfähigkeit und Konkurrenzfähigkeit in verschiedenen ökologischen Nischen die Mikroorganismen den Eukaryonten durchaus ebenbürtig, wenn nicht überlegen sind. Es ist anzunehmen, dass die komplexere Genregulation der Eukaryonten der Vielfalt und der komplexeren Organisation ihrer Gestalt zugrunde liegt. Wir verstehen beispielsweise nicht, weshalb die Amphibien ein recht beschränktes Repertoire verschiedener Formen (Morphologien) aufweisen, während die erfolgreicheren Säuger wesentlich vielgestaltiger auftreten, obwohl die geschätzte Zahl ihrer Gene ähnlich ist. Die Vermutung liegt nahe, dass die wesentlichen Unterschiede zwischen den zwei Tierklassen in der Genregulation zu suchen sind. Die Genaktivitäten der frühen Embryonalstadien, während derer die Gestalt eines Organismus gebildet wird, sind wegen der geringen zur Verfügung stehenden Zellmenge nur wenig untersucht. Mit Hilfe neuester empfindlicher Techniken wie SAGE (s. Kapitel 40.3) werden derzeit die aktiven Gene dieser frühen Entwicklungsstadien untersucht. Wir besprechen hier die fundamentalen Mechanismen der Genregulation, zuerst den quantitativen Aspekt der Gen-regulation, d.h. in welcher Menge eine be-stimmtes Protein bereitgestellt wird. Da-nach wenden wir uns dem qualitativen Aspekt zu, d.h. der Spezialisierung und Differenzierung der Zellen.

## 11.1
## Regulation der Transkription in Prokaryonten: das Operon

Das Lactose-Operon (*lac*-Operon) von *Escherichia coli* – Das Bakterium vergärt Lactose meist nur ganz langsam, weil Lactose nur langsam zu Glucose und Ga-lactose hydrolysiert wird. Das dazu not-wendige Enzym, die β-Galactosidase (das Produkt des *lac*Z-Gens), ist in Zellen, wel-che auf einem lactosefreien Medium wach-sen, nur in sehr geringer Menge (1–2 Mo-leküle pro Zelle) vorhanden. Enthält hin-gegen das Kulturmedium Lactose (aber keine Glucose, s. unten), wird das Enzym sehr rasch gebildet und auf etwa 3000 Mo-leküle pro Zelle aufgestockt. Die Gegen-wart von Lactose im Medium bewirkt nicht nur die erhöhte Expression (Indukti-on) der β-Galactosidase, sondern beein-flusst auch die Expression diverser anderer Gene. Dabei werden sowohl positive wie auch negative Regulationsmechanismen aktiv: Die Zelle passt sich an die veränder-ten Bedingungen an. Auch wenn die Um-weltbedingungen nur geringfügig verän-dert sind, d.h. wenn beispielsweise nur ein einzelner Nährstoff wie Lactose neu

im Medium vorliegt, reagiert eine Zelle durch Regulation mehrerer Gene oder auch mehrerer Operons. Das umfassende Studium dieser komplexen regulatorischen Vorgänge ist dank der Chiptechnologie (s. Kapitel 40.3) möglich geworden, und die Kenntnisse auf diesem Gebiet machen zur-zeit große Fortschritte. Wir beschränken uns in diesem Kapitel auf die Diskussion der Regulation des *lac*-Operons. Nach Sti-mulation der Zelle mit Lactose steigen neben der β-Galactosidasekonzentration auch die Konzentrationen der Galactose-Permease (das Produkt des *lac*Y-Gens) und der Galactosid-Acetyltransferase (das Produkt des *lac*A-Gens) in ähnlichem Aus-maß an. Mit Methoden der klassischen Ge-netik wurde gezeigt, dass die drei Gene *lac*Z-*lac*Y-*lac*A in dieser Reihenfolge auf dem Chromosom direkt benachbart sind. Man fand eine polycistronische mRNA, welche die Leseraster der drei Enzyme in derselben Reihenfolge enthält. Die Lactose ist nicht direkt verantwortlich für die In-duktion dieser mRNA, sondern ein meta-bolisches Umlagerungsprodukt, die 1,6-Allolactose.

Lactose

1,6- Allolactose

Das Regulator-Gen *lac*I macht das *lac*-Operon induzierbar – Das *lac*-Operon wurde von den Nobelpreisträgern Jacob, Monod und Lwow um 1960 entdeckt. Nicht in allen Stämmen von *E.-coli*-Bakterien sind die drei Enzyme des *lac*-Operons in-duzierbar; in gewissen Stämmen sind die

Enzyme auch in Abwesenheit von Lactose stark exprimiert. Die Induzierbarkeit ist ein vererbbares Merkmal des *lac*-Operons und hängt von einem besonderen Regulator-Gen *lac*I ab.

| | Regulatorgen | Strukturgene |
|---|---|---|
| Wildtyp | $i^+$ | $z^+$ $y^+$ $a^+$ |
| Konstitutive Mutante | $i^-$ | $z^+$ $y^+$ $a^+$ |

Das *lac*I-Genprodukt, der *lac*I-Repressor, wirkt auf die 5′-Kontrollregion des Operons. Der Repressor bindet an die Operator-Region der DNA des Operons und verhindert die Transkription der Strukturgene, indem die Bindung der RNA-Polymerase an den Promotor verhindert wird. Die Induktion des Operons erfolgt über die Inaktivierung des Repressors nach der Bindung von Induktoren. Allolactose, ein in geringer Menge gebildetes Isomerisierungsprodukt der Lactose oder ein oft verwendetes stabiles synthetisches Allolactose-Analog, Isopropyl-$\beta$-D-thiogalactosid (IPTG), binden an den Repressor und lösen eine Konformationsänderung aus. Der Repressor gibt den Operator und damit den Weg für die DNA-Polymerase frei.

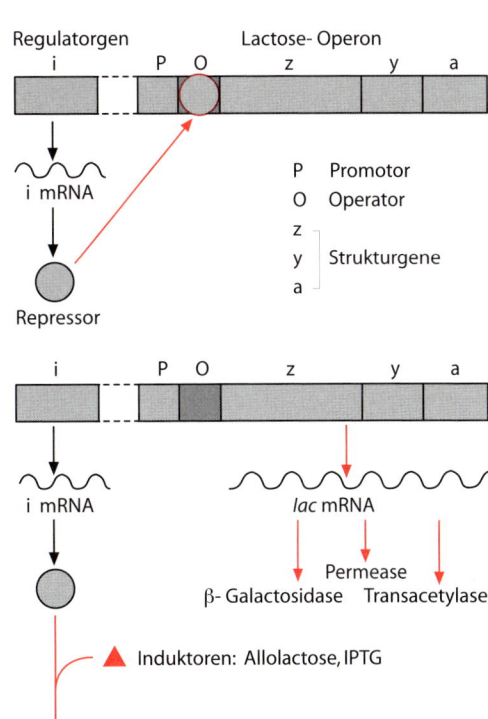

Der Repressor besteht in diesem Fall eines DNA-bindenden Proteins aus 4 identischen Untereinheiten mit einer zweizähligen (180°-)Symmetrie und bindet an das untenstehende DNA-Segment, ein Palindrom, welches dieselben Symmetrie-Eigenschaften zeigt, mit sehr hoher Affinität ($K_d = 10^{-13}$ M!).

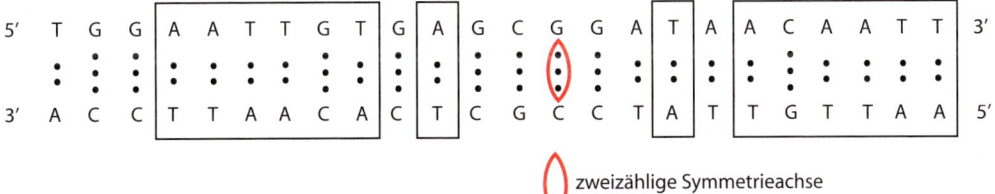

**β-Galactosidase wird nur synthetisiert, wenn das Medium keine Glucose enthält** – Wenn Glucose vorhanden ist, benötigt der Stoffwechsel der Zelle keine Lactose oder Pentosen usw., die Glucose reicht als Kohlenstoff- und als Energiequelle. Die beobachtete Unterdrückung der Aktivität des *lac*-Operons durch Glucose wird deshalb als **Katabolit-Repression** bezeichnet. Die Repression wird durch ein besonderes Protein CAP (*Catabolite gene activator protein*) und cAMP vermittelt. Fällt die Konzentration der Glucose oder der Pentosen, so erhöht sich die Konzentration des cAMP, das bei Bakterien und Tieren eine Art Hungersignal darstellt.

---

Im Tier spielt ein analoger Mechanismus mit cAMP als Hungersignal bei der Aktivierung der Glykogenolyse und der Lipolyse eine Rolle: Die Konzentration der Glucose im Blut sinkt, der Glucagonspiegel steigt an, und in der Folge der Signalübermittlung steigt das intrazelluläre cAMP an und stimuliert den Abbau von Glykogen und Reservefett.

---

Im Bakterium bindet das cAMP an das CAP, worauf der Komplex am Promotor knapp stromaufwärts von der RNA-Polymerase-Bindungsstelle bindet; CAP ohne cAMP kann nicht binden. Durch die Anwesenheit des Komplexes wird die Bindung der RNA-Polymerase verbessert und damit die Häufigkeit des Transkriptionsereignisses erhöht. Demnach steht das *lac*-Operon unter doppelter Kontrolle:
- Hemmung durch Repressor,
- Aktivierung durch CAP-cAMP-Komplex.

Je nach Verwertung verschiedener Zucker und auch gewisser Aminosäuren ist CAP-cAMP wirksam im Sinn der Katabolit-Repression. Solange genügend Glucose oder andere Nährstoffe vorhanden sind, ist es eine Verschwendung für die Zelle, die Enzyme zur Verwertung anderer Energiequellen bereitzustellen. Das Beispiel des *lac*-Operons zeigt, dass die Zelle verschie-

dene Regelgrößen benutzt. Einerseits spielt das Substrat des Operons (Lactose) eine Rolle, andererseits die allgemeine Stoffwechsellage (cAMP-Hungersignal). Das Beispiel zeigt außerdem, dass schon die elementarste Regulation in einer einfachen Bakterienzelle auf der kombinierten Wirkung verschiedener Signale und verschiedener DNA-bindender Proteine beruht, die an spezifische DNA-Abschnitte binden. Mechanismen dieser Art und Variationen davon finden sich auch bei der Regulation der Expression in eukaryontischen Zellen, nur sind sie dort noch komplizierter und damit auch weniger detailliert bekannt.

- Das bakterielle Operon besteht aus einer Promotor- und einer Operator-Region sowie aus mehreren Strukturgenen (Genen, die für Proteine codieren). Diese liegen direkt hintereinander und werden in eine einzige mRNA transkribiert. Die Transkriptionshäufigkeit wird meist über mehrere regulatorische Signale und DNA-bindende Proteine gesteuert.

## 11.2
## Struktur und Funktion eukaryontischer Transkriptionsfaktoren

**Es gibt allgemeine Transkriptionsfaktoren und Genregulatorproteine (= spezielle Transkriptionsfaktoren)** – In Eukaryonten wird die Transkription eines Gens meist durch die Wechselwirkung von Genregulatorproteinen mit allgemeinen Transkriptionsfaktoren reguliert. An die Promotoren aller Gene binden einige wenige allgemeine Transkriptionsfaktoren wie der TATA-Faktor, welcher die TATA-Box, einen kurzen T- und A-reichen DNA-Abschnitt erkennt. Diese Proteine bilden zusammen mit der DNA-abhängigen RNA-Polymerase II den allgemeinen Transkriptionskomplex. Zur Aktivierung der RNA-Polymerase ist die Wechselwirkung des allgemeinen Transkriptionskomplexes mit genspezifischen Regulatorproteinen notwendig. Diese speziellen Transkriptionsfaktoren kommen in großer Vielfalt vor und ermöglichen eine so detaillierte Kontrolle der Expression, dass jedes einzelne Gen ein individuelles Regulationsmuster zeigt. Obschon man Gruppen von Genen mit sehr ähnlicher Regulation beobachten kann, zeigt jedes einzelne Gen seine regulatorischen Besonderheiten.

**Genregulatorproteine binden an die DNA-Doppelhelix** – Sie erkennen spezifisch eines der regulatorischen Segmente eines Gens. Die Bindungsstellen für Genregulatorproteine sind kurze DNA-Segmente von 6–20 bp. In vielen Fällen erkennt ein DNA-bindendes Protein nicht nur ein bestimmtes DNA-Segment, sondern mehrere ähnliche kurze Nucleotidsequenzen. Die Basen an einigen der Positionen einer solchen Bindungsstelle sind kritisch für die Bindung und deshalb in allen Versionen obligatorisch, andere sind weniger wichtig und können verschieden sein.

In einer **Consensus-Sequenz** wird an jeder Stelle des DNA-Segments das dort am häufigsten gefundene Nucleotid angegeben. Für den Fall der TATA-Box von Genen aus *E. coli* ist die Consensus-Sequenz TATAAT. Beim Vergleich einer großen Zahl TATA-Boxen von verschiedenen Genen findet man, dass sich ein bestimmtes Nucleotid an der jeweiligen Position mit der angegebenen Wahrscheinlichkeit (%) befindet: $T_{80}A_{95}T_{45}A_{60}A_{50}T_{96}$

Genregulatorproteine sind Dimere zweier homologer oder identischer Untereinheiten. Die dimere Struktur mit einer Rotationssymmetrie um 180° ist für die meisten DNA-bindenden Proteine typisch, sie passt zur antiparallelen Doppelhelixstruktur der DNA (vgl. Struktur der Restriktionsenzyme, s. Kapitel 39.1). Die Dimerisierung eines DNA-bindenden Transkriptionsfaktors wird meist über eine Wechselwirkung zwischen je einem helikalen Segment seiner beiden Untereinheiten erreicht. Diese Helices zeigen in regelmäßigen Abständen wiederkehrende Leucinreste auf ihrer Außenseite. Die hydrophoben

Seitenketten der einen Helix können mit denjenigen der zweiten Helix in einer reißverschlussartigen Verzahnung zusammentreten und so das Dimer stabilisieren; man spricht deshalb von einem **Leucin-Zipper** (Leucin-Reißverschluss, wie er auch beim Keratin vorkommt, s. Abb. 3.8). Die regelmäßigen Abstände der Leucinseitenketten auf den Helices erlauben das Zusammentreten verschiedener homologer Transkriptionsfaktor-Untereinheiten, wodurch das Repertoire der DNA-Bindungen dimerer Leucin-Zipper-Transkriptionsfaktoren vergrößert wird (Abb. 11.1).

Ein zweites der typischen Strukturmerkmale DNA-bindender Transkriptionsfaktoren ist das **Helix-turn-helix-Motiv**, das sich in ähnlicher Weise wie ein Leucin-Zipper an die DNA anlagert. Ein drittes wichtiges Motiv DNA-bindender Proteine ist der **Zinkfinger**, dessen Struktur durch vier Bindungen der Polypeptidkette an ein Zinkion zustande kommt (Abb. 11.2). Der helicale Teil eines Zinkfingers bindet in der großen Grube der DNA

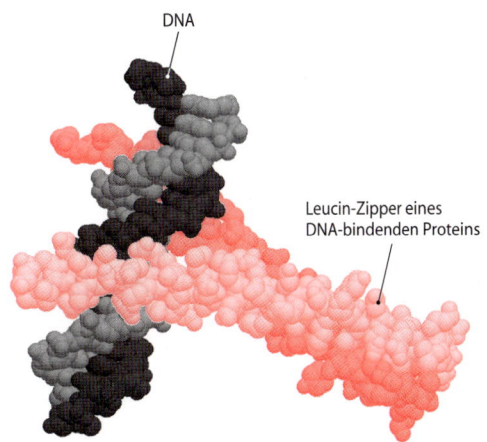

DNA

Leucin-Zipper eines DNA-bindenden Proteins

**Abb. 11.1.** Leucin-Zipper. Der Leucin-Zipper ist derjenige Teil eines Transkriptionsfaktors, welcher das Dimer stabilisiert. Er umfasst um die 30 Aminosäurereste und ist damit etwa doppelt so lang wie der gezeigte Abschnitt. Er gabelt sich zur DNA-Bindungsdomäne auf, welche die Ziel-DNA (*grau*) umklammert. Die Wirkungsdomäne liegt am anderen Ende des Zippers und ist hier nicht gezeigt. Koordinaten aus der *Protein data bank*, PDB-Accession 1YSA

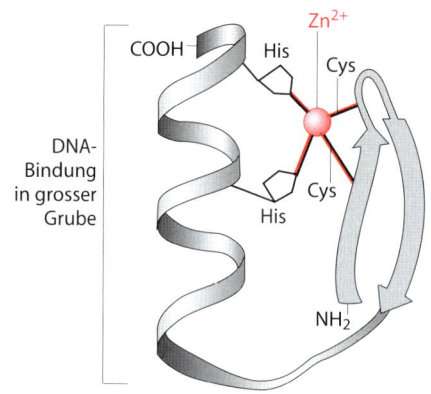

**Abb. 11.2.** Ein DNA-bindendes Zinkfingermotiv. Das Zinkion geht in diesem Beispiel eines Zinkfingers eine Komplexbindung mit den Stickstoffatomen zweier Histidinreste (His) und den Schwefelatomen zweier Cystein-Reste (Cys) ein. In anderen Zinkfingern finden sich vier Cysteinreste als Liganden

und stellt den Kontakt mit zwei Nucleotiden her. In vielen Transkriptionsfaktoren kommen mehrere Zinkfinger miteinander kombiniert vor. Jeder der Zinkfinger bindet eine bestimmte Nucleotidsequenz und die Kombination mehrerer solcher kurzer Sequenzen ergibt die Bindungsstelle des Transkriptionsfaktors. Gegenwärtig sind etwa 60 verschiedene Zinkfinger und deren Nucelotidspezifität bekannt. Man kann durch geschicktes Engineering die Zinkfingermotive in einem Transkriptionsfaktor austauschen. Wird dieser Transkriptionsfaktor in Zielzellen zur Expression gebracht, so beeinflusst er die Expression der entsprechenden Gene. Mit dieser Technik kann praktisch jedes beliebige DNA-Segment zu einer Bindungsstelle eines Genregulatorproteins gemacht werden.

**Genregulatorproteine wandeln Signale in genregulatorische Effekte um** – Die speziellen Transkriptionsfaktoren sind nicht bloß DNA-bindende Proteine, sie wandeln ein Signal in einen Effekt auf die Genexpression um. Zu diesem Zweck besitzen die meisten von ihnen eine dreiteilige Struktur:
- Signal-Empfangsdomäne (z. B. COOH-terminale Hormonbindungsdomäne),

- DNA-Bindungsdomäne (*Enhancer*-Bindungsdomäne, s. Kapitel 11.3),
- Wirkungsdomäne (Bindung an Zielprotein, z. B. allgemeinen Transkriptionskomplex).

Die **Signal-Empfangsdomäne** bindet z. B. ein glucocorticoides Hormon oder wird durch eine bestimmte Proteinkinase phosphoryliert. Dieser Signalempfang löst einen allosterischen Effekt zwischen der Signal-Empfangsdomäne und der **DNA-Bindungs-Domäne** aus, der es dem Transkriptionsfaktor ermöglicht, mit hoher Affinität an das passende DNA-Segment zu binden. Dabei werden derart hohe Bindungsstärken ($K_d$ im Bereich von $10^{-10}$ bis $10^{-8}$ M) erreicht, dass die Genregulatorproteine gezielt an die regulatorischen Sequenzen einer Reihe im gesamten Genom verteilter Zielgene binden. Die damit in der regulatorischen Region eines Zielgens fixierte **Wirkungsdomäne** des speziellen Transkriptionsfaktors verfügt über wenigstens eine Bindungsstelle für den allgemeinen Transkriptionskomplex. Diese Bindung bewirkt eine Konformationsänderung im allgemeinen Transkriptionskomplex und fördert oder erschwert die Initiation der Transkription des entsprechenden Gens. Ein Signal wie z. B. ein Hormon beeinflusst auf diese Weise die Transkriptionshäufigkeit einer Reihe von Zielgenen.

■ Die dreiteilige Struktur der Genregulatorproteine (= spezielle Transkriptionsfaktoren) mit Signalbindungsdomäne, DNA-Bindungsdomäne und Wirkungsdomäne ermöglicht die Übersetzung intrazellulärer Signale in eine veränderte Expression bestimmter Zielgene.

## 11.3
## Regulation der Transkription in Eukaryonten: Promotor, *Enhancer* und *Silencer*

**Genregulatorproteine können weit entfernt vom Promotor an die DNA binden** – Die bakterielle RNA-Polymerase bindet an ihren Promotor und produziert danach die entsprechende RNA. In höheren Euka-

*hancer*-bindenden Proteine erkennen bestimmte Nucleotidsequenzen auf der DNA. Die *Enhancer*-DNA mit dem *Enhancer*-bindenden Protein wirkt als **zusätzlicher Transkriptionskomplex** für die RNA-Polymerase II und fördert die Initiation der Transkription. Die *Enhancer*-Sequenzen liegen oft bis zu mehreren Kilobasen von der Promotor-Region entfernt. Sie können stromaufwärts, stromabwärts und auch innerhalb des Gens vorkommen.

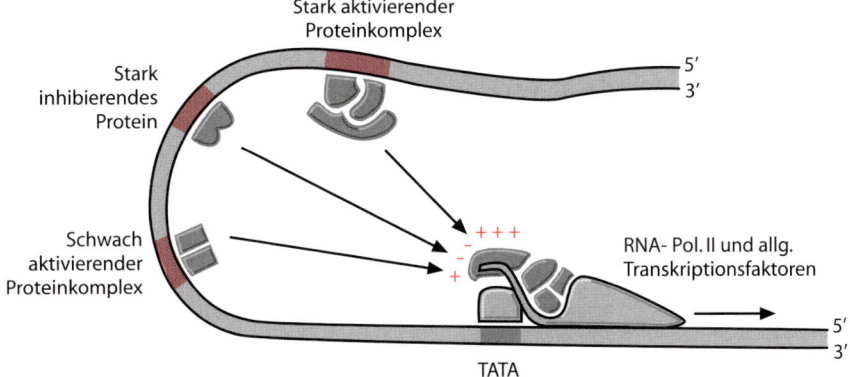

ryonten wird die Transkription der Gene jedoch nicht direkt gestartet, sondern erst nach Bildung eines Transkriptionskomplexes unter Bindung der allgemeinen Transkriptionsfaktoren (z. B. TATA-Faktor = TFIID/TFIIB für RNA-Polymerase II oder TFIIIA für RNA-Polymerase III) und der Genregulatorproteine. Die Transkription wird durch drei verschiedene Enzyme, die RNA-Polymerasen I, II und III, ausgeführt:
- Die RNA-Polymerase I transkribiert rRNA-Gene,
- die RNA-Polymerase II transkribiert Strukturgene und produziert somit die mRNAs,
- die RNA-Polymerase III transkribiert die Gene für tRNA, rRNA und snRNA.

Die Frequenz der Transkription wird durch Wechselwirkung des allgemeinen Transkriptionskomplexes mit den DNA-Proteinkomplexen der Genregulatorproteine, gebildet aus **Enhancer** (Verstärker, bestimmtes DNA-Segment) und **Enhancer-bindenden Proteinen**, gesteuert. Alle *En-*

Die Wirkung zusätzlicher Transkriptionskomplexe kann positiv oder negativ sein, und dementsprechend spricht man auch von einem *Enhancer* (Verstärker) oder einem *Silencer* (*Attenuator*, Abschwächer) eines Gens. Mehrere solcher DNA-Proteinkomplexe können gleichzeitig auf einen allgemeinen Transkriptionskomplex einwirken. Die Frequenz der Initiation entspricht der Summe der Wirkungen der verschiedenen Genregulatorproteine. Die Genregulatorproteine sind in verschiedenen Geweben in verschiedener Menge vorhanden, woraus sich die Gewebespezifität der Expression eines bestimmten Gens ergibt.

**Enhancer-bindende Transkriptionsfaktoren können nur regulatorisch wirken, wenn sie durch Signale beeinflussbar sind** – Chemische Signale können sich auswirken auf die
- Affinität zur *Enhancer*-DNA,
- Konzentration des Transkriptionsfaktors,
- Stärke der Wechselwirkung mit dem allgemeinen Transkriptionskomplex oder mit anderen Transkriptionsfaktoren.

Unter den erwähnten Mechanismen sind Veränderungen der Affinität zur *Enhancer*-DNA am besten untersucht. Die Aktivierung der Transkription eines Gens durch Glucocorticoide stellt hierfür ein typisches Beispiel dar. Glucocorticoide Hormone werden im Körper im Hungerzustand freigesetzt. Sie fördern in der Le-

rung und stellt nun einen aktiven Transkriptionsfaktor dar, welcher an ein spezifisches DNA-Element (*Glucocorticoid-Responsive Element*, GRE) bindet und damit zur Genaktivierung führt. Das Schema der Aktivierung der Transkription eines Gens durch glucocorticoide Hormone ist vereinfacht:

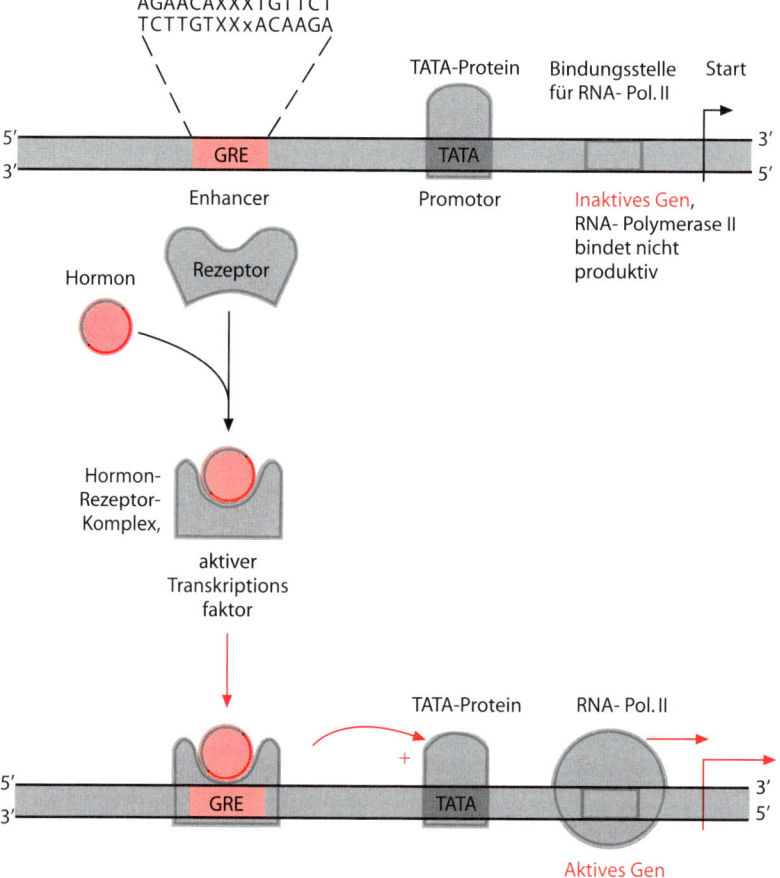

ber die Produktion von Glucose aus Aminosäuren und anderen Nicht-Kohlenhydrat-Verbindungen, indem eine Reihe von Genen für die Gluconeogenese wie beispielsweise die PEP-Carboxykinase aktiviert wird. Glucocorticoide Steroidhormone sind relativ kleine hydrophobe Moleküle und können durch die Membran in die Zelle hinein diffundieren. Dort binden sie an ein spezifisches Rezeptorprotein. Das Rezeptorprotein erfährt bei der Bindung des Hormons eine Konformationsände-

Bei anderen Zielgenen oder anderen Zielorganen erfolgt die Bindung des Hormon-Rezeptorkomplexes in einem anderen Kontext von Transkriptionsfaktoren und kann unter Umständen auch eine Inhibition der Transkription bewirken. Glucocorticoide wirken deshalb genspezifisch und organspezifisch, ein gewebetypischer Satz von Genen wird jeweils stimuliert oder reprimiert. Die gewebetypischen Effekte sind nicht nur auf gewebetypische Expression von Transkriptionsfaktoren zurückzuführen, auch die Signalübermittlung ist gewebetypisch und beeinflusst die Transkription durch Modifikation der beteiligten Proteine. Die Effekte z.B. eines Hormons auf die Gesamtheit der Gene eines Gewebes werden heute mittels Chiptechnik erfasst (s. Kapitel 40.3).

**Die Aktivierung eines Gens in einer Zelle ist als ein statistisches Ereignis mit einer bestimmten zeitlichen Frequenz zu betrachten** – Die Aktivierung eines Gens ist ein Einzelereignis. Ein Molekül RNA-Polymerase kopiert das Gen pro Ereignis einmal mit der konstanten, nicht regulierten Geschwindigkeit von etwa 20 Nucleotiden pro Sekunde (in Eukaryonten). Danach ist eine nächste Aktivierung des Gens für die Herstellung einer weiteren RNA-Kopie notwendig. Ein sehr aktives Gen kann mehrere Male pro Minute pro Zelle transkribiert werden; die Transkription eines schwach exprimierten Gens hingegen kann in einer Zelle über mehrere Tage hinweg auch nur einmal erfolgen. Wenn die produzierte mRNA und das Protein jedoch stabil sind, kann die biologische Aktivität des Genprodukts trotz der niedrigen Transkriptionsrate permanent in der betreffenden Zelle zu beobachten sein.

■ Jedes Gen wird individuell durch mehrere Genregulatorproteine gesteuert. Deren Wirkung auf die Frequenz der Genexpression entspricht der Summe aller positiven und negativen Effekte.

## 11.4
## Posttranskriptionale Regulation der Genexpression

**Ein Gen kann mehrere Varianten eines Proteins codieren** – Bei gewissen primären Transkriptionsprodukten (prä-mRNAs) werden durch alternatives Spleißen unterschiedliche reife mRNAs erzeugt, die bei der Translation zu Varianten des Proteins führen. Diese Art der Genregulation hat somit eine qualitative Veränderung des Genprodukts zur Folge: Eine Reihe von Proteinen tritt in unterschiedlich langen Versionen mit Deletionen oder Insertionen bestimmter Segmente auf. Die Versionen werden jeweils vom gleichen Gen codiert. Typische Beispiele solcher alternativ gespleißter Proteine sind das Fibronectin der extrazellulären Matrix, das *N-CAM* (ein Rezeptorprotein für extrazelluläre Matrix) und der *Vascular Endothelial Growth Factor* (VEGF), ein Wachstumsfaktor.

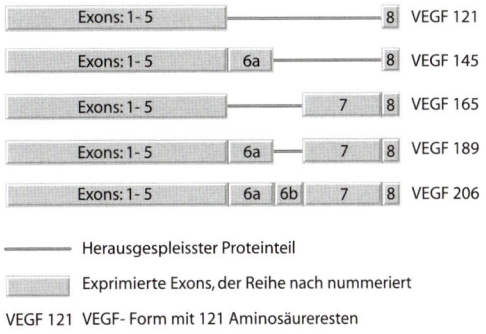

Exons: 1- 5 | 8 | VEGF 121
Exons: 1- 5 | 6a | 8 | VEGF 145
Exons: 1- 5 | 7 | 8 | VEGF 165
Exons: 1- 5 | 6a | 7 | 8 | VEGF 189
Exons: 1- 5 | 6a | 6b | 7 | 8 | VEGF 206

——— Herausgespleisster Proteinteil

▨ Exprimierte Exons, der Reihe nach nummeriert

VEGF 121  VEGF- Form mit 121 Aminosäureresten

Weitere wichtige Beispiele für alternatives Spleißen finden sich bei den Immunglobulinen (s. Kapitel 34.4).

**Bakterielle mRNA ist sehr kurzlebig, die Stabilität eukaryontischer mRNA ist höher und variiert beträchtlich** – Die Halbwertszeiten der meisten bakteriellen mRNAs liegen im Bereich weniger Minuten. Im Gegensatz dazu variiert die Halbwertszeit eukaryontischer mRNAs über einen weiten Bereich. Mit einer Halbwertszeit von etwa 10 h ist die Globin-mRNA recht stabil, mRNAs von Wachstumsfaktoren von etwa gleicher Länge sind mit etwa 30 min Halbwertszeit wesentlich kurzlebiger. Die Stabilität einer mRNA wird durch ihre Struktur bestimmt. RNA-bindende Proteine und insbesondere an Ribosomen gekoppelte Nucleasen bauen gewisse mRNAs bevorzugt ab. Der Abbau bestimmter mRNAs kann durch hormonale Signale beeinflusst sein: Die mRNA von Casein, einem Protein in der Milch, zeigt ohne Prolactin eine Halbwertszeit von 5 h und mit Prolactin, das die Milchbildung einleitet und unterhält, eine von 92 h.

Die Regulation der Globinsynthese ist ein Beispiel für Regulation auf dem Niveau der Translation – In den Reticulocyten, den Vorläuferzellen der roten Blutkörperchen, wird Hämoglobin in großer Menge bereitgestellt. Wird zu wenig Häm, die prosthetische Gruppe, produziert, so kommt die Globinsynthese sofort zum Stillstand. Eine Signalübermittlungskette verhindert den Start der Translation. Andere Regulationsmechanismen der Translation, z. B. durch RNA-bindende Proteine, sind ebenfalls bekannt.

Verschiedene posttranskriptionale und posttranslationale Modifikationen beeinflussen die biologische Aktivität von Genprodukten – Das Netzwerk der intrazellulären Signaltransduktion beeinflusst nicht nur die Aktivität der genregulatorischen Transkriptionsfaktoren (s. Kapitel 11.2), verschiedene Genprodukte (RNAs und Proteine) werden nach ihrer Synthese durch Enzyme modifiziert und dadurch in ihrer biologischen Aktivität beeinflusst. Gut bekannt sind die proteolytische Aktivierung inaktiver Enzymvarianten und die häufigen Phosphorylierungen und Dephosphorylierungen von Enzymen.

## 11.5
## Programmierung der Genexpression durch koordinierte Expression von Gengruppen

Während der Differenzierung und Spezialisierung der Zellen laufen Umprogrammierungen der Expression ganzer Gengruppen ab – Bisher haben wir die Mechanismen der Expression einzelner Gene betrachtet. Nun werden wir die qualitative Spezialisierung der zelltypspezifischen Genexpression besprechen. Diese Thematik hängt mit der fundamentalen entwicklungsbiologischen Frage nach den Mechanismen der Zelldifferenzierung und Spezialisierung zusammen: Wie entwickelt sich aus einer undifferenzierten Eizelle ein kompletter Organismus mit seinen

spezialisierten Zellen? Die Kenntnisse auf diesem Gebiet sind noch lückenhaft und die Mechanismen der Zelldifferenzierung und Spezialisierung sind ein wichtiges Thema der aktuellen Forschung. Wir werden uns deswegen zum Teil mit eher allgemeinen Vorstellungen über solche Programmierungsmechanismen begnügen müssen. Die Leistungsprogrammierung von Zellen in einer bestimmten Entwicklungsphase (z. B. im Zellzyklus oder während der Ontogenese) oder als Adaptation an veränderte Verhältnisse (z. B. Regeneration, Wundheilung) kommt zustande durch eine selektive Programmierung der Expression der vorhandenen Gene. Gewisse Gene müssen aktiviert, andere reprimiert werden, temporär oder permanent. Folgende Mechanismen sind dabei am Werk:
– Programmierte Exponierung der DNA im Chromatin,
– Aktivierung und Koordination durch ein Mastergen,
– Fixierung der Expression durch DNA-Methylierung.

Für die programmierte Exponierung der DNA im Chromatin ist eine Dekondensation notwendig – Die Dekondensation macht die betroffenen Gene für die Transkriptionsmaschinerie zugänglich. Das so genannte *Puffing* (Aufblähen) polytäner Riesenchromosomen in den Speicheldrüsen der Fruchtfliege *Drosophila* lässt die Dekondensation gut sichtbar werden, weil in den polytänen Chromosomen etwa 1000 identische DNA-Moleküle parallel zueinander angeordnet sind. Der lokale Einbau radioaktiv markierter Ribonucleotide in die Transkripte in den Regionen der Puffs lässt sich durch Radioautographie (Exposition von lokal aufgetragener Röntgenfilm-Emulsion) mikroskopischer Präparate direkt darstellen. Die Silberkörner (schwarze Flecken) sind nach der Entwicklung des gefärbten Präparats im Mikroskop sichtbar und befinden sich in den Regionen, wo RNA synthetisiert worden ist.

Die Aktivierung einer Reihe von Genen kann durch ein übergeordnetes Master-

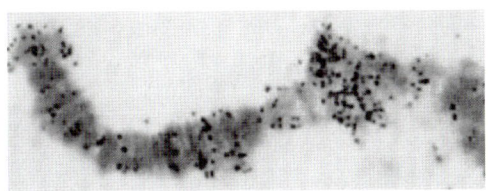

**gen koordiniert werden** – Wenn ein solches Mastergen aktiviert ist, wird eine Reihe von Genen stärker oder weniger stark exprimiert. Die Idee eines solchen Mastergens ist naheliegend:

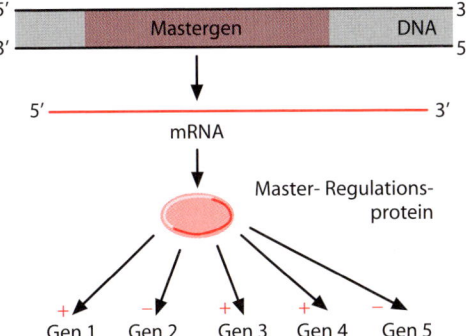

Ein typisches Beispiel eines Mastergens stellt der Transkriptionsfaktor MyoD dar, welcher die Entwicklung von Muskelzellen steuert. MyoD wird nur in Myoblasten exprimiert, nicht aber in anderen Zelltypen. Der Nachweis seiner Funktion gelang dadurch, dass man ein MyoD-Gen in Fibroblasten zur Expression brachte. Diese Fibroblasten synthetisierten danach Muskelproteine, die sie sonst nicht enthielten und entwickelten eine muskeltypische Zellmorphologie. Es gelang also, mittels Expression des einzelnen MyoD-Mastergens, Fibroblasten zu Muskelzellen umzuwandeln. Andere Beispiele solcher Mastergene kennt man aus entwicklungsbiologischen Studien an der Fruchtfliege *Drosophila*. Die Bildung der Körpersegmente der Fliege wird durch Gene von Homeo-Domänen-Transkriptionsfaktoren (Homeobox- oder Hox-Gene) kontrolliert. In anderen Fällen steuern ähnliche Gene beispielsweise die Bildung einer Extremität oder der Augen.

**Die Umstrukturierung von Genen kann regulatorische Konsequenzen nach sich ziehen** – Die Umplatzierung von Genabschnitten in eine neue regulatorische Umgebung in bestimmten somatischen Zellen ist typisch für Gene des Immunsystems (s. Kapitel 34.4). Ein weiteres Beispiel dieser Art sind die regulatorischen Effekte durch Einfügung (Insertion) von Onkogenen in Chromosomen (s. Kapitel 12.3).

**Ein bestimmtes Expressionsmuster kann mittels Methylierung der DNA in der Kontrollregion der betroffenen Gene fixiert werden** – Dieser Mechanismus zur Programmierung der Genexpression findet sich nur bei Vertebraten. Gewisse Cytosinbasen werden in Position 5 methyliert.

Bei Säugern sind etwa 70% der CG-Sequenzen methyliert und können dank der Resistenz der DNA gegenüber der Verdauung mit bestimmten Restriktionsendonucleasen nachgewiesen werden. Die Methylierungen kommen in bestimmten Regionen mit hohem Gehalt benachbarter C- und G-Nucleotide (CpG-Inseln, *CpG islands*) gehäuft vor. In der Regel bewirkt die Methylierung einer oder mehrerer spezifischer CpG-Inseln eine Reduktion der Expression des betroffenen Gens.

■ Was steht am Anfang einer regulatorischen Kette? Das *Primum movens*, ein Regulator, welcher am Anfang jeder Regulation steht, existiert nicht. Die Zelle stellt ein regulatorisches Netzwerk dar, ohne Anfang und ohne Ende.

# 12 Plasmide und Viren

Eine wichtige Rolle bei der Wechselwirkung von Plasmiden und Viren mit ihren Wirtszellen spielt die **genetische Rekombination**, d.h. der Austausch von DNA-Stücken. Die Gesamtheit der DNA eines Organismus ist kein starres Gefüge von Genen, sondern eine Zusammenlagerung vieler einzelner konservierter DNA-Segmente. Diese Segmente sind durch **Transposition** örtlich verschiebbar, sowohl innerhalb eines Chromosoms wie auch zwischen Chromosomen. Man spricht deshalb von mobilen genetischen Elementen oder **Transposons,** die durch Rekombination während der Phylogenese (Evolution der verschiedenen Spezies), Ontogenese (Individualentwicklung) und Zelldifferenzierung neu arrangiert werden können. Rekombinationsenzyme, welche spezifische Nucleotidsequenzen in den neu zu kombinierenden DNA-Molekülen erkennen und die nötigen Bindungswechsel katalysieren, bilden eine Voraussetzung für den genetischen Austauschprozess. Insertionssequenzen im Transposon und der Akzeptorregion bestimmen den Ort des Austauschs.

Das Phänomen der Integration und der Entfernung mobiler DNA-Segmente wurde zuerst bei der Infektion von Bakterien durch Viren (Bakteriophagen) beobachtet. Am einfachsten aber lässt sich die genetische Rekombination anhand der so genannten bakteriellen Resistenzfaktoren, der **Plasmide**, darstellen.

Es gibt eine Vielzahl von **Transposons** im menschlichen Genom. Oft kommt eine solche Sequenz in mehrfachen Kopien vor. Transposonsequenzen bilden mit etwa 20% des Genoms den Hauptteil der hochrepetitiven DNA. Es gibt wohl kaum einen Organismus, welcher nicht von Viren befallen werden kann und der nicht umgekehrte Wiederholungen (*Inverted repeats*) als typische Spuren von Transposition enthält:

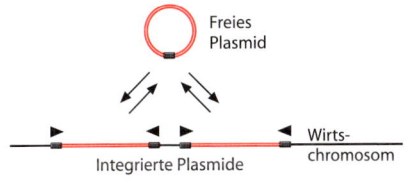

Freies
Plasmid

Wirts-
chromosom

Integrierte Plasmide

Der Austausch mobiler genetischer Elemente erfolgt oft über die Zwischenstufe eines Plasmids oder eines Virus
▶◀ *Repeats*

## 12.1
## Plasmide

**Ein Plasmid verleiht seiner Wirtszelle Resistenz gegen ein Antibiotikum** – Plasmide (Resistenzfaktoren) wurden entdeckt, als Bakterienstämme von medizinischer Bedeutung gegen **Antibiotika** (z.B. Penicillin) resistent wurden.

Bakterien teilen sich sehr rasch. Eine Bakterienpopulation kann sich in 20 Minuten verdoppeln. Über Nacht kann aus einem einzelnen Bakterium eine so große Nachkommenschaft entstehen, dass das Zellhäufchen als Kolonie mit bloßem Auge sichtbar wird. Die genetisch identischen Nachkommen eines einzelnen Individuums werden als **Klon** oder **Stamm** (*Strain*) bezeichnet:

**Antibiotikum** (Plural: Antibiotika): Natürliches Produkt aus Pilzen, Bakterien, Flechten usw., das spezifisch das Bakterienwachstum hemmt. Halb- und vollsynthetische Derivate solcher Stoffe werden ebenfalls als Antibiotika bezeichnet.

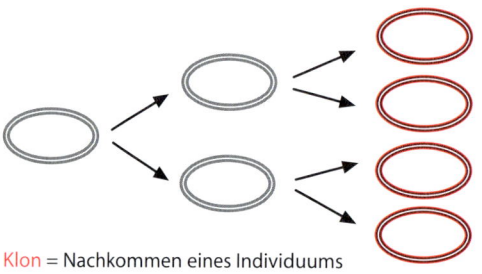

Klon = Nachkommen eines Individuums

Die erfreuliche Tatsache, dass wir heute über ein großes Arsenal von Antibiotika verfügen (Tabelle 12.1), darf nicht darüber hinwegtäuschen, dass sich die Bakterien als Reaktion auf die zunehmende Verwendung dieser wirksamen Mittel verändern: Einzelne Bakterienstämme haben Resistenz gegenüber gewissen Antibiotika entwickelt. Infektionen mit diesen Erregern sind ein großes medizinisches Problem.

**Der Resistenzmechanismus kann sehr verschieden sein und kann gegen nur eines oder auch gegen mehrere Antibiotika wirken** – Das Antibiotikum kann durch Spaltung einer Bindung beschleunigt abgebaut werden, z. B. durch Penicillinase ($\beta$-Lactamase), oder durch chemische Modifikation inaktiviert werden (Chloramphenicol-Transacetylase). Bakterien können effiziente Exportsysteme entwickeln, welche die Antibiotika aus der Zelle herauspumpen (z. B. Tetracyclin-Resistenz). Schließlich kann auch das Zielmolekül, an welches das Antibiotikum bindet, verändert werden (Gyrase-Mutation bei Fluoroquinolonen oder Methylierung von rRNA im Fall von Erythromycin).

**Tabelle 12.1.** Wirkungsziele verschiedener antimikrobieller Agenzien. Rifampicin ist ein Hemmstoff der bakteriellen RNA-Polymerase und hemmt das entsprechende eukaryontische Enzym nicht. Die Inhibitoren der 50S-Ribosomen-Untereinheit sind ebenfalls bakterienspezifisch und binden an die Peptidyltransferasestelle. Die Inhibitoren der bakteriellen 30S-Ribosomen-Untereinheit binden an die t-RNA-Akzeptorstelle. Hemmstoffe des Folsäuremetabolismus sind keine Antibiotika im engeren Sinn. Menschliche Zellen nehmen Folsäure als Vitamin aus der Nahrung auf und sind deshalb unabhängig vom entsprechenden Syntheseweg

| Antimikrobielle Agenzien | Wirkungsziel |
| --- | --- |
| Bacitracin, Carbapeneme, Cephalosporine, Cycloserin, Monobactame, Penicilline, Teichoplanin, Vancomycin | Zellwandsynthese |
| Trimethoprim | Dihydrofolat-Reduktase |
| Sulfonamide | Synthese von Folsäure |
| Polymyxine | Zellmembran |
| Tetracycline, Spectinomycin | 30S-Untereinheit bakterieller Ribosomen |
| Chloramphenicol; Clindamycin, Erythromycin (Makrolide) | 50S-Untereinheit bakterieller Ribosomen |
| Mupirocin | tRNA |
| Rifampicin | Bakterielle RNA-Polymerase |
| Chinolone | Topoisomerase II (DNA-Gyrase), hemmen Entdrillung der DNA |

Penicillin
R= Benzyl

Ampicillin
R= Benzylamin

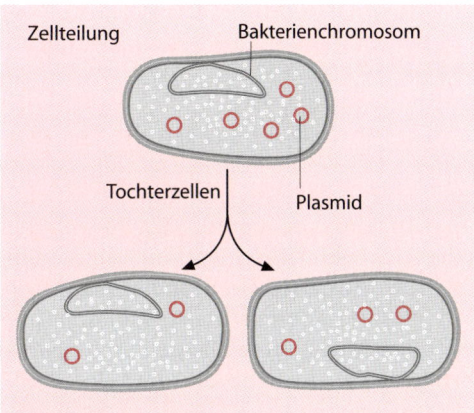

$R$

$C=O$

$HN$

$HC$ — $C$ — $S$ — $C$ — $CH_3$

$H$ $CH_3$

$C$ — $N$ — $C$ — $COO^-$

$O$ $H$

Reaktive Peptidbindung
des β- Lactamrings

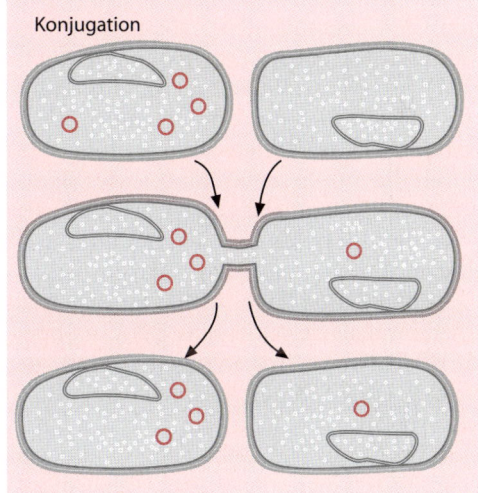

**Die Resistenz gegen ein Antibiotikum wird in der Regel nicht jedes Mal neu entwickelt, sondern von einer anderen Bakterienzelle übernommen** – Die neu erworbenen Eigenschaften sind auf Übertragung von mobilen genetischen Elementen zurückzuführen. Solche mobilen genetischen Elemente können als akzessorische Chromosomen betrachtet werden. Man bezeichnet sie als **Plasmide**. Sie bestehen aus zirkulärer doppelsträngiger DNA, welche unabhängig vom bakteriellen Chromosom vermehrt wird und von Zelle zu Zelle weitergegeben werden kann. Pro Zelle können bis 20 Kopien eines Plasmids vorhanden sein, in gentechnologischen Applikationen werden bis zu 100 Kopien erreicht. Nicht nur die Replikation der Plasmide sondern auch die Expression der Gene auf den Plasmiden erfolgt unabhängig von den entsprechenden chromosomalen Prozessen.

**Plasmide** werden bei der Zellteilung oft ungleichmäßig auf die Tochterzellen verteilt. Sie können auch durch Konjugation (Paarbildung mit Hilfe von F-Pili oder Sex-Pili) zwischen Zellen ausgetauscht werden.

**Plasmide können auch in die chromosomale DNA integriert und so an Tochterzellen weitergegeben werden** – Diese Integration ist ein reversibler Prozess, der in ähnlicher Weise auch bei **Bakteriophagen**, d. h. Viren, die Bakterien befallen, auftritt. Plasmide unterscheiden sich dadurch von Bakteriophagen, dass sie keine Proteinhülle aufweisen und somit aus nackter DNA bestehen. Plasmide können demnach als eine primitivere Form von Viren aufgefasst werden. Vielen ihrer Eigenschaften werden wir bei den Viren wieder begegnen. Sowohl Plasmide wie auch Viren sind wichtige Werkzeuge der Gentechnik.

■ **Plasmid** = ringförmige extrachromosomale doppelsträngige DNA

**Virus** = DNA oder RNA und Protein(e), eventuell auch Lipide aus Zellmembran.

**Struktur und Wirkungsweise der Plasmide** – Die Größe von Plasmiden ist variabel und liegt zwischen etwa 3000 und über 100 000 Basenpaaren. Ein Plasmid benutzt die bakterielle Maschinerie zur Replikation, Transkription und Translation. Ein Plasmid kann sich also unbeschränkt vermehren und seine DNA zur Expression bringen, z. B. die Synthese eines Resistenzenzyms wie der $\beta$-Lactamase veranlassen.

Ein einfaches Plasmid ist aus den folgenden DNA-Segmenten aufgebaut: Eine Replikations-Startstelle (*Origin of replication* = ORI), eine Insertionssequenz, ein Transposase-Gen und ein oder mehrere Resistenzgene. Das Transposase-Protein wird durch die Synthesemaschinerie des Bakteriums aufgebaut und katalysiert die Insertion des Plasmids ins Wirtsgenom bzw. dessen Exzision aus dem Wirtsgenom.

In den Zellen liegt die Plasmid-DNA als überspiralisierte geknäuelte DNA in Supercoil-Form vor. Wird wenigstens einer der beiden DNA-Stränge beispielsweise durch Scherkräfte gespalten, löst sich die Überspiralisierung. Die DNA geht in die entspannte zirkuläre Form über. Ein Doppelstrangbruch, wie er durch eine enzymatische Spaltung entstehen kann, führt DNA der Supercoil-Form oder der entspannten zirkulären Form in lineare DNA über.

**Integration eines Plasmids in chromosomale Zell-DNA** – Mobile genetische Elemente werden an den verschiedendsten Orten ins Genom eingebaut. Der Einbau mobiler genetischer Elemente in die chromosomale DNA kann auf zwei Arten erfolgen, je nachdem ob eine Homologie (teilweise Sequenzidentität) zwischen Transposon und Akzeptorregion besteht oder nicht. **Der Integrationsmodus ohne Homologie führt zum Auftreten von *Inverted repeats*** (umgekehrte Wiederholungs-Sequenzen) und zur Duplikation von Segmenten in der DNA (Abb. 12.1). Der Ort der Integration wird durch die Transposase bestimmt. Sie erkennt ein **Palindrom** in der Plasmid-DNA und schneidet dieses bei seiner zentralen Symmetrieachse auf. Das Wirtschromosom wird an einer beliebigen Stelle mit einem versetzten Schnitt geöffnet und das Transposon wird dort von der Transposase mit Hilfe wirtseigener DNA-Polymerase und DNA-Ligase eingefügt. In der Folge entstehen an den Enden der Insertion die *Inverted repeats*, die aus dem Plasmid stammen.

> Ein Palindrom zeichnet sich durch eine zweizählige Symmetrieachse (Punktsymmetrie, Rotation um 180°) aus. Die Sequenz vom 5'- zum 3'-Ende des einen Strangs liest sich gleich wie die Sequenz vom 5'- zum 3'-Ende des anderen. Ein Palindrom in der Sprache hingegen liest sich von vorne gleich wie von hinten, z. B. „Anna".

Formen der Plasmid-DNA

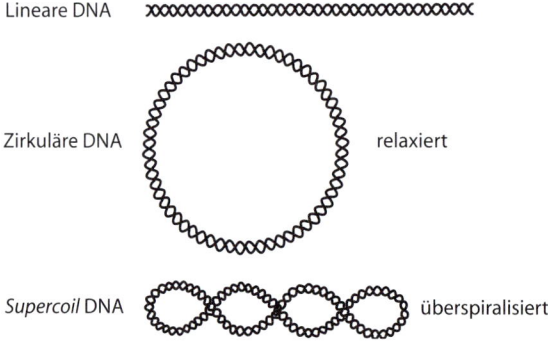

Lineare DNA

Zirkuläre DNA            relaxiert

*Supercoil* DNA            überspiralisiert

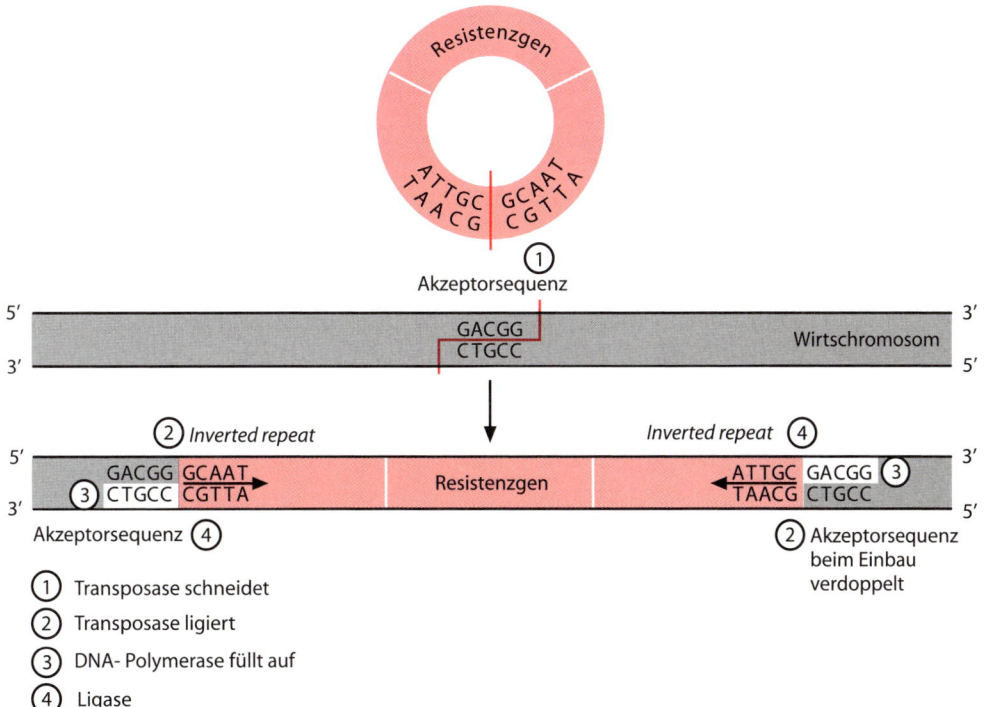

**Abb. 12.1.** Integration eines Plasmids ohne Homologie zur Nucleotidsequenz der chromosomalen DNA. Die Transposase schneidet das Plasmid glattendig und die Akzeptor-DNA mit Überhängen und bringt die Enden danach für Ligation und Auffüllen der Einzelstranglücke zusammen. Weil die an den Überhängen auf einem Strang fehlende DNA durch eine DNA-Polymerasereaktion ersetzt wird, erfolgt eine Verdoppelung der Akzeptorsequenz

Die Orientierung des inserierten DNA-Stücks (z.B. die Ableserichtung eines Gens) bleibt unbestimmt. Die Wiederholung des Integrationsvorgangs kann zum Einbau zahlreicher Kopien eines Transposon-codierten Gens führen:

können. Die hier bei den Plasmiden abgehandelten Integrationsmechanismen tragen auch zum Verständnis bei für die Vorgänge, die der Infektion von Zellen durch Viren und der Reproduktion von Viren zugrunde liegen.

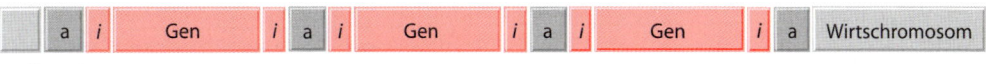

a= Akzeptorsequenz
*i* = Inverted repeats

**Bei der Homologie-abhängigen Integration ist die kurze palindromische Insertionssequenz homolog zur Sequenz am Insertionsort** (Abb. 12.2) – Die Transposase schneidet das Plasmid und die Akzeptor-DNA an den homologen Sequenzabschnitten mit versetzten Schnittstellen, so dass gleiche DNA-Enden entstehen, welche daraufhin direkt von einer Ligase des Wirts kovalent verbunden werden

■ Plasmide können als mobile genetische Elemente Antibiotikaresistenz zwischen Bakterienstämmen übertragen. Die Selektionsmöglichkeit mit Antibiotika sowie die Flexibilität und Mobilität der Plasmide haben sie in der Gentechnologie zu nützlichen Standard-Vehikeln für DNA-Segmente gemacht.

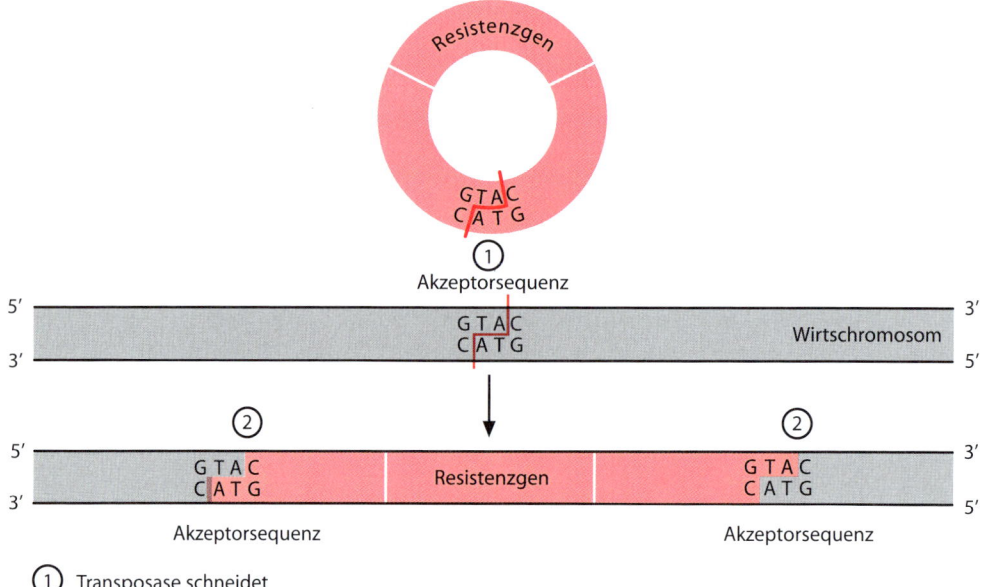

1 Transposase schneidet

2 Transposase ligiert

**Abb. 12.2.** Integration eines Plasmids mit Homologie zur Nucleotidsequenz der chromosomalen DNA. Die Transposase schneidet Plasmid und Akzeptor-DNA und fügt sie danach zusammen. Der Schnitt ist versetzt und erfolgt in beiden DNAs in einem Segment mit gleicher DNA-Sequenz, so dass die überhängenden Enden der DNA miteinander hybridisieren und nur noch ligiert werden müssen. Nach erfolgter Rekombination liegt beiderseits der Insertion eine Akzeptorsequenz vor (*Repeats*)

## 12.2
## Viren

Viren sind, wie Plasmide, Zellparasiten, die sich nicht selbst reproduzieren können – Sie infizieren zu diesem Zweck Zellen und verwenden deren Maschinerie für die Replikation, Transkription und Translation unter Beanspruchung von zelleigenen Energiequellen und Bausteinen. Die zellulären Prozesse werden vom Virus umprogrammiert, so dass sie neues Virusmaterial (Nucleinsäure und Protein) bereitstellen, was oft zur Beschädigung oder gar zum Tod der Wirtszelle führt. Viren sind absolute Parasiten. Im Unterschied zu Mikroorganismen besitzen sie keinen eigenen Stoffwechsel zur Bereitstellung von Bausteinen und ATP. Sie sind daher nicht zu den Lebewesen zu zählen. Sie sind am ehesten, wie die noch primitiveren Plasmide, als **vagabundierende Gene** zu betrachten.

Viren enthalten immer nur entweder DNA oder RNA als genetisches Material, nie beide zusammen – Man unterscheidet deshalb **RNA-Viren** und **DNA-Viren**. Der Nucleinsäuregehalt und dementsprechend der Informationsgehalt viraler Genome ist äußerst variabel. Je nach Virus finden sich 1–200 verschiedene Virusproteine mit strukturellen und katalytischen Funktionen. Die Hüllproteine umschließen die DNA, während Enzyme für die Reproduktion der Viren zuständig sind. Nicht nur der Gengehalt sondern auch die Größe und strukturelle Komplexität der Viren ist sehr variabel. Oft trifft man geometrisch reguläre Strukturen an. Viren können daher kristallisiert werden und mit röntgenkristallographischen Methoden mit atomarer Auflösung untersucht werden.

**Polyeder**
Poliovirus (Kinderlähmung)
Bakteriophagen

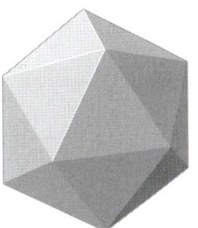

Ikosaeder mit
20 Dreiecksflächen

**Helix**
Tabakmosaikvirus

Viele Untereinheiten
bilden Stäbchen
(bei dieser Vergrößerung
2–3 m lang)

**Kugel**
Influenzavirus;
HIV=Human immuno-
deficiency virus, AIDS-Virus

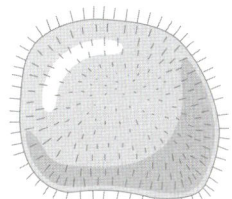

**Einteilung der Viren** – Viren stellen eine sehr heterogene Gruppe von Zellparasiten dar. Man teilt die Viren nach diversen Gesichtspunkten ein: Typ der Wirtszelle, Art der Folge der Infektion, Art der Nucleinsäure und deren Replikation usw. Das **International Committee on Taxonomy of Viruses** legt die Taxonomie der Viren offiziell fest (siehe: Virus Taxonomy (2000) The Seventh Report of the International Committee on Taxonomy of Viruses, 1$^{st}$ ed. Academic Press). Unsere nun folgenden Betrachtungen basieren nicht auf der offiziellen Taxonomie. Wir stellen in der Folge nur diejenigen viralen Eigenschaften vor, welche im Zusammenhang mit den zu diskutierenden biologischen Effekten von Virusinfektionen als besonders interessant erscheinen.

Die Wirtszellen der **Bakteriophagen** (kurz auch Phagen genannt) sind Bakterien, z. B. *E. coli* für T4- oder Lambda-Phagen. Außerdem sind pflanzliche und tierische Viren zu unterscheiden.

**Lytische Viren** führen am Ende ihres Vermehrungszyklus zur Öffnung der Zellmembran. Unter Umständen können dieselben Viren aber auch im **lysogenen Zustand** als temperierte (=abgeschwächte) Viren zusammen mit der Zelle vermehrt werden, was z.B. beim Bakteriophagen Lambda und bei Retroviren beobachtet wird (Abb. 12.3).

Man kann in einer vereinfachenden Einteilung sechs Virusklassen aufgrund des Typs der viralen Nucleinsäure und nach Art der Bildung der mRNA unterscheiden (Abb. 12.4). Im Folgenden werden die Lebenszyklen der Virusklassen I und VI wegen ihrer Bedeutung als Tumorviren und als Werkzeuge der Gentechnik vorgestellt.

Die doppelsträngige DNA enthaltenden **Viren der Klasse I** adsorbieren an die Zielzelle und injizieren ihre DNA (Abb. 12.5). Diese wird durch die wirtseigene Maschinerie in mRNA transkribiert und ebenfalls durch Wirtsenzyme repliziert. Wirtsribosomen synthetisieren neue virale Proteine. Die Zusammenlagerung der neuen Viruspartikel erfolgt spontan durch Selbstorganisation im Cytoplasma der Zelle. Schließlich leitet eine viral codierte DNAse den Abbau der zelleigenen DNA ein. Die Zelle wird lysiert und die freigesetzten Viren können erneut Zellen befallen. In einzelnen Fällen kann die doppelsträngige DNA des Virus ins Genom der Zelle eingebaut werden.

Die **Retroviren der Klasse VI** adsorbieren an Rezeptoren der Zelloberfläche und gelangen durch einen Transportprozess (Endocytose) ins Cytoplasma (Abb. 12.6). Die virale Plus-Strang-RNA wird durch eine schon im Virus vorhandene **Retro-Transkriptase (Reverse Transkriptase)** in einen komplementären DNA-Minus-Strang kopiert und nochmals vom selben Enzym zu einem DNA-Doppelstrang umgewandelt (daher der Name der Virusklasse). Diese doppelsträngige DNA kann an

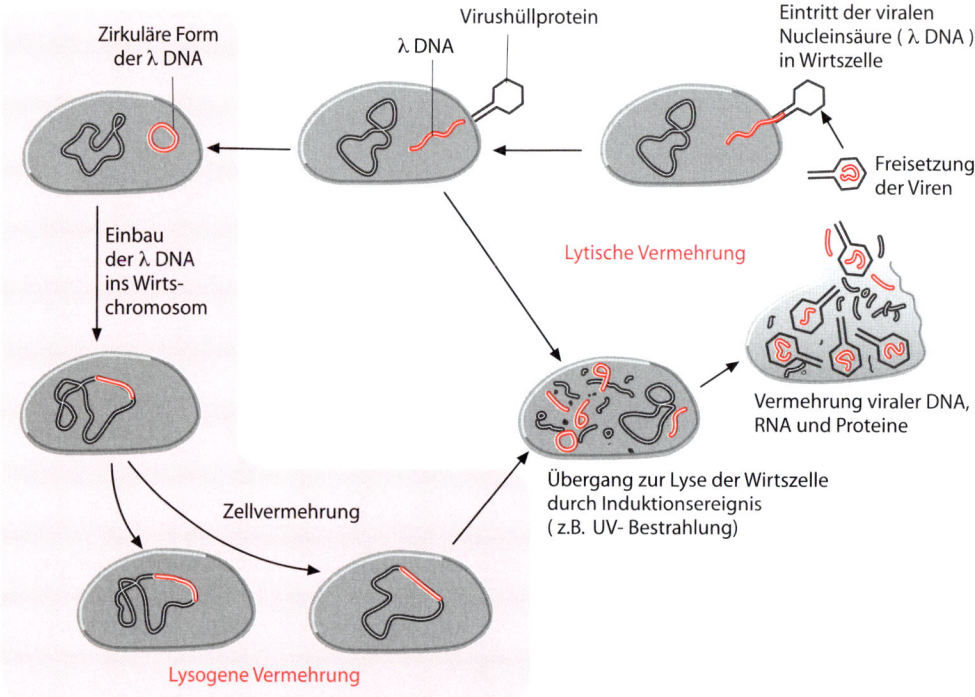

**Abb. 12.3.** Lysogene und lytische Vermehrung des Bakteriophagen Lambda. Der Bakteriophage Lambda ist nur eines unter vielen Viren, welche sich durch zwei verschiedene Lebenszyklen den jeweils herrschenden Umgebungsbedingungen anpassen. Sind die Lebensbedingungen für den Wirt stressig, kann sich das Virus durch rasche Synthese seiner viralen Produkte und nachfolgende Lyse der Wirtszelle stark vermehren und freisetzen. Unter bestimmten für die Wirtszelle günstigen Voraussetzungen kann das Genom des Virus aber ins Genom des Wirts übertragen werden und sich dort für viele Generationen zusammen mit der Wirts-DNA kaum bemerkt vermehren

beliebiger Stelle in ein Chromosom der Wirtszelle integriert werden und beginnt so eine Existenz als **provirale DNA**. Diese provirale DNA bleibt oft lebenslang im Genom der Zelle und ihrer Tochterzellen und kann unter Umständen tumorigen sein. Virale Genprodukte (RNA und Proteine) werden ausgehend vom Provirus durch Wirtsenzyme produziert, die neuen Viruspartikel lagern sich spontan zusammen und verlassen die Zelle via Membrantransport (Exocytose). Dabei nehmen sie in gewissen Fällen die Lipide und Proteine ihrer Hülle aus der Zellmembran mit.

Eine DNA, welche als **Kopie einer mRNA durch Retrotranskription** entsteht, heißt *copy-DNA*, *complementary DNA* oder **cDNA**. Es ist wesentlich einfacher, im Labor mit DNA zu arbeiten als mit RNA, weil

RNA sehr leicht durch häufig vorkommende und schwer aus Reagenzien fernzuhaltende RNAsen abgebaut wird. Deshalb ist die Reverse Transkriptase zu einem wichtigen Werkzeug der Molekularbiologen geworden.

Alle Viren sind Parasiten, Retroviren jedoch sind es im höchsten Grad: Das virale Genom ist stabil im Wirtsgenom integriert. Wenn sich die infizierten Zellen teilen, so wird das Provirus auf die Tochtergeneration übertragen, die dann unter geeigneten Umständen wieder Viren produzieren kann. Die Virusinfektion wird weitergegeben und kann via Keimbahn auch auf spätere Generationen des Wirts übergreifen. Dieser Befund ist von besonderem Interesse, weil gewisse Viren zur Tumorbildung führen können.

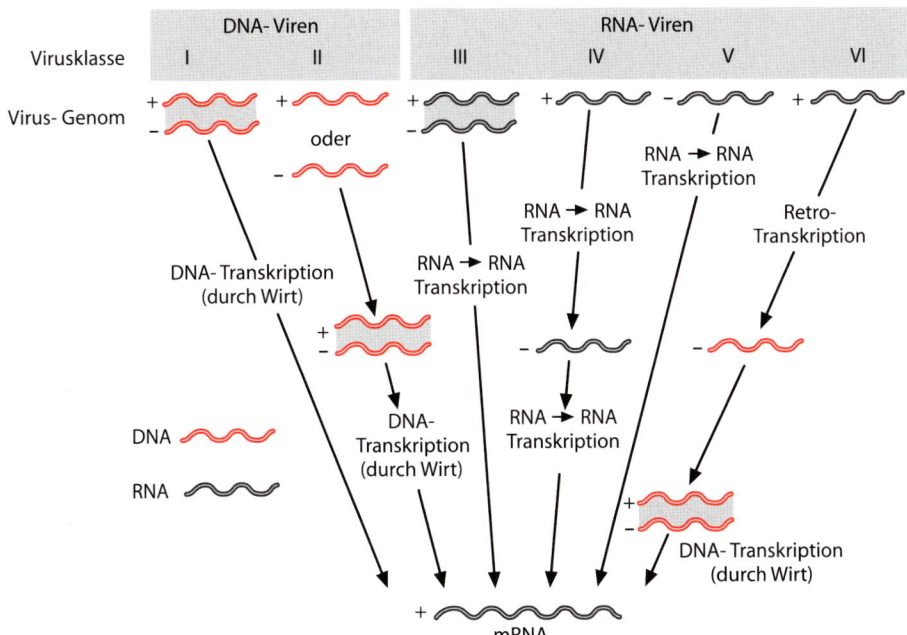

**Abb. 12.4.** Vereinfachte Klassifizierung der Viren nach Art der viralen Nucleinsäure und nach Art der Bildung der mRNA. Gene können in viralen Genomen als doppelsträngige DNA (die übliche Form in Zellen), einzelsträngige DNA oder einzelsträngige RNA vorliegen. Eine einzelsträngige DNA oder RNA kann jeweils auf demjenigen Strang liegen, welcher die gleiche Sequenz (Plus-Strang) wie die mRNA enthält oder welcher der Komplementärstrang (Minus-Strang) dazu ist. Die Transkription erfolgt meist ab dem Minus-Strang einer doppelsträngigen DNA-Matrize oder ab einer RNA-Minus-Strang-Matrize

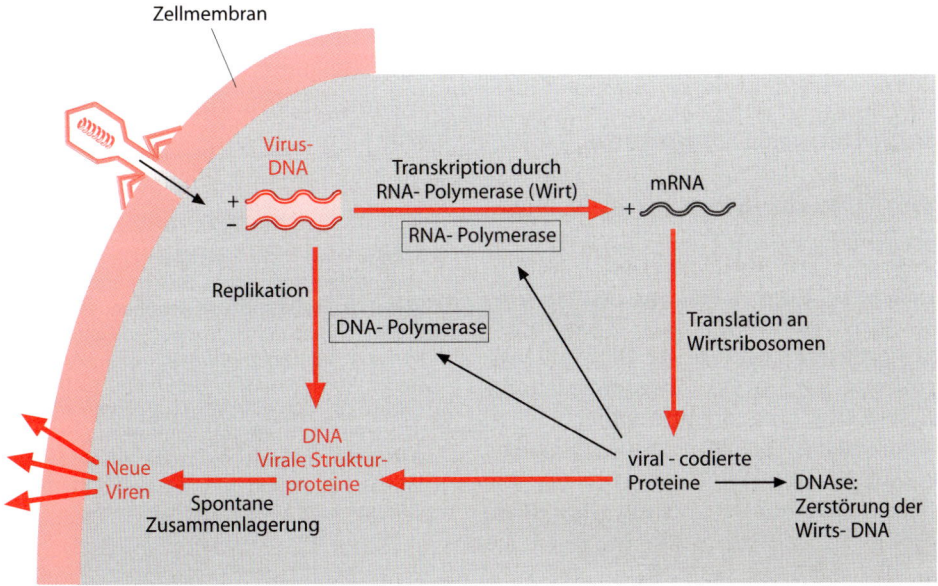

**Abb. 12.5.** Lebenszyklus von Viren der Klasse I. Beispiele: Bakteriophagen T4, T7, Säugerviren wie SV40 (Affen), Vaccinia (Kuhpocken), Variola (menschliche Pocken), Hepatitisvirus (virale Leberentzündung)

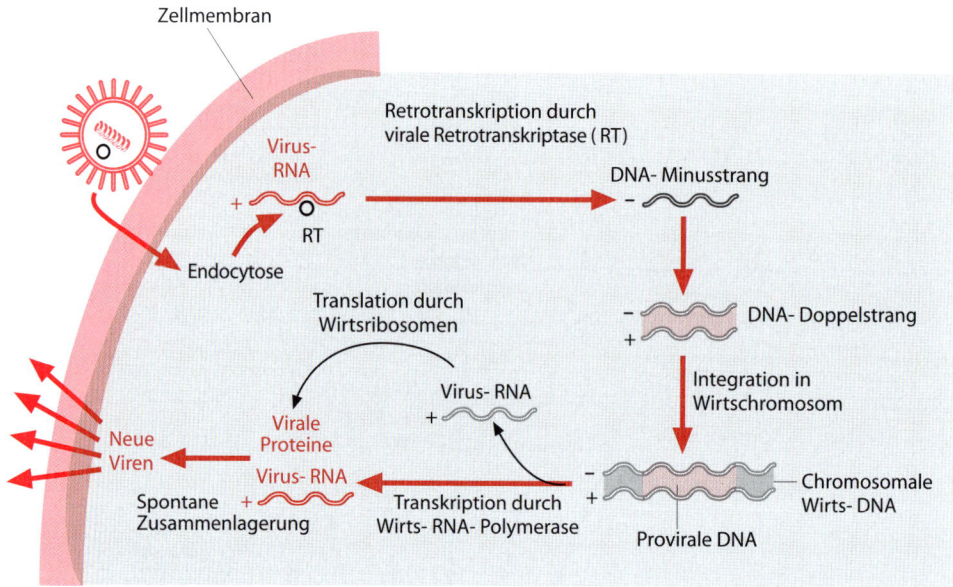

**Abb. 12.6.** Lebenszyklus von Viren der Klasse VI. Beispiele: HIV (*Human immunodeficiency virus*, AIDS-Erreger), RSV (*Rous sarcoma virus*, Sarkomvirus des Huhns), HTLV (*Human T-cell lymphotropic virus*, T-Zell-Leukämien), MMTV (*Mouse mammary tumor virus*, Brustkrebsvirus der Maus)

■ Viren sind vielgestaltige Zellparasiten. Praktisch jeder Zelltyp kann von Viren infiziert werden. Viren können ins Genom der Wirtszelle eingebaut sein, mit ihr vermehrt und später wieder als Virus-Partikel freigesetzt werden.

## 12.3
## Tumorviren und Onkogene

**Viren können ins Genom der Zelle eingebaut werden und in der Folge Tumoren erzeugen** – Viele Virusinfektionen führen zur Zellschädigung oder zum Zelltod. Gewisse Viren jedoch erzeugen Krebs oder auch gutartige Tumore (z. B. Warzen). Normalerweise ist das Gewebewachstum, d. h. die **Zellteilung**, strikt **reguliert**.

Während des Wachstums eines Organismus und bei der Wundheilung übertrifft die Zellproduktion den Zelltod (Apoptose

Lateinisch: *Tumor* = Schwellung

= programmierter Zelltod). Im ausgewachsenen Organismus halten sich Zellproduktion und Zelltod die Waage. Aber hie und da gerät eine Zelle außer Kontrolle, sie proliferiert und produziert Tochterzellen, die sich weiter teilen. Solche Zellen, die von einer einzelnen Zelle abstammen, werden als Zell-Klone bezeichnet. Bei ungehemmter Zellvermehrung entsteht ein Tumor.

Die Zellteilungsraten im menschlichen Körper sind sehr variabel. Die sich am schnellsten teilenden Zellen findet man in den frühen Embryonalstadien. Während der Furchung der befruchteten Oozyte teilen sich die Zellen etwa alle drei Stunden. Dabei nehmen sie allerdings nicht an Größe zu. Die sich am schnellsten teilenden Zellen im adulten Organismus befinden sich im Knochenmark und in der Darmschleimhaut, wo sie sich innerhalb von etwa 24 Stunden verdoppeln.

**Gutartige oder benigne Tumoren** (z. B. Myome oder Adenome) überschreiten die

Gewebegrenzen nicht und bilden keine Ableger. **Bösartige oder maligne Tumoren** (Carcinome, Sarkome und Leukämien) hingegen zeichnen sich durch invasives Wachstum aus, sie respektieren die Gewebegrenzen nicht und penetrieren z. B. Gefäßwände. Tumorzellen gelangen so in die Lymph- und Blutbahnen und können zur Bildung von **Metastasen** (Ablegern) in anderen Geweben führen.

Der Übergang von einer Zelle mit normalem Wachstum zu einer unkontrolliert proliferierenden Zelle wird als **Transformation** bezeichnet. Die Transformation beruht immer auf einer Veränderung im genetischen Programm der Zelle, d. h. in der Regel auf der Veränderung mehrerer

Tumorerzeugende Viren sind bisher nur bei drei Virusklassen beobachtet worden, bei Viren der Klasse I und II sowie bei den Retroviren der Klasse VI (s. Abb. 12.4). Diese Viren zeigen alle als Zwischenstufe in ihrem Lebenszyklus eine dsDNA-Form (ds = doppelsträngig), welche ins Wirtsgenom integrieren kann.

**Tumorerzeugung durch Retroviren** – Von zellulären Genen abstammende Onkogene verursachen Tumorwachstum. Besonders gut untersucht sind die zur Tumorbildung führenden Vorgänge bei den Retroviren. Die provirale DNA des Rous-Sarcoma-Virus ist von Insertionssequenzen begrenzt und enthält die GAG, POL, ENV und v-src-Gene.

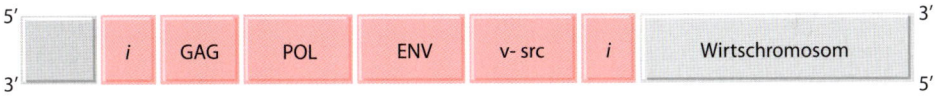

i= Insertionssequenz
GAG = Group-specific antigen ( Capsidprotein )
POL = DNA Polymerase
ENV = Glykoprotein der Hülle
v-src = virales Sarkom-Gen, ein Onkogen

Gene. Wie wird die Zelltransformation ausgelöst? Es gibt vier wichtige Faktoren, welche die Transformation fördern:
- Chemische Stoffe durch Modifikation der DNA,
- Genetische Prädisposition durch mangelhafte DNA-Reparatur,
- Ionisierende Strahlung durch Bildung von $O_2$-Radikalen (s. Kapitel 8.3 und 33.3),
- Tumorviren durch Insertion/Deletion von DNA im Wirtsgenom.

**Die Tumorerzeugung durch Viren wird relativ selten beobachtet** –

> Im Jahr 1911 beobachtete F. Peyton Rous erstmals ein viral übertragenes Sarkom, einen Bindegewebstumor bei Hühnern. Dieser Befund war lange umstritten und Rous erhielt den Nobelpreis erst als 87-Jähriger, 55 Jahre nach der Entdeckung des **Rous Sarcoma Virus** (**RSV**).

Die Insertionssequenzen sind *Long terminal repeats* (LTRs) welche aus redundanten terminalen repetitiven Abschnitten bestehen. Die LTRs sind vergleichbar mit den *Inverted repeats* bei Plasmiden. Dazwischen liegen die proviralen Gene. Das GAG-Gen ist ein Capsidprotein, welches im Wirt antigene Immunreaktionen auslöst. Die virale Retrotranskriptase wird vom POL-Gen spezifiziert. Das ENV-Gen codiert ein Glykoprotein der Virushülle und das v-src-Gen eine Proteinkinase. Diese src-Kinase ist in der Plasmamembran der Wirtszelle verankert und phosphoryliert Tyrosinreste der dortigen Proteine, welche bei der Signalübermittlung und Wachstumskontrolle der Zelle eine wesentliche Rolle spielen. Das src-Gen kann deshalb zur Transformation der Zelle führen und wird zur Klasse der Onkogene gezählt. Die Wirkungsweise der Tumorviren kann durch folgende drei zentrale Beobachtungen umschrieben werden:

– Das Onkogen hat keine Funktion im Virus.
– Das v-src-Gen fehlt bei gewissen RSV-Stämmen und fehlt dann auch im Provirus. Diese RSV-Stämme erzeugen keine Tumoren, folglich ist die Tumorbildung oder Transformation an die Übertragung v-src Gens gebunden. Das übertragene krebserzeugende Gen wird **Onkogen** genannt. Es codiert ein Protein, das **Onkoprotein** (im Fall des src-Gens die src-Tyrosinkinase).
– Das **Virus-Onkogen** (z. B. v-src) ist eng verwandt mit einem Gen in der normalen Wirtszelle, dem **Proto-Onkogen** (z. B. c-src, *cellular src*, zelleigenes Tyrosinkinasegen).

Die enge strukturelle Beziehung zwischen viralen Onkogenen und den entsprechenden zellulären Proto-Onkogenen wirft folgende drei Fragen auf: Was ist der Ursprung der Onkogene? Was ist die normale Funktion der Proto-Onkogene und ihrer Produkte in der Zelle? Was ist der Mechanismus der Krebsentstehung?

**Der Ursprung der viralen Onkogene ist aufgrund der strukturellen Ähnlichkeit mit großer Sicherheit bei den zellulären Proto-Onkogenen zu suchen** – Es hat also eine Übertragung von Genen aus dem Wirtsgenom in die Viren stattgefunden. Dieselben Rekombinations- und Transpositionsmechanismen, wie sie bei der temporären Integration von Plasmid- und Viren-DNA ins Wirtsgenom auftreten, sind für diesen Transfer verantwortlich. Offenbar müssen deshalb alle onkogenen Viren eine dsDNA-Zwischenstufe in ihrem Lebenszyklus durchlaufen. Viren und Plasmide (letztere nur bei Bakterien) dienen als Vehikel, welche Gene in das oder aus dem chromosomalen Genom transportieren können. Dabei können sie virale Gene zurücklassen oder Wirtsgene oder Teile davon mitlaufen lassen und in neue Wirte einführen.

Die Fähigkeit von Plasmiden und Viren, fremde Gene – nicht nur Onkogene – in Wirtszellen einzuschleusen, wird auch biotechnologisch ausgenützt (s. Kapitel

**Tabelle 12.2.** Beispiele von Onkogenen und Proto-Onkogenen. Sämtliche Proteine sind Bestandteile von Signalübermittlungsketten zwischen Rezeptoren von Wachstumsfaktoren und der Genexpression, d.h. Transkriptionsfaktoren. PDGF = *Platelet-Derived Growth Factor*; EGF = *Epidermal Growth Factor*; G-Protein = *Guanyl-nucleotide binding protein*

| Proto-Onkogen | Onkogen | Zelluläres Produkt |
|---|---|---|
| c-sis | v-sis | B-Kette von PDGF |
| c-erb B | v-erb B | EGF-Rezeptor |
| c-erb A | v-erb A | Thyroxin-Rezeptor |
| c-Ha-ras | v-Ha-ras | G-Protein |
| c-src | v-src | Tyrosin-Kinase |
| c-fos | v-fos | Transkriptionsfaktor |
| c-myc | v-myc | Transkriptionsfaktor |

39.2). Es ist auch anzunehmen, dass durch Plasmide und Retroviren vermittelte Transpositionen die Evolution der Organismen beschleunigen. Die Untersuchung verschiedener Beispiele (Tabelle 12.2) hat zum Verständnis der zellulären Funktion der Proto-Onkogene im Bereich der Wachstumskontrolle geführt.

**Proto-Onkogene sind normale Bestandteile des Genoms und codieren harmlose Zellkomponenten mit regulatorischer Funktion** – Sie werden erst zu gefährlichen Onkogenen, wenn sie störend ins regulatorische Netzwerk der Zelle eingreifen. Sie können über verschiedene Wege zu dieser Störfunktion kommen. Beispielsweise kann ein Onkogenprodukt im Übermaß synthetisiert werden. Eine erhöhte Transkriptionsfrequenz des Onkogens kann infolge Stimulierung durch benachbarte virale Kontrollelemente (Enhancer-Sequenzen in der viralen DNA) auftreten. Eine weitere Möglichkeit, die Transkriptionsfrequenz zu erhöhen, besteht in der Amplifikation des viralen Genoms. Wachstumsfaktoren sind wesentlich an der Regulation des Überlebens der Zellen beteiligt; in der Regel hemmen sie den programmierten Zelltod.

Der **programmierte Zelltod** kann in allen Zellen höherer Organismen auftreten. Er wird auch **Apoptose** genannt, s. Kapitel 26.6.

Bei einem Übermaß an Überlebenssignalen werden sich die Zellen unkontrolliert teilen. Die negative Kontrolle des Wachstums durch Apoptose steuert dem entgegen. Wird die Expression eines Gens für einen Apoptose-stimulierenden Faktor durch eine neu erworbene Nachbarschaft zu einem *Silencer* (negativen *Enhancer*) gehemmt, so wird das tumorigene Potential gefördert. Außerdem können Punktmutationen Proto-Onkogene zu Onkogenen konvertieren, indem sie deren Regulierbarkeit verändern, z. B. eine konstitutiv aktive Tyrosinkinase hervorbringen.

**Krebserzeugung durch DNA-Viren** – DNA-Viren schleusen ein eigenes Krebsgen in die Zellen. Im Gegensatz zu den Retroviren, die ein verändertes zelleigenes Gen wieder in die Zelle zurückbringen, führen DNA-Viren der Klasse I und II der Zelle ein fremdes Gen zu, welches ein krebserzeugendes Protein codiert. Dazu wird das virale Genom ins Zellgenom eingebaut. Gewisse DNA-Viren codieren Onkoproteine, die zelluläre Kontrollproteine hemmen. Diese hemmen ihrerseits den Zellzyklus oder fördern die Apoptose. Nehmen wir die Beispiele des E7-Proteins des Papillomavirus (Warzenvirus) und des E1A-Proteins des menschlichen Adenovirus: Beides sind Onkoproteine, welche an das Rb(Retinoblastom)-Protein binden. Das Rb-Protein seinerseits ist ein Tumorsuppressorprotein und hemmt Aktivatoren des Zellzyklus. Durch die Onkoproteine wird die Bindung von Rb-Protein an die Aktivatoren verhindert, so dass der Zellzyklus unkontrolliert abläuft. Wir beobachten also die Hemmung einer Hemmung, woraus sich eine Förderung der Proliferation ergibt.

Andere Tumorvirus-Onkoproteine binden an p53, ein anderes wichtiges Tumorsuppressor-Protein. Das p53-Protein fördert die Apoptose. Wird es ausgeschaltet, wird die Zelltransformation gefördert. Onkogene und Tumorsuppressor-Gene spielen auch bei nichtviraler Krebsentstehung eine wichtige Rolle. Durch die Virusforschung wurde man zuerst auf sie aufmerksam.

Bis vor wenigen Jahren waren virusbedingte Tumoren des Menschen kaum bekannt und auch jetzt werden nur wenige Krebserkrankungen den Viren zugeschrieben (Tabelle 12.3). Dennoch ist es wesentlich, die Zusammenhänge zwischen Viren und Tumoren zu kennen, eröffnet sich doch dadurch die Möglichkeit, diese Tumoren durch Impfungen zu verhindern. Die potentielle Gefahr der Übertragung von tierischen Onkogenen auf den Menschen durch speziesübergreifend infektiöse Viren mahnt zur Vorsicht im Umgang mit tierischem Material.

■ **Wirt 1**          **Virus**          **Wirt 2**
Proto-Onkogen ⇄ Virus-Onkogen → Onkogen, Onkoprotein

**Tabelle 12.3.** Viren und zugehörige Krebsformen. Die Fähigkeit bestimmter Viren, Krebs zu erzeugen, hängt von der geographischen Lage ab. Die Lebensbedingungen und mögliche Einflüsse anderer lokaler pathogener Agenzien wie Malaria beeinflussen die komplexe mehrstufige Carcinogenese

| Virus | Krankheit |
|---|---|
| Epstein-Barr-Virus (DNA-Virus) | Burkitt-Lymphom in Westafrika und Neuguinea; Nasopharyngeales Carcinom in Südchina; bei uns keine Tumoren, aber Pfeiffersches Drüsenfieber (*Mononucleosis infectiosa*) |
| Hepatitis-B-Virus (DNA-Virus) | Hepatitis B und im Spätstadium auch Leberkrebs |
| Papilloma-Virus (DNA-Virus) | Warzen, Gebärmutterhalskrebs (Cervix-Carcinom), Kaposi-Sarkom |
| HTLV-1 (Retrovirus, verwandt mit HIV) | T-Zell-Leukämie in Japan |

## 12.4
## Subvirale pathogene Agenzien: Viroide und Prionen

| Krankheit | Spezies |
|---|---|
| Creutzfeld-Jakob-Krankheit | Mensch |
| BSE (*Bovine spongiform encephalopathy*), Rinderwahnsinn | Rind |
| Scrapie (Traberkrankheit) | Schaf |

**Die kleinsten pathogenen Agenzien sind Makromoleküle** – Mit der Zeit sind immer kleinere Verursacher von Infektionskrankheiten gefunden worden: Louis Pasteur und Robert Koch fanden zwischen 1870 und 1880 die Bakterien; um die Wende vom 19. zum 20. Jahrhundert wurden die Viren entdeckt, und in den letzten Jahrzehnten sind auch Einzel-Moleküle als Ursachen übertragbarer Erkrankungen beschrieben worden, die Viroide (Nucleinsäuren) und die Prionen (Proteine).

Die **Viroide** sind kleine zirkuläre ssRNA-Moleküle (ss = *single-stranded* = einzelsträngig) von etwa 250–400 Nucleotiden Länge. Sie sind 1971 als Erreger von Krankheiten der Kartoffelpflanzen entdeckt worden; bis heute sind etwa 15 verschiedene Typen bekannt. Es sind alles Erreger von Pflanzenkrankheiten. Viroide sind bis anhin nur in Kulturpflanzen gefunden worden. Es wird vermutet, dass sie von Viren abstammen, welche das Hüllprotein verloren haben. Die Viroide werden durch pflanzliche Enzyme (RNA-Polymerasen) vermehrt. Wegen des Fehlens von Proteinprodukten ist es unklar, wie die Krankheitssymptome zustande kommen. Störungen der Genregulation oder Hemmung der Proteinsynthese werden diskutiert.

**Prionen** verursachen übertragbare spongiforme Encephalopathien (TSE = *Transmitted spongiform encephalopathies*) oder eben Prionen-Krankheiten.

Gewichtige Befunde sprechen dafür, dass das infektiöse Agens bei diesen Krankheiten ein reines Protein, das Prion-Protein in seiner *Scrapie*-Form ($Prp^{Sc}$) ist. $Prp^c$ (*cellular* PrP) ist ein Glykoprotein von 208 Aminosäureresten, das an der Oberfläche von Neuronen und anderen Zellen über GPI verankert ist. $Prp^{Sc}$ (*Scrapie*-PrP) ist eine konformationelle Abart von $Prp^c$, die im kranken Organismus gehäuft auftritt. Die physiologische Funktion des Prion-Proteins ist unklar. Das PrP-Gen wird in infizierten kranken Tieren mit gleicher Frequenz transkribiert wie in gesunden Tieren. Transgene Knock-out-Mäuse ohne funktionierendes PrP-Gen sind nicht zu unterscheiden von normalen Mäusen, sind aber nicht mehr mit Prionen infizierbar. Offenbar fördert das krankmachende $Prp^{Sc}$ die Umwandlung des normalen $Prp^c$ in $Prp^{Sc}$ durch einen autokatalytischen Prozess, der die Konformation des Proteins verändert, seine kovalente Struktur aber belässt. $Prp^{Sc}$ lagert sich in Form größerer Aggregate (amyloider Plaques) im Gehirngewebe ab.

■ Viroide (kurze ssRNA) und Prionen (Aggregate von konformationell abartigem Prionprotein) sind die kleinsten Erreger übertragbarer Krankheiten.

# III Stoffwechsel

# 13 Grundsätzliches zum Stoffwechsel

Die vielen Hunderte bis Tausende chemischer Reaktionen, die in einer Zelle und in einem vielzelligen Organismus ablaufen, werden in ihrer Gesamtheit als Stoffwechsel oder **Metabolismus** bezeichnet. Der Stoffwechsel dient einerseits der Gewinnung chemischer Energie und andererseits dazu, die körpereigenen Makromoleküle aufzubauen und auch wieder abzubauen. Der Stoffwechsel erlaubt den Zellen und dem Organismus zu wachsen und auf Reize von außen zu reagieren. Jeder lebende Organismus stellt eine Insel hoher Ordnung (niedriger Entropie) inmitten eines chemischen Chaos dar. Zum Aufbau und zur Erhaltung des hohen Ordnungsgrades lebender Organismen muss Energie von außen (Sonnenlicht bei phototrophen Organismen; Nährstoffe, welche abgebaut werden, bei chemotrophen Organismen) zugeführt und in eine von der Zelle verwendbare Form (ATP) übergeführt werden. Dabei wird auch Wärme produziert.

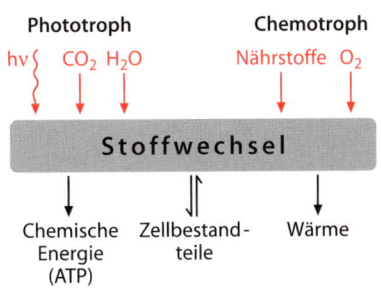

Jede einzelne Reaktion des Stoffwechsels wird durch ein spezifisches Enzym katalysiert. Die Reaktions- und Substratspezifität der Enzyme sorgen dafür, dass der metabolische Fluss der Materie in geordneten Bahnen verläuft. Komplexe regulatorische Netzwerke, welche die katalytische Aktivität einzelner Schlüsselenzyme steuern, passen den Stoffdurchsatz durch die verschiedenen Stoffwechselwege den jeweiligen Erfordernissen der Zelle und des Organismus an. In diesem Teil des Lehrbuches geht es darum, die Bedeutung der wichtigsten Stoffwechselwege für das Leben der Zelle bzw. des Gesamtorganismus aufzuzeigen.

> Die chemischen Leistungen einer Zelle sind staunenswert: Eine Kultur von *E. coli* verdoppelt ihre Zellzahl alle 30 min in einer wässrigen Lösung, die nur Glucose und anorganische Salze enthält. Jede der Zellen enthält durchschnittlich ~500 Moleküle von jedem der insgesamt 1000 verschiedenen Proteine, mehr als 1000 verschiedene RNA-Moleküle und 10 bis $300 \cdot 10^6$ Moleküle von 600 verschiedenen niedermolekularen organischen Verbindungen. Alle diese Komponenten werden auf kleinstem Raum rasch und im richtigen Mengenverhältnis synthetisiert.
>
> Eindrücklich sind auch folgende Zahlen zum menschlichen Stoffwechsel: Ein erwachsener Mensch wird in 40 Jahren insgesamt 6 Tonnen Nahrung (Trockengewicht) und 30 000–40 000 Liter Wasser umsetzen. Dabei bleiben Gewicht und chemische Zusammensetzung des Organismus unverändert.

## 13.1
## Experimentelle Untersuchung des Stoffwechsels

Der Stoffwechsel entspricht einem Netzwerk chemischer Reaktionen – Stoffwechselketten und -zyklen sind über gemeinsame Zwischenprodukte miteinander verbunden. Bei der Untersuchung einer Stoffwechselkette der Art

| Enzym 1 | | Enzym 2 | | Enzym 3 | |
|---------|---|---------|---|---------|---|
| A | → | X | → | Y | → | Produkt |

interessieren folgende Fragen:
- Welches Produkt wird aus dem Ausgangsstoff A gebildet?
- Welche Zwischenprodukte (X, Y) treten auf?
- Welche Enzyme sind beteiligt?
- Wie groß ist der Durchsatz, d. h. wie viel A wird pro Zeiteinheit zu Produkt umgewandelt?
- Wie wird der Durchsatz reguliert?
- Wo laufen die Reaktionen ab (in welchem Zellkompartiment, in welchem Gewebe)?

Unter konstanten Bedingungen, d. h. wenn sich die Zufuhr des Ausgangsstoffs A nicht ändert und gleich viel Produkt verbraucht wird, wie A zugeführt wird, und sich die katalytische Aktivität der Enzyme $E_1$, $E_2$, $E_3$ nicht ändert, befindet sich die Stoffwechselkette mit ihren Zwischenprodukten in einem **Fließgleichgewicht (Steady state)**. Die Geschwindigkeiten der Bildung und der Weiterreaktion der Zwischenprodukte sind gleich groß, deren Konzentrationen bleiben demzufolge unverändert.

> **Gleichgewicht** A ⇌ B
> Die Konzentrationen von A und B bleiben konstant, weil pro Zeiteinheit gleich viel A nach B reagiert, wie B nach A reagiert.
> **Fließgleichgewicht** A → B → C
> Die Konzentration von B bleibt konstant, weil pro Zeiteinheit gleich viel B aus A produziert wird, wie B nach C weiterreagiert.

■ Der Stoffwechsel bildet ein Netzwerk enzymkatalysierter Reaktionen; seine Zwischenprodukte befinden sich, falls sich die Stoffwechselbedingungen der Zelle nicht ändern, in einem *Steady state* (Fließgleichgewicht).

Der Stoffwechsel lässt sich je nach Fragestellung auf verschiedenen Ebenen untersuchen – Im intakten Organismus lassen sich durch Fütterungsversuche mit einem bestimmten Ausgangsstoff (Vorläufersubstanz), insbesondere wenn er isotopenmarkiert ist, Zwischenprodukte und Endprodukte des Stoffwechsels in Geweben, im Blut oder auch im Urin feststellen. Wichtige Erkenntnisse sind auch durch Untersuchungen angeborener Stoffwechselstörungen und bakterieller Stoffwechselmutanten gewonnen worden. In diesen Fällen führt ein aus genetischen Gründen defektes Enzym zur vollständigen oder teilweisen Blockade des betroffenen Schrittes in der Stoffwechselkette:

| Enzym 1 | | Enzym 2 defekt | | Enzym 3 | |
|---------|---|----------------|---|---------|---|
| A | → | B | → | C → Produkt |
| | | | Stoffwechselblock | | |
| ↑ | | ↑ | | ↓ | ↓ |

Konzentration

Die Konzentrationen der Zwischenprodukte vor dem Block sind erhöht, die Metaboliten nach dem Block werden nur in verringertem Maße oder gar nicht gebildet.

> Metabolit = Substanz, die im Stoffwechsel umgesetzt oder gebildet wird = Stoffwechselzwischenprodukt

■ Die Abfolge der einzelnen Stoffwechselreaktionen, die ausnahmslos durch spezifische Enzyme katalysiert werden, kann durch die Untersuchung von hereditären Stoffwechselstörungen und Stoffwechselmutanten von Mikroorganismen bestimmt werden.

Gewisse Stoffwechselwege sind auf einzelne Organe beschränkt. Durch Untersuchung des Stoffwechsels im **überlebenden isolierten Organ** wird die Interferenz von Seiten anderer Organe ausgeschlossen. Die häufigste Versuchsanordnung ist der Perfusionsversuch, bei welchem das Organ (z.B. die Leber) mit Blut oder einer geeigneten Ersatzlösung zur Versorgung mit $O_2$ und Nährstoffen durchströmt wird. Die Perfusionslösung wird auf das Vorhandensein von Metaboliten des Ausgangsstoffes untersucht.

Bei der **Gewebeschnittmethode** werden dünne ($< 0,5$ mm) Schnitte aus überlebenden Organen in einer Nährlösung suspendiert. Die Zellen werden dabei nicht mehr auf dem Blutweg, sondern dank der geringen Schnittdicke durch bloße Diffusion von der Oberfläche des Schnitts ausreichend mit Nährstoffen und $O_2$ versorgt. Die zu untersuchende Vorläufersubstanz wird dem Inkubationsmedium zugegeben, welches nach einer gewissen Zeit auf Stoffwechselprodukte analysiert wird.

In **Zellkulturen** wird der Stoffwechsel von Mikroorganismen (Bakterien, Hefe) untersucht. Mit erheblichem Mehraufwand können auch Kulturen tierischer und pflanzlicher Zellen hergestellt werden.

Zur Untersuchung der Stoffwechselleistungen der verschiedenen **Zellorganellen** werden Zellen so schonend geöffnet, dass die Zellorganellen intakt bleiben. Durch differentielle Zentrifugation (Abb. 13.1) solcher Zellhomogenate können stark angereicherte Präparationen gewisser Zellorganellen gewonnen werden. Untersuchungen mit isolierten Zellorganellen haben ergeben, dass gewisse Stoffwechselwege eukaryontischer Zellen nur in bestimmten Organellen ablaufen (z.B. Citronensäurezyklus in Mitochondrien).

■ Zellorganellen wie Kerne, Mitochondrien, Lysosomen oder endoplasmatisches Reticulum können durch geeignete Verfahren isoliert und auf ihre sehr unterschiedlichen Stoffwechselleistungen untersucht werden.

## 13.2
## Übersicht über den Stoffwechsel

Die Stoffwechselwege lassen sich grob in zwei Gruppen einteilen:
- Über **katabole Stoffwechselwege** werden größere, komplexere Verbindungen zu kleineren, einfacheren Verbindungen abgebaut.

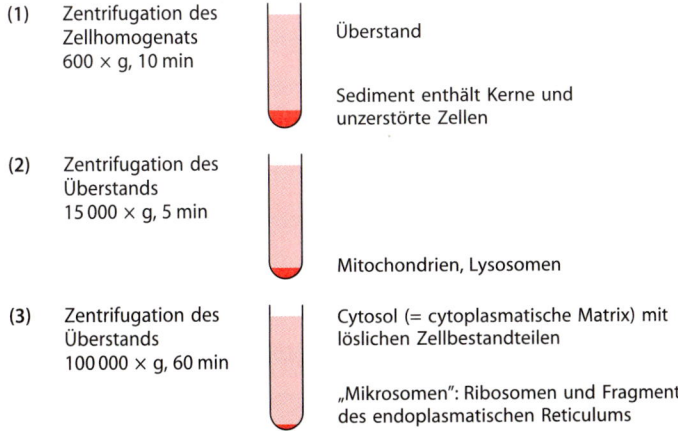

| | | |
|---|---|---|
| (1) | Zentrifugation des Zellhomogenats 600 × g, 10 min | Überstand |
| | | Sediment enthält Kerne und unzerstörte Zellen |
| (2) | Zentrifugation des Überstands 15 000 × g, 5 min | |
| | | Mitochondrien, Lysosomen |
| (3) | Zentrifugation des Überstands 100 000 × g, 60 min | Cytosol (= cytoplasmatische Matrix) mit löslichen Zellbestandteilen |
| | | „Mikrosomen": Ribosomen und Fragmente des endoplasmatischen Reticulums |

**Abb. 13.1.** Differentielle Zentrifugation zur Isolierung von Zellorganellen. Die Zellen werden schonend, d.h. ohne Beschädigung der Zellorganellen, aufgeschlossen. Das Zellhomogenat wird mehrfach mit zunehmender g-Zahl zentrifugiert; immer kleinere Zellbestandteile werden abzentrifugiert und finden sich im Sediment

- **Anabole Stoffwechselwege** hingegen führen von einfachen zu komplexeren Verbindungen.

---

**Katabolismus:** Gesamtheit der abbauenden Reaktionen → Energiebereitstellung (ATP)

**Anabolismus:** Gesamtheit der aufbauenden Reaktionen → Synthese von Zellbestandteilen

---

**Der Katabolismus ist als Ganzes genommen ein exergonischer Vorgang –** Bei chemotrophen Organismen werden die Nährstoffe und die körpereigenen Makromoleküle oxidativ mit $O_2$ als Oxidationsmittel zu $CO_2$ und $H_2O$ abgebaut (Abb. 13.2). Die dabei freiwerdende Energie wird zur Synthese energiereicher Phosphatverbindungen (v. a. ATP) verwendet, z. T. wird sie in Wärme umgewandelt. **Die anabolen Reaktionen entsprechen im Großen und Ganzen einer Umkehr der katabolen Stufen I und II.** Die Synthesen der zelleigenen

Makromoleküle, welche über die anabolen Reaktionswege zustande kommen, sind insgesamt endergonische Vorgänge. Sie werden zum Ablaufen gebracht durch Verwendung der im Katabolismus gewonnenen chemischen Energie (ATP).

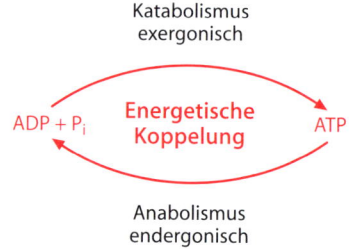

- Der Katabolismus ist exergonisch und liefert ATP; der Anabolismus ist endergonisch und kann nur unter Verbrauch von ATP ablaufen.

**Anabolismus und Katabolismus verlaufen meistens über die gleichen Einzelreaktionen –** Allein der Abbau von Glucose zu Pyruvat verläuft über 10 Einzelreaktionen.

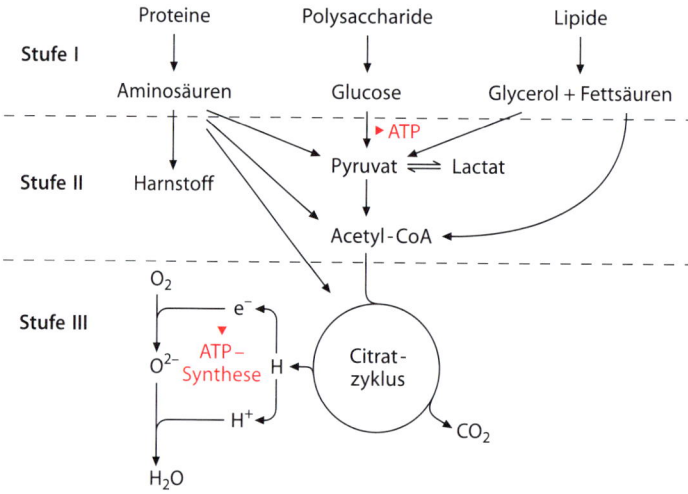

**Abb. 13.2.** Vereinfachte Darstellung des Katabolismus. Es lassen sich drei Stufen unterscheiden:

*Stufe I:*   Nährstoffe und körpereigene Makromoleküle werden zu ihren Bausteinen abgebaut.
*Stufe II:*  Bausteine werden zu Acetyl-Coenzym A abgebaut.
*Stufe III:* Acetyl-CoA wird oxidativ zu $CO_2$ und $H_2O$ abgebaut.

Der Abbau der Makromoleküle konvergiert über gemeinsame Abbaustufen zu den wenigen Endprodukten. Alle Abbauwege laufen zusammen in einen zentralen Reaktionzyklus, den Citratzyklus. Nucleinsäuren sind nicht berücksichtigt, weil sie quantitativ von geringer Bedeutung sind. Ebenso sind andere Stoffwechselendprodukte als $CO_2$, $H_2O$ und Harnstoff (Endprodukt des Stickstoffs von Aminosäuren) nicht aufgeführt

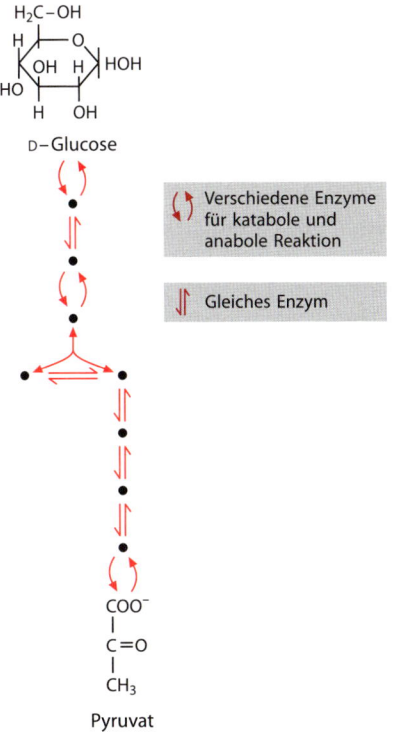

D–Glucose

( ) Verschiedene Enzyme für katabole und anabole Reaktion

⇅ Gleiches Enzym

COO⁻
|
C=O
|
CH₃

Pyruvat

In der Regel entspricht die anabole Reaktion einer Umkehr der katabolen Reaktion, d. h. das Produkt der katabolen Reaktion wird zum Substrat der anabolen Reaktion, das Enzym ist für beide Richtungen das gleiche. Die Reaktion kann unter physiologischen Bedingungen in beiden Richtungen ablaufen, weil sie in keiner Richtung stark endergonisch ist.

Beispiel einer reversiblen Reaktion aus der Glykolyse (Abbau von Glucose):

$H_2C-O-\circledP$

Glucose–6–phosphat

Katabol
$\Delta G^{o\prime}$ = 1,7 kJ/mol

Glucose–6–phosphat–Isomerase

Anabol
$\Delta G^{o\prime}$ = -1,7 kJ/mol

$H_2C-O-\circledP$

$H_2C-OH$

Fructose–6–phosphat

In einzelnen Fällen entspricht jedoch die anabole Reaktion nicht einer einfachen Umkehr der katabolen Reaktion. Es wird ein anderer Reaktionsweg mit zusätzlichen Reaktanten eingeschlagen, welcher durch ein anderes oder mehrere andere Enzyme katalysiert wird. Die Abbildung zeigt ein Beispiel aus der Glykolyse:

$H_2C-O-\circledP$

$H_2C-OH$

Fructose–6–phosphat

Katabol

Phosphofructo-kinase

$\Delta G^{o\prime}$ = -14,2 kJ/mol

ATP    $P_i$    Anabol

Fructose–1,6–bisphosphatase

ADP    $H_2O$    $\Delta G^{o\prime}$ = -13,8 kJ/mol

$H_2C-O-\circledP$

$H_2C-O-\circledP$

Fructose–1,6–bisphosphat

Worauf beruht die Zweigleisigkeit von katabolen und anabolen Stoffwechselwegen? Einzelne Reaktionen sind in der katabolen Richtung so stark exergonisch ($\Delta G^\prime$ stark negativ), d. h. ihr Gleichgewicht liegt dermaßen stark auf der Produktseite, dass die Reaktion unter physiologischen Bedingungen, d. h. insbesondere bei den vorliegenden Konzentrationen der Reaktanten, nicht rückwärts laufen kann. Für die anabole Richtung muss deshalb ein anderer Reaktionsweg eingeschlagen werden. Zum Beispiel ist die von der Phosphofructokinase katalysierte Reaktion unter den Bedingungen in der Zelle irreversibel, weil ATP eine zu energiereiche Verbindung ist, um aus energiearmem Fructose-1,6-bisphosphat und ADP synthetisiert werden zu können. Aus analogen Gründen ist die anabole Reaktion irreversibel, d. h. Fructose-6-phosphat kann nicht mittels anorganischem Phosphat zu Fructose-1,6-bisphosphat phosphoryliert werden.

■ Aus thermodynamischen Gründen divergieren katabolische und anabolische Stoffwechselwege bei einzelnen Reaktionen.

**Der Durchsatz von Stoffwechselketten wird bei den getrennt verlaufenden irreversiblen Schritten reguliert** – Die irreversiblen Reaktionen, bei denen der katabole und der anabole Stoffwechselweg separat voneinander verlaufen, eignen sich ausgezeichnet zur Regulation der Stoffwechselwege. Die Trennung von katabolem und anabolem Weg erlaubt die getrennte Regulation der beiden Wege, da die beiden Richtungen durch verschiedene Enzyme katalysiert werden.

> Schrittmacherreaktion: Langsamste Reaktion in einer Stoffwechselkette, deren Geschwindigkeit den Durchsatz durch die Stoffwechselkette bestimmt.

Bei irreversiblen Reaktionen lässt sich die katabole oder anabole Richtung des Stoffwechselweges festlegen. Durch Anstellen und Abstellen solcher Reaktionen kann eine Zelle von katabolem Stoffwechsel (Energieproduktion) auf anabolen Stoffwechsel (Anlage von Reserven chemischer Energie) umstellen (Abb. 13.3). Die allosterische Regulation der in der Zelle vorkommenden Enzyme wird ergänzt durch die transkriptionale Regulation der Synthese gewisser Enzyme.

■ Der Durchsatz durch Stoffwechselketten wird durch allosterische Aktivatoren oder Inhibitoren der Enzyme, welche irreversible Reaktionen katalysieren, reguliert. Auf diese Weise wird die Regulation richtungsspezifisch.

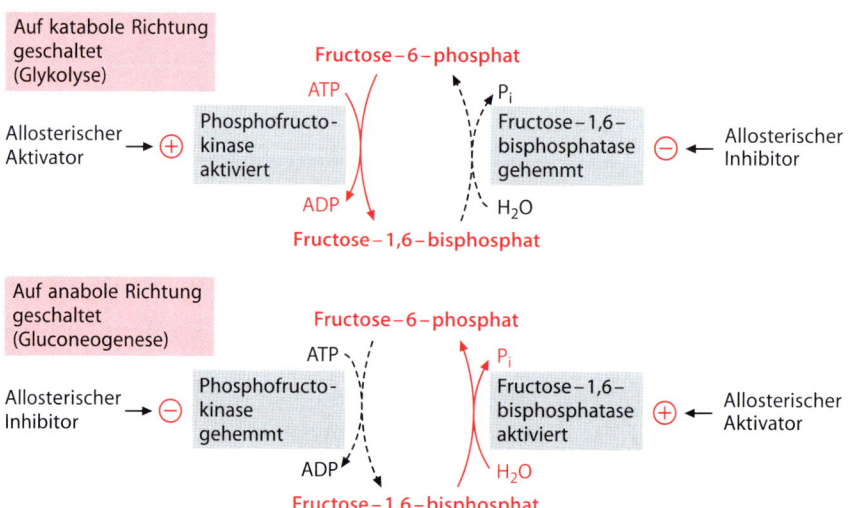

**Abb. 13.3.** Umschalten der Richtung eines Stoffwechselweges am Beispiel der Glykolyse und der Gluconeogenese. Die katalytischen Aktivitäten der Phosphofructokinase und der Fructose-1,6-bisphosphatase werden durch allosterische Aktivatoren und Inhibitoren reguliert. Je nach Stoffwechsellage wird die Stoffwechselkette in kataboler Richtung (Glykolyse, d.h. Abbau von Zucker) oder anaboler Richtung (Gluconeogenese, d.h. Neubildung von Glucose) laufen. Das eindeutige Umschalten entweder auf katabole oder anabole Reaktion verhindert einen ATP-verbrauchenden Leerlaufzyklus (*Futile cycle*), in welchem Fructose-1,6-bisphosphat unter Verbrauch von ATP gebildet und gleich wieder zu Fructose-6-phosphat und anorganischem Phosphat hydrolysiert wird

## 13.3
## Verwendung des im Katabolismus gebildeten ATP

**ATP stellt die Energiewährung der Zelle dar** – Endergonische Vorgänge werden durch Koppelung mit der Hydrolyse von ATP angetrieben. ATP wird in der gleichen Zelle verbraucht, in der es synthetisiert worden ist. ATP durchläuft einen Zyklus:

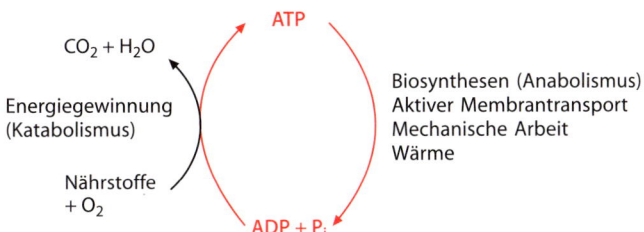

Die im Katabolismus freiwerdende Wärmeenergie wird bei höheren Tieren zur Aufrechterhaltung der Körpertemperatur gebraucht. Wärmeenergie kann jedoch nicht endergonische Vorgänge zum Ablaufen bringen.

■ ATP wird in der gleichen Zelle gebildet, in der es verbraucht wird. ATP dient nicht als extrazelluläre Transportform chemischer Energie.

**Tabelle 13.1.** Umsatz (*Turnover*) von Zellbestandteilen. Als Halbwertszeit $t_{1/2}$ wird die Zeitspanne bezeichnet, nach welcher die Hälfte einer gegebenen Population von Molekülen abgebaut und durch neu gebildete Moleküle ersetzt worden ist

|  | $t_{1/2}$ (Tage) |
|---|---|
| Leber |  |
| Protein | 5–6 |
| (Ornithin-Decarboxylase | 10 min) |
| Glykogen | 0,5–1 |
| Phospholipide | 1–2 |
| Muskel |  |
| Proteine | 30 |
| Glykogen | 0,5–1 |
| Gehirn |  |
| Phospholipide | 200 |

**Die Zellbestandteile sind einem fortwährenden Umsatz unterworfen** – Untersuchungen mit isotopenmarkierten Verbindungen haben gezeigt, dass Proteine und auch alle anderen Zellbestandteile dauernd abgebaut und durch neu synthetisierte ersetzt werden. Die Zellkomponenten befinden sich in einem Fließgleichgewicht (Tabelle 13.1). Zell- bzw. Körperbestandteile werden demnach nicht nur im wachsenden, sondern auch im adulten Organismus, dessen Masse nicht mehr zunimmt, fortwährend synthetisiert.

Die DNA ist eine Ausnahme: Als einziges Makromolekül der Zelle wird sie nicht fortwährend umgesetzt.

Der energieaufwändige Umsatz der Zell- und Körpersubstanz scheint von zweifacher Bedeutung zu sein. Er eliminiert fehlerhafte Zellkomponenten, z.B. gealterte Proteine, die durch spontan ablaufende Alterungsvorgänge in ihrer Struktur verändert worden sind. Außerdem erlaubt der fortwährende Umsatz von Enzymen eine Regulation des Stoffwechsels durch Veränderung der Konzentration gewisser Enzyme in der Zelle. Der Enzymgehalt der Zelle wird offenbar fast ausschließlich durch Modulation der Synthesegeschwindigkeit reguliert, unabdingbare Grundlage hierfür ist jedoch der konstante Abbau der betreffenden Enzyme.

■ Die molekulare Ausstattung einer Zelle wird, mit Ausnahme der DNA, fortwährend erneuert.

## 13.4
## Regulation des Stoffwechsels

Ein Organismus und auch eine Zelle verfügen nicht immer über gleich viel Nährstoffe und brauchen nicht immer gleich viel chemische Energie und gleich viel an einzelnen Baustoffen. Die Zelle passt sich den verschiedenen Bedingungen an, indem sie zwischen anaboler Stoffwechsellage und kataboler Stoffwechsellage hin und her schaltet und den Durchsatz durch die verschiedenen Stoffwechselketten reguliert.

Der ATP-Bedarf einer Muskelfaser kann einige hundert Male zunehmen, wenn sie vom Ruhezustand zu maximaler Leistung übergeht.

**Die wichtigsten Regulationsmechanismen entscheiden zwischen Katabolismus und Anabolismus** – Der Aufbau der Körpersubstanz wird je nach Gewebe durch das Nährstoffangebot bestimmt (zum Beispiel die Anlage von Reservefett im Fettgewebe) oder durch den Bedarf an Zellbestandteilen gesteuert (zum Beispiel die Synthese von Proteinen des kontraktilen Apparats im Muskel beim Bodybuilding). Der Abbau von Nährstoffen zur Gewinnung von ATP wird nicht durch das Angebot an Nährstoffen, sondern ausschließlich durch den ATP-Bedarf der Zellen reguliert. Bei einem Überangebot an Nährstoffen wird nicht mehr ATP gebildet, sondern es werden Reserven an chemischer Energie angelegt (Glykogen, Reservefett). Wenn die zugeführten Nährstoffe den Bedarf nicht decken (Hungerzustand), werden körpereigene Reservestoffe und darauf körpereigene Proteine abgebaut.

**Der Stoffwechsel wird auf zwei Stufen reguliert** – Es wird entweder die Aktivität von Enzymen, die in der Zelle vorhanden sind, moduliert oder es wird der Gehalt bestimmter Enzyme in der Zelle verändert. Die katalytische Aktivität wird bei allosterisch regulierbaren Enzymen durch hemmende oder aktivierende Effektormoleküle kontrolliert. In der Regel betreffen die Regulationsmechanismen Enzyme, welche irreversible Reaktionen katalysieren (Abb. 13.3). Häufig ist ein Enzym, das eine irreversible Reaktion am Anfang einer Stoffwechselkette katalysiert, allosterisch regulierbar. Bei katabolen Stoffwechselketten, die zur Bildung von ATP führen, ist ATP häufig ein allosterischer Inhibitor eines Enzyms, das eine Reaktion am Anfang der Kette katalysiert.

Einige Hormone regulieren den Stoffwechsel, indem sie indirekt über eine Signalkaskade Enzyme hemmen oder aktivieren, welche die Schrittmacherreaktion einer Stoffwechselkette katalysieren. Andere Hormone dagegen regulieren den Stoffwechsel, indem sie die Synthese bestimmter Enzyme entweder stimulieren oder hemmen. Gewisse Enzyme werden bei Fehlen ihres Substrats gar nicht synthetisiert, denn ihre Synthese wird durch das Substrat induziert. Im Gegensatz zu diesen **induzierbaren Enzymen** werden Enzyme, die immer in gleicher Konzentration vorliegen, als **konstitutive Enzyme** bezeichnet.

■ Der Stoffwechsel wird sowohl durch Beeinflussung der Aktivität in der Zelle vorhandener Enzyme als auch durch Veränderung der Konzentration von Schlüsselenzymen reguliert.

# 14 Glykolyse und Citratzyklus

Die Kohlenhydrate sind die quantitativ wichtigsten Nährstoffe des Menschen. Sie decken, v. a. in Form von Stärke, 60–80% des Energiebedarfs. Glucose ist neben Fettsäuren der wichtigste Lieferant chemischer Energie für die meisten Gewebe. Glucose kann in den Zellen ohne Kopplung mit $O_2$-abhängigen Oxidationsvorgängen zur Gewinnung von ATP genutzt werden. Der entsprechende Stoffwechselweg, die **anaerobe Glykolyse**, findet sich bei vielen Bakterien und in allen höheren Lebewesen. Der Abbau von Glucose bis zu Pyruvat verläuft dabei jeweils in gleicher Weise. Im Abbau von Pyruvat treten allerdings wichtige Unterschiede auf:

cyten (besitzen keine Mitochondrien) und in der Muskulatur, wenn bei hoher Leistung der $O_2$-Nachschub nicht mehr ausreicht. Die **alkoholische Gärung** ist eine weitere wichtige Art von anaerober Glykolyse.

Unter aeroben Bedingungen, d. h. wenn genügend $O_2$ vorhanden ist und die Zellen mit den entsprechenden Enzymen ausgestattet sind, läuft die **aerobe Glykolyse** ab. Pyruvat wird in diesem Fall zu Acetyl-CoA (= aktivierte Essigsäure) und $CO_2$ abgebaut. Acetyl-CoA wird in den Citrat-Zyklus eingeschleust und oxidativ vollständig zu $CO_2$ und $H_2O$ abgebaut. Beim anaeroben Abbau von 1 mol Glucose zu Lactat werden nur 2 mol ATP pro Mol Glucose

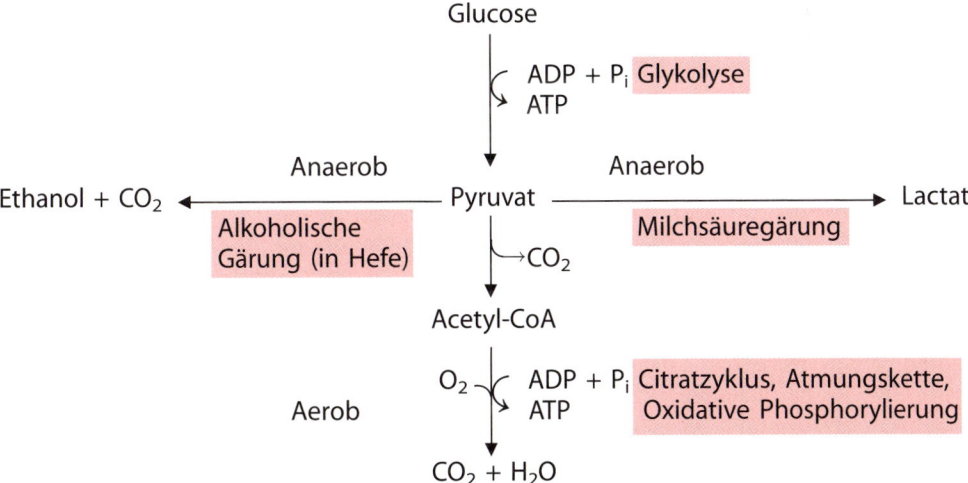

Unter **Milchsäuregärung** verstehen wir den Abbau von Glucose zu Milchsäure (Lactat) ohne Verbrauch von $O_2$. Beim Menschen und höheren Tieren wird Glucose nur unter bestimmten Bedingungen anaerob abgebaut, nämlich in den Erythro-

gewonnen, beim aeroben Abbau von 1 mol Glucose zu 6 mol $CO_2$ und 6 mol $H_2O$, hingegen etwa 30 mol ATP. Die aerobe Glykolyse liefert auch Bausteine für Biosynthesen, Fettsäuren und Cholesterol werden zum Beispiel aus Acetyl-CoA aufgebaut.

## 14.1
## Glykolytischer Abbauweg

**Erst vor etwas über 100 Jahren hat die Untersuchung der alkoholischen Gärung gezeigt, dass biologische Vorgänge auf chemischen Reaktionen beruhen** – Die Einzelschritte, die von Glucose zu Pyruvat führen, wurden bei Untersuchungen der alkoholischen Gärung (Abbau von Glucose zu Ethanol und $CO_2$ ohne Verbrauch von $O_2$) in Hefe aufgeklärt. Die Geschichte der Erforschung der Hefegärung entspricht dem Beginn der Entwicklung der Biochemie: Mitte des 19. Jahrhunderts stellte Louis Pasteur fest, dass die alkoholische Gärung durch Hefezellen bewirkt wird. Da durch Hitze abgetötete Hefezellen dazu nicht mehr imstande waren, war Pasteur der Meinung, dass die Gärung an das Vorhandensein lebender Zellen gebunden sei. Diese heute eher mystisch anmutende Ansicht wird als Vitalismus bezeichnet. Die Vitalisten lehnten die Möglichkeit ab, dass Prozesse wie die Gärung mit den Gesetzen der Chemie zu erklären seien. 1887 wurde durch eine Zufallsbeobachtung die Gärung klar auf den Boden der Chemie, der Moleküle, zurückgeführt. Zwei Chemiker, Hans und Eduard Buchner, versuchten, einen Hefepresssaft für medizinische Zwecke herzustellen. Um den Saft zu konservieren, gaben sie Zucker dazu. Dabei stellten sie fest, dass der leblose (zellfreie) Zellextrakt Zucker zu Alkohol und $CO_2$ vergärte. Damit wurde klar, dass die alkoholische Gärung einer Untersuchung mit den Methoden der Chemie zugänglich war. Bald wurde festgestellt, dass die Reaktionen der Gärung an das Vorhandensein hitzeempfindlicher Enzyme gebunden ist, womit die von Pasteur beobachtete Wirkungslosigkeit erhitzter Hefezellen ihre richtige Erklärung fand. Es zeigte sich auch, dass der Abbau der Glucose zu Ethanol und $CO_2$ recht kompliziert ist und über eine ganze Reihe von Zwischenstufen erfolgt. Es dauerte 40 Jahre, bis die Reaktionen der Glykolyse definitiv aufgeklärt waren.

**Alle Zwischenprodukte der Glykolyse von Glucose zu Pyruvat sind phosphoryliert** – Der Abbau von Glucose zu Pyruvat erfolgt über 11 Reaktionen (Abb. 14.1), die alle im Cytosol der Zelle ablaufen. Jede dieser Reaktionen wird durch ein spezifisches Enzym katalysiert. Sobald Glucose in die Zelle gelangt, wird sie phosphoryliert. Auch alle weiteren Zwischenprodukte der Glykolyse tragen eine oder sogar zwei Phosphatgruppen und sind bei pH 7, dem physiologischen intrazellulären pH-Wert, negativ geladen. Da Ionen nicht durch die Zellmembran diffundieren können, bleiben die Zwischenprodukte in der Zelle gefangen.

■ Die Glykolyse (griech.: Abbau von Zucker) läuft im Cytosol der Zelle ab.

## Abschnitt 1:
## Aufnahme der Glucose in Zelle und Phosphorylierung

Die von außen angebotene Glucose muss zunächst in die Zelle aufgenommen werden. Beim Menschen beträgt die Glucosekonzentration im Blut $\sim 5$ mM ($= 90$ mg/100 ml). Dieser Wert wird normalerweise auf $\pm 10\%$ konstant gehalten. Die im Blut zirkulierende Glucose stammt entweder aus dem Darm (Stärke in Nahrung) oder aus der Leber (Glykogen-Reserve, Gluconeogenese). Die Zellmembran enthält einen Glucose-Transporter. Die Glucose wird durch passiven Transport längs des Konzentrationsgefälles (Blutkonzentration > Gewebekonzentration) in die Zelle aufgenommen. In den meisten Geweben (z.B. Leber, Gehirn, Erythrocyten, Augenlinse) ist die Aufnahme von Glucose nicht reguliert. Die Menge der aufgenommenen Glucose wird durch den Konzentrationsunter-

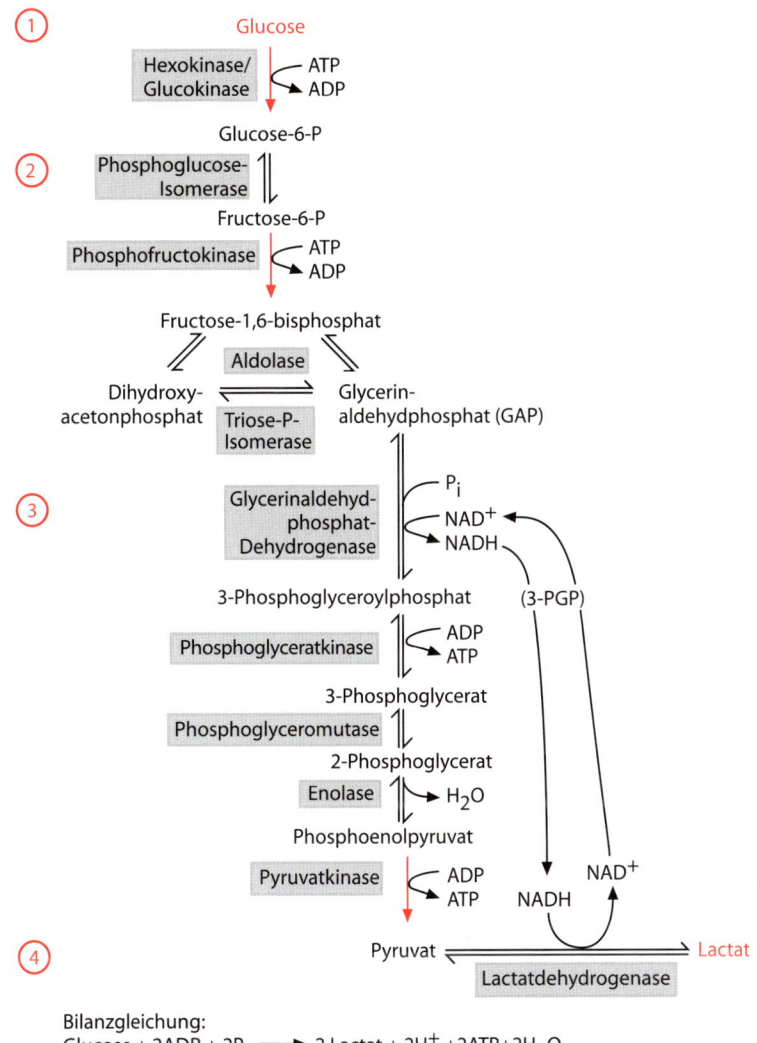

**Abb. 14.1.** Übersicht der Reaktionen der Glykolyse. Der Abbau der Glucose zu Lactat erfolgt über 11 hintereinander geschaltete enzymkatalysierte Reaktionen. Pro Glucosemolekül, das zu 2 Molekülen Lactat abgebaut wird, werden 2 ATP-Moleküle verbraucht und 4 ATP-Moleküle gebildet; in der Bilanz ergibt sich ein Gewinn von 2 ATP-Molekülen, die aus ADP und $P_i$ gebildet werden. *Rote Pfeile* geben die drei irreversiblen Reaktionen an.

Die Reaktionskette von Glucose zu Lactat kann in die folgenden Abschnitte unterteilt werden:

① Aufnahme von Glucose in die Zelle und Phosphorylierung
② Umwandlung zu Fructose-1,6-bisphosphat ($C_6$) und Spaltung in zwei Triosephosphate (2 $C_3$)
③ Bildung von ATP durch energetische Koppelung mit der Oxidation von Triosephosphat zu Pyruvat
④ Reduktion von Pyruvat zu Lactat

schied zwischen Blut und Zelle, d. h. durch den Glucoseverbrauch der Zelle bestimmt.

---

Glucosekonzentration im Blut (Mensch)
~ 5 mM (= 90 mg/100 ml)

---

**Das Gehirn ist bezüglich seines Energiestoffwechsels ein Sonderfall** – Die meisten Zellen benutzen vorwiegend Fettsäuren zur Gewinnung chemischer Energie. Das Gehirn kann jedoch normalerweise nur Glucose als Energiequelle verwenden. Bei Absinken der Glucosekonzentration auf Werte unter 2 mM (Hypoglykämie) ist eine ausreichende Energieversorgung und damit die ATP-Synthese nicht mehr gewährleistet. Infolge Versagens der Ionenpumpen kommt es zu schweren Störungen der Gehirnfunktionen, die von Krämpfen über Bewusstlosigkeit und Koma bis zum Tod führen können.

**Insulin reguliert die Aufnahme von Glucose in gewisse Zellen** – Im Gegensatz zu den Geweben ohne Regulation der Glucoseaufnahme wird in zwei Geweben, in der **Muskulatur** und im **Fettgewebe**, der Glucosetransport in die Zellen durch das Hormon Insulin reguliert. Insulin fördert die Aufnahme von Glucose in Muskel- und Fettgewebezellen, indem es die Fusion intrazellulärer Vesikel, die Glucosetransporter tragen, mit der Zellmembran fördert. Durch diese Verschiebung wird die Zahl der Glucosetransporter an der Zelloberfläche erhöht und die Aufnahme von Glucose beschleunigt. Es handelt sich auch in diesen Geweben um einen passiven Transport entlang des Konzentrationsgefälles.

Die Sekretion von Insulin ihrerseits wird durch die Glucosekonzentration im Blut reguliert. Durch Rückkoppelung entsteht ein Regelkreis:

Das Schema zeigt, dass bei hoher Glucosekonzentration im Blut Muskel- und Fettgewebezellen mehr Glucose aufnehmen, um Energiereserven in Form von Glykogen bzw. Triacylglycerolen anzulegen. Hingegen bleibt die Glucose bei niedriger Konzentration für das Gehirn reserviert.

■ **Insulin ist das Hormon des Überflusses: Es fördert die Anlage von Energiereserven.**

**Zur Phosphorylierung der Glucose wird ATP investiert** – Sobald Glucose in die Zelle gelangt, wird sie unter Verwendung von ATP zu Glucose-6-phosphat phosphoryliert.

Unter physiologischen Bedingungen ist die Reaktion nicht umkehrbar (Glucose-6-phosphat ist keine energiereiche Verbindung und kann nicht für die Synthese von ATP verwendet werden). Die Reaktion wird in der Leber und den $\beta$-Zellen des Pankreas, welche das Insulin produzieren, durch die Glucose-spezifische **Glucokinase** katalysiert. In allen anderen Geweben ist es die **Hexokinase**, welche Glucose und auch andere Hexosen phosphoryliert. Beide Isoenzyme unterscheiden sich auch in ihrer Affinität für Glucose: Die Hexokinase hat eine hohe Affinität (niedriges $K_m$) für Glucose. Die Hexokinase-Aktivität ist daher unabhängig von der Glucosekonzen-

| Glucose im Blut ↑↓ | → | Insulin-sekretion ↑↓ | → | Aufnahme von Glucose in Muskel- und Fettgewebe ↑↓ | → | Glucose im Blut ↓↑ |
|---|---|---|---|---|---|---|

tration, da die Glucosekonzentration im Blut (5 mM) wegen des tiefen $K_m$-Wertes der Hexokinase (0,1 mM) bereits zur Sättigung des Enzyms führt. Die Hexokinase wird deshalb in die Zelle aufgenommene Glucose sofort mit Maximalgeschwindigkeit phosphorylieren. Das Enzym wirkt auf das $\alpha$- und $\beta$-Anomere der Glucose und, wenn auch mit geringerer Geschwindigkeit, auf andere Hexosen, wie z.B. Fructose. Die Aktivität der Glucokinase hingegen mit ihrem hohen $K_m$-Wert (10 mM) ist von der Konzentration der Glucose im Blut abhängig. Die Glucokinase in der Leber steigert daher ihre Aktivität, wenn die Glucosekonzentration im Pfortaderblut in der resorptiven Phase ansteigt. Auf diese Weise kann die Leber die überschüssige Glucose im Pfortaderblut wirksam abfangen. In der postresorptiven Phase sinkt die Glucosekonzentration im Pfortaderblut und dementsprechend auch die Aktivität der Glucokinase. Der Großteil der Glucose passiert in diesem Fall die Leber und steht den peripheren Geweben (Gehirn!) zur Verfügung.

## Abschnitt 2:
## Umwandlung zu Fructose-1,6-bis-phosphat ($C_6$) und Spaltung in zwei Triosephosphate ($2 \times C_3$)

Aus Glucose-6-phosphat entstehen nun als nächste Zwischenprodukte Derivate der Fructose.

Glucose-6-P  →  Phosphoglucose-Isomerase  →  Fructose-6-P

Nach der Isomerisierung von Glucose-6-phosphat, einer Aldose, zu Fructose-6-phosphat, einer Ketose, erfolgt ein zweiter Phosphorylierungsschritt, wiederum unter Verwendung von ATP (Abb. 14.1). Wie die Hexokinase- oder Glucokinasereaktion, der erste Phosphorylierungsschritt, ist auch diese Reaktion unter phy-

siologischen Bedingungen nicht umkehrbar. Die Phosphofructokinase, die diese irreversible Reaktion katalysiert, ist das Schrittmacherenzym der Glykolyse. Über dieses Enzym wird der Durchsatz durch die Stoffwechselkette reguliert. Der zweite Phosphorylierungsschritt sorgt dafür, dass bei der nun folgenden Spaltung des Hexosederivats in zwei Triosederivate keine nichtphosphorylierten Zwischenprodukte entstehen. Die Spaltung der Bindung zwischen C3 und C4 entspricht einer Aldolspaltung, das Enzym wird daher als Aldolase bezeichnet.

Fructose - 1,6 - bisphosphat (Fructose - 1,6 - $P_2$)

Ringöffnung

Fructose - 1,6 - $P_2$ - Aldolase

Triosephosphat-Isomerase

Dihydroxyaceton-phosphat $C_3$

D - Glycerinaldehyd-3-phosphat $C_3$

Dihydroxyacetonphosphat, eine Ketose, und Glycerinaldehydphosphat, die entsprechende Aldose, stehen miteinander im Gleichgewicht. Diese Isomerisierung wird durch die Triosephosphat-Isomerase katalysiert. Die Weiterreaktion geht vom Glycerinaldehydphosphat aus (Abb. 14.2).

Die Reaktion der Glycerinaldehydphosphat-Dehydrogenase ist sehr wichtig, weil

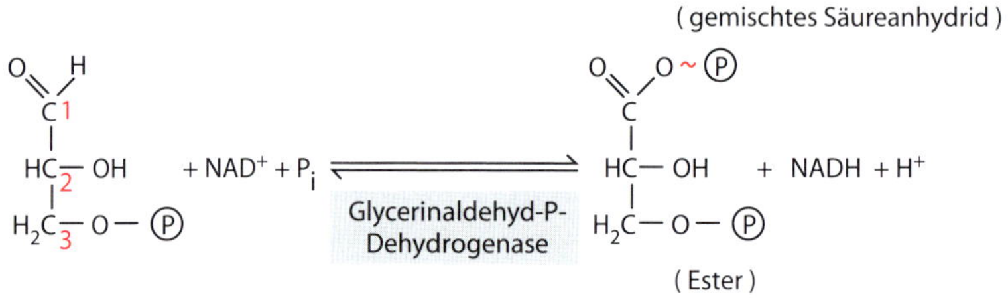

( gemischtes Säureanhydrid )

Glycerinaldehyd - 3 - P
( C- Atome in Triose umnummeriert !)

3 - Phosphoglyceroyl- P

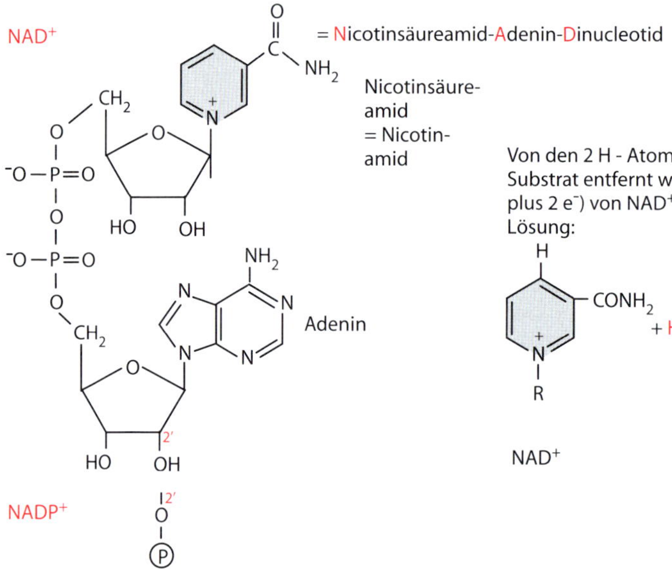

NAD$^+$     = Nicotinsäureamid-Adenin-Dinucleotid

Nicotinsäure-
amid
= Nicotin-
amid

Von den 2 H - Atomen, die bei der Reduktion aus dem Substrat entfernt werden, wird ein Hydridion ( Proton plus 2 e$^-$) von NAD$^+$ aufgenommen, ein H$^+$ geht in Lösung:

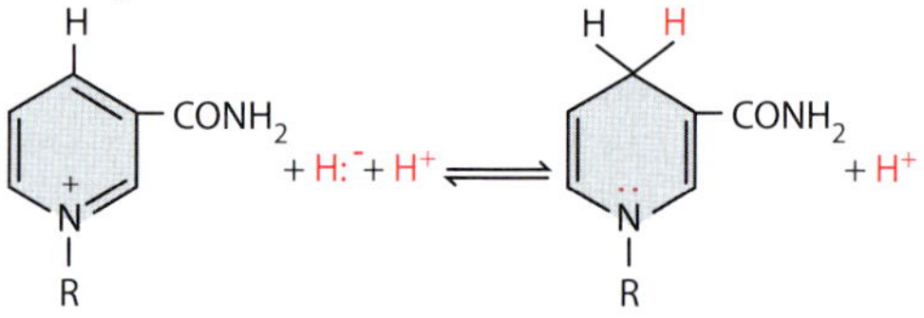

NAD$^+$                              NADH

Adenin

NADP$^+$

**Abb. 14.2.** Oxidation von Glycerinaldehyd-3-phosphat. Die Oxidation des Aldehyds zur Carbonsäure ist gekoppelt mit der Synthese eines energiereichen gemischten Säureanhydrids. NAD$^+$ (Nicotinamid-Adenin-Dinucleotid) dient dabei als Elektronenakzeptor

sie zu einer energiereichen Verbindung, 3-Phosphoglyceroylphosphat, einem gemischten Säureanhydrid aus 3-Phosphoglycerinsäure und Phosphorsäure, führt. Diese Reaktion ist auch die einzige Reaktion der Glykolyse, bei der eine Oxidation abläuft. Gedanklich kann sie in zwei Teilreaktionen zerlegt werden. Die Oxidation von Glycerinaldehyd-3-phosphat zu 3-Phosphoglycerinsäure ist exergonisch. Durch ihre energetische Koppelung mit der Phosphorylierung der 3-Phosphoglycerinsäure durch anorganisches Phosphat, einer endergonischen Reaktion, ist es möglich, dass die Gesamtreaktion, wie sie in der Gleichung gezeigt ist, ablaufen kann.

P$_i$ = anorganisches Phosphat

| pK$_1$ 2,2 | | |
| pK$_2$ 7,2 | $HO-P=O$ | $^-O-P=O$ |
| pK$_3$ 12,3 | OH | OH |

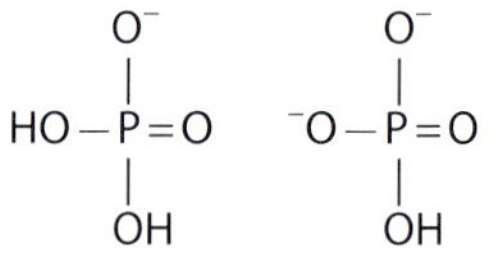

Bei pH ~7 (intrazellulär) Bei pH 7,4 (extrazellulär) knapp überwiegender Ionisationszustand

Als Oxidationsmittel wirkt dabei NAD$^+$. Der Reaktionsmechanismus der Glycerinaldehydphosphat-Dehydrogenase (Abb. 14.3) zeigt, dass die exergonische Oxidati-

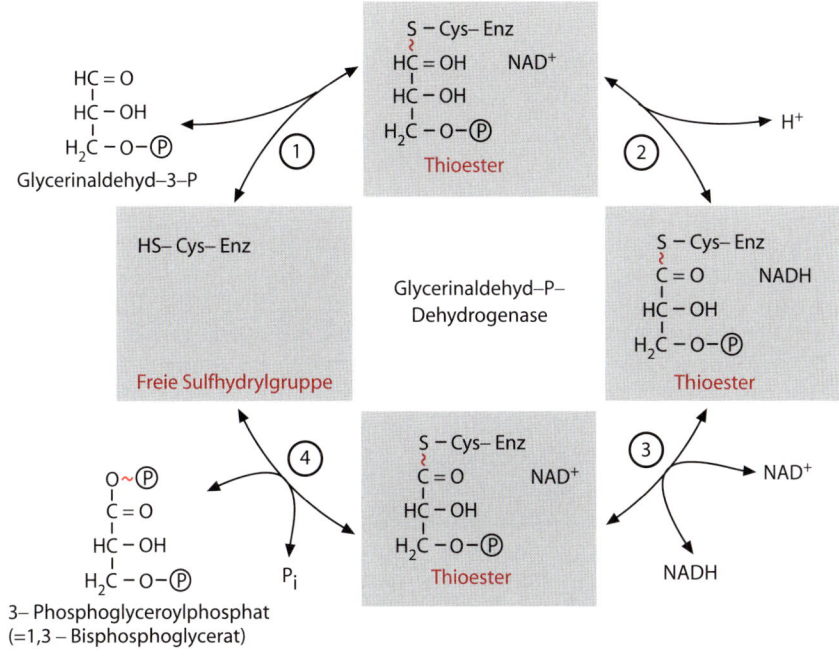

$$\text{Glycerinaldehyd–3–P} + NAD^+ + P_i \quad \rightleftarrows \quad \text{3 – Phosphoglyceroyl–1–P} + NADH + H^+$$

**Abb. 14.3.** Glycerinaldehydphosphat-Dehydrogenase. Der Reaktionsmechanismus dieses Enzyms liefert ein schönes Beispiel für die energetische Koppelung zweier Reaktionen: Die exergonische Oxidation eines Aldehyds zur Carbonsäure (Schritt 2) bringt die endergonische Bildung eines energiereichen Säureanhydrids (3-Phosphoglycerinsäure + Phosphorsäure) zum Ablaufen (Schritt 4). Gekoppelt sind die beiden Reaktionen über den energiereichen Thioester

on mit der endergonischen Phosphorylierung über das gemeinsame Zwischenprodukt, den Thioester der 3-Phosphoglycerinsäure mit einer Sulfhydrylgruppe eines Cysteinrests des Enzyms, miteinander gekoppelt sind. Die Glycerinaldehydphosphat-Dehydrogenase wird durch Reaktion mit Iodacetat, einem alkylierenden Reagenz, irreversibel gehemmt:

$$Enzym\text{-}Cys\text{-}SH + ICH_2COO^-$$
$$\rightarrow Enzym\text{-}Cys\text{-}S\text{-}CH_2COO^- + HI$$

NADH besitzt ein Absorptionsmaximum bei 340 nm, welches bei $NAD^+$ völlig fehlt. Es ist damit möglich, durch einfache Photometrie die Konzentration von NADH zu bestimmen. Enzymreaktionen, bei denen NADH gebildet oder verbraucht wird, lassen sich so sehr einfach verfolgen. Dieser optische Test wird häufig zur Bestimmung von Enzymaktivitäten und Metabolitkonzentrationen eingesetzt.

NADH: $\varepsilon_{304} = 6220\ M^{-1}\ cm^{-1}$

## Abschnitt 3:
## Bildung von ATP durch energetische Koppelung mit der Oxidation von Triosephosphat zu Pyruvat

Im nächsten Schritt wird ATP zurückgewonnen, indem der Phosphatrest von 3-Phosphoglyceroylphosphat auf ADP unter Bildung von ATP übertragen wird:

3 - Phosphoglyceroylphosphat                3 - Phosphoglycerat

Damit ist die ATP-Bilanz der Glykolyse bereits ausgeglichen. Es wurden zwei ATP investiert für die Phosphorylierung auf dem Niveau der Hexose. Durch die Aldolasespaltung entstanden aus dem Fructose-1,6-bisphosphat zwei Triosephosphate, von denen jedes nun bei dieser Reaktion der Phosphoglyceratkinase ein ATP liefert, also insgesamt werden pro abgebautem Glucosemolekül hier zwei ATP zurückgewonnen. Die Tabelle 14.1 zeigt, dass das Phosphatgruppenübertragungspotential von 3-Phosphoglyceroylphosphat wesentlich höher ist als dasjenige von ATP. Die Synthese von ATP in dieser Reaktion ist damit sogar exergonisch. Die bisherige Re-

aktionsfolge hat zur Synthese von ATP geführt, ohne dass dabei Sauerstoff verbraucht worden wäre. Diese anaerobe Art der ATP-Synthese wird als **Substratkettenphosphorylierung** der oxidativen Phosphorylierung in den Mitochondrien gegenübergestellt.

Mit der Verlagerung des Phosphatrests aus der Stellung 3 in die Stellung 2 durch die Phosphoglyceratmutase (Abb. 14.1) wird der nächste Schritt vorbereitet. Die darauffolgende Enolasereaktion produziert die energiereichste Verbindung des Organismus überhaupt, das Phosphoenolpyruvat (Tabelle 14.1). Daraus wird in der nächsten Reaktion ATP gewonnen:

2 - Phosphoglycerat        Phosphoenol-                    Enolpyruvat                Pyruvat
                           pyruvat

**Tabelle 14.1.** Energiearme und energiereiche Verbindungen. Um das Gruppenübertragunspotential der verschiedenen Verbindungen miteinander vergleichen zu können, wird üblicherweise wie hier die Änderung der freien Energie der hydrolytischen Spaltung $\Delta G^{\circ\prime}_{Hydrol.}$ angegeben, d.h. in allen Beispielen dient $H_2O$ als Akzeptor der übertragenen Gruppen

|  |  |  | $\Delta G^{\circ\prime}_{Hydrol.}$ kJ/mol | Bedeutung für Stoffwechsel |
|---|---|---|---|---|
| **Energiearme Phosphatbindungen** |  |  |  |  |
| Phosphatester | Glucose-6-P | $+ H_2O \rightleftharpoons$ Glucose + $P_i$ | −13,8 | Niedriges |
|  | Fructose-1,6-$P_2$ | $+ H_2O \rightleftharpoons$ Fructose-6-P + $P_i$ | −16,7 | Phosphatgruppen-Übertragungspotential |
| **Energiereiche Phosphatbindungen** |  |  |  |  |
| Phosphatanhydrid | ATP | $+ H_2O \rightleftharpoons$ ADP + $P_i$ | −30,6 | Hohes |
| Gemischtes Anhydrid | 3-PGP | $+ H_2O \rightleftharpoons$ 3-PG + $P_i$ | −49,3 | Phosphatgruppen- |
| Enolphosphat | PEP | $+ H_2O \rightleftharpoons$ Pyruvat + Pi | −61,9 | Übertragungspotential |
| **Energiereiche Carbonsäurebindung** |  |  |  |  |
| Thioester | Acetyl-CoA | $+ H_2O \rightleftharpoons$ CoA + Acetat | −31,4 | Hohes Acetylgruppen-Übertragungspotential |

Phosphoenolpyruvat hat ein derart hohes Phosphatgruppenübertragungspotential, weil das nach Abgabe des Phosphatrests entstehende Enolpyruvat spontan und rasch in Pyruvat umgewandelt wird, d.h. dem Gleichgewicht entzogen wird. Die Reaktion der Pyruvatkinase ist daher unter physiologischen Bedingungen nicht reversibel. Auch bei dieser Synthese von ATP ist Sauerstoff nicht beteiligt, es handelt sich wieder um eine Substratkettenphosphorylierung.

## Abschnitt 4:
## Reduktion von Pyruvat zu Lactat

Pyruvat
( Anion der
Brenztraubensäure )

Lactat
( Anion der Milchsäure )

Diese Reaktion ist unbedingt notwendig, weil sie $NAD^+$ regeneriert und damit ermöglicht, dass die Glykolyse fortwährend ablaufen kann. $NAD^+$ wird benötigt für den Ablauf der Glykolyse bei der Reaktion der Glycerinaldehydphosphat-Dehydrogenase (Abb. 14.1). Unter aeroben Bedingungen, wenn Sauerstoff verfügbar ist, wird NADH in der Atmungskette der Mitochondrien zu $NAD^+$ regeneriert. Lactat, das bei der anaeroben Glykolyse in Zellen

gebildet wird, wird ans Blut abgegeben und in der Leber zur Resynthese von Glucose verwendet. Die ATP-Bilanz der Glykolyse ist positiv (Tabelle 14.2). Pro Mol Glucose, welches zu zwei Mol Lactat abgebaut wird, werden zwei Mol ATP gewonnen. Die Energiebilanz zeigt, dass unter Standardbedingungen (Konzentrationen der Reaktanten 1 M) 31% der chemischen Energie, die beim Abbau von Glucose zu Milchsäure verloren geht, in Form von ATP gewonnen werden. Wenn die Rechnung nicht mit Standardbedingungen, sondern mit den physiologischen Konzentrationen der Reaktanten durchgeführt wird, ergibt sich eine verbesserte Bilanz. Der Wirkungsgrad der Glykolyse beträgt dann etwa 40%. Wo ist der Rest der verlorenen freien Energie der Glucose? Sie wurde als Wärme freigesetzt. Unter Standardbedingungen und auch bei physiologischen Bedingungen ist $\Delta G^{\circ\prime}$ bzw. $\Delta G'$ negativ, d.h. die Gesamtreaktion, Abbau von Glucose zu Milchsäure und Bildung von ATP, ist exergonisch.

■ Der anaerobe Abbau von Glucose zu Lactat liefert nur zwei Mol ATP pro Mol Glucose, der aerobe Abbau zu $CO_2$ und $H_2O$ hingegen ungefähr dreißig Mol ATP.

**Tabelle 14.2.** Glykolyse

| ATP-Bilanz (vgl. Abb. 14.1) | ATP (mol/mol) |
|---|---|
| Glucose → Glucose-6-P | −1 |
| Fructose-6-P → Fructose-1,6-$P_2$ | −1 |
| 3-Phosphoglyceroylphosphat → 3-Phosphoglycerat (2×) | +2 |
| Phosphoenolpyruvat → Pyruvat (2×) | +2 |
| Netto | +2 |

| Energie-Bilanz | $\Delta G^{\circ\prime}$ (kJ/mol) |
|---|---|
| Glucose → 2 Milchsäure | −198 |
| 2 ADP + 2 $P_i$ → 2 ATP + 2 $H_2O$ | +61 |
| Glucose + 2 ADP + 2 $P_i$ → 2 Milchsäure + 2 ATP + 2 $H_2O$ (Gesamtreaktion ist exergonisch!) | −137 |

## 14.2
## Alkoholische Gärung

Eine Variante des anaeroben Abbaus von Glucose zu Lactat stellt die in Hefezellen vorkommende alkoholische Gärung dar. Die beiden Abbauprozesse unterscheiden sich nur in den Endstufen. Die Hefe ist ein niederer Eukaryont und besitzt Mitochondrien. Unter aeroben Bedingungen ist deshalb ein oxidativer Abbau von Pyruvat zu $CO_2$ und $H_2O$ möglich. Bei Sauerstoffmangel können jedoch die Hefezellen auf anaeroben Stoffwechsel umstellen und bauen dann durch alkoholische Gärung Glucose zu Ethanol und $CO_2$ ab.

Die Umwandlung von Pyruvat zu $CO_2$ und Ethanol erfolgt über zwei Einzelreaktionen:

Die zu Lactat führende anaerobe Glykolyse und die zu Ethanol und $CO_2$ führende alkoholische Gärung haben gemeinsam, dass dabei ATP gewonnen wird, ohne dass hierzu Sauerstoff verbraucht wird. Es ist daher anzunehmen, dass diese anaeroben Abbauwege schon existierten, bevor Sauerstoff auf der Erde verfügbar war, d. h. bevor sich die Photosynthese entwickelte. Allerdings wird bei anaerobem Abbau nur ein kleiner Teil der in der Glucose steckenden chemischen Energie genutzt.

■ Die alkoholische Gärung der Hefe produziert zwei praktisch wichtige Produkte: Ethanol und $CO_2$.

Für den Stoffwechsel haben diese zwei Reaktionen die gleiche Bedeutung wie die Bildung von Milchsäure aus Pyruvat bei der Milchsäuregärung; in beiden Fällen geht es darum, $NAD^+$ zu regenerieren, damit die Glykolyse kontinuierlich ablaufen kann, ohne dass dazu Sauerstoff gebraucht würde. Beide Endprodukte der alkoholischen Gärung, das $CO_2$ und das Ethanol, sind von praktischer Bedeutung. Das bei der Decarboxylierung von Pyruvat frei werdende $CO_2$ ist dafür verantwortlich, dass Brot und Hefegebäck beim Backen „aufgehen". Wahrscheinlich schon in Urzeiten wurde die alkoholische Gärung zuckerhaltiger Lösungen zur Herstellung Wein- und Bier-ähnlicher alkoholhaltiger Getränke verwendet.

Die Hefezellen können Alkohol bis zu einer Konzentration von höchstens etwa 15 Volumen-% (12 Gewichts-%, 2,6 mol/Liter) produzieren. Höherprozentige Getränke werden durch Destillation von Gärlösungen gewonnen („gebrannte Wasser").

## 14.3
## Oxidation von Pyruvat zu Acetyl-CoA

Unter aeroben Bedingungen wird in eukaryontischen Zellen Pyruvat zu Acetyl-Coenzym A decarboxyliert und oxidiert. Dieser Vorgang läuft in den Mitochondrien ab und wird durch lösliche Enzyme in der mitochondrialen Matrix katalysiert. Pyruvat nimmt im Stoffwechsel eine sehr wichtige Stellung ein. Der Hauptweg des Kohlenhydratabbaus und der Abbau gewisser Aminosäuren führen über die Oxidation von Pyruvat (Abb. 13.2).

**In tierischen Zellen wird Pyruvat oxidativ zu Acetyl-CoA abgebaut** – Die einfache Decarboxylierung von Pyruvat zu freiem Acetaldehyd wie in der Hefe ist im tierischen Organismus nicht möglich, weil die in der Hefe vorkommende Pyruvatdecarboxylase fehlt. Statt dessen wird Pyruvat durch den Pyruvatdehydrogenase-Multienzymkomplex in kombinierten Reaktionen decarboxyliert und oxidiert, dabei wird Acetyl-

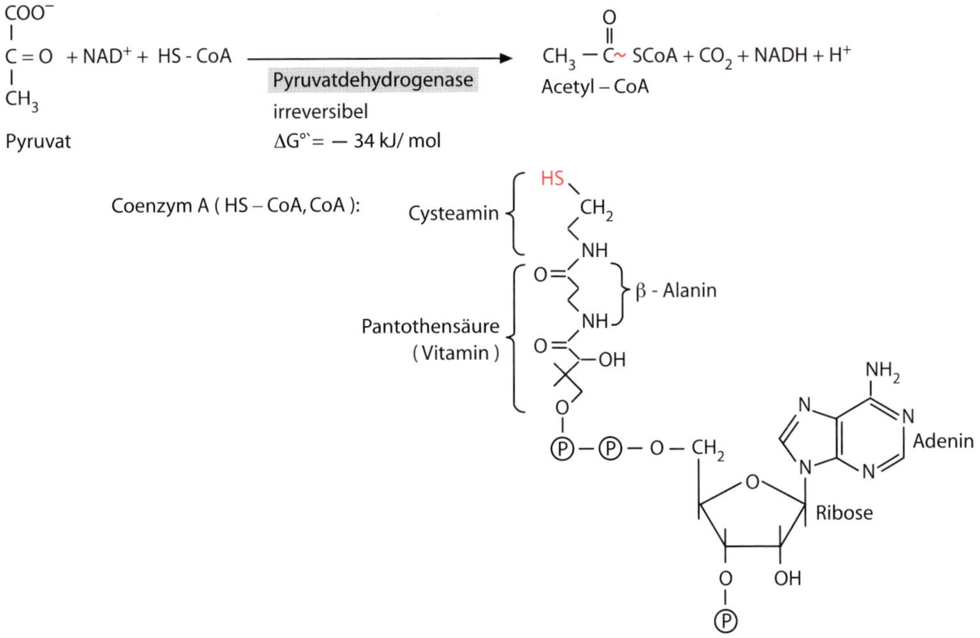

$$
\begin{array}{l}
\text{COO}^- \\
| \\
\text{C} = \text{O} \\
| \\
\text{CH}_3
\end{array}
+ \text{NAD}^+ + \text{HS - CoA}
\xrightarrow[\substack{\text{irreversibel} \\ \Delta G^{\circ\prime} = -34\,\text{kJ/mol}}]{\text{Pyruvatdehydrogenase}}
\begin{array}{l}
\quad\;\; \text{O} \\
\quad\;\; \| \\
\text{CH}_3 - \text{C} \sim \text{SCoA} + \text{CO}_2 + \text{NADH} + \text{H}^+ \\
\text{Acetyl} - \text{CoA}
\end{array}
$$

Pyruvat

Coenzym A ( HS – CoA, CoA ):

Cysteamin

Pantothensäure (Vitamin)

β - Alanin

Adenin

Ribose

**Abb. 14.4.** Oxidative Decarboxylierung von Pyruvat. Die Bildung des energiereichen Thioesters Acetyl-CoA wird ermöglicht durch Koppelung an die Decarboxylierung und Oxidation von Pyruvat (Abb. 14.5). Wir begegnen hier zum ersten Mal dem Coenzym A, dem Überträger von Acylgruppen (Carbonsäureresten). CoA ist ein Derivat von AMP, das über einen weiteren Phosphatrest an das Vitamin Pantothensäure gekoppelt ist, welches über Amidbindung mit Cysteamin verbunden ist (Pflanzen und Mikroorganismen beziehen β-Alanin durch β-Decarboxylierung von Aspartat und Cysteamin durch α-Decarboxylierung von Cystein). Die Sulfhydrylgruppe ist der wichtigste Teil des Moleküls, sie bildet mit Carbonsäuren (Essigsäure wie hier, aber auch langkettigen Fettsäuren) energiereiche Thioester mit einem hohen Acylgruppen-Übertragungspotential

Coenzym A (auch als **aktivierte Essigsäure** bezeichnet) produziert (Abb. 14.4).

Die Bildung von Acetyl-Coenzym A, kurz Acetyl-CoA, erfolgt über fünf Teilreaktionen, die durch drei verschiedene Enzyme mit drei verschiedenen Cofaktoren katalysiert werden (Abb. 14.5). Der Pyruvatdehydrogenase-Multienzymkomplex ist ein Riesenassoziat, welches im Elektronenmikroskop beobachtet werden kann, aus je 24 Pyruvatdehydrogenase- und Acetyltransferasemolekülen sowie 12 Dihydrolipoamid-Dehydrogenase-Moleküle und einer Gesamtmasse von $4{,}6 \cdot 10^6$ Da (zum Vergleich ein Ribosom mit $2{,}7 \cdot 10^6$ Da). Was sind die Vorteile solcher Multienzymkomplexe? Ein Multienzymkomplex dieser Art erscheint besonders günstig, wenn, wie im vorliegenden Fall, alle Zwischenprodukte kovalent an ein Enzym gebunden sind und daher von einem Enzym zum nächsten ohne Notwendigkeit einer freien Diffusion weitergereicht werden können. Dadurch ergibt sich nicht nur eine raschere Reaktion, sondern es wird auch die Möglichkeit von Nebenreaktionen der reaktiven Zwischenprodukte mit anderen Zellkomponenten verringert. In Bakterien wird die ganze Reaktionsfolge durch Einzelenzyme katalysiert.

Das entstandene Acetyl-Coenzym A, ebenfalls ein Thioester, ist eine energiereiche Verbindung mit einem hohen Acetylgruppenübertragungspotential, d.h. der Acetylrest wird leicht auf Akzeptoren übertragen (Tabelle 14.1). Acetyl-CoA ist Substrat für viele weitere Reaktionen, z.B. den Citratzyklus oder die Synthese von Fettsäuren und Cholesterol.

Pyruvatdehydrogenase- Multienzymkomplex
Folgende Enzyme mit ihren Cofaktoren sind daran beteiligt:

**E1**    Pyruvatdehydrogenase
Cofaktor Thiamindiphosphat (TDP)

Dieses C- Atom wird leicht deprotoniert und damit stark nucleophil

Thiamin = Vitamin $B_1$

**E2**    Dihydrolipoamid- Acetyltransferase
Cofaktor Liponsäure

Oxidierte Form                Reduzierte Form

Beide Formen sind über eine Amidbindung mit der ε- Aminogruppe eines Lysinrests
kovalent mit dem Enzym verbunden

**Abb. 14.5.** Pyruvatdehydrogenase-Multienzymkomplex

**Der Pyruvat-Dehydrogenase-Komplex wird durch reversible Phosphorylierung reguliert** – Die Reaktion von Pyruvat zu Acetyl-CoA ist irreversibel. Wie schon eingangs besprochen, sind es die irreversiblen Schritte im Stoffwechsel, an denen die Regulationsmechanismen eingreifen. Bei den irreversiblen Schritten ist die Reaktionsrichtung festgelegt, eine Voraussetzung dafür, dass eine Regulation überhaupt sinnvoll ist (s. Kapitel 13.4). Die Regulation des Pyruvat-Dehydrogenase(PDH)-Komplexes ist ein klassisches Beispiel für die Regulation der Enzymaktivität durch kovalente chemische Modifikation. Neben den an den Stoffwechselumsetzungen direkt beteiligten Enzymmolekülen enthalten die Pyruvatdehydrogenase-Multienzymkomplexe auch 5 bis 10 regulatorische Enzymmoleküle, welche einander entgegengesetzte Reaktionen katalysieren, nämlich PDH-Kinase und PDH-Phosphatase.

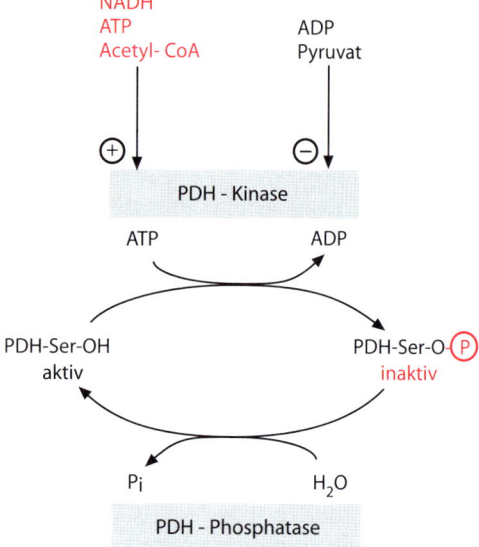

**E 3**   Dihydrolipoamid- Dehydrogenase
Cofaktor FAD ( Flavin- Adenin- Dinucleotid, ein H- übertragender Cofaktor, s. Kapitel 15.2)

Der nicht ganz einfache Zyklus beginnt mit der Reaktion von Pyruvat mit der
oxidierten Form des Enzymkomplexes

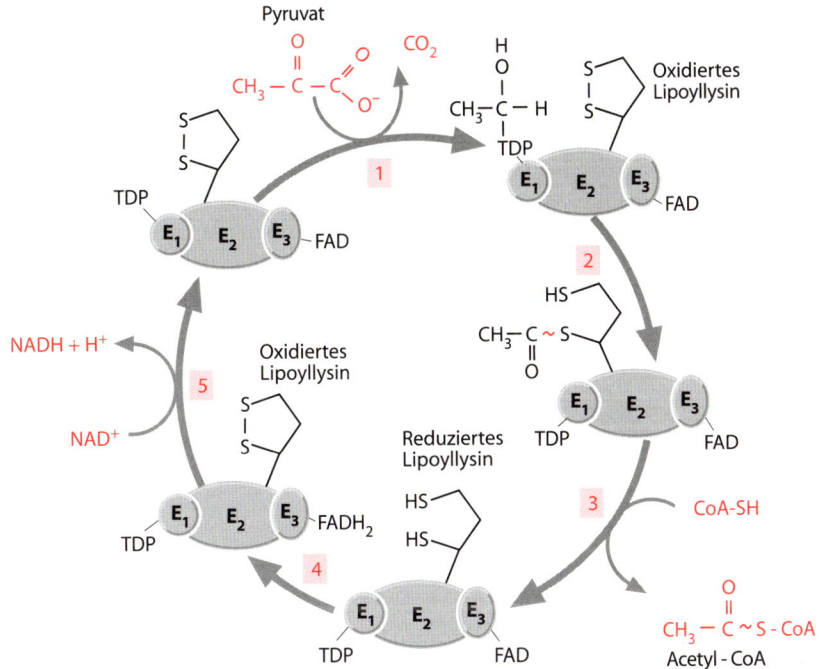

$$\text{Pyruvat} + \text{CoA} + \text{NAD}^+ \longrightarrow \text{Acetyl - CoA} + CO_2 + \text{NADH}$$

**1**  In der ersten Teilreaktion reagiert das Carbonyl- C von Pyruvat mit dem nucleophilen C- Atom von TDP. Durch
Decarboxylierung entsteht an TDP gebundener Acetaldehyd, der in der folgenden Reaktion zu Essigsäure
( Acetyl- CoA) oxidiert wird. ( Die Pyruvatdecarboxylase der Hefe, die auch mit TDP arbeitet, setzt nach der
Decarboxylierung von Pyruvat den entstandenen Acetaldehyd frei; daraus produziert die Alkoholdehydrogenase
durch Reduktion Ethanol.)

**2**  Oxidierte Liponsäure oxidiert den Acetaldehyd zu Essigsäure, dabei wird die Liponsäure reduziert und mit der
entstehenden Essigsäure verestert. Es entsteht ein energiereicher Thioester. Die ersten beiden Teilreaktionen
werden durch die Pyruvatdehydrogenase katalysiert.

**3**  E2, die Acetyltransferase, überträgt den Acetylrest von Dihydrolipoamid ( die Liponsäure ist über eine Amidbindung
ans Enzym gebunden ) auf CoA. Es entsteht Acetyl- CoA, welches wegdissoziiert.

**4**  E3, die Dihydrolipoamid- Dehydrogenase, reoxidiert Dihydrolipoamid zum Disulfid, wobei FAD als H- Akzeptor
wirkt.

**5**  Die Dehydrogenase reduziert $FADH_2$ zu FAD mit $NAD^+$ als Oxidationsmittel. Damit ist der Ausgangszustand des
Enzymkomplexes wiederhergestellt.

**Abb. 14.5** (Fortsetzung)

Erhöhte Konzentrationen an Metaboliten (Stoffwechselzwischenprodukte), welche der Zelle chemische Energie liefern, aktivieren die PDH-Kinase allosterisch, wodurch die PDH zunehmend durch Phosphorylierung inaktiviert wird. Wenn hingegen eine steigende Konzentration von ADP einen Energiemangel der Zelle anzeigt oder ein Überfluss an Pyruvat vorliegt, wird die Kinase gehemmt, wodurch die Phosphatase die Oberhand gewinnt und die PDH aktiviert wird.

■ Multienzymkomplexe ermöglichen raschere Reaktionen mit weniger Nebenreaktionen. Im Pyruvatdehydrogenase-Komplex wird das kovalent gebundene Substrat von einem Enzym (Substrat an Thiamindiphosphat TDP gebunden) direkt zum zweiten Enzym (Substrat an reduzierte Liponsäure gebunden) weitergegeben.

## 14.4
## Abbau von Acetyl-CoA im Citratzyklus

Unter aeroben Bedingungen werden neben Pyruvat auch Fettsäuren (s. Kapitel 17.1) sowie gewisse Aminosäuren (s. Kapitel 19.3) zu Acetyl-CoA ($C_2$) abgebaut. Durch Addition dieses zentralen Zwischenprodukts des Stoffwechsels an Oxalacetat ($C_4$) wird Citrat gebildet ($C_6$), welches im Zyklus sukzessive durch Oxidations- und Decarboxylierungsschritte zu $CO_2$ und Oxalacetat abgebaut wird. In der Bilanz wird dabei der Acetyl-Rest zu $CO_2$ abgegeben. Der Zyklus hat seinen Namen davon, dass als erstes Zwischenprodukt Citrat gebildet wird (Abb. 14.6). Citratzyklus, Citronensäurezyklus, Tricarbonsäurezyklus und Krebszyklus sind Synonyma.

Hans Krebs, Entdecker des ersten zyklischen Stoffwechselwegs, des Harnstoffzyklus (1932), und darauf auch des Citratzyklus (1937).

**Warum laufen die oxidative Decarboxylierung von Pyruvat zu Acetyl-CoA und der Citratzyklus nur unter aeroben Bedingungen ab?** – Die Bilanzgleichung des Zyklus zeigt, dass dabei nicht $O_2$ als Oxidationsmittel verwendet wird, sondern dass zunächst $H_2O$ angelagert wird und darauf Wasserstoffatome abgespalten werden. Die Reduktionsäquivalente (Wasserstoffatome mit ihren Elektronen) werden in Form von NADH und $FADH_2$ anschließend in der Atmungskette auf $O_2$ übertragen. Das gleiche gilt für das bei der oxidativen Decarboxylierung von Pyruvat entstandene NADH. Nur unter aeroben Bedingungen können $NAD^+$ und FAD in der Atmungskette regeneriert werden. Und $NAD^+$ und FAD sind erforderlich, damit der Citratzyklus ablaufen kann.

Der Hauptteil des katabolischen Endprodukts $CO_2$, welches über die Atmung abgegeben wird, entsteht in der Pyruvatdehydrogenase-Reaktion und den zwei Decarboxylierungsreaktionen des Citratzyklus. Gewisse Zwischenprodukte des Citratzyklus dienen als Ausgangsstoffe für die Gluconeogenese, die Synthese bestimmter Aminosäuren, von Häm und von Fettsäuren. Die Reaktionen des Citratzyklus laufen wie die Oxidation von Pyruvat zu Acetyl-CoA in der Matrix der Mitochondrien ab. Im Gegensatz zur Glykolyse werden im Citratzyklus keine phosphorylierten Zwischenprodukte gebildet. Alle Zwischenprodukte sind jedoch Tri- oder Dicarbonsäuren und damit beim pH-Wert der Zelle auch negativ geladen und kaum membrangängig.

■ Der Citratzyklus läuft wie die oxidative Decarboxylierung von Pyruvat in der Matrix der Mitochondrien ab.

**Der Citratzyklus läuft über 9 Einzelreaktionen (Abb. 14.6):**

1 Der Acetylrest wird in den Zyklus eingeschleust. Die Reaktion erfolgt nach dem Mechanismus einer Aldol-Addition. Sie wird praktisch irreversibel durch die darauf folgende Hydrolyse der energiereichen Thioester-Bindung. Die Cit-

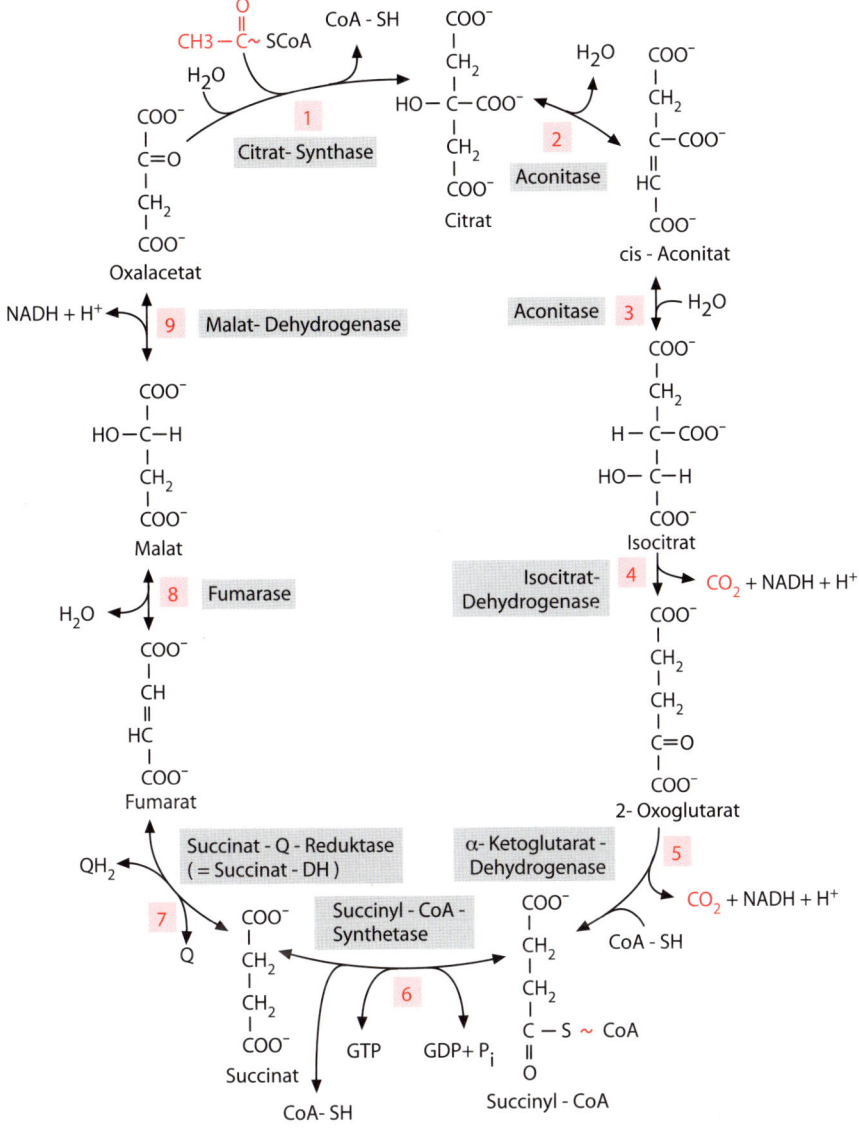

$$\text{Acetyl-CoA} + 3\,\text{NAD}^+ + \text{FAD} + \text{GDP} + \text{P}_i + 2\,\text{H}_2\text{O} \longrightarrow 2\,\text{CO}_2 + 3\,\text{NADH} + 3\,\text{H}^+ + \text{FADH}_2 + \text{GTP} + \text{CoA-SH}$$

**Abb. 14.6.** Citratzyklus. In dieser zyklischen Reaktionsfolge dient Oxalacetat als Akzeptor des Acetylrests von Acetyl-CoA (Reaktionsschritt ①). Am Ende des Zyklus (Schritt ⑨) wird Oxalacetat regeneriert. Oxalacetat ist demnach ein unverbraucht bleibender Bestandteil des Zyklus, welcher den Kreis wieder schließt. Ohne primär vorhandenes Oxalacetat kann der Zyklus nicht ablaufen

rat-Synthase fügt den Acetylrest stereospezifisch an, wobei die Stereospezifität nur mittels Isotopenmarkierung und der ebenfalls stereospezifischen Aconit-Hydratase erkennbar wird.

**2** und **3** Die Aconit-Hydratase (Aconitase) katalysiert die Isomerisierung von Citrat zu Isocitrat mit *cis*-Aconitat als Zwischenprodukt. Die tertiäre Alkoholgruppe von Citrat wird damit in die sekundäre Alkoholgruppe des Isocitrat umgeformt, welche im nächsten Schritt zu einer Oxo-Gruppe dehydriert werden kann.

4 Die Isocitrat-Dehydrogenase katalysiert diese Oxidation mit $NAD^+$ als Oxidationsmittel sowie die Decarboxylierung der dabei intermediär entstehenden Oxosäure Oxalsuccinat (nicht im Schema) zu 2-Oxoglutarat.

5 Diese Reaktion ist der oxidativen Decarboxylierung von Pyruvat zu Acetyl-CoA sehr ähnlich. Auch dieser Schritt wird von einem Multienzymkomplex (2-Oxoglutarat-Dehydrogenase) katalysiert, der die gleichen Coenzyme, nämlich Thiamindiphosphat, einen kovalent ans Enzym gebundenen Lipoylrest und FAD, benutzt wie der Pyruvatdehydrogenase-Komplex (s. Abb. 14.5). Auch die Co-Substrate, CoA und $NAD^+$, sind die gleichen. Bei den einzelnen Reaktionsschritten nimmt im Vergleich zur Reaktionsfolge, die durch den Pyruvatdehydrogenase-Komplex katalysiert wird (Abb. 14.5), einfach eine $^-OOC-CH_2$-$CH_2$-Gruppe die Stelle der $CH_3$-Gruppe des Pyruvats bzw. des Acetats ein.

6 Die chemische Energie des energiereichen Thioesters Succinyl-CoA wird verwendet, um GTP aus GDP und $P_i$ zu synthetisieren. GTP ist die einzige energiereiche Phosphatverbindung, die im Citratzyklus entsteht. Wie bei der Glykolyse handelt es sich hier auch um eine **Substratkettenphosphorylierung** (NTP-Synthese ohne Verbrauch von $O_2$). Aus GTP und ADP kann ATP gebildet werden. Unspezifische Nucleosid-diphosphat-Kinasen katalysieren Reaktionen der folgenden Art: $ATP + NDP \rightleftharpoons ADP + NTP$; wobei N irgendein Nucleosid darstellt. (Zur Terminologie: Succinat ist das Anion der Bernsteinsäure; engl. *Succinic acid*.)

Die folgenden Reaktionen entziehen den Substraten Reduktionsäquivalente (Wasserstoffatome mit ihren Elektronen) und schließen den Reaktionszyklus:

7 Die Succinatdehydrogenase braucht FAD, welches ein stärkeres Oxidations-

mittel ist als $NAD^+$, als prosthetische Gruppe. Die H-Atome werden von $FADH_2$ an Ubichinon (Q) weitergegeben. Im Gegensatz zu allen anderen Enzymen des Citratzyklus ist die Succinatdehydrogenase ein Enzym der Atmungskette (Komplex II, s. Kapitel 15.2) und in die innere Mitochondrienmembran eingebettet.

8 Die Addition von $H_2O$ an die Doppelbindung führt eine OH-Gruppe ein, die beim nächsten Schritt zur Oxo-Gruppe oxidiert wird (Fumarat ist das Anion der Fumarsäure, engl. *Fumaric acid*; Malat ist das Anion der Äpfelsäure, engl.: *Malic acid*).

9 Oxalacetat, der Akzeptor von Acetyl-CoA, wird regeneriert. Es ist zu beachten, dass für jedes Molekül Oxalacetat, das als Akzeptor verbraucht wird, im Zyklus ein einziges Molekül Oxalacetat produziert wird.

■ Der Citratzyklus kann bilanzmäßig Acetyl-CoA nur in $CO_2$ abbauen. Er kann auf keinen Fall Oxalacetat aus Acetyl-CoA produzieren.

Acetyl-CoA + 3 $NAD^+$
+ FAD + GDP + $P_i$ + 2 $H_2O$
↓
2 $CO_2$ + 3 NADH + 3 $H^+$
+ $FADH_2$ + GTP + CoASH

Der Zyklus läuft nur im Uhrzeigersinn ab, die Synthese von Citrat und die Decarboxylierungsschritte sind irreversibel. Pro Durchlauf wird nur 1 GTP durch Substratkettenphosphorylierung gewonnen. Es entstehen jedoch NADH und $FADH_2$, die über die oxidative Phosphorylierung zur ATP-Synthese benutzt werden.

**Der Citratzyklus muss permanent mit Zwischenprodukten aufgefüllt werden –** Oxalacetat und die anderen in Oxalacetat umwandelbaren Zwischenprodukte des Citratzyklus werden beim Ablauf des Zyklus ohne Nebenreaktionen ständig verbraucht und wieder regeneriert, ihre Konzentration bleibt konstant. Sie sind daher, wie die Enzyme, als Teil der katalytischen Maschinerie, welche Essigsäure zu zwei $CO_2$ oxidiert, zu betrachten. Bei Abnahme der Konzentration von Oxalacetat wird pro Zeiteinheit weniger Acetyl-CoA in den Zyklus eingeschleust werden können, Acetyl-CoA wird sich anstauen. In der Tat gibt es eine Reihe von Stoffwechselreaktionen, die nicht Teil des Zyklus, aber mit ihm verbunden sind und dem Citratzyklus ständig Oxalacetat und andere Zwischenprodukte entziehen. Im Citratzyklus wird Oxalacetat zwar regeneriert, kann aber netto nicht neugebildet werden. Die Zelle muss daher über Reaktionen verfügen, welche verlorengegangenes Oxalacetat nachliefern. Es sind dies die **Auffüllreaktionen** oder **anaplerotischen Reaktionen**.

Die wichtigste anaplerotische Reaktion ist die Carboxylierung von Pyruvat zu Oxalacetat. Die **Pyruvatcarboxylase** ist abhängig von Biotin, einem Vitamin, als prosthetischer Gruppe und verbraucht ATP:

Auch die Abbaureaktionen gewisser Aminosäuren füllen den Citratzyklus mit Zwischenprodukten auf:

Biotin

N- Carboxy- Derivat eines Biotin- Enzyms

| Pyruvatcarboxylase | |
|---|---|
| 1. Halbreaktion | Enz- Biotin + ATP + $CO_2$ + $H_2O$ $\rightleftharpoons$ Enz- Carboxybiotin + ADP + $P_i$ |
| 2. Halbreaktion | Enz- Carboxybiotin + Pyruvat $\longrightarrow$ Oxalacetat + Enz- Biotin |
| Gesamtreaktion | Pyruvat + $CO_2$ + ATP + $H_2O$ $\longrightarrow$ Oxalacetat + ADP + $P_i$ |

Die Pyruvatcarboxylase-Reaktion und die anderen anaplerotischen Reaktionen sind nicht nur wichtig für die Nachlieferung von Zwischenprodukten des Citratzyklus, sondern auch für die Gluconeogenese (Neubildung von Glucose) aus Lactat und aus Aminosäuren. Über die Reaktion Oxalacetat → Phosphoenolpyruvat werden Oxalacetat und die anderen Zwischenprodukte der Gluconeogenese zugeführt (s. Kapitel 16.1).

■ Oxalacetat und andere Zwischenprodukte des Citratzyklus können in Glucose umgewandelt werden. Hingegen kann aus Acetyl-CoA keine Glucose gewonnen werden.

**Acetyl-CoA reguliert allosterisch die Pyruvat-Carboxylase und die Pyruvat-Dehydrogenase in gegenläufigem Sinn:**

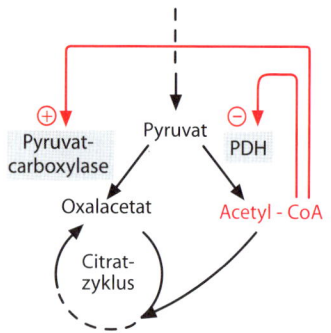

Bei einem Anstauen von Acetyl-CoA sorgen diese Regelmechanismen dafür, dass weniger Acetyl-CoA, aber mehr Oxalacetat produziert wird. Dem Citratzyklus wird damit mehr Akzeptor für Acetyl-CoA zur Verfügung gestellt. Zudem steht mehr Oxalacetat für die Gluconeogenese zur Verfügung.

**Der Glyoxylat-Zyklus bei Pflanzen und Mikroorganismen erlaubt, Acetyl-CoA in Kohlenhydrat umzuwandeln** – Dieser Zyklus entspricht **einer Variante des Citratzyklus**. Der Glyoxylat-Zyklus erlaubt gewissen Bakterien, mit Essigsäure oder anderen Fettsäuren als einziger Kohlenstoffquelle zu wachsen. In Pflanzensämlingen erlaubt der in den **Glyoxysomen** ablaufende Zyklus, Reservefett für die Synthese von Kohlenhydrat zu verwenden (Abb. 23.1). Diese Reaktionswege fehlen bei Mensch und Tier.

■ Der Glyoxylat-Zyklus erlaubt gewissen Bakterien und Pflanzen Kohlenhydrat aus Fett herzustellen.

# 15 Atmungskette, oxidative Phosphorylierung

Im Citratzyklus und bei der Fettsäureoxidation (s. Kapitel 17.1) entstehen NADH und enzymgebundenes $FADH_2$. Diese beiden reduzierten Cosubstrate können in einer stark exergonischen Reaktion Sauerstoff zu Wasser reduzieren:

$$NADH + H^+ + \tfrac{1}{2} O_2 \rightarrow NAD^+ + H_2O$$

$$FADH_2 + \tfrac{1}{2} O_2 \rightarrow FAD + H_2O$$

Die Übertragung der Elektronen von NADH und $FADH_2$ auf $O_2$ verläuft über mehrere Stufen. Die hintereinander geschalteten Elektronenübertragungen bilden in ihrer Gesamtheit die **Atmungskette**. Die bei diesen Redoxreaktionen frei werdende Energie wird für die Synthese von ATP aus ADP und $P_i$ genutzt. Die Synthese von ATP aus ADP und $P_i$, welche mit der Oxidation von NADH und $FADH_2$ energetisch gekoppelt ist, wird als **oxidative Phosphorylierung** bezeichnet.

Die **Elektronenübertragung** von NADH oder $FADH_2$ auf $O_2$ ist ein komplizierter Vorgang, der durch eine Reihe hintereinander geschalteter Elektronenüberträger **in der inneren Mitochondrienmembran** vermittelt wird. Als Elektronenüberträger dienen Flavoproteine, FeS-Zentren, Ubichinon und Cytochrome. Die bei den Oxidationsreaktionen freigesetzte Energie wird benutzt, um Protonen aus der mitochondrialen Matrix in den Intermembranalraum zu pumpen. Dadurch wird die Protonenkonzentration außerhalb der Mitochondrien höher als in der Matrix. Das Zurückfließen der Protonen in Richtung des Konzentrationsgefälles ist seinerseits gekoppelt mit der Synthese von ATP durch die in die innere Mitochondrienmembran

eingelagerte ATP-Synthase (**chemiosmotischer Mechanismus der oxidativen Phosphorylierung**). Pro mol NADH, welches in die Atmungskette eingeschleust wird, entstehen 3 mol ATP. Im tierischen Organismus liefert die oxidative Phosphorylierung den weitaus größten Teil von ATP.

---

Die Energie, welche bei der Übertragung von NADH-gebundenem Wasserstoff auf Sauerstoff verfügbar wird, lässt sich abschätzen aus der bekannten Knallgas-Reaktion:

$$H_2 + \tfrac{1}{2} O_2 \rightarrow H_2O \quad G^{\circ\prime} = -242 \text{ kJ/mol}$$

In diesem Fall wird die Energie als Wärme frei. Die Reaktion ist nicht nur stark exotherm, sondern verläuft auch sehr rasch, daher der Knall!!

Der biochemische Vorgang, die Atmungskette,

$$NADH + H^+ + \tfrac{1}{2} O_2 \rightarrow NAD^+ + H_2O$$
$$G^{\circ\prime} = -219 \text{ kJ/mol}$$

ist auch stark exergonisch, verläuft aber langsamer und über mehrere Stufen. Die chemische Energie wird schrittweise freigesetzt und fast zur Hälfte für die Synthese von ATP genutzt.

---

Der Elektronentransfer ist strikt mit der Phosphorylierung gekoppelt, d.h. keiner der beiden Prozesse kann ohne den anderen ablaufen. Damit wird $O_2$ nur verbraucht, wenn genügend ADP zur Phosphorylierung zur Verfügung steht, und genügend ADP steht nur zur Verfügung, wenn viel ATP verbraucht, d.h. zu ADP umgewandelt worden ist. Elektronentrans-

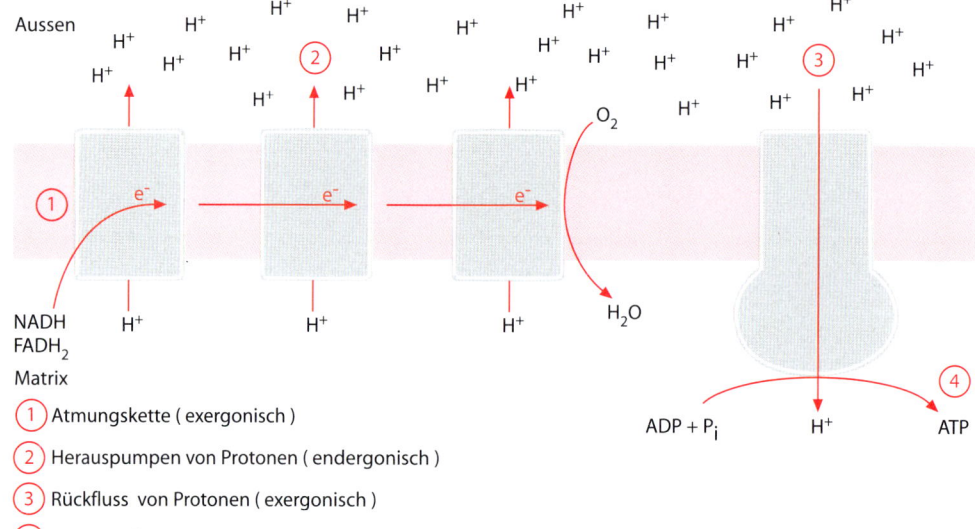

Aussen

NADH
FADH$_2$

Matrix

①  Atmungskette ( exergonisch )

②  Herauspumpen von Protonen ( endergonisch )

③  Rückfluss von Protonen ( exergonisch )

④  ATP - Synthese ( endergonisch )

fer und Phosphorylierung können entkoppelt werden durch **Entkoppler**, welche dazu führen, dass trotz eines hohen $O_2$-Verbrauchs nur wenig ATP, dafür aber umso mehr Wärme produziert wird. Andere Hemmstoffe, z. B. Cyanid, blockieren den Elektronentransport und damit ebenfalls die ATP-Synthese.

15.1 Organisation der Atmungskette
15.2 Redoxkomponenten der Atmungskette (FMN, FAD, FeS-Zentren, Ubichinon, Cytochrome)
15.3 Chemiosmotischer Mechanismus der oxidativen Phosphorylierung
15.4 Transport von Reduktionsäquivalenten vom Cytosol in die Mitochondrien
15.5 ATP-Bilanz des oxidativen Abbaus von Glucose
15.6 Regulation von oxidativer Phosphorylierung, Glykolyse und Citratzyklus

# 15.1
# Organisation der Atmungskette

**Die Atmungskette ist ein Membranprozess** – Im Unterschied zur Glykolyse und den meisten Reaktionen des Citratzyklus wird die Reaktionskette der Zellatmung nicht durch gelöste Enzyme katalysiert, sondern durch Proteine der inneren Mitochondrienmembran. Drei große Multiproteinkomplexe (**Komplex I, III und IV**) besorgen zusammen mit mobilen kleineren Überträgern von Reduktionsäquivalenten (**Coenzym Q** und **Cytochrom c**) den Transport der Elektronen von NADH und FADH$_2$ auf molekularen Sauerstoff. In der Atmungskette werden zunächst H-Atome und daraufhin Elektronen übertragen (Abb. 15.1). Als **Reduktionsäquivalente** bezeichnen wir

–  Elektronen e$^-$,
–  H-Atome [H], d. h. Protonen plus je ein Elektron,
–  Hydridionen H$^-$, d. h. Protonen plus je zwei Elektronen.

Bei den Redoxreaktionen im Stoffwechsel handelt es sich sehr häufig um die Aufnahme oder Abgabe von zwei Wasserstoffatomen, wobei bei der Übertragung auf

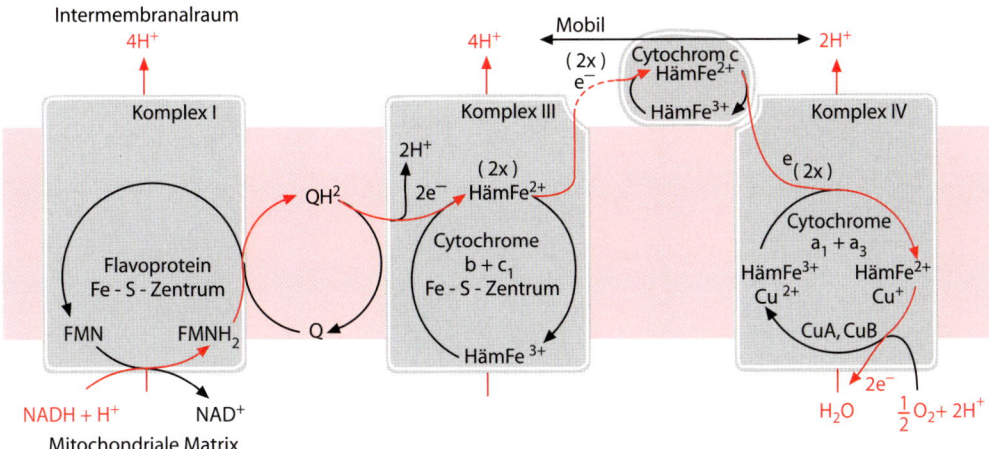

**Abb. 15.1.** Atmungskette. Vier Teilfunktionen sind zu erkennen:
- Einsammeln der an NADH und $FADH_2$ gebundenen H-Atome mit ihren Elektronen. Die Wasserstoffatome von $FADH_2$ (aus dem Citratzyklus und dem Fettsäurenabbau) werden von den entsprechenden FAD-abhängigen Dehydrogenasen (Succinatdehydrogenase = Komplex II und Acyl-CoA-Dehydrogenase) direkt an Coenzym Q abgegeben
- Weitergabe der Reduktionsäquivalente (H-Atome, bzw. Elektronen) von einem Redoxpaar an das nächste, d.h. an zunehmend stärkere Oxidationsmittel
- Reduktion von molekularem Sauerstoff ($O_2$), dem Endoxidationsmittel (Elektronenempfänger)
- Ausnützen der chemischen Energie, die bei den Redoxvorgängen in den Komplexen I, III und IV frei wird, zum Herauspumpen von Protonen

Die angegebene Stöchiometrie der Reaktionen entspricht der Oxidation von einem Molekül NADH + $H^+$, d.h. der Abgabe von zwei Elektronen. Wenn zur Übertragung der zwei Elektronen der gleiche Vorgang zweimal abzulaufen hat, ist das durch (2×) gekennzeichnet

den Akzeptor das Proton mit dem Elektron verbunden bleiben ($FADH_2$) oder abgetrennt werden kann (NADH):

$$FAD + 2\,[H] \rightarrow FADH_2$$

$$NAD^+ + 2\,[H] \rightarrow NADH + H^+$$
($NAD^+$ hat ein Hydridion aufgenommen, das Proton ohne Elektron geht in Lösung)

$FADH_2$, das im Citratzyklus und beim Abbau von Fettsäuren entsteht, wird über besondere Flavoproteinkomplexe in die Atmungskette eingeschleust. Die FAD-abhängige Succinatdehydrogenase, die im Citratzyklus Succinat zu Fumarat oxidiert, ist ein Protein der inneren Mitochondrienmembran und überträgt als Komplex II die Wasserstoffatome von $FADH_2$ auf Coenzym Q. Auch die Acyl-CoA-Dehydrogenase bei der $\beta$-Oxidation von Fettsäuren liefert die Reduktionsäquivalente über $FADH_2$ an die Atmungskette.

Abspaltung von 2[H]: Dehydrierung = Oxidation (z.B. Lactatdehydrogenase)
Abspaltung von $H_2O$: Dehydratisierung (z.B. Enolase)
Abspaltung von $H^+$: Deprotonierung

Die Redoxkomponenten der Atmungskette sind ihrem Redoxpotential entsprechend in Serie nacheinander angeordnet (Abb. 15.2). Der Unterschied im Standard-Redoxpotential zwischen $NAD^+$/NADH und $\frac{1}{2}\,O_2/O^{2-}$ von +1,14 V entspricht –219 kJ/mol. Pro mol NADH stehen demnach für die Bildung von ATP 219 kJ zur Verfügung, ein Energiebetrag, der zur Bildung von 3 mol ATP verwendet wird.

■ Die Redoxkomponenten der Atmungskette übertragen Reduktionsäquivalente von NADH auf $O_2$. Ihre Reihenfolge wird durch ihr Redoxpotential bestimmt.

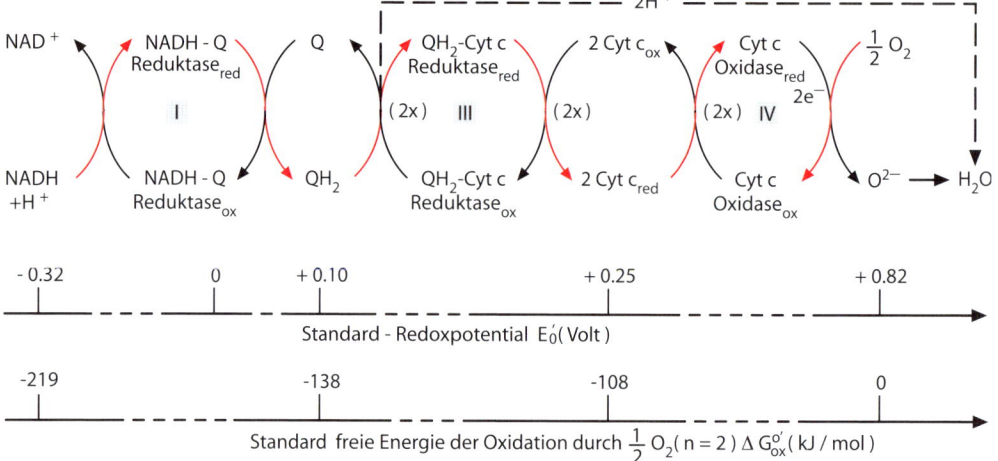

**Abb. 15.2.** Anordnung der Redoxkomponenten in der Atmungskette. Die Atmungskette transportiert Reduktionsäquivalente, alle beteiligten Komponenten kommen daher in einer oxidierten und einer reduzierten Form vor. Die oxidierte Form dient jeweils als Akzeptor der Reduktionsäquivalente ([H] oder $e^-$) und geht bei deren Aufnahme in die reduzierte Form über. Das Standard-Redoxpotential $E'_o$ nimmt von links nach rechts zu, der Sauerstoff ist das stärkste Oxidationsmittel. Definitionsgemäß entspricht das Standard-Redoxpotential ($E'_o$) eines Redoxpaares (z.B. NAD$^+$/NADH) dem Potential, das sich bei Standardbedingungen (Konzentrationen 1 M, 25 $°$C, pH 7,0) gegen eine Normalwasserstoffelektrode einstellt. $\Delta G^{o'}_{ox} = - nF\Delta E'_o$; wobei F = Faraday-Konstante (96,5 kJ $\cdot$ mol$^{-1}$ $\cdot$ V$^{-1}$) und n = Anzahl übertragene Elektronen

---

Das Redoxpotential eines Redoxpaares gibt an, wie leicht das Redoxpaar Elektronen aufnimmt. Je höher das Redoxpotential, umso stärker wirkt die oxidierte Komponente des Redoxpaares als Oxidationsmittel (Elektronenakzeptor).

---

## 15.2
## Redoxkomponenten der Atmungskette (FMN, FAD, FeS-Zentren, Ubichinon, Cytochrome)

**NAD$^+$/NADH weist das niedrigste Redoxpotential auf** – NADH ist der wichtigste Zubringer von Elektronen zur Atmungskette. Es sind über 200 NAD$^+$-abhängige Dehydrogenasen bekannt, welche alle dem allgemeinen Reaktionsschema entsprechen:

Dehydrogenase

$$AH_2 + NAD^+ \rightleftharpoons A + NADH + H^+$$

In allen diesen Enzymen sind NAD$^+$ und NADH nichtkovalent an die aktive

Stelle gebunden und dissoziieren wie das Produkt A vom Enzym ab. NADH hat damit die Möglichkeit, an die aktive Stelle eines anderen Enzyms zu binden und dort die Reduktionsäquivalente an ein anderes Substrat weiterzugeben. NAD$^+$ und NADH werden demnach von den Dehydrogenasen wie ein zweites Substrat bzw. Produkt behandelt.

Woher stammt das NADH, das der Atmungskette zugeführt wird? Es stammt einerseits aus Reaktionen, die in den Mitochondrien stattfinden, wie die Reaktionen der Pyruvatdehydrogenase, die Dehydrierungen im Citratzyklus, NAD$^+$-abhängige Dehydrierungen im Fettsäureabbau und die NAD$^+$-abhängige Desaminierung von Glutamat zu 2-Oxoglutarat und NH$_4^+$. Andererseits können auch Reaktionen, die im Cytosol ablaufen, NADH liefern, z.B.

die Glykolyse. Dieses NADH kann jedoch von der Atmungskette nicht direkt verwendet werden, da NADH nicht durch die innere Membran der Mitochondrien dringen kann. Für die Überführung dieser Reduktionsäquivalente aus dem Cytosol in die Mitochondrien bedarf es deshalb besonderer Mechanismen (s. Kapitel 15.4). Das Einschleusen der Reduktionsäquivalente von NADH in die Atmungskette wird durch den Komplex I besorgt (NADH-Q-Reduktase), welcher als Wasserstoffakzeptor ein Flavin-Coenzym besitzt.

**Flavin-abhängige Dehydrogenasen** – FMN (Flavinmononucleotid) und FAD (Flavin-Adenin-Dinucleotid) sind zwei Coenzyme, welche das gleiche heterozyklische Ringsystem enthalten, das eine intensiv gelbe Farbe besitzt (lat. *flavus* = gelb). FMN ist die phosphorylierte Form von Vitamin $B_2$, FAD ist ein Kondensationsprodukt von FMN und AMP.

gige Dehydrogenasen bekannt. Beispiele: Dihydrolipoamid-Dehydrogenase im Pyruvatdehydrogenase-Komplex (s. Abb. 14.5) und die Succinatdehydrogenase im Citratzyklus (s. Abb. 14.6), die beide FAD-abhängig sind. Die **NADH-Q-Reduktase** (= **Komplex I**) der Atmungskette verwendet FMN als Wasserstoffakzeptor (Abb. 15.1). Das enzymgebundene Flavin hat ein höheres Redoxpotential als NAD. Daher kann Komplex I NADH effizient oxidieren (Abb. 15.2).

Es entsteht dabei die reduzierte Form von Komplex I. Die nächstfolgende Reaktion ist demnach die Reoxidation von Komplex I durch eine Komponente der Atmungskette mit noch höherem Redoxpotential. An der Weitergabe der Reduktionsäquivalente ist ein **Eisen-Schwefel-Zentrum** (*FeS-cluster*) beteiligt. Zwei oder mehr Eisenionen sind mit Cysteinresten des Proteins und mit Sulfidionen koordiniert. Solche FeS-Zentren finden sich in

Im Unterschied zu $NAD^+$ sind FMN und FAD fest (durch nichtkovalente) Wechselwirkungen an die entsprechenden Enzyme gebunden, FMN und FAD sind daher Coenzyme (= prosthetische Gruppen) und nicht wegdissoziierende Cosubstrate wie $NAD^+$. Es sind über 60 verschiedene Flavin-abhän-

Oxidoreduktasen und in den Komplexen der Atmungskette mit Ausnahme von Komplex IV.

**Coenzym Q = Ubichinon** ist eine niedermolekulare Verbindung, die ihre Bezeichnung dem ubiquitären Vorkommen und der chinonartigen Struktur verdankt.

Als apolare Verbindung mit einer langen apolaren Seitenkette ist Ubichinon fettlöslich und kann durch rasche Diffusion in der Lipiddoppelschicht der inneren Mitochondrienmembran mit verschiedenen Membranenzymen reagieren. Coenzym Q übernimmt Wasserstoffatome nicht nur von Komplex I (FMNH$_2$), sondern auch von der Succinatdehydrogenase des Citratzyklus (= Komplex III; FADH$_2$). Coenzym Q ermöglicht damit, dass Wasserstoffatome aus Metaboliten, die nicht durch das relativ schwache Oxidationsmittel NAD$^+$ oxidiert werden können (das Redoxpaar Succinat/Fumarat hat ein relativ hohes Redoxpotential, $E_o' = +0,031$ V), in die Atmungskette eingebracht werden können. Das gleiche Problem stellt sich beim oxidativen Abbau von Fettsäuren. Auch dort gelangen die Wasserstoffatome aus dem ersten Oxidationsschritt (s. Kapitel 17.1) erst auf dem Niveau von Coenzym Q in die Atmungskette.

Bei der Reoxidation der Hydrochinonform von Coenzym Q, die saure Eigenschaften aufweist, kommt es zur Trennung von Protonen und Elektronen (Abb. 15.1). Fortan werden in der Atmungskette nur noch Elektronen weitergegeben, wobei die zwei Elektronen aus QH$_2$ einzeln weitergereicht werden (Abb. 15.2). Das höhere Redoxpotential von Komplex III ist bedingt durch die an diesem Multienzymkomplex beteiligten Cytochrome, die auch an den zwei weiteren Redoxschritten der Atmungskette mitwirken.

**Cytochrome sind hämhaltige Proteine von Elektronentransportsystemen** – Es sind rotbraune Chromoproteine, die aufgrund ihrer etwas verschiedenen Absorptionsspektren als Cytochrome des Typs a, b oder c bezeichnet werden. Das **Häm** ist ein Komplex von Protoporphyrin (einem zyklischen Tetrapyrrol) und Eisen.

Häm in Cytochromen vom b-Typ; auch in Hämoglobin und Myoglobin

Häm in Cytochromen vom c-Typ; kovalente Bindung an Protein

Protein

Cytohäm in Cytochromen vom a - Typ

Protoporphyrin enthält 4 Methyl-, 2 Propionat- und 2 Vinylseitenketten. Im Häm findet sich **Protoporphyrin IX**, eines von 15 möglichen Isomeren mit verschiedener Verteilung der Seitenketten. Die prosthetischen Gruppen der Cytochrome unterscheiden sich z. T. in den Seitenketten und der Art der Bindung an das Protein. Das Eisenion ist komplexartig an die Stickstoffatome der 4 Pyrrolringe gebunden, wobei zwei Protonen von den Pyrrolringen verdrängt worden sind. Beim Elektronentransport durch Cytochrome kommt es zum Valenzwechsel des Häm-Eisens:

Ferri-Protoporphyrin + $e^-$
(=Hämin mit $Fe^{3+}$, Fe III)

$\Updownarrow$

Ferro-Protoporphyrin
(= Häm mit $Fe^{2+}$, FeII)

Dieses Verhalten steht im Gegensatz zum beibehaltenen Oxidationszustand von Hämoglobin und Myoglobin ($Fe^{2+}$, Fe II), die auch Hämproteine sind, aber als Träger von $O_2$ fungieren.

Die Hauptbestandteile von **Komplex III** (= **$QH_2$-Cytochrom c-Reduktase oder kurz Cytochrom c-Reduktase**) sind die **Cytochrome b und $c_1$**. Beim Komplex III handelt es sich um einen kompliziert gebauten Membranproteinkomplex, welcher Elektronen einzeln von $QH_2$ ($QH_2 \rightarrow 2H^+ + 2e$) zu Cytochrom c transportiert und dabei die freigesetzten Protonen auf die Außenseite der inneren Mitochondrienmembran bringt (Abb. 15.1).

Das einfachste Cytochrom der Atmungskette ist das **Cytochrom c** (104 Aminosäurereste, 12 kDa). Cytochrom c ist an der Außenseite der inneren Mitochondrienmembran lokalisiert und pendelt als Elektronüberträger zwischen Komplex III (= Cytochrom c-Reduktase) und Komplex IV (= Cytochrom c-Oxidase) hin und her.

Die beiden zuletzt in der Atmungskette auftretenden **Cytochrome a und $a_3$** sind wiederum Bestandteile eines komplexen Membranproteins, der **Cytochrom c-Oxidase (Komplex IV)**. An der Übertragung des Elektrons von Cytochrom c auf molekularen Sauerstoff sind außer den Cytochromen a und $a_3$ auch zwei Kupferionen beteiligt, die einzeln in der Nähe des Hämeisens der beiden Cytochrome liegen und ihren Redoxzustand verändern ($Cu^{2+} + e^- \rightleftharpoons Cu^+$).

Die Atmungskette, genauer die Cytochrom-Oxidase, verbraucht etwa 90% des gesamten vom menschlichen oder tierischen Organismus aufgenommenen Sauerstoffs. Die restlichen 10% werden von anderen Enzymen wie Oxidasen (z. B. Xanthinoxidase) und Monooxygenasen (= Hydroxylasen; z. B. Steroidhydroxylasen) verbraucht.

Die Hauptschwierigkeit bei dieser Reaktion ist die konzertierte Überführung von 4 Elektronen (aus 4 einzelnen Cytochrom c-Molekülen!) auf das $O_2$-Molekül. Man beachte, dass Abb. 15.1 der Einfachheit halber die Stöchiometrie für ein NADH-Molekül, welches nur 2 Elektronen liefert, wiedergibt. Die Cytochromoxidase (Komplex IV) reagiert jedoch mit molekularem Sauerstoff $O_2$. Die Übertragung von 4 Elektronen ist notwendig, um aus $O_2$ vollständig reduzierten Sauerstoff ($2\ O^{2-}$) zu erhalten, der dann durch Protonierung zu Wasser wird ($2\ O^{2-} + 4\ H^+ \rightarrow 2\ H_2O$). Die Entstehung von nur teilweise reduziertem molekularem $O_2$ muss vermieden werden. Zwischenprodukte wie $O_2^-$ ($O_2 + e^-$; Superoxidradikal = Superoxid-Anion) oder $O_2^{2-}$ ($O_2 + 2\ e^-$; Peroxidanion) sind äußerst reaktiv und damit gefährlich für die Zelle.

> Um allenfalls gebildetes $O_2^-$ unschädlich zu machen, besitzen die Mitochondrien eine eigene Superoxiddismutase: $2\ O_2^- + 2\ H^+ \rightarrow O_2 + H_2O_2$.

**Inhibitoren der Atmungskette hemmen die Synthese von ATP** – Alle Redoxkomponenten der Atmungskette befinden sich in einem Fließgleichgewicht. Bei ungehinderter Oxidation der im Katabolismus anfallenden Reduktionsäquivalente nimmt das Verhältnis der Konzentration der reduzierten Form zur Totalkonzentration einer Redoxkomponente entlang der Kette graduell ab. Bei ausreichendem Katabolismus steht ein hohes Angebot von NADH und wenig $NAD^+$ am Anfang der Atmungskette einem niedrigen Anteil von reduzierter Cytochrom c-Reduktase am Ende der Kette gegenüber, falls $O_2$ ungehindert Zutritt hat. Wenn an einer Stelle der Elektronenfluss durch einen der folgenden

Inhibitoren blockiert wird, werden alle Redoxkomponenten vor dem Block voll reduziert und alle Komponenten nach dem Block voll oxidiert sein:
- Rotenon, ein pflanzliches Produkt, hemmt spezifisch Komplex I und wird als Insektizid verwendet.
- Antimycin A, ein Antibiotikum aus *Streptomyces*-Pilzarten, hemmt Komplex II (Cytochrom c-Reduktase) und wird für experimentelle Zwecke benutzt.
- Cyanid ($CN^-$; wird aus KCN, Zyankali, oder HCN, Blausäure, freigesetzt), bildet einen Komplex mit dem $Fe^{3+}$-Ion der Cytochrom c-Oxidase und blockiert damit dieses Enzym.
- Kohlenmonoxid (CO) führt zum gleichen Ergebnis, indem es einen Komplex mit dem $Fe^{2+}$-Ion der reduzierten Form der Cytochrom c-Oxidase bildet. Den gleichen Komplex bildet CO mit Hämoglobin und Myoglobin.

Alle genannten Hemmstoffe sind potente Gifte, die bei Mensch und Tier zum raschen Tod führen können. Sie blockieren die Atmungskette und verhindern damit die ausreichende Bildung von ATP durch oxidative Phosphorylierung. **Fehlen von Sauerstoff (Anoxie)** führt zum gleichen Ergebnis. Bei Anoxie liegen alle Komponenten in reduziertem Zustand vor.

■ Die Atmungskette kann an allen drei Komplexen spezifisch unterbrochen werden: Rotenon, Antimycin A, Cyanid und Kohlenmonoxid sind Hemmstoffe der Atmungskette und damit lebensgefährliche Gifte.

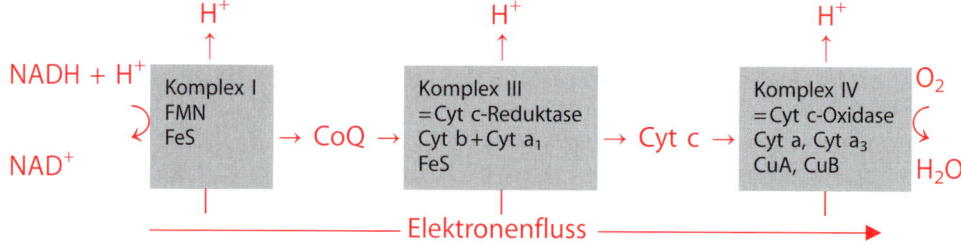

Endprodukte: $H^+$-Gradient über innerer Mitochrondrienmembran
$H_2O$ (Oxidationswasser: 300 ml/Tag beim erwachsenen Menschen)

## 15.3
## Chemiosmotischer Mechanismus der oxidativen Phosphorylierung

**Der Elektronenfluss der Atmungskette ist gekoppelt mit der Synthese von ATP** – Zu den Aufgaben der Atmungskette gehört nicht nur die Elektronenübertragung auf Sauerstoff und damit die Regenerierung von NAD$^+$ und FAD, sondern auch das Bereitstellen der Energie, welche zur Synthese von ATP benötigt wird. Das Redoxpotential nimmt von einer Komponente der Atmungskette zur anderen zu. Welche Schritte lassen eine Nutzung der chemischen Energie der Reduktionsäquivalente zur Synthese von ATP zu? Die hohen Stufen der Zunahme des Redoxpotentials entfallen auf die drei Komplexe I, III und IV (Abb. 15.2):

Komplex I = NADH-Q Reduktase
  NADH + H$^+$ $\xrightarrow{2[H]}$ Q,
Komplex II = QH$_2$-Cyt c-Reduktase
  QH$_2$ $\xrightarrow{2e^-}$ 2 Cyt c,
Komplex III = Cyt c-Oxidase
  2 Cyt c$_{red.}$ $\xrightarrow{2e^-}$ 1/2 O$_2$.

Der Abfall der freien Energie bei jeder dieser Stufen ist genügend groß, um den Energiebedarf zur Synthese von ATP zu decken. Die Suche nach einem Mechanismus, der die Redoxreaktionen energetisch mit der ATP-Synthese koppeln würde, erwies sich jedoch als äußerst schwierig.

Die Lösung des Problems, der chemiosmotische Mechanismus der oxidativen Phosphorylierung, ist von Peter Mitchell, einem britischen Biochemiker, vorgeschlagen worden und beruht auf einem völlig neuen Konzept. Der von Mitchell zunächst als Hypothese formulierte Mechanismus berücksichtigt nicht nur molekulare, sondern auch supramolekulare Gegebenheiten: Die mitochondriale Matrix stellt ein geschlossenes Kompartiment dar, das von seiner Umgebung, d.h. vom Intermembranalraum, durch die für Metaboliten und Ionen wenig durchlässige innere Mitochondrienmembran getrennt ist. Dadurch

ist es möglich, dass das chemische Milieu auf den zwei Seiten der Membran unterschiedlich sein kann und der Unterschied durch die Redoxreaktionen der Atmungskette beeinflusst wird. Die äußere Membran der Mitochondrien ist praktisch frei durchlässig, die Ionenzusammensetzung des Intermembranalraums entspricht derjenigen des Cytosols.

---

Der Hauptgrund für die Schwierigkeiten, den Mechanismus der energetischen Koppelung von Atmungskette und ATP-Synthese zu finden, lag darin, dass nach einem chemisch fassbaren energiereichen Zwischenprodukt gesucht wurde, welches die Synthese von ATP ermöglichen würde. Beispiele für einen Mechanismus dieser Art waren bekannt: 3-Phosphoglyceroylphosphat (ein Säureanhydrid) und Phosphoenolpyruvat (ein Enolphosphat) in der Glykolyse sowie Succinyl-CoA (ein Thioester) im Citratzyklus. Diese Art der Synthese von ATP unter Verwendung eines energiereichen Stoffwechselzwischenprodukts wird als **Substratkettenphosphorylierung** bezeichnet. Im Unterschied zur Substratkettenphosphorylierung ist die **oxidative Phosphorylierung** nicht mit der Oxidation eines Substrats aus dem Stoffwechsel, sondern mit der Oxidation des an NADH und FADH$_2$ gebundenen Wasserstoffs verknüpft. Im Zusammenhang mit diesen Reaktionen konnte nie ein energiereiches Zwischenprodukt gefunden werden.

---

■ Der chemiosmotische Mechanismus beruht auf der simplen Tatsache, dass das chemische Milieu auf den beiden Seiten der inneren Mitochondrienmembran verschieden sein kann.

**Die Redoxkomplexe I, III und IV pumpen Protonen aus den Mitochondrien** – In der Tat ließ sich experimentell zeigen, dass bei aktiver Zellatmung, d.h. wenn die Mitochondrien NADH mit Sauerstoff oxidieren, der pH-Wert außerhalb der Mitochondrien abnimmt und innerhalb der Mitochondrien ansteigt. Die Redoxreaktionen der Atmungskette sind mit einer Verschiebung von Protonen aus der mitochondrialen Matrix gekoppelt (Abb. 15.1). Die drei Enzymkomplexe I, III und IV haben demnach, neben dem Elektronentransport, noch eine zweite Funktion als **Protonenpumpen.** Diese $H^+$-Pumpen bauen ein **elektrochemisches Potential** auf, d.h. ein Gesamtpotential, das aus einem elektrischen Potential (Ladungsunterschied innen und außen) und einem chemischen Potential (Konzentrationsunterschied der $H^+$-Ionen innen und außen) besteht. Für die Synthese von 1 mol ATP müssen 3–4 mol $H^+$ aus den Mitochondrien herausgepumpt werden (Abb. 15.3).

---

**Elektrochemisches Potential der inneren Mitochondrienmembran**

$$\Delta p = E_m - \frac{2 \cdot 3RT}{F} \cdot \Delta pH$$
$$= 0{,}14 \text{ V} - 0{,}06 \cdot (-1{,}0)$$
$$= 0{,}14 \text{ V} + 0{,}06 \text{ V}$$
$$(\sim 60\%) \quad (\sim 40\%)$$
$$\Delta p = 0{,}22 \text{ V}$$
$$\Delta G^{\circ\prime} = \Delta p \cdot F \simeq 21 \text{ kJ/mol } H^+$$
Zum Vergleich:
$$ADP + P_i \rightarrow ATP + H_2O; \; G^{\circ\prime} = 30 \text{ kJ/mol}$$

$\Delta p$  Elektrochemisches Gesamtpotential
    (*Proton motive force*)
$E_m$  Elektrisches Membranpotential
F    Faraday-Konstante (96 kJ/mol)

---

**Der Rückfluss von Protonen in die Matrix treibt die ATP-Synthese an** – Das elektrochemische Potential, das diese Protonenpumpen aufbauen, wird zur Synthese von ATP genutzt, indem die Protonen durch die ATP-Synthase hindurch in die mitochondriale Matrix zurückfließen und

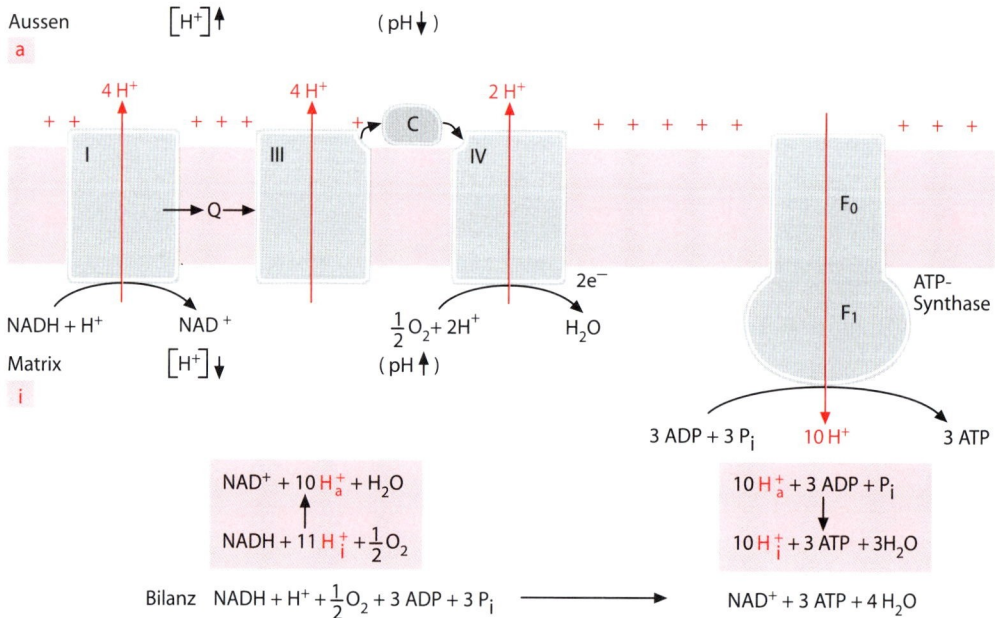

**Abb. 15.3.** Chemiosmotischer Mechanismus der oxidativen Phosphorylierung. Das durch die Atmungskette mit ihren Protonenpumpen produzierte elektrochemische Potential treibt die Protonen zurück in die Matrix. Der Rückfluss der Protonen liefert der ATP-Synthase die notwendige Energie, um ATP aus ADP und $P_i$ zu synthetisieren. In den Reaktionsgleichungen bedeuten $H_i^+$ Protonen innen (in der Mitochondrienmatrix) und $H_a^+$ Protonen außen

damit die Synthese von ATP antreiben (Abb. 15.3). Der Rückfluss erfolgt in Richtung des elektrischen Potentials und des Konzentrationsgefälles; er ist damit ein exergonischer Vorgang. Seine Koppelung mit der endergonischen Bildung von ATP erfolgt durch die **ATP-Synthase,** ein Multiproteinkomplex, der wie die Komplexe der Atmungskette in die innere Mitochondrienmembran eingebettet ist (Abb. 15.4). Die ATP-Synthase besteht aus dem Protonenkanal $F_0$ und der in die Matrix hineinragenden katalytischen Einheit $F_1$.

Das Subskript bei **$F_0$** bedeutet, dass dieser Teil der ATP-Synthase durch **Oligomycin** hemmbar ist. Oligomycin, ein Produkt von *Actinomyces*-Pilzarten, verhindert den $H^+$-Rückfluss durch die $F_0$-Pore und hemmt auf diese Weise die ATP-Synthase wie auch die Photophosphorylierung in Chloroplasten. Oligomycin wird als Fungizid verwendet.

Der $F_1$-Teil besteht aus einem ringförmigen $(\alpha\beta)_3$-Hexamer und wird durch weitere Proteine in der Membran verankert. Ins Innere des hexameren Rings ragt als langgestreckter Stiel die $\gamma$-Untereinheit, welche über ein weiteres Protein mit dem $F_0$-Teil verbunden ist. Die $\beta$-Untereinheiten synthetisieren ATP in einem dreistufigen zyklischen Vorgang.

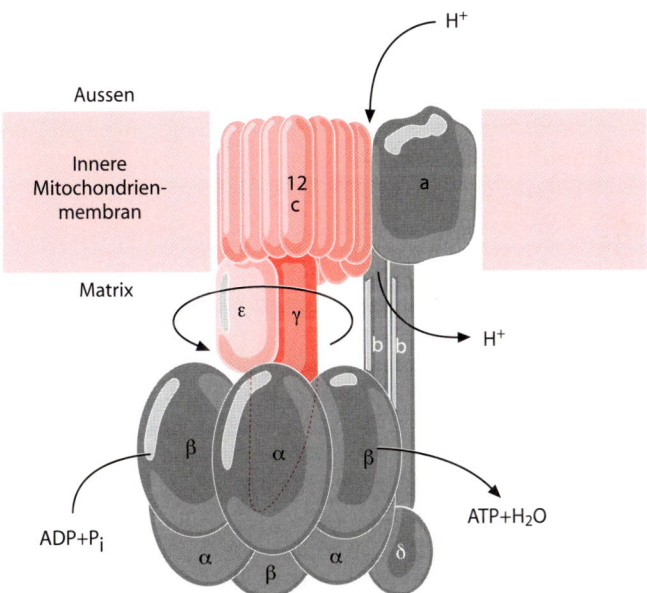

**Abb. 15.4.** ATP-Synthase. Der Multiproteinkomplex ist in die innere Mitochondrienmembran eingebettet und besteht aus einem statischen Teil (Stator *in Grau*) und einem sich drehenden Teil (Rotor *in Rot*). Der Rückfluss von Protonen durch die Kontaktfläche von Protein a des Stators und dem je nach Species aus 9 bis 12 c-Untereinheiten bestehenden Ring des Rotors in der Membran versetzt den $c_{12}$-Ring mitsamt der $\varepsilon$- und $\gamma$-Untereinheit in eine kontinuierliche Rotation. Die zwei $\beta$-Untereinheiten und die $\delta$-Untereinheit fixieren das $(\alpha\beta)_3$-Hexamer an Protein a. Die $\gamma$-Untereinheit, die in den $(\alpha\beta)_3$-Ring des Stators hineinreicht und eine asymmetrische Struktur aufweist, dreht sich in 120°-Schritten und verändert dabei zyklisch die Konformation der $\alpha\beta$-Einheiten (Abb. 15.5). Die Umwandlung der kontinuierlichen Drehung des $c_{12}$-Rings in die schrittweise Drehung des $\gamma$-Stiels setzt elastische Eigenschaften der Proteine voraus. Jedes Mal wenn 3–4 Protonen durch die Stator (Protein a)-Rotor ($c_{12}$)-Kontaktfläche in die Matrix zurückgeflossen sind, hat sich der $c_{12}$-Ring kontinuierlich um 120° gedreht und löst damit eine ruckartige Rotation des $\gamma$-Stiels im $(\alpha\beta)_3$-Ring aus

Wie wird die Energie des Protonenrückflusses in die Synthese von ATP umgesetzt? Die ATP-Synthase wirkt als molekularer Motor, der das Fließen von Protonen (statt elektrischen Stroms, d.h. das Fließen von Elektronen) ausnutzt, um ATP zu synthetisieren (statt wie ein Elektromotor mechanische Arbeit zu leisten). Das $(\alpha\beta)_3$-Hexamer wirkt als Stator dieses Motors. Im Innern dieses Stators befindet sich als langgestreckter Stiel die $\gamma$-Untereinheit, welche die Rolle des Rotors übernimmt. Der Protonenfluss durch die Kontaktfläche zwischen Stator und Rotor bewirkt eine Rotation des $c_{12}$-Rings und damit der $\gamma$-Untereinheit. Die Drehung der $\gamma$-Untereinheit mit ihrer asymmetrischen Struktur verändert die Konformation der drei aktiven Stellen auf den $\beta$-Untereinheiten des $F_1$-Teils zyklisch und in koordinierter Weise und ermöglicht dadurch die Synthese von ATP (Abb. 15.5).

■ Der Energiefluss bei der ATP-Synthese: $H^+$-Rückfluss → Drehung des Rotors mit seiner $\gamma$-Untereinheit → Zyklische Konformationsänderungen der $\beta$-Untereinheiten des Stators → ATP-Synthese, wobei die Konformationsenergie hauptsächlich gebraucht wird, um ATP aus dem Enzym freizusetzen.

Der chemiosmotische Mechanismus der oxidativen Phosphorylierung ist experimentell gut gestützt. Der Antrieb der ATP-Synthese durch Protonenfluss konnte mit künstlichen Membranvesikeln, die ATP-Synthase enthielten, bestätigt werden. Dabei erwies sich die ATP-Synthese als abhängig von intakten Vesikeln. Mit defekten Vesikeln lässt sich kein elektrochemisches Potential aufbauen und dementsprechend keine Synthese von ATP beobachten. Für den chemiosmotischen Mechanismus spricht auch die Möglichkeit, Atmungskette und Phosphorylierung zu entkoppeln.

**Bei Entkoppelung von Atmungskette und oxidativer Phosphorylierung produziert die Atmungskette nur Wärme –** Das klassische Beispiel für die Entkoppe-

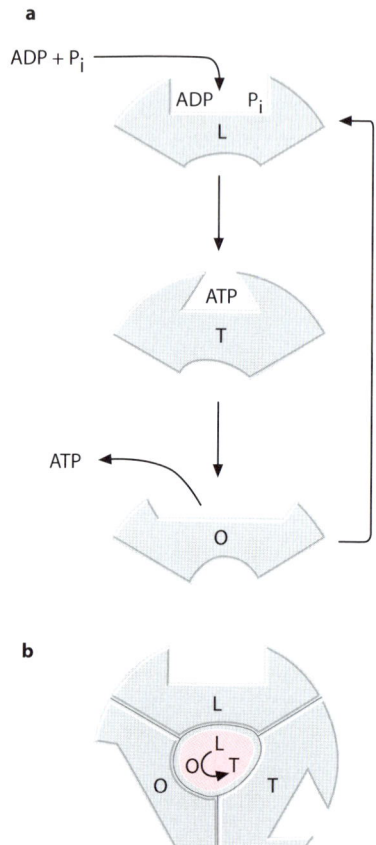

**Abb. 15.5.** Katalytischer Zyklus der ATP-Synthase. **a** Jede der drei aktiven Stellen auf den $\beta$-Untereinheiten des $(\alpha\beta)_3$-Hexamers durchläuft der Reihe nach drei Phasen. In der *Loose-binding*-Phase (L) werden ADP + $P_i$ gebunden; in der *Tight*-Phase (T) wird wegen der starken Bindung und der reaktionsgünstigen relativen Positionierung von ADP und $P_i$ ohne weiteren Energieaufwand ATP gebildet; in der *Open*-Phase (O) wird Energie verbraucht, um die aktive Stelle zu öffnen und damit ATP freizusetzen. **b** Die drei $\alpha\beta$-Einheiten ändern ihren Funktionszustand in einer durch die schrittweise Rotation des $\gamma$-Stiels (*in Rot*) koordinierten Weise. Jedes Mal wenn der $\gamma$-Stiel um 120° rotiert, geht jede Untereinheit in den nächsten Funktionszustand über. Die asymmetrische Struktur der $\gamma$-Untereinheit soll andeuten, dass deren Rotation Konformationsänderungen in den drei aktiven Stellen auslöst. Zum Beispiel wird der O-Teil der $\gamma$-Untereinheit bei der nächsten 120°-Drehung der aktiven Stelle, die jetzt die T-Konformation aufweist, die O-Konformation aufzwingen

lung der zwei Vorgänge ist die Vergiftung der Mitochondrien mit 2,4-Dinitrophenol:

Dinitrophenolat
DNP⁻

Dinitrophenol
DNP

Aussen  H⁺  DNP⁻ → DNPH

Matrix  Atmungskette  DNP⁻ → DNPH

Dinitrophenol und Dinitrophenolat können frei durch die innere Mitochondrienmembran diffundieren. Es entsteht so ein Kreisprozess, der zum Ausgleich der Protonenkonzentration in der Matrix und außerhalb der Membran führt. Die Atmungskette selbst kann ungehindert ablaufen, es wird jedoch kein elektrochemisches Potential aufgebaut und damit trotz ablaufender Atmungskette kein ATP synthetisiert. Bei dieser Entkoppelung von Atmungskette und Phosphorylierung wird durch Oxidation verfügbare Energie ungenutzt als Wärme freigesetzt. Bei einer Vergiftung mit 2,4-Dinitrophenol steigt die Körpertemperatur an. Als Abmagerungsmittel ist Dinitrophenol wegen seiner hohen Toxizität unbrauchbar.

Das Entkoppeln von Atmungskette und ATP-Synthese durch Erhöhung der Protonendurchlässigkeit der inneren Mitochondrienmembran ist auch von physiologischer Bedeutung für die Regulation des Wärmehaushalts der Zellen und des Organismus. In Spezies, bei welchen die Neugeborenen keinen Pelz besitzen (Ratten, Mensch) und auch bei Winterschläfern (Murmeltieren) findet sich in der Unterhaut zwischen den Schulterblättern und an anderen Stellen des Körpers **braunes Fettgewebe**. Die braune Farbe ist auf einen hohen Gehalt an Mitochondrien mit ihren Cytochromen zurückzuführen. Das braune

Fettgewebe oxidiert Fettsäuren und produziert dabei nur wenig ATP. Es hat damit die Möglichkeit, nach Bedarf Wärme zu produzieren und als eine Art Durchlauferhitzer für den Organismus zu wirken. Die Untersuchung von braunem Fettgewebe hat gezeigt, dass die innere Mitochondrienmembran solcher Fettgewebezellen das Protein **Thermogenin** (*Uncoupling protein*) enthält, welches nach Bedarf Protonen durch die Mitochondrienmembran passieren lässt, damit einen Kurzschluss im Protonenkreislauf herstellt und so die oxidative Phosphorylierung zugunsten einer vermehrten Wärmeproduktion drosseln kann. Möglicherweise verfügt der Organismus damit auch über einen Regulationsmechanismus, um das Körpergewicht konstant zu halten. Transgene Mäuse ohne braunes Fettgewebe werden rasch übergewichtig.

■ Das im braunen Fettgewebe vorkommende Thermogenin ist ein Entkopplungsprotein (*Uncoupling protein*) und kann die ATP-Synthese zugunsten der Produktion von Wärme abstellen.

## 15.4
## Transport von Reduktionsäquivalenten vom Cytosol in die Mitochondrien

**NADH kann die innere Mitochondrienmembran nicht durchdringen** – Neben den Reduktionsäquivalenten, die aus der Oxidation von Pyruvat und aus dem Citratzyklus stammen und in der mitochondrialen Matrix anfallen, werden auch Reduktionsäquivalente im Cytosol gebildet. Eine aerobe Reoxidation von NADH ist jedoch nur in den Mitochondrien möglich; sie ist wichtig zur Regeneration von NAD⁺, das für die Glykolyse benötigt wird, und zur Energiegewinnung durch oxidative Phosphorylierung. Die innere Mitochondrienmembran ist jedoch für NADH nicht durchlässig. Das Problem der Impermeabilität der Mitochondrienmembran für

NADH wird dadurch gelöst, dass die beiden Reduktionsäquivalente des NADH auf ein anderes Molekül übertragen werden, welches die innere Mitochondrienmembran passieren kann. Die Membran ist selektiv durchlässig für eine Reihe von Metaboliten des Citratzyklus dank spezifischer Transportsysteme, die den Durchtritt von Dicarbonsäureanionen ermöglichen. In den meisten Fällen handelt es sich dabei um einen gekoppelten Gegentransport (= Antiport), bei dem ein Anion gegen ein anderes ausgetauscht wird. Teilchenkonzentration und elektrische Ladung auf den beiden Seiten der Membran werden dabei nicht verändert. Für die Überführung von Reduktionsäquivalenten wird der **Aspartat-Malat-Weg** benutzt:

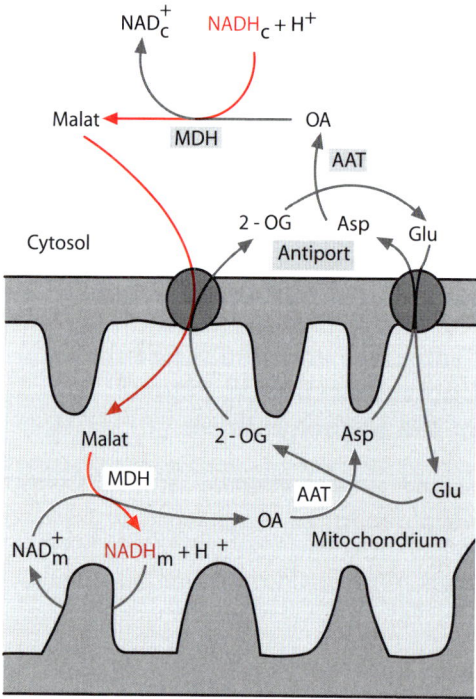

OA   Oxalacetat
2-OG   2-Oxoglutarat
MDH   Malat-Dehydrogenase
AAT   Aspartat-Aminotransferase

Aspartat und Malat sind beides $C_4$-Verbindungen, die in den Mitochondrien und im Cytosol an Stoffwechselreaktionen teilnehmen und über zwei Antiport-Systeme in den beiden Kompartimenten im Gleichgewicht stehen. Die Reduktionsäquivalente vom cytosolischen NADH werden auf Oxalacetat übertragen; das dabei entstehende Malat bringt die Reduktionsäquivalente in die mitochondriale Matrix, wo sie an $NAD^+$ abgegeben werden. Der Rest der Reaktionen dient dazu, den Anfangszustand des Systems wieder herzustellen. Aspartat dient dabei als „Transportform" für Oxalacetat. Der Aspartat-Malat-Weg ist bei Vertebraten der quantitativ wichtigste Mechanismus zum Transport von Reduktionsäquivalenten aus dem Cytosol in die Mitochondrien. Weitere Transportmöglichkeiten existieren, z. B. der $\alpha$- Glycerophosphat-Zyklus im Insektenmuskel.

■ Im Aspartat-Malat-Weg bringt Malat die Reduktionsäquivalente vom Cytosol in die Mitochondrien.

## 15.5
## ATP-Bilanz des oxidativen Abbaus von Glucose

Bei der Oxidation von 1 mol NADH in der Atmungskette ergeben sich durch oxidative Phosphorylierung maximal etwa 3 mol ATP (Abb. 15.1). Aus der Oxidation von $FADH_2$ (Succinat-Dehydrogenase des Citratzyklus, Fettsäureabbau), dessen Reduktionsäquivalente erst auf der Stufe von CoQ in die Atmungskette eingeschleust werden, können nur 2 mol ATP gewonnen werden. Aufgrund der Kenntnis dieser ATP-Ausbeuten und der beteiligten Stoffwechselwege (Glykolyse, Pyruvatoxidation und Citratzyklus) lässt sich die maximale Ausbeute an ATP beim oxidativen Abbau der Glucose zu $CO_2$ und $H_2O$ ermitteln (Tabelle 15.1).

**Tabelle 15.1.** ATP-Ausbeute des oxidativen Abbaus von Glucose zu $CO_2$ und $H_2O$. Die Anzahl Mol ATP gebildet pro Mol Glucose oxidiert sind angegeben

| | Substratketten-Phosphorylierung | NADH-Oxidation | FADH$_2$-Oxidation | Summe |
|---|---|---|---|---|
| Glykolyt. Abbauweg | a   b | a   b   c | a   b   c | |
| Glucose → 2 Pyruvat (Cytosol) | $2 \times 1$ | $2 \times 1 \times 3$ | 0 | 8 |
| Pyruvat-Oxidation Pyruvat → Acetyl-CoA+CO$_2$ (Mitochondrien) | 0 | $2 \times 1 \times 3$ | 0 | 6 |
| Citratzyklus Acetylrest → 2 CO$_2$ (Mitochondrien) | $2 \times 1$ (GTP) | $2 \times 3 \times 3$ | $2 \times 1 \times 2$ | 24 |
| **Total** | | | | **38** |

a   Der Faktor 2 ergibt sich aus der Tatsache, dass Glucose in 2 Triosephosphate gespalten wird und ATP erst nach dieser Spaltung gebildet wird.

b   Die zweite Zahl gibt an, wie viele Male im betreffenden Stoffwechselweg ATP (GTP), NADH oder FADH$_2$ gebildet wird.

c   Die dritte Zahl entspricht der Anzahl Mol ATP die pro Mol NADH oder FADH$_2$ maximal gebildet werden können.

---

| Energieausbeute | $\Delta G^{0'}$ (kJ/mol) |
|---|---|
| $C_6H_{12}O_6 + 6\ O_2 \rightarrow 6\ CO_2 + 6\ H_2O$ | $-2810$ |
| $38\ ADP + 38\ P_i \rightarrow 38\ ATP + 38\ H_2O$ | $+1180$ |

Wirkungsgrad
$$\frac{1180\ \text{kJ/mol}}{2810\ \text{kJ/mol}} = 0{,}4\ (40\ \%)$$

$$\begin{array}{ccc} GDP & & GTP \\ UDP + ATP & \rightleftharpoons & UTP + ADP \\ CDP & & CTP \end{array}$$

Nucleosidiphosphat-Kinase

Wenn mit physiologischen Konzentrationen, d.h. mit $\Delta G'$-Werten, statt Standardbedingungen ($\Delta G^{0'}$; Konzentrationen 1 mol/l) gerechnet wird, ergibt sich ein Wirkungsgrad von ~ 50 %. Das Energiedefizit wird als Wärme freigesetzt. Die 38 mol ATP sind aufgrund experimenteller Befunde ein zu hoher Wert, ungefähr 30 mol ATP pro Mol Glucose scheinen realistischer. Für den Wirkungsgrad ergibt sich daraus ein entsprechend niedrigerer Wert.

**Die oxidative Phosphorylierung verwendet als Substrat außer ADP keine anderen Nucleosiddiphosphate und kann daher nur ATP synthetisieren** – Die anderen Nucleosiddiphosphate (GDP, UDP usw.) werden durch die unspezifische Nucleosiddisphosphat-Kinase unter Verbrauch von ATP zu den Triphosphaten phosphoryliert:

Diese Reaktionen weisen einen $\Delta G^{0'}$-Wert von etwa Null auf, d.h. das Gleichgewicht bei Standardbedingungen liegt in der Mitte. Da jedoch ATP in wesentlich höherer Konzentration als die Nucleosiddiphosphate einschließlich ADP vorliegt, können die Triphosphate problemlos synthetisiert werden. Die Monophosphate dieser Nucleoside werden durch spezifische Nucleosidmonophosphat-Kinasen unter ATP-Verbrauch synthetisiert.

■ Der oxidative Abbau von einem Mol Glucose zu CO$_2$ und Wasser liefert ungefähr 30 mol ATP pro Mol Glucose. Das ATP wird in der gleichen Zelle produziert, in der es verbraucht wird.

## 15.6
## Regulation von oxidativer Phosphorylierung, Glykolyse und Citratzyklus

Ein Stoffwechselweg kann nur dann optimal funktionieren, wenn sein Durchsatz den Bedürfnissen der Zelle und des Organismus angepasst werden kann. Dies gilt natürlich in besonders hohem Maße für die Abbauwege, welche der Zelle chemische Energie in Form von ATP verschaffen.

**Atmungskette und oxidative Phosphorylierung laufen nur ab, wenn alle ihre Substrate (Reduktionsäquivalente, $O_2$, ADP und $P_i$) ohne Ausnahme vorhanden sind** – Die recht strikten stöchiometrischen Verhältnisse zwischen der Oxidation von Coenzym-gebundenem Wasserstoff und der Synthese von ATP (3 ATP pro NADH) weisen darauf hin, dass die beiden Vorgänge in normalen (d.h. nicht entkoppelten) Mitochondrien miteinander fest gekoppelt sind. Die Koppelung ist gegenseitig: keine ATP-Synthese ohne Oxidation, keine Oxidation ohne ATP-Synthese. Daraus ergibt sich, dass die beiden gekoppelten Reaktionen nur ablaufen können, wenn alle Substrate vorhanden sind: Reduktionsäquivalente, $O_2$, ADP und $P_i$.

Die Konzentration von ADP und $P_i$ in den Mitochondrien kann jedoch mit der Stoffwechsellage der Zellen stark schwanken, weil in den Mitochondrien ein einfacher Erhaltungssatz gilt: $[ATP] + [ADP]$ = **konstant**. Die Konstanz der Summe rührt daher, dass die Ausfuhr von ATP ins Cytosol, wo es verbraucht wird, und die Einfuhr von ADP aus dem Cytosol durch ein Transportsystem der inneren Membran, die **ATP-ADP-Translocase,** streng kontrolliert wird (Abb. 15.6). Es handelt sich hierbei um ein sekundär-aktives Antiport-System, welches für jedes exportierte ATP-Molekül ein ADP-Molekül importiert. Zur Aufnahme von $P_i$ dient ein weiteres sekundär-aktives Antiport-System. Wegen des strikten ATP/ADP-Antiports führt ein hoher ATP-Verbrauch im Cytosol zu einem Anstieg

der ADP-Konzentration in den Mitochondrien. Und umgekehrt führt ein geringer Verbrauch von ATP im Cytosol zu einer niedrigen Konzentration von ADP in den Mitochondrien. Es ergibt sich hieraus ein wirksamer Regulationsmechanismus für die Zellatmung: ADP-Mangel in den Mitochondrien ist gleichzusetzen mit einem Mangel an Akzeptor für $P_i$. Ein Mangel an $P_i$-Akzeptor (ADP) verlangsamt die Phosphorylierung ($P_i + ADP \rightarrow ATP$) und über einen Rückstau die damit strikt gekoppelte Atmungskette. Diese Regulierung der Zellatmung durch den ATP-Verbrauch wird als **Akzeptorkontrolle der Zellatmung** bezeichnet.

> Die Zellatmung kann bei hohem ATP-Verbrauch, zum Beispiel bei schwerer aerober Muskelarbeit, bis auf das Zehnfache des Ruhewerts ansteigen. Entsprechend wird dann auch zehnmal mehr $O_2$ verbraucht und zehnmal mehr $CO_2$ gebildet.

Allerdings kann die Akzeptorkontrolle der Zellatmung nur funktionieren, wenn auch der Nachschub an NADH und der Metaboliten, deren Abbau NADH liefert, adäquat reguliert wird. Wie bereits bei der Einführung in den Stoffwechsel (Kapitel 13) erwähnt, wird die Geschwindigkeit von Stoffwechselketten bei den irreversiblen und damit nur in einer Richtung ablaufenden Reaktionen gesteuert. Auf diese Weise werden auch die Glykolyse und der Citratzyklus, die Zulieferer von NADH und $FADH_2$ für die Atmungskette, reguliert (Abb. 15.7).

■ Die strikte Koppelung von Atmungskette und ATP-Synthese zusammen mit dem strikten ATP/ADP-Antiport durch die innere Mitochondrienmembran ermöglichen die Akzeptor(ADP)-Kontrolle der Zellatmung und damit eine bedarfsgerechte Synthese von ATP.

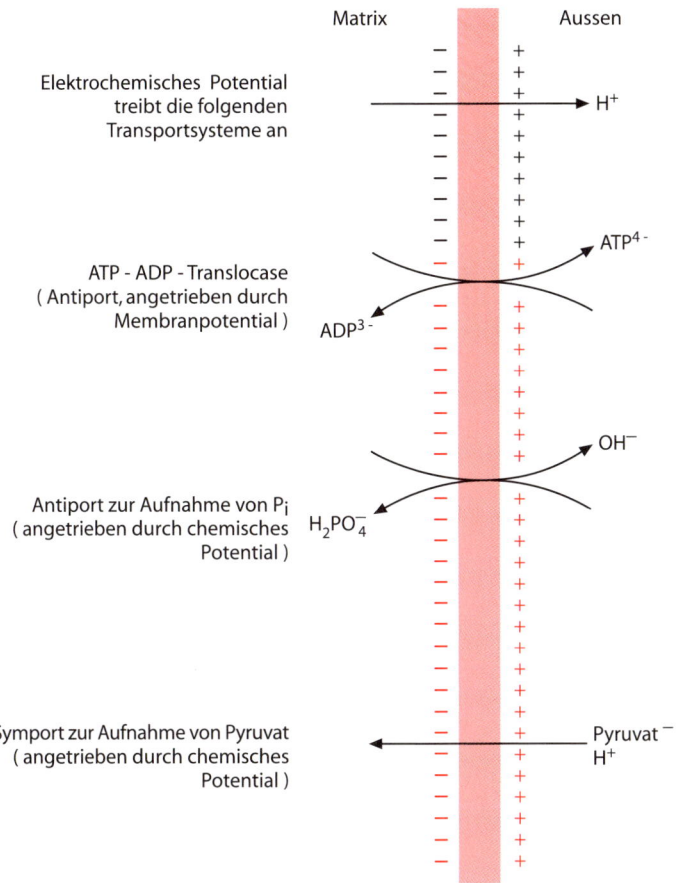

**Abb. 15.6.** Wichtige aktive Transportsysteme der inneren Mitochondrienmembran. Es handelt sich hier ausnahmslos um so genannte sekundär aktive Transportsysteme, die entweder durch das elektrische oder das chemische Potential, welche die Atmungskette hervorbringt, angetrieben werden

| Reguliertes Enzym | Aktivierung | Hemmung |
|---|---|---|
| Phosphofructokinase (PFK) | AMP, ADP, F-2,6-P$_2$ | ATP, Citrat |
| Pyruvat-Dehydrogenasekomplex (PDH) | | ATP, Acetyl-CoA |
| Citrat-Synthase | | ATP, Acyl-CoA, NADH, Succinyl-CoA |
| Isocitrat-Dehydrognase | AMP, ADP | ATP, NADH |
| $a$-Ketoglutarat-Dehydrogenase | | NADH, Succinyl-CoA |
| Pyruvat-Carboxylase | Acetyl-CoA | |

Eine erhöhte Konzentration von AMP widerspiegelt eine erhöhte Konzentration von ADP:

$$2\ ADP \overset{}{\underset{Adenylatkinase}{\rightleftharpoons}} AMP + ATP$$

Die Regulation ist durchaus sinnvoll: Bei hoher Konzentration von ATP oder ATP-liefernden Metaboliten wird der Durchsatz der Glykolyse und des Citratzyklus gedrosselt; bei tiefer Konzentration von ADP und AMP werden diese katabolen Stoffwechselwege beschleunigt und liefern der Atmungskette mehr NADH und FADH$_2$.

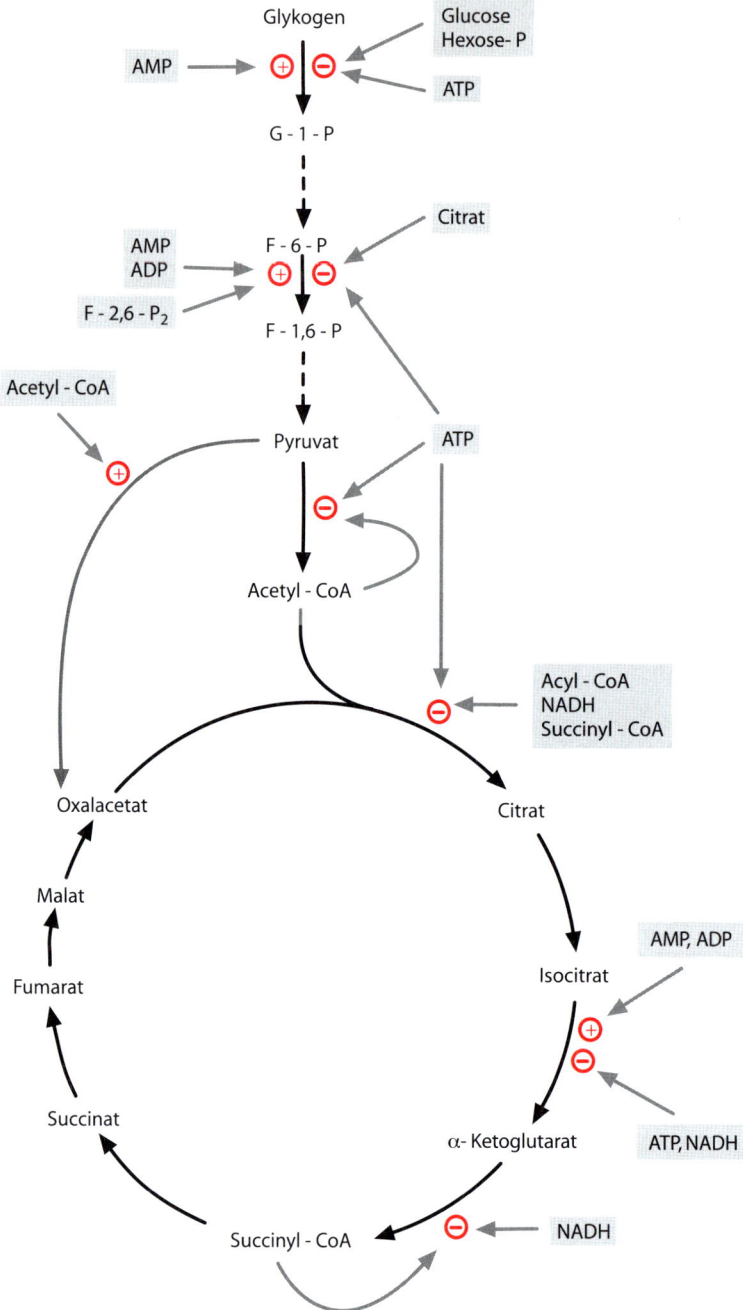

**Abb. 15.7.** Allosterische Regulation von Glykolyse und Citratzyklus

■ Glykolyse und Citratzyklus werden über allosterische Aktivierung durch Endsubstrate bzw. allosterische Hemmung durch Endprodukte und späte Zwischenprodukte reguliert.

Ein eindrucksvolles Beispiel für die Wirksamkeit dieser Regulationsmechanismen ist der **Pasteureffekt**, der von Louis Pasteur bei der Hefe entdeckt worden ist, aber auch an anderen Glykolysesystemen zu beobachten ist: $O_2$-Mangel führt zu einem enormen Anstieg des Glucoseverbrauchs, sobald aber $O_2$ zugeführt wird, sinkt dieser wieder ab. Die Erklärung ist einfach: die Gärung liefert etwa 15-mal weniger ATP als der aerobe Abbau von Glucose (Zwei Mol ATP pro Mol Glucose im Vergleich zu dreißig Mol ATP pro Mol Glucose). Bei $O_2$-Mangel wird daher die Konzentration von ADP und AMP zunehmen und damit die Phosphofructokinase aktiviert werden (Abb. 15.7). Sobald $O_2$ verfügbar ist, entsteht mehr ATP und die Phosphofructokinase wird gehemmt.

# 16 Gluconeogenese, Glykogen, Disaccharide, Pentosephosphatweg

Woher kommt die Glucose, welche der Zelle über Glykolyse, Citratzyklus und oxidative Phosphorylierung die Synthese von ATP ermöglicht? In diesem Kapitel wird besprochen, dass die Glucose bei Mensch und Tier entweder mit der Nahrung, zumeist in Form von Stärke und Disacchariden, zugeführt wird oder durch Abbau des Reservekohlenhydrats **Glykogen** geliefert wird. Wenn diese Quellen erschöpft sind, tritt an deren Stelle die **Gluconeogenese**, die Neusynthese von Glucose aus Nichkohlenhydrat-Vorläufern. Im Weiteren wird ein alternativer Abbauweg für Glucose vorgestellt, der **Pentosephosphatweg**, der den Organismus mit NADPH und Pentosen versorgt. NADPH braucht die Zelle als Reduktionsmittel in reduktiven Synthesereaktionen, zum Beispiel für den Aufbau von Fettsäuren aus Acetyl-CoA. Pentosen sind nötig für die Synthese von Nucleotiden und Nucleinsäuren.

---

Die Struktur von $NADP^+$ ist gleich der Struktur von $NAD^+$ mit der Ausnahme, dass der Adenosinteil in der 2'-Stellung phosphoryliert ist (s. Abb. 14.2). Wie $NAD^+$ wird $NADP^+$ durch Aufnahme eines Hydridions ($H^-$) zu NADPH reduziert.

---

## 16.1 Gluconeogenese

**Die Möglichkeit einer Neusynthese von Glucose und anderen Zuckern aus Nichtkohlenhydrat-Vorläufern ist von eminenter physiologischer Bedeutung** – Die Gluconeogenese macht den Organismus unabhängig von der Zufuhr von Kohlenhydraten, obwohl der Organismus unbedingt Kohlenhydrate braucht. Zucker und Zuckerderivate sind essentielle Bausteine der bakteriellen Zellwand, der Glykoproteine und Glykolipide der Zellmembran sowie der extrazellulären Matrix bei vielzelligen Eukaryonten. Bei Vertebraten wird Glucose zudem gebraucht zur Versorgung des Gehirns mit chemischer Energie. Die Glucosekonzentration im Blut von 5 mM (beim Menschen) wird unabhängig von der Kohlenhydratzufuhr mit der Nahrung konstant gehalten.

---

Das Gehirn eines erwachsenen Menschen verbraucht ~140 g Glucose pro Tag. Erythrocyten und Nebennierenmark benötigen zusätzliche 30–40 g pro Tag. Diese Gewebe können keine Fettsäuren als Energielieferanten verwenden.

---

**Die Gluconeogenese ist möglich in Leber, Niere und Darmmucosa** – Nur diese Organe besitzen die zur Gluconeogenese notwendigen Enzyme. Wenn keine Kohlenhydrate mit der Nahrung aufgenommen werden und die Glykogenreserve der Leber erschöpft ist, wird **Glucose aus Aminosäuren** gebildet. Auf keinen Fall können bei Mensch und Tier Glucose und auch andere

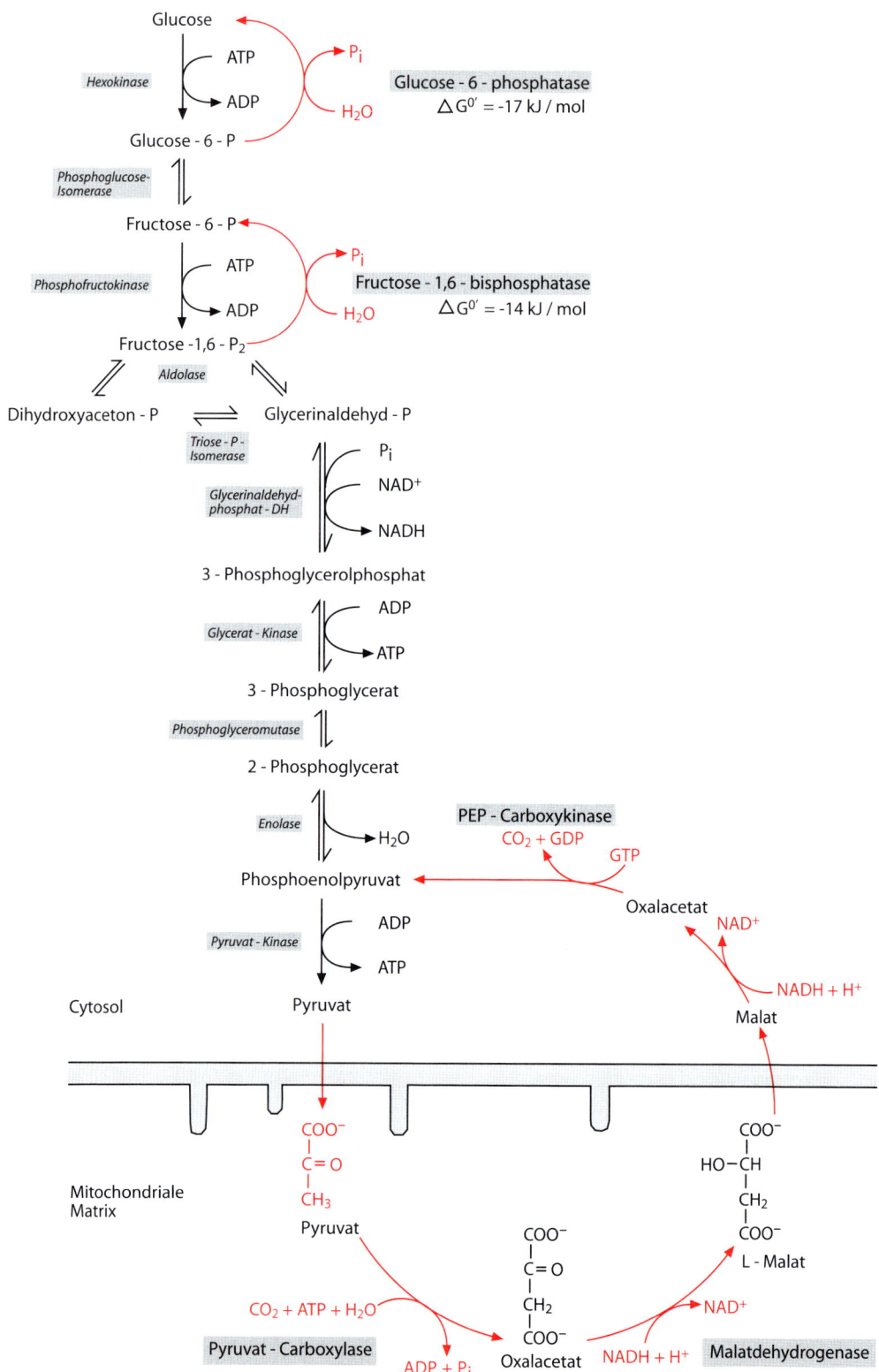

Kohlenhydrate aus Fettsäuren gebildet werden. Eine weitere wichtige Aufgabe der Gluconeogenese ist die Resynthese von **Glucose aus Lactat**, das aus dem anaeroben Muskelstoffwechsel bei intensiver Muskelaktivität und aus den Erythrocyten stammt.

> In Pflanzen ist die Synthese von Kohlenhydrat aus Acetyl-CoA, d.h. aus Fettsäuren, möglich (Glyoxylat-Zyklus; Kapitel 23.3, Abb. 23.1).

**Die Gluconeogenese entspricht mit Ausnahmen einer Umkehrung der Glykolyse** – Die drei irreversiblen Schritte der Glykolyse müssen allerdings aus energetischen Gründen umgangen werden (Abb. 16.1). Drei gluconeogenetische Reaktionen entsprechen nicht einfach einer Umkehr der jeweiligen glykolytischen Reaktionen:

(1) Pyruvat → Phosphoenolpyruvat: Um Phosphoenolpyruvat (PEP, eine sehr energiereiche Verbindung) aus Pyruvat herzustellen, werden zwei energiereiche Phosphatverbindungen benötigt.

(2) Fructose-1,6-$P_2$ → Fructose-6-P: Hier geht es um die Umgehung der irreversiblen Phosphofructokinase-Reaktion. Die Umwandlung von Fructose-1,6-$P_2$ zu Fructose-6-P wird ermöglicht, indem auf die Resynthese von ATP verzichtet wird.

(3) Glucose-6-P → Glucose: Wieder geht es um die Umgehung einer irreversiblen Kinase-Reaktion. Die Glucose-6-phosphatase liefert Glucose ins Blut. Das Enzym kommt nur in Leber, Niere und Darmmucosa vor, d.h. in den gleichen Geweben, in denen die Gluconeogenese möglich ist.

Bilanz der Gluconeogenese:

2 Pyruvat + 4 ATP + 2 GTP + 2 NADH + 2H$^+$ + 6 H$_2$O
→ Glucose + 4 ADP + 2 GDP + 6 P$_i$ + 2 NAD$^+$

$\Delta G^{0'} = -38$ kJ/mol

Es werden 6 energiereiche Phosphatbindungen verbraucht; bei der Glykolyse werden hingegen nur 2 ATP gewonnen. Der Organismus lässt sich die Synthese von Glucose etwas kosten.

**Gewisse Aminosäuren und andere Metaboliten können zur Neubildung von Glucose dienen** – Grundsätzlich können alle Zwischenprodukte des Stoffwechsels, die in Pyruvat oder Oxalacetat umgewandelt werden können, als Ausgangsstoffe der Gluconeogenese verwendet werden. Dazu gehören

- viele Aminosäuren, die dementsprechend als **glucogene (= glucoplastische) Aminosäuren** bezeichnet werden,
- Lactat aus dem anaeroben Abbau von Glucose und Glykogen in der Muskulatur und den Erythrocyten,
- Glycerol aus dem Abbau von Triacylglycerinen.

Im Gegensatz zu diesen Verbindungen können Acetyl-CoA, Fettsäuren und die Ketonkörper nicht zur Gluconeogenese verwendet werden. Die Umwandlung von Pyruvat zu Acetyl-CoA ist im tierischen Organismus irreversibel. In Mikroorganis-

◄ **Abb. 16.1.** Gluconeogenese. Der Reaktionsweg entspricht weitgehend einer Umkehr der Glykolyse. Die drei irreversiblen glykolytischen Reaktionen müssen allerdings unter Energieverbrauch umgangen werden. Die drei Umgehungsreaktionen (*rot*) sind exergonisch, weil andere zusätzliche Substrate und Produkte daran beteiligt sind. Sie werden daher auch durch andere Enzyme katalysiert. Die Umgehungsreaktionen sind, wie die jeweiligen glykolytischen Reaktionen, auch irreversibel: eine wichtige Voraussetzung, um einen Leerlaufzyklus zu vermeiden. Die Biotin-abhängige Pyruvat-Carboxylase-Reaktion ist unter Kapitel 14.4 als anaplerotische Reaktion des Citratzyklus beschrieben. Die Malatdehydrogenase-Reaktion ist Teil des Citratzyklus. Ein Isoenzym katalysiert die gleiche Reaktion im Cytosol. Die PEP-Carboxykinase ist das Schrittmacher-Enzym der Gluconeogenese und wird durch glucocorticoide Hormone induziert

men und Pflanzen besteht hierzu der Glyoxylatzyklus. Als Konsequenz ergibt sich,
dass überschüssige Fettsäuren und überschüssiges Acetyl-CoA wieder zu Lipiden
aufgebaut werden müssen, während überschüssige Glucose und glucogene Aminosäuren zu Lipiden umgebaut werden können.

Da die Gluconeogenese vorwiegend in
der Leber stattfindet, Lactat als möglicher
Ausgangsstoff jedoch in der Muskulatur
und den Erythrocyten anfällt, wird Lactat
auf dem Blutweg in die Leber transportiert
und dort zur Synthese von Glucose verwendet. Auf dem Blutweg gelangt die Glucose wieder in die Peripherie (**Cori-Zyklus**).

■ Die Leber kann aus Aminosäuren unter Energieaufwand Glucose synthetisieren. Die Konzentration der Glucose
im Blut (Energieversorgung des Gehirns!) kann dadurch konstant gehalten werden, auch wenn mit der Nahrung keine Kohlenhydrate aufgenommen werden. Nur die Gewebe, die
Glucose-6-phosphatase besitzen (Leber weitaus am wichtigsten), können
Glucose ans Blut abgeben.

**Glykolyse und Gluconeogenese werden
gegensinnig reguliert** – Bei den drei Umgehungsreaktionen der Gluconeogenese
besteht die Gefahr, dass sie in Kombination mit der jeweiligen glykolytischen Reaktion zu einer zyklischen ATP-verbrauchenden Leerlaufreaktion (*Futile cycle*) führen.
Dies wäre z. B. der Fall, wenn die Reaktionen der Phosphofructokinase und der
Fructose-1,6-bisphosphatase gleichzeitig
ablaufen würden. Ein solcher Leerlaufzyklus würde ATP verbrauchen und nichts
außer Wärme produzieren. Er wird verhindert durch eine gegenläufige Regulation der beiden Enzyme, welche den Stoffwechsel entweder in Richtung Abbau von
Glucose oder in Richtung Aufbau von Glucose schaltet. Untersuchungen der normalen allosterischen Regulation der Glykolyse (durch ATP, AMP, Citrat; s. Kapitel 15.6)
haben ergeben, dass diese Regulations-

mechanismen nicht ausreichen, um die beobachtete Modulation der Phosphofructokinase und der Fructose-1,6-bisphospha-
tase (Umschalten zwischen „Ein" und
„Aus") zu erklären. Die wichtigste Rolle
bei diesem Regulationsvorgang spielt das
erst 1980 entdeckte **Fructose-2,6-bisphos-
phat**, das in geringen Mengen aus Fructo-
se-6-phosphat gebildet wird und eine aus-

Fructose - 2,6 - bisphosphat
(Fru - 2,6 - P₂)

schließlich regulatorische Funktion hat.
Fructose-2,6-bisphosphat ist ein allosterischer Aktivator der Phosphofructokinase
sowie ein allosterischer Inhibitor der Fruc-
tose-1,6-bisphosphatase und schaltet demnach die Stoffwechselkette auf glykolyti-
sche Richtung (Abb. 16.2). Eine regulatorische Kaskade, die durch die Glucosekonzentration im Blut über die Hormone Insulin und Glucagon kontrolliert wird,
führt bei hoher Glucosekonzentration zu
erhöhter Bildung von Fructose-2,6-bis-
phosphat und damit zur Stimulierung
der Glykolyse und Hemmung der Gluconeogenese.

Eine Vorwegnahme aus Kapitel 30 über
**Hormone**: Hormone haben die Funktion
von Botensubstanzen (*Messengers*), die eine chemische Botschaft von der Hormondrüse auf dem Blutweg zum Zielorgan
oder -gewebe bringen. Bei gewissen Hormonen führt die Bindung des Hormons
an dessen Rezeptorprotein auf der Zelloberfläche zur erhöhten Produktion von
cAMP in der Zelle. Der Rezeptor ist mit einem G-Protein gekoppelt, welches seinerseits die Adenylatcyclase aktiviert. Dieses
Enzym bildet cAMP (zyklisches Adenosin-
3′,5′-monophosphat) aus ATP (s. Abb.
16.4). cAMP, als *Second messenger*, trägt
das chemische Signal in der Zelle weiter
zum entsprechenden Zielprotein.

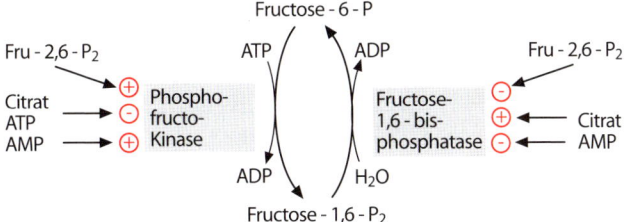

**Abb. 16.2.** Gegensinnige Regulation von Glykolyse und Gluconeogenese durch Fructose-2,6-bisphosphat. Die Konzentration der Glucose im Blut ist die Regelgröße. Die Phosphofructokinase (PFK) und die Fructose-1,6-bisphosphatase (FBP) werden über folgende Kaskade reguliert:

| Regelgröße | Glucosekonzentration hoch | Glucosekonzentration niedrig |
|---|---|---|
| ↓ | | |
| Hormone | Insulin ↑ | Insulin ↓ |
| ↓ | Glucagon ↓ | Glucagon ↑ |
| Second messenger | cAMP ↑ | cAMP ↓ |
| ↓ | | |
| Dritter messenger | Fru-2,6-$P_2$ ↑ | Fru-2,6-$P_2$ ↓ |
| ↓ | | |
| Enzyme | PFK ⊕ | PFK nicht mehr ⊕ |
| ↓ | FBP ⊖ | FBP nicht mehr ⊖ |
| Stoffwechselweg | Glykolyse ⊕ | Glykolyse ⊖ |
| | Gluconeogenese ⊖ | Gluconeogenese ⊕ |

Es ist trivial, scheint aber wert erwähnt zu werden: Die Aufhebung einer Aktivierung kommt einer Hemmung gleich und die Aufhebung einer Hemmung führt zu einer Aktivierung

**Die Gluconeogenese wird auch durch hormonal gesteuerte Enzyminduktion reguliert** – Bei Kohlenhydratmangel wird vermehrt Glucagon sezerniert, welches Enzyme der Gluconeogenese induziert. Ebenso induzieren die Glucocorticoide der Nebennierenrinde diese Enzyme, insbesondere die PEP-Carboxykinase (s. Abb. 16.1). Die Glucocorticoide bewirken eine länger dauernde Umstellung des Kohlenhydratstoffwechsels auf Gluconeogenese aus Aminosäuren, indem sie auch den Proteinabbau stimulieren und Enzyme für den Abbau von Aminosäuren induzieren.

■ Allosterische Aktivatoren und Inhibitoren sorgen dafür, dass durch gegensinnige Regulation von Phosphofructokinase und Fructose-1,6-bisphosphatase die Glykolyse und die Gluconeogenese nicht gleichzeitig ablaufen. Bei Kohlenhydratmangel sorgt die hormonale Induktion von Enzymen der Gluconeogenese (PEP-Carboxykinase) für eine länger dauernde Umstellung auf Gluconeogenese aus Aminosäuren.

## 16.2
## Abbau und Aufbau von Glykogen

**Die am raschesten verfügbare Quelle an Glucose ist dessen Speicherform, das Glykogen** – Wie das pflanzliche Reservekohlenhydrat, die Stärke, ist Glykogen ein verzweigtes, wasserunlösliches aber viel Wasser bindendes Glucosehomopolymer. Glykogen bildet zusammen mit den Enzymen für seinen Aufbau und Abbau elektronenoptisch erfassbare Partikel ($5-20 \cdot 10^6$ Da) im Cytosol, die **Glykogengranula**. Glykogen wird nach reichlicher Aufnahme von Kohlenhydraten in der Leber und Muskulatur synthetisiert und bei Mangel an Glucose wieder abgebaut. Der Glykogengehalt der Gewebe hängt daher stark vom Ernährungszustand ab.

**Glykogengehalt** (erwachsener Mensch):
| | | |
|---|---|---|
| Leber | max. 10% d. Organgewichts | 150 g |
| Muskel | max. 1% d. Organgewichts | 250 g |
| **Total** | | **400 g** |

400 g · 17,5 kJ/g = 6900 kJ = 1640 kcal

Die insgesamt 400 g Glykogen decken den Energiebedarf für 2/3 eines Tages (Tagesbedarf 10 000 kJ = 2400 kcal).

Der maximale Glykogengehalt (400 g beim adulten Menschen) ist mehr als zehnmal höher als der totale Glucosegehalt des Organismus (~ 30 g). Warum wird Glykogen, dessen Synthese chemische Energie kostet, statt einfach Glucose gespeichert? Die Speicherung von Glucose in höheren Konzentrationen ist wegen des dabei entstehenden hohen osmotischen Drucks nicht möglich. Das polymere Glykogen ist hingegen osmotisch nur sehr wenig wirksam, da der osmotische Druck von der Teilchenkonzentration abhängig ist.

**Glykogen hat die gleiche Struktur wie Stärke, das Reservekohlenhydrat der Pflanzen** – Es ist nur etwas stärker verzweigt. Die Glucosereste sind über $\alpha$-1,4-Bindungen miteinander verbunden, die Verzweigungen kommen durch $\alpha$-1,6-Bindungen bei etwa jedem 10. Glucoserest zustande. Das einzige Ende mit einer glykosidischen OH-Gruppe ist an einen Tyrosinrest des Proteins Glykogenin gebunden.

**Glykogen wird phosphorolytisch abgebaut** – Dabei wird der endständige Glucoserest auf anorganisches Phosphat übertragen (statt auf Wasser wie bei einem hydrolytischen Abbau) und Glucose-1-phosphat gebildet. Ohne weiteren Energieaufwand wird auf diese Weise ein phosphoryliertes Abbauprodukt gebildet, welches die Zelle nicht verlassen kann.

Die Reaktion der Glykogen-Phosphorylase ist grundsätzlich umkehrbar, da sie unter Standardbedingungen, wenn auch nur schwach, endergonisch ist ($\Delta G^{0'} = 12{,}8$ kJ/mol). Die Phosphorylase verkürzt die freien Enden eines Glykogenmoleküls, bis sie aus sterischen Gründen nicht mehr an die $a$-1,4-Bindungen herankommen kann. Diese Situation ist erreicht, wenn vor einer $a$-1,6-Verzweigung nur noch drei $a$-1,4-verknüpfte Glucosereste vorhanden sind. Die Phosphorylase allein kann demnach das Glykogen nicht vollständig abbauen. Die sterische Hemmung der Phosphorylase wird durch eine Umstrukturierung der Oligosaccharidketten behoben:

Die drei $a$-1,4-verbundenen Glucosereste werden durch die Transferase-Aktivität des *Debranching enzyme* verpflanzt. Dieses Enzym besitzt eine zweite aktive Stelle mit Hydrolase-Aktivität, welche den zurückbleibenden $a$-1,6-gebundenen Glucoserest hydrolytisch abspaltet unter Bildung von freier Glucose. Damit ist die $a$-1,6-Verzweigung eliminiert und der phosphorolytische Abbau kann fortgesetzt werden. Die Gleichung für die Gesamtreaktion ist damit

Glykogen + $n P_i$ + $m H_2O \rightarrow \rightarrow \rightarrow$
n Glucose-1-P (~ 90 %) + m Glucose (~ 10 %).

Die freigesetzte Glucose wird ins Blut abgegeben oder zu Glucose-6-phosphat phosphoryliert. Glucose-1-phosphat wird zu Glucose-6-phosphat isomerisiert, welches entweder der Glykolyse zugeführt oder nach Dephosphorylierung als Glucose ins Blut abgegeben wird:

Nur in Leber und Niere kommt Glykogen zusammen mit Glucose-6-phosphatase vor. Nur diese Organe können aus Glykogen stammende Glucose abgeben und zur Aufrechterhaltung der Glucosekonzentration im Blut beitragen. Die Muskelzellen hingegen verwenden ihre Glykogenreserve zur Gewinnung von ATP.

■ Die Glucose, die im Blut zirkuliert, stammt entweder aus dem Darm nach Kohlenhydrataufnahme, aus Leberglykogen oder ist in der Leber durch Gluconeogenese aus Aminosäuren, Lactat oder Glycerol gebildet worden.

**Die Synthese von Glykogen erfolgt nicht durch Umkehr des Abbaus** – Eine Umkehr der Phosphorylasereaktion ist unter physiologischen Bedingungen nicht möglich. Die Konzentration von anorganischem Phosphat (1–2 mM) ist, im Vergleich zur Konzentration von Glucose-1-phosphat, zu hoch, um eine effiziente Rückreaktion zu erlauben ($[P_i]/[Glucose-1-P] > 100!$). Außerdem ist es wichtig, dass Aufbau und Abbau über getrennte Wege mit verschiedenen Enzymen erfolgen; nur so ist es möglich, Aufbau und Abbau getrennt voneinander zu regulieren und durch gegensinnige Regulation einen energieverzehrenden Leerlauf zu vermeiden.

> Es ist bemerkenswert, dass die Erkenntnis, dass Glykogen über zwei verschiedene Wege aufgebaut und abgebaut wird, aufgrund klinischer Beobachtung an Patienten gewonnen worden ist. Patienten mit einem erblichen Phosphorylasemangel sind durchaus in der Lage, Glykogen zu synthetisieren. Sie können Glykogen allerdings nicht abbauen, wodurch es zu den **Glykogenspeicherkrankheiten** kommt.

**Zur Synthese von Glykogen muss die Glucose zunächst aktiviert werden** – Die UDP-Glucose ist eine reaktionsfreudige Form der Glucose. Zu ihrer Synthese investiert die Zelle zwei energiereiche Phosphatbindungen:

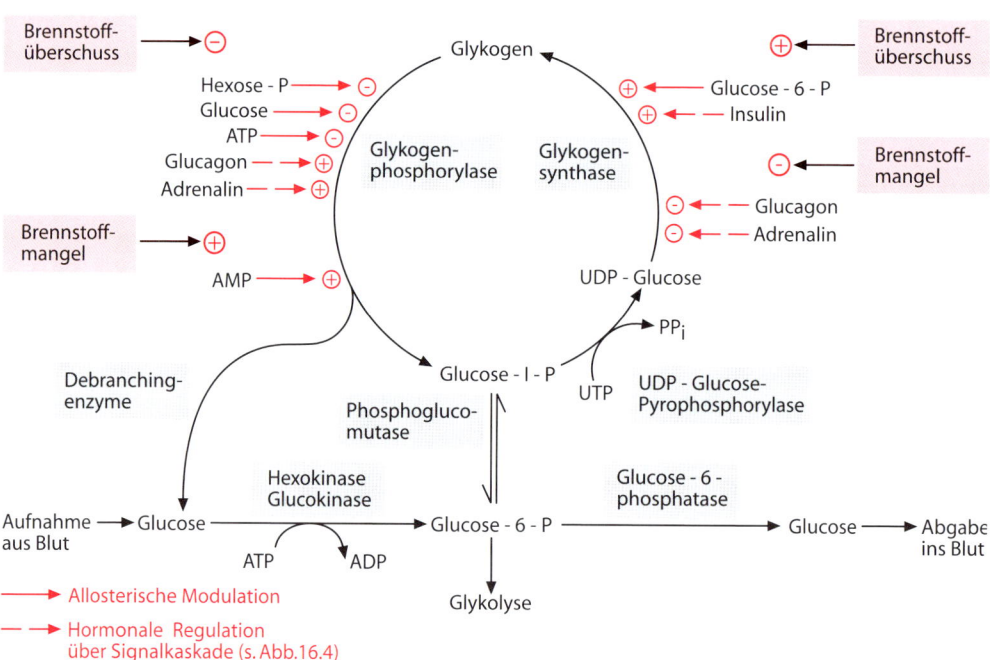

**Abb. 16.3.** Regulation von Glykogensynthese und -abbau. Die allosterischen Aktivatoren und Inhibitoren sind alles Verbindungen, deren Konzentrationen die Versorgung der Zelle mit Glucose und chemischer Energie im Allgemeinen anzeigen. Hemmung der Glykogen-Phosphorylase durch Hexosephosphate macht sich bemerkbar bei der Fructose-Intoleranz, welche zu einer hohen Konzentration von Fructose-1-phosphat führt, und bei der Galactosämie, bei der sich Galactose-1-phosphat anstaut (s. Abb. 16.5)

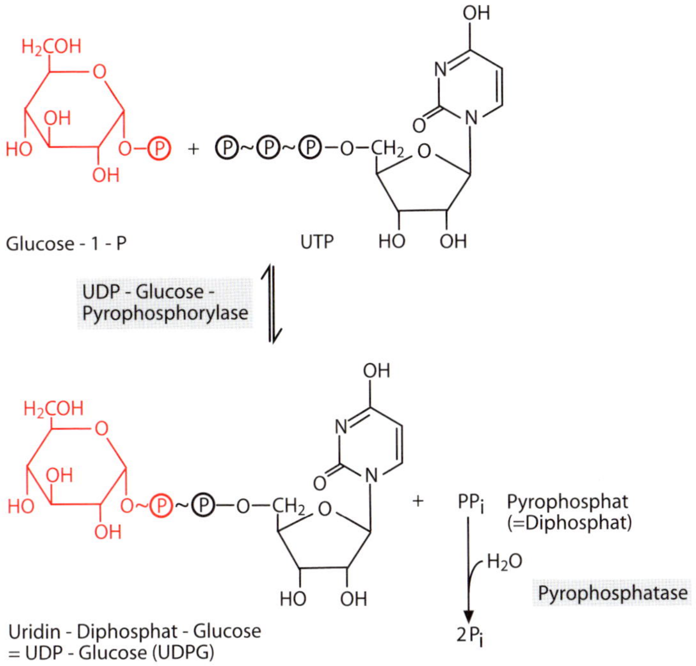

Glucose - 1 - P          UTP    HO    OH

UDP - Glucose -
Pyrophosphorylase

Uridin - Diphosphat - Glucose
= UDP - Glucose (UDPG)

+ PP$_i$  Pyrophosphat
(=Diphosphat)

H$_2$O

Pyrophosphatase

2 P$_i$

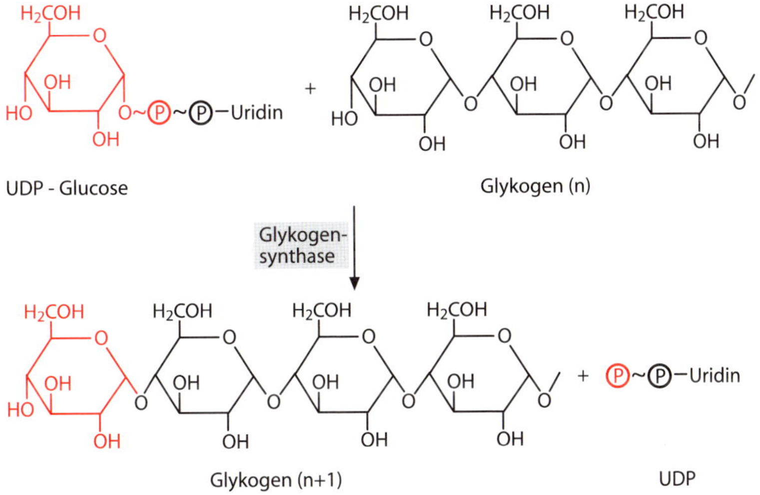

UDP - Glucose          Glykogen (n)

Glykogen-
synthase

Glykogen (n+1)          UDP

+ P ~ P —Uridin

Die **Glykogensynthase** katalysiert die Verlängerung der Kette über α-1,4-Bindungen. Der aktivierte Glucoserest von UDP-Glucose wird an ein freies C4-Ende einer bereits bestehenden α-1,4-verknüpften Polyglucosidkette angekoppelt. Ein solches Startermolekül muss mindestens 4 Glucosereste lang sein. Die Verzweigungen werden durch das *Branching enzyme* gebildet. Dieses Gegenstück zum *Debranching enzyme* versetzt α-1,4-verknüpfte Oligoglucoside von 6–7 Glucoseresten in eine zentralere Stellung unter Bildung einer α-1,6-Verzweigung. Der neue Zweig kann darauf durch die Glykogensynthase verlängert werden.

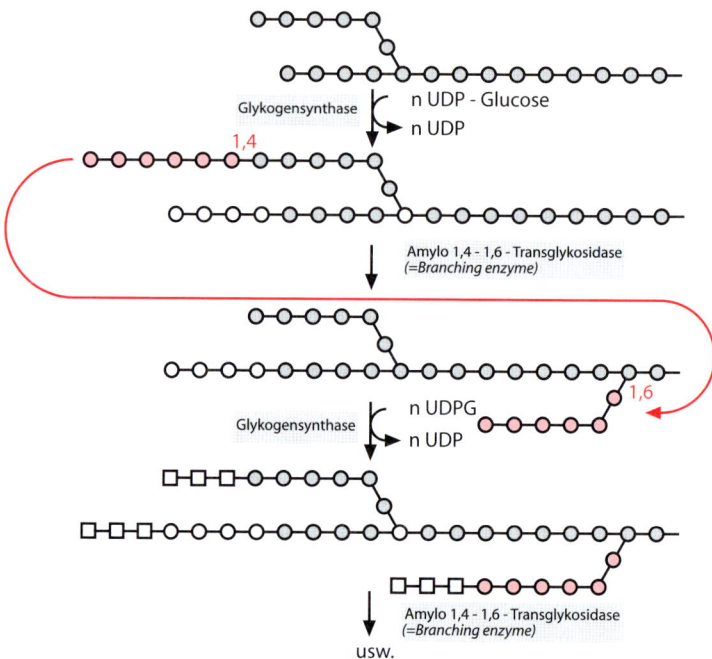

Warum sind beide Reservekohlenhydrate, die Stärke und das Glykogen, verzweigte Glucane? Die zahlreichen Enden erlauben eine raschere Synthese des Polymers und eine raschere Mobilisierung der Glucose, als es mit einem unverzweigten Glucan mit einem einzigen Ende, an dem es verlängert und abgebaut werden kann, der Fall wäre.

**Die gegensinnige Regulation des Aufbaus und Abbaus von Glykogen verhindert einen Leerlaufzyklus** – Grundsätzlich sind bei der Glykogensynthese und der Glykogenolyse die gleichen Mechanismen zur Vermeidung eines Leerlaufzyklus anzutreffen wie bei der Gluconeogenese und der Glykolyse: ein *Futile cycle* wird vermieden, indem das Schrittmacherenzym der einen Stoffwechselrichtung aktiviert und dasjenige der gegenläufigen Richtung gehemmt wird (Abb. 16.3). Bei **Brennstoffmangel**, der sich in einer niedrigen Konzentration von Glucose, Glucose-6-phosphat, ATP und einer erhöhten Konzentration von AMP äußert, wird der Abbau von Glykogen stimuliert und dessen Aufbau gehemmt. Bei **Brennstoffüberschuss**, wenn die Konzentrationen von Glucose-6-phosphat und

ATP hoch sind, wird Glykogen synthetisiert und dessen Abbau gehemmt.

**Die Glykogenphosphorylase und die Glykogensynthase werden nicht nur allosterisch sondern auch hormonal reguliert** – Die hormonale Regulation **im Muskel** wird durch die Muskeltätigkeit ausgelöst, welche die Freisetzung von **Adrenalin** aus dem Nebennierenmark (s. Kapitel 30.3) stimuliert. Über einen G-Protein-gekoppelten Rezeptor, Aktivierung der Adenylatcyclase und eine Phosphorylierungskaskade wird die Glykogenolyse aktiviert und die Glykogensynthese gehemmt (Abb. 16.4). Auch die Hormone regulieren Abbau und Aufbau gegensinnig. **In der Leber** wird die gleiche Signalkaskade durch das Peptidhormon **Glucagon** ausgelöst. Auslöser ist in diesem Fall ein Absinken der Glucosekonzentration im Blut, was zur Ausschüttung von Glucagon durch die $\alpha$-Zellen der Langerhansschen Inseln im Pankreas führt:

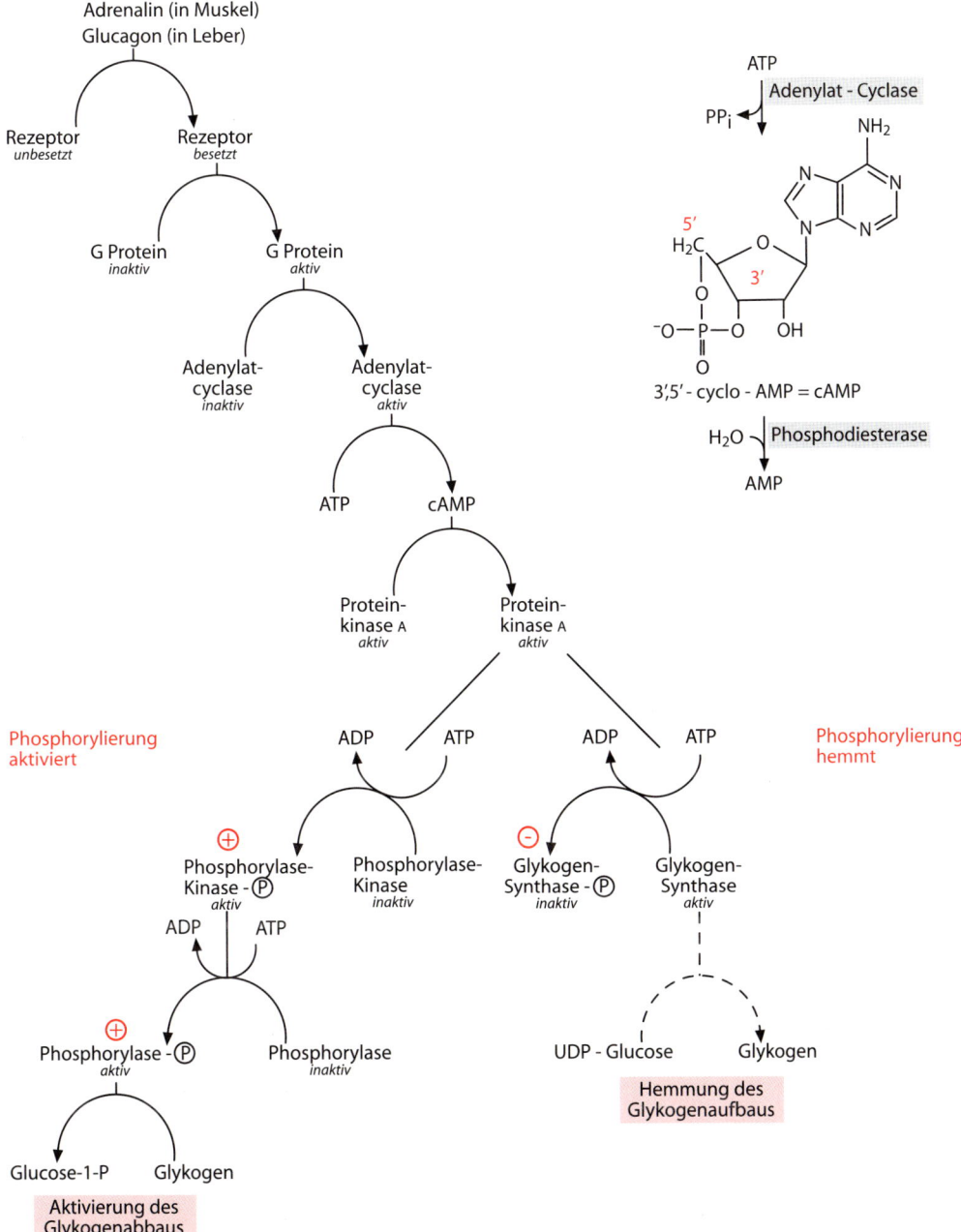

**Abb. 16.4.** Regulation der Glykogenolyse und der Glykogen-Synthese durch Hormone. Die Muskel- und Leberzellen besitzen spezifische Hormonrezeptoren in der Zellmembran, die Adrenalin bzw. Glucagon binden. Das Binden des Hormons wird über eine Konformationsänderung auf ein G-Protein (GTP-bindendes Protein; s. Kapitel 29.2) weitergeleitet, welches seinerseits die Adenylatcyclase aktiviert. Dieses Enzym produziert aus ATP zyklisches AMP (cAMP). cAMP steuert als intrazellulärer Überträger des Hormonsignals (*Second messenger*) die Stoffwechselvorgänge. cAMP aktiviert allosterisch die Proteinkinase A (PK-A), welche einerseits durch Vermittlung der Phosphorylase-Kinase die Phosphorylase aktiviert und andererseits die Glykogen-Synthase inaktiviert. Die Enzyme werden an ganz bestimmten Serin-, Threonin- oder Tyrosinresten durch Esterbildung phosphoryliert

Muskelaktivität → Adrenalin ↑
     → Glykogenolyse im Muskel
      → Versorgung der Muskel-
       fasern mit ATP
Blutglucose ↓ → Glucagon ↑
     → Glykogenolyse in Leber
      → Abgabe von Glucose
       ins Blut.

Folgende Merkmale der hormonalen Regulation des Aufbaus und Abbaus von Glykogen (Abb. 16.4) sind hervorzuheben:
– Beide Vorgänge werden gegensinnig reguliert, um einen energieverbrauchenden Leerlaufzyklus zu vermeiden.

> Die Regulation physiologischer Vorgänge durch Phosphorylierung eines Proteins (s. Kapitel 29.1), d.h. durch eine kovalente Modifikation, wurde in der Tat erstmals am Beispiel der Glykogenphosphorylase beobachtet. Zwei Formen dieses Enzyms wurden in den Zellen gefunden: eine enzymatisch aktive phosphorylierte Form und eine inaktive nichtphosphorylierte Form. Weiter wurde gezeigt, dass ATP an der Umwandlung der inaktiven in die aktive Form beteiligt ist. Für diese bahnbrechende Entdeckung erhielten Edmond Fischer und Edwin Krebs 1992 den Nobelpreis.

– Was ist der Sinn eines **Kaskadenmechanismus**? Wenn bei einer Stufe der Signalweitergabe ein Enzym aktiviert wird, wird die Konzentration des dritten Signalmoleküls (des Produkts der enzymatischen Reaktion) höher als die Konzentration des ersten Signalmoleküls, d.h. bei jeder Stufe kommt es jeweils zur Verstärkung des Signals. Die Konzentration von Adrenalin ist $\sim 10^{-10}$ M, diejenige von Glucose-1-phosphat $\sim 10^{-4}$ M; der Konzentrationsunterschied zwischen erstem und letztem Molekül in der Kette entspricht somit einer Verstärkung des chemischen Signals um einen Faktor von $10^6$!
– Die Regulation durch Phosphorylierung ist reversibel. Phosphatasen, welche die Phosphatreste hydrolytisch abspalten, wirken den Kinasen entgegen. Der regulatorische Effekt entspricht der Resultante aus Kinase- und Phosphatasewirkung. cAMP wird durch eine cAMP-Phosphodiesterase zu Adenosin-5′-monophosphat (AMP) inaktiviert.

**Glykogen-Speicherkrankheiten führen zu Glucosemangel** – Hereditäre Defekte eines der Enzyme, welche an der Glykogenolyse, dem Abbau von Glykogen zu Glucose, beteiligt sind, führen zu einer Überladung von Leber, Niere und Muskel mit Glykogen und zu einer allzu geringen Konzentration von Glucose im Blut (**Hypoglykämie**) oder zu mangelndem Glucosenachschub in der Muskulatur. Diese Krankheiten sind sehr selten und auch sehr vielfältig. Es kann ihnen ein Mangel an Glykogenphosphorylase in der Leber oder der Muskulatur, aber auch ein Defekt des *Debranching enzyme* oder der Glucose-6-phosphatase zugrunde liegen.

■ Das Glykogen der Leber stellt die konstante Konzentration der Glucose im Blut sicher (5 mM). Das Muskelglykogen wird von den Muskelfasern selbst verbraucht.

## 16.3
## Stoffwechsel der Disaccharide

**UDP-Glucose wird nicht nur zur Synthese von Glykogen verwendet** – UDP-Glucose kann zu **UDP-Glucuronsäure** oxidiert werden:

UDP-Glucuronat ist an einer Reihe von Reaktionen beteiligt:

- Diese aktivierte Form wird verwendet, um äußerst gut wasserlösliche Glucuronatreste in Heteroglykane einzubauen. Galacturonat wird auf die gleiche Weise aktiviert.
- UDP-Glucuronat dient auch zur Konjugation schlecht wasserlöslicher Verbindungen (Bilirubin, Steroidhormone, gewisse Medikamente) mit Glucuronat, um diese in besser wasserlösliche und damit harnfähige Derivate überzuführen. Reaktionen dieser Art werden den „Entgiftungsreaktionen" der Leber zugezählt (s. Kapitel 33.2).
- Die meisten Tiere können aus UDP-Glucuronsäure Ascorbinsäure synthetisieren. Beim Menschen fehlen die entsprechenden Enzyme. Ascorbinsäure ist daher für den Menschen ein essentieller Nahrungsbestandteil (Vitamin C).

**Auch Lactose wird mit UDP-Glucose synthetisiert** – Lactose (= Milchzucker = Galactosido-β-1,4-Glucose) ist für neugeborene Säuger die wichtigste Quelle chemischer Energie.

Lactose
Galactosido - β - 1,4 - Glucose

Die Synthese dieses Disaccharids geht von UDP-Glucose aus:

I    UDP-Glucose $\rightleftharpoons$ UDP-Galactose
Epimerase

Bei dieser Reaktion wird einzig die Stellung der OH-Gruppe an C4 gewechselt. Die Reaktion ist wichtig, weil sie Galactose herstellt und damit den Organismus unabhängig von einer genügenden Zufuhr dieses Bausteins macht. UDP-Galactose wird benötigt zum Einbau von Galactose in Glykolipide und Glykoproteine.

II    UDP-Galactose + Glucose $\longrightarrow$ Lactose + UDP
Lactose-Synthase

Lactose-Synthase-Aktivität kommt nur in der laktierenden Milchdrüse vor.

**Lactose und Saccharose sind für den Menschen wichtige Nahrungsbestandteile** – Das wichtigste Kohlenhydrat in der menschlichen Nahrung ist die Stärke, welche ausschließlich aus Glucoseresten besteht. Mit der Lactose (= Galactosido-Glucose), die beim Säuger am Anfang des Lebens das einzige Kohlenhydrat in der Nahrung darstellt, und der Saccharose (= Rübenzucker oder Rohrzucker = Glucosido-β-Fructosid), die als Süßstoff dient und in Industrieländern bis zu 15% des Gesamtkohlenhydrats in der Nahrung ausmacht, werden zwei weitere Zucker, Galactose und Fructose, dem Stoffwechsel zugeführt.

Die **Saccharose** wird im Darm hydrolytisch zu Glucose und Fructose gespalten. Die Fructose wird in der Leber durch eine spezifische Fructokinase zu Fructose-1-phosphat phosphoryliert, welches durch die ebenfalls spezifische **Fructose-1-phosphat-Aldolase** der Leber in Dihydroxyacetonphosphat (DHAP) und Glycerinaldehyd gespalten wird. Glycerinaldehyd wird durch die Triosekinase zu Glycerinaldehydphosphat phosphoryliert und damit in den glykolytischen Abbauweg eingeschleust.

Saccharose
α - Glucosido - β - Fructosid

Auch die **Lactose** wird im Dünndarm zu den Monosacchariden hydrolysiert. Die dabei frei werdende Galactose wird hauptsächlich in der Leber in den Stoffwechsel eingeschleust (Abb. 16.5). Wie bei der Fructose sind auch bei der Einschleusung von Galactose in den Stoffwechsel hereditäre Störungen bekannt:

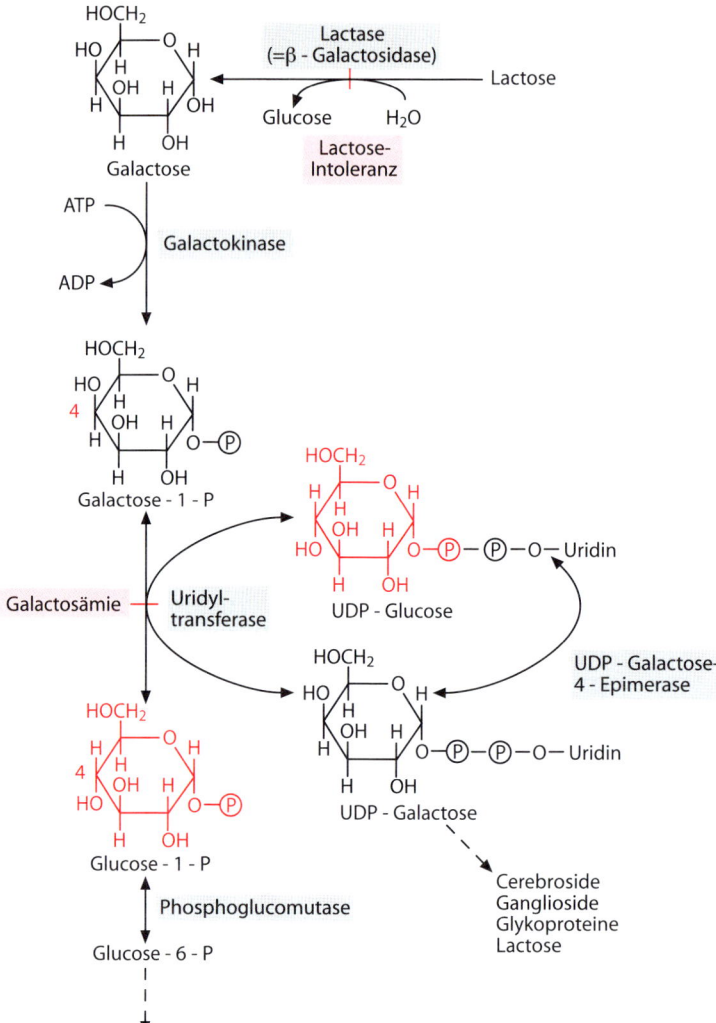

**Abb. 16.5.** Einschleusung von Galactose in den Stoffwechsel. Galactose stammt zum allergrößten Teil aus der Lactose in Milch und Milchprodukten. Die Lactose wird im Darm durch die Lactase hydrolytisch gespalten. Die Galactose wird beim Eintritt in die Zellen phosphoryliert. Die Epimerisierung (Wechsel der Stellung der OH-Gruppe an C4) erfolgt auf der Stufe der UDP-Formen der beiden Zucker durch die UDP-Galactose-4-Epimerase, das Enzym, welches auch an der Synthese von Lactose beteiligt ist. Die Uridyltransferase tauscht den Glucose-1-P-Rest gegen Galactose-1-P aus. Es ist dieses Enzym, dessen Defekt die Galactosämie verursacht. Mangel an Lactase im Darm führt zur Lactoseintoleranz

Bei der **hereditären Fructoseintoleranz** fehlt die Fructose-1-phosphat-Aldolase. Fructose-1-phosphat kann daher nicht abgebaut werden und hemmt allosterisch die Glykogenphosphorylase (s. Abb. 16.3) sowie die Fructose-1,6-bisphosphatase (s. Abb. 16.1). Eine Hypoglykämie mit Übelkeit, Erbrechen, Schwitzen und Schock ist die Folge. Die Träger dieser Stoffwechselvariante meiden Früchte und Süßigkeiten und haben daher ein kariesfreies Gebiss. Weitere Folgen hat diese erbliche Stoffwechselabnormität nicht.

Die **Lactoseintoleranz** ist völlig harmlos. Bei milchungewohnten Völkern ist es sogar normal, dass Erwachsene Milchzucker nicht verwerten können: Im Bürstensaum des Dünndarmepithels fehlt die Lactase. Die Lactose wird nicht resorbiert und verursacht aus osmotischen Gründen Durchfall und Bauchschmerzen. Lactoseintolerante Menschen entwickeln deshalb einen Widerwillen gegen Milch und Milchprodukte. Bei den meisten Menschen nimmt die Lactaseaktivität im Jugendlichenalter ab. Sie bleibt nur erhalten bei Bevölkerungsgruppen, die traditionellerweise Milchnahrung gewohnt sind.

Die **Galactosämie** ist eine viel seltenere aber ungleich schwerer wiegende Störung des Galactosestoffwechsels. Die autosomal-rezessiv vererbte Krankheit beruht auf einem **Defekt der Uridyltransferase** (Abb. 16.5). Der Mangel dieses Enzyms führt zum Anstauen von Galactose-1-phosphat, welches, wie Fructose-1-phosphat bei der Fructoseintoleranz, die Glykogenolyse hemmt (Abb. 16.3). Dadurch kommt es zur Hypoglykämie, insbesondere zum Glucosemangel im Gehirn in einer kritischen Phase der Gehirnentwicklung. Die Krankheit äußert sich bereits in den ersten Lebenstagen. Die Kinder sind trinkunlustig, erbrechen und nehmen nicht an Gewicht zu, alles Folgen der Hypoglykämie. Unbehandelt werden die Kinder schwachsinnig. Die klinisch-chemischen Befunde sind: Hypoglykämie, Galactosämie (zu hohe Konzentration von Galactose im Blut), Galactosurie (Galactoseausscheidung im Urin) und Fehlen der Uridyltransferase (gemessen in Erythrocyten). Die Therapie ist im Prinzip sehr einfach: Lactosefreie Ernährung bis ins Schulalter verhindert die Fehlentwicklung des Gehirns und alle anderen Folgen. Die Früherkennung der Krankheit ist daher äußerst wichtig. Ein Test auf das Vorliegen einer Galactosurie ist Teil des routinemäßigen **Neugeborenen-Screenings.**

■ Hereditäre Störungen im Kohlenhydratstoffwechsel:

- Glykogenspeicherkrankheiten (defekte Enzyme: Glykogenphosphorylase, *Debranching enzyme* oder Glucose-6-phosphatase),
- Fructoseintoleranz (Fructose-1-phosphat-Aldolase),
- Galactosämie (Uridyltransferase).

Typischerweise betreffen die bekanntesten erblichen Störungen des Kohlenhydratstoffwechsels dessen Zulieferwege und nicht die zentralen Stoffwechselwege wie Glykolyse, Citratzyklus und oxidative Phosphorylierung. Erbliche Störungen dieser zentralen Stoffwechselwege sind sehr selten, weil die meisten Störungen schon mit dem Leben der Keimzellen oder früher Embryonalstadien unvereinbar sind.

## 16.4
## Pentosephosphatweg

Neben der Glykolyse verfügen viele Gewebe mit dem Pentosephosphatweg über eine zweite Möglichkeit, Glucose oxidativ abzubauen. Für den Abbau von Glucose ist dieser Weg zwar unbedeutend (~ 10% des gesamten Glucoseabbaus), er ist jedoch wichtig zur Versorgung der Zellen mit NADPH und Ribose. Wie die Glykolyse läuft auch der Pentosephosphatweg im Cytosol ab und beginnt mit Glucose-6-phosphat.

**Der oxidative Teil des Pentosephosphatwegs liefert NADPH und Pentose** – Über zwei Oxidationsschritte werden pro Mol Glucose zwei Mol NADPH gewonnen und ein nachfolgender Decarboxylierungsschritt liefert ein Mol Pentose.

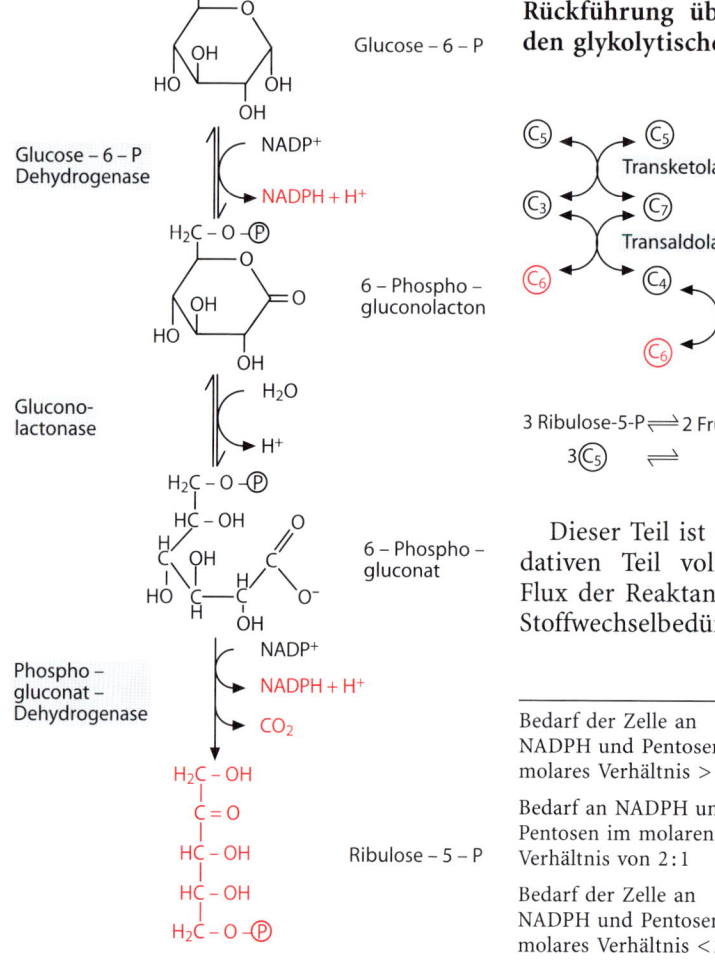

Glucose – 6 – P

Glucose – 6 – P
Dehydrogenase

NADP⁺
NADPH + H⁺

6 – Phospho –
gluconolacton

Glucono-
lactonase

$H_2O$
$H^+$

6 – Phospho –
gluconat

Phospho –
gluconat –
Dehydrogenase

NADP⁺
NADPH + H⁺
$CO_2$

Ribulose – 5 – P

Glucose-6-P + 2 NADP⁺ + $H_2O$
→ Pentose-P + $CO_2$ + 2 NADPH + 2 H⁺

NADPH wird als Reduktionsmittel bei vielen biosynthetischen Reaktionen gebraucht, z. B. für die Synthese von Fettsäuren, Cholesterol und Desoxynucleosiddiphosphaten zur DNA-Synthese. Pentosen, insbesondere Ribose und Desoxyribose, sind notwendig zur Synthese von Nucleotiden (ATP etc.), Nucleinsäuren und Coenzymen (NAD⁺, NADP⁺, FAD, CoA). Eine Isomerase katalysiert die Umwandlung der Ketose Ribulose-5-P in die entsprechende Aldose Ribose-5-P.

**Der nichtoxidative Teil dient der Rückführung überschüssiger Pentose in den glykolytischen Abbauweg –**

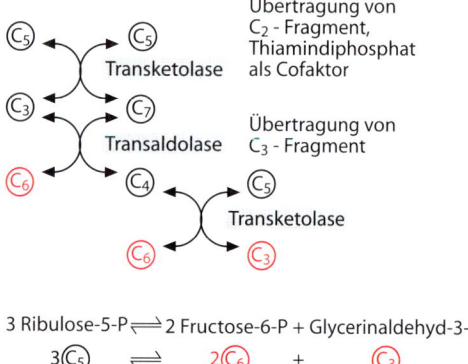

Übertragung von $C_2$ - Fragment, Thiamindiphosphat als Cofaktor

Transketolase

Übertragung von $C_3$ - Fragment

Transaldolase

Transketolase

3 Ribulose-5-P ⇌ 2 Fructose-6-P + Glycerinaldehyd-3-P
3 $\textcircled{C_5}$ ⇌ 2 $\textcircled{C_6}$ + $\textcircled{C_3}$

Dieser Teil ist im Unterschied zum oxidativen Teil vollständig reversibel. Der Flux der Reaktanten passt sich daher den Stoffwechselbedürfnissen der Zelle an:

| | |
|---|---|
| Bedarf der Zelle an NADPH und Pentosen: molares Verhältnis > 2 : 1 | Pentosephosphatweg läuft vollständig ab |
| Bedarf an NADPH und Pentosen im molaren Verhältnis von 2 : 1 | Nur oxidativer Teil läuft ab |
| Bedarf der Zelle an NADPH und Pentosen: molares Verhältnis < 2 : 1 | Nichtoxidativer Teil läuft rückwärts ab |

■ Der Pentosephosphatweg liefert der Zelle NADPH für reduktive Biosynthesen und Pentosen für die Synthese von Nucleotiden und Nucleinsäuren:

Glucose-6-P

→ 2 NADPH
→ $CO_2$

Pentose-5-P → Nucleotide

Fructose-6-P
Glycerinaldehyd-3-P

# 17 Stoffwechsel der Fettsäuren

Neben den Kohlenhydraten gehören die Fettsäuren zu den wichtigsten Speicher- und Transportformen chemischer Energie bei Pflanzen und Tieren. Bei gemischter Kost decken Fettsäuren ~ 50% des Energiebedarfs des Menschen; im Hungerzustand sind sie die hauptsächliche Energiequelle. Die in Organismen vorkommenden Fettsäuren haben die allgemeine Struktur $CH_2-(CH_2)_n-COO^-$, sind unverzweigt und besitzen meist eine gerade Anzahl von C-Atomen. Besonders häufig sind $C_{16}$- und $C_{18}$-Fettsäuren. Etwa die Hälfte der Fettsäuren in einem tierischen Organismus ist ungesättigt mit 1–3 Doppelbindungen.

Ein kleiner Anteil der Fettsäuren kommt in freier Form vor. Fettsäuren sind eine Transportform chemischer Energie aus dem Fettgewebe in die Muskeln und andere Organe. Der größte Teil der Fettsäuren findet sich jedoch als Baustein der Triacylglycerole im Reservefett und der polaren Lipide in den Membranen.

Die Fettsäuren werden in der Matrix der Mitochondrien durch die **β-Oxidation** abgebaut. Dabei wird Fettsäure sukzessive zu Acetyl-CoA abgebaut. Mit FAD und $NAD^+$ als Elektronenakzeptoren wird zunächst das β-Ketoderivat der Fettsäure gebildet, welches darauf thiolytisch durch CoA-SH zu Acetyl-CoA und der um zwei C-Atome verkürzten Fettsäure gespalten wird. Die **Synthese von Fettsäuren** läuft im Cytosol ab und entspricht formal weitgehend einer Umkehr der β-Oxidation. Die Synthese beginnt mit Acetyl-CoA, welches in jedem Synthesezyklus um weitere zwei C-Atome verlängert wird. Als Reduktionsmittel dient, wie bei den meisten reduktiven Biosynthesen, NADPH.

Die **Ketonkörper**, Hauptvertreter ist die β-Hydroxybuttersäure, werden im Hungerzustand in der Leber vermehrt gebildet, wenn das durch vermehrten Fettsäureabbau anfallende Acetyl-CoA durch den Citratzyklus nicht mehr aufgenommen werden kann. Als wasserlösliche Transportform von Fettsäuren gelangen die Ketonkörper von der Leber in die Peripherie, wo sie zur Energiegewinnung verwendet werden.

## 17.1 Fettsäureabbau durch β-Oxidation

Triacylglycerole in den Zellen des Fettgewebes bilden die quantitativ bedeutendste Energiereserve des tierischen Organismus. Diese Reserve wird mobilisiert durch die **hormonsensitive Lipase** der Fettgewebezellen, welche die Neutralfette in Glycerol und Fettsäuren spaltet. Die Aktivität dieses Enzyms wird durch Hormone reguliert und bestimmt die Konzentration der Fettsäuren im Blut. Die hormonsensitive Lipase wird über cAMP (Hungersignal der Zelle) durch Adrenalin, Noradrenalin und Glucagon aktiviert und durch Insulin (Überfluss-Signal) gehemmt. Als sehr schlecht wasserlösliche Substanzen werden die Fettsäuren im Blut als Komplexe mit Serumalbumin transportiert. Viele Gewebe resorbieren Fettsäuren aus dem Blut zur Energiegewinnung. Eine Ausnahme sind das Gehirn und die Erythrocyten, welche ausschließlich Glucose als Energielieferant verwenden. Besonders intensiv ist der Abbau der Fettsäuren in der Leber, die aus Fettsäuren Ketonkörper produziert und diese zur Energieversorgung anderer Gewebe ans Blut abgibt.

---

Pflanzen und Algen speichern auch polymere Kohlenhydrate, in erster Linie Stärke, und Triacylglycerole als Reserven chemischer Energie. Besonders ausgeprägt ist die Anlage von Reserven für die Bedürfnisse der Verbreitung der Pflanzen: Samen enthalten Stärke (z.B. Getreidekörner, allgemein bei Gräsern) oder Fette (z.B. Sonnenblumenkerne), Wurzelknollen enthalten Stärke (z.B. Kartoffel) als Energiereserve und Proteine als Lieferanten von Aminosäuren.

---

**Bevor Fettsäuren abgebaut werden können, müssen sie aktiviert und in die Mitochondrien gebracht werden:**

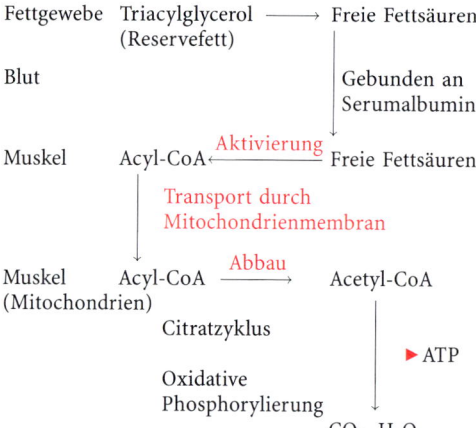

**Die Aktivierung wird katalysiert durch die Acyl-CoA-Synthetasen** – Sie erfolgt in zwei Teilreaktionen. Zunächst wird ein gemischtes Säureanhydrid mit AMP gebildet. Wie bei der ganz ähnlichen Aktivierung der Aminosäuren vor dem Beladen der tRNA werden hierzu ATP und eine Koppelung mit der Hydrolyse von $PP_i$ durch die ubiquitäre Pyrophosphatase benötigt. Es werden demnach 2 energiereiche Phos-

phatbindungen verbraucht. Darauf wird der Acylrest von Acyl-AMP (energiereiches Säureanhydrid mit hohem Acylgruppen-Übertragungspotential) auf die SH-Gruppe von CoA übertragen. Beide Teilreaktionen werden durch die Acyl-CoA-Synthetasen katalysiert:

$$R\text{-COOH} + ATP \rightleftharpoons R\text{-}\overset{\overset{\displaystyle O}{\|}}{C} \sim AMP + PP_i \ (PP_i + H_2O \rightarrow 2\,P_i)$$
$$\text{Acyl-AMP}$$

$$R\text{-}\overset{\overset{\displaystyle O}{\|}}{C} \sim AMP + CoA\text{-SH} \rightleftharpoons R\text{-}\overset{\overset{\displaystyle O}{\|}}{C} \sim S\text{-Acyl-CoA} + AMP$$
$$\text{Acyl-CoA}$$

Bilanz:

$$R\text{-COOH} + ATP + CoA\text{-SH} + H_2O \rightleftharpoons R\text{-}\overset{\overset{\displaystyle O}{\|}}{C} \sim S\text{-Acyl-CoA} + AMP + 2\,P_i$$

Acyl-CoA ist als Thioester ebenfalls eine energiereiche Verbindung mit einem hohen Acylgruppenübertragungspotential (s. Tabelle 14.1). Analog zur Bezeichnung von Acetyl-CoA als aktivierte Essigsäure, wird Acyl-CoA als **aktivierte Fettsäure** bezeichnet. Die Acyl-CoA-Synthetasen bilden eine kleine Familie von mindestens drei Enzymen, die Fettsäuren verschiedener Länge als Substrate akzeptieren. Die Enzyme sind an das ER oder die äußere Mitochondrienmembran gebunden.

**Für die Membranpassage wird der Fettsäurerest auf Carnitin übertragen** – Acyl-CoA kann die innere Mitochondrienmembran nicht passieren. Für den Transport durch die Membran wird der Acylrest auf Carnitin übertragen:

$$H_3C\overset{\displaystyle CH_3}{\underset{\displaystyle CH_3}{-N^+}}-CH_2-CH-CH_2-COO^-$$

Acyl-Carnitin

Der Acylcarnitin/Carnitin-Carrier bugsiert Acylcarnitin durch die Membran; auf deren Innenseite wird durch erneute Umesterung wieder Acyl-CoA gebildet, welches nun dem Abbau in der mitochon-

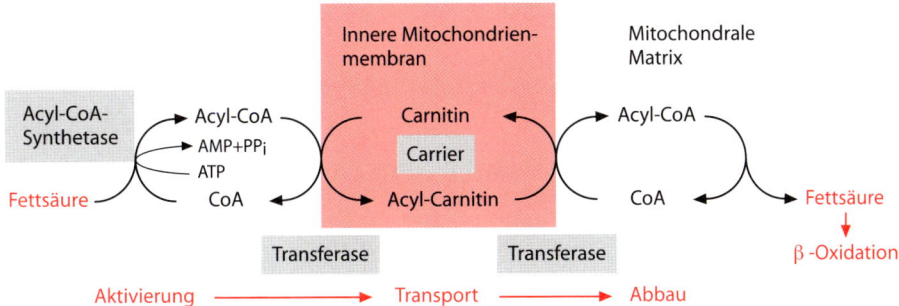

drialen Matrix zugeführt wird. Das freie Carnitin gelangt mittels desselben Carriers zurück ins Cytosol.

**Fettsäuren werden durch $\beta$-Oxidation zu Acetyl-CoA abgebaut** – Die Abspaltung von Acetyl-CoA wird eingeleitet durch eine Oxidation an C$\beta$, daher die Bezeichnung „$\beta$-Oxidation":

$$R\text{–}CH_2\text{–}\underset{C_2}{CH_2}\text{–}CH_2\text{–}\underset{C_2}{CH_2}\text{–}\underset{C_2}{CH_2}\text{–}C\overset{O}{\underset{O^-}{}}$$

Die geradzahligen Fettsäuren werden vollständig zu Acetyl-CoA abgebaut durch Wiederholung einer Folge von 4 Reaktionen: Erste Oxidation, Hydratation, zweite Oxidation und Thiolyse durch CoA (Abb. 17.1). Die Reaktionsgleichung für die erste Abbaurunde ist

Acyl(C$_n$)-CoA + FAD + NAD$^+$ + H$_2$O + CoA
$$\downarrow$$
Acyl(C$_{n-2}$)-CoA + FADH$_2$ + NADH + H$^+$ + Acetyl-CoA

Die Abbauzyklen werden wiederholt, bis die Fettsäure vollständig zu Acetyl-CoA

**Abb. 17.1.** $\beta$-Oxidation aktivierter gesättigter Fettsäuren. **1** Die Fettsäuren werden vom COO$^-$-Ende her abgebaut. Die erste Oxidation, die Einführung einer Doppelbindung zwischen C$\alpha$ und C$\beta$, erfolgt durch FAD, welches an Flavoprotein 5 (FP5) gebunden ist, ein Komplex, der wie Komplex II zwei Wasserstoffatome an CoQ der Atmungskette abgibt. **2** Die Wasseranlagerung geschieht so, dass eine OH-Gruppe an C$\beta$ zu liegen kommt. **3** Die zweite Oxidation entspricht der Oxidation eines Alkohols durch NAD$^+$. **4** Die Thiolyse durch CoA liefert Acetyl-CoA und einen Acylrest, der durch CoA bereits aktiviert ist für die nächste Abbaurunde **1** bis **4**

abgebaut ist. Wie die Acyl-CoA-Synthetasen sind die Enzyme der $\beta$-Oxidation wenig spezifisch für die Länge der Fettsäure, es existieren nur drei Sätze für drei verschiedene Bereiche der Kettenlänge.

Für den vollständigen Abbau von Palmitinsäure (gesättigte $C_{16}$-Säure) zu Acetyl-CoA ergibt sich folgende Bilanzgleichung:

Palmitat ($C_{16}$) + ATP + 8 CoA + 7 FAD + 7 NAD$^+$ + 7 $H_2O$ + $H_2O$ (für die Hydrolyse von PP$_i$)
↓
8 Acetyl-CoA + 7 FADH$_2$ + 7 NADH + 7 H$^+$ + AMP + 2 P$_i$

---

**ATP-Bilanz** des vollständigen Abbaus von Palmitinsäure zu $CO_2$ und $H_2O$ über Citratzyklus und oxidative Phosphorylierung (Mol ATP pro Mol Palmitat):
8 Acetyl-CoA liefern

| | | |
|---|---|---|
| je 3 NADH | → 3 · 3 ATP | |
| FADH$_2$ | → 2 ATP | je 12 ATP |
| GTP | → ATP | |

|  | 8 · 12 = 96 ATP |
|---|---|
| 7 FADH$_2$ | 7 · 2 = 14 ATP |
| 7 NADH | 7 · 3 = 21 ATP |
|  | 131 ATP |

Bei der Aktivierung der Fettsäure sind 2 energiereiche Phosphatbindungen verbraucht worden
(ATP + $H_2O$ → AMP + 2 P$_i$)    −2 ATP

| Total | 129 ATP |
|---|---|

Die Palmitinsäure liefert mehr ATP pro C-Atom als Glucose:
Palmitinsäure  129 ATP/16 C  $\simeq$ 8,1 ATP/C
Glucose   38 ATP/6 C  $\simeq$ 6,3 ATP/C

Der Unterschied beruht darauf, dass Palmitinsäure stärker reduziert ist als Glucose. Der Wirkungsgrad bezogen auf synthetisiertes ATP:
Fettsäureoxidation (Palmitinsäure $C_{16}$ $\xrightarrow{O_2}$ $CO_2$, $H_2O$)   $\Delta G^{O'}$ = −9773 kJ/mol $C_{16}$

ATP-Synthese (129 mol ATP/mol $C_{16}$·31 kJ/mol ATP)   $\Delta G^{O'}$ = +3934 kJ/mol $C_{16}$

Energieausbeute $\frac{3934}{9773}$ · 100 = 40%
Unter physiologischen Bedingungen ist die Ausbeute höher ($\sim$60%).

---

Der **Respiratorische Quotient (RQ)**, definiert als Mol $CO_2$ produziert pro Mol $O_2$ verbraucht, ist für

Palmitinsäure    $\dfrac{16\,CO_2}{23\,O_2}$ = 0,69

Glucose    $\dfrac{6\,CO_2}{6\,O_2}$ = 1,00

Der respiratorische Quotient kann experimentell bestimmt werden; der gemessene Wert stimmt mit diesen errechneten Werten gut überein. Der RQ gibt Aufschluss, in welchem relativen Ausmaß der Organismus Fette und Kohlenhydrate zur Energiegewinnung (ATP-Synthese) verbrennt.

**Bei den ungesättigten Fettsäuren ist der erste Abbauschritt vorweggenommen** – Ungefähr die Hälfte aller Fettsäuren im tierischen Organismus ist ungesättigt, d.h. sie enthalten Doppelbindungen und sind damit bereits teilweise oxidiert. Bei der $\beta$-Oxidation entfällt dadurch der erste Oxidationsschritt. Allerdings müssen die Doppelbindungen in die jeweilige $\alpha$-$\beta$-Position verschoben werden und müssen von der *cis*-Konfiguration, in der sie in allen natürlichen Fettsäuren vorliegen, zur *trans*-Konfiguration wechseln. Ein besonderes Enzym, die 3-*cis*-2-*trans*-Isomerase, katalysiert die Wanderung der Peptidbindung und die *cis*-*trans*-Isomerisierung der Fettsäure.

**Beim Abbau ungeradzahliger Fettsäuren bleibt am Ende Propionyl($C_3$)-CoA übrig** – Ungeradzahlige Fettsäuren sind allerdings selten. Propionyl-CoA entsteht aber auch beim Abbau gewisser Aminosäuren. Ein besonderer Stoffwechselweg schleust Propionyl-CoA in den Citratzyklus ein:

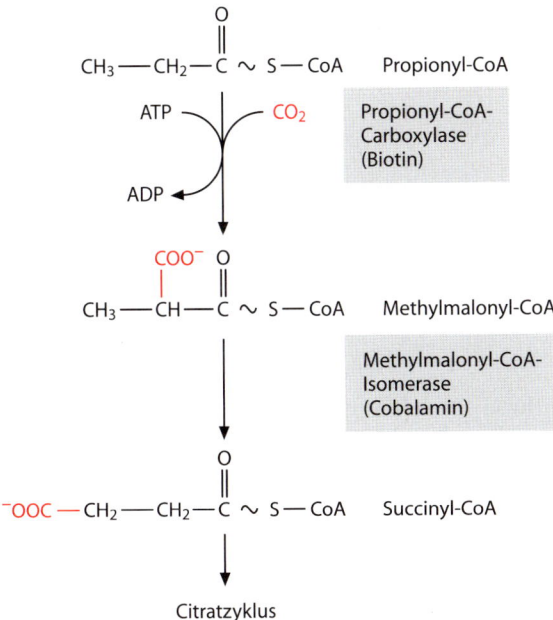

Propionyl-CoA

Propionyl-CoA-Carboxylase (Biotin)

Methylmalonyl-CoA

Methylmalonyl-CoA-Isomerase (Cobalamin)

Succinyl-CoA

Citratzyklus

Propionsäure kann über die Reaktionen des Citratzyklus von Succinyl-CoA zu Oxalacetat der Gluconeogenese zugeführt werden. Verbindungen wie Propionsäure, aus denen im Stoffwechsel Glucose gebildet werden kann, werden als **glucogene (= glucoplastische) Verbindungen** bezeichnet. Die glucogene Propionsäure ist wichtig bei der Celluloseverwertung der Wiederkäuer: Cellulose wird im Pansen durch Bakterien zu Propionsäure abgebaut (Propionsäuregärung).

## 17.2
## Fettsäuresynthese

Die Synthese der Fettsäuren unterscheidet sich von deren Abbau in einer Reihe wichtiger Merkmale:
- Die Synthese erfolgt im Cytosol ($\beta$-Oxidation: in Mitochondrien).
- Zwischenprodukte sind an Pantethein gebunden, die prosthetische Gruppe eines Proteins ($\beta$-Oxidation: an CoA gebunden).
- Die für die Synthese benötigten Enzyme sind (bei Säugern) Teil eines multifunktionellen Enzymproteins, der **Fettsäuresynthase.**

- Fettsäuren werden durch sukzessives Ankoppeln von $C_2$-Einheiten aufgebaut; der Donor dieser $C_2$-Fragmente ist jedoch eine $C_3$-Verbindung.
- Für die Reduktionsschritte wird NADPH verwendet ($\beta$-Oxidation: FAD, $NAD^+$).
- Die Fettsäuresynthase liefert Fettsäuren mit maximal 16 C-Atomen (Palmitinsäure). Zur Verlängerung braucht es zusätzliche Enzymsysteme.

Terminologie:
**Synthetase** = X:Y Ligase (Enzymklasse 6, s. Kapitel 4.1) verbindet zwei Substrate unter ATP-Verbrauch (Beispiel: Acyl-CoA-Synthetase).
**Synthase**: Die Bezeichnung wird für Enzyme aller Klassen gebraucht, bei denen die Synthese im Vordergrund steht (Beispiel: Fettsäure-Synthase).

**Zur Synthese von Fettsäuren ist $HCO_3^-$ nötig** – Das C-Atom von $CO_2$ erscheint zwar nicht in der synthetisierten Fettsäure, $CO_2$ ist jedoch notwendig für die Erzeugung eines energiereichen Zwischenprodukts. Wie die Biosynthese anderer Verbindungen erfordert auch die Fettsäuresynthese eine die Polymerisierung vor-

bereitende Aktivierung, die Carboxylierung von Acetyl-CoA zu Malonyl-CoA:

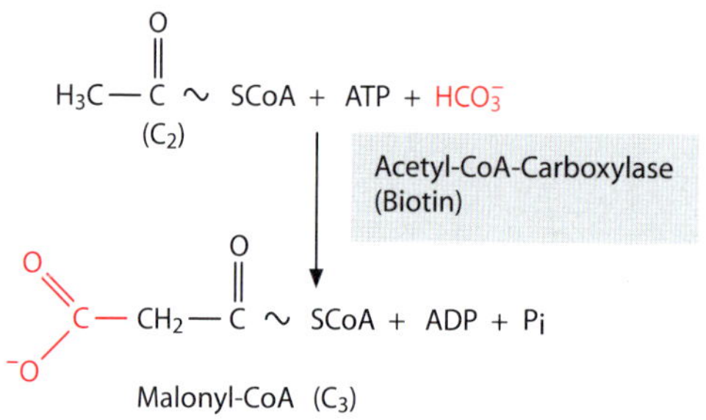

$$H_3C-\overset{\overset{\displaystyle O}{\|}}{C}\sim SCoA + ATP + HCO_3^-$$
$$(C_2)$$

Acetyl-CoA-Carboxylase
(Biotin)

$$\overset{O}{\underset{-O}{\overset{\|}{C}}}-CH_2-\overset{\overset{\displaystyle O}{\|}}{C}\sim SCoA + ADP + P_i$$

Malonyl-CoA (C₃)

**Die Fettsäuresynthase ist eine große
molekulare Maschine, bei der sieben katalytische Domänen nacheinander auf das
von einer weiteren Domäne kovalent gebundene Substrat einwirken** – Die in Tieren vorkommende Fettsäuresynthase hat
eine Molekülmasse von 500 kDa und besteht aus zwei sehr langen identischen Polypeptidketten von je ~ 2300 Aminosäureresten. Jede Polypeptidkette besitzt acht
verschiedene Domänen. Sieben der Domänen wirken nacheinander katalytisch auf
das Substrat ein, welches von der achten
Domäne (*Acyl-carrier protein* ACP) durch
kovalente Bindung an Ort gehalten wird.
In Bakterien liegen alle Domänen als Einzelmoleküle vor.

An die ACP-Domäne werden die Malo-
nylreste und die durch Kondensation verlängerten Fettsäurevorläufer (β-Ketoacyl-
reste) kovalent an die SH-Gruppe der pro-
thetischen Gruppe, des **Phosphopan-
theins**, gebunden. Das Phosphopanthein
ist über eine Phosphoesterbindung an einen Serinrest der ACP-Domäne gebunden:

Ein Strukturvergleich zeigt, dass Phosphopanthein gleich gebaut ist wie der
funktionelle Teil von CoA (s. Abb. 14.4).
Das ACP ist demnach eine makromoleku-
lare Form von CoA, welche die **zentrale
SH-Gruppe** an einem beweglichen, 2 nm
langen Arm trägt. Alle Syntheseschritte erfolgen an der zentralen SH-Gruppe. Die
**periphere SH-Gruppe** gehört zu einem
Cysteinrest einer katalytischen Domäne,
der Ketoacylsynthase. Zu Beginn der Synthese wird das Enzym mit den Reaktanten
geladen: der Acetylrest von Acetyl-CoA
wird durch die Acetyltransacylase auf die
zentrale SH-Gruppe übertragen. Die Ketoacylsynthase, das *Condensing enzyme*,
übernimmt den Acetylrest, indem sie ihn
an die periphere SH-Gruppe bindet. Die
nun freie zentrale SH-Gruppe wird durch
die Malonyltransacylase mit einem Malonylrest aus Malonyl-CoA geladen. Damit
ist die Fettsäuresynthase bereit für einen
Verlängerungszyklus ($C_2 + C_3 \rightarrow C_4 + CO_2$),
d.h. die Synthese einer $C_4$-Fettsäure (Abb.
17.2). Die Polymerisierung kommt zustande durch wiederholtes Durchlaufen der
Abfolge von Kondensation, Reduktion,
Wasserabspaltung, nochmalige Reduktion.
Jeder einzelne Schritt wird durch eine andere Domäne des Enzyms katalysiert, wozu der vom langen Phosphopanthein-
Arm der ACP-Domäne gehaltene Fettsäurerest von einer Domäne zur nächsten weitergereicht wird.

Warum wird die $C_4$-Verbindung nicht
durch Kondensation von zwei $C_2$-Einhei-
ten produziert? Warum Acetyl-ACP und
Malonyl-ACP statt zweimal Acetyl-ACP?

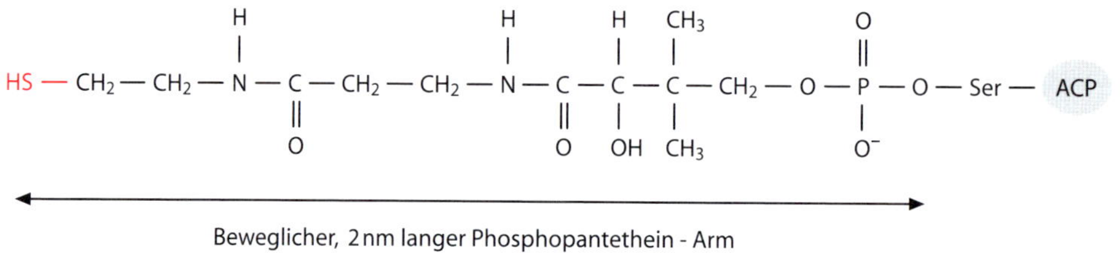

$$HS-CH_2-CH_2-\overset{\overset{\displaystyle H}{|}}{\underset{\underset{\displaystyle O}{\|}}{N}}-C-CH_2-CH_2-\overset{\overset{\displaystyle H}{|}}{\underset{\underset{\displaystyle O}{\|}}{N}}-C-\overset{\overset{\displaystyle H}{|}}{\underset{\underset{\displaystyle OH}{|}}{C}}-\overset{\overset{\displaystyle CH_3}{|}}{\underset{\underset{\displaystyle CH_3}{|}}{C}}-CH_2-O-\overset{\overset{\displaystyle O}{\|}}{\underset{\underset{\displaystyle O^-}{|}}{P}}-O-Ser-ACP$$

Beweglicher, 2 nm langer Phosphopanthein - Arm

Der Grund ist die bei Malonyl-ACP mögliche Decarboxylierung, welche die Kondensationsreaktion irreversibel macht, d.h. deren Gleichgewicht ganz auf die Seite des Produkts schiebt. Malonyl-CoA kann als eine hochaktivierte Form von Acetyl-CoA betrachtet werden, welche eine effiziente Polymerisierung erlaubt.

Als Bilanzgleichung der Fettsäuresynthese aus Acetyl-CoA ergibt sich

8 Acetyl-CoA + 7 ATP + 14 NADPH + 6 H$^+$

$\downarrow$

Palmitat $+ 8\,CoA + 14\,NADP^+ + 7\,ADP + 7\,P_i + 6\,H_2O$

---

Es kostet 7 ATP + 14 NAPDH $(14 \cdot 3 = 42$ ATP$)$, d.h. total 49 ATP, um Palmitinsäure $(C_{16})$ aus 8 Acetyl-CoA zu synthetisieren. Beim Abbau der Palmitinsäure zu $CO_2$ und $H_2O$ (s. Kapitel 17.1) werden insgesamt 129 ATP gewonnen. Der Organismus investiert demnach $\frac{49}{129} \cdot 100 = 38\%$ der maximal möglichen ATP-Ausbeute in das Anlegen von Reserven.

---

Woher stammt das zur Fettsäuresynthese benötigte Acetyl-CoA? Es entsteht in den Mitochondrien entweder aus Pyruvat, das aus der Glykolyse stammt, oder aus bestimmten Aminosäuren. Da die Fettsäuren im Cytosol synthetisiert werden, muss Acetyl-CoA aus den Mitochondrien herausgebracht werden. Acetyl-CoA, das Derivat eines Nucleotids, kann jedoch die Mitochondrienmembran nicht passieren. Der Carnitinweg steht nur den CoA-Estern längerer Fettsäuren offen. Das Transportproblem wird wie folgt gelöst: In der ersten Reaktion des Citratzyklus, katalysiert durch die **Citratsynthase**, reagiert Acetyl-CoA mit Oxalacetat unter Bildung von Citrat, welches durch einen Antiport mit Malat (s. unten) in das Cytosol überführt werden kann. Hier findet sich die **ATP-Citratlyase**, welche unter ATP-Verbrauch Acetyl-CoA zurückgewinnt:

Citrat + ATP + CoA $\rightarrow$ Acetyl-CoA + Oxalacetat + ADP + P$_i$

Über diesen Weg kann Glucose, die nicht zur Energiegewinnung abgebaut

werden muss, für den Aufbau von Fettsäuren und damit zum Anlegen von Fettreserven verwendet werden. Das hierbei entstehende Oxalacetat wird durch die NADH-abhängige Malatdehydrogenase zu Malat reduziert, welches durch Antiport mit Citrat wieder in die Mitochondrien aufgenommen werden kann. Ein weiterer möglicher Weg für Malat im Cytosol ist seine oxidative Decarboxylierung zu Pyruvat durch das **Malatenzym** (*Malic enzyme*):

Malat + NADP$^+$ $\rightarrow$ Pyruvat + CO$_2$ + NADPH + H$^+$

Diese Reaktion liefert einen Teil des NADPH, das für die Fettsäuresynthese benötigt wird. Der größere Teil des NADPH wird durch den Pentosephosphatweg geliefert. In Geweben, die intensiv Fettsäuren synthetisieren, finden sich sowohl die Enzyme des Pentosephosphatwegs als auch das Malatenzym.

**Zur Kettenverlängerung ($> C_{16}$) und zur Einführung von Doppelbindungen werden zusätzliche Enzyme benötigt** – Die Fettsäuresynthase kann nur gesättigte Fettsäuren von maximal 16 C-Atomen bilden. Die Kohlenwasserstoffkette kann in den Mitochondrien durch eine leicht modifizierte Umkehr der $\beta$-Oxidation (NADPH statt FADH$_2$) und im endoplasmatischen Reticulum durch einen Mechanismus, der Malonyl-CoA braucht wie die cytosolische Fettsäuresynthase, verlängert werden.

Doppelbindungen werden durch einen Enzymkomplex an der cytosolischen Seite der ER-Membran in der Leber eingeführt:

$$\begin{array}{ccc} O_2 & & 2\,H_2O \\ NADPH+H^+ & & NADP^+ \end{array}$$

Stearyl-CoA $\xrightarrow{\hspace{2cm}}$ Oleyl-CoA
C$_{18}$                              C$_{18}$, cis $\Delta^9$

Gemischt-funktionelle Oxidase, Cyt b$_5$

Das Enzym enthält FAD, Cytochrom b$_5$ und Nichthäm-Eisen. Seine Bezeichnung als gemischtfunktionelle Oxidase kommt daher, dass O$_2$ als Oxidationsmittel zwei

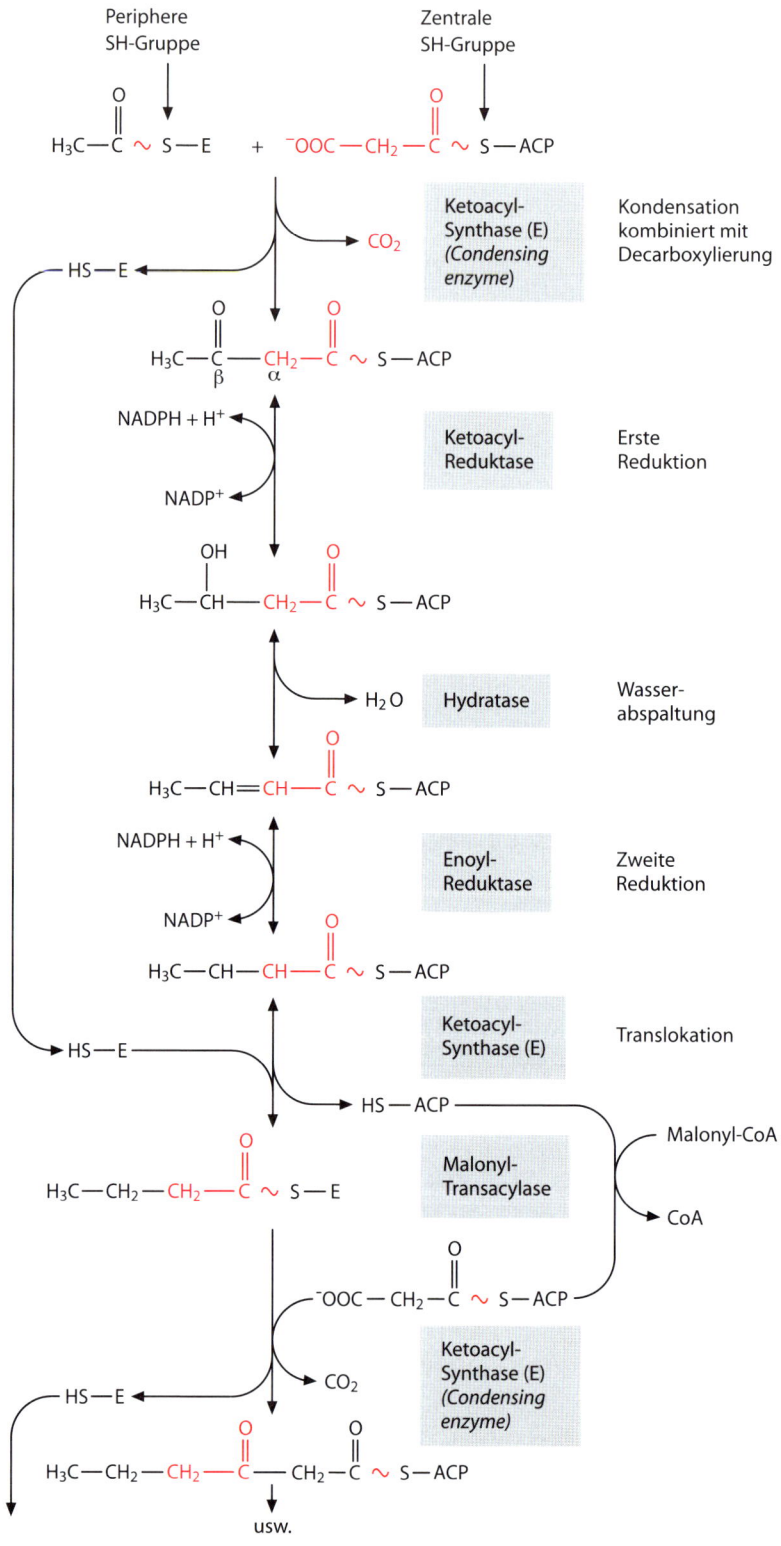

Substrate oxidiert: die Fettsäure und NADPH. Die Doppelbindung wird eingeführt, indem zuerst eine Hydroxylierung an C9 erfolgt, welcher eine Wasserabspaltung folgt, die zwischen C9 und C10 eine Doppelbindung einführt. In Säugern kann nur eine C9–C10 ($\Delta^9$)-Doppelbindung eingeführt werden. Linolsäure (18:2; $C_{18}$, 2 Doppelbindungen) und Linolensäure (18:3) sind daher **essentielle Fettsäuren**, die mit der Nahrung zugeführt werden müssen. Arachidonsäure (20:4) kann aus Linolsäure gebildet werden und gilt daher nicht als essentielle Fettsäure.

**Regulation der Fettsäuresynthese** – Fettsäuren werden synthetisiert, wenn der Organismus über einen Überschuss an Kohlenhydraten verfügt. Die überschüssige Glucose wird für die Anlage von Fettdepots verwendet. Reguliert wird dabei der Nachschub an Malonyl-CoA. Die Acetyl-CoA-Carboxylase, das erste Enzym in der Kette der Synthesereaktionen, wird allosterisch durch Citrat, dem ersten Zwischenprodukt des Citratzyklus, aktiviert. Citrat kann die Reaktion um das 25fache beschleunigen. Eine hohe Citratkonzentration in der Zelle zeigt an, dass die Zelle ausreichend mit chemischer Energie versorgt ist. Palmitat hemmt das Enzym.

$$\text{Acetyl-CoA} + CO_2 + \text{ATP} + H_2O$$

Acetyl-CoA-Carboxylase (Biotin)    Citrat $\overset{\oplus}{\rightarrow}$ $\Big\downarrow$ $\overset{\ominus}{\leftarrow}$ Palmitat
Malonyl-CoA + ADP + $P_i$

■ Fettsäuren werden aus Acetyl-CoA im Cytosol synthetisiert. NADPH dient dabei als Reduktionsmittel.

## 17.3
## Ketonkörper

Es handelt sich hierbei um drei Verbindungen, die immer zusammen auftreten und vermehrt gebildet werden, wenn den Zellen zu wenig Glucose zur Verfügung steht: Acetacetat, $\beta$-Hydroxybutyrat und Aceton. Ein zellulärer Glucosemangel tritt auf im Hungerzustand und bei gewissen Stoffwechselstörungen wie z.B. bei *Diabetes mellitus* (Insulinmangel, der zu verringerter Aufnahme von Glucose in die Zellen führt).

**Die Ketonkörper werden in den Lebermitochondrien synthetisiert** bei einem Überangebot an Acetyl-CoA, d.h. wenn durch Fettsäureabbau mehr Acetyl-CoA gebildet wird, als der Citratzyklus aufnehmen kann:

**Pathophysiologische Bedeutung der Ketonkörper:** Eine Überproduktion von Ketonkörpern, den Carbonsäuren $\beta$-Hydroxybuttersäure und Acetessigsäure, führt zu einer **metabolischen** (durch den Stoffwechsel verursachten) **Acidose** (Übersäuerung) des Organismus. Der $pK_a$-Wert dieser Säuren ($pK_a = 4{,}4$) liegt leicht unter dem tiefsten pH-Wert (pH 4,5), auf den der Urin maximal angesäuert werden kann. Der größere Teil dieser Säuren wird daher als Anionen ausgeschieden. Zurück bleiben die Protonen, die zur Ansäuerung im extrazellulären Kompartiment auf pH <7,2 führen, ein Zustand, der als Acidose bezeichnet wird und zu schweren Störungen mancher Organe einschließlich des Zentralnervensystems führt.

◀ **Abb. 17.2.** Synthese von Fettsäuren. Das Schema beginnt mit der bereits beladenen Fettsäuresynthase: einem Acetylrest an der peripheren SH-Gruppe und einem Malonylrest an der zentralen SH-Gruppe. Die Polymerisierung entspricht formal einer Umkehr der $\beta$-Oxidation. Nach der Kondensation, die wegen der Decarboxylierung irreversibel ist, wird die entstandene $\beta$-Ketosäure zur $\beta$-Hydroxysäure reduziert. Darauf wird $H_2O$ abgespalten unter Bildung einer $\alpha,\beta$-Doppelbindung. Die zweite Reduktion ergibt die gesättigte Fettsäure. Für beide Reduktionsschritte dient, wie bei den meisten reduzierenden biosynthetischen Reaktionsschritten, NADPH als Reduktionsmittel. Zu Beginn eines neuen Verlängerungszyklus laufen die gleichen Vorgänge ab wie beim ersten Aufladen der Fettsäuresynthase: der gesättigte Acylrest wird von der zentralen auf die periphere SH-Gruppe übertragen und die nun freie zentrale SH-Gruppe mit einem neuen Malonylrest beladen. Jetzt ist das Enzym für eine neue Runde bereit. Zur Synthese von Palmitinsäure ($C_{16}$) läuft der Zyklus 7-mal ab. Palmitinsäure wird darauf aus Palmityl-ACP durch die Thioesterase-Domäne hydrolytisch freigesetzt

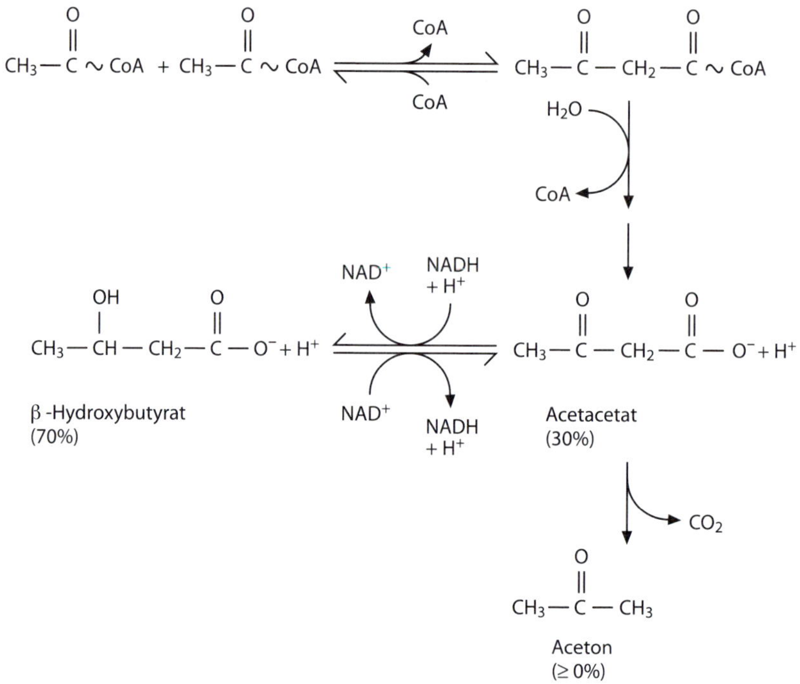

Die Kondensation von zwei Molekülen Acetyl-CoA zu Acetacetyl-CoA, entspricht einer Umkehr des Thiolyse-Schrittes beim oxidativen Abbau von Fettsäuren. Die Kondensation erfolgt über 3-Hydroxy-3-methylglutaryl-CoA (s. Abb. 18.3). Ein kleinerer Teil des Acetacetyl-CoA stammt aus unvollständigem Abbau gewisser Aminosäuren (Leucin, Phenylalanin und Tyrosin). Aceton entsteht durch spontane Decarboxylierung von Acetacetat, es entsteht nur in geringer Menge und ist außerdem flüchtig. Die Reduktion von Acetacetat (Acetessigsäure) zu β-Hydroxybutyrat (β-Hydroxybuttersäure) dient der Rückgewinnung von $NAD^+$. Dadurch kann β-Hydroxybutyrat ins Blut abgegeben werden und durch fortwährende β-Oxidation von Fettsäuren, wozu $NAD^+$ benötigt wird, nachgeliefert werden.

**Ketonkörper entsprechen einer wasserlöslichen Form von Fettsäuren** – β-Hydroxybutyrat und Acetacetat sind im Gegensatz zu den langkettigen Fettsäuren wasserlöslich und werden von der Leber ins Blut abgegeben. Den peripheren Organen werden dadurch als Ersatz für die mangelnde Glucose Ketonkörper als Ener-

gieträger zur Verfügung gestellt. Ketonkörper sind normale Bestandteile des Blutes.

> Konzentration von Energieträgern im Blut (Mensch):
> Glucose             5 mM
> Freie Fettsäuren   0,5 mM
> Ketonkörper        0,2 mM
>
> Die Konzentration von Ketonkörpern kann im Hungerzustand und bei *Diabetes mellitus* auf 5–10 mM ansteigen.

Acetacetat und β-Hydroxybutyrat können in den Mitochondrien fast aller Gewebe oxidativ unter ATP-Gewinn zu $CO_2$ und $H_2O$ abgebaut werden. Für Skelett- und Herzmuskulatur sind Ketonkörper wichtige Energielieferanten auch unter normalen Stoffwechselbedingungen. Sogar das Gehirn kann im Hungerzustand, wenn die Versorgung mit Glucose knapp wird, nach einer Angewöhnungsphase, in der die notwendigen Enzyme synthetisiert werden, Ketonkörper zur Gewinnung von ATP ausnutzen. Fettsäuren kann das Gehirn hingegen nicht verwenden, weil hierfür die notwendigen Transportmechanismen fehlen (Blut-Hirn-Schranke).

Periphere Gewebe bauen Ketonkörper in den Mitochondrien über folgende Schritte ab:

– Reoxidation von $\beta$-Hydroxybutyrat zu Acetacetat. Die periphere Zelle gewinnt dabei NADH, welches der oxidativen Phosphorylierung zur ATP-Gewinnung zugeführt wird.

– Acetacetat + Succinyl-CoA

> Acetacetat-Succinyl-CoA-Transferase

Acetacetyl-CoA + Succinat.

– Acetacetyl-CoA wird durch Thiolyse mit CoA zu 2 Molekülen Acetyl-CoA gespalten, die dem Citratzyklus zugeführt werden; Succinat ist ein Zwischenprodukt des Citratzyklus.

■ Im Hungerzustand decken viele Organe ihren Energiebedarf durch Fettsäuren und Ketonkörper.

# 18 Lipidstoffwechsel

Über den Stoffwechsel der verschiedenen Lipide lässt sich wenig Gemeinsames sagen. Die Lipide sind nach dem Kriterium ihrer Löslichkeit in organischen Lösungsmitteln definiert, sie sind daher nicht nur strukturell, sondern auch funktionell sehr vielfältig. Die Triacylglycerole dienen als Hauptreserve chemischer Energie, die polaren Lipide und Cholesterol sind Membranbestandteile, und vom Cholesterol leiten sich weitere wichtige, biologisch aktive Stoffe ab wie die Steroidhormone, das Vitamin D und die Gallensäuren. Im Folgenden wird der Stoffwechsel der verschiedenen Lipidgruppen dargestellt.

## 18.1
## Auf- und Abbau
## der Triacylglycerole

Triacylglycerole (= Triacylglycerine = Neutralfette nach der früheren Nomenklatur) machen den Hauptteil der Lipide im tierischen Organismus aus (beim erwachsenen Menschen ~ 10 kg). Das Fettgewebe dient der langfristigen Speicherung chemischer Energie:

| Energiegehalt | Fett | 38 kJ/g (9 kcal/g) |
|---|---|---|
| | Kohlenhydrat | 17 kJ/g (4 kcal/g) |

Reservefett von 10 kg entspricht demnach 90 000 kcal; bei einem Verbrauch von 2500 kcal/Tag reicht das für gut einen Monat.

**Triacylglycerole werden aus Glycerolphosphat und Acyl-CoA synthetisiert –** Das zur Fettsynthese notwendige Glycerol stammt aus dem Kohlenhydratstoffwechsel oder aus dem Nahrungsfett. Für die Bereitstellung von $\alpha$-Glycerolphosphat gibt es zwei Möglichkeiten:

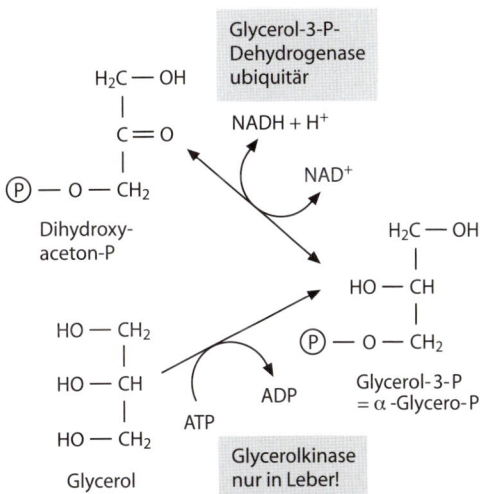

Die Fettsäuren stammen aus Nahrungsfett, aus abgebauten Lipiden oder werden aus Acetyl-CoA synthetisiert. Für die Kondensation mit Glycerolphosphat müssen die Fettsäuren zu Acyl-CoA aktiviert werden. Der Reaktionsweg hierzu ist derselbe wie derjenige zur Vorbereitung der $\beta$-Oxidation von Fettsäuren (s. Kapitel 17.1). Die dreistufige Synthese von Triacylglycerol wird durch den **Triacylglycerol-Synthase-Komplex** in der Membran des glatten endoplasmatischen Reticulums katalysiert:

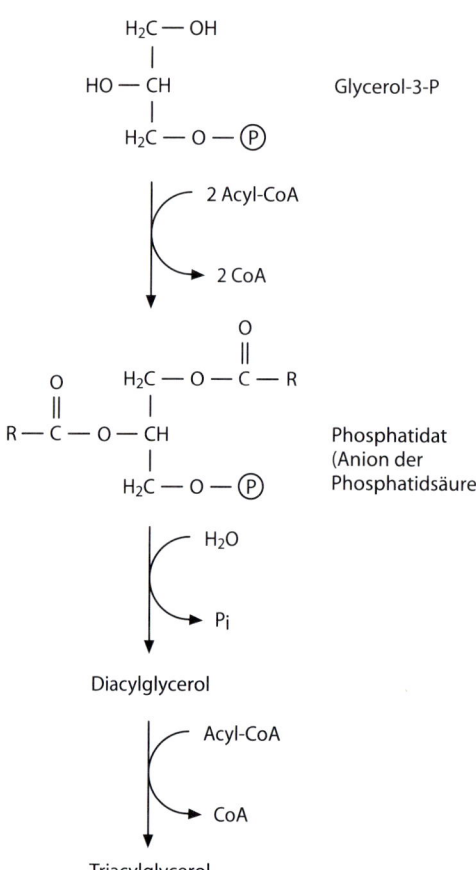

Glycerol-3-P

2 Acyl-CoA

2 CoA

Phosphatidat
(Anion der
Phosphatidsäure)

H$_2$O

P$_i$

Diacylglycerol

Acyl-CoA

CoA

Triacylglycerol

Der Synthasekomplex wird nicht direkt reguliert. Hingegen aktiviert Insulin (ein Überfluss-Signal des Organismus) die Lipoprotein-Lipase, welche Fettsäuren aus den Triacylglycerolen der Lipoproteine (Chylomikronen und VLDL, s. Kapitel 21.4) freisetzt. Die Fettzellen erhalten so mehr Fettsäuren zur Anlage von Fettreserven.

Die Fettsäurenzusammensetzung des Körperfetts ist variabel und hängt in beschränktem Ausmaß von der Art des Nahrungsfetts ab:

| | | |
|---|---|---|
| Palmitinsäure | 16:0 | 20% |
| Stearinsäure | 18:0 | 7% |
| Ölsäure | 18:1 | 50% |
| Linolsäure | 18:2 | 10% |
| Andere Fettsäuren | | 13% |

Die ungesättigten Fettsäuren überwiegen. Das Körperfett muss bei Körpertemperatur flüssig sein!

**Der Abbau des Reservefetts wird durch die hormonregulierte Fettgewebe-Lipase eingeleitet** – Die Lipase im Fettgewebe spaltet Triacylglycerole in Fettsäuren, die vorwiegend in der Muskulatur und in der Leber verwertet werden, und in Glycerol,

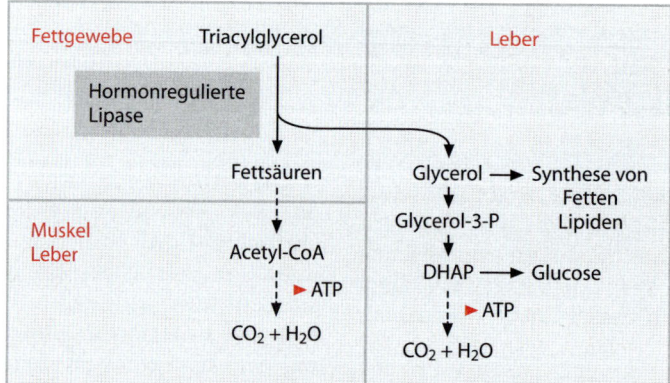

**Abb. 18.1.** Abbau von Triacylglycerol. Die im Fettgewebe frei werdenden Fettsäuren werden in anderen Organen, insbesondere in Muskeln und Leber, oxidativ abgebaut und versorgen diese Organe mit chemischer Energie. Glycerol kann vom Fettgewebe nicht wiederverwendet werden, da dort die Glycerolkinase fehlt. Es wird aber in der Leber verwendet zur Synthese von Glucose, polaren Lipiden und Neutralfetten oder über Glykolyse und Citratzyklus oxidativ abgebaut

welches von der Leber weiter verwendet wird (Abb. 18.1). Freie, d. h. nicht mit Cholesterol veresterte Fettsäuren, werden im Blut nichtkovalent an Serumalbumin gebunden und auf diese Weise transportiert. Im Normalzustand ist ihre Konzentration im Blut ~ 0,5 mM. Im Hungerzustand bei intensivierter Lipolyse (Abbau des Reservefetts) steigt ihre Konzentration im Blut stark an.

Im Hungerzustand wird die Lipolyse stimuliert durch Aktivierung der hormonregulierten Lipase. Die **Hungersignal-Hormone Glucagon** (aus den $\alpha$-Zellen des Pankreas) und **Adrenalin/Noradrenalin** (aus dem Nebennierenmark) lösen über ihre G-Protein-abhängigen Rezeptoren die erhöhte Bildung von cAMP aus, welches die Proteinkinase A aktiviert, die ihrerseits die Lipase phosphoryliert und damit akti-

## 18.2
## Stoffwechsel der Phospholipide

Als Beispiel wird die Synthese und der Abbau von Phosphatidylcholin beschrieben. Bei der Synthese reagiert aktiviertes Cholin (CDP-Cholin) mit Diacylglycerol (Abb. 18.2).

**Die Membranlipide sind einem raschen Umsatz unterworfen** – Ihre Halbwertszeit beträgt nur 1–2 Tage. Der Abbau von Phospholipiden wird durch ubiquitäre Phospholipasen katalysiert. Phospholipasen aus dem Pankreas hydrolysieren im Darm Phospholipide aus der Nahrung. Andere Phospholipasen in den Zellen bauen Phospholipide ab oder produzieren Signalmoleküle. Die Phospholipasen werden nach ihrem Angriffsort in den Phospholipiden eingeteilt:

Spaltungsorte durch Phospholipasen $A_1$, $A_2$, C und D in Phosphatidylcholin

viert. Das **Überfluss-Hormon Insulin** (aus den $\beta$-Zellen des Pankreas) wirkt antilipolytisch, indem es eine Phosphodiesterase aktiviert, welche cAMP hydrolysiert und damit die lipolytischen Signale unterdrückt.

■ Das Überfluss-Hormon Insulin wirkt antilipolytisch und fördert die Anlage von Fettreserven; die Hungersignal-Hormone Glucagon und Adrenalin/Noradrenalin wirken lipolytisch und lösen die Mobilisierung der Fettreserven aus.

Das durch Spaltung mit Phospholipase $A_2$ entstehende Produkt ist Lysolecithin, ein amphiphiles Lipid mit nur noch einer Kohlenwasserstoffkette, das Mizellen bildet, wie ein Detergens wirkt und biologische Membranen zerstört. Die in tierischen Giften (Bienen, Schlangen) vorkommende Phospholipase führt daher, wenn sie in den Blutkreislauf gerät, zur Hämolyse, der Zerstörung der Membranen der Erythrocyten. Ein ganz besonderes Membranlipid ist Phosphatidylinositol, aus welchem durch die Phospholipase C zwei wichtige *Second messengers* gebildet werden: Diacylglycerol (DAG) und Inositol-1,4,5-trisphosphat ($IP_3$) (s. Kapitel 29.2).
**Störungen des Abbaus von Sphingolipiden führen zu Lipidspeicherkrankheiten** – Am Abbau der Sphingolipide, die wie al-

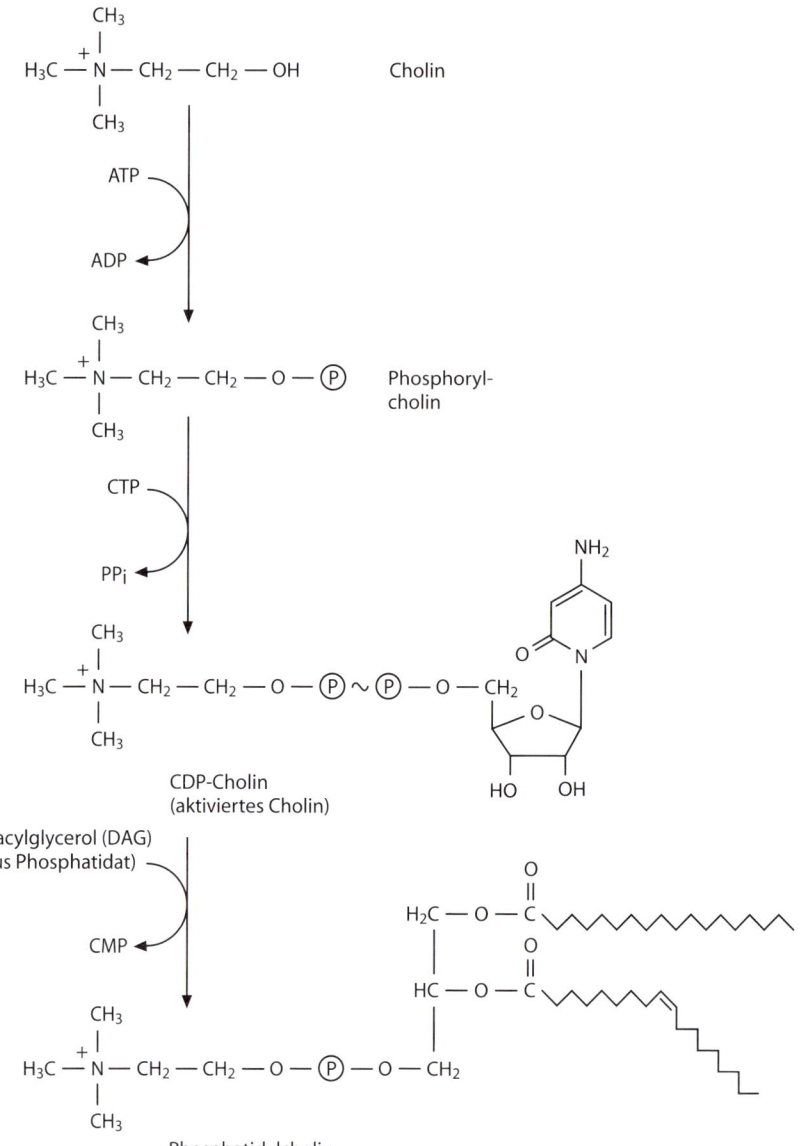

**Abb. 18.2.** Synthese von Phosphatidycholin

le Phospholipide im Körper sehr rege umgesetzt werden, ist eine ganze Reihe verschiedener Hydrolasen beteiligt. Beim genetisch bedingten Fehlen bestimmter Hydrolasen kommt es zu den typischen Lipidspeicherkrankheiten (Sphingolipidosen). Die Hydrolasen sind in den Lysosomen lokalisiert, die Störungen werden daher auch als Lysosomenkrankheiten bezeichnet. Die Lipidspeicherkrankheiten führen ausnahmslos zu schweren Störungen der Gehirnentwicklung.

■ Phosphatidat, das Anion der Phosphatidsäure, ist ein gemeinsames Zwischenprodukt bei der Synthese von Phospholipiden und Triacylglycerolen.

## 18.3
## Stoffwechsel von Cholesterol

Cholesterol, auf Deutsch auch **Cholesterin** genannt, ist von hoher biochemischer und medizinischer Bedeutung:

– Cholesterol ist ein wichtiger Membranbestandteil bei Eukaryonten. Es kommt nicht vor bei Prokaryonten und in der inneren Mitochondrienmembran. Eukaryontische Zellen, die wegen eines Stoffwechseldefekts kein Cholesterol synthetisieren können, lysieren rasch. Insgesamt enthält der erwachsene menschliche Körper 140 g Cholesterol; der höchste relative Gehalt findet sich in der Nebennierenrinde, wo Cholesterol 10% des Organgewichts ausmacht. Besonders reichlich kommt Cholesterol auch in den Myelinscheiden der weißen Hirnsubstanz vor, wo es 50% der Gesamtlipide ausmacht.
– Im Stoffwechsel wird aus Cholesterol eine Reihe wichtiger Verbindungen synthetisiert: Gallensäuren, Steroidhormone und Provitamin D.
– Auch dem Laienpublikum ist die eine medizinische Bedeutung von Cholesterol bekannt: die Einlagerung des schlecht wasserlöslichen Cholesterols in die Gefäßwände ist ein Teilaspekt der Arteriosklerose. Weniger gut mag bekannt sein, dass Gallensteine zum allergrößten Teil aus dem praktisch wasserunlöslichen Cholesterol bestehen.

**Cholesterol wird wie Fettsäuren aus Acetyl-CoA synthetisiert** – In einer ersten Synthesephase kondensieren 3 Moleküle Acetyl-CoA zu einer $C_6$-Verbindung, die nach Decarboxylierung eine aktivierte $C_5$-Verbindung liefert. Hieraus werden über weitere Kondensationen Cholesterol und andere biologisch aktive Verbindungen gebildet. Cholesterol seinerseits ist Ausgangsstruktur für die Synthese einer ganzen Reihe wichtiger Derivate:

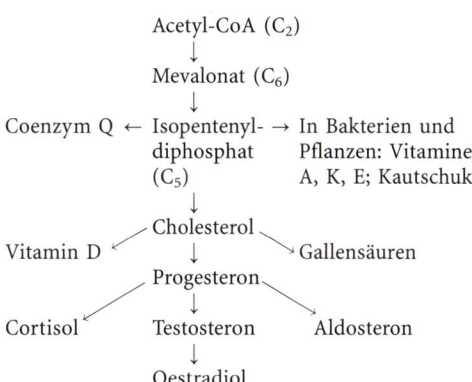

Pro Tag wird im erwachsenen menschlichen Organismus ungefähr 1 g Cholesterol synthetisiert, bei gemischter Kost werden zudem 0,3 g aus tierischen Nahrungsmitteln aufgenommen. Die Synthese von Cholesterol ist nicht möglich in Prokaryonten. Einzelheiten der ersten Synthesephase von Acetyl-CoA zur $C_5$-Verbindung Isopentenyldiphosphat zeigt Abb. 18.3. Das Ausmaß der Cholesterolsynthese wird durch die **3-Hydroxy-3-methylglutaryl-CoA-Reduktase** (HMG-CoA-Reduktase) bestimmt. Das Substrat dieses Enzyms, 3-Hydroxy-3-methylglutaryl-CoA, ist ein Zwischenprodukt bei der Synthese von Ketonkörpern (s. Kapitel 17.3) und kann durch die HMG-CoA-Lyase in den Ketonkörper Acetacetat und Acetyl-CoA gespalten werden. Erst die Mevalonsäure, das Produkt der HMG-CoA-Reduktase-katalysierten Reaktion wird geradewegs, ohne weitere wesentliche Reaktionsmöglichkeiten zu haben, auf die Synthese von Cholesterol zulaufen. Die Cholesterolsynthese wird daher über die HMG-CoA-Reduktase reguliert.

> Die HMG-CoA-Reduktase (Abb. 18.3) ist nicht nur das Enzym, das reguliert wird, um das Ausmaß der Cholesterolsynthese zu bestimmen, sondern auch das Zielenzym von Medikamenten zur Senkung der Cholesterolproduktion. Diese Medikamente sind Strukturanaloge von Mevalonat und damit kompetitive Inhibitoren der HMG-CoA-Reduktase.

$$H_3C-\overset{\overset{\textstyle O}{\|}}{C}-CoA \qquad H_3C-\overset{\overset{\textstyle O}{\|}}{C}-CoA$$

Acetyl-CoA C$_2$      Acetyl-CoA C$_2$

CoA ←     **Thiolase (Cytosol)**

$$CH_3-\overset{\overset{\textstyle O}{\|}}{C}-CH_2-\overset{\overset{\textstyle O}{\|}}{C}-CoA$$

Acetacetyl-CoA C$_4$

$$H_3C-\overset{\overset{\textstyle O}{\|}}{C}-CoA$$

Acetyl-CoA + H$_2$O     **HMG-CoA-Synthase**

CoA ←

$$^-OOC-CH_2-\overset{\overset{\textstyle CH_3}{|}}{\underset{\underset{\textstyle OH}{|}}{C}}-CH_2-\overset{\overset{\textstyle O}{\|}}{C}-CoA$$

3-Hydroxy-3-methylglutaryl-CoA (HMG-CoA) C$_6$

2 NADPH + 2H$^+$ →     **HMG-CoA-Reduktase**

2 NADP$^+$ ←     → CoA

$$^-OOC-CH_2-\overset{\overset{\textstyle CH_3}{|}}{\underset{\underset{\textstyle OH}{|}}{C}}-CH_2-CH_2OH$$

Mevalonat (Mevalonsäure) C$_6$

3 ATP →

3 ADP + 3 P$_i$ ←     → CO$_2$

$$H_2C=\overset{\overset{\textstyle CH_3}{|}}{C}-CH_2-CH_2-O-\textcircled{P}-\textcircled{P}$$

Isopentenyldiphosphat C$_5$-PP

In der zweiten Phase der Cholesterolsynthese wird zunächst ein offenkettiges Polymer von Isopentenyldiphosphat aufgebaut, oxidative Demethylierungen führen darauf zu den Ringschlüssen (Abb. 18.4). Man beachte, dass bei den Reduktionsschritten der Phasen I (Abb. 18.3) und II (Abb. 18.4) NADPH als Reduktionsmittel verwendet wird. NADPH wird vom Pentosephosphatweg geliefert.

■ Cholesterol wird wie die Fettsäuren aus Acetyl-CoA gebildet. Der entscheidende Schritt wird von der 3-Hydroxymethyl-3-glutaryl-CoA (HMG-CoA)-Reduktase katalysiert. Als Reduktionsmittel dient, wie bei der Synthese der Fettsäuren, NADPH.

**Cholesterol kann nicht abgebaut werden, es kann nur ausgeschieden werden** – Das Cholesterol wird im Blut durch Lipoproteine (s. Kapitel 21.4) transportiert. Seine Konzentration im Plasma ist normalerweise < 5 mM (214 mg/100 ml). Zwei Drittel des Cholesterols sind mit ungesättigten Fettsäuren verestert, ein Drittel ist freies Cholesterol. Cholesterol kann nicht wie Glucose oder Fettsäuren zur ATP-Gewinnung abgebaut werden. Es kann in Steroidhormone oder Gallensäuren umge-

◄ **Abb. 18.3.** Synthese von Cholesterol, Phase I: vom Acetyl-CoA zum Isopentenyldiphosphat. Der erste Schritt entspricht einer Umkehr der Thiolyse und ist reversibel. Die Thiolase kommt nicht nur in den Mitochondrien sondern auch im Cytosol vor. Der zweite und der dritte Schritt sind irreversibel. Der dritte Schritt, die Synthese von Mevalonsäure, stellt die Weiche in Richtung Cholesterol. In den Mitochondrien werden aus 3-Hydroxy-3-methylglutaryl-CoA der Ketonkörper Acetacetat und Acetyl-CoA produziert (s. Kapitel 17.3), im Cytosol hingegen wird HMG-CoA zu Mevalonat reduziert. Die HMG-CoA-Reduktase ist ein Zielenzym für Medikamente zur Senkung der Cholesterolkonzentration im Blut. Mevalonat wird über drei ATP-abhängige Reaktionen und einer damit verbundenen Decarboxylierung zu Isopentyldiphosphat umgewandelt. Die Polymerisierung dieser aktivierten Isopreneinheit (C$_5$) mit ihrer Doppelbindung führt zur Synthese einer Reihe biologisch wichtiger Verbindungen einschließlich des Cholesterols (s. Abb. 18.4)

$$H_2C = \overset{\overset{\displaystyle CH_3}{|}}{C} - CH_2 - CH_2 - O - \textcircled{P} - \textcircled{P}$$

Isopentenyldiphosphat ($C_5$-PP)

$C_5$-PP

PP$_i$

$C_{10}$-PP

$C_5$-PP

PP$_i$

$C_{15}$-PP
Farnesyldiphosphat

$C_{15}$-PP + NADPH + H$^+$

2 PP$_i$ + NADP$^+$

Squalen ($C_{30}$)

$O_2$    3 Oxidative Demethylierungen

Cholesterol ($C_{27}$)

wandelt werden oder mit der Galle ausgeschieden werden. In der Galle werden etwa 20% des Cholesterols unverändert ausgeschieden, etwa 80% werden in Form von Gallensäuren eliminiert.

**Die HMG-CoA-Reduktase bestimmt die Geschwindigkeit der Synthese von Cholesterol** – Zwei Faktoren bestimmen die Aktivität dieses Schlüsselenzyms der Cholesterolsynthese. Nahrungskarenz (verringerte Nahrungsaufnahme) senkt die Produktion von Cholesterol. Den gleichen Effekt hat eine indirekte Rückkoppelungshemmung durch Cholesterol, die auch dazu führt, dass mit der Nahrung aufgenommenes Cholesterol die Eigensynthese hemmt. Der wichtigste dabei wirksame Regulationsmechanismus greift in die Transkription ein. Cholesterolderivate wie 5-Hydroxycholesterol und andere Oxysterole hemmen die Transkription, indem sie an DNA-Bindungsproteine binden und diese veranlassen, an ein *Sterol-regulatory element* (SRE) der DNA zu binden und damit die Transkription des HMG-CoA-Reduktase-Gens zu hemmen. Die Aktivität des Enzyms wird über Insulin, welches die Cholesterolsynthese fördert, und Glucagon, welches sie hemmt, moduliert. Beide Hormone wirken über eine Veränderung der cAMP-Synthese und die nachgeschaltete Proteinkinase A und Proteinphosphatasen. Glucagon führt auf diesem Weg zu einer Phosphorylierung der HMG-CoA-Reduktase, welche das Enzym inaktiviert. Insulin hat die entgegengesetzte Wirkung.

◄ **Abb. 18.4.** Synthese von Cholesterol, Phase II: Polymerisierung von Isopentenyldiphosphat und Ringschluss. Durch Kopf-Schwanz-Polymerisierung von 3 Molekülen Isopentenyldiphosphat entsteht eine aktivierte $C_{15}$-Verbindung (Farnesyldiphosphat), wovon 2 Moleküle Kopf-Kopf verbunden werden zu Squalen ($C_{30}$). Bei allen Polymerisierungsschritten wird Pyrophosphat (PP$_i$) freigesetzt, welches darauf hydrolytisch gespalten wird (der Einfachheit halber nicht angegeben). Bei jedem Schritt werden demgemäß 2 energiereiche Phosphatbindungen (bei der Synthese von Squalen sogar deren 4) gespalten, um die Reaktionen zum Ablaufen zu bringen. Drei oxidative Demethylierungsschritte führen zu den Ringschlüssen und damit zu Cholesterol ($C_{27}$)

Die Konzentration von Cholesterol im Blutplasma korreliert mit der Häufigkeit des Auftretens von Cholesteroleinlagerungen in Arterienwände (ein Teilaspekt der Arteriosklerose) und insbesondere von dadurch bedingten Einengungen und Verschlüssen der Koronararterien des Herzmuskels. Zur Senkung der Cholesterolkonzentration im Blutplasma bestehen die folgenden Möglichkeiten:

– Verminderung der Cholesterolaufnahme durch cholesterolarme Ernährung,
– Hemmung der HMG-CoA-Reduktase durch Medikamente,
– Steigerung der Gallensäureausscheidung durch Medikamente, welche die Rückresorption von Gallensäuren aus dem Darm hemmen.

# 19 Stoffwechsel von Proteinen und Aminosäuren

Die Aminosäuren, die für die Synthese von Proteinen gebraucht werden, stammen aus dem Aminosäuren-Pool des Organismus. Der Pool wird gespeist durch den Abbau von Nahrungsproteinen und körpereigenen Proteinen. Der Organismus verfügt über keine Möglichkeit, überschüssige Aminosäuren als Reserve anzulegen, wie das bei Glucose und Fettsäuren der Fall ist. Überschüssige Aminosäuren werden zur Energiegewinnung abgebaut oder zu anderen Energieträgern umgebaut:

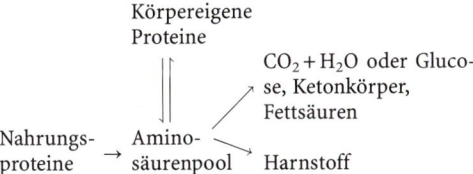

Der fortwährende Abbau der körpereigenen Proteine wird kontrolliert durch die Markierung mit **Ubiquitin**, einem kleinen Protein, welches kovalent an beschädigte Proteine gebunden wird. Auf diese Weise gekennzeichnete Proteine werden in großen, ATP-verbrauchenden Proteinabbaumaschinen, den **Proteasomen**, in Aminosäuren zerlegt.

Viele Enzyme sowohl für den Abbau wie auch für die Synthese von Aminosäuren brauchen **Pyridoxal-5′-phosphat**, ein Derivat von Vitamin $B_6$, als prosthetische Gruppe. Genetische Defekte von Enzymen im Aminosäuren-Stoffwechsel sind häufig. Die Phenylketonurie führt unbehandelt zu schwersten Entwicklungsstörungen des Gehirns, verursacht jedoch bei rechtzeitiger Diagnose und Behandlung keinen Schaden.

Aminosäuren sind nicht nur Bausteine von Peptiden und Proteinen sondern auch Ausgangssubstanzen zur Synthese unterschiedlichster niedermolekularer stickstoffhaltiger Verbindungen mit wichtigen biologischen Funktionen. Es gehören dazu die biogenen Amine und weitere Signalmoleküle und Hormone, aber auch Stickstoffmonoxid (NO), Kreatin und die Porphyrine.

## 19.1 Proteinabbau

**Proteine werden wie die anderen biologischen Makromoleküle hydrolytisch abgebaut** – Die Enzyme, welche Peptidbindungen spalten, werden je nach Größe des Substrats als Proteasen oder Peptidasen bezeichnet. Eine andere Einteilung unterscheidet Endopeptidasen, welche Peptidbindungen im Inneren von Polypeptidketten spalten und damit Proteine in kurze Peptide zerlegen, sowie Exopeptidasen, welche eine Aminosäure nach der anderen vom $NH_2$-Ende (Aminopeptidasen) oder vom COOH-Ende (Carboxypeptidasen) abspalten. Extrazelluläre proteinabbauende Enzyme finden sich unter den Verdauungsenzymen im Darm und in der extrazellulären Matrix als so genannte Matrixproteasen für den Umbau der extrazellulären Matrix sowie für besondere Funktionen, z. B. bei der Blutgerinnung. Intrazelluläre Proteasen bauen die zelleigenen Proteine ab. Proteasen kommen in allen Zellkompartimenten vor. Besondere Peptidasen spalten Prä- und Propeptide von Proteinen ab (s. Kapitel 24 und Kapitel 27.3). Ein Teil der intrazellulären Proteasen ist zum Schutz der Zelle vor Selbstverdauung in Lysosomen eingeschlossen. Die großen Proteinabbaumaschinen, die Proteasomen, befinden sich im Cytosol. Plasmaproteine werden von Zellen aufgenommen und intrazellulär abgebaut, das nicht-glykosylierte Serumalbumin v. a. in der Niere, die anderen – glykosylierten – Plasmaproteine in der Leber.

**Die Lysosomen bauen Proteine nicht-selektiv und unabhängig von ATP ab** – Die Lysosomen enthalten ungefähr 50 verschiedene Hydrolasen, darunter eine Reihe von Proteasen, die Cathepsine. Der pH-Wert in den Lysosomen liegt um 5, ein Wert, der dem pH-Optimum der lysosomalen Hydrolasen entspricht. Das tiefe pH-Optimum schützt die Zellen vor diesen Enzymen, falls die Lysosomen lecken sollten, da die Enzyme beim cytosolischen pH von ~ 7 weitgehend inaktiv sind. Die lysosomalen Proteasen bauen Proteine nicht-selektiv ab. Lysosomen bauen Zellbestandteile ab, indem sie mit membranumschlossenen Teilen des Cytosols (Vesikeln) fusionieren und deren gesamten Inhalt verdauen. So bauen sie auch die Substanzen ab, welche durch Endocytose oder Phagocytose in die Zelle gelangt sind. Lysosomen sind verantwortlich für den erhöhten Abbau von Proteinen zur Gluconeogenese im Hungerzustand, den Muskelschwund bei körperlicher Inaktivität sowie das entwicklungsbedingte Einschmelzen von Organen wie das Verschwinden der Schwänze von Kaulquappen oder die drastische Massenabnahme des Uterus nach der Entbindung.

**Die Proteasomen bauen nur für den Abbau markierte Proteine ab** – Diese Pro-

teinabbaumaschinen nehmen nur Proteine auf, die strukturell beschädigt sind durch Mutation, fehlerhafte Synthese oder Faltung, Alterungsvorgänge (Oxidation gewisser Aminosäurereste, Desamidierung usw.) oder die Einwirkung schädigender Agenzien. Ein ATP-verbrauchendes Enzymsystem identifiziert die schadhaften Proteinmoleküle und markiert sie mit **Ubiquitin**, einem kleinen Protein (76 Aminosäurereste), das, wie der Name es ausdrückt, ubiquitär ist, d. h. überall vorkommt. Dabei wird die $\alpha$-Carboxylgruppe des Ubiquitins über eine Amidbindung

> Der Ubiquitin-kontrollierte Abbau von Proteinen ist offensichtlich äußerst wichtig. Ubiquitin ist das am stärksten konservierte Protein, das bekannt ist. Die Aminosäuresequenz von menschlichem Ubiquitin ist identisch mit derjenigen von *Drosophila*-Ubiquitin und nur in 3 Resten verschieden von der Sequenz des Ubiquitins der Hefe.

an die $\varepsilon$-Aminogruppe eines Lysinrests des abzubauenden Proteins gebunden:

$$\text{Ubiquitin} - \overset{\overset{\textstyle O}{\|}}{\underset{\underset{\textstyle H}{|}}{C}} - N - \text{Lysin} - \boxed{\text{Abzubauendes Protein}}$$

An Lys 48 des ersten angehefteten Ubiquitinmoleküls können weitere Ubiquitinmoleküle angehängt werden, um das Abbausignal zu verstärken. An einem Zielprotein können auch mehrere Ubiquitinketten angebracht werden. Die Ubiquitinmarkierten Proteine werden durch **Proteasomen** abgebaut. Das Proteasom ist ein 17 nm langer Multiproteinkomplex mit einem Durchmesser von 11 nm und einer Masse von 700 kDa. Vier aufeinander gestapelte Ringe von je 7 Untereinheiten bilden eine fassähnliche Struktur (Abb. 19.1). Gewisse Untereinheiten haben Proteaseaktivität, ihre aktiven Stellen liegen jedoch im Innern des Fasses und können nur Proteine angreifen, die hinein gelangt sind. Beide Zugänge werden durch zusätzliche Proteinkomplexe, welche nur Ubiquitin-

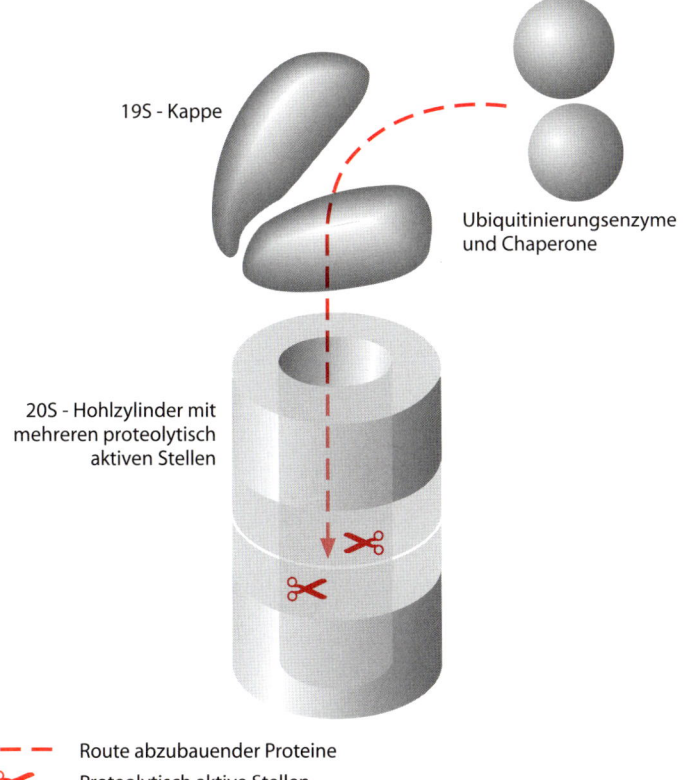

19S - Kappe

Ubiquitinierungsenzyme und Chaperone

20S - Hohlzylinder mit mehreren proteolytisch aktiven Stellen

– – –  Route abzubauender Proteine

✂  Proteolytisch aktive Stellen

**Abb. 19.1.** Das Proteasom, eine komplexe Protease. Das Proteasom besteht aus einem zentralen 20S-Hohlzylinder, in dessen Mitte die eingebrachten Proteine zu kleinen Peptiden abgebaut werden. Die Zufuhr der abzubauenden ubiquitin-markierten Proteine erfolgt durch die ATP-hydrolysierenden 19S-Kappen, auf einer oder auch beiden Seiten des Zylinders. Ubiquitinierungsenzyme und molekulare Chaperone sind Zubringer beschädigter Proteine und binden vorübergehend an die Kappe

markierte Proteine durchlassen, kontrolliert. Bei der Eingangskontrolle wird ATP verbraucht und die Ubiquitinreste werden entfernt. Proteasomen spalten ihre Proteinsubstrate in kleine Peptide von 7–8 Aminosäureresten. Proteasomen mit etwas einfacherem Bau kommen auch in Prokaryonten vor. Ubiquitin hingegen findet sich nur bei Eukaryonten.

■ Im menschlichen Organismus werden jeden Tag 1–2% des Gesamtproteins abgebaut. Der intrazelluläre Abbau von Proteinen geschieht in vom Rest der Zelle abgeschlossenen Räumen: in den membranumschlossenen Lysosomen für den nicht-selektiven Abbau und im Innern der Proteasomen für den Ubiquitin-kontrollierten Abbau.

## 19.2
# Abbau von Aminosäuren: Weg des Stickstoffs

Das Endprodukt des intrazellulären Abbaus von Proteinen wie auch der Verdauung von Proteinen im Darm sind Aminosäuren. Die Gesamtheit aller im Organismus vorhandenen freien Aminosäuren bildet den **Aminosäuren-Pool** (beim erwachsenen Menschen immerhin etwa 70 g). Aus dem Pool gelangen die Aminosäuren in die Stoffwechselwege des Anabolismus (Synthese von Proteinen und anderen Verbindungen) oder des

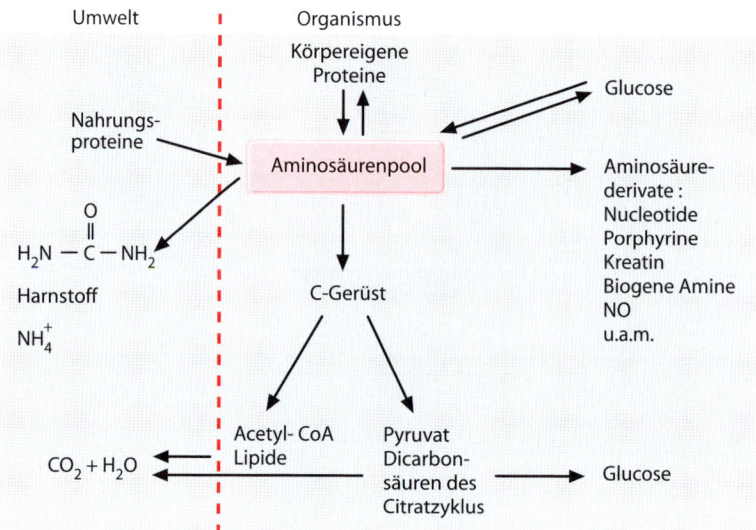

Katabolismus zur Energiegewinnung. Der Abbau von Aminosäuren wird gesteigert bei proteinreicher Ernährung und im Endstadium des Verhungerns, wenn die Fettreserven aufgebraucht sind.

Da Aminosäuren auch Stickstoff enthalten, stellt sich bei ihrem Abbau ein zusätzliches Problem: die Produktion ausscheidungsfähiger Abbauprodukte der stickstoffhaltigen Gruppen.

**Harnstoff ist bei Säugern das hauptsächliche Endprodukt des N-Stoffwechsels** – Der Stickstoff der Aminosäuren wird über vier aufeinander folgende Vorgänge eliminiert:

1. Verschiebung der $\alpha$-Aminogruppe auf 2-Oxoglutarat (Transaminierung)
2. Abspaltung der Aminogruppe aus dem entstandenen Glutamat (oxidative Desaminierung)
3. Bildung einer ungiftigen Transportform (Glutamin) des freigesetzten Ammoniaks
4. Bildung eines harnfähigen N-haltigen Ausscheidungsprodukts (Harnstoff).

Bei einer **Transaminierung** wird die Aminogruppe einer Aminosäure auf eine 2-Oxosäure übertragen:

$$\underset{\substack{\text{Aminosäure}}}{\overset{\substack{\text{COO}^-}}{\underset{R_1}{\overset{|}{\underset{|}{H_3\overset{+}{N}-CH}}}}} + \underset{\substack{\text{2-Oxosäure}\\(\alpha\text{-Ketosäure})}}{\overset{\substack{\text{COO}^-}}{\underset{R_2}{\overset{|}{\underset{|}{C=O}}}}} \rightleftharpoons \overset{\substack{\text{COO}^-}}{\underset{R_1}{\overset{|}{\underset{|}{C=O}}}} + \overset{\substack{\text{COO}^-}}{\underset{R_2}{\overset{|}{\underset{|}{H_3\overset{+}{N}-CH}}}}$$

Die Enzyme, welche Reaktionen dieser Art katalysieren, werden als **Aminotransferasen** (oder nach der älteren Nomenklatur als Transaminasen) bezeichnet. Sie alle verwenden **Pyridoxal-5′-phosphat** (s. Abb. 4.8) als prosthetische Gruppe (Abb. 19.2). Die wichtigsten Transaminierungsreaktionen sind die Übertragungen der Aminogruppe einer Aminosäure (z. B. Alanin, Tyrosin usw.) entweder auf 2-Oxoglutarat oder auf Oxalacetat unter Bildung von Glutamat bzw. Aspartat:

Aminosäure + 2-Oxoglutarat
$\rightleftharpoons$ 2-Oxosäure + Glutamat

Aminosäure + Oxalacetat
$\rightleftharpoons$ 2-Oxosäure + Aspartat

Eine weitere Transaminierungsreaktion verbindet diese beiden Reaktionen:

Aspartat + 2-Oxoglutarat $\rightleftharpoons$ Oxalacetat + Glutamat

Aspartat-
Aminotransferase

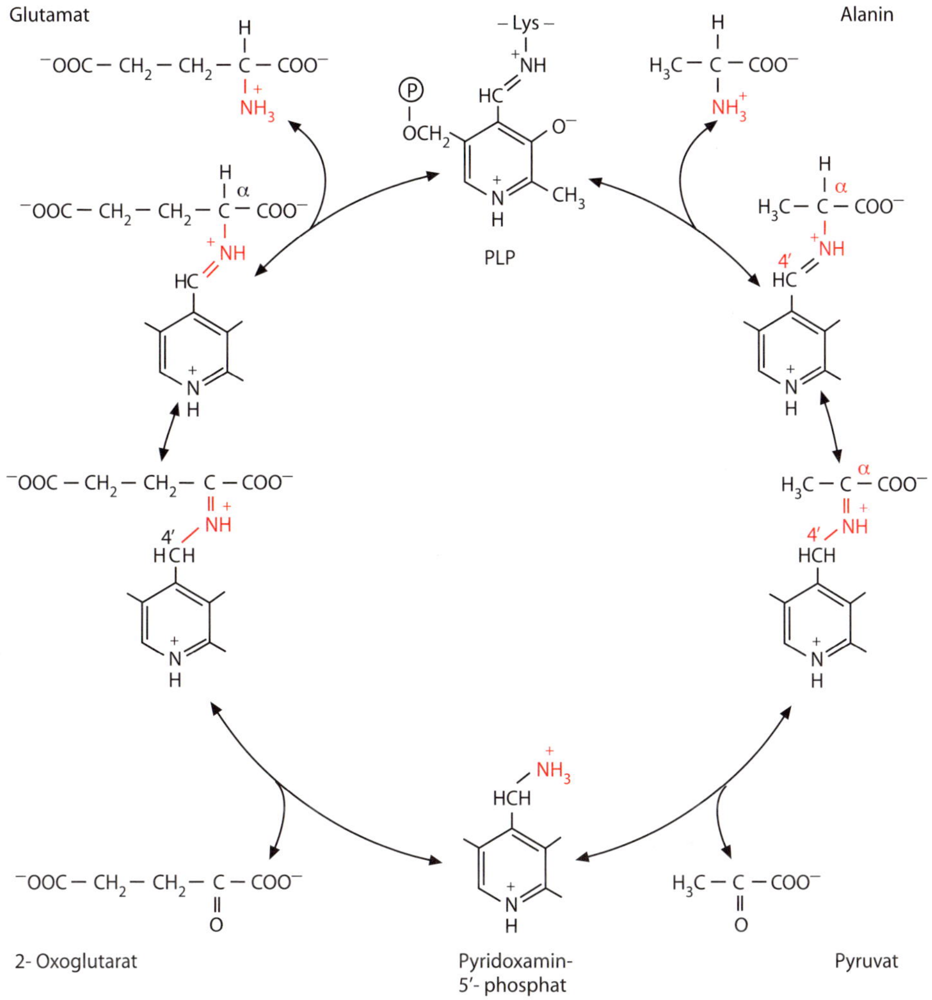

**Abb. 19.2.** Mechanismus der Transaminierung durch Pyridoxal-5′-phosphat(PLP)-abhängige Aminotransferasen. In allen PLP-abhängigen Enzymen ist PLP (s. Abb. 4.8) über eine Iminbindung (Schiffsche Base) mit der $\varepsilon$-Aminogruppe eines Lysinrests an der aktiven Stelle kovalent verbunden. Der erste Reaktionsschritt der ersten Halbreaktion ist eine Transiminierung: Die $\varepsilon$-Aminogruppe wird gegen die $\alpha$-Aminogruppe der Aminosäure (das erste Substrat, Alanin im gezeigten Beispiel) ausgetauscht. Es entsteht eine Aldimin-Zwischenverbindung (Hydrolyse würde einen Aldehyd, nämlich PLP, liefern, daher die Bezeichnung Aldimin). Darauf wird ein Proton von C$\alpha$ der Aminosäure auf C4′ des Coenzyms verschoben, dabei entsteht eine Ketimin-Zwischenverbindung (Hydrolyse liefert ein Keton, nämlich eine 2-Oxosäure). Hydrolytische Spaltung der neu entstandenen Doppelbindung zwischen C$\alpha$ und N ergibt das erste Produkt, die 2-Oxosäure, welche dem Aminosäuresubstrat entspricht, sowie die Aminform des Coenzyms, Pyridoxamin-5′-phosphat. Damit ist die erste Halbreaktion der Transaminierung abgeschlossen. Die zweite Halbreaktion entspricht einer Umkehr der ersten, allerdings mit einer anderen 2-Oxosäure und damit auch einer anderen Aminosäure. Im gezeigten Beispiel reagiert die Pyridoxaminform der Aminotransferase mit 2-Oxoglutarat zur Ketimin-Zwischenverbindung. Daraus entsteht durch Protonenverschiebung und nachfolgende Transiminierung das Aminosäureprodukt Glutamat und das Enzym im Ausgangszustand. Alle Teilreaktionen sind reversibel. Das Schema zeigt nur die Wechselwirkungen zwischen dem Coenzym und den Substraten. Das Apoenzym, der Proteinteil des Enzyms, ist verantwortlich nicht nur für eine zusätzliche Beschleunigung der einzelnen Reaktionsschritte, insbesondere der Protonenverschiebungen durch allgemeine Säure-Basenkatalyse, sondern auch für die Substrat- und Reaktionsspezifität des Enzyms. Das gezeigte Beispiel entspricht der Reaktion der Alanin-Aminotransferase

Transaminierungen sind an der Synthese von Aminosäuren beteiligt: Aminogruppen überschüssiger Aminosäuren können durch Transaminierung für die Synthese mangelnder Aminosäuren aus den entsprechenden 2-Oxosäuren verwendet werden. Transaminierungsreaktionen verbinden zudem den Aminosäurenstoffwechsel über die Oxosäuren des Citratzyklus mit dem Kohlenhydratstoffwechsel. Beim Abbau der Aminosäuren erlauben Transaminierungen, die Oxosäuren des Citratzyklus (2-Oxoglutarat und Oxalacetat) als Akzeptoren der Aminogruppen verschiedenster Aminosäuren zu verwenden und dabei Glutamat und Aspartat herzustellen, die ihrerseits die Aminogruppen für die Synthese von Harnstoff liefern. Glutamat und Aspartat werden dadurch zum Sammelbecken der Aminogruppen anderer Aminosäuren. Durch Koppelung mit Transaminierungsreaktionen wird die **oxidative Desaminierung** von Glutamat zum Hauptweg für die Bildung von Ammoniak:

Außer zur Entgiftung von Ammoniak dient Glutamin auch als Proteinbaustein und Quelle von N-Atomen zur Synthese von Pyrimidin- und Purinbasen sowie Aminozuckern. Durch hydrolytische Spaltung der Amidbindung (Desamidierung) wird $NH_4^+$ aus Glutamin bei Bedarf wieder freigesetzt:

$$\text{Glutamin} + H_2O \xrightarrow{\hspace{1cm}} \text{Glutamat} + NH_4^+$$
Glutaminase

**Vertebraten benutzen drei verschiedene Wege zur Eliminierung des aus Aminosäuren stammenden Stickstoffs** – Eine direkte Ausscheidung von $NH^+_4$ durch die Haut findet sich nur bei wasserlebenden Tieren: bei Fischen und Amphibien vor der Metamorphose. **Harnsäure** (ein Purin, s. Kapitel 20.5) ist das Endprodukt bei den Sauropsiden, d.h. Reptilien und Vögeln (ein weißer Vogeldreck besteht aus fast reiner schlecht wasserlöslicher Harnsäure).

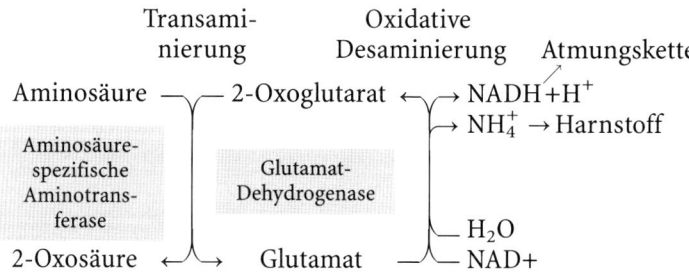

**Glutamin dient als ungiftige Speicher- und Transportform von $NH^+_4$** – Ammoniak ($NH_4^+ \leftrightharpoons NH_3 + H^+$; $pK_a = 9.25$) ist extrem toxisch für die Zellen, wahrscheinlich, weil es 2-Oxoglutarat aus dem Citratzyklus abfängt. Ammoniak wird entgiftet, indem unter ATP-Verbrauch Glutamat zu Glutamin amidiert wird:

Säuger und Amphibien nach der Metamorphose scheiden hingegen den sehr gut wasserlöslichen **Harnstoff** als Endprodukt des Aminosäurenabbaus aus.

Die Leber ist das Hauptorgan des Aminosäurestoffwechsels. Dort wird der Harnstoff durch eine zyklische Reaktionsfolge, den **Harnstoffzyklus**, auch Ornithinzyklus genannt, synthetisiert (Abb. 19.3). Der größte Teil der $NH_4^+$-Ionen, welche zusammen mit $HCO_3^-$ Carbamoylphosphat bilden, stammt aus der oxidativen Desaminierung von Glutamat sowie aus der Desamidierung von Glutamin, der Transportform von Ammoniak, d.h. ursprünglich wiederum aus Glutamat. Die beiden N-

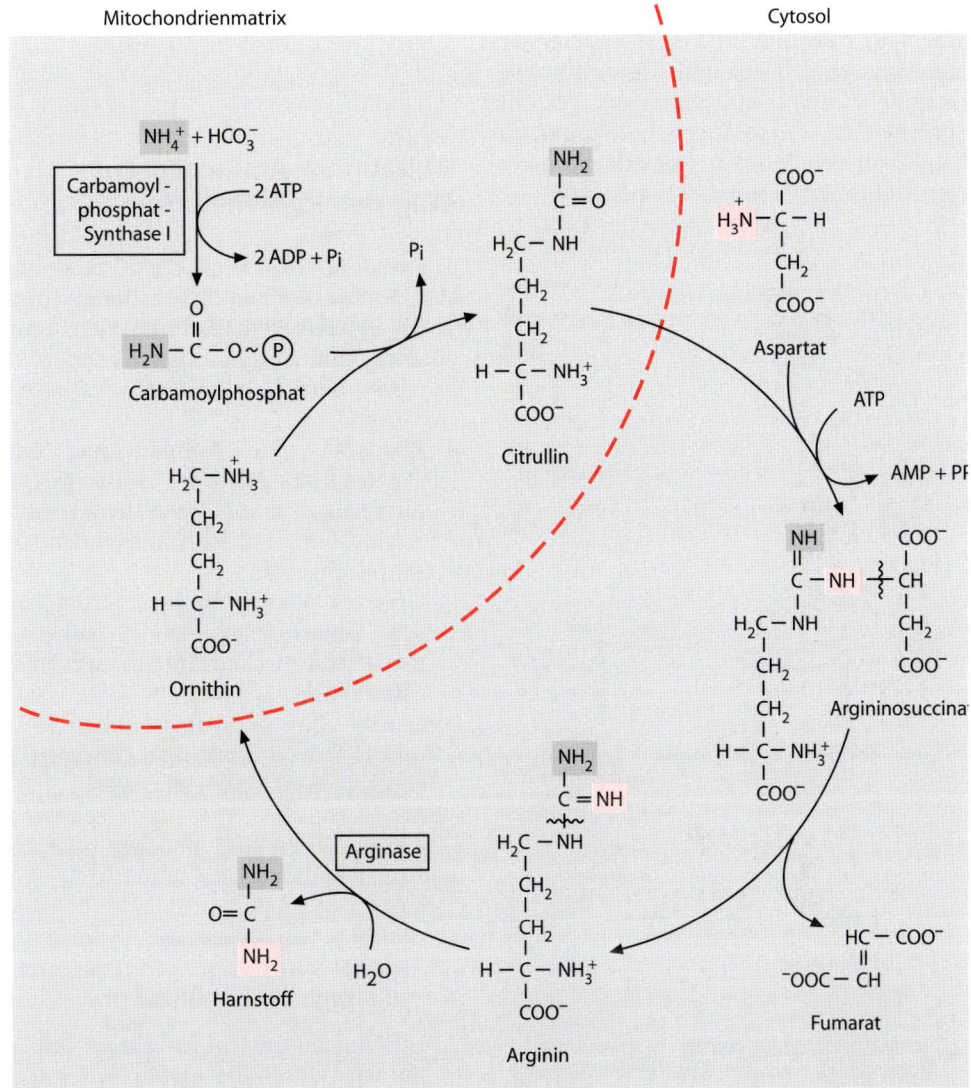

Mitochondrienmatrix                                    Cytosol

**Abb. 19.3.** Harnstoffzyklus. Die Bildung von Carbamoylphosphat und dessen Kondensation mit Orni-thin zu Citrullin findet in der mitochondrialen Matrix statt. Die anderen Reaktionen des Zyklus laufen im Cytosol ab. Carbamoyl-P ist eine aktivierte Form (gemischtes Säureanhydrid) der Carbaminsäure ($H_2NCOOH$), zu deren Bildung 2 ATP verbraucht werden. Die mitochondriale Carbamoyl-P-Synthase I braucht $NH_4^+$ als Substrat, während die in der Synthese von Pyrimidinnucleotiden aktive cytosolische Carbamoyl-P-Synthase II die Amidgruppe von Glutamin verwendet. Die Kondensation von Citrullin und Aspartat verbraucht nochmals 2 energiereiche Phosphatbindungen. Das aus Argininosuccinat eli-miniertes Fumarat kann über einen nebengeschalteten Zyklus zu Aspartat zurückverwandelt werden. Daran beteiligt sind Reaktionen des Citratzyklus (Fumarat → Malat → Oxalacetat) und die Transami-nierung von Oxalacetat und Glutamat. Arginin ist der unmittelbare Vorläufer von Harnstoff. Die Argi-nase spaltet die Amidingruppe hydrolytisch ab, es entsteht Isoharnstoff (nicht gezeigt), der spontan zum Harnstoff tautomerisiert. Ornithin ist als $C_5$-Diaminocarbonsäure das nächstniedrige Homologe zu Lysin ($C_6$)

Atome des Harnstoffs stammen demnach einerseits aus Glutamat und andererseits aus Aspartat, d. h. aus den zwei Aminosäuren, die durch Transaminierung der entsprechenden 2-Oxosäuren (2-Oxoglutarat bzw. Oxalacetat) mit verschiedenen anderen Aminosäuren entstanden sind:

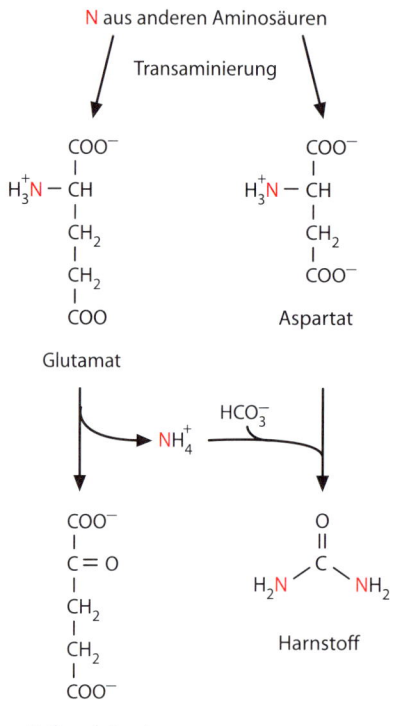

Der Harnstoffzyklus wurde 1932 von Hans Krebs, der damals klinischer Assistent war, und Kurt Henseleit, einem Medizinstudenten, als erster zyklischer Stoffwechselweg beschrieben. Fünf Jahre später fand Hans Krebs den Citratzyklus, auch Krebszyklus genannt.

■ Harnstoff, das hauptsächliche Endprodukt des N-Stoffwechsels bei Säugern, wird aus Ammoniak, $CO_2$ und der Aminogruppe von Aspartat im Harnstoffzyklus gebildet. Die Reaktionen laufen vorwiegend in der Leber ab, zum Teil in den Mitochondrien, zum Teil im Cytosol. Pro Zyklus werden 4 energiereiche Phosphatbindungen gespalten. Die Entsorgung hat ihren Preis!

## 19.3
## Abbau von Aminosäuren: Weg des Kohlenstoffs

Die strukturelle Vielfalt der 20 proteinogenen Aminosäuren führt zu unterschiedlichen Abbauwegen, die sich aber grundsätzlich ähnlich sind. Die folgenden Teilschritte finden sich beim Abbau aller Aminosäuren:

1. Abspalten der Aminogruppe durch Transaminierung oder oxidative Desaminierung; in beiden Fällen wird die Aminosäure zur entsprechenden Oxosäure umgewandelt.
2. Direktes oder indirektes Einschleusen des zurückbleibenden C-Skeletts in den glykolytischen Abbauweg oder den Citratzyklus.
3. Je nach Stoffwechsellage Abbau zu $CO_2$ und $H_2O$ bzw. Umbau zu Glucose (Gluconeogenese) oder Fettsäuren.

**Aminosäuren sind glucogen oder ketogen oder beides** – Drei einfache Beispiele:

Alanin    $\xrightarrow{\text{Transaminierung}}$    Pyruvat
Aspartat                                           Oxalacetat
    2-Oxoglutarat        Glutamat

Die Transaminierungsreaktion mit Alanin wird durch die Alanin-Aminotransferase katalysiert, diejenige mit Aspartat durch die Aspartat-Aminotransferase.

Oxidative Desaminierung
durch Glutamat-Dehydrogenase
Glutamat $\xrightarrow{\hspace{2cm}}$ 2-Oxoglutarat
    $NAD^+ + H_2O$    $NADH + H^+ + NH_4^+$

Alle drei Produkte (Pyruvat, Oxalacetat und 2-Oxoglutarat) werden entweder für die Gluconeogenese verwendet oder im Citratzyklus zu $CO_2$ und $H_2O$ abgebaut. Die Abbauwege der übrigen Aminosäuren sind komplizierter. Insgesamt werden aus den 20 Aminosäuren 7 verschiedene Abbauprodukte gebildet. Fünf davon (Pyruvat, Oxalacetat, 2-Oxoglutarat, Succinyl-CoA und Fumarat) können der Gluconeogenese zugeführt werden. Aminosäuren, deren Abbau eines dieser Zwischenprodukte liefert, werden **glucogene (= glucoplastische) Aminosäuren** genannt. Mit den Ausnahmen von Lysin und Leucin sind alle 20 proteinogenen Aminosäuren glucogen (Abb. 19.4). Aminosäuren sind die wichtigsten Vorstufen für die Gluconeogenese und auch für das Auffüllen des Citratzyklus mit dessen Zwischenprodukten (anaplerotische Reaktionen, s. Kapitel 14.4). Zwei weitere Abbauprodukte von Aminosäuren sind Acetacetat und Acetyl-CoA. Sie können im tierischen Organismus nicht in Kohlenhydratvorläufer, jedoch in Lipide umgebaut werden. Acetacetat ist ein Ketonkörper und aus Acetyl-CoA lassen sich Ketonkörper synthetisieren, weshalb Aminosäuren, die zu Acetacetat oder Acetyl-CoA abgebaut werden, als **ketogene (= ketoplastische) Aminosäuren** bezeichnet werden. Ausschließlich ketogen sind nur Leucin und Lysin. Sowohl glucogen als auch ketogen sind Phenylalanin, Tyrosin, Tryptophan und Isoleucin. Statt in Glucose oder Lipide umgebaut zu werden, können natürlich die C-Skelette aller Aminosäuren auch direkt dem Katabolismus zugeführt und zur ATP-Gewinnung zu $CO_2$ und $H_2O$ abgebaut werden (Abb. 19.4).

Im Folgenden wird nur der Stoffwechsel von Phenylalanin und Tyrosin wegen seiner biologischen und medizinischen Bedeutung ausführlicher dargestellt.

**Phenylalanin wird durch eine gemischt-funktionelle Oxidase zu Tyrosin hydroxyliert** – Tyrosin unterscheidet sich von Phenylalanin durch eine phenolische Hydroxylgruppe. Die Hydroxylierung wird durch die Phenylalanin-Hydroxylase katalysiert:

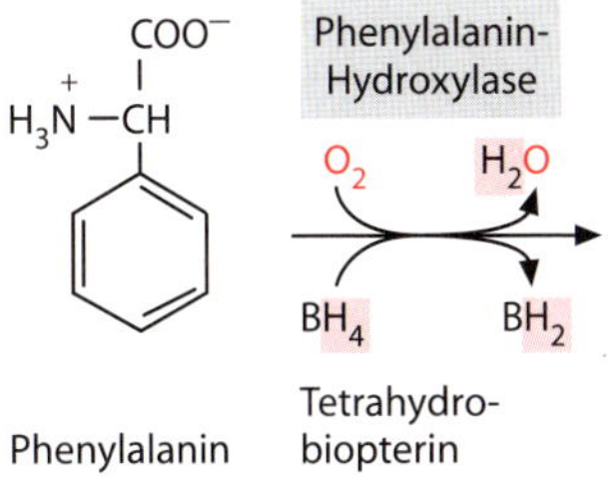

Hydroxylasen werden auch als Monooxygenasen bezeichnet. Das Sauerstoffatom der neu eingeführten Hydroxylgruppe des Tyrosins stammt aus molekularem Sauerstoff. Das reaktionsträge $O_2$-Molekül wird reduktiv gespalten und aktiviert, indem das zweite Sauerstoffatom in einer stark exergonischen Reaktion zu $H_2O$ reduziert wird.

---

**Hydroxylase = Monooxygenase:** Die beiden O-Atome des molekularen $O_2$ oxidieren einerseits das Substrat, z.B. Phenylalanin, und andererseits einen H-Überträger, z.B. Tetrahydrobiopterin, daher die auch verwendete Bezeichnung als **gemischt-funktionelle Hydroxylase**. Ein Beispiel ist bereits bei der Einführung von Doppelbindungen in Fettsäuren vorgestellt worden (s. Kapitel 17.2).

---

Die zur Reduktion notwendigen H-Atome stammen aus einem bisher noch nicht vorgestellten Cofaktor, dem Tetrahydrobiopterin ($BH_4$):

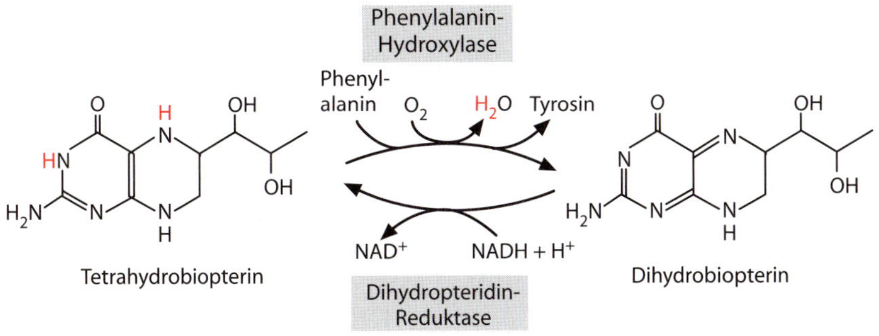

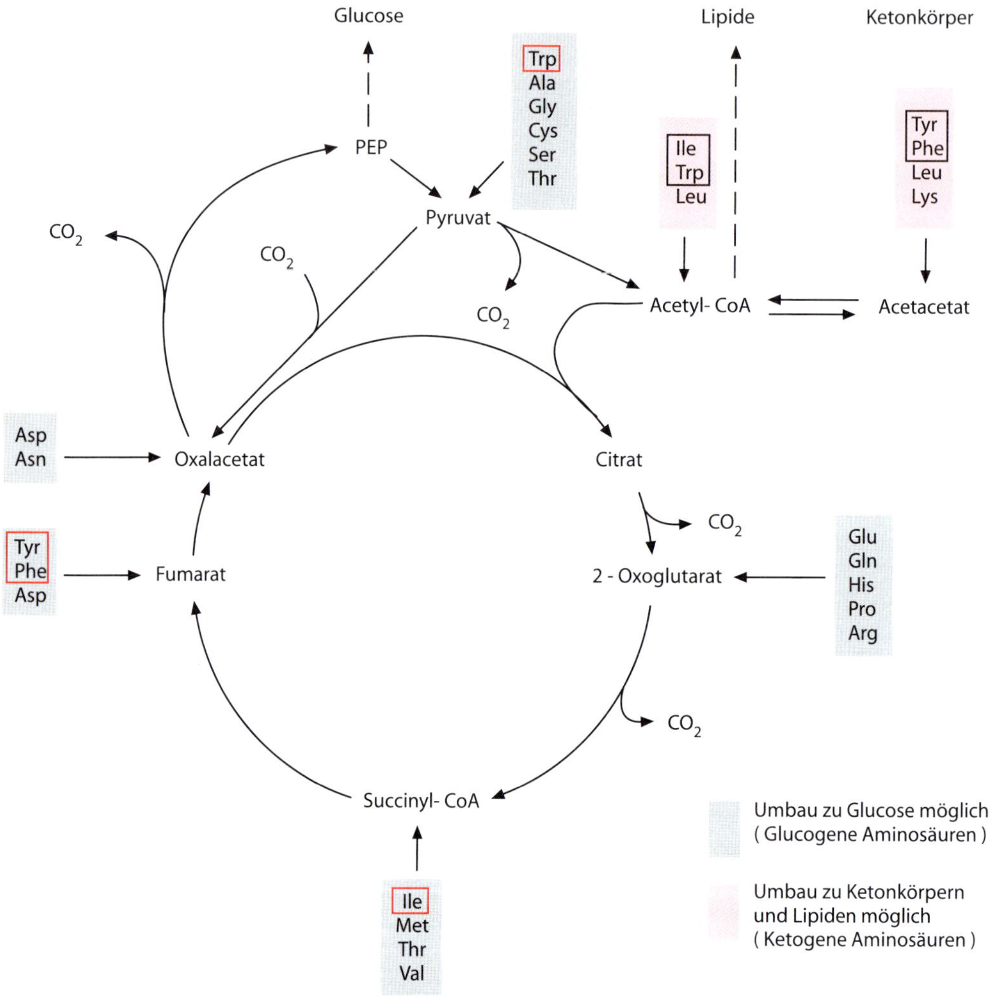

Glucose   Lipide   Ketonkörper

Trp
Ala
Gly
Cys
Ser
Thr

PEP

Ile
Trp
Leu

Tyr
Phe
Leu
Lys

$CO_2$

$CO_2$

Pyruvat

$CO_2$

Acetyl- CoA   Acetacetat

Asp
Asn

Oxalacetat   Citrat

$CO_2$

Glu
Gln
His
Pro
Arg

Tyr
Phe
Asp

Fumarat   2 - Oxoglutarat

$CO_2$

Succinyl- CoA

Ile
Met
Thr
Val

Umbau zu Glucose möglich
( Glucogene Aminosäuren )

Umbau zu Ketonkörpern
und Lipiden möglich
( Ketogene Aminosäuren )

**Abb. 19.4.** Glucogene und ketogene Aminosäuren. Das C-Skelett aller 20 proteinogenen Aminosäuren kann zu $CO_2$ und $H_2O$ abgebaut werden. Aus den meisten Aminosäuren kann Glucose gewonnen werden; bei mehreren wird ein Teil des Moleküls zu Acetyl-CoA oder Acetacetat abgebaut, die in Lipide und Ketonkörper umgewandelt werden können. Nur Leucin und Lysin sind ausschließlich ketogen

**Tyrosin kann oxidativ abgebaut werden, ist aber auch Vorläufer für verschiedene biologisch wichtige Verbindungen** – Bei Tyrosin wird, wie bei allen Aminosäuren, zunächst die Aminogruppe entfernt, in diesem Fall durch Transaminierung (Abb. 19.5). Darauf wird der Ring geöffnet. Über eine *cis-trans*-Isomerisierung und Hydrolyse entstehen glucogenes Fumarat und der Ketonkörper Acetacetat.

Aus Tyrosin wird aber auch, wie die folgende Übersicht zeigt, eine Reihe wichtiger Verbindungen synthetisiert:

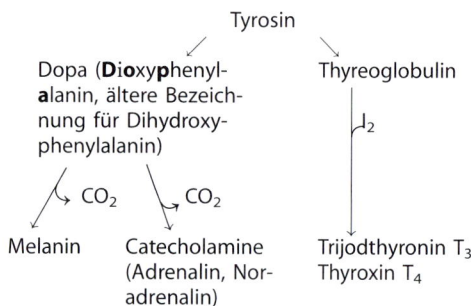

Tyrosin

Dopa (**Di**oxyphenyl-**a**lanin, ältere Bezeichnung für Dihydroxyphenylalanin)   Thyreoglobulin

$I_2$

$CO_2$   $CO_2$

Melanin   Catecholamine (Adrenalin, Noradrenalin)   Trijodthyronin $T_3$ Thyroxin $T_4$

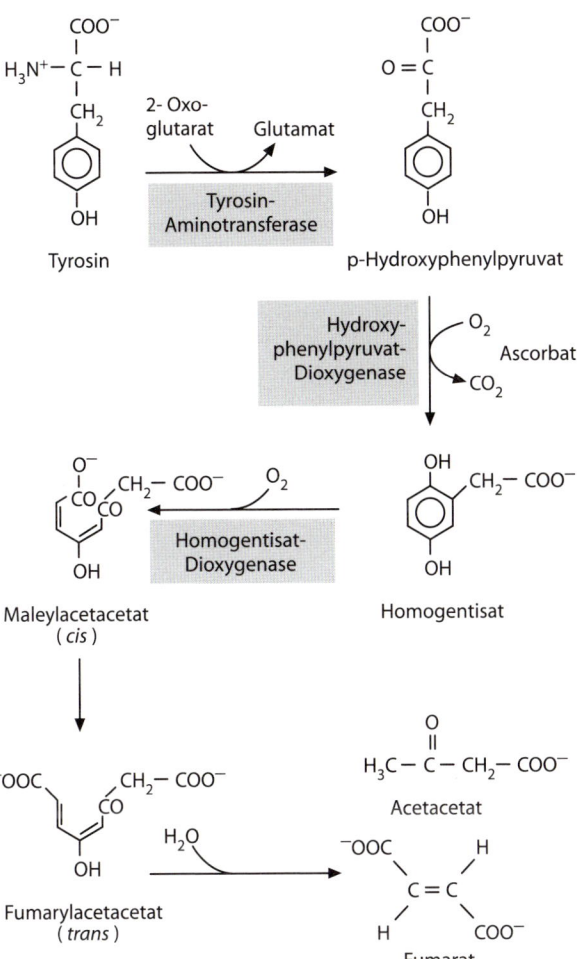

**Abb. 19.5.** Oxidativer Abbau von Tyrosin. Der Entfernung der Aminogruppe durch Transaminierung folgen zwei Oxidationsschritte mit molekularem Sauerstoff als Oxidationsmittel, die zur Ringöffnung führen. Das entstehende Diketon durchläuft eine *cis-trans* Isomerisierung und wird darauf hydrolytisch gespalten. Die Endprodukte sind der Ketonkörper Acetacetat und Fumarat, ein Zwischenprodukt des Citratzyklus. Tyrosin ist daher sowohl ketogen als auch glucogen (s. Abb. 19.4). Fehlen der Homogentisat-Dioxygenase führt zur Alkaptonurie, einem harmlosen Stoffwechseldefekt (s. Kapitel 19.4)

**Melanine** sind eine der wichtigsten Pigmentklassen der belebten Natur. Sie schützen Mensch, Tiere, Pilze und Pflanzen vor ionisierender Ultraviolett-Strahlung. Melanin wird durch spezialisierte Zellen, die Melanocyten, produziert und findet sich in zahlreichen Abkömmlingen des Ektoderms wie Haut, Auge (Iris und Chorioidea), Zentralnervensystem (*Substantia nigra*) und Haaren. In den Zellen ist das Melanin in den Melanosomen lokalisiert. UV-Licht stimuliert die Melaninbildung. Melanine sind aromatische Polymere. Sie entstehen aus Tyrosin über eine längere Folge von Reaktionen (Abb. 19.6), die alle vom gleichen Enzym, der **Tyrosin-3-Monooxygenase** (früher **Phenoloxidase** oder **Tyrosinase** genannt) katalysiert werden. Das Dopachinon kann auch Cystein addieren; Zyklisierung des Addukts und Polymerisierung zusammen mit Indol-5,6-chinon ergibt das gelbe bis rotbraune Phäomelanin oder das rote Trichochrom, den Farbstoff roter Haare. Haut- und auch

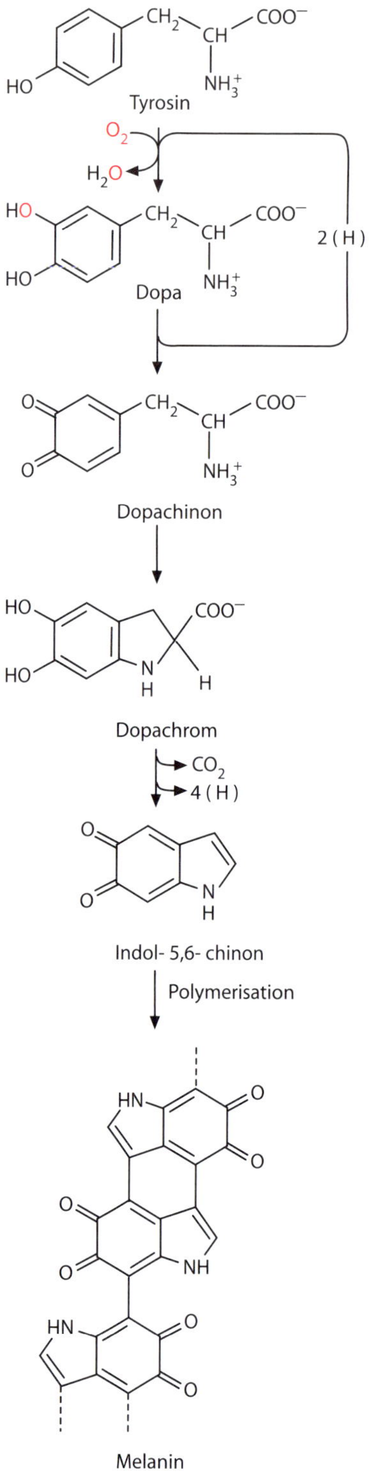

Tyrosin

Dopa

Dopachinon

Dopachrom

Indol- 5,6- chinon

Polymerisation

Melanin

Augenfarbe werden durch den Typ des Melanins und die Dichte der Melanocyten bestimmt.

Die Pterine sind zuerst als Farbstoffe in Insektenflügeln, z.B. von Schmetterlingen, entdeckt worden. **Tetrahydrobiopterin (BH₄)** ist Cosubstrat bei einer Reihe von Hydroxylierungs-Reaktionen. Bei allen Reaktionen spielt es die gleiche Rolle wie bei der Reaktion der Phenylalanin-Hydroxylase. Weitere Beispiele sind die folgenden Hydroxylierungen von Aminosäuren:
– Tyrosin → Dopa,
– Tryptophan → 5-Hydroxytryptophan,
– Arginin → N-Hydroxyarginin → Citrullin + NO.

Die letzte Reaktionsfolge wird durch die NO-Synthase katalysiert, an beiden Teilreaktionen ist BH₄ beteiligt.

Die Phenoloxidase ist ein Kupferenzym; bei der Reaktion wechselt das Kupferion seine Valenz. Phenoloxidasen sind bei Pflanzen und Pilzen weit verbreitet. Der Melaninbildung ähnliche Vorgänge sind verantwortlich für das Dunkelwerden von Schnittflächen, wie es bei Äpfeln, Bananen, Champignons oder Kartoffeln beobachtet wird.

Das Fehlen der Tyrosin-3-monooxygenase (= Tyrosinase) ist für den **Albinismus** verantwortlich. Individuen mit diesem hereditären Defekt zeigen eine rote Augenfarbe, weiße Haut und flachsblondes Haar (bei Tieren: weißes Fell, weißes Federkleid).

Durch **Decarboxylierung von Aminosäuren** und hydroxylierten Aminosäurederivaten entstehen Neurotransmitter und

◄ **Abb. 19.6.** Melaninsynthese. Die erste und zweite Reaktion sind eng miteinander gekoppelt, Dopa ist der Wasserstoffdonor bei der Hydroxylierung von Tyrosin zu Dopa, die nach dem allgemeinen Prinzip der Monooxygenase-Reaktionen verläuft. Die Tyrosin-3-Monooxygenase (= Tyrosinase) katalysiert beide Reaktionen. Die nachfolgende Bildung des Indolrings und die Polymerisierung zum Melanin verlaufen spontan

andere biologisch aktive Verbindungen, die **biogenen Amine:**

– Dopa $\xrightarrow{-CO_2}$ Dopamin (Neurotransmitter, Vorläufer von Noradrenalin und Adrenalin),
– 5-Hydroxytryptophan $\xrightarrow{-CO_2}$ 5-Hydroxytryptamin = Serotonin (Neurotransmitter),
– Glutamat $\xrightarrow{-CO_2}$ 4-Aminobutyrat = *γ-Aminobutyric acid* = GABA (Neurotransmitter),
– Histidin $\xrightarrow{-CO_2}$ Histamin (reguliert Sekretion des Magensafts, beteiligt an allergischen Reaktionen).

Alle obigen Decarboxylierungsreaktionen von Aminosäuren werden durch Pyridoxal-5′-phosphat-abhängige Enzyme katalysiert.

■ Das C-Skelett der Aminosäuren kann entweder zu $CO_2$ und $H_2O$ abgebaut oder zu Glucose (glucogene Aminosäuren), Fettsäuren und Ketonkörpern (ketogene Aminosäuren) umgebaut werden. Aus gewissen Aminosäuren entstehen durch Hydroxylierung und Decarboxylierung die biologisch aktiven biogenen Amine.

## 19.4
## Störungen im Abbau von Aminosäuren

**Die Alkaptonurie ist eine seltene und harmlose Stoffwechselanomalie** – Das einzige klinische Symptom dieses harmlosen Stoffwechseldefekts ist, dass sich die urinbenetzten Windeln schwarz färben. Der seltenen, autosomal-rezessiv vererbten Störung liegt ein Fehlen der Homogentisat-Dioxygenase zugrunde (Abb. 19.5). Homogentisat (ein Hydrochinon) wird durch Luftsauerstoff in alkalischem Milieu (Harnstoff wird durch die Urease der Bakterien, die sich in genässten Windeln vermehren, zu Ammoniak und $CO_2$ hydrolysiert) zum schwarzen Chinon oxidiert.

Nicht jede Stoffwechselanomalie hat gesundheitliche Folgen!

> Im Rahmen seiner Untersuchung der Alkaptonurie hat Archibald E. Garrod zu Beginn des 20. Jahrhunderts den Begriff der angeborenen Stoffwechselerkrankung (*Inborn error of metabolism*), der ein Enzymdefekt zugrunde liegt, geprägt.

**Die Phenylketonurie** ist nicht nur die häufigste (1 Fall auf 8000 Lebendgeburten) sondern wegen ihrer schwerwiegenden Konsequenzen auch die wichtigste erbliche Störung des Aminosäurestoffwechsels. Der autosomal-rezessiv vererbten Krankheit liegt ein Defekt der Phenylalanin-Hydroxylase zugrunde. Die Folgen des Defekts, eine gestörte Entwicklung des Gehirns, sind nicht auf ein Fehlen von Tyrosin, dem Produkt der durch dieses Enzym katalysierten Reaktion zurückzuführen. Mit einer normalen Ernährung erhalten der Säugling und das Kind genügend Tyrosin. Die Störungen ergeben sich aus dem Anstauen des Substrats Phenylalanin. Der Mangel an Phenylalanin-Hydroxylase-Aktivität führt zu einer erhöhten Konzentration von Phenylalanin, Phenylpyruvat (durch Transaminierung aus Phenylalanin entstanden) und weiteren Derivaten im Blut und im Urin. Die erhöhte Konzentration von Phenylpyruvat im Urin hat der Krankheit den Namen gegeben. Die 10–30fach erhöhte Konzentration von Phenylalanin im Blut führt zu einer entsprechenden Phenylalanin-Überladung der Zellen. Wahrscheinlich ist die Entwicklungsstörung des Gehirns darauf zurückzuführen, dass Phenylalanin bei erhöhter Konzentration die Synthese gewisser Neurotransmitter hemmt (Hemmung der Hydroxylierung von Tyrosin zu Dopa und damit der Synthese von Noradrenalin und Adrenalin, des Transports von Tyrosin in gewisse Nervenzellen, sowie Störung der Synthese von Serotonin aus Tryptophan).

Die Therapie besteht in einer Phenylalanin-armen Diät während der ersten zehn

Lebensjahre und ermöglicht, falls sie früh genug einsetzt, eine normale Entwicklung des Gehirns. Die Diagnose muss daher so früh wie möglich gestellt werden. Die Bestimmung der Phenylalaninkonzentration im Blut ist ein Teil der routinemäßigen Reihenuntersuchung (*Screening*) bei Neugeborenen.

> Über 60 verschiedene Punktmutationen sind bekannt, welche eine Phenylketonurie verursachen. Die meisten Patienten sind gemischt-heterozygot, d. h. die beiden Allele tragen verschiedene Mutationen. Es liegen demnach zahlreiche verschiedene Genotypen vor. Die gemessenen Enzymaktivitäten liegen zwischen totalem Fehlen und 30% des Normalwerts.

Bei einer atypischen Form der Phenylketonurie liegt der Defekt in der Synthese des Cofaktors Tetrahydrobiopterin. Die genaue Diagnose ist wichtig, weil diese Patienten durch Zufuhr des Cofaktors behandelt werden können.

■ **Von den zahlreichen erblichen Störungen des Aminosäurenstoffwechsels ist die Phenylketonurie die wichtigste. Sie wird durch einen Mangel an Phenylalanin-Hydroxylase verursacht. Die erhöhten Konzentrationen von Phenylalanin, Phenylpyruvat und anderen Derivaten sind für die schweren Störungen der Gehirnentwicklung verantwortlich. Rechtzeitige Diagnose und Therapie (Phenylalanin-arme Ernährung) verhindern diese gravierenden Folgen.**

## 19.5 Synthese von Aminosäuren

Pflanzen, Pilze und viele Bakterien können alle proteinogenen Aminosäuren selbst synthetisieren. Vertebraten sind dazu nicht imstande. Gewisse Aminosäuren müssen mit der Nahrung zugeführt werden; sie werden als essentielle Aminosäuren bezeichnet. Die folgenden **9 Aminosäuren** sind für den Menschen **essentiell**:

| | |
|---|---|
| Aminosäuren mit verzweigten Seitenketten | Valin, Leucin, Isoleucin; |
| Basische Aminosäuren | Lysin, Histidin; |
| Hydroxy-Aminosäure | Threonin; |
| Schwefelhaltige Aminosäure | Methionin; |
| Aromatische Aminosäuren | Phenylalanin, Tryptophan. |

Die 11 nichtessentiellen Aminosäuren werden natürlich zum großen Teil auch aus der Nahrung bezogen, können aber bei Bedarf auch im Organismus gebildet werden. Sehr einfach ist die Synthese aus den entsprechenden 2-Oxosäuren durch **Transaminierung**, zumeist mit Glutamat als Donor der Aminogruppe:

Pyruvat → Alanin
Oxalacetat → Aspartat (→ Asparagin)
2-Oxoglutarat → Glutamat (→ Glutamin)
3-Phosphohydroxypyruvat
    → Phosphoserin → Serin

Bei Glutamat besteht auch die Möglichkeit der Synthese durch **reduktive Aminierung**:

2-Oxoglutarat + $NH_4^+$ + NAD(P)H + $H^+$
→ Glutamat + NAD(P)$^+$ + $H_2O$
Es handelt sich hier um die Umkehr der oxidativen Desaminierung. Als Ausnahme unter den Enzymen verwendet die Glutamat-Dehydrogenase sowohl NADPH als auch NADH.

Aus den obigen **nichtessentiellen Aminosäuren** lassen sich weitere Aminosäuren synthetisieren:

Glutamat + $NH_4^+$ + ATP → Glutamin + ADP + $P_i$
Diese durch die Glutamin-Synthetase katalysierte Reaktion ist auch bei der Stickstoffassimilation wichtig, indem sie Ammoniak fixiert.

Aspartat + Glutamin → Asparagin + Glutamat
(Synthese durch Transamidierung).

Glutamat → Prolin (durch Ringschluss).

Citrullin + Aspartat → Arginin
(eine Reaktion des Harnstoffzyklus).

Serin → Glycin + Methylen-Tetrahydrofolat.
Diese Reaktion wird durch die Pyridoxal-5′-phosphat-abhängige Serin-Hydroxymethyl-Transferase katalysiert. Sie liefert ein Einkohlenstoff($C_1$)-Fragment, für welches Tetrahydrofolat als Überträger fungiert (s. Kapitel 19.6).

### Synthese aus essentiellen Aminosäuren:

Phenylalanin → Tyrosin.
Diese Reaktion wird durch die Phenylalanin-Hydroxylase katalysiert, das Enzym, welches bei der Phenylketonurie fehlt.

Serin und Methionin → C-Skelett bzw. Schwefelatom von Cystein.

Bei der Synthese von Cystein wie auch bei der Synthese von Glycin aus Serin sind Reaktionen beteiligt, bei denen ein $C_1$-Fragment abgespalten und übertragen wird. Verschiebungen von $C_1$-Einheiten finden sich auch bei zahlreichen anderen Reaktionen des Stoffwechsels. $C_1$-Fragmente sind jedoch nicht an den bisher besprochenen großen Abbau- und Synthese-ketten beteiligt, daher werden sie gesondert als $C_1$-Stoffwechsel behandelt.

## 19.6
## C$_1$-Stoffwechsel

Bei der Bildung von Glycin aus Serin wird die abgespaltene Hydroxymethyl-Gruppe von Tetrahydrofolsäure übernommen. Auch in anderen Reaktionen treten an Tetrahydrofolat gebundene $C_1$-Einheiten auf. Sie kommen in drei verschiedenen Oxidationsstufen vor. Die verschiedenen Oxidationsstufen bilden zusammen den **$C_1$-Pool**.

**Tetrahydrofolat leitet sich von einem Vitamin, der Folsäure, ab** – Folat ist biologisch nicht aktiv, es muss über zwei Schritte zum aktiven Tetrahydrofolat (FH$_4$) reduziert werden:

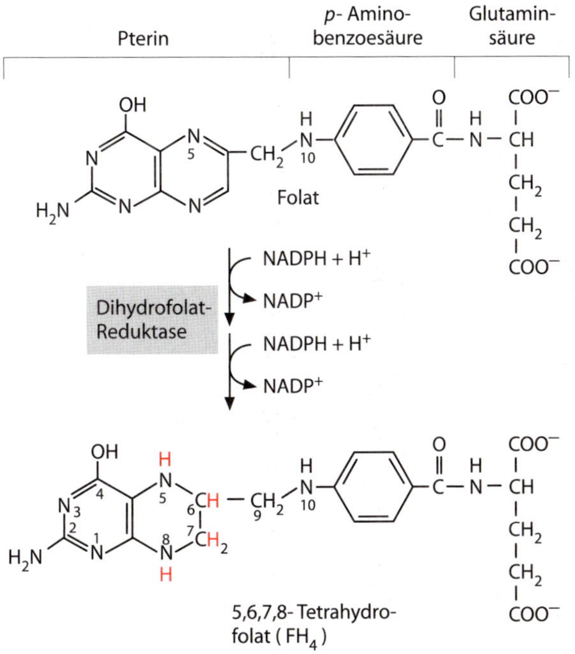

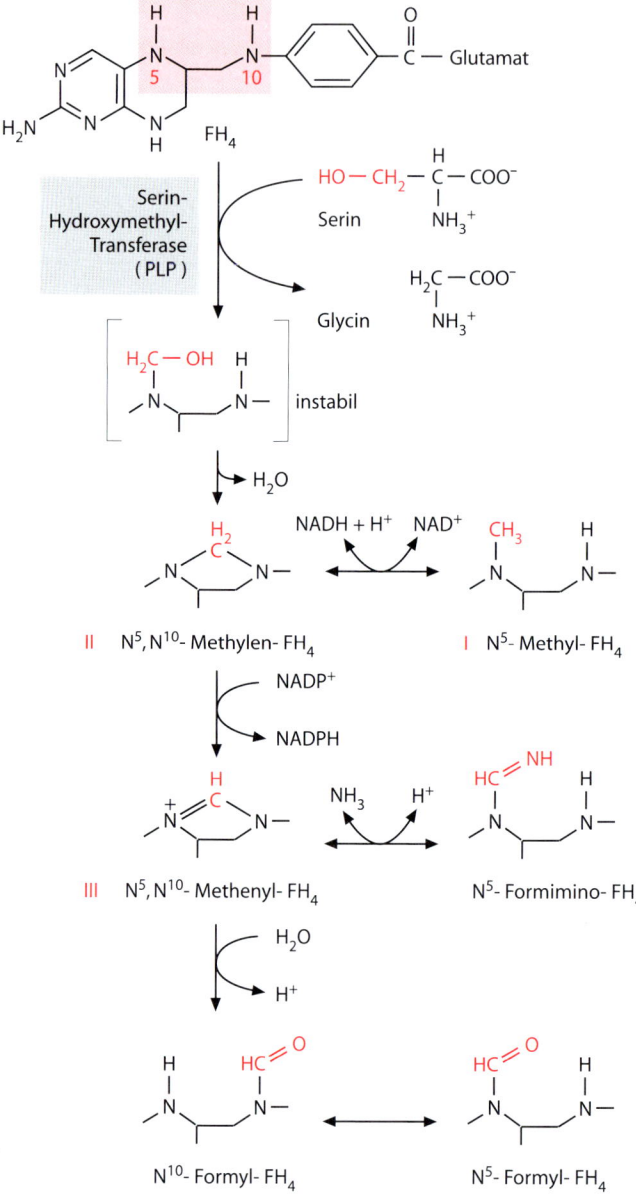

**Abb. 19.7.** Übertragung von $C_1$-Einheiten aus Serin auf Tetrahydrofolat ($FH_4$). Die Hydroxymethylgruppe des Serins wird zunächst an $N^{10}$ des Tetrahydrofolats ($FH_4$) gebunden, woraus durch Wasserabspaltung $N^5, N^{10}$-Methylen-$FH_4$ entsteht. Die Spaltung der C2-C3-Bindung des Serins wird durch die Serin-Hydroxymethyl-Transferase, ein Pyridoxal-5′-phosphat (PLP)-abhängiges Enzym katalysiert. Die drei verschiedenen Oxidationsstufen $FH_4$-gebundener $C_1$-Einheiten können über enzymkatalysierte Reaktionen ineinander umgewandelt werden

Die durch $FH_4$ übertragenen $C_1$-Einheiten (Abb. 19.7) kommen in drei verschiedenen Oxidationsstufen (I–III) vor:

I    $-CH_3$    Methylgruppe (entspricht Oxidationsstufe von Methanol $H_3COH$)

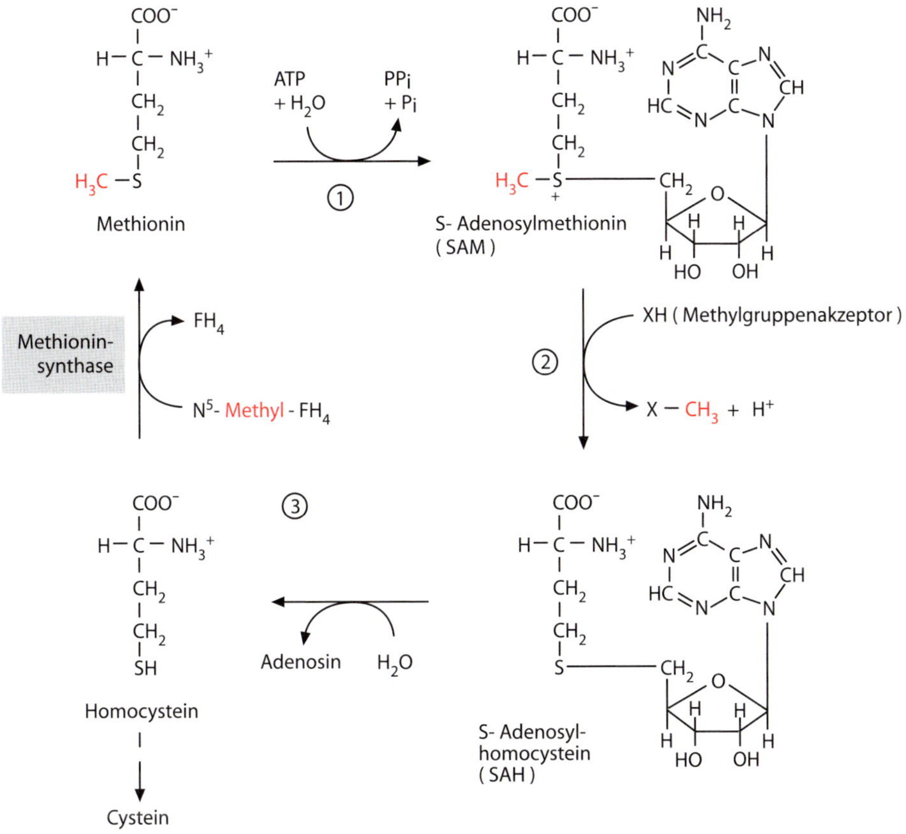

**Abb. 19.8.** *S*-Adenosylmethionin und seine Regenerierung im Methylzyklus. Der Zyklus besteht aus drei Vorgängen:

① Bildung von *S*-Adenosylmethionin (SAM). Bilanzmäßig werden drei Mol ATP verbraucht, um aus dem Thioether Methionin ein Mol aktivierter Methylgruppe in Form von SAM, einer reaktionsfähigen Sulfoniumverbindung, zu gewinnen.

② Übertragung von CH$_3^+$, einem elektrophilen Carbokation, auf ein Atom mit freiem Elektronenpaar, z. B. ein N-Atom. Dabei entsteht wiederum ein Thioether.

③ Regeneration von Methionin in zwei Schritten. Nach hydrolytischer Abspaltung von Adenosin wird das entstandene Homocystein durch $N^5$-Methyl-FH$_4$ zu Methionin methyliert. Die $N^5$-Methyl-FH$_4$-Homocystein-*S*-Methyltransferase (= Methioninsynthase) braucht Cobalamin (Vitamin B$_{12}$) als prosthetische Gruppe

II  –CH$_2$–  Methylengruppe (Oxidationsstufe von Formaldehyd HCHO)

III  –CH=  Methenylgruppe (Oxidationsstufe von Ameisensäure HCOOH)

  –CHO  Formylgruppe

  –CHNH  Formiminogruppe

Die verschiedenen Oxidationsstufen von C$_1$-FH$_4$ werden bei zahlreichen Synthesevorgängen als Lieferanten von C$_1$-Einheiten gebraucht. Als Überträger von Methylgruppen wirkt neben $N^5$-Methyl-FH$_4$ eine weitere Verbindung mit ganz anderer Struktur.

***S*-Adenosylmethionin (SAM) ist wie Methyl-FH$_4$ an Methylierungsreaktionen beteiligt** – Methionin kann im tierischen Organismus nicht synthetisiert werden. Die im Thioether an das Schwefelatom gebundene Methylgruppe ist reaktionsträge, sie wird aktiviert, d.h. leicht übertragbar auf andere Verbindungen, durch die Bildung einer Sulfoniumverbindung mit Adenosin (Abb. 19.8). Die Umwandlung von Methionin in Homocystein dient verschiedenen Zwecken: SAM ist Methylgruppendonor bei der Methylierung zahlreicher Substrate, Methionin wird auf diesem Weg abgebaut, und die nichtessentielle Aminosäure Cystein wird gebildet.

Im Methylzyklus (Abb. 19.8) wird die Methylierung von Homocystein zu Methionin durch die Methioninsynthase mit Cobalamin als prosthetischer Gruppe katalysiert. Damit sind die SAM-vermittelten Methylierungsreaktionen von zwei Vitaminen, Folsäure und Cobalamin (Vitamin $B_{12}$), abhängig (Abb. 19.9). Ein Mangel an $FH_4$ kann daher nicht nur die Folge einer mangelhaften Zufuhr von Folsäure sein, sondern auch durch einen Mangel an Cobalamin verursacht werden. Bei ungenügender Aktivität der Cobalamin-abhängigen Methyltransferase wird sich $FH_4$ als $N^5$-Methyl-$FH_4$ in der „Methylfalle" anstauen und damit für den Stoffwechsel nicht mehr zur Verfügung stehen.

**Der wichtigste Lieferant von $C_1$-Einheiten ist Serin** – Grundsätzlich stehen zwei Quellen für $C_1$-Einheiten zur Verfügung: Stoffwechselprodukte wie Serin und einige andere Aminosäuren (Glycin, Histidin) sowie mit der Nahrung zugeführte Verbindungen (Serin, Methionin, Glycin, Histidin, Phospholipide). Die $C_1$-Einheiten werden auf verschiedenen Oxidationsstu-

fen in den $C_1$-Pool eingeschleust. Die quantitativ wichtigste Quelle ist Serin aus dem Aminosäurepool. Serin kann aus 3-Phosphohydroxypyruvat durch Transaminierung produziert werden; über diesen Weg ist es möglich, aus Kohlenhydrat $C_1$-Fragmente zu gewinnen. Wozu werden die $C_1$-Einheiten gebraucht?

Das Schema zeigt, wie wichtig der $C_1$-Stoffwechsel für die Synthese vieler zelleigener Verbindungen ist. Insbesondere können weder Proteine noch Nucleinsäuren ohne $C_1$-Einheiten synthetisiert werden: Für die Synthese von Proteinen wird Methionin benötigt und für die Synthese von Nucleinsäuren Purinbasen, im Falle der DNA insbesondere auch dTMP.

- $C_1$-Einheiten sind für manche Biosynthesen die limitierenden Vorstufen, sie werden nicht in den Hauptstoffwechselketten gebildet und sind Mangelware. Ohne $C_1$-Einheiten können weder Nucleinsäuren noch Proteine synthetisiert werden. $C_1$-Einheiten sind eine Achillesferse des Stoffwechsels. Ihr Stoffwechsel ist daher interessant für medikamentöse Interventionen.

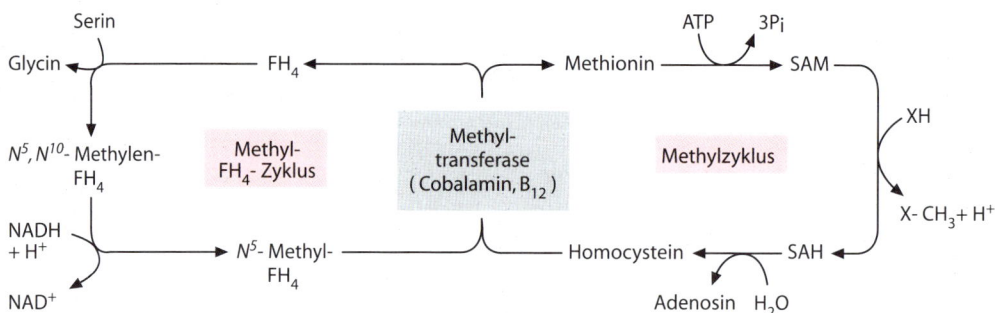

**Abb. 19.9.** Zusammenspiel von Tetrahydrofolat und Cobalamin (Vitamin $B_{12}$) bei Methylierungsreaktionen. Das Schema zeigt die bekannten Reaktionen zur Gewinnung von $C_1$-Einheiten aus Serin (Abb. 19.7) und den Methylzyklus (Abb. 19.8). Die Methylierung von Homocystein zu Methionin ist eine dem Methyl-$FH_4$-Zyklus und dem Methylzyklus gemeinsame Reaktion. Das für diese Reaktion verantwortliche Enzym, die $N^5$-Methyl-$FH_4$-S-Methyltransferase (in der Abbildung abgekürzt als Methyltransferase bezeichnet) benötigt Cobalamin (Vitamin $B_{12}$) als prosthetische Gruppe

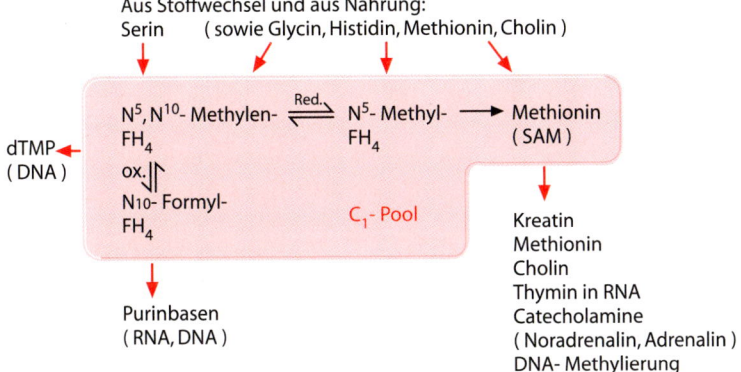

## 19.7
### Synthesen, an denen Aminosäuren beteiligt sind: Kreatin und Porphyrine

An der Synthese N-haltiger Verbindungen sind sehr häufig Aminosäuren beteiligt. Im Folgenden werden mit Kreatin und Porphyrinen zwei Beispiele hierzu besprochen. Die Synthesewege von Purin- und Pyrimidinnucleotiden, an denen ebenfalls diverse Aminosäuren als Vorstufen beteiligt sind, werden separat im nächsten Kapitel dargestellt.

**Kreatin ist wichtig für die Anlage von Energiereserven in den Muskeln** – Kreatin ist eine N-haltige Verbindung, die eine energiereiche Phosphatbindung eingehen kann und in hoher Konzentration ($\sim 10$ mM) in der Muskulatur vorkommt. An seiner Synthese sind drei Aminosäuren beteiligt (Abb. 19.10). Kreatinphosphat dient in den Muskeln als Reserve von energiereichem Phosphat. Die Kreatinkinase-Reaktion liefert, wenn sie in umgekehrter Richtung läuft, ATP nach. Zwei Drittel der energiereichen Phosphatbindungen in der Muskulatur befinden sich im Kreatinphosphat. Bei Crustaceen übernimmt Argininphosphat die Stelle von Kreatinphosphat als Energiereserve in der Muskulatur.

**Porphyrine sind Bestandteile zahlreicher natürlicher Pigmente** – Ein Porphyrin-Ringsystem bildet den organischen Teil des Chlorophylls (mit $Mg^{2+}$ als Zentralatom) der Pflanzen und photosynthetisierenden Bakterien. Auch das Häm, welches sich als prosthetische Gruppe in zahlreichen Hämproteinen (Hämoglobin, Myoglobin, Cytochrome, Katalase, Peroxidasen) findet, ist ein Porphyrinderivat (mit Eisen als Zentralatom).

Die Synthese von Häm beginnt und endet in den Mitochondrien mit einem wichtigen Zwischenspiel im Cytosol. Zunächst wird ausgehend von Glycin und Succinyl-CoA 5-Aminolävulinat gebildet (Abb. 19.11). Diese Reaktion wird durch die $\delta$ (delta)-Aminolävulinat-Synthase katalysiert, dem Schrittmacherenzym des ganzen Syntheseswegs. Hämin, das unter aeroben Bedingungen spontan und sehr rasch aus Häm entsteht, welches nicht an ein Hämprotein gebunden ist, wirkt nicht nur als allosterischer Inhibitor der Synthase, sondern hemmt auch die Transkription des Gens dieses Enzyms. Beim Menschen wird die Synthase mit einer Halbwertszeit von nur 80 min umgesetzt.

---

Hemmung des ersten Schrittes des Syntheseweges durch das Endprodukt (Rückkoppelungshemmung, *Feedback inhibition*) wird bei vielen Biosynthesevorgängen angetroffen. Weitere Beispiele neben der Hämsynthese mit der $\delta$-Aminolävulinat-Synthase sind die Synthesewege von Fettsäuren (Acetyl-CoA-Carboxylase) und Cholesterin (HMG-CoA-Reduktase).

---

Hämin stimuliert zudem die Synthese von Globin. Durch die gegensinnige Regulation wird die Synthese von Häm und

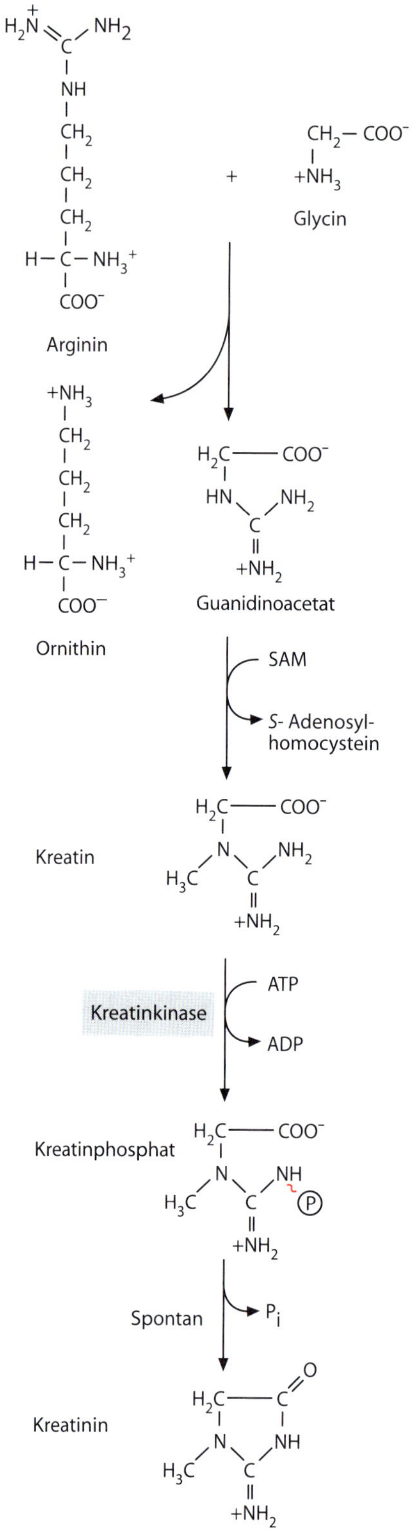

Arginin

Glycin

Ornithin

Guanidinoacetat

SAM

S-Adenosyl-homocystein

Kreatin

Kreatinkinase

ATP

ADP

Kreatinphosphat

Spontan

$P_i$

Kreatinin

Globin aufeinander abgestimmt, es ist für die blutbildenden Zellen unökonomisch, vom einen oder andern zu viel oder zu wenig zu produzieren. Die Regulation der Globinsynthese durch Hämin ist eines der seltenen Beispiele für eine Regulation der Genexpression auf der Ebene der Translation (s. Kapitel 11.4).

**Störungen der Porphyrinsynthese führen zu schweren Krankheiten** – Es sind eine Reihe von Enzymdefekten in der Synthese von Porphyrinen bekannt. Sie führen zur Anhäufung von Zwischen- und Nebenprodukten der Porphyrinsynthese, die durch Oxidation weitere Porphyrine liefern. Diese Porphyrine sind, wie das Protoporphyrin IX, rote und rot-fluoreszierende Farbstoffe, die photoaktivierbar sind und photochemische Prozesse auslösen können. Die Farbstoffe werden im Urin ausgeschieden, der dadurch rot gefärbt ist.

Eine Form der **Porphyrie** beruht auf einer fehlgeleiteten Porphyrinsynthese in den Erythroblasten, den Vorläuferzellen der Erythrocyten. Die hereditäre Störung führt zu einer schweren Hautkrankheit. Der Defekt betrifft die Uroporphyrinogen III-Cosynthase und führt zu einer Anhäufung nicht verwendbarer Oxidationsprodukte von Porphobilinogen (Uroporphyrin I und Koproporphyrin I). Die in der Haut abgelagerten Porphyrine machen die Haut lichtempfindlich. Photochemische Prozesse führen zur Bildung von Sauerstoffradikalen, die Hautgeschwüre und Hautnarben zur Folge haben. Bei einer anderen Porphyrieform ist die Porphyrinsynthese in der Leber durch einen Defekt der Porphobilinogen-Desaminase gestört. Bei diesen

◀ **Abb. 19.10.** Synthese von Kreatinphosphat. Glycin liefert den Kern, an den die Amidiniumgruppe von Arginin angehängt wird, und S-Adenosylmethionin fungiert als Methylgruppen-Donor. Kreatinphosphat bildet spontan Kreatinin, das Lactam (intramolekulares Amid) von Kreatin. Kreatinin wird nicht abgebaut, sondern im Urin ausgeschieden (1–2 g/24 h). Die Menge Kreatinin, die in 24 h ausgeschieden wird, ist proportional zur Muskelmasse und bemerkenswert konstant für ein bestimmtes Individuum

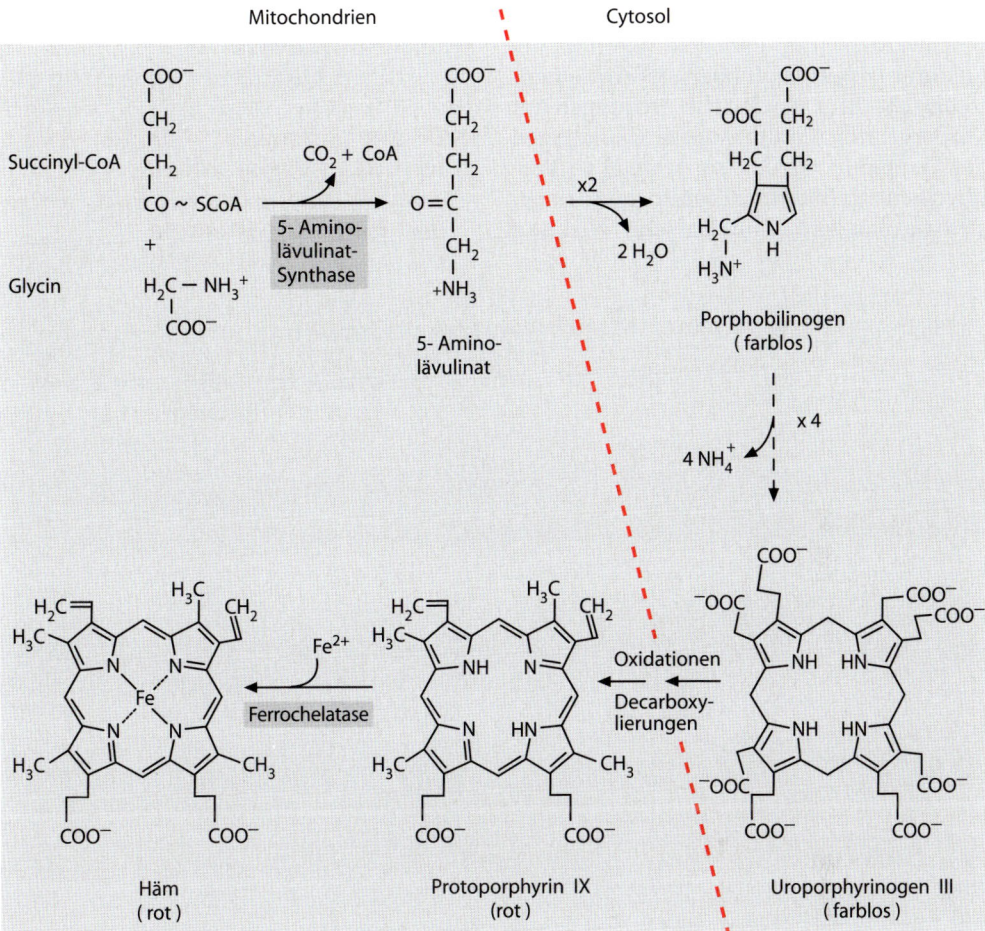

**Abb. 19.11.** Hämsynthese. Ein Teil der Synthesereaktionen findet in den Mitochondrien und ein Teil im Cytosol statt. Aus Succinyl-CoA, einem Zwischenprodukt des ebenfalls in den Mitochondrien ablaufenden Citratzyklus, entsteht durch Kondensation mit Glycin und nachfolgende Decarboxylierung 5-Aminolävulinat (auch als $\delta$(delta)-Aminolävulinat bezeichnet). Die 5-Aminolävulinat-Synthase ist ein Pyridoxal-5′-phosphat-abhängiges Enzym und ist das Schrittmacherenzym des Synthesewegs. Das Endprodukt Häm, genauer dessen Oxidationsprodukt Hämin mit $Fe^{3+}$, wirkt nicht nur als allosterischer Rückkoppelungshemmer dieses Enzyms, sondern reprimiert auch dessen Synthese. Im Cytosol kondensieren zwei Aminolävulinat-Moleküle zu Porphobilinogen, wobei ein Pyrrolring entsteht. Die nächsten Schritte führen zum zyklischen Tetrapyrrol, dabei werden die Aminogruppen abgespalten. Das entstehende farblose Uroporphyrinogen III wird durch die Einführung weiterer Doppelbindungen und Decarboxylierung zu Protoporphyrin IX, das nun ein durchkonjugiertes System von Doppelbindungen aufweist und daher die typische rote Farbe zeigt. Die Seitenketten sind mit zwei Ausnahmen nicht mehr polar und erlauben die Einbettung des Häms ins apolare Innere von Proteinen. Zum Schluss baut ein besonderes Enzym, die Ferrochelatase, $Fe^{2+}$ als Zentralatom in den Porphyrinring ein. Das damit entstandene Häm b findet sich im Hämoglobin, Myoglobin und manchen Oxidoreduktasen, wo es nichtkovalent ans Protein gebunden ist

Patienten stehen episodische starke Bauch-beschwerden (die Patienten werden bei unklarer Diagnose oft operiert) sowie neu-rologische und psychische Störungen im Vordergrund. Als molekulare Grundlagen der Symptome werden ein Mangel an Por-phyrinen zur Bildung der mitochondrialen Cytochrome und eine toxische Wirkung der angehäuften Zwischen- und Neben-produkte diskutiert.

■ Diverse Aminosäuren sind Vorstufen für die Synthese N-haltiger Verbin-dungen wie Kreatin, Häm, Purin- und Pyrimidinnucleotide.

# 20 Stoffwechsel der Purin- und Pyrimidinnucleotide

Nucleinsäuren werden in allen Geweben ständig auf- und abgebaut. Alle Gewebe synthetisieren laufend Ribonucleotide als Bausteine der RNA. Desoxyribonucleotide werden in geringerer Menge benötigt, da DNA nur vor der Zellteilung und zu Reparaturzwecken synthetisiert werden muss. Die Zellen im Gehirn, Skelettmuskel, Knochen und Knorpel teilen sich nur selten, hingegen erneuern sich die Zellen in der Darmmucosa, in der Haut und im Knochenmark ständig.

Purin- und Pyrimidinnucleotide können entweder aus kleineren Vorstufen *de novo* synthetisiert werden oder aus Purinbasen und Pyrimidinnucleosiden, die aus dem Nucleinsäurenabbau stammen, wieder aufgebaut werden (Wiederverwertungsweg = *Salvage pathway*). Der erste Schritt in der Neusynthese der Nucleotide wird durch die Endprodukte (AMP und GMP bzw. UTP oder CTP) gehemmt (Rückkoppelungshemmung).

Für die Synthese der Purinbasen ist Formyl-Tetrahydrofolat notwendig. Die Synthese des Pyrimidinnucleotids dTTP ist abhängig von Methylen-Tetrahydrofolat, dabei entsteht Dihydrofolat, welches fortwährend durch die Dihydrofolat-Reduktase zu Tetrahydrofolat rückreduziert werden muss. Da die Nucleotidsynthese Voraussetzung für die DNA-Replikation ist, hemmen Inhibitoren der Dihydrofolat-Reductase die Vermehrung von Zellen und werden daher zur Bekämpfung gewisser Krebsformen und bakterieller Infektionskrankheiten eingesetzt. Sulfonamide sind Analoge der *p*-Aminobenzoesäure und hemmen die Synthese von Folsäure in Bakterien und dadurch deren Vermehrung.

Überschüssige Nucleotide werden abgebaut. Die Ribose wird als Ribosephosphat freigesetzt; die Pyrimidinbasen werden zu Ammoniak und $CO_2$ abgebaut, während die Purinbasen als Harnsäure oder Allantoin im Urin ausgeschieden werden. Wegen ihrer schlechten Wasserlöslichkeit können die Harnsäure und ihr Natriumsalz (Natriumurat) bei höheren Konzentrationen leicht ausfallen. In den Harnwegen können dadurch Steine entstehen, und in gewissen Geweben führt die Ablagerung von Natriumuratkristallen zu Gicht. Ein angeborener Defekt der Hypoxanthin-Guanin-Phosphoribosyl-Transferase (HGPRT) führt zu motorischen Anfällen mit Selbstverstümmelung (Lesch-Nyhan-Syndrom).

## 20.1 Synthese von Purinnucleotiden, Wiederverwertung von Purinbasen

Die Neusynthese von Purinnucleotiden aus Stoffwechselzwischenprodukten beträgt beim erwachsenen Menschen etwa

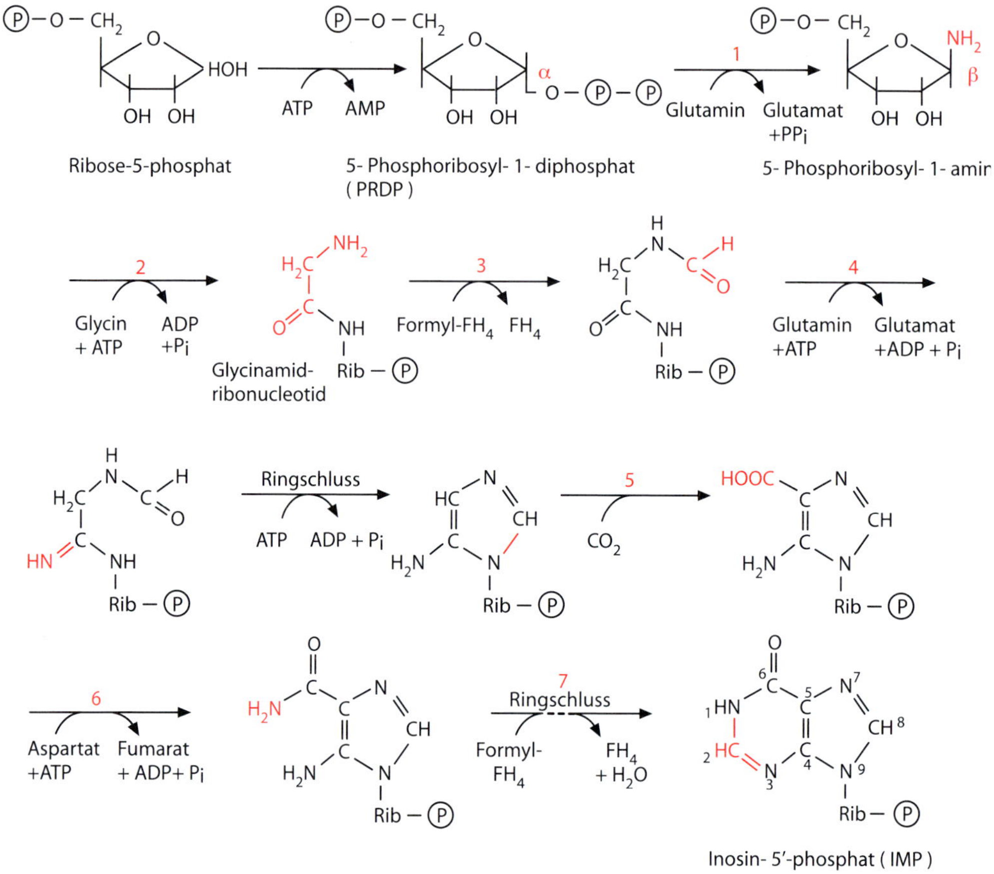

**Abb. 20.1.** *De-novo*-Synthese von Purinnucleotiden. An PRDP, der aktivierten Form von Ribose-5-phosphat, wird die Diphosphatgruppe stereospezifisch (*β*-Anomer) durch die Amidgruppe von Glutamin ersetzt. Darauf wird Glycin mit ATP aktiviert und über eine Amidbindung angebaut. Im Folgenden wird Atom um Atom hinzugefügt und zunächst der Fünfring und darauf der Sechsring aufgebaut. Die C-Atome stammen aus Glycin, Formyl-FH$_4$ und CO$_2$; die N-Atome werden durch Glycin und weitere Aminosäuren geliefert. Das Endprodukt ist das Nucleotid Inosinmonophosphat (IMP); die entsprechende Purinbase, 6-Hydroxypurin, wird als Hypoxanthin bezeichnet. Die *roten Nummern* bezeichnen die einzelnen Additionsschritte

500 mg/Tag. Die Wiederverwertung von Purinbasen aus dem Abbau von Nucleinsäuren und Nucleotiden liefert etwa zehnmal mehr.

**Die heterozyklischen Ringe der Purinnucleotide werden vom Pentosephosphatrest ausgehend aufgebaut** – Zunächst wird eine aktivierte Form von Ribose-5-phosphat gebildet (5-Phosphoribosyl-1-diphosphat, PRDP), woran die Purinringe Atom um Atom aufgebaut und danach geschlossen werden (Abb. 20.1). Der recht komplizierte Syntheseweg zeigt die wichtige Rolle von Aminosäuren bei der Biosynthese

stickstoffhaltiger Verbindungen. Im Weiteren ist zu beachten, dass pro Mol Nucleotid sechs Mol energiereicher Phosphatbindungen verbraucht werden.

AMP und GMP werden aus IMP in weiteren energieverbrauchenden Reaktionen gebildet (Abb. 20.2). Basenspezifische Nucleosidmonophosphat-Kinasen produzieren daraus unter ATP-Verbrauch die entsprechenden Nucleosiddiphosphate:

$$\text{z. B. AMP} + \text{ATP} \xrightleftharpoons{\text{Adenylatkinase}} 2 \text{ ADP}$$

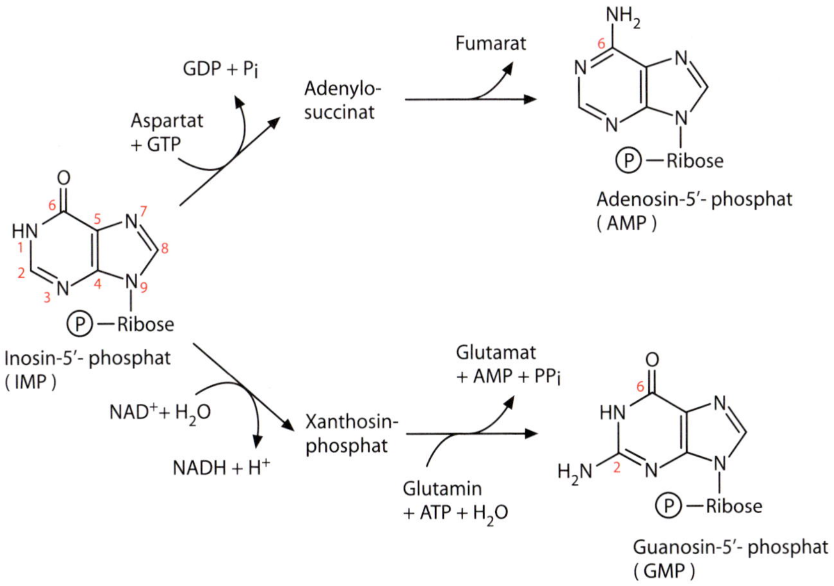

**Abb. 20.2.** Bildung von ATP und GTP aus IMP. Zur Synthese von AMP wird die Hydroxylgruppe in Stellung 6 der tautomeren Form von IMP durch die Aminogruppe von Aspartat ersetzt, dabei entsteht Fumarat (ähnlich wie bei der Harnstoffsynthese, Abb. 19.3). Zur Synthese von GMP wird zuerst in Stellung 2 eine Hydroxylgruppe eingeführt, die darauf durch eine Aminogruppe ersetzt wird

Die Triphosphate werden durch eine unspezifische Nucleosiddiphosphat-Kinase gebildet, die weder zwischen den verschiedenen Basen noch zwischen Ribonucleotiden und Desoxyribonucleotiden unterscheidet (N und M bedeuten irgendein Nucleosid):

$$NDP + MTP \rightleftharpoons NTP + MDP$$

Nucleosiddiphosphat-
Kinase

**Wiederverwertung der Purinbasen hilft Energie sparen** – Recycling der beim Abbau von Nucleinsäuren und Nucleotiden frei werdenden Purinbasen erübrigt die energieaufwändige *de-novo*-Synthese von IMP. Bis zu 90% der anfallenden Purinbasen werden wiederverwendet zur Synthese von Nucleotiden. Dabei wird wie bei der Neusynthese die aktivierte Form von Ribose-5-phosphat (5-Phosphoribosyl-1-diphosphat, PRDP) verwendet:

$$PRDP + Adenin \longrightarrow AMP + PP_i$$

Adenin-Phosphoribosyl-
Transferase (APRT)

$$PRDP + Guanin \ (oder \ Hypoxanthin)$$
$$\longrightarrow GMP \ (IMP) + PP_i$$

Hypoxanthin-Guanin-Phosphoribosyl-Transferase (HGPRT)

Eine Neusynthese von Purinnucleotiden ist in allen Zellen möglich, jedoch ist in den extrahepatischen Geweben der Wiederverwertungsweg sehr viel wichtiger als die Neusynthese. Ein Ausfall der HGPRT hat daher schwerwiegende Konsequenzen für die Gehirnentwicklung.

■ Die Purinnucleotide werden von 5-Phosphoribosyl-1-diphosphat (PRDP) ausgehend aufgebaut. Die Atome des heterozyklischen Ringsystems stammen aus 5 verschiedenen Quellen (Abb. 20.1):

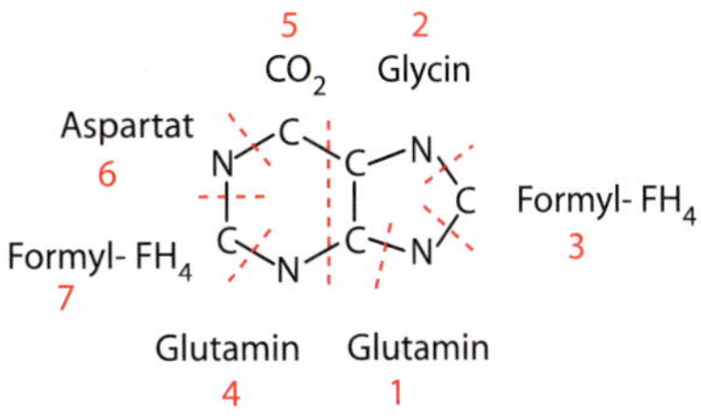

Die Wiederverwertung von Purinbasen liefert in extrahepatischen Geweben weitaus mehr Nucleotide als die Neusynthese.

## 20.2
## Synthese von Pyrimidinnucleotiden, Wiederverwertung von Pyrimidinnucleosiden

**Auch an der Pyrimidinsynthese sind Aminosäuren beteiligt** – Ein erwachsener Mensch produziert pro Tag ungefähr 500 mg Pyrimidinnucleotide. Im Unterschied zur Synthese der Purinnucleotide wird hier zunächst der N-haltige Ring gebildet, der erst anschließend an Ribosephosphat gekoppelt wird. Der Pyrimidinring wird aus der Amidgruppe von Glutamin, $CO_2$ und Aspartat gebildet (Abb. 20.3). Darauf wird unter Verwendung von aktiviertem Ribose-5-phosphat ein Mononucleotid produziert, welches zu UMP decarboxyliert wird. UMP wird unter Verwendung von ATP zu UDP und UTP phosphoryliert. Transamidierung mit Glutamin ersetzt die Hydroxylgruppe von UTP

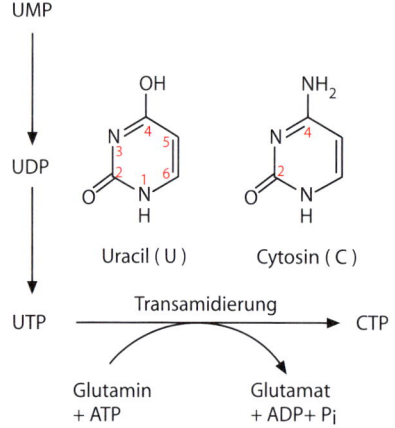

**Pyrimidinnucleoside werden wiederverwertet** – Im Unterschied zu den Purinnucleotiden können Pyrimidinnucleotide nicht aus den beim Abbau freiwerdenden Basen resynthetisiert werden. Hingegen werden die beim Abbau anfallenden Pyrimidinnucleoside rezykliert. Zwei Beispiele für solche Phosphorylierungsreaktionen:

Uridin oder Cytidin $\xrightarrow[\text{Uridin-Cytidin-Kinase}]{\text{ATP}\ \ \text{ADP}}$ UMP/CMP

dThymidin $\xrightarrow[\text{Thymidinkinase}]{\text{ATP}\ \ \text{ADP}}$ dTMP

## 20.3
## Regulation der Nucleotidsynthese

**Rückkoppelungsmechanismen regulieren die Synthese sowohl von Purin- als auch von Pyrimidinnucleotiden** – Rückkoppelungshemmungen auf mehreren Stufen kombiniert mit einer Rückkoppelungsaktivierung übers Kreuz sorgen für eine bedarfsgerechte Produktion von Adenosin- und Guanosinnucleotiden (der Syntheseweg ist in Abb. 20.1 dargestellt). Für die Synthese von ATP ist GTP als Aktivator notwendig, für die Synthese von GTP ist ATP notwendig; die kreuzweise Abhängigkeit stimmt die Synthesen von ATP und GTP aufeinander ab:

durch eine Aminogruppe und ergibt CTP. Damit stehen die zwei Pyrimidin-Ribonucleotide bereit, welche zur Synthese von RNA benötigt werden. Zur Bildung von DNA müssen Desoxyribonucleotide bereitgestellt werden (s. Kapitel 20.4).

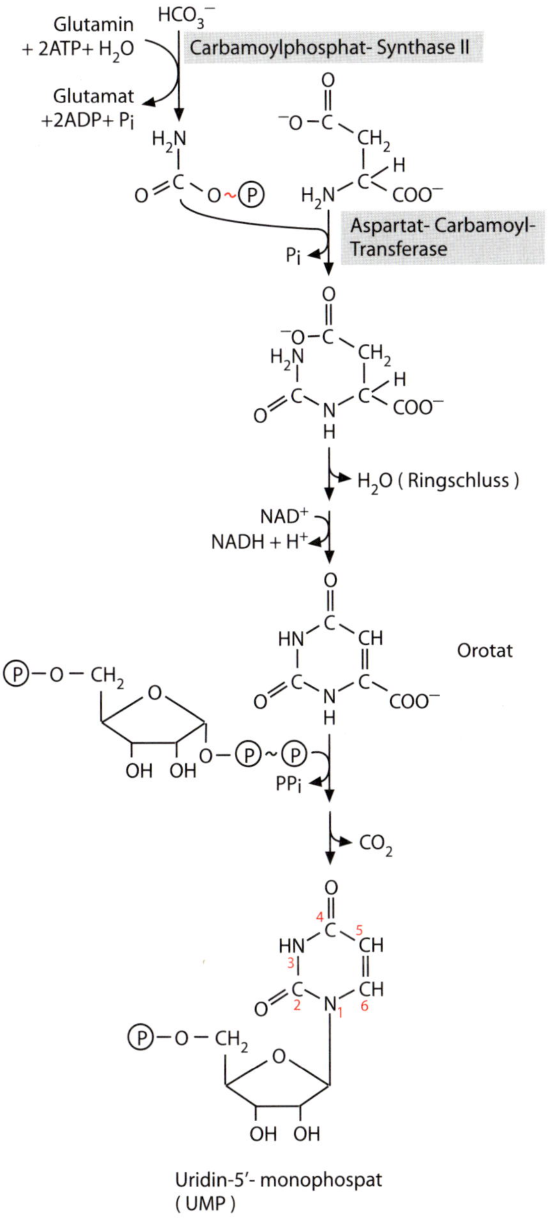

**Abb. 20.3.** *De-novo*-Synthese von Pyrimidinnucleotiden. Aus Hydrogencarbonat und der Amidgruppe von Glutamin wird Carbamoylphosphat gebildet, welches zusammen mit Aspartat die Atome zum Aufbau des Pyrimidinrings liefert. Die im Cytosol vorkommende Carbamoylphosphat-Synthase II verwendet die Amidgruppe von Glutamin zur Synthese von Carbamoylphosphat, während das mitochondriale Isoenzym, die an der Harnstoffsynthese beteiligte Carbamoylphosphat-Synthase I, $NH_4^+$ als Substrat braucht. Nach dem Ringschluss wird durch Reaktion mit PRDP Ribose-5-phosphat *N*-glykosidisch angehängt. UMP wird zu UTP phosphoryliert, woraus die weiteren benötigten Pyrimidinnucleotide gebildet werden. Bei Eukaryonten wird die Carbamoylphosphat-Synthase II und bei Prokaryonten die Aspartat-Carbamoyl-Transferase durch allosterische Rückkoppelungshemmung reguliert

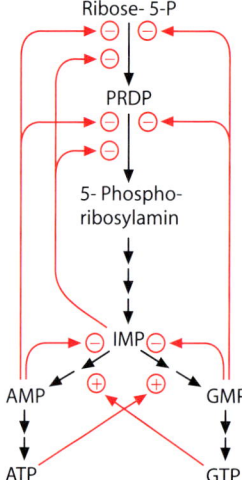

Eine Rückkoppelungshemmung des ersten Schritts (Carbamoylphosphat-Synthase) durch das Endprodukt UTP reguliert die Synthese der Pyrimidinnucleotide bei Eukaryonten. Bei Prokaryonten wird die Aspartat-Carbamoyl-Transferase durch CTP über eine allosterische Rückkoppelungshemmung reguliert:

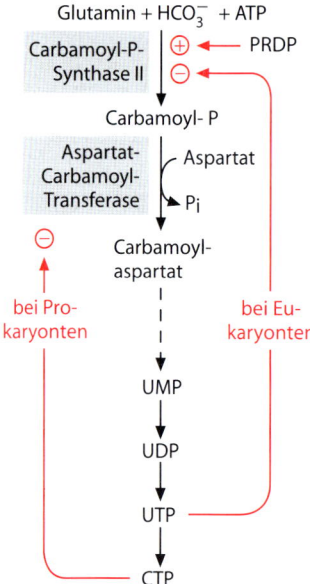

Die allosterische Aktivierung des ersten Schritts durch PRDP (5-Phosphoribosyldiphosphat), die aktivierte Form von Ribose-5-phosphat, welche sowohl für die Purinsynthese (Abb. 20.1) als auch für die Pyrimidinsynthese (Abb. 20.3) gebraucht wird, stimmt die Produktionen von Purin- und Pyrimidinnucleotiden aufeinander ab. Wie oben gezeigt ist, wird die Synthese von PRDP gedrosselt, wenn ausreichend Purinnucleotide vorhanden sind. Da aus UTP sowohl CTP wie auch dTTP (s. unten) entstehen, ist deren Synthese in diesen Regulationsmechanismus eingeschlossen.

■ Die zu Purin- und Pyrimidinnucleotiden führenden Synthesewege werden streng reguliert: allosterische Rückkoppelungshemmung und kreuzweise Rückkoppelungsaktivierung sorgen dafür, dass die verschiedenen Nucleotide in bedarfsgerechten Mengen produziert werden.

## 20.4
## Synthese der Desoxyribonucleotide

Für die Synthese von DNA werden dATP, dGTP, dCTP und dTTP benötigt. Die Desoxyribonucleotide entstehen durch reduktive Entfernung der Hydroxylgruppe an C2' der Ribonucleotide.

**Die Ribonucleotide werden ausnahmslos auf der Stufe der Ribonucleosid-diphosphate reduziert** – Die Reduktion in der 2'-Position des Riboserests erfolgt für die Purin- und Pyrimidinnucleosiddiphosphate auf die gleiche Weise. Es handelt sich um eine Radikalreaktion, unmittelbares Reduktionsmittel ist Thioredoxin, ein kleines Protein (108 Aminosäurereste) mit zwei Sulfhydryl-Gruppen (Abb. 20.4). Die **Nucleosiddiphosphat-Reduktase** wird **allosterisch reguliert**. Der wichtigste allosterische Rückkoppelungsinhibitor ist dATP, aber auch die anderen dNTPs sowie ATP sind wirksam, indem sie durch Rückkoppelungshemmung und durch Modulation der Substratspezifität des Enzyms dafür sorgen, dass die verschiedenen dNTPs in ausgewogenem Verhältnis synthetisiert werden.

**Desoxythymidinmonophosphat (dTMP) wird aus dUMP gebildet** – In der DNA

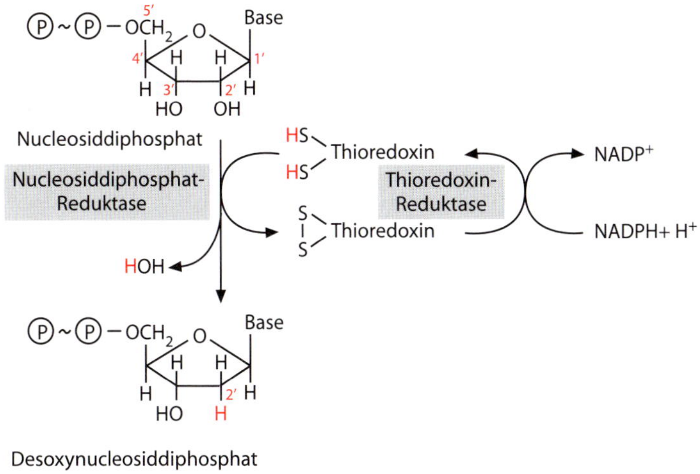

**Abb. 20.4.** Reduktion von Ribonucleosiddiphosphaten zu 2′-Desoxyribonucleosiddiphosphaten. In einer komplexen Radikalreaktion, an der auch ein FeS-Zentrum der Nucleosiddiphosphat-Reduktase beteiligt ist, wird die Hydroxylgruppe an C2′ durch ein Wasserstoffatom ersetzt

kommt Thymin (5-Methyluracil) anstelle von Uracil vor. Die Synthese der Desoxythymidinnucleotide geht von dUDP aus, welches, entsprechend der Bildung aller anderen Desoxyribonucleotide, durch Reduktion von UDP erhalten wird. Darauf wird dUDP zu dUTP phosphoryliert, woraus durch hydrolytische Abspaltung dUMP entsteht (siehe Schema unten).

Für die Methylierung von dUMP zu dTMP liefert $N^5,N^{10}$-Methylentetrahydrofolat die notwendige $C_1$-Einheit. Die Methylengruppe muss allerdings zur Methylgruppe reduziert werden. In dieser Reaktion fungiert Methylen-$FH_4$ nicht nur als $C_1$-Lieferant sondern auch als Reduktionsmittel, dabei wird $FH_4$ zu $FH_2$ (Dihydrofolat) oxidiert.

Warum wird dUMP und nicht dUDP oder dUTP methyliert? Der energieverbrauchende Umweg über die Monophosphate wird wahrscheinlich eingeschlagen, um die Konzentration von dUTP in der Zelle möglichst niedrig zu halten. Die unspezifische Nucleosiddiphosphatkinase würde dUDP zu dUTP phosphorylieren, das weder für die Synthese von RNA noch von DNA benötigt wird. Im Gegenteil, das Vorhandensein von dUTP ließe die Gefahr entstehen, dass dieses Nucleotid fälschlicherweise in die DNA eingebaut würde. Die DNA-Polymerase unterscheidet nur ungenügend zwischen dTTP und dUTP.

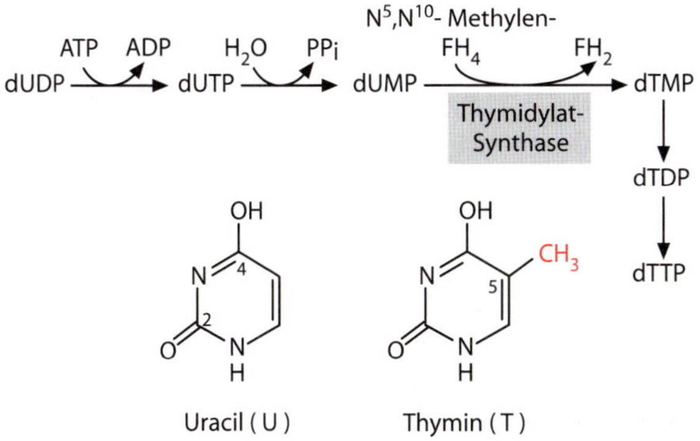

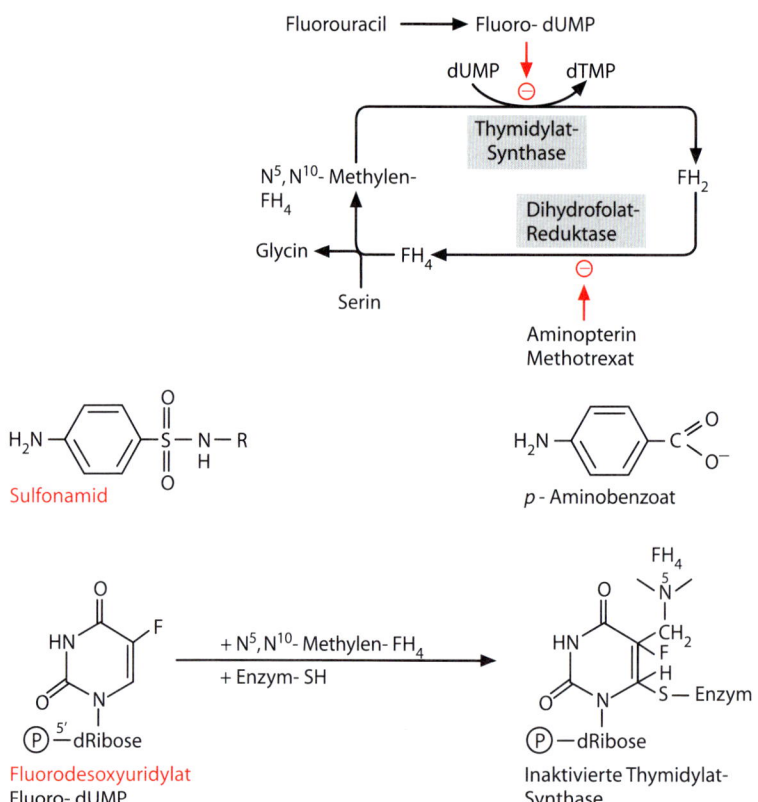

Sulfonamid

p-Aminobenzoat

Fluorodesoxyuridylat
Fluoro-dUMP

Inaktivierte Thymidylat-Synthase

Folsäureantagonisten
R = H:    Aminopterin
R = CH3: Methotrexat

Folat

**Abb. 20.5.** Hemmstoffe der Synthese von Folsäure und dTMP. Das Reaktionsschema zeigt die Zielenzyme der wichtigsten Inhibitoren der Synthese von dTMP

- **Sulfonamide** sind Analoge der *para*-Aminobenzoesäure, einer Vorstufe der Folsäure (s. Kapitel 19.6). Sie hemmen die Synthese der Folsäure in Bakterien (im Schema nicht aufgeführt) und werden als Bakteriostatika verwendet. Mensch und Tiere können Folsäure nicht synthetisieren, Folsäure ist ein Vitamin
- **Fluorouracil** wird in den Zellen in Fluoro-dUMP umgewandelt, welches die Thymidylat-Synthase nach dem Modus eines Mechanismus-aktivierten Inhibitors ($k_{cat}$-Inhibitor) hemmt. Fluorouracil wird als Cytostatikum verwendet
- **Folsäureantagonisten** sind Analoge der Folsäure, die als kompetitive Inhibitoren mit sehr hoher Affinität an die Dihydrofolat-Reduktase binden (die Dissoziationskonstante des Enzym-Inhibitor-Komplexes $K_i \sim 10^{-9}$ M!). Folsäureantagonisten werden als Cytostatika und Bakteriostatika verwendet

$FH_2$ kann im Gegensatz zu $FH_4$ keine $C_1$-Einheiten übertragen. $FH_4$ muss aus $FH_2$ zurückgewonnen werden. Die Reduktion wird durch die Dihydrofolat-Reduktase mit NADPH als Reduktionsmittel katalysiert. Zellen, die sich rasch teilen, sind auf eine ausreichende Zufuhr von dTTP zur Synthese von DNA angewiesen. Hemmstoffe der Synthese von dTMP werden daher als Bakteriostatika (Hemmer des Bakterienwachstums) bei bakteriellen Infektionskrankheiten und als Cytostatika (Hemmer des Zellwachstums) zur Chemotherapie gewisser Krebsformen verwendet (Abb. 20.5).

---

Bei einer **Chemotherapie mit Cytostatica** werden vorwiegend die Zellen mit hoher Teilungsrate betroffen, d.h. in erster Linie die Krebszellen, daneben aber auch die blutbildenden Zellen (eine allzu massive Verringerung der Zahl der weißen Blutzellen ist eine gefürchtete Komplikation bei einer Chemotherapie), die Zellen des Immunsystems, der Darmschleimhaut und der Haarwurzeln (Haarausfall als Folge der Chemotherapie).

---

■ Purinnucleotide

Neusynthese
↓
AMP ← IMP → GMP
↓          ↓
dADP ← ADP      GDP → dGDP
↓      ↓        ↓      ↓
dATP   ATP      GTP    dGTP
(DNA)  (RNA)    (RNA)  (DNA)

Pyrimidinnucleotide
Neusynthese
↓
UMP    dUMP → dTMP
↓              ↓
dCDP ← CDP  UDP → dUDP    dTDP
↓      ↑     ↓      ↓       ↓
dCTP   CTP ← UTP   dUTP    dTTP
(DNA)  (RNA) (RNA)         (DNA)

## 20.5
## Abbau von Nucleinsäuren und Nucleotiden

Aufbau und Abbau halten sich im erwachsenen Organismus die Waage. Abgebaut werden überschüssige Nucleotide aus dem Abbau von RNA und DNA und allenfalls aus der Neusynthese sowie Purin- und Pyrimidinbasen aus der Nahrung. Die **Pyrimidinbasen** werden unter Energiegewinn zu $CO_2$, $H_2O$ und Ammoniak, der größtenteils als Harnstoff ausgeschieden wird, abgebaut.

**Die Purinbasen werden beim Menschen als Harnsäure ausgeschieden** – Purinbasen können nicht zu $CO_2$, $H_2O$ und Ammoniak abgebaut werden, sie werden lediglich in eine Ausscheidungsform umgewandelt. Die Purinbasen sind in dieser Beziehung dem Cholesterol ähnlich. Von den Nucleosidmonophosphaten wird zunächst der Phosphatrest hydrolytisch abgespalten, darauf die Pentose phosphorolytisch entfernt und in zwei Oxidationsschritten die Harnsäure produziert (Abb. 20.6). Die Harnsäure (lat. *acidum uricum*) in ihrer protonierten Form ($pK_a = 5,4$) ist extrem schlecht wasserlöslich (0,5 mg/100 ml); Urat, ihr Anion, ist etwas besser löslich (6,4 mg/100 ml, ~0,4 mM). Die physiologische Konzentration von Natriumurat im Blutplasma (0,25–0,3 mM) liegt allerdings nahe unter der Löslichkeitsgrenze. Dieses Löslichkeitsproblem der Harnsäure besteht nur beim Menschen, den Menschenaffen und den Neuweltaffen. Die anderen Säuger besitzen Uratoxidase und bauen Harnsäure zum weitaus besser wasserlöslichen Allantoin und weiteren Produkten um.

**Störungen im Purinabbau verursachen eine Reihe von Krankheiten** – Der tödlich verlaufenden **kongenitalen Immunschwäche** liegt ein Defekt im Purinabbau zugrunde. Ein Mangel an Adenosin-Desaminase oder Nucleosid-Phosphorylase führt zu einem Rückstau von Nucleotiden (Abb. 20.6); die Konzentration von dATP kann bei solchen Patienten bis auf das Fünfzigfache des normalen Wertes ansteigen. Die

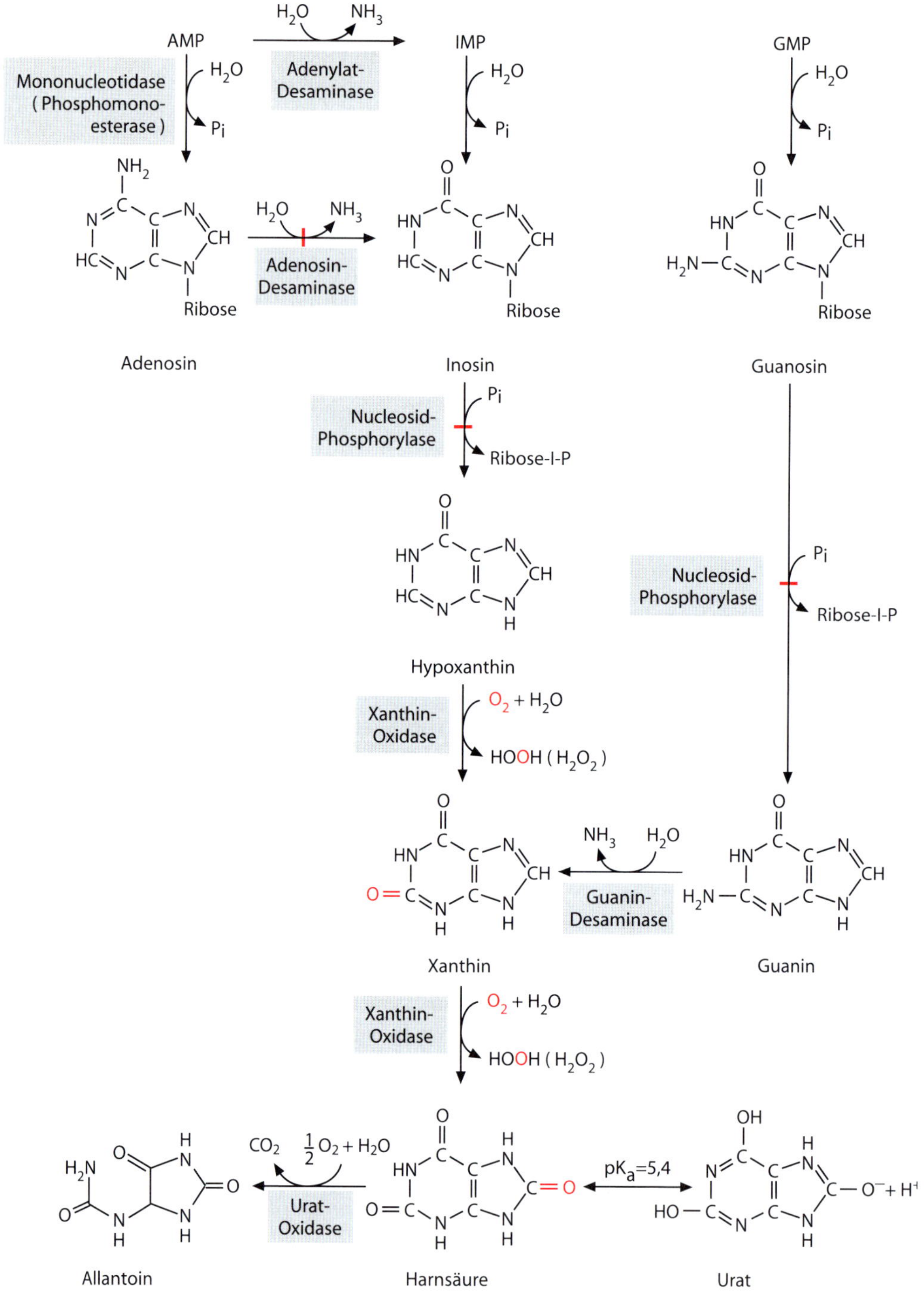

AMP

$H_2O$    $NH_3$

Adenylat-Desaminase

IMP

GMP

Mononucleotidase (Phosphomono-esterase)

$H_2O$

$P_i$

$H_2O$

$P_i$

$H_2O$

$P_i$

Ribose

Adenosin

$H_2O$    $NH_3$

Adenosin-Desaminase

Ribose

Inosin

Ribose

Guanosin

$P_i$

Nucleosid-Phosphorylase

Ribose-1-P

H

Hypoxanthin

Nucleosid-Phosphorylase

$P_i$

Ribose-1-P

Xanthin-Oxidase

$O_2 + H_2O$

$HOOH\,(H_2O_2)$

Xanthin

$NH_3$    $H_2O$

Guanin-Desaminase

Guanin

Xanthin-Oxidase

$O_2 + H_2O$

$HOOH\,(H_2O_2)$

Allantoin

$CO_2$   $\frac{1}{2}O_2 + H_2O$

Urat-Oxidase

Harnsäure

$pK_a = 5{,}4$

$C-O^- + H^+$

Urat

Folge sind schwere Regulationsstörungen des Nucleotid-Stoffwechsels, wobei eine Hemmung der Nucleosiddiphosphat-Reduktase im Vordergrund steht. Die sich daraus ergebende mangelhafte DNA-Synthese äußert sich als Störung der Lymphocytenentwicklung. Eine kausale Behandlung ist bisher nicht möglich; die Kinder wären einzig durch somatische Gentherapie zu retten.

Eine der häufigsten Stoffwechselkrankheiten ist die **Gicht**. Der Störung liegt eine erhöhte Konzentration der Harnsäure zu Grunde.

> Im Laufe des Lebens leiden 1–2% der Männer und 0,4% der Frauen zeitweilig an Gichtanfällen.

Die Symptome der Gicht sind die Folge der geringen Wasserlöslichkeit von Natriumurat. Da die Konzentration von Urat im Blutplasma aber auch in den Geweben nahe an der Löslichkeitsgrenze liegt, führt schon eine verhältnismäßig geringe Erhöhung der Konzentration zum Übersteigen dieser Grenze und zum Ausfallen von Natriumuratkristallen im Gewebe. Die Kristalle bilden sich vorwiegend im Gelenkknorpel und verursachen akute Schmerzattacken. Eine bevorzugte Lokalisation ist das Großzehengrundgelenk. In den Harnwegen können Harnsteine entstehen, die aus Natriumurat und Harnsäure (der Urin ist in der Regel leicht sauer) bestehen. Bei Andauern der Krankheit kommt es zu chronischen und irreversiblen Schäden in den Gelenken und den Nieren.

Die Ursachen für eine erhöhte Harnsäurekonzentration im Organismus sind vielfältig. Eine **primäre Hyperurikämie** kann wie folgt entstehen:

- Überproduktion von Harnsäure (bei einem Drittel der Patienten) wegen einer Störung im Wiederverwertungsweg der Purinbasen. Ein Defekt der Hypoxanthin-Guanin-Phosphoribosyl-Transferase (HGPRT) verringert oder blockiert die Wiederverwertung der Purinbasen Hypoxanthin und Guanin. Statt zur Resynthese von Nucleotiden verwendet zu werden, werden die Purinbasen zu Harnsäure umgewandelt.
- Die Biosynthese von Purinnucleotiden ist gesteigert durch einen Defekt in der allosterischen Hemmung durch AMP, GMP und IMP.
- Hereditäre Störung der Harnsäureausscheidung durch die Niere.

**Sekundäre Hyperurikämien** ergeben sich als Folgen anderweitiger Störungen wie erhöhter Zellumsatz bei Leukämien und hämolytischen Anämien, erworbene Störungen der Harnsäureausscheidung durch die Nieren oder übermäßige Zufuhr zellreicher Innereien mit der Nahrung (Leber, Niere, Thymus).

Zur medikamentösen Behandlung der Gicht dient Allopurinol, ein Analog von Hypoxanthin:

Allopurinol          Hypoxanthin

◄ **Abb. 20.6.** Abbau von Purinnucleotiden zu Harnsäure oder Allantoin. Die beiden durch die Xanthin-Oxidase katalysierten Reaktionen liefern $H_2O_2$ und wegen teilweiser unvollständiger Reduktion des Sauerstoffs auch das Superoxidanion-Radikal $O_2^-$. Wasserstoffperoxid und das Superoxidanion sind zellschädigende Produkte und werden durch besondere Enzyme unschädlich gemacht (s. Kapitel 33.3). Die Uratoxidase (= Uricase), welche die schlecht wasserlösliche Harnsäure durch Oxidation und Decarboxylierung in das weitaus besser lösliche Allantoin und weitere Produkte überführt, kommt bei den meisten Säugern vor. Sie fehlt beim Menschen und einigen anderen Primaten. Ein Defekt der Adenosin-Desaminase oder der Nucleosid-Phosphorylase (*rote Querstriche*) führt zu kongenitaler (angeborener) Immunschwäche

Allopurinol hemmt die Xanthinoxidase kompetitiv. Als Folge werden Hypoxanthin und Xanthin anstelle von Harnsäure ausgeschieden. Hypoxanthin und Xanthin sind besser wasserlöslich als Harnsäure.

Eine schwerwiegende Erbkrankheit, bei der Harnsäure überproduziert wird, ist das seltene **Lesch-Nyhan-Syndrom**. Ein Defekt der Hypoxanthin-Guanin-Phosphoriboxyl-Transferase HGPRT lässt die Wiederverwertung der Purinbasen nicht mehr oder nur in beschränktem Maße zu. Die gestörte Entwicklung des Zentralnervensystems ist wahrscheinlich die Folge einer mangelnden Versorgung der Zellen mit Purinnucleotiden. Die Symptome sind motorische Ausfälle, Zurückbleiben in der geistigen Entwicklung und zwanghafte Selbstverstümmelungen. Die erhöhte Konzentration von Harnsäure führt zur Entwicklung einer Gicht.

Das Lesch-Nyhan-Syndrom ist neben der Phenylketonurie und einer akuten Form der Porphyrie (s. Kapitel 19.7) ein weiteres Beispiel dafür, dass Entgleisungen des Stoffwechsels zu neurologischen und psychischen Störungen führen können. Möglicherweise beruhen auch andere psychische Krankheiten mit derzeit unbekannter Ursache auf biochemischen Störungen.

■ Abbau von Nucleinsäuren und Wiederverwertung von Pyrimidin-Nucleosiden und Purinbasen:

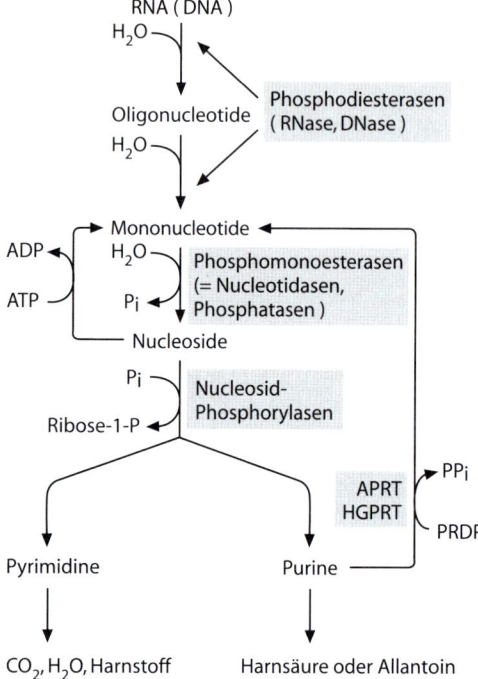

# 21 Organstoffwechsel und Nährstofftransport im Blut

Die vorangehenden Kapitel haben den allgemeinen Stoffwechsel der Zellen dargestellt. Dieses Kapitel bespricht die spezifischen Stoffwechselleistungen der einzelnen Organe des menschlichen Körpers im Kontext des Gesamtorganismus. Die sehr weitgehende funktionelle Spezialisierung der Organe bei Mensch und höheren Tieren ist nur möglich dank der Entwicklung eines effizienten Transportsystems, des Blutkreislaufs, der die Organe miteinander verbindet. Was sind die Transportgüter? Es sind, außer den Blutgasen $O_2$ und $CO_2$, die molekularen Bausteine, die Energieträger und die Ausscheidungsprodukte, die allen Zellen des Organismus bzw. den Ausscheidungsorganen zugeführt werden müssen; es gehören dazu auch die Signalstoffe, die Hormone, die zusammen mit dem Nervensystem den gesamten Organismus regulatorisch vernetzen.

Die Leber ist das zentrale Stoffwechselorgan. Zusammen mit dem Fettgewebe gleicht sie die Fluktuationen in der Nährstoffzufuhr aus und sorgt für eine ausgeglichene, der Stoffwechselsituation des Organismus angemessene Verteilung der Brennstoffe auf die Verbraucherorgane. Bei den Energieträgern Glucose, Fettsäuren und Ketonkörpern wird die Richtung und das Ausmaß des Transports sowohl vom Bedarf der Gewebe als auch vom Angebot aus dem Darm und der Leber bestimmt. Bei den Aminosäuren, den wichtigsten Baustoffen, wird das Ausmaß des Transports aus Darm und Leber in die Peripherie weitgehend durch den Bedarf der Peripherie an Aminosäuren bestimmt. Ein Rücktransport von Aminosäuren aus der Peripherie zur Leber findet nur im Hungerzustand statt, wenn periphere Organe Proteine abbauen zugunsten der in der Leber ablaufenden Gluconeogenese aus Aminosäuren.

Der Transport der wasserlöslichen Stoffe (Glucose, Ketonkörper und Aminosäuren) im Blut benötigt keine besonderen Transportvehikel. Hingegen ist der Transport der wasserunlöslichen Lipide (Triacylglycerole, Cholesterin und Fettsäuren) auf besondere Proteine (Lipoproteine und Serumalbumin) angewiesen.

## 21.1 Die Stoffwechselleistungen der Organe in der Resorptions- und Postresorptionsphase

Der Mensch nimmt nicht kontinuierlich Nahrung auf; in allen Kulturkreisen wird nachts während 8–10 h keine Nahrung aufgenommen. Eine Betrachtung der Stoffwechselleistungen der einzelnen Organe hat das Abwechseln von Nahrungsaufnahme und Zwischenzeiten ohne Nahrungsaufnahme zu berücksichtigen. Für die Diskussion ist es vorteilhaft, drei Stoffwechselzustände zu unterscheiden:

- Die **Resorptionsphase** beginnt mit der Nahrungsaufnahme und geht einher mit einer erhöhten Konzentration der Nährstoffe im Blut.

- Die **Postresorptionsphase** beginnt einige Stunden nach der Nahrungsaufnahme, wenn aus dem Darm keine Nährstoffe mehr resorbiert werden.
- Der **Hungerzustand** beginnt nach 2–3 Tagen ohne Nahrungszufuhr.

**Allosterische, hormonale und weitere Regulationsvorgänge passen den Fluss der Nährstoffe den verschiedenen Stoffwechselzuständen an** – In der Resorptionsphase sorgen diese Regulationsmechanismen dafür, dass mit den Nährstoffen, die nicht unmittelbar zur Energiegewinnung abgebaut werden, Reserven in der Form von Glykogen, Triacylglycerol und Protein angelegt werden. In der Postresorptionsphase und im Hungerzustand werden die Kohlenhydrat-, Fett- und Eiweißreserven nach Bedarf mobilisiert.

Vier verschiedene Mechanismen regulieren den Durchsatz der einzelnen Stoffwechselwege:
- Verfügbarkeit der Substrate,
- allosterische Aktivatoren und Inhibitoren,
- kovalente Modifizierung der Enzyme,
- Induktion und Repression der Enzymsynthese.

Die verschiedenen Kontrollmechanismen sind in dieser Aufzählung nach ihren Reaktionszeiten geordnet: Veränderungen in der Konzentration der Substrate werden unmittelbar wirksam, während eine veränderte Synthesegeschwindigkeit eines Enzyms unter Umständen erst nach Tagen bemerkbar wird. Die allosterischen Steuerungsvorgänge sowie die Regulation durch kovalente Modifizierung werden im Einzelnen bei der Besprechung der entsprechenden Stoffwechselwege erläutert.

Hormone bewirken die Anpassung an sich verändernde Stoffwechsellagen. **Insulin** ist das Hormon der Resorptionsphase und stimuliert das Anlegen von Energiereserven. Insulin fördert die Aufnahme von Glucose in die Muskulatur und in das Fettgewebe. In den meisten anderen Geweben,

insbesondere der Leber, erfolgt die Glucoseaufnahme in die Zellen unabhängig von Insulin. **Glucagon und Adrenalin** sind die Hormone der Postresorptionsphase und stimulieren die Mobilisierung der Energiereserven. Adrenalin signalisiert zudem Stress- und Gefahrensituationen, bei denen zusätzliche energieliefernde Substrate benötigt werden.

---

**Stress-Syndrom**: Bei schweren Verletzungen des Körpers, wie multiplen Knochenbrüchen, schweren Infektionen oder Verbrennungen kann der Ruheenergieumsatz des Körpers auf das Anderthalb- bis Zweifache des Normalwertes ansteigen. Damit einher geht eine Erhöhung der Körpertemperatur. Typisch ist ferner eine erhöhte Freisetzung von Aminosäuren aus der Muskulatur, eine verstärkte Gluconeogenese in der Leber, die zu Hyperglykämie führt, sowie die Synthese von so genannten Akute-Phase-Proteinen.

---

**Die Leber ist das zentrale Nährstoffverteilungszentrum** – Die Pfortader bringt die im Darm resorbierten Nährstoffe direkt in die Leber, bevor sie in den allgemeinen Blutkreislauf gelangen. Die Nährstoffe werden durch die Leber entweder zur Energiegewinnung abgebaut, gespeichert oder an periphere Organe weitergegeben. Die Leber, zusammen mit dem Fettgewebe, wirkt damit als Puffer, der die Versorgung der Peripherie mit Nährstoffen trotz Schwankungen in der Stoffwechsellage möglichst konstant hält. Außerdem synthetisiert die Leber fast alle Plasmaproteine, produziert die Gallensäuren und scheidet sie zusammen mit Cholesterol und Bilirubin in der Galle aus. Die Leber ist das zentrale Entgiftungsorgan; Steroidhormone, Bilirubin, Ethanol, Medikamente und andere Xenobiotica werden von der Leber aufgenommen und durch Biotransformation (s. Kapitel 33) inaktiviert und in besser wasserlösliche Verbindungen überführt.

**Kohlenhydratstoffwechsel der Leber:** Nach einer kohlenhydratreichen Mahlzeit nimmt die Leber etwa 60% der mit dem

**Tabelle 21.1.** Import und Export von Nährstoffen durch die einzelnen Organe

| | Resorptionsphase | | Postresorptionsphase | | Hungerzustand | |
|---|---|---|---|---|---|---|
| | Import | Export | Import | Export | Import | Export |
| Leber | Glucose | Fettsäuren | Fettsäuren | Glucose | Fettsäuren Aminosäuren Glycerol | Ketonkörper Glucose |
| Fettgewebe | Fettsäuren | – | – | Fettsäuren Glycerol | – | Fettsäuren Glycerol |
| Muskulatur | Glucose | (Lactat) | Fettsäuren Ketonkörper | – | Fettsäuren | Aminosäuren |
| Herzmuskel | Fettsäuren | – | Fettsäuren | – | Ketonkörper | – |
| Gehirn | Glucose | – | Glucose | – | Ketonkörper | – |

Pfortaderblut zugeführten Glucose auf. Die erhöhte Aufnahme von Glucose ist nicht auf Insulin zurückzuführen; die Aufnahme von Glucose in die Leber ist von Insulin unabhängig. Verantwortlich ist die bei hohen Glucosekonzentrationen erhöhte Aktivität der Glucokinase ($K_m = 10$ mM). In der Postresorptionsphase ist dieses Enzym praktisch inaktiv wegen seiner niedrigen Affinität für Glucose. In der Resorptionsphase werden Glykogenreserven angelegt: die Glykogen-Synthase wird aktiviert und die Glykogen-Phosphorylase wird gehemmt (s. Glykogenstoffwechsel, Kapitel 16.2). In der Resorptionsphase steht auch mehr Glucose-6-phosphat zur Verfügung, über den Pentosephosphatweg wird daher vermehrt NADPH gebildet, das für die Synthese von Fettsäuren benötigt wird. Ebenso wird vermehrt Glucose zu Acetyl-CoA abgebaut, welches entweder dem Citratzyklus zur Oxidation und Energiegewinnung zugeführt oder zur Synthese von Fettsäuren verwendet wird. Die Gluconeogenese ist in der Resorptionsphase praktisch eingestellt; sie wird jedoch in der Postresorptionsphase, wenn die Glykogenreserve abnimmt, die Versorgung des Organismus mit Glucose übernehmen (Tabelle 21.1).

**Fettstoffwechsel der Leber:** Die Leber ist das Hauptorgan für die Neusynthese von Fettsäuren. Ein Anstieg der Konzentration der Substrate Acetyl-CoA und NADPH als Folge eines gesteigerten Abbaus von Glucose und die Aktivierung der Acetyl-CoA-Carboxylase (s. Kapitel 17.2) fördern die Bildung von Fettsäuren. Beim Menschen läuft allerdings die Synthese von Fettsäuren aus Kohlenhydraten nur in beschränktem Maße ab und trägt zur Entwicklung von Übergewicht relativ wenig bei. Die Synthese von Triacylglycerolen in der Leber nimmt mit dem erhöhten Angebot von neu synthetisiertem Acyl-CoA zu. In gleichem Sinn wirkt die erhöhte Zufuhr von Fettsäuren durch den Abbau der Reste (*Remnants*) von Chylomikronen, mit denen Fette aus dem Darm die Leber erreichen. Glycerol-3-phosphat, die Kerngruppe für die Synthese der Triacylglycerole, stammt aus der Glykolyse. Die Leber verpackt Triacylglycerole in VLDL (*Very low-density lipoproteins,* s. Kapitel 21.4), die an das Blut abgegeben werden zur Versorgung der Peripherie, besonders der Fettgewebe und Muskulatur, mit Fettsäuren.

**Aminosäurestoffwechsel der Leber:** Bei Mensch und Tier existieren keine besonderen Speicherproteine. Während der Resorptionsphase werden in der Leber und der Muskulatur Proteine ersetzt, die in der vorangehenden Postresorptionsphase zugunsten der Gluconeogenese abgebaut worden sind. Überschüssige Aminosäuren, die nicht für die Proteinsynthese benötigt werden, werden desaminiert, ihre C-Skelette entweder abgebaut oder zur Synthese von Fettsäuren verwendet.

**Das Fettgewebe enthält die größte Energiereserve des Körpers** – Über 80%

**Tabelle 21.2.** Die Energiereserven des menschlichen Körpers (erwachsener Mann, 70 kg)

|  | Menge (kg) | Brennwert | |
|---|---|---|---|
|  |  | (kcal) | (kJ) |
| Glykogen | 0,2 | 800 | 3 000 |
| Fett | 15 | 140 000 | 583 000 |
| Protein | 6[a] | 24 000 | 100 000 |

[a] Nur etwa ein Drittel des gesamten Körperproteins (~ 18 kg) kann zur Energiegewinnung abgebaut werden, ohne lebensnotwendige Funktionen zu gefährden

der Energiereserve des Organismus sind im Fettgewebe gespeichert (Tabelle 21.2). Die Stoffwechselleistung des Fettgewebes ist beschränkt, das Fettgewebe ist darauf spezialisiert, Reserven von Triacylglycerolen anzulegen und bei Bedarf zu mobilisieren.

**Kohlenhydratstoffwechsel des Fettgewebes:** Die Glucoseaufnahme in die Fettzellen reagiert sehr empfindlich auf Insulin. Die erhöhte Insulinkonzentration in der Resorptionsphase führt zu einer erhöhten Aufnahme von Glucose, die über den glykolytischen Weg Glycerol-3-phosphat für die Synthese von Triacylglycerolen liefert. Der Pentosephosphatweg liefert vermehrt NADPH zur Synthese von Fettsäuren. Allerdings fällt beim Menschen die Neusynthese von Fettsäuren im Fettgewebe nur wenig ins Gewicht.

**Fettstoffwechsel des Fettgewebes:** Der weitaus größte Teil der Fettsäuren, der im Fettgewebe als Neutralfett abgelagert wird, stammt aus dem Nahrungsfett und wird über die Chylomikronen (proteinhaltige Partikel für den Lipidtransport aus dem Darm; s. Kapitel 21.4) angeliefert. Ein geringerer Teil wird mit den VLDL aus der Leber herantransportiert. Die Triacylglycerole der Chylomikronen und VLDL werden durch die **Lipoproteinlipase** hydrolytisch in Fettsäuren und Glycerol gespalten. Die Lipoproteinlipase ist ein extrazelluläres Enzym, das sich an der inneren Oberfläche der Kapillarendothelien befindet und besonders reichlich im Fettgewebe und Muskel vorkommt. Die aufgenom-

menen Fettsäuren werden im Fettgewebe verwendet, um Triacylglycerol-Reserven anzulegen; im Muskel werden die Fettsäuren zur Energiegewinnung der β-Oxidation zugeführt. Fettzellen besitzen keine Glycerolkinase; das Glycerol-3-phosphat, welches für die Triacylglycerolsynthese benötigt wird, muss über den Abbau von Glucose beschafft werden. In der Resorptionsphase ist der Abbau von Triacylglycerol gehemmt durch die antilipolytische Wirkung des Insulins, welche zur dephosphorylierten, inaktiven Form der **hormonregulierten Lipase** führt (s. Kapitel 18.1).

---

**Wichtige Lipasen:**
Die **Pankreaslipase** spaltet im Darm die mit der Nahrung aufgenommenen Triacylglycerole zu Fettsäuren und 2-Monoacylglycerol. Sie wird durch das Pankreas sezerniert und ist nur in Gegenwart der oberflächenaktiven Gallensäuren wirksam.
Die **Lipoprotein-Lipase** findet sich in extrahepatischen Geweben an der Oberfläche der Kapillarendothelzellen. Das Enzym baut die Triacylglycerole der Chylomikronen und der VLDL zu Fettsäuren und Glycerol ab.
Die **hormonregulierte Lipase** in den Fettzellen wird durch eine cAMP-abhängige Proteinkinase aktiviert und baut die gespeicherten Triacylglycerole ab.

---

**Die Muskulatur ist der größte Energieverbraucher des Körpers** – Im Ruhezustand ist die Muskulatur ungefähr für ein Drittel des gesamten Sauerstoffverbrauchs verantwortlich (Tabelle 21.3). Bei starker Körperarbeit kann der Sauerstoffverbrauch der Muskulatur bis zu 90% des Gesamtverbrauchs ausmachen. Dementsprechend steigt der Bedarf an Brennstoffen.

**Kohlenhydratstoffwechsel der Muskulatur:** Die erhöhten Konzentrationen von Glucose und Insulin im Blut nach einer kohlenhydratreichen Mahlzeit steigern die Aufnahme von Glucose in die Muskelzellen. Glucose ist daher während der Resorptionsphase der Hauptbrennstoff. In der Postresorptionsphase hingegen be-

**Tabelle 21.3.** O$_2$-Verbrauch in Ruhe während der Postresorptionsphase

| Organ | O$_2$-Verbrauch (% des Totalverbrauchs) |
|---|---|
| Muskel | 35 |
| Gehirn | 20 |
| Leber | 20 |
| Herz | 10 |
| Niere | 7 |
| Rest | 8 |

zieht der Muskel den größten Teil der chemischen Energie aus Fettsäuren und Ketonkörpern. In der Resorptionsphase überwiegt die Wirkung von Insulin diejenige von Glucagon und führt zusammen mit der erhöhten Verfügbarkeit von Glucose zu gesteigerter Synthese von Glykogen, besonders wenn die Glykogenreserve des Muskels wieder aufzufüllen ist.

**Fettstoffwechsel der Muskulatur:** Aus Chylomikronen und VLDL werden im Blut unter der Wirkung der Lipoproteinlipase Fettsäuren freigesetzt. In der Postresorptionsphase lösen Fettsäuren und Ketonkörper die Glucose als Hauptbrennstoff ab (Tabelle 21.1).

**Aminosäurenstoffwechsel der Muskulatur:** In der Resorptionsphase nach einer eiweißhaltigen Mahlzeit werden Aminosäuren in die Muskelzellen aufgenommen und die Proteine resynthetisiert, die zuvor in der Postresorptionsphase für die Gluconeogenese verwendet worden sind.

**Das Gehirn hat im Stoffwechsel eine Sonderstellung inne** – Beim erwachsenen Menschen entspricht das Gehirn etwa 2% der gesamten Körpermasse, verbraucht aber 20% des Sauerstoffs, den der Körper im Ruhezustand aufnimmt (Tabelle 21.3). Der Energiebedarf des Gehirns ist konstant, er ändert sich auch nicht mit dem Schlaf-Wach-Zyklus. Bei ausreichender Ernährung verwendet das Gehirn ausschließlich Glucose als Brennstoff. Das Gehirn verfügt weder über nennenswerte Mengen von Glykogen noch ist es zur Gluconeogenese befähigt; es besitzt auch keine Fettreserven, noch können Fettsäuren die

Blut-Hirn-Schranke passieren. Das Gehirn ist daher vollständig abhängig von der Glucose im Blut.

> **Blut-Hirn-Schranke**: Eine Permeationsbarriere für nicht-lipidlösliche Stoffe zwischen Blut und dem Gehirn von Vertebraten, die durch das Kapillarendothel und die Gliazellen, welche die Kapillaren umgeben, zustande kommt. Die Blut-Hirn-Schranke ist ein Problem bei der Versorgung des Gehirns mit Medikamenten.

■ In der Resorptionsphase, die einige Stunden nach einer Mahlzeit anhält, werden wegen der erhöhten Verfügbarkeit von Glucose und Fettsäuren und der vermehrten Insulin-Ausschüttung Glykogen und Triacylglycerole gespeichert. In der Postresorptionsphase werden diese Energiereserven unter der Einwirkung von Glucagon mobilisiert.

## 21.2
## Anpassung des Stoffwechsels an den Hungerzustand

Ein Hungerzustand kann verschiedene Ursachen haben: Mangel an Nahrung, freiwilliges Fasten, z. B. um das Gewicht rasch zu reduzieren, oder Krankheiten, welche die Aufnahme und Resorption der Nährstoffe erschweren oder verunmöglichen. In allen Fällen reagiert der Körper mit einem herabgesetzten Insulin/Glucagon-Verhältnis, welches zur Mobilisierung der Reserven an Triacylglycerol führt (Tabelle 21.1).

**Die Leber sorgt für eine ausreichende Glucosekonzentration im Blut** – Sobald einige Stunden nach einer kohlenhydrathaltigen Mahlzeit der Nachschub an Glucose aus dem Darm versiegt, wird unter der Einwirkung von Glucagon das Glykogen in der Leber zu Glucose abgebaut. Nach 10–18 h ist diese Reserve erschöpft und wird durch verstärkte Gluconeogenese ersetzt. Die Substrate für die Gluconeogenese sind Aminosäuren aus dem Abbau von Proteinen in der Muskulatur, Glycerol aus dem Abbau von Triacylglycerol im Fettgewebe und Lactat aus anaerober Glykolyse in anaerob arbeitenden Muskeln und in Erythrocyten. Die Gluconeogenese beginnt bereits 4–6 h nach der Mahlzeit und erreicht ihr Maximum, wenn alles Leberglykogen abgebaut ist. Die Gluconeogenese wird hormonal gesteuert. Glucagon und das Steroidhormon Cortisol aus der Nebennierenrinde induzieren verschiedene Schlüsselenzyme der Gluconeogenese. Cortisol fördert zudem den Abbau von Proteinen und Aminosäuren.

**Die Leber produziert aus Fettsäuren Ketonkörper als Brennstoff für periphere Organe** – Ketonkörper, hauptsächlich 3-Hydroxybutyrat (s. Kapitel 17.3), werden produziert, wenn durch den Abbau von Fettsäuren mehr Acetyl-CoA anfällt, als der Citratzyklus aufnehmen kann. Dabei sind die Oxidationsmittel $NAD^+$ und FAD, d.h. die oxidative Kapazität der Atmungskette limitierend. Die Synthese von Ketonkörpern wird bereits in den ersten Tagen der Nahrungskarenz gesteigert. Die Ketonkörper, eine Art wasserlösliche Fettsäuren, können, sobald ihre Konzentration genügend hoch ist, in den meisten Geweben einschließlich Gehirn die Glucose als Brennstoff ersetzen. Dadurch verringert sich der Bedarf an Aminosäuren als Sub-

geschüttet. Über einen G-Protein gekoppelten Rezeptor (GPCR) und cAMP wird die Lipase aktiviert (Abb. 21.1). Die freigesetzten Fettsäuren werden ans Blut abgegeben. Im Blut werden die Fettsäuren an Serumalbumin gebunden und als Energieträger zu anderen Organen transportiert. Das freigesetzte Glycerol dient der Leber als Substrat für die Gluconeogenese. Die niedrige Konzentration von Insulin verhindert eine nennenswerte Synthese von Fettsäuren und Triacylglycerol. Ebenso ist die Lipoprotein-Lipase-Aktivität des Fettgewebes niedrig. Die Triacylglycerole der Lipoproteine werden nicht zur Anlage von Reserven im Fettgewebe verwendet.

> Wenn Fettsäuren nicht an Serumalbumin gebunden wären, würden sie als amphiphile Anionen als Detergentien wirken und die Lipiddoppelschichten der Membranen zerstören.

**Der Skelettmuskel stellt bei länger dauerndem Hungerzustand gänzlich auf Fettsäuren als Brennstoff um** – Nach einer Hungerperiode von etwa 3 Wochen verbrennen die Muskeln ausschließlich Fettsäuren und stellen damit die Ketonkörper, deren Konzentration im Blut dadurch weiter ansteigt, dem Gehirn und anderen Organen zur Verfügung. In den ersten Tagen eines Hungerzustandes werden Muskel-

|  | Energieträger in Blutplasma | | |
|---|---|---|---|
|  | Glucose | Freie Fettsäuren (mM) | Ketonkörper |
| Normal | 5,0 | 0,5 | 0,2 |
| Nahrungskarenz (nach 1 Woche) | 3,7 | 1,5 | 5,0 |

strate für die Gluconeogenese; der Abbau körpereigener Proteine kann entsprechend reduziert werden.

**Im Fettgewebe mobilisiert die hormonregulierte Lipase die Triacylglycerol-Reserve** – Im Hungerzustand werden Adrenalin und Noradrenalin vermehrt aus-

proteine sehr rasch zu Aminosäuren abgebaut, die in der Leber für die Gluconeogenese verwendet werden. Später, wenn das Gehirn und die meisten anderen Organe Ketonkörper statt Glucose als Brennstoff verwenden, wird der Proteinabbau in der Muskulatur verringert.

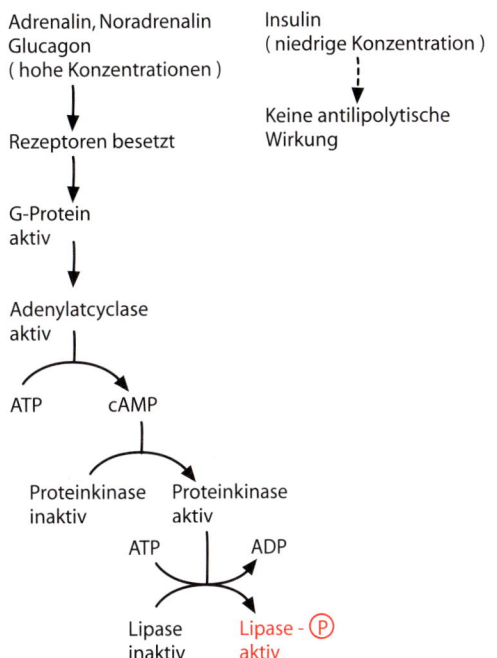

**Abb. 21.1.** Hormonale Regulation des Abbaus von Triacylglycerol im Fettgewebe. Die Aktivierung der hormonregulierten Lipase verläuft sehr ähnlich wie die Aktivierung der Glykogen-Phosphorylase (Abb. 16.4). Wie in jenem Fall wird auch hier die Phosphorylierung des Enzyms durch eine Phosphatase rückgängig gemacht

**Der Diabetes mellitus entspricht einem intrazellulären Hungerzustand** – Die so genannte Zuckerkrankheit ist die wohl wichtigste Stoffwechselkrankheit, betrifft sie doch 2–3% der Bevölkerung in Industrieländern. Wegen ungenügender oder sogar gänzlich fehlender Insulinproduktion

---

**Diabetes mellitus.** *Diabetes* = Harnruhr (der osmotische Druck der Glucose im Urin verursacht die Ausscheidung eines übermäßig großen Harnvolumens); *mellitus* (lat. mit Honig versüßt; von lat. *mel*, Honig). Der Urin schmeckt süß wegen seines Gehalts an Glucose. Die Ärzte früherer Zeiten kompensierten das Fehlen klinisch-chemischer Analyseverfahren durch eine gewisse Unzimperlichkeit.

---

im Pankreas (Insulinabhängiger Diabetes = Diabetes I) oder eines Defekts der zellulären Insulinrezeptoren (Insulinunabhängiger Diabetes = Diabetes II) überwiegt die Wirkung des Glucagons.

Das metabolische Profil des unbehandelten Diabetes mellitus ist daher demjenigen des Hungerzustands ähnlich, obwohl Glucose im Überfluss vorhanden ist:

– Die Aufnahme von Glucose in die Zellen ist stark herabgesetzt (intrazellulärer Hungerzustand).
– Die Glykolyse ist vermindert, die Gluconeogenese erhöht. Die Glykogenspeicher sind leer. Proteine werden abgebaut und die Aminosäuren zur Gluconeogenese genutzt.
– Der Abbau der Triacylglycerole im Fettgewebe ist erhöht, Fettsäure- und Triacylglycerolsynthese sind erniedrigt.
– Die Fettsäureoxidation ist erhöht. Die Leber synthetisiert Ketonkörper, die von extrahepatischen Geweben als Brennstoff verwendet werden.
– Die Konzentrationen von Glucose, Fettsäuren und Ketonkörpern im Blutplasma sind stark erhöht.

Der **Diabetes I** ist auf eine Zerstörung der β-Zellen in den Inseln des Pankreas durch eine offenbar häufig infolge eines viralen Infekts auftretende Autoimmunreaktion zurückzuführen. Etwa 10–20% der diagnostizierten Diabetiker leiden an Diabetes I. Die Krankheit wird meist schon im Kindes- oder Jugendlichenalter manifest und zeigt unbehandelt schwerere Symptome als der Diabetes II. Typisch für den unbehandelten Diabetes sind die, unabhängig von den Mahlzeiten, zu hohe Konzentration von Glucose im Blut (Hyperglykämie), die Ausscheidung von Glucose im Urin (Glucosurie; die Nierentubuli können die mit dem Primärharn in erhöhter Konzentration ausgeschiedene Glucose nicht vollständig resorbieren) und die Ketoacidose, eine Ansäuerung des Organismus, die auf die erhöhte Bildung von Ketonkörpern zurückzuführen ist. Bei erhöhter Konzentration von Ketonkörpern im Blut wird ein Teil davon nicht metabolisiert, sondern mit dem Urin ausgeschieden. Die hauptsächlichen Ketonkörper, $\beta$-Hydroxybuttersäure und Acetessigsäure sind Carbonsäuren, deren p$K_a$ von ~ 4,4 etwas unterhalb des pH-Wertes von maximal angesäuertem Urin (pH 4,5) liegt. Die Ketonkörper werden daher zum Teil als Anionen ausgeschieden, zurück bleiben die Protonen, welche zur Acidose führen.

Spätfolgen des unbehandelten Diabetes I sind Schädigungen der Blutgefäße, der Nieren, des peripheren Nervensystems und eine Trübung der Augenlinse (Katarakt). Die Schädigungen sind die Folge der lang andauernden Hyperglykämie und betreffen die Zellen, welche Glucose unabhängig von Insulin aufnehmen (s. Kapitel 14.1). Die Hyperglykämie führt zu einer Überschwemmung dieser Zellen mit Glucose. Zwei mögliche Mechanismen der Entwicklung der Schäden werden diskutiert:

- Das Überangebot an Glucose führt zu einer erhöhten Bildung von Sorbitol aus Glucose:

Der Diabetes I wird mit Insulin, heute zumeist rekombinantem Humaninsulin, behandelt, das subcutan verabreicht wird. Ziel der Behandlung, die durch eine entsprechende Ernährungsweise unterstützt wird, ist es, die Konzentration der Glucose im Blut niedrig zu halten, ohne eine gefährliche Hypoglykämie auszulösen.

Der insulinunabhängige Diabetes (**Diabetes II**) ist mindestens viermal häufiger als der Insulinmangel-Diabetes. Zwei Störungen scheinen dieser Form der Krankheit zugrunde zu liegen: Die Unfähigkeit der $\beta$-Zellen, ausreichend Insulin zur Behebung der Hyperglykämie zu produzieren, sowie eine Insulinresistenz der Gewebe (Defekte der Insulinrezeptoren, der Signaltransduktion oder auch der Glucose-Transporter). Die klinischen Symptome sind weniger auffällig als beim Diabetes I, häufig wird die Störung erst bei Routineuntersuchungen entdeckt. Die genetische Veranlagung und die Ernährungsgewohnheiten spielen bei der Entwicklung dieser Diabetesform eine wichtige Rolle.

D-Glucose    NADPH + H$^+$    NADP$^+$    **Aldose-Reductase**    = Sorbitol (D-Glucitol)    NAD$^+$    NADH/H$^+$    **Sorbitol-Dehydrogenase**    D-Fructose

In Zellen mit geringer Sorbitol-Dehydrogenase-Aktivität häuft sich Sorbitol an und führt zu einem osmotischem Wassereinstrom, der über Elektrolytveränderungen zur Quellung der Linsenfasern und damit zur Trübung der Linse führt.

- Eine weitere mögliche Erklärung für die Entwicklung von Spätschäden aufgrund der Hyperglykämie ist die nichtenzymatische Glycierung (*Glycation*) von Proteinen (Abb. 21.2).

Viele Diabetes-II-Patienten sind übergewichtig oder fettleibig. Die Behandlung zielt wie beim Diabetes I auf eine Normalisierung der Glucosekonzentration im Blut. In manchen Fällen genügt hierzu die Normalisierung des Körpergewichts und eine angepasste Ernährungsweise. Falls notwendig, können orale Antidiabetika vom Typ der Sulfonylharnstoffe die Freisetzung von Insulin aus den $\beta$-Zellen anregen. Ausnahmsweise muss auch Insulin eingesetzt werden.

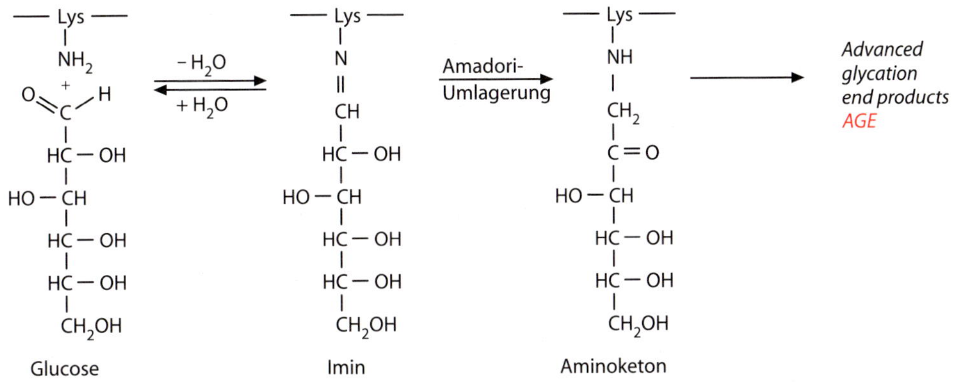

**Abb. 21.2.** Glycierung von Proteinen durch Glucose. Die $\varepsilon$-Aminogruppe von Lysinresten reagiert mit Glucose unter Bildung eines Imins. Eine Amadori-Umlagerung und weitere spontan ablaufende Reaktionen (Maillard-Reaktionen = Bräunungsreaktionen) führen zu den *Advanced glycation end products* (AGE). Ähnliche Reaktionen führen beim Backen von Brot und Braten von Fleisch zur Bräunung der Oberfläche und zur Entwicklung der typischen Aromastoffe

■ Beim Diabetes führt eine Störung der Glucoseaufnahme in die peripheren Organe zu einer Hyperglykämie verbunden mit einem intrazellulären Kohlenhydratmangel. Die Stoffwechselfolgen sind daher ähnlich denjenigen eines Hungerzustands.

## 21.3
## Transport von Nährstoffen im Blut

Wie das Kapitel 21.2 zeigt, sind die Stoffwechselleistungen der einzelnen Organe durchaus verschieden. Ebenso differieren die Bedürfnisse an Brennstoffen sowohl quantitativ (Tabelle 21.3) als auch qualitativ von Gewebe zu Gewebe. Die dem Gesamtorganismus zur Verfügung stehenden Energiereserven sind das Glykogen in der Leber und die Triacylglycerole im Fettgewebe (Tabelle 21.2).

**Der Blutkreislauf ermöglicht den Austausch von Energieträgern zwischen den verschiedenen Organen** – Der Transport von Nährstoffen im Blut (Abb. 21.3) dient zwei Zwecken:
- Aufrechterhaltung einer genügenden Glucosekonzentration im Blut, um das Gehirn und andere Glucose-abhängige Zellen, z.B. die Erythrocyten, ausrei-

chend mit chemischer Energie zu versorgen;
- Adäquate Versorgung der anderen Organe mit chemischer Energie in Form von Fettsäuren aus dem Fettgewebe und Ketonkörpern aus der Leber.

Die Import- und Exportfunktionen der verschiedenen Organe hängen von der Stoffwechselsituation des Gesamtorganismus ab (Tabelle 21.1). Die niedermoleku-

**Blutplasma**, der nach Abzentrifugieren der zellulären Bestandteile zurückbleibende Teil des ungerinnbar gemachten Blutes (ungefähr 55% des Gesamtvolumens).
**Blutserum**, der nach erfolgter Gerinnung verbleibende flüssige Anteil des Blutes. Im Gegensatz zum Blutplasma enthält das Serum aktivierte Gerinnungsproteine wie Thrombin und kein Fibrinogen.

laren organischen Substanzen, welche im Blutplasma in etwa millimolaren Konzentrationen vorkommen, sind Brennstoffe, Baustoffe oder stickstoffhaltige Ausscheidungsprodukte (Tabelle 21.4).

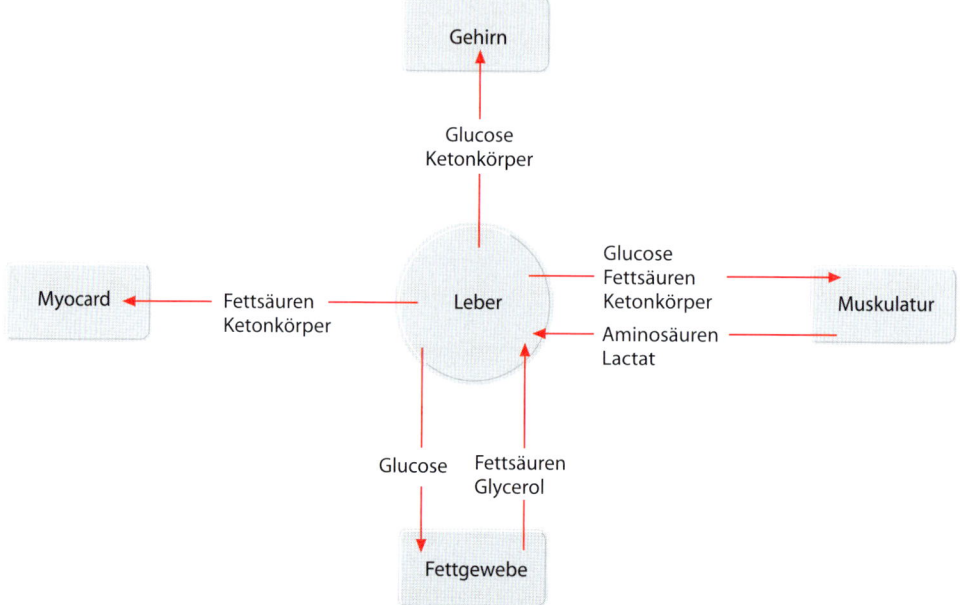

**Abb. 21.3.** Der Transport von Energieträgern zwischen den verschiedenen Organen. Die *Pfeile* geben die Verschiebungen der wichtigsten Metaboliten zwischen der Leber und den extrahepatischen Geweben an. Das Ausmaß des jeweiligen Transports hängt von der Stoffwechsellage ab (vgl. Tabelle 21.1 über Import und Export von Nährstoffen der einzelnen Organe)

**Tabelle 21.4.** Niedermolekulare Bestandteile des Blutplasmas. Die angegebenen Werte entsprechen Normalwerten im Blutplasma von Probanden in der Postresorptionsphase

|  | Konzentration (mM) |
|---|---|
| Glucose | 3,9–6,4 |
| Fructose | <0,55 |
| Galactose | <0,24 |
| Lactat | 0,6–2,4 |
| Pyruvat | 0,07–0,11 |
| Glycerol, freies | <0,25 |
| Triacylglycerol | <2,0 |
| Cholesterol | <5,0 |
| Fettsäuren, freie | 0,2–0,9 |
| Aminosäuren | 2,3–4,0 |
| Harnstoff | <11,9 |
| Harnsäure | 0,21–0,42 |
| Kreatinin | 0,07–0,10 |
| Bilirubin | <17 |
| Ammoniak | 0,009–0,033 |

■ Die Konzentrationen der hauptsächlichen Brennstoffe und Baustoffe im Blutplasma und damit auch in der interstitiellen Flüssigkeit liegen im millimolaren Bereich.

## 21.4
## Lipidtransport und Lipoproteine

Die unlöslichen Lipide bilden im zirkulierenden Blut keine Fetttropfen und in stehengelassenem Blut keine Fettaugen. Der Grund dafür ist, dass die Lipide im Blut ausnahmslos als nicht-kovalente Komplexe mit besonderen Proteinen vorkommen. Die Wasserunlöslichkeit der Lipide bedingt diese besonderen Transportformen. Fettsäuren werden an Serumalbumin gebunden, und die übrigen Lipide werden von Lipoproteinen transportiert.

**Die Lipoproteine bestehen aus Lipiden und Apoproteinen** – Die Lipoproteine sind dynamische Partikel, die fortwährend gebildet, umgebaut und abgebaut werden. Aufgrund der verschiedenen elektrophoretischen Beweglichkeit und von Dichteunterschieden werden vier Typen von Lipoproteinen unterschieden:

- Chylomikronen, die im Darm gebildet werden
- VLDL, *Very-low-density lipoproteins*

**Tabelle 21.5.** Die vier Typen von Lipoproteinen

|  | Chylomikronen | VLDL | LDL | HDL |
|---|---|---|---|---|
| Bildungsort | Darmmucosa | Leber | Entstehen im Blut aus VLDL | Leber |
| Durchmesser (nm) | 100–1000 | 30–70 | 15–25 | 7,5–10 |
| Dichte (g/ml) | <0,95 | 0,95–1,006 | 1,019–1,063 | 1,063–1,210 |
| Apolipoprotein (% der Gesamtmasse) | 1 | 10 | 20 | 50 |
| Triacylglycerole (do.) | 85–90 | 50 | 10 | 1–5 |
| Cholesterol (do.) | 6 | 19 | 45 | 18 |
| Phospholipide (do.) | 4 | 18 | 23 | 30 |

**Tabelle 21.6.** Apoproteine und ihr Vorkommen in den verschiedenen Lipoproteintypen

| Apoprotein | Lipoprotein |
|---|---|
| A-I | HDL |
| A-II | HDL |
| A-IV | Chylomikron |
| B-48 | Chylomikron |
| B-100 | LDL, VLDL |
| C-I | VLDL, HDL |
| C-II | VLDL, HDL |
| C-III | VLDL, HDL |
| D | HDL |
| E | VLDL, LDL, HDL, Chylomikron |

- LDL, *Low-density lipoproteins*
- HDL, *High-density lipoproteins* (Tabelle 21.5).

Die Dichte der Partikel nimmt zu mit steigendem Proteinanteil und abnehmendem Triacylglycerolanteil. Der Gehalt an den verschiedenen Typen von Apoproteinen (Tabelle 21.6) bestimmt die unterschiedlichen Eigenschaften der verschiedenen Lipoproteine. Die Apolipoproteine haben zwei Funktionen: Sie organisieren die Verpackung der unlöslichen Lipide in die löslichen Lipoprotein-Komplexe und dienen zudem als Erkennungsmoleküle für Membranrezeptoren auf den Zellen, die Lipide importieren, und für Enzyme, welche am Stoffwechsel der Lipide beteiligt sind. Die Apoproteine enthalten demnach die Adresse der Lipoproteinpartikel. Sie bestimmen, in welches Gewebe ein bestimmtes Lipoprotein aufgenommen wird (Abb. 21.4). Die **Lipoprotein-Lipase** spaltet die Triacylglycerole der Lipoproteine. Das Enzym findet sich an der Oberfläche der Kapillarendothelien und an den Plasmamembranen in extrahepatischen Geweben, v.a. im Fettgewebe. Das C-II-Apoprotein der HDL aktiviert die Lipoprotein-Lipase.

Auch **Heparin**, ein sulfoniertes Heteroglykan in der extrazellulären Matrix (s. Kapitel 5.3), aktiviert die Lipoprotein-Lipase, indem es die Lipase von der Endoteloberfläche ablöst. Die nach einer fettreichen Mahlzeit beobachtete Trübung des Plasmas durch Chylomikronen verschwindet dadurch wesentlich rascher. Heparin wird daher als *Clearing factor* bezeichnet.

**Die Chylomikronen werden während der Resorptionsphase in der Darmmucosa synthetisiert** – Durch Pinocytose gelangen die im ER gebildeten Chylomikronen in den Interzellulärraum und mit der Lymphe über den *Ductus thoracicus* in die Blutbahn. Dort baut die Lipoprotein-Lipase die Triacylglycerole der Chylomikronen ab (Abb. 21.5). Die freigesetzten Fettsäuren werden zum Teil vom Fettgewebe und der Muskulatur aufgenommen oder als Komplex mit Serumalbumin der Leber zugeführt. Die Chylomikronenreste, die *Remnants*, werden in die Leber aufgenommen und abgebaut. Außerhalb der Resorptionsphase kommen keine Chylomikronen im Blut vor.

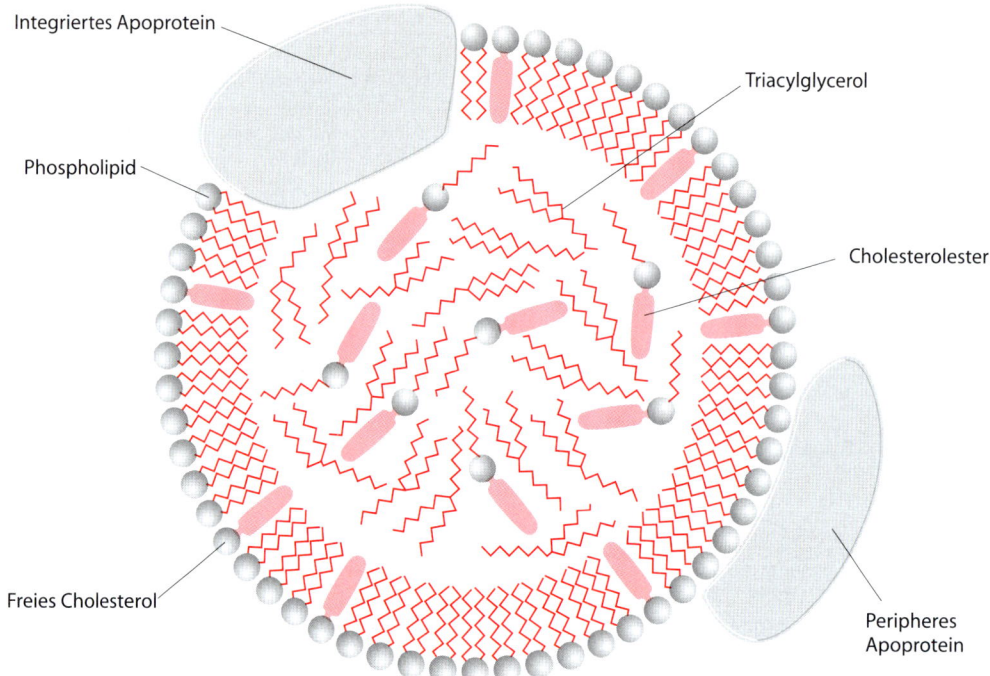

**Abb. 21.4.** Prinzipielle Struktur von Plasma-Lipoproteinen. Eine polare Oberfläche aus Phospholipiden und freiem Cholesterol umgibt den lipophilen Kern aus Triacylglycerolen und Cholesterol-Fettsäure-Estern. Es ist zu beachten, dass Lipoproteine keine Membranvesikel sind, sie besitzen nur eine Einzelschicht von Phospholipiden (*Monolayer*) und entsprechen eher Mizellen mit unpolarem Inhalt. Die Apoproteine sind in die Phospholipid-Einzelschicht integriert (z. B. Apo B) oder dieser angelagert (z. B. Apo C)

**Die VLDL werden in der Leber synthetisiert** – Die Triacylglycerole in den VLDL werden in den Leberzellen mit Fettsäuren synthetisiert, die aus den Chylomikronenresten und dem Blut stammen oder aus Glucose synthetisiert worden sind. Durch den intravasalen Abbau der Triacylglycerole der VLDL durch die Lipoprotein-Lipase und die Aufnahme anderer Apoproteine werden die VLDL zu LDL umgewandelt. Die freigesetzten Fettsäuren werden durch das Fettgewebe zur Anlage von Fettreserven und von der Muskulatur als Brennstoffe aufgenommen.

**Die LDL haben den höchsten Cholesterolgehalt aller Lipoproteine** – Der Abbau der Triacylglycerole der VLDL lässt in den LDL Cholesterol als hauptsächliches Lipid zurück. Die LDL binden an spezifische LDL-Rezeptoren extrahepatischer Zellen (Abb. 21.5). Die **LDL-Rezeptoren** er-

kennen ein bestimmtes Apoprotein, B-100. Die Rezeptoren mit gebundenem LDL werden durch Endocytose über *Clathrin-coated pits* (s. Kapitel 24.3) in die Zellen aufgenommen. Die Zahl der Rezeptoren an der Zelloberfläche wird vom Cholesterolbedarf der Zelle geregelt. In Endosomen trennen sich die Rezeptoren von den LDL. Die Rezeptoren werden rezykliert, die LDL nach Fusion mit Lysosomen abgebaut. Die Apoproteine werden in Aminosäuren zerlegt. Die Cholesterol-Fettsäure-Ester werden hydrolytisch gespalten. Das freigesetzte Cholesterol wird in Membranen eingebaut oder gegebenenfalls zur Synthese von Steroidhormonen verwendet. Das überschüssige Cholesterin von der zelleigenen **Acyl-CoA-Cholesterol-Acyltransferase** (ACAT) wird mit Fettsäuren verestert und in besonderen Vesikeln gespeichert. Außerdem hemmt überschüssiges

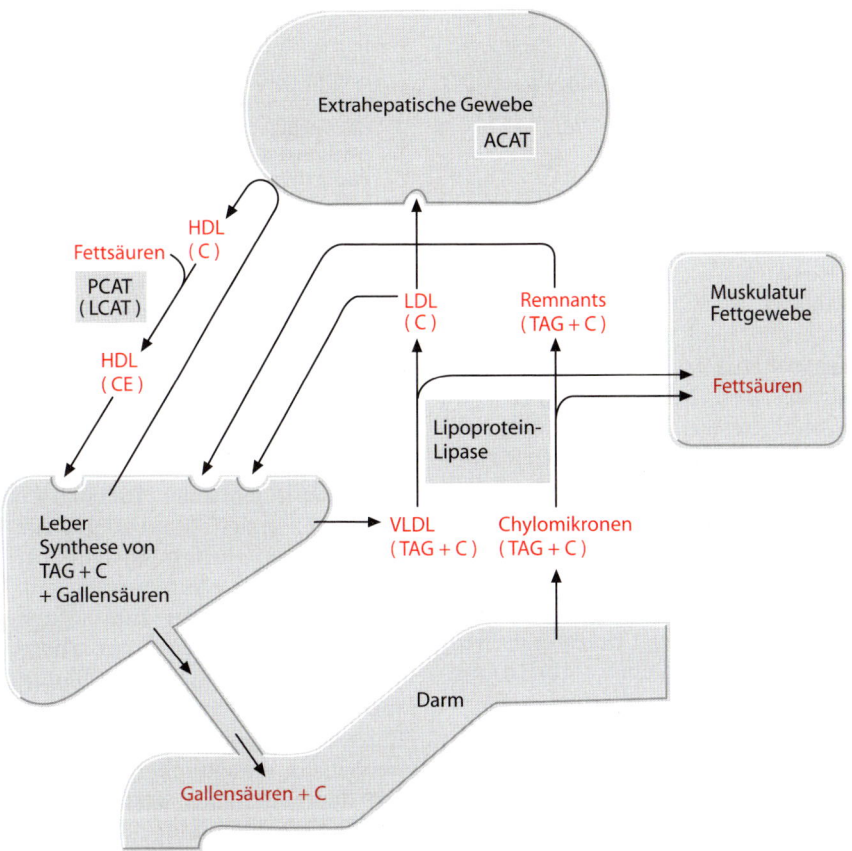

**Abb. 21.5.** Die Transportfunktionen der Plasmalipoproteine. TAG: Triacylglycerol, C: Cholesterol, CE: Cholesterolester, ACAT: Acyl-CoA-Cholesterol-Acyltransferase, PCAT (LCAT): Phosphatidylcholin(Lecithin)-Cholesterol-Acyltransferase

Cholesterol die Synthese von LDL-Rezeptoren und wirkt zudem als allosterischer Inhibitor der HMG-CoA-Reduktase, dem Schlüsselenzym der Cholesterolsynthese (s. Kapitel 18.3).

**Die HDL werden wie die VLDL in der Leber gebildet** – Die HDL haben den höchsten Proteingehalt unter den Lipoproteinen. Sie liefern Apolipoproteine für die Bildung der Lipoproteine geringerer Dichte und nehmen Apoproteine zurück aus den Chylomikronenresten und den LDL, bevor diese durch die Leber bzw. die extrahepatischen Zellen aufgenommen und abgebaut werden. Die HDL enthalten daher zahlreiche verschiedene Apoproteine (Tabelle 21.6). Die HDL fungieren insbesondere als Speicher von apoC-II, welches an

Chylomikronen und VLDL übergeben wird und dort die Lipoprotein-Lipase aktiviert. HDL dienen als Vehikel für den Transport von Cholesterol. Sie nehmen nicht-verestertes Cholesterol intravasal aus den Plasmamembranen peripherer Zellen und aus anderen Lipoproteinen auf, verestern es mit Fettsäuren und bringen die Cholesterolester zur Leber.

HDL nehmen das von der Leber in die Blutbahn sezernierte Enzym **Phosphatidylcholin-Cholesterol-Acyltransferase (PCAT)** auf, welches in den HDL die folgende Reaktion katalysiert:

Cholesterol + Phosphatidylcholin
$\rightleftharpoons$ Cholesterol-Fettsäure-Ester
+ Lysophosphatidylcholin

Das Enzym wird auch als LCAT bezeichnet (L steht für Lecithin, eine ältere Bezeichnung von Phosphatidylcholin). Über diese Reaktion werden die HDL mit Cho-

> Die PCAT wird durch apoA-I der HDL aktiviert. Die Aufnahme geringer Mengen Alkohol erhöht die Plasmakonzentration von apoA-I.

> Zur Terminologie:
> Atheromatöse Plaques: Plattenartige Lipideinlagerungen in die Innenschicht (Intima) der Gefäßwände.
> Arteriosklerose: Lipideinlagerungen und dadurch ausgelöste Bindegewebswucherungen haben zum Verlust der Elastizität der Gefäßwand und zur Verengung der Gefäßlichtung geführt.
> Herzinfarkt: Gewebsuntergang (Nekrose) eines Teils des Herzmuskels infolge des Verschlusses der versorgenden Arterie.

lesterolestern aufgeladen (Abb. 21.4). Etwa zwei Drittel des Gesamtcholesterols im Plasma sind verestert. Die mit Cholesterolestern beladenen HDL werden über besondere HDL-Rezeptoren in die Leberzellen aufgenommen. In der Leber werden die Cholesterolester gespalten. Das freigesetzte Cholesterol wird in Gallensäuren verwandelt oder unverändert mit der Galle ausgeschieden. Ein Teil des Cholesterols wird wiederum in Lipoproteine (VLDL) verpackt.

■ Chylomikronen und VLDL enthalten mehr Triacylglycerole als Cholesterol, sie bringen Triacylglycerol vom Darm bzw. von der Leber in die extrahepatischen Gewebe. Durch Abgabe des Triacylglycerols werden die VLDL zu LDL, welche vorwiegend Cholesterol enthalten. Die HDL transportieren Cholesterol von den extrahepatischen Geweben zurück zur Leber. Die Leber scheidet Cholesterol und die aus Cholesterol gebildeten Gallensäuren als Bestandteile der Galle in den Darm aus.

**Störungen im Lipidstoffwechsel können zu Gefäßkrankheiten führen** – Bei Patienten mit Verengungen oder Verschluss von Coronararterien (Herzkranzgefäße) werden oft eine Hyperlipidämie und Lipidablagerungen in den betreffenden Blutgefäßen festgestellt. Im Tierversuch können durch Cholesterolbelastung Lipideinlagerungen in die Arterienwände erzeugt werden.

Die Arteriosklerose engt nicht nur das Gefäßlumen ein, sondern verändert auch die Gefäßinnenfläche. Die sich ergebende Turbulenz in der Blutströmung führt zu einer erhöhten Gerinnungstendenz. Bei intravasaler Gerinnung entsteht ein Thrombus (Blutpfropf), der zum sofortigen Gefäßverschluss führen kann. Die Anfangsphase des Geschehens, die Bildung artheromatöser Plaques, steht in enger Beziehung zum Lipoprotein-Profil, welches seinerseits in wesentlichem Maße durch die Art der Ernährung bestimmt wird. Ausgedehnte epidemiologische Untersuchungen haben gezeigt, dass das Risiko für kardiovaskuläre Erkrankungen eindeutig mit den folgenden Befunden korreliert:
– Gesamt-Cholesterolkonzentration in Plasma, wenn höher als Normalwert (>5 mM),
– hohe LDL-Konzentration,
– hohe Triacylglycerol-Konzentration bei mehr als 50 Jahre alten Männern,
– tiefe HDL-Konzentration (HDL entsorgt überflüssiges Cholesterol, schützt vor Coronarerkrankung).

**Bei der familiären Hypercholesterolämie führt ein Mangel an LDL-Rezeptoren zur Überproduktion von Cholesterol** – Bei dieser autosomal vererbten Krankheit werden die LDL nur in ungenügendem Maße in die Zellen aufgenommen, ebenso entfällt die Rückkoppelungshemmung der Cholesterolsynthese auf der Stufe der HMG-Reduktase. Die Cholesterolkonzentration im Plasma ist daher stark erhöht:

~8 mM bei heterozygoten Patienten und ~18 mM bei homozygoten Patienten (normal <5 mM). Schwerste atheromatöse Gefäßveränderungen sind die Folge, die schon im Jugendlichenalter zu tödlich verlaufenden Verschlüssen der Herzkranzarterien führen können.

■ Zur Prävention coronarer Herzerkrankungen ist die Cholesterolzufuhr mit der Nahrung möglichst niedrig zu halten. Zufuhr von exogenem Cholesterol in die Leber erhöht nicht nur den Cholesterolpool, sondern verringert auch die Zahl der LDL-Rezeptoren an der Oberfläche der Leberzellen.

# 22 Photosynthese

Phototrophe Organismen (Pflanzen, Algen, gewisse Bakterien) benutzen Lichtenergie, um aus $CO_2$ und Wasser organische Substanzen, in der Regel Kohlenhydrate, aufzubauen. Von dieser Syntheseleistung abhängig sind auch die chemotrophen Organismen wie Mensch und Tiere, die auf die Zufuhr organischer Nährstoffe angewiesen sind. Die Photosynthese liefert zudem den für die oxidative Phosphorylierung benötigten Luftsauerstoff. Bei der oxidativen Phosphorylierung werden Hochenergie-Elektronen (niedriges Redoxpotential) aus den Nährstoffen, die dabei zu $CO_2$ oxidiert werden, auf $O_2$ unter Bildung von $H_2O$ übertragen. Die dabei freiwerdende Energie wird benutzt, um ATP zu synthetisieren. Bei der Photosynthese läuft der umgekehrte Vorgang ab: Niedrigenergie-Elektronen aus Wasser (höheres Redoxpotential) werden auf $CO_2$ übertragen unter Bildung von Kohlenhydrat $(CH_2O)_n$ mit Hochenergie-Elektronen. Die hierfür notwendige Energie stammt aus dem Sonnenlicht.

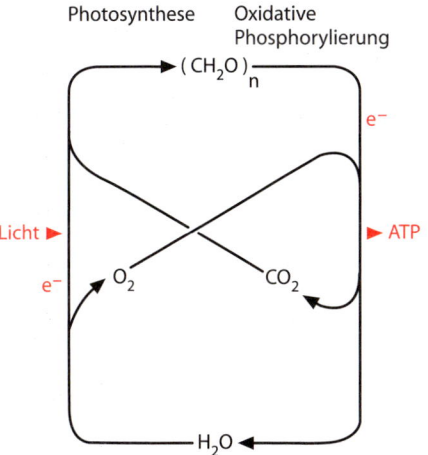

Die Photosynthese liefert Glucose entsprechend der Nettogleichung

$$6\ CO_2 + 6\ H_2O \xrightarrow{\text{Lichtenergie}} C_6H_{12}O_6 + 6\ O_2;\ G^{\circ\prime} = 2820\ \text{kJmol}^{-1}$$

Um diese Reaktion zu ermöglichen, in der bilanzmäßig Wasser $CO_2$ reduziert, müssen unter Verwendung von Lichtenergie die folgenden zwei Bedingungen erfüllt werden:

- Ein genügend starkes Reduktionsmittel (mit genügend niedrigem Redoxpotential, d. h. mit hoher freier Energie) muss bereitgestellt werden. (Über Redoxpotential s. Kapitel 15 Atmungskette und oxidative Phosphorylierung.) Das reduzierende Agens in der Photosynthese ist NADPH.
- ATP muss bereitgestellt werden, um die Synthese von Kohlenhydrat anzutreiben.

Lichtenergie dient dazu, diese zwei Voraussetzungen zu schaffen. Lichtenergie wird benötigt, weil Wasser als zu schwaches Reduktionsmittel $CO_2$ nicht reduzieren kann. In den **„Lichtreaktionen" der Photosynthese** werden $H_2O$-Moleküle in Elektronen, Protonen und Sauerstoffatome zerlegt und die Elektronen durch Aufnahme von Lichtenergie auf ein Energieniveau (mit niedrigem Redoxpotential) angehoben, das ausreicht, um $NADP^+$ zu reduzieren. Die Lichtanregung der Elektronen zur Bildung von NADPH ist ein komplizierter Vorgang, an dem **Chlorophyll** beteiligt ist, ein grünes, zyklisches Tetrapyrrol mit $Mg^{2+}$ als Zentralatom, welches die Lichtenergie einfängt. Die Lichtreaktionen laufen in besonderen Organellen, den **Chloroplasten**, ab. NADPH ist ein genügend starkes Reduktionsmittel, um $CO_2$ durch Reduktion an einem organischen Akzeptor zu fixieren. Die $CO_2$-Fixierung ist lichtunabhängig; sie braucht aber außer NADPH auch ATP. Diese „**Dunkelreaktionen**" bestehen aus einer Folge enzymatischer Reaktionen, die zum Teil Reaktionen der nichtoxidativen Abschnitte des Pentosephosphatwegs entsprechen.

## 22.1
## Chloroplasten

Ähnlich wie Mitochondrien sind Chloroplasten Organellen mit einer äußeren permeablen Membran und einer inneren Membran, die Protonen nicht durchlässt. Chloroplasten haben auch ihre eigene DNA, die einige ihrer Proteine codiert. Ihre Proteinsynthese-Maschinerie entspricht derjenigen von Prokaryonten. Aufgrund dieser Eigenschaften wird angenommen, dass Chloroplasten aus endosymbiontischen photosynthetisierenden Bakterien entstanden sind. Im Unterschied zu den Mitochondrien enthalten die Chloroplasten in ihrem Innern die **Thylakoide**, abgeplattete Membransäckchen, die wie Münzen aufeinander gestapelt sind und dadurch die Grana (Singular: Granum) bilden. Die Thylakoide der verschiedenen Grana sind miteinander über dünne Membrankanäle verbunden.

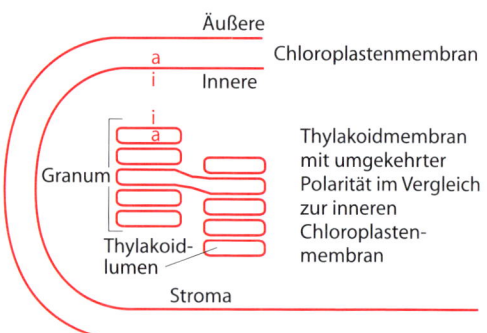

Das Innere der Thylakoide wird als Lumen bezeichnet, außen herum befindet sich das Stroma. Die Thylakoide entstehen durch Abknospung von der inneren Chloroplastenmembran. Das Lumen der Thylakoide entspricht somit lagemäßig dem Intermembranalraum der Mitochondrien. Das lichteinfangende Chlorophyll befindet sich in den Thylakoidmembranen, wo auch die durch das Licht angetriebenen Elektronentransportvorgänge ablaufen (Lichtreaktionen). Die Synthese von Kohlenhydraten aus $CO_2$ und Wasser (Dunkelreaktionen) findet im Stroma des Chloroplasten statt. Der Ausdruck „Dunkelreaktionen" bedeutet nicht, dass sie nur im Dunkeln ablaufen, sondern dass sie lichtunabhängig sind. In der Natur finden die Dunkelreaktionen bei Licht statt, wenn die Lichtreaktionen in den Thylakoidmembranen das zur Kohlenhydratsynthese benötigte NADPH und ATP liefern.

■ **Licht- und Dunkelreaktionen der Photosynthese**

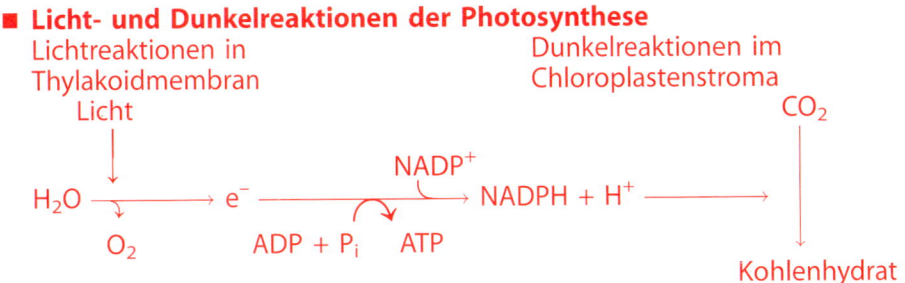

Lichtreaktionen in
Thylakoidmembran

Dunkelreaktionen im
Chloroplastenstroma

## 22.2
## Komponenten und Organisation des Photosynthese-Apparats

Wie die Atmungskette besteht die Photosynthese-Maschinerie aus großen Proteinkomplexen, die in die Membran eingebaut sind, und kleineren beweglichen Elektronenüberträgern. In der Thylakoidmembran finden sich drei Komplexe: Das **Photosystem II** (PS II), der **Cytochrom bf-Komplex** (Cyt bf) und das **Photosystem I** (PS I). Die Nummerierung entspricht der Reihenfolge, in der die beiden Systeme entdeckt worden sind; in der Abfolge der Elektronenübertragungen kommt PS II vor PS I

zum Zug (Abb. 22.1). **Plastochinon** (Q), das strukturell dem Ubichinon in der Atmungskette sehr ähnlich ist, überträgt die Elektronen von PS II auf den Cytochrom bf-Komplex. Von dort werden die Elektronen durch **Plastocyanin** (Pc), ein kleines wasserlösliches, d. h. nicht in die Membran eingebettetes Protein, zum PS I gebracht. Plastocyanin enthält ein Kupferion, welches dabei als Elektronenakzeptor und -donor zwischen dem $Cu^{2+}$- und $Cu^{+}$-Zustand wechselt. **Ferredoxin**, ein eisenhaltiges Protein, ist an der Übertragung der Elektronen von PS I auf $NADP^{+}$ beteiligt.

Das System der drei Komplexe hat zur Aufgabe, die folgende Nettoreaktion zu ermöglichen:

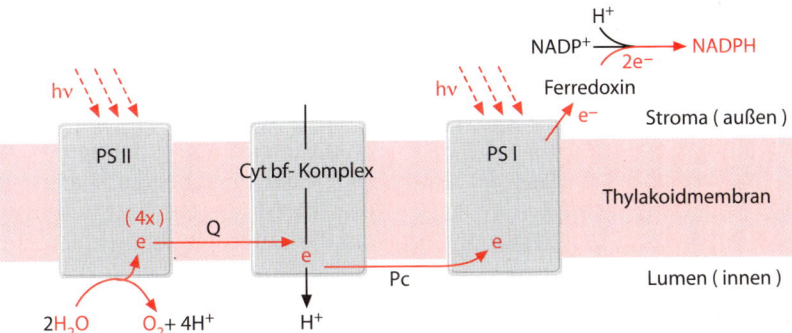

**Abb. 22.1.** Die lichtabhängigen Reaktionen der Photosynthese. Die Übersicht zeigt, dass durch Chlorophyll eingefangene Lichtenergie von den Photosystemen II (PS II) und I (PS I) benutzt wird, um $H_2O$-Molekülen Elektronen zu entziehen und damit $NADP^{+}$ zu reduzieren. Diese Vorgänge werden von drei in die Thylakoidmembran eingelagerten Proteinkomplexen katalysiert und sind gekoppelt mit einer Erhöhung der Protonenkonzentration im Inneren der Thylakoide. PS II spaltet Wasser in Elektronen, Protonen und Sauerstoff; die Elektronen werden durch Photonen aktiviert und auf das niedermolekulare, in der Lipiddoppelschicht gelöste, Plastochinon (Q) übertragen, welches sie an den Cytochrom bf-Komplex weitergibt. Der $H^{+}$-Gradient wird hauptsächlich aus zwei Quellen gespeist: der Protonenpumpe des Q:Cyt bf-Komplexes (analog Komplex III in der Atmungskette) und den Protonen, welche PS II bei der Wasserspaltung ans Lumen abgibt. Den Elektronentransport vom Cyt bf-Komplex zu PS I besorgt Plastocyanin (Pc), ein kleines Protein mit der gleichen Funktion wie Cytochrom c in der Atmungskette. Eine weitere Anregung des Elektrons durch Licht im PS I ermöglicht die Reduktion eines eisenhaltigen Proteins, des Ferredoxins, dessen $Fe^{2+}$-Form das Elektron zur Reduktion von $NADP^{+}$ liefert

$$2\ H_2O + 2\ NADP^+ \rightarrow$$
$$O_2 + 2\ NADPH + 2H^+$$

Die Reduktion von $NADP^+$ mit $H_2O$, einem sehr schlechten Reduktionsmittel, braucht sehr viel Energie. Das Einzigartige der Photosynthese ist, dass diese Energie dem Licht entnommen wird. Ein Teil der eingefangenen Lichtenergie wird außerdem benutzt, um einen Protonengradienten aufzubauen, aus dem, wie bei der oxidativen Phosphorylierung, ATP gewonnen werden kann. Damit steht zur Verfügung, was zur Synthese von Kohlenhydrat aus $CO_2$ und $H_2O$ notwendig ist: ein starkes Reduktionsmittel und ATP.

■ Die Lichtreaktionen laufen in den Proteinkomplexen der Thylakoidmembran ab. Lichtenergie wird genutzt, um $NADP^+$ mit $H_2O$ zu reduzieren. Dabei entsteht $O_2$. Außerdem wird über einen $H^+$-Gradienten ATP synthetisiert.

## 22.3
## Chlorophyll

Der Lichtrezeptor in grünen Pflanzen ist Chlorophyll. Photosynthetisierende Bakterien und Algen besitzen andere Rezeptorfarbstoffe. Chlorophyll hat eine ähnliche Struktur wie Häm (s. Kapitel 15.2), allerdings ist das Zentralatom im Tetrapyrrolring Magnesium statt Eisen und die Seitenketten sind verschieden. Eine der Seitenketten ist eine Phytylgruppe, eine lange ($C_{16}$ plus 4 Methylgruppen) hydrophobe Kohlenwasserstoffkette, welche über eine Esterbindung mit dem Ringsystem verbunden ist:

Die starke Lichtabsorption ist – wie beim Häm – auf die vielen konjugierten Doppelbindungen zurückzuführen. Chlorophyll a (die obige Struktur) und b (besitzt anstelle der rot hervorgehobenen Methylgruppe einen Formylrest –CHO), die zusammen in Pflanzen vorkommen, absorbieren im Rot- bzw. im Blaubereich; Licht des dazwischen liegenden Grünbereichs wird reflektiert und ist für die grüne Farbe der Pflanzen verantwortlich. Anregung durch Licht hebt ein Elektron des Chlorophylls in einen Zustand höherer Energie.

Die Lichtsammelkomplexe der beiden Photosysteme (PS II und PS I) enthalten je einige Hundert Chlorophyllmoleküle. Fast alle dieser Chlorophyllmoleküle nehmen nicht direkt an den Photoreaktionen teil, sondern dienen als lichtsammelnde Antennen. Sie fangen Lichtquanten (Photonen) ein und übertragen sie auf umgebende Chlorophyllmoleküle. Die Chlorophyllmoleküle sind an Proteine gebunden und optimal angeordnet, so dass sie die Energie mit einer Ausbeute von nahezu 100% an umgebende Chlorophyllmoleküle weitergeben. Die Energie wird von Molekül zu Molekül übertragen, bis die Anregung das Reaktionszentrum des Photosystems erreicht. Dort wird das Elektron auf ein Chlorophyllmolekül des Reaktionszentrums übertragen. Das angeregte Elektron dieses Chlorophyllmoleküls hat eine etwas niedrigere Energie als die Elektronen der umgebenden Antennen-Chlorophyllmoleküle, ein Energietransfer zurück auf die Chlorophyllmoleküle des Lichtsammelsystems ist daher nicht möglich. Das angeregte Elektron wird stattdessen von einem Elektronenakzeptor mit einem etwas höheren Redoxpotential aufgenommen. Das Chlorophyll im Reaktionszentrum des Photosystems II (das erste in der Abfolge der Elektronenübertragungen) wird als **P680** bezeichnet, weil es Licht bis zu einer Wellenlänge von 680 nm absorbiert; das Chlorophyll im Reaktionszentrum des Photosystems I wird entsprechend als **P700** bezeichnet.

Die Lichtsammelkomplexe der Photosysteme enthalten außer Chlorophyll auch **Carotinoide** als zusätzliche Lichtsammler. Carotinoide sind lange Polyene; zahlreiche konjugierte Doppelbindungen geben ihnen eine gelb-rote Farbe (s. Kapitel 6.4). Die Carotinoide sind beteiligt an der Energieübertragung zum Reaktionszentrum. Außerdem fangen sie die Sauerstoffradikale ab, die bei den photochemischen Reaktionen entstehen.

> Die gelbrote Farbe des Herbstlaubes ist auf Carotinoide zurückzuführen. Der Abbau des Chlorophylls führt zum Sichtbarwerden der Carotinoide.

■ Chlorophyll, ein zyklisches Tetrapyrrol mit Mg$^{2+}$ als Zentralatom, dient als Lichtfänger in den beiden Photosystemen. Antennenchlorophyllmoleküle fangen die Photonen ein und leiten sie an ein Chlorophyllmolekül des Reaktionszentrums weiter. An der Energieübertragung sind auch Carotinoide beteiligt.

## 22.4
## Lichtgetriebene Reduktion von NADP$^+$ und Synthese von ATP

**Die zwei Photosysteme sind in Serie geschaltet** – Durch die Serienschaltung wird ein höheres Energieniveau erreicht, das nicht nur erlaubt, NADP$^+$ zu reduzieren, sondern sogar genügend Energie übrig lässt, um auch noch ATP zu synthetisieren (Abb. 22.2). Die P680-Chlorophyllmoleküle

(in oxidierter Form) im Reaktionszentrum des Photosystems II übernehmen Elektronen aus Wasser, das dabei in Protonen und Sauerstoff gespalten wird (diese Reaktionen werden weiter unten näher besprochen). Ohne Licht, d.h. ohne Anregung, kann das Chlorophyll P680 das Elektron nicht weitergeben. Wenn es hingegen durch ein Photon von den Antennen-Chlorophyllmolekülen angeregt wird, hat es eine starke Tendenz, das Elektron auf einen Akzeptor zu übertragen: Chlorophyll P680 ist zu einem Reduktionsmittel geworden und reduziert ein dem Chlorophyll ähnliches Pigment ohne Mg$^{2+}$-Ion, das Phäophytin des Photosystems II. Zwei Moleküle von Phäophytin übertragen dann je ein Elektron auf Plastochinon, den lipidlöslichen Elektronüberträger zwischen PS II und dem Cytochrom bf-Komplex.

Plastochinon (Q)     Plastohydrochinon = Plastochinol (QH$_2$)

R = lange apolare Seitenkette

Der Cytochrom bf-Komplex enthält zwei Cytochrome und einen Eisen-Schwefel-Komplex (s. Kapitel 15.2) und überträgt zwei Elektronen von Plastochinol (QH$_2$) auf Plastocyanin. Plastocyanin ist ein Kupferproteinkomplex, in welchem das Kupferion seinen Redoxzustand zwischen Cu$^{2+}$ und Cu$^+$ wechselt. Das Elektron wird von Chlorophyll P700 des PS I übernommen. Sobald P700 durch ein Photon aus den Antennen-Chlorophyllmolekülen angeregt wird, verwandelt es sich in ein Reduktionsmittel, welches sein Elektron weitergibt an eine kurze Reihe von Elektronenüberträgern, die hier nicht weiter beschrieben wird. Am Ende wird das Elektron von Ferredoxin aufgenommen. Ferredoxin ist ein kleines (~ 100 Aminosäurereste) wasserlösliches Protein

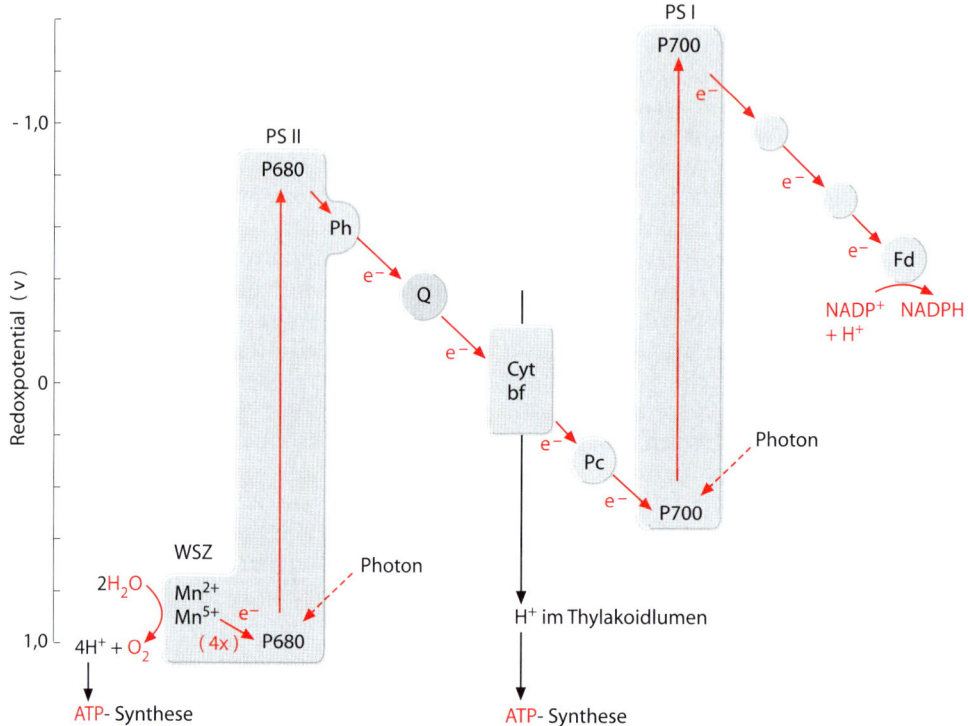

**Abb. 22.2.** Der Elektronenfluss von $H_2O$ zu $NADP^+$ bei der Photosynthese. Ein Photon aktiviert die reduzierte Form von Chlorophyll P680 im Reaktionszentrum von Photosystem II (PS II). Im angeregten Zustand gibt P680 ein Elektron an Phäophytin (Ph), ein Chlorophyll ohne Zentralatom, ab. Über Plastochinon (Q), den Cytochrom bf-Komplex (Cyt bf) und Plastocyanin (Pc) gelangt das Elektron zu $P700^+$, der oxidierten Form des Chlorophylls im Reaktionszentrum von PS I, welches damit zu P700 reduziert wird. Anregung von P700 durch ein Photon ermöglicht die Weitergabe des Elektrons über eine Kette von hier nicht weiter erläuterten Elektronenüberträgern auf Ferredoxin (Fd). Die Ferredoxin-$NADP^+$-Reduktase überträgt das Elektron auf $NADP^+$. Die Passage des Elektrons durch den Cyt bf-Komplex ist gekoppelt mit dem Pumpen von Elektronen in das Thylakoidlumen. Die von angeregten P680-Molekülen weitergegebenen Elektronen werden durch Elektronen aus $H_2O$ ersetzt. Das Wasserspaltungszentrum (WSZ) von PS II enthält ein Manganzentrum, das über Redoxreaktionen der Manganionen ($Mn^{2+}$ bis $Mn^{5+}$) Elektronen aus $H_2O$ entfernt und an $P680^+$ (die oxidierte Form von P680) weitergibt. Die Entfernung von Elektronen aus $H_2O$ führt zur Bildung von $O_2$ und zur Abgabe von Protonen ins Thylakoidlumen

mit einem Eisen-Schwefel-Komplex als Elektronenüberträger. Es befindet sich außerhalb der Thylakoidmembran im Chloroplastenstroma. Reduziertes Ferredoxin dient als Reduktionsmittel für $NADP^+$. Die Ferredoxin-$NADP^+$-Reduktase ist ein FAD-haltiges Enzym und überträgt zwei Elektronen auf $NADP^+$:

$$2 \text{ Ferredoxin}_{red.} + NADP^+ + 2H^+$$
$$\xrightarrow[\text{NADP}^+\text{-Reduktase}]{\text{Ferredoxin-}} 2 \text{ Ferredoxin} + NADPH + H^+$$

Wenn wir die Herkunft der übertragenen Elektronen in dem Photosystem zurückverfolgen, zeigt sich Folgendes: Im Photosystem I ist jeweils ein Elektron eines P700-Chlorophyllmoleküls durch ein Photon angeregt und an Ferredoxin weitergegeben worden, um $NADP^+$ zu reduzieren. Dabei ist P700 um ein Elektron ärmer geworden, es ist zu $P700^+$, einem Oxidationsmittel geworden. $P700^+$ übernimmt ein Elektron von Plastocyanin (Pc):

$$P700^+ + Pc(Cu^+) \rightarrow P700 + Pc\ (Cu^{2+})$$

Das Elektron, welches von Pc (Cu⁺) abgegeben wird, stammt ursprünglich aus P680 von Photosystem II, welches durch ein Photon angeregt worden ist. Durch die Abgabe eines Elektrons ist P680⁺ entstanden, welches ein neues Elektron erhalten muss, damit ein weiteres Photon die Abfolge der Redoxreaktionen erneut starten kann. Dieses Elektron wird vom Wasserspaltungs-Zentrum des Photosystems II geliefert. Das Wasserspaltungs-Zentrum (WSZ in Abb. 22.2) ist ein Mn-Ionen enthaltender Proteinkomplex, welcher Elektronen aus Wasser über Redoxreaktionen der Mn-Ionen auf P680⁺ weiterleitet und damit P680 für eine neue Runde lichtgetriebener Redoxreaktionen bereitstellt. P680⁺ ist ein sehr starkes Oxidationsmittel; es hat eine so starke Tendenz, ein Elektron zu übernehmen (stärker als Sauerstoff), dass es sogar dem $H_2O$ Elektronen entziehen kann:

$$2\ H_2O + 4\ P680^+ \rightarrow 4\ H^+ + O_2 + 4\ P680$$

Die 4 Protonen werden dabei ins Thylakoidlumen freigegeben. Es ist sehr wichtig, dass alle 4 Elektronen gleichzeitig von P680⁺-Molekülen aufgenommen werden, um zu vermeiden, dass unvollständig oxidierte Sauerstoffderivate entstehen. Das analoge Problem, wenn auch in der anderen Richtung, besteht ja in der Atmungskette; dort muss der Sauerstoff vollständig reduziert werden, um als Endprodukt $H_2O$ zu bilden, ohne dass unvollständig reduzierte Sauerstoffderivate entstehen (s. Kapitel 33.3).

Die **Stöchiometrie der Photosynthese** ist schwierig abzuschätzen. Es wird angenommen, dass die Energie von 8 absorbierten Photonen genügt, um 1 $O_2$-Molekül, 2 NADPH-Moleküle und 3 ATP-Moleküle zu produzieren. ($E = h \cdot \nu = h \cdot c/\lambda$; rotes Licht mit einer Wellenlänge von 700 nm hat eine Energie von 171 kJ/mol Photonen).

Viele Herbizide vertilgen das Unkraut, indem sie eines der beiden Photosysteme hemmen.

**ATP wird auch bei der Photosynthese über einen chemiosmotischen Mechanismus gewonnen** – Der Cytochrom bf-Komplex, der von QH₂ Reduktionsäquivalente übernimmt, um Plastocyanin zu reduzieren, ist dem Komplex III der Atmungskette ähnlich, der auch QH₂ braucht, um Cytochrom c zu reduzieren (s. Kapitel 15.2). Auch der Cytochrom bf-Komplex verwendet die beim Elektronentransport frei werdende Energie, um Protonen durch die Membran zu pumpen. Diese ins Thylakoidlumen gepumpten Protonen zusammen mit den Protonen aus dem Wasserspaltungszentrum des Photosystems II, erhöhen die Protonenkonzentration im Thylakoidlumen (pH ~4,5). Das Proton, das bei der Reduktion von NADP⁺ zu NADPH im Stroma verbraucht wird (Abb. 22.2), trägt ebenfalls zur Bildung des Protonengradienten bei. Der Protonengradient wird genutzt, um ATP aus ADP und P$_i$ zu synthetisieren nach dem gleichen chemiosomotischen Mechanismus wie bei der oxidativen Phosphorylierung in Mitochondrien.

In den Mitochondrien werden die Protonen von innen nach außen gepumpt. In den Thylakoiden erfolgt der Transport in der entgegengesetzten Richtung. Bei diesem Vergleich ist jedoch zu beachten, dass die Thylakoide durch Einstülpung und Abschnürung der inneren Chloroplastenmembran entstehen. Die Polarität der Thylakoidmembran in Bezug auf Protonengradient und ATP-Synthese ändert sich dabei nicht.

Wenn unter gewissen Bedingungen alles NADP⁺ reduziert worden ist, d.h. mehr Elektronen angeregt werden als zur Reduktion des anfallenden NADP⁺ benötigt werden, gibt das Ferredoxin seine Elektronen statt an NADP⁺ an den Cytochrom bf-Komplex zurück. Der dadurch erhöhte Elektronenfluss durch den Komplex auf Plastocyanin erhöht die Leistung der Protonenpumpe und damit die ATP-Synthese. Diese zusätzliche Produktion von ATP wird durch den zyklischen lichtgetriebenen Elektronenfluss angetrieben und daher als **zyklische Photophosphorylierung** bezeichnet.

**Das erste Produkt der CO$_2$-Fixierung ist 3-Phosphoglycerat** – Ribulose-1,5-bisphosphat-Carboxylase/Oxygenase (kurz „**Rubisco**") ist das auf der Erde in größter Menge vorkommende Protein. Es katalysiert die Fixierung von CO$_2$:

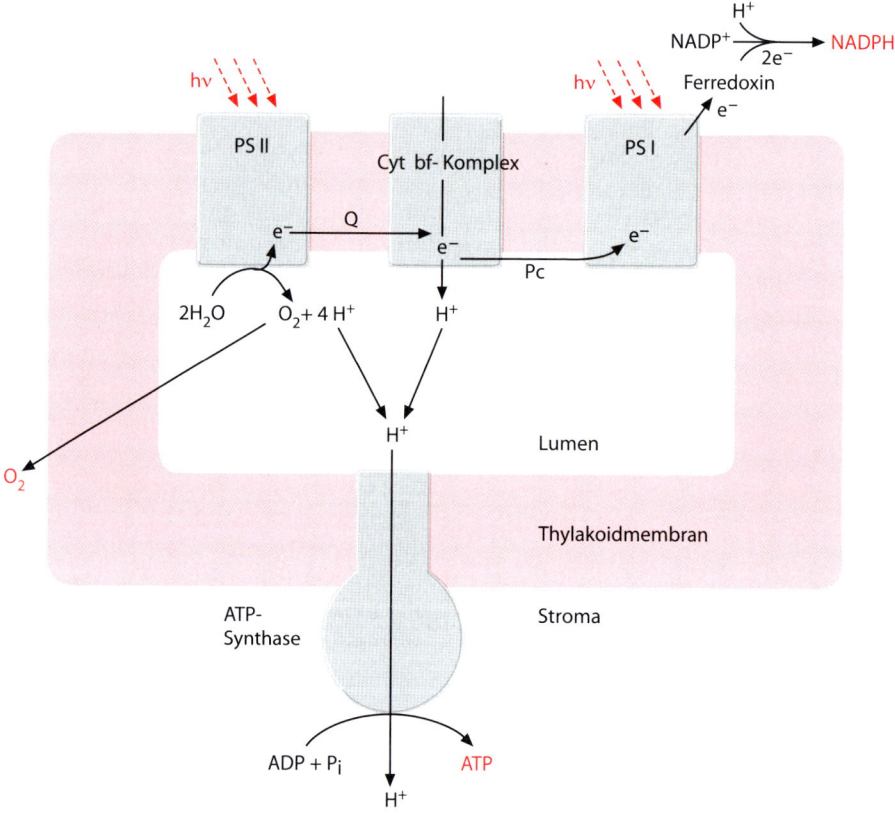

## 22.5
## Synthese von Kohlenhydrat aus CO$_2$

Im Unterschied zur lichtgetriebenen Reduktion von NADP$^+$ durch H$_2$O und zur lichtgetriebenen Synthese von ATP ist die Synthese von Glucose unter Verwendung des in den Lichtreaktionen gewonnenen NAPDH und ATP zwar nur in Pflanzen möglich, aber grundsätzlich nichts anderes als eine Abfolge enzymkatalysierter Reaktionen.

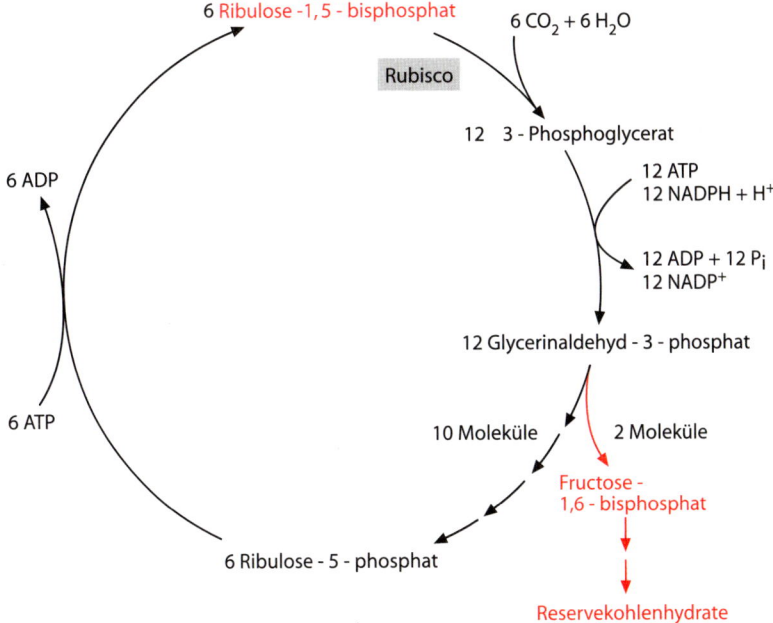

**Abb. 22.3.** Calvin-Zyklus. Das Schema ist vereinfacht, verschiedene Zwischenprodukte sind weggelassen. Das Wichtigste ist jedoch angegeben: Rubisco fixiert $CO_2$; zur Synthese von Glucose, Stärke oder anderen Reservekohlenhydraten sind NADPH und ATP notwendig; eine zyklische Reaktionsfolge regeneriert Ribulose-1,5-bisphosphat, den Akzeptor von $CO_2$

Die Spaltung der C2–C3-Bindung wird kombiniert mit einer Carboxylierung an C2. Aus einer Pentose ($C_5$) und $CO_2$ sind 2 Triosen (2 $C_3$) entstanden, $CO_2$ ist fixiert worden, d.h. in ein organisches Molekül eingebaut worden. Ein kleiner Teil des entstandenen 3-Phosphoglycerats wird für die Synthese von Glucose (s. Gluconeogenese in Kapitel 16.1) und Stärke verwendet.

Wie wird Ribulose-1,5-bisphosphat nachgeliefert? Der größere Teil von 3-Phosphoglycerat wird für die Resynthese von Ribulose-1,5-bisphosphat verwendet. Diese Nachschubreaktionen werden durch eine Reihe von Enzymen, darunter die Aldolase (bekannt als ein Enzym der Glykolyse) und die Transketolase (bekannt als ein Enzym des Pentosephosphatwegs), katalysiert. Über einen NADPH- und ATP-getriebenen Zyklus (**Calvin-Zyklus**) wird Ribulose-1,5-bisphosphat nachgeschoben und aus dem fixierten $CO_2$ neues Kohlenhydrat gewonnen (Abb. 22.3). Die Bilanzgleichung des Zyklus ergibt sich als

$$3\ CO_2 + 9\ ATP + 6\ NADPH$$
$$\rightarrow \text{Glycerinaldehyd-3-P} + 9\ ADP + 8\ P_i$$
$$+ 6\ NADP^+$$

Wie der Name es andeutet, kann die Ribulose-1,5-$P_2$-Carboxylase/Oxygenase nicht nur mit $CO_2$, sondern auch mit $O_2$ reagieren. Die Reaktion mit Sauerstoff spaltet Ribulose-1,5-$P_2$, so dass nur ein Molekül 3-Phosphoglycerat produziert wird. Die Rückeinschleusung des zweiten Produkts, einer $C_2$-Verbindung, in den Stoffwechsel verbraucht NADH und ATP. Der energieverbrauchende Vorgang, der mit der Photosynthese kompetiert, wird als **Photorespiration** bezeichnet. Seine Bedeutung ist unklar. Unter bestimmten Bedingungen wird die Photosynthese durch die Photorespiration um fast ein Drittel verringert. Möglicherweise ist die Photorespiration ein durch Veränderung der Rubisco nicht mehr eliminierbares Überbleibsel aus den Zeiten, da die $O_2$-Konzentration auf der Erde noch gering war.

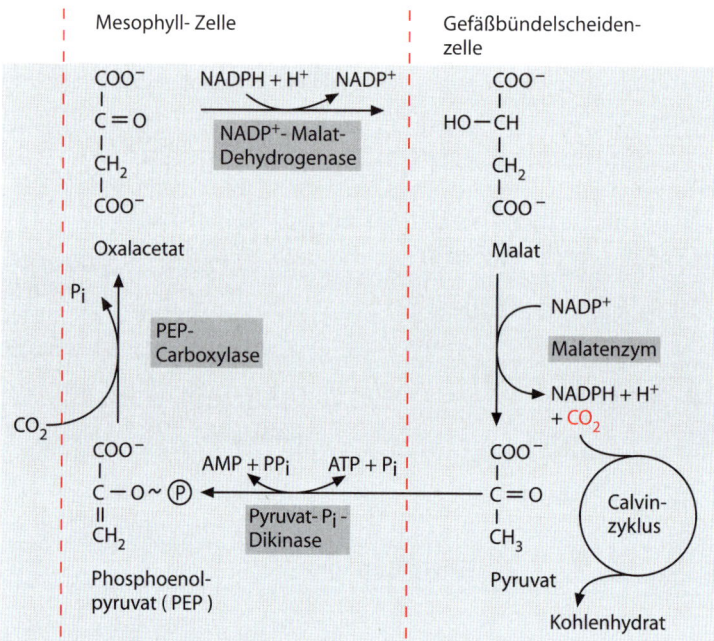

**Abb. 22.4.** $C_4$-Pflanzen. Der besondere Stoffwechselweg erhöht die Konzentration von $CO_2$ in den Gefäßbündelscheidenzellen und verbessert dadurch bei der Rubisco-Reaktion die Bedingungen für die Photosynthese auf Kosten der Photorespiration

In einigen Pflanzen findet sich eine Variante der Photosynthese, die zur primären $CO_2$-Fixierung nicht Rubisco verwendet und dadurch das relative Ausmaß der Photorespiration stark verringert. Zu diesen Pflanzen gehören Mais und Zuckerrohr, die bei hoher Lichtintensität und Temperatur leben, Bedingungen, welche die Photorespiration fördern würden. In diesen Pflanzen wird $CO_2$ zunächst zur Carboxylierung von Phosphoenolpyruvat (PEP) zu Oxalacetat verwendet (Abb. 22.4). Oxalacetat ist eine $C_4$-Verbindung, der Vorgang wird daher $C_4$-Photosynthese genannt und die entsprechenden Pflanzen werden als **$C_4$-Pflanzen** bezeichnet. Die Fixierung von $CO_2$ geschieht in einer Reaktion, die bei Tieren nicht abläuft:

$$CO_2 + H_2O + \text{Phosphoenolpyruvat}$$
$$\xrightarrow[\text{PEP-Carboxylase}]{} \text{Oxalacetat} + P_i$$

Die weiteren Schritte sind aus Abb. 22.4 ersichtlich. Die $NADP^+$-Malatdehydrogenase (= Malatenzym, das auch bei der Fettsäuresynthese eine Rolle spielt; s. Kapitel 17.2) produziert $CO_2$, wodurch die $CO_2$-Konzentration in den Gefäßbündelscheidenzellen 10- bis 50-mal höher wird als in der Atmosphäre. Bei dieser höheren $CO_2$-Konzentration überwiegt die Photosynthese durch Rubisco die Photorespiration bei weitem. Das bei der Decarboxylierung entstandene Pyruvat wird in Mesophyllzellen unter Verbrauch von zwei energiereichen Phosphatbindungen in Phosphoenolpyruvat zurückverwandelt. Der Calvin-Zyklus läuft gleich wie in $C_5$-Pflanzen ab. In verschiedenen $C_4$-Pflanzen finden sich gewisse Varianten der $C_4$-Photosynthese; bei allen geht es jedoch darum, die $CO_2$-Konzentration in den Gefäßbündelscheidenzellen anzuheben, um bei Rubisco die Photosynthese auf Kosten der Photorespiration zu fördern.

- Die Dunkelreaktionen, eine zyklische Abfolge enzymatischer Reaktionen (Calvin-Zyklus) im Cytosol der Zelle, synthetisieren Kohlenhydrate aus $CO_2$. Hierzu wird NADPH als Reduktionsmittel und chemische Energie in Form von ATP benötigt. Beide werden durch die Lichtreaktionen bereitgestellt. Nach der $CO_2$-Fixierung durch Rubisco (Ribulose-1,5-bisphosphat-Carboxylase/Oxygenase) ist die Synthese von Kohlenhydraten durch die Dunkelreaktionen grundsätzlich vergleichbar mit der Gluconeogenese, allerdings verlaufen die Dunkelreaktionen der Photosynthese als zyklischer Stoffwechselweg über andere Zwischenprodukte und benötigen andere Enzyme.

# 23 Besonderheiten des Stoffwechsels von Pflanzen und Bakterien

Die im vorausgehende Kapitel behandelte Photosynthese ist ein einzigartiges Merkmal der Pflanzen, Grünalgen und gewisser Bakterien. Das vorliegende Kapitel diskutiert weitere Besonderheiten des Stoffwechsels von Pflanzen und Bakterien. Pflanzen sind sessile Organismen, die weder sammeln noch jagen können. Ihre Lebensweise ist möglich dank der Energie, die sie aus dem Sonnenlicht beziehen können. Pflanzen nehmen sämtliche Baustoffe in anorganischer Form auf: Kohlenstoff als $CO_2$ aus der Luft, Stickstoff als Nitrat oder $NH_4^+$ aus dem Boden und Schwefel als Sulfat aus dem Boden. Sie sind damit nicht wie Mensch und Tier auf die Zufuhr organischer Nähr- und Baustoffe angewiesen. Pflanzen sind photoautotroph.

Die in den Pflanzen und Grünalgen ablaufende Photosynthese versorgt alle weiteren Lebewesen mit organisch gebundenem Kohlenstoff. In ähnlicher Weise assimilieren Bodenbakterien $N_2$ aus der Luft und Pflanzen Nitrat und $NH_4^+$ aus dem Boden, wodurch sie die Biosphäre mit organisch fixiertem Stickstoff versorgen. Dasselbe gilt für die Assimilation von Schwefel aus Sulfat durch Bakterien und Pflanzen, welche organisch gebundenen Schwefel produzieren.

> **Assimilation**: die Aufnahme einfacher Verbindungen und ihre Verwendung für die Biosynthese körpereigener organischer Verbindungen.

Die Assimilation sowohl von Stickstoff als auch von Schwefel erfolgt nach dem gleichen Prinzip: nach Reduktion zu $NH_3$ bzw. $H_2S$ werden diese Produkte in Aminosäuren eingebaut. Aminosäuren dienen als Vorstufen für die Synthese weiterer N-haltiger und S-haltiger Verbindungen.

Bei Pflanzen ist zumeist Saccharose die Transportform von Kohlenhydraten. Als Reserve chemischer Energie werden Stärke und Triacylglycerole gespeichert. Im Unterschied zu Mensch und Tier synthetisieren die Pflanzen besondere Proteine zur Speicherung von Aminosäuren. Der Sekundärstoffwechsel der Pflanzen produziert eine äußerst vielfältige Palette von Verbindungen, die zumeist dem Schutz der Pflanze gegen Fraß und mikrobielle Pathogene dienen. Zahlreiche sekundäre Pflanzeninhaltsstoffe werden als Medikamente verwendet. Die so genannten Phytohormone regulieren fast ausschließlich Wachstum und Entwicklung der Pflanze und nur in seltenen Fällen den Stoffwechsel.

Bakterien weisen zahlreiche Stoffwechselwege auf, die weder bei Tieren noch Pflanzen vorkommen, und ihnen erlauben, unter den verschiedendsten Bedingungen zu leben.

## 23.1
## Stickstoff-Assimilation aus Nitrat und $N_2$

**Pflanzen und viele Bakterien sind nicht auf die Zufuhr von Aminosäuren angewiesen** – Im Unterschied zu Mensch und Tier können sie alle Aminosäuren aus kleineren Bausteinen synthetisieren und den

Die **Nitrogenase** ist ein Eisen und Molybdän enthaltender Multiproteinkomplex. Die zur Reduktion von $N_2$ benötigten Elektronen werden je nach der Bakterienspezies von reduziertem Ferredoxin oder reduziertem Flavodoxin eingespeist. Flavodoxin ist ein kleines, dem Ferredoxin ähnliches FeS-Protein. Die Reduktion von $N_2$ erfolgt in drei Stufen:

$$N \equiv N \xrightarrow{2\,H^+ + 2\,e^-} \underset{\text{Diimin}}{H-N=N-H} \xrightarrow{2\,H^+ + 2\,e^-} \underset{\text{Hydrazin}}{H_2N - NH_2} \xrightarrow{2\,H^+ + 2\,e^-} 2\,NH_3$$

dafür notwendigen Stickstoff aus anorganischen Stickstoffverbindungen beziehen. Für die meisten Pflanzen ist Nitrat ($NO_3^-$) die wichtigste Stickstoffquelle. Den molekularen Stickstoff der Luft können nur Prokaryonten, insbesondere viele frei lebende Bakterien, fixieren, d.h. in gebundene Form überführen. Die symbiontischen Knöllchenbakterien (Bodenbakterien der Gattung *Rhizobium*) der Leguminosenwurzeln (Klee, Soja, Bohnen, Erbsen) versorgen sich selbst und diese wichtigen Kulturpflanzen mit Ammoniak, das sie durch Reduktion von $N_2$ bilden. $N_2$ wird auch durch nichtsymbiontische Bodenbakterien, wie *Azotobacter*, fixiert.

Die Nitrogenase reduziert auch $H_2O$ zu $H_2$, welches dann mit Diimin reagiert, um wiederum $N_2$ zu bilden:

$$HN=NH + H_2 \rightarrow N_2 + 2\,H_2$$

Dieser unter keinen Bedingungen zu unterdrückende Leerlaufzyklus ist der Grund, dass pro Mol $N_2$, das fixiert wird, etwa ein Mol $H_2$ produziert wird. Das viele

---

Die Wurzelknöllchen, welche die ***Rhizobium***-Symbionten enthalten, sind rötlich. Die Pflanzen (**Leguminosen**) bilden große Mengen von **Leghämoglobin**, das Sauerstoff bindet und damit die $O_2$-empfindliche Nitrogenase vor Inaktivierung schützt.

---

In Düngerfabriken wird Stickstoff durch das Haber-Bosch-Verfahren fixiert: $N_2 + 3H_2 \rightarrow 2\,NH_3$. $N_2$ wird mit $H_2$ gemischt und bei 500 °C und 300 bar über einen Eisenkatalysator geleitet.

---

**$N_2$ und $NO_3^-$ werden zunächst zu $NH_3$ reduziert** – Die dafür benötigten Reduktionsäquivalente stammen bei den Pflanzen aus der Photolyse von Wasser (s. Photosynthese, s. Kapitel 22.4), bei den Bakterien aus der Oxidation organischer Verbindungen wie Pyruvat oder aus $H_2$. Die Fixierung von $N_2$ verbraucht außer Reduktionsäquivalenten auch ATP:

ATP wird benötigt, um die Elektronenübertragung vom Fe-Protein auf das Mo-Fe-Protein zu ermöglichen. Zwei ATP-Moleküle binden an das reduzierte Fe-Protein. Ihre Hydrolyse bewirkt eine Konformationsänderung, welche das Redoxpotential des Fe-Proteins herabsetzt und damit die Elektronenübertragung auf das MoFe-Protein ermöglicht:

$$N_2 + 8H^+ + 8e^- \xrightarrow[\text{Nitrogenase}]{16\,ATP \quad 16\,ADP + 16\,P_i} 2\,NH_3 + H_2$$

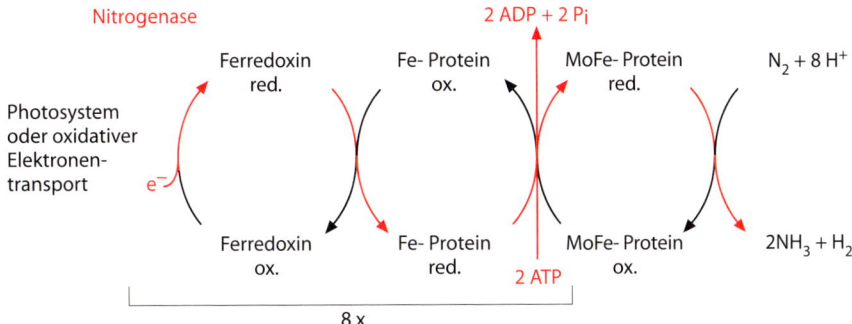

Die meisten Pflanzen behelfen sich ohne symbiontische N$_2$-fixierende Bakterien. Sie verwenden Nitrat, welches durch gewisse Bodenbakterien durch Oxidation von NH$_4^+$ hergestellt wird. Bei ungenügender Zufuhr von Nitrat verwenden die Pflanzen auch NH$_4^+$. Mit der Düngung werden zusätzliches Nitrat und Ammonium in die Böden eingetragen. Eine weitere Quelle für Ammoniak sind Blitzentladungen in der Atmosphäre, die etwa 3% des natürlich fixierten N$_2$ liefern. Bei der **Nitratreduktion** wird Nitrat über zwei Schritte zu NH$_4^+$ reduziert:

$$2\text{-Oxoglutarat} + \text{Glutamin} \xrightarrow[\text{Glutamat-Synthase}]{\text{NAD(P)H} + \text{H}^+ \quad \text{NAD(P)}^+} 2\,\text{Glutamat}$$

Die Summe dieser zwei Reaktionen

$$\text{NH}_4^+ + 2\text{-Oxoglutarat} + \text{NAD(P)H} + \text{ATP} \rightarrow \text{Glutamat} + \text{NAD(P)}^+ + \text{ADP} + \text{P}_i$$

entspricht, abgesehen vom ATP-Verbrauch, der folgenden Reaktion, die von Bakterien bei NH$_4^+$-Überschuss verwendet wird, um NH$_4^+$ zu assimilieren:

$$\text{NO}_3^- \xrightarrow[\text{Nitrat-Reduktase}]{\text{NAD(P)H} + \text{H}^+ \quad \text{NAD(P)}^+ + \text{H}_2\text{O}} \text{NO}_2^- \xrightarrow[\text{Nitrit-Reduktase}]{3\,\text{NADPH} + 5\text{H}^+ \quad 3\,\text{NADP}^+ + 2\,\text{H}_2\text{O}} \text{NH}_4^+$$

Nitrat                Nitrit

$$\text{NH}_4^+ + 2\text{-Oxoglutarat} \xrightarrow[\text{Glutamat-Dehydrogenase}]{\text{NAD(P)H} + \text{H}^+ \quad \text{NAD(P)}^+} \text{Glutamat} + \text{H}_2\text{O}$$

> Die tierfangenden Pflanzen (Carnivoren) besitzen die Fähigkeit zur Photosynthese und können bei ausreichender Mineralsalzernährung durchaus ohne tierische Nahrung leben. Nur bei ungenügendem Angebot an Stickstoff und Phosphat auf kargen Böden ziehen sie Nutzen aus dem Tierfang.

(wie auch die Glutamatsynthase, eines der wenigen Enzyme, das sowohl NADPH als auch NADH verwendet)

Warum ist trotz ATP-Verbrauch die Kombination der beiden ersten Reaktionen wichtiger als die sparsame dritte Reaktion? Die Glutamin-Synthetase hat eine gegen 100-mal höhere Affinität für NH$_4^+$ (K$_m$ 0,1 mM) als die Glutamat-Dehydrogenase. Die Hydrolyse von ATP dient demnach dazu, auch bei niedrigen Konzentrationen genügend NH$_4^+$ zu assimilieren. Als Transportform für Stickstoff zur Versorgung der oberirdischen Organe der Pflanzen dienen verschiedene Verbindungen: Glutamin, Glutamat und Aspartat oder bei gewissen Pflanzen auch Allantoin und Allantoinsäure.

**NH$_4^+$ wird rasch in eine ungiftige Form überführt** – Eine Reihe von Reaktionen dient dazu, NH$_4^+$ in organische Bindung überzuführen:

$$\text{NH}_4^+ + \text{Glutamat} \xrightarrow[\text{Glutamin-Synthetase}]{\text{ATP} \quad \text{ADP} + \text{P}_i} \text{Glutamin}$$

■ Der Stickstoff durchläuft wie $CO_2$ und $O_2$ (s. Photosynthese, Kapitel 22) einen globalen Kreislauf:

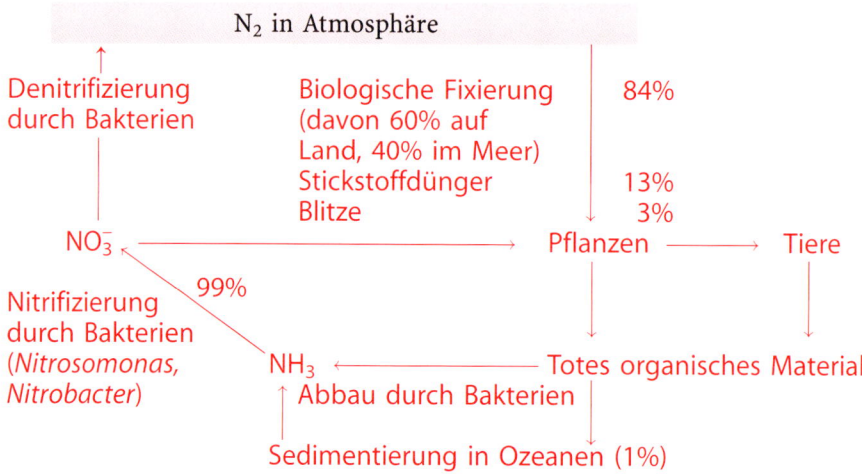

## 23.2
## Schwefel-Assimilation aus Sulfat

Mensch und Tier sind auf schwefelhaltige Aminosäuren in der Nahrung angewiesen. Pflanzen und Bakterien können dagegen Sulfat und andere oxidierte anorganische Schwefelverbindungen als S-Quellen verwenden. Wie Nitrat muss auch Sulfat hierzu reduziert werden. Wie bei der Reduktion von $N_2$ zu $NH_3$ stammen die Reduktionsäquivalente bei den Pflanzen aus der Photolyse von Wasser und bei Bakterien aus der Oxidation organischer Verbindungen. Vor der Reduktion muss Sulfat unter ATP-Verbrauch zu Adenosin-5′-phosphosulfat (APS) aktiviert werden:

$$-O-\overset{\displaystyle O}{\underset{\displaystyle O}{\overset{\|}{\underset{\|}{S}}}}-O-\text{(P)}-\text{Adenosin}$$

Die Reduktion führt in zwei Schritten über $HSO_3^-$ (Sulfit) zu $H_2S$. Die dazu notwendigen Elektronen stammen aus Thioredoxin (s. Abb. 20.4), Ferredoxin oder NADPH. Wie $NH_3$ ist auch $H_2S$ ein Zellgift, das sofort in organische Bindung

> Die reduktive Assimilation von Nitrat und Sulfat laufen beide in den Chloroplasten ab, ein weiterer Hinweis, dass die Plastiden von Prokaryonten abstammen.

übergeführt wird. In einer Pyridoxal-5′-phosphat-abhängigen Reaktion wird $H_2S$ mit O-Acetylserin zu Cystein und Acetat umgesetzt. Cystein fungiert als die Transportform organisch gebundenen Schwefels und liefert den Schwefel zur Synthese der meisten anderen schwefelhaltigen Verbindungen.

■ Mensch und Tier sind nicht nur von der Stickstoff-Assimilation durch Pflanzen und Mikroorganismen sondern auch von deren Schwefel-Assimilation abhängig.

## 23.3
## Transport- und Speicherformen chemischer Energie bei Pflanzen

Auch in Pflanzen müssen die Energieträger und Bausteine vom Ort ihrer Synthese zu den Verbrauchsorten transportiert werden. Der Transport erfolgt überwiegend im Phloem der Leitorgane. Die wichtigsten Transportmetaboliten sind **Saccharose** als Zucker und **proteinogene Aminosäuren,** insbesondere Glutamat, Glutamin und Aspartat. Ein intensiver Transport von Aminosäuren findet vor dem Laubfall aus den Blättern in die überdauernden Organe der Pflanze statt.

**Saccharose wird nach dem gleichen Prinzip wie die Lactose bei Tieren synthetisiert** – Zunächst wird die Glucose aktiviert, indem Glucose-1-phosphat und UTP zu UDP-Glucose und $PP_i$ reagieren (s. Kapitel 16.2). Darauf wird aus UDP-Glucose und Fructose-6-phosphat Saccharosephosphat gebildet. Die folgende irreversible hydrolytische Abspaltung des Phosphatrests liefert Saccharose (s. Kapitel 16.3) und gewährleistet, dass die Reaktionsfolge in Richtung Synthese abläuft.

**Stärke entsteht aus ADP-Glucose** – Analog zur Bildung von UDP-Glucose wird ADP-Glucose gebildet:

$$\text{Glucose-1-P} + \text{ATP} \longrightarrow \text{ADP-Glucose} + PP_i$$

ADP-Glucose-
Pyrophosphorylase

In den grünen Teilen der Pflanze wird bei Licht in den Chloroplasten Stärke abgelagert und im Dunkeln zur Energiegewinnung wieder abgebaut. In den nicht grünen Teilen der Pflanze, z. B. in reifenden Samen oder Knollen, bilden die Amyloplasten, undifferenzierte Proplastiden ohne Fähigkeit zur Photosynthese, aus herantransportierter Saccharose die Stärke. Die Synthese und der Abbau von Stärke erfolgen über analoge Reaktionen wie die Bildung und der phosphorolytische Abbau von Glykogen bei Tieren (s. Kapitel 16.2).

**Triacylglycerole werden in Oleosomen gespeichert** – Fettsäuren werden in den Plastiden synthetisiert, innerhalb der ER-Membran werden Triacylglycerole gebildet und als kleine, mit einer einfachen Lipidschicht umgebene Öltröpfchen ins Cytosol freigegeben. Triacylglycerole finden sich in allen Zellen, in fettspeichernden Samen

Glucose ist natürlich auch die Vorstufe zur Synthese der **Cellulose** ($\beta$-1,4-verknüpftes Glucosepolymer, s. Abb. 5.4) sowie der Zucker und Zuckerderivate, welche zur Bildung der Zellwand benötigt werden. In der Zellwand kommt auch das **Lignin** vor. Dieses wasserunlösliche Polymer verleiht den Stütz- und Leitgeweben der Pflanzen ihre Festigkeit und liegt der Verholzung der Pflanzen zugrunde. Lignin entsteht in der verholzenden Zellwand durch oxidative Polymerisierung (vgl. Synthese von Melanin, Abb. 19.6) von Phenylpropan-Verbindungen, die sich von Phenylalanin ableiten.

(Erdnuss als Beispiel) können sie 50% der gesamten Samenmasse ausmachen. Bei der Keimung fettspeichernder Samen werden die Neutralfette zu Kohlenhydraten abgebaut, die für den Bau- und Energiestoffwechsel des Keimlings verwendet werden. Der Abbau der Fettsäuren erfolgt durch $\beta$-Oxidation in besonderen Organellen, den **Glyoxysomen**. Pflanzen besitzen, im Unterschied zu Tieren, keine mitochondriale $\beta$-Oxidation. Aus zwei Molekülen Acetyl-CoA entsteht im **Glyoxylatzyklus** (Abb. 23.1) ein Molekül Succinat, das über den Citratzyklus der Gluconeogenese zugeführt wird. In Pflanzensämlingen erlaubt der Glyoxylat-Zyklus, Reservefett in Kohlenhydrat umzuwandeln. Pflanzen transportieren keine Lipide, weder als Träger chemischer Energie noch als Bausteine. Lipide werden für den Transport zu wasserlöslichem Kohlenhydrat (Saccharose) umgewandelt und am Ort des Bedarfs resynthetisiert.

**Speicherproteine finden sich besonders in Samen und in vegetativen Speicherorganen (z. B. Wurzeln, Knollen)** – Im Unterschied zu Mensch und Tier, die keine Proteine speichern, vermögen Pflanzen Proteinspeicher anzulegen. Die Speicherproteine sind spezialisierte Proteine und unterscheiden sich in Aminosäurezusammensetzung und 3D-Struktur von den anderen Proteinen der Zellen. Ihre Biosynthese erfolgt an der ER-Membran. Der Speicherung dienende **Proteinkörper**

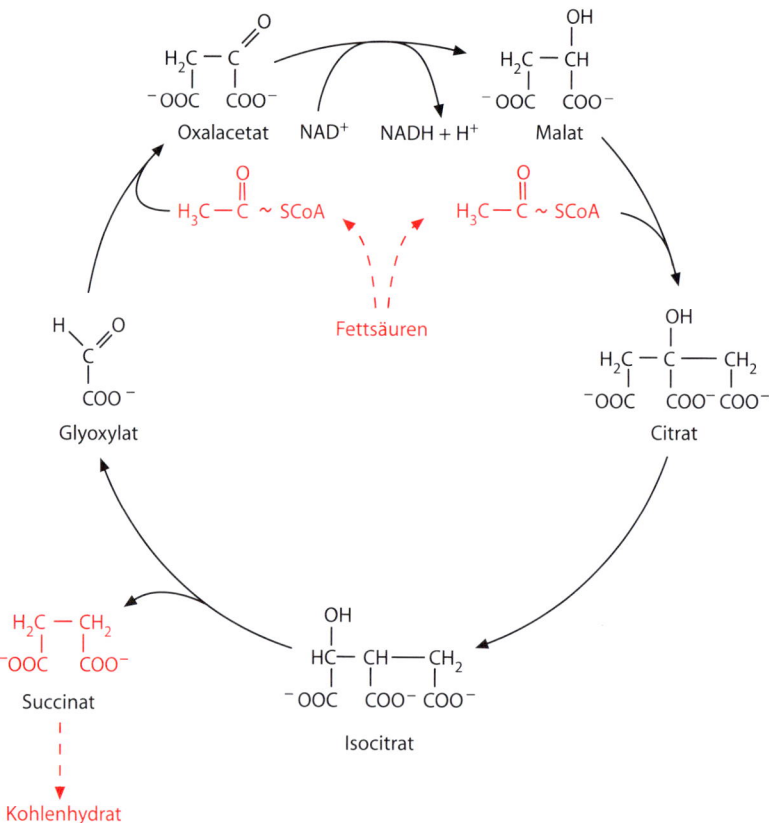

**Abb. 23.1.** Glyoxylatzyklus. Der Glyoxylat-Zyklus erlaubt Pflanzen und gewissen Bakterien, im Gegensatz zu den Tieren, aus Fettsäuren Kohlenhydrate herzustellen. In Pflanzen läuft der Zyklus in besonderen Organellen, den Glyoxysomen, ab

schnüren sich als proteingefüllte Vesikel direkt vom ER ab.

> Die Aminosäurezusammensetzung der meisten pflanzlichen Speicherproteine ist für die menschliche Ernährung nicht optimal, gewisse für den Menschen essentielle (durch den Menschen nicht synthetisierbare) Aminosäuren sind untervertreten.

Die Samenkeimung löst die Synthese von Endopeptidasen sowie von Carboxy- und Aminopeptidasen aus, welche die Reserveproteine zu Aminosäuren hydrolysieren. Aminosäuren, die nicht zur Proteinsynthese des Keimlings notwendig sind, werden durch Transaminierung in die ent-

sprechenden Oxosäuren übergeführt und zur Energiegewinnung verwendet.

■ Saccharose und Aminosäuren, aber nicht Lipide, sind die Transportmetaboliten der Pflanze. Stärke und Triacylglycerole sind die hauptsächlichen Energiespeicher.

## 23.4
## Sekundärstoffwechsel der Pflanzen

Als Sekundärstoffwechsel werden die Stoffwechselwege bezeichnet, welche nicht zum Grundstoffwechsel gehören, d.h. weder dem Aufbau der Makromoleküle der

Zelle noch der Energiegewinnung dienen. Der Sekundärstoffwechsel ist bei Pflanzen besonders ausgeprägt und führt zu Verbindungen, die als Sekundärmetaboliten oder sekundäre Pflanzeninhaltsstoffe bezeichnet werden.

**Mehr als 200 000 verschiedene Sekundärmetaboliten von Pflanzen sind bekannt** – Die meisten davon treten nur in bestimmten Pflanzengruppen und oft nur unter bestimmten Bedingungen auf. Die Funktionen der Sekundärmetaboliten sind vielfältig; sie wirken als Lockstoffe, Schreckstoffe, Fraßhemmer, Bakterizide, Gifte oder Hemmstoffe konkurrierender Pflanzen. Der größte Teil der Pflanzeninhaltsstoffe bildet zusammen genommen das pflanzliche Äquivalent des tierischen Immunsystems. Mit diesen **Schutzstoffen** wehren sich die Pflanzen gegen ihre vielen Feinde. Diese chemische Abwehr zusammen mit den mechanischen Schutzstruk-

---

**Feinde der Pflanzen:** Zwei Drittel aller Tierspezies sind Herbivoren; 30% aller Pilzspezies, 10–15% aller Bakterienarten, 45% der bekannten Viren und sämtliche Viroide sind Pflanzenpathogene.

---

turen (Dornen, Stacheln, Zellwände etc.) ist, wie ein Blick in die grüne Natur zeigt, offensichtlich sehr erfolgreich. Die wichtigsten Gruppen pflanzlicher Sekundärmetaboliten werden hier anhand einiger Beispiele vorgestellt.

**Alkaloide sind die größte Gruppe sekundärer Pflanzenstoffe** – Substanzen, die sich von Aminosäuren ableiten, Stickstoff (zumeist heterozyklisch gebunden) enthalten und daher alkalisch reagieren, bilden die Gruppe der Alkaloide (Abb. 23.2). Alkaloide dienen meist als Bitterstoffe oder Toxine zum Fraßschutz der Pflanze. Viele Alkaloide wirken auf das Zentralnervensystem (Morphin, Codein, Cocain, Lysergsäure-Diethylamid LSD, Nicotin als Beispiele).

---

**Weitere bekannte Alkaloide:**
**Atropin** aus der Tollkirsche *Atropa belladonna* und dem Stechapfel *Datura stramonium* ist ein kompetitiver Antagonist von Acetylcholin. Atropin wird in der Medizin verwendet, um das parasympathische Nervensystem zu hemmen. Es wirkt als Gegengift gegen die Nervengifte, welche die Acetylcholinesterase hemmen. Atropin erweitert die Pupillen und gibt so den Augen einen sympathischen Ausdruck (daher das Epitheton *belladonna*).
**Coniin**, das Gift in Sokrates' Schierlingsbecher, stammt aus dem Gefleckten Schierling *Conium maculatum*, einem Doldengewächs.
**Colchicin** aus der Herbstzeitlosen *Colchicum autumnale* hemmt die Polymerisierung von Tubulin und wird zur Behandlung von Gichtkranken verwendet.
**Curare** (Wirkstoff Tubocurarin), das Pfeilgift amazonischer Indianer, blockiert die nicotinischen Acetylcholinrezeptoren und führt zu einer schlaffen Lähmung der quergestreiften Muskulatur.
**Strychnin** aus der Brechnuss *Strychnos nux-vomica* löst Krampfanfälle aus.

---

**Auch Phenole erfüllen vielfältige Funktionen** – Als Phenole werden Pflanzeninhaltsstoffe bezeichnet, die einen aromatischen Ring mit einer oder mehreren OH-Gruppen besitzen. Dazu gehören u. a. die **Elektronenüberträger** Ubichinon in der Atmungskette, Plastochinon und Phyllochinon in der Photosynthese, $\alpha$-Tocopherol (Vitamin E), die **Cumarine** (fraßhemmende Bitterstoffe) und die **Flavonoide**. Flavonoid-Glykoside dienen als UV-Schutzpigmente in den Epidermiszellen von Pflanzen, Glykoside bestimmter Flavonoide sind die **Anthocyane**, die von blassrosa bis violett reichenden Blütenfarbstoffe.

**Terpenoide haben Polyisopren-Struktur** – Sie werden aus Isopentenyldiphosphat synthetisiert (s. Abb. 18.4). Die niedermolekularen Terpenoide besitzen einfache Ringe oder kondensierte Ringsysteme. Die Zahl der $C_5$-Einheiten reicht von 2 bis über 500. Dementsprechend vielfältig sind die Funktionen und die praktische Verwendung der Terpenoide (Tabelle 23.1).

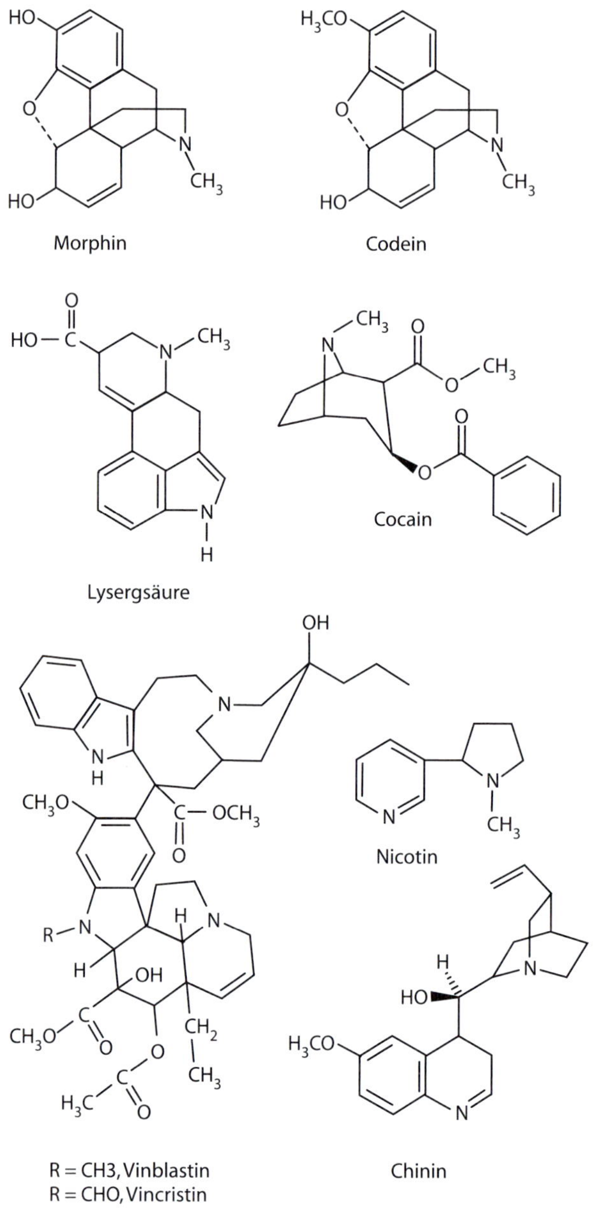

**Abb. 23.2.** Alkaloide, einige wichtige Beispiele: Morphin, ein schmerzstillendes Mittel mit großem Suchtpotential aus dem Schlafmohn *Papaver somniferum*; Codein, ein mit dem Morphin verwandtes hustenstillendes Mittel; die Lysergsäurederivate aus dem Mutterkorn (*Claviceps purpurea*, ein auf Roggen wachsender Pilz), verantwortlich für Krampfanfälle damit vergifteter Personen; das künstlich hergestellte Lysergsäure-Diethylamid LSD hat starke halluzinogene Wirkung; Cocain des Cocastrauches wirkt als Aufputschmittel; Vinblastin und Vincristin aus *Vinca rosea*, einer Immergrün-Art, binden an die Spindel-Mikrotubuli und hemmen die Mitose, sie werden als Cytostatica verwendet; Nicotin aus *Nicotiana tabacum* wirkt erregend und in höheren Dosen lähmend auf vegetative Ganglien, Nicotin wird auch als Schädlingsbekämpfungsmittel eingesetzt; Chinin der Chinarindenbäume, wird verwendet zur Malariaprophylaxe. Die meisten Alkaloide werden aus Aminosäuren, insbesondere Tryptophan und Tyrosin synthetisiert

**Tabelle 23.1.** Terpenoide, einige Beispiele

| Beispiel | Anzahl $C_5$-Einheiten | Funktion und praktische Verwendung |
|---|---|---|
| Thymol, Menthol, Kampfer | 2 | Schreckstoffe |
| Sesquiterpene | 3 | Lockstoffe |
| Phytol | 4 | Seitenkette von Chlorophyll |
| Taxol | 4 | Stabilisiert Mikrotubuli; hemmt Zellzyklus, Fungizid. Wird als Cytostaticum verwendet |
| Gibberelline | 4 | Phytohormone |
| Steroide (in der Regel als Glykoside vorkommend) | 6 (2 × 3) | |
|   Saponine | | Detergenzien mit antimikrobieller Wirkung |
|   Herzglykoside (Digitalisglykoside, Strophantin) | | Gifte gegen Tiere |
| Carotinoide | 8 (2 × 4) | Carotine, Xanthophylle als akzessorische Photosynthesepigmente, Farbstoffe, Vitamin A |
| Dolichol | 15 | Träger von Oligosacchariden in ER-Membran für Glykoproteinsynthese |
| Polyterpene | | |
|   Kautschuk | ≥ 500 (all-*trans*) | Fraßschutz (im Latex) |
|   Guttapercha | ~ 100 (all-*cis*) | do. |

Zum Fraßschutz setzen Pflanzen nicht nur niedermolekulare Sekundärmetaboliten, sondern auch Proteine ein. Gewisse Speicherproteine in Samen zeigen eine toxische Wirkung. **Lectine** (Proteine, welche an spezifische Zuckerreste binden), wie z. B. das Concanavalin A oder das Weizenkeim-Agglutinin, binden an Oberflächenglykoproteine des Darmepithels und führen zu funktionellen Darmstörungen. **Protease-Inhibitoren** dienen der Abwehr gegen Herbivoren und Bakterien. Kartoffeln und Leguminosensamen sind daher für den Menschen erst nach Hitzedenaturierung der darin vorkommenden Protease-Inhibitoren zum Verzehr geeignet. Ein sehr starkes Gift ist das **Ricin**, ein Protein aus *Ricinus communis*, welches an die 60S-Ribosomenuntereinheiten bindet und die Translation blockiert.

■ Der Sekundärstoffwechsel der Pflanzen dient zum Schutz der Pflanzen gegen Tiere und Mikroorganismen. Zahlreiche Produkte des Sekundärstoffwechsels sind für den Menschen von praktischer, häufig medizinischer Bedeutung.

## 23.5
## Phytohormone

Niedermolekulare Signalstoffe regulieren viele Entwicklungsvorgänge in Pflanzen. Diese Substanzen sind bei geringen Konzentrationen wirksam (≤ μM), und der Ort ihrer Synthese fällt in der Regel nicht mit dem Ort ihrer Wirkung zusammen. Die Phytohormone unterscheiden sich jedoch in mancher Hinsicht von den Hormonen der Tiere:

– Pflanzenhormone sind häufig Stoffwechselendprodukte, die auch in anderen Organismen vorkommen. Unter den Phytohormonen kommen keine Proteine und Peptide vor.
– Die Rezeptoren für die Phytohormone sind in vielen Fällen intrazellulär lokalisiert.
– Phytohormone regulieren Wachstums- und Differenzierungsvorgänge und nur in ganz wenigen Fällen den Stoffwechsel des differenzierten Organismus.
– Phytohormone weisen eine geringe Gewebe- und Organspezifität auf und besitzen oft ein recht breites Wirkungsspektrum.
– Bildungsort und Wirkort liegen oft nahe beieinander; Phytohormone sind am

ehesten mit den tierischen Gewebehormonen (parakrinen und autokrinen Signalstoffen) zu vergleichen.

Die wichtigsten Phytohormone sind:
- **Auxine** fördern das Streckungswachstum der Zelle und damit das Längenwachstum von Spross und Wurzel. Auxine sind an den verschiedenen Tropismen der Pflanzen beteiligt. Der wichtigste Vertreter dieser funktionell definierten Gruppe ist das aus Tryptophan gebildete Indol-3-acetat. Indol-3-acetat induziert die Ubiquitinierung und dadurch den proteolytischen Abbau eines Transkriptions-Repressorproteins.
- **Cytokinine** sind Derivate des Adenins, bei denen die Aminogruppe in Stellung 6 substituiert ist. Sie fördern die Zellteilung. Die Cytokininrezeptoren liegen in der Plasmamembran und aktivieren über eine Signalkette nucleäre Transkriptionsfaktoren. Zu den Zielgenen gehört u. a. das Gen der Nitrat-Reduktase.
- **Gibberelline** sind tetrazyklische, aus 4 Isopren ($C_5$)-Einheiten aufgebaute Verbindungen. Sie fördern ebenfalls die Zellstreckung, insbesondere der Hauptachse. Zwergsorten weisen häufig eine gestörte Gibberellinsynthese auf. Bei der Samenkeimung sind die Gibberelline verantwortlich für die Aufhebung der Dormanz (Samenruhe) und für die Mobilisierung der Speicherstoffe. Sie aktivieren u. a. die $\alpha$-Amylase-Gene.
- **Abscisinsäure** ist ebenfalls ein Terpenderivat. Sie hat vorwiegend hemmende Wirkung und wirkt als Antagonist der anderen Phytohormone. Sie fördert die Entstehung von Ruhezuständen von Knospen und Samen.
- **Ethylen** ($H_2C=CH_2$) wird aus Methionin gebildet. Das Gas ist an mannigfaltigen Entwicklungsprozessen beteiligt. Bei vielen Früchten löst Ethylen die Reifung aus. Nach Verwundung und bei mechanischer Belastung z. B. durch Windeinwirkung wird vermehrt Ethylen gebildet. Es fördert die Bildung von Festigungselementen, die zu erhöhter me-

chanischer Widerstandsfähigkeit führen. Der Rezeptor liegt in der Plasmamembran. Die Bindung von Ethylen deblockiert einen Signalweg, der über spezifische Transkriptionsfaktoren zur Aktivierung der ethylenregulierten Gene führt (s. Abb. 29.4).
- **Brassinolide** sind Phytosteroide, die lokal als Wachstumsregulatoren zu wirken scheinen. Ihr Rezeptor ist eine Proteinkinase.

■ Phytohormone steuern vorwiegend Wachstums- und Differenzierungsvorgänge und nur ausnahmsweise den Stoffwechsel des differenzierten Organismus.

## 23.6
## Stoffwechselwege in Bakterien

Die folgende kurze Darstellung ausgewählter Besonderheiten des Stoffwechsels von Bakterien soll die bemerkenswerte Anpassungsfähigkeit biologischer Strukturen an verschiedenste Lebensbedingungen aufzeigen.

**Bakterien besitzen vielfältige Varianten photosynthetisierender Systeme** – Gewisse Bakterien benutzen unter aeroben Bedingungen die grundsätzlich gleichen zwei Chlorophyll-abhängigen Photosysteme mit $H_2O$ als Elektronendonor wie die grünen Pflanzen. Viele Bakterien besitzen jedoch nur ein einziges Photosystem und benutzen anstelle der Wasserspaltung andere reduzierende Verbindungen (z. B. $H_2S$) als H-Donoren. Die in extrem salzhaltigen Gewässern lebenden Halobakterien, die zu den Archaeen gehören, benutzen lichtsammelnde Pigmente, die mit dem Rhodopsin, dem Sehpurpur, verwandt sind. Bacteriorhodopsin erzeugt in einer lichtabhängigen Reaktion einen Protonengradienten über der Plasmamembran, der die Synthese von ATP antreibt. Wie beim Sehvorgang dient Retinal als Photorezeptor, der durch die Absorption von Lichtquanten eine *11-cis* → all-*trans*-Isomerisierung erfährt.

Im Unterschied zu den Chlorophyll-abhängigen Photosystemen werden hier Protonen durch die Membran gepumpt, ohne dass Redoxvorgänge daran beteiligt sind.

**Bei Bakterien führen verschiedene Wege zur Kohlenstoffassimilation** – Auch die Mechanismen, derer sich Bakterien bedienen, um organische Kohlenstoffverbindungen zu gewinnen, zeigen das Vermögen der Bakterien, sich sehr verschiedenartige Bedingungen zunutze zu machen. Einige Bakterien bauen, wie es die Pflanzen tun, organische Verbindungen aus anorganischen Vorstufen unter Verwendung von Lichtenergie auf (**photoautotrophe Organismen**). Andere Mikroorganismen nutzen anorganische Verbindungen sowohl als Synthesevorstufen als auch als Quelle chemischer Energie. Bei diesen **chemoautotrophen Organismen** dienen anorganische Verbindungen wie $H_2S$, $NH_3$, $Fe^{2+}$ oder $H_2$ als Elektronendonoren (Reduktionsmittel). Andere Bakterien wie auch Pilze sind **heterotroph**, d. h. auf die Zufuhr organischen Materials angewiesen, sei es von nicht mehr lebenden Quellen (**Saprophyten**) oder von lebenden Organismen (**Parasiten**). Die für Mensch, Tier und Pflanze pathogenen (krankheitserregenden) Bakterien gehören zur letzten Gruppe.

**Bakterien sind entweder obligat aerob, fakultativ aerob, aerotolerant anaerob oder obligat anaerob** – Aus den verschiedenen Wegen, über welche Bakterien organisches Material und chemische Energie beziehen, geht hervor, dass gewisse Bakterien unbedingt Sauerstoff brauchen, während andere auch ohne Sauerstoff leben können. Die aeroben Bakterien, die ein Zellatmungssystem besitzen und $O_2$ als terminalen Elektronenakzeptor verwenden, lassen sich einteilen in **obligate Aerobier**, die unbedingt $O_2$ benötigen, und **fakultative Aerobier**, die mit $O_2$ zwar besser wachsen, aber auch ohne $O_2$ auskommen können. Die Anaerobier können $O_2$ nicht als Elektronenakzeptor benutzen und beziehen chemische Energie über besondere anaerobe Stoffwechselwege. Bei **Gärungen** dienen organische Verbindungen als

H-Akzeptoren, wobei je nach Bakterium verschiedene reduzierte Endprodukte gebildet werden können (Ethanol, Propionsäure, Milchsäure, Buttersäure, Methan usw.); bei **anaerober Atmung** werden die Elektronen auf anorganische Verbindungen ($NO_3^-$, $NO_2^-$, $SO_4^{2-}$, $S$, $CO_3^{2-}$) übertragen. **Aerotolerante Anaerobier** können $O_2$ zwar nicht verwenden, aber sie können in der Gegenwart von Sauerstoff wachsen. Hingegen können die **obligaten (oder strikten) Anaerobier** in der Gegenwart von Sauerstoff nicht überleben. Sie besitzen keinerlei Schutzmechanismen gegen reaktive Sauerstoffderivate (s. Kapitel 33.3). Zu dieser Gruppe zählen für den Menschen wichtige Krankheitserreger wie *Clostridium tetani*, der Erreger des Wundstarrkrampfs und andere Clostridien-Spezies, welche für den Gasbrand, eine gefürchtete Wundinfektion, verantwortlich sind.

**Gewisse pathogene Bakterien produzieren Toxine** – Die **Cholera** ist eine durch *Vibrio cholerae* verursachte Infektionskrankheit des Darms. Hauptsymptom ist eine massive Diarrhöe, die wegen Wasser- und Elektrolytverlust bald lebensbedrohend wird. Verantwortlich dafür ist das *Choleratoxin*, ein Protein, das von den Bakterien ausgeschieden wird. Das Toxin wird von den Darmepithelzellen aufgenommen. Nach proteolytischer Abspaltung wirkt die A-Untereinheit des Toxins als Enzym, das ADP-Ribose von $NAD^+$ auf einen bestimmten Argininrest der α-Untereinheit eines G-Proteins überträgt (s. Kapitel 29.2). Die modifizierte α-Untereinheit kann GTP nicht mehr hydrolysieren. Sie vermag die Adenylat-Cyclase noch zu aktivieren, aber nicht mehr abzuschalten. Die Konzentration von cAMP kann daher bis auf das Hundertfache des normalen Wertes ansteigen. Die Epithelzellen reagieren mit einer entsprechend gesteigerten Sekretion von Wasser und Elektrolytionen.

Der **Diphtherieerreger** *Corynebacterium diphtheriae* produziert ebenfalls ein toxisches Enzym. Das Gen des Toxins ist Teil des Genoms eines lysogenen Bacteriophagen. Das Enzym überträgt, wie das Choleratoxin, ADP-Ribose von $NAD^+$ auf ein Protein, in diesem Fall auf den eukaryontischen Elongationsfaktor EF-2. Das Toxin wirkt daher cytotoxisch auf lebenswichtige Organe.

Das **Botulinustoxin** ist ein Gemisch von Proteinen, welche von *Clostridium botulinum* ausgeschieden werden. Die Bakterien vermehren sich unter anaeroben Bedingungen in Fleisch, Fisch und proteinreichem Gemüse. Die Toxine hemmen die Freisetzung von Acetylcholin an cholinergen Synapsen. Wahrscheinlich hemmen sie das an der Exocytose der synaptischen Bläschen beteiligte Actin. Das Botulinustoxin ist das wohl stärkste bekannte Gift. Bei oraler Aufnahme beträgt die für den Menschen tödliche Dosis 10 µg, intravenös verabreicht sind es nur 0,003 µg. Kochen der kontaminierten Speisen für 5–10 Minuten zerstört das Toxin durch Denaturierung.

**Nahrungsmittelvergiftungen** sind die Folge von Toxinen, die schon vor dem Essen der Nahrungsmittel produziert worden sind. Zumeist ist es *Staphylococcus aureus*, der sich in unzweckmäßig aufbewahrten Nahrungsmitteln vermehrt und mehrere toxische Proteine, die **Enterotoxine,** produziert. Nach Genuss der dadurch vergifteten Nahrungsmittel kommt es innerhalb kurzer Zeit (1–6 h) zu Erbrechen und Durchfall. Enterotoxin A ist ein 30-kDa Protein, das in der chromosomalen DNA des Bakteriums codiert ist. Andere Enterotoxine sind in Plasmiden oder lysogenen Bakteriophagen codiert.

**Einige Bakterienarten produzieren nützliche Antibiotika** – Zu den von Bakterien produzierten Antibiotika gehören **Streptomycin** und diesem ähnliche Verbindungen, die heute als Antibiotika der zweiten Reihe benutzt werden. Makrolid-Antibiotika wie **Erythromycin** besitzen große Lactonringe mit angehefteten Zuckerresten. Sie werden bei Patienten verwendet, die allergisch auf Penicillin und andere $\beta$-Lactam-Antibiotika reagieren. Die **Tetracycline** finden als so genannte Breitspektrum-Antibiotika gegen fast alle Gram-positiven und Gram-negativen Keime weite Anwendung. Die Tetracycline sind zusammen mit den $\beta$-Lactam-Antibiotika derzeit die wichtigsten Gruppen von Antibiotika.

**Die Stoffwechselleistungen von Bakterien finden breite praktische Anwendung** – Die Produktion von Antibiotika ist nur eine der zahlreichen biotechnologischen Anwendungen von Bakterien. Einige Stichwörter müssen genügen, um sowohl auf die Wichtigkeit als auch auf die Mannigfaltigkeit der durch Bakterien ermöglichten biotechnologischen Verfahren hinzuweisen:

In der Nahrungsmittelindustrie werden Milchprodukte wie Käse und Yoghurt sowie Essig durch bakterielle Prozesse hergestellt. Bakterien werden auch eingesetzt, um eine Reihe von Verbindungen industriell herzustellen. Beispiele sind Zitronensäure, Dihydroxyaceton (als Hautbräunungsmittel verwendet), gewisse Vitamine ($B_1$, $B_{12}$, C) und Aminosäuren (Glutamat, ein die *Umami*-Geschmacksrezeptoren ansprechender Geschmacksverstärker; Aspartat und Phenylalanin zur Synthese von Aspartam, dem weit verwendeten künstlichen Süßstoff) sowie biologisch abbaubare Polymere (Plastik) wie Poly-3-hydroxybutyrat (PHB). Bakterien werden weiter eingesetzt zur Synthese (insbesondere zur stereospezifischen Hydroxylierung) gewisser Steroidhormone.

Aus Bakterien isolierte Enzyme finden weite Verwendung. Als Süßstoff, besonders in Süßgetränken, wird sehr häufig Fructose verwendet, deren Süßkraft höher ist als diejenige von Saccharose oder Glucose. Riesenmengen Fructose (Millionen Tonnen pro Jahr) werden durch Enzymreaktoren, die mit bakteriellen Enzymen arbeiten, aus Maisstärke hergestellt. Weitere praktische Verwendungen isolierter bakterieller Enzyme sind: Proteasen zur Fleckenentfernung in Waschmitteln für Textilien, Enzyme zur quantitativen Analyse von Stoffwechselzwischenprodukten in der klinischen Chemie, Enzyme in der Gentechnik.

**Abwasserreinigungsanlagen** sind im Wesentlichen riesige mikrobielle Kultursysteme, in welchen organisches Material unter anaeroben Bedingungen zu $CO_2$ und Methan abgebaut wird oder unter aeroben Bedingungen zu $CO_2$ und zu Mikrobenzellen umgewandelt wird.

■ Dank der enormen Vielfalt des bakteriellen Stoffwechsels haben Bakterien alle erdenklichen ökologischen Nischen besetzt. Bakterien sind einerseits Krankheitserreger, andererseits finden sie vielfältige Anwendung in der Biotechnologie.

# IV Zellen und ihre Umgebung

# 24 Zellkompartimente und Proteinsortierung

Die Zellen höherer Eukaryonten können als symbiontische Vereinigung von prokaryontischen Vorläuferzellen angesehen werden. Das Vorhandensein intrazellulärer Kompartimente ist ein wichtiges gemeinsames Merkmal aller höherer Eukaryonten und ist einerseits durch das Einstülpen von Teilen der Zellmembran und andererseits durch den Erwerb endosymbiontischer Organellen zu erklären.

---

Endosymbiont = Zelle, welche in einer Wirtszelle zu gegenseitigem Vorteil existiert.
Zellkompartiment = funktionell spezialisiertes membranbegrenztes wassergefülltes Abteil in der Zelle.
Cytoplasma = Wässriger Raum einschließlich aller Organellen zwischen Zellmembran und Kern.
Cytosol = frei gelöster Anteil des Cytoplasmas ohne Organellen und unlösliches Material.

Plastiden sind eine Organellenfamilie in Pflanzen mit multiplen Kopien eines eigenen kleinen Genoms. Sie entwickeln sich aus unreifen Proplastiden, die sich in der Dunkelheit zu Etioplasten mit einem gelben Chlorophyllvorläufer oder bei Licht zu grünen Chloroplasten differenzieren.

---

In Übereinstimmung mit der Endosymbionten-Hypothese findet man drei Orte in eukaryontischen Zellen, wo Proteine synthetisiert werden: das Cytosol, die Mitochondrien und die Plastiden. Die Mitochondrien und Plastiden sind wahrscheinlich endosymbiontische Organellen bakteriellen Ursprungs.

Proteine werden aufgrund besonderer Signale in ihrer Sequenz oder räumlichen Struktur sortiert. Im Verlauf der Evolution sind viele Gene der endosymbiontischen Zelle ins Genom der Wirtszelle übertragen worden, so dass nun die entsprechenden Proteine nach der Synthese im Cytosol in die Organellen importiert werden müssen. Weil in eukaryotischen Zellen außer den Mitochondrien und Chloroplasten diverse andere Organellen und auch verschiedene Membranen mit spezifischen Proteinen ausgestattet werden müssen, liegt es nahe, dass deren Proteine Signale (Adressen) mit ihrer intrazellulären Lokalisierung tragen. Diese Signale sind in der Aminosäuresequenz codiert und können entweder als kurze lineare Signalsequenzen vorliegen oder in größeren gefalteten Regionen als räumlich strukturelle Signale des Proteins auftreten.

---

Günter Blobel zeigte, dass Proteine mit wegweisenden Signalen ausgestattet sind und erhielt für seine „Signalhypothese" 1999 den Nobelpreis.

---

Oft befindet sich das Sortierungs-Signal am $NH_2$-Terminus des Proteins und wird bei der Synthese des Proteins zuerst aus dem Ribosom austreten. Dadurch ist es möglich, dass die Translokation gewisser Proteine durch die Membran schon während der Translation in Gang kommt (cotranslationales *Processing*), während sie bei anderen Proteinen erst nach Abschluss der Translation stattfindet (posttranslationales *Processing*). In vielen Fällen wird das $NH_2$-terminale Signalpeptid schon bei noch laufender Synthese des Restproteins durch eine Signalpeptidase abgespalten.

---

*Processing* eines Proteins = Gesamtheit der posttranslationalen Modifikationen und der intrazellulären Zielfindung (*Targeting*).

---

Die Sortierungs-Signale können unter Umständen aber auch permanent im Protein lokalisiert bleiben und mehrfach verwendet werden. Beispielsweise werden Kernproteine nach ihrer Synthese im Cytosol in den Kern transportiert und dieser Prozess wiederholt sich bei jedem Zellzyklus nach der Mitose, während der die Kernhülle sich vorübergehend aufgelöst hat. Der cotranslationale Weg dient dem Einschleusen von Proteinen direkt in die entsprechende Ribosomen-bindende Membran. Das raue ER bindet cytoplasmatische Ribosomen, die innere Mitochondrienmembran und Thylakoidmembran binden die Ribosomen des Organelleninnenraums, welche die wenigen in den Organellengenomen codierten Membranproteine synthetisieren. Nach dem Membrantransport werden die Proteine gegebenenfalls mittels eines komplex gesteuerten Vesikeltransports an weitere Orte in der Zelle verfrachtet. Der posttranslationale Weg wird vor allem von den endosymbiontischen Organellen (Mitochondrien, Plastiden und Peroxisomen) für den Import ihrer Proteine aus dem Cytosol benutzt. Die allermeisten Proteine dieser Organellen werden vom Genom des Zellkerns codiert, auf freien (nicht membrangebundenen) Ribosomen synthetisiert und posttranslational importiert. Das vollständig synthetisierte Protein bindet über seine Signalsequenz an die Zielorganelle und wird von dieser aufgenommen. Während oder kurz nach diesem Prozess wird das Signal proteolytisch entfernt.

## 24.1
## Kompartimentähnliche Strukturen in Bakterien

Bakterien haben keine intrazellulären membranbegrenzten Kompartimente, sie verfügen aber über Strukturen zur Lokalisierung spezifischer Moleküle innerhalb der Zelle – Im Raum zwischen der Zellwand und der Plasmamembran mancher Bakterien befinden sich die periplasmatischen Proteine, welche z. B. extrazelluläre Nährstoffe verdauen. Die periplasmatischen Proteine verlassen das Cytoplasma der Zelle auf dem gleichen Weg wie andere sezernierte Proteine: Sie werden durch Ribosomen synthetisiert, welche an die cytoplasmatische Seite der Zellmembran gebunden sind. Die Proteine werden direkt durch komplex gebaute Proteinporen ins Periplasma exportiert. Die Auswahl der so zu sezernierenden Proteine erfolgt aufgrund eines $NH_2$-terminalen Signalpeptids, welches an Rezeptoren der Zellmembran bindet und die Translokation aus der Zelle heraus einleitet. Dieses Signalpeptid wird in der Regel schon während der Translation und Translokation des naszierenden Proteins proteolytisch abgespalten.

Periplasmatisch angereicherte Proteine sind oft das Ausgangsmaterial bei der gentechnischen Produktion sezernierter Fremdproteine in Bakterien. Ihre lokale Anreicherung zusammen mit den wenigen anderen periplasmatischen Proteinen ermöglicht, das gesuchte Produkt durch Abzentrifugieren der Bakterien aus dem Wachstumsmedium und spezifische Lyse der Zellwand in hoher Konzentration zu gewinnen. Die Zellwand wird in der Regel durch einen osmotischen Schock lysiert: Die Bakterien werden in einem zuckerreichen Medium gehalten und abzentrifugiert. Zugabe von Wasser zum Sediment bringt die Zellwände zum Platzen.

Neben dieser Kompartimentierung können komplexe Strukturen der bakteriellen Zellmembran offene, aber doch lokalisierte kompartimentähnliche Strukturen bilden, die beispielsweise der Oberflächenvergrößerung dienen bei Prozessen wie der Licht-induzierten ATP-Synthese durch Bakteriorhodopsin (ein lichtabsorbierendes violett-rotes Protein). Auch das Genom der Bakterien liegt kovalent an Komponenten der Zellmembran gebunden vor. Die Verteilung der Tochtergenome bei der Zellteilung kann damit besser kontrolliert werden. Die Anzahl der Genome pro Zelle ist bei Bakterien allerdings nicht so streng reguliert wie bei Eukaryonten. Bakterien enthalten je nach Wachstumszustand eine bis vier Genomkopien pro Zelle und können zusätzlich viele Kopien kleiner genetischer Elemente, z. B. Episomen, enthalten, welche frei im Cytoplasma vorliegen.

Episom = Extrachromosomales genetisches Element; wird oft als Synonym von Plasmid verwendet.
Plasmid = Ringförmiges doppelsträngiges DNA-Molekül mit autonomer Vermehrung in Bakterien und Hefen.

■ Bakterien besitzen keine intrazellulären Membranen. Sie zeichnen sich aber dennoch durch Lokalisierung gewisser Makromoleküle aus. Die bakterielle Proteinsekretion ist gekoppelt mit der Translation durch membrangebundene Ribosomen.

## 24.2
## Organisation der Eukaryontenzellen in Kompartimente

**Alle eukaryontischen Zellen haben dieselben Kompartimente** – Manche fundamentale biologische Vorgänge wie die Atmungskette, die oxidative Phosphorylierung oder die Photosynthese werden durch unterschiedliche Konzentrationen von Stoffen und/oder Ladungen auf den zwei Seiten einer Membran angetrieben. Auch weitere Prozesse, wie der örtlich beschränkte und kontrollierte Abbau von Proteinen in Lysosomen, sind auf Organellen mit Membranen angewiesen, welche besondere Räume umschließen. In allen höheren Zellen findet sich derselbe konservierte Satz von Kompartimenten: der Zellkern, das endoplasmatische Retikulum (ER), der Golgi-Apparat, die Lysosomen, die Mitochondrien und die Peroxisomen. Die Chloroplasten kommen nur in pflanzlichen Zellen vor. Trotz der Konstanz dieser Grundausrüstung mit Organellen sind spezialisierte Zellen aber dank der Variabilität der erwähnten Kompartimente stark verschieden. Auch die Zahl der Organellen pro Zelle hängt vom Zelltyp ab. Beispielsweise erscheint der Golgi-Apparat in Neuronen als komplexes Netzwerk rund um den Kern, in sekretorischen Zellen als ein kompakter Stapel von Zisternen in Sekretionsrichtung zwischen Kern und Zellmembran und in pflanzlichen Zellen als Hunderte einzelner Zisternenstapel, der Dictyosomen.

**Topologie der Zelle und Dynamik der Organellen** – Die verschiedenen membranbegrenzten Innen- und Außenräume der Zelle sind dynamische Gebilde. Die relative Lage oder Topologie von Kompartimenten versteht sich am leichtesten aufgrund ihrer Evolution. Ursprünglich war die Zelle vermutlich von einer einzelnen Membran begrenzt, welche die energielie-

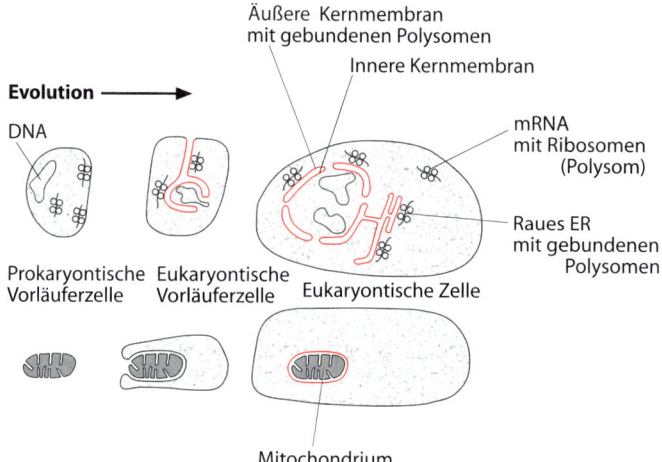

**Abb. 24.1.** Hypothetische Evolution von ER und Zellkern. Die DNA einer Vorläuferzelle war vermutlich an die Zellmembran gebunden und wurde in eine Einstülpung eingeschlossen. Später verloren solche Einstülpungen den Kontakt zur Zellmembran und entwickelten sich zu einem zusammenhängenden System, welches die doppelte Kernmembran und das ER umfasst. Die Sekretion bestimmter Proteine dürfte schon früh in der Evolutionsgeschichte zu membrangebundenen Polyribosomen geführt haben. Auch in den heutigen eukaryontischen Zellen sind Polysomen an die Oberfläche des ER und des Kerns gebunden. Die Entstehung der Mitochondrien und Chloroplasten wird ebenfalls durch eine Einstülpung erklärt. Über solche Einstülpungen fanden andere, prokaryontische, Zellen den Eintritt in eine frühe eukaryontische Wirtszelle, daher die Doppelmembranen auch dieser Organellen. Während der weiteren Evolution ergab sich eine enge symbiontische Beziehung zwischen den zwei vergesellschafteten Zellen; die eingewanderte prokaryontische Zelle entwickelte sich zum Mitochondrium bzw. zum Chloroplasten

fernden Proteine trug und proteinsezernierende Ribosomen band. Eine Organellengruppe (Kern, ER, Golgi-Apparat, Lysosomen und zugehörige Vesikel) entstand durch Einstülpung und Ablösung von Zellmembranteilen ins Zellinnere (Abb. 24.1). Charakteristischerweise bilden diese Organellen eine strukturelle und funktionelle Einheit, welche durch Vesikeltransport Membranen rege austauscht. Der Innenraum dieser Organellen und auch der Vesikel ist topologisch dem Zellaußenraum gleichzusetzen.

Die gesamten Lipide der ER-verbundenen Organellen-Familie (ER, Kernhülle, Golgi-Apparat, Lysosomen, sekretorische Vesikel, Endosomen und Zellmembran) werden in einer Säugerzelle mit einer Halbwertszeit von etwa einer halben Stunde umgewälzt, d.h. vom ER zur Oberfläche gebracht und wieder zurückgeholt.

Eine zweite Organellengruppe ist durch Symbiose zwischen Zellen entstanden, wobei eine Zelle im Innenraum einer anderen lebte. Durch das Auswandern von Genen aus dem Genom der endosymbiontischen Zelle in das Genom der Wirtszelle entstand eine gegenseitige Abhängigkeit. Im Gegensatz zu den zuvor erwähnten Organellen findet kein Vesikelaustausch an den Membranen der endosymbiontischen Organellen statt. Dennoch sind auch die endosymbiontischen Organellen als dynamische Gebilde aufzufassen, kann doch in einer Hefezelle ein einzelnes vorhandenes großes Mitochondrium binnen kurzer Zeit zu Hunderten kleiner Mitochondrien dissoziieren, welche sofort wieder zu einem einzelnen Mitochondrium fusionieren. Hier treffen wir eine komplexere Topologie an. Der Innenraum der Mitochondrien (Matrix) und Chloroplasten (Stroma) entspricht topologisch dem Innenraum des ursprünglichen Endosymbionten. Der Intermembranalraum entspricht dem Zellaußenraum, bzw. dem prokaryontischen Periplasma.

## 24.3
## Grundlegende Mechanismen des Proteintransports durch Vesikel

Insgesamt lassen sich vier verschiedene Transportarten von Proteinen charakterisieren:
– Cotranslationale Insertion in die Membran oder Passage durch die Membran im rauen ER.
– Vesikeltransport im ER-Golgi-Zelloberflächen-Membransystem.
– Posttranslationaler Transfer in Mitochondrien, Plastiden und Peroxisomen.
– Pförtner-kontrollierter Transport (*Gated transport*) an der Kernhülle.

Im ersten und dritten Fall ändert das transportierte Protein seine relative Lage zur Membran, es wird vom Zellinnenraum in den topologischen Zellaußenraum transportiert. Dazu muss immer eine Membran durchquert werden. In den Fällen 2 und 4 wird das Protein innerhalb der Zelle und zwischen verschiedenen Organellen verschoben, aber die Topologie verändert sich dabei nicht (Abb. 24.2).

**Die NH$_2$-terminalen Signalpeptide naszierender Polypeptide binden ans *Signal recognition particle* des Ribosoms. Dieses bindet daraufhin an den SRP-Rezeptor und die Translokationspore in der ER-Membran –** Der NH$_2$-Terminus erscheint kurz nach Beginn der Biosynthese eines Polypeptids auf der Oberfläche des Ribosoms. Wenn immer eine hydrophobe Signalsequenz aus einem Ribosom hervortritt, wird sie ans *Signal recognition particle* (SRP) gebunden. Das *Signal recognition particle* ist ein Ribonucleoprotein. Es besteht aus einer kurzen RNA und sechs Polypeptiden. Das SRP kann als eine dritte Untereinheit des Ribosoms aufgefasst werden. Es lagert sich an Ribosom und Signalpeptid an und bindet danach an einen Rezeptor der ER-Oberfläche, den SRP-Rezeptor (Abb. 24.3). Zudem bewirkt das SRP eine Translationspause. Erst wenn der Ribosom-SRP-Polypeptid-Komplex den SRP-Rezeptor erreicht hat und anschließend mit Translokatorproteinen eine Pore durch die ER-Membran geöffnet worden ist, wird das SRP freigesetzt und die Translation erneut aufgenommen. Nun sind die Prozesse der Translation und der Membrantranslokation des Proteins gekoppelt. Das Polypeptid wird weiter verlängert und gleichzeitig durch die Pore geleitet. Ein stark hydrophobes Segment (*Stop transfer* Sequenz) im naszierenden Protein bewirkt den Zerfall der hydrophilen Translokationspore, es entsteht ein Transmembransegment des Proteins. Fehlen stark hydro-

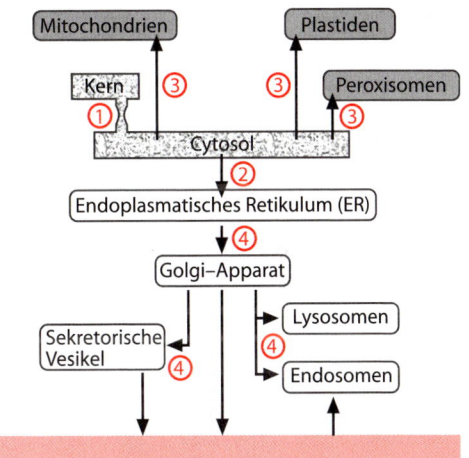

Insertion in Zellmembran oder Sekretion

**Abb. 24.2.** Intrazelluläre Routen der Proteinverteilung. Mit Ausnahme einiger in den Organellengenomen codierter Proteine werden alle Proteine im Cytosol synthetisiert und anschließend an bestimmte Orte in der Zelle verfrachtet. Es existieren dazu vier verschiedene Transportarten: Beim *Gated transport* ① werden die Proteine zwischen dem Cytosol und dem Kern kontrolliert verschoben; die topologische Lage der Proteine ändert sich jedoch nicht. Beim cotranslationalen Membrantransport ② und beim posttranslationalen Membrantransport ③ wird das Protein durch eine Pore von der einen Seite der Membran zur anderen befördert. Beim Vesikeltransport ④ bleibt das Protein auf derselben Membranseite, wird aber in einem Vesikel von einem Kompartiment zu einem anderen verschoben

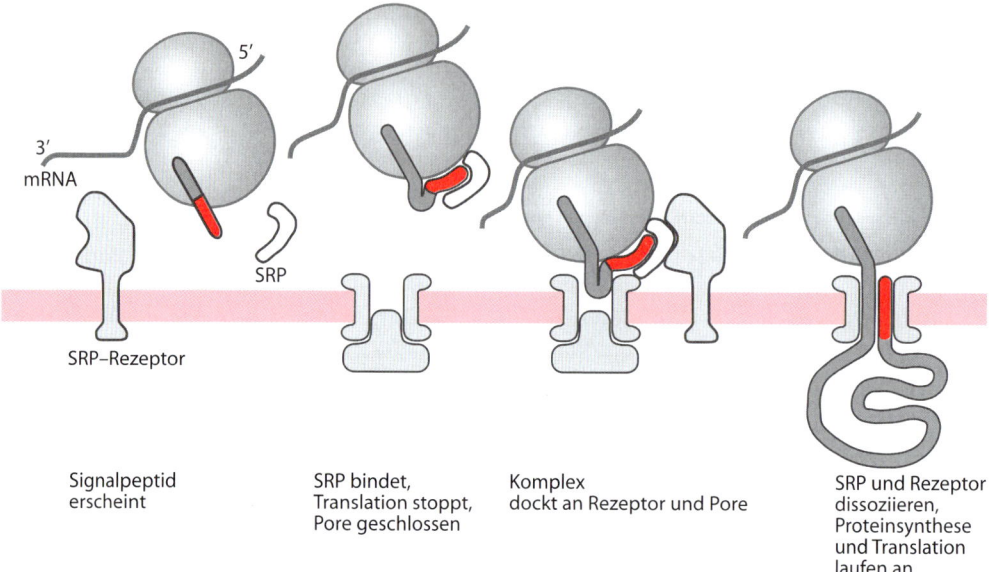

**Abb. 24.3.** Proteintranslokation durch die Membran des ER. Die hydrophile Pore für den cotranslationalen Transfer des Polypeptids ist während des Translokationsprozesses durch die naszierende Kette verschlossen. Vorher und nachher schließt ein Protein die Pore

phobe Segmente im Protein, so wird es vom Anfang bis zum Ende durch die Membran transloziert und damit aus der Zelle sezerniert. SRP-Komplex und Translokationspore können während der Biosynthese eines Proteins auch erst beim Erscheinen eines Protein-internen Signalpeptids auf dem Ribosom zusammengestellt werden. Der $NH_2$-Terminus befindet zu diesem Zeitpunkt im Cytosol. Die nachfolgenden Teile des Proteins werden jedoch in die Membran eingeschleust; dadurch entsteht ein Protein, dessen COOH-Terminus ins Innere des ER zu liegen kommt, während sein $NH_2$-Terminus im Cytosol bleibt. Befinden sich mehrere Signalsequenzen und *Stop-transfer*-Sequenzen in einem Protein, kann dessen Polypeptidkette die Membran mehrfach durchqueren. Mittels geeigneter Abfolge von Signal- und *Stop transfer*-Sequenzen können somit verschiedene Transmembran-Anordnungen der Polypeptidkette entstehen.

**Vesikel können Proteine zwar in verschiedenen Richtungen aber nicht durch Membranen hindurch transportieren** – Vesikel sind annähernd kugelförmige, klei-

ne membranbegrenzte Räume. Proteintransportierende Vesikel entstehen einerseits durch Knospung (*Budding*) an der Membran des endoplasmatischen Retikulum (ER). Sie können andererseits auch aus jeder beliebigen Membran des sekretorischen, exocytotischen oder endocytotischen Wegs entstehen und sich in viele Richtungen bewegen. Sie bringen Proteine, welche in ihrem Lumen und in ihrer Membran lokalisiert sind, zu anderen Orten in der Zelle, wo sie mit ihrer Zielmembran fusionieren (verschmelzen). Ihre Proteinfracht wird im rauen ER synthetisiert und cotranslational in die ER-Membran eingeschleust. Während des vesikulären Transports findet keine Veränderung der Topologie (relative Lage bezüglich Außen- und Innenseite der Zelle) statt. Die Vesikel verschieben ihre Fracht bloß von einer Membranzisterne zur nächsten, während andere Transportarten Proteine durch Membranen hindurch befördern (Abb. 24.4).

**Der Transport wird mittels adressierter Vesikel gesteuert** – Weil viele verschiedene Vesikel in einer Zelle nebeneinander

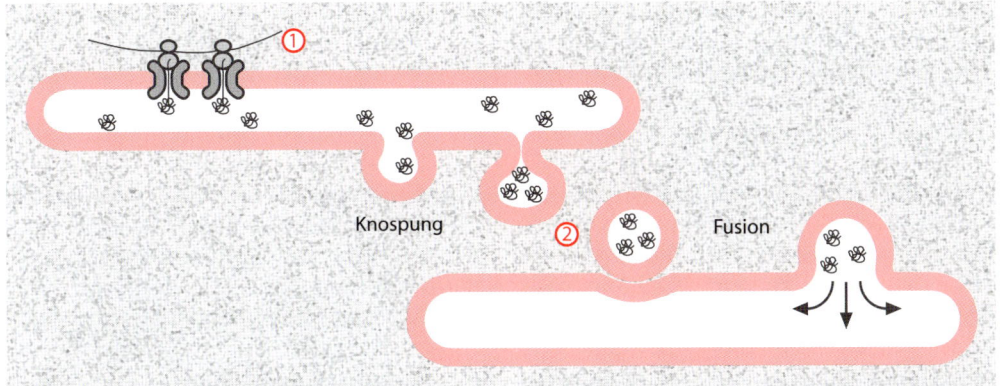

**Abb. 24.4.** Vesikeltransport von Proteinen. Proteine werden zuerst durch cotranslationale Translokation ins Innere des ER gebracht. Darauf läuft der Transport der Proteine mittels Knospung und Fusion von Vesikeln weiter. Eine Translokation durch Membranen findet dabei nicht mehr statt

existieren, wird ein System benötigt, welches den gerichteten Transport der einzelnen Vesikel kontrolliert. Ein Vesikel braucht eine „Adresse", die es ihm ermöglicht, seine Zielmembran zu finden. Chemische Energie in Form von ATP und GTP treibt den gerichteten Transport an.

> Der Vesikeltransport ist wie alle anderen biochemischen Prozesse (z.B. Synthesen von DNA, RNA und Protein) wohl recht gut gesteuert, läuft aber nicht fehlerfrei ab. In Zellen wird im Übermaß vorhandenes falsch lokalisiertes Material durch Kontrollmechanismen entweder umlokalisiert oder abgebaut.

**Die Zelle verwendet mehr als einen Vesikeltypus** – z.B. die Clathrin-bedeckten Vesikel (*Clathrin-coated vesicles*) für den selektiven Transport von Transmembranrezeptoren und die Coatomer-bedeckten Vesikel (*Coatomer-coated vesicles*) für den nicht-selektiven Transport von Vesikeln in den Nahbereichen des ER und des Golgi-Apparats. Der *Clathrin coat* besteht hauptsächlich aus dem Protein Clathrin (180 kDa); das Coatomer ist ein großer Proteinkomplex (700–800 kDa). Die bei der Knospung der Vesikel aus der Zellmembran entstehenden Vertiefungen werden als *Coated pits* bezeichnet.

Clathrin-bedeckte Vesikel:

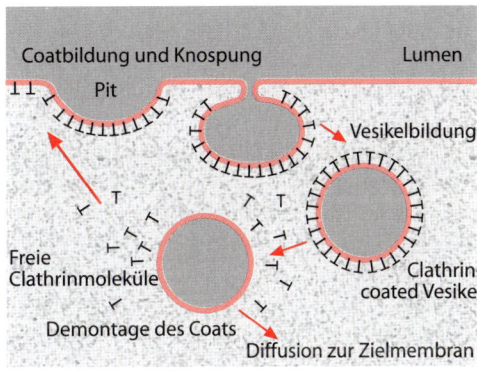

Coatomer-bedeckte Vesikel; ARF (ADP-*Ribosylation Factor*) vermittelt das Coating von Vesikeln:

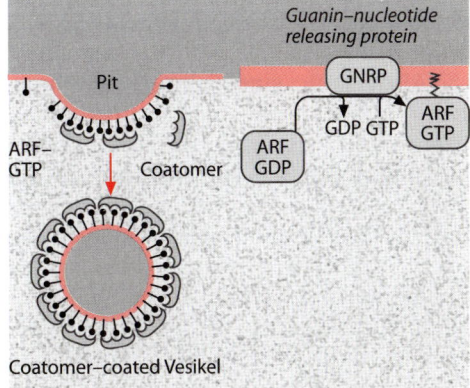

**Die Vesikel- und Zielmembran enthalten Bindungsproteine, die den gerichteten Transport unter Energieverbrauch steuern** – Paare von so genannten v-SNAREs (*vesicular synaptosome-associated protein receptors*) an den Vesikeln und t-SNAREs (*target*-SNAREs) an den Zielmembranen (*Target*-Membranen) sorgen zusammen mit GTP-hydrolysierenden Proteinen für zielgerichteten Transport. GTP-bindende Proteine vermitteln die Bindung von Coat-Molekülen an die Membran. Diese G-Proteine kommen in einer GTP- oder einer GDP-Form vor, die sich funktionell unterscheiden. Sie können daher als Schalter fungieren. Beispielsweise exponiert ARF·GTP einen Fettsäure-Teil des Moleküls, der es in der Membran verankert. Wird ARF·GTP durch ein GTPase-aktivierendes Protein (GAP) zur Hydrolyse des GTP stimuliert, so zieht ARF·GDP sein Fettsäure-Anhängsel zurück und dissoziiert zusammen mit dem gebundenen Coatomer-Protein von der Membran. Der Austausch des GDP gegen GTP, das im Überschuss im Cytosol vorliegt, wird durch einen Guanin-Nucleotid-Freigabe-Faktor (*Guanine-Nucleotide-Releasing Protein* = GNRP) katalysiert. ARF kann sowohl mit den Coatomer- wie auch den Clathrin-Proteinen zusammenspielen und somit das „Coating" und „Uncoating" verschiedener Vesikeltypen antreiben.

Was ist nun die Funktion der SNAREs? Die v- und t-SNAREs befinden sich als zusammenpassende Paare auf den Transportvesikeln bzw. auf den entsprechenden Zielmembranen. Immer wenn ein vSNARE (auf einem Vesikel) auf ein passendes t-SNARE (auf einer Target-Membran) trifft, kommt eine Membran-Fusionsmaschinerie in Gang. Diese Fusionsmaschinerie ist ein enzymatisch aktiver Komplex, der Membranlipide umlagert und die Membranen verschmilzt (fusioniert). Auch bei diesen Prozessen sind G-Proteine und GTP-Hydrolyse als treibende Agenzien mit im Spiel. Die Rab-Proteine verhalten sich ganz analog wie ARF. Sie binden in der Rab-GTP-Form an die Membran in der Region, in der ein v-SNARE und t-SNARE miteinander interagieren. Ist die Wechselwirkung zwischen den beiden SNAREs instabil, dissoziiert der ganze Komplex rasch und ohne GTP-Hydrolyse. Ist die Interaktion zwischen den SNAREs aber korrekt, d.h. stabil, so reicht die Zeit aus für die Hydrolyse des GTP. In der Folge verankert sich das Rab-Protein über das Fettsäure-Anhängsel in der Vesikelmembran. Die Wechselwirkung zwischen v-SNARE, t-SNARE und Rab-Protein ist damit weiter stabilisiert. Nun sammeln sich die Komponenten der Membran-Fusionsmaschinerie und die Kompartimente verschmelzen miteinander.

> Die komplexen Vorgänge im Vesikeltransport konnten dank eleganter Experimente im Labor des Biochemikers James E. Rothman entschlüsselt werden. Extrakte aus Zelllinien mit Mutationen im Transportapparat wurden hergestellt. Die Kombination von Extrakten mit unterschiedlichen Mutationen erlaubten die Transportvorgänge im Reagenzglas nachzuvollziehen und die Komponenten mit biochemischen Methoden zu analysieren. Das Zusammenspiel von Methoden der Genetik und der Biochemie war erfolgreich; diese Art des experimentellen Vorgehens war damals ein Novum. Heute werden gentechnische Methoden standardmäßig mit biochemischen Methoden kombiniert.

■ Der gerichtete selektive Transport von Proteinen mit Hilfe von Vesikeln ist grundsätzlich reversibel. Ein ausgeklügeltes System von vSNAREs und tSNAREs führt zusammen mit einer Membranfusionsmaschinierie zum ortsgerechten Verschmelzen der Vesikel- und Zielmembranen. Die Präzision des Vorgangs und dessen Richtung wird unter Verbrauch chemischer Energie (GTP- und ATP-Hydrolyse) kontrolliert.

## 24.4
## Proteintransport im Golgi-Apparat

**Proteinsekretion kann ohne weitere Signale ablaufen** – Viele Proteine, z. B. Serumproteine, Verdauungsenzyme oder Proteohormone, werden von ihren Ursprungszellen sezerniert, d. h. an die Umgebung abgegeben. Die Einschleusung von Proteinen in die Membranen wie auch die Translokation von Proteinen durch die Membranen erfolgen cotranslational und in der Regel unter Abspaltung eines $NH_2$-terminalen Signalpeptids im ER. Danach werden die Proteine durch zyklisches Abknospen der ER-Membran und Verschmelzen des entstandenen Vesikels mit der zugehörigen Zielmembran vom ER zum Golgi-Apparat und gegebenenfalls weiter transportiert. Der Weg vom ER zum Golgi und zur Zellmembran bis zum Außenmilieu der Zelle wird oft als vorgegebener **Standardweg (Default pathway)** bezeichnet, weil das Durchlaufen dieses Wegs außer dem initialen Signalpeptid keine weiteren Signale am Protein verlangt. Also wird jedes Protein, welches in das ER gelangt ist, automatisch zum Golgi-Apparat und später an die Zelloberfläche gebracht, es sei denn es enthält ein Rückhaltesignal, das es in einer Zwischenstufe des Transports fixiert. Die Membran und gewisse Proteine werden mittels rückläufiger Vesikel rezykliert:

**Der Golgi-Apparat ist wie ein vesikelumschwärmter Stapel von Tellern organisiert** – Jeder „Teller" eines Golgi-Stapels entspricht einem flachen Membransack, einer so genannten Zisterne.

Diese Zisternen sind als eine Reihe von Verarbeitungsorten von Proteinen organisiert. Die aus dem rauen ER stammenden Proteine werden im *cis*-Golgi aufgenommen und via *mediale* und *trans*-Golgi-Zisternen weitergeleitet. Die Vesikelschwärme, die den Transport der Proteine von einer Zisterne des Golgi-Apparats zur nächsten besorgen, befinden sich in der Randzone des Stapels. Da sie in unmittelbarer Nähe ihrer Zielmembran entstehen, gelangen sie durch Diffusion an ihren Bestimmungsort und fusionieren dort mit der Membran, ohne dass dafür spezifische Signale benötigt werden.

**Der Golgi-Apparat ist ein Ort der Proteinmodifikation mit Oligosacchariden** – Der Golgi-Apparat ist eine Organelle der intrazellulären Proteintranslokation und der Proteinmodifikation. Während der Passage durch den Golgi-Apparat werden viele Proteine an ihren Seitenketten durch Glykosylierung modifiziert. Im ER und auch in jedem Subkompartiment des Golgisystems befindet sich ein spezifischer Satz von Glykosylierungsenzymen, welche die angehängten Mono- und Oligosaccharide mittels Synthese- und Abbauschritten in ihre endgültige Form bringen.

Glattes ER

Golgi-Apparat
cis
medial
trans

Zellmembran

## 24.5
## Proteintransport zwischen Golgi-Apparat, Zelloberfläche und Lysosomen

**Die Wege der konstitutiv sezernierten, sekretorischen und lysosomalen Vesikel verzweigen sich beim Austritt aus dem Golgi-Apparat** – Wie schon erwähnt, werden unadressierte Proteine direkt zur Zelloberfläche transportiert. Sind es Membranproteine, so bleiben sie als Bestandteile der Zellmembran bestehen, bis sie durch Endocytose internalisiert oder degradiert werden. Handelt es sich um lösliche Proteine, werden sie durch Exocytose ins Außenmedium sezerniert. Zusätzlich zu diesem Standardweg gibt es zwei signalvermittelte Transportrichtungen an die Zelloberfläche, den sekretorischen und den lysosomalen Weg. Der **regulierte sekretorische Weg** ermöglicht die Speicherung großer Mengen von Proteinen, Peptiden und auch kleineren Molekülen, die auf ein Signal eines Membranrezeptors rasch abgegeben werden, z.B. Neurotransmittersubstanzen in Nervenzellen. In diesem Fall ist die Fusion der Vesikel mit der Zellmembran reguliert. Im **lysosomalen Weg** erfolgt die Sortierung der Proteine meist aufgrund des Vorhandenseins von Mannose-6-phosphat in ihrem Oligosaccharidteil. Lysosomale Proteine werden im Golgi-Apparat mit Mannose-6-phosphat an der Oberfläche markiert. Dieser Mannose-6-phosphat-Reste binden an einen spezifischen Rezeptor, welcher innerhalb des lysosomalen Vesikel-Systems wiederverwertet wird. An der Zelloberfläche werden durch Knospung neue Vesikel gebildet (internalisiert), die ähnlich wie ER-stämmige Vesikel zu Lysosomen heranreifen und auch als Endosomen bezeichnet werden. In der Membran der frisch aus dem ER oder der Zellmembran stammenden frühen endosomalen Vesikel befindet sich ein ATP-hydrolysierendes Membranprotein, das Protonen nach innen pumpt. Das Innenmilieu wird bis zu etwa pH 5 angesäuert, dabei ändert sich die Konformation des Mannose-6-phosphat-Rezeptors und die gebundenen Proteine werden freigesetzt. Die durch die ATP-Hydrolyse der Protonenpumpe freigesetzte Energie treibt demnach den Transfer der Rezeptor-gebundenen Proteine in die Lysosomen. Die freigesetzten Hydrolasen verdauen den Inhalt der reifenden Lysosomen.

> Lysosomale Abbauenzyme werden aufgrund ihres pH-Optimums im sauren Bereich als saure Hydrolasen bezeichnet.

Die entstandenen Abbauprodukte werden via Membrantransport ins Cytosol befördert. Die gereiften Vesikel entlassen unverdauliche Reste schließlich an der Zelloberfläche. Die dabei mitsezernierten lysosomalen Proteine können mit Hilfe des Mannose-6-phosphat-Rezeptors wieder in die Zelle zurückgeholt werden (der pH-Wert des extrazellulären Milieus ist in der Regel neutral) oder auch von einer Zelle in eine andere gelangen.

## 24.6
# Proteinglykosylierung während des Transports durch das endoplasmatische Retikulum und den Golgi-Apparat

**Proteinglykosylierungen zeigen charakteristische Muster; sie können Zellen gegen äußere Einflüsse schützen** – Der Golgi-Apparat mit seinen Zisternen gleicht einem Fließband. Jede der *cis-*, *medialen* und *trans-*Zisternen verfügt über einen bestimmten Satz von Enzymen, welche die kovalente Anheftung von Zuckerresten an Oligosaccharidketten der durchlaufenden Proteine oder auch ein teilweises Trimmen von Oligo-Mannose-Strukturen katalysieren. Diese Anordnung führt zum Aufbau variabler Oligosaccharidstrukturen. Die Enzyme sind je nach Zelltyp verschieden und geben den Proteinen, welche zur Zelloberfläche gelangen, eine bestimmte Signatur mit. Diese wird im Organismus unter Umständen als Signal bei der Wechselwirkung zwischen Zellen verwendet. Weil Oligosaccharide relativ rigide Strukturen bilden (im Gegensatz zu Peptidbindungen haben glykosidische Bindungen stark eingeschränkte Rotationsfreiheit) können sie die Zelle gegen äußere Einflüsse, wie z.B. Verdauung durch Enzyme, schützen. Die stark hydrophilen Zuckerreste an der Membranoberfläche erschweren das Umflippen der mit ihnen verbundenen Glykoproteine und Glykolipide auf die Innenseite der Membran. Damit tragen sie zur Aufrechterhaltung des asymmetrischen Cha-

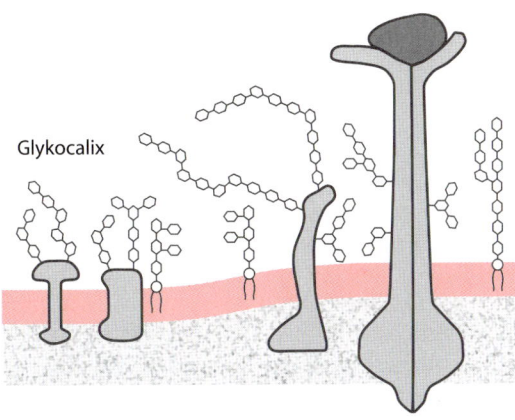

**Abb. 24.5.** Die Schutzhülle der Zelle: Glykocalix aus Glykoproteinen und Glykolipiden. Die Oligosaccharide der verschiedenen Glykoproteine und Glykolipide bilden zusammen mit Heteroglykanen die dichte Glykocalix-Schicht, welche die Zellmembran nach außen abschirmt. Rezeptoren für größere Moleküle sind meist selbst glykosyliert und ragen mit ihrer Erkennungsstelle für das Signalmolekül aus der Glykocalix heraus

rakters biologischer Membranen bei. Die Oligosaccharidketten von Membranproteinen, membran-assoziierten Proteinen und Glykolipiden bilden miteinander einen Mantel rund um die Zelle, die **Glykocalyx** (Abb. 24.5), welche den Zugang zur Zelloberfläche verhindert. Wie können Zellen und Makromoleküle trotzdem in Wechselwirkung mit der Plasmamembran treten? Bei vielen Rezeptoren für Makromoleküle wie dem LDL-Rezeptor, verbindet ein kurzes, stark glykosyliertes Segment der Polypeptidkette die membrangebundene Domäne mit der Rezeptordomäne. Damit ragt die Rezeptordomäne aus der Glykocalyx heraus und kann durch andere Makromoleküle besser erreicht werden.

**Proteine können an verschiedenen Sequenzregionen glykosyliert werden** – Eine charakteristische Signatur in der Aminosäuresequenz bestimmt die Lokalisierung der *N*-verknüpften (*N-linked*) Glykosylierungen, wobei aus sterischen Gründen nur einzelne der auf einer Polypeptidkette vorhandenen Signaturen glykosyliert werden.

*N*-verknüpfte Glykosylierungen finden sich bei der Signatur -**Asn-X-Ser/Thr-**:

N-Acetylglucosamin
gebunden an einen Asparaginrest

Für die *O*- verknüpften (*O-linked*) Glykosylierungen findet man keine typische Signatur; oft werden an mehreren benachbarten Ser- und Thr-Resten Glykosylierungen (*Cluster*) gefunden:

CH₂OH

N-Acetylglucosamin
gebunden an einen Serinrest

Es können aber auch *O*-verknüpfte Zuckerreste an diversen anderen Aminosäureresten vorhanden sein. Kollagen ist z. B. an Hydroxylysin-Resten mit Galactose oder Glucose-Galactose₂-Einheiten modifiziert.

**Die Glykosylierung mit *N*-verknüpften Oligosacchariden wird durch den Einbau eines zuvor synthetisierten Mannose-reichen Saccharids von 14 Zuckerresten eingeleitet** – Schon während der Translation werden im Innern des rauen ER die Glykosylierungen der *N*-verknüpften Oligosaccharide ans Protein gekoppelt. Hier erfolgt auch der Einbau von 2 *N*-Acetyl-Glucosaminresten und 5 Mannose-Molekülen in eine aktivierte lipidverankerte Vorstufe, das Dolicholphosphat, welches nach ver-

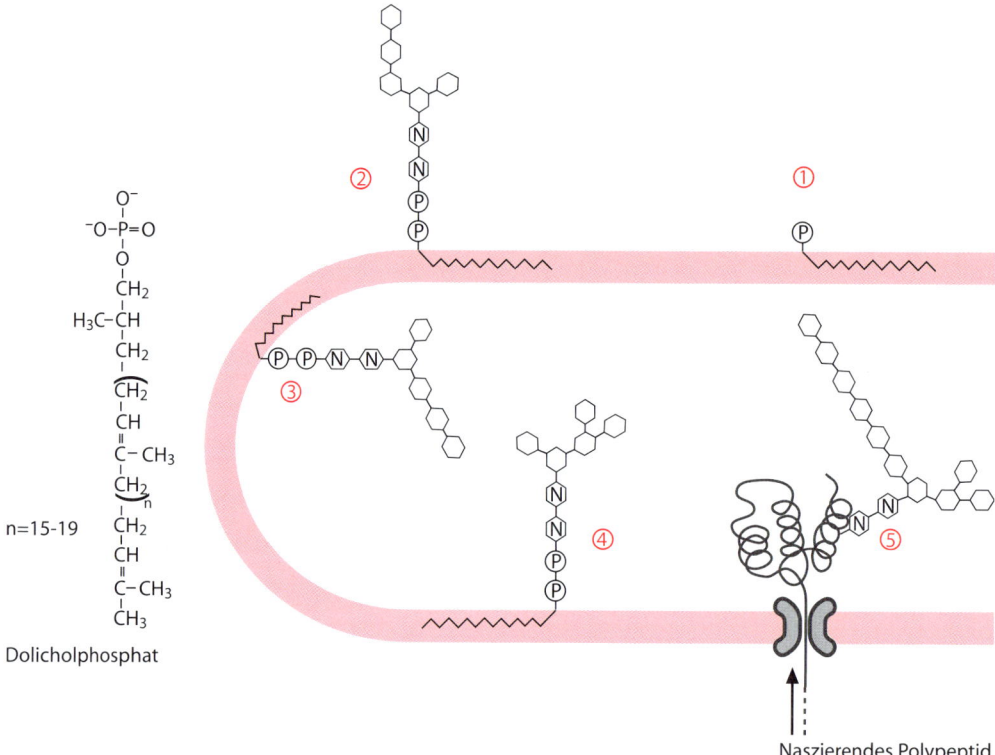

Dolicholphosphat

**Abb. 24.6.** *N*-Glykosylierung eines Proteins. ① Das Dolicholphosphat mit seinen vielen hydrophoben Isopren-Einheiten verankert die Zucker in der Membran und erhält ② seine Zuckerreste auf der cytoplasmatischen Seite. Danach ③ „flippen" die Moleküle in der Membran, so dass die Zuckerreste auf die luminale Seite des ER gelangen, wo sie ④ mit durch GDP- oder UDP-Koppelung aktivierten Mannose- und Glucoseresten umgebaut werden. Das entstandene Oligosaccharid wird nun ⑤ *en bloc* in naszierende Polypeptide in Regionen mit der Sequenz Asn-X-Ser/Thr eingebaut. Die Amidgruppe der Asparagin-Seitenkette fungiert dabei als Akzeptor. Die Mannose-reiche (*High-mannose*) Glykosylierung wird in der Folge zumindest teilweise wieder abgebaut. Danach werden die Oligosaccharide von zelltypspezifischen Glykosidasen weiter modifiziert; verschiedene neue Zuckerreste können angebaut werden, bis die komplexen *N*-Glykosylierungen beendet sind

schiedenen Modifikationen als erster Lieferant eines Oligosaccharids dient (Abb. 24.6). Danach werden die Oligosaccharidketten am Protein weiter modifiziert. Die *N*-Glykosylierungen sind sehr variabel und können 1–20 Zuckerreste enthalten. Ihre Zusammensetzung hängt vor allem vom Vorhandensein der verschiedenen hochspezifischen Glykosylierungsenzyme ab. Jeder Zelltyp hat einen bestimmten Satz solcher Enzyme, was der Zelle erlaubt, eine eigene Signatur in Form eines komplexen Oligosaccharids zur Präsentation auf der Zelloberfläche zusammenzustellen. Die menschlichen Blutgruppen-Haupttypen sind auf genetisch vorbestimmte Glykosylierungsunterschiede der Erythrocytenmembran zurückzuführen. Die bakterielle Darmflora präsentiert viele verschiedene Oligosaccharide auf ihren Zellwänden. Abbauprodukte davon gelangen in die Blutzirkulation. Das im Aufbau begriffene Immunsystem des jungen Organismus bildet Antikörper gegen diese fremden Antigene. Eine bestimmte auf den Erythrocyten vorhandene Glykosylierung wird vom Immunsystem hingegen als eigenes Antigen erkannt und schließt damit die Bildung spezifischer Antikörper aus. Deshalb finden sich später in einer bestimmten Person Antikörper gegen fremde Blutgruppenantigene, welche bakteriellen Oligosacchariden entsprechen, nicht aber gegen die eigenen.

■ Proteine können sowohl an Asn-Seitenketten *N*-glykosyliert wie auch an Ser/Thr/OH-Lys-Seitenketten *O*-glykosyliert sein. Eine Oligosaccharid-Seitenkette eines Proteins enthält je nach Zelltypus 1 bis 20 Zuckerreste mit verschiedener Zusammensetzung und Sequenz. Die Glykosylierung der Zelloberfläche spielt eine wichtige Rolle bei der Zell-Zell-Erkennung.

## 24.7
# Import von Proteinen in Mitochondrien, Chloroplasten und Peroxisomen

**Mitochondrien und Chloroplasten sind als endosymbiontische Organellen zu verstehen, deren ursprüngliche Gene in großer Zahl ins nukleäre Genom der Wirtszelle transferiert wurden** - Der Transfer der ursprünglichen Gene des Endosymbionten ins Kerngenom zog die Notwendigkeit des Imports der entsprechenden Genprodukte aus dem Cytosol nach sich. Also finden wir in den Organellen endosymbiontischen Ursprungs einen grundsätzlich anderen Weg zur Proteinaufnahme als in allen vom ER abstammenden Organellen. Die Proteine werden zuerst außerhalb der Membran im Cytosol synthetisiert, danach von Rezeptoren an der Oberfläche der Organellen gebunden und schließlich durch eine lokale Importmaschinerie in einem energieabhängigen Prozess hineintransportiert. Das neu synthetisierte Protein wird von cytosolischen und Organell-lokalisierten Begleitproteinen, den Chaperonen (s. Kapitel 3.7), in entfalteter Struktur gehalten und bei der Translokation durch die Membranen sowie der nachfolgenden Faltung unterstützt.

**Amphiphile Signalpeptide fädeln mitochondriale Proteinvorläufer (Präkursoren) via Rezeptoren an der mitochondrialen Oberfläche in die Importmaschinerie ein** – Das Vorhandensein von Importrezeptoren verlangt entsprechende Signalsequenzen auf den transportierten Proteinen. Diese Signale haben keine fest definierte Struktur, zeichnen sich aber durch das gehäufte Vorkommen hydrophober und basischer Aminosäuren aus. Saure Aminosäuren hingegen fehlen in diesen Signalsequenzen. Die basischen Reste sind durch kurze Abschnitte mit einigen wenigen ungeladenen und meist hydrophoben Resten voneinander getrennt; die Sequenz eines typischen mitochondrialen Importsignals ist $NH_3^+$-Met-Leu-Ser-Leu-Arg$^+$-Glu-Ser-Ile-Arg$^+$-Phe-Phe-

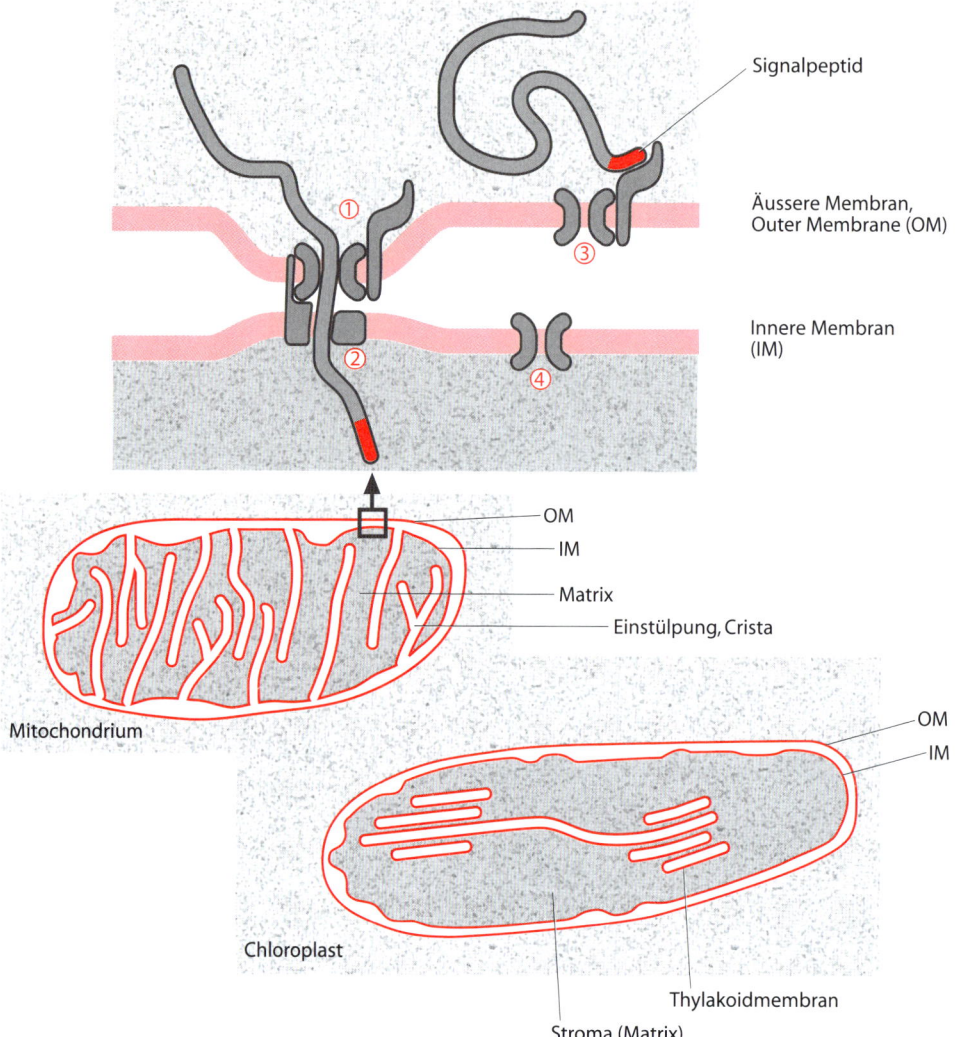

**Abb. 24.7.** Protein-Import in Mitochondrium und Chloroplast. Die Topologie der beiden Organellen ist ähnlich, allerdings bildet die Thylakoidmembran mit dem Thylakoidraum einen zusätzlichen abgeschlossenen Raum in den Chloroplasten. Auch die Importmaschinerien sind in beiden Organellen ähnlich, aber nicht homolog. Im vergrößerten Ausschnitt wird nur das Beispiel der besser bekannten Proteinimport-Poren der Mitochondrien gezeigt. ① TOM (*Translocator of outer membrane*) und ② TIM (*Translocator of inner membrane*) bilden einen Komplex während der Translokation eines mitochondrialen Proteins durch die beiden Membranen; ③ freier TIM mit andockendem Protein, ④ zusätzlicher Porenkomplex in der inneren Membran für den cotranslationalen Einbau von Proteinen, welche von den mitochondrialen Ribosomen synthetisiert werden

Lys⁺-Pro-Ala-Thr-Arg⁺-Thr-Leu-. Das Signalpeptid bindet an den Importrezeptor, der es an die Importmaschinerie weiterleitet. Diese besteht aus einem multimeren Proteinkomplex, welcher das zu transportierende Protein in einer hydrophilen Pore durch beide Membranen der Mitochondrien führt (Abb. 24.7). Die zu transportierende Polypeptidkette des Proteins bleibt dabei entfaltet und wird im Innern der Organelle von einem weiteren Satz von Chaperonen empfangen. Die Chaperone verbrauchen ATP und sind möglicherweise am Import aktiv beteiligt. Eine passive Rolle ist auch denkbar, indem die Bindung der mitochondrialen Chaperone das Zurückdiffundieren der translozierenden Kette verhindert. Der Importkomplex überbrückt die mitochondriale Außenmembran und die Innenmembran an Stellen, wo diese zwei Membranen sehr eng beisammen liegen. So führt der Transport vom Cytosol direkt in die Matrix der Organelle. Von dort aus wird ein Teil der importierten Proteine aufgrund des Vorhandenseins weiterer Signale in die innere Membran eingefügt oder in den Intermembranalraum zwischen der inneren und der äußeren Mitochondrienmembran sezerniert. Für diesen Prozess wird die bestehende Sekretionsmaschinerie des Mitochondriums verwendet.

**Die Funktion der Peroxisomen und ihr Proteinimport** – Der Import von Proteinen in Peroxisomen wird hier der Vollständigkeit halber kurz erwähnt. Peroxisomen sind kleine Organellen und enthalten Enzyme, welche wie die Katalase $H_2O_2$ entgiften oder wie Oxidasen $H_2O_2$ bilden. In Pflanzen sind sie an der Photorespiration (s. Kapitel 22.5) beteiligt. Sie besitzen im Gegensatz zu Mitochondrien und Chloroplasten kein eigenes Genom und müssen daher sämtliche Proteine importieren, genau wie alle anderen Organellen nichtsymbiontischen Ursprungs. Die Vorgänge sind ähnlich denjenigen in den Mitochondrien und finden posttranslational statt. Es muss allerdings nur eine Membran durchquert werden und das Signal ist meist ein Peptid mit der Sequenz **Ser-Lys-Leu** in der Nähe des COOH-Terminus.

## 24.8
## Pförtner-kontrollierter Transport (*Gated transport*) an der Kernhülle

**Der Zellkern ist von einer Hülle mit zwei über Porenstrukturen verbundenen Membranen (*Nuclear envelope*) begrenzt** – Die innere Membran der Kernhülle enthält Proteine, welche an die Intermediärfilamente der filzähnlichen nukleären Lamina binden. Die äußere Membran bildet ein Kontinuum mit dem ER.

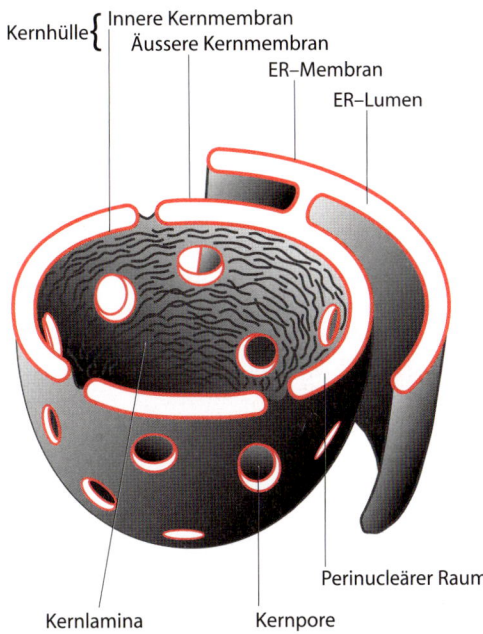

Kernhülle{ Innere Kernmembran
Äussere Kernmembran
ER–Membran
ER–Lumen
Perinucleärer Raum
Kernlamina     Kernpore

Die Kernhülle besitzt komplexe Poren mit über 100 Proteinuntereinheiten, die die beiden Membranen durchqueren. Kleine Moleküle können ungehindert durch die Poren diffundieren. Der Transfer von Biomolekülen mit > 5000 Da wird von den Poren in beiden Richtungen unter Energieaufwand kontrolliert. Pro Kern sind in Säugerzellen typischerweise etwa 3000–4000 Poren vorhanden. Während der DNA-Synthese in der S-Phase des Zellzyklus (s. Kapitel 26.1) transportiert eine dieser Poren im Durchschnitt 100 Histonmoleküle pro Minute in den Kern hinein. Bei raschem Wachstum müssen in der gleichen Zeit ungefähr sechs ribosomale Untereinheiten die Pore in der Gegenrichtung passieren. Außerdem werden laufend viele weitere Proteine und RNAs durch die Poren geschleust. Die Poren besitzen spezifische Rezeptoren für verschiedene Makromoleküle. Die Proteine des Kerninnenraums enthalten beispielsweise charakteristische Kern-Lokalisations-Signale, die sich an beliebiger Stelle in der Sequenz befinden können. Es handelt sich um kurze basische Abschnitte von etwa 4–8 Aminosäuren mit Prolin-, Arginin- und Lysinresten. Diese Signale können durch Genmanipulation auf andere Proteine übertragen werden und bewirken, dass diese modifizierten Proteine in den Kern transportiert werden. Reife mRNA wird kontrolliert aus dem Kern exportiert. Weil die Kernporen große Strukturen sind, können alle Moleküle im räumlich gefalteten Zustand transportiert werden; sogar fertig zusammengesetzte ribosomale Untereinheiten können die Poren passieren. Im Gegensatz dazu müssen die Moleküle zum Transfer durch die Membranen hindurch (bei Mitochondrien, ER, Chloroplasten, Peroxisomen) entfaltet sein.

## 24.9
## Qualitätskontrolle der Faltung und der Lokalisierung von Proteinen durch Chaperone und Proteolyse

**Fehlerhafte oder falsch lokalisierte Proteine werden mit Ubiquitin markiert und durch Proteasomen abgebaut** – Die Biosynthese von Proteinen und insbesondere die Biosynthese von Membranproteinen sind mehrstufige Vorgänge mit vielen Fehlermöglichkeiten. Die Zelle verfügt deshalb über Kontrollmechanismen, welche fehlerhafte oder falsch lokalisierte Proteine durch Abbau eliminieren. Falsch gefaltete Proteine exponieren in der Regel hydrophobe Segmente ihrer Polypeptidkette, welche bei korrekter Faltung ins Innere des Moleküls zu liegen kämen. Diese exponierten hydrophoben Teile bewirken,

dass die betroffenen Proteine im wässrigen Milieu der Zelle analog wie ungeschützte naszierende Polypeptidketten aggregieren und ausfallen. Die molekularen Chaperone (s. auch Kapitel 3.7) verhindern dies: Ein im ER vorhandenes Hsp70, das *„Binding Protein"* oder „Bip" funktioniert hier sowohl als Faltungshilfe wie auch als Kontrollpunkt zur Ausmerzung unrichtig gefalteter Ketten. Entsteht nämlich die lösliche, native Struktur nicht innerhalb einer begrenzten Zeit, so werden die defekten Proteine von Bip an Ubiquitinligasen weitergegeben. Diese Ubiquitinligasen modifizieren das Polypeptid mit mehreren kettenförmig arrangierten Kopien des kurzen Peptids Ubiquitin (s. Kapitel 19.1). Danach erkennen die 26S Proteasomen das Ubiquitin-markierte Polypeptid und bauen es zu kurzen Peptiden ab. Die Proteasomen eliminieren bis zu einem Drittel der neu synthetisierten Proteine! Die Zelle betreibt also einen großen Aufwand zur Kontrolle der korrekten Struktur und Lokalisierung von Proteinen. Das Degradationssystem ist in allen Zellen vorhanden und scheint von besonderer Bedeutung in Pflanzen zu sein, wo es aus den Produkten von etwa 5% aller exprimierter Gene aufgebaut ist. Der aufwändige Apparat übernimmt in Pflanzen zusätzliche wichtige Funktionen in der Signaltransduktion und in der Steuerung der Entwicklung.

■ Vor dem Austritt aus dem ER findet eine Kontrolle der korrekten Faltung von Proteinen statt. Bis zu 30% der neu synthetisierten Proteine werden von der Qualitätskontrolle nicht durchgelassen, mit Polyubiquitin markiert und anschließend durch Proteasomen abgebaut.

# 25 Cytoskelett und molekulare Motoren

Das Cytoskelett bildet ein intrazelluläres Gerüst aus großen faden- oder netzartigen Proteinpolymeren; es verleiht der Zelle mechanische Festigkeit und dient der räumlichen Organisation in der Zelle. Eine Eukaryontenzelle synthetisiert etwa 10 000 verschiedene Proteine in unterschiedlicher Kopienzahl und enthält insgesamt ungefähr $10^9$ Proteinmoleküle. Die meisten dieser Proteinmoleküle sind durch nichtkovalente Bindungen mit anderen Proteinmolekülen vernetzt. Proteine sind in der Regel als Untereinheiten in funktionelle Komplexe integriert. Die Größe der funktionellen Proteinkomplexe ist sehr variabel und wird im Durchschnitt auf etwa 10 Untereinheiten pro Komplex geschätzt. Beispielsweise enthalten Proteasomen mindestens 64 Proteinuntereinheiten und eukaryontische Ribosomen um die 85 Polypeptidketten und 4 rRNAs. Das Cytoskelett besteht aus nochmals größeren linearen (zum Teil vernetzten) Proteinassoziaten, welche aber aus wenigen Typen von Untereinheiten aufgebaut sind: Actinfilamente und Intermediärfilamente bestehen aus Polymeren je einer Untereinheit, während Mikrotubuli aus $\alpha$- und $\beta$-Tubulin-Untereinheiten aufgebaut sind. Alle drei Filamente können aus Tausenden von Untereinheiten bestehen und die ganze Zelle durchziehen. Das Cytoskelett ist zusammen mit Motorproteinen, welche unter ATP-Verbrauch mechanische Arbeit leisten, auch verantwortlich für Formveränderungen der Zelle und für intrazelluläre Bewegungen.

## 25.1
## Die drei Hauptbestandteile des Cytoskeletts: Actinfilamente, Mikrotubuli und Intermediärfilamente

**Die drei dynamischen Filamentsysteme aus Actin, Tubulin und Intermediärfilamentproteinen organisieren die räumlichen Verhältnisse in der Zelle** – Alle drei Filamenttypen sind langgestreckte, aus ein bis zwei Typen von Untereinheiten aufgebaute Assoziate. Die **Actinfilamente** können überall in der Zelle vorkommen, liegen aber oft besonders konzentriert in der äußeren Region des Cytoplasmas vor, dem Zellcortex.

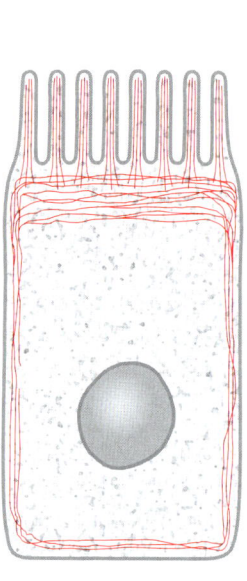

Zellcortex                    Einzelnes Filament

Sie bestehen aus flexiblen Actinpolymeren mit einem Querschnitt von 5–9 nm. Monomeres Actin ist ein asymmetrisches globuläres Protein mit zwei Domänen. In der elektronenoptischen Darstellung von Actinfilamenten ergibt sich durch die Asymmetrie der Moleküle eine schraubenartige Packung im Filament, und dadurch entsteht der Eindruck, als seien zwei Polymerketten umeinander gewunden. Die Wechselwirkung mit Motorproteinen führt oft zur Bündelung der Filamente.

> Als eine hochorganisierte Form des Actinskeletts ermöglichen die Actin-Myosinkomplexe in Muskelzellen die makroskopische Bewegung vieler Organismen (s. Kapitel 32).

Actinfilamente können auch in zwei- oder dreidimensionalen Netzwerken vorliegen. Das Actinskelett bewegt die äußeren Regionen der Zelle z.B. bei der Fur-

chung oder bei der Fortbewegung von Zellen auf einer Unterlage.

**Die Mikrotubuli sind lange hohle Zylinder aus Polymeren von α- und β-Tubulinen** – Sie haben einem Außendurchmesser von 20–25 nm und können von einem Zellende bis zum anderen reichen. Sie bilden somit die größten zellulären Proteinstrukturen und sind relativ steif. Ihr eines Ende ist ans Centrosom gebunden.

> Centrosom: *Microtubuli Organizing Center*, MTOC; zwei Centriolen (Basalkörperchen) befinden sich im Innern der diffusen Matrix des Centrosoms.
> Centromer: Ansatzort der Zellteilungs-Spindelfasern an den Chromosomen und Ort, wo die Chromatiden miteinander verbunden sind.
> Kinetochor: mehrschichtige Struktur auf dem Centromer mitotischer Chromosomen, wo die Spindelfasern (ein einzelner Mikrotubulus in Hefen, 30-40 Mikrotubuli in Säugern) anheften.

Das andere Ende kann sich durch Verlängerung oder Verkürzung des Mikrotubulus zur Zellperipherie hin bewegen oder sich von dort zurückziehen. Das Mikrotubuli-Skelett strahlt damit vom Zellzentrum zur Zelloberfläche aus und erlaubt die Positionierung diverser Strukturen im Cytoplasma.

**Die Intermediärfilamente sind eine Familie schnurähnlicher Fasern von etwa 10 nm Durchmesser** – Ihre Untereinheiten bilden Netzwerke zwischen Zell-Zellkontakten und verleihen so Geweben mechanische Stabilität. Lamin-Untereinheiten, eine besondere Gruppe von Intermediärfilamentproteinen, bilden ein annähernd kugelförmiges löchriges Netzwerk innerhalb der Hülle des Zellkerns, die **nukleäre Lamina**. Intermediärfilamente erfüllen somit vor allem mechanisch stabilisierende Funktionen.

**Alle drei Filamentsysteme sind dynamisch und miteinander verbunden** – Die Filamente können je nach Bedarf, d.h. auf geeignete Signale hin, durch Anlagern weiterer Untereinheiten verlängert werden oder depolymerisieren. Außerdem interagieren Motorproteine mit den Actinfasern und den Mikrotubuli. Membrangebundene Motorproteine vermitteln den Transport von Organellen und Vesikeln entlang der Mikrotubuli und platzieren diese an die funktionsgerechten Orte in der Zelle.

■

| | Durchmesser (nm) |
|---|---|
| Actinfilamente (Mikrofilamente) | 5–9 |
| Intermediär- filamente | 10 |
| Mikrotubuli | 20–25 |

Die drei Filamenttypen des Cytoskeletts sind miteinander verbunden und funktionieren als Ganzes. Die mechanische Stabilisierung der Zellen und Gewebe wird durch Intermediärfilamente besorgt; die Mikrotubuli sorgen für eine modulierbare Organisationsstruktur und die Actinbündel für die nötigen lokalen Kräfte.

## 25.2
## Actincortex: eine flexible kontraktile Hülle am Zellrand

**Actinfilamente funktionieren im Verbund miteinander** – Die funktionelle Einheit der Actinfilamente ist ein Bündel oder ein Netzwerk. Das Motorprotein Myosin und weitere Actin-bindende Proteine vernetzen die Actinfilamente. In der Plasmamembran bestehende Nukleationszentren organisieren den Actincortex. Die Signale zur Reorganisation des Cortex durch neue Bündelung von Fasern stammen oft aus der Umgebung der Zelle. Faserbündel des Actincortex können die Zellmembran veranlassen, stachelartige bis Lamellen-ähnliche Ausstülpungen oder Einbuchtungen zu bilden (siehe unten).

Lamellen-ähnliche Ausstülpungen oder Lamellipodien vermitteln die Bewegung von Zellen, welche auf Unterlagen kriechen. Einstülpungen leiten die Teilung einer Zelle in zwei Tochterzellen ein. Actin-Myosin-Bündel können auch außerhalb des Actincortex vorhanden sein und Zugkräfte entwickeln.

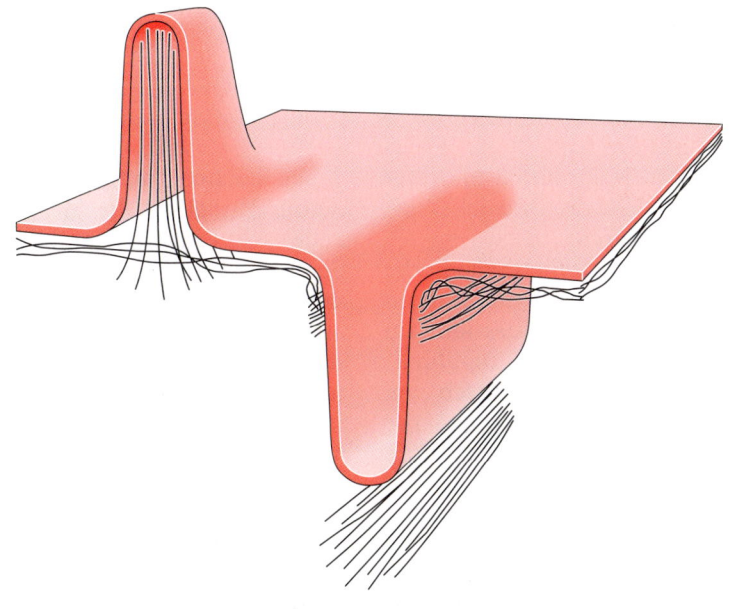

- **Actinfilamente bilden zusammen mit dem Motorprotein Myosin kontraktile Strukturen nahe unter der Zelloberfläche und in Bündeln im Zellinnern; sie sind wichtig für die Form und Motilität der Zelle.**

## 25.3
## Centrosom: sternförmig ausstrahlende Mikrotubuli unterstützen die räumliche Organisation des Cytoplasmas

**Mikrotubuli sind polare Strukturen** – Ihr Minus-Ende ist ins Centrosom eingebettet, wodurch es daran gehindert wird zu depolymerisieren. Ihr Plus-Ende ragt ins Cytoplasma hinaus, wo rasch $\alpha$- und $\beta$-Tubulin-Untereinheiten anpolymerisieren. Ein paar hundert Mikrotubuli wachsen jederzeit vom Centrosom aus ins Cytoplasma, einige davon gelangen bis zur Zellmembran. Das sternförmige Gebilde der Mikrotubuli, das sich vom kernnahen Centrosom her in die Zelle ausbreitet, wird laufend erneuert. Im Lichtmikroskop beobachtet man unregelmäßig wiederkehrende ruckartige Bewegungen von Zellorganellen entlang definierter linearer Pfade in der einen oder anderen Richtung, die nicht durch Brownsche Bewegung zustande kommen. Diese Bewegungen sind durch die Wechselwirkung zwischen den Mikrotubuli und Motorproteinen, an welche die Organellen gebunden sind, zu erklären.

**Mikrotubuli sind extrem dynamische Strukturen** – Sie müssen erst durch einen langsamen Prozess, die Nukleation am Centrosom, entstehen. Die $\alpha\beta$-Tubulindimere polymerisieren danach rasch am Plus-Ende des wachsenden Tubulus. Die Geschwindigkeit der Elongation des Tubulus hängt vor allem von der Konzentration der freien Tubulindimere ab. Nach dem Erreichen einer bestimmten Länge ist die Konzentration der freien Dimere derart gesunken, dass Depolymerisierung und Polymerisierung einander die Waage halten. Man spricht dann von der kritischen

Konzentration des freien Tubulins; in einem typischen Fibroblasten findet man etwa 20 µM (2 mg · ml$^{-1}$) Tubulin, welches zur Hälfte frei vorliegt. Die Halbwertszeit eines einzelnen Tubulus beträgt etwa 10 min; ein Tubulinmolekül ist mit einer Halbwertszeit von über 20 h wesentlich stabiler. Man kann deshalb Tubulinmoleküle mit Fluoreszenzfarbstoffen markieren und in intakten Zellen mit dem Mikroskop beobachten, wie sie in Mikrotubuli eingebaut werden. Mikrotubuli wachsen mit konstanter Geschwindigkeit gegen das Zelläußere, schrumpfen aber plötzlich sehr rasch zurück. Man bezeichnet dieses Phänomen als **dynamische Instabilität der Mikrotubuli**. Ihre Instabilität steht in Zusammenhang mit der Hydrolyse des an $\beta$-Tubulin gebundenen GTP (Abb. 25.1). Lässt man Mikrotubuli in Gegenwart eines nichthydrolysierbaren Analogs von GTP wachsen, bleiben sie stabil. Nach der Polymerisierung wird das gebundene GTP langsam zu GDP hydrolysiert. GDP-Tubulin destabilisiert den Tubulus. Wenn Tubuli rasch polymerisieren, so bildet sich eine GTP-Kappe (GTP-*Cap*) an der Spitze des Tubulus aus, weil die Polymerisierung schneller abläuft als die GTP-Hydrolyse. Diese GTP-Kappe schützt den Tubulus vor der Depolymerisierung. Geht die Kappe aber einmal durch verlangsamte Weiterpolymerisation verloren, so depolymerisiert der betroffene Tubulus rasch.

**Die dynamische Instabilität der Mikrotubuli ermöglicht die Morphogenese der Zelle** – Mikrotubuli strahlen radial vom Centrosom weg. In der Zellperipherie kann die Depolymerisierung der Mikrotubuli gesteuert werden, so dass sie in bestimmten Zonen stabiler sind als in anderen. Durch diese örtlich eingeschränkte Stabilisierung der Mikrotubuli entsteht eine Verlängerung des Cytoskeletts und der Zelle in einer bestimmten Richtung. Die Stabilisierung wird durch Wechselwirkungen zwischen den Mikrotubuli und Proteinen wie beispielsweise Tropomyosin erreicht. Die damit entstandene Polarisierung kann je nach Zelltypus lebenslang bestehen bleiben (z.B. in Epithelzellen)

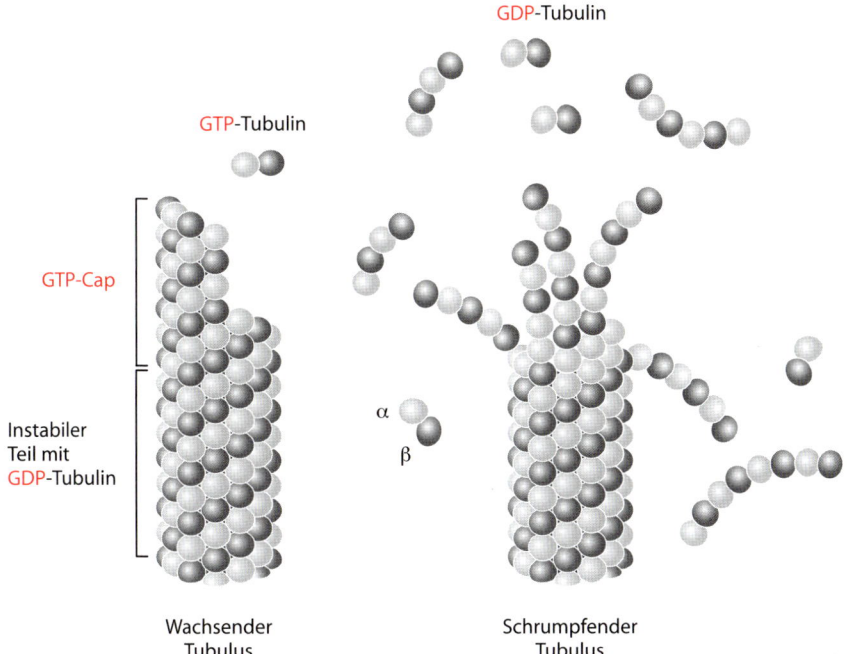

GDP-Tubulin

GTP-Tubulin

GTP-Cap

Instabiler
Teil mit
GDP-Tubulin

α
β

Wachsender
Tubulus

Schrumpfender
Tubulus

**Abb. 25.1.** Dynamische Instabilität der Microtubuli. Durch die Bindung von GTP wird das Tubulindimer gestreckt und in dieser Form ins Polymer eingebaut. Langsame Hydrolyse des Tubulin-gebundenen GTPs führt zur gekrümmten GDP-Form des $\alpha\beta$-Dimers. Die GDP-Form ist gekrümmt und destabilisiert den Tubulus. Der stabile Bereich des wachsenden Tubulus, in welchem das GTP noch nicht zu GDP hydrolysiert ist, wird als GTP-*Cap* bezeichnet

oder veränderlich sein (z. B. in Makrophagen).

Bei der Zellteilung nimmt der aus Mikrotubuli gebildete Spindelapparat eine zentrale Funktion ein. Er verteilt die replizierten Chromosomen korrekt auf die beiden Tochterzellen. Diese Vorgänge werden in Kapitel 26.3 ausführlicher besprochen.

**Modifikationen und Mikrotubuli-assoziierte Proteine beeinflussen die Eigenschaften des Cytoskeletts** – Relativ stabile Mikrotubuli (z. B. in Nervenzellen) reifen, indem sie enzymatisch acetyliert oder andersartig modifiziert werden. Die Funktion dieser Modifikationen steht vermutlich in Zusammenhang mit der Bindung von Proteinen, welche die betroffenen Mikrotubuli weiter stabilisieren. Diese Mikrotubuli-assoziierten Proteine oder **MAPs** bilden eine vielfältige Gruppe von Proteinen, welche z.T. zelltypspezifisch exprimiert werden. Sie können nicht nur die

Stabilität der Mikrotubuli erhöhen, sondern beeinflussen auch deren Wechselwirkungen mit anderen Zellkomponenten. Im Gehirn finden sich zwei Hauptklassen von MAPs, die HMW (*High molecular weight*)-Proteine mit Molekülmassen von über 200 kDa sowie MAP-1, MAP-2 und tau-Proteine mit Molekülmassen von 55–62 kDa. MAPs und tau-Proteine binden auf der gesamten Länge der Mikrotubuli und vermitteln die Verbindung zu anderen Komponenten des Cytoskeletts. MAPs können auch Motorproteine sein, welche unter Hydrolyse von ATP den Filamenten entlang wandern. In vielen Fällen sind die Funktionen der MAPs oder tau-Proteine experimentell schwer bestimmbar, weil die Proteine einander gegenseitig ersetzen können; sie sind redundant. Es wird vermutet, dass MAPs beispielsweise für die Ausbildung bestimmter Zellfortsätze wie Axone benötigt werden.

■ Mikrotubuli bilden unter GTP-Verbrauch ein dynamisches Gerüst in der Zelle, woran diverse Proteine binden sowie die Organellen transportiert und orientiert werden. Durch Wechselwirkungen von Mikrotubuli mit bestimmten Regionen des Zellcortex kann die Zelle polarisiert werden.

## 25.4
## Intermediärfilamente: ein Netz zum Auffangen mechanischer Belastungen

Intermediärfilamente bilden ein stabiles Netz um den Kern, das sich bis zur Zellperipherie erstreckt – Intermediärfilamente finden sich in den meisten Zellen, besonders reichlich jedoch in Zellen, welche mechanischem Stress ausgesetzt sind.

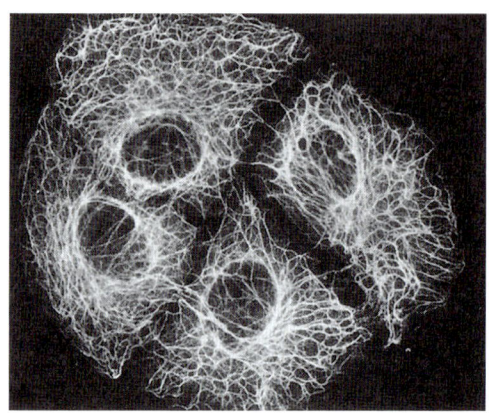

**Abb. 25.2.** Spezifisch markiertes Intermediärfilamentgerüst. Mit Fluoreszenz-markierten Antikörpern gegen Keratin, ein weit verbreitetes Intermediärfilamentprotein, spezifisch dargestellte vierzellige Kolonie menschlicher Leberkarzinomzellen in einer Kultur. Die hohlkugeligen Bereiche entsprechen dem Innenraum der Kerne, der innerhalb der Membranhülle (in dieser Färbung nicht sichtbar) vom Keratinskelett ummantelt wird

---

Im Elektronenmikroskop erscheinen Intermediärfilamente mit einem Durchmesser von etwa 10 nm; ihre Dicke liegt zwischen derjenigen der dünnen Actinfilamente und der dicken Myosinfilamente im Muskel. Die Filamente wurden deshalb „Intermediärfilamente" genannt.

---

Intermediärfilamente bilden ein dichtes Netz innerhalb der Membranen der Kernhülle (Kernlamina) und durchziehen das Cytoplasma bis zu den Verankerungsstellen (Desmosomen, s. Kapitel 27.1) an der Zellmembran. Das Netz ist ein sehr stabiles und unlösliches Fasersystem und bleibt auch nach Extraktion der Zellen mit milden Detergenzien als färbbares Muster bestehen, was ursprünglich zur Bezeichnung „Cytoskelett" geführt hat. Das Cytoskelett ist durch Markierung mit fluoreszierenden Antikörpern im Mikroskop spezifisch darstellbar (Abb. 25.2).

**Intermediärfilamente bilden lange apolare helikale Polymere** – Im Gegensatz zu den globulären Actin- und Tubulinmolekülen sind die Intermediärfilamentprotei-

ne ausgesprochen lange Faserproteine mit einem $NH_2$-terminalen Kopf und einem COOH-terminalen Schwanz. Der Mittelteil besteht aus einer $\alpha$-Helix mit *Heptad repeats* (repetitive Consensus-Sequenz von 7 Aminosäuren). Die Wiederholung hydrophober Aminosäurereste in regelmäßigen Abständen führt zur Zusammenlagerung zweier $\alpha$-Helices, welche sich schraubenartig umeinander winden (*Coiled coils*, Abb. 3.8). Die so gebildeten Dimere lagern sich antiparallel und in der Länge versetzt zu Tetrameren zusammen. Diese bilden wiederum größere Assoziate, welche ihrerseits zu einem helikalen 10-nm-Filament zusammentreten (Abb. 25.3). Im Gegensatz zu den Actinfilamenten und Mikrotubuli sind die Intermediärfilamente apolare Strukturen. Die meisten Intermediärfilamentproteine haben ähnliche zentrale Stabdomänen von etwa 310 Aminosäureresten, welche eine ausgedehnte $\alpha$-Helix bilden. Die Enddomänen der Moleküle sind jedoch sehr variabel. Sie ragen oft aus dem Filament heraus und vermitteln die Wechselwirkung des Filaments mit anderen Strukturen. In den variablen Enddo-

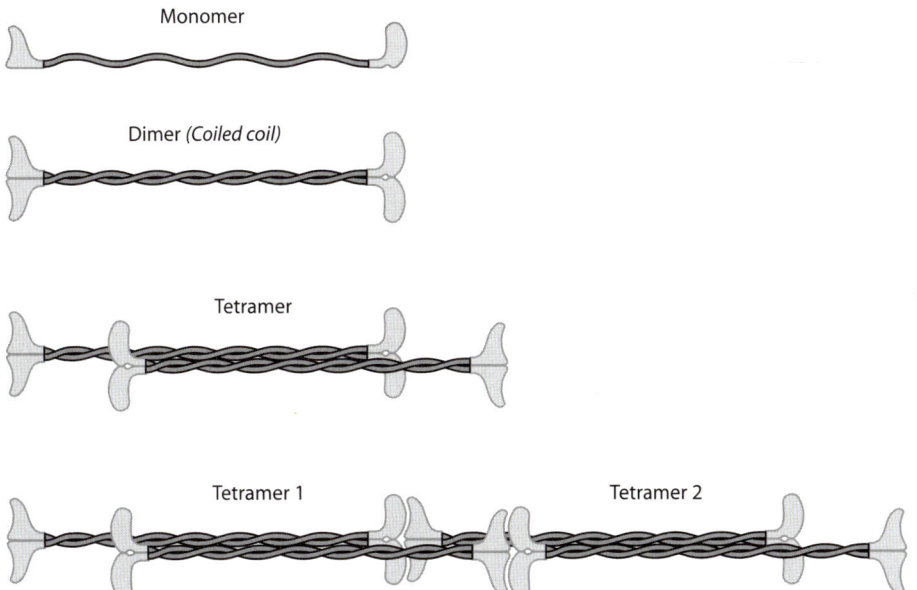

**Abb. 25.3.** Aufbau der Intermediärfilamente. Die Zusammenlagerung der Untereinheiten eines Intermediärfilaments nach obigem Muster läuft spontan ab in weiteren nicht dargestellten Schritten bis zur Bildung von Protofilamenten. Acht Protofilamente bilden ein Intermediärfilament mit einem Durchmesser von etwa 10 nm

**Tabelle 25.1.** Gruppen verschiedener Intermediärfilament-Proteine

| Gruppe | Komponenten | Vorkommen |
|---|---|---|
| Keratine | Typ I (sauer) oder Typ II (neutral/basisch) 40–70 kDa | Weit verbreitet, besonders in Epithelzellen und Derivaten (Haare, Hörner, Hufe, Nägel) |
| Nukleäre Lamine | Lamine A,B,C 65–75 kDa | Nukleäre Lamina |
| Vimentin-ähnliche Proteine | Vimentin 54 kDa | Mesenchymale Zellen, häufig während Entwicklung |
| | Desmin 53 kDa | Muskel |
| | *Glial fibrillary acidic protein* (GFAP) 50 kDa | Gliazellen (Astrocyten und Schwannzellen) |
| | Peripherin 66 kDa | Neuronen |
| Neuronale Intermediärfilamente | Neurofilamentproteine NF-L, NF-M, NF-H 60-130 kDa | Neuronen |

mänen können Proteine mit Molekülmassen von 40 bis 200 kDa in Intermediärfilamenten vorkommen (Tabelle 25.1). Die verschiedenen Intermediärfilamentproteine interagieren immer nur homotypisch, sie assoziieren nie zu gemischten Filamenten; es können aber mehrere verschiedene Intermediärfilamente gleichzeitig in einer Zelle vorkommen. Die Intermediärfila-

mente bilden, verglichen mit den Actinfilamenten und den Microtubuli, die stabilsten Elemente des Cytoskeletts. Sie werden nicht dauernd umgebaut und verschwinden nicht während der Zellteilung wie Actinfilamente und viele Microtubuli. Eine Ausnahme ist die nukleäre Lamina, welche während der Mitose zerfällt, sobald bestimmte Serinreste in der $NH_2$-terminalen

Domäne der Lamine durch eine Zellzyklus-Kinase phosphoryliert werden. Nach beendeter Zellteilung werden die Modifikationen durch Phosphatasen rückgängig gemacht und die Komponenten der nukleären Lamina treten wieder zu einem Netz zusammen.

**Intermediärfilamente sind äußerst reißfest** – Die verschiedenen Filamente verhalten sich bei mechanischer Belastung unterschiedlich. Mikrotubuli lassen sich leicht strecken und reißen, wenn sie etwa auf ihre 1,5fache Länge gedehnt sind. Actinfilamente sind stärker, aber auch sie reißen bei höherer Belastung. Nur die elastischen Intermediärfilamente reißen erst bei massiver Belastung.

> Die mechanische Stabilität der Pflanzengewebe ist durch die starren Zellwände gewährleistet, deshalb enthalten pflanzliche Gewebe wesentlich weniger Intermediärfilamente als tierische.

■ Ein Geflecht von Intermediärfilamenten umhüllt den Zellkern und verleiht als cytoplasmatisches Fasernetz vielen mechanisch belasteten Zellen und Geweben Stabilität.

## 25.5
## Motorproteine: bewegliche Vernetzungen zwischen Cytoskelett und Organellen

**Kinesine und Dyneine transportieren Organellen entlang der Mikrotubuli** – Durch moderne Fluoreszenzmikroskopie wurde es möglich, intakte Mikrotubuli und assoziiertes Material in unfixiertem Zustand darzustellen. Dadurch konnte erstmals beobachtet werden, wie sich die Organellen entlang der Mikrotubuli bewegen. Es war auch möglich, Bewegungen von Mikrotubuli auf Protein-beschichtetem Glas zu verfolgen. Mit Hilfe dieser *In-vitro*-Motilitäts-Teste konnten die entsprechenden Motorproteine, Kinesine und Dyneine, charakte-

risiert werden. Bislang sind Dutzende von Motorproteinen bekannt. Die kleine Gruppe der **Dyneine** besorgt den Organellentransport und ist Teil des Spindelapparats während der Mitose. Die **Kinesine** sind eine größere Familie und spielen ebenfalls eine Rolle beim Transport von Organellen und während der Mitose. Außerdem sind sie wichtig bei Bewegungen während der Meiose und für den axonalen Transport synaptischer Vesikel. Kinesine bewegen sich typischerweise zum Plus-Ende, Dyneine zum Minus-Ende der Mikrotubuli (Abb. 25.4). Allerdings hat man in einzelnen Organismen als Ausnahme Kinesine gefunden, welche ans Minus-Ende laufen. Ein spezifischer Rezeptor auf der Oberfläche der Organelle bindet an das Adaptorprotein eines bestimmten Mikrotubuli-abhängigen Motorproteins, z. B. eines Kinesins im Fall von Vesikeln des endoplasmatischen Retikulums oder eines Dyneins im Fall von Golgi-Vesikeln. Die verschiedenen Motorproteine unterscheiden sich je nach Filament, an das sie binden und nach ihrer Fracht (*Cargo*). Sowohl Dyneine wie auch Kinesine bestehen aus zwei schweren und mehreren leichten Polypeptidketten. Jede schwere Kette enthält einen globulären ATP-bindenden Kopf und einen Schwanz aus einer Reihe stabförmiger Domänen.

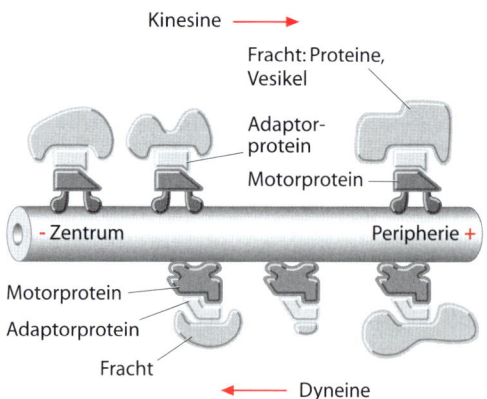

**Abb. 25.4.** Motorproteine transportieren ihre Fracht entlang der Mikrotubuli. Die Richtung des Transports wird durch den Typ des Motorproteins bestimmt, die Art der Fracht durch vielfältige Adaptorproteine

Die Kopfdomänen sind ATPase-Motoren, welche an Mikrotubuli binden. Der Schwanz interagiert mit verschiedenen Adaptorproteinen, d.h. er bestimmt die Fracht.

**Die Kopf-Domänen von Motorproteinen bestimmen Richtung und Geschwindigkeit der Bewegung** – Die meisten Motorproteine bewegen sich immer nur in einer Richtung entlang der Mikrotubuli. In Axonen beobachtet man Kinesin-vermittelten Transport von Organellen, welche sich vom Zellkörper weg bewegen. Die Rückbewegung vom Nervenende zum Zellkörper wird mittels Dyneinen bewerkstelligt. Das Dynein wird wie alle Proteine im Zellkörper synthetisiert und muss danach in nichtfunktionellem Zustand zuerst nach außen transportiert werden, um dort Fracht aufzuladen und in den Zellkörper zu bringen.

**Flagellen und Cilien enthalten spezialisierte Bündel von Mikrotubuli und Motorproteinen** – Auf der Oberfläche vieler Zellen z.B. von Protozoen oder von Lungenepithelzellen befinden sich haarähnliche Anhänge, welche durch koordinierte Bewegungen Flüssigkeitsströme über die Zelle hinweg erzeugen oder die Zelle in wässrigem Milieu fortbewegen. In der Lunge sind es etwa $10^9$ Cilien cm$^{-2}$, die den vom Lungenepithel sezernierten Schleim zusammen mit abgestorbenen Zellen und Partikeln aus der Atemluft von der Lunge zum Rachen hinaufbefördern, wo das Material verschluckt wird. Eizellen werden in ähnlicher Weise dem Ovidukt entlang bewegt. Das Flagellum, ein den Cilien verwandtes Organell, treibt das Spermium zur Eizelle. Während die Cilien peitschenartige Schläge ausführen, schlängeln sich die längeren Flagellen in einer sinusförmigen Bewegung. Die Grundstruktur beider Organellen ist dieselbe: das **Axonem**. Das Axonem erstreckt sich über die ganze Länge einer Cilie oder einer Flagelle. Es besteht aus neun doppelten Mikrotubuli, die sich um ein zentrales Mikrotubulipaar scharen. Das mit den Mikrotubuli verbundene Dynein ruft unter ATP-Verbrauch die Krümmung der Cilien und Flagellen hervor. Im Actincortex der Zelle befinden sich die Basalkörperchen (= Centriolen) aus neun Tripletts von Mikrotubuli, welche die Basis für das Axonem bilden. Das Arrangement der Tripletts im Basalköper bildet das Muster für das Axonem. Aus jeweils zwei der drei Mikrotubuli des Basalkörperchens sprießen die axonemalen Mikrotubuli. Neue Centriolen entstehen durch Duplikation aus den vorhandenen Centriolen. Die Orientierung des Cilienschlags wird durch die Orientierung der Centriolen festgelegt. Bei den einzelligen Paramäcien (Protozoen) können mittels Mikromanipulation bestimmte cilienbedeckte Membranstücke von einer Zelle zu einer anderen Zelle transplantiert werden. Membranstücke mit einer bestimmten Orientierung der Cilien behalten diese nach Transplantation auf eine andere Zelle für viele Generationen bei; es handelt sich hier um ein Beispiel extrachromosomaler Vererbung.

Bakterielle Flagellen sind vollkommen anders gebaut als Flagellen eukaryontischer Zellen. Das bakterielle Flagellum ist ein helikal gewundenes Rohr aus dem Protein Flagellin. Es wird an seiner Basis im Bereich der Zellmembran von einem aus einem Rotor und einem Stator gebildeten Motorkomplex in rotierende Bewegung versetzt und zieht oder stößt die Zelle je nach Drehrichtung, welche häufig wechselt (s. Kapitel 29.3).

■ Die Beweglichkeit von Zellen, Organellen und Organismen beruht auf der Wechselwirkung zwischen Actinfilamenten oder Mikrotubuli des Cytoskeletts einerseits und einer großen Familie von Motorproteinen andererseits, welche sich je nach Typus in der einen oder anderen Richtung unter ATP-Verbrauch über die Filamente hinwegbewegen.

# 26 Zellzyklus, Kontrolle von Zellwachstum und Zelltod

Ein erwachsener Mensch besteht aus etwa $10^{14}$ Einzelzellen, welche durch Teilung aus der befruchteten Eizelle gebildet werden. Schon während der Entwicklung beginnt der Zelltod eine zentrale Rolle bei der Morphogenese zu spielen, d.h. es werden wesentlich mehr als $10^{14}$ Zellen gebildet, bis ein Mensch zur vollen Größe ausgewachsen ist. Auch dann finden weiterhin Zellteilungen statt, die vor allem zum Erhalt derjenigen Gewebe beitragen, welche sich durch einen hohen Umsatz von Zellen auszeichnen, beispielsweise die Epidermis (Oberhaut) oder die Darmschleimhaut.

> Sowohl bei prokaryontischen als auch eukaryontischen Zellen wird der Ausdruck „Wachstum" zumeist verwendet zur Umschreibung der Vermehrung der Zellzahl durch Teilung und nicht nur für das Größerwerden der einzelnen Zellen.

Angesichts der enormen Zahl der ablaufenden Teilungen, die notwendig sind, um diese Zellzahl zu erreichen und zu erhalten, darf nicht vergessen werden, dass die meisten Zellen eines adulten Organismus sich kaum mehr teilen, sie befinden sich in einem Ruhezustand. Einwirkungen von außen, z.B. Wachstumsfaktoren, können jedoch diesen Ruhezustand beenden. Solche reaktivierten Zellen teilen sich erneut z.B. bei der Wundheilung. In diesem Kapitel diskutieren wir drei Prozesse: Den Ablauf des Zellzyklus, die Kontrolle des Zellzyklus und den Zelltod.

Der programmierte Zelltod kann jede Zelle eines Organismus betreffen. Eine lebende Zelle hat immer drei Entscheidungsmöglichkeiten: Sie kann ruhen, in den Zellzyklus eintreten oder sterben. Die Entscheidung zum Zelltod fällt in der Regel, wenn die Zelle nicht mehr gebraucht wird oder schädlich ist, z.B. wenn sie sich während der Morphogenese an einem Ort befindet, wo sie unerwünscht ist, oder wenn sie durch Mutationen die Wachstumskontrolle verloren hat. Die biochemischen Vorgänge, welche zur Zellvermehrung oder zum Zelltod führen, werden durch komplexe Mechanismen äußerst genau kontrolliert. In vielen Fällen können bei Ausfallen eines bestimmten Kontrollmechanismus andere Mechanismen mit ähnlicher Wirkung einspringen.

> Produkte verschiedener Gene, welche dieselbe Funktion oder sehr ähnliche Funktionen ausführen können, werden als redundante Proteine oder RNAs bezeichnet. Diese **Redundanz** verleiht der Zelle eine zusätzliche Sicherheit gegenüber Mutationen in Genen, deren Proteine entscheidend für die Kontrolle des Zellwachstums sind.

Man kann sich diese Kontrollen wie eine Waage vorstellen, die je nach dem Gewicht der das Wachstum bzw. den Zelltod fördernden oder hemmenden zellulären Faktoren in Richtung Überleben oder in Richtung Zelltod ausschlägt. Es ist nie ein einzelner Faktor, der das Überleben einer Zelle kontrolliert, sondern immer eine Entscheidung, welche in einem Netzwerk von vielen Pro- und Kontra-Signalübermittlungen fällt. Soll die Zelle sterben, wird wenn möglich der Vorgang des kontrollierten Zelltods (Apoptose) eingeleitet. In dessen Ablauf werden die Makromoleküle der Zelle einem regulierten Programm von Abbau mit nachfolgender Resorption unterworfen. Falls der energieabhängige Weg der Apoptose nicht mehr eingeschlagen werden kann, zerfällt die Zelle in einem wenig kontrollierten Prozess, der Nekrose. Während einer Nekrose entstehen toxische Produkte und schwer resorbierbare Zellfragmente, welche die Einwanderung von Phagocyten und eine Entzündungsreaktion auslösen.

## 26.1
## Konzept des Zellzyklus

**Der Zellzyklus ist eine Modellvorstellung** – Zellen sind sehr variable Gebilde, die sich laufend den Gegebenheiten ihrer Umgebung anpassen müssen. Jede Zelle ist als ein Individuum zu betrachten und die Zellteilung verläuft je nach Zelltyp unterschiedlich. Aus diesen Gründen gibt es keine einheitliche Kontrolle der Vergrößerung der Zelle und deren Teilung in zwei Tochterzellen. Dennoch stellen wir einige regulatorische Grundprinzipien fest, die in praktisch allen eukaryontischen Zellen zu finden sind. Die Bezeichnung „Zellzyklus" fasst das allgemeine Konzept über diese Kontrollen zusammen. Wir verwenden das Zellzykluskonzept als Hilfe zum Verständnis der komplexen Vorgänge, die während der Zellteilungen stattfinden.

**Der Zellzyklus wird von Fluktuationen der Konzentration einzelner Proteine, der Zykline, begleitet** – Dank eines eleganten experimentellen Ansatzes konnte man zeigen, dass sich die Konzentration bestimmter Proteine während des Zellzyklus verändert. Durch Spermienzugabe befruchtete Seeigel-Eier durchlaufen eine Reihe synchroner Zellteilungen. Die Proteine aus einer großen Menge solcher Zellen wurden zu verschiedenen Zeitpunkten nach der

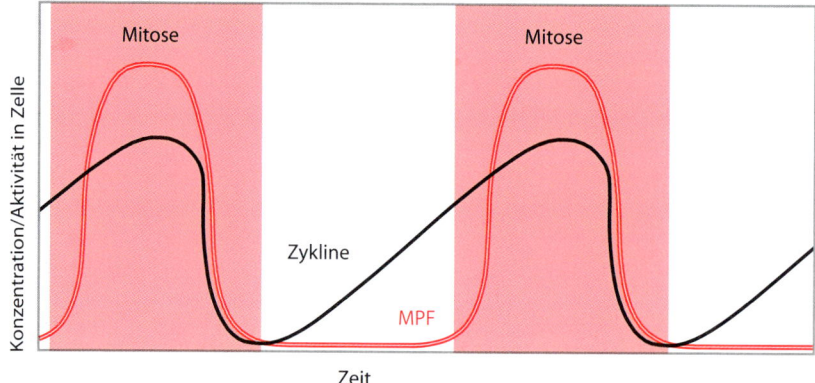

**Abb. 26.1.** Die Schwankungen der Konzentration der Zykline und der Aktivität des *Maturation Promoting Factors* (MPF) im Zellzyklus. Das Verschwinden und Wiederauftauchen der Zykline wird auf ähnliche, leicht verzögerte Weise durch die Aktivität der als MPF bezeichneten Proteinkinasen wiederholt, welche die Mitose auslösen

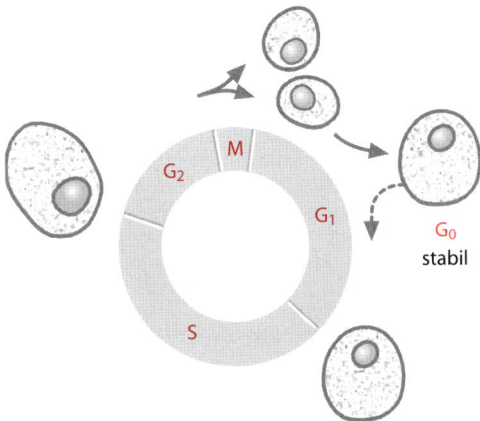

**Abb. 26.2.** Der eukaryontische Zellzyklus. Die schematische Darstellung eines typischen Zyklus von insgesamt etwa 24 h Dauer deutet die Länge der einzelnen Phasen an, die allerdings je nach Zelltyp variabel ist. Die $G_1$-Phase kann u. U. sehr lange dauern, bis zu lebenslang. In solchen Fällen extrem langandauernder „$G_1$-Phasen" befindet sich die betroffene Zelle nicht mehr im Zyklus und man spricht vom $G_0$-Zustand der Zelle. Der Begriff der Interphase fasst alle Bereiche des Zellzyklus außerhalb der Mitose zusammen. $G_1 = Gap$ (Lücke, Zwischenphase)-Phase 1; $G_2 = Gap$-Phase 2; S = (DNA-)Synthese-Phase; M = Mitose

Befruchtung nach ihrer Größe auf einem Gel getrennt. Die Menge der meisten Proteine nahm mit der Zeit konstant zu. Nur einige wenige Proteine, die Zykline, waren regelmäßigen Konzentrationsschwankungen unterworfen (Abb. 26.1). Sie verschwanden vorübergehend und tauchten einen Zellzyklus später in doppelter Menge wieder auf. Deshalb vermutete man zu Recht, dass diese Proteine an der Kontrolle des Zellzyklus beteiligt sind.

**In bestimmten Phasen werden die Proteinkinasen der *Maturation Promoting Factors* aktiviert, die den Zellzyklus antreiben** – Der Zellzyklus läuft in Phasen ab, die sich mikroskopisch und biochemisch unterscheiden (Abb. 26.2). Ein Zyklus setzt sich aus drei bis vier Phasen zusammen, den $G_0/G_1$-, S-, $G_2$- und M-Phasen. $G_0$, $G_1$ und $G_2$ stehen als Abkürzungen für *Gap*-Phase (Zwischenphase). Ruhende Zellen, also die Mehrzahl der somatischen Zellen, befinden sich außerhalb des Zyklus in der $G_0$-Phase.

Die $G_0$- und $G_1$-Phasen können in den Zyklen bestimmter Zellen, z. B. früher embryonaler Zellen, fehlen. In den *Gap*-Phasen werden mikroskopisch nur wenige Veränderungen beobachtet. Die Zellen wachsen oder bereiten sich auf die jeweilige nächste Phase vor, indem sie die nötigen Biomoleküle bereitstellen. Demgegenüber laufen während der S- und M-Phase massive Veränderungen im Genom ab. Während der S- oder Synthese-Phase wird das Genom verdoppelt und in der M-Phase oder Mitose werden die Genome auf zwei Tochterzellen verteilt. Immer vor einer Phase mit genomischen Veränderungen treten aktivierte Enzyme auf. Solche aktivierbaren Proteinkomplexe, die *Maturation promoting factors* (**MPFs**, auch *Mitosis promoting factors*), bestehen mindestens aus einem Zyklin und einer Proteinkinase. Sowohl die Zykline als auch die Kinasen bilden je eine eigene Proteinfamilie. Phosphorylierungen bestimmter Zielproteine durch MPFs treiben den Zellzyklus voran, das Genom wird verdoppelt und auf die Tochterzellen verteilt (Abb. 26.1).

**Frühe embryonale Teilungen laufen sehr rasch und ohne Größenwachstum ab; später verlängert sich der Zyklus durch eine Wachstumsphase** – Bei der Befruchtung wird die Eizelle durch das Eindringen des Spermiums aktiviert und durchläuft kurz danach eine Reihe schneller Teilungen. Während der reguläre Zellzyklus im adulten Säuger mindestens 24 h in Anspruch nimmt, dauert ein solcher schneller Zellzyklus nur etwa 3 h. Unter diesen Umständen findet keine Vermehrung der Zellmasse statt. Die Eizelle durchläuft die Furchungen.

**Eizellen sind nach ihrer Reifung sehr große Zellen** – Während der Furchung nimmt die Zellgröße laufend ab, bis die durchschnittliche Zellgröße erreicht ist, die derjenigen somatischer Zellen im adulten Organismus entspricht. Bei der Reifung der Oocyten im Ovar entstehen später erneut außerordentlich große Zellen. Während der Furchungsteilungen läuft also der Zellzyklus in einer reduzierten Form ab, welche sich auf die Verdoppelung und Verteilung des Genoms beschränkt. Bei Studien dieses vereinfachten Zyklus wurden die ersten Erkenntnisse über die biochemischen Aspekte des Zyklus gewonnen, so wurden z. B. die die Zykline und MPFs entdeckt. Später fand man weitere homologe Proteinkinasen am $G_1$-S-Übergang, die unter dem Begriff des **S-Phase promoting factors** (**SPF**) zusammengefasst werden.

■ Zellteilungen laufen je nach Zelltyp und Bedingungen nach sehr unterschiedlichem Muster ab. Die gemeinsamen Eigenschaften werden in einem grundlegenden Zellzyklusmodell mit $G_0$/$G_1$-, S-, $G_2$- und M-Phase zusammengefasst.

## 26.2
## Mitosen und Meiosen während des Lebenszyklus der Organismen

**Diploide somatische Zellen durchlaufen Mitosen; das haploide Genom der Keimzellen entsteht bei der Meiose** – Während der Verdoppelung der Zelle muss das Genom unverändert weitergegeben werden. Bei der **Mitose** wird dieses Ziel durch Verdoppelung der DNA während der S-Phase und Trennung der zwei neuen Genome

während der Bildung der Tochterkerne und -zellen erreicht.

> Die **Ploidie** bezeichnet die Anzahl der ungepaarten Chromosomen pro Zelle. Ein haploides menschliches Genom enthält 23 Chromosomen; ein diploides deren 46, d. h. je einen mütterlichen und väterlichen Chromosomensatz. Ein haploider Chromosomensatz besteht aus 22 Autosomen und einem Geschlechts-Chromosom: dem X-Chromosom oder dem Y-Chromosom (diploid weiblich: XX; diploid männlich: XY). Meiose: Reduktionsteilung der diploiden Zelle zu haploiden Tochterzellen

Eine diploide somatische Säugerzelle wird somit während der S-Phase kurzfristig zu einer tetraploiden Zelle, die im Verlauf der Cytokinese in zwei diploide Tochterzellen gespalten wird. Dieser Vorgang kann aufgrund der unterschiedlichen Größe des Zellkerns in $G_1$- und $G_2$-Zellen beobachtet werden: der tetraploide Kern der $G_2$-Zellen ist größer als der Kern der Zellen in der $G_1$-Phase des Zellzyklus. Die Mitose stellt die Kernteilungsphase der somatischen Zelle dar. Bei einer **Meiose** finden im Gegensatz zur Mitose zwei Kernteilungen statt. Nach der Replikation der DNA paaren sich die homologen Chromosomen. Während der Meiose ist die **DNA-Rekombination massiv stimuliert**; in den gepaarten Regionen findet Austausch von Genen statt. Danach werden die Chromosomen durch den Spindelapparat getrennt. In einer zweiten Kernteilung, die nun in einem verkürzten Zyklus ohne DNA-Replikation abläuft, werden die Chromatiden voneinander getrennt.

> **Chromatid:** einzelnes Chromosom mit nur einem DNA-Doppelstrang. Zwei Tochterchromatiden werden während der Kondensation der Chromosomen in der Mitose sichtbar (Kapitel 26.3); die zwei Chromatiden existieren aber schon während der $G_2$-Phase.

Während des sexuellen Lebenszyklus der meisten Organismen lösen sich eine **diploide Phase und eine haploide Phase ab** – Diploide Zellen vermehren sich durch Mitosen. Nach einer Meiose gehen sie in die haploide Phase über. In gewissen primitiven Organismen, z. B. Hefen, können sich auch die haploiden Zellen durch Mitosen vermehren und einen wesentlichen Anteil der gesamten Zellpopulation einnehmen. Bei vielen niederen Pflanzen ist der Anteil der haploiden Phase auf eine kurze Periode des Lebens beschränkt. Bei höheren Pflanzen und bei Tieren ist die haploide Phase nochmals stärker limitiert. Diese Organismen verbringen praktisch den gesamten Lebenszyklus in der diploiden Phase. Die haploide Phase bleibt auf die Keimzellen beschränkt, welche sich nach der Meiose nicht mehr vermehren und auf die sexuelle Fusion spezialisiert sind.

■ Im sexuellen Lebenszyklus wechseln sich haploide und diploide Phasen ab. Eine stark erhöhte Rekombination zwischen dem mütterlichen und väterlichen Genom während der Meiose garantiert die genetische Vielfalt der Keimzellen. Bei der Befruchtung kommen zwei haploide Genome zusammen und bilden einen diploiden Organismus mit neuen Eigenschaften.

## 26.3
## Maschinerie des Zellzyklus

**Eine Familie von Proteinkinasen treibt den Zellzyklus** – Die regelmäßige Zunahme der Konzentration der Zykline während der Interphase des Zellzyklus wird begleitet von gleichermaßen fluktuierenden Aktivitätsveränderungen der Proteinkinasen aus der *Maturation promoting factor* (MPF)-Familie. Unmittelbar vor dem Beginn der Mitose findet man den Proteinfaktor MPF, welcher nach Mikroinjektion in Eizellen des Krallenfroschs deren Mitose bewirkt. Während der Zyklingehalt der Zelle im Ablauf der Interphase stetig zunimmt, verändert sich die Aktivität des MPF sprungartig. Kleinste Mengen dieses Faktors genügen für die Auslösung der Mitose: Der Faktor aktiviert sich nach der initialen Stimulierung durch eine übergeordnete Proteinkinase autokatalytisch (positive Rückkoppelung) und bringt die Mitose in Gang. Die Lamine werden phosphoryliert und ihr Netz löst sich auf. Die Kernhülle zerfällt in kleine Vesikel. Die Chromosomen verdichten sich (kondensieren) nach Aktivierung der MPFs. Nun wachsen die Mikrotubuli des Spindelapparats in die Kernregion hinein, binden an die Centromere und beginnen mit der Chromosomenverteilung. Am Ende der Mitose wird das Zyklin rasch abgebaut und damit die Aktivität des MPF eliminiert.

**Versuche mit Zellextrakten und Mutanten von Hefen haben neue Erkenntnisse über den Zellzyklus gebracht** – Einige Jahre nach den ersten Befunden über die Zykline und die MPFs konnten viele Erscheinungen des Zellzyklus wie die Chromosomenkondensation und die Kernteilung in Zellhomogenaten im Reagenzgefäß zum Ablauf gebracht werden. Das Cytoplasma von Oocyten des Krallenfroschs *Xenopus laevis* wurde mit Kernen aus Froschspermien versetzt und mit ATP angereichert. In diesem Gemisch dekondensieren die Kerne der Spermien und durchlaufen mehrere anfänglich synchrone Zyklen von DNA-Synthese und Mitose; die Zellzykluskontrolle läuft korrekt ab. Dieses Experiment erleichterte den biochemischen Zugang zu den Zyklinen und zum MPF und erlaubte deren Charakterisierung als Enzyme. Es stellte sich heraus, dass die Kinasen des MPF Mitglieder einer Familie von Proteinkinasen sind. Schließlich ließen sich mittels Analyse von Hefemutanten viele Gene identifizieren, welche am Zellzyklus und seiner Regulation beteiligt sind. Weil Zellen mit Mutationen in Zellzyklus-treibenden Genen sich oft schlecht vermehren, mussten für diese Analysen Mutationen eingeführt werden, welche die betroffenen Proteine temperatursensitiv (ts-Mutationen) machen. Hefen mit einer solchen ts-Mutation wachsen bei Temperaturen von

25–30 °C, erfahren aber bei Temperaturen von über 30 °C eine Blockierung des Zellzyklus, weil das entsprechende Protein denaturiert wird. Auf diesem Weg fand man die *Cell division control mutants* (*cdc*-Mutanten), z. B. *cdc2* oder *CDC28*.

Die beiden Namen *cdc2* und *CDC28* stehen für ein Gen mit der gleichen Funktion in den beiden häufig verwendeten Hefen *Saccharomyces cerevisiae* (Bierhefe oder Bäckerhefe) bzw. *Schizosaccharomyces pombe* (Spalthefe) und sind synonym mit der Bezeichnung *Cdk1* (*Cyclin-dependent kinase 1*), welche für das entsprechende Gen eines MPFs in Säugern verwendet wird. Beide Hefen verbringen einen großen Teil ihres Lebenszyklus als haploide Zellen, die sich für die Isolierung von Mutationen besonders gut eignen, weil jede Mutation ihren Phänotyp zeigt. Im Gegensatz dazu wird der Phänotyp einer Punktmutation in diploiden Zellen meist nicht manifest, weil das zweite intakte Allel die Funktion ausreichend abdeckt. Allele sind Varianten eines Gens, welche am gleichen Ort (*Locus*) des Chromosoms vorkommen, z. B. väterliches und mütterliches Allel eines Gens.

**In ähnlicher Weise wie bei der Mitose werden die für die S-Phase nötigen Prozesse durch die SPF-Proteinkinasen des $G_1$-S-Übergangs vorangetrieben** – Vor dem Verlassen einer Gap-Phase des Zyklus werden immer Proteinkinasen aktiviert. Ein wichtiger Unterschied zwischen den Phosphorylierungsreaktionen am $G_1$-S-Übergang und am $G_2$-M-Übergang besteht in den Substraten der betreffenden Kinasen. Während am $G_1$-S-Übergang vor allem Transkriptionsfaktoren durch Phosphorylierungen zur Expression der Replikationsenzyme stimuliert werden, sind es zu Beginn der Mitose andere Effektorproteine, welche phosphoryliert werden und zu morphologisch auffälligen Konsequenzen führen (Zerfall der Kernhülle, Chromosomenkondensation).

**Die Kinasen werden durch Zykline und Phosphorylierung bzw. Dephosphorylierung gesteuert** – Die Kinasen bestehen aus mindestens der Zyklin-abhängigen Kinase (*Cyclin-dependent kinase*, cdk) und dem entsprechenden Zyklin (Abb. 26.3). Dieses Dimer wird nur aktiv, wenn es am

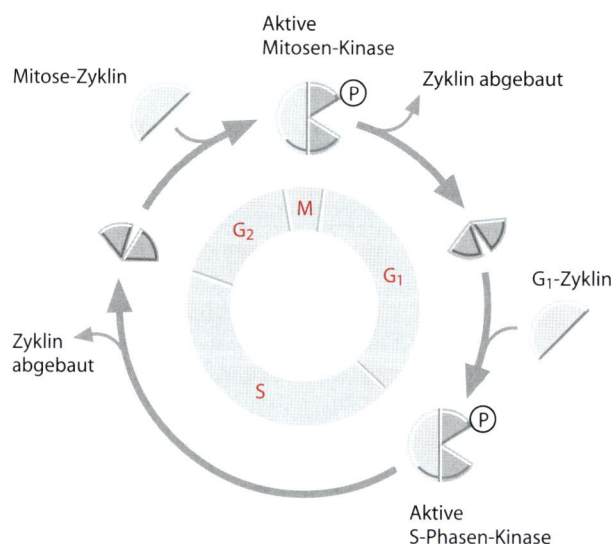

**Abb. 26.3.** Aktivierung und Inaktivierung der Zellzyklus-Kinasen. Als regulatorisches Protein bestimmt das Zyklin nicht nur mit, ob die Kinase aktiv ist, sondern auch, welche Art der Substrate sie umsetzt. Somit werden verschiedene Gruppen von Zielproteinen am Anfang der S-Phase und zu Beginn der Mitose phosphoryliert. Als zusätzliche Kontrollmöglichkeit befinden sich je eine die Aktivität positiv (am T-Loop) oder negativ (in der aktiven Stelle, nicht gezeigt) beeinflussende Phosphorylierungsstelle an der Kinase (Zur Zeichenerklärung vgl. Abb. 26.2)

T-Loop (T-Schleife) phosphoryliert ist. Diese Phosphorylierung löst eine Konformationsänderung aus, bei welcher die aktive Stelle des Enzyms durch Verschiebung des T-Loops freigelegt wird. Eine übergeordnete Proteinkinase ist für die Phosphorylierung des T-Loops verantwortlich. Diese potentielle Aktivierung wird durch eine andere übergeordnete Kinase gedämpft: Eine Phosphorylierung an der ak-

tiven Stelle des Enzyms verhindert die korrekte Orientierung des gebundenen ATP. Das Fortschreiten des Zyklus wird durch eine Phosphatase ausgelöst, indem diese die hemmende Phosphorylierung an der aktiven Stelle entfernt. Die Aktivität des Komplexes ist nicht nur durch Phosphorylierung reguliert. Zusätzliche regulatorische Untereinheiten (z. B. p16 oder p21) wirken hemmend.

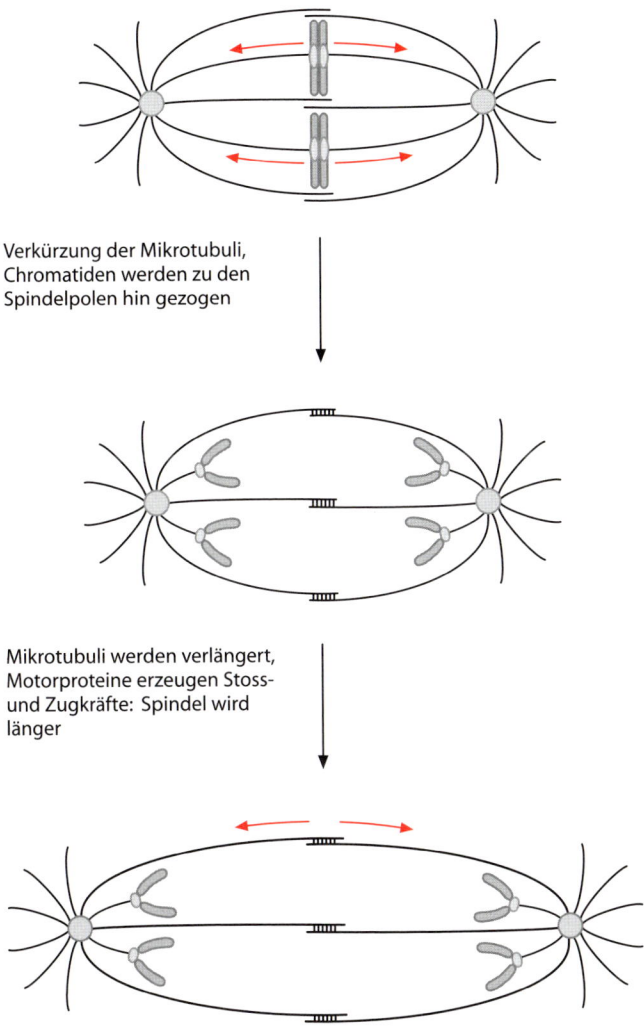

Verkürzung der Mikrotubuli, Chromatiden werden zu den Spindelpolen hin gezogen

Mikrotubuli werden verlängert, Motorproteine erzeugen Stoss- und Zugkräfte: Spindel wird länger

**Abb. 26.4.** Zug- und Stoßkräfte bringen die Chromatiden an ihre Zielorte. In einer ersten Phase werden bei stabiler Position der Spindelpole die Chromatiden auseinander gezogen. In einer zweiten Phase dehnt sich die gesamte Spindel zusammen mit den Chromatiden seitlich aus. Die Wechselwirkungen zwischen den wachsenden Mikrotubuli der einen Spindel und denjenigen der anderen rufen Stoßkräfte hervor, welche die Spindel ausdehnen. Zudem werden Zugkräfte auf die einzelnen Chromatiden ausgehend von den Spindelfasern wirksam

Mit „p" und einer Zahl, die der Molekülmasse entspricht, z. B. p12, p53 etc., werden häufig neu entdeckte Proteine bezeichnet, die keinen anderen Namen tragen.

Man kennt heute rund 10 verschiedene homologe zyklinabhängige Kinase-Untereinheiten und ebenso viele Zykline und eine Reihe von inhibitorischen Untereinheiten, die ihre Funktionen in diversen Kombinationen ausüben. Damit wird eine Palette substratspezifischer Kinasen zeitgerecht im Zyklus bereitgestellt und bei Bedarf aktiviert oder inaktiviert.

**Der Spindelapparat verteilt die Chromosomen auf die Tochterzellen** – Die Mitose kann in mehrere Phasen unterteilt werden, die sich im Lichtmikroskop aufgrund der unterschiedlichen Ausbildung des Spindelapparats und der Lokalisierung der kondensierten Chromosomen unterscheiden lassen. Motorproteine befinden sich einerseits in der Region der Kinetochoren zwischen dem Chromosom und der Spindel, andererseits zwischen gegenseitig interagierenden Mikrotubuli, die aus jeweils einem der beiden Centrosomen stammen. Die äußeren Mikrotubuli der Spindel sind über Motorproteine mit Verankerungspunkten im Actincortex in der Zellperipherie verbunden. So können die Kräfte entstehen, welche die Chromosomenhälften und die Spindelpole während der verschiedenen Phasen der Mitose auseinander ziehen (Abb. 26.4).

## 26.4
## Wachstumskontrolle, Zellzyklus und Tumorbildung

**Wachstumsfaktoren stimulieren die Vermehrung von Säugerzellen** – Hefezellen können sich in so genannten Minimalmedien z. B. mit Glucose, Aminosäuren und Vitaminen vermehren. Höheren Eukaryonten genügen diese Nährstoffe zwar zum Erhalt der Zellen; die Zellen beginnen sich jedoch erst zu teilen, wenn sie durch Wachstumsfaktoren stimuliert werden. Der Übergang zwischen dem Ruhezustand der Zelle und dem aktiven Zyklus wird als Start bezeichnet. Start-Kinasen lösen den Übergang zwischen $G_0/G_1$ und S-Phase aus. In Hefezellen werden sie aktiviert, wenn ausreichend Nahrung zur Verfügung steht. In Säugerzellen wird der entsprechende Phasenübergang durch Wachstumsfaktoren ausgelöst. In beiden Fällen aktivieren veränderte Umweltbedingungen die intrazelluläre Signalübermittlung, welche den Verlauf des Zellzyklus beeinflusst.

**Berührungen zwischen Zellen lösen die Kontaktinhibition des Wachstums aus** – Fokale Kontaktstellen zwischen kontraktilen Aktinbündeln und bestimmten Stellen der Zelloberfläche vermitteln die Wechselwirkungen zwischen der Zelle und ihrer Umgebung, der extrazellulären Matrix und der nächsten Zelle. Die **fokalen Kontaktstellen** sind reich an phosphorylierten Tyrosinresten und stellen Ausgangspunkte intrazellulärer Signale dar (s. Kapitel 27.1). Diese Signale sind über ein regulatorisches Netzwerk mit der Zellzykluskontrolle verbunden. An Wundrändern fehlt die Kontaktinhibition und folglich wachsen die Zellen in dieser Region. Fällt die Kontaktinhibition durch Mutation weg, kann sich die betroffene Zelle trotz Kontakten mit Nachbarzellen teilen, sie hat sich zu einer Tumorzelle entwickelt.

**In Krebszellen sind Gene der Wachstumskontrolle ausgefallen** – In Krebszellen sind die Gene der Wachstumskontrolle oft verändert. Eine Reihe von Merkmalen ist typisch für einen malignen Tumor (Tabelle 26.1); alle diese Merkmale haben einen engen Bezug zur Kontrolle des Zell- und Gewebewachstums. Es wird angenommen, dass alle Zellen eines Tumors von einer einzelnen, mutierten Zelle abstammen. Die wohl häufigsten Mutationen bei der Initiation eines Tumors betreffen Gene, welche zur Stabilität des Genoms beitragen. Wird ein solches Gen, das z. B. ein Protein codiert, welches an der DNA-Reparatur beteiligt ist, inaktiviert, erhöht sich die Frequenz, mit der sich im Genom Mutationen anhäufen. Die betroffenen Zel-

**Tabelle 26.1.** Die sechs Merkmale maligner Tumore. Ein Tumor wird erst maligne, wenn er die angeführten sechs Eigenschaften erworben hat. Ha-ras = Harvey-ras (nach dem Autor Harvey benanntes Onkogen); pRB = Retinoblastoma-Protein, ein Tumorsuppressorgenprodukt; IGFI = *Insulin-like growth factor I*; VEGF = *Vascular endothelial growth factor*; E-Cadherin = ein Zelladhäsionsprotein

| Merkmal | Beispiel |
| --- | --- |
| Erhöhte Eigenversorgung mit Wachstumsfaktoren | Ha-ras Onkogen-Produkt erhöht |
| Unempfindlichkeit auf Anti-Wachstumssignale | Verlust des pRB-Proteins (Zellzyklus-Hemmer) |
| Vermeiden von Zelltod (Apoptose) | Überproduktion des Überlebensfaktors IGF I |
| Unbegrenztes Replikationspotential, Verlust des Alterns (der Seneszenz) | Erhöhte Aktivität der Telomerase |
| Permanente Blutgefäßbildung (Angiogenese) | Produktion eines Induktors für VEGF |
| Gewebsinvasion und Metastasierung | E-Cadherin inaktiviert |

---

**Tumor** = lat. Geschwulst
– **Benigne (gutartige) Tumoren** respektieren Gewebegrenzen.
– **Maligne (bösartige) Tumoren** wachsen über Gewebegrenzen hinaus, in Blut- und Lymphgefäße hinein. Über diesen Weg erfolgt die Verbreitung der **Metastasen** (Tochtergeschwülste).

---

len werden als **Mutator-Zellen** bezeichnet. Nach und nach verliert eine Mutator-Zelle funktionierende Gene, einschließlich solcher, die für die Wachstumskontrolle wichtig sind. Damit hat die Promotionsphase des Tumors begonnen. Dieser Prozess dauert in der Regel jahrelang. Aus der ursprünglichen Mutator-Zelle entsteht in Wechselwirkung mit der Umgebung ein neues Gewebe, ein Tumor.

**Neu gebildete Blutgefäße stimulieren das Wachstum** – Ein Tumor kann nur dann über eine Größe von knapp einem Millimeter Durchmesser hinauswachsen, wenn er durch neue Blutgefäße versorgt wird. Mit zunehmendem Abstand zu einer Blutkapillare nimmt die Lebensfähigkeit von Zellen aus zwei Gründen ab: es herrscht nicht nur Mangel an Nährstoffen sondern auch an Wachstums- und Überlebensfaktoren, welche vom Gefäß produziert werden. Die Kapillare wird nämlich vom Endothel, einer einschichtigen Lage von Endothelzellen, gebildet, welche Wachstumsfaktoren ausscheiden.

Erwirbt der noch benigne Tumor die Fähigkeit, Blutgefäße z. B. durch Sekretion von Wachstumsfaktoren für Gefäßendothelzellen anzulocken, so wird er besser versorgt und kann wachsen. In einem weiteren Schritt kann der Tumor die Fähigkeit zum Penetrieren von Gefäßwänden erwerben. Eine ganze Reihe von Voraussetzungen müssen erfüllt sein, bis ein Tumor maligne wird (Tabelle 26.1). In der Regel führen die mehrstufigen Prozesse nicht zur Bildung eines Tumors, sondern zur Elimination des entstehenden Gewebes durch Immunreaktionen des Körpers. Nur im seltenen Fall, wenn alle Abwehrmechanismen unterlaufen werden, kann ein maligner Tumor entstehen. Die sechs kritischen Eigenschaften können prinzipiell mit nur sechs Mutationen erworben werden. Meist sind allerdings mehr als sechs Mutationen dazu nötig.

Auch im Fall von virusbedingtem Krebs (s. Kapitel 12.3) ist es wichtig festzustellen, dass die Beteiligung des Virus nur einen Teilaspekt des zellpathologischen Geschehens erklärt. Die maligne Transformation von Zellen ist in jedem Fall die Folge eines veränderten genetischen Programms in somatischen Zellen, welches das Resultat eines über mehrere Jahre dauernden, mehrstufigen Geschehens mit mannigfachen Ursachen ist. Genetische, infektiöse (z. B. virale), ernährungs- und umweltbedingte Faktoren spielen dabei zusammen.

Die Ausbildung von Resistenz gegen Tumortherapien wird durch die Heterogenität des Tumorgewebes und den Mutator-Phänotyp der Krebszellen begünstigt – Woher stammt die bei der Krebsbehandlung oft beobachtete Resistenz von Tumoren gegen die verschiedensten cytostatischen Behandlungen? Während der jahrelangen Entstehungsgeschichte des malignen Tumors und während seines Wachstums werden viele Mutationen erworben, so dass man sich einen Tumor als heterogenes, mosaikartiges Gewebe mit verschieden großen Anteilen mutierter Zellklone vorstellen muss. Grundsätzlich stammen zwar alle Zellen von einer Ursprungszelle ab und sind demgemäß als ein Klon aufzufassen. Dieser Klon unterlag aber während seines Wachstums vielen Folgemutationen. Die große Zahl der Mutationen garantiert praktisch, dass jeder Tumor einige Zellen enthält, welche sich durch eine gewisse Resistenz gegen eine bestimmte Behandlung auszeichnen. Der Mutator-Phänotyp ermöglicht es, unter dem Selektionsdruck einer cytostatischen Behandlung rasch eine hohe Resistenz zu entwickeln.

■ Die Tumorigenese ist ein jahrelanger und mehrstufiger Prozess, bei welchem die Wachstumskontrollen der Zelle durch somatische Mutationen schrittweise unterlaufen werden. Es gibt deshalb viele verschiedenartige Tumoren mit typischerweise heterogenem, mosaikartigem Gewebe.

## 26.5
## Kontrolle der Bereitschaft zur Teilung: Checkpoints

Eine Reihe von Kontrollpunkten im Zellzyklus überwacht den korrekten Abschluss jeder Zellzyklusphase, bevor die nächste Phase ablaufen kann – Die Zelle ist dauernd schädigenden Umwelteinflüssen ausgesetzt. Es finden laufend chemische Reaktionen statt, z.B. hydrolytische Spaltungen kovalenter Bindungen, welche die Integrität von Biomolekülen wie der DNA beeinträchtigen. Deshalb sind die Zellen mit mehreren DNA-Reparatursystemen ausgerüstet, welche die üblichen Schäden effizient korrigieren. Treten gehäuft DNA-Schäden auf oder stimmt z.B. die Verteilung der Chromosomen in der Metaphasenplatte nicht, so stellt ein ausgeklügeltes System von Sensoren diese Unregelmäßigkeiten fest und übermittelt ein entsprechendes Signal an den Kontrollapparat des Zellzyklus, in erster Linie an die Zellzyklus-Kinasen. In der Folge wird der Zellzyklus vorübergehend arretiert, so dass die Zelle genügend Zeit hat, um die bestehenden Schäden zu reparieren. Erst dann wird der Zellzyklus wieder in Gang gesetzt, oder bei gravierenden irreparablen Schäden der programmierte Zelltod (Apoptose) eingeleitet. Bei Hefen hat man über 50 Mutanten isoliert, deren Zellzyklus nicht auf strahlenbedingte DNA-Schäden reagiert. Beispielsweise kann eine gewisse Mutante, im Gegensatz zu Wildtypzellen, nach Röntgenbestrahlung nicht mehr den Eintritt der Mitose

**Tabelle 26.2.** Zusammenfassung der Zellzyklus-Kontrollpunkte. Die Checkpoints, an denen durch Signale ausgelöste mehrstufige Mechanismen den Ablauf des Zyklus hemmen, sind angegeben

| Zyklus-Phase | Kontrollmerkmal | Reaktion der Zellzyklus-Maschinerie |
|---|---|---|
| $G_1$ | Zelle zu klein<br>DNA-Schäden | **Stopp!** Keine Aktivierung der Start-Kinase |
| S | DNA-Replikation unvollständig | **Stopp!** Keine Vorbereitung zur Aktivierung des MPF |
| $G_2$ | Zelle zu klein<br>DNA-Schäden | **Stopp!** Keine Aktivierung des MPF |
| M | Chromosom nicht an Spindel | **Stopp!** Keine Inaktivierung des MPF |

verhindern. Nebst der Intaktheit der DNA werden auch die Größe der Zelle und die korrekte Ausbildung des Spindelapparats durch Kontrollpunkte überwacht (Tabelle 26.2).

**Kontrollpunkte des Zellzyklus sind über negative Rückkoppelung gesteuert und reagieren daher sehr empfindlich auf Schäden** – Bei einem *Checkpoint* sind grundsätzlich zwei verschiedene Überwachungsmodi denkbar: die Feststellung der Intaktheit des Genoms oder die Feststellung eines Fehlers. In der Natur sind *Checkpoints* immer über negative Rückkoppelung gesteuert und nicht über ein positives Signal, das bestätigen würde, dass alles in Ordnung ist. Diese negative Rückkoppelung ist die Grundlage für die Empfindlichkeit der Kontrollmechanismen.

Feststellen eines Fehlers:

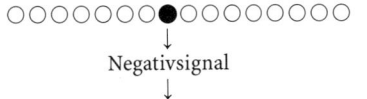

Negativsignal
↓
Zellzyklus stoppt
(Hochempfindlicher Kontrollmechanismus)

Feststellen der Intaktheit:

Unter vielen positiven Signalen fehlt ein einziges. Die geringe Verminderung der positiven Signale ist kaum fassbar. (Untauglicher Mechanismus)

Betrachten wir beispielsweise als Kontrollmerkmal die Intaktheit der DNA, so ist es leicht, durch Registrierung eines einzelnen Doppelstrangbruchs mit Hilfe eines spezifischen Bindungsproteins ein Signal auszulösen. Tatsächlich genügt ein einzelner DNA-Doppelstrangbruch in einer Zelle, um das Verlassen der $G_2$-Phase zu blockieren. Viel schwieriger wäre hingegen die Kontrolle der vollständigen Intaktheit des Genoms, weil in diesem Fall die Abwesenheit eines einzelnen positiven Signals neben einer Vielzahl anderer positiver Signale zu einer Reaktion führen müsste.

**Das Tumorsuppressorprotein p53 spielt eine zentrale Rolle bei der Kontrolle des**

**Eintritts in die S-Phase** – Wenn eine Zelle mit beschädigter DNA in die S-Phase eintritt, können während der Replikation der DNA Schäden als Mutationen in den Tochterstrang der DNA eingebaut und somit genetisch fixiert werden. In Tumoren treffen wir diese Situation oft an. In vielen Fällen ist das gehäufte Auftreten von Mutationen auf Beschädigung des Gens (beide Allele müssen betroffen sein) des Tumorsuppressorproteins p53 zurückzuführen. Die Konzentration dieses Proteins steigt in der normalen Zelle bei Vorliegen von DNA-Schäden rasch an und löst eine Blockierung des $G_1$-S-Übergangs aus:

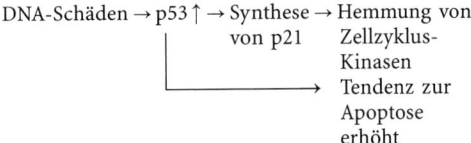

Das Protein p53 fungiert hierbei als Transkriptionsfaktor, welcher die Synthese des Zellzyklus-Inhibitorproteins p21 stimuliert. Das Protein p21 bindet an die Zellzyklus-Kinasen und hemmt deren Aktivität. Das Protein p53 fördert außerdem den Eintritt der Zelle ins Programm der Apoptose. Sowohl das Verhindern der Akkumulation von Mutationen wie auch die Eliminierung schwer beschädigter Zellen sind Mechanismen zur Verlangsamung der Kanzerogenese.

**Das Tumorsuppressorprotein pRB kontrolliert die Zellproliferation** – Das Protein pRB wurde ursprünglich in einem seltenen Tumor des kindlichen Auges, dem Retinoblastom, entdeckt. Ähnlich wie sich defekte p53-Gene bei vielen Krebsarten finden, treffen wir auch auf beschädigte pRB-Gene in Tumoren. In der Mehrzahl aller Tumoren ist wenigstens eines der beiden Gene mutiert. Das pRB-Protein ist ein häufiges Protein im Zellkern. Es bindet an viele andere Proteine, z.B. an Transkriptionsfaktoren. Seine Fähigkeit zur Bindung an die Partnerproteine wird durch Phosphorylierung gehemmt. Dephosphoryliertes pRB hemmt eine Reihe von Proteinen wie beispielsweise Myc und Fos, welche für die Zellproliferation notwendig sind. Das dephosphorylierte, aktive pRB-Protein funktioniert in der $G_1$-Phase des Zyklus als eine Art Bremse beim Eintritt in die S-Phase. Hier ist es auch mitverantwortlich für die Regulierung des Übergangs zwischen einer ruhenden und einer proliferierenden Zelle ($G_0$-$G_1$-Übergang). Beim Startpunkt wird pRB durch Phosphorylierung inaktiviert und erst beim Austritt aus der Mitose wieder dephosphoryliert.

**In somatischen Zellen ist die Anzahl möglicher Zellzyklen begrenzt: Altern der Zelle (Seneszenz)** – Die meisten normalen Zellen von Säugern und Vögeln vermehren sich nicht dauernd, wenn sie in Kultur gehalten werden. Fibroblasten (Vorläufer von Bindegewebszellen) aus Embryonen teilen sich etwa fünfzigmal. Dann machen sie eine längere Ruhephase ($G_0$) durch und geraten in eine so genannte Krise, nach der sie absterben. Zellen aus einem 40-jährigen Menschen können sich noch etwa vierzigmal teilen und Zellen aus einem 80-Jährigen teilen sich nur noch dreißigmal. Auch teilen sich Zellen von Tierarten mit einer kurzen Lebensspanne in einer Zellkultur weniger oft als Zellen aus langlebigen Spezies. Im Gegensatz dazu vermehren sich Zellen aus der Keimbahn und Zellen aus Tumoren praktisch beliebig, sie sind unsterblich oder immortal. Eine mögliche Erklärung für dieses Verhalten von Zellen liefert die Beobachtung, dass die **Telomerase**, ein Reparaturenzym, welches für die Erhaltung der Gesamtlänge der chromosomalen DNA notwendig ist, nur in permanent sich teilenden Zellen aktiv ist (s. Kapitel 8.2). Es ist anzunehmen, dass ein besonderer Mechanismus die Enden der DNA überwacht und nach Verkürzung der repetitiven Sequenzen der Telomere die Zellvermehrung durch forcierten Eintritt in die $G_0$-Phase des Zyklus stoppt.

■ Normale somatische Zellen von Säugern und Vögeln können nur für beschränkte Zeit in Kultur gehalten werden. Einzelne seltene Klone mit Muta-tionen in der Wachstumskontrolle können sich jedoch weiter vermehren. Sie bilden somit (unsterbliche) **permanente Zell-Linien**. Viele der gebräuchlichen Zell-Linien sind direkt von Tumoren ausgehend etabliert worden.

## 26.6
## Apoptose, der programmierte Zelltod

**Ein Teil der Zellen des primitiven Wurms *Caenorhabditis elegans* stirbt während der Entwicklung gezielt ab** – Der etwa 1 mm lange durchsichtige Fadenwurm *C. elegans* ist eine wichtige Modellspezies der Entwicklungsbiologie. Es ist möglich, die Entwicklung sämtlicher Zellen (etwa 1000) des Tieres aus der Eizelle im Lichtmikroskop zu verfolgen und den Stammbaum jeder einzelnen Zelle festzustellen. Dabei hat sich gezeigt, dass 13% der Zellen während der Entwicklung absterben. Dieser Zelltod findet kontrolliert statt und betrifft eine genau definierte Population von Zellen, die zum geeigneten Zeitpunkt eine Kondensation des Kerns zeigen, worauf auch die Zelle schrumpft und schließlich von den umgebenden Zellen säuberlich resorbiert wird.

Bei diesem Organismus mit seiner überschaubaren Anzahl von Zellen wurden Mutanten mit verstärkter oder auch reduzierter Apoptose entdeckt. Detaillierte Analysen der betroffenen Gene erlaubten, die am programmierten Zelltod beteiligten Mechanismen auf molekularer Ebene aufzuklären. Die Proteinprodukte der mutierten Gene waren z. B. die **Caspasen**, Proteasen mit einem Cysteinrest an der aktiven Stelle, welche Polypeptidketten COOH-terminal von Aspartatresten schneiden. Daneben fanden sich auch mitochondriale Proteine, welche den Zelltod fördern oder hemmen, indem sie die Permeabilität der Mitochondrien für bestimmte Proteine fördern (**Bax**), oder hemmen (**Bcl2**). Studien des programmierten Zelltods in Kulturen von Säugerzellen zeigten, dass **Mitochondrien** als ein **Ort der Integration von Überlebens- und Todessignalen** dienen, wo diese Signale miteinander verrechnet werden. Wenn dabei der Entscheid zum Zelltod fällt, nimmt die Permeabilität der Mitochondrien rasch zu. Zusammen mit einigen wenigen anderen Proteinen wird auch Cytochrom c aus den Mitochondrien freigesetzt. Dieses Molekül ist in seiner wohlbekannten Funktion ein Bestandteil der Atmungskette, außerhalb der Mitochondrien wirkt es aber als Zell-Killer. Es bindet im Cytosol an einen Proteinkomplex mit Pro-Caspasen und aktiviert diese. Dadurch wird eine proteolytische Kaskade ausgelöst, die zum Abbau vieler Zellproteine führt. Gleichzeitig wird eine DNAse aktiviert, die mit dem Abbau des Genoms beginnt. Die Apoptose ist nun irreversibel in Gang gebracht und wird mit der Resorption der verdauten Zellbestandteile durch die umgebenden Zellen abgeschlossen werden.

Apoptotische Vorgänge sind von Bedeutung bei der Organbildung (z. B. Formung der Finger aus einer embryonalen Platte, die durch Aussparung der Zwischenräume zwischen den Fingern zur Hand geformt wird. Auch im erwachsenen Organismus erfüllt die Apoptose viele Funktionen, z. B. eliminiert sie Zellen mit beschädigter DNA oder unnötige Zellen des Immunsystems.

■ Neben der Zellzykluskontrolle ist der kontrollierte Zelltod ein zweiter wichtiger Vorgang zur Kontrolle der Zellvermehrung. Die Apoptose findet während der Entwicklung bei der Organbildung statt und im adulten Organismus dient sie der Elimination beschädigter oder gealterter Zellen.

# 27 Zelladhäsion, Zellverbindungen und extrazelluläre Matrix

Die meisten Zellen höherer Organismen arbeiten als Team in Geweben und Organen zusammen. Die Zellen in den Geweben stehen in Kontakt mit der extrazellulären Matrix (**ECM,** *extracellular matrix*), einem komplexen Geflecht sezernierter Makromoleküle. Dazu gehören Faserproteine und Glykane sowie an diese Strukturen gebundene Proteine der Signalübermittlung. Die ECM dient den Zellen als Stütze. Sie hält die Gewebe zusammen und schafft eine Umgebung, in der sich die Zellen festhalten und bewegen können. In vielen Fällen werden Gewebe zusätzlich durch direkte Wechselwirkungen zwischen den Zellen stabilisiert. Die zellinnere Stabilisierung durch das Netz der Intermediärfilamente (s. Kapitel 25 Cytoskelett) spielt dabei zusammen mit den Zell-Zell-Kontakten eine wichtige Rolle. Zelloberflächenproteine besitzen Bindungsstellen für verschiedene Komponenten der ECM. Viele Zellen neigen außerhalb ihrer gewohnten Umgebung, d.h. ohne Verankerung an der ECM, zur Apoptose.

Pflanzliche Zellwände sind eine besondere Form der ECM, welche in diesem Fall jede einzelne Zelle umschließt und stabilisiert. Die pflanzlichen Zellwände gaben ursprünglich den Anlass zur Beschreibung der Cellulae (lat. *cellula* = Kämmerchen), welche sich in Lichtmikroskopen von geringer Auflösung gut darstellen lassen und in gewissen Fällen sogar von bloßem Auge sichtbar sind.

Die hauptsächlichen Gewebe der Vertebraten sind: Gehirn und Nerven, Muskeln, Blut, lymphoides Gewebe, Epithelien, Parenchyme innerer Organe (Leber, Niere, Drüsen) und Bindegewebe. Im Bindegewebe dominiert die extrazelluläre faserige, vorwiegend aus Kollagen bestehende Matrix, die nur von wenigen Zellen durchzogen ist. Im Gegensatz dazu werden Epithelien v.a. durch direkte Wechselwirkungen zwischen den Zellen zusammengehalten. Epithelien sind flächige Gewebe, welche auf einer dünnen Schicht ECM, der Basallamina, liegen. Im Gerüstgewebe eingebettet befinden sich die Zellen des Parenchyms, d.h. die spezifischen Zellen eines Organs, die dessen Funktion ausüben.

## 27.1 Stabile Zell-Zell- und Zell-Matrix-Verbindungen

**Viele der verschiedenen Zell-Zell-Kontaktstellen sind mit dem Cytoskelett verbunden** – Der Oberbegriff der *Anchoring junctions* umfasst sämtliche Kontaktstellen einer Zelle mit ihrer Umgebung, die der Verankerung der Zelle an Nachbarzellen und an der ECM dienen. *Anchoring junctions* sind v.a. in Epithelien gut ausgebildet, wo sie die Verankerung zwischen benachbarten Zellen und zwischen Zellen und extrazellulärer Matrix übernehmen. Die

**Tabelle 27.1.** Verbindungen zwischen Zellen

Zelle A · Zelle B (bzw. ECM)

| Zell-Zell-Verbindung | Cytoskelett | Ankerprotein | Transmembran-protein | Extrazellulärer Ligand | Funktion im Gewebe |
|---|---|---|---|---|---|
| Desmosom | Intermediär-filamente | Desmoplakin Plakoglobin ($\gamma$-Catenin) | Cadherin (Desmoglein, Desmocollin) | Desmoglein und Desmocollin der Nachbarzelle | Mechanische Stabilisierung |
| Adherens junction | Actinfilamente | $\alpha$ und $\beta$-Catenine | Cadherin E-Cadherin | Cadherin der Nachbarzelle | Mechanische Stabilisierung |
| Tight junction | Keine Verbindung | Keines | Unbekannt | Tight junction-Proteine der Nachbarzelle | Abdichtung der Epithelschicht |
| Nexus | Keine Verbindung | Keines | Connexin | Connexin der Nachbarzelle | Zell-Zell-Kommunikation |
| Plasmo-desmen | Keine Verbindung | Keines | Direkte Plasma- und ER-verbindung | Keiner | Pflanzliches Syncytium |
| **Zell-Matrix-Verbindung** | | | | | |
| Hemi-desmosom | Intermediär-filamente | Plectin, BP320 | Integrin $\alpha6\beta4$, BP180 | ECM-Proteine | Verankerung |
| Fokale Adhäsionen | Actinfilamente | Talin, Vinculin, $\alpha$-Actinin, Filamin | Integrin | ECM-Proteine | Motilität und Signalüber-mittlung |

Verbindung zu den Cytoskelettfilamenten im Zellinnern ist durch Ankerproteine (s. Tabelle 27.1; z.B. Catenine, Vinculin, $\alpha$-Actinin) gewährleistet. Zusätzlich zu diesen gewebestabilisierenden Zellkontakten finden sich Verbindungen zur extrazellulären Matrix, die als Ausgangspunkte für die Bewegung einer Zelle und der zugehörigen Signalübermittlung dienen. Besondere Kontaktstellen übernehmen einen Teil der Kommunikation zwischen Zellen. Eine weitere Art spezialisierter Zellkontakte begrenzt die Durchlässigkeit von Epithelschichten (Tabelle 27.1).

Wie bei der Beschreibung des Cytoskeletts erwähnt (s. Kapitel 25.4), bilden die Intermediärfilamente ein stabiles und elastisches Netz. Dieses Netz ist an bestimmten Punkten der Zellmembran, den **Desmosomen**, verankert und mit dem Cytoskelett der benachbarten Zelle verbunden. Im Dünndarmepithel sind die Zellen außerdem durch einen Adhäsionsgürtel aus Actinfilamenten stabilisiert, der durch Cadherine zwischen den Zellen zusammengehalten wird. Die Wechselwirkung zwischen den Cadherinen in den ***Adherens junctions*** ist abhängig von $Ca^{2+}$-Ionen.

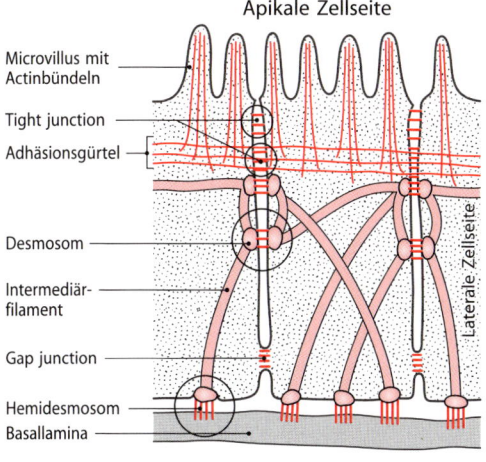

Apikale Zellseite

Microvillus mit Actinbündeln

Tight junction

Adhäsionsgürtel

Desmosom

Intermediärfilament

Gap junction

Hemidesmosom

Basallamina

Laterale Zellseite

Basale Zellseite

Immer je ein Cadherinmolekül durchzieht die Zellmembran und bindet an ein zweites Cadherinmolekül der Nachbarzelle. Es entstehen dadurch reißverschlussähnliche Adhäsionszonen. An der apikalen Zellseite liegen weitere Zell-Zell-Kontaktstellen, die *Tight junctions* (*Zonulae occludentes*). Ein anderer Verbindungstyp, die *Gap junction* (*Nexus*), bildet beide Plasmamembranen durchdringende Poren, durch welche kleine Moleküle, z. B. Signalmoleküle, von Zelle zu Zelle direkt weitergegeben werden können. An der Basallamina sind die Zellen mittels der **Hemidesmosomen** (Kontakt zu den Intermediärfilamenten) und der **fokalen Adhäsionspunkte** (Kontakt zu Actinbündeln) verankert. Wir besprechen nun die vorgestellten Zellkontaktstellen im Detail.

■ Eine Reihe von Verbindungen zwischen Zellen und der ECM ist besonders wichtig für die mechanische Stabilisierung des Bindegewebes. Epithelien hingegen werden vor allem durch direkte Zell-Zell-Wechselwirkungen und das Netz der Keratinfilamente stabilisiert.

**An den Zellkontaktstellen der Desmosomen sind die Keratinfilamente über cytoplasmatische Ankerproteine (in Plaques) und Cadherine miteinander verbunden** – Das Netzwerk der Keratinfilamente kann das Gewebe somit zellübergreifend stabilisieren.

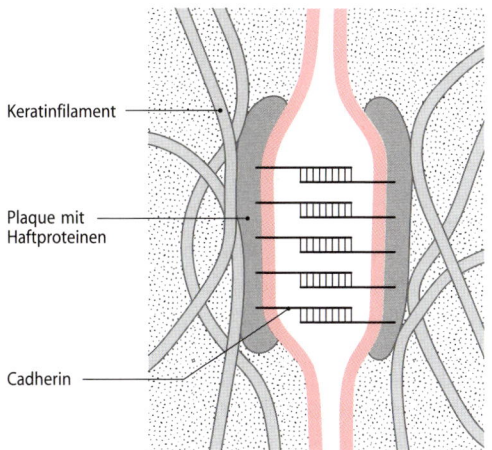

Keratinfilament

Plaque mit Haftproteinen

Cadherin

**Die *Tight junctions* verhindern, dass Flüssigkeit zwischen dem Zwischenzellraum und dem Außenraum zirkuliert** – Diese Zell-Zell-Verbindungen kann man sich wie ein Netzwerk dichter Nähte zwischen den Zellmembranen vorstellen. Die Nahtstellen sind mit eng aneinander liegenden Untereinheiten des *Tight-junction*-Proteins besetzt. *Tight junctions* dienen der Abdichtung der Epithelschicht. Der Interzellulärraum ist vom Lumen des Darms abgeschlossen. Außerdem verhindern die *Tight junctions*, dass Proteine der apikalen Zellmembran in die laterale oder basale Membran diffundieren. Die Beweglichkeit spezifischer Transportmoleküle z. B. für Metaboliten ist damit auf bestimmte Oberflächenregionen der Zelle beschränkt, wodurch die Polarisierung des Epithels gewährleistet ist.

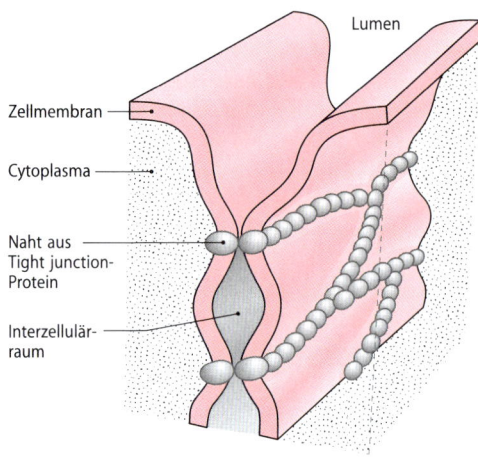

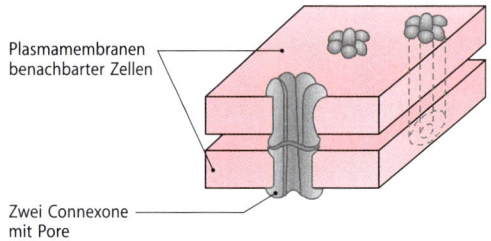

**Durch die *Gap junction (Nexus)* können kleine Moleküle von Zelle zu Zelle diffundieren** – *Gap junctions* finden sich in praktisch allen tierischen Zellverbänden. Ionen und Moleküle mit weniger als etwa 1000 Da können durch diese aus Protein gebildeten Poren hindurch diffundieren. Die Membranen der beiden Zellen scheinen im Elektronenmikroskop an den *Gap junctions* nur etwa 2–4 nm voneinander entfernt zu sein. Jeweils zwei Connexone aus den benachbarten Zellen sind aneinander gebunden und bilden eine Pore (Durchmesser 1,5 nm) mit je 6 Untereinheiten. Diese Pore erlaubt den Austausch von Elektrolytionen und Metaboliten zwischen Nachbarzellen. Zellen ohne *Gap junctions* zeigen diese elektrische und metabolische Koppelung nicht. Die elektrischen Synapsen, z. B. im Herzmuskel, beruhen auf diesen interzellulären Kanälen. *Gap junctions* sind nicht immer offen. Sie können durch Konformationsänderung der Connexone bei hoher $Ca^{2+}$-Konzentration oder tiefem pH geschlossen werden. Bei der Regulation der Permeabilität der Poren können auch Phosphorylierungen der Connexine eine Rolle spielen.

**An den Hemidesmosomen und den fokalen Adhäsionspunkten sind die Zellen mit der extrazellulären Matrix verbunden** – Auf der Zellinnenseite sind die Hemidesmosomen wie die Desmosomen mit Keratinfilamenten verbunden. Die Bindung zur extrazellulären Matrix wird jedoch durch Integrine bewerkstelligt. An den fokalen Adhäsionspunkten sind ebenfalls Integrine in der Basallamina verankert, welche in diesem Fall aber durch ihre Verbindung mit dem Actinskelett Ansatzstellen für die Bewegung der Zelle bilden.

**In Pflanzen sind die Zell-Zell-Verbindungen durch Plasmabrücken (Plasmodesmen) gewährleistet** – Die dicken, starren Zellwände der Pflanzen erlauben keine Verbindungen zwischen zwei benachbarten Membranen, die direkt durch Paare von Molekülen vermittelt werden, wie sie bei tierischen Zellen vorkommen. In Pflanzen wird diese Kommunikation zwischen den Zellen durch feine fadenartige Plasmabrücken übernommen. Diese sind durch fusionierte Membranen benachbarter Zellen entstanden und haben einen zentralen Desmotubulus aus glattem ER.

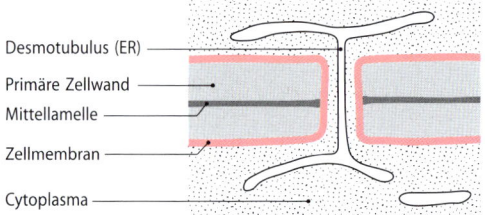

Obwohl die Plasmodesmen morphologisch völlig anders gestaltet sind als die *Gap junctions*, zeigen sie eine ähnliche freie Permeabilität für Moleküle < 800 Da. Der Durchmesser der Plasmodesmen ist mit 20–40 nm jedoch wesentlich größer als derjenige der Connexon-Poren. Man kann deshalb pflanzliche Zellen im Gewebeverband auch als ein über Plasmabrücken zusammengewachsenes Syncytium betrachten, worin eine Vielzahl von Zellen mit je einem eignen Kern ein gemeinsames Plasma teilen. Allerdings ist der Transfer der Moleküle durch diese Plasmabrücken eingeschränkt und durch noch unbekannte Mechanismen reguliert.

■ Benachbarte tierische Zellen haften mittels vier Verbindungstypen aneinander:
  – Desmosom
  – *Tight junction (Zonula occludens)*
  – *Adherens junction* (Adhärenz-Verbindung)
  – *Gap junction (Nexus)*.

Pflanzliche Zellen sind ihrer dicken Wände wegen über Plasmabrücken miteinander verbunden. Alle in Gewebeverbänden organisierten Zellen von Tieren und Pflanzen tauschen demnach selektiv Moleküle aus und sind dadurch metabolisch und elektrisch miteinander gekoppelt.

## 27.2
## Kurzlebige Zell-Zell-Wechselwirkungen

**Die Gewebebildung beginnt mit dem Aneinanderhaften von Zellen** – Bevor die oben diskutierten elektronenoptisch sichtbaren Verbindungen zwischen Zellen aufgebaut werden können, müssen die Zellen während der Ontogenese des Organismus miteinander durch Adhäsion (Anheftung) interagieren. Die Adhäsion beruht nicht auf elektronenoptisch fassbaren Strukturen, sie ist aber experimentell belegbar und die beteiligten Proteine sind zum großen Teil bekannt. Schon früh in der Embryonalentwicklung lösen sich Zellen aus gewissen Gewebeverbänden und wandern an neue Orte aus. Die Zellen werden dabei oft durch Stoffgradienten geleitet oder bewegen sich entlang bestehender Oberflächen. Wenn die Zellen an ihrem Bestimmungsort angelangt sind, erkennen sie ihre Partnerzellen und setzen sich an ihnen fest.

**Cadherine und andere Immunglobulinähnliche Proteine vermitteln die organ- und gewebespezifischen Assoziationen von Zellen** – Gewebe von Vertebraten können durch enzymatische Verdauung der für die Zellkontakte verantwortlichen Proteine in Einzelzellen aufgelöst werden. In der Regel sammeln sich die vereinzelten Zellen unter Kulturbedingungen wieder zu Gewebeverbänden, indem sie einander erkennen und sich reorganisieren. Die **Zelladhäsionsproteine** werden allgemein als **CAMs (*Cell adhesion molecules*)** bezeichnet. Zu den Zelladhäsions-Proteinen gehören die $Ca^{2+}$-abhängigen Proteine der Cadherin-Familie (Calcium-Ionen sind für die Stabilisierung der Struktur der Cadherine notwenig, scheinen aber keine regulatorische Funktion auszuüben) und verschiedene $Ca^{2+}$-unabhängige Zelloberflächenproteine mit Immunglobulindomänen (allgemein vorkommend: I-CAM = interzelluläres Adhäsionsmolekül; spezialisiert: N-CAM = neuronales CAM und V-CAM = vaskuläres CAM der Blutgefäße).

**Die Cadherine sind Transmembranproteine mit extrazellulären $Ca^{2+}$-bindenden Domänen, die mit Cadherinen anderer Zellen homophile (gleich mit gleich) Wechselwirkungen eingehen** – Der COOH-terminale intrazelluläre Teil der Cadherine ist über einen Catenin-haltigen Proteinkomplex mit dem Actinskelett verbunden. E-Cadherin findet sich auf vielen epithelialen Zellen, N-Cadherin auf Neuronen, Muskelfasern und Zellen der Augenlinsen und P-Cadherin in der Plazenta und in der Epidermis. Die $Ca^{2+}$-bindenden Domänen der Cadherine sind homolog zu Immunglobulindomänen (Abb. 27.1).

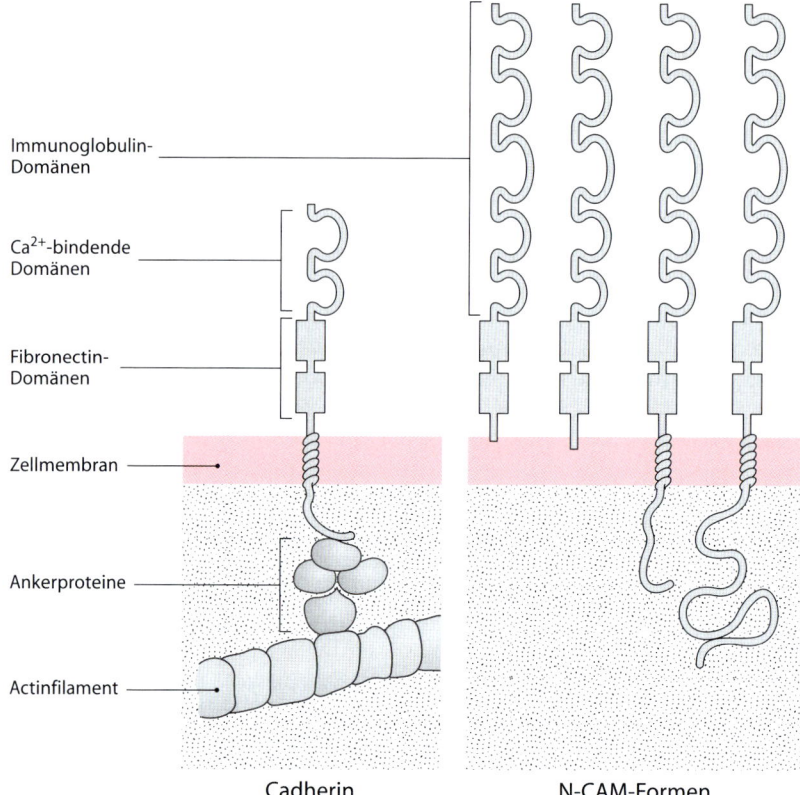

Immunoglobulin-
Domänen

Ca²⁺-bindende
Domänen

Fibronectin-
Domänen

Zellmembran

Ankerproteine

Actinfilament

Cadherin                    N-CAM-Formen

**Abb. 27.1.** Zelladhäsionsproteine. Cadherine sind über Ankerproteine mit dem Cytoskelett verbunden und können Zugkräfte ins Zellinnere weiterleiten. Die N-CAM-Zelladhäsionsproteine hingegen vermitteln den Kontakt zwischen den Plasmamembranen benachbarter Zellen

Weitere Mitglieder der Immunglobulin-Superfamilie vermitteln $Ca^{2+}$-unabhängige Zelladhärenz. Als typisches Beispiel für CAMs dieses Typs seien hier kurz die N-CAMs aufgeführt. Sie zeichnen sich durch 5 extrazelluläre Immunglobulin-Domänen aus und enthalten 1–2 Fibronectin-Domänen (Kapitel 27.3). Sie existieren sowohl als verschiedene membrangebundene Proteinvarianten wie auch als sezernierte freie Moleküle.

Die Cadherin-vermittelten Zell-Zell-Verbindungen sind wesentlich stärker als diejenigen der anderen CAMs. Die Cadherine stabilisieren die Zell-Zell-Wechselwirkungen. Die anderen Proteine aus der Immunglobulin-Superfamilie sind eher für die Feinregulation der Assoziationen zwischen Zellen verantwortlich. Das Zusammenspiel vieler verschiedenartiger Prote-

ine bestimmt die Adhäsionseigenschaften einer Zelle.

■ Das Zusammenspiel einer Reihe von Zelloberflächen-Adhäsionsproteinen (CAMs) aus der Familie der $Ca^{2+}$-abhängigen Cadherine und anderen Proteinen der Immunglobulin-Superfamilie führt zur Bildung organisierter Zellverbände.

## 27.3
# Die extrazelluläre Matrix (ECM)

**Der extrazelluläre Raum in Geweben ist durch das Netzwerk der ECM ausgefüllt** – Dieses Netzwerk besteht aus einer Vielzahl verschiedener Proteine und Heteroglykane, die von den Zellen sezerniert und lokal deponiert werden. In Bindegeweben wird die ECM von den spindelförmigen Fibroblasten aufgebaut, die sich weiter spezialisieren können, z. B. in Knorpel bildende Chondroblasten oder Knochen bildende Osteoblasten.

Die Hauptbestandteile der *ECM* sind Glykosaminoglykane und die Faserproteine Kollagen, Elastin, Fibronectin und Laminin. Die Glykosaminoglykane bilden Ketten von 70–200 Zuckerresten als Homopolymere aus Disaccharideinheiten (Die Strukturen solcher Heteroglykane und Protein-Glykankomplexe sind in Kapitel 5.3 beschrieben). Die vielen Carboxyl- und Sulfatgruppen der modifizierten Zuckerreste ergeben eine dichte Verteilung negativer Ladungen. Weitere polare Gruppen verstärken den hydrophilen Charakter der ECM. Die Proteine bilden zusammen mit den langen Polysaccharidketten ausgedehnte hydrophile Gele, die $Na^+$-Ionen und Wasser binden. Das aufgenommene Wasser verleiht der *ECM* Druckresistenz. Die Knorpelmatrix in einem Kniegelenk kann einen Druck von Hunderten von Bar aushalten.

**Hyaluronsäure unterstützt die Zellwanderung während der Gewebemorphogenese und der Wundheilung** – Hyaluronsäure ist ein langes Polymer eines Disaccharids aus Glucuronsäure und *N*-Acetyl-glucosamin und kann aus bis zu 25 000 Zuckerresten aufgebaut sein. Sie ist das einfachste Glykosaminoglykan und besitzt keine Sulfatgruppen. Hyaluronsäure ist ein typisches Füllmaterial, das während der Morphogenese und der Wundheilung rasch synthetisiert werden kann. In die mit Hyaluronsäure gefüllten zellfreien Räume wandern später Zellen ein. In den Gelenken dient Hyaluronsäure als Schmiermittel. Die Glaskörpergallerte des Auges besteht aus Wasser und Hyaluronsäure.

**Proteoglykane bestehen aus einem Proteinteil mit kovalent gebundenen Glykosaminoglykanen** – Mit Ausnahme der Hyaluronsäure kommen alle Glykosaminoglykane auch in Form von Proteoglykanen vor. Wie die anderen Glykoproteine werden die Proteoglykane im ER glykosyliert. Proteoglykane enthalten mindestens eine Glykosaminoglykan-Seitenkette. Der hohe Kohlenhydratgehalt von bis zu 95 Gewichtsprozent ist auf meist mehrere unverzweigte Glykosaminoglykanketten mit einer typischen Kettenlänge von rund 80 Zuckerresten zurückzuführen. Proteoglykane können sehr groß werden; das Aggrekan im Knorpel hat eine Molekülmasse von etwa $3 \cdot 10^3$ kDa und trägt rund 100 Glykosaminoglykanketten (s. Kapitel 5.3).

**Proteoglykane binden gewisse sezernierte Proteine und regulieren deren Aktivität** – Basische Wachstumsfaktoren wie z. B. der *basic Fibroblast growth factor* (bFGF) oder gewisse Formen des *Vascular endothelial growth factors* (VEGF) werden typischerweise in der ECM angereichert und können dadurch lokal wirken.

Die Wirkung dieser Wachstumsfaktoren wird auch dadurch unterstützt, dass Proteoglykane die gebundenen Faktoren zu ihren Rezeptoren führen. Auch Proteasen und Protease-Inhibitoren finden sich in der ECM. Proteasen können an der Freisetzung eines Wachstumsfaktors beteiligt sein, indem sie einen biologisch aktiven löslichen Teil eines Faktors von seinem ECM-Bindungsteil abspalten.

**Die ECM enthält in Fasern oder Netze organisierte Kollagenfibrillen** – Gegenwärtig sind über zehn verschiedene homologe Kollagene bekannt. Kollagenmoleküle werden als Monomere von Zellen sezerniert. Nach der proteolytischen Abspaltung ihres Propeptids im Extrazellulärraum bilden drei gereifte Kollagenmoleküle eine trimere Helix. Danach lagern sich je etwa hundert Tripelhelices spontan zu einer Fibrille zusammen. Die Tripelhelix des Kollagens kann mehrfach unterbrochen sein, wodurch die Fibrillen Biegsamkeit erlangen. Die Fibrillen mit einem Durchmesser von 10–300 nm sind mit Hilfe weiterer homologer Kollagene untereinander vernetzt und treten oft als Fasern von vielen parallel angeordneten Fibrillen auf.

Die Basallamina zeichnet sich durch das eigene Kollagen IV aus. Kollagen dieses Typs ist sehr flexibel und bildet keine Fibrillen. Es ist als flächiges Netz organisiert. Die Lamina wird durch mehrere solche übereinander liegende Netze gebildet. In die Struktur der Basallamina eingeflochten sind die Proteine Laminin und Entactin sowie Proteoglykane. Die Basallamina hat je nach Lokalisierung unterschiedliche Funktion. Sie dient z. B. in den Glomeruli der Nieren als Ultrafilter zur Trennung kleiner Ionen und Moleküle von großen Molekülen; bei Muskelzellen führt sie die Axone (Nervenzellfortsätze) zu den motorischen Endplatten.

---

Epithel: Zellschicht, welche ein Gewebe außen begrenzt. Endothel: Zellschicht, welche eine Gewebestruktur wie z. B. ein Blutgefäß gegen einen Innenraum hin begrenzt.

---

**Die globulären Enden von Kollagen können das Wachstum bestimmter Zellen hemmen** – Die Kringeldomänen der COOH-terminalen Enden der Kollagenmoleküle sind bei der Suche nach Hemmstoffen der Blutgefäßbildung in Tumoren gefunden worden. Werden diese Domänen proteolytisch freigesetzt, so können sie unter bestimmten Bedingungen das Wachstum der Endothelzellen der Blutgefäße hemmen.

**Elastin verleiht den Geweben Elastizität** – Ein kovalentes Netzwerk elastischer Fasern aus Elastin erlangt seine Dehnbarkeit aufgrund der Expansion und Kontraktion der ungefalteten Ketten der einzelnen Elastinmoleküle (s. Abb. 3.10).

**Das Adhäsionsprotein Fibronectin vermittelt die Bindung der Integrine der Zellen an die ECM** – Fibronectin ist ein dimeres Molekül mit zwei großen Untereinheiten von je mehreren Domänen, welche Bindungsstellen zur Zelloberfläche und zur ECM enthalten. Die COOH-terminalen Domänen eines Fibronectindimers sind über zwei Disulfidbrücken verknüpft. Das Fibronectin enthält Bindungsstellen für Kollagene und Zelloberflächen; es verfügt über RGD(Arg-Gly-Asp)-Sequenzen und

bindet damit Integrine; andere Bindungsstellen sind für die Assoziation mit Heparansulfat-Proteoglykanen verantwortlich.

**Integrine** kommen auf tierischen Zellen vor und sind wie erwähnt Bindungsproteine (Rezeptoren) für das Fibronectin. Die Integrine sind Transmembranproteine der Zelloberfläche und liegen immer als Heterodimere aus einer $\alpha$- und einer $\beta$-Untereinheit vor:

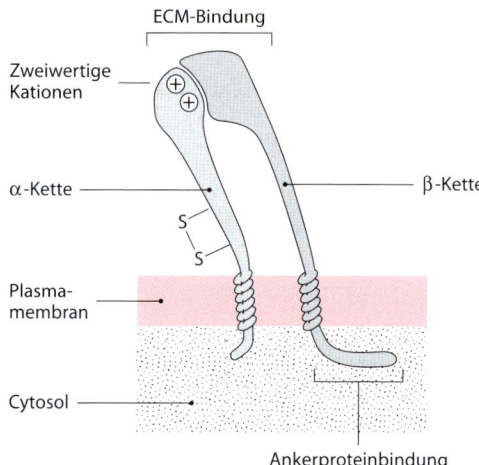

Die Integrinuntereinheiten kommen in verschiedenen homologen Varianten vor und bilden in bestimmten Kombinationen miteinander Dimere. Die Vielfalt der so entstandenen Rezeptoren erlaubt, dass z. B. etwa acht verschiedene Integrine das RGD-Segment des Fibronectins binden. Die Integrine stehen in sehr enger Verbindung mit zwei Netzwerken der Zelle, dem Cytoskelett und der Signalübermittlung. Dadurch kann eine Zelle ihre Actinbündel der Struktur des Fibronectingerüsts außerhalb der Zelle anpassen. Integrine finden sich auf allen Zellen, auch auf zirkulierenden Blutzellen. Deshalb können z. B. Blutplättchen bei Kontakt mit beschädigten Gefäßoberflächen rasch aktiviert werden und aggregieren.

**Die Aktivität der Integrine spielt mit der intrazellulären Signalübermittlung zusammen** – Während der Mitose werden gewisse Integrine phosphoryliert und verlieren dadurch ihre hohe Affinität zu Fibronectin; die Zellen lösen sich während der Mitose leichter von der Unterlage ab als in anderen Zellzyklusphasen. Integrine ihrerseits vermitteln Signale ins Zellinnere, insbesondere Überlebenssignale. Viele Zellen sind deshalb nur beschränkt lebensfähig, sobald sie ihrer extrazellulären Kontakte beraubt worden sind.

**Strikt regulierte Metalloproteasen bauen die ECM ab** – Die Matrix-Metalloproteasen (**MMPs**), welche durch die Bindung von $Ca^{2+}$- oder $Zn^{2+}$-Ionen aktiviert werden, sind z.T. sehr substratspezifisch und in proteolytischen Kaskaden organisiert. Der Plasminogen-Aktivator löst eine solche Kaskade aus, indem er Plasminogen, einen inaktiven Serinprotease-Vorläufer, spaltet. Das durch diese sehr spezifische Spaltung gebildete **Plasmin** ist eine eher unspezifische Protease, welche z.B. Fibrin (in Blutgerinnseln, s. Kapitel 33.1), Fibronectin und Laminin spaltet. Die Aktivierung der Proteasenkaskade in der ECM spielt eine wichtige Rolle bei der Wundheilung und bei anderen Prozessen, bei denen der Umbau von Geweben notwendig ist. Der Abbau der ECM und insbesondere der Basallamina spielt eine zentrale Rolle bei der lokalen Ausbreitung (Blutgefäßwachstum) und der Metastasierung maligner Tumoren.

- Die Rezeptoren für die ECM dienen nicht nur der Verankerung der Zellen. Die Bindung der Zellen an die ECM löst eine Signaltransduktion aus und fördert so ihr Überleben.

## 27.4
## Die pflanzliche Zellwand: Papier und Holz

**Pflanzliche Zellwände sind eine besonders steife Form der ECM** – Die Entwicklung einer steifen Zellwand reduzierte die Beweglichkeit der Pflanzen und ging schon früh in der Evolution mit einer sesshaften Lebensweise einher. Trotz der unterschiedlichen Konsistenz sind die pflanzliche Zellwand und die tierische ECM grundsätzlich sehr ähnlich aufgebaut. Netzwerke aus langen faserigen Proteinen und Polysacchariden geben beiden ECM-Strukturen den Halt. Das Polysaccharid Cellulose (Kapitel 5.2) kommt in den Fasern der Zellwände der meisten Pflanzen vor und ist damit das häufigste organische Makromolekül auf der Erde. Hemicellulose, Pektin und eine Reihe von Strukturproteinen machen den Rest der Zellwände aus (Tabelle 27.2).

**Tabelle 27.2.** Die Makromoleküle der pflanzlichen Zellwand

| Makromolekül | Zusammensetzung | Funktion |
|---|---|---|
| Cellulose | Lineares Polymer aus Glucose | Zugfeste Fibrillen |
| Quervernetzende Glykane, Mannan (Hemicellulose) | Xyloglucan, Glucuronoarabinoxylan und Mannose, Glucose, Galactose | Quervernetzung von Cellulosefibrillen in robuste Netzwerke |
| Pektine | Homogalacturonane und Rhamnogalacturonane | Hydrophiles Netzwerk; Druckresistenz und Zell-Zell-Adhäsion |
| Lignin | Quervernetzte Cumaryl-Coniferyl- und Sinapyl-Alkohole | Starre wasserunlösliche und abbauresistente Polymere, „Holz" |
| Proteine und Glykoproteine | Enzyme und Hydroxyprolinreiche Proteine | Umsatz und Umbau der Zellwand; auch Abwehr von Pathogenen |

Die Namen der Polymere geben deren Bausteine an; z.B. ist Mannan ein Heteroglykan aus hauptsächlich Mannose

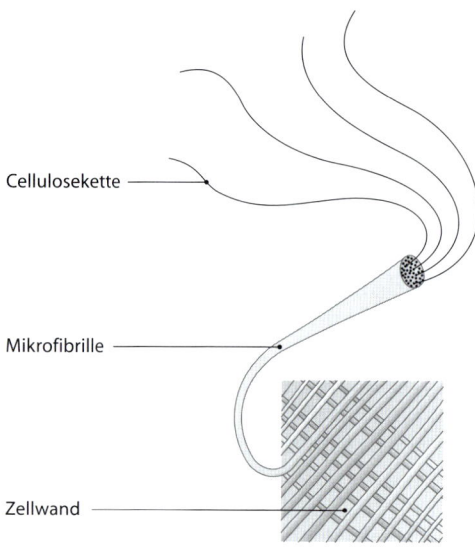

Cellulosekette

Mikrofibrille

Zellwand

**Das wässrige Milieu in der Zellwand ist hypoton im Vergleich zum Zellinnern** – Obwohl das Wasser in der Zellwand mehr gelöste Stoffe enthält als das Umgebungswasser der Pflanze (z.B. im Boden), enthält es wesentlich weniger osmotisch aktive Teilchen als das Cytoplasma. Deshalb entsteht ein osmotischer Druck im Zellinnern, der **Turgor**. Die Zellwand fängt den Druck auf und wird dadurch versteift.

**Die Gestalt der Pflanze wird durch die Anordnung der cortikalen Microtubuli bestimmt** – Die Form einer Pflanze bildet sich während des Wachstums aus. Der Turgor bestimmt zusammen mit der Orientierung der Cellulosefibrillen, die parallel zum Mikrotubuli-Cytoskelett des darunter liegenden Zellcortex orientiert sind, die

Wachstumsrichtung. Bestimmte als **Meristeme** bezeichnete Wachstumsbezirke mit Gruppen von sich rasch teilenden Zellen befinden sich in Pflanzen an den Spitzen der Wurzeln und Knospen sowie seitlich der Gefäße. Pflanzliche Zellwände werden als Cellulosewände in den Meristemen angelegt. In diesem Zustand sind sie zwar widerstandsfähig, aber dünn und ausbaubar. Erst später, wenn die Form des entsprechenden Pflanzenteils ausgebildet ist, werden die Komponenten der sekundären Zellwand sezerniert und innerhalb der primären Zellwand abgelagert. Diese sekundäre Zellwand ist steif und verleiht der Pflanze den Halt; der Pflanzenteil verholzt. Die Cellulose stellt mit etwa 40% des Trockengewichts die Hauptkomponente von Holz dar. Eine weitere typische Komponente der sekundären Zellwand ist das Lignin (Tabelle 27.2). Lignin ist ein Polymer aus substituierten Phenylpropaneinheiten, das mit Cellulose und Hemicellulose vernetzt vorliegt. Je nach Pflanzenspezies ist die Zusammensetzung des Lignins verschieden; seine Struktur ist nicht im Detail bekannt. Mannan ist ein verzweigtes Polymer von etwa 150 Zuckereinheiten und besteht vor allem aus Mannose. Mannan ist mit Lignin und den Cellulosefibrillen quervernetzt.

■ Pflanzliche Zellverbände werden durch primäre und sekundäre Zellwände aus Polysacchariden (hauptsächlich Cellulose), polymeren Alkoholen und Proteinen stabilisiert, welche die Zellen vollständig umhüllen.

# 28 Stoffaustausch durch Membranen

Biologische Membranen begrenzen Zellen und deren Kompartimente. Sie sind aufgrund ihrer Lipiddoppelschicht zwar durchlässig für kleine hydrophobe Moleküle (z. B. $O_2$ und $CO_2$) und kleine ungeladene Moleküle ($H_2O$) aber kaum permeabel für größere hydrophile Moleküle und Ionen. Sie liefern damit eine Voraussetzung zur Ausbildung unterschiedlicher Stoffkonzentrationen in verschiedenen Kompartimenten.

Die relative Impermeabilität der Membranen ermöglicht den Zellen die Existenz als eigenständiges Lebewesen in einer chemisch anders zusammengesetzten Umgebung. Gewisse Stoffe müssen aber durch die Zellmembran und von einem Kompartiment in ein anderes transportiert werden. Dieser Transport ist selektiv: Nährstoffe werden aufgenommen, Stoffwechselendprodukte werden ausgeschieden. Gewisse chemische Reaktionen laufen spezifisch in einem bestimmten Kompartiment ab, worauf deren Produkte selektiv in andere Kompartimente weiter geleitet werden. In der Literatur wird der Begriff des „Konzentrationsgradienten" über einer Membran häufig verwendet. Dieser Begriff erweist sich zwar in der Anwendung als praktisch, aber dennoch sollte man die Situation besser als „Konzentrationsunterschied" beschreiben, weil nicht ein Konzentrationsgradient eines Stoffes vorliegt, sondern der Stoff auf den zwei Seiten der Membran in verschiedener Konzentration vorhanden ist. Wir unterscheiden zwischen aktivem und passivem Membrantransport. Der aktive Membrantransport häuft unter Energieaufwand Moleküle und Ionen im Kompartiment mit der höheren Konzentration an. Der passive Transport kann als eine erleichterte (katalysierte) Diffusion aufgefasst werden, er erfolgt vom Kompartiment mit der höheren Konzentration ins Kompartiment mit der niedrigeren Konzentration.

## 28.1 Grundsätzliches zum Membrantransport

**Die Permeabilität der Lipiddoppelschicht variiert für verschiedene Moleküle beträchtlich** – Größere ungeladene Moleküle, wie sie im Stoffwechsel vorkommen, und Ionen können die Lipiddoppelschicht praktisch nicht passieren. Diese Moleküle werden durch spezifische Transportproteine durch die Membranen gebracht. Es werden zwei verschiedene Transportproteine, die **Trägerproteine** (*Carrier*) und die **Kanalproteine** unterschieden. Trägerproteine binden die Transportsubstanz, während Kanäle die transportierten Moleküle passieren lassen; die Selektivität der Kanäle ist durch ihren Durchmesser und ihre elektrische Oberflächenladung gewährleistet.

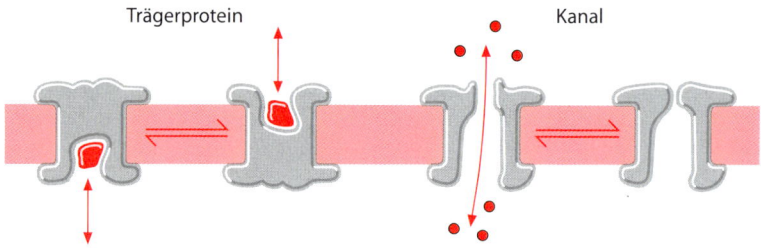

Trägerprotein                                 Kanal

Bei den Trägerproteinen erfolgt der Transport aufgrund einer Konformationsänderung im Trägermolekül. Ein Kanalprotein bildet auf ein bestimmtes Signal hin kurzfristig eine kleine Öffnung zum selektiven Durchlass bestimmter Substanzen. Wenn der Transport durch ein Protein (Trägerprotein oder Kanal) vermittelt wird, folgt der Transport einer Sättigungskinetik, welche einer Michaelis-Menten-Kinetik entspricht (s. Kapitel 4.3). Transportproteine sind nicht nur in der Plasmamembran sondern auch in intrazellulären Membranen vorhanden. Entsprechend groß ist die Zahl verschiedener Transportproteine, welche in etliche Proteinfamilien einzuteilen sind. Der Übersichtlichkeit wegen werden die Transportproteine durch die „Transport Commission" in einem System klassifiziert, das dem EC-System der „Enzyme Commission" gleicht, aber zusätzlich zur funktionellen Information auch phylogenetische Information zur Klassifizierung benutzt. Eine nach den TC-Nummern geordnete Sammlung mit der Klassifizierung aller bekannter Transporter findet sich in der Transport Classification Database der University of California, San Diego (Tabelle 40.2).

**In einzelnen Membranen finden sich neben den Transportproteinen auch noch Proteinporen** – Im Vergleich zu den selektiven Öffnungen der Membrankanäle sind die Öffnungen der Poren wesentlich größer. Diese relativ weiten Poren ermöglichen die Passage verschiedenster Ionen und Moleküle. Die Beschaffenheit der Porenoberfläche ermöglicht nur eine beschränkte Selektion des Transportguts. Die Öffnungszeit bestimmter Poren kann reguliert sein.

**Aktiver Membrantransport verbraucht Energie und ist an die Hydrolyse von ATP gekoppelt** – Die Anhäufung eines Moleküls ist ein endergonischer Prozess, dessen Energiebedarf gemäß der folgenden Gleichung (vgl. Kapitel 1.6) berechnet werden kann:

$$\Delta G' = \Delta G^{0'} + RT \ln c_2/c_1.$$

Für den Transport eines gelösten Stoffes, dessen Struktur unverändert bleibt, gilt bei Standardbedingungen (alle Konzentrationen sind 1 M) $\Delta G^0 = 0$ und die Gleichung wird zu

$$\Delta G' = RT \ln c_2/c_1,$$

wobei $c_1$ die Konzentration des Stoffes diesseits der Membran und $c_2$ die Konzentration des Stoffes jenseits der Membran bedeutet. Wenn das Konzentrationsverhältnis z. B. als 10/1 gewählt wird, so lautet die Gleichung:

$$\Delta G' = (8{,}315 \, \text{J mol}^{-1}\text{K}^{-1})(298\text{K}) \ln 10/1$$
$$= 5706 \, \text{J mol}^{-1}$$

d. h. der Transport von 1 mol bei 25 °C entspricht einer Zunahme der freien Energie um 5,7 kJ. Eine Zelle, z. B. eine Nervenzelle, die eine große Pumpleistung zu vollbringen hat, verwendet einen großen Anteil ihres gesamten ATP dafür. Der berechnete Fall gilt für den Transport eines ungeladenen Moleküls. Bei einem Transfer elektrischer Ladungen muss ein zusätzlicher Energiebetrag für den Aufbau des elektrischen Potentials in Rechnung gestellt werden (s. Kapitel 15.3).

**Anstelle von ATP kann auch Licht als Energiequelle für aktiven Transport he-**

rangezogen werden – Solche von Licht getriebenen Pumpen finden sich in Pflanzen und in verschiedenen Mikroorganismen, wo z.B. Chlorophyll- oder Rhodopsin-haltige Proteinkomplexe Protonen durch die Membranen pumpen (s. Kapitel 22.4 und Kapitel 23.6).

**Konzentrationsunterschiede von Stoffen dies- und jenseits einer Membran können durch gekoppelten Transport die Anhäufung anderer Stoffe antreiben –** Der Transport eines Stoffes kann an den Transport eines anderen Stoffes gekoppelt sein, indem ein Trägerprotein zwei Substrate immer nur zusammen oder im Austausch transportiert. Bei einem **Symport** werden beide Substrate in die gleiche Richtung transportiert; bei einem **Antiport** läuft der Transport der zwei Substrate in entgegengesetzte Richtungen. Ein vorhandener Konzentrationsunterschied eines ersten Stoffes kann durch die Koppelung den Transport eines zweiten Stoffes antreiben. Obwohl dieser sekundär-aktive Transport direkt kein ATP verbraucht, ist er als aktiver Transport zu bezeichnen: ATP ist bei der Herstellung des Konzentrationsunterschieds des ersten Stoffes verbraucht worden.

- Aktiver Membrantransport führt unter Energieaufwand durch Hydrolyse von ATP oder Koppelung an einen vorbestehenden Konzentrationsunterschied eines anderen Stoffes zur Anhäufung des transportierten Moleküls auf einer Membranseite.

## 28.2
## Mechanismus der Na$^+$/K$^+$-Pumpe

**Die Na$^+$/K$^+$-Pumpe transportiert Na$^+$ aus der Zelle heraus, K$^+$ in sie hinein, und verbraucht dabei ATP –** Die Na$^+$/K$^+$-Pumpe tierischer Zellen baut die Na$^+$/K$^+$-Konzentrationsunterschiede über der Zellmembran auf. Die hohe Na$^+$-Konzentration außen (145 mM; innen 12 mM) und die hohe K$^+$-Konzentration innen (140 mM; außen 4 mM) können als Energiequellen für den aktiven Transport anderer Stoffe durch die Membran dienen. Die Unterschiede in den Konzentrationen sind ferner die Grundlage für das Membranpotential und damit auch für das Aktionspotential bei der Weiterleitung von Impulsen in erregbaren Membranen. Die Aufrechterhaltung der unterschiedlichen Ionenkonzentrationen ist energieaufwändig, etwa ein Drittel des Energieverbrauchs eines Säugetieres im Ruhezustand wird dafür verwendet. Die Na$^+$/K$^+$-ATPase besteht aus je zwei $\alpha$- und $\beta$-Untereinheiten. Die Bindung von ATP führt zu einer Konformation, bei welcher der Transporter gegen das Zellinnere geöffnet ist und drei Na$^+$-Ionen präferenziell bindet:

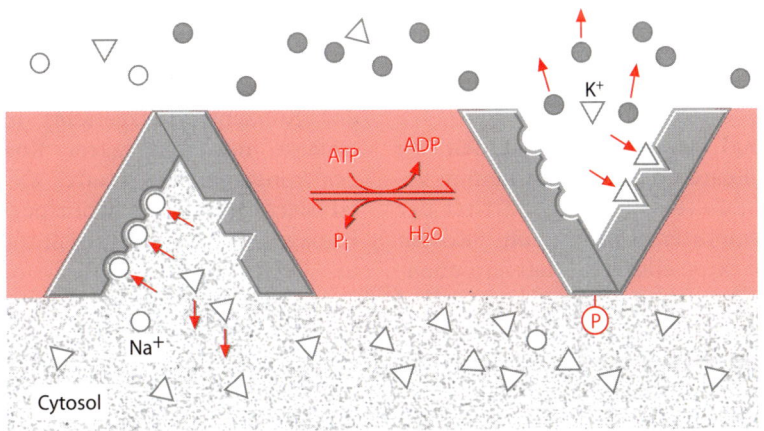

Auf der Zellaußenseite liegt der Transporter geschlossen vor und bindet keine $K^+$-Ionen. Bei der folgenden Hydrolyse von ATP wird das Protein auf der Zellinnenseite phosphoryliert und ändert seine Konformation. Nun ist es offen nach außen und geschlossen nach innen. Die drei $Na^+$-Ionen werden an der Zellaußenseite gegen zwei $K^+$-Ionen getauscht. Dabei wird die Phosphatgruppe vom Protein abgespalten und das Protein öffnet sich wieder nach innen, wo die $K^+$-Ionen freigesetzt werden und erneut drei $Na^+$-Ionen gebunden werden. Der Transportzyklus kann nun erneut stattfinden. Die $Na^+/K^+$-ATPase ist elektrogen, denn sie baut einen Ladungsunterschied über der Membran auf. Der selektive aktive Transport von $Na^+$- und $K^+$-Ionen führt also nicht nur zu Stoffgradienten sondern auch zu Ladungsdifferenzen oder einer elektrischen Spannung über der Membran, dem Membranpotential. Sowohl Stoffgradienten wie auch elektrische Membranpotentiale können nur unter Energieaufwand gebildet werden. Jede lebende Zelle besitzt ein Membranpotential; eine tote Zelle zeigt kein Membranpotential mehr.

■ Die $Na^+/K^+$-ATPase pumpt $Na^+$-Ionen nach außen und $K^+$-Ionen nach innen. Das aufgebaute chemische und elektrische Potential liefert die Energie für diverse andere gekoppelte Membrantransporte.

## 28.3
## Symport- und Antiport-Systeme

**Glucose und Aminosäuren werden im Darm auf Kosten des $Na^+$-Gradienten resorbiert** – Zum Beispiel transportiert der Glucose-Symporter Glucose auf Kosten der hohen extrazellulären Natriumionen-Konzentration in die Zelle; Glucose und Natriumionen werden gemeinsam importiert. Wenn nur eines der beiden Substrate vorhanden ist, läuft kein Transport ab. Durch diese Art des Transports werden

an der Bürstensaummembran des Darmepithels nicht nur Glucose sondern auch Aminosäuren spezifisch aus dem Verdauungsbrei resorbiert.

**Antiport-Systeme nutzen wie die Symport-Systeme die Energie bestehender Konzentrationsunterschiede aus** – Der exergonische Import von Natriumionen kann den endergonischen Export von Calciumionen antreiben. In diesem Fall exportiert ein Transportermolekül Calciumionen aus dem Cytosol der Zelle ins ER, wenn gleichzeitig Natriumionen zum Gegentransport zur Verfügung stehen. Die so aufgebaute hohe Konzentration von Calciumionen im ER spielt z.B. bei der Aktivierung der Skelettmuskeln eine wichtige Rolle. Neben dieser Möglichkeit, Calciumionen anzuhäufen, besteht die Option, den Calciumtransport an die Hydrolyse von ATP zu koppeln.

■ Der Transport eines bestimmten Stoffs durch einen Membrantransporter ist häufig gekoppelt mit dem Symport oder Antiport eines anderen Stoffs. Die Koppelung liefert die benötigte Energie für die Anhäufung des einen Stoffs durch den Abbau des Konzentrationsunterschieds des anderen Stoffs.

## 28.4
## Passiver Transport, erleichterte Diffusion

**Moleküle müssen nicht immer angehäuft werden, viele Transporte laufen entlang des Konzentrationsgefälles in Kompartimente mit niedrigerer Konzentration des transportierten Stoffes ab** – Beim **katalysierten passiven Transport** wird die Passage des Moleküls durch die Membran in Richtung Konzentrationsausgleich durch einen Transporter ohne Verbrauch chemischer Energie beschleunigt. Man spricht deshalb auch von **erleichterter Diffusion**. Die Transporter sind selektiv für bestimmte Moleküle und Ionen. Die

Membran der Erythrocyten ist z. B. aufgrund eines Transporters in beiden Richtungen durchlässig für $HCO_3^-$ und $Cl^-$. Alle tierischen Zellen besitzen einen Transporter für Glucose. Spezialisierte Membranen (z. B. in der Niere) lassen Wassermoleküle selektiv durch Aquaporinkanäle passieren (s. Kapitel 6.7).

**Aus dem Protein Porin gebildete Poren lassen bei Bakterien niedermolekulare Nährstoffe aus der Umgebung ins Periplasma der Zelle diffundieren** – Die relativ großen Poren der Porine kommen durch die fassähnliche Anordnung von $\beta$-Faltblättern zustande. Der Durchmesser der Poren (1–3 nm) erlaubt, dass viele niedermolekulare Stoffe annähernd frei passieren können. Eine gewisse Selektivität der Poren wird durch die Struktur und Ladung der Schlaufen zwischen den Faltblattregionen erreicht.

Organellen. Eine Untergruppe der mitochondrialen Porine spielt nicht nur beim Transport vieler kleiner Moleküle eine Rolle, sondern ist auch wichtig bei der Regulation des Zelltods. Sie führt im Zusammenspiel mit anderen Proteinen u.U. zu einer plötzlich erhöhten Permeabilität der äußeren Mitochondrienmembran und damit zur Freisetzung mitochondrialer Komponenten wie Cytochrom c, welche den programmierten Zelltod auslösen (s. Kapitel 26.6).

**Ionophore** sind niedermolekulare organische Verbindungen, welche analog zu den passiven Transportproteinen den Transfer bestimmter Ionen durch Membranen erleichtern. Sie bilden keine Poren, vermitteln aber durch Komplexbildung die Löslichkeit des zu transportierenden Ions in der Membran und katalysieren dadurch seine Membrandurchquerung. Sie sind so-

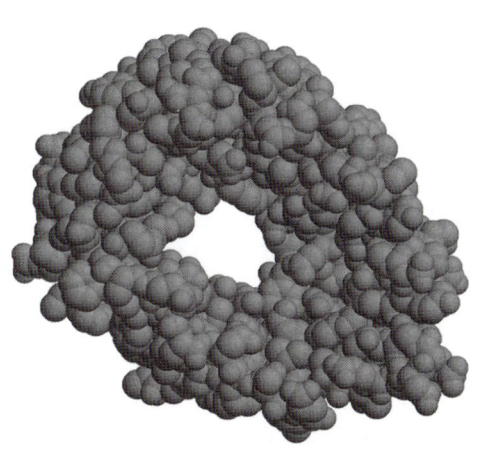

Porin-Pore von unten, raumfüllendes Modell

Seitenansicht, C$\alpha$-Kette, mit antiparallelen Faltblattsträngen

An der inneren bakteriellen Zellmembran (Plasmamembran) findet eine strengere Kontrolle des Transfers von Molekülen mittels energieabhängiger Transporter statt. In Übereinstimmung mit der Hypothese des endosymbiontischen Ursprungs der Mitochondrien und Plastiden aus prokaryontischen Vorläuferzellen finden sich Porine in den äußeren Membranen dieser

mit schädlich für Zellen und können, falls sie selektiv für bakterielle Membranen sind, als Antibiotika (z. B. das zyklische Peptidanalog Valinomycin) verwendet werden.

■ Passiver Transport geht immer in Richtung eines Ausgleichs der Stoffkonzentration zwischen beiden Membranseiten. Er kann durch spezifische Transporter oder größenselektive Poren beschleunigt werden.

# 28.5
# Chemische und elektrische Membranpotentiale

**Bestimmte Kanäle öffnen sich nur nach Empfang eines Signals** – Als chemisches Potential wird ein Konzentrationsunterschied eines Stoffes auf den beiden Seiten der Membran bezeichnet. Ein elektrisches Potential entspricht der elektrischen Spannung zwischen den beiden Membranseiten, die auf dem Unterschied in der elektrischen Ladung beruht. Vorbestehende chemische und elektrische Membranpotentiale sind notwendig für wichtige Kommunikationsmechanismen in multizellulären Lebewesen. Oft sind daran passive Transportsysteme beteiligt, die durch ein bestimmtes Signal aktiviert werden. Man spricht in diesen Fällen von regulierten Kanälen *(Gated channels)*. Wässrige Kanäle, die aufgrund ihres Durchmessers selektiv für bestimmte Ionen sind, öffnen sich kurzfristig nach Eintreffen eines Signals. Die wichtigsten Kanäle lassen $Na^+$-, $K^+$-, und $Ca^+$-Ionen sehr rasch passieren. Ein einzelner Ionenkanal kann bis zu $10^8$ Ionen pro Sekunde in eine Zelle eintreten lassen. Die schnellsten Trägerproteine transferieren hingegen nur etwa 1000 Substratmoleküle pro Sekunde. Bei Ionenkanälen sind immer nur Transporte in Richtung niedrigerer Konzentration möglich. Der rasche Ionentransport durch Kanäle kommt durch das elektrische Potential zustande: 50 mV über einer Lipiddoppelschicht von 5 nm Dicke bedeuten eine Feldstärke von $100\,000$ $V \cdot cm^{-1}$.

**Ionenkanäle sind sehr eng und dadurch selektiv für bestimmte Ionen und wechseln zwischen offenem und geschlossenem Zustand** – Die passierenden Ionen sind dehydratisiert und ihr Radius zusammen mit ihrer elektrischen Ladung bestimmt, ob sie den betreffenden Kanal passieren können. Man kennt einige unre-

gulierte Kanäle, welche permanent offen sind. Die Mehrzahl der Kanäle ist allerdings reguliert. Sie öffnen sich nur aufgrund bestimmter Stimuli:

– Spannungsänderung über der Membran (Spannungs-gesteuerte Kanäle, *Voltage-gated channels;* z. B. in Nerven),
– Ligandbindung (Ligand-gesteuerte Kanäle, *Ligand-gated channels;* z. B. in neuromuskulären Endplatten), wobei der Ligand extrazellulär sein kann, z. B. ein Neurotransmitter (*Transmitter-gated channels*), oder intrazellulär, z. B. ein Nucleotid oder ein Ion (*Nucleotide-* oder *Ion-gated channels*),
– Mechanischer Stress (*Mechanically gated channels,* z. B. in Muskeln und Sehnen zur Feststellung der Lage der Gliedmaßen),
– Temperatur-regulierte Kanäle (Wärme- und Kälte-Rezeptoren der Haut).

Viele Ionenkanäle werden außerdem über Phosphorylierungen an Aminosäurenseitenketten ihrer cytoplasmatischen Domäne reguliert und sind dadurch an die intrazelluläre Signalübermittlung gekoppelt.

**Stoffe können nicht nur von Transportproteinen aus Zellen freigesetzt werden, auch Vesikel führen Stofftransfer durch** – Botenstoffe können nach einem rezeptorvermittelten Signal mittels sekretorischer Vesikel, die mit ihren konzentriert gespeicherten Inhaltsstoffen dicht unter der Zelloberfläche liegen, aus der Zelle freigesetzt werden. Diese Botenstoffe führen danach zur Stimulierung der *Gated channels* in der benachbarten Membran; dadurch wird ein chemisches Signal in ein elektrisches Signal umgewandelt. Hier sei daran erinnert, dass bei dieser Art des Stofftransfers aus der Zelle heraus keine Membrandurchquerung notwendig ist. Das Innere des Vesikels entspricht topologisch dem Extrazellulärraum. Durch die Fusion der Vesikelmembran mit der Zellmembran wird der Inhaltsstoff des Vesikels direkt ins Außenmilieu ausgeschüttet. Die freigesetzten Stoffe werden danach oft über Rezeptoren wieder in die Zelle aufgenommen, wo sie für eine nächste Ausschüttung bereitgestellt werden.

■ Membranpotentiale sind unabding-
bar für das Funktionieren lebender
Zellen und Organismen. Sie können
durch unterschiedliche Stoffkonzentrationen (chemische Potentiale) oder
Ladungsdichten (elektrische Potentiale) entstehen. In beiden Fällen ist der
Aufbau des Potentials energieabhän-
gig.

## 28.6
## Transzellulärer Transport

**Stofftransporte finden nicht nur durch
einzelne Membranen statt, sondern auch
durch Zellschichten wie Endothelien und
Epithelien** – Der Stofftransport durch das
Kapillarendothel oder der Transport durch
das Darmepithel seien hier als Beispiele erwähnt. Der gerichtete Transport niedermolekularer Stoffe kommt durch das Zusammenspiel von Import- und Exportpro-
teinen auf den gegenüberliegenden Seiten
der Zellen im Epithel oder Endothel zustande:

Die Permeabilität des Gefäßendothels
wird außerdem mittels der spezialisierten
**vesikulo-vakuolären Organelle** gefördert.
Komponenten des Zellaußenmilieus können quer durch das Endothel fließen ohne
ins Cytosol zu gelangen. Dieser trans-
endotheliale Fluss wird durch perlenket-
tenartig aufgereihte Vesikel geleitet. Diaphragmen, welche an den Verbindungs-
stellen zwischen den Vesikeln liegen, verändern rasch ihre Permeabilität beim Eintreffen entsprechender Signale:

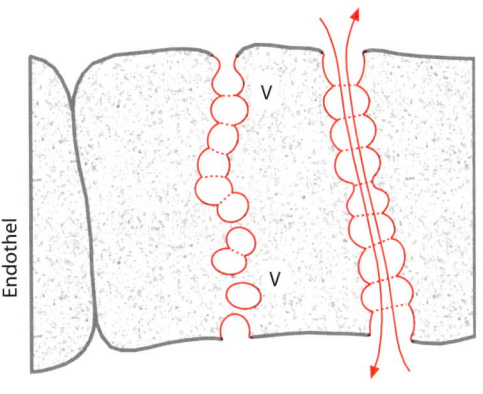

···· Diaphragmen

V  Verbundene Vesikel
bilden Kanäle

■ Importierende Transportproteine auf
der apikalen Zellseite und exportie-
rende Transportproteine auf der basolateralen Zellseite ermöglichen die
gerichtete Passage von Stoffen durch
Zellen und Gewebe. Im Endothel der
Blutgefäße führt zusätzlich eine spezialisierte vesikuläre Organellengruppe diesen gerichteten Transport aus
und kontrolliert so die Permeabilität
der Gefäße.

# 29 Rezeptoren und Signaltransduktion

Mehrzellige Organismen entstanden auf der Erde rund 2,5 Milliarden Jahre später als einzellige bakterienähnliche Organismen. Einzeller sind in der Lage, auf Veränderungen der Stoffkonzentrationen in ihrer Umgebung zu reagieren; sie können beispielsweise Lockstoffe aus einer anderen Zelle wahrnehmen und sich entlang des Konzentrationsgradienten darauf zu bewegen, doch ist die Kommunikation zwischen den Zellen auf solche einfache Mechanismen beschränkt. Einzellige Organismen benötigen keine hoch entwickelte Signaltransduktion. Die Entwicklung einer differenzierten Kommunikation zwischen Zellen war hingegen essenziell für die Entstehung mehrzelliger Organismen. Die Evolution während ungefähr einer Milliarde Jahren führte zu Systemen der Signaltransduktion, welche zu den komplexeren Bereichen der Biologie gehören. Veränderungen innerer und äußerer Bedingungen in einer Zelle lösen Reaktionen aus, die auf den Stoffwechsel, das Cytoskelett, die Transkription, die Muskelaktivität usw. Einfluss nehmen. Spezialisierte extrazelluläre Moleküle zur Signalübermittlung spielen dabei häufig eine wichtige Rolle. Diese Botenstoffe werden von Zellen als Mittel zur Kommunikation mit benachbarten und weiter entfernten Zellen sezerniert. Die Signalmoleküle binden danach an spezifische Rezeptoren, die meist auf der Oberfläche der Empfängerzellen liegen. Diese Wechselwirkung führt in der Regel zu einer Konformationsänderung im Rezeptor, der dadurch im Zellinnern eine Kaskade von Enzymaktivierungen auslöst, welche zu einer bestimmten Reaktion der Zelle führt. In jeder einzelnen Zelle werden dauernd mehrere Signale gleichzeitig verarbeitet. Intensität, Dauer und örtliches Auftreten der Signale bestimmen die Reaktion der Zelle. Einfache, lineare Signalübermittlung ist typisch für die Steuerung einfacher Reaktionen wie geschwindigkeitsbegrenzender Schritte in Stoffwechselwegen. Dementsprechend begegnen wir solchen einfachen regulatorischen Vorgängen sowohl bei Einzellern als auch bei Mehrzellern. Kompliziertere Prozesse wie z. B. der Zellzyklus werden in Eukaryonten durch wesentlich aufwändigere Signaltransduktionsmechanismen gesteuert. Die intrazelluläre Signaltransduktion wird in diesen Fällen am treffendsten als ein regulatorisches Netzwerk in Raum und Zeit beschrieben. Die Steuerung eines bestimmten Vorgangs in der betroffenen Zelle ergibt sich durch Integration vieler positiver und negativer Stimuli. Genauso wie die Kontrolle jeder einzelnen Zelle mittels eines solchen Netzwerks zustande kommt, wird auch der gesamte Organismus durch übergeordnete Netzwerke von Signalen zwischen Zellen, Geweben und Organen gesteuert. Die Nervensysteme des Menschen, der Säugetiere und der Vögel sind die am höchsten entwickelten Netzwerke dieser Art. Die biochemischen Aspekte des Nervensystems werden in Kapitel 31 gesondert betrachtet.

## 29.1
## Grundsätzliches
## zur Signaltransduktion

**Die Signaltransduktion, eine Gerüchteküche** – Befasst man sich mit der Biochemie der Signaltransduktion, so ist man mit einer überwältigenden Vielfalt an Mechanismen konfrontiert. Wir versuchen deshalb zuerst, dieser Komplexität einen Vergleich aus unserem täglichen Leben gegenüberzustellen, der viele Gemeinsamkeiten mit der Signalübermittlung in Zel-

len und Organismen zeigt, nämlich die Verbreitung einer Nachricht in Form eines Gerüchts. Das Gerücht entsteht lokal, nur einzelne Personen wissen Bescheid. Jede dieser Personen (Rezeptoren) erzählt die Nachricht einigen Bekannten, die sie wiederum an mehrere Personen weitergeben. Das Gerücht verbreitet sich rasch über wenig kontrollierte Kanäle und wird gegebenenfalls von den Medien (katalytische Funktion) kräftig verstärkt. Sekundäre Einflüsse und Interessen (andere Gerüchte, Politik, religiöse Ansichten) verändern die Darstellung der Nachricht. Am Schluss wissen alle Bescheid, handeln unter Umständen entsprechend, und das Interesse erlahmt.

**Die Wirkung von Signalmolekülen wird durch Aktivierung von Rezeptoren an der Zelloberfläche oder im Zellinnern verstärkt** – Eine typische Zelle in einem mehrzelligen Organismus ist jederzeit Hunderten von verschiedenen Signalen aus der Umgebung ausgesetzt. Die Zelle wertet alle diese Signale aus und reagiert

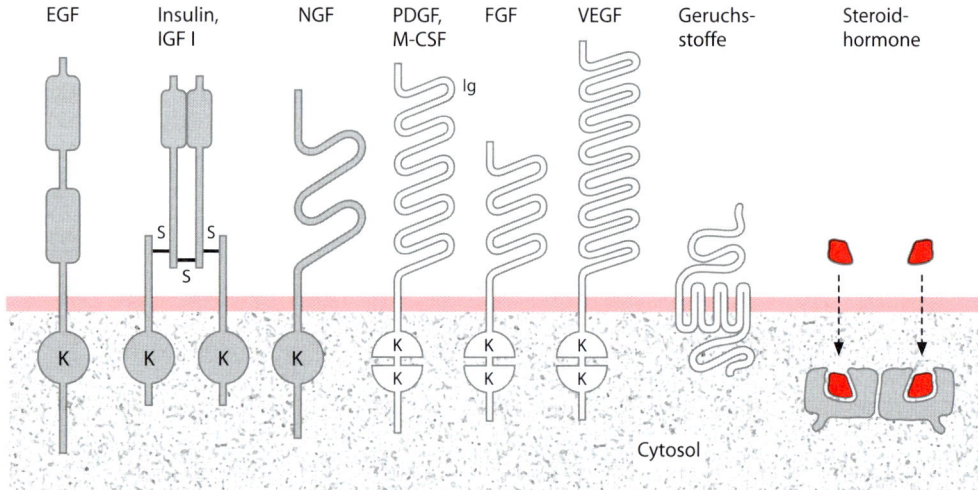

**Abb. 29.1.** Die verschiedenen Rezeptortypen. Einige typische Transmembranproteine mit bekannter Rezeptorfunktion sind neben dem Beispiel eines intrazellulären Rezeptors gezeigt. Die angeführten Beispiele entsprechender Liganden sind: EGF = *Epidermal growth factor*; Insulin; IGF I = *Insulin-like growth factor* I; NGF = *Nerve growth factor*; PDGF = *Platelet-derived growth factor*; M-CSF = *Macrophage colony stimulating factor*; FGF = *Fibroblast growth factor*; VEGF = *Vascular endothelial growth factor*; Geruchsstoffe (zugehörige Rezeptoren: GPCRs = *G-protein coupled receptors*, welche ausnahmslos 7-Transmembranhelix-Rezeptoren sind); Steroidhormone wie Östrogene oder Testosteron dringen in die Zelle ein und binden an ihren intrazellulären Rezeptor. Ig = Immunglobulindomäne; K = Tyrosinkinasedomäne; S = Disulfidbrücke

entsprechend vielfältig; sie bewegt sich, verändert ihren Stoffwechsel, sezerniert Signalmoleküle. Vermutlich können alle Gene von der Signaltransduktion angesteuert werden. Die fundamentalsten Entscheidungsmöglichkeiten einer Zelle sind folgende: Die Zelle überlebt ohne Teilung, sie teilt sich, sie differenziert zu einem anderen Zelltyp oder sie stirbt. Viele der bei diesen Entscheidungen beteiligten Signale sind Moleküle, die aus anderen Zellen stammen, meist Polypeptide oder Proteine, welche die Zellmembran nicht durchqueren. Sie binden an bestimmte Transmembranproteine, die Rezeptoren, an der Oberfläche der Zielzelle (Abb. 29.1).

Die Rezeptorproteine verfügen meist über eine Signalübermittlungsdomäne in ihrem cytoplasmatischen Teil, z. B. eine Proteinkinase. Durch die Bindung des Signals wird eine Konformationsänderung des Rezeptors ausgelöst und dadurch die cytoplasmatische Domäne aktiviert. Im Fall einer Proteinkinase findet danach durch die enzymatische Reaktion eine Verstärkung des Signals statt. Typischerweise wird eine Proteinkinase eines Rezeptors eine weitere Proteinkinase mit anderer Substratspezifität aktivieren. Diese wiederum aktiviert eine nächstfolgende andere Kinase; eine ganze Reihe von Kinasen kann so in Serie geschaltet werden. Jede dieser Kinasen kann die Phosphorylierung mehrerer Zielproteinmoleküle katalysieren und so entsteht eine Kaskade enzymatischer Aktivierungen mit mehrfachem Verstärkereffekt. Weil die Komponenten der Kaskade in der Regel in niedriger Konzentration vorliegen, sind die Wechselwirkungen zwischen den Molekülen regulierbar. Am Ende der Kaskade werden Effektorproteine modifiziert und damit der Phänotyp der Zelle verändert. Als häufiges Beispiel für Effektorproteine seien hier Transkriptionsfaktoren genannt, die nach ihrer Phosphorylierung die Expression einer Reihe von Genen erhöhen bzw. erniedrigen. Ein einzelnes Signalmolekül, das die Kaskade auslöst, kann aufgrund der diversen kumulierten Amplifikationsschritte eine große Wirkung erreichen.

**Rezeptoren kommen nicht nur an der Zelloberfläche, sondern auch im Zellinnern vor** – Einige kleine hydrophobe Signalmoleküle wie Steroidhormone können durch die Zellmembran diffundieren. Sie binden im Zellinnern an lösliche Rezeptoren mit spezifischen Bindungsstellen für die entsprechenden Signalmoleküle. Signalmoleküle binden also entweder an Rezeptoren der Zelloberfläche oder an Rezeptoren im Zellinnern.

Auch in diesen Fällen führt die Bindung des Signalmoleküls zur Konformationsänderung des Rezeptors. Er setzt beispielsweise in der Folge ein Kernlokalisierungssignal frei und wird in den Kern transportiert, wo er die Expression bestimmter Gene beeinflusst. Also findet auch hier eine Verstärkung des Signals statt: Ein einzelnes Molekül eines Transkriptionsfaktors kann ein Gen zur Produktion mehrerer mRNA-Moleküle stimulieren, welche ihrerseits von vielen Ribosomen abgelesen werden.

**Signalmoleküle können über weite Distanz zum Rezeptor transportiert werden, aber auch direkt von Zelle zu Zelle oder intrazellulär wirksam sein** – Signalmoleküle werden in vielen Fällen in den Zellzwischenraum (das Interstitium) und damit in den Blut- und Lymphkreislauf sezerniert. Hormone werden so über den ganzen Organismus verteilt und wirken auf diejenigen Zielorgane, welche die passenden Rezeptoren besitzen:

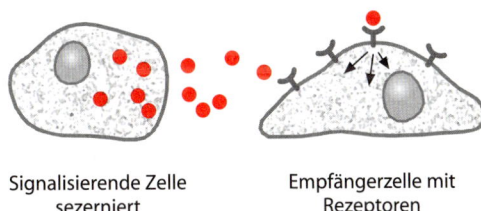

Signalisierende Zelle sezerniert Signalmoleküle

Empfängerzelle mit Rezeptoren

Das Signalmolekül wird aber nicht in allen Fällen sezerniert. Signalübermittlung zwischen zwei Zellen kann auch durch ein zellgebundenes Signalmolekül erfolgen. Das Signal wird dabei direkt von der einen Zelle zur anderen Zelle übertragen, wie

z. B. bei der kontaktabhängigen Signalübermittlung im Immunsystem. Das Signalmolekül wird auf der Zelloberfläche präsentiert und entfaltet seine Wirkung erst, nachdem die Membranen der kommunizierenden Zellen miteinander in Kontakt gekommen sind:

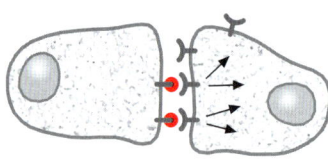

Signalisierende Zelle mit
gebundenen
Signalmolekülen

Empfängerzelle mit
Rezeptoren

Im Fall der autokrinen Signalübermittlung wird das Signalmolekül gar in der Empfängerzelle selbst produziert und bindet an einen zelleigenen Rezeptor. Dieses Phänomen wird z. B. bei gewissen Tumoren beobachtet, die ihr eigenes Wachstum stimulieren.

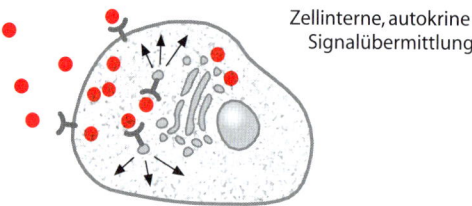

Zellinterne, autokrine
Signalübermittlung

**Die Regulation der zellulären Reaktionen beruht auf drei Grundelementen** – Die Regulierbarkeit und die Spezifität der Signaltransduktion beruht auf drei Faktoren:

– **Die zelluläre Antwort hängt von der Anzahl aktivierter Rezeptoren ab** – Wenn ein Signalmolekül an seinen Rezeptor bindet, so wird entweder eine Signalübermittlungskaskade ausgelöst (Oberflächen-Rezeptor in Zellmembran), oder der Rezeptor (löslicher Rezeptor im Zellinnern) kann direkt an die Promotorregion eines Zielgens, bzw. an ein anderes Zielmolekül, binden. Die Stärke des Eingangssignals, z. B. die Konzentration eines Hormons, bestimmt die Anzahl der aktivierten Rezeptoren und damit das Ausmaß der Wirkung.

– **Die Reaktion hängt vom Zelltyp ab** – Die Verarbeitung der Signale zwischen den Rezeptoren und den Zielproteinen wird durch modulartig angeordnete Übermittlungssysteme besorgt. Diese Module, z. B. die MAPKinasen (s. unten), sind je nach Zelltyp verschieden. Demgemäß führt ein bestimmter Stimulus zu Zelltyp-spezifischen Reaktionen. Acetylcholin beispielsweise erniedrigt die Frequenz und Stärke der Kontraktion bei Herzmuskelzellen, löst die Kontraktion von Skelettmuskelzellen aus und erhöht die Sekretion bei Speicheldrüsenzellen. Jede Zelle besitzt ein individuelles Netzwerk der Signaltransduktion und verhält sich entsprechend ihrer Umgebung und ihrer Geschichte.

– **Nach der Übermittlung des Signals werden die Rezeptoren, Transduktoren und Effektorproteine inaktiviert** – Regulation bedeutet nicht nur, dass die Zelle auf eine Stimulation antworten kann, sondern auch, dass ein reduziertes oder fehlendes Signal, aber auch ein andauernd hohes Signal entsprechend ausgewertet wird. Dem Abstellen einer Reaktion kommt demnach eine ebenso große Bedeutung zu wie dem Auslösen einer Reaktion. Ganz ähnlich wie das Versanden eines Gerüchts, erfolgt das Abstellen der Signalübermittlung in der Regel auf konstitutivem Weg. Die Signalmoleküle werden nach erfüllter Funktion meist abgebaut. Aktivierte Rezeptoren werden über eine Reihe von Mechanismen automatisch inaktiviert. Permanent vorhandene wenig spezifische Phosphatasen entfernen laufend die durch die Signalübermittlung gesetzten Phosphorylierungen und bringen dadurch die nicht fortwährend stimulierten Transduktionen zum Schweigen. Dasselbe gilt für die Effektormoleküle; ihre Modifikationen werden rückgängig gemacht oder sie werden abgebaut und durch neu synthetisierte Proteine ersetzt.

■ Sezernierte, an der Zelloberfläche verankerte oder zellinterne Signalmoleküle beeinflussen Zielzellen mittels Stimulierung spezifischer Rezeptoren, die das Signal einer Amplifikationskaskade zuführen. Das Signalübermittlungssystem und die Zielproteine werden anschließend inaktiviert. Das Resultat der Signalübermittlung hängt von der Signalintensität und dem Empfängerzelltyp ab.

## 29.2
## Rezeptoren an der Zelloberfläche: G-Protein-gekoppelte Rezeptoren

**Rezeptorgebundene heterotrimere G-Proteine leiten das Signal weiter** – Die Familie der G-Protein-gekoppelten Rezeptoren (*G-Protein-coupled receptors*, GPCRs) stellt die größte Rezeptorfamilie dar, Tausende solcher homologer Rezeptoren mit sieben Transmembransegmenten sind in Säugern bekannt. Diese 7 TM-Rezeptoren erkennen viele verschiedene Signalmoleküle, z. B. Geruchsstoffe, Hormone, Neurotransmitter und lokale Signalvermittler. Bei Mäusen unterscheidet man allein schon rund 1000 verschiedene Geruchsrezeptoren dieses Typs. Die G-Protein-gekoppelten Rezeptoren leiten das Signal nach Bindung ihres Liganden über heterotrimere G-Proteine weiter (Abb. 29.2). Ein Hormon findet sei-

nen Rezeptor und löst eine Konformationsänderung aus. Das in der GDP-Form an den Rezeptor gebundene G-Protein besitzt eine $\alpha$-, $\beta$- und $\gamma$-Untereinheit. Die Konformationsänderung bewirkt das Freisetzen von GDP, worauf GTP aufgrund seiner hohen Konzentration im Cytosol (die Konzentration von GTP ist etwa 10-mal höher

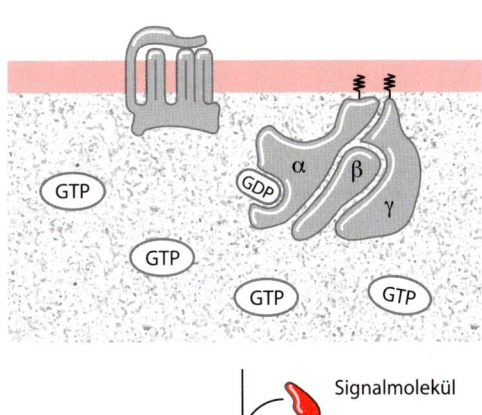

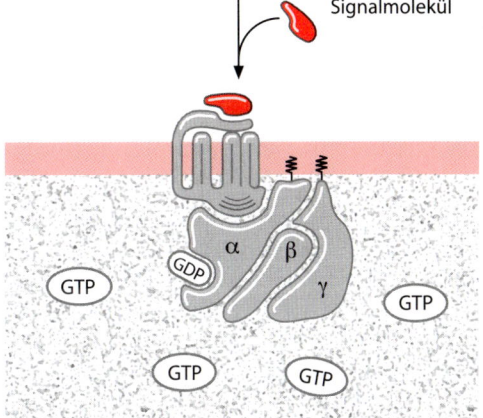

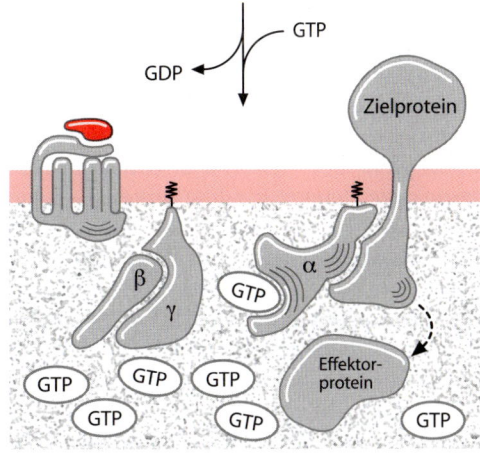

**Abb. 29.2.** Der Aktivierungszyklus eines G-Protein-gekoppelten Rezeptors (GPCR). Alle GPCR sind Rezeptoren mit sieben Transmembranhelices. Der Zyklus ist abgekürzt dargestellt. Die Bindung des Signalmoleküls fördert den Austausch des gebundenen GDP gegen GTP und beendet damit die Wechselwirkung zwischen dem G-Protein und dem GPCR sowie zwischen der $\alpha$-Untereinheit und dem $\beta\gamma$-Dimer des G-Proteins. Beide Teile des G-Proteins sind durch je einen Lipidanker mit der Membran verbunden und finden rascher zum Rezeptor zurück als frei lösliche Proteine, welche in drei Dimensionen diffundieren. Mit der Bindung des Zielproteins an die $\alpha$-Untereinheit des G-Proteins wird die Hydrolyse des GTP möglich. Nach der Hydrolyse wird der Ausgangszustand wieder hergestellt

als die von GDP) sofort dessen Stelle einnimmt. Der Rezeptor wirkt somit als GDP/GTP-Austauschfaktor (*Guanyl nucleotide exchange factor*, GEF). Die GTP-Form des G-Proteins dissoziiert vom Rezeptor und zerfällt in zwei Teile, die $\alpha$-Untereinheit und ein $\beta\gamma$-Dimer. Die $\alpha$-Untereinheit bindet an ein Zielprotein, z. B. eine Proteinkinase, das durch diese Bindung aktiviert wird. Nach der Bindung der $\alpha$-Untereinheit ans Zielprotein wird GTP langsam zu GDP und $P_i$ hydrolysiert. Die GDP-Form der $\alpha$-Untereinheit löst sich vom Zielprotein. Die langsame Hydrolyse wirkt als Zeitschalter (*Timer*). Das Zielprotein wird dadurch nur vorübergehend aktiviert und beeinflusst meist über eine Signalkaskade die zugehörigen Effektorproteine. Die in der GDP-Form vorliegende freie $\alpha$-Untereinheit des G-Proteins tritt erneut mit einem $\beta\gamma$-Dimer zusammen und bindet an einen Rezeptor, der Zyklus ist geschlossen.

**Sekundäre Botenstoffe und Proteinkinasen leiten das Signal an Zielproteine weiter. Phosphatasen dämpfen die Signalübermittlung** – Als wichtiges Beispiel sei hier die mit vielen Rezeptoren zusammenarbeitende **Adenylat-Zyklase** diskutiert, welche durch die $\alpha$-Untereinheit eines stimulierten G-Proteins aktiviert wird. Sie katalysiert die Umwandlung von ATP zu **cAMP**, einem sekundären Botenstoff (*Second messenger*; für die Strukturformel, s. Abb. 16.4). Das cAMP bindet an die regulatorische Untereinheit einer inaktiven cAMP-abhängigen Proteinkinase. Dadurch wird die katalytische Untereinheit des Enzyms freigesetzt. Die freie Untereinheit der Proteinkinase ist nun aktiv, sie kann in den Kern transportiert werden und dort geeignete Transkriptionsfaktoren phosphorylieren, z. B: CREB (*cAMP-responsive element binding protein*), das in der Enhancerregion eines Zielgens bindet. Die Transkription wird in diesem Fall stimuliert. Das cAMP wird von der permanent vorhandenen cAMP-Phosphodiesterase zu $5'$-AMP hydrolysiert und dadurch laufend inaktiviert.

Die Signalübermittlung wird zu einem großen Teil durch die Aktivität von Pro-

teinkinasen bewerkstelligt. In einer Säugerzelle sind ungefähr 1000 verschiedene Proteinkinasen an der Signalübermittlung beteiligt. Man unterscheidet zwischen **Tyrosin-Kinasen**, welche in der Regel in tierischen Zellen Proteine am Anfang der Signalübermittlungskaskaden phosphorylieren, und **Serin/Threonin-Kinasen**. Die Proteinkinasen stellen eine Familie homologer Proteine dar und sind meist recht substratspezifisch, d. h. sie erkennen nur kleine Gruppen von Zielproteinen. Eine ähnlich große Zahl von Phosphatasen ist für das Abstellen der Signale verantwortlich. Die Phosphatasen sind primär weniger spezifisch. Zum Beispiel gibt es nur wenige Gene für katalytische Serin/Threonin-Phosphatase-Untereinheiten. In manchen Fällen bestimmen jedoch zusätzliche regulatorische Untereinheiten die Substratspezifität der Phosphatasen.

**Inositol-1,4,5-trisphosphat, Diacylglycerol und Calciumionen dienen vielen G-Protein-gekoppelten Rezeptoren als sekundäre Botenstoffe** – Die $\alpha$-Untereinheit eines stimulierten G-Proteins kann auch eine membranständige Phospholipase wie die Phospholipase C (PLC) aktivieren. Phosphatidylinositol-4,5-bisphosphat (PI-4,5-$P_2$) wird durch diese Phospholipase in Diacylglycerol (DAG) und Inositol-1,4,5,-trisphosphat (IP$_3$) gespalten, welche beide als *Second messengers* in der Signaltransduktion dienen:

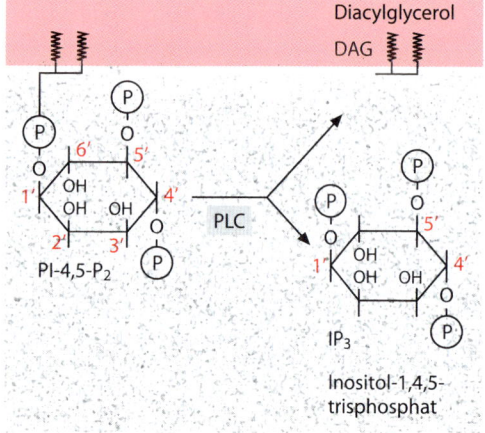

DAG verbleibt in der Membran, stimuliert die Calciumionen-abhängige Proteinkinase C und löst eine intrazelluläre Signalkette aus. Das hydrophile $IP_3$ wandert zum ER und bewirkt dort die Freisetzung gespeicherter Calciumionen, welche viele verschiedene $Ca^{2+}$-bindende Proteine beeinflussen. Die Freisetzung von $Ca^{2+}$ aus dem sarkoplasmatischen Reticulum als Folge eines elektrischen Signals löst die Muskelkontraktion aus (s. Kapitel 32.4). Das **Calmodulin** ist ein wichtiges calciumbindendes Protein. Es wird nach Bindung von vier $Ca^{2+}$-Ionen aktiviert und tritt mit anderen Proteinen, besonders Enzymen, in Wechselwirkung. Die $Ca^{2+}$-Konzentration im Cytosol der Zelle ist sehr niedrig (etwa 0,1 μM) und wird von Hormonen, Neurotransmittern und Wachstumsfaktoren streng kontrolliert. Die Veränderung der cytosolischen $Ca^{2+}$- Konzentration unter dem Einfluss verschiedenster Rezeptoren ermöglicht die Verstärkung und Integration der Signale.

**Die aktivierte α-Untereinheit eines stimulierten G-Proteins kann auch die cGMP-Phosphodiesterase oder Ionenkanäle aktivieren** – Im Spezialfall der lichtwahrnehmenden Sinnesorgane wird cGMP als sekundärer Botenstoff verwendet (s. Kapitel 31.2).

■ Stimulierte G-Protein-gekoppelte Rezeptoren (GPCRs) lösen die Dissoziation heterotrimerer G-Proteine aus, deren GTP-bindende α-Untereinheit an ein Zielprotein, z.B. die Adenylatcyclase, bindet. Die Hydrolyse von GTP wirkt als Zeitschalter. Das aktivierte Zielprotein bildet im Fall der Adenylatcyclase einen sekundären Botenstoff, der seinerseits eine Proteinkinase aktiviert und Transkriptionsfaktoren oder Enzyme des Stoffwechsels phosphoryliert. Proteinphosphatasen beenden das von den Proteinkinasen gesetzte Signal.

## 29.3
## Rezeptoren an der Zelloberfläche: Rezeptoren mit enzymatisch aktiver cytosolischer Domäne

**Vermehrung, Überleben, Differenzierung und Wanderungsverhalten von Zellen werden von extrazellulären Signalproteinen über Rezeptoren mit enzymatisch aktiver intrazellulärer Domäne gesteuert** – Enzymatisch aktive Rezeptoren stellen die zweitgrößte Rezeptorgruppe an der Zelloberfläche dar und wurden ursprünglich als Vermittler von Wachstumssignalen bekannt. Eine große Zahl extrazellulärer Signalproteine kontrolliert Wachstum, Vermehrung, Differenzierung und Überleben der Zellen in Organismen. Diese Signalproteine werden zusammenfassend als **Wachstumsfaktoren** bezeichnet. Sie liegen in niedriger Konzentration im Bereich zwischen $10^{-11}$ M und $10^{-9}$ M vor. Sie binden an spezifische Stellen der extrazellulären Domänen der Rezeptoren und lösen eine Konformationsänderung aus. Dieses Signal wird durch die Transmembranregion des Rezeptors oder durch Dimerisierung des Rezeptors ins Zellinnere übertragen, wo die katalytische Aktivität der intrazellulären Domäne(n) stimuliert wird. Im Gegensatz zu den sieben Transmembransegmenten der G-Protein-gekoppelten Rezeptoren finden wir hier nur ein einziges Transmembransegment (Abb. 29.1). Eine aktivierte intrazelluläre Domäne modifiziert ein Substrat, das am Beginn einer Signalkette liegt, welche in Verbindung mit dem Netzwerk der Signalübermittlung steht. Oft wird gegen Ende der Signalkette die Aktivität von Transkriptionsfaktoren beeinflusst. Damit ist auch die lange Reaktionszeit auf die Signale durch Wachstumsfaktoren erklärt. Schnelle direkte Effekte enzymatisch aktiver Rezeptoren auf das Cytoskelett sind aber auch bekannt, sie bestimmen, ob und wie sich die Zelle bewegt oder ihre Gestalt verändert. Die sechs verschiedenen Klassen dieses Rezeptortyps mit enzymatisch aktiver Domäne sind nachfolgend gemäß ihrer Häufigkeit aufgeführt:

– Rezeptor-Tyrosinkinasen,
– An Tyrosinkinasen gebundene Rezeptoren,
– Rezeptorähnliche Tyrosinphosphatasen,
– Rezeptor-Serin/Threoninkinasen,
– Rezeptor-Guanylat-Zyklasen,
– An Histidinkinasen gebundene Rezeptoren.

**Tyrosinkinaserezeptoren binden Wachstumsfaktoren und Hormone; sie können aber auch durch homologe Interaktion mit Rezeptoren auf Nachbarzellen stimuliert werden** – In der Regel führt die Bindung von einem oder zwei Molekülen des Liganden zur Dimerisierung des Rezeptors. Man trifft sowohl auf homodimere (zwei gleiche Rezeptoren) als auch auf heterodimere (zwei verschiedene Rezeptoren) Rezeptorassoziationen. Viele der Liganden liegen ihrerseits als Dimere zweier identischer Untereinheiten vor, andere werden über ihre Bindung an Glykosaminoglykane der extrazellulären Matrix in eine dimere Form gebracht. Die Tyrosinasedomänen im Zellinnern geraten bei der Bindung von zwei Rezeptormolekülen an die dimeren Liganden ebenfalls in enge Nachbarschaft und phosphorylieren gegenseitig mehrere bestimmte Tyrosinsreste. Diese Autophosphorylierung der Kinasedomänen erhöht die Aktivität des Rezeptordimers, das nun Proteine der Signalübermittlung phosphoryliert. Gleichzeitig sind durch die autophosphorylierten Stellen auf der Kinasedomäne neue Bindungsstellen zum Andocken weiterer Signalübermittlungsproteine entstanden. Auf diese Weise kann ein bestimmter Rezeptor mehrere Signalübermittlungskaskaden gleichzeitig aktivieren.

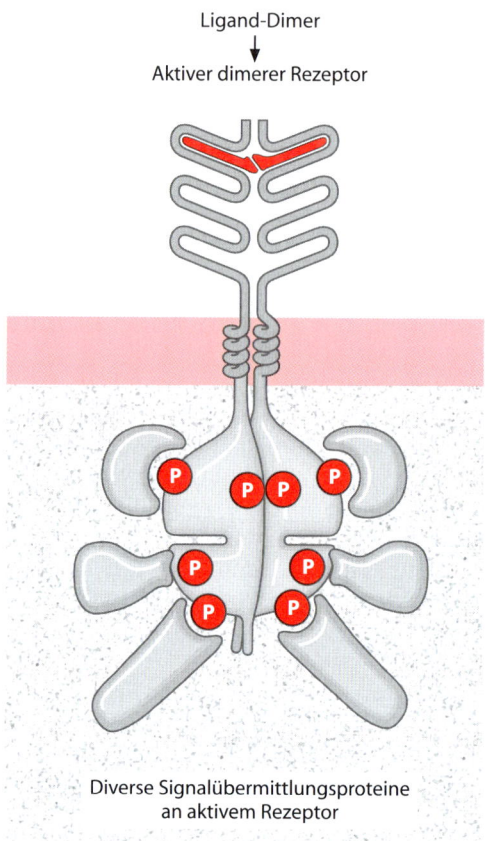

Ligand-Dimer

↓

Aktiver dimerer Rezeptor

Diverse Signalübermittlungsproteine an aktivem Rezeptor

Die große Gruppe der Rezeptoren mit Tyrosinkinaseaktivität wird nach den gebundenen Liganden klassifiziert (Abb. 29.1) und schließt auch die Ephrin-Rezeptorgruppe mit ein. Die **Ephrine** regulieren die Adhärenz zwischen Zellen insbesondere bei der Entwicklung des Nervensystems. Sie bilden die größte Untergruppe der Tyrosinkinaserezeptoren. Ephrine binden andere Ephrine auf Nachbarzellen und wirken somit gleichzeitig als Signalmoleküle und als Rezeptoren.

Die Phosphotyrosin-bindenden Domänen der verschiedenen andockenden Signalübermittlungsproteine sind oft miteinander homolog – Phosphotyrosin-bindende Domänen wurden zuerst im Src (ausgesprochen „sark"; *sarcoma-promoting*) Onkoprotein gefunden und demnach **SH2-Domänen** (*Src homology 2 domains*) genannt. Die Signalübermittlungsproteine haben zudem weitere Bindungsstellen z. B. für prolinreiche Motive in Partnerproteinen oder für Inositol-Phospholipide, die in der Übermittlungskette stromabwärts liegen.

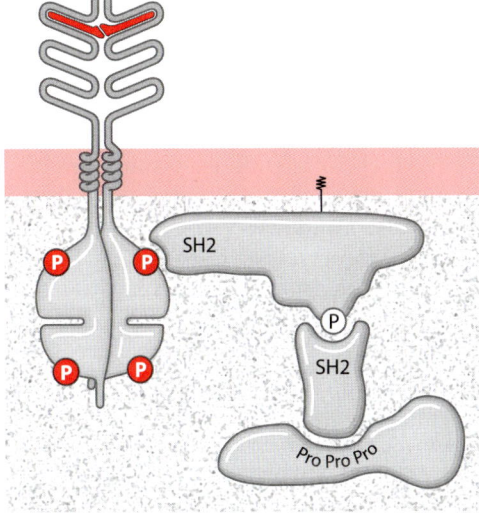

**Tabelle 29.1.** Wege zur Unterbrechung der Signaltransduktion. Die wichtigsten Wege, über welche Signale gedämpft oder abgestellt werden, sind angegeben

| Betroffene Moleküle | Mechanismus der Inaktivierung |
|---|---|
| Rezeptoren | *Down-regulation* durch Abbau in den Lysosomen |
| Rezeptoren | Internalisierung in Endosomen |
| Rezeptoren und Signalübermittlungsproteine | Modifikation, z.B. Phosphorylierung oder Dephosphorylierung |
| Rezeptoren und Signalübermittlungsproteine | Binden von Inhibitoren |
| cAMP, cGMP | Phosphodiesterasen |
| $Ca^{2+}$ | Sequestrierung im ER |

**Das Abstellen des Signals oder die Desensibilisierung der Zelle erfolgt über mehrere verschiedene Wege** – Alle Signale werden mit einer gewissen Verzögerung eliminiert. Selbst wenn das Signalmolekül auf der Zellaußenseite permanent einwirkt, so passt sich die Zelle dieser Gegebenheit an und mindert ihre Empfindlichkeit für das Signal. Diverse Prozesse, die das Signal aktivierter Rezeptoren wieder abstellen, sind bekannt (Tabelle 29.1). Der Rezeptor kann durch Internalisierung in den lysosomalen Zyklus (Internalisierung und Ausschleusung von endosomalen Vesikeln) vom Signal getrennt werden. Beim sauren pH in den frühen Endosomen dissoziiert der Ligand vom Rezeptor, worauf der Ligand und meist auch der Rezeptor abgebaut werden. Die nicht abgebauten Rezeptoren werden zur Zelloberfläche zurückgebracht, wo sie für eine neue Runde der Signaltransduktion zur Verfügung stehen. Eine Reihe permanent vorhandener Proteinphosphatasen wirkt der Aktivität der intrazellulären Kinasen entgegen, indem sie aktivierende Phosphatgruppen abspaltet. Eine negative Wirkung auf die Signalübermittlung kann auch durch Binden hemmender Proteine oder niedermolekularer Stoffe an den Rezeptor selbst oder an andere Proteine der Signalkette entstehen. *Second messengers* werden durch enzymatischen Um- oder Abbau wirkungslos gemacht.

**Inositol-Phospholipide dienen vielen Rezeptoren als sekundäre Botenstoffe** – Signale extrazellulärer Wachstumsfaktoren sind notwendig für das Überleben und die Teilung der Zellen. Wenn die Zellgröße über die Teilungsrunde(n) erhalten bleiben soll, so muss gleichzeitig mit der Teilung auch das Wachstum (die Vergrößerung) der Zellen stimuliert werden. In gewissen Fällen wird das Wachstum und die Teilung durch einen einzelnen Wachstumsfaktor stimuliert, in anderen ist dafür ein **Wachstumsfaktor** und ein zusätzlicher mitogener Faktor (**Mitogen** = Teilungsfaktor) nötig. Ein wichtiger intrazellulärer Signalweg zur Stimulierung des Wachstums verläuft über die PI-3-Kinase. Das Zielmolekül dieser Kinase ist kein Protein, sondern membrangebundenes Phosphatidylinositol (PI), PI-4-P und PI-4,5-P$_2$. Die Phosphoinositole werden an der 3′-Position phosphoryliert, so dass Phosphatidylinositol-3-phosphat PI-3-P, PI-3,4-P$_2$ und PI-3,4,5-P$_3$ entstehen. An diese Lipide docken weitere Signalproteine mittels ihrer Pleckstrin-Homologie-Domäne an. Danach werden sowohl die Kinase PKB/AKT (Hemmung der Apoptose) als auch die S6-Kinase (Phosphorylierung der Ribosomen zur Erhöhung der Effizienz der Translation) aktiviert.

---

**Cytokine** wie Interleukine und Interferone sind Proteine und Glykoproteine aus Leukocyten und anderen Zelltypen, welche als chemische Kommunikatoren zwischen Zellen fungieren. Die meisten Cytokine sind Wachstums- und Differenzierungsfaktoren und wirken auf Zellen des hämatopoietischen (blutbildenden) Systems. **Chemokine** sind chemotaktisch wirksame Cytokine, die anziehend auf Granulocyten, Makrophagen und andere Leukocyten sowie auf Endothelzellen wirken. Chemokine zeichnen sich durch zwei konservierte Cysteinreste aus, welche bei den CC-Chemokinen direkt nebeneinander liegen; bei den CXC-Chemokinen liegt ein Aminosäurerest zwischen den beiden Cysteinen. **Lymphokine** (Untergruppe der Chemokine): stammen aus T-Zellen; **Interleukine** sind Cytokine, welche als Signalsubstanzen zwischen verschiedenen Populationen von Leukocyten dienen. **Interferone:** von Säugerzellen als Reaktion auf virale Infekte sezernierte Glykoproteine. Die Interferone binden an ihre Rezeptoren an anderen Zellen, die in der Folge Resistenz-Proteine gegen Viren produzieren.

---

**Über die Funktion der rezeptorähnlichen Tyrosinphosphatasen weiß man noch wenig** – Während nur eine kleine Zahl menschlicher Gene für Serin-Threonin-Phosphatasen bekannt ist, so kennt man immerhin gegen 30 Gene für Protein-Tyrosin-Phosphatasen. Sie kommen sowohl als cytoplasmatische wie auch als membranständige Enzyme vor. Andere membranständige Phosphatasen gleichen den Kinase-Rezeptoren und zeigen eine extrazelluläre Domäne, ein Transmembransegment und meist zwei intrazelluläre Phosphatasedomänen. Man weiß nur wenig über ihre Funktionen. Als Beispiel sei hier das CD45-Protein erwähnt, welches auf der Oberfläche aller weißen Blutzellen vorkommt und eine wichtige Rolle bei der Aktivierung von B- und T-Zellen des Immunsystems durch Fremdantigene spielt.

**Rezeptor-Serin/Threoninkinasen haben vielfältige Funktionen** – Die TGF-β-Superfamilie (*Transforming growth factor β*) umfasst viele verwandte sezernierte Proteine. Sie spielen eine große Rolle als lokale Vermittler von Signalen bei der Zellvermehrung, Differenzierung, Produktion der extrazellulären Matrix oder Steuerung der Apoptose. Alle TGFs wirken durch Rezeptoren des Typs der Serin-/Threonin-Kinasen. Die dimeren TGFs binden an die Rezeptoren, welche dadurch ebenfalls dimerisieren oder größere Assoziate bilden. Die Phosphorylierung der intrazellulären Domänen spielt auch hier eine wichtige Rolle bei der Signalübermittlung. Die entsprechenden Zielproteine sind Transkriptionsfaktoren.

**Rezeptor-Guanylatcyclasen sind an der Kontrolle des Blutdrucks beteiligt** – Rezeptoren mit einer intrazellulären Guanylatcyclasen-Domäne haben eine einzelne Transmembranhelix und eine extrazelluläre Bindungsstelle für ein Signalmolekül. Ihr intrazelluläres Produkt, cGMP, wird analog dem cAMP bei G-Protein-gekoppelten Rezeptoren als Vermittler zur Weiterleitung des Signals auf eine cGMP-abhängige Proteinkinase benötigt. Nur sind im Fall von cGMP außer dem Rezeptor keine weiteren Proteine zur Bildung des zyklischen Nucleotids nötig.

Als Beispiele für Signalmoleküle, die von Guanylatcyclase-Rezeptoren wahrgenommen werden, seien die natriuretischen Peptide genannt, die den Salz- und Wasserhaushalt regulieren sowie die Erweiterung von Blutgefäßen stimulieren und damit den Blutdruck senken. Man entdeckt laufend weitere Rezeptoren dieses Typs; zur Zeit kennt man 26 solcher Rezeptoren beim Fadenwurm *Caenorhabditis elegans*. Bei vielen Vertretern dieses Rezeptortyps kennt man die Signalmoleküle nicht und spricht dann von Waisen-Rezeptoren (*Orphan receptors*).

**Bakterielle Chemotaxis wird durch Rezeptoren ausgelöst, welche mit Histidinkinase gekoppelt sind** – Alle bisher diskutierten Rezeptoren stehen in Verbindung mit der Aktivität von Serin/Threonin-Kinasen oder Tyrosin-Kinasen, welche miteinander strukturell verwandt sind. Einige enzymatisch aktive Rezeptoren benutzen jedoch eine Proteinkinase eines völlig anderen Typs, die Histidinkinase. Die bakterielle Chemotaxis beruht auf dieser Art der Signalübermittlung. Rezeptoren, welche mit Histidinkinasen gekoppelt sind, findet man auch bei Hefen und Pflanzen, während man bei Tieren keine solchen Rezeptoren kennt. Die bakteriellen Chemotaxis-Rezeptoren sind dimere Transmembranproteine der Zelloberfläche, welche sowohl Abschreckstoffe (*Repellents*) als auch Lockstoffe (*Attractants*) binden und dadurch aktiviert bzw. inaktiviert werden. Man bezeichnet diese besondere Art der Signalübermittlung als Zweikomponenten-Signalübermittlung. Im Zellinnern sind die Rezeptoren über ein Adaptorprotein mit Histidinkinase verbunden, welche das Signal des aktivierten Rezeptors über weitere Proteine zu den Motorproteinen der Flagellen (Geißeln) leitet, welche die Geißeln in Rotation versetzen. Die schraubenartigen Flagellen rotieren alle mit über 100 Umdrehungen pro Sekunde in derselben Drehrichtung, wobei der Drehsinn spontan alle paar Sekunden wechselt. Da die Geißeln asymmetrisch sind, hängen die Bewegungen der Zelle vom Drehsinn ab. Eine Rotation der Flagellen im Uhrzeigersinn bewirkt, dass alle Flagellen einzeln an der Oberfläche ziehen: die Zelle taumelt. Erfolgt die Drehung im Gegenzeigersinn, bündeln sich die Flagel-

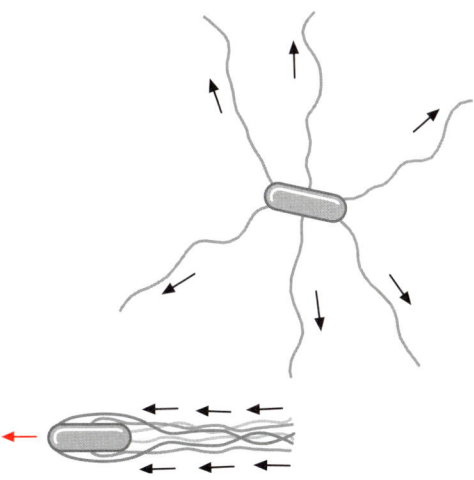

len und stoßen die Zelle in einer Richtung vorwärts.

Lockstoffe (*Attractants*) binden an Rezeptorproteine und setzen via Signaltransduktion die Frequenz des Richtungswechsels der Flagellenrotation herab. Die Zelle taumelt also weniger häufig, wenn sie gerichtet auf den Lockstoff zuschwimmt und dessen Konzentration zunimmt. Die Bewegung in „falscher" Schwimmrichtung hingegen wird rasch unterbrochen. Schreckstoffe (*Repellents*) binden an die gleichen Rezeptorproteine, bewirken jedoch, dass die Zelle vorzugsweise in der Richtung des abnehmenden Gradienten, d.h. vom Schreckstoff weg, schwimmt.

■ Die Signalübermittlung durch enzymatisch aktive Rezeptoren ist weit verbreitet. Um das Signal weiterzugeben, werden Tyrosin-, Serin-, Threonin- und Histidinreste von Proteinen der Signaltransduktion phosphoryliert oder Nucleosid-Triphosphate werden durch Nucleotidylcyclasen zu cAMP bzw. cGMP umgewandelt. Die weitere Übertragung und Vernetzung der Signale erfolgt durch Modifikation modulartig angeordneter Signalübermittlungseinheiten, wie z.B. die MAPKinasen-Kaskaden, welche als Endergebnis die Aktivität bestimmter Zielgene beeinflussen.

## 29.4
# Rezeptoren an der Zelloberfläche: Proteolyse-regulierte Rezeptoren und Signalübermittlungen

**Regulierte Proteolyse aktiviert bestimmte Rezeptoren, welche die Entwicklung mehrzelliger Lebewesen steuern** – Die Entwicklung mehrzelliger Lebewesen ist nicht möglich ohne eine fein abgestimmte Kommunikation zwischen den Zellen. Es erstaunt deshalb nicht, dass viele der bislang erwähnten Rezeptoren bei diesen komplexen Vorgängen beteiligt sind. Mittels genetischer Studien bei der Fruchtfliege *Drosophila melanogaster* hat man eine Reihe proteolytisch aktivierbarer Rezeptoren entdeckt, die darauf spezialisiert sind, Entwicklungsprozesse zu steuern. Rezeptoren dieser Klasse, wie z. B. der **Notch-Rezeptor**, kontrollieren die Differenzierung von Zellen, indem sie molekulare Unterschiede zwischen benachbarten Zellen konsolidieren und verstärken. Wenn beispielsweise bei der Zelldifferenzierung eine Nervenzelle in der Umgebung anderer Zellen entstanden ist, kann sie über das Notch-System die Zellen in ihrer Umgebung daran hindern, auch zu neuronalen Zellen zu differenzieren. Wenn der Notch-Rezeptor einer Zelle an das **Delta-Protein** eines benachbarten Neurons bindet, werden zwei proteolytische Veränderungen des Rezeptors ausgelöst, eine extrazelluläre und eine intrazelluläre Spaltung. Zwei verschiedene Proteasen sind für diese Spaltungen verantwortlich. Das intrazelluläre Spaltprodukt von Notch wandert in den Kern, wo es an einen Transkriptionsfaktor bindet und diesen von einem Repressor zu einem Aktivator der Expression einer Reihe von Genen umwandelt. Die Produkte der angesteuerten Gene sind Transkriptionsfaktoren, welche die neuronale Differenzierung reprimieren. Die Signalübermittlung durch Notch spielt nicht nur bei der neuronalen Differenzierung, sondern auch bei derjenigen vieler anderer Zelltypen eine wesentliche Rolle.

Als weitere ähnliche Beispiele seien das Wnt-*Frizzled*-System und das *Hedgehog signalling* von *Drosophila* erwähnt. Sezernierte **Wnt**-Proteine binden an *Frizzled*-Rezeptoren und hemmen den Abbau von $\beta$-Catenin. Das **$\beta$-Catenin** fungiert einerseits als Protein der Zelladhärenz, andererseits aber als proteolytisch freisetzbarer latenter Transkriptionsfaktor. Ein typisches Produkt eines dadurch stimulierten Gens ist das **c-Myc**-Onkoprotein, ein potenter Stimulator des Zellwachstums und der Zellvermehrung. Hedgehog-Proteine sind wie Wnt-Proteine sezernierte Signalmoleküle. Die **Hedgehog**-Proteine wirken über den Rezeptorkomplex von **Patch** und **Smoothened**, beides Proteine mit mehreren Transmembransegmenten. Auch in diesem Fall finden nach Aktivierung des Systems proteolytische Spaltungen statt und Gene werden aktiviert. Diese Gene sind an der Ausbildung von Gewebemustern beteiligt.

**Der Abbau eines Inhibitors in der Übermittlung von Stress- und Entzündungssignalen auf NF-κB (NF-*kappa*B)** – Zellen müssen sich durch geeignete Reaktionen vor schädigenden Einflüssen von Fremdorganismen wie Krankheitserregern und Umweltfaktoren wie oxidative Reaktionen, toxische Chemikalien, Hitze, Kälte oder Strahlung schützen. Diese Faktoren stressen die Zellen, indem sie Schäden wie Modifikationen von Proteinen und Nucleinsäuren verursachen. Bei Stress werden z. B. die Proteine TNF-$\alpha$ (*Tumor necrosis factor* $\alpha$) und IL-1 (Interleukin-1) sezerniert und wirken über ihre Rezeptoren und eine Reihe von Übermittlungsproteinen einschließlich einer Kinasenkaskade auf einen Inhibitor des Transkriptionsfaktors NF-κB. Die Rezeptoren für TNF-$\alpha$ und IL-1 sind strukturell nicht verwandt, haben aber sehr ähnliche Funktionen. Fünf Varianten von NF-κB kommen in Säugetieren vor und bilden Homo- und Heterodimere, welche je einen bestimmten Satz von Genen aktivieren. NF-κB liegt an ein Inhibitorprotein gebunden im Cytoplasma vor. Bei Stress wird der Inhibitor phosphoryliert und in der Folge

Ubiquitin-markiert und abgebaut. Der Abbau des Inhibitors setzt das Kernlokalisierungssignal des Transkriptionsfaktors frei. NF-$\kappa$B wandert daraufhin in den Kern und aktiviert dort etwa 60 bekannte Zielgene, welche das Überleben der Zelle fördern und eine Entzündungsreaktion einleiten. Bei intensivem langandauerndem Signal kann die Zelle aber auch apoptotisch reagieren. Ein adulter Organismus reagiert auf Stressfaktoren wie Infektion oder Verletzung mit einer NF-$\kappa$B-Antwort. Die ausgelöste Entzündungsreaktion kann, wenn sie stark ist oder sich an falschen Orten entwickelt, auch zu Gewebeschäden und Schmerzen führen. Ein typisches Beispiel hierfür ist die rheumatoide Polyarthritis (Gelenkentzündung).

■ Proteolytisch regulierte Rezeptoren und Signalübermittlungswege sind wichtig für die Übermittlung von Entwicklungs- und Stress-Signalen und steuern u. a. die Apoptose und die Immunantwort.

## 29.5
## Rezeptoren im Zellinnern

**Stickstoffmonoxid diffundiert durch die Zellmembran und bindet direkt an eine Guanylatcyclase** – Obwohl die meisten Signalmoleküle zu hydrophil oder zu groß sind, um Membranen zu durchqueren, finden sich doch einige Signalmoleküle wie z. B. Stickstoffmonoxid (NO), welche direkt durch die Membran zu ihren Wirkungsorten in der Zelle diffundieren. Aktivierte Nervenenden scheiden den Botenstoff Acetylcholin aus und regen dadurch benachbarte Endothelzellen der Blutgefäße zur Produktion von NO an. Das NO diffundiert rasch durch Membranen und bindet in den glatten Muskelzellen der Gefäßwand an eine Guanylatcyclase, die daraufhin vermehrt cGMP produziert. In der Folge der weiteren Signalübermittlung relaxiert die Muskelzelle, das Gefäß wird erweitert (Synthese von NO, s. Kapitel 19.3).

Die Erweiterung der lokalen Gefäße führt z. B. zur Erektion des Penis. Das Medikament „Viagra" ist ein cGMP- Phosphodiesterase-Hemmer. Makrophagen und neutrophile Blutzellen verwenden NO als Aktivierungssignal beim Abtöten eingewanderter Mikroorganismen. In Pflanzen spielt NO eine Rolle bei der Antwort auf Verletzungen oder Infektionen.

**Die Aktivität von Transkriptionsfaktoren kann direkt durch Bindung membrandurchdringender Hormone beeinflusst werden** – Eine Reihe strukturell verschiedener kleiner Signalmoleküle, z. B. Steroidhormone, Schilddrüsenhormone, Retinoide und 1,25-Dihydroxycholecalciferol (ein aus Vitamin D synthetisiertes Hormon), bindet an intrazelluläre Rezeptoren (Abb. 29.1). Ein inhibitorisches Protein ist an das Rezeptorprotein gebunden. Der Inhibitor wird bei der Bindung des Signals vom Rezeptor gelöst und ein Co-Aktivatorprotein wird an den Rezeptor gebunden. Ein Kernlokalisierungssignal, eine DNA-bindende und eine transkriptionsaktivierende Domäne werden exponiert; die Aktivierung der Zielgene beginnt.

■ Intrazelluläre Rezeptoren binden kleine Signalmoleküle wie Steroid-Hormone, welche die Zellmembran durchdringen, und beeinflussen direkt oder indirekt bestimmte Zielproteine und -gene.

## 29.6
## Untereinander vernetzte Übermittlungsmodule verarbeiten die Signale und leiten sie von den Rezeptoren zu den Effektoren

**Gerüstproteine (*Scaffold proteins*) bilden Knotenpunkte im Netzwerk der Signalübermittlung** – Das lokale Zusammentreffen einer Reihe von Signalübermittlungsproteinen kann deren gegenseitige Wechselwirkung beeinflussen. Heute sind eine Vielzahl strukturell variabler *Scaffold proteins* bekannt. Jedes von ihnen bringt mehrere Moleküle der Signalübermittlung zusammen, indem es Bindungsstellen (z.B. eine SH2-Domäne) für verschiedene signalisierende Moleküle aufweist. Die benachbarten Moleküle können gemeinsame Bindungsstellen für Kinasen bilden oder sich gegenseitig phosphorylieren bzw. dephosphorylieren. In manchen Fällen zeigt auch das *Scaffold protein*, nachdem es phosphoryliert worden ist, neue Bindungseigenschaften. Das *Scaffold protein* dient als Kern für die Zusammenstellung bestimmter Signalkomplexe und erhöht dadurch die Effizienz und die Spezifität der Signalübermittlung. *Scaffold proteins* kommen im Cytosol der Zelle vor und lagern sich häufig an intrazelluläre Domänen enzymatisch aktiver Rezeptoren an.

Analog zu dieser Situation versammeln gewisse Rezeptoren nach ihrer Aktivierung Signalkomplexe an eigenen großen intrazellulären Domänen.

**Module von MAPKinasen übertragen viele Signale von Rezeptor-Tyrosinkinasen auf Transkriptionsfaktoren** – Aktivierte Tyrosinkinasen übermitteln das Signal oft über Adaptor-Proteine, welche an die phosphorylierte cytoplasmatische Rezeptordomäne binden, weiter an GDP/GTP-Austauschproteine und damit an GTP-bindende Proteine wie z.B. das Onkogenprodukt Ras (Abb. 29.3). Die MAP-Kinasen sind weit verbreitet, sie finden sich in Pilzen, Pflanzen und Tieren. Tierische Zellen besitzen wenigstens fünf verschiedene Kaskaden oder Module von MAPKinasen, welche auf verschiedenste Stimuli von Rezeptoren und anderen Sig-

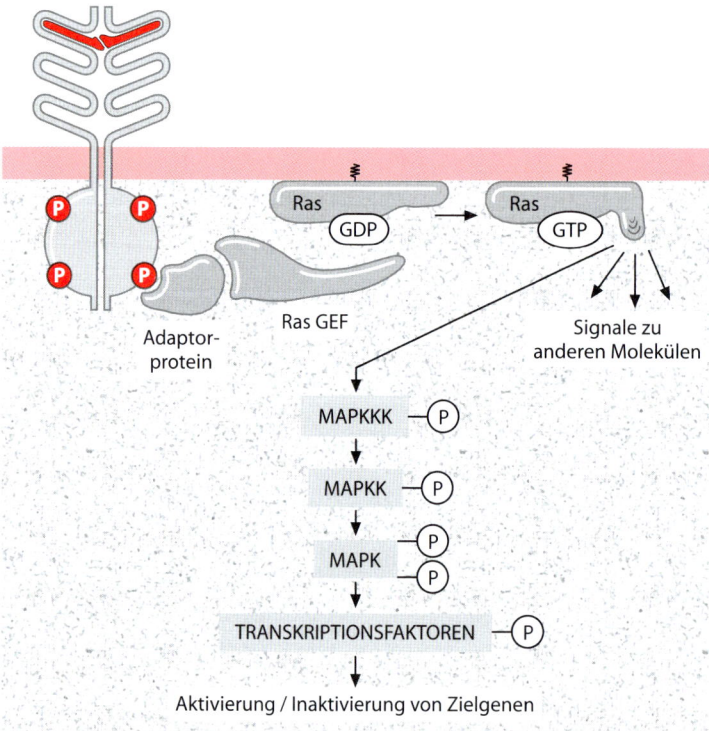

**Abb. 29.3.** Beispiel einer Signalübermittlung durch ein MAPKinasen-Modul in einer tierischen Zelle. Ein Ausschnitt aus der komplexen Signalübermittlung von einem Rezeptor über eines der Adaptorproteine und das GTP-bindende Onkogenprodukt Ras zu einem MAPKinasenmodul und den zugehörigen Transkriptionsfaktoren in schematischer Darstellung. Die der MAPK übergeordneten Kinasen werden als MAPKK und MAPKKK bezeichnet. GEF = *Guanyl nucleotide exchange factor*

nalmolekülen der Zelloberfläche reagieren. Die fünf Kaskaden sind zum Teil untereinander verbunden; man nennt diese
Verbindungen auch *Cross-talk*. Diese Kaskaden koppeln und vernetzen die Signale,
die von der Zelloberfläche ausgehen. Nach
der Übermittlung und Verarbeitung in den
vernetzten MAPKinasemodulen werden
die Signale an Transkriptionsfaktoren, z. B.
den Transkriptionsfaktor Jun, und andere
Effektorproteine weitergeleitet. Der Transkriptionsfaktor Jun kann mit dem Transkriptionsfaktor Fos (beide Untereinheiten
sind Onkogenprodukte) ein Dimer bilden
und ist an der Reaktion der Zelle auf diverse Stressfaktoren beteiligt. Die zuerst aktivierten Gene werden als unmittelbar früh
aktivierte Gene bezeichnet (*Immediate
early genes*). Zu ihrer Aktivierung wird
keine Proteinsynthese benötigt, d. h. die
vorhandenen Signalmoleküle und Transkriptionsfaktoren genügen. Die MAPKinasen werden durch Dephosphorylierung
inaktiviert.

■ Modulartig vernetzte Signalübermittlungseinheiten sammeln die Signale
von verschiedenen Rezeptoren, ver-
arbeiten sie und leiten sie an ausgewählte Effektormoleküle, z. B. Transkriptionsfaktoren oder Cytoskelett-
proteine, weiter.

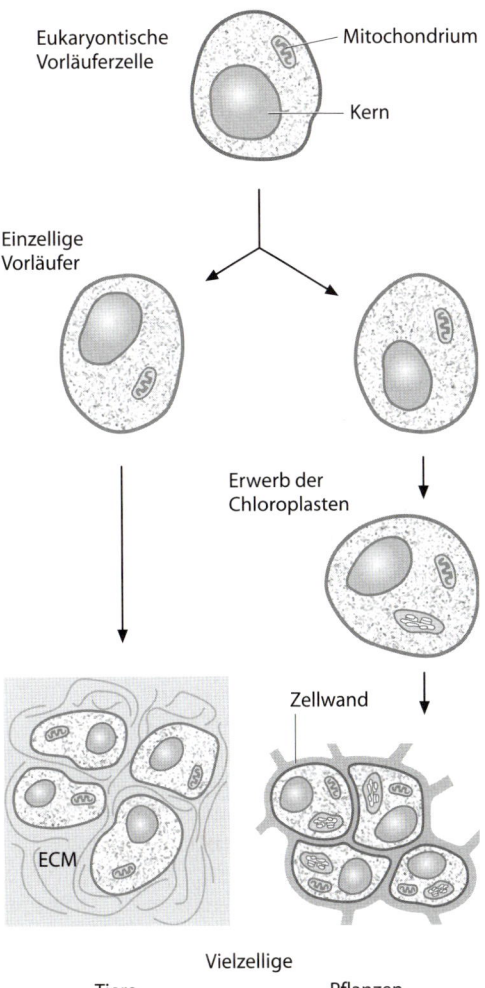

## 29.7
## Signaltransduktion in Pflanzen

**Vielzelligkeit und Zellkommunikation
von Pflanzen und Tieren haben sich unabhängig voneinander entwickelt** – Pflanzen
und Tiere haben sich früh im Verlauf der
Evolution getrennt. Eukaryontische Vorläuferzellen besaßen schon Mitochondrien. Ihre Nachfolger verzweigten sich
in eine tierische Linie und eine pflanzliche
Linie mit Chloroplasten. Erst anschließend, vor rund einer Milliarde Jahren, begann die Entwicklung zu vielzelligen Organismen.

Nur wenige Signalübermittlungsmecha-
nismen sind daher bei Pflanzen und Tie-

ren gleich. Auch niedermolekulare Signalmoleküle werden oft unterschiedlich verwendet. NO, $Ca^{2+}$ und cGMP werden sowohl in Tieren wie auch in Pflanzen zur
Signalübermittlung verwendet, während
cAMP in dieser Funktion nur bei Tieren
bekannt ist. Gewisse Rezeptor-Signalmo-
lekül-Kombinationen kommen nur in
Pflanzen oder nur in Tieren vor.

Aufgrund von Sequenzvergleichen der
DNA weiß man, dass keine homologen Gene für Wnt, Hedgehog, Notch, TGF-*β*, Ras
oder die nucleären Rezeptoren in *Arabidopsis thaliana* (diese kleine Blütenpflanze
ist die erste Pflanze, deren Nucleotidsequenz des Genoms vollständig bekannt ge-

worden ist) vorkommen. Obschon die für die Signalübermittlung verwendeten Molekülpaare bei Pflanzen und Tieren recht verschieden sind, werden sehr oft analoge molekulare Mechanismen verwendet. So werden in beiden Organismentypen häufig enzymatisch aktive Zelloberflächenrezeptoren gefunden.

**Serin/Threoninkinaserezeptoren sind in Pflanzen die häufigsten Rezeptoren** – Im Gegensatz zu Tieren, welche am häufigsten G-Protein-gekoppelte Rezeptoren verwenden, sind in Pflanzen die meisten Rezeptoren enzymgekoppelt und auch hierbei finden sich markante Unterschiede zu den Tieren. Pflanzen besitzen zwar viele cytoplasmatische Tyrosinkinasen, aber nur sehr wenige Oberflächenrezeptoren mit dieser Aktivität. Die Tyrosinkinasen spielen auch hier eine große Rolle bei der Signaltransduktion, aber auf tieferem hierarchischem Niveau in den Signalkaskaden als bei Tieren. Anstelle der membranständigen Tyrosinkinaserezeptoren treten Serin/Threoninkinaserezeptoren an der pflanzlichen Zellmembran gehäuft auf. Sie besitzen eine extrazelluläre Signalbindungsdomäne und eine intrazelluläre Kinasedomäne. Die häufigsten Rezeptoren zeigen in ihrer extrazellulären Domäne tandemartige Repetitionen von Leucin-reichen Segmenten und werden demnach **LRR-Proteine** (*Leucine-rich repeat proteins*) genannt. Die zugehörigen Signalmoleküle sind meist nicht bekannt. Im bekanntesten Fall handelt es sich um ein kleines Protein, welches an seinen Rezeptor bindet und diesen zum Dimerisieren bringt. Danach läuft intrazellulär eine Signaltransduktion ab, welche ein kleines G-Protein und eine inaktivierende Serin/Threoninphosphatase einschließt und über eine Kaskade zu einem Transkriptionsfaktor führt. Diese Signalübermittlung bewirkt eine erhöhte Zellteilungsrate im Meristem. In einem anderen Fall bindet ein LRR-Rezeptor ein pflanzliches Steroid, welches die Dunkelantwort der Pflanze mitbestimmt: Arabidopsispflanzen wachsen im Dunkeln bei fehlenden Steroidsignalen als nahezu farblose lange Schösslin-

ge. Im Genom von *Arabidopsis thaliana* hat man etwa 300 Gene verschiedener Klassen von Serin/Threoninkinaserezeptoren gefunden.

**Pflanzliche Wachstumsregulatoren (Phytohormone) tragen zur Koordination der Entwicklung von Pflanzen bei** – Eine ganze Reihe pflanzlicher Wachstumsregulatoren, wie Ethylen, Auxine, Gibberelline und Abscisinsäure, können Zellwände durchdringen. **Ethylen** ist wegen seiner Funktion bei Fruchtreifung, Blattfall und

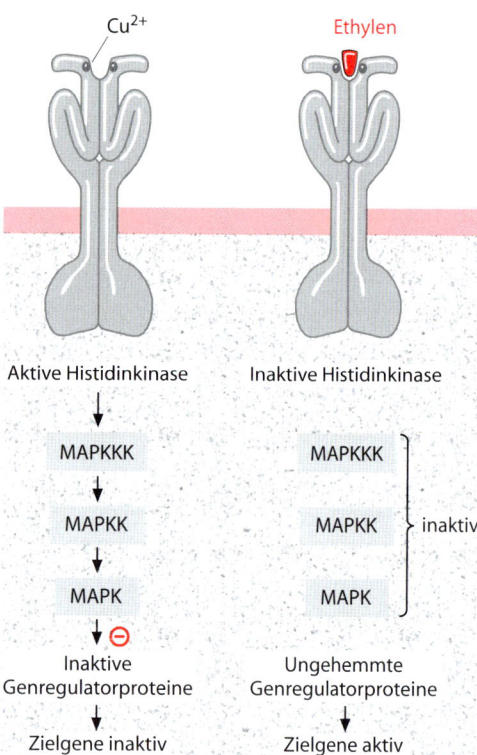

**Abb. 29.4.** Beispiel einer Signalübermittlung durch ein MAPKinasen-Modul in einer pflanzlichen Zelle. Die Signalübermittlung nach der Bindung des Signalmoleküls Ethylen an seinen Transmembranrezeptor der Zelloberfläche führt zur Genaktivierung. Der Rezeptor ist ohne Signalmolekül aktiv und aktiviert das MAPKinasen-Modul, welches bestimmte Genregulatorproteine inaktiviert. Nach Bindung des Signalmoleküls wird der Rezeptor inaktiv und in der Folge hemmt die nicht weiter aktivierte MAPKinasen-Kaskade die Expression der Zielgene nicht mehr. Wie in manchen anderen Beispielen hat die Aufhebung einer Hemmung eine Aktivierung zur Folge

Seneszenz der Pflanzen intensiv studiert worden. Es bindet an eine Reihe von Rezeptoren, deren intrazelluläre Histidinkinaseaktivität durch die Bindung von Ethylen an die extrazelluläre Domäne gehemmt wird (Abb. 29.4). Die in der Signalübermittlung nachfolgenden MAPKinasen werden nicht weiter stimuliert und verlieren dadurch ihre Hemmwirkung auf bestimmte Transkriptionsfaktoren. Das Rezeptorsystem erkennt jeweils zwei extrazelluläre Bindungspartner, einen stimulierenden (z. B. Kupferionen) und einen inaktivierenden (z. B. Ethylen). Diese Art der Signalübermittlung wird deshalb auch als Zweikomponenten-Signalübermittlung bezeichnet. Zweikomponenten-Signalübermittlung ist typisch für Bakterien, Pilze und Pflanzen, findet sich aber kaum bei Tieren.

**Photoproteine wandeln Lichtenergie in intrazelluläre Signale um** – Ähnlich wie bei Photorezeptoren in der tierischen Retina können lichtabsorbierende Chromophore in den pflanzlichen Photoproteinen eine Konformationsänderung auslösen. Auch in diesen Fällen wird das Signal über Proteinkinasen an Transkriptionsfaktoren weitergeleitet, die entsprechende Gene als Anpassung an veränderte Lichtverhältnisse stimulieren oder reprimieren. Die am besten bekannten Photoproteine sind die **Phytochrome** der höheren Pflanzen und Algen. Sie sind dimere cytoplasmatische Serin/Threoninkinasen mit Häm-ähnlichen Chromophoren (lineare Tetrapyrrole). Ihre Aktivität wird durch rotes Licht stimuliert und durch kurzwelliges Infrarot gehemmt. Die Flavoproteine der **Cryptochrome** hingegen sind empfindlich für blaues Licht. Die Cryptochrome sind den Photolyasen homolog, welche an der Reparatur von UV-Schäden der DNA sämtlicher Organismen mit Ausnahme der Säuger beteiligt sind. Die Cryptochrome haben keine DNA-Reparaturaktivität. Man nimmt aber an, dass sie sich aus den Photolyasen entwickelt haben und zu Proteinen der Signalübermittlung geworden sind. Im Gegensatz zu den Phytochromen kommen die Cryptochrome auch bei Tieren einschließlich der Säuger vor, wo sie bei der Ausbildung circadianer Rhythmen (24-Stunden-Rhythmen) als Lichtsensoren eine Rolle spielen.

■ Entsprechend ihrer seit langem getrennten Entwicklungsgeschichte zeigen Pflanzen und Tiere neben einigen Gemeinsamkeiten in der Signaltransduktion doch viele Unterschiede. Zelloberflächen-Rezeptoren mit Proteinkinaseaktiviät und MAPKinasemodule kommen bei beiden Organismengruppen vor, während z. B. Tyrosinkinaserezeptoren typisch tierische und Serin/Threoninkinaserezeptoren typisch pflanzliche Membranproteine sind.

# V Molekulare Physiologie

# 30 Hormone, Cytokine und Wachstumsfaktoren

Während im vorausgegangenen Kapitel die zellulären Rezeptoren und die intrazelluläre Signaltransduktion zur Sprache gekommen sind, werden in diesem Kapitel die Moleküle besprochen, welche von außen an die Zielzellen herankommen und eine Signaltransduktionskette auslösen. Hormone (griech.: *hormao*, ich treibe an), Cytokine und Wachstumsfaktoren sind Moleküle der extrazellulären chemischen Signalübertragung. Sie werden in spezialisierten Drüsen und Zellen gebildet und ins Blut sezerniert, daher der Name des Fachgebiets der Endokrinologie oder der inneren Sekretion. Die Botenstoffe der inneren Sekretion werden eingeteilt in

- **glanduläre Hormone** (klassische Hormone aus spezialisierten Drüsen),
- **aglanduläre Hormone** aus spezialisierten Einzelzellen,
- **neurosekretorische Hormone** aus Nervenzellen,
- **Mediatorstoffe oder Gewebshormone**, welche in vielen Zellen gebildet werden und wegen ihres raschen Abbaus nur lokal wirken.

Was ist die Bedeutung der hormonalen Signaltransduktion? Es geht um die Regulierung der Stoffwechsel-Leistungen bestimmter Zielorgane und das koordinierte Zusammenspiel von Zellgruppen, Organen und Geweben. Die hormonal regulierte Anpassung des Stoffwechsels ganzer Organe an veränderte Bedingungen läuft langsam ab, im Bereich von Minuten oder Stunden. Die wesentlich schneller ablaufenden neuronalen Signalübermittlungen werden im nächsten Kapitel behandelt.

Im Vergleich zur intrazellulären Signalübermittlung sind die aktiven Zieleinheiten der hormonalen Regulation nicht Moleküle wie Proteinkinasen, sondern ganze Zellen, Gewebe und Organe. Die Botenstoffe sind die Hormone, welche in vielfältiger chemischer Form auftreten und über extrazelluläre Flüssigkeiten wie das Blut oder die interstitielle Flüssigkeit transportiert werden. So können Hormone über weite Distanz oder auch lokal wirken. Einen Extremfall stellen die Pheromone dar, welche ausgeschieden werden und meist auf dem Luftweg zu einem anderen Individuum gelangen und es beeinflussen. In der Folge werden Hormone und ihre Funktionen in Wirkungsgruppen zusammengefasst.

Die Hormondrüsen sind nach einem hierarchischen Prinzip geordnet. Die am höchsten gestellten Drüsen liegen im Gehirn und geben Signale an untergeordnete Drüsen und Effektororgane weiter, welche an verschiedenen Orten des Körpers liegen. Das Nervensystem erlangt dadurch eine teilweise Kontrolle über die hormonale Signalübermittlung. Pflanzen verfügen über besondere Hormone, welche in Kapitel 23.5 behandelt sind.

## 30.1
## Hierarchie der Hormondrüsen, hormonale Regelkreise, Biosynthese und Abbau der Hormone

**Eine Hormondrüse kontrolliert mehrere andere Organe** – Typische Hormondrüsen wie die Bauchspeicheldrüse oder die Keimdrüsen dienen offensichtlich nicht nur der Hormonproduktion. Die Aufgabe des exokrinen Pankreas besteht auch darin, Verdauungsenzyme zu liefern; diejenige der Keimdrüsen darin, zu gewissen Zeitabschnitten Keimzellen zu bilden. Das Nervensystem als schneller Empfänger äußerer Reize kann über die Achse Zirbeldrüse (Epiphyse; engl.: *Pineal gland*), Hypothalamus, Hypophyse untergeordnete weitere Hormondrüsen steuern. Hormone regulieren den Stoffwechsel und die Morphogenese des Körpers. Die Zielorgane einer bestimmten Hormondrüse sind entweder weitere untergeordnete Hormondrüsen oder Effektororgane, oder beides. Die Ansprechbarkeit eines bestimmten Gewebes auf ein bestimmtes Hormon hängt von der gewebsspezifischen Expression des entsprechenden Rezeptors ab.

**Hormone werden in zwei Klassen eingeteilt, wasserlösliche und fettlösliche Hormone** – Die Wirkungen und Stabilitäten der beiden Hormonklassen sind aufgrund ihrer verschiedenen Membrangängigkeit recht unterschiedlich und auch ihre Biosynthese ist grundlegend verschieden. **Wasserlösliche Hormone** sind Aminosäurederivate, Peptide oder Proteine und werden nach den Prinzipen des Aminosäurenstoffwechsels und der Biosynthese der Proteine synthetisiert. Meist ist die Expression der Gene von Peptid- und Proteohormonen durch gewebsspezifische Promotoren gesteuert. Da die Hormone sezerniert werden, befindet sich an ihrem $NH_2$-Ende meist eine hydrophobe Signalsequenz. In manchen Fällen liegt das Hormon zunächst als ein inaktives Prohormon vor, welches während eines Aktivierungsprozesses in Fragmente gespalten wird. Dabei können ausgehend von einem einzelnen Genprodukt mehrere verschiedene Hormone entstehen, wie im extremen Beispiel des Pro-Opio-Melano-Cortins des Hypothalamus, eines Vorläufermoleküls von 32 kDa aus welchem 5 verschiedene Peptide mit hormonaler Wirkung entstehen. Peptidhormone können gemäß der Sequenzhomologien auch in Familien eingeteilt werden. Trotz eines gemeinsamen Ursprungs diverser Peptidhormone haben die heutigen Versionen verwandter Hormone oft deutlich verschiedene Aufgaben zu erfüllen. Zu den **lipophilen Hormonen** gehören die Steroide, Thyronine und die Retinsäure. Ihre Biosynthese ist an bestimmte Organe wie die Keimdrüsen, welche die benötigten Enzyme besitzen, gebunden.

**Regelkreise kontrollieren die Hormonproduktion** – Die Tätigkeit vieler Hormondrüsen wird zentral vom Hypothalamus-Hypophysensystem gesteuert. Die Drüsen arbeiten gemäß einer bestimmten Hierarchie. Der Hypothalamus steuert die Hypophyse und diese die Nebennierenrinde, welche im Bedarfsfall zur Cortisol-Produktion angeregt wird (Abb. 30.1). Das Cortisol der Nebennierenrinde hemmt über eine Rückkoppelung die Produktion von Corticoliberin des Hypothalamus und Corticotropin der Hypophyse. Dieser hierarchische Regelkreis verbindet neuronale Signale mit der Sekretion von Hormo-

Hormonale Regelkreise

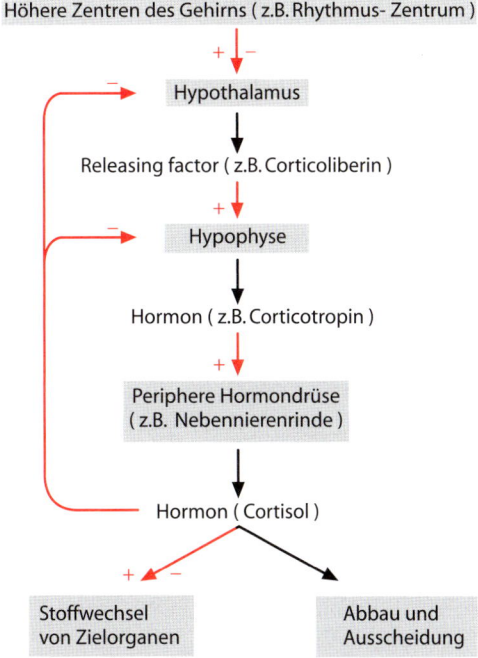

**Abb. 30.1.** Hormonale Regelkreise

nen. Stress oder der circadiane Tag-Nacht-Rhythmus beeinflussen auf diesem Weg die Hormonproduktion.

**Schneller Abbau ist eine Voraussetzung für die rasche Regulierbarkeit der Hormonkonzentration** – Die Hormone im Blut sind einem regen Umsatz unterworfen, ihre Halbwertszeit liegt im Bereich von wenigen Minuten. Die meisten Hormone werden von der Leber rasch aufgenommen, inaktiviert und von der Niere ausgeschieden. Proteohormone werden proteolytisch gespalten oder durch Reduktion bestimmter Disulfidbrücken inaktiviert. Steroidhormone werden entweder an der Ketogruppe reduziert oder mit Sulfat oder Glucuronat konjugiert. Die Konzentration der Hormone im Blut liegt im Bereich von $10^{-7}$ bis $10^{-14}$ M und ist sehr genau kontrolliert. Die Sekretionsleistung der Hormondrüse bestimmt primär die Endkonzentration eines Hormons. Die Drüse kann kontinuierlich Hormon produzieren

wie im Beispiel des Somatotropins. Die Hormonproduktion kann aber auch schubweise erfolgen wie z. B. beim Gonadotropin.

**Hormone beeinflussen in der Zielzelle die Aktivität einer Reihe von Genen direkt oder über die Produktion eines *Second messengers* und eine nachfolgende intrazelluläre Signaltransduktion** – Die lipophilen Hormone binden an Rezeptoren im Cytosol der Zelle, welche nach der Bindung des Hormons in den Kern gelangen und dort die Transkriptionsfrequenz einer Reihe von Zielgenen beeinflussen. Die vermehrte oder verminderte Produktion der entsprechenden Proteine beeinflusst danach den Stoffwechsel der Zelle. Die Proteohormone binden an Rezeptorproteine der Zellmembran, welche dadurch aktiviert werden und Signalübermittlungsvorgänge wie die Bildung von *Second messengers* im Zellinneren auslösen. Auch in diesen Fällen der Signalübermittlung kommt es meist zu einer Veränderung der Transkriptionsrate einer Reihe von Zielgenen.

■ Wasserlösliche und fettlösliche Hormone sind schnell umgesetzte Wirkstoffe, welche von spezialisierten Zellen oder Drüsen ins Blut und in die interstitielle Flüssigkeit sezerniert werden. Sie regulieren und koordinieren die Stoffwechsel-Leistungen bestimmter Zielorgane. Sie bilden hierarchisch organisierte Regelkreise.

## 30.2
## Hormone des Hypothalamus und der Hypophyse

**Hypothalamus und Hypophyse sind direkt miteinander verbunden** – Die Hypophyse ist eine Anhangsdrüse des Gehirns (Abb. 30.2). Von der Zirbeldrüse im zentralen Bereich des Gehirns gelangen Signale über neuronale Bahnen zum Hypothalamus im Zwischenhirn an der Basis des Gehirns. Der Hypothalamus verarbeitet die Signale und gibt sie auf neuronalem

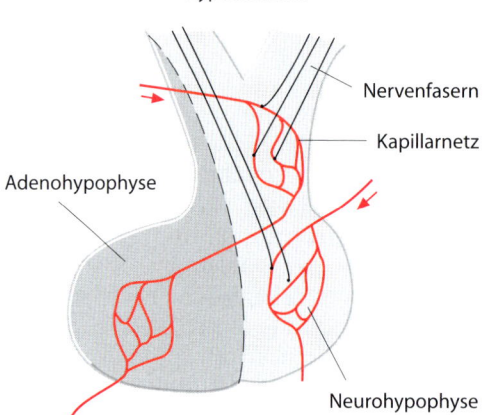

Hypothalamus

Nervenfasern

Kapillarnetz

Adenohypophyse

Neurohypophyse

**Abb. 30.2.** Die Hirnanhangsdrüsen. Die schematische Darstellung zeigt die Adenohypophyse (Vorderlappen) und die Neurohypophyse (Hinterlappen). Die Neurohypophyse wird durch Nervenfasern aus dem Hypothalamus erreicht, über die ADH und Ocytocin in das Kapillarsystem gelangen. Dort werden sie direkt an den Kreislauf abgegeben. Die Adenohypophyse steht über Blutgefäße in enger Beziehung mit dem Hypothalamus. Ein oberes Kapillarnetz nimmt die *Releasing factors* auf und leitet sie über eine pfortaderähnliche kurze Verbindung an die Adenohypophyse weiter, wo die Signale empfangen, Hormone produziert und über die Gefäße in den weiteren Kreislauf entlassen werden

und hormonalem Weg an die Hypophyse weiter. Eine stielartiger Auswuchs des Hypothalamus enthält eine Reihe neuronaler Ausläufer und Blutgefäße, welche die Signale vom Zwischenhirn zur Hypophyse transportieren. Die **Neurohypophyse (Hypophysenhinterlappen)** empfängt ihre Hormone durch axonalen Transport aus dem Hypothalamus. Die Hormone der **Adenohypophyse (Hypophysenvorderlappen)** hingegen werden in der Drüse selbst synthetisiert. Ihre Sekretion wird über eine Reihe ins lokale Kapillarnetz sezernierter Peptide, die *Releasing factors*, gesteuert. Die Hormone der Adenohypophyse ihrerseits sind **glandotrope Hormone**, sie steuern endokrine Drüsen in anderen Regionen des Organismus, z. B. als **Gonadotropine** die Gonaden.

**Die zwei Hormone der Neurohypophyse sind Neurosekrete des Hypothalamus –**

Das antidiuretische Hormon (ADH = Vasopressin) und das Ocytocin gelangen als Neurosekrete des Hypothalamus in Form von Vorläuferproteinen über axonalen Transport in die Neurohypophyse. Während des Transports werden die aktiven Peptide freigesetzt und zusammen mit den zugehörigen Transportproteinen Neurohypophysin I für Ocytocin und Neurohypophysin II für ADH ins Blut sezerniert. Die Halbwertszeit der beiden Hormone beträgt 2–4 min, ihr Abbau erfolgt durch die Leber.

Die Hormone der Neurohypophyse bewirken die Kontraktion bestimmter glatter Muskeln. **ADH** fördert die Rückresorption von Wasser aus dem Primärharn. ADH wird gemäß seiner zweiten Funktion auch Vasopressin genannt; es wirkt blutdruckerhöhend durch die Kontraktion der glatten Muskelfasern kleiner Blutgefäße. ADH kann über ein Kapillarsystem auch die Adenohypophyse erreichen, wo es die Sekretion des Corticotropins stimuliert. **Ocytocin** stimuliert bei der Frau die Kontraktion der glatten Muskulatur des Uterus und der Brustdrüse; beim Mann die Kontraktion der Samenkanälchen. Ocytocin ist besonders wichtig für die Auslösung der Geburtswehen und für die Milchsekretion.

**ADH**

Disulfidbrücke          C - terminales Amid

S ——————————————— S

Cys - Tyr - Phe - Gln - Asn - Cys - Pro - Arg - Gly - NH$_2$

**Ocytocin**

S ——————————————— S

Cys - Tyr - Ile - Gln - Asn - Cys - Pro - Leu - Gly - NH$_2$

**Die *Releasing factors* des Hypothalamus bilden ein Bindeglied zwischen nervöser und humoraler Regulation –** Sie werden in den Nervenzellen des Hypothalamus und anderer Gehirnregionen gebildet und danach über axonalen Transport in sekretorische Vesikel der Neurohypophyse gebracht und dort gespeichert. Bei Bedarf werden die Vesikel ins Blut ent-

**Tabelle 30.1.** Hormone des Hypothalamus des Menschen. Die entsprechenden Hormone anderer Spezies sind nahe verwandte Homologe. -$NH_2$ am C-Terminus eines Peptids bedeutet eine Amidgruppe

| Hormon | Kurzname | Struktur |
|--------|----------|----------|
| Corticoliberin | CRH | Peptid von 41 Aminosäuren |
| Somatoliberin | GRH | Peptid von 44 Aminosäuren |
| Somatostatin | SRIF | Ala-Gly-Cys-Lys-Asn-Phe-Phe-Trp-Lys-Thr-Phe-Thr-Ser-Cys |
| Dopamin | PIH | Dihydroxy-Phe, decarboxyliert |
| Thyroliberin | TRH | 5-oxo-His-Pro-$NH_2$ |
| Gonadoliberin | GnRH, LH-RH | 5-oxo-His-Trp-Ser-Tyr-Gly-Leu-Arg-Pro-Gly-$NH_2$ |
| Oxytocin | | Cys-Tyr-Ile-Gln-Asn-Cys-Pro-Leu-Gly-$NH_2$ |
| Vasopressin | ADH, AVP | Cys-Tyr-Phe-Gln-Asn-Cys-Pro-Arg-Gly-$NH_2$ |

leert. Die Hypothalamushormone sind Peptide mit 3–44 Aminosäureresten (Tabelle 30.1). Sie werden *Releasing factors* genannt, weil sie die Freisetzung der Hormone der Adenohypophyse regulieren.

**Die Hormone der Adenohypophyse steuern eine ganze Reihe verschiedener Zielorgane** – Die sieben Hormone der Adenohypophyse lassen sich aufgrund ihrer Homologien in drei Gruppen einteilen. Das Melanotropin und Corticotropin sind verwandte Peptidhormone, Somatotropin und Prolactin sind Proteine von etwa 22 kDa, und die dritte Gruppe umfasst Thyrotropin, Follitropin und Lutropin, alles Glykoproteine von 28–34 kDa mit je einer α-Kette, die bei allen drei Hormonen dieselbe ist, und einer besonderen β-Kette. Die Hormone der Adenohypophyse und des Hypothalamus sowie ihre Wirkungen sind in Tabelle 30.2 zusammengestellt.

Die Hormone Corticotropin, β-Lipotropin und β-Endorphin/γ-Endorphin entstehen in mehreren Schritten aus einem Vorläuferprotein des **Pro-Opio-Melano-Cortin-Gens (POMC-Gens)**. Die physiologische Funktion der Lipotropine ist unklar, sie wirken möglicherweise bei der Regulation der Lipolyse mit. Die Endorphine üben über bestimmte Neurone vegetative Funktionen aus, wie die Kontrolle der Schmerzempfindung. Das **Corticotropin (= Adrenocorticotropes Hormon ACTH)** stimuliert vor allem die Sekretion von Glucocorticoiden wie **Cortisol**. Die Aldosteronproduktion wird jedoch kaum verändert. Wie in Abb. 30.1 dargestellt, hemmen hohe Konzentration

der Nebennierenrindenhormone im Blut die Ausschüttung des Corticoliberins und damit des Corticotropins. Dieser Regelkreis dient der Steuerung der Stressantwort während diversen Belastungen des Organismus wie Kälte, Verletzung oder Infektion. Das **Wachstumshormon Somatotropin** ist sehr Spezies-spezifisch, so ist das Rinderhormon beim Menschen wirkungslos; gentechnisch hergestelltes menschliches Wachstumshormon ist zur Behebung eines Mangels notwendig. Somatotropin erhöht die Blutzuckerkonzentration; die Peptide Somatostatin und Somatoliberin des Hypothalamus kontrollieren die Produktion von Somatotropin (Tabelle 30.2). Sinkt die Blutzuckerkonzentration, wird in diesem Regelkreis vermehrt Somatoliberin produziert. Die Somatotropinwirkung wird über Somatomedine, die **Insulin-like growth factors IGF I und II**, vermittelt. Diese zwei dem Proinsulin strukturell ähnlichen Wachstumsfaktoren lösen in vielen Geweben Zellteilung und Differenzierung aus. Auf den Stoffwechsel haben sie eine insulinähnliche Wirkung, d. h. sie stimulieren den Glucose-Transport in Zellen und fördern die Glucosenutzung, sie stimulieren die Synthese von Glykogen und Proteinen und hemmen die Lipolyse. Zudem fördern sie die Biosynthese der Steroidhormone. Das Somatostatin aus dem Hypothalamus hemmt auch die Sekretion des Thyrotropins und wirkt dadurch als ein Thyrostatin. Durch die gegensätzliche Wirkung von Somatostatin und Thyroliberin werden die Einflüsse des Gehirns integriert und die Produktion von

**Tabelle 30.2.** Hormone des Hypothalamus und der Hypophyse

| Hypothalamus | Hypophyse | Periphere Drüse | Zielorgan |
|---|---|---|---|
| ADH | $\xrightarrow{+}$ Corticotropin (ACTH) | $\xrightarrow{+}$ Cortisol | $\longrightarrow$ Leber, viele andere Gewebe |
| Corticoliberin | $\xrightarrow{+}$ β-Lipotropin, β-Endorphin | | ?, ev. Fettgewebe, Gehirn |
| Somatostatin | $\xrightarrow{-}$ Somatotropin (Wachstumshormon) | $\xrightarrow{+}$ Somatomedine (IGF I und IGF II) | $\longrightarrow$ Knochen, Fettgewebe, Muskel |
| Somatoliberin | $\xrightarrow{+}$ | | |
| | $\xrightarrow{+}$ Prolactin $\xrightarrow{-}$ | | $\longrightarrow$ Brustdrüse |
| Dopamin | | | |
| Thyroliberin | $\xrightarrow{+}$ Thyrotropin $\xrightarrow{-}$ | $\xrightarrow{+}$ Iodthyronine | $\longrightarrow$ Viele Gewebe |
| Somatostatin | | | |
| | $\xrightarrow{+}$ Follitropin | | $\longrightarrow$ Follikel, Samenzellen |
| Gonadoliberin | $\xrightarrow{+}$ Lutropin | $\xrightarrow{+}$ Progesteron, Oestradiol, $+$ Testosteron | $\longrightarrow$ Gonaden, Fettgewebe Muskel |
| Ocytocin-vorstufe | $\longrightarrow$ Ocytocin | | $\longrightarrow$ Uterus, Brustdrüse |
| ADH-Vorstufe | $\longrightarrow$ ADH | | $\longrightarrow$ Niere, Blutgefäße, Adenohypophyse |

Nur die wichtigsten Wirkungen sind gezeigt. Hemmwirkung auf das Zielorgan: –; Stimulierung des Zielorgans: +; ▬ Neurohypophyse;    Adenohypophyse

**Thyrotropin** und nachfolgend von Iodthyroninen entsprechend gesteuert (Kapitel 30.6). Das Somatoliberin wirkt nicht nur auf die Somatomedinproduktion, als Gegenspieler des Dopamins fördert es die Bildung des **Prolactins.** Das Somatomammotropin der Plazenta ergänzt das Prolactin; die Wirkungen beider Hormone sind wichtig für die Vorbereitung der Milchdrüse während der Schwangerschaft sowie die

Förderung der Milchsekretion nach der Entbindung, unter anderem durch vermehrte Transkription der Gene für die Milchproteine Casein und Lactalbumin. Bei Tieren beeinflusst Prolactin das Verhalten, es löst u. a. den Brutinstinkt aus.

Die **gonadotropen Hormone** sind im Gegensatz zu den Sexualsteroiden nicht geschlechtsspezifisch und wirken zusammen mit zahlreichen anderen Hormonen sowohl auf die weiblichen als auch auf die männlichen Keimdrüsen ein. Das **Follitropin (Follikelstimulierendes Hormon, FSH)** fördert die Entwicklung der Follikel im Ovar und der Samenzellen im Hoden. Das **Lutropin (Luteinisierendes Hormon, LH)** stimuliert die Bildung von Sexualsteroiden im Ovar und im Hoden. Die Plazenta kann ebenfalls gonadotrope Hormone bilden. Das den beiden gonadotropen Hormonen übergeordnete **Gonadoliberin** wird in regelmäßigen Hormonpulsen vom Hypothalamus abgegeben. Beim Mann beträgt die Pulszeit etwa 2 h, bei der Frau ist sie zyklusabhängig und schwankt zwischen 1,5 und 3 h. In diesem Zusammenhang sei noch das **Choriongonadotropin** (*Human chorionic gonadotropin,* **HCG**) erwähnt, ein Glykoprotein, welches während der Schwangerschaft von der Plazenta gebildet wird. Das Hormon stimuliert die Produktion von Oestrogen und Progesteron und damit sekundär das Wachstum des Uterus. Es wird unmittelbar nach dem Einnisten der befruchteten Eizelle in rasch ansteigender Menge gebildet, zum großen Teil über den Urin ausgeschieden und eignet sich deshalb zum frühen Nachweis einer Schwangerschaft.

■ Das Nervensystem als Ort der Verarbeitung von Sinneseindrücken und anderen schnell übermittelten Signalen kontrolliert viele hormonale Regelkreise. Die Epiphyse im Zentrum des Gehirns gibt neuronale Signale zum Hypothalamus und dieser gibt neuronale und hormonale Signale zur zweiteiligen Hypophyse weiter. Die Adenohypophyse (Hypophysenvorderlappen) schüttet hierarchisch hochstehende Hormone zur Regulation vieler Hormondrüsen ins Blut aus.

## 30.3
## Die Nebenniere, ein lebenswichtiges Organ mit diversen Hormonen: Catecholamine, Cortisol und Aldosteron

Die lebenswichtige zweischichtige Nebenniere besteht aus den Rindenzellen und den Markzellen. Die **Markzellen** stammen vom Neuralrohr ab und sind abgewandelte Nervenzellen, welche das Hormon **Adrenalin** (engl.: *Epinephrin*) und seine Vorstufe das **Noradrenalin** (*Norepinephrin*) bilden. Die beiden Hormone werden ausgehend von Tyrosin synthetisiert und der Gruppe der **Catecholamine** zugezählt:

Tyrosin    Dopa    Dopamin

Noradrenalin    Adrenalin    Catechol = 1,2 Dihydroxybenzol

Die Catecholamine sind in den Nervenzellen und im Nebennierenmark in sekretorischen Vesikeln gespeichert und können bei Bedarf rasch abgegeben werden. Sie wirken als Stresshormone. Adrenalin erhöht die Frequenz des Herzschlags, den Blutdruck, die Ausschüttung von Glucose durch die Leber und die Glykogenolyse in den Muskeln; der Organismus ist alarmiert und bereit zur Flucht. Neuronen des Hirnstamms verwenden Adrenalin als Neurotransmitter.

**Die Nebennierenrinde bildet völlig andere Hormone als das Nebennierenmark, sie synthetisiert eine Reihe nahe verwandter Steroide** – Diese Steroide bilden drei Gruppen, die Glucocorticoide wie Cortisol, die Mineralocorticoide wie Aldosteron und die adrenalen Androgene mit eher untergeordneten Funktionen. Glucocorticoide und Mineralocorticoide haben überlappende Funktionen und können einander teilweise ersetzen. Der Gehalt der Nebenniere an Hormonen ist gering, es werden jedoch laufend große Hormonmengen ins Blut abgegeben. Pro Minute wird ein Mehrfaches der in der Drüse vorhandenen Menge sezerniert. Während des Transports ist Cortisol an ein spezifisches Transportprotein gebunden. Auch Albumin bindet etwas Cortisol, vor allem bindet es aber neben vielen anderen lipophilen niedermolekularen Substanzen auch Aldosteron. Die **Glucocorticoide**, insbesondere **Cortisol** und **Corticosteron** sind über das System Hypothalamus(Corticoliberin)-Hypophyse(Corticotropin) reguliert und die Produktion folgt meist einem Tag-Nacht-Rhythmus. Ein Minimum um Mitternacht wechselt mit einem Maximum um 9 Uhr morgens ab. Die Hormonkonzentration ist bei Stress-Situationen wie starker körperlicher oder psychischer Belastung erhöht. Die Gluconeogenese wird gefördert, die Proteinsynthese gehemmt, der Proteinabbau beschleunigt und die Lipolyse sowie der Knochenabbau erhöht. Eine der Folgen dieser Effekte ist die reduzierte Synthese von Antikörpern, d. h. eine Immunsuppression. Aus den verlangsamten Reaktionen der Lymphocyten erklärt sich die entzündungshemmende und immunsuppressive Wirkung der Glucocorticoide. Die **Mineralocorticoide** mit dem wichtigsten Vertreter **Aldosteron** kontrollieren die $Na^+$- und $K^+$-Konzentra-

Aldosteron

tion im Blut. Aldosteron induziert die Synthese der $Na^+/K^+$-ATPase der Nierentubuli und fördert dadurch die Rückresorption der $Na^+$-Ionen aus dem Primärharn (s. Kapitel 35.4).

Cortisol

Corticosteron

■ Das Nebennierenmark produziert vornehmlich das Stresshormon Adrenalin, welches den Blutdruck, die Herzschlagfrequenz, die Glucoseausschüttung durch die Leber ins Blut und die Glykogenolyse in den Muskeln erhöht. Die Nebennierenrinde produziert Steroide wie Cortisol, ein weiteres Stresshormon, welches die Gluconeogenese und die Lipolyse stimuliert. Das Aldosteron ist das zweite wichtige Hormon der Nebennierenrinde. Es dient der Regulation des Elektrolythaushalts, v. a. der Regulation der $Na^+$- und $K^+$-Konzentration im Blut.

## 30.4
# Erythropoietin und Calcitriol aus der Niere; Renin und Angiotensin

**Calcitriol** wird in der Niere gebildet, seine Vorstufen werden jedoch durch die Leber und die Haut synthetisiert. In der Leber wird als Vorstufe 7-Dehydrocholesterol gebildet, welches in der Haut unter Sonnenlichteinwirkung zum Calciol (Cholecalciferol) umgewandelt wird. Bei Lichtmangel muss Calciol (Vitamin D$_3$) mit der Nahrung zugeführt werden. Die weiteren Hydroxylierungsreaktionen zum Hormon finden in der Leber und in der Niere statt. Das Calcitriol ist an der Regulation des Calcium- und Phosphathaushalts beteiligt (s. Kapitel 30.6).

Calciol
Cholecalciferol
Vitamin D3

Calcitriol
1α, 25 - Dihydroxycholecalciferol

**Das Renin-Angiotensin II-Aldosteron-System ist beteiligt an der Regulation des extrazellulären Volumens und des Blutdrucks** – Das in der Niere gebildete Renin ist eine Protease, welche das von der Leber sezernierte Angiotensinogen zum hormonal inaktiven Angiotensin I spaltet. Erst das *Angiotensin-converting enzyme* **ACE** am Kapillarendothel insbesondere in der Lunge und im Blutplasma wandelt Angiotensin I durch Abspaltung eines Dipeptids zu Angiotensin II um. Das hormonal aktive Angiotensin II bewirkt eine Verengung der Arteriolen (Vasokonstriktion), eine erhöhte Synthese von Aldosteron in der Nebennierenrinde und damit eine erhöhte Rückresorption von Na$^+$-Ionen durch die Niere. Der Abbau des Hormons erfolgt über spezifische Proteasen. Bei niedrigem Blutdruck geben Blutdruckrezeptoren in der Niere den primären Anreiz zur Produktion des Renins. Eine Rückkoppelung kommt durch die Hemmung der Sekretion des Renins bei hoher Konzentration von Angiotensin II zustande.

**Erythropoietin wirkt als Wachstumsfaktor** – Das Erythropoietin ist ein Protein von 18,4 kDa. Es beschleunigt die Bildung von Erythrocyten im Knochenmark. Bei mangelhafter Sauerstoffversorgung, wie beim Aufenthalt in großen Höhen, wird es von den Nieren vermehrt ausgeschüttet. Das Hormon wird auch gentechnisch produziert und dient als Therapeutikum bei gewissen Anämieformen. Leider findet es manchmal auch als Leistungsförderer bei Sporttreibenden Anwendung.

■ Das Calcitriol aus der Niere steuert den Calcium- und Phosphathaushalt. Das blutdruckerhöhende Angiotensin II entsteht aus Angiotensinogen durch die proteolytische Wirkung von Renin und ACE. Das Erythropoietin stammt ebenfalls aus der Niere und fördert als Wachstumsfaktor die Bildung von Erythrocyten.

## 30.5
# Gonadotropine und Sexualhormone

Die männlichen Sexualsteroide gehören nur einer Gruppe, den Androgenen, an. Die weiblichen Sexualsteroide gehören zu zwei Gruppen, den Oestrogenen oder Follikelhormonen und den Gestagenen oder *Corpus-luteum*-Hormonen.

**Androgene sind Steroidhormone, welche sich durch ein Grundgerüst mit 19 C-Atomen auszeichnen** – Das prominen-

Testosteron

17β - Hydroxy - 5α-androstan - 3 - on
5α - Dihydrotestosteron

teste männliche Sexualhormon der Wirbeltiere ist das **Testosteron**, das in den Leydigschen Zwischenzellen des Hodens aus dem Vorläufer Cholesterol gebildet wird. Das zweite Androgen aus den Hodens ist das ebenfalls gezeigte 17-Hydroxy-5α-androstan-3-on. Etwa 0,5 bis 5 mg der verschiedenen Androgene werden pro Tag in einem Mann gebildet. Die beiden androgenen Steroide werden auch von der Nebennierenrinde in beträchtlichen Mengen sezerniert. Bei der Frau machen die Androgene aus diesem Organ etwa 50% der insgesamt gebildeten Androgene aus, beim Mann höchstens 5%. Das Lutropin der Hypophyse kontrolliert die Biosynthese der Androgene. Die aktiven Formen der männlichen Sexualsteroide werden teils im

Hoden, teils erst am Wirkungsort aus im Blut zirkulierenden Vorläufern gebildet. Die aktiven Formen sind das Testosteron, das 5α-Dihydrotestosteron und das Oestradiol, obschon sich letzteres vor allem als weibliches Sexualsteroid auszeichnet. Oestradiol beeinflusst denn auch höhere Zentren im Gehirn des Mannes, während die Androgene wie Testosteron die direkten Effektororgane steuern. Die Androgene wirken einerseits auf die Genitalien, sie haben aber auch eine ausgeprägte **anabole Wirkung**; sie fördern die Proteinsynthese und führen zu einer positiven Stickstoffbilanz. Während der Entwicklung des männlichen Fetus wird die Bildung des Hodens durch das Y-Chromosom eingeleitet. Der fetale Hoden bildet Androgene, welche für die Differenzierung zum männlichen Phänotyp und auch der männlichen Verhaltensweise zuständig sind. In der Pubertät werden die sekundären Geschlechtsmerkmale unter dem Einfluss der Sexualhormone ausgebildet. Im ausgewachsenen Mann ist die andauernde Produktion der Sexualhormone für die Reifung der Spermien und die Tätigkeit der akzessorischen Drüsen des Genitaltrakts notwendig. Ebenso wird der Geschlechtstrieb, die Libido, von Androgenen beeinflusst.

**Oestrogene sind Steroidhormone, welche sich durch ein Grundgerüst mit 18 C-Atomen und einen aromatischen A-Ring mit einer phenolischen Hydroxylgruppe auszeichnen** – Die Oestrogene werden im Ovar produziert und das Lutropin der Hypophyse stimuliert auch ihre Synthese. Vorstufe ist das Testosteron; die Methylgruppe an C19 wird oxidativ abgespalten und der A-Ring aromatisiert. Dadurch entsteht das physiologisch bedeutungsvollste Oestrogen, Oestradiol-3,17β. Außerdem tritt als weiteres Oestrogen das Oestron auf:

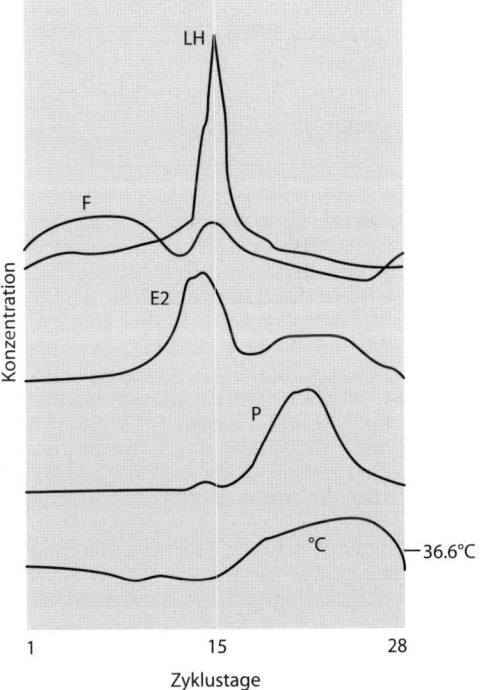

Oestradiol- 3,17β

Oestron

Oestrogene fördern die Entwicklung der Vagina, des Uterus und sekundärer weiblicher Geschlechtsmerkmale. Sie sind auch wichtig für die Ausbildung der Geschlechtszyklen wie der Brunst oder des Menstruationszyklus bei Mensch und Affen. Oestradiol vermindert den Blutlipidgehalt, fördert den Calciumeinbau in die Knochen und die Ausbildung des Unterhaut-Fettdepots. Es hat somit auch extragenitale Wirkungen.

Das Oestradiol wird in der Leber zu Oestron, 2-Hydroxy-Oestron und Oestriol-3,16α,17β umgewandelt. Oestradiol und seine Metaboliten werden in der Leber an Glucuronat und Sulfat gekoppelt und im Urin ausgeschieden.

**Gestagene sind Gelbkörper- oder Schwangerschaftshormone** – Der wichtigste Vertreter der Gestagene ist das Progesteron, ein Steroid mit 21 C-Atomen:

Progesteron

Progesteron entsteht unter Kontrolle des Lutropins im Gelbkörper und wird nur in bestimmten Phasen des Menstruations-

zyklus und während der Schwangerschaft gebildet. Seine Hauptfunktion besteht in der Regulation der Uterustätigkeit und der Entwicklung der Brustdrüse sowie der Vorbereitung der Uterusschleimhaut zur Einnistung des befruchteten Eis. Es wird wie die Oestrogene als Glucuronid ausgeschieden.

**Der Menstruationszyklus ist ein besonderer Sexualzyklus** – Der Geschlechtszyklus läuft je nach Spezies recht verschieden ab und ist in vielen Fällen von der Jahreszeit abhängig. Der Menstruationszyklus der Frau, der hier als besonderes Beispiel erklärt wird, zeichnet sich durch die monatliche zyklische Reifung von Follikeln im Ovar aus. Der Regelkreis besteht aus einem Rhythmusgeber, der wahrscheinlich

**Abb. 30.3.** Hormonale Steuerung des Menstruationszyklus. Der Verlauf der relativen Konzentrationen einiger wichtiger Hormone sowie die Basaltemperatur sind in einer Grafik als untereinander liegende Kurven dargestellt. Die Null-Werte für die Kurven liegen an verschiedenen Stellen der Ordinate und sind nicht angegeben. LH: Lutropin; F: Follitropin; E2: Oestradiol; P: Progesteron; °C Basaltemperatur

im Zwischenhirn liegt, sowie dem Hypothalamus, der Hypophyse und dem Ovar. Während der ersten Hälfte des Zyklus reift ein Follikel heran, stimuliert durch das während dieser Zeitspanne vorübergehend ausgeschüttete Follitropin (Abb. 30.3). Oestradiol bewirkt den Aufbau der neuen Schleimhaut, der kurz vor der Ovulation beendet ist. Über eine Rückkoppelung bremst das Oestradiol die Sekretion des Follitropins durch die Hypophyse. Ein erneuter, diesmal steilerer, Anstieg der Sekretion des Lutropins in der Mitte des Zyklus wird vom Gonadoliberin des Hypothalamus induziert und führt zur Ovulation. Nach dem Eisprung bewirkt das Lutropin die Gelbkörperbildung und bringt dort die Progesteron-Produktion in Gang; die Uterusschleimhaut erreicht den prägraviden Zustand. Solange die Progesteronproduktion anhält, bleibt die Schleimhaut in diesem Zustand. Wird die Oocyte befruchtet, entwickelt sich der Gelbkörper zum *Corpus luteum graviditatis* und steigert die Progesteronproduktion.

---

**Hormonale Kontrazeption** – Falls die Konzentration des Gestagens während des ganzen Zyklus künstlich hoch gehalten wird, ist die Lutropinproduktion gehemmt. Daraus ergibt sich eine Möglichkeit zur hormonalen Empfängnisverhütung. Meist wird ein oral wirksames chemisch synthetisiertes Schwangerschaftshormon wie das Gestagen $17\alpha$-Ethinyl-19-nortestosteron eingesetzt, welches die Ovulation verhindert. Ein dem Präparat zugesetztes Oestrogen fördert den Aufbau der Schleimhaut, so dass nach dem Aussetzen der Einnahme eine Entzugsblutung stattfindet. Das Steroid RU 486, welches zum Abbruch einer Schwangerschaft benutzt werden kann, besitzt anti-Gestagen-Eigenschaften. Es blockiert den Progesteron-Rezeptor, der für die Aufrechterhaltung der Schwangerschaft notwendig ist.

---

Bei Ausbleiben der Befruchtung bildet sich der Gelbkörper zurück. Bei Fehlen des Progesterons bleibt die Schleimhaut nicht erhalten und wird während der Menstruation abgestoßen. Die erniedrigte Oestradiolkonzentration führt über den Hypothalamus und die Hypophyse zur gesteigerten Sekretion des Follitropins und der Zyklus beginnt erneut.

■ Die Sexualhormone sind Steroide. Sie wirken auf zwei Arten: Einerseits wird die Ausbildung der Geschlechtsorgane und der sekundären Geschlechtsmerkmale gefördert, andererseits haben Sexualsteroide auch extragenitale Wirkungen wie auf den Lipidhaushalt oder den Muskelaufbau. Ein besonderes Steroidhormon, das Progesteron, reguliert viele Abläufe während der Schwangerschaft.

## 30.6
## Kontrolle des Grundumsatzes durch die Schilddrüsenhormone; Regulation des Calcium- und Phosphat-Haushalts durch Parathyrin, Calcitriol und Calcitonin

Das Schilddrüsenhormon Thyroxin ist ein iodiertes Derivat der Aminosäure Tyrosin. Es wird aus zwei Tyrosinresten gebildet:

Thyronin

Thyroxin
$T_4$ Tetraiodthyronin

$T_3$ Triiodthyronin

**Thyronin und seine zwei iodierten Derivate Triiodthyronin ($T_3$) und Thyroxin ($T_4$) entstehen als Teile eines Proteins, des Thyreoglobulins** – Das Thyreoglobulin ist ein kohlenhydratreiches Protein von 660 kDa. Iodid-Ionen werden durch aktiven Transport aus dem Blut in die Schilddrüse aufgenommen und durch eine Peroxidase zu Radikalen oxidiert, welche mit den Tyrosinresten des Thyreoglobulins reagieren. Die kovalente Koppelung der iodierten Tyrosinreste zum Iodthyronin erfolgt am Thyreoglobulin ohne Einwirkung eines Enzyms. Die proteingebundene Form des Prohormons wird in der Schilddrüse gespeichert. Bei Stimulation der Schilddrüse durch Thyrotropin aus der Adenohypophyse wird das Protein in Lysosomen gespalten und $T_4$ oder $T_3$ ins Blut abgegeben. Dort binden die beiden Thyronine an das Thyronin-bindende Globulin und andere Proteine. Nur 0,025% des $T_4$ und 0,5% des $T_3$ liegen frei gelöst vor und können in die Zellen der Effektororgane gelangen, wo $T_3$ an einen nucleären Rezeptor bindet und die Expression einer Reihe von Zielgenen beeinflusst. $T_4$ wird in den Zellen zur aktiven Form des $T_3$ deiodiert. Die tägliche Zufuhr von mindestens 150 µg Iodid pro Person mit der Nahrung ist eine der Voraussetzungen zur ausreichenden Bildung des Hormons. Iodid wird heute in den Iodmangelgebieten meist dem Kochsalz beigemischt. Dadurch lassen sich Iodmangelerscheinungen wie der Kretinismus oder die Kropfbildung vermeiden (s. Kapitel 36.4).

**Die Schilddrüsenhormone sind unentbehrlich für Wachstum und Entwicklung** – Bei Mangel an Schilddrüsenhormonen während der Embryonalentwicklung und beim Heranwachsen bis zum Jugendlichen treten schwere körperliche und geistige Störungen (Kretinismus) auf. Bei Tieren wird nach Entfernung der Schilddrüse das Wachstum und die Geschlechtsreife verzögert. Die Metamorphose der Kaulquappe zum Frosch hängt ebenfalls vom Schilddrüsenhormon ab. Bei diesem Prozess wird unter anderem die Exkretion des Stickstoffs von der Abgabe als Ammoniak durch die Kiemen ans Wasser auf die Ausscheidung von Harnstoff durch die Nieren umgestellt. Dazu benötigt das Tier die Thyroxin-stimulierte Expression der Enzyme des Harnstoffzyklus.

Im erwachsenen Organismus wird der Grundumsatz durch die Schilddrüsenhormone reguliert. Die Regulation erfolgt durch Bindung des Hormons an ein spezifisches Rezeptorprotein im Zellkern, welches die Transkriptionsrate einer Reihe von Zielgenen beeinflusst. Der Gesamtstoffwechsel, der $O_2$-Verbrauch und die Thermogenese werden erhöht. Bei Überfunktion der Schilddrüse fallen die Betroffenen durch Hyperaktivität und Abmagerung auf.

**Parathyrin aus den Nebenschilddrüsen, Calcitonin aus der Schilddrüse zusammen mit Calcitriol aus der Niere regulieren den Calcium- und Phosphathaushalt** – Parathyrin und Calcitriol sorgen für eine bedarfsgerechte Aufnahme und Ausscheidung von Calcium und Phosphat. Calcitonin ist ein Gegenspieler von Parathyrin (Parathormon; s. Kapitel 30.4), allerdings nur im Rahmen der Feinregulation der Blutkonzentration von Calcium.

Das **Calcitriol**, ein Derivat des Vitamin D, und das **Parathyrin** steigern die $Ca^{2+}$-Konzentration im Blut über die folgenden Mechanismen: Parathyrin mobilisiert Calcium aus den Knochen und erhöht die Rückresorption von $Ca^{2+}$ in der Niere. Das Parathyrin wirkt einerseits direkt auf die Nierentubuli durch Induktion von Transportern und fördert andererseits die Synthese von Calcitriol. Parathyrin beeinflusst nicht nur die Calciumkonzentration im Blut, es senkt auch die Phosphatkonzentration, indem es die Rückresorption des Phosphats durch die Niere hemmt. Calcitriol erhöht die Resorption des Calciums im Darm und in der Niere. Das **Calcitonin** ist ein Peptid von 32 Aminosäuren und wird aus einem größeren Prohormon gebildet. Es bewirkt die rasche und vorübergehende Senkung der $Ca^{2+}$-Konzentration im Blut durch Erhöhung des $Ca^{2+}$-Einbaus in die Knochen und die Verminderung der $Ca^{2+}$-Wiederaufnahme durch die Nieren. Damit wird eine zu hohe Calciumkonzentration (Normalwert 2,5 mM) nach der Nahrungsaufnahme vermieden.

■ Die Schilddrüse fördert die körperliche Aktivität und den Grundumsatz mit dem iodhaltigen Hormon Thyroxin. Parathyrin aus den Nebenschilddrüsen und Calcitriol aus der Niere sorgen für eine ausreichende und ausgewogene Versorgung der Organe mit Calcium und Phosphat. Diese Hormone zusammen mit ihrem Gegenspieler Calcitonin aus der Schilddrüse, welches die Blutkonzentration des Calciums senkt, halten die Konzentration des Calciums im Blut konstant.

## 30.7
## Kontrolle der Blutzuckerkonzentration durch Glucagon und Insulin aus dem Pankreas

**Die Langerhans-Inseln des Pankreas mit mehreren spezialisierten Zelltypen produzieren mehrere Peptidhormone** – Es sind dies: Insulin, Glucagon, Somatostatin und das pankreatische Polypeptid. In den $\alpha$-Zellen der Langerhans-Inseln wird das Glucagon gebildet, in den $\beta$-Zellen das Insulin und in den $\delta$-Zellen das Somatostatin.

Insulin, ein typisches Beispiel dieser Hormone, wird aus einer Vorstufe produziert. Das aktive Hormon besteht aus zwei Ketten, der A-Kette mit 21 und der B-Kette mit 30 Aminosäuren. Drei Disulfidbrücken stabilisieren das Molekül. Insulin bindet Zink-Ionen und bildet dabei Aggregate von 2–6 Molekülen. Insulin wird als Prä-proprotein synthetisiert und wird erst nach Abspaltung eines Signalpeptids und des internen C-Fragments zum aktiven Hormon (Abb. 30.4).

**Insulin wirkt anabol; es fördert den Aufbau von Speicherstoffen und senkt die Blutzuckerkonzentration** – Insulin

liegt in sehr niedriger Konzentration im Blut vor, Werte zwischen 70 und 700 pM werden im Menschen angetroffen. Es hat eine Halbwertszeit von nur 3–5 min und wird in Leber, Niere und Lungen durch Reduktion der Disulfidbindungen sowie Proteolyse abgebaut. Insulin erniedrigt die Blutzuckerkonzentration, indem es die Permeabilität der Zellmembran für Glucose und einige andere Zucker im Muskel- und Fettgewebe erhöht (s. Kapitel 14.1). In der Leber wird unter Insulineinfluss Glykogen synthetisiert und gespeichert. Die Synthese von Proteinen, Fettsäuren und Triacylglycerolen sind in diesem Organ ebenfalls gefördert, während Glykogenabbau, Gluconeogenese und Ketonkörperbildung gehemmt sind. Im Muskel wird mehr Protein aufgebaut, weil vermehrt Aminosäuren aufgenommen werden und die Translation von mRNAs häufiger abläuft, außerdem wird der Glykogenspeicher gefüllt. Im Fettgewebe werden Triacylglycerole aufgebaut und die Lipolyse gehemmt.

**Glucagon ist der Gegenspieler des Insulins** – Glucagon ist ein Polypeptid, das wie Insulin als Vorstufe gebildet wird. Es wird aus einem Vorläuferprotein von 160 Aminosäureresten als eine Kette von 29 Aminosäureresten abgespalten, wobei auch noch weitere Peptide entstehen, deren Funktion zur Zeit unklar ist. Seine Aminosäuresequenz unterscheidet sich stark von derjenigen des Insulins, sie ist aber derjenigen des Sekretins ähnlich (s. Kapitel 30.8). Die Sekretion von Glucagon wird durch Glucose oder Insulin gehemmt, hingegen durch gewisse Aminosäuren, Catecholamine, Corticosteroide und bestimmte Hormone des Gastrointestinaltrakts stimuliert. Bei Nahrungsmangel steigt die Konzentration des Glucagons vom Grundniveau von 30 pM auf rund 60 pM an. Es fördert in der Leber den Abbau des Glykogens, die Gluconeogenese aus Aminosäuren und Lactat sowie die Ketonkörperbildung aus Fettsäuren.

**Somatostatin** wird im Hypothalamus, Pankreas und Magendarmtrakt gebildet. Es hemmt die Sekretion von Somatotropin

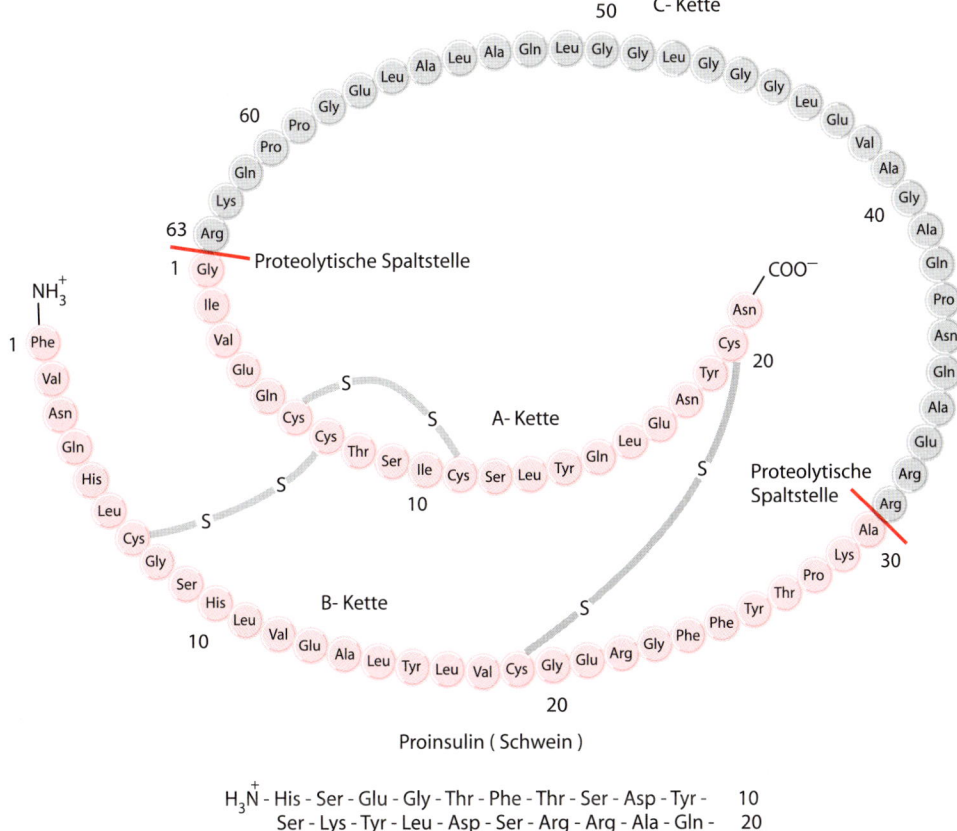

**Abb. 30.4.** Biosynthese und Reifung des Insulins und Sequenz des Glucagons. Das Insulin wird als Prä-pro-Vorläuferprotein im ER synthetisiert. Nach cotranslationaler Abspaltung des Signalpeptids liegt das gezeigte Proinsulin vor, welches durch proteolytische Abspaltung der C-Kette weiter zum Insulin reift. Sein Gegenspieler, das Glucagon, ist ein Peptid

aus der Adenohypophyse, von Insulin und Glucagon aus dem Pankreas sowie von gastrointestinalen Hormonen.

■ Die Blutzuckerkonzentration wird durch die Gegenspieler Insulin und Glucagon reguliert. Insulin erniedrigt den Blutzucker, indem es im Muskel- und Fettgewebe die Transportkapazität der Zellmembran für Glucose erhöht und gleichzeitig den Abbau von Kohlenhydraten und den Aufbau von Fettsäuren und Glykogen fördert. Glucagon beeinflusst die Permeabilität der Zellmembran für Glucose nicht, stimuliert aber den Glykogenabbau in der Leber, die Gluconeogenese, sowie die Bildung von Ketonkörpern aus Fettsäuren.

## 30.8
## Mediatoren: von verschiedenen Zelltypen sezernierte Signalstoffe

Serotonin und Histamin sind typische Mediatoren. Mediatoren finden zu ihren Rezeptoren durch Diffusion im Interstitium und gelangen nicht primär ins Blut, es sei denn sie würden von Blutzellen gebildet. Sie werden sehr schnell abgebaut und können sich deshalb nicht weit verbreiten.

**Histamin vermittelt allergische Reaktionen** – Histamin entsteht durch enzymatische Decarboxylierung von Histidin. Das

Histamin

Histamin liegt vor allem in Mastzellen in den Geweben und in basophilen Leukocyten an Heparin gebunden vor. Es wird durch verschiedene Mechanismen freigesetzt und bewirkt allergische Reaktionen von juckenden Hautrötungen bis zu anaphylaktischem Schock. Typischerweise werden Blutkapillaren durch Histamineinwirkung erweitert. Histamin ist generell an Entzündungsreaktionen beteiligt. Die glatte Muskulatur der Bronchien kontrahiert sich unter Histamineinfluss, Asthma ist das entsprechende Symptom.

**Serotonin** ist nicht nur ein Neurotransmitter des Zentralnervensystems, es verengt als Hormon Gefäße und regt die Darmtätigkeit an. Es wird bei der Blutgerinnung aus den Blutplättchen freigesetzt.

Serotonin
( 5- Hydroxytryptamin )

**Eicosanoide leiten sich von mehrfach ungesättigten Fettsäuren ab und erfüllen viele verschiedene Funktionen** – Zu den Eicosanoiden zählen wir die **Prostaglandine, Prostacycline, Thromboxane, Leukotriene** und weitere Fettsäurederivate. Prostaglandine besitzen 20 C-Atome und einen aliphatischen Fünfring. Eicosanoide (zwanzig, griech.: *eikosi*) werden auf zwei verschiedenen Wegen synthetisiert:

Spezifische Enzyme sind für den Abbau der Prostaglandine verantwortlich. Prostaglandine werden durch Nervenimpulse, Histamin und andere Mediatoren freigesetzt. Sie wirken mit bei der Blutdruckregulierung, beeinflussen die Blutplättchen, treten bei Entzündungen auf und hemmen die Magensaftsekretion. In der Niere wirkt das Prostaglandin E2 durchblutungsfördernd und führt zur Freisetzung von Renin. Prostaglandin E2 und Prostaglandin F sowie das Paar Thromboxan-Prostacyclin wirken an vielen Zielorganen antagonistisch. Leukotriene haben im Gegensatz zu den Prostaglandinen eine offene Kettenstruktur mit 20 C-Atomen. Sie sind oft mit Glutathion konjugiert. Ihre biologische Funktion ist noch wenig untersucht. Sie wirken bei Abwehrreaktionen wie Entzündungen oder allergischen Prozessen mit.

**Stickstoffmonoxid**, das Radikal **NO**, wird in Nervenzellen, Endothelzellen der Blutgefäße und aktivierten Makrophagen durch zelltypische, spezifisch regulierte Enzyme gebildet (s. Kapitel 19.3). NO kann leicht durch das Gewebe diffundieren, besitzt aber als Radikal eine Halbwertszeit von nur einigen Sekunden. Es hat zwei wichtige biologische Wirkungen: in niedriger Konzentration wirkt es als Signalsubstanz von Nerven- und Endothelzellen, in hoher Konzentration als cytotoxischer Wirkstoff der Makrophagen. NO bewirkt als Signalsubstanz vor allem die langsame Erweiterung der Blutgefäße und damit eine Blutdrucksenkung.

**Der Herzvorhof sezerniert Hormone zur Blutdruckregulierung** – Das **atriale natriuretische Peptid ANP** wird nicht nur im Herz, sondern auch im Gehirn und im Endothel der Blutgefäße gebildet. Es hat eine starke diuretische und natriuretische Wirkung und ist damit Antagonist des Renin-Angiotensin-Aldosteron-Systems. Zudem erweitert es Gefäße. In der Niere hemmt es die Ausschüttung von Renin, in der Nebenniere die Synthese und Ausschüttung von Aldosteron. Das Herz pumpt nach ANP-Einwirkung ein geringeres Blutvolumen bei erhöhter Herzschlagfrequenz; der Herzmuskel wird somit entlastet. ANP löst nach Rezeptorbindung eine intrazelluläre Signaltransduktion über die Guanylatcyclase und den *Second messenger* cGMP aus.

**Der Magen-Darmtrakt ist auch eine große endokrine Drüse** – Diffus über die ganze Magen-Darm-Schleimhaut verteilte endokrine Zellen sezernieren über 30 verschiedene Peptide mit Hormonwirkung. Einige dieser Peptide werden im Nervensystem auch als Neurotransmitter oder Neuromodulatoren verwendet. Der Grund für die zweifache Verwendung ist noch unklar. Im Magendarmtrakt regulieren die Peptide die Verdauung, indem sie die Sekretion, Resorption der Nahrungsstoffe sowie die Motilität der Organe beeinflussen. Der Begriff **Gastrin** fasst einige wenige Peptide zusammen, welche im Duodenum und beim Mageneingang gebildet werden. Ihre Hauptwirkung ist die Förderung der Säurebildung durch die Belegzellen des Magens. Sekretin und gastrisches Inhibitor-Polypeptid hemmen die Säurebildung, es ergibt sich damit ein Regelkreis. Das **Cholecystokinin** des Duodenums tritt ebenfalls in Form mehrerer Peptide auf. Es stimuliert die Enzymsekretion des Pankreas und löst die Kontraktion der Gallenblase aus. Außerdem zeigt es eine Gastrin-ähnliche Wirkung auf die Belegzellen des Magens. Das **Sekretin** ist ein einzelnes Peptid aus 27 Aminosäuren. Es wird ebenfalls im Duodenum produziert. Sekretin ist das erste bekannt gewordene Hormon. Wenn vom Magen her saurer Nahrungsbrei ins Duodenum gelangt, wird die Ausschüttung von Sekretin ausgelöst. Sekretin stimuliert das Pankreas zur Sekretion von Wasser und Hydrogencarbonat, welches den pH-Wert des Nahrungsbreis auf einen leicht alkalischen Wert ansteigen lässt, der für die weitere Verdauung im Darm geeignet ist. Sekretin ist strukturell homolog zum Glucagon; etwa die Hälfte der Aminosäuren der beiden gleich langen Peptide sind identisch. Das **gastrische Inhibitorpeptid** ist ein Produkt des Duodenums und des Dünndarms und übt eine ähnliche Funktion wie Sekretin aus. Es hemmt die Sekretion von Magensäure und stimuliert die Sekretion von Insulin. Das zum gastrischen Inhibitorpeptid homologe **vasointestinale Polypeptid VIP** bewirkt eine Erweiterung der Blutgefäße des Magen-Darmtrakts.

■ Gewebshormone sind wichtig bei lokalen Reaktionen. Sie spielen eine Rolle bei allergischen Hautreaktionen, der Steuerung des Blutdrucks in Kapillaren und der Aktivität des Magen-Darmtrakts.

## 30.9
## Hormone in wirbellosen Tieren

**Insektenhormone wie Ecdyson spielen bei der Entwicklung eine Rolle** – Die Entwicklung der Insekten führt über eine Reihe von Jugendstadien wie Raupe, Puppe und Schmetterling zum Adulttier. Zwischen den einzelnen Stadien muss sich das Tier häuten. Jede dieser Häutungen wird durch einen Hormon-Puls ausgelöst. Zur damaligen Überraschung erwies sich das **Ecdyson**, das erste Insektenhormon, dessen Struktur aufgeklärt werden konnte, als Steroid. Es sind mittlerweile auch Insektenhormone mit anderer Struktur bekannt, beispielsweise das Juvenilhormon.

Ecdyson

Juvenilhormon

Das Ecdyson ist das erwähnte Häutungshormon. Es wird im Fettkörper der Insekten zu 20-Hydroxyecdyson umgewandelt, welches die eigentliche hormonal

aktive Form des Hormons darstellt. Wirkt Ecdyson alleine, kommt es zur Häutung von der Raupe zur Puppe und von der Puppe zum Schmetterling. Die Larven wachsen jedoch beträchtlich und bedürfen weiterer Häutungen ohne eine morphologische Differenzierung zu durchlaufen. Solche Häutungen von einem Larvenstadium zum nächstgrößeren Larvenstadium werden durch das Zusammenwirken zweier Hormone erreicht, dem Ecdyson und dem Juvenilhormon. Das Juvenilhormon ist ein Isoprenoid. Es wirkt wie die Hormone der Wirbeltiere auf mehrere Zielgewebe. Im erwachsenen Insekt fungiert es als Dotterbildungshormon, so dass es auch als gonadotropes Hormon bezeichnet werden könnte. Pflanzliche Isoprenoide steuern das Wachstum gewisser Zellen (vgl. Phytohormone, Kapitel 23.5).

■ Die Häutungshormone der Insekten sind auffällige Beispiele von Hormonen in Wirbellosen. Hormonale Steuerungsmechanismen existieren vermutlich in allen mehrzelligen Organismen.

## 30.10
## Pheromone: Botenstoffe zwischen Individuen

Pheromone vermitteln eine Art humoraler Verbindung zwischen den Individuen einer Art. Verschiedene Sexuallockstoffe bei den Insekten werden zur Schädlingsbekämpfung verwendet; die Borkenkäferfallen im Wald oder Fallen für die Mehlmotte funktionieren auf dieser Basis und haben weite Verbreitung gefunden. Der Sexuallockstoff Bombykol des Seidenspinners *Bombyx mori* ist ein Beispiel, das die hohe Empfindlichkeit bestimmter Rezeptoren für solche Lockstoffe demonstriert.

Bombykol

Das Bombykol ist ein Alkohol mit zwei Doppelbindungen. Die Männchen des Seidenspinners haben große Antennen mit Sinneszellen, die den Lockstoff schon aufspüren, wenn einige wenige Moleküle ihre Rezeptoren erreicht haben.

Auch bei Säugetieren sind Lockstoffe bekannt. Der Eber sezerniert bestimmte Steroide über die Speicheldrüsen, welche er bei der Kopulation durch Niesen auf die Sau überträgt. Das Pheromon löst einen Stillhaltereflex aus und erleichtert dadurch die Kopulation. Eines dieser Steroide findet sich auch im Achselhöhlenschweiß des Mannes. Die Funktion dieses Steroids ist unklar; menschliche Pheromone sind bislang nicht nachgewiesen.

■ Pheromone sind Botenstoffe zwischen Individuen einer Spezies.

Das Gehirn ist das Organ, welches den Menschen zum einzigartigen Wesen macht, und gilt als die biologische Struktur mit der höchsten Komplexität. Jede der insgesamt $10^{10}$ Nervenzellen des Gehirns ist im Schnitt über ungefähr $10^4$ Synapsen mit ebenso vielen anderen Neuronen verbunden. Das neuronale Netzwerk des Menschen besitzt demnach etwa $10^{14}$ synaptische Verbindungen.

Ein Neuron zeigt ein erstaunlich einfaches funktionelles Verhalten: Nach Verrechnung aller einkommenden aktivierenden und hemmenden Signale wird entweder ein Signal (Aktionspotential) weitergegeben oder es wird kein Signal weitergegeben (Alles-oder-Nichts-Reaktion). Die Grundlage der Leistungsfähigkeit des Gehirns als zentrales Steuerungsorgan liegt einerseits in der Möglichkeit der integrativen Verrechnung vieler einkommender positiver und negativer Signale durch das einzelne Neuron und andererseits in der komplexen „Verdrahtung" der Neuronen. Die phylogenetische und ontogenetische Entwicklung des Gehirns sowie die Lernerfahrungen des Individuums bestimmen, welche Neuronen unter welchen Bedingungen in welchem Maße und unter Beteiligung welcher Drittneuronen Verbindung miteinander aufnehmen.

Das folgende Kapitel beschränkt sich darauf, zu beschreiben, wie an den Synapsen, welche die Neuronen miteinander verbinden, das Nervensignal von einem Neuron auf das folgende übertragen wird. Die Erregungsleitung entlang des Axons, die Fortleitung des Aktionspotentials, ist ein elektrischer Vorgang, an dem spannungsgesteuerte $Na^+$- und $K^+$-Kanäle beteiligt

sind. (Für die Darstellung dieser Prozesse wird auf die Lehrbücher der Physiologie verwiesen.)

Hingegen ist die Signalübermittlung von einem präsynaptischen Neuron auf das postsynaptische Neuron bei den allermeisten Synapsen ein chemischer Vorgang. Das Aktionspotential kann den synaptischen Spalt nicht durchqueren. Statt-

---

**Elektrische Synapsen**: In gewissen Hirnarealen und im Herzmuskel wird das Aktionspotential ohne Beteiligung eines Transmitters direkt von Zelle zu Zelle über Ionenflüsse durch *Gap Junctions* (s. Kapitel 27.1) weitergegeben.

---

dessen führt das an der Synapse ankommende Aktionspotential zur Ausschüttung eines Überträgerstoffs, eines Neurotransmitters, in den synaptischen Spalt. Am Beispiel der cholinergen Synapsen mit Acetylcholin als Überträgerstoff wird gezeigt, wie an der Synapse ein elektrisches Signal in dieses chemische Signal des präsynaptischen Neurons umgewandelt wird. Der in den synaptischen Spalt sezernierte Transmitter diffundiert zur postsynaptischen Membran. Dort bindet Acetylcholin an den Acetylcholin-Rezeptor, einen ligandgesteuerten $Na^+/K^+$-Kanal, der sich daraufhin öffnet. Der Einstrom von $Na^+$-Ionen in das postsynaptische Neuron führt zur Depolarisierung der postsynaptischen Membran. Übersteigt die Depolarisierung einen gewissen Schwellenwert, so wird unter Beteiligung spannungsgesteuerter Kationenkanäle ein Aktionspotential ausgelöst. Acetylcholin wird nur an bestimmten Synapsen des peripheren Nervensystems und an den motorischen Endplatten als Transmitter verwendet. Im Zentralnervensystem sind es Aminosäuren, Derivate von Aminosäuren oder Peptide, die die Nervenerregung zum postsynaptischen Neuron weiterleiten. Die Neurotransmitter wirken nach der Ausschüttung in den synaptischen Spalt nur für einige Millisekunden; entweder werden sie enzymatisch inaktiviert oder vom präsynaptischen Neuron und von Gliazellen aufgenommen.

Die Funktionsweise von Sinnesorganen, welche Lichtreize oder chemische Reize wahrnehmen, ist heute auf molekularer Ebene bekannt. Beim Sehvorgang im Auge ist es die lichtinduzierte *cis → trans*-Isomerisierung des Retinals, der prosthetischen Gruppe des Sehpurpurs (= Rhodopsin), welche über ein G-Protein eine Signalkaskade in Gang setzt.

Die Geruchsrezeptoren des Riechepithels der Nase sowie die Bitter-, Süß- und *Umami*- Geschmacksrezeptoren der Zunge sind ebenfalls G-Protein-gekoppelte Rezeptoren. Die Geschmacksqualitäten salzig und sauer werden über Ionenkanäle registriert.

## 31.1
## Neurotransmitter

Die Neurotransmitter werden im Cytosol der präsynaptischen Zelle synthetisiert, durch aktiven Transport in die synaptischen Vesikel aufgenommen und dort gespeichert. Die Signalübertragung an den chemischen Synapsen wird hier am Beispiel der gut untersuchten cholinergen Synapsen besprochen, die Acetylcholin als Überträgerstoff verwenden. Cholinerge Synapsen finden sich im autonomen (= vegetativen) Nervensystem sowie an den moto-

rischen Endplatten (= Kontaktstellen Nerv → Muskel).

**Das elektrische Signal wird an der Synapse in ein chemisches Signal umgewandelt** – Das an der präsynaptischen Membran eintreffende Aktionspotential führt zur Öffnung spannungsgesteuerter Calciumkanäle. $Ca^{2+}$-Ionen strömen danach aus dem Extrazellulärraum ($Ca^{2+}$-Konzentration $\sim 1$ mM) in die präsynaptische Nervenendigung, wodurch die $Ca^{2+}$-Konzentration von 0,1 µM auf etwa 10 µM hochschnellt. Die erhöhte $Ca^{2+}$-Konzentration veranlasst die synaptischen Vesikel mit der präsynaptischen Membran zu verschmelzen und Acetylcholin in den synaptischen Spalt auszuschütten (Abb. 31.1). An diesem Vorgang sind Proteine des Cytoskeletts beteiligt. Die synaptischen Vesikel sind über ein besonderes Protein (Synapsin) an Actinfilamente und Mikrotubuli fixiert. Bei erhöhter $Ca^{2+}$-Konzentration wird Synapsin durch eine $Ca^{2+}$-abhängige Kinase phosphoryliert, worauf sich die Vesikel vom Cytoskelett lösen. Sie verschmelzen mit der präsynaptischen Membran unter Beteiligung von v-SNARE- und t-SNARE-ähnlichen Proteinen (s. Kapitel 24.3). Bei einem Nervimpuls werden insgesamt etwa $10^7$ Acetylcholin-Moleküle aus einigen Tausend Bläschen in den synaptischen Spalt sezerniert.

Der Acetylcholin-Rezeptor ist ein großes pentameres Transmembranprotein, in dessen Zentrum sich ein $Na^+/K^+$-Kanal befindet (Abb. 31.2). Beim kurzzeitigen Öffnen des Kanals ($\sim 1$ ms) strömen viel mehr $Na^+$-Ionen in die Zelle als $K^+$-Ionen aus der Zelle, weil das negative Membranpotential (außen +, innen −) dem Efflux von $K^+$ entgegenwirkt. Die postsynaptische Membran wird depolarisiert. Falls die Depolarisierung einen Schwellenwert übersteigt, entsteht durch kurzes Öffnen spannungsgesteuerter $Na^+$-Kanäle und verzögertes Öffnen von $K^+$-Kanälen ein Aktionspotential, das sich elektrisch entlang des Axons fortpflanzt. Im Muskel breitet sich das Aktionspotential über die Muskelzellmembran (das Sarkolemm) einschließlich der *Tubuli transversales* aus.

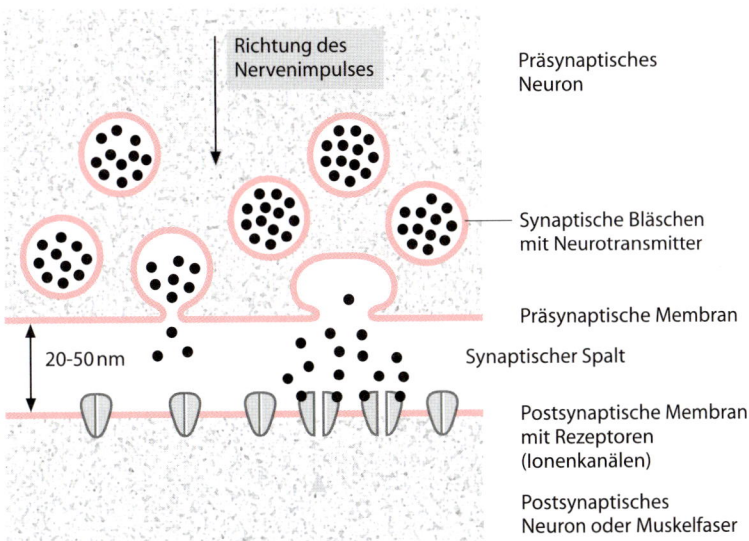

**Abb. 31.1.** Synapse zwischen Nervenzellen. Das Schema zeigt eine Synapse mit Acetylcholin als Transmitter und gilt auch für die Verbindung zwischen Nerv und Muskel (motorische Endplatte). Der Neurotransmitter wird in präsynaptischen Bläschen (Vesikeln) gespeichert. Bei Eintreffen des Nervensignals wird er durch Exocytose in den synaptischen Spalt ausgeschüttet. Seine Bindung an die Rezeptoren in der postsynaptischen Membran führt zur Öffnung der $Na^+/K^+$-Kanäle. Die Transmitter werden enzymatisch inaktiviert und/oder von der präsynaptischen Zelle und von Gliazellen wieder aufgenommen. Nach Ausschüttung bilden sich die Vesikel zurück und werden erneut durch ein aktives Transportsystem mit Acetylcholin aufgefüllt. Synapsen, welche eine Überträgersubstanz benutzen, werden als chemische Synapsen bezeichnet

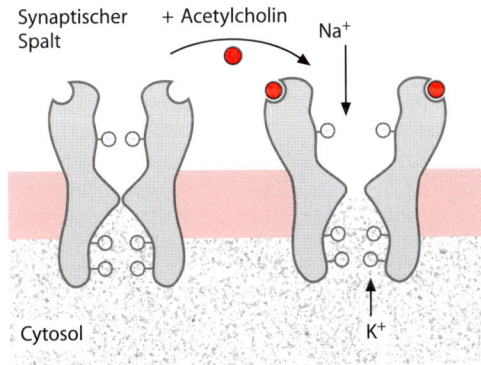

**Abb. 31.2.** Der Acetylcholinrezeptor als ligandgesteuerter $Na^+/K^+$-Kanal. Der Rezeptor besteht aus fünf kreisförmig angeordneten Untereinheiten ($\alpha_2\beta\gamma\delta$), von denen jede vier Transmembranhelices enthält. Das Schema zeigt nur die zwei $\alpha$-Untereinheiten. Der Kanal in der Mitte des Rezeptors öffnet sich, wenn je ein Acetylcholin-Molekül an die beiden $\alpha$-Untereinheiten bindet. Die negativen Ladungen von Carboxylatgruppen (Asp und Glu) halten Anionen davon ab, den Kanal zu passieren. Acetylcholin-Rezeptoren dieser Art (nicotinische Rezeptoren) finden sich an der motorischen Endplatte und in autonomen Ganglien. Eine zweite Art von Acetylcholin-Rezeptoren (muscarinische Rezeptoren) ist an G-Proteine gekoppelt. Diese Rezeptoren finden sich an den Zielzellen postganglionärer parasympathischer Neurone und bei Schweißdrüsen

$Ca^{2+}$-Ionen, die darauf aus dem sarkoplasmatischen Reticulum ins Sarkoplasma strömen, lösen die Muskelkontraktion aus (s. Kapitel 32.4). $Ca^{2+}$-Ionen dienen im Muskel demnach bei zwei Vorgängen als *Second messenger*: Bei der Erregungsübertragung an der motorischen Endplatte und beim Auslösen der Kontraktion durch das sich im Sarkolemm ausbreitende Aktionspotential.

Nach der Erregungsübertragung an der Synapse wird innerhalb weniger Milli-

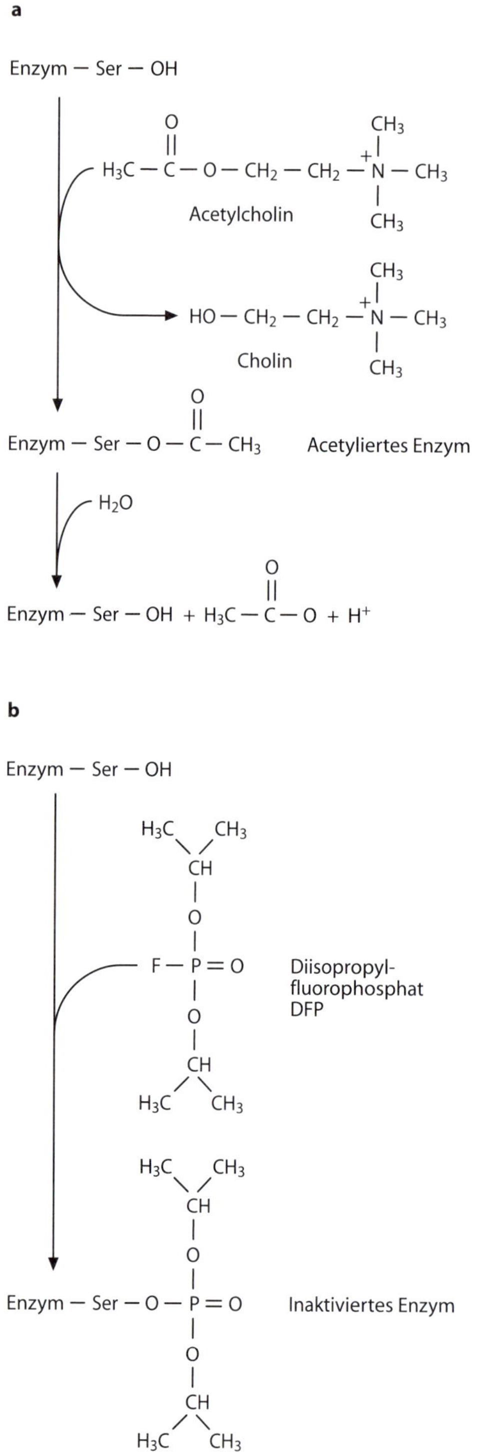

**a**

Enzym — Ser — OH

$$H_3C - \overset{\overset{\textstyle O}{\|}}{C} - O - CH_2 - CH_2 - \overset{\overset{\textstyle CH_3}{|}}{\underset{\underset{\textstyle CH_3}{|}}{\overset{+}{N}}} - CH_3$$

Acetylcholin

$$HO - CH_2 - CH_2 - \overset{\overset{\textstyle CH_3}{|}}{\underset{\underset{\textstyle CH_3}{|}}{\overset{+}{N}}} - CH_3$$

Cholin

Enzym — Ser — O — $\overset{\overset{\textstyle O}{\|}}{C}$ — CH$_3$     Acetyliertes Enzym

H$_2$O

Enzym — Ser — OH  +  H$_3$C — $\overset{\overset{\textstyle O}{\|}}{C}$ — O$^-$ + H$^+$

**b**

Enzym — Ser — OH

$$\begin{array}{c} H_3C \diagdown \quad \diagup CH_3 \\ CH \\ | \\ O \\ | \\ F - P = O \\ | \\ O \\ | \\ CH \\ H_3C \diagup \quad \diagdown CH_3 \end{array}$$

Diisopropyl-
fluorophosphat
DFP

$$\begin{array}{c} H_3C \diagdown \quad \diagup CH_3 \\ CH \\ | \\ O \\ | \\ \text{Enzym — Ser — O — } P = O \\ | \\ O \\ | \\ CH \\ H_3C \diagup \quad \diagdown CH_3 \end{array}$$

Inaktiviertes Enzym

sekunden der Ausgangszustand wieder hergestellt. Acetylcholin wird durch die Acetylcholinesterase zu Acetat und Cholin hydrolysiert oder diffundiert aus dem synaptischen Spalt in den Interzellulärraum.

**Die Acetylcholinesterase ist ein Serinenzym** – Die Acetylcholinesterase in den Synapsen ist ein membranständiges Glykoprotein. Ihr Reaktionsmechanismus ist ähnlich demjenigen der Serinproteasen, in beiden Fällen entsteht eine Zwischenverbindung mit acyliertem Serinrest und wirken Organophosphate wie Diisopropylfluorophosphat als irreversible Inhibitoren (Abb. 31.3).

Die Erregungsübertragung an der motorischen Endplatte wird durch Tubocurarin (Wirkstoff des Pfeilgifts Curare) kompetitiv ohne depolarisierende Wirkung gehemmt. Derivate von Tubocurarin werden in der Chirurgie als Muskelrelaxantien verwendet, sie führen zu einer schlaffen Lähmung der Skelettmuskulatur. Atropin ist Antagonist des Acetylcholins an den muscarinischen cholinergen Synapsen des parasympathischen Nervensystems. Tubocurarin und Atropin sind pflanzliche Alkaloide (s. Kapitel 23.4).

**Abb. 31.3 a, b.** Hydrolyse von Acetylcholin durch die Acetylcholinesterase. **a** Als Zwischenverbindung entsteht acetyliertes Enzym. Eine Acylierung eines Serinrests an der aktiven Stelle kommt auch bei den Serinproteasen vor (Chymotrypsin, weitere Pankreasproteasen und Thrombin; s. Abb. 4.7). **b** Wie diese Proteasen wird auch die Acetylcholinesterase durch Diisopropylfluorophosphat (DFP) gehemmt, indem der Serinrest an der aktiven Stelle kovalent blockiert wird. Wie bei den Proteasen reagiert der Hemmstoff nur mit dem Serinrest an der aktiven Stelle, den ein Ser-His-Asp-Ladungsübertragungssystem stark nucleophil macht. Ähnliche Verbindungen wie DFP (Organophosphate) sind so genannte Nervengifte (Tabun, Soman, Sarin); gewisse Derivate finden Verwendung als Insektizide. Die Vergiftungserscheinungen entsprechen einer „inneren Acetylcholinvergiftung". Krämpfe der quergestreiften Muskulatur können zum Tod durch Atemlähmung führen

Im Gehirn wirken Aminosäuren, Aminosäurederivate und Peptide als Neurotransmitter – Es sind über 100 als Neurotransmitter wirkende Verbindungen bekannt; sie wirken entweder exzitatorisch oder inhibitorisch. **Exzitatorische Transmitter** führen zu einer Depolarisierung der postsynaptischen Membran und tragen damit zur Entstehung eines Aktionspotentials bei; **inhibitorische Transmitter** hingegen führen zur Hyperpolarisierung der postsynaptischen Membran und wirken damit der Entstehung eines Aktionspotentials entgegen. Die meisten Neurotransmitter wirken auf eine Reihe verschiedenartiger Rezeptoren (Ionenkanäle und G-Protein-gekoppelte Rezeptoren mit vielen genetischen Varianten und Isoformen mit verschiedenen Untereinheiten). Der Vielfalt der Transmitter steht damit eine noch größere Vielfalt der Rezeptoren gegenüber. Als allgemeines Prinzip gilt, dass ein Transmitter auf verschiedenartige Rezeptoren einwirkt und dadurch in verschiedenen Zielzellen unterschiedliche Effekte hervorrufen kann.

Die Transmitter lassen sich aufgrund ihrer Struktur zu den folgenden Gruppen zusammenfassen:

- **Acetylcholin** öffnet $Na^+/K^+$-Kanäle, führt zur Depolarisierung der postsynaptischen Membran und wirkt daher exzitatorisch. Neben den Ionenkanal-Rezeptoren (= nicotinische Acetylcholin-Rezeptoren, weil sie auch auf Nicotin ansprechen) kommen auch G-Protein-gekoppelte Acetylcholin-Rezeptoren vor, die indirekt (z. B. über cAMP) die Öffnung von Kationenkanälen veranlassen (= muscarinische Rezeptoren, die auch auf Muscarin, ein Alkaloid aus dem Fliegenpilz, ansprechen). Die G-Protein-gekoppelten Rezeptoren (GPCR) besitzen sieben Transmembranhelices (7TM-Proteine; s. Kapitel 29.2).
- **Aminosäuren: Glutamat** ist der wichtigste exzitatorische Transmitter. Mehr als die Hälfte aller Synapsen im Gehirn verwenden Glutamat als Transmitter. Die Rezeptoren sind ligandgesteuerte Kanäle für $Na^+$- und $Ca^{2+}$-Ionen (= io-

notrope Rezeptoren). Daneben finden sich für Glutamat auch G-Protein-gekoppelte Rezeptoren. Diese metabotropen Rezeptoren verwenden $Ca^{2+}$ als *Second messenger* und scheinen für die synaptische Plastizität (Lernfähigkeit) wichtig zu sein.

**Glycin** ist der wichtigste inhibitorische Transmitter im Rückenmark und Stammhirn. Die Rezeptoren sind mit Chloridkanälen gekoppelt. Eine Öffnung dieser Kanäle ($[Cl^-]_{außen} > [Cl^-]_{innen}$) führt zur Hyperpolarisierung der postsynaptischen Membran und wirkt damit der Entstehung eines Aktionspotentials im postsynaptischen Neuron entgegen.

- **Biogene Amine** entstehen durch Decarboxylierung von Aminosäuren (Abb. 31.4). Zu dieser Gruppe gehören Catecholamine, GABA, Serotonin und Histidin:

**Catecholamine (Dopamin, Noradrenalin und Adrenalin)** werden aus Tyrosin gebildet (Abb. 31.4 a). Dopamin ist als Transmitter an der Regulation der Motorik in den Stammganglien beteiligt. Die Parkinsonsche Krankheit (Schüttellähmung) ist mit einer Degeneration dopaminerger Neuronen verbunden. Noradrenalin (= Norepinephrin) und Adrenalin (= Epinephrin) werden vom Nebennierenmark als Hormone sezerniert.

Für Noradrenalin und Adrenalin existieren zahlreiche verschiedene Rezeptoren (als adrenerge Rezeptoren bezeichnet), die eine hohe Organ- und Wirkungsspezifität zeigen. Auf diese Weise können die beiden Catecholamine in verschiedenen Organen verschiedene Wirkungen hervorrufen. Die Effekte der Catecholamine werden ausnahmslos über G-Proteine vermittelt. Zur Inaktivierung werden die Transmitter in das präsynaptische Neuron rückresorbiert. Ein kleiner Teil wird durch eine extrazelluläre Catechol-*O*-Methyltransferase methyliert oder durch eine Monoamin-Oxidase (MAO) oxidativ desaminiert.

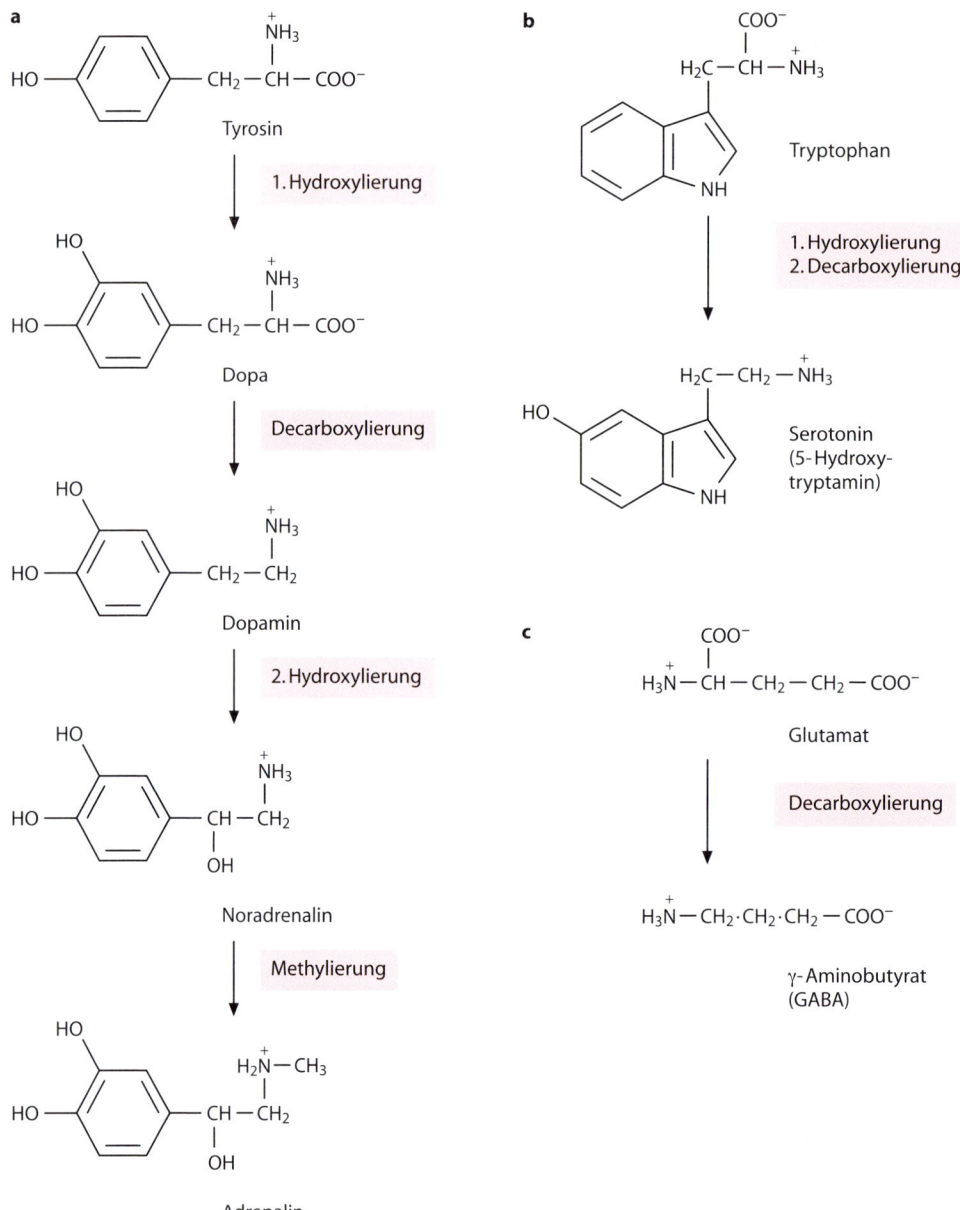

**Abb. 31.4 a–c.** Synthese von Neurotransmittern aus Aminosäuren. Die Decarboxylierungsreaktionen werden durch Pyridoxal-5′-phosphat-abhängige Enzyme katalysiert. **a** Bildung von Catecholaminen (Noradrenalin = Norepinephrin, Adrenalin = Epinephrin) aus Tyrosin. Dopa (= **Dio**xy**p**henyl**a**lanin, eine alte Bezeichnung für Dihydroxyphenylalanin). **b** Bildung von Serotonin aus Tryptophan. **c** Bildung von γ-Aminobutyrat (= GABA, **g**amma-**a**mino **b**utyric **a**cid) aus Glutamat

**GABA** (*Gamma amino butyric acid*) ist der wichtigste inhibitorische Transmitter im Zentralnervensystem; er übt auf fast alle Neuronen des Gehirns eine hemmende Wirkung aus. GABA entsteht durch Decarboxylierung von Glutamat (Abb. 31.4 c). Wie die Rezeptoren für das ebenfalls inhibitorische Glycin sind auch die GABA$_A$-Rezeptoren ligandgesteuerte Chloridkanäle, deren

Öffnung zu einer Hyperpolarisierung der postsynaptischen Membran führt. Die GABA$_B$-Rezeptoren hingegen sind an ein G-Protein gekoppelt. Die Inaktivierung von GABA erfolgt durch Rückresorption oder durch eine Transaminierungsreaktion, bei der aus GABA-Succinatsemialdehyd entsteht.

**Serotonin** (aus Tryptophan synthetisiert; s. Abb. 31.4b) und **Histamin** (aus Histidin) wirken zudem als Gewebemediatoren (s. Kapitel 30.8). Die Serotonin-Rezeptoren sind entweder nicht-selektive Kationenkanäle oder G-Protein-gekoppelt.

- **Peptide**: Die meisten Neuropeptide sind kurz (3–15 Aminosäurereste). Vielfach besitzen sie am NH$_2$-Ende einen über eine Amidbindung zum 5-Ring zyklisierten Glutamatrest (= Pyroglutamat = 5-Oxoprolin) und sind am COOH-Ende amidiert (–CONH$_2$). Dank dieser posttranslationalen Modifikationen werden sie von Peptidasen weniger rasch abgebaut. Viele Neuropeptide wirken nicht nur als Transmitter sondern auch als Hormone oder Mediatoren. Sie bilden die größte Gruppe von Neuromodulatoren. Bis jetzt sind mehr als 50 neuroaktive Peptide identifiziert worden, die exzitatorisch oder inhibitorisch wirken können. Die Neuropeptide werden durch limitierte Proteolyse aus langkettigen Vorläuferpolypeptiden herausgespalten. Aus dem Proopiomelanocortin (POMC, 241 Aminosäurereste) entstehen auf diese Weise Corticotropin (ACTH), $\beta$-Lipotropin und Endorphine (16–31 Aminosäurereste). Die **Endorphine** (für **end**ogene **M**orphine) sowie die teilweise eine ähnliche Sequenz aufweisenden **Dynorphine** (13 Aminosäurereste) und **Enkephaline** (Pentapeptide) sind die natürlichen, körpereigenen Liganden für die Opiat-Rezeptoren im Zentralnervensystem. Sie zeigen wie Morphin (= Morphium, das Hauptalkaloid des Opiums) eine analgetische, narkotisierende und euphorisierende Wirkung. Auf molarer Basis verglichen, haben die Endorphine eine 20-mal höhere schmerzstillende Wirkung als Morphin. Ihre physiologische Funktion scheint in der Kontrolle von Antrieb, Verhalten und der Schmerzempfindung zu liegen. Die Neuropeptide werden wie die anderen Transmitter in präsynaptischen Vesikeln gespeichert; eine Ausnahme sind die neurohypophysären Hormone, die in Sekretgranula gespeichert werden.

**Tabelle 31.1.** Wichtige Neurotransmitter. ZNS bezeichnet das Zentralnervensystem mit Gehirn und Rückenmark

| Transmitter | Vorkommen | Inaktivierungsmodus |
|---|---|---|
| Acetylcholin | Motorische Endplatte Autonome Ganglien ZNS (*Nucleus caudatus*) | Enzymatische Hydrolyse |
| Glutamat | ZNS | Rückresorption |
| Glycin | Rückenmark Stammhirn | Rückresorption |
| Dopamin | Hirnstamm | Rückresorption |
| Noradrenalin und Adrenalin | Peripheres Nervensystem (Sympathicus) | Rückresorption Enzymatische oxidative Desaminierung und *O*-Methylierung |
| GABA | ZNS | Rückresorption Enzymatische Transaminierung |
| Serotonin | Hirnstamm | Rückresorption Enzymatische oxidative Desaminierung |
| Histamin | Hirnstamm | Enzymatische *N*-Methylierung |
| Neuropeptide | ZNS und weitere Organe (Darmtrakt) | Enzymatische Hydrolyse |

Inaktiviert werden die Neuropeptide durch enzymatische Hydrolyse.

Die verschiedenen Transmitter werden nach der Erregungsübertragung an der Synapse auf unterschiedliche Weise inaktiviert. Die wichtigsten Neurotransmitter sind zusammen mit der Art ihrer Inaktivierung in Tabelle 31.1 aufgelistet. Viele natürliche und auch synthetische Stoffe beeinflussen die Signalübertragung an den Synapsen. Die Entwicklung neuer, spezifisch an bestimmten Synapsen wirkender Substanzen hat zu bedeutend verbesserten Medikamenten für die Behandlung neurologischer und psychiatrischer Erkrankungen geführt.

■ Neuronale chemische Synapsen einschließlich der motorischen Endplatten leiten das präsynaptische Aktionspotential grundsätzlich auf die gleiche Weise weiter: Ein chemisches Signal (Neurotransmitter) überbrückt durch Diffusion den synaptischen Spalt und verursacht durch Binden an den Rezeptor eine Depolarisation (exzitatorische Transmitter) oder Hyperpolarisation (inhibitorische Transmitter) der postsynaptischen Membran. Dieser Einfachheit des Prinzips steht eine große Vielfalt der Transmitter (Acetylcholin, Aminosäuren, biogene Amine und Peptide) und eine noch größere Vielfalt ihrer Rezeptoren gegenüber. Die Rezeptoren sind entweder ligandgesteuerte Ionenkanäle oder G-Protein-gekoppelte 7TM-Rezeptoren (GPCR).

## 31.2
## Sehvorgang

Licht wird in der belebten Natur für zwei verschiedene Zwecke benutzt. Gewisse Bakterien, die Grünalgen und die höheren Pflanzen verwenden Lichtenergie, um durch den Vorgang der Photosynthese chemische Energie zu gewinnen. Mensch und Tier verwenden Licht im ähnlichen Wellenlängenbereich, um sich mit Hilfe von Lichtrezeptoren in ihrer Umgebung zu orientieren.

In der Netzhaut (= Retina) des menschlichen Auges kommen zwei Typen von Zellen mit Photorezeptoren vor. Die Stäbchen nehmen schwaches Licht wahr und ermöglichen das Dämmerungssehen ohne Farberkennung; die Rot-, Grün- und Blau-empfindlichen Zapfen erlauben bei höherer Lichtintensität das Farbensehen. Beim Sehvorgang ist der primäre Auslöser eines Nervenimpulses die lichtinduzierte *cis →  trans*-Isomerisierung des Farbstoffes Retinal im Rhodopsin, einem Protein, das auch als Sehpurpur bezeichnet wird.

**Rhodopsin ist ein lichtempfindlicher G-Protein-gekoppelter Rezeptor (GPCR)** – Die Stäbchen bestehen aus einem äußeren und einem inneren Segment. Das äußere Segment enthält über 1000 übereinander gestapelte Membranscheiben, in deren Membranen der 7-Helix-Transmembran-(7TM)-Rezeptor Rhodopsin eingebettet ist. Rhodopsin ist ein lichtempfindliches Chromoprotein; das Chromophor Retinal (ein Vitamin-A-Derivat) ist kovalent an das Apoprotein, das Opsin, gebunden (Abb. 31.5). Die Absorption eines Photons löst

Das menschliche Auge besitzt etwa 110 Millionen Stäbchen und 6 Millionen Zapfen. Das lichtempfindliche Molekül ist bei beiden Zelltypen das Retinal (der Aldehyd von Retinol = Vitamin A). Verschieden ist jedoch der Proteinteil des Rhodopsins, welcher durch seine Wechselwirkungen mit dem Chromophor die Lage der Absorptionsmaxima der zellspezifischen Rhodopsintypen bestimmt:

|  | $\lambda_{max}$ |
|---|---|
| Stäbchen | 500 nm ($\varepsilon_{500} = 40\,000$ M$^{-1}$cm$^{-1}$) |
| Zapfen für Blau/Grün/Rot | 420/530/560 nm |

Die relative Empfindlichkeit der Lichtwahrnehmung durch die Sehzellen als Funktion der Wellenlänge entspricht dem Absorptionsspektrum ihres Rhodopsintyps.

die *cis→trans*-Isomerisierung von Retinal aus, welche eine Konformationsänderung des Rhodopsins zur Folge hat. Über eine Reihe kurzlebiger Zwischenformen entsteht innerhalb von Millisekunden Metarhodopsin II als metastabile Zwischenform. Die veränderte Konformation von Metarhodopsin II (auch als aktives Rhodopsin R* bezeichnet) löst die Kaskade der Phototransduktion aus. Metarhodopsin II ist ausgebleicht (farblos; $\lambda_{max}$ 387 nm) und zerfällt innerhalb von Sekunden zu Opsin und all-*trans*-Retinal.

**Die Phototransduktion führt über eine Verstärkerkaskade zum Schließen von Na⁺-Kanälen und einer Hyperpolarisation der Sehzelle** – Das aktive Rhodopsin (R*) aktiviert das G-Protein Transducin. Der Verlauf der Phototransduktion ist in Stäbchen und Zapfen identisch (Abb. 31.6). Ein Photon (ein einzelnes Lichtquant) reicht aus, um die Plasmamembran eines Stäbchens um 1 mV zu hyperpolarisieren. Die Zapfen sind um zwei Zehnerpotenzen weniger lichtempfindlich. Der in Stäbchen durch die Phototransduktionskaskade er-

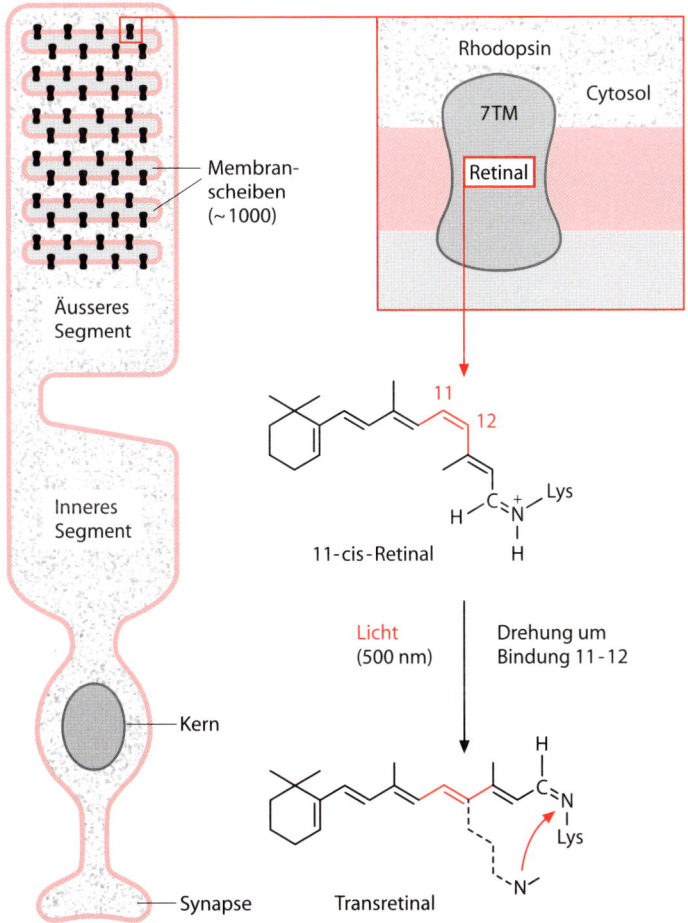

**Abb. 31.5.** Sehzelle in der Retina (Stäbchen). Die Stäbchen für das Dämmerungssehen und die Zapfen für das Farbensehen sind sehr ähnlich gebaut. Der Sehpurpur, das Rhodopsin (Retinal plus Opsin), ist ein 7-Helix-Transmembran-Rezeptor (7TM) in den Membranscheiben. Sein Chromophor, das *cis*-Retinal, ist kovalent an einen Lysinrest des Opsins gebunden. Die lichtinduzierte Isomerisierung der *cis*-Form in die *trans*-Form des Retinals (das N$_\varepsilon$-Atom des Lysinrests verschiebt sich um 0,5 nm) löst über eine Konformationsänderung des Rhodopsins eine durch ein G-Protein (Transducin) vermittelte Signalkaskade aus

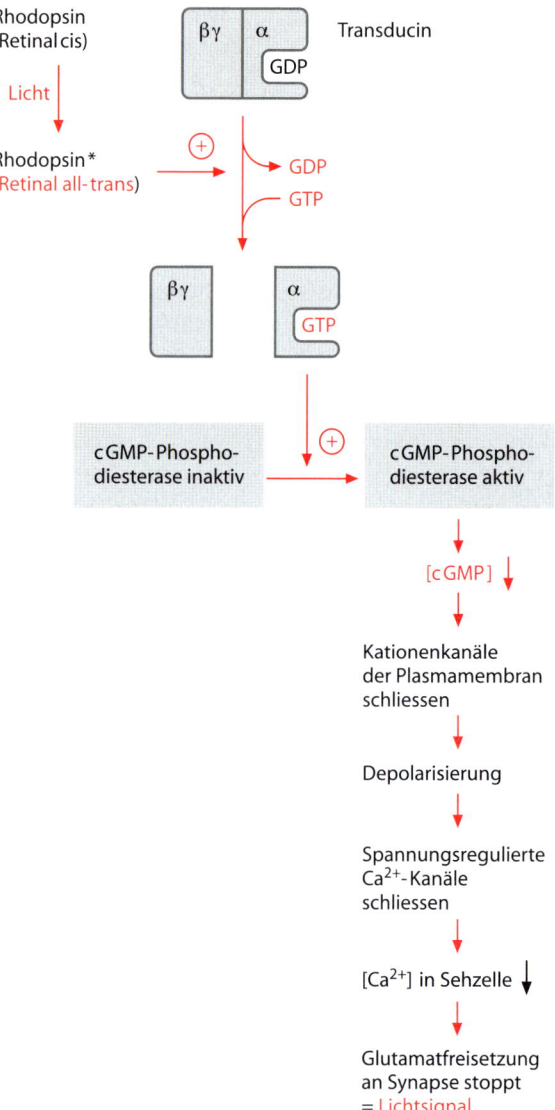

**Abb. 31.6.** Phototransduktionskaskade beim Sehvorgang. Die lichtaktivierte Form von Rhodopsin (Rhodopsin*, Metarhodopsin II) mit all-*trans*-Retinal aktiviert das G-Protein Transducin. Durch Aktivierung der cGMP-Phosphodiesterase wird die cGMP-Konzentration in der Stäbchenzelle erniedrigt. Die herabgesetzte cGMP-Konzentration hat das Schließen cGMP-aktivierter $Na^+$-Kanäle in der Plasmamembran des Stäbchens zur Folge. Es kommt dadurch zur Hyperpolarisierung der Plasmamembran, worauf sich spannungsgesteuerte $Ca^+$-Kanäle schließen. Die herabgesetzte intrazelluläre $Ca^+$-Konzentration stoppt die Freisetzung von Glutamat an der Synapse. Die verminderte Glutamat-Ausschüttung an der Synapse dient der postsynaptischen Zelle (Bipolarzelle) als Lichtsignal

reiche Verstärkereffekt ist beträchtlich: Ein aktives Rhodopsinmolekül (R*) kann einige Hundert Transducinmoleküle aktivieren, die je ein cGMP-Phosphodiesterase-Molekül aktivieren, von denen jedes nach einem Lichtimpuls etwa 2000 cGMP-Moleküle hydrolysieren kann.

Nach Beendigung des Lichtreizes steigt die cGMP-Konzentration sehr schnell wieder an. Wie bei jedem G-Protein wird das an die α-Untereinheit von Transducin gebundene GTP zu GDP hydrolysiert und damit inaktiviert, womit auch die cGMP-Phosphodiesterase wieder inaktiviert wird.

**Zur Regenerierung von Rhodopsin wird all-*trans*-Retinal enzymatisch zu *cis*-Retinal isomerisiert und wieder an Opsin gebunden** – Die Isomerisierung findet in den Pigmentepithelzellen statt und wird durch die Retinal-Isomerase katalysiert. Die Isomerisierung kann auch auf der Stufe des Alkohols Retinol stattfinden. In diesem Fall katalysiert die Alkoholdehydrogenase die NADH-abhängige Reduktion des *trans*-Retinals und die Oxidation des *cis*-Retinols. Mit dem Binden des *cis*-Retinals an Opsin ist der Anfangszustand wieder hergestellt. Der gebleichte Sehpurpur ist wieder farbig geworden und bereit, erneut ein Photon aufzunehmen.

■ Phototransduktions-Kaskade:

Absorption eines Lichtquants

↓

*cis*→*trans*-Isomerisierung von Retinal

↓

Konformationsänderung von
Rhodopsin (7TM-Rezeptor)

↓

Aktivierung von G-Protein
(Transducin)

↓

Aktivierung der cGMP-Phosphodiesterase

↓

Erniedrigung der cGMP-
Konzentration

↓

Schließen der cGMP-aktivierten
$Na^+$-Kanäle

↓

Hyperpolarisierung der Plasmamembran des Stäbchens

↓

Schließen der $Ca^{2+}$-Kanäle

↓

Herabsetzung der intrazellulären
$Ca^{2+}$-Konzentration

↓

Glutamat-Freisetzung an Synapse
gestoppt = Lichtsignal

## 31.3
## Geruchs- und Geschmacksrezeptoren

Wie die Wahrnehmung von Licht und Farben dient auch die Wahrnehmung bestimmter Moleküle in der Luft und in der Nahrung Mensch und Tier dazu, sich in der Umgebung zurecht zu finden. Der Geruchssinn und der Geschmackssinn haben sich auf der Grundlage von Strukturen entwickelt, die im Organismus auch für andere Zwecke verwendet werden (Membranrezeptoren und Ionenkanäle).

**Die Geruchsrezeptoren sind G-Protein-gekoppelte Rezeptoren (GPCRs) und bilden eine der größten Genfamilien in Säugern** – Bei der Ratte und der Maus finden sich über 1000 Gene für 7TM-Geruchsrezeptoren; beim Menschen sind es 500–750 Gene, von denen jedoch nur etwa 30 exprimiert werden. Die Geruchsrezeptoren sind homolog mit den Opsinen der Sehzellen und den 7TM-Rezeptoren von Neurotransmittern, z.B. den adrenergen Rezeptoren. Die Ligandspezifität der Geruchsrezeptoren überlappt; eine bestimmte Verbindung wird von mehreren Typen von Rezeptoren wahrgenommen, wobei die einzelnen Rezeptortypen in unterschiedlichem Maße angeregt werden. Jedem Duftstoff entspricht ein bestimmtes Erregungsmuster der verschiedenen Rezeptortypen. Die Signale der einzelnen Rezeptoren werden im Gehirn zum „Geruchsbild" des Riechstoffs oder des Riechstoffgemisches verrechnet. Das überlappende Ansprechen der Geruchsrezeptoren und die Registrierung des für jeden Duftstoff charakteristischen Erregungsmusters durch das Gehirn erlauben dem Menschen gegen 10 000 verschiedene Düfte zu erkennen.

Die Transduktionskette ist die folgende: Rezeptor → G-Protein → Adenylatcyclase → cAMP-aktivierter Kationenkanal → Depolarisierung der Plasmamembran der Riechzelle. An der Synapse zwischen Riechzelle und Nervenzelle werden die lokalen Potentiale in eine erhöhte Frequenz der Aktionspotentiale umgesetzt. Die Aktivierung eines einzigen Rezeptorproteins durch ein Duftstoffmolekül kann zur Bildung von 1000–2000 Molekülen cAMP führen, die viele Ionenkanäle zur Öffnung veranlassen. Der Verstärkereffekt trägt zur hohen Empfindlichkeit der Riechorgane für bestimmte Duftstoffe bei.

---

**Geruchsqualitäten**: Eine Klassierung der einzelnen Düfte ist schwierig. Auf empirischer Basis werden folgende Geruchsklassen unterschieden (in Klammern jeweils eine bekannte Verbindung, welche den genannten Duft charakterisiert): blumig (Geraniol), ätherisch (Benzylacetat), moschusartig (Moschus), kampferartig (Kampfer), faulig (Schwefelsauerstoff $H_2S$), schweißig (Buttersäure) und stechend (Ameisensäure).

Die Geruchsklassen lassen sich nicht scharf gegeneinander abgrenzen. Bei allen natürlich vorkommenden Gerüchen handelt es sich um Gemische von Duftstoffen; in einzelnen Fällen sind sie durch Leitduftstoffe (z.B. Geraniol) charakterisiert.

---

**Die Geschmacksrezeptoren sind entweder 7TM-Rezeptoren oder Ionenkanäle –** Während die Geruchsrezeptoren in der Nasenhöhle flüchtige Verbindungen wahrnehmen, registrieren die Geschmacksrezeptoren der Zunge wasser- und fettlösliche Stoffe in Lösung. Der Geruchssinn des Menschen kann Tausende verschiedener Duftstoffe unterscheiden; die Differenzierung der Geschmacksqualitäten ist hingegen eingeschränkt auf die fünf primären Geschmacksqualitäten: **bitter, süß, sauer, salzig** und **umami** (japan.: wohlschmeckend). Die begrenzte Differenzierungsfähigkeit ist darauf zurückzuführen, dass ein bestimmter Stoff jeweils nur Rezeptoren des betreffenden Typs reizt (z.B. wird ein Bitterstoff nur von den Bitterstoffrezeptoren registriert) und dass die Neuronen die Erregung verschiedener Rezeptoren des gleichen Typs, ohne zwischen ihnen zu differenzieren, ans Gehirn weiterleiten. Dementsprechend einfach ist die Information, welche das Gehirn erhält: Anwesenheit eines Bitterstoffs und Intensität des bitteren Geschmacks. Die fünf primä-

ren Geschmacksqualitäten genügen jedoch, um Nahrungsbestandteile als wahrscheinlich nutzbringend und nahrhaft (süß, salzig und *umami*) oder als wahrscheinlich schädlich und giftig (bitter und sauer) zu erkennen.

Die **Bitterrezeptoren** bilden beim Menschen eine große Familie von 50–100 7TM-Proteinen, die mit G-Proteinen gekoppelt sind. Jede Geschmacks-Sinneszelle exprimiert viele verschiedene Bitterrezeptorproteine; die Erregung von ihnen allen wird jedoch vom gleichen Neuron weitergeleitet. Im Gegensatz dazu exprimieren Riechzellen jeweils nur einen Rezeptortyp. Das Differenzierungsvermögen des Geruchssinns übersteigt daher dasjenige des Geschmackssinns bei weitem (s. oben). Pflanzliche Gifte sind häufig Bitterstoffe (z.B. Alkaloide wie Chinin, Koffein, Strychnin, Nicotin usw.).

Die **Süßrezeptoren** sind ebenfalls 7TM-Proteine. Die meisten süß schmeckenden Verbindungen sind Kohlenhydrate. Die Aminosäuren Tryptophan und Glycin zeigen ebenfalls einen süßlichen Geschmack. Künstliche Süßstoffe wie Saccharin, Cyclamat oder Aspartam ($N$-L-$a$-Aspartyl-L-phenylalanin-methylester) besitzen eine im Vergleich zu Zuckern sehr hohe Süßkraft.

Der **Umami**-Geschmack ist auf L-Glutamat zurückzuführen, dessen Natriumsalz als Geschmacksverstärker in der Lebensmittelindustrie und im Haushalt breite Verwendung findet (Jahresproduktion über 500 000 Tonnen, d.h. über 70 Gramm pro Kopf der Erdbevölkerung). Der Glutamat-Rezeptor in den Geschmackszellen der Zunge ist homolog mit den 7TM-Glutamat-Rezeptoren im Zentralnervensystem. Er besitzt eine kleinere Glutamat-Bindungsdomäne mit geringerer Affinität (Schwellenkonzentration von Glutamat $\sim 1$ mM, entsprechend der Konzentration von Glutamat in der Nahrung).

Die **Salz-Rezeptoren** sind unspezifische Kationenkanäle für ein- und zweiwertige Kationen. Der vermehrte Einstrom z.B. von $Na^+$-Ionen führt zur Depolarisierung der Zellmembran. Auch Anionen könne einen salzigen Geschmack hervorrufen, sie werden in benachbarte Zellen aufgenommen, die mit den Sinneszellen über *Tight junctions* in Verbindung stehen.

Ein **saurer Geschmack** wird empfunden bei pH-Werten unterhalb von 3,5. **$H^+$-Ionen blockieren $K^+$-Kanäle** und führen damit zur Depolarisierung der Sinneszelle. Zum gleichen Ergebnis trägt der direkte Einstrom von $H^+$-Ionen durch $Na^+$-Kanäle bei.

**Chemosensibilität findet sich auch bei Bakterien** – Einzellige Lebewesen wie Bakterien werden durch Zucker oder Aminosäuren angelockt und durch Salze oder Säuren abgestoßen (positive und negative Chemotaxis). Bei Insekten und höheren Tieren spielen Pheromone eine Rolle als Erkennungsstoffe und Sexuallockstoffe.

## ■ Geschmacksqualitäten und ihre Rezeptoren

| | |
|---|---|
| Bitter | 7TM, G-Protein-gekoppelt |
| Süß | do. |
| *Umami* | do. (Glutamat-Rezeptor) |
| Salzig | Unspezifische Kationenkanäle |
| Sauer (pH < 3,5) | Hemmung von $K^+$-Kanälen durch $H^+$, $H^+$-Einstrom durch $K^+$-Kanäle |

# 32 Bewegungsapparat: Muskeln, Bindegewebe und Knochen

Die Möglichkeit zur Fortbewegung stellt eine der typischen Eigenschaften der Tierwelt dar. Diese Fähigkeit hängt mit der Nahrungsbeschaffung durch Absuchen eines größeren Gebiets zusammen. Alle Bewegungsarten wie Gehen, Rennen, Schwimmen oder Fliegen beruhen auf der Entwicklung von Zugkräften durch Muskeln. Die Muskeln werden zur Fortbewegung besonders wirkungsvoll eingesetzt, indem sie an einem mechanisch stabilen Skelett ansetzen. Der Bewegungsapparat besteht aus einem aktiven Teil, den Muskeln, und einem passiven Teil, den starren Knochen, den Gelenken mit ihren Bändern, und den Sehnen, welche Knochen und Muskeln verbinden. Es haben sich aber auch Organe und Gewebe entwickelt, die ohne Beteiligung des Skeletts chemische Energie in mechanische Arbeit umsetzen. Dazu gehören die Muskeln, welche unwillkürliche Bewegungen ausführen, wie der Herzmuskel und die glatte Muskulatur des Darms, der Blutgefäße und anderer Hohlorgane. Diese besonderen Bedürfnissen angepassten Muskeln bedienen sich ähnlicher molekularer Mechanismen zur Kontraktion wie die Skelettmuskulatur.

Muskeln sind im Verlauf der Evolution relativ spät entstanden. Das entscheidende strukturelle Merkmal der Muskeln ist die regelmäßige Anordnung der ursprünglicheren zellulären Bewegungselemente, der dünnen Actinfilamente (Kapitel 25.1) und der dickeren Myosinfilamente. Sowohl die Actin- wie auch die Myosinfilamente bestehen aus vielen hintereinander gelagerten Untereinheiten. Das Actinfilament besteht vor allem aus Actin und enthält zudem Tropomyosin und Troponin. Das Myosinfila-

ment besteht aus Hunderten von Myosinmolekülen. Die beiden Filamente werden durch die gleichzeitige Kraftentwicklung vieler Myosinköpfchen gegeneinander verschoben, woraus sich die Zugkraft des Muskels ergibt. Die Hydrolyse des im Muskel gebildeten ATP liefert die benötigte Energie; Muskeltätigkeit geht einher mit erhöhtem Stoffwechsel und Wärmebildung.

## 32.1 Aufbau der verschiedenen Muskelarten

**Drei Arten von Muskeln werden bei Säugern unterschieden: quergestreifter Skelettmuskel, Herzmuskel und glatte Muskulatur** – Die Kontraktion aller drei Muskelarten basiert auf demselben molekularen Mechanismus, der Wechselwirkung zwischen den Motorteilen des Myosinfilaments und den umgebenden Actinfilamenten (Zusammenfassung der wichtigsten Komponenten der Muskeln, s. Tabelle 32.1). Die Muskelarten unterscheiden sich durch ihre Innervation und die innere Organisation der Filamente. Der **quergestreifte Ske-**

**Tabelle 32.1.** Strukturelemente der verschiedenen Muskelarten von Säugern

| | |
|---|---|
| Skelettmuskelfaser | Quergestreift, mehrkernig, über 1 cm lang, 0,1 mm Durchmesser |
| Herzmuskelzelle | Quergestreift, einkernig |
| Zelle der glatten Muskulatur | Nicht quergestreift, einkernig |
| Sarkolemma | Plasmamembran der Muskelzelle |
| Transversale Tubuli | Tief ins Zellinnere gestülpte röhrenartige Fortsätze der Plasmamembran, Zubringer des Aktionspotentials (Depolarisierung der Membran) |
| Sarkoplasma | Cytoplasma der Muskelzelle |
| Sarkoplasmatisches Retikulum | Spezialisiertes intrazelluläres Röhrensystem des ER, umschließt die Myofibrillen, Speicher von $Ca^{2+}$-Ionen |
| Myofibrille mit Myofilamenten | Längsgerichteter hochgeordneter Komplex aus Myosinfilamenten und Actinfilamenten (Actin, Troponin und Tropomyosin) |
| Sarkomer | Quergestreifte zylinderförmige Struktur- und Funktionseinheit der Myofibrillen, 2 µm lang, 1,5 µm Durchmesser |

lettmuskel ist willkürlich innerviert. Er besteht aus von bloßem Auge gerade noch sichtbaren Faserbündeln, die aus **Muskelfasern** aufgebaut sind. Eine Muskelfaser ist ein Syncytium fusionierter Zellen, das im Cytoplasma die **Myofibrillen** enthält (Abb. 32.1). Die Strukturelemente der Myofibrillen sind die hintereinander aufgereihten **Sarkomere** mit den **Actin- und Myosinfilamenten**. Die quergestreiften Muskelfasern entstehen durch Fusion mehrerer einkerniger Vorläuferzellen, den Myoblasten, deren Differenzierung durch den Transkriptionsfaktor MyoD eingeleitet wird (Kapitel 11.5). Die Querstreifung entsteht durch die regelmäßige Anordnung der Filamente in den Sarkomeren. Die Köpfchen der Myosinfilamente nehmen Kontakt mit den Actinfilamenten auf; Wechselwirkungen zwischen den beiden Filamenten entwickeln die Zugkraft. Besondere Proteine halten die Actinfilamente in der Z-Membran und die Myosinfilamente in der Mittelebene der Sarkomere in einem Kristallgitter-ähnlichen geordneten Zustand.

Der **Herzmuskel** (= **Myokard**) ist auch ein quergestreifter Muskel, welcher aus Sarkomeren aufgebaut ist. Seine Innervation ist jedoch nicht willkürlich gesteuert. Die **glatten Muskelzellen** arbeiten ebenfalls unwillkürlich. Ihre Fibrillen sind wenig geordnet arrangiert, so dass die Sarkomere keine mikroskopisch sichtbare Querstreifung ergeben.

■ In Säugern gibt es drei Muskelarten, die Skelettmuskeln, den Herzmuskel und die ungestreiften glatten Muskeln. Die Skelettmuskeln sind als einzige willkürlich innerviert. Die Muskeln sind aus Faserbündeln, diese aus Fasern mit Myofibrillen aufgebaut. Die strukturellen und funktionellen Einheiten der Myofibrillen sind die hintereinander angeordneten Sarkomere. In den Sarkomeren kommt die Zugkraft durch die Wechselwirkungen zwischen den Myosinfilamenten und den Actinfilamenten zustande.

**Abb. 32.1.** Strukturelle Organisation des quergestreiften Muskels. Der Skelettmuskel erscheint im ▶ Lichtmikroskop quergestreift mit hellen und dunklen Banden. Die I-Banden enthalten nur Actinfilamente und erscheinen im polarisierten Licht isotrop, d.h. sie erscheinen bei allen Orientierungen des Präparats gleich hell. Die Breite der I-Banden variiert je nach Kontraktionszustand des Muskels (vgl. Abb. 32.4). Die A-Banden wechseln ihre Helligkeit beim Drehen im polarisierten Licht. Sie verhalten sich somit anisotrop, entsprechen der Region der Myosinfilamente und bleiben immer gleich breit. Die Myosinfilamente sind über Titin-Moleküle in der Z-Membran elastisch verankert. Die Actinfilamente sind ebenfalls in der Z-Membran befestigt

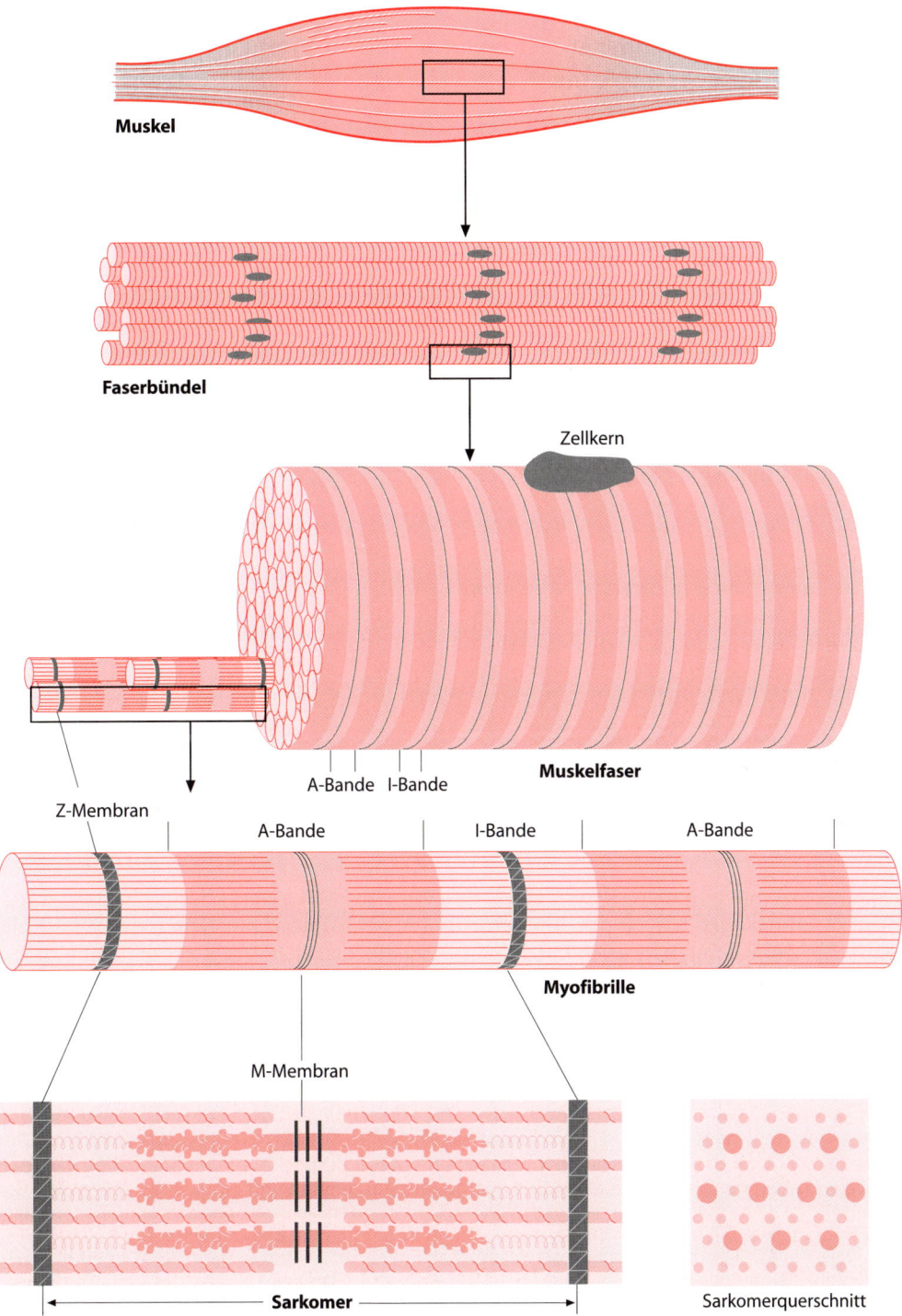

**Muskel**

**Faserbündel**

Zellkern

A-Bande I-Bande **Muskelfaser**

Z-Membran

A-Bande I-Bande A-Bande

**Myofibrille**

M-Membran

**Sarkomer**

Sarkomerquerschnitt

## 32.2
## Das dicke Myosinfilament und das dünne Actinfilament

**Das Myosinmolekül (520 kDa) bildet die dicken Muskelfilamente** – Es besteht aus sechs Untereinheiten, zwei schweren Ketten von je gut 220 kDa und zweimal zwei leichten Ketten von je 15 und 22 kDa. Jede schwere Kette besitzt einen Kopfteil und einen sehr langen helikalen Schwanzteil. Die Schwanzteile verbinden die zwei schweren Ketten über eine lange *Coiled-coil*-Struktur. Der Schwanzteil verfügt über zwei gelenkige Stellen, eine in der Mitte und eine gegen das Köpfchen zu. Hunderte von Myosinmolekülen sind über Wechselwirkungen zwischen den hinteren Schwanzteilen aneinander gelagert (Abb. 32.2).

**Das Actinfilament besteht aus dem Strukturprotein Actin und den Regulatorproteinen Tropomyosin und Troponin** – Das Monomer des Actins ist ein globuläres Protein und wird deshalb auch G-Actin genannt, seine polymere, filamentöse Form wird als F-Actin bezeichnet. Ein einzelnes Filament besteht aus aneinander gereihten Actinmolekülen (vgl. Kapitel 25.1). Die oberflächliche Betrachtung seiner elektronenoptischen Abbildung lässt es wie zwei helikal verdrehte polymere Ketten erscheinen. Es handelt sich jedoch um eine leicht verdrehte Anordnung von Actin mit seinen zwei globulären Domänen (Abb. 32.3). In den seitlichen Rinnen des Actinfilaments liegen die relativ starren dimeren Tropomyosinmoleküle, von denen sich ein Di-

mer über 7 Actinmonomere erstreckt. Pro Tropomyosinmolekül bindet ein Troponinkomplex aus drei Untereinheiten. Ein Actinfilament im Muskel ist etwa 1 μm lang.

Die Actin- und Myosinfilamente werden im Muskel durch eine Reihe weiterer Proteine in regelmäßiger Anordnung gehalten. Das Protein Nebulin hält die Actinfilamente in der typischen annähernd kristallinen Anordnung. Das Protein Titin gibt dem Muskel die Elastizität, indem es das Myosinfilament elastisch mit den beiden Z-Membranen des Sarkomers verbindet (Abb. 32.1).

■ Die dicken und dünnen Filamente des Muskels sind aus Myosin- bzw. Actin-Polymeren aufgebaut. Im hochorganisierten quergestreiften Skelett- und Herzmuskel werden die Filamente mit Hilfe weiterer Proteine in längselastischen kristallähnlichen Strukturen angeordnet.

## 32.3
## Das Sarkomer und die Entwicklung von Zugkraft

**Das Sarkomer stellt die kontraktile Einheit des quergestreiften Muskels dar** – Bei der Kontraktion gleiten die Myosinfilamente zwischen die Actinfilamente hinein (Abb. 32.4). Ein Myosinfilament besteht aus zwei in der Mitte verbundenen Hälften mit entgegengesetzt orientierten Myosinköpfchen, welche an den Actinfilamen-

**Abb. 32.2.** Aufbau des Myosinfilaments. Ein Myosinmolekül besteht aus sechs Untereinheiten, zwei schweren Ketten mit langen helikalen COOH-terminalen Abschnitten und globulär gefalteten $NH_2$-terminalen Köpfchen sowie vier kleinen globulären Untereinheiten. Je zwei kleine Untereinheiten sitzen an den Köpfchen. Die beiden großen Untereinheiten sind durch die Bildung einer Superhelix (*Coiled-coils*) aus ihren COOH-terminalen langen Helices stabil miteinander verbunden. Viele über ihre Superhelices aneinander gelagerte Myosindimere bilden ein Myosinfilament. Das Myosinfilament ist bipolar symmetrisch aufgebaut, in seiner Mitte fügen sich die Superhelices einiger Myosinmoleküle antiparallel zusammen. Gegen die Enden hin lagern sich die Moleküle hingegen parallel zueinander an. Die Myosinmoleküle sind somit dies- und jenseits der Mitte des Filaments entgegengesetzt orientiert; ihre Köpfchen schauen immer gegen das näherliegende Ende des Filaments. Die Köpfchen sind gelenkig (*Pfeile*) mit dem Filament verbunden und ragen seitlich aus dem Filament heraus. Sie besitzen ATPase-Aktivität

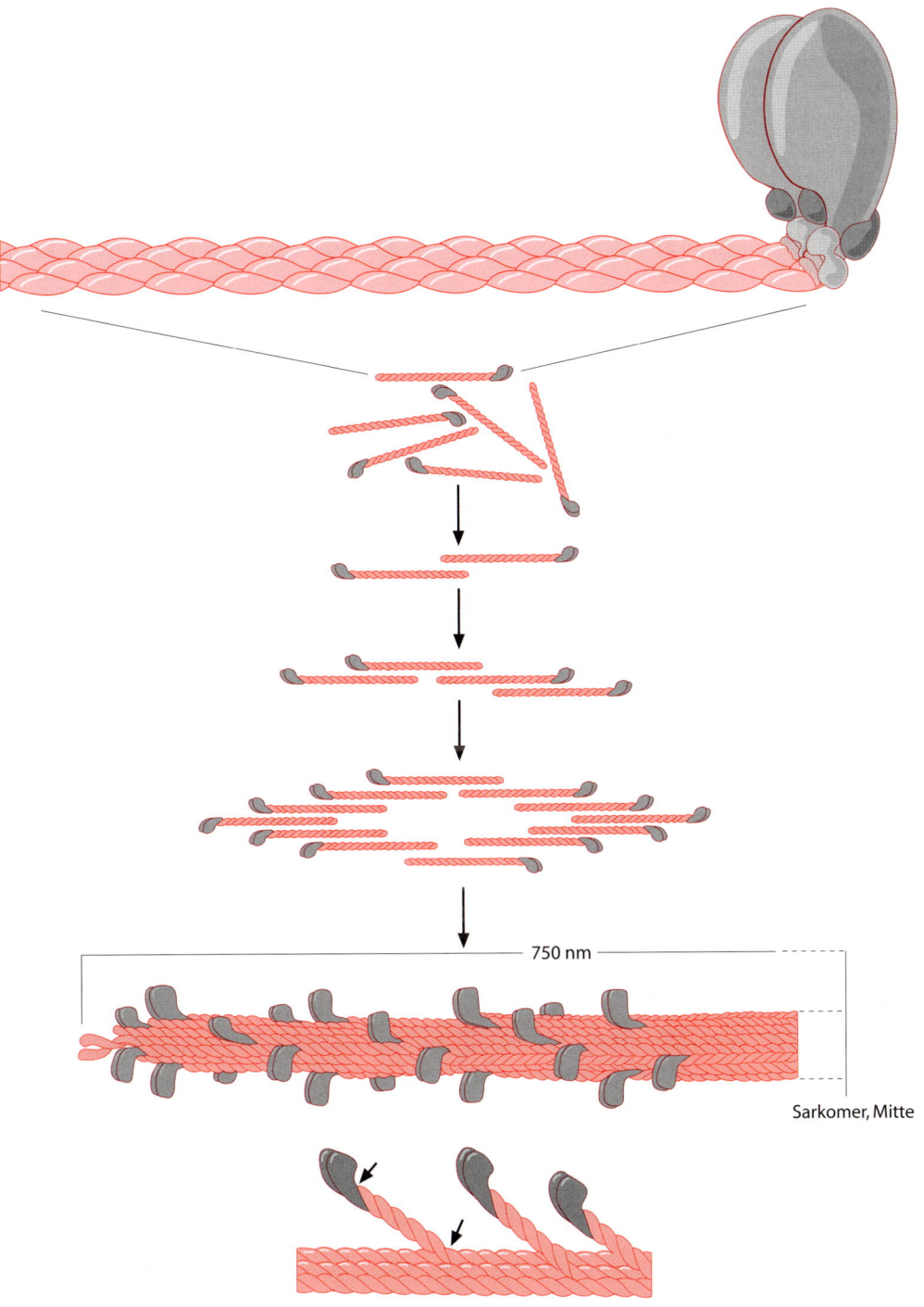

750 nm

Sarkomer, Mitte

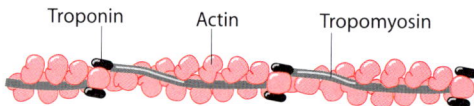

**Abb. 32.3.** Aufbau des Actinfilaments im Muskel. Langgestreckte Tropomyosinmoleküle liegen in der seitlichen Grube des Actinfilaments, wo sie im Ruhezustand des Muskels die Bindungsstellen für die Myosinköpfchen abdecken. Der $Ca^{2+}$-Ionen bindende Troponinkomplex liegt auf den Tropomyosinmolekülen und löst bei erhöhter $Ca^{2+}$-Konzentration eine Konformationsänderung aus, welche zur Freisetzung der Bindungsstellen für die Myosinköpfchen führt

ten der ihnen zugehörigen Sarkomerseite ziehen. Die Kraft entsteht durch einen vielfachen zyklischen Prozess: Hunderte von Myosinköpfchen ragen seitlich aus dem Filament heraus und hangeln sich an benachbarten Actinfilamenten vorwärts. Die chemische Energie aus der Hydrolyse von ATP wird zunächst in eine energiereiche Konformation des Myosinköpfchens übertragen; in einem weiteren Schritt leistet diese Energie durch eine Bewegung des

Köpfchens Kontraktionsarbeit. Im Detail geschieht Folgendes (Abb. 32.5): Die feste Verbindung zwischen einem Myosinköpfchen und einer Actinfaser wird nach Bindung eines ATP-Moleküls an das Myosinköpfchen gelöst. Wenn sich das Myosinköpfchen vom Actinfilament trennt, erfährt seine ATP-Bindungsstelle eine Konformationsänderung und es kommt zur Hydrolyse des ATP. Eine mit der ATP-Hydrolyse gekoppelte Konformationsänderung vergrößert den Winkel zwischen dem Myosinköpfchen und dem Myosinfilament. Das Köpfchen liegt nun in einer energiereichen Konformation vor und bindet schwach an eine weiter vorne liegende Stelle des Actinpolymers. $P_i$ wird freigesetzt, wodurch die Bindung des Köpfchens ans Actin verstärkt und die Konformationsenergie in die Zugbewegung umgesetzt wird. Dabei wird auch das ADP freigesetzt. Der Zyklus kann nun von neuem beginnen. Ein Köpfchen durchläuft pro Sekunde fünf solche Zyklen. Die Zyklen laufen bei vielen Myosinköpfchen gleichzeitig und

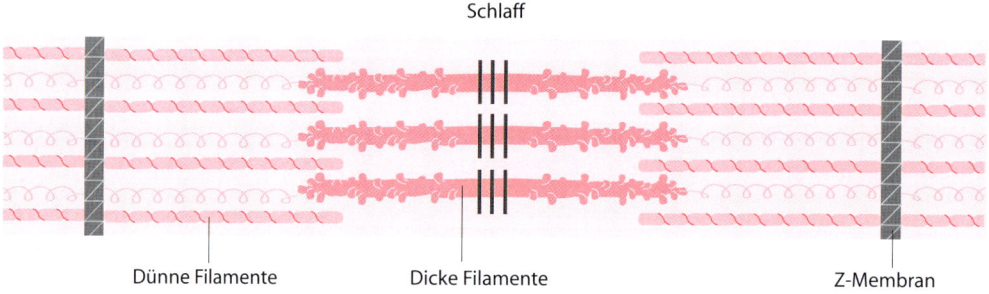

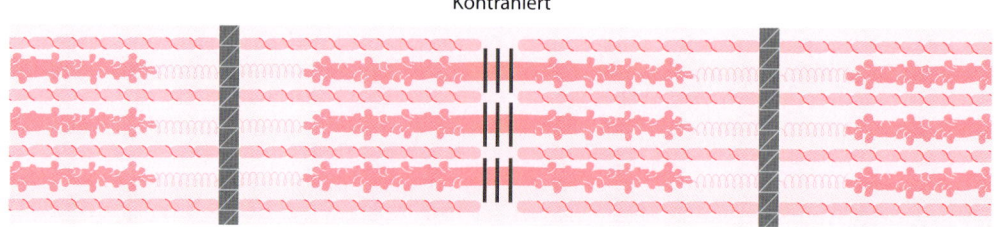

**Abb. 32.4.** Kontraktion eines Sarkomers. Je sechs zylindrisch angeordnete Actinfilamente umrunden ein Myosinfilament. Im hier gezeigten Längsschnitt sind jeweils nur zwei Actinfilamente pro Myosinfilament sichtbar. Während der Kontraktion gleiten die Myosinfilamente zwischen die Actinfilamente hinein und verkürzen das Sarkomer

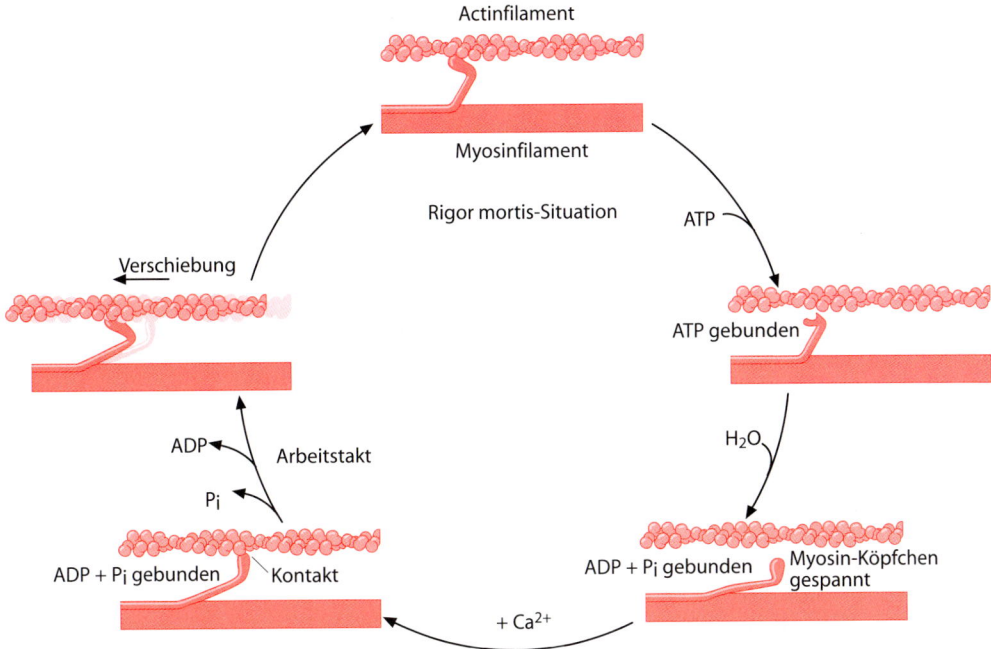

Actinfilament

Myosinfilament

Rigor mortis-Situation

ATP

Verschiebung

ATP gebunden

ADP

Arbeitstakt

$P_i$

$H_2O$

ADP + $P_i$ gebunden     Kontakt

ADP + $P_i$ gebunden     Myosin-Köpfchen gespannt

+ $Ca^{2+}$

**Abb. 32.5.** Arbeitszyklus eines Myosinköpfchens. Ein Myosinköpfchen ist an ein Actinfilament gebunden. Binden von ATP löst das Köpfchen vom Actinfilament ab. Hydrolyse von ATP führt zu einer energiereichen Konformation des Köpfchens. Falls die Myosinbindungsstellen auf dem Actinfilament nicht durch Tropomyosin verdeckt sind (s. das folgende Kapitel 32.4), bindet das Köpfchen wieder an das Actinfilament. Die Relaxation des Actin-gebundenen Myosinköpfchens in seine energieärmere Konformation entspricht dem Arbeitstakt des Systems, bei welchem mechanische Arbeit geleistet wird

asynchron ab; alle die kleinen Kräfte summieren sich zur Muskelkraft. Ein kontrahierter Muskel muss immerwährend arbeiten, wenn seine Kraftwirkung bestehen bleiben soll. Ohne fortwährendes Ablaufen krafterzeugender Zyklen erschlafft der Muskel.

> Etwa drei Stunden nach dem Tod ist in der Muskulatur alles vorhandene und aus den Energiereserven nachgelieferte ATP verbraucht. Die Myosinköpfchen befinden sich danach in ATP-freiem Zustand und sind fest ans Actinfilament gebunden. Der Muskel befindet sich im Zustand der Totenstarre, dem *Rigor mortis*. Die Totenstarre löst sich in etwa drei Tagen, nachdem der proteolytische Abbau der Filamente eingesetzt hat.

In quergestreiften Muskelfasern sind viele Sarkomere hintereinander angeord-

net. Die Verkürzungen der einzelnen Sarkomere addieren sich; die Muskelfaser kontrahiert sich. In glatten Muskeln sind die Filamente weniger strikt angeordnet, sie bilden keine Sarkomere, entwickeln die Kraft aber auch, indem das dicke Filament durch Myosinköpfchenbewegungen dem dünnen Filament entlang gleitet. Im glatten Muskel sind die Filamente durch Bindung an Intermediärfilamente verankert. Die Kraftübertragung und Summierung der Längenverschiebung über mehrere kontraktile Einheiten und Zellen ist somit auch in diesem Fall gewährleistet (s. Kapitel 25.4).

■ Die dicken Myosinfilamente ziehen unter ATP-Verbrauch an den dünnen Actinfilamenten beider Enden des Sarkomers. Durch gegenseitige Verschiebung zwischen den Filamenten wird das Sarkomer verkürzt. Die Mus-

kelkraft und -kontraktion kommt durch Summierung der Verkürzung vieler Sarkomere zustande. Die Umwandlung chemischer Energie (ATP) in mechanische Arbeit geschieht über eine energiereiche Konformation des Myosinköpfchens (der ATPase):
Chemische Energie → Konformationsenergie → mechanische Arbeit

## 32.4
# Regulation der Muskelkontraktion durch Calciumionen

$Ca^{2+}$ überträgt als *Second messenger* das Signal von der depolarisierten Zellmembran ins Zellinnere – Nach einem Nervenimpuls breitet sich die Erregung von der motorischen Endplatte (Nerv-Muskel-Verbindung) durch Depolarisierung der Zellmembran über die Muskelfaser aus. Die quer zur Muskelfaser verlaufenden **T-Tubuli** (Transversal-Tubuli) sind zusammen mit dem **sarkoplasmatischen Retikulum** verantwortlich für die Übertragung des elektrischen Signals ins Zellinnere. Die T-Tubuli sind Membranschläuche, welche als Einstülpungen der Plasmamembran ins Zellinnere reichen, wo sie in engem Kontakt mit dem sarkoplasmatischen Retikulum stehen. Das von der motorischen Endplatte ausgehende Aktionspotential depolarisiert auch die Membran der T-Tubuli und öffnet – vermittelt durch ein spannungsempfindliches Protein – Calciumkanäle in der direkt benachbarten Membran des sarkoplasmatischen Retikulums. Die während einiger Millisekunden vom sarkoplasmatischen Retikulum ins Cytosol der Muskelfaser fließenden $Ca^{2+}$-Ionen sind aufgrund der weitreichenden Verästelung des sarkoplasmatischen Retikulums sofort über das Cytosol der ganzen Zelle verteilt und lösen die Kontraktionszyklen aus. Das sarkoplasmatische Retikulum ist eine besondere Form des endoplasmatischen Retikulums der Muskelfaser und zeichnet sich durch eine hohe $Ca^{2+}$-Konzentration im Lumen aus.

Die $Ca^{2+}$-Konzentration im Cytosol der ruhenden Muskelfaser hingegen ist geringer als 0,1 µM. Sie steigt beim Auslösen einer Kontraktion kurzfristig auf 10 µM an. Die cytosolischen Calciumionen werden danach rasch durch ATP-abhängige Calciumpumpen wieder ins Lumen des sarkoplasmatischen Retikulums zurückgebracht. Der größte Teil der $Ca^{2+}$-Ionen ist dort an das $Ca^{2+}$-Speicherprotein Calsequestrin gebunden.

**Das $Ca^{2+}$ bindet an Troponin und bewirkt die Freisetzung der Myosinbindungsstellen im Actinfilament** – Im Ruhezustand bei tiefer $Ca^{2+}$-Konzentration ist die Kontraktion des Muskels gehemmt, weil das Tropomyosin in der seitlichen Furche des Actinfilaments liegt. Die Bindungsstellen für die Myosinköpfchen sind dadurch nicht zugänglich. Wenn die Konzentration des $Ca^{2+}$ im Cytosol ansteigt, werden zwei Bindungsstellen des Troponins mit je einem $Ca^{2+}$-Ion besetzt und die Konformation des Proteins verändert. Die Konformationsänderung wird auf Tropomyosin übertragen, das sich aus der Furche herausbewegt und damit die Bindungsstellen für die Myosinköpfchen freigibt. Die krafterzeugenden Zyklen können nun ablaufen. Troponin gehört zusammen mit Calmodulin zu einer großen Familie $Ca^{2+}$-bindender Proteine, welche an allosterischen Regulationsprozessen beteiligt sind. Eine Veränderung der $Ca^{2+}$-Konzentration löst bei diesen Proteinen stets eine Konformationsänderung und damit einen Effekt aus; das $Ca^{2+}$-Ion wird deshalb auch zu den *Second messengers* gezählt.

■ Eine Reihe allosterischer Effekte führt nach dem Eintreffen des Aktionspotentials an den Endplatten zur Muskelkontraktion: Depolarisation der Zellmembran, Freisetzen von $Ca^{2+}$ aus dem sarkoplasmatischen Retikulum, Binden von $Ca^{2+}$ an Troponin, Freimachen der durch Tropomyosin abgedeckten Myosinbindungsstellen des Actins und Ablaufen von Myosin-ATPase-Zyklen.

## 32.5
## Bereitstellung von ATP im Muskel

**ATP ist die unmittelbare Energiequelle für die Kontraktion** – ATP kann die Zellmembran nicht passieren. Es wird direkt in der Muskelfaser bereitgestellt. Unter Normalbedingungen, d.h. geringer Leistung, ist die Muskulatur mit genügend Sauerstoff versorgt, um ATP laufend durch oxidative Phosphorylierung in den Mitochondrien gewinnen zu können. Die Energie stammt aus der Oxidation von Glucose, Fettsäuren und Ketonkörpern. Bei hoher Muskelleistung reicht die Sauerstoffversorgung nicht mehr aus, um den ATP-Bedarf zu decken. Die Milchsäuregärung von Glucose wird zugeschaltet, um zusätzliches ATP zu gewinnen.

**Kreatinphosphat dient als Zwischenspeicher der Energie** – In einer reversiblen Reaktion wird ATP in das energiereiche Kreatinphosphat übergeführt. Kreatinphosphat ist eine intrazelluläre Speicherform der Energie. Bei Bedarf wird ATP aus Kreatinphosphat zurückgewonnen:

Kreatinphosphat

Kreatinkinase

Kreatin

Der ruhende Muskel enthält mehr Kreatinphosphat als ATP. Auch ADP liefert bei Bedarf energiereiche Phosphatgruppen zur Synthese von ATP:

$$2\ ADP \rightleftharpoons ATP + AMP$$

Adenylatkinase

Während der Muskelarbeit nimmt die Konzentration von Kreatinphosphat und ATP ab und diejenige von AMP und $P_i$ nimmt zu. Die Konzentrationen der energiereichen Phosphatverbindungen können im lebenden Organismus mittels $^{31}P$-NMR gemessen werden (NMR, s. Kapitel 38.3).

Konzentrationen von ATP und Kreatinphosphat im ruhenden Organismus

|  | ATP (mM) | Kreatinphosphat (mM) |
|---|---|---|
| Skelettmuskel | 5 | 20 |
| Herzmuskel | 1,5 | 2 |
| Glatter Muskel | 2 | 0,7 |

**Die Energiequelle zur Nachlieferung von ATP ist je nach Leistung des Muskels verschieden** – Der Energieumsatz des Muskels kann innert Sekundenbruchteilen mehrere hundert Mal zunehmen und einige Sekunden auf diesem hohen Niveau bleiben. Bei kurzer Dauer der Leistung wie beim Gewichtheben stammt die Energie vorwiegend aus dem in der Zelle vorhandenen ATP und Kreatinphosphat. Im 100-m-Sprint und im Mittelstreckenlauf reichen diese Quellen nicht mehr aus, die Beiträge der anaeroben Glykolyse und der oxidativen Phosphorylierung werden wichtiger. Bei länger andauerndem Energieverbrauch wie beim Marathonlauf muss das ATP auf aerobem Weg durch die Mitochondrien bereitgestellt werden. Je nach Funktion werden mehr rote oder weiße Muskelfasern in einem Muskel angetroffen; der Oberschenkelmuskel eines Kurzstrecken-Sprinters ist anders aufgebaut als derjenige eines Marathonläufers. Die weißen Muskeln des Sprinters enthalten viele cytochromarme Fasern und produzieren die Energie, welche zusätzlich zum Vorrat an ATP und Kreatinphosphat benötigt wird, vor allem auf glykolytischem Weg; die roten Muskeln des Marathonläufers arbeiten hingegen aerob und enthalten mehr cytochromreiche Fasern.

| Funktion | Muskeltyp | |
|---|---|---|
| | Rote Muskeln | Weiße Muskeln |
| | Dauerleistung | kurzdauernde Kraftentwicklung |
| Faserdurchmesser | klein | groß |
| Verkürzungsdauer | lang | kurz |
| Ermüdbarkeit | gering | rasch |
| Stoffwechsel | vorwiegend oxidativ | vorwiegend glykolytisch |
| Mitochondrien (Cytochrome) | viele | wenige |
| Glykogengehalt | gering | hoch |

Die Leistungsfähigkeit beider Muskelarten kann durch Training verbessert werden. Training für kurzzeitige Maximalleistung (Gewichtheben) führt zu einer Zunahme der Myofibrillenzahl und damit der Kraft, ohne Änderung des Stoffwechsels. Training auf anaerobe Leistung (Mittelstreckenlauf) führt zur Zunahme der Glykolyseenzyme und zu einem höheren Glykogengehalt des Muskels und Training auf langfristige Leistung (Marathon) zu verbessertem Sauerstofftransport, u. a. zu einem höheren Herzminutenvolumen.

## 32.6
## Bindegewebe und Knochen

**Vielfältige Typen von Bindegewebe erfüllen Stabilisierungsfunktionen** – Die Weichtiere sind im Gegensatz zu den Gliederfüßlern und den Wirbeltieren relativ unbeweglich. Für die wirkungsvolle Umsetzung der muskulären Zugkräfte in Bewegungen des Körpers sind ein mechanisch stabiles Exo- oder Endoskelett sowie straffe bindegewebige Verbindungen zwischen den Muskeln und dem Skelett erforderlich. Die Sehnen übernehmen diese Aufgabe in Arthropoden und Vertebraten. Sie bestehen aus Faserproteinen, vor allem dem Kollagen mit seiner typischen Tripelhelix (s. Abb. 2.3). Bei den Gelenken halten Bänder aus straffem Bindegewebe die Knochen zusammen.

Das Bindegewebe besteht aus Zellen und extrazellulärer Matrix. Die Zellen sind in erster Linie **Fibroblasten**, ein Gemisch meist spindelförmiger Zellen, die sich zu Chondroblasten des Knorpels, Osteoblasten des Knochens, Odontoblasten der Zähne, glatten Muskelzellen der Arterienwände, Adipocyten des Fettgewebes und Fibrocyten der Haut differenzieren können. Alle diese Zellen haben eine gewebsstabilisierende Funktion. Es gibt Bindegewebe sehr verschiedener Ausgestaltung und mechanischer Stabilität. Das straffe Bindegewebe der Sehnen und Bänder ist sehr faserreich, während das lockere Bindegewebe des Glaskörpers des Auges nur wenige Fasern aufweist. Die gut ausgebildete extrazelluläre Matrix (s. Kapitel 27.3) des Bindegewebes wird von den Bindegewebezellen sezerniert und enthält Kollagenfasern und elastische Fasern (Strukturen, s. Kapitel 3.8) in einer amorphen Grundsubstanz aus gallertbildenden Proteoglykanen und Glykosaminoglykanen (Tabelle 32.2). Die Glykosaminoglykane und Proteoglykane sind stark anionisch und binden viel Wasser und Kationen. Dadurch entsteht ein hydrophiles, gut verformbares Füllmaterial im Bindegewebe, welches je nach Bedarf Wasser aufnehmen oder abgeben kann. Außerdem befinden sich auch Strukturglykoproteine und Zelladhäsionsproteine in der ECM des Bindegewebes.

**Rund 20 verschiedene Kollagene werden durch intra- und extrazelluläre Reaktionen synthetisiert** – Die untereinander eng verwandten Kollagene machen etwa 25% des Gesamtproteins der Wirbeltiere aus. Reife Kollagene kommen ausschließlich extrazellulär vor. Sie bilden eine Proteinfamilie mit etwa 20 verschiedenen Typen, welche mit römischen Zahlen bezeichnet werden (Tabelle 32.3). Die einzelnen Polypeptidketten werden von den Zellen sezerniert und können als Homotrimere oder als Heterotrimere vorliegen. Eine solche Tripelhelix ist etwa 300 nm lang. Jede dritte Aminosäure ist Glycin, das Tripeptidmotiv Gly-X-Y kommt pro Kette mehrere hundert Mal vor, an der Position X befindet sich häufig Prolin oder Alanin,

**Tabelle 32.2.** Gehalt einiger Gewebe an Kollagen, Elastin und Proteoglykanen. Besonders elastische Gewebe wie die mit dem Herzschlag pulsierende Aorta oder das Nackenband der Rinder, welches sich beim Grasen dauernd strecken und wieder zusammenziehen muss, sind reich an Elastin

| Gewebe | Kollagen | Elastin | Proteoglykane |
|---|---|---|---|
| | (g pro 100 g Trockengewicht) | | |
| Leber | 4 | 0,16–0,30 | |
| Lunge | 10 | 3–7 | |
| Aorta | 12–24 | 28–32 | 6 |
| Nackenband der Wiederkäuer | 17 | 75 | |
| Knorpel | 46–64 | | 20–37 |
| Hornhaut des Auges (Cornea) | 68 | | 5 |
| Haut | 72 | 0,6 | |
| Achillessehne | 86 | 4,4 | 0,5 |
| Gesamter Knochen | 23 | | 0,2 |
| Organischer Anteil des Knochens | 88 | | 0,8 |

**Tabelle 32.3.** Häufige Kollagentypen. Es sind viele Kollagentypen (Homo- und Heterotrimere) bekannt, die von etwa 30 Genen codiert werden

| Kollagentyp | Vorkommen | Besonderheit |
|---|---|---|
| I $(a_1 I)_2 a_2$ | Sehnen, Knochen, Zähne, Blutgefäße | Wenig Kohlenhydrat |
| II $(a_1 II)_3$ | Knorpel | Viel Kohlenhydrat (10%) |
| III $(a_1 III)_3$ | Netzwerk in Haut, Blutgefäße, Darm, innere Organe (Leber, Niere, Milz); auch fetales Kollagen | Cystein, wenig Kohlenhydrat |
| IV $(a_1 IV)_3$ | Basalmembranen, Glaskörper, Nieren-Glomerula | Cystein, viel Kohlenhydrat |

an der Position Y häufig Hydroxyprolin oder Alanin. Die sperrigen Seitenketten der Hydroxyprolin- und Prolinreste ragen gegen außen. Jeweils 5 Tripelhelices lagern sich regelmäßig längs versetzt in einem Ring zu langen Mikrofibrillen mit etwa 300 nm Durchmesser zusammen. Die Fibrillen werden durch kovalente Bindungen, Wasserstoffbindungen und elektrostatische Bindungen zusammengehalten. Die versetzte Anordnung verursacht ein im elektronenoptischen Bild sichtbares Bandenmuster der Fibrillen.

Die Biosynthese von Kollagen verläuft über mehrere Stufen. Die Polypeptidketten werden als Vorstufen am rauen ER synthetisiert und nach Freisetzung der COOH-Termini beginnt im Lumen des ER die Tripelhelixbildung. Die Tripelhelix wird im Golgiapparat am nicht-helicalen COOH-terminalen Teil glykosyliert und an Prolin- und Lysinresten hydroxyliert. Kurz danach werden Disulfidbrücken im $NH_2$-termina-

len Propeptidbereich ausgebildet, worauf das tripelhelikale Prokollagen aus den Fibroblasten sezerniert wird. In einer Reihe extrazellulärer Reifungsreaktionen spalten Peptidasen die endständigen Prosequenzen ab. Die Lysinoxidase produziert endständige Aldehydgruppen an Lysin- und Hydroxylysinresten. Diese Lysinaldehyde reagieren spontan mit anderen Lysinaldehyden sowie $\varepsilon$-Aminogruppen von Lysinresten aus anderen Tripelhelices und bilden Quervernetzungen. Die Kollagenfasern werden durch die Vernetzung noch stabiler und unlöslich.

**Das Bindegewebe ist auch für den Zusammenhalt der Organe verantwortlich** – Das lockere interstitielle Bindegewebe hält innere Organe wie die Leber zusammen. Ein geflechtartiges Bindegewebe bildet die **Darmaufhängebänder (Mesenterien)** und die **Bindegewebskapseln**, d.h. hautähnliche Hüllen zur äußeren Begrenzung der meisten Organe. Manche Gewebe wie

Blutgefäße sind durch eine **Basalmembran** aus Bindegewebe von den anderen Geweben getrennt.

**Das Bindegewebe wird durch spezifische Metalloproteasen abgebaut** – Je nach Bindegewebetyp variiert die Umsatzrate der extrazellulären Proteine beträchtlich. Eine Reihe von **Metallo-Matrix-Proteasen (MMP)** ist für den Abbau des Bindegewebes verantwortlich. Einige dieser Enzyme können sehr spezifische Spaltungen vornehmen, andere jedoch sind unspezifische Proteasen. Ihre Synthese ist mehrfach reguliert, sie werden als Vorstufen produziert und über proteolytische Kaskaden aktiviert. Eine Reihe von Inhibitoren der Aktivität der MMPs, die *Tissue inhibitors of MMP* (TIMP) ist ebenfalls an der Regulierung der Aktivität dieser Proteasen beteiligt. Gewisse Krebszellen besitzen die Fähigkeit, Bindegewebe abzubauen und sich so über Gewebsgrenzen hinweg auszubreiten.

**Knochen und Zähne sind spezialisierte Bindegewebe** – Der Knochen ist der größte Speicher des Körpers für $Ca^{2+}$-Ionen und Phosphat. Sein Auf- und Abbau ist hormonal geregelt (s. Kapitel 30.6). Die organische Matrix des Knochens besteht hauptsächlich aus Kollagen und bildet etwa ein Viertel der Gesamtmasse. Ein erwachsener Mensch von 70 kg Körpergewicht enthält ungefähr 1 kg Calcium; 99% davon befinden sich im Knochen. Das Hauptmineral des Knochens ist Calciumapatit (=Hydroxylapatit, $Ca_5(PO_4)_3OH$), das in winzigen Kristallen von etwa $30 \cdot 3 \cdot 5\ \mu m$ auf der Knochenmatrix sitzt und eine riesige Oberfläche von rund $200\ m^2$ pro g Knochenmasse bildet. Der Knochen ist damit nach dem gleichen Prinzip wie armierter Beton aufgebaut: Die zugfesten Kollagenfasern übernehmen die Rolle des Armierungseisens und die druckfesten Kristalle die Rolle des Betons. Die Knochenmasse unterliegt einem ständigen Umsatz durch zwei spezialisierte Zelltypen, durch die Osteoblasten für den Aufbau und die Osteoklasten für den Abbau. Die Osteoklasten bilden eine abgedichtete Zone in der Abbauregion und sezernieren Protonen mittels einer Membranpumpe. Bei sinkendem pH-Wert nimmt die Konzentration des $(PO_4^{3-})$-Ions durch Protonierung ab und der Knochen wird in der Folge demineralisiert. Das Zusammenspiel von Osteoklasten und Osteoblasten ist noch wenig klar, das Gleiche gilt für die Mitwirkung besonderer Proteine des Knochens.

Die Zähne sind aus drei mineralisierten Bestandteilen aufgebaut: Zahnschmelz, Zahnbein (Dentin) und Zahnzement. Für die Bildung der drei Zahnkomponenten

---

Zahnschmelz-Defekte und daraus **Karies** (Zahnzerfall) entstehen, wenn organische Säuren aus bakteriellen Quellen den Zahnschmelz angreifen. Die Bakterien kommen in der natürlichen Mundflora vor und bilden einen zäh haftenden Zahnbelag, die Plaque. Durch die organischen Säuren, welche Bakterien beim Abbau von Zucker produzieren, wird der Hydroxylapatit des Zahnschmelz aufgelöst. Die Fluoridprophylaxe wirkt auf zwei Wegen gegen Karies. Erstens werden Fluoridionen anstelle der Hydroxylionen im Apatit eingebaut. Fluoridapatit ist säureresistenter als Hydroxylapatit. Zweitens wirken Fluoridionen bakteriostatisch, indem sie die Enolase und damit den Zuckerabbau der Bakterien hemmen.

---

sind spezialisierte Bindegewebezellen zuständig. Der Mineralgehalt ist beim Zahnschmelz besonders hoch (95%), während er beim Dentin um 70% und beim Zahnzement um 60% liegt. Alle drei Komponenten der Zähne sind im Bau den kompakten Knochenteilen ähnlich.

■ Das Bindegewebe besteht vor allem aus extrem zugfesten Kollagenfasern und ist dank seinem Elastingehalt und dem Wasseraustausch durch die amorphe Grundsubstanz elastisch und verformbar. Die organische Matrix des Knochens besteht hauptsächlich aus zugfesten Kollagenfasern. In dieses Gerüst eingelagert sind winzige Kristalle von Hydroxylapatit als druckfeste anorganische Substanz.

# 33 Enzymatische Schutzmechanismen

Mancherlei schädigende chemische und physikalische Einwirkungen bedrohen die Lebewesen. Zu ihrer Abwehr haben die Organismen verschiedenartige Mechanismen entwickelt. Das Immunsystem, das im nächsten Kapitel besprochen wird, übernimmt die Hauptrolle in der Abwehr von Krankheitserregern. DNA-Reparaturmechanismen minimieren die Folgen ionisierender Strahlung, von UV-Licht und Spontanmutationen (s. Kapitel 8.3 und 8.4). Hitzeschockproteine schützen die Zellproteine vor hohen Temperaturen und anderen Stressbedingungen (s. Kapitel 3.7). Dieses Kapitel berichtet über weitere Schutzmechanismen, an welchen Enzymreaktionen beteiligt sind.

Bei einer Verletzung von Blutgefäßen gilt es, den Blutverlust möglichst gering zu halten. Hierzu trägt neben anderen Mechanismen wie der Gefäßkonstriktion auch der biochemische Vorgang der **Blutgerinnung** (*Blood coagulation*) bei. Damit die Gerinnung rasch in Gang kommt, sorgt eine proteolytische Reaktionskaskade für eine massive Verstärkung des ursprünglichen Signals. Sowohl die Auslösung der Blutgerinnung als auch deren Begrenzung auf den Ort der Gewebeverletzung und die zeitliche Dauer werden streng kontrolliert. Eine Blutgerinnung innerhalb der Gefäße wird rückgängig gemacht, indem ihr Produkt, der Fibrinthrombus, durch den Vorgang der **Fibrinolyse** proteolytisch aufgelöst wird.

Die **Biotransformationsreaktionen** wandeln unpolare, lipophile Verbindungen, die nur sehr langsam ausgeschieden werden könnten, in polare, wasserlösliche Substanzen um, die darauf mit dem Urin oder der Galle ausgeschieden werden können. Diese Reaktionen dienen sowohl der Ausscheidung körperfremder Substanzen (Xenobiotika) als auch schlecht wasserlöslicher körpereigener Verbindungen wie Steroidhormonen oder Bilirubin. Das bei weitem wichtigste Organ für Biotransformationen ist die Leber. Die daran beteiligten Enzyme (P450-Cytochrome) befinden sich hauptsächlich im glatten endoplasmatischen Reticulum. Es lassen sich zwei Phasen der Biotransformation unterscheiden:

- In Phase 1 werden in die zumeist chemisch inerten Substrate reaktive Gruppen eingeführt. Die wichtigste Reaktion ist die Hydroxylierung durch mischfunktionelle, Cytochrom P450-abhängige Monooxygenasen.
- In Phase 2 werden die neu eingeführten reaktiven Gruppen benutzt, um die auszuscheidenden Verbindungen mit gut wasserlöslichen Verbindungen wie Glucuronat oder Sulfat zu konjugieren.

Die Organismen, welche unter aeroben Bedingungen leben, haben besondere Abwehrmechanismen gegen **reaktive Sauerstoffderivate** (*Reactive oxygen species* **ROS**) entwickelt. $O_2$ und das Reduktionsprodukt $H_2O$, das daraus in der Atmungskette entsteht, sind wenig reaktiv. $O_2$ kann jedoch äußerst gefährlich werden, wenn seine Reduktion unvollständig verläuft (z. B. $O_2$ plus $e^- \rightarrow O_2^{\cdot-}$, Superoxidradikal). Radikalkettenreaktionen, insbesondere mit ungesättigten Fettsäureresten der Membranlipide, aber auch mit anderen Zellbestandteilen, können großen Schaden anrichten. Ein Zusammenhang von Radikalreaktionen mit krankhaften Vorgängen sowie mit Alterungsvorgängen ist nicht auszuschließen. Zu den Abwehrmechanismen gegen reaktive Sauerstoffderivate gehören Radikalfänger wie die Vitamine C und E sowie besondere Enzymsysteme, welche ROS in ungefährliche Verbindungen umwandeln.

Selbst $H_2O$ ist nicht völlig unschädlich. Hydrolytische Spaltungen von Adenin und Cytosin in der DNA führen zu falscher Basenpaarung und sind eine häufige Ursache von Spontanmutationen (s. Kapitel 8.3).

33.1 Blutgerinnung und Fibrinolyse
33.2 Biotransformationen ("Entgiftungsreaktionen")
33.3 Schutz gegen reaktive Sauerstoffderivate (*Reactive oxygen species* ROS)

## 33.1
## Blutgerinnung und Fibrinolyse

Das Blut hat neben seiner Funktion als Transportsystem auch die Aufgabe, bei Verletzungen von Blutgefäßen den Blutverlust so gering wie möglich zu halten. Drei Mechanismen tragen zur Blutstillung bei:
- Konstriktion der Arteriolen (kleinen Arterien) im verletzten Gewebsbereich
- Aggregation von Thrombocyten (Blutplättchen) am Ort des Gefäßschadens
- Gerinnung des Blutes, welche durch Plasmaproteine bewirkt wird.

Bei der Blutgerinnung ist es sehr wichtig zu verhindern, dass sie sich über den Bereich der Gewebeverletzung hinaus ausbreitet und dass unkontrollierte Gerinnungsvorgänge zu Gefäßverschlüssen führen. Mit fortschreitender Wundheilung sind die Blutgerinnsel wieder aufzulösen (Fibrinolyse). Ebenso sind in unverletzten Gefäßen auftretende Gerinnsel zu entfernen.

Die Blutstillungsvorgänge kommen nicht nur bei äußeren Verletzungen zum Zug, noch wichtiger sind sie, um innere Blutungen zu verhindern. Im Körper kommt es durch mechanische Mikroverletzungen fortwährend zu kleinen Blutungen (in Gelenken, im Magendarmtrakt, in den Harnwegen usw.), die gestillt werden müssen.

**Die Blutgerinnung ist ein strikt lokal ablaufender Vorgang** – Eine Verletzung von Blutgefäßen legt Strukturen frei, die unter dem Endothel (der innersten Zellschicht, welche die Blutgefäße auskleidet) liegen. **Thrombocyten** binden mit spezifischen Rezeptoren an bloßgelegte Proteine der extrazellulären Matrix (ECM) wie Kollagen, Fibronectin und Laminin. Die Thrombocyten aggregieren dadurch am Ort des Gefäßschadens. Ihre Aggregation wird verstärkt durch den **von-Willebrand-Faktor**, ein von Endothelzellen gebildetes Protein. Das Fibrinvorläuferprotein Fibrinogen bindet an spezifische Fibrinogen-Rezeptoren der Thrombocyten. Die Besetzung der Membranrezeptoren der Thrombocyten durch die verschiedenen Liganden (Fibrinogen und ECM-Proteine) führt zur Sekretion von vasokonstriktorisch wirksamem Serotonin und Thromboxan $A_2$ (s. Kapitel 30.8). Der aus aggregierten Thrombocyten bestehende Pfropf (**Thrombus**) führt zu einer ersten Dichtung des verletzten Gefäßes. Eine dauerhafte Dichtung ist nur möglich, wenn die nachfolgenden Gerinnungsvorgänge, an denen ausschließlich Plasmaproteine beteiligt sind, den Thrombus verfestigen.

Thrombocyten (= Blutplättchen) sind kleine, von den Megakaryocyten des Knochenmarks abgeschnürte kernlose weiße Blutkörperchen.

**Eine proteolytische Aktivierungskaskade bringt die Blutgerinnung in Gang** – Auf fast allen Stufen der Gerinnungskaskade wird ein inaktives Plasmaprotein durch li-

**Tabelle 33.1.** Blutgerinnungsfaktoren. Seltener verwendete Bezeichnungen sind in Klammern angegeben. Die Existenz des ursprünglich postulierten Faktors VI konnte nicht bestätigt werden

| Faktor | Name | Funktion | Krankheitsbild, bei dem Faktor fehlt oder vermindert ist |
|---|---|---|---|
| (I) | **Fibrinogen** | Vorstufe des Fibrins | Angeborene Afibrinogenämie, schwerer Leberschaden |
| (II) | **Prothrombin** | Vorstufe des Thrombins | Angeborene Hypoprothrombinämie, Vitamin-K-Mangel, Leberschaden, Cumarolbehandlung |
| (III) | **Tissue factor (TF)** | Membranprotein extravasaler Zellen, wird bei Gefäßverletzung zugänglich für Faktor VII, aktiviert Faktor VII | |
| (IV) | **Ca$^{2+}$** | Aktivierungsfaktor auf mehreren Stufen | |
| V | (Accelerator-Globulin) | Vorstufe einer Komponente der Prothrombinase (Thrombokinase-Komplex) | Angeborener Mangel (Parahämophilie), schwerer Leberschaden |
| VII | (Proconvertin) | Zymogen, im Kontakt mit Oberflächen extravasaler Zellen (TF) aktivierbar, Vorstufe eines Aktivators von Faktor IX | Angeborener Mangel, Vitamin-K-Mangel, Cumarolbehandlung |
| VIII | Antihämophiles Globulin | Ca$^{2+}$-stabilisiertes $\beta$-Globulin, an Aktivierung von Faktor X durch Protease FIXa beteiligt | Angeborener Mangel (Hämophilie A) |
| IX | (Christmas-Factor) | Vorstufe des Aktivators von Faktor X | Angeborener Mangel (Hämophilie B), Vitamin-K-Mangel, Cumarolbehandlung |
| X | (Stuart-Prower-Factor) | Vorstufe einer Komponente der Prothrombinase (= Thrombokinase)-Komplexes | Vitamin-K-Mangel, Leberschaden, Cumarolbehandlung |
| XI | (Plasma-Thromboplastin-Antecedent PTA) | Zymogen, Vorstufe eines Aktivators von Faktor IX | Angeborener Mangel (Hämophilie C) |
| XII | (Hageman-Faktor) | Zymogen (nur an der In-vitro-Gerinnung beteiligt), aktivierbar durch Kontakt mit benetzbaren Oberflächen | Angeborener Mangel verursacht nur Störung der Gerinnung in vitro |
| XIII | (Fibrin-stabilisierender Faktor FSF) | Zymogen, Vorstufe der Transglutaminase (Umwandlung von Fibrin s in Fibrin i) | Angeborener Mangel |

mitierte Proteolyse in eine aktive Protease umgewandelt. Alle an der Blutgerinnung beteiligten Proteine werden als Gerinnungsfaktoren bezeichnet (Tabelle 33.1). Sie sind bei Patienten mit Gerinnungsstörungen entdeckt worden und tragen in vielen Fällen wenig aussagende, vom Namen des jeweiligen Patienten abgeleitete Bezeichnungen (z.B. Hageman-Faktor). Der Einfachheit halber werden die Gerinnungsfaktoren (= F) heute durchwegs mit römischen Ziffern benannt, wobei das Suffix a die aktivierte Form bezeichnet.

Als Beispiel: $\text{FVII} \xrightarrow{\text{Aktivierung}} \text{FVIIa}$
Inaktiv,         Aktiv,
im Plasma     im Serum

Der entscheidende Vorgang bei der Gerinnung ist die Bildung des unlöslichen Fibrin-Polymers aus dem löslichen Fibrinogen. Eine proteolytische Kaskade innerhalb membrangebundener Proteinkomplexe (Abb. 33.1) sorgt für das lokal begrenzte und doch rasche Ablaufen der Gerinnung. Wie bei der Thrombocyten-Aggregation gibt der Kontakt mit einer außerhalb der

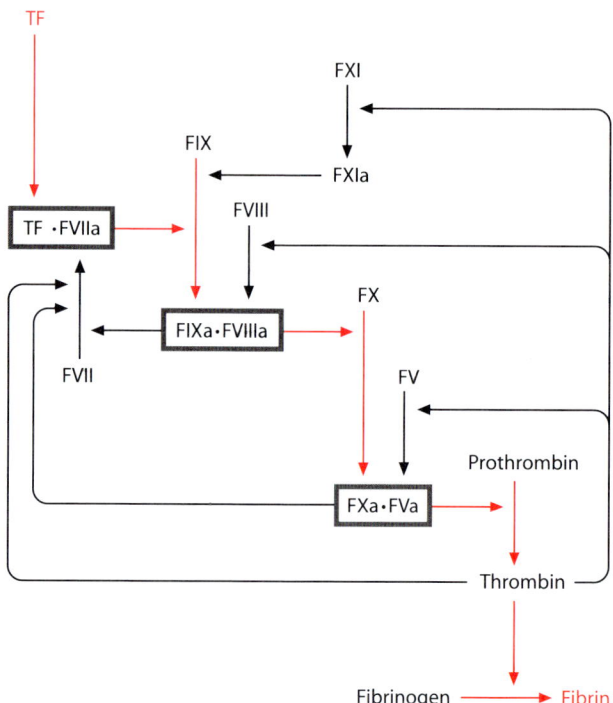

**Abb. 33.1.** Proteolytische Kaskade der Blutgerinnung. Die Aktivierungsschritte gehen in membrangebundenen Proteinkomplexen (im Schema umrahmt) vor sich; auf diese Weise bleibt der Gerinnungsvorgang lokal begrenzt. Der Gewebefaktor (*Tissue factor*) TF ist ein Membranprotein subendothelialer Zellen in der Gefäßwand, die Aktivierung von FVII zu FVIIa und von FIX zu FIXa läuft an der Membran dieser Zellen ab. Die weiteren Aktivierungsschritte erfolgen in Komplexen (FIXa·FVIIIa und der Prothrombinase-Komplex FXa · FVa), welche an die Membran von Thrombocyten gebunden sind. Die Thrombocyten ihrerseits sind ebenfalls an extrazelluläre Strukturen am Ort der Gefäßverletzung gebunden. Das obige Gerinnungsschema weicht von den Darstellungen in vielen Lehrbüchern ab, welche einen durch TF ausgelösten exogenen (extravaskulären) Weg und einen endogenen (intravaskulären) Weg der Aktivierung des Prothrombinase-Komplexes FXa · FVa unterscheiden. Das obige Schema, in welchem TF und FVIIa zusammen mit FIX die Hauptrolle in der Auslösung der Kaskade spielen, scheint realistischer (s. Text). Das Schema zeigt außerdem, dass der Gerinnungsprozess nicht nur durch die proteolytische Kaskade (in Rot), sondern auch über eine rückkoppelnde Aktivierung von Vorstufen (FVII, FVIII, FXI und FV) durch Thrombin, das letzte Enzym der Kaskade, beschleunigt wird. Im gleichen Sinn wirkt die Rückkoppelungsaktivierung von FVII durch FIXa und FXa

Gefäße liegenden Struktur den ersten Anstoß: ein Plasmaprotein, der Gerinnungsfaktor VII (FVII), bildet einen $Ca^{2+}$-abhängigen Komplex mit einem Membranprotein extravasaler Zellen, die normalerweise durch das Endothel verdeckt sind. Dieses Membranprotein wird als Gewebefaktor (*Tissue factor* TF = Gewebethromboplastin = FIII) bezeichnet. TF aktiviert FVII proteolytisch und steigert zudem durch Komplexbildung die proteolytische Aktivität von FVIIa um ein Vielfaches. Zur Aktivierung von FVII zu FVIIa tragen auch FIXa, FXa und Thrombin bei. Die anschließende proteolytische Kaskade endet mit der Aktivierung von Prothrombin zu Thrombin. Die Geschwindigkeit der Gerinnung hängt von der Verfügbarkeit der Gerinnungsfaktoren ab. Limitierender Faktor ist in vielen Geweben der Gewebefaktor TF. In TF-reichen Geweben wie Lunge, Gehirn und Uterusschleimhaut gerinnt das Blut besonders rasch.

Inaktive Proteasevorstufen werden auch bei den Verdauungsproteasen des Magens und des Pankreas angetroffen (s. Kapitel 35.1). Auf diese Weise schützen sich die enzymproduzierenden Zellen vor Selbstverdauung. Die inaktiven Vorstufen der Gerinnungsproteasen im Blutplasma dienen einem anderen Zweck. Über eine proteolytische Aktivierungskaskade kann die Gerinnung als Notfallreaktion rascher in Gang gesetzt werden, als das durch Induktion einer lokal begrenzten Synthese von Thrombin möglich wäre.

Die Blutgerinnung *in vitro* wird über einen anderen Mechanismus ausgelöst als die Gerinnung im Gewebe. Durch Kontakt mit einer benetzbaren Oberfläche (z. B. Glas) wird Faktor XII aktiviert. FXIIa, eine aktive Protease, aktiviert FXI. FXIa ist ebenfalls eine Protease und aktiviert FIX zu FIXa. Damit trifft die *In-vitro*-Kaskade mit der *In-vivo*-Kaskade (Abb. 33.1) zusammen. Die physiologische Bedeutung der durch Oberflächenaktivierung von FXII ausgelösten Kaskade ist unklar. Die durch FXII ausgelöste *In-vitro*-Gerinnung läuft wesentlich langsamer ab als die durch TF-FVII-Kontakt ausgelöste Gerinnung. Ein Mangel an FXII führt zu keinen ernsthaften Gerinnungsstörungen.

Blutplasma: die Flüssigkeit, welche bei der Zentrifugation von Gerinnungs-gehemmtem Blut durch Abtrennen der zellulären Bestandteile erhalten wird.
Blutserum: die Flüssigkeit, welche nach abgeschlossener Gerinnung von Blut aus dem Blutkuchen herausgepresst wird oder nach der Gerinnung von Plasma und Abtrennen des geronnenen Fibrins erhalten wird. Blutserum unterscheidet sich von Blutplasma durch das Fehlen von Fibrinogen und das Vorhandensein der aktivierten Formen der Gerinnungsfaktoren (z. B. Thrombin anstelle von Prothrombin).

**Die Aktivierungsschritte erfolgen in membrangebundenen Komplexen der Gerinnungsfaktoren** – Die Bindung der verschiedenen Faktoren an die Phospholipide

von Zellmembranen begrenzt den Gerinnungsvorgang auf den Ort des Gefäßschadens. An $\gamma$-Carboxyglutamat-Reste (s. Kapitel 36.3) gebundene $Ca^{2+}$-Ionen vermitteln die Bindung der Proteine an die Phospholipide der Membranen. Die posttranslationale $\gamma$-Carboxylierung bestimmter Glutamatreste ist von Vitamin K abhängig. Die zwei Carboxylatgruppen von $\gamma$-Carboxyglutamatresten binden $Ca^{2+}$-Ionen mit hoher Affinität, wie das auch bei Citrat oder Ethylendiamintetraacetat (EDTA) der Fall ist.

**Antikoagulantien** sind Medikamente, welche die Blutgerinnung hemmen. Sie werden bei gefährdeten Patienten eingesetzt, um Gerinnungszwischenfälle (Venenthrombose; Verschluss einer Coronararterie oder einer Arterie im Gehirn) zu vermeiden. Laien sprechen in diesem Zusammenhang von einer „Verdünnung" des Blutes. Die **Cumarolderivate** sind Strukturanaloge von Vitamin K. Sie wirken als Vitamin-K-Antagonisten und hemmen die $\gamma$-Carboxylierung von Glutamatresten der Gerinnungsfaktoren. Wegen der Gefahr unstillbarer Blutungen darf das Gerinnungsvermögen des Blutes nicht zu stark erniedrigt werden und ist bei den betreffenden Patienten regelmäßig zu prüfen. Bei einer Überdosierung von Cumarolderivaten muss Vitamin K verabreicht werden. Gewisse Cumarolderivate werden als Mäuse- und Rattengift eingesetzt. Sie bewirken Blutungen in Haut und Geweben. **Heparin** ist ein saures Sulfat-haltiges Heteroglykan (s. Kapitel 5.3) und bindet an Antithrombin III. Der Antithrombin-III-Heparin-Komplex bindet viel rascher als Antithrombin III allein an Thrombin. Die gerinnungshemmende Wirkung von Heparin ist auf diese beschleunigte Antithrombin-III-Wirkung zurückzuführen. **Citrat, Oxalat und EDTA** (Ethylendiamin-Tetraacetat) werden ausschließlich *in vitro* als Gerinnungshemmer eingesetzt. Sie binden $Ca^{2+}$-Ionen und hemmen die Gerinnung durch Herabsetzung der Konzentration freier $Ca^{2+}$-Ionen.

**Thrombin spaltet die Fibrinopeptide vom Fibrinogen ab und löst so die Poly-**

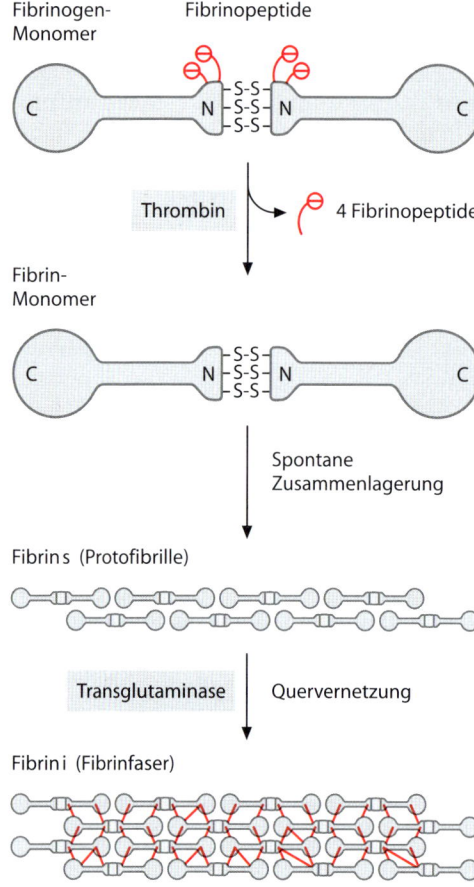

**Abb. 33.2.** Die Umwandlung des Fibrinogen-Monomers zum Fibrin-Monomer und dessen Assoziation zu Fibrinfasern. Jede Hälfte des so genannten Fibrinogen-Monomers besteht aus je einer $\alpha$-, $\beta$- und $\gamma$-Polypeptidkette, die beiden Hälften werden über Disulfidbrücken zusammengehalten. Das Monomer ist ein recht großes, längliches Gebilde (340 kDa; 4,6 nm lang). $N$ und $C$ bezeichnen das $NH_2$- und COOH-Ende der $\alpha$-, $\beta$- und $\gamma$-Ketten. Die $NH_2$-terminalen Enden der $\alpha$- und $\beta$-Ketten bilden negativ geladene Anhänge, welche die Polymerisierung von Fibrinogen verhindern. Eine Abspaltung der Fibrinopeptide durch Thrombin entfernt die sich gegenseitig abstoßenden Ladungen und legt hydrophobe Regionen der Fibrinmonomere frei. Die Monomere assoziieren nun zu Protofibrillen und Fasern, welche durch die Transglutaminase quervernetzt werden. Die Quervernetzungen durch Isopeptidbindungen sind bezüglich Stellung und Anzahl arbiträr angegeben

merisierung von Fibrin aus – Thrombin gehört mit den Pankreasproteasen zu einer Familie homologer Serinproteasen (Tabelle 4.1). Es ist eine hochspezifische Protease, die nur die Arg-Gly-Bindung der Sequenz Leu-Val-Pro-Arg-Gly-Ser von Fibrinogen und FXIII spaltet.

Fibrinogen wird wie die anderen plasmatischen Gerinnungsfaktoren in der Leber gebildet. Ein so genannt monomeres Fibrinogen-Molekül besteht aus sechs Polypeptidketten: $(\alpha\beta\gamma)_2$. Das Fibrinogen-Monomer ist bipolar-symmetrisch gebaut, die zwei $\alpha\beta\gamma$-Hälften werden durch Disulfidbindungen zusammengehalten (Abb. 33.2). Thrombin spaltet die insgesamt vier Fibrinopeptide (18 bzw. 20 Aminosäurereste) ab. Dadurch werden hydrophobe Regionen freigelegt, welche die Assoziation zu Fibrin-Polymeren ermöglichen. Die versetzte seitliche und End-End-Zusammenlagerung erfolgt spontan. Das regelmäßige Fasermuster wird durch hydrophobe Effekte und H-Bindungen stabilisiert. Innerhalb von 5–7 min nach dem Beginn der Blutung entsteht ein feinfaseriges Fibringerüst, mit dem Thrombocyten sowie rote und weiße Blutkörperchen verkleben. Auf diese Weise ergibt sich ein wirkungsvoller Verschluss der Wunde. Die assoziierten Fibrin-Monomere (**Fibrin s**; s für engl. *soluble*) können durch Denaturierungsmittel, z. B. 6 M Harnstoff, wieder in Lösung gebracht werden.

Das Fibringerüst wird in der Folge durch Einführung kovalenter Quervernetzungen zwischen benachbarten Fibrinmonomeren stabilisiert. Die Transglutaminase (FXIIIa, durch Thrombin aktiviert) verbindet in einer $Ca^{2+}$-abhängigen Reaktion Glutaminreste mit Lysinresten über Isopeptidbindungen (Abb. 33.3). Es entsteht so **Fibrin i** (*insoluble fibrin*).

■ Die Blutgerinnung *in vivo* wird durch Kontakt von Thrombocyten und FVII mit extravasalen Proteinen (Kollagen, Fibronectin und Laminin bzw. Gewebefaktor TF) ausgelöst. Eine $Ca^{2+}$-abhängige proteolytische Kaskade sorgt für die rasche Aktivierung von Pro-

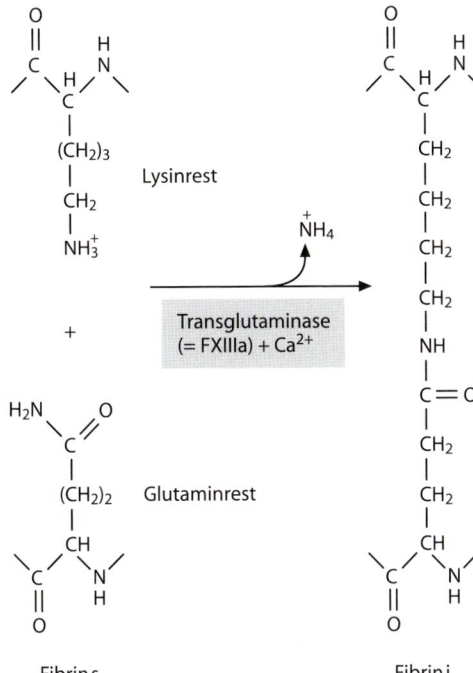

**Abb. 33.3.** Kovalente Quervernetzung von Fibrin s (*soluble*) zu Fibrin i (*insoluble*). Die inaktive Vorstufe der Transglutaminase (FXIII) ist ein Plasmaprotein und wird durch Thrombin proteolytisch aktiviert

thrombin zu Thrombin, welches seinerseits Fibrinogen zu Fibrin umwandelt. Die Assoziation von Fibrin zu einem Fasergerüst und dessen Quervernetzung durch Isopeptidbindungen schließt den Gerinnungsvorgang ab. Die proteolytischen Aktivierungsvorgänge erfolgen in ortsfesten Proteinkomplexen, wodurch die Gerinnungsvorgänge auf den Bereich der Gefäßverletzung begrenzt werden.

**Antikoagulationsmechanismen tragen ebenfalls dazu bei, die Blutgerinnung auf den Ort der Gefäßverletzung zu beschränken** – Die Blutgerinnung ist ein gefährlicher Vorgang, sofern sie nicht lokal begrenzt bleibt. Gerinnungsbedingte Gefäßverschlüsse führen über $O_2$-Mangelversorgung zu Schädigung des Gewebes (z. B. Hirnschlag, Herzinfarkt). Neben der ortsfesten Bindung der aktivierenden Gerin-

nungsfaktoren wirken verschiedene zusätzliche Mechanismen einer Gerinnung am falschen Ort entgegen.

Das **Protein-C-System** schützt die den Arterien nachgeschalteten Kapillaren vor einer sich ausbreitenden Blutgerinnung. Protein C ist ein Vitamin-K-abhängiges Plasmaprotein, welches durch einen Komplex von Thrombin und Thrombomodulin, einem Membranprotein der Kapillarendothelien, proteolytisch aktiviert wird. Aktives Protein C ist ein sehr wirksamer Antikoagulationsfaktor, der FVa und FVIIIa proteolytisch inaktiviert. Der *Tissue factor pathway inhibitor* (in Endothelzellen kleiner Gefäße synthetisiert) und **Antithrombin III** (ein Plasmaprotein aus der Leber) sind Proteaseinhibitoren und hemmen die Koagulationskaskade ebenfalls. Die antikoagulatorische Wirkung von Antithrombin III wird durch Heparin verstärkt. Eine Produkthemmung von Thrombin durch Fibrin und Fibrinspaltprodukte wirkt ebenfalls der Blutgerinnung entgegen.

**Das Fibringerüst der Blutkoagula wird wieder abgebaut (Fibrinolyse)** – Die Abdichtung verletzter Gefäße durch Gerinnungsthromben überbrückt die Zeit, bis die Wundheilung eine definitive Abdichtung erzielt hat. Danach geht es darum, die Gefäße durch Abbau der Fibringerinnsel wieder voll durchgängig zu machen. Auch bei der Fibrinolyse wird eine inaktive Proteasevorstufe proteolytisch aktiviert:

$$
\begin{array}{c}
\text{Plasminogen-} \\
\text{Aktivator} \\
\text{(= tPA)} \\
\downarrow
\end{array}
$$

Plasminogen ⟶ Plasmin (= Fibrinolysin)
Peptid
↓
Fibrin i ⟶ Lösliche Spaltprodukte

Der Auslöser der proteolytischen Kaskade, der Gewebe-Plasminogen-Aktivator (*Tissue plasminogen activator* **tPA**), ist eine an Gefäßendothelzellen gebundene aktive Protease, welche durch Thrombin freigesetzt wird und mit hoher Affinität an Fibrin bindet. Das Substrat von tPA, das

Plasmaprotein Plasminogen (in noch inaktiver Form) bindet ebenfalls an Fibrin. Bei der Bildung des Fibringerinnsels ist damit seine Auflösung durch Plasmin bereits vorprogrammiert. Die Fibrinolyse ist besonders wirksam in tPA-reichen Geweben, z. B. sorgt sie im Uterus für die Verflüssigung des Menstruationsblutes. Gentechnisch hergestellter tPA wird heute medizinisch eingesetzt zur Verhinderung und sogar Behebung akuter Gefäßverschlüsse durch Gerinnungsthromben.

Die Wirkung von Plasmin (= Fibrinolysin) wird begrenzt durch Proteaseinhibitoren des Blutplasmas, besonders durch das $\alpha_1$-Antitrypsin. Das genetisch bedingte Fehlen dieses Proteaseinhibitors führt zu schweren Lungenschäden, weil das Elastin der Lungenbläschen durch Proteasen phagozytierender Zellen ungehemmt abgebaut wird.

- Eine Reihe von Antikoagulationsmechanismen hält die Blutgerinnung in Schach. Die Fibrinolyse, ausgelöst durch tPA und durchgeführt durch Plasmin, sorgt für die Rekanalisierung der Gefäße durch proteolytische Auflösung des unlöslichen Fibringerüsts der Thromben.

## 33.2
# Biotransformationen („Entgiftungsreaktionen")

Als Biotransformationsreaktionen werden metabolische Umwandlungen bezeichnet, welche wasserunlösliche niedermolekulare Verbindungen inaktivieren und in eine durch den Körper ausscheidbare Form bringen. Mensch und Tier nehmen mit der Nahrung oder über die Haut und Lunge Fremdstoffe (= Xenobiotika) auf. Diese Stoffe können biologischen Ursprungs sein, z. B. aus Pflanzen, Pilzen oder Bakterien stammen, oder auch künstlich hergestellt sein. Manche dieser Stoffe sind, besonders in höherer Konzentration, schädlich für den Organismus. Für den Abbau

von Fremdstoffen verfügt der Körper über keine stoffspezifischen Abbauwege. Es bestehen jedoch unspezifische Mechanismen, um Xenobiotika zu inaktivieren und darauf auszuscheiden. Diese Biotransformationsreaktionen dienen auch der Eliminierung körpereigener Stoffe, für welche keine spezifischen Abbauwege bestehen, z. B. der Gallenfarbstoffe (= Abbauprodukte von Häm) und Steroidhormone. Die meisten Biotransformationsreaktionen finden in der Leber statt.

**Biotransformationen verlaufen zumeist in zwei Phasen** – In **Phase 1** werden reaktionsträge unpolare Verbindungen durch Einführung funktioneller Gruppen reaktionsfähig gemacht. In vielen Fällen wird es erst dadurch möglich, die Fremdstoffe in der Phase 2 mit polaren Verbindungen zu konjugieren (s. unten). Die Phase-1-Reaktionen sind recht vielfältig.

Oxidationen, insbesondere Hydroxylierungen, werden meistens durch **Cytochrom-P450-Systeme** katalysiert. Cyt P450-Systeme sind auch an der Synthese von Steroidhormonen, Gallensäuren, Eicosanoiden und ungesättigten Fettsäuren beteiligt. Cyt P450 kommen v. a. in der Leber und im Dünndarm vor, sind aber wahrscheinlich in allen Geweben anzutreffen. Es kommen zahlreiche Isoformen vor, allein in der menschlichen Leber finden sich mindestens sechs Isoformen. Bemerkenswert ist die geringe Substratspezifität der Cyt-P450-Systeme der Leber. Besonders effizient umgesetzt werden unpolare Verbindungen mit gesättigten oder aromatischen Ringen (z. B. Steroidhormone, viele Arzneimittel).

Die meisten Isoformen von **Cyt P450** sind **induzierbar**. Die dauernde Einnahme gewisser Medikamente (z. B. Phenobarbital und anderer Barbiturate, die als Antiepileptika verwendet werden), aber auch von Ethanol führen zu einer markanten Erhöhung der Cyt-P450-Aktivität in der Leber. Es besteht die Möglichkeit, dass Medikamente, die gleichzeitig eingenommen werden, in ihrer Wirkung verstärkt (durch kompetitive Hemmung ihres Abbaus) oder auch abgeschwächt werden (beschleunig-

**Cytochrom-P450-abhängige Monooxygenasen.** Cyt P450 sind Hämproteine wie die Cytochrome der Atmungskette (s. Kapitel 15.2). Der Name kommt von P für Pigment und 450 für das Absorptionsmaximum der CO-ligandierten Cytochrome bei 450 nm. Die Enzyme sind auf der cytosolischen Seite der ER-Membran verankert. Cyt P450 kommt aber auch in Bakterien vor. Cyt-P450-Systeme katalysieren Hydroxylierungsreaktionen der folgenden Art:

$$AH + O_2 + NADPH + H^+ \rightarrow A-OH + H_2O + NADP^+$$

Molekularer Sauerstoff wird reduktiv gespalten. Eines der beiden O-Atome wird auf das Substrat A übertragen, das andere zu $H_2O$ reduziert. Die für die Reduktion notwendigen zwei Elektronen des NADPH werden über ein FAD-haltiges Hilfsenzym (Cyt-P450-Reduktase) einzeln nacheinander auf das Eisenatom (Fe II) des Cyt P450 und den Sauerstoff übertragen. Monooxygenasen werden auch als **mischfunktionelle Oxygenasen** bezeichnet. Die Phenylalanin-Hydroxylase, welche Phenylalanin zu Tyrosin hydroxyliert (s. Kapitel 19.3), gehört auch zu dieser Gruppe von Enzymen, allerdings verwendet sie andere Cofaktoren als Cyt P450.

ter Abbau durch Induktion von P450). **Medikamenten-Interaktionen** dieser Art können manchmal lebensbedrohlich sein.

Nicht alle Stoffe werden durch Cyt P450 entgiftet. Einige wenige an und für sich harmlose Stoffe werden erst durch Biotransformation zu gefährlichen Verbindungen umgewandelt („Giftung" gewisser Verbindungen als inverse Wirkung einer Biotransformation). Benzpyren (in Tabakteer) wird z.B. zum kanzerogenen 3-Hydroxybenzpyren.

Die Phase-1-Reaktionen der Biotransformation umfassen neben Hydroxylierungen eine Reihe weiterer Reaktionen. Die wichtigsten Phase-1-Reaktionen sind hier aufgelistet:
- Oxidation: Hydroxylierung (Cyt P450, s. oben), Bildung von Epoxiden und Sulfoxiden, oxidative Desaminierung und Dealkylierung,
- Hydrolyse von Estern (z.B. des Schmerzmittels Acetylsalicylat), Amiden und Ethern,
- Reduktion (z.B. der $NO_2$-Gruppe des Breitspektrum-Antibiotikums Chloramphenicol zu einer $NH_2$-Gruppe),
- Methylierung (z.B. von Adrenalin zu O-Methylnoradrenalin).

**In der Phase 2 werden gut wasserlösliche Konjugate gebildet** – Die Produkte der Phase 1, aber auch schlecht wasserlösliche körpereigene Stoffe wie Bilirubin und Steroidhormone, werden über Ester- oder Amidbindungen mit polaren, negativ geladenen Molekülen gekoppelt. Die entstehenden Konjugate sind genug wasserlöslich, um mit dem Urin oder der Galle ausgeschieden zu werden. Alle Konjugationsreaktionen werden durch Transferasen katalysiert.

Die Koppelung mit Glucuronat ist am häufigsten zu finden. UDP-Glucuronat, eine aktivierte Form von Glucuronat (s. Kapitel 16.3) wird verwendet, um Bilirubin in Bilirubindiglucuronid (s. Abb. 35.8) oder Tetrahydrocortisol, einen Metaboliten des Cortisols, in ein Glucuronid zu überführen.

Es ist erstaunlich, wie gut Mensch und Tier mit der Vielzahl neu entwickelter und synthetisierter Verbindungen (Insektizide, Herbizide, Nahrungsmittelzusätze, Arzneistoffe, Weichmacher von Kunststoffen, Farbstoffe), denen sie heutzutage ausgesetzt sind, zu Rande kommen. Offenbar haben sich die Biotransformationssysteme früh in der Phylogenese entwickelt, um die mannigfaltigen Gifte, welche Pflanzen, Pilze und Mikroorganismen zur Abwehr von Fremdorganismen und gegen Tierfraß produzieren, abzubauen. Die substratunspezifischen Biotransformationssysteme erlauben es nun Mensch und Tier, auch die neu entwickelten nichtbiologischen Fremdstoffe zu eliminieren.

UDP- Glucuronat

UDP- Glucuronosyl-
Transferase

ROH

COO⁻

O    O—R

HO    OH    β

OH

Glucuronid

Die Synthese von Sulfat-Estern unter Verwendung von Phosphoadenosin-Phosphosulfat PAPS, einer aktivierten Form von Sulfat, dient z. B. zur Ausscheidung gewisser Steroidhormone. Bestimmte Verbindungen werden mit Glycin oder anderen Aminosäuren gekoppelt, um ausgeschieden zu werden. Verhältnismäßig unspezifische ATP-abhängige Transporter (Multidrug-Resistenz-Transporter, die zur Familie der ABC-Transporter-Proteine gehören) bringen die konjugierten Verbindungen aus den Zellen.

---

**ABC-Transport-Proteine.** Der Name ist abgekürzt von *ATP-binding cassette*, ein der gesamten Proteinfamilie gemeinsamer Genabschnitt, der eine Domäne mit ATPase-Aktivität codiert. Bei Bakterien gehören zu dieser Familie die periplasmatischen Permeasen, welche Nährstoffe importieren, und die Export-Proteine für Proteine, Peptide und weitere Stoffe. In eukaryontischen Zellen sind es Transportsysteme der Zellmembran und anderer Membranen.

---

■ In Phase 1 der Biotransformation werden reaktive Gruppen in die Substrate eingeführt (Hydroxylierung durch Cyt P450), welche in Phase 2 die Konjugation mit polaren, geladenen Molekülen (Glucuronat) ermöglichen.

## 33.3
## Schutz gegen reaktive Sauerstoffderivate (*Reactive oxygen species* ROS)

$O_2$ ist ein starkes Oxidationsmittel. Sein hohes Redoxpotential ergibt einen großen negativen Wert von $\Delta G^{\circ\prime}$ für die Oxidation von NADH durch $O_2$ (die biologische Knallgasreaktion der Atmungskette, s. Abb. 15.2). In der Atmungskette nimmt $O_2$ vier Elektronen und vier Protonen auf, um $H_2O$ zu bilden:

$$O_2 + 4\ e^- + 4\ H^+ \to 2\ H_2O$$

Der große Vorteil von $O_2$ als End-Oxidationsmittel ist seine geringe Reaktivität. Die biologischen Oxidationsreaktionen, an welchen $O_2$ beteiligt ist, laufen daher nur ab, wenn sie durch die entsprechenden Enzyme katalysiert werden; die oxidative Schädigung des Zellmaterials direkt durch $O_2$ ist unbedeutend. Gefährlich sind hingegen unvollständig reduzierte $O_2$-Spezies, die weniger als 4 Elektronen aufgenommen haben und sehr reaktiv sind (daher *Reactive oxygen species* ROS) und die Gewebe schädigen können (Tabelle 33.2).

ROS entstehen auf verschiedenste Weise. Vom gesamten Sauerstoff, welchen der menschliche Organismus verbraucht, wird der Hauptteil (über 85%) durch die Cytochrom-Oxidase der Atmungskette reduziert. In dieser Reaktion wird praktisch kein unvollständig reduzierter Sauerstoff freigesetzt.

**Die Hauptquelle von ROS ist die Ein-Elektron-Reduktion von $O_2$** – Autoxidierbare Zwischenprodukte der Atmungskette und des allgemeinen Stoffwechsels (z. B. Semichinone, Flavine), welche ungenügend gegen $O_2$ abgeschirmt sind, können hingegen ein Elektron an $O_2$ verlieren. Dabei entsteht das Superoxidradikal $O_2^{-\cdot}$. Nebenreaktionen von Cyt P450 sind ebenfalls wichtige $O_2^{-\cdot}$-Produzenten. Mutationen in der mitochondrialen DNA können Fehler bei der Weitergabe der Elektronen in der Atmungskette zur Folge haben, so dass au-

**Tabelle 33.2.** ROS: freie Sauerstoffradikale und $H_2O_2$. ROS entstehen, wenn ein $O_2$-Molekül weniger als 4 Elektronen aufnimmt. Solche unvollständigen Reduktionen von $O_2$ können als Nebenreaktionen im Stoffwechsel auftreten, wofür unten Beispiele angegeben sind. Alle ROS entstehen jedoch auch bei der Radiolyse von $H_2O$ durch ionisierende Strahlung (UV-, Röntgen- oder $\gamma$-Strahlung), wobei das Hydroxylradikal das Primärprodukt darstellt. Alle ROS schädigen die Gewebe

| Reduktionszustände von $O_2$ | Entstehung (Beispiele) | Eliminierung |
|---|---|---|
| **Superoxid** $O_2 + e^- \rightarrow O_2^{\cdot-}$ | Oxidation von Hämoglobin, Xanthinoxidase-Reaktion; gehäuftes Auftreten in reperfundiertem Gewebe | Superoxiddismutase (SOD) |
| **Wasserstoffperoxid** $O_2 + 2e^- + 2H^+ \rightarrow H_2O_2$ | Xanthinoxidase-Reaktion; gehäuftes Auftreten in reperfundiertem Gewebe; SOD: $2O_2^{\cdot-} + 2H^+ \rightarrow O_2 + H_2O_2$ | Katalase, Peroxidase |
| **Hydroxylradikal** $O_2 + 3e^- + 3H^+ \rightarrow$ $\cdot OH + H_2O$ | Reaktion von Fe(II) oder Cu(I) mit $H_2O_2$ bei Eisen- oder Kupferüberladung der Gewebe; $H_2O_2 + Fe^{2+} \rightarrow HO^{\cdot} + OH^- + Fe^{3+}$ $O_2^{\cdot-} + H_2O_2 \rightarrow HO^{\cdot} + OH^- + O_2$ | Radikalfänger wie Vitamin C und E, Bilirubin, reduziertes Glutathion usw. |
| **Wasser** $O_2 + 4e^- + 4H^- \rightarrow 2\,H_2O$ | | |

toxidierbare Zwischenprodukte einzelne Elektronen direkt an $O_2$ abgeben unter Bildung von $O_2^{\cdot-}$. Hierzu ist zu bemerken, dass die Mitochondrien über kein effizientes Reparatursystem für ihre eigene DNA verfügen; im Laufe der Lebenszeit häufen sich Mutationen im mitochondrialen Genom an. Im allgemeinen Stoffwechsel sind es insbesondere die FAD-abhängigen Oxidasen (z. B. die Xanthinoxidase im Abbau der Purinbasen), welche $H_2O_2$ und als Nebenprodukt auch $O_2^{\cdot-}$ produzieren. In den Erythrocyten produziert die Autoxidation von Hämoglobin zu Methämoglobin ebenfalls $O_2^{\cdot-}$.

$$Hb\,(Fe^{2+}) + O_2 \xrightarrow{\text{spontan}} Hb\,(Fe^{3+}) + O_2^{\cdot-}$$
$$= Met\ Hb$$

**Auch ionisierende Strahlung produziert ROS** – ROS entstehen nicht nur in Nebenreaktionen der Atmungskette und des allgemeinen Stoffwechsels, sondern auch bei der Einwirkung ionisierender Strahlung (UV-, Röntgen- und $\gamma$-Strahlung) auf die Gewebe. Die Radiolyse von $H_2O$ produziert Hydroxylradikale als Primärprodukte:

$$H_2O \xrightarrow{h\nu} OH^{\cdot} + e^- + H^+$$

$$O_2 + e^- \longrightarrow O_2^{\cdot-}$$

**ROS schädigen alle Zellbestandteile** – In der DNA können ROS Strangbrüche und Veränderungen einzelner Basen verursachen, die zu Fehlpaarungen und Mutationen führen. In Proteinen sind Methionin-, Histidin- und Tryptophanreste besonders empfindlich gegenüber ROS. Die Einwirkung von ROS auf Membranlipide ist gefährlich, da die Schädigung der Membranlipide (Peroxidation der mehrfach ungesättigten Fettsäuren) als Nebenreaktion einer Radikalkettenreaktion auftritt. Ein einziges Hydroxylradikal kann auf diese Weise die Zerstörung einer ganzen Reihe von Lipidmolekülen einleiten. Die oxidative Veränderung von Membranlipiden kann zum Absterben der Zelle führen.

**Granulocyten bilden ROS zur Abwehr von Bakterien** – Granulocyten, die zahlreichsten weißen Blutzellen, sind zur Phagozytose befähigt und spielen zusammen mit Monozyten (Makrophagen) eine sehr wichtige Rolle bei der Abwehr von Mikroorganismen (Angeborene Immunität, s. Kapitel 34.1). Diese Zellen besitzen in ihrer Plasmamembran eine **NADPH-Oxidase**, die Superoxid-Anionen produziert:

$$2\,O_2 + NADPH \rightarrow 2\,O_2^{\cdot-} + H^+ + NADP^+$$

Weil die Phagosomen aus Einstülpungen der Plasmamembran entstehen, wird $O_2^{\cdot-}$ auch ins Innere des Phagosoms abgegeben. Die bei der Phagozytose aktivierte Oxidase erhöht den nicht-mitochondrialen Sauerstoffverbrauch innerhalb von Sekunden (*Respiratory burst*). Aus den Superoxidanionen entstehen über $H_2O_2$ als Zwischenprodukt hochreaktive Hydroxylradikale (s. Tabelle 33.2). Diese ROS wirken cytotoxisch auf die phagozytierten Mikroorganismen, indem sie deren Membranlipide zerstören. Die phagozytierende Zelle schützt sich selbst vor dem $H_2O_2$, das gut durch die Membran des Phagosoms diffundiert, durch Katalase, die $H_2O_2$ abbaut, und durch glutathionabhängige Enzymsysteme (s. unten).

**Enzymatische und nichtenzymatische Reaktionen schützen die Zelle vor den ROS** - Alle aerob lebenden Organismen haben Mechanismen zur Abwehr der schädlichen Auswirkungen von ROS entwickelt. Die obligat anaeroben Bakterien zeigen, wie wichtig solche Schutzmechanismen sind; wegen Fehlens dieser Mechanismen können obligate Anaerobier die Anwesenheit von $O_2$ nicht überleben. Die folgenden Enzyme sind zur Entgiftung der ROS besonders wichtig:

- Die **Superoxid-Dismutase (SOD)** oxidiert und reduziert je ein $O_2^{\cdot-}$-Molekül zu unschädlicheren Verbindungen:

$$2\,O_2^{\cdot-} + 2H^+ \rightarrow O_2 + H_2O_2$$

- Wasserstoffperoxid wird durch die **Katalase** (ein Häm-haltiges Enzym) zerstört:

$$2\,H_2O_2 \rightarrow 2\,H_2O + O_2$$

- Wasserstoffperoxid wird auch durch die **Glutathionperoxidase** unschädlich gemacht. Glutathion ist ein Cysteinhaltiges Tripeptid und dient der Zelle als Redoxpuffer (Abb. 33.4). Reduziertes **Glutathion**, welches wahrscheinlich in allen Zellen in relativ hoher Konzentration vorkommt ($\sim 2{,}5$ mM in Erythrocyten),

hält die Cysteinreste der intrazellulären Proteine in reduziertem Zustand. Außerdem entgiftet reduziertes Glutathion (GSH) Wasserstoffperoxid in einer durch die (Selen enthaltende!) Glutathion-Peroxidase katalysierten Reaktion:

$$H_2O_2 + 2\,GSH \rightarrow GSSG + 2\,H_2O$$

Das dabei entstehende oxidierte Glutathion (GSSG) wird wieder reduziert durch die **Glutathion-Reduktase**, wobei aus dem Pentosephosphatweg (s. Kapitel 16.4) stammendes NADPH als Reduktionsmittel dient:

$$GSSG + NADPH + H^+ \rightarrow 2\,GSH + NADP^+$$

Die Entgiftung von $H_2O_2$ mit reduziertem Glutathion ist besonders wichtig in den Erythrocyten, in welchen $O_2^{\cdot-}$ und damit auch $H_2O_2$ bei der Oxidation von Hämoglobin zu Met-Hämoglobin entsteht (s. oben). Met-Hämoglobin wird durch die NAD(P)H-abhängige **Met-Hämoglobin-Reduktase** zu Hämoglobin reduziert. Außerdem ist die nichtenzymatische Reduktion von Met-Hämoglobin zu Hämoglobin durch reduziertes Glutathion oder Ascorbat möglich.

**Antioxidantien und Radikalfänger fangen in nichtenzymatischen Reaktionen ROS ab und beenden Radikalkettenreaktionen** – Die wichtigsten Reduktionsmittel, die oxidierende Substanzen wie ROS in nichtenzymatischen Reaktionen abfangen, sind:

- Ascorbat (= Vitamin C) schützt als wasserlösliche Verbindung gelöste Substanzen in und außerhalb der Zellen (Abb. 36.4 zeigt Ascorbat als Radikalfänger),
- Tocopherol (= Vitamin E) schützt als fettlösliche Verbindung insbesondere die Membranlipide und kann Radikalkettenreaktionen abbrechen (das dabei entstehende Tocopherolradikal wird durch Ascorbat neutralisiert; s. Kapitel 36.3),
- Reduziertes Glutathion (s. oben),
- Carotinoide (Provitamin A),
- Bilirubin (lineares Tetrapyrrol, Abbauprodukt des Häms).

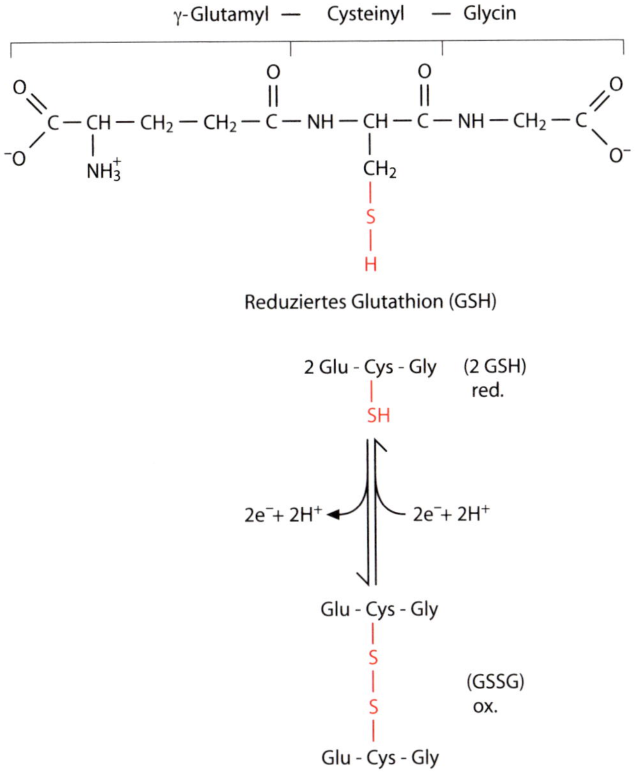

γ-Glutamyl — Cysteinyl — Glycin

Reduziertes Glutathion (GSH)

2 Glu - Cys - Gly     (2 GSH)
|                                    red.
SH

$2e^- + 2H^+$          $2e^- + 2H^+$

Glu - Cys - Gly
|
S
|                     (GSSG)
S                     ox.
|
Glu - Cys - Gly

**Abb. 33.4.** Glutathion. Der Glutamatrest ist über eine $\gamma$-Isopeptidbindung mit dem folgenden Cystein-rest verbunden. Die SH-Gruppe des reduzierten Glutathions (GSH) wirkt als Reduktionsmittel. Durch Oxidation entsteht oxidiertes Glutathion, bei dem zwei Tripeptide über eine Disulfidbindung verknüpft sind (GSSG)

Die Konzentration von Ascorbat in den Neuronen des Gehirns beträgt ~10 mM! In den meisten andern Zellen und im Blutplasma liegt sie bei 70–85 µM, sofern ausreichend Vitamin C mit der Nahrung zugeführt wird.

Mit Zellkomponenten, welche trotz dieser Schutzmechanismen oxidativ beschädigt worden sind, verfährt die Zelle in verschiedener Weise. DNA wird wenn möglich repariert, während Proteine und Lipide abgebaut und durch neu synthetisierte Moleküle ersetzt werden. Bei irreparablen Schäden kommt es zur Apoptose oder Nekrose der Zelle.

■ Oxidationsempfindliche Zwischenprodukte des Stoffwechsels (Atmungskette, Cyt P450, Oxidase-Reaktionen, Bildung von Met-Hämoglobin) geben einzelne Elektronen an $O_2$-Moleküle ab, die dadurch unvollständig reduziert werden ($O_2 + e^- \rightarrow O_2^{\cdot-}$ usw.; s. Tabelle 33.2). Die ROS schädigen alle Zellbestandteile (DNA, Proteine, Membranlipide). Verschiedene enzymatische (SOD, Katalase, GSH-Peroxidase) und nichtenzyme Mechanismen (Ascorbat, $\alpha$-Tocopherol, Bilirubin) schützen die Zellen vor den ROS.

# 34 Immunsystem

Heerscharen von Viren sowie vielfältige und rasch wachsende prokaryontische und niedere eukaryontische Organismen versuchen, organisches Material und mögliche Wirtsorganismen zu besiedeln. Solche potentielle Krankheitserreger sind kleiner und zahlreicher als der befallene Organismus: Der Mensch wird von Flöhen gebissen, Flöhe haben Milben, die Milben werden von Bakterien befallen und diese von Bakteriophagen. Jede Zelle und jeder Organismus bedarf eines wirksamen Schutzes gegen Mikroben und Viren. Prokaryonten wehren sich gegen viralen Befall mit dichten Zellwänden und Restriktionsenzymen, welche eingedrungene fremde DNA spalten. Die Abwehrmechanismen mehrzelliger Organismen beruhen teilweise ebenfalls auf einfachen Barrieren: Haut oder die pflanzliche Zellwand bieten einen Schutz gegen außen, und fremde RNA wird abgebaut. Höhere Eukaryonten setzen zusätzlich spezialisierte Zellen zur Abwehr von Viren und fremder oder körpereigener pathogener (krankmachender) Zellen ein. Zur Zeit ist wesentlich mehr über die Abwehrmechanismen des Menschen und anderer höherer Vertebraten bekannt als beispielsweise über die entsprechenden Mechanismen der Fische, Amphibien oder Invertebraten. Wir betrachten deshalb im Folgenden das menschliche Immunsystem.

Die **angeborenen Abwehrmechanismen** (*Innate immunity*) verteidigen den Organismus aufgrund einiger typischer Eigenschaften der angreifenden Agenzien wie z. B. der Zellwandbestandteile. Die Haut mit ihrem sauren Schutzmantel und RNA abbauenden Enzymen hemmt das Eindringen schädlicher Moleküle und Organismen. Bestimmte Zellen des Immunsystems und gewisse Blutproteine (Komplementsystem) erkennen typische Bestandteile der Zellwand eingedrungener Bakterien und lösen die Phagocytose (Aufnahme in Fresszellen) oder Lyse (Auflösung) der Bakterien aus. Diese unspezifischen Abwehrmechanismen sind dauernd vorhanden, sie hängen nicht von einem vorgängigen Kontakt mit dem Pathogen ab und wirken bei einem Kontakt mit einem pathogenen Agens sofort.

Die **adaptive Immunantwort** (*Adaptive immunity*) hingegen verlangt, wie ihr Name andeutet, ein spezifisches Erkennen eines neuen pathogenen Agens und umfasst zwei verschiedene Reaktionen: Bei der durch Proteine in den Körperflüssigkeiten vermittelten **humoralen Immunantwort** erkennen ausgesuchte Zellen das Pathogen als körperfremd, vermehren sich und produzieren spezifische Abwehrproteine, die Immunglobuline (Antikörper). Bei der **zellulären Immunantwort** werden infizierte, beschädigte oder transformierte Zellen durch spezialisierte Zellen des Immunsystems als körperfremd erkannt und eliminiert. Die adaptiven Immunreaktionen werden durch Zellen der angeborenen Abwehr ausgelöst, nachdem sie mit einem Pathogen in Kontakt gekommen sind.

## 34.1
## Angeborene Immunität

**Die angeborene Immunität beruht auf physikalischen Barrieren und auf dem Erkennen Pathogen-typischer Strukturen –** Das einfachste Mittel gegen pathogene Agenzien ist das Verhindern ihres Eindringens in den Organismus mittels Zellmembran, Zellwand, mechanisch resistenter Hautstruktur, Flimmerepithel, Schleimschicht wie auch stark saurem Magensaft. Diese Barrieren tragen zur Abwehr bei, aber sie genügen nicht, um der Vielzahl und Vielfalt der Pathogene Herr zu werden. Einige wenige Pathogene gelangen immer wieder ins Innere eines Wirtsorganismus und müssen dort eliminiert werden. Je rascher die Abwehr stattfindet, desto geringer ist die Chance für die Vermehrung des Pathogens. Deshalb ist es wichtig, dass Pathogen-typische Strukturen spontan erkannt werden und eine sofortige Abwehrreaktion, z.B. die Lyse der pathogenen Zelle, ausgelöst wird. Das **Komplementsystem** funktioniert auf diese Weise. Im menschlichen Körper kommen mindestens 20 miteinander in Wechselwirkung tretende Komplement-Proteine vor, die in der Leber hergestellt werden und im Blut sowie der interstitiellen Flüssigkeit zirkulieren. Diese Proteine werden durch Antigen-Antikörper-Komplexe (s. Kapitel 34.4), bakterielle Lectine (s. Kapitel 5.2) oder andere Bestandteile der Pathogenoberfläche aktiviert. Darauf läuft eine proteolytische Kaskade ab, bei welcher eine Reihe weiterer Komplementproteine aktiviert wird. Die aktivierten Komplementproteine versammeln sich auf der Oberfläche des Pathogens zu Komplexen, die Po-

ren in der Plasmamembran bilden. Die Komplexe werden von Phagozyten erkannt, welche das Bakterium aufnehmen und verdauen. Das aktivierte Komplement kann aber auch chemotaktisch wirken und Zellen vor Ort rufen, welche das betroffene Gewebe abbauen. Eine weitere proteolytische Kaskade des Komplementsystems führt in den Verdauungsorganellen phagozytierender Zellen zur Aktivierung einer Phospholipase, welche die Plasmamembran der pathogenen Zielzelle zusätzlich perforiert.

**Viele Zellen besitzen Oberflächenrezeptoren der Familie der Toll-Like Receptors (TLRs), welche Abwehrgene aktivieren –** TLRs binden Lipopolysaccharide, bakterielle Flagellen oder bakterientypische CpG-reiche DNA. Die mit diesen Liganden besetzten TLRs lösen eine intrazelluläre Signaltransduktion aus, welche zur Aktivierung der NF-*kappa*B-Transkriptionsfaktoren führt. Die dadurch aktivierten Gene stimulieren je nach Signalstärke entweder Überlebensreaktionen der Zelle oder deren Apoptose (s. Kapitel 26.6). Außerdem können auf diesem Weg Entzündungsreaktionen und die Synthese antibakteriell wirkender Defensine stimuliert werden. Die TLRs und die Defensine sind stammesgeschichtlich alte Erfindungen, ihre homologen Vertreter finden sich sowohl bei Pflanzen wie auch bei Tieren.

Defensine sind Peptide, welche in höherer Konzentration cytotoxisch wirken. Sie werden z.B. in den Granula der Phagocyten der Säugetiere gespeichert oder kommen in der Hämolymphflüssigkeit der Insekten vor. Ihre Wirkung beruht vor allem auf der Permeabilisierung der Bakterienmembran. Hormonähnliche Wirkungen gewisser Defensine auf Entzündungen sind ebenfalls bekannt.

**Virus-infizierte Zellen versuchen die virale Replikation zu verhindern oder werden unter Mithilfe anderer Zellen eliminiert –** Die bakterientypischen Strukturen, welche das angeborene Komplementsystem aktivieren, finden sich nicht auf viralen Partikeln und Hüllen. Nur das Genom und allenfalls während der Replikation der Viren auftretende doppelsträngige RNA (dsRNA) stellen wichtige Unterschiede zu den Wirtszellen dar. Die Wirtszellen erkennen dsRNA und spalten sie in kurze Fragmente (*Small interfering RNA*, siRNA, s. Kapitel 39.9), welche zum Abbau jeder RNA mit identischen Sequenzabschnitten führen. Dadurch wird virale mRNA eliminiert. Außerdem induziert dsRNA die Synthese von Interferon-Proteinen durch die virusbefallenen Zellen. **Interferone** stimulieren die befallene Zelle und benachbarte Zellen zur Produktion einer RNase, welche virale RNA abbaut. Interferone hemmen zudem die Translation viraler mRNA. Phagocytierende weiße Blutzellen (Makrophagen) eliminieren die befallenen Zellen. Zudem erkennen spezialisierte **natürliche Killerzellen** (*Natural killer cells* oder *NK cells*) andere Zellen, welche wenig MHC-Proteine (deren Produktion von Viren gehemmt wird) auf ihrer Oberfläche präsentieren. Die Killerzellen zwingen solche Zielzellen zur Apoptose. Viele Viren haben deshalb Mechanismen entwickelt, welche die Apoptose der Wirtszelle hemmen. Der Krieg zwischen Wirtsorganismen und Viren verläuft bemerkenswert ausgeglichen. Der Mensch macht sich heutzutage Hygienemaßnahmen und vielfältige medizinische Mittel zunutze, welche seine Immunantwort unterstützen. Jedoch treten immer wieder neue Pathogene wie beispielsweise das AIDS-Virus auf. Ein Ende des Krieges ist nicht abzusehen.

■ Die angeborene Immunität umfasst physikalische Barrieren und Makrophagen gegen das Eindringen der Pathogene. Zudem stehen ein extrazelluläres und ein intrazelluläres System ständig bereit zu sofortigem Einsatz gegen pathogene Agenzien bzw. infizierte körpereigene Zellen: Das Komplementsystem im Blut ist ein sehr wirksames körperweites System mit breiter Spezifität; die RNA-Interferenz schützt die einzelnen Wirtszellen vor viraler Vermehrung.

## 34.2 Adaptive Immunantwort: Antikörper aus B-Zellen und zelluläre Abwehr mit T-Zellen

**Das angeborene Immunsystem erkennt körperfremde Stoffe und regt das adaptive Immunsystem zur Produktion hochspezifischer Antikörper an** – Eine Substanz, welche die adaptive Immunantwort auslösen kann, wird als **Antigen** bezeichnet (**Anti**körper-**gen**erierende Substanz). Werden z. B. einer Maus abgetötete Bakterien eingespritzt, so wird fast ausnahmslos eine adaptive Immunantwort hervorgerufen. Dabei erkennt das angeborene Immunsystem die bakteriellen Lipopolysaccharide sowie andere Makromoleküle und löst eine lokale entzündliche Gewebereaktion aus. Dabei werden immunkompetente Zellen aktiviert und bringen die adaptive Immunreaktion in Gang. Falls sich zusammen mit den bakteriellen Antigenen weitere körperfremde Antigene in dieser Region befinden, werden sie in die adaptive Immunantwort einbezogen. Diese Immunreaktion ist meist hochspezifisch. Das Immunsystem kann geringe Unterschiede zwischen Molekülen erkennen, der Austausch eines einzelnen Aminosäurerests kann ein körpereigenes Protein zu einem Antigen machen.

Lipopolysaccharide von abgetöteten Bakterien können als Zusatz zur Verstärkung der experimentellen Immunisierung mit körperfremden Stoffen verwendet werden. Die Bakterienbestandteile werden als **Adjuvans** (Hilfsstoff) mit dem Antigen gemischt und führen nach der Injektion zu einer starken lokalen Immunreaktion gegen das Adjuvans und das Antigen.

**Bestimmte weiße Blutzellen, die Lymphocyten, führen die adaptiven Immunre-**

hämatopoietischen Stammzellen (Stammzellen für alle Zellen des Blutes) ab. Die Lymphocyten entstehen in den primären Lymphorganen, d.h. im Knochenmark (*Bone marrow*, B-Zellen, Abb. 34.1) und im Thymus (T-Zellen). Von den primären

Der Ausdruck **B-Lymphocycten** erklärt sich aus früheren Experimenten mit Hühnern, bei denen die B-Zellen in der ***Bursa Fabricii***, einem Lymphorgan in der Region der Kloake, gebildet werden.

Lymphorganen aus wandern die frischen Lymphocyten zu den sekundären Lymphorganen (Nasenrachenmandeln, Mandeln, peripheren Lymphknoten, Milz und den Peyerschen Plaques im Darm), wo sie mit den Antigenen in Kontakt kommen. Der Kontakt löst die Bildung von Antikörpern aus. Die von den B-Zellen produzierten Antikörper (Immunglobuline) zirkulieren im Blut. Die Antikörper binden spezifisch an diejenigen Fremd-Antigene, welche ihre Produktion angeregt haben. Durch diese Bindung werden z.B. Viren oder Toxine inaktiviert, indem ihre Bindung an Rezeptoren von Wirtszellen verhindert wird. Die T-Zellen ihrerseits erkennen Mikroorganismen, infizierte Wirtszellen, Fremdzellen und transformierte Zellen und töten diese gezielt ab.

**Unser Körper enthält etwa $2 \cdot 10^{12}$ Lymphocyten; die Zellmenge des Immunsystems entspricht derjenigen der Leber oder des Gehirns** – Das Immunsystem zeichnet sich nicht nur durch seine große Zellzahl sondern auch durch seinen hohen Zellumsatz aus. Als sich rasch teilende Zellen sind Lymphocyten besonders strahlenempfindlich und können mit Dosen von Röntgenstrahlung eliminiert werden, welche andere Körperzellen noch überstehen. So konnte das Immunsystem von Mäusen selektiv ausgeschaltet werden. Eine nachfolgende Injektion von Lymphocyten aus unbestrahlten Tieren baute das Immunsystem der bestrahlten Tiere wieder auf und lieferte damit den Beweis für die Abwehr-

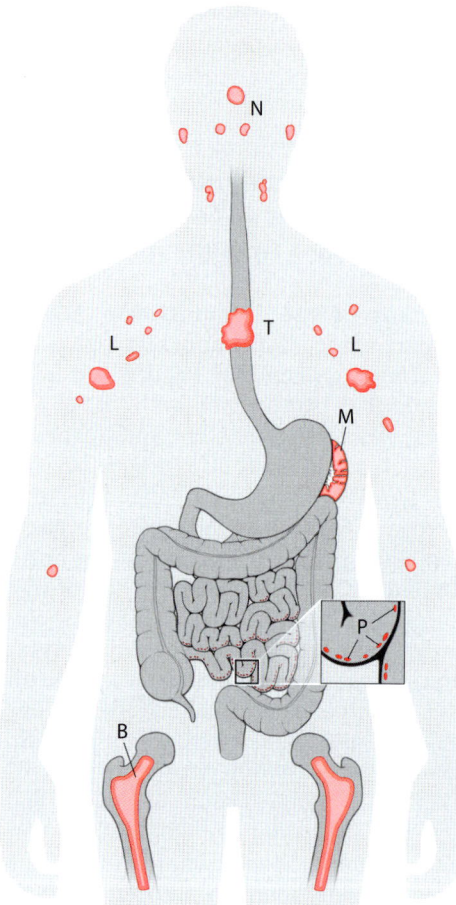

**Abb. 34.1.** Lymphorgane. In den Lymphorganen wird die Lymphflüssigkeit aus den Lymphgefäßen gesammelt und verarbeitet. Die aktiven Zellen des Immunsystems stammen aus den primären Lymphorganen, dem Thymus (T) und dem Knochenmark (B). Die Zellen werden in die Blutzirkulation entlassen und in den sekundären Lymphorganen gesammelt und differenziert. Sekundäre Lymphorgane: L: Lymphknoten; M: Milz; N: Nasenrachenmandeln und Mandeln; P: Peyersche Plaques in der Dünndarmwand

aktionen aus – Wir unterscheiden zwischen der Antikörper-Reaktion (humorale Immunantwort; *Humor*, lat. Flüssigkeit) und der zellulären Immunantwort. Die beiden Immunantworten werden von zwei verschiedenen Zelltypen hervorgerufen, den **B-Lymphocyten (Antikörperbildung)** und den **T-Lymphocyten (zelluläre Immunität)**. Die Lymphocyten stammen von den

funktion dieser Zellen im Rahmen des adaptiven Immunsystems.

**Zellen des angeborenen Immunsystems erkennen Pathogene, phagozytieren sie und präsentieren deren Antigene den T-Zellen** – Die phagocytierenden Fresszellen in den Lymphknoten nennt man auch **dendritische Zellen**. Sie erkennen und verdauen Pathogene wie Bakterien in ihren Lysosomen. Die Proteinfragmente binden an die dortigen **MHC-Proteine** (*Major histocompatibility complex proteins*) **der Klasse II** und werden zusammen mit ihnen an die Zelloberfläche exportiert. Dort vermitteln die MHC-Proteine zusammen mit den von ihnen präsentierten Peptiden den Kontakt zwischen der dendritischen Zelle und einer T-Zelle, die dadurch aktiviert wird. Die aktivierte T-Zelle erkennt danach das Antigen und greift nach ihrer Rückkehr in die Blutzirkulation die entsprechenden Mikroben an.

**T-Zellen haben cytotoxische oder zellaktivierende Funktionen** – Cytotoxische T-Zellen töten ihre Zielzellen ab. T-Helfer-Zellen unterstützen die Aktivierung von Makrophagen (Fresszellen), B-Zellen und cytotoxischen T-Zellen. Dazu sezernieren sie lokal wirkende Cytokine, z. B. die als Interleukine bezeichneten Signalproteine (Definitionen, s. Kapitel 29.3). Im Gegensatz zu den B-Zellen, welche Antikörper sezernieren und so über Distanz wirksam sind, müssen die T-Zellen zum Ort des Geschehens wandern und können erst dort wirken.

■ Das Immunsystem besteht aus einer großen Zahl rasch umgesetzter Zellen. Das angeborene Immunsystem erkennt Fremdantigene aus Viren und Mikroorganismen und stimuliert die B- und T-Zellen des adaptiven Immunsystems zur spezifischen humoralen und zellulären Antwort.

## 34.3
## Klonale Selektion von B-Zellen und T-Zellen

**Die adaptive Immunantwort beruht auf der Vermehrung einzelner Zellen, welche das Antigen binden** – Jede B-Zelle des adaptiven Immunsystems präsentiert auf ihrer Oberfläche einen bestimmten Antikörper, welcher nur ein zu ihm passendes Antigen bindet. Diese Zellen präsentieren insgesamt ungefähr $10^9$ verschiedene Antikörper. Durch laufenden Zellumsatz in den zentralen lymphoiden Organen werden diese Zellen stetig erneuert. Die Vielfalt der Zellen wird durch eine besondere genetische Rekombinationsmechanismen erreicht, die bei der Diskussion der Antikörperstruktur zur Sprache kommen wird (s. Kapitel 34.4). Die meisten der antikörperpräsentierenden Zellen finden kein passendes Antigen und bleiben im Ruhezustand (d. h. sie teilen sich nicht) und werden im Rahmen des laufenden Zellumsatzes eliminiert. Bindet jedoch ein Antigen an eine der antikörperpräsentierenden Zellen, erfährt diese einen Wachstumsstimulus und beginnt sich zu teilen. Die Expansion dieser Zelle zu einem Klon hat begonnen (Abb. 34.2). Die klonal vermehrten B-Zellen differenzieren zu antikörpersezernierenden **Plasmazellen** der primären humoralen Immunantwort. Im Fall der T-Zellen werden Klone mit zellulärer Antwort bereitgestellt.

**Antigene stimulieren meist viele Zellen, die Immunantwort ist polyklonal** – Selbst einfache Antigene wie beispielsweise Dinitrophenol (Strukturformel, s. Kapitel 15.3) rufen eine komplexe Immunantwort hervor, bei welcher bis zu Hunderte verschiedener Zellen stimuliert werden. Die Hunderte verschiedener Klone werden danach die entsprechende Anzahl verschiedener Antikörper produzieren, die alle gegen Dinitrophenol gerichtet sind. Jeder Zellklon produziert einen bestimmten Antikörper.

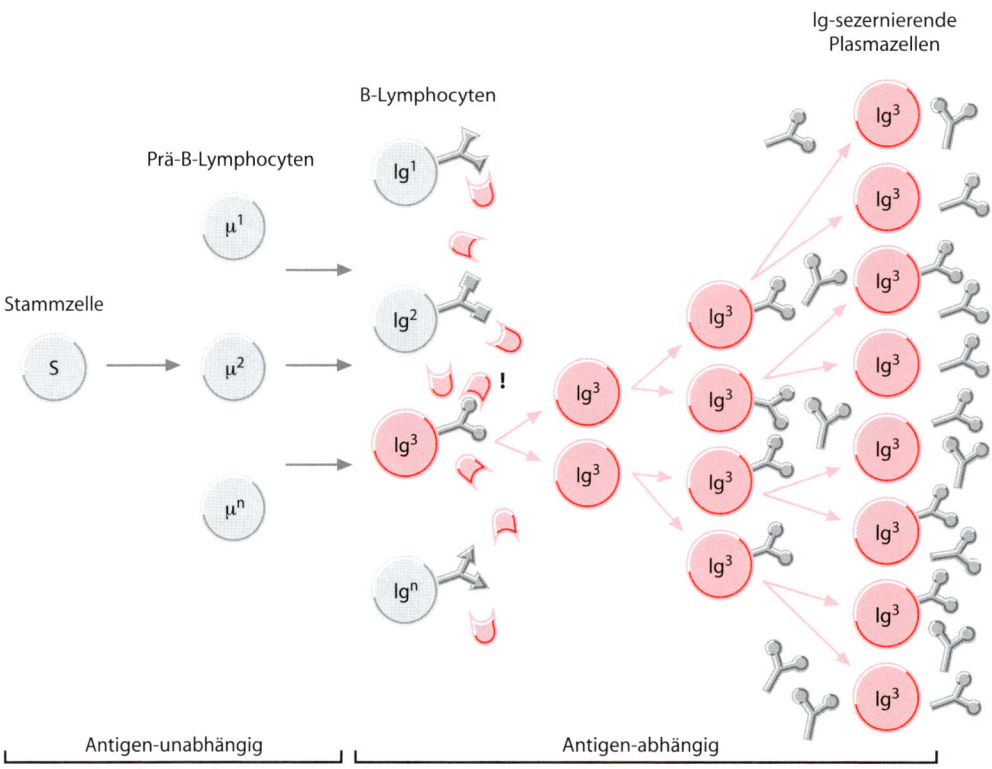

**Abb. 34.2.** Klonale Expansion von Prä-Lymphocyten nach Stimulierung mit Antigen. Die aktiven Zellen des Immunsystems stammen von wenigen Vorläuferzellen im Knochenmark ab, die sich laufend teilen und neue Prä-B-Lymphocyten bilden. Diese Zellen entwickeln sich zu Antikörper-präsentierenden B-Lymphocyten mit einem großen Repertoire verschiedenster Antigen-Bindungsstellen. Trifft eine dieser Zellen auf ein passendes Antigen, beginnt sie sich rasch zu teilen und die Nachkommen entwickeln sich zu einem Klon Ig-sezernierender Plasmazellen. Die Prä-Lymphocyten produzieren die $\mu$-Kette ihres zellgebundenen IgMs. Durch Reifungsprozesse wird nachfolgend eine andere Ig-Klasse, ein IgG mit derselben Antigenbindungsspezifität produziert und ins Plasma sezerniert. Infolge dieser Reifung wird nicht nur die Klasse des Antigens gewechselt, nach Mutationen in den hypervariablen Regionen des Antikörpers nimmt auch die Affinität für das Antigen zu

**Monoklonale Antikörper** werden von einem Zellklon produziert und sind dementsprechend einheitliche Moleküle. Sie können mit Hilfe verschiedener experimenteller Tricks in großer Menge zur technischen und medizinischen Nutzung bereitgestellt werden. Ein wesentlicher Vorteil eines monoklonalen Antikörpers gegenüber einem polyklonalen Antiserum besteht darin, dass er monospezifisch ist und jederzeit in beliebiger Menge hergestellt werden kann. Eine polyklonale Antwort dagegen wird in Tieren hervorgerufen und ist demgemäß heterogen.

Das Immunsystem erinnert sich an einen vorausgegangenen Kontakt mit einem Antigen und kann dank dem immunologischen Gedächtnis eine sekundäre Immunantwort hervorbringen – Das Immunsystem besteht anfänglich aus naiven Zellen, welche noch nie Kontakt mit einem Antigen gehabt haben. Nach dem ersten Kontakt entwickeln sich aus den naiven Zellen **Effektorzellen** und **Gedächtniszellen**. Effektor-B-Zellen (Plasmazellen im Blut) stellen Antikörper her, Effektor-T-Zellen töten infizierte Wirtszellen ab oder helfen bei der Aktivierung anderer

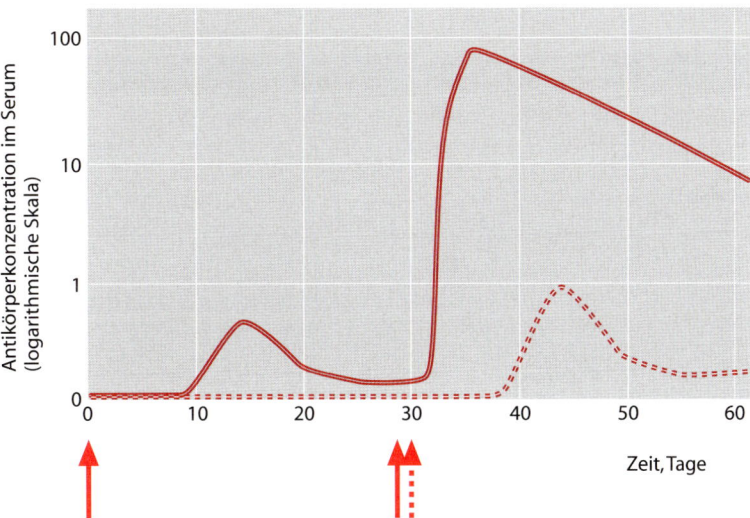

**Abb. 34.3.** Primäre und sekundäre Immunantwort. Acht bis zehn Tage nach dem Kontakt mit einem neuen Antigen bildet das Immunsystem die ersten Antikörper gegen dieses Antigen. Bei einem zweiten Kontakt mit demselben Antigen reagiert das Immunsystem schneller und stärker.
↑ Injektion des Antigens A; ↑ Injektion des Antigens B

Immunzellen. Die Gedächtniszellen vermehren sich und sind bei einem zweiten Kontakt mit dem Antigen rasch fähig, größere Mengen des Antikörpers zu produzieren (Abb. 34.3).

■ Die klonale Selektion und Vermehrung passender vorbestehender Zellen ruft nach Kontakt mit einem Pathogen eine primäre Immunantwort mit Effektor- und Gedächtniszellen hervor. Bei einem Zweitkontakt oder bleibendem Kontakt mit demselben Pathogen ermöglichen die Gedächtniszellen eine verstärkte Sekundärantwort.

## 34.4
## Adaptive Immunantwort: Bildung, Struktur und Antigenbindung der Antikörper

**Die Antikörper entstehen durch Rekombination einer Vielzahl verschiedener Gensegmente** – B-Zellen entstehen aus Vorläuferzellen im Knochenmark, welche noch keine Antikörper herstellen. Jede Zelle besitzt eine große Zahl von Exons, welche die verschiedenen Regionen der Antikörper codieren. Während der initialen Vermehrung der Vorläufer der B-Zellen wird vorübergehend ein spezialisierter Rekombinationsmechanismus aktiviert. Die multiplen Immunglobulin-Exons liegen in einer transkriptional stummen Region des Genoms. Die Gensegmente werden nun nach dem Zufallsprinzip so miteinander rekombiniert, dass in jeder einzelnen Zelle ein bestimmtes Antikörpergen aus den Exons zusammengestellt wird. Weil dieses neu rekombinierte Gen in eine Region mit einem aktiven Promoter zu liegen kommt, wird es transkribiert (Abb. 34.4).

Neben der Rekombination tragen weitere Mechanismen zur Diversifizierung der Antikörper bei. Dazu gehören alternatives Spleißen und Einfügen zusätzlicher Basen sowie die somatische Hypermutation der hypervariablen Regionen der V- und J-Gensegmente. Die beschriebenen Prozesse ergeben etwas über $10^9$ verschiedene B-Zell-Vorläufer, von denen jeder seinen eigenen Antikörper auf der Oberfläche

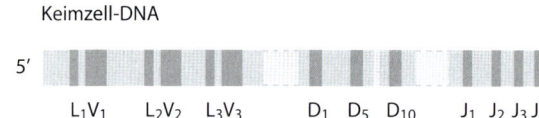

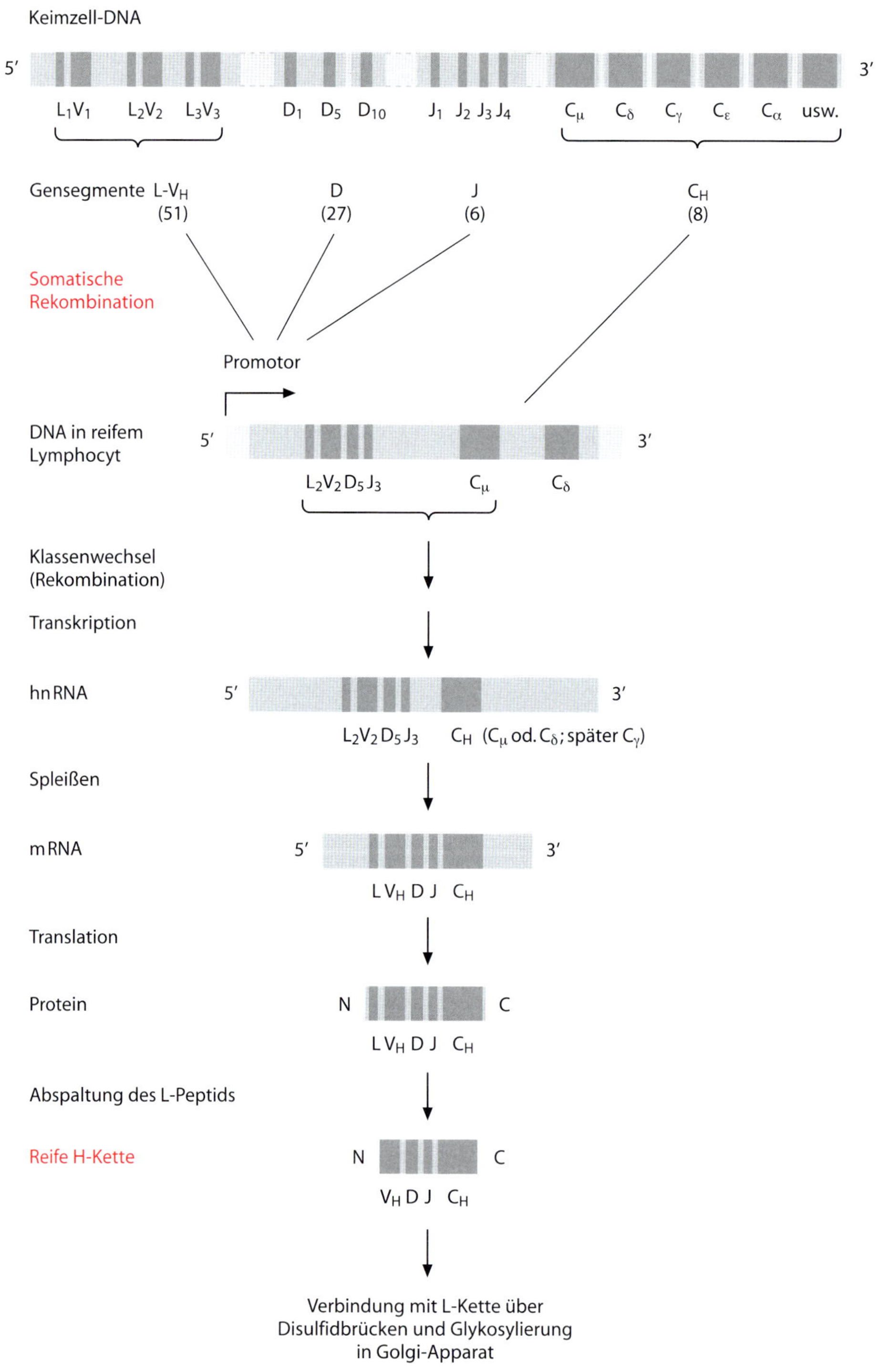

Keimzell-DNA

5′                                                      3′

$L_1V_1$    $L_2V_2$    $L_3V_3$      $D_1$   $D_5$   $D_{10}$     $J_1$   $J_2 J_3 J_4$      $C_\mu$   $C_\delta$   $C_\gamma$   $C_\epsilon$   $C_\alpha$   usw.

Gensegmente   L-$V_H$          D          J             $C_H$
                 (51)         (27)        (6)            (8)

**Somatische Rekombination**

Promotor

DNA in reifem Lymphocyt    5′                                         3′

$L_2V_2 D_5 J_3$         $C_\mu$      $C_\delta$

Klassenwechsel (Rekombination)

Transkription

hnRNA    5′                                            3′

$L_2V_2 D_5 J_3$     $C_H$  ($C_\mu$ od. $C_\delta$; später $C_\gamma$)

Spleißen

mRNA    5′                              3′

L $V_H$ D J   $C_H$

Translation

Protein    N                        C

L $V_H$ D J   $C_H$

Abspaltung des L-Peptids

**Reife H-Kette**    N                      C

$V_H$ D J   $C_H$

Verbindung mit L-Kette über
Disulfidbrücken und Glykosylierung
in Golgi-Apparat

Die Diversität der Antikörper, welche aufgrund somatischer Rekombination entsteht, lässt sich aus der Anzahl der verschiedenen Gensegmente abschätzen. Beim Menschen sind folgende Zahlen anzunehmen:
- Rekombination der H-Kette: 51 $V_H$-Gensegmente, 27 D-Gensegmente, und 6 J-Gensegmente, d.h. $51 \cdot 27 \cdot 6 = 8262$ Kombinationen.
- Rekombination der L-Kette: 200 verschiedene Kombinationen. Daraus ergeben sich $1{,}7 \cdot 10^6$ mögliche Varianten der Antigenbindungsstelle. Weitere Mechanismen (s. Text) erhöhen das Repertoire auf etwa $10^9$ verschiedene Antikörper.

präsentiert. Dieses große Repertoire von Lymphocyten mit verschiedenen Antikörpern enthält praktisch immer einige Zellen, welche ein bestimmtes Antigen binden können. Die antigenbindenden Ausgangszellen vermehren sich nach der Bindung an ein passendes Antigen und reifen zu antikörperproduzierenden klonalen B-Zellpopulationen (Plasmazellen), welche im Blut zirkulieren und Antikörper sezernieren.

**B-Zellen und ihre Vorläufer zirkulieren im Blut und in der Lymphflüssigkeit** – Wie findet ein bestimmter antikörperpräsentierender unreifer Lymphocyt sein passendes Antigen? Die dendritischen Fress-zellen und Makrophagen phagozytieren Pathogene am Ort der Infektion und nehmen sie in die Lysosomen auf. In den lokalen Lymphknoten präsentieren sie die an MHC-II-Proteine gebundenen Proteinfragmente des Pathogens an ihrer Oberfläche. MHC-II-Proteine kommen nur in Immunzellen vor. Die unreifen Lymphocyten (B- und T-Zellen) gelangen über die Arterien in die Lymphknoten und treffen dort auf die antigenpräsentierenden dendritischen Zellen. Bei den Zell-Zell-Kontakten zwischen den unreifen antikörperpräsentierenden Lymphocyten und den dendritischen Zellen kommen die Proteinfragmente auf den MHC-II-Proteinen mit den Antikörpern zusammen. Enthält eines der Proteinfragmente auf einer dendritischen Zelle ein **Epitop** (= **antigene Determinante**, Antikörperbindungsstelle), welches zur Bindungsstelle eines Antikörpers an der Oberfläche eines Lymphocyten passt, wird der Lymphocyt stimuliert. Er teilt sich und wandert durch die Blutgefäße aus dem Lymphknoten in die Zirkulation aus. Eine stimulierte B-Zelle (Plasmazelle) beginnt mit der Sekretion ihres Antikörpers ins Plasma; eine stimulierte T-Zelle übt ihre zelluläre Immunfunktion aus. Die nicht stimulierten Lymphocyten hingegen verlassen die Lymphknoten auf dem Lymphweg und werden über den Brustlymphgang (*Ductus thoracicus*) wieder der Blutzirkulation zugeführt.

◄ **Abb. 34.4.** Die Diversität der Antikörper entsteht durch Rekombination. Die Exons für bestimmte Abschnitte der Antikörper kommen erst durch einen Rekombinationsprozess zusammen, wobei alle Elemente zur Produktion einer Antikörperkette in einem Gen stromabwärts von einem Promotor rekombiniert sind. In menschlichen Keimzellen liegen auf Chromosom 1 51 $V_H$-Gensegmente der variablen Region der H-Ketten vor. In einer anderen Region desselben Chromosoms befinden sich 27 Gensegmente mit D-Exons (D steht für Diversität), 6 J-Exons (J steht für *joining*, verbindend) und 8 C-Exons für die konstante Region der schweren Ketten. Während der Reifung eines Prä-Lymphocyten zum Lymphocyten werden die Gensegmente so rekombiniert, dass sie in der Reihenfolge L-V-D-J-C (L steht für *Leader sequence*, d.h. Präsequenz, das Signal für den cotranslationalen Import der Kette ins ER, s. Kapitel 24.3) stromabwärts hinter einen aktiven Promoter zu liegen kommen. Nach der Reifung des primären Transkripts zur mRNA wird die schwere Kette des Immunglobulins durch Ribosomen an der ER-Membran (raues ER) synthetisiert. Eine analoge L-V-J-C-Rekombination auf Chromosom 2 führt zur Bildung des aktiven Gens der leichten Kette. Die zwei Ketten werden im Golgi-Apparat mit Disulfidbrücken kovalent miteinander verbunden und nachfolgend aus der Zelle sezerniert. Beim Klassenwechsel vom IgM zum IgG wird die $\mu$-Kette des IgM durch die $\gamma$-Kette des IgG aufgrund einer entsprechenden Rekombination ersetzt

**Tabelle 34.1.** Klassen der Immunglobuline. Die fünf verschiedenen schweren Ketten sind charakteristisch für die Klassen der Immunglobuline. Nur zwei verschiedene leichte Ketten kommen vor, welche aber bei allen Immunglobulinen gefunden werden. Das Vorkommen der schweren Ketten ist zelltypisch, in einer Zelle findet sich immer nur einer der fünf Ketten-Typen. Die Immunglobulinklassen kommen in sehr unterschiedlichen Konzentrationen im Serum vor

| Ig-Typ | IgA | IgD | IgE | IgG | IgM |
|---|---|---|---|---|---|
| M | 360–720 kDa | 172 kDa | 196 kDa | 150 kDa | 935 kDa |
| g/l im Serum | 3,5 | 0,03 | 0,00005 | 13,5 | 1,5 |
| H-Kette | $\alpha$ | $\delta$ | $\varepsilon$ | $\gamma$ | $\mu$ |
| L-Kette | $\kappa$ oder $\lambda$ | $\kappa$ oder $\lambda$ | $\kappa$ oder $\lambda$ | $\kappa$ oder $\lambda$ | $\kappa$ oder $\lambda$ |
| Zusatzkette | J | | | | J |
| Struktur | $(\alpha_2\kappa_2/\alpha_2\lambda_2)_{1-3}$J | $\delta_2\kappa_2/\delta_2\lambda_2$ | $\varepsilon_2\kappa_2/\varepsilon_2\lambda_2$ | $\gamma_2\kappa_2/\gamma_2\lambda_2$ | $(\mu_2\kappa_2/\mu_2\lambda_2)_5$J |

**Immunglobuline haben meist zwei Antigenbindungsstellen** – Die einfachsten Antikörper bestehen aus je zwei schweren Ketten (*Heavy-* oder *H-chains* mit etwa 440 Aminosäureresten) und zwei leichten Ketten (*Light* oder *L-chains*, mit 220 Aminosäureresten), welche über Disulfidbrücken kovalent quervernetzt sind. Ihre Form gleicht einem Y und die zwei Antigenbindungsstellen liegen an den Enden der Äste (Abb. 34.5). Der Winkel zwischen den Ästen wird mittels eines gelenkähnlichen Verbindungsstücks flexibel gehalten. Dadurch kann der Antikörper mit großer räumlicher Flexibilität an Antigene binden.

**Fünf verschiedene Antikörperklassen mit spezialisierten Funktionen und unterschiedlicher Glykosylierung kommen in Säugern vor** – Die Antikörperklassen werden als IgA (Immunglobulin A), IgD, IgE, IgG und IgM bezeichnet. Jede Klasse ist durch eine eigene schwere Kette charakterisiert, die $\alpha$-, $\delta$-, $\varepsilon$-, $\gamma$- oder $\mu$-Kette. Zwei verschiedene leichte Ketten ($\kappa$ und $\lambda$) kommen in allen Klassen vor (Tabelle 34.1). Sowohl die leichten als auch die schweren Ketten der Antikörper sind an mehreren Stellen glykosyliert. Die Glyko-

sylierung der Antikörper beeinflusst die Antigenbindung nicht wesentlich. Die zwei leichten $\kappa$- oder $\lambda$-Ketten der Immunglobuline scheinen funktionell ebenbürtig zu sein. Obschon kein funktioneller Unterschied zwischen den beiden Kettentypen zu bestehen scheint, kommt immer nur ein Typ pro Zelle vor, was garantiert, dass die zwei bis zehn Antigenbindungsstellen in einem Immunglobulinmolekül immer identisch sind.

Die Glykosylierung schützt die im Blut zirkulierenden Antikörper gegen proteolytischen Abbau und verbessert deren Wasserlöslichkeit. Jede Antikörperklasse zeichnet sich durch ein eigenes Muster der Positionen und Strukturen der angehefteten Oligosaccharide aus. Innerhalb dieses Musters ist die Glykosylierung bestimmter Antikörper aber auch innerhalb einer Klasse variabel. Deshalb können die Molekularmassen der Antikörper einer bestimmten Klasse relativ weit auseinander liegen.

Die gleiche Antigenbindungsstelle kann auf Antikörpern verschiedener Klassen vorkommen, welche als **Isotypen** dieses Antikörpers bezeichnet werden. In den unreifen B-Zellen kommt **IgM** an der Zelloberfläche vor und in reifen naiven B-Zellen, die noch keinen Kontakt mit Antigen gehabt haben, tritt zusätzlich **IgD** auf. Diese Zellen gelangen in die peripheren Lymphorgane und treten dort in Wechselwirkung mit Antigenen und Antigen-präsentierenden Zellen. Nach Kontakt mit einem passenden Antigen beginnt die B-Zelle sich zu teilen und ihre Nachkommen sezernieren zunächst IgM. Im Laufe von zwei Wochen reifen diese B-Zellen entweder zu **IgG-sezernierenden Plasmazellen** oder langlebigeren **Gedächtniszellen** heran. Die Aktivierung der Gedächtniszellen durch einen erneuten Kontakt mit dem Antigen führt zur sekundären Immunantwort. Das exprimierte IgG-Gen der sezernierenden Zellen unterliegt während des Reifungsprozesses einer erhöhten Mutationsfrequenz (**somatische Hypermutation** in den hypervariablen Regionen, s. Abb. 34.5). Das Antikörper-Repertoire wird dadurch vergrößert und es entstehen IgGs mit noch höherer Affinität für das Antigen. Das **IgM** ist nicht nur das erste Ig auf den Zellen, es wird auch sofort nach dem ersten Kontakt mit dem Antigen bei der primären humoralen Immunantwort sezerniert. Es liegt in diesem Fall als ein sternförmiges Molekül aus 5 über Disulfidbrücken vernetzten Y-förmigen Ig-Molekülen vor und enthält eine Kopie eines kleinen Polypeptids, die J-Kette (Tabelle 34.1). Schon ein einzelnes antigengebundenes IgM-Molekül ist ein starkes Stimulans des Komplementsystems (s. Kapitel 34.1), das die Lyse eines zellulären Pathogens bewirken kann.

**Das durch reife Plasmazellen bei der sekundären Immunantwort hergestellte IgG stellt die Hauptmenge der Immunglobuline im Blut dar** – Der COOH-terminale Teil dieser Antikörper (d.h. das unverzweigte Ende des Y-förmigen Moleküls, auch Fc-Teil genannt) bindet an die Fc-Rezeptoren von Phagozyten, welche danach die Antigen-Antikörperkomplexe aufnehmen und verdauen. Auf diese Weise werden ganze Bakterien markiert und über Phagocytose eliminiert. An Antigen gebundenes IgG aktiviert auch das Komplementsytem.

**Das IgA wird in Körpersekrete abgegeben und IgE vermittelt entzündliche und allergische Reaktionen** – In Sekreten wie Speichel, Milch oder Tränen findet sich vor allem IgA. Der Fc-Teil des IgEs (s. Abb. 34.5 und Tabelle 34.1) bindet mit hoher Affinität an eine Klasse der Fc-Rezeptoren, welche auf basophilen Granulocyten im Blut und auf Mastzellen im Gewebe vorkommen. Diese Zellen werden durch Bindung von IgE zur Abgabe von Cytokinen und biologisch aktiven Aminen (z.B. Histamin) stimuliert. In der Folge werden die lokalen Blutgefäße erweitert und vermehrt permeabel. Antikörper sowie Komplement und immunreaktive Zellen treten aus dem Blut ins Gewebe über, wo sie den Infekt bekämpfen. Parasiten werden oft mit IgE markiert und von eosinophilen Granulocyten angegriffen. Allergische Überempfindlichkeitsreaktionen beruhen auf ähnlichen Mechanismen.

**Die Antigenbindungsstelle setzt sich aus den hypervariablen Teilen der leichten und schweren Ketten zusammen** – In den zwei $NH_2$-terminalen Regionen der Y-förmigen Antikörpermoleküle liegen die beiden Antigenbindungsstellen. Sie sind diejenigen Bereiche der Antikörper, welche aufgrund der Rekombinationsvorgänge während der klonalen Entstehung der B-Zellen modulartig zusammengesetzt werden. Im Verlauf der Reifung der Zellen unterliegen bestimmte Bereiche der Antikörperbindungsstelle zudem einer erhöhten Mutationsfrequenz. In der Raumstruktur der Antikörper bilden diese hypervariablen Regionen Schleifen (*Hypervariable loops*; Abb. 34.5). Das Antigen wird durch diese Schleifen (*Complementarity determining regions*, CDRs) gebunden. Die weniger oder nicht veränderlichen Teile der Antikörper werden als variable bzw. konstante Regionen bezeichnet.

**Mehrfache Bindungen zwischen Antigenen und Antikörpern erhöhen die Bindungsstärke** – Natürliche Antikörper besitzen wenigstens zwei Antigenbindungsstellen pro Molekül. Sie sind deshalb befähigt, zwei Moleküle des passenden Antigens gleichzeitig zu binden. Wenn einem

**a**

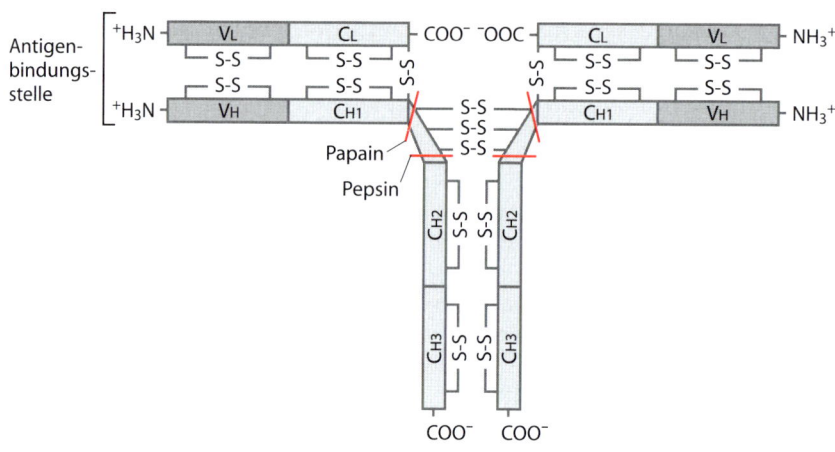

**b**

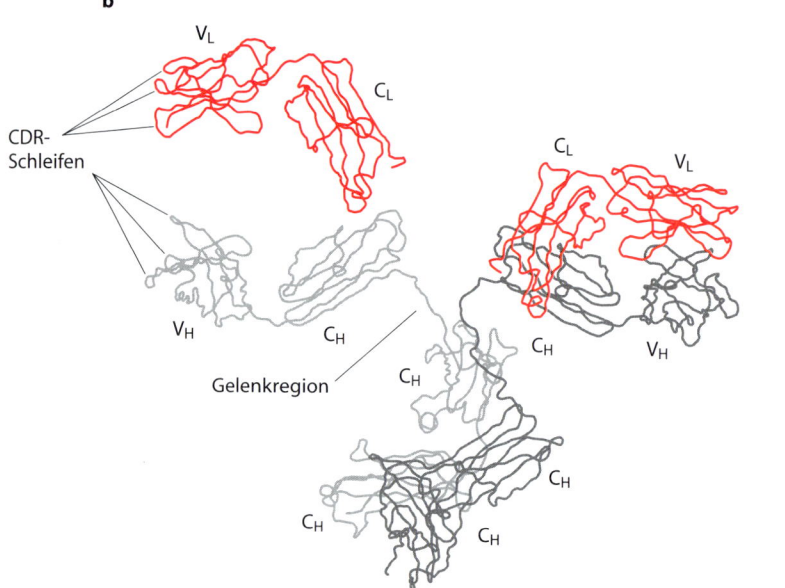

**Abb. 34.5 a, b.** Sezerniertes Immunglobulin G (IgG).
**a** Schematische Darstellung der Domänenstruktur des IgG. Die häufigsten Antikörper sind vom IgG-Typ. Sie verfügen im Bereich der $NH_2$-Termini der H-Ketten (*Heavy chains*) und L-Ketten (*Light chains*) über zwei identische Bindungsstellen für dasselbe Antigen. $V_L$: variable Region der leichten Kette; $V_H$: variable Region der schweren Kette; $C_L$: konstante Region der leichten Kette; $C_H$: konstante Region der schweren Kette; S-S: Disulfidbrücken. Antikörper können durch spezifische proteolytische Spaltung in den flexiblen Regionen in typische Fragmente zerlegt werden. Durch Proteolyse mit Papain entstehen zwei Fab-Fragmente (*Antigen-binding fragments*) und ein Fc-Fragment (*Crystallizable fragment*). Durch Spaltung mit Pepsin entstehen das (Fab')$_2$-Fragment (nach Reduktion 2 Fab') und das Fc-Fragment.
**b** Banddarstellung des räumlichen Verlaufs der Polypeptidkette ohne Seitenketten. *Links*: zwecks besserer Sichtbarkeit sind die schwere und leichte Kette voneinander getrennt worden; *rechts*: schwere und leichte Kette im nativen Zustand. Die direkten Kontakte mit dem Antigen erfolgen über die hypervariablen Schleifen oder *Complementarity determining regions* (CDRs). Je drei solcher Schleifen stammen von der H-Kette und der L-Kette, die zusammen die Bindungsstelle bilden. Dank der großen Flexibilität der Gelenkregion können IgG-Antikörper zwei Antigenmoleküle in verschiedenen räumlichen Lagen binden

Antigen mit mehreren Epitopen ein Antiserum mit mehreren passenden Antikörpern zugegeben wird, bilden sich vernetzte Immunkomplexe, die als **Immunpräzipitat** ausfallen können:

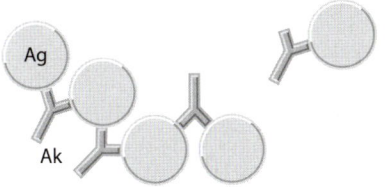

Solche Immunpräzipitate werden in der Forschung oft zum Nachweis oder zur Anreicherung der betreffenden Antigene verwendet. Die auf Grund der Vernetzung gegenüber den bimolekularen Wechselwirkungen erhöhte Bindungsstärke beruht auf dem Effekt, dass beim Lösen einer einzelnen Bindung in einem solchen Komplex immer noch andere Bindungen bestehen bleiben, man spricht deshalb in solchen Fällen nicht von einer erhöhten **Affinität oder Bindungsstärke**, sondern von einer erhöhten **Avidität** zwischen den Bindungspartnern.

**Immunglobuline gehören zu einer großen Superfamilie von Proteinen** – Die meisten Proteine, welche der Zell-Zell-Erkennung im Immunsystem dienen, enthalten Ig- oder Ig-ähnliche Domänen. Diese Ig-Superfamilie schließt neben den Antikörpern Fc-Rezeptoren, MHC-Proteine, Zelladhäsionsproteine sowie Rezeptoren für Wachstumsfaktoren ein. Rund ein Viertel aller bekannten Proteine an der Oberfläche von Leukocyten enthält wenigstens eine Ig-Domäne, die meist in einem eigenen Exon des entsprechenden Gens codiert ist. Man vermutet, dass die Immunglobulin-Exone auf ein ehemaliges weit verbreitetes Transposon zurückzuführen sind.

■ Die Grundstruktur aller Klassen von Immunglobulinen (IgA,D,E,G und M) besteht aus zwei schweren Ketten (H-Ketten) und zwei leichten Ketten (L-Ketten). Die zwei Antigenbindungsstellen bestehen aus den variablen Teilen je einer L- und H-Kette. Drei hypervariable Schleifen (CDR1–3) jeder Kette bilden die unmittelbare Kontaktstelle für das Antigen.

## 34.5
## Adaptive Immunantwort: zelluläre Reaktionen

**MHC-gebundene Proteinfragmente aktivieren cytotoxische T-Zellen** – Cytotoxische T-Zellen erkennen Peptide aus abgebauten viralen Proteinen (s. Kapitel 34.2) oder anderen körperfremden Proteinen, welche auf der Zellmembran an MHC-Proteine gebunden präsentiert werden. Während MHC-II-Proteine nur in Immunzellen vorkommen (Kapitel 34.4), finden sich MHC-I-Proteine in fast allen kernhaltigen Zellen. Die Zellen haben damit die Möglichkeit, die Anwesenheit von Fremdproteinen in Form von Proteinfragmenten an ihrer Oberfläche anzuzeigen. Dabei können Proteinteile erkannt werden, welche z.B. im Viruspartikel selbst nicht zugänglich sind. Das Proteasom der infizierten Zelle verdaut die Virus-Proteine. ABC-Transporter (s. Kapitel 33.2) transferieren die frei gesetzten Peptide ins Lumen des ER. Dort übernehmen die MHC-Proteine der Klasse I die Peptide. Die cytotoxische T-Zelle besitzt an ihrer Oberfläche Antikörper-ähnliche Moleküle, die T-Zell-Rezeptoren, welche die Antigen-präsentierenden MHC-Moleküle der Zielzelle binden. Durch diese Bindung und weitere Wechselwirkungen zwischen Zelladhäsionsproteinen der beiden Zellen wird die T-Zelle aktiviert. Die MHC-I-Proteine sind auch für die Abstoßung von Gewebetransplantaten verantwortlich. Sie wurden, wie ihr Name sagt, als Proteine entdeckt, welche die Gewebeverträglichkeit regulieren.

**Aktivierte cytotoxische T-Zellen bringen virusinfizierte Zellen dazu, sich selbst zu töten** – Nach ihrer Aktivierung durch eine Antigen-präsentierende Zelle kann eine cytotoxische T-Zelle mehrere mit dem bekannten Pathogen infizierte Zellen töten, bevor diese das Pathogen vermehrt und freigesetzt haben. Die cytotoxische Zelle verwendet zwei Strategien, um die Zielzellen zur Apoptose zu bringen: Sie setzt das Protein Perforin frei, das in der Plasmamembran der Zielzelle Poren bildet und schickt durch diese 10 nm weiten Poren sekretorische Vesikel mit Granzymen genannten Proteasen in die Zielzelle. Die Granzyme aktivieren proteolytisch bestimmte Caspasen der Zielzelle, welche die Apoptose einleiten (s. Kapitel 26.6). Zudem löst das Binden des Fas-Liganden auf der cytotoxischen T-Zelle an das komplementäre Fas-Protein auf der Zielzelle die Apoptose aus; das Fas-Protein ändert beim Binden die Konformation und aktiviert seinerseits die Caspasen über eine Signalkaskade.

■ Proteinfragmente aus viralen Partikeln, werden mittels Bindung an MHC-Proteine der Klasse I an der Oberfläche befallener Zellen zusammen mit co-stimulatorischen Zelladhäsionsproteinen präsentiert, wo sie nach Kontakt mit passenden naiven T-Zellen zu deren Aktivierung führen. Die aktivierten cytotoxischen T-Zellen zwingen infizierte Zielzellen zur Apoptose.

## 34.6
## Immuntoleranz und Autoimmunkrankheiten

**Eine schwierige Aufgabe für das Immunsystem: Erkenne das Selbst** – Das Immunsystem erkennt eine nahezu beliebige Vielfalt fremder Antigene und eliminiert diese samt den damit assoziierten Strukturen. Der eigene Körper besteht ebenfalls aus einer großen Zahl verschiedener Moleküle, welche jedoch von der Immunreaktion verschont bleiben müssen. Wie werden diese beiden großen Gruppen potentieller Antigene auseinander gehalten? Wie wird Selbst und Nichtselbst unterschieden? Das angeborene Immunsystem erkennt

nur pathogentypische Strukturen und löst die adaptive Antwort nur in Anwesenheit dieser Pathogene aus. Aber wie vermeidet nun die adaptive Immunreaktion, welche durch das angeborene Immunsystem ausgelöst wird, den Angriff auf körpereigene Strukturen? Das adaptiv reagierende Immunsystem hat gelernt, die eigenen Antigene von der Reaktion auszunehmen. Bei Transplantationsexperimenten mit Mäusen sind wichtige Erkenntnisse über die verantwortlichen Mechanismen gewonnen worden. Wenn Gewebe zwischen Individuen, die nicht eineiige Zwillinge sind, transplantiert werden, erkennt der Empfängerorganismus in der Regel das fremde Gewebe und stößt es durch eine Immunreaktion ab. Wenn aber Zellen des Donor-Mausstamms in eine neugeborene Maus des Akzeptorstamms transplantiert werden, so überleben einige dieser Zellen während des ganzen Lebens der Empfängermaus. Eine solche Empfängermaus akzeptiert Transplantate aus dem Donorstamm, stößt jedoch Transplantate aus anderen Mausstämmen weiterhin ab. Es handelt sich also um eine **erworbene Immuntoleranz**. Die Toleranz gegenüber eigenen Antigenen wird auf die gleiche Weise erworben. Dieses Verhalten des Immunsystems wurde auch mittels Injektionen von Serum des Wildtyps in Mäuse, welchen die Komponente C5 des Komplements fehlt, studiert. Es stellte sich bei diesen Versuchen heraus, dass die Tiere gegen das „eigene" Antigen C5 reagieren, wenn es über längere Zeit im Körper gefehlt hat. Ihr Immunsystem kann jedoch die Toleranz erwerben, wenn das Antigen in präzis begrenzter niedriger Dosierung über längere Zeit verabreicht wird.

**Das Fehlen co-stimulatorischer Signale ist mitverantwortlich für die Immuntoleranz** – Die B- und T-Zellen des Immunsystems werden in den primären Lymphorganen bereitgestellt und in den peripheren Lymphorganen weiter entwickelt. An beiden Orten erfolgt die Aktivierung naiver Zellen durch Antigenkontakt und Zell-Zellkontakt. Dabei werden neben dem Stimulus durch das Antigen auch Co-Stimuli

(Überlebenssignale) durch benachbarte T-Helfer-Zellen oder antigenpräsentierende Zellen benötigt. Co-stimulatorische Signale entstehen beim Kontakt mit Pathogenen. Beim Kontakt mit körpereigenen Antigenen fehlen diese Co-Stimuli und der Kontakt mit dem Antigen bewirkt in diesem Fall die Apoptose der reaktiven naiven Zellen. Dadurch werden die naiven Zellen mit Antikörpern gegen eigene Antigene eliminiert, bevor eine klonale Expansion erfolgt. Wenn die Mechanismen zur Verhinderung der Immunreaktion gegen gewisse eigene Antigene versagen, so können sich **Autoimmunkrankheiten** wie z. B. die *Myasthenia gravis* entwickeln. Bei dieser Autoimmunkrankheit bildet der betroffene Organismus Antikörper gegen die Acetylcholinrezeptoren der eigenen Muskeln. Die Patienten werden mit der Zeit immer schwächer und sterben am Versagen der Atemmuskulatur. In genetisch prädisponierten Individuen fördern Infekte durch Stimulierung des angeborenen Immunsystems wahrscheinlich auch Autoimmunreaktionen.

**Immunsuppression und Immunreaktionen gegen Tumorgewebe** – Bei gewissen Krankheiten wie AIDS (*Acquired immune deficiency syndrome*) ist die Funktion des Immunsystems beeinträchtigt. In solchen Fällen treten nach länger dauernder Unterdrückung des Immunsystems gehäuft Tumore in bestimmten Geweben auf, im genannten Fall das Kaposi-Sarkom, ein Hautkrebs. Das Immunsystem kann demnach körpereigene, fehlregulierte Zellen erkennen und eliminieren.

■ Das Immunsystem lernt die eigenen Antigene kennen und nimmt sie durch Elimination der gegen Selbst reaktiven Zellen von der Immunantwort aus. Fällt die Immuntoleranz für eine bestimmte körpereigene Substanz aus, kann eine Autoimmunkrankheit entstehen.

Chemoheterotrophe Organismen wie Mensch und Tier stehen in einem regen Stoffaustausch mit ihrer Umgebung. Sie nehmen Bau- und Brennstoffe auf, gewinnen durch oxidativen Abbau der Brennstoffe chemische Energie und scheiden die Abbauprodukte aus. Dieses Kapitel bespricht die Aufnahme der Hauptnährstoffe Kohlenhydrate, Eiweiße und Fette, die durch hydrolytische Spaltung in ihre niedermolekularen Bausteine zerlegt werden müssen, bevor sie aus dem Darm resorbiert werden können. Beim oxidativen Abbau der Brennstoffe ist Sauerstoff der finale Elektronenakzeptor. $O_2$ wird in der Lunge aufgenommen und durch das Hämoglobin in den Erythrocyten den Geweben zugeführt. Das Hämoglobin-Tetramer ist wegen seiner besonderen $O_2$-Bindungseigenschaften (Kooperativität der vier $O_2$-Bindungsstellen) hervorragend geeignet für diese Aufgabe. $O_2$ wie auch das Abbauprodukt $CO_2$ diffundieren frei durch Zellmembranen und durch die innere Mitochondrienmembran. $CO_2$ wird hauptsächlich in Form von Hydrogencarbonat $HCO_3^-$ im Blut zur Lunge transportiert, wo $CO_2$ abgeatmet wird. Die anderen Abbauprodukte des Stoffwechsels werden vorwiegend durch die Nieren mit dem Urin, einige auch durch die Leber mit der Galle ausgeschieden.

Die Niere ist das Hauptorgan zur Aufrechterhaltung eines konstanten *„Milieu intérieur"*. Die Aufrechterhaltung einer Zellumgebung mit sich nicht verändernder Ionenzusammensetzung und konstantem pH-Wert, bei homoiothermen Spezies sogar mit gleichbleibender Temperatur, war eine Voraussetzung für die Zellspezialisie-

rung in vielzelligen Lebewesen. Es ist in erster Linie die Niere, die dafür sorgt, dass sich das *Milieu intérieur* des Körpers nicht verändert. Der Wasser-, Elektrolyt- und Säure-Basen-Haushalt des Körpers wird in diesem Sinne reguliert. Die Ausscheidung von Wasser und Elektrolytionen durch die Niere wird durch das antidiuretische Hormon ADH bzw. durch Aldosteron reguliert. An der Aufrechterhaltung eines konstanten pH-Wertes der Körperflüssigkeiten sind verschiedene Puffersysteme, sowie die Lunge und die Niere beteiligt.

35.1 Verdauung und Resorption
35.2 Transport von $O_2$ und $CO_2$ im Blut
35.3 Ausscheidung von Stoffwechsel-
endprodukten
35.4 Wasser-, Elektrolyt-
und Säure-Basen-Haushalt

## 35.1
# Verdauung und Resorption

Außer den Monosacchariden wie Glucose oder Fructose müssen alle Nährstoffe hydrolytisch zu niedermolekularen Verbindungen gespalten werden, um aus dem Darm resorbiert werden zu können. Ein aktiver, $Na^+$-gekoppelter Transport bringt die Verdauungsprodukte vom Darmlumen durch die Darmepithelzellen ins Interstitium und damit ins Blut. Das Kapillarendothel ist für niedermolekulare Stoffe keine wesentliche Diffusionsbarriere.

**Der Organismus treibt für die Verdauung der Nährstoffe einen recht großen Aufwand** – Beim Menschen werden pro

Tag etwa 9 Liter Verdauungssekrete ins Darmlumen abgegeben, welche insgesamt 60 Gramm Verdauungsenzyme enthalten. Die Verdauung der Nährstoffe und deren Resorption findet vorwiegend im Dünndarm statt, dabei werden auch die Verdauungsenzyme zu Aminosäuren und kleinen Peptiden abgebaut, die resorbiert werden. Im Dickdarm wird der Darminhalt eingedickt, das Wasser wird bis auf einen kleinen Rest resorbiert. Alle an der Verdauung beteiligten hydrolytischen Spaltungen sind exergonische Reaktionen. Der Energieaufwand für die Verdauung ist trotzdem beträchtlich, weil die Verdauungsenzyme stets neu synthetisiert werden müssen und viel Transportarbeit zu leisten ist – sowohl für die Abgabe der Verdauungssekrete in den Magendarmtrakt als auch für die Resorption der Verdauungsprodukte aus dem Darm.

**Wie schützt sich der Körper vor Selbstverdauung?** Der Verdauungstrakt ist mit allen Enzymen ausgerüstet, welche nötig sind, um die Nährstoffe vollständig in ihre niedermolekularen Bausteine zu zerlegen. Wie schützen sich die Proteasen-produzierenden Zellen vor Selbstverdauung, wie werden die Epithelzellen des Magendarmtrakts vor den Proteasen geschützt?

Zwei verschiedene Schutzmaßnahmen sind wirksam:

Die Proteasen werden ausnahmslos als katalytisch inaktive **Proenzyme (= Zymogene)** synthetisiert. Erst im Lumen des Gastrointestinaltrakts werden die Proenzyme zu aktiven Proteasen umgewandelt. Die Epithelien von Magen und Darm werden durch eine Schleimschicht aus Mucinen vor den Proteasen geschützt. Die Mucine sind Proteoglykane (s. Kapitel 5.3) und bilden ein Netzwerk, das durch nichtkovalente Wechselwirkungen stabilisiert wird und mehr als 90% Wasser enthält. Die Kohlenhydratketten der Mucine schützen deren Proteinanteil vor den Verdauungsproteasen und verwehren diesen den Zugang zu den Epithelzellen. Die niedermolekularen Verdauungsprodukte der Nährstoffe können hingegen durch das wasserreiche Netzwerk diffundieren.

**Die Verdauung der Proteine beginnt schon im Magen** – Der Magensaft enthält **Salzsäure** und zeigt einen pH-Wert von etwa 2. Die Säure schirmt den Magendarmtrakt gegen Infektionen ab, indem sie mit der Nahrung aufgenommene Mikroorganismen abtötet. Sie denaturiert auch die Nahrungsproteine und macht sie so leichter angreifbar für Proteasen.

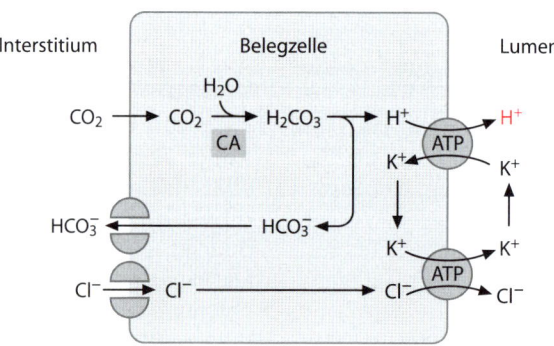

**Abb. 35.1.** HCl-Sekretion im Magen. $H^+$ wird durch eine $H^+/K^+$-ATPase ins Magenlumen gepumpt. Der pH-Wert des Sekrets der Belegzellen ist ~1; bei einem intrazellulären pH-Wert von ~7 bewältigt die Protonenpumpe einen Konzentrationsgradienten von etwa $10^6$. Die Hydrolyse von ATP liefert die Energie für den Austausch von je zwei $H^+$ und $K^+$. Der Magensaft (pH ~2) ist weniger sauer als das Sekret der Belegzellen, weil er auch das Pepsinogen-haltige Sekret der Hauptzellen enthält. Die hinausgepumpten Protonen stammen aus $H_2CO_3$, welches seinerseits durch die Carboanhydrase (CA)-Reaktion nachgeliefert wird. $HCO_3^-$ wird über Anionkanäle mit $Cl^-$ ausgetauscht. $Cl^-$ wird mit $K^+$ durch einen sekundär-aktiven elektroneutralen Symport ins Magenlumen gebracht

Die HCl wird von den Belegzellen der Magenschleimhaut sezerniert. Eine $H^+/K^+$-ATPase pumpt $H^+$ aus der Zelle heraus im Austausch mit $K^+$ (Abb. 35.1). Die Protonen werden von Kohlensäure $H_2CO_3$ geliefert, die ihrerseits durch Hydratisierung von $CO_2$ entsteht:

$$CO_2 + H_2O \rightleftharpoons H_2CO_3 \rightleftharpoons H^+ + HCO_3^-$$

Carboanhydrase

Die **Carboanhydrase** ist ein Zinkenzym und findet sich überall dort im Körper, wo Protonen sezerniert werden (Belegzellen des Magens, Tubulus-Zellen der Niere) oder rasch das Hydratatisierungsgleichgewicht von $CO_2$ hergestellt werden muss (Erythrocyten).

Sobald Nahrung in den Magen gelangt, geben besondere Zellen der Magenschleimhaut das Hormon Gastrin, ein Oligopeptid, ins Blut ab. Gastrin stimuliert die Sekretion von HCl aus den Belegzellen und von Pepsinogen aus den Hauptzellen der Magenschleimhaut. Pepsinogen besitzt am $NH_2$-Ende ein Propeptid von 44 Aminosäureresten, dessen Abspaltung zum proteolytisch aktiven **Pepsin** führt. Im Pepsinogen blockiert das Propeptid die Substratbindungsstelle. Sobald Pepsinogen in den sauren Magensaft gelangt, wird durch eine geringe Konformationsänderung die aktive Stelle katalytisch wirksam und spaltet das Propeptid ab, d.h. Pepsinogen aktiviert sich autokatalytisch; Auslöser ist die hohe $H^+$-Konzentration im Magensaft. Das pH-Optimum von Pepsin liegt bei pH 2, Pepsin ist in dieser Beziehung eine Ausnahme unter den Enzymen.

Proteasen lassen sich in Endopeptidasen und Exopeptidasen einteilen. **Endopeptidasen** spalten Polypeptide im Innern der Kette und erzeugen Peptide als Produkte der Spaltung. **Exopeptidasen** greifen Polypeptidketten an deren Enden an, Carboxypeptidasen spalten vom COOH-Ende eine Aminosäure nach der anderen ab, Aminopeptidasen wirken in gleicher Weise am $NH_2$-Ende.

Pepsin ist eine relativ unspezifische Endopeptidase, es spaltet jedoch bevorzugt Peptidbindungen zwischen Phe, Tyr, Leu und Val.

**Die Proteinverdauung wird im Dünndarm fortgesetzt** – Der Mageninhalt, der so genannte Chymus von breiiger Konsistenz, gelangt aus dem Magen in den obersten Dünndarmabschnitt, das Duodenum (Zwölffingerdarm). Die Säure stimuliert das Duodenum, die Hormone Sekretin und Cholecystokinin freizusetzen, welche ihrerseits das Pankreas (Bauchspeicheldrüse) zur Sekretion des Pankreassaftes anregen. Der Pankreassaft und das Sekret der Duodenalschleimhaut sowie die Galle

**Gastrointestinale Hormone.** Der Magendarmtrakt und seine Anhangsdrüse, das Pankreas, produzieren eine Reihe von Hormonen. Dazu gehören Gastrin im Magen, Sekretin und Cholecystokinin im Duodenum, das vasoaktive intestinale Peptid VIP in den Neuronen des gesamten Darmtrakts sowie Insulin und Glucagon aus dem Pankreas. Mit Ausnahme des Proteohormons Insulin sind sie alle Peptidhormone.

enthalten Hydrogencarbonat $HCO_3^-$ und sind alkalisch (~ pH 8). Die HCl wird dadurch neutralisiert und der pH-Wert des Darminhalts leicht alkalisch. Das Pankreassekret enthält Enzyme zur Verdauung von Proteinen, Stärke, Triacylglycerol und Nucleinsäuren. Zur Hydrolyse von Proteinen dienen die Serinproteasen (s. Kapitel 4.5) **Trypsin, Chymotrypsin** und **Elastase** sowie die **Carboxypeptidasen A** und **B**, die Zinkenzyme sind. Alle Proteasen werden im Pankreas als inaktive Proenzyme synthetisiert und im Duodenum proteolytisch aktiviert. Die Aktivierungskaskade wird ausgelöst durch die **Enteropeptidase**, eine Protease, welche von den Dünndarmzellen produziert wird. Dieses Enzym spaltet hochspezifisch eine bestimmte Peptidbindung im Trypsinogen, welches damit zum proteolytisch aktiven Trypsin wird (Abb. 35.2). Trypsin aktiviert Trypsinogen und alle weiteren proteolytischen Proenzy-

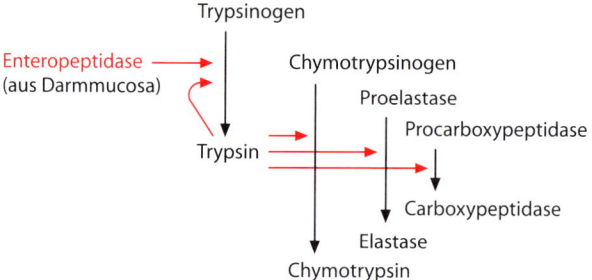

**Abb. 35.2.** Aktivierung der Proteasen aus dem Pankreas. Die Enteropeptidase wird nicht als Proenzym synthetisiert. Weil sie hochspezifisch ist und nur in Trypsinogen eine bestimmte Peptidbindung spalten kann, ist sie ungefährlich für die Zellen der Darmschleimhaut, in denen sie synthetisiert wird. Die Aktivierungskaskade beginnt mit dem Zusammentreffen von Enteropeptidase mit Trypsinogen. Aktive Trypsinmoleküle aktivieren noch nicht gespaltene Trypsinmoleküle und die anderen Verdauungsproteasen aus dem Pankreas

me. In allen Fällen werden bestimmte Peptidbindungen gespalten und kurze Peptidstücke aus dem Proenzym entfernt. Die Proenzyme werden im Pankreas in sekretorischen Vesikeln aufbewahrt, welche sich nach Stimulation ins Darmlumen entleeren. Die Drüsenzellen enthalten ein kleines Protein von 6 kDa, einen **Trypsininhibitor**, welcher als Substratanalog viele nicht kovalente Bindungen mit Trypsin eingeht und mit sehr hoher Affinität gebunden wird ($K_d = 10^{-10}$ M!). Damit wird allfällig im Pankreas aktiviertes Trypsin, welches die gesamte Aktivierungskaskade auslösen könnte, unschädlich gemacht. Die Aktivierung durch limitierte Proteolyse, d.h. Spaltung einer oder mehrerer bestimmter Peptidbindungen, wird auch bei den für die Blutgerinnung verantwortlichen Proteinen beobachtet.

Trypsin, Chymotrypsin und Elastase sind Endopeptidasen, sie unterscheiden sich in ihrer Spezifität:

| | Bevorzugte Spaltung | | |
|---|---|---|---|
| Trypsin | – Lys$\downarrow$– | – Arg$\downarrow$– | |
| Chymotrypsin | – Tyr$\downarrow$– | – Phe$\downarrow$– | – Trp$\downarrow$– |
| Elastase | Keine Spezifität | | |

Die Spaltungsspezifitäten der drei Proteasen ergänzen sich, durch ihr Zusammenwirken werden die Nahrungsproteine in kleine Peptide zerlegt. Die Carboxypeptidasen aus dem Pankreas und verschiedene membranständige Aminopeptidasen des Dünndarmepithels als zusätzliche Exopeptidasen besorgen die weitere Zerlegung der Proteine in Aminosäuren, indem sie eine Aminosäure nach der anderen vom Carboxyl- bzw. Aminoende der Peptide abspalten. Die Resorption von Aminosäuren sowie Di- und Tripeptiden in die Mucosazellen geschieht über einen Symport mit $Na^+$ (Abb. 35.3). Für die zahlreichen Aminosäuren gibt es verschiedene Symport-Systeme mit unterschiedlicher Spezifität.

**Kohlenhydrate werden zu Monosacchariden gespalten, damit sie resorbiert werden können** – Die wichtigen Kohlenhydrate in der Ernährung des Menschen sind Stärke und die Disaccharide Lactose (in der Milch) und Saccharose (als Süßstoff verwendet). Die unverzweigte Komponente der Stärke, die Amylose, wird durch die *α*-Amylase aus dem Pankreas in das Disaccharid Maltose (4-*α*-Glucosidoglucose) gespalten. Die *α*-Amylase kommt auch im Speichel vor, für die Verdauung scheint die Speichelamylase jedoch unwesentlich zu sein; wahrscheinlich dient sie zur Reinigung der Zähne. Amylopektin, die verzweigte Komponente der Stärke, kann wegen der *α*-1,6-Verzweigungen nicht voll-

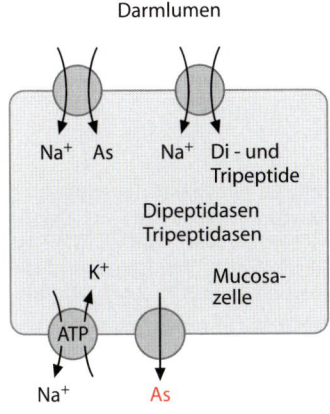

Darmlumen

Na⁺ As  Na⁺ Di - und
              Tripeptide

Dipeptidasen
Tripeptidasen

K⁺                Mucosa-
                  zelle

ATP

Na⁺         As

Interstitium

**Abb. 35.3.** Resorption von Aminosäuren und kleinen Peptiden. Die Aufnahme von Aminosäuren (As) und Di- und Tripeptiden durch die Bürstensaummembran erfolgt durch sekundäraktiven Symport mit $Na^+$. Die kurzen Peptide werden in der Mucosazelle in Aminosäuren gespalten. Die in der Zelle sich anreichernden Aminosäuren gelangen darauf durch erleichterte Diffusion (Trägerprotein) aus der Zelle in den interstitiellen Raum und in die Kapillaren. Die $Na^+/K^+$-ATPase sorgt dafür, dass die Natriumkonzentration in der Zelle niedrig bleibt. Grundsätzlich gleiche Mechanismen dienen der Resorption von Glucose und anderen Monosacchariden

ständig verdaut werden. Die $a$-Amylase kann die $a$-1,4-Bindungen in der Nähe einer $a$-1,6-Verzweigung nicht angreifen, ein Grenzdextrin bleibt übrig. Die $a$-1,6-Verzweigung wird durch eine Amylo-$a$-1,6-Glucosidase (= Isomaltase) gespalten. Maltose und kurze Oligosaccharide, die durch die Amylase produziert worden sind, werden durch die **Maltase**, eine membranständige $a$-Glucosidase zu Glucose gespalten. Auch die zwei anderen wichtigen Disaccharide in der menschlichen Ernährung, Lactose und Saccharose, werden im Dünndarm durch membranständige Disaccharidasen verdaut und dort resorbiert. Die Lactose wird durch die **Lactase** (eine $\beta$-Galactosidase) in Glucose und Galactose zerlegt. Die **Saccharase** (eine $\beta$-Fructosidase) spaltet die Saccharose in Glucose und Fructose.

Die Resorption von Glucose und Galactose erfolgt wie bei den Aminosäuren

(Abb. 35.3) über einen sekundär-aktiven Symport mit $Na^+$ an der luminalen Membran und durch erleichterte Diffusion an der basolateralen Membran. Die Fructose passiert beide Membranen durch erleichterte Diffusion.

**Eine effiziente Verdauung der Triacylglycerole durch die Pankreaslipase braucht Gallensäuren** – Die Nahrungsfette sind bei Körpertemperatur flüssig. Als unpolare Moleküle bilden sie in Wasser kleine Öltropfen. Die vom Pankreas sezernierte Lipase ist ein wasserlösliches Protein und kann nicht in die Öltropfen eindringen. Die Lipase kann die Triacylglycerole nur an der Wasser/Öl-Grenzfläche angreifen. Eine genügend schnelle Verdauung der Triacylglycerole setzt daher voraus, dass durch eine feinere Emulgierung die Oberfläche der Fetttröpfchen vergrößert wird.

---

**Emulgierung von Öl in Wasser.** Als Emulsion wird die feine Verteilung einer flüssigen unlöslichen Substanz (z. B. Öl) in einer zweiten Flüssigkeit (z. B. Wasser) bezeichnet. Je feiner die Emulsion, umso größer ist die Grenzfläche. Wenn das gleiche Volumen Öl auf Tröpfchen mit dem halben Radius verteilt wird, ergeben sich 8-mal mehr Tröpfchen mit insgesamt der doppelten Oberfläche:

$V_o = 4/3\ \pi\ r_o^3 \quad F_o = 4\ \pi\ r_o^2$
Wenn $r_1 = r_o/2$: $V_1 = 1/8\ V_o$

d. h. aus 1 großen Tropfen sind 8 kleine Tropfen entstanden. Die Oberfläche eines der kleinen Tropfen ist $F_1 = 1/4\ F_o$, die Gesamtoberfläche der 8 kleinen Tropfen ist $8\ F_1 = 2\ F_o$.

---

Die Vergrößerung der Oberfläche ist jedoch aus energetischen Gründen nicht ohne weiteres möglich. Weil der Kontakt zwischen Öl und Wasser energetisch ungünstig ist, führt eine einfache Öl-in-Wasser-Emulsion zur Phasentrennung (s. Kapitel 1.4). Daraus ergibt sich eine (scheinbare) Kraft, die Oberflächenspannung, die einer Vergrößerung der Oberfläche entgegen wirkt. Die Lösung des Problems bringen die Gallensäuren. Als amphiphile Moleküle

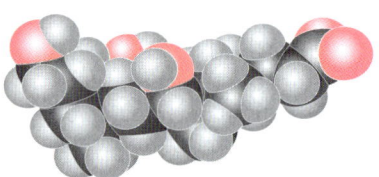

R = O⁻ Cholat
NHCH₂COO⁻ Glykocholat
NHCH₂CH₂SO₃⁻ Taurocholat

Cholat

**Abb. 35.4.** Gallensäuren. Gallensäuren werden aus Cholesterol gebildet, dabei wird die Seitenkette um 3 C-Atome verkürzt und das Ende ($C_{24}$) zu einer COO⁻-Gruppe oxidiert. Die Doppelbindung im Ring B wird reduziert und zusätzliche OH-Gruppen werden eingeführt. Die wichtigste Gallensäure ist die Cholsäure, die weiteren Gallensäuren unterscheiden sich in der Zahl und Stellung der OH-Gruppen. Das raumfüllende Modell der deprotonierten Cholsäure zeigt, dass alle hydrophilen Gruppen auf der gleichen Seite des Ringsystems liegen. Gallensäuren besitzen daher eine polare und eine unpolare Seite. Ein großer Teil der Gallensäuren wird noch in den Hepatocyten mit CoA aktiviert und mit den Aminosäuren Glycin oder Taurin konjugiert

lagern sie sich an der Öl-Wasser-Grenzfläche an mit der hydrophoben Seite gegen den Öltropfen und der hydrophilen Seite gegen das Wasser (Abb. 35.4). Amphiphile Gallensäuren an der Öl-Wasser-Grenzfläche entsprechen im Gegensatz zu Triacylglycerolen einem energetisch günstigen Zustand und lassen eine Vergrößerung der Grenzfläche zu. Die feine Emulgierung erlaubt eine effiziente hydrolytische Spaltung der Triacylglycerole durch die Lipase. Für eine ausreichende Verdauung der Nahrungsfette sind die Gallensäuren unbe-

dingt notwendig, bei einem Verschluss des Galle führenden Gangs (Ductus choledochus) kommt es zur Ausscheidung fetthaltigen Stuhls.

> Die **Galle** ist ein Sekret der Leber, das über den Ductus choledochus ins Duodenum ausgeschieden wird. Neben Gallensäuren enthält die Galle Cholesterol und die Gallenfarbstoffe Biliverdin und Bilirubin (Abbauprodukte von Häm).

Die Gallensäuren erfüllen neben der Emulgierung der Triacylglycerole noch zwei weitere wichtige Funktionen. In der Galle bilden sie zusammen mit Phospholipiden und Cholesterol gemischte Mizellen und bewahren so Cholesterol vor dem Ausfallen und der Bildung von Konkrementen, die sich zu Gallensteinen auswachsen könnten. Gallensäuren sind zudem notwendig für die Resorption der Fettsäuren und auch der fettlöslichen Vitamine. Sie bilden zusammen mit Fettsäuren, Monoacylglycerol, Cholesterol und Phospholipiden aus der Nahrung gemischte Mizellen, deren Bestandteile durch die Plasmamembran der Mucosazellen diffundieren.

Etwa 90% der ausgeschiedenen Gallensäuren werden resorbiert, gelangen zurück in die Leber und werden wieder mit der Galle in den Darm ausgeschieden. Diesen enterohepatischen Zyklus durchlaufen die Gallensäuren 6- bis 10-mal pro Tag.

Die **Lipase** spaltet bevorzugt die beiden äußeren Fettsäurereste aus Triacylglycerolen ab, die entstehenden Produkte sind Fettsäuren und 2-Monoacylglycerole:

$$H_2C - O - \overset{\overset{\textstyle O}{\|}}{C} - R$$
$$HC - O - \overset{\overset{\textstyle O}{\|}}{C} - R \quad +2\,H_2O$$
$$H_2C - O - \overset{\overset{\textstyle O}{\|}}{C} - R$$

Triacylglycerol

$$\begin{matrix} \overset{1}{H_2C} - OH & & & \\ & & O & \\ & & \| & \\ \overset{2}{HC} - O - C - R & +2\,R{-}COO^- +2\,H^+ \\ & & & \text{Fettsäure} \\ \overset{3}{H_2C} - OH & & & \end{matrix}$$

2-Monoacylglycerol

Die Darmepithelzellen resynthetisieren Triacylglycerol aus Monoacylglycerol und freien Fettsäuren. Der Syntheseweg ist derselbe wie in den Fettzellen (s. Kapitel 18.1). Im endoplasmatischen Reticulum der Darmepithelzellen bilden Triacylglycerole und Cholesterol zusammen mit Apolipoproteinen die **Chylomikronen**, welche durch Exocytose die Zelle verlassen und über die Lymphbahn (Ductus thoracicus zum linken Venenwinkel) den Blutkreislauf erreichen (s. Kapitel 21.4 über Lipoproteine).

Auch für die mengenmäßig weniger wichtigen Bestandteile der Nahrung liefert das Pankreas die entsprechenden Hydrolasen: Ribonuclease (RNase) und Desoxyribonuclease (DNase) verdauen die Nucleinsäuren in der Nahrung, die Cholesterol-Esterase hydrolysiert Cholesterol-Fettsäure-Ester und die Phospholipase $A_2$ spaltet die Phospholipide.

Der Hauptteil des Wassers der Verdauungssekrete wird im Dünndarm resorbiert, im Dickdarm erfolgt die endgültige Eindickung des Stuhls. Die treibende Kraft für die Wasserresorption ist der aktive Natriumtransport aus dem Darminnern ins Interstitium, mit welchem auch die Resorption von Monosacchariden und Aminosäuren gekoppelt ist (Abb. 35.3). Das Wasser passiert die Membran durch Kanäle, die aus dem Transmembranprotein **Aquaporin** gebildet werden. Aquaporin-Kanäle sind selektiv für Wasser durchlässig und finden sich in Membranen mit intensivem Wasserfluss (Gastrointestinaltrakt, Sammelrohre der Niere).

**Die Biochemie des Dickdarms ist ausschließlich eine Sache der intestinalen Flora** – Im oberen Colonabschnitt überwiegen Gärungsvorgänge, d.h. der anaerobe Abbau von Kohlenhydraten. Zellwände aus pflanzlicher Nahrung werden von Bakterien verdaut. Die freigesetzte Stärke wird zu organischen Säuren (Propionsäure, Buttersäure) abgebaut. Der pH-Wert des Darminhalts ist leicht sauer, Fäulnisvorgänge werden dadurch gehemmt.

> Bakterien finden sich auch in der ersten Abteilung des Wiederkäuermagens, wo sie die Cellulose der Pflanzennahrung abbauen.

Im unteren Colonabschnitt versiegt die Gärung. Das alkalische, $HCO_3^-$-haltige Sekret der Dickdarmepithelzellen führt zu einem alkalischen pH-Wert des Darminhalts. Unter diesen Bedingungen überwiegen durch Bakterien unterhaltene Fäulnisprozesse (anaerober Abbau von Proteinen). Dabei entstehen durch Decarboxylierung und weiteren Umbau von Aminosäuren typische Fäulnisprodukte. Für den Geruch der Faeces sind in erster Linie Indol und Skatol (= Methylindol), beide Abbauprodukte von Tryptophan, verantwortlich. Die Bakterien, welche den Dickdarm besiedeln, sind zum allergrößten Teil obligate Anaerobier. Sie produzieren einige Vitamine (Vitamin K, Folsäure, Vitamin $B_{12}$). Für den Menschen ist jedoch einzig die Synthese von Vitamin K wichtig. Etwa zwei Drittel der Trockenmasse der Faeces bestehen aus Bakterien und abgeschilferten Darmepithelzellen.

■ **Verdauungsenzyme**
Für Kohlenhydrate:
Amylase, Maltase, Lactase, Saccharase
Für Proteine:
Pepsin, Trypsin, Chymotrypsin, Elastase, Carboxypeptidase A und B, Aminopeptidasen
Für Triacylglycerole:
Lipase (nur wirksam zusammen mit Gallensäuren)

## 35.2
## Transport von $O_2$ und $CO_2$ im Blut

Molekularer Sauerstoff ist das finale Oxidationsmittel, das in den Mitochondrien vom letzten Enzym der Atmungskette, der Cytochromoxidase, die Elektronen übernimmt. Landlebende Vertebraten nehmen den Sauerstoff in den Lungen auf, von wo er durch Hämoglobin in den Erythrocyten zu den Geweben transportiert wird.

**Warum bedarf es eines Trägerproteins für den Transport von $O_2$ im Blut?** Die Löslichkeit von $O_2$ im Wasser ist völlig ungenügend, um die peripheren Gewebe mit im Blut gelöstem $O_2$ zu versorgen. Bei einem $O_2$-Partialdruck von 100 mm Hg (13 kPa) lösen sich in einem Liter Blut nur 3 ml $O_2$; unter den gleichen Bedingungen werden 200–210 ml $O_2$, also 70-mal mehr, an Hämoglobin gebunden. Wenn Hämoglobin in der vorhandenen Konzentration (160 g/l Blut) einfach im Blut gelöst wäre, ergäbe es eine zu viskose Flüssigkeit, um durch die Blutgefäße gepumpt zu werden. Die Verpackung des Hämoglobins in die Erythrocyten löst dieses hämodynamische Problem.

Warum dient ein Hämprotein als $O_2$-Träger? $Fe^{2+}$-Ionen, nicht aber $Fe^{3+}$-Ionen können $O_2$ binden. Allerdings wird $Fe^{2+}$ durch den gebundenen Sauerstoff rasch zu $Fe^{3+}$ oxidiert. Das Gleiche wie für freie $Fe^{2+}$-Ionen gilt für $Fe^{2+}$ in Häm: Häm wird rasch zu Hämin mit $Fe^{3+}$ oxidiert. Damit Häm oxidiert wird, muss je ein Molekül auf beiden Seiten eines $O_2$-Moleküls binden. Das Binden von Häm in einer Spalte eines Proteins, der „Hämtasche" beim Hämoglobin, verhindert die Bildung eines solchen Komplexes. $Fe^{2+}$ des Häms im Hämoglobin ist daher viel weniger oxidationsempfindlich als in freiem Häm. Nur $Fe^{2+}$-Häm kann $O_2$ binden. Im Unterschied zu den Cytochromen, welche durch den reversiblen Valenzwechsel zwischen $Fe^{2+}$- und $Fe^{3+}$-Elektronen abgeben und aufnehmen können, ändert das Eisen im Hämoglobin seinen Valenzzustand bei der Aufnahme und Abgabe von $O_2$ nicht.

Hämoglobin-ähnliche $O_2$-Trägerproteine finden sich bereits bei niederen Würmern – Auch in den Wurzelknöllchen der Hülsenfrüchte (Leguminosen) findet sich ein Myoglobin-ähnliches Protein, welches $O_2$ reversibel bindet (über seine Rolle bei der Stickstoff-Fixierung, s. Kapitel 23.1). In Erythrocyten verpackt ist Hämoglobin jedoch erst bei Vertebraten. Viele Mollusken und Arthropoden haben blaues Blut, da sie **Hämocyanin** als $O_2$-Träger verwenden. Die $O_2$-bindende Gruppe ist in diesem Fall nicht Häm, sondern ein Paar von $Cu^{2+}$-Ionen. Desoxyhämocyanin ist farblos mit $Cu^+$. Das Hämocyanin ist frei gelöst in der Lymphe, bildet aber große Oligomere (6×75 kDa bis zu 6700 kDa bei der Weinbergschnecke). Hämocyanine dieser Masse gehören zu den größten bekannten Proteinen.

**Die $O_2$-Bindungskurve von Hämoglobin ist sigmoid** – Das Binden von $O_2$ an Hämoglobin wird als **Oxygenierung** bezeichnet. Die Oxygenierung von Hämoglobin ist keine Oxidation, das $Fe^{2+}$-Häm gibt keine Elektronen ab. Hämoglobin ist ein Tetramer, jede Untereinheit von etwa 16 kDa trägt ein Häm und bindet ein $O_2$-Molekül. Häm besteht aus Protoporphyrin IX (s. Abb. 35.8) mit $Fe^{2+}$ als Zentralatom. Im Hämoglobin sind vier der sechs Koordinationsstellen des Eisens von den N-Atomen der Pyrrolringe und die fünfte Stelle durch einen Histidinrest des Globins besetzt. Die letzte Koordinationsstelle des Eisens wird im Oxyhämoglobin von $O_2$ besetzt.

---

**Methämoglobin.** In einer nur gelegentlich ablaufenden, aber offenbar unvermeidlichen Reaktion oxidiert im Oxyhämoglobin $O_2$ das $Fe^{2+}$-Häm zu $Fe^{3+}$-Hämin. Die dabei entstehende oxidierte Form von Hämoglobin, das Methämoglobin, kann $O_2$ nicht mehr binden. Methämoglobin wird durch die Methämoglobin-Reduktase zu Hämoglobin rückreduziert. Normalerweise ist daher im Blut der Anteil an Methämoglobin nur 0,5–2%.

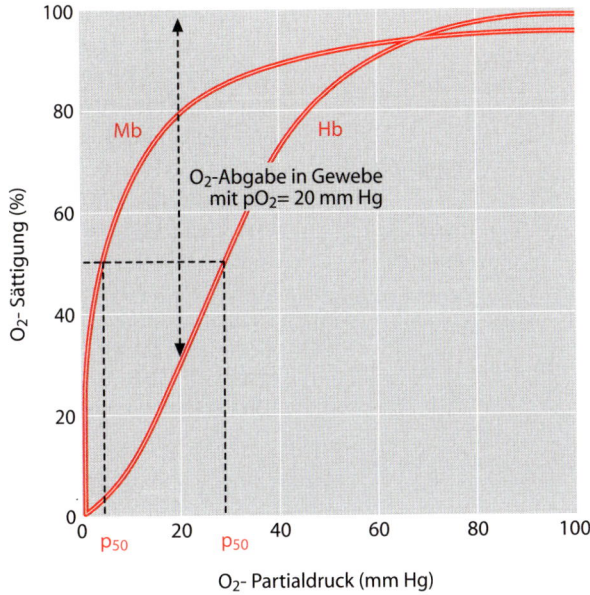

**Abb. 35.5.** $O_2$-Bindungskurve von Hämoglobin. Der Sättigungsgrad von Hämoglobin (Hb) ist als Funktion des $O_2$-Partialdrucks ($pO_2$) angegeben. Ein $pO_2$ von 100 mm Hg (13 kPa) entspricht dem $pO_2$ in den Lungenalveolen (Lungenbläschen). In den Kapillaren der Gewebe, z.B. in arbeitenden Muskeln, kann der $pO_2$ bis auf 20 mmHg (2,6 kPa) absinken. Dank der sigmoiden Bindungskurve gibt Hämoglobin bei diesem $pO_2$ an die 70% des gesamten gebundenen $O_2$ ab. Zum Vergleich die $O_2$-Bindungskurve des monomeren Myoglobins (Mb), welches keine Kooperativität zeigt und eine wesentlich höhere Affinität für $O_2$ aufweist als Hämoglobin ($p_{50}$ von Hb > $p_{50}$ von Mb)

Die vier $O_2$-Bindungsstellen des Hämoglobins verhalten sich kooperativ, das Binden von einem und auch weiterer $O_2$-Molekülen erhöht jeweils die $O_2$-Affinität der noch unbesetzten Bindungsstellen. Wie in Kapitel 4.6 über die Regulation der Enzymaktivität dargelegt, führt diese Kooperativität der vier Bindungsstellen zu einer sigmoiden $O_2$-Bindungskurve. Das Binden von $O_2$ verschiebt das Konformationsgleichgewicht der unbesetzten Stellen vom niedrigaffinen T-Zustand in den hochaffinen R-Zustand. Wegen der Kooperativität wird beim niedrigen $O_2$-Partialdruck in den Geweben mehr $O_2$ aus dem Hämoglobin freigesetzt, als bei fehlender Kooperativität möglich wäre (Abb. 35.5).

Das Hämoglobin des erwachsenen Menschen besteht aus zwei identischen $\alpha$- und zwei identischen $\beta$-Globinuntereinheiten. Je eine $\alpha$- und eine $\beta$-Untereinheit bilden ein Dimer, zwei solcher $\alpha\beta$-Dimere bilden das Hämoglobin-$(\alpha\beta)_2$-Tetramer (Abb.

2.2). Die Konformationsänderungen, welche der kooperativen $O_2$-Beladung zu Grunde liegen, werden durch eine Bewegung des Eisenatoms ausgelöst, welches im Desoxyhämoglobin etwas außerhalb des Protoporphyrinrings liegt. Der Tetrapyrrolring ist entsprechend verzerrt (Abb. 35.6). Sobald Häm $O_2$ gebunden hat, passt das Eisenatom wegen der veränderten Elektronenverteilung in die Ebene des planaren Tetrapyrrolrings. Diese geringe Lageverschiebung pflanzt sich über den Histidinrest ins Protein fort. Es kommt zu einer Umlagerung der beiden $\alpha\beta$-Dimere in den hochaffinen R-Zustand.

**Das Myoglobin ist verwandt mit dem Hämoglobin** – Myoglobin ist ebenfalls ein Hämprotein und gibt den Muskeln ihre rote Farbe. Hämoglobin und Myoglobin sind homologe Proteine (s. Abb. 2.6 für einen Vergleich der Aminosäuresequenzen). Myoglobin ist ein Monomer mit einem Häm, welches ein $O_2$-Molekül bindet. Der

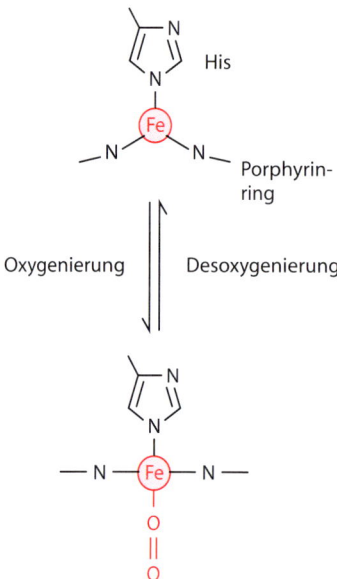

**Abb. 35.6.** Veränderungen im Häm bei der Oxygenierung des Hämoglobins. Im Desoxyhämoglobin liegt das Eisenatom etwas außerhalb des Porphyrinrings des Häms und der Porphyrinring ist entsprechend verzerrt. Nach Oxygenierung passt das nun kleinere Eisenatom in den planaren Porphyrinring. Die Lageverschiebung des Eisens bringt auch seinen Liganden, den Histidinrest, näher an den Ring und pflanzt sich als Konformationsänderung im $(\alpha\beta)_2$-Tetramer fort

gebundene Sauerstoff dient der Muskulatur als $O_2$-Reserve; er wird aus dem Blut aufgenommen, gebunden und bei Bedarf, wenn die $O_2$-Konzentration absinkt, an die Mitochondrien weitergegeben. Als monomeres Protein zeigt Myoglobin keine Kooperativität. Seine $O_2$-Bindungskurve entspricht einem Hyperbel-Ast. Die Affinität von Myoglobin für $O_2$ ist wesentlich höher als diejenige von Hämoglobin, so dass es ohne weiteres $O_2$ von Oxy-Hämoglobin übernehmen kann (Abb. 35.5). Ein Vergleich der $O_2$-Bindungskurven von Hämoglobin und Myoglobin lässt die Bedeutung des kooperativen Effekts erkennen. Sowohl Hämoglobin als auch Myoglobin werden beim $O_2$-Partialdruck in der Lunge mit $O_2$ nahezu gesättigt. Beim niedrigeren Partialdruck in den Geweben, z.B. im arbeitenden Muskel, kann jedoch Hämoglobin wesentlich mehr $O_2$ abgeben als Myoglobin.

**2,3-Bisphosphoglycerat BPG verschiebt die $O_2$-Bindungskurve nach rechts** – BPG wird durch Phosphorylierung des Glykolysezwischenprodukts 3-Phosphoglycerat gebildet. Die Konzentration von BPG in Erythrocyten ist etwa 2 mM, etwa gleich hoch wie die Konzentration von Hämoglobin. Das Bisphosphat mit seinen vier negativen Ladungen passt genau in eine mit positiven Ladungen ausgekleidete Tasche zwischen den zwei $\alpha\beta$-Dimeren im Hämoglobin-Tetramer, die sich im niedrigaffinen T-Zustand genügend öffnet, um BPG darin zu binden.

2,3-Bisphosphoglycerat
BPG

Im hochaffinen R-Zustand ist die Tasche enger und bietet zu wenig Platz für BPG. BPG bindet nur an Hämoglobin im niedrigaffinen T-Zustand, stabilisiert ihn und erleichtert damit die Freisetzung von $O_2$. Adultes Hämoglobin (Hämoglobin A) ohne BPG würde auch bei den $O_2$-Konzentrationen in den Kapillaren nur etwa 8% seines $O_2$ abgeben. Je höher die Konzentration von BPG, umso mehr $O_2$ kann Oxy-Hämoglobin in der Peripherie abgeben. Die Erhöhung der BPG-Konzentration in Erythrocyten ist einer der Mechanismen der Höhenadaptation des Körpers.

**Fetales Hämoglobin bindet kein BPG** – Damit der Fetus $O_2$ vom mütterlichen Hämoglobin beziehen kann, muss das fetale Hämoglobin eine höhere $O_2$-Affinität als das mütterliche Hämoglobin besitzen. Diese Voraussetzung wird erfüllt durch ein besonderes fetales Hämoglobin (Hämoglobin F), in dem die $\beta$-Ketten durch $\gamma$-Ketten ersetzt sind. Hämoglobin F ($\alpha_2\gamma_2$) bindet BPG weniger stark als Hämoglobin A. Die $O_2$-Affinität von Hämoglobin F wird daher in der Gegenwart von BPG in geringerem Maße herabgesetzt, somit weist Hämoglobin F eine höhere $O_2$-Affinität auf als Hämoglobin A.

**Der tiefere pH-Wert in den Gewebekapillaren verschiebt die $O_2$-Bindungskurve nach rechts** – Oxy-Hämoglobin hat eine niedrigere Affinität für Protonen als Desoxy-Hämoglobin, d. h. Oxy-Hämoglobin ist die stärkere Säure:

$$Hb + 4\,O_2 \rightleftharpoons Hb \cdot (O_2)_4 + n H^+ \quad (1)$$

Der Wert von $n$ ist etwa 2. Die Protonen werden in erster Linie von Histidinresten freigesetzt, deren $pK_a$-Werte durch den T → R-Übergang herabgesetzt worden sind. Umgekehrt wird eine Zunahme der Wasserstoffionenkonzentration das Gleichgewicht zwischen Desoxy-Hämoglobin und Oxy-Hämoglobin auf die Seite von Desoxy-Hämoglobin verschieben, d. h. die Freisetzung von $O_2$ fördern. Dieser Zusammenhang zwischen der $O_2$-Beladung von Hämoglobin und dem pH-Wert ist bekannt als **Bohr-Effekt**.

Der Bohr-Effekt ist physiologisch wichtig. Das $CO_2$, welches die Gewebe produzieren, diffundiert in die Erythrocyten, wo es durch die **Carboanhydrase (CA)** zu $H_2CO_3$ hydratisiert wird, welches seinerseits in Hydrogencarbonat (= Bicarbonat) und ein Proton dissoziiert:

$$CO_2 + H_2O \underset{CA}{\rightleftharpoons} H_2CO_3 \rightleftharpoons HCO_3^- + H^+ \quad (2).$$

Die Protonen, die hierbei freigesetzt werden, verschieben das Gleichgewicht der Reaktion (1) nach links und erleichtern damit die Freisetzung von $O_2$ in den Geweben. Der Bohr-Effekt entspricht den physiologischen Notwendigkeiten.

**$CO_2$ wird als $HCO_3^-$ in die Lunge transportiert** – Das gemäß Gleichung (2) freigesetzte $HCO_3^-$ verlässt den Erythrocyt durch einen Anionenkanal, die $H^+$-Ionen können jedoch die Zelle nicht verlassen (Abb. 35.7). Die Elektroneutralität wird gewahrt durch Einstrom von $Cl^-$ über den gleichen Anionenkanal. Dieser Austausch von $HCO_3^-$ gegen $Cl^-$ ist bekannt als **Chlorid-**

Erythrocyt in Gewebskapillare

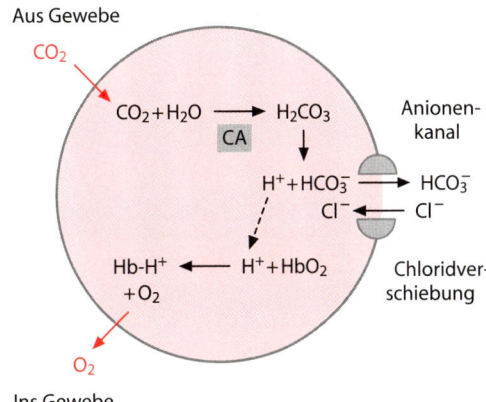

Erythrocyt in Lungenkapillare

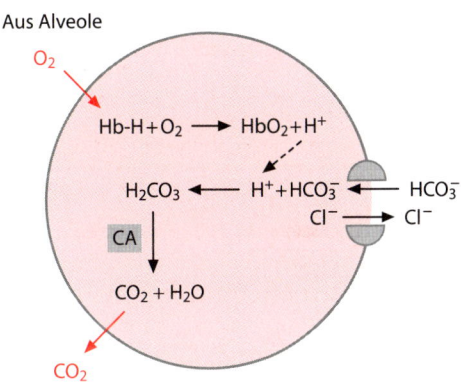

**Abb. 35.7.** Transport von $CO_2$ im Blut. Die katalytische Beschleunigung der Hydratisierung von $CO_2$ in den Geweben und der Dehydratisierung der $H_2CO_3$ in der Lunge durch die Carboanhydrase (CA) in den Erythrocyten ist sehr wichtig, weil die Erythrocyten die Kapillaren in weniger als einer Sekunde passieren. Die nichtenzymatische Dehydratisierung wäre zu langsam, um das in den Geweben gebildete $CO_2$ vollständig für die Abatmung bereitzustellen. Die wichtigsten Vorgänge spielen sich in den Erythrocyten ab. Der Bohr-Effekt läuft nicht stöchiometrisch ab, nur etwa 2 $H^+$ werden pro Hämoglobin (Hb)-Tetramer aufgenommen und abgegeben (s. Text). Nicht von Hämoglobin aufgenommene $H^+$ werden über die Pufferbasen des Blutes in die Lunge transportiert. Der Unterschied im pH-Wert von arteriellem (pH 7,40) und venösem Blut (pH 7,37) ist sehr gering

**Verschiebung** (*Chloride shift*). Der weitaus größte Teil (~ 90%) des $CO_2$ wird als $HCO_3^-$ in gelöster Form im Blutplasma zur Lunge transportiert. Dort laufen die obigen Vorgänge in umgekehrter Richtung ab: $HCO_3^-$ gelangt im Austausch gegen $Cl^-$ in die Erythrocyten und wird protoniert, die entstehende $H_2CO_3$ wird durch die Carboanhydrase dehydratisiert und $CO_2$ wird abgeatmet. Nur 5% des $CO_2$ werden in gelöster Form im Blutplasma transportiert. Die restlichen 5% des $CO_2$ werden von Hämoglobin transportiert. $CO_2$ bildet spontan ein kovalentes Addukt mit ungeladenen $\alpha$-Aminogruppen des Hämoglobins:

$$CO_2 + R\text{-}NH_2 \rightleftharpoons R\text{-}NHCOOH \rightleftharpoons R\text{-}NHCOO^- + H^+$$

Die $\varepsilon$-Aminogruppen von Lysinresten mit ihren höheren pKa-Werten sind wenig reaktiv mit $CO_2$.

**Wie wird $H^+$ in die Lunge transportiert?** Damit in der Lunge die Reaktion gemäß Gleichung (2) in umgekehrter Richtung ablaufen kann, muss nicht nur $HCO_3^-$, sondern auch $H^+$ von den Geweben in die Lunge transportiert werden. Dazu dienen die Puffersysteme des Blutes $HCO_3^-$, Hämoglobin und Phosphat (s. Kapitel 35.4), welche die anfallenden Protonen aufnehmen und damit den pH-Wert des Blutplasmas nur wenig absinken lassen. Auch der Bohr-Effekt trägt zu dieser Pufferung bei (2 $H^+$ pro Hämoglobin-Tetramer).

■ **$O_2$** wird von Hämoglobin transportiert. Die Kooperativität der vier $O_2$-Bindungsstellen des Hämoglobins äußert sich in einer sigmoiden $O_2$-Bindungskurve und vergrößert den Anteil von Hämoglobin-gebundenem $O_2$, welcher in den Geweben abgegeben werden kann. Der Bohr-Effekt (der tiefere pH-Wert in den Geweben verschiebt die $O_2$-Bindungskurve nach rechts) dient dem gleichen Zweck. Das in den Geweben gebildete **$CO_2$** wird durch die Carboanhydrase in den Erythrocyten zu $H_2CO_3$ hydratisiert und zum größten Teil als $HCO_3^-$ im Blutplasma zur Lunge trans-

portiert. Die Puffersysteme des Blutplasmas fangen die Protonen ab, welche bei der Dissoziation von $H_2CO_3$ frei werden. In der Lunge wird $H_2CO_3$ durch die Erythrocyten-Carboanhydrase dehydratisiert und das entstehende $CO_2$ abgeatmet.

## 35.3
## Ausscheidung von Stoffwechselendprodukten

**Die Niere ist das Hauptorgan zur Ausscheidung von Wasser und wasserlöslichen Verbindungen** – Die Ultrafiltration des Blutes in den Glomeruli lässt alle Plasmabestandteile mit einer Masse unter etwa 15 kDa ungehindert in den Primärharn passieren. Durch sekundär-aktive Rückresorption in den proximalen Tubulusabschnitten werden Elektrolytionen und Metabolite, welche im Stoffwechsel noch genutzt werden können, zurückgewonnen. Dazu gehören Glucose, Aminosäuren, Lactat, Pyruvat und Ketonkörper. Die distalen Tubuli und die Sammelrohre dienen der Resorption von Wasser sowie von $Na^+$ und $Cl^-$. Der Primärharn von 180 l/Tag wird auf etwa 1,5 l/Tag konzentriert. Diese Resorptionsvorgänge werden durch verschiedene Hormone reguliert. Das antidiuretische Hormon ADH (= Vasopressin) aus dem Hypophysenhinterlappen ist notwendig für die Wasserresorption, d.h. die Konzentrierung des Urins. Aldosteron aus der Nebennierenrinde reguliert die Resorption von $Na^+$-Ionen. Die Resorption von anorganischem Phosphat wird durch Parathyrin (= Parathormon) aus den Nebenschilddrüsen gehemmt.

Die aktiven Membrantransportvorgänge in der Niere sind energieaufwändig, die beiden Nieren verbrauchen 7% des Ruheumsatzes des Körpers (Tabelle 21.3). Harnpflichtige Stoffe wie die Endprodukte des Stoffwechsels und gewisse Pharmaka werden nicht nur ultrafiltriert ohne wieder resorbiert zu werden, sondern zusätzlich aktiv sezerniert (Tabelle 35.1). Die che-

**Tabelle 35.1.** Ultrafiltration, Resorption und Sekretion in der Niere

| Ultrafiltration | Resorption | Aktive Sekretion |
|---|---|---|
| Wasser | Glucose | $H^+$ |
| Gelöste Plasmabestandteile mit | Lactat | $K^+$ |
| einer Molekularmasse <15 kDa | Pyruvat | $NH_4^+$ |
| (dazu gehört Harnstoff) | Ketonkörper | Harnsäure |
| | Aminosäuren | Kreatinin |
| | $Na^+$, $K^+$, $Ca^{2+}$, $Mg^{2+}$, $Cl^-$, $SO_4^{2-}$, | Gewisse Medikamente |
| | $HPO_4^{2-}$, $HCO_3^-$ | |
| | Wasser | |

**Tabelle 35.2.** Zusammensetzung des Urins

| | Ausscheidung |
|---|---|
| | (g/Tag) |
| Harnstoff | 20–35 |
| Kreatinin | 1–1,5 |
| Harnsäure | 0,3–2,0 |
| | (mmol/Tag) |
| $Na^+$ | 100–150 |
| $K^+$ | 60–80 |
| $Cl^-$ | 120–240 |
| $Ca^{2+}$ | 4–11 |
| $Mg^{2+}$ | 3–6 |

mische Zusammensetzung des Urins wird hauptsächlich durch die Menge und Zusammensetzung der Nahrung bestimmt. Die organischen Bestandteile des Urins sind in erster Linie die N-haltigen Endprodukte des Stoffwechsels, dazu kommen die Elektrolytionen (Tabelle 35.2). Die gelben Urinfarbstoffe werden beim Abbau von Hämoglobin gebildet.

**Harnkonkremente.** Wenn Urin beim Stehenlassen sich auf Umgebungstemperatur abkühlt, kommt es häufig zum Ausfallen unlöslicher Substanzen. Wenn der Urin schon bei Körpertemperatur für die eine oder andere Substanz gesättigt ist, bilden sich in den Harnwegen Konkremente, die sich durch Anlagerung weiteren Materials zu Harnsteinen (**Nierensteinen** oder **Blasensteinen**) auswachsen können. Am häufigsten sind Steine aus Calciumoxalat, Calciumphosphat oder Magnesiumammoniumphosphat.

**Auch die Leber erfüllt mit der Sekretion der Galle Ausscheidungsfunktionen** – Die Hauptbestandteile der Galle sind Cholesterol, Gallensäuren und Phospholipide. Die grün-braune Farbe ist auf Abbauprodukte des Häms zurückzuführen. Freie deprotonierte Gallensäuren sowie ihre Addukte mit Glycin und der nicht-proteinogenen Aminosäure Taurin dienen zur Emulgierung der Nahrungsfette. **Cholesterol** wird zum kleineren Teil (20%) in unveränderter Form und zum größeren Teil (80%) in Form von Gallensäuren ausgeschieden.

**Mit der Galle werden auch die Abbauprodukte des Blutfarbstoffs Häm ausgeschieden** – Die Erythrocyten des Menschen werden nach einer mittleren Lebenszeit von 120 Tagen durch retikulohistiocytäre Zellen in Milz, Lymphknoten, Knochenmark und Leber abgebaut. Über die Zeit abgebaute Oligosaccharid-Ketten an den Glykoproteinen der Erythrocytenmembran zeigen an, dass eine Zelle reif für den Abbau ist. Nach Endocytose der Erythrocyten in eine retikulohistiocytäre Zelle öffnet die **Hämoxygenase** in einer oxidativen Reaktion den Protophoryinring zum linearen Tetrapyrrol Biliverdin, welches zu Bilirubin reduziert wird (Abb. 35.8). Das schlecht wasserlösliche Bilirubin wird als Komplex mit Serumalbumin zur Leber transportiert. In der Leber wird Bilirubin durch Konjugation mit zwei Glucuronatresten zum wasserlöslichen Bilirubin-Diglucuronid verwandelt, das mit der Galle ausgeschieden wird. Bilirubin ist von gelb-oranger Farbe; das an Albumin gebundene Bilirubin ist verantwortlich für die gelbe Farbe des Blutplasmas.

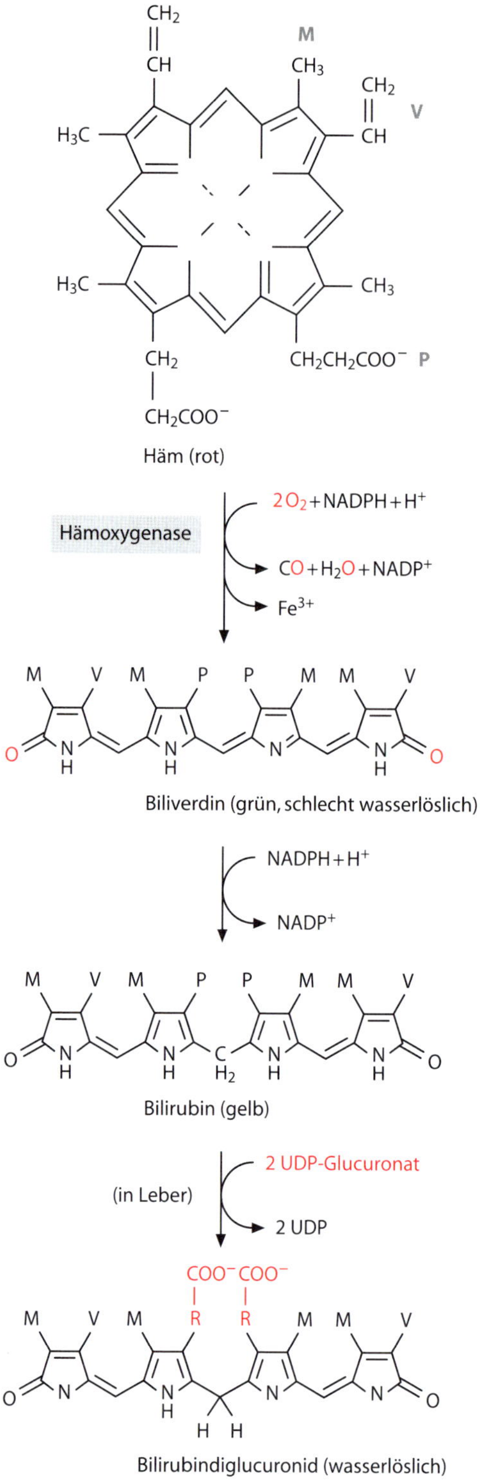

Eine erhöhte Konzentration von Bilirubin im Blut und in den Geweben einschließlich der Haut äußert sich als **Gelbsucht (Icterus)**. Die Gelbsucht ist ein Symptom, das durch verschiedene Störungen verursacht werden kann: eine hämolytische Anämie geht mit einer kürzeren Lebensdauer der Erythrocyten und damit einem verstärkten Abbau von Häm einher; eine Leberfunktionsstörung, z. B. bei einer Hepatitis, führt zu herabgesetzter Glucuronidierung des Bilirubins und damit zu dessen unzureichender Sekretion durch die Hepatocyten; zum gleichen Ergebnis führt ein Verschluss des Ductus choledochus durch einen Gallenstein oder einen Tumor.

■ Die **Niere** scheidet Wasser und die Endprodukte des Stoffwechsels, insbesondere N-haltige Verbindungen wie Harnstoff, Harnsäure, $NH_4^+$ und Kreatinin, aus. Die Wasserausscheidung wird durch das antidiuretische Hormon ADH reguliert. $H^+$-Ionen und Elektrolytionen werden zur Erhaltung des Säure-Basen-Gleichgewichts und des Elektrolytgleichgewichts ausgeschieden. Aldosteron steuert die Resorption von $Na^+$-Ionen; Parathyrin hemmt die Resorption von anorgani-

**Abb. 35.8.** Abbau von Häm zu Bilirubin und Bildung von Bilirubindiglucuronid. Die Hämoxygenase-Reaktion öffnet den Tetrapyrrolring durch Oxidation einer Methingruppe unter Bildung von Kohlenmonoxid CO. Das freigesetzte Eisen wird dem Eisenpool zugeführt. Das lineare Tetrapyrrol Biliverdin (grün) wird zum Bilirubin (gelb) reduziert (M = Methyl-, V = Vinyl-, P = Propionylgruppe). Nach Transport mit Serumalbumin in die Leber, wird das schlecht wasserlösliche Bilirubin an den Propionylseitenketten glucuronidiert zum gut wasserlöslichen Bilirubindiglucuronid, das mit der Galle ausgeschieden wird. (Für die Struktur von Glucuronsäure s. Kapitel 16.3.) Die stetige Verkleinerung des Systems konjugierter Doppelbindungen von Häm über Biliverdin zu Bilirubin zeigt sich im Farbwechsel von Rot über Grün zu Blau, der sich bei Blutunterlaufungen der Haut oder einem „blauen" Auge im Verlauf von Tagen eindrucksvoll verfolgen lässt

schem Phosphat. Die Leber scheidet mit der Galle Cholesterol und Bilirubindiglucuronid, das Abbauprodukt des Blutfarbstoffs, aus.

## 35.4
## Wasser-, Elektrolyt- und Säure-Basen-Haushalt

Die Fähigkeit, die Zusammensetzung der extrazellulären Flüssigkeit konstant zu halten, war eine bedeutende Errungenschaft in der Evolution der Lebewesen. Ein stabiles *Milieu intérieur*, das die Zellen eines Organismus umgibt, war eine der Voraussetzungen zur Zellspezialisierung und zur Weiterentwicklung der Vielzeller.

Die Regulation im Sinne einer Konstanthaltung der Flüssigkeitskompartimente erstreckt sich auf

- das Volumen der Kompartimente (Wasserhaushalt),
- den osmotischen Druck und die Konzentrationen der einzelnen Elektrolytionen (Elektrolythaushalt),
- den pH-Wert (Säure-Basen-Haushalt).

**Das Körperwasser verteilt sich auf drei Flüssigkeitskompartimente mit verschiedener Zusammensetzung** – Das Volumen der einzelnen Kompartimente lässt sich als das Verteilungsvolumen bestimmter Stoffe experimentell ermitteln. Für einen Mann von 70 kg Körpergewicht ergeben sich etwa folgende Werte:

Die unterschiedliche Zusammensetzung von intrazellulärem Kompartiment, Interstitium und Blutplasma (Tabelle 35.3) ergibt sich aus der Undurchlässigkeit der Zellmembran und den aktiven Membrantransportvorgängen. Die Kapillarendothelien sind für viele Stoffe frei durchlässig; Proteine können jedoch kaum passieren. Die Flüssigkeiten der drei Kompartimente sind isotonisch.

---

**Physiologische Kochsalzlösung** enthält 0,9 Gewichtsprozent NaCl (154 mM = 308 mOsmol/l) in Wasser und ist ungefähr isotonisch mit den Körperflüssigkeiten.

---

Der Wassergehalt des Körpers wird über die Wasseraufnahme (Durstgefühl) und die Rückresorption von Wasser aus dem Primärharn reguliert. Das **antidiuretische Hormon ADH** (= Vasopressin) fördert in den Sammelrohren über cAMP die Verlagerung von Aquaporin aus dem endoplasmatischen Reticulum in die Plasmamembran. In der Membran bildet das Aquaporin mit seinen acht Transmembran-Helices einen nur für $H_2O$ durchgängigen Kanal. Bei unzureichender Sekretion von ADH kann der Primärharn nur noch ungenügend konzentriert werden, es kommt zur Ausscheidung großer Urinvolumen (bis 30 l pro Tag; *Diabetes insipidus* (lat. geschmacklos) im Gegensatz zum *Diabetes mellitus*).

| Flüssigkeitskompartiment | Volumen | Stoff zur Ermittlung des Verteilungsvolumens |
|---|---|---|
| ① Gesamtkörperwasser | 45 l | $^2H_2O$ = Deuteriumoxid = schweres Wasser |
| ② Intrazelluläre Flüssigkeit | 30 l | Ergibt sich aus ① minus ③ |
| ③ Extrazelluläre Flüssigkeit | 15 l | Inulin (Fructose-Polymer, ~6 kDa), passiert Kapillarendothelien, gelangt nicht in Zelle |
| ④ Interstitielle Flüssigkeit | 12 l | Ergibt sich aus ③ minus ⑤ |
| ⑤ Blutplasma | 3 l | $^{131}$I-markierte Plasmaproteine |

**Tabelle 35.3.** Elektrolytzusammensetzung der Flüssigkeitskompartimente

|  | Plasma (mmol/l) | Interstitielle Flüssigkeit (mmol/l) | Intrazelluläre Flüssigkeit (mmol/kg $H_2O$) |
|---|---|---|---|
| **Kationen** | | | |
| $Na^+$ | 142 | 144 | 10 |
| $K^+$ | 4 | 4 | 150 |
| $Ca^{2+}$ | 2,5 | 1,25 | 1 |
| $Mg^{2+}$ | 1,5 | 0,75 | 13 |
| **Anionen** | | | |
| $Cl^-$ | 103 | 114 | 3 |
| $HPO_4^{2-}$ | 1 | 1 | 50 |
| $SO_4^{2-}$ | 0,5 | 0,5 | 10 |
| $HCO_3^-$ | 27 | 30 | 10 |
| Organische Säuren | 5 | 5 | 35 |
| Protein | 2 | 0 | 6,5 |

**Die Resorption von $Na^+$-Ionen aus dem Primärharn ist eine lebenswichtige Funktion der Nierentubuli** – Nur ein sehr kleiner Teil (<3%) der $Na^+$-Ionen im Primärharn wird mit dem Endharn ausgeschieden. Eine $Na^+$/$K^+$-ATPase in der basalen Membran pumpt unter ATP-Verbrauch 3 $Na^+$ aus der Tubuluszelle ins Blutplasma im Austausch mit 2 $K^+$. Ein sekundär-aktiver Symport bringt $Na^+$ aus dem Tubuluslumen in die Zellen zusammen mit Glucose oder Aminosäuren.

Das Nebennierenrindenhormon **Aldosteron** fördert die Synthese der $Na^+$/$K^+$-ATPase und der Symporter. Eine Unterproduktion von Aldosteron führt zu Salzverlust (Hyponatriämie, Hyperkaliämie) und eingeschränktem Blutvolumen mit hämodynamischen Problemen. Die Sekretion des ADH aus der Neurohypophyse wird durch eine Zunahme der Osmolarität des Blutplasmas, eine Abnahme des Blutdrucks und eine Abnahme des Blutvolumens stimuliert. Die Sekretion von Aldosteron aus der Nebennierenrinde wird bei einer Abnahme des Blutdrucks über das Renin-Angiotensin-System stimuliert. Ein Gegenspieler des Aldosterons ist das **atriale natriuretische Peptid ANP**, welches von den Myocyten des linken Vorhofs bei einer Dehnung des Vorhofs sezerniert wird (Prä-pro-ANP 151, ANP 28 Aminosäurereste). Dieses Peptid und homologe Peptide aus dem Gehirn führen zu erhöhter Ausscheidung von $Na^+$ und $H_2O$. Sie erhöhen die glomeruläre Filtration und hemmen die $Na^+$-Resorption im Sammelrohr.

**Der pH-Wert der extrazellulären Flüssigkeit wird konstant gehalten** – Im Blut und der interstitiellen Flüssigkeit liegt der pH-Wert bei 7,4. Abweichungen außerhalb des Bereichs von 7,35–7,45 führen bereits zu Störungen. Es ist zu beachten, dass auf der logarithmischen pH-Skala ein $\Delta pH$ von 0,3 einem Unterschied in der $H^+$-Konzentration um einen Faktor 2 entspricht. Ein pH-Wert von 7,4 entspricht einer $H^+$-Konzentration von 40 nM. Eine Abnahme des pH-Werts unter den Normbereich wird als **Acidose**, eine Zunahme über den Normbereich als **Alkalose** bezeichnet.

Mit dem Leben vereinbare **Konzentrationsbereiche**, d. h. Extremwerte bei Patienten, welche sich wieder erholt haben:

$H_3O^+$    pH 6,8–7,7
$Na^+$    100–200 mM
$K^+$    1,5–12 mM

Warum führen Abweichungen des pH-Werts vom Normalwert zu Störungen? Die Proteine, besonders die Enzyme, Ionenpumpen, Ionenkanäle und Proteine der intrazellulären Signaltransduktion, sind in ihrer Wirkung von einem bestimmten Ladungszustand ihrer ionisierbarer Gruppen und damit vom pH-Wert abhängig.

Der **intrazelluläre pH-Wert** liegt im Bereich von pH 7,0–7,2 und damit etwas tiefer als der extrazelluläre Wert. Zur Konstanthaltung des pH-Wertes verfügen die Zellen über aktive Transportmechanismen für den Export von $H^+$ und den Import von $HCO_3^-$:

- $Na^+/H^+$-Antiport. Der $Na^+$-Einstrom ist gekoppelt mit dem Export von $H^+$. Dieses System wird bei intrazellulärem $H^+$-Überschuss aktiviert.
- $Cl^-/HCO_3^-$-Antiport und $Na^+/HCO_3^-$-Symport verschieben in Abhängigkeit von den bestehenden elektrochemischen Gradienten die Base $HCO_3^-$ in die Zelle.

**Belastungen des Säure-Basen-Haushalts** – Der Stoffwechsel eines erwachsenen Menschen liefert 10–20 Mol $CO_2$ pro Tag. Das $CO_2$ stammt zur Hauptsache aus dem Citratzyklus. $CO_2$ wird im Blut als $HCO_3^-$ transportiert: $CO_2 + H_2O \rightleftharpoons H_2CO_3 \rightleftharpoons HCO_3^- + H^+$. Das bei dieser Reaktion entstehende $H^+$ wird durch die Puffersysteme des Blutes abgefangen und senkt den pH-Wert des Blutes nur geringfügig. In der Lunge läuft die obige Reaktion nach links und $CO_2$ wird abgeatmet. Bei normaler Lungenfunktion ergibt sich durch $CO_2$ keine Belastung des Säure-Basen-Haushalts.

Neben dem flüchtigen $CO_2$, das abgeatmet werden kann, produziert der Stoffwechsel jedoch auch nicht-flüchtige Säuren. Dazu gehören bei gemischter Kost die **Schwefelsäure** $H_2SO_4$ (40–60 mmol pro Tag), die beim Abbau der schwefelhaltigen Aminosäuren Cystein sowie Methionin entsteht und vollständig zu Sulfat und $2H^+$ dissoziiert. **Milchsäure**, die bei anaerobem Stoffwechsel in der Muskulatur in größeren Mengen gebildet wird, dissoziiert zu Lactat und $H^+$. Bei starker anaerober Muskelleistung kommt es zur Ansäuerung der Muskulatur (pH < 7) und auch der extrazellulären Flüssigkeit. Lactat wird jedoch nicht ausgeschieden, sondern

als Milchsäure zu ungeladenen Verbindungen umgebaut, z. B. der Gluconeogenese zugeführt (Cori-Zyklus). Dabei wird das Proton wieder eingebaut:

$$Lactat^- + H^+ \rightarrow Milchsäure \rightarrow \rightarrow Glucose$$

Das vorübergehend freigesetzte Proton verschwindet in der Bilanz.

Für die **Ketonkörper**, Acetessigsäure und 3-Hydroxybuttersäure, gilt im Normalfall das Gleiche wie für Milchsäure. Im Hungerzustand und beim nicht behandelten *Diabetes mellitus* hingegen werden vermehrt Ketonkörper gebildet und zum Teil im Urin ausgeschieden. Ketonkörper werden hauptsächlich als Anionen ausgeschieden, weil ihr $pK_a$-Wert etwas niedriger ist als der pH-Wert von 4,5, welchen der Urin bei maximaler Ansäuerung annehmen kann. Die Anionen verlassen den Körper, die Protonen bleiben zurück und säuern den Körper an (**metabolische Acidose**).

**Puffersysteme halten den pH-Wert trotz der Belastungen des Säure-Basen-Haushalts möglichst konstant** – Die Pufferwirkung bei Zugabe von Säure oder Base ist am größten, wenn der $pK_a$-Wert des Puffers dem pH-Wert der Lösung entspricht. Das wichtigste Puffersystem im extrazellulären Kompartiment ist der **Hydrogencarbonat(= Bicarbonat)-Kohlensäure-Puffer**. Das Verhalten dieses Puffersystems lässt sich mit der **Henderson-Hasselbalchschen Puffergleichung** beschreiben:

$$pH = pK_a + \log \frac{[HCO_3^-]}{[H_2CO_3]} \qquad pK_a = 3,5$$

Alle in diesem Zusammenhang angegebenen Werte gelten bei 150 mM NaCl, pH 7,4 und 25 °C. Über die sehr schnelle **Carboanhydrase**-Reaktion

$$CO_2 + H_2O \rightleftharpoons H_2CO_3$$

steht $H_2CO_3$ immer mit dem gelösten $CO_2$ im Gleichgewicht. Wenn dieses Gleichgewicht in der Puffergleichung berücksichtigt wird, ergibt sich

$$pH = pK'_a + \log \frac{[HCO_3^-]}{[H_2CO_3] + [CO_2]}$$

Bei einem Partialdruck von $CO_2$ in den Lungenalveolen $pCO_2 = 40$ mmHg (5,3 kPa) liegt $CO_2$ in der folgenden Konzentration vor:

$$[CO_2] = a \cdot pCO_2 = 0,03 \text{ mM} \cdot \text{mmHg}^{-1}$$
$$\times 40 \text{ mmHg} = 1,2 \text{ mM}$$

$a = 0,03$ mM·mmHg$^{-1}$ ist der Löslichkeitskoeffizient von $CO_2$. $[H_2CO_3]$ ist im Hydratationsgleichgewicht ungefähr 400-mal niedriger und kann in der Gleichung vernachlässigt werden. Weil ferner $pCO_2$ die am einfachsten zu bestimmende Größe ist, wird bei der Untersuchung des Säure-Basen-Haushalts $a \cdot pCO_2$ statt $[H_2CO_3]$ in die Gleichung eingesetzt:

$$pH = pK_a' + \log \frac{[HCO_3^-]}{a \cdot pCO_2}$$

Dabei ergibt sich beim Einsetzen der gemessenen Werte ein apparenter (scheinbarer) Wert für $pK_a'$:

$$7,4 = pK_a'$$
$$+ \log \frac{24 \text{ mM}}{0,03 \text{ mM} \cdot \text{mmHg}^{-1} \times 40 \text{ mmHg}}$$
$$= pK_a' + \log \frac{24 \text{ mM}}{1,2 \text{ mM}} = pK_a' + \log 20$$
$$= pK_a' + 1,4$$
$$pK_a' = 6,1$$

Wenn also $a \cdot pCO_2$ statt $[H_2CO_3]$ in die Puffergleichung eingesetzt wird, schreibt sich diese als

$$pH = 6,1 + \log \frac{[HCO_3^-]}{a \cdot pCO_2} = 6,1 + \log \frac{[HCO_3^-]}{[CO_2]}$$

Obwohl der $pK_a'$-Wert von 6,1 weit ab vom pH-Wert liegt, welcher konstant zu halten ist, bildet Hydrogencarbonat/Kohlensäure ein sehr wirksames Puffersystem. Es ist effizient, weil es sich um ein **offenes System** handelt, bei dem die eine Komponente, $[CO_2]$, mit der Alveolarluft im Gleichgewicht steht. Der Term $a \cdot pCO_2$ bzw. $[CO_2]$ in den obigen Gleichungen

wird daher konstant gehalten. Eine Belastung des Systems mit Säure führt über $H^+ + HCO_3^- \rightarrow H_2CO_3$ wohl zu einer Abnahme von $[HCO_3^-]$, wird aber den Wert des Nenners nicht verändern. Der Nenner ist bestimmt durch den $pCO_2$ in den Lungenalveolen, der wegen des atmungsbedingten Luftaustausches mit der Umge-

---

**Pufferung durch offenes Hydrogencarbonat/Kohlensäure-System.**
Ausgangssituation:

$$pH = pK_a' + \log \frac{[HCO_3^-]}{[CO_2]}$$

$$pH = 6,1 + \log \frac{24 \text{ mM}}{1,2 \text{ mM}} = 6,1 + \log \frac{20}{1} = 7,4$$

Belastung durch 12 mM HCl:

$$12 \text{ mM HCO}_3^- + 12 \text{ mM H}^+$$
$$\rightarrow 12 \text{ mM H}_2CO_3 \rightarrow 12 \text{ mM CO}_2$$

Konsequenz in geschlossenem System:

$$pH = 6,1 + \log \frac{24 \text{ mM} - 12 \text{ mM}}{1,2 \text{ mM} + 12 \text{ mM}} = 6,06$$

Konsequenz in offenem System

$$pH = 6,1 + \log \frac{12}{1,2} = 7,1$$

Das durch die Ansäuerung gebildete $CO_2$ wird abgeatmet, $pCO_2$ wird wieder 40 mmHg und $[CO_2]$ 1,2 mM. Durch die Konstanthaltung von $pCO_2$ (= 40 mmHg) in den Lungenalveolen ist der pH-Wert nur auf 7,1 statt 6,06 herabgesetzt worden.

Die Pufferwirkung wird noch verbessert, wenn durch verstärkte Atmung (Hyperventilation) der Partialdruck von $CO_2$ in die Lungenalveolen abgesenkt wird. Wenn der $pCO_2$ von normal 40 mmHg auf 20 mm Hg (ein hypothetischer Wert, der *in vivo* nicht erreicht werden kann) gesenkt wird, ergibt sich

$$pH = 6,1 + \log \frac{12 \text{ mM}}{0,6 \text{ mM}} = 7,4!$$

Durch Absenken des $pCO_2$ in den Lungenalveolen ist der pH-Wert normalisiert worden. Die Acidose ist respiratorisch kompensiert worden. Trotz des normalen pH-Wertes besteht jedoch immer noch eine Acidose: $[HCO_3^-]$ ist erniedrigt und die Hyperventilation muss fortgesetzt werden.

bungsluft konstant ist. Das Rechenbeispiel im Kasten belegt die Wirksamkeit des Hydrogencarbonat/Kohlensäure-Systems.

Im Blut tragen das Hämoglobin in den Erythrocyten und die Plasmaproteine etwa ein Viertel zur Pufferkapazität bei. Besonders pufferwirksam sind die Histidinreste dieser Proteine. Anorganisches Phosphat ($H_2PO_4^-$/$HPO_4^{2-}$; $pK_a$ 6,8) trägt wegen seiner niedrigen Konzentration (~1 mM) nur wenig bei.

**Der intrazelluläre pH-Wert wird durch Puffer und aktiven $H^+$-Export konstant gehalten** – In den Zellen wirken die Proteine mit den Imidazolgruppen ihrer Histidinreste ($pK_a$ 6,0–7,0) und organische Phosphatreste (Nucleotide, RNA, phosphorylierte Stoffwechselzwischenprodukte) als Puffer. Überschüssige $H^+$ werden durch aktiven Transport, zumeist im Austausch mit $Na^+$, aus der Zelle befördert.

---

**Pufferkapazität der verschiedenen Flüssigkeitskompartimente.** Tierversuche haben ergeben, dass die Kompartimente am Auffangen einer Säurebelastung des Körpers mit den folgenden Anteilen beteiligt sind:

| | |
|---|---|
| Intrazellulär | 51% |
| Extrazelluläres $HCO_3^-$/$CO_2$ | 42% |
| Hämoglobin in Erythrocyten | 6% |
| Plasmaproteine | 1% |

---

Die Puffermechanismen wie auch die respiratorische Kompensation bieten nur eine temporäre Lösung bei einem $H^+$-Überschuss oder $H^+$-Defizit des Körpers. Zum Beispiel wird bei einer Säurebelastung die Auswirkung auf den pH-Wert stark abgeschwächt. Allerdings wird der Puffereffekt erkauft durch eine erhöhte Protonierung der Pufferbasen, im Hydrogencarbonat/Kohlensäure-System mit einem Verlust an $HCO_3^-$:

$$H^+ + HCO_3^- \rightarrow H_2CO_3 \rightarrow H_2O + CO_2$$
$$(CO_2 \text{ wird abgeatmet})$$

Bei der Normalisierung der Konzentration von $HCO_3^-$ tritt durch die umgekehrte Reaktion

$$CO_2 + H_2O \rightarrow H_2CO_3 \rightarrow HCO_3^- + H^+$$

der $H^+$-Überschuss wieder auf. Ein metabolisch bedingter $H^+$-Überschuss oder ein $H^+$-Defizit kann nur durch die Niere endgültig behoben werden.

**Die Niere scheidet Protonen durch die Ansäuerung eines gepufferten Urins aus** – Die Tubuluszellen scheiden $H^+$ durch einen sekundär-aktiven Antiport im Austausch mit $Na^+$ aus (Abb. 35.9). Im distalen Tubulus und im Sammelrohr ist zudem eine $H^+$-transportierende ATPase wirksam. Der Urin kann maximal auf pH 4,5 (entsprechend 0,03 mmol $H^+$ pro l Urin) angesäuert werden. Da pro Tag 80–120 mmol fixe Säuren ($H_2SO_4$ und organische Säuren) ausgeschieden werden müssen, wäre diese Ansäuerung des Urins bedeutungslos, wenn ein ungepufferter Urin ausgeschieden würde. Die ausscheidbare Menge von $H^+$ wird jedoch durch im Urin vorhandene Puffersubstanzen stark erhöht. Das ins Tubuluslumen gepumpte $H^+$ wird von $HCO_3^-$ aus dem Primärharn abgefangen. Das entstehende $H_2CO_3$ steht über die Carboanhydrasereaktion mit $CO_2 + H_2O$ im Gleichgewicht. Weil das ins Lumen gepumpte $H^+$ aus der Dissoziation von $H_2CO_3$ in $HCO_3^- + H^+$ stammt, ist in der Bilanz $HCO_3^-$ aus dem Lumen in die Tubuluszelle und weiter ins Blutplasma verschoben worden. Die $H^+$-Ausscheidung in der Niere dient in erster Linie der Rückgewinnung von $HCO_3^-$. Quantitativ weniger wichtig ist die Ansäuerung von Pufferbasen wie $HPO_4^{2-}$ und organischen Säuren.

---

Carboanhydrasehemmer führen zur Ausscheidung eines alkalischen Urins mit erhöhten Konzentrationen von $HCO_3^-$, $Na^+$ und $K^+$, welche osmotisch aktiv sind. Es entsteht eine Acidose.

---

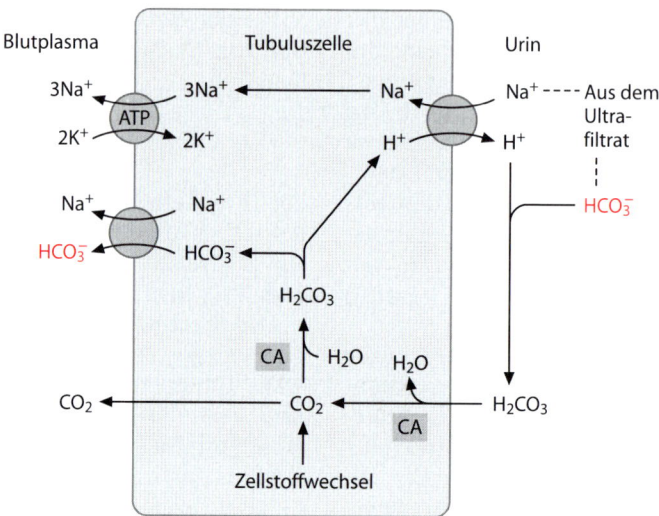

**Abb. 35.9.** Rückresorption von $HCO_3^-$ durch die Niere. Die treibende Kraft ist die $Na^+/K^+$-ATPase in der basalen Membran, welche die $Na^+$-Konzentration in der Tubuluszelle niedrig hält. $H^+$ entsteht in der Tubuluszelle durch Dissoziation von $H_2CO_3$ und wird durch einen sekundär-aktiven Antiport im Austausch mit $Na^+$ ins Tubuluslumen gebracht. Dort wird $H^+$ von $HCO_3^-$, das bei der Ultrafiltration in den Primärharn gelangt ist, abgefangen. Das $HCO_3^-$, welches bei der Verschiebung von $H^+$ im Tubuluslumen zurückgeblieben ist, wird durch einen $Na^+$-gekoppelten elektrogenen Symport (3 $HCO_3^-$ plus 1 $Na^+$), der durch das negative Membranpotential angetrieben wird, aus der Zelle geschafft. Bilanzmäßig wird durch die Sekretion von $H^+$ ins Tubuluslumen $HCO_3^-$ aus dem Tubulus rückresorbiert und ans Blutplasma zurückgegeben. Unter Normalbedingungen werden auf diese Weise mehr als 95% des filtrierten $HCO_3^-$ ins Blutplasma zurückgebracht

Der größte Teil des anorganischen Phosphats im Primärharn wird resorbiert. Etwa 10% des filtrierten Phosphats werden jedoch im Endharn ausgeschieden (Parathyrin hemmt die tubuläre Resorption von anorganischem Phosphat). Der $pK_2$-Wert von Phosphorsäure ist 6,8. In Abhängigkeit vom pH-Wert liegt Phosphat in den folgenden Formen vor:

pH 7,8    $HPO_4^{2-}$ 99%,   $H_2PO_4^-$    1%
pH 4,5                        $H_2PO_4^-$    100%

Bei gemischter Kost werden täglich etwa 40 mmol Phosphat ausgeschieden. Der Regulationsbereich der $H^+$-Ausscheidung durch Protonierung von Phosphat ist demnach 36 mmol pro Tag, also beträchtlich mehr als die 0,03 mmol/Tag mit einem ungepufferten Urin.

**Bei einer Acidose wird vermehrt $NH_4^+$ ausgeschieden** – Bei gemischter Kost werden 30–50 mmol $NH_4^+$ ($pK_a = 9,3$) pro Tag ausgeschieden. Die Menge hängt vom pH-Wert des Urins ab (Abb. 35.10). Die Protonierung von $NH_3$ zu $NH_4^+$ führt allerdings nicht wie bei Phosphat zur erhöhten Ausscheidung von $H^+$, in der Bilanz ist einfach $NH_4^+$ aus der Zelle in den Urin gebracht worden. Trotzdem leistet die Ausscheidung von $NH_4^+$ einen Beitrag zur Aufrechterhaltung des Säure-Basen-Gleichgewichts. Die Ausscheidung von Protein-Stickstoff in Form von $NH_4^+$ verbraucht kein $HCO_3^-$ im Gegensatz zum alternativen Weg, der Synthese von Harnstoff in der Leber und dessen Ausscheidung in der Niere, welcher dem Körper $HCO_3^-$ entzieht (s. Abb. 19.3). Bei einer Acidose wird die Glutaminase in der Leber (nicht in der Niere!) und die Harnstoffsynthese gehemmt und die Aktivität der Glutaminsynthetase der Leber (s. Kapitel 19.2) und der Glutaminase der Niere gesteigert.

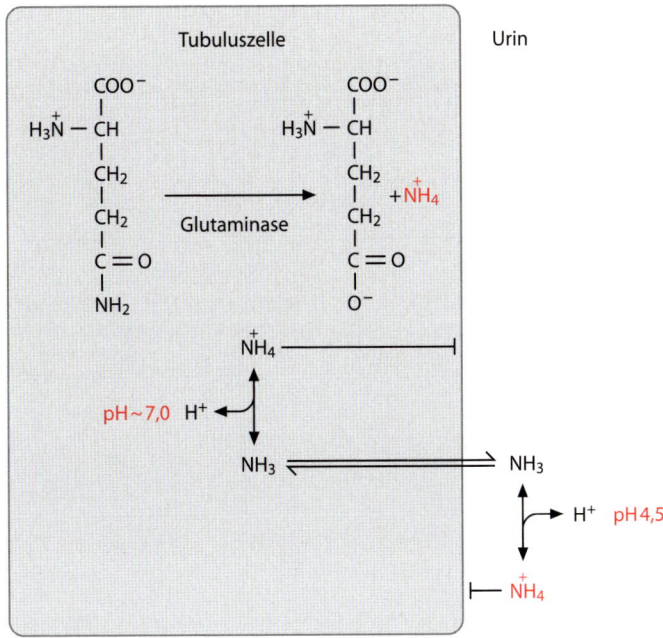

**Abb. 35.10.** Ausscheidung von Ammoniumionen. Die Glutaminase-Reaktion liefert $NH_4^+$, welches die Tubulusmembran nicht durchdringen kann. $NH_3$ diffundiert durch die Membran und wird im saureren Urin durch Reprotonierung abgefangen. Die Differenz im pH-Wert zwischen Tubulus-Zelle und Urin (pH 4,5 entspricht maximal angesäuertem Urin) führt dazu, dass die Konzentration von $NH_4^+$-Ionen im Urin sehr viel größer als in der Zelle ist. Bilanzmäßig ist $NH_4^+$ im Austausch mit $Na^+$ in den Urin gebracht worden ($H^+$ ist durch sekundär-aktiven Antiport mit $Na^+$ im Urin ausgetauscht worden, vgl. Abb. 35.9)

■ Die Niere ist das Hauptorgan zur Aufrechterhaltung eines konstanten *Milieu intérieur*. Konstant gehalten werden

– das Volumen der einzelnen Flüssigkeitskompartimente des Körpers,
– der osmotische Druck der Körperflüssigkeiten,
– die Konzentrationen der einzelnen Elektrolytionen,
– der pH-Wert.

Vier hormonale Regelkreise regulieren den Wasser- und Elektrolythaushalt: ADH, Aldosteron (über Renin-Angiotensin) und sein Gegenspieler ANP (das atriale natriuretische Peptid) sowie Parathyrin.

Die Ernährungslehre beschäftigt sich mit den Ernährungsbedürfnissen des Organismus und dem Angebot an Brennstoffen und Baustoffen in der Nahrung. Unterernährung (ungenügende Zufuhr von Brennstoffen), Fehlernährung (ungenügende Zufuhr von Proteinen und essentiellen Nahrungsbestandteilen) und Überernährung (zu reichliche Zufuhr von Brennstoffen) grassieren in verschiedenen Teilen der heutigen Welt und verursachen viele der medizinischen Probleme unserer Zeit. Zur Vorbeugung gegen Krankheiten gibt es kaum wirkungsvollere und kostengünstigere Maßnahmen als eine gesunde Ernährung.

---

**Essentielle Nahrungsbestandteile:** Stoffe, welche der Körper unbedingt benötigt, aber nicht selbst synthetisieren kann. Es gehören dazu gewisse Aminosäuren, mehrfach ungesättigte Fettsäuren, die Vitamine und die anorganischen Bestandteile des Organismus. Mikroorganismen und Pflanzen, die sich autotroph ernähren, müssen alle Bestandteile des Organismus aus anorganischen Stoffen selbst synthetisieren können. Die heterotrophen Organismen wie Mensch und Tier beziehen viele dieser Verbindungen mit der Nahrung und verfügen nicht über die entsprechende Enzymausstattung. Bei mangelnder Zufuhr wird die Abhängigkeit manifest.

---

Eine ausreichende Ernährung hat dem Organismus genügend Brennstoffe zur Energiegewinnung zuzuführen. Die Hauptnährstoffe Kohlenhydrat, Triacylglycerol und Protein können sich hierbei nach Maßgabe ihres Energiegehalts gegenseitig

vertreten. Außerdem muss die Nahrung genügend Proteine enthalten, um den Organismus im Stickstoffgleichgewicht zu halten. Auch bei fehlender Proteinzufuhr geht aus dem Aminosäuren-Pool des Organismus kontinuierlich reduzierter Stickstoff, der hauptsächlich in Form von Harnstoff ausgeschieden wird, verloren. Zu einer adäquaten Ernährung gehören ferner genügend essentielle Aminosäuren, essentielle Fettsäuren und Vitamine. Auch müssen dem Körper anorganische Bestandteile in ausreichenden Mengen zugeführt werden. Die anorganischen Komponenten lassen sich in Elektrolytionen, Mineralstoffe und Spurenelemente gruppieren. In manchen Fällen führt die mangelnde Zufuhr eines Vitamins oder eines Spurenelements zu einer typischen Mangelkrankheit mit spezifischen Symptomen.

**36.1
Bedarf an Brennstoffen,
Baustoffen und Wirkstoffen**

**Der Energieverbrauch des Körpers setzt sich zusammen aus Grundumsatz, Leistungsumsatz und der Thermogenese nach Nahrungsaufnahme (postprandialer Thermogenese) – Der Grundumsatz entspricht**

dem minimalen Bedarf an chemischer Energie, wie er während der Postresorptionsphase im Ruhezustand des Körpers und bei minimaler Wärmeproduktion gemessen wird. Der **Grundumsatz** wird in erster Linie von der fettfreien Körpermasse (*Lean body mass*) bestimmt. Das Fettgewebe ist metabolisch sehr träge und

---

Messung des Energieverbrauchs: Das aufwändige Verfahren der direkten Kalorimetrie misst die gesamte vom Körper abgegebene Wärme. Einfacher ist die Messung des $O_2$-Verbrauchs und der $CO_2$-Bildung. In jüngster Zeit hat sich die Methode mit $^2H_2^{18}O$ (Wasser markiert mit den stabilen Isotopen Deuterium und $^{18}O$) durchgesetzt. Mit dieser Methode wird die $CO_2$-Produktion gemessen. Ihr großer Vorteil liegt darin, dass die Versuchspersonen ihren üblichen Tagesablauf in keiner Weise zu ändern haben. Nach oraler Verabreichung von doppelt markiertem Wasser haben sie lediglich während 2 bis 3 Wochen Urinproben (keinen 24-h-Urin!) zu sammeln (s. Schoeller D.A., J. Nutr. 129:1765–1768, 1999).

---

trägt nur wenig zum Grundumsatz bei. Richtwerte für den Grundumsatz geben die folgenden Angaben:

Frau (35 Jahre, 60 kg):  5400 kJ/Tag, 1300 kcal/Tag
Mann (35 Jahre, 70 kg):  7100 kJ/Tag, 1700 kcal/Tag

Dieser Energiebetrag wird unter Grundumsatzbedingungen benötigt zur Synthese

von ATP, um damit mechanische Arbeit (Herz, Atemmuskulatur) zu leisten, aktiven Membrantransport anzutreiben und Biosynthesen zum Ablaufen zu bringen.

Der zusätzliche **Leistungsumsatz** wird in erster Linie durch die körperliche Aktivität bestimmt (Tabelle 36.1). Bei durchschnittlicher körperlicher Tätigkeit macht der Grundumsatz etwas über 60% des Gesamtumsatzes aus. Ein nicht zu vernachlässigender Teil der Energie wird in Stoffwechselprozessen verbraucht. Der stoffwechselbedingte Energieverbrauch fällt besonders ins Gewicht, wenn in der Resorptionsphase Energiespeicher angelegt werden und zur Proteinsynthese Aminosäuren umgebaut und zum Teil abgebaut werden. Dieser besondere Energieumsatz in der Resorptionsphase nach Mahlzeiten äußert sich als **postprandiale Thermogenese**. Er ist besonders hoch für Proteine (14–20% des Brennwerts der aufgenommenen Proteine), für Kohlenhydrate ist er 4–10% ihres Brennwerts und für Fette 2–4% des Brennwerts.

Der Energiebedarf des Organismus wird durch die drei Hauptnährstoffe Kohlenhydrat, Fett und Protein gedeckt. Die Hauptnährstoffe können sich nach Maßgabe ihres Energiegehalts gegenseitig ersetzen (Tabelle 36.2). Eine mangelhafte Zufuhr von Brennstoffen wird als **Unterernährung** bezeichnet und ist gekennzeichnet durch Gewichtsverlust, Wachstumsstillstand beim Kind, negative Stick-

---

**Tabelle 36.1.** Energieumsatz während eines Tages bei durchschnittlicher körperlicher Tätigkeit

| Tätigkeit | Dauer (h) | Energieverbrauch | | | |
|---|---|---|---|---|---|
| | | Frau, 60 kg | | Mann, 70 kg | |
| | | (kcal/min) | (kcal total) | (kcal/min) | (kcal/total) |
| Schlafen, Liegen | 8 | 1,0 | 480 | 1,1 | 530 |
| Sitzen | 12 | 1,25 | 900 | 1,8 | 1300 |
| Gehen | 3 | 2,8 | 500 | 3,5 | 630 |
| Radfahren[a] | 1 | 4,0 | 240 | 5,0 | 300 |
| Total    kcal/Tag | | | 2120 | | 2760 |
|           kJ/Tag | | | 8900 | | 11500 |

[a] Zum Vergleich Pickeln, Schaufeln: 7,5–12 kcal/min

**Tabelle 36.2.** Physiologischer Brennwert der Hauptnährstoffe. Der physiologische Brennwert entspricht der metabolisierbaren Energie und ist für Protein, im Gegensatz zu Kohlenhydrat und Fett, nicht gleich dem physikalischen Brennwert (23 kJ/g), da der Brennwert des Harnstoffs im Körper nicht genutzt wird

| Nährstoff | kJ/g | kcal/g |
|-----------|------|--------|
| Kohlenhydrat | 17,2 | 4,1 |
| Fett | 39,0 | 9,3 |
| Protein | 17,2 | 4,1 |

stoffbilanz (s. Kapitel 36.2) und eine allgemeine Abnahme der Leistungsfähigkeit. Eine übermäßige Zufuhr von Brennstoffen, insbesondere Triacylglycerol, führt zu Übergewicht und Fettsucht (Adipositas).

**Der Bedarf an Baustoffen und Wirkstoffen wird durch deren Abbau und Ausscheidung bestimmt** – Neben den Brennstoffen benötigt der Organismus auch eine ausreichende Zufuhr derjenigen Stoffe, die er aus den Brennstoffen nicht selbst synthetisieren kann. Im wachsenden Organismus werden diese Stoffe zum Aufbau von Körpersubstanz benötigt, im adulten Organismus zur Erhaltung der Körpersubstanz. Es gehören hierzu:
- Proteine als Quelle von reduziertem Stickstoff
- Essentielle Aminosäuren
- Essentielle Fettsäuren
- Vitamine
- Anorganische Bestandteile.

Der Minimalbedarf an diesen Bau- und Wirkstoffen entspricht der „Abnützungsquote" durch Abbau und Ausscheidung. Proteine werden bei minimaler Zufuhr vorwiegend als Baustoffe verwendet, bei reichlicher Zufuhr dienen Proteine sowohl als Bau- wie auch als Brennstoffe.

Bei der Versorgung des Organismus mit Bau- und Wirkstoffen gilt das **„Gesetz des Minimums"**. Der Mangel eines einzigen dieser Stoffe führt zu Ausfallserscheinungen; ein normales Funktionieren des Organismus ist nur gewährleistet, wenn alle es-

sentiellen Nahrungsbestandteile in genügender Menge zugeführt werden. Die mangelnde Zufuhr eines oder mehrerer Bau- oder Wirkstoffe wird als **Fehlernährung** bezeichnet. Ihre Folgen sind wie bei einer Unterernährung unspezifische Symptome wie Gewichtsverlust bzw. Wachstumsstillstand und eine allgemeine Abnahme der Leistungsfähigkeit. In manchen Fällen treten aber auch, im Unterschied zur Unterernährung, spezifische Mangelerscheinungen auf. Eine übermäßige Zufuhr gewisser essentieller Nahrungsbestandteile (Vitamin A und D sowie gewisser Spurenelemente) hat toxische Effekte zur Folge.

**Um das Körpergewicht im optimalen Bereich zu halten, muss die Zufuhr von Brennstoffen dem Bedarf angepasst sein** – Vertebraten haben sehr gut funktionierende Mechanismen entwickelt, um Energiereserven anzulegen und bei Bedarf abzubauen und so ein Zuwenig an Nahrung oder sogar deren Fehlen über Monate zu überleben (s. Kapitel 21.2). Die Tatsache, dass Hungern vom Menschen lange ohne bleibende gesundheitliche Schäden ertragen werden kann, deutet darauf hin, dass die dabei erfolgenden Anpassungen physiologisch sind. Der menschliche Organismus ist offenbar auf das Entbehren von Nahrung eingestellt. Längere Hungerperioden gehörten in prähistorischer Zeit wohl zur normalen menschlichen Erfahrung.

> Der **Body-Mass-Index (BMI)** ist definiert als der Quotient von Körpergewicht [kg] und dem Quadrat der Körpergröße [m²]. Der Normalbereich des BMI ist 18–25 kg/m². Tiefere Werte entsprechen einem Untergewicht, höhere einem Übergewicht und noch höhere einer Fettsucht (Adipositas).

Wie reagiert der Organismus auf ein Zuviel an Nahrung? Es existiert kein Mechanismus, der den Organismus befähigen würde, mit einem Zuviel an aufgenommenen Brennstoffen fertig zu werden, außer der Deponierung von Triacylglycerol im Fettgewebe. Eine übermäßige Anlage von Fettreserven kann demnach nur durch eine entsprechende Regulation der Nahrungsaufnahme verhindert werden. Die Nahrungsaufnahme wird über subjektive Empfindungen, das Hungergefühl und das Sättigungsgefühl, reguliert. Hierbei sind neurale und humorale Steuerungen beteiligt. Das Sättigungsgefühl wird durch gastrointestinale Hormone vermittelt. Diese Regulationsmechanismen sind offensichtlich nicht sehr effizient, mindestens bei dem Nahrungsangebot und der Lebensweise in den entwickelten Ländern. Die Überernährung und ihre Folgen sind zu einem wichtigen gesundheitlichen Problem geworden.

> Leptin, ein 16-kDa-Protein, wird von den Fettzellen ins Blut sezerniert. Seine Plasmakonzentration korreliert mit dem Fettgehalt des Körpers. Das Protein reguliert zusammen mit Melanocortin und Neuropeptid Y die Nahrungsaufnahme und den Energiehaushalt. *Ob*(*obese*)-Mäusen fehlt das Leptin-Gen. Verabreichung von Leptin an *ob*-Mäuse und auch an normale Mäuse führt zu einer Gewichtsreduktion infolge einer herabgesetzten Futteraufnahme und einer von erhöhter Körpertemperatur begleiteten Zunahme im Energieverbrauch.

■ Die drei Hauptnährstoffe Kohlenhydrat, Fett und Eiweiß können sich nach Maßgabe ihres physiologischen Brennwerts gegenseitig ersetzen. Bei der Versorgung mit essentiellen Nahrungsbestandteilen gilt das „Gesetz des Minimums".

## 36.2
## Hauptnährstoffe

Aus ökonomischen, geschmacklichen, kulturellen und physiologischen Gründen ist eine gemischte Kost, welche alle drei Hauptnährstoffe einschließt, die Regel. Zur Gesamtenergieaufnahme tragen die Hauptnährstoffe in folgenden Verhältnissen bei.

|             | Industrieländer | Entwicklungsländer |
|-------------|-----------------|--------------------|
| Kohlenhydrat | 55%            | 85%                |
| Fett         | 30%            | 7%                 |
| Eiweiß       | 15%            | 8%                 |

Kohlenhydrate stehen als Energielieferanten sowohl in Industrieländern als auch in Entwicklungsländern klar an erster Stelle.

**Stärke ist das wichtigste Kohlenhydrat in der menschlichen Ernährung** – Stärke ist der hauptsächliche Energieträger in allen Getreidesorten. Beispiele stärkehaltiger Nahrungsmittel sind Reis, Hafer, Brot und andere Backwaren, Teigwaren sowie Kartoffeln und Leguminosen (Bohnen, Erbsen). Monosaccharide wie Glucose und Fructose kommen in Früchten und im Honig vor, sie spielen eine geringe Rolle als Nährstoffe. Wichtigere Nährstoffe sind die Disaccharide Lactose (Milchzucker) und Saccharose (Rohr- oder Rübenzucker). Lactose ist die einzige Kohlenhydratquelle für den Säugling. Saccharose, das vielgebrauchte billige Süßmittel, kann in Industrieländern bis zu 20% der gesamten Kohlenhydratzufuhr ausmachen.

Cellulose ist natürlicher Bestandteil aller Nahrungsmittel pflanzlichen Ursprungs. Der Mensch kann Cellulose nicht verdauen, da er über keine $\beta$-Glucosidase verfügt. Cellulose und andere nicht verdauliche Polysaccharide und kohlenhydratähnliche Stoffe wie Hemicellulose, Lignin und Pektine bilden die **Faserstoffe oder Ballaststoffe**. Ein hoher Fasergehalt der Nahrung erhöht das Volumen des Darminhalts, stimuliert die Darmmotilität und verkürzt dadurch die Verweildauer des Darminhalts insbesondere im Dickdarm. Diese Effekte wirken präventiv gegen eine Reihe von Erkrankungen des Dickdarms.

Kohlenhydrate dienen hauptsächlich als Brennstoffe, sie sind daneben aber auch Baustoffe. Kohlenhydrate sind nicht essentiell. Alle benötigten Kohlenhydrate können aus Proteinen (Gluconeogenese) und aus dem Glycerolanteil der Fette synthetisiert werden. Ihre Verträglichkeit ist im

Allgemeinen sehr gut, bekannte Ausnahmen finden sich bei der Lactoseintoleranz und Fructoseintoleranz. Kohlenhydratnahrung ist pflanzliche Nahrung. Wegen der schwer aufschließbaren Zellwände wird die in Pflanzenzellen enthaltene Stärke oft nicht vollständig aufgenommen. Kinder und Schwerarbeiter können mit Kohlenhydraten allein nicht zu genügend Brennstoffen kommen.

**Fette und Öle sind die Energieträger mit dem höchsten Brennwert** – Sie enthalten zudem essentielle Fettsäuren und fettlösliche Vitamine. Fette und Öle sind auch geschmacklich wichtig; sie geben der Nahrung eine gute Textur, machen sie besser schluckbar und lassen die Geschmackswerte fettlöslicher Aromastoffe besser hervortreten. Als Brennstoffe sind die Fette vollständig ersetzbar durch Kohlenhydrate und Proteine. Die **essentiellen Fettsäuren** sind jedoch unentbehrliche Baustoffe. Zu den essentiellen Fettsäuren gehören die mehrfach ungesättigten Fettsäuren, insbesondere die Linolsäure ($C_{18}$; 2 Doppelbindungen, $\Delta^{9,12}$) und die Linolensäure ($C_{18}$; 3 Doppelbindungen, $\Delta^{9,12,15}$). Die mehrfach ungesättigten Fettsäuren sind Bausteine der Membranlipide, sie sind verantwortlich für deren tiefen Schmelzpunkt. Außerdem sind sie die Vorläufer für die Synthese von Prostaglandinen, Leukotrienen und Thromboxanen.

Mangel an essentiellen Fettsäuren führt zu trockener, schuppiger Haut; bei der Ratte werden Fertilitätsstörungen beobachtet. Beim Menschen sind spezifische Mangelerscheinungen schwierig festzustellen. Der Minimalbedarf ist nicht genau bekannt. Empfohlen wird eine Zufuhr von 8 g essentieller Fettsäuren pro Tag.

**Proteine sind als Baustoffe nicht ersetzbar** – Für die Unentbehrlichkeit der Proteine gibt es zwei Gründe:
- Mensch und Tier sind Stickstoff-heterotroph. Sie sind auf die Zufuhr von reduziertem Stickstoff angewiesen. Proteine sind hierfür die einzige quantitativ ausreichende Quelle.
- Der Organismus ist von der Zufuhr der essentiellen Aminosäuren abhängig.

Im Folgenden besprechen wir zunächst die Deckung des Proteinbedarfs und darauf die Zufuhr essentieller Aminosäuren.

**Die Stickstoffbilanz des Körpers entspricht der Proteinbilanz** – Der durchschnittliche N-Gehalt von Proteinen ist 16 Massenprozent. Eine N-Bestimmung in der zugeführten Nahrung und in den Ausscheidungen (Urin, Faeces, Schweiß, Hautabschilferungen) ergibt ein gutes Abbild des Proteinumsatzes. Beim gesunden erwachsenen Menschen entspricht die N-Zufuhr der N-Ausscheidung, der Organismus befindet sich im *Steady-state*, dem **N-Gleichgewicht** (Abb. 36.1). Das N-Gleichgewicht wird, falls die Proteinzufuhr eine Mindestmenge überschreitet, unabhängig von der Proteinzufuhr erhalten; Nahrungsprotein wird nur in dem Maße in Körperprotein übergeführt als dem Proteinumsatz entspricht. Ein Überschuss an Protein in der Nahrung wird zu Kohlenhydrat und Fett umgebaut, der Stickstoff als Harnstoff ausgeschieden. Eine proteinreiche Nahrung genügt nicht fürs *Body building*! Eine **positive N-Bilanz** (Zufuhr > Ausscheidung) findet sich im Wachstum, während der Schwangerschaft, in der Rekonvaleszenz nach zehrenden Krankheiten und beim Körpertraining, insbesondere beim Krafttraining. Sie wird gefördert durch anabol wirksame Hormone: Wachstumshormon (zusammen mit IGF), Insulin und androgene Steroide (so genannte Anabolica, wie sie beim Doping benutzt werden). Beim Kind fördern Schilddrüsenhormone in kleinen Dosen das Wachstum. Eine **negative N-Bilanz** (Zufuhr < Ausscheidung) ergibt sich bei Proteinmangelernährung, Mangel an essentiellen Aminosäuren, durch eine katabole Stoffwechsellage bei Fieber und zehrenden Krankheiten sowie durch erhöhten Proteinverlust, z.B. beim Stillen oder bei Nierenkrankheiten. Sie wird gefördert durch katabol wirksame Hormone: Glucagon, Glucocorticoide und Schilddrüsenhormone in hohen Dosen. Nur etwa ein Drittel des Gesamtkörperproteins kann abgebaut werden, ohne lebenswichtige Funktionen zu gefährden.

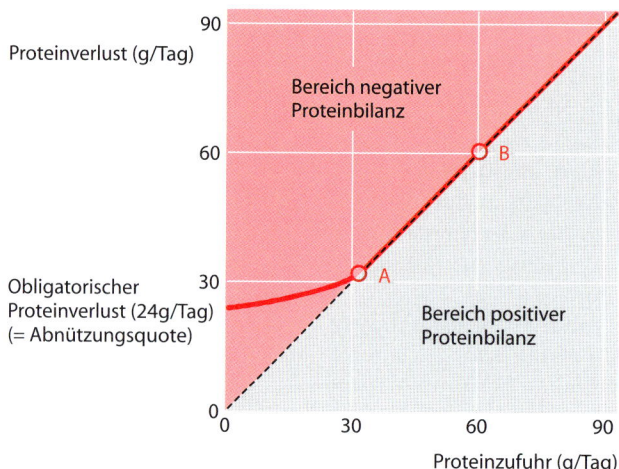

**Abb. 36.1.** Proteinbilanz. Die angegebenen Werte gelten für einen erwachsenen Mann von 70 kg Körpergewicht. Sie gelten nur, wenn der Energiebedarf voll durch Kohlenhydrat und Fett gedeckt ist und wenn die Nahrungsproteine hochwertig sind, d.h. alle essentiellen Aminosäuren in genügender Menge enthalten. Die Werte sind über die Messung des N-Gehalts von Nahrung und Ausscheidungen ermittelt worden. Übersteigt die Proteinzufuhr den Minimalbedarf, zeigt der gesunde Körper unter Normalbedingungen eine ausgeglichene Stickstoffbilanz, der Proteinverlust entspricht genau der Proteinzufuhr. Bei ungenügender Zufuhr, d.h. weniger als der Minimalbedarf, um eine ausgeglichene Proteinbilanz zu halten (32 g/Tag; Punkt A im Diagramm), verliert der Körper mehr Protein als zugeführt wird. Die Kurve weicht von der Diagonale ab in den Bereich negativer Proteinbilanz. Der obligatorische Proteinverlust von 24 g/Tag besteht auch bei völlig fehlender Zufuhr. Der Punkt B bezeichnet die empfohlene Zufuhr von Protein (60 g/Tag)

Die empfohlene Proteinzufuhr (60 g/Tag) entspricht nur etwa 0,5% des gesamten Proteinbestandes des Körpers (11 kg). Der hohe Umsatz von Proteinen ($t_{1/2}$ im Bereich von Tagen) zeigt, dass 0,5% in keiner Weise dem Ausmaß der Proteinsynthese entsprechen. Im erwachsenen menschlichen Organismus werden pro Tag insgesamt etwa 300 g Protein synthetisiert.

**Die Nahrungsproteine müssen auch den Bedarf an essentiellen Aminosäuren decken** – Fütterungsversuche mit Ratten und langfristige Ernährungsversuche mit freiwilligen Versuchspersonen haben gezeigt, dass die folgenden Aminosäuren durch den Menschen nicht synthetisiert werden können:

| | |
|---|---|
| Aliphatisch mit verzweigter Seitenkette | Val, Leu, Ile |
| Hydroxyaminosäure | Thr |
| S-haltige Aminosäure | Met |
| Aromatische Aminosäuren | Phe, Trp |
| Basische Aminosäuren | Lys, His |

Diese Aminosäuren können jedoch von pflanzlichen und mikrobiellen Organismen produziert werden. Die nicht-essentiellen Aminosäuren können hingegen auch von Mensch und Tier gebildet werden, sofern genügend Stickstoff in reduzierter Form zur Verfügung steht. Der Proteinbedarf von Tieren kann bei kalorisch ausreichender Ernährung in der Tat durch eine Kombination essentieller Aminosäuren mit einem Ammoniumsalz für die Synthese der nicht-essentiellen Aminosäuren gedeckt werden. Voraussetzung ist allerdings, dass jede einzelne essentielle Aminosäure in genügender Menge verabreicht wird. Alle essentiellen Aminosäuren müssen zudem gleichzeitig miteinander verabreicht werden. Der Mangel einer einzigen Aminosäure beeinträchtigt die Synthese von Proteinen und führt zu einer negativen Proteinbilanz. Auch hier gilt das Gesetz des Minimums! Der Bedarf an den einzelnen essentiellen Aminosäuren wurde

**Tabelle 36.3.** Bedarf an essentiellen Aminosäuren. Die Werte sind mit jungen Männern als Versuchspersonen erhoben worden. Für Histidin sind keine Bedarfswerte aufgeführt; Histidin ist für Kinder essentiell, bei Erwachsenen ist der essentielle Charakter von Histidin schwierig festzustellen

|  | Minimalbedarf (g/Tag) |
|---|---|
| Valin | 0,80 |
| Leucin | 1,10 |
| Isoleucin | 0,70 |
| Threonin | 0,50 |
| Methionin | 1,10 |
| Phenylalanin | 1,10 |
| Tryptophan | 0,25 |
| Lysin | 0,80 |
| Histidin | – |

mit Mischungen isolierter Aminosäuren ermittelt (Tabelle 36.3).

**Die biologische Wertigkeit eines Proteins oder eines Nahrungsmittels entspricht der Ausgewogenheit seines Gehalts an essentiellen Aminosäuren** – Die biologische Wertigkeit eines Proteins oder eines Nahrungsmittels kann bestimmt werden aus der Aminosäurenzusammensetzung (zusammen mit den Werten der Tabelle 36.3). Die Wertigkeit kann auch mit Fütterungsexperimenten ermittelt werden. Es wird die minimale Menge Protein bestimmt, die ausreicht, um den Organismus im N-Gleichgewicht zu halten:

$$\text{Biologische Wertigkeit (\%)} = \frac{\text{Minimalbedarf (32 g/Tag)} \times 100}{\text{Minimalmenge des Proteins für N-Gleichgewicht(g/Tag)}}$$

Die biologische Wertigkeit tierischer Proteine ist hoch, diejenige pflanzlicher Proteine ist im Allgemeinen niedrig (Tabelle 36.4). Die Wertigkeit der pflanzlichen Nahrungsmittel, mit Ausnahme von Sojabohnen und anderen Leguminosen, ist dermaßen niedrig, dass der Proteinbedarf unmöglich mit einem einzigen pflanzlichen Nahrungsmittel gedeckt werden kann (Tabelle 36.5). Die einfachste Lösung dieses Problems ist eine gemischte Kost aus Cerealien, Leguminosen (Hülsenfrüchten wie Bohnen oder Erbsen) und etwas tierischen Proteinen (Fleisch, Fisch, Eier oder Milch).

**Ein Proteinmangel hat ähnliche Folgen wie eine Chemotherapie mit Cytostatica oder eine Verstrahlung** – In all diesen Fällen sind in erster Linie die sich rasch erneuernden Gewebe betroffen. Die Schädigung dieser Gewebe führt zu den folgenden Störungen:

| | |
|---|---|
| Darmmucosa | Resorptionsstörungen |
| Knochenmark | Anämie, Infektanfälligkeit wegen herabgesetzter Zahl der Leukocyten (weißer Blutzellen) |
| Haut | Geschwüre |

Dazu kommt bei Proteinmangel die verringerte Synthese von Serumalbumin in der Leber. Der erniedrigten Albuminkonzentration entspricht ein geringerer kolloid-osmotischer Druck des Blutplasmas. Ödeme und Flüssigkeitsansammlungen im Bauchraum sind die Folgen.

Bei prekären Ernährungsverhältnissen in Hungergebieten sind v.a. die Kinder betroffen. Sie sind im Wachstum und benötigen daher trotz ihres geringen Körpergewichts etwa die Hälfte des Erwachsenenbedarfs an Protein. Häufig ist der Proteinmangel kombiniert mit unzureichender

**Tabelle 36.4.** Biologische Wertigkeit von Nahrungsmitteln. Die geringe Wertigkeit pflanzlicher Nahrungsmittel ist in manchen Fällen hauptsächlich auf das geringe Vorkommen einer einzelnen Aminosäure zurückzuführen. Eine Kombination pflanzlicher Nahrungsmittel ist daher günstig. Traditionellerweise werden z.B. in Indien Reis mit Linsen oder in Zentralamerika Mais mit Bohnen kombiniert

| | | | |
|---|---|---|---|
| Humanmilch | 94 | Kartoffeln | 60 |
| Eier | 87 | Reis (wenig Trp, Lys) | 52 |
| Kuhmilch | 81 | Weizen (wenig Trp) | 49 |
| Rindfleisch | 80 | Mais (wenig Trp, Lys) | 36 |
| Sojabohnen (wenig Met) | 67 | Gemischte Kost | ~ 64 |

**Tabelle 36.5.** Minimale Tagesration einzelner Nahrungsmittel zur Deckung des Proteinbedarfs

| Nahrungsmittel | Tagesration zur Deckung des Proteinbedarfs (g/Tag) | Entsprechende Energiezufuhr | |
|---|---|---|---|
| | | (kcal/Tag) | (kJ/Tag) |
| Rindfleisch | 120 | 360 | 1500 |
| Kartoffeln | 1710 | 1300 | 5400 |
| Mais | 4200 | 4032 | 16000 |
| Karotten | 8720 | 4000 | 16700 |
| Sojabohnen (getrocknet) | 83,5 | 285 | 1200 |

Zufuhr von Brennstoffen: *Protein-Energy-Malnutrition*. Zumeist kommt noch ein Vitaminmangel dazu.

■ Eine gemischte Kost mit Kohlenhydrat als Hauptenergielieferant, Triacylglycerol und genügend hochwertigem Eiweiß, ist die einfachste Art, um den Körper mit genügend Brennstoff zu versorgen und im N-Gleichgewicht zu halten.

**Ethanol ist kein Hauptnährstoff,** nimmt aber bei zu vielen Menschen die Rolle eines solchen ein – Ethylalkohol kann bei alkoholkranken Menschen bis zur Hälfte des Kalorienbedarfs decken. Ethanol ist wie Lactat das Produkt eines anaeroben und damit unvollständigen Abbaus von Glucose (Hefegärung, s. Kapitel 14.2) und besitzt dementsprechend immer noch einen beträchtlichen **physiologischen Brennwert von 7 kcal/g (29 kJ/g).**
Alkohol ist gut mischbar mit Wasser und wird im gesamten Magendarmtrakt resorbiert. Der größte Teil wird schon im Magen aufgenommen. Die Resorption erfolgt am schnellsten in nüchternem Zustand, bei gleichzeitiger Nahrungsaufnahme ist sie wesentlich verzögert. Ethanol verteilt sich gleichmäßig auf alle Flüssigkeitskompartimente in allen Geweben einschließlich des Gehirns.

**Berechnung der Blutalkoholkonzentration** aus der Menge des aufgenommenen Alkohols:

Blutalkoholkonzentration (Gewichtspromille)

$$= \frac{\text{Getrunkener Alkohol (g)}}{\text{Körpergewicht (kg)} \cdot 0{,}7 \, (\text{l/kg})}$$

(Der Faktor 0,7 (l/kg) entspricht dem Anteil des Verteilungsvolumens von Ethanol an der Gesamtkörpermaße)

Für einen Mann von 70 kg Körpergewicht, der einen Viertelliter Wein trinkt, ergibt sich folgende Rechnung:

2,5 dl Wein enthält 25 g Alkohol (10 Gewichtsprozent)

$$\frac{25}{70 \cdot 0{,}7} = 0{,}5 \text{ Gewichtspromille, d. h. die für}$$

Fahrzeuglenker in manchen europäischen Ländern geltende Obergrenze ist bereits erreicht. Eine Konzentration von 0,5 g Ethanol pro Liter entspricht einer molaren Konzentration von

$$\frac{0{,}5 \text{ g/l}}{46 \text{ g/mol}} = 0{,}011 \text{ mol/l} = 11 \text{ mM}$$

und ist sehr hoch im Vergleich zu den Konzentrationen der Metaboliten im Blut (s. Tabelle 21.4). Konzentrationen von ∼ 3,5‰ (63 mM!) können tödlich sein.

Die Alkoholkonzentration im Blut ist ein Maß für die Konzentration in den Geweben. Die Konzentration ist die Resultante der Geschwindigkeiten von Resorption, oxidativem Abbau und Ausscheidung. Als Faustregel gilt, dass die Konzentration um 0,1‰ pro Stunde zurückgeht.
**Ethanol wird nur langsam abgebaut –** Die gesunde Leber eines 70 kg schweren

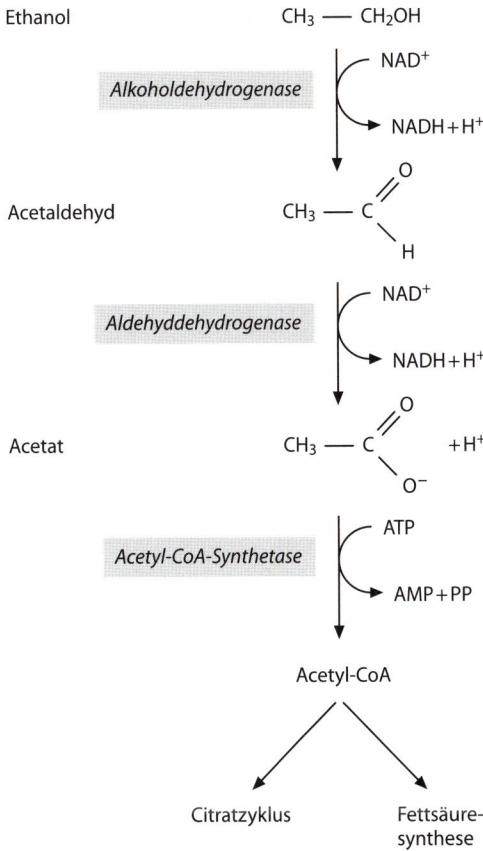

Ethanol    CH$_3$ —— CH$_2$OH

*Alkoholdehydrogenase*    NAD$^+$ ↘ NADH+H$^+$

Acetaldehyd    CH$_3$ — C $\overset{O}{\underset{H}{}}$

*Aldehyddehydrogenase*    NAD$^+$ ↘ NADH+H$^+$

Acetat    CH$_3$ — C $\overset{O}{\underset{O^-}{}}$ +H$^+$

*Acetyl-CoA-Synthetase*    ATP ↘ AMP+PP

Acetyl-CoA

Citratzyklus    Fettsäure-synthese

**Abb. 36.2.** Abbau von Ethanol in der Leber. Der limitierende Faktor beim Abbau von Ethanol über diesen Stoffwechselweg ist die Verfügbarkeit von NAD$^+$

Mannes baut maximal etwa 7 g Ethanol pro Stunde ab. Der Hauptabbauweg verläuft über die Reaktionen der Alkoholdehydrogenase und der Aldehyddehydrogenase (Abb. 36.2). Bei höheren Konzentrationen wird ein kleiner Teil von Ethanol auch durch Cytochrom P$_{450}$ abgebaut. Dieses als **MEOS** (*Microsomal ethanol oxidizing system*) bezeichnete Enzym ist im Gegensatz zur Alkoholdehydrogenase induzierbar und beschleunigt den Alkoholabbau bei chronischem Missbrauch.

Der beträchtliche physiologische Brennwert von 7 kcal/g hat zur Folge, dass Alkoholiker einen beträchtlichen Teil ihres Energiebedarfs mit alkoholischen Getränken decken. Da die meisten alkoholischen Getränke leere Kalorienträger (*Junk food*) oh-

ne essentielle Nahrungsbestandteile sind, leiden viele chronische Alkoholiker an den entsprechenden Mangelerscheinungen.

Zwei wichtige Fragen sind bis heute noch ungelöst: Wie kommt die Wirkung von Ethanol auf das Gehirn zustande? Was ist die Grundlage der Sucht nach Alkohol?

■ 0,5‰ Ethanol im Blut entsprechen einer Konzentration von 11 mM! Zum Vergleich: Die Konzentration von Glucose im Blut wird konstant auf 5 mM gehalten.

## 36.3
## Vitamine

Zuerst die **Definition**: Vitamine sind essentielle organische Verbindungen, welche in kleinen Mengen (Tagesbedarf im Mikro- bis Milligrammbereich) mit der Nahrung aufgenommen werden müssen. Die quantitative Einschränkung grenzt die Vitamine von den essentiellen Fettsäuren und Aminosäuren ab, deren Tagesbedarf im Grammbereich liegt. Eine unzureichende Zufuhr führt bei manchen Vitaminen zu spezifischen Vitaminmangelkrankheiten. Diese Krankheiten sind seit Jahrhunderten bekannt, aber erst vor etwa 100 Jah-

**Vitaminbedarf** (von der World Health Organisation – WHO – empfohlene Zufuhr pro Tag)
Vitamin B$_{12}$ (Cobalamin)    3 μg
Vitamin C (Ascorbinsäure)    60 mg

Die empfohlenen Tagesdosen aller anderen Vitamine liegen zwischen diesen zwei Extremwerten.

ren als Mangelkrankheiten erkannt worden. Gewisse Vitaminmangelkrankheiten traten zu gewissen Zeiten in gewissen Gebieten als Massenerkrankung (Epidemie) auf und wurden daher irrtümlicherweise für Vergiftungen oder Infektionskrankheiten gehalten. Das Konzept einer Mangelkrankheit konnte sich erst zu Beginn des 20. Jahrhunderts langsam durchsetzen.

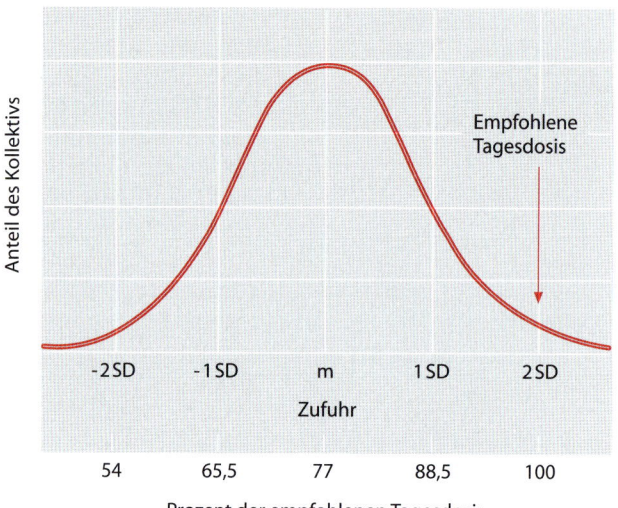

**Abb. 36.3.** Ermittlung der empfohlenen Tagesdosis eines essentiellen Nährstoffs. In einer gesunden repräsentativen Bevölkerungsgruppe ohne Mangelsymptome wird die tägliche Aufnahme des essentiellen Nahrungsbestandteils bestimmt. Die empfohlene Tagesdosis wird berechnet, indem zum Mittelwert der festgestellten Tagesdosen, unter der Annahme einer Gauss'schen Verteilung, zwei Standardabweichungen (SD) addiert werden. Die empfohlene Tagesdosis sollte damit für mindestens 97,5% der Bevölkerung ausreichen

Die 1912 geprägte Bezeichnung „Vitamin" hat wesentlich zur Popularisierung dieser Gruppe essentieller Nahrungsfaktoren beigetragen. Nachträglich hat es sich zwar herausgestellt, dass nur eine kleine Minderheit der Vitamine Amine sind, ja dass eine ganze Reihe davon nicht einmal Stickstoff enthalten. Die chemisch-strukturelle Identifizierung der einzelnen Vitamine begann nach dem 1. Weltkrieg. Sie stellt einen der großen Erfolge der medizinischen und chemischen Forschung des 20. Jahrhunderts dar. Insgesamt wurden 19 Nobelpreise an Vitaminforscher vergeben.

**Die empfohlenen Tagesdosen (*Recommended dietary allowances*) genügen für mindestens 97,5% der Bevölkerung** – Die vom U.S. National Research Council herausgegebenen Empfehlungen beruhen auf Untersuchungen einer repräsentativen Bevölkerungsgruppe, welche keinerlei Mangelerscheinungen zeigt (Abb. 36.3). Die empfohlene Tagesdosis entspricht dem Mittelwert der Aufnahme plus zwei Standardabweichungen. Diese Sicherheitsmarge berücksichtigt die individuelle Variabilität bezüg-

lich Resorption, Einbau in die entsprechenden Proteine, Abbau und Ausscheidung des essentiellen Nahrungsfaktors.

Eine Unterversorgung oder die gänzlich fehlende Zufuhr eines Vitamins führt zu einer **Hypovitaminose** bzw. **Avitaminose**. Der Übergang von suboptimaler Versorgung mit unspezifischen Mangelsymptomen zur spezifischen Mangelkrankheit ist fließend. Eine Hypovitaminose kann nicht nur auf Grund einer mangelnden Zufuhr mit der Nahrung entstehen. Eine gestörte Resorption aus dem Darm, z.B. für fettlösliche Vitamine bei Störungen der Fettresorption, aber auch ein erhöhter Bedarf, z.B. während der Schwangerschaft und der Stillzeit, kann zu Vitaminmangelerscheinungen führen.

**Die Einteilung in fettlösliche und wasserlösliche Vitamine ist wichtig** – Die fettlöslichen Vitamine A, D, E und K sind Begleiter der Nahrungsfette, sie werden zusammen mit den Fetten resorbiert und zusammen mit den Lipiden transportiert. Wegen ihrer Fettlöslichkeit kann der Körper einzelne Vitamine in erheblichem

**Tabelle 36.6.** Die fettlöslichen Vitamine A, D, E und K

| Vitamin | Struktur | Wirkform | Bekannte Molekulare Funktion | Mangelkrankheit beim Menschen | Täglicher Bedarf | Hauptsächliches Vorkommen |
|---|---|---|---|---|---|---|
| Retinol A | (Struktur: Retinol mit $CH_2OH$) | 11-cis-Retinal | Sehpurpur | Hemeralopie Xerophthalmie | 1 mg | Leber, Eigelb, β-Carotin-reiche Nahrungsmittel, Butter |
| Calciol Cholecalciferol $D_3$ | (Struktur: Cholecalciferol) | Calcitriol 1,25-Dihydroxy-cholecalciferol | $Ca^{2+}$-Mobilisierung | Rachitis Osteomalazie | 10 µg | Leber, Eigelb; Eigenproduktion in Haut (UV-Licht) |
| Tocopherol E | (Struktur: Tocopherol) | | Antioxidans | | 10 µg | Pflanzenöle |
| Phyllochinon $K_1$ | (Struktur: Phyllochinon) | | Coenzym der Carboxylierung von Glu in Proteinen | Hypoprothrombinämie | 140 µg | Grünes Gemüse, Leber Eigenproduktion in Darmflora |

Maße speichern. Bei fettlöslichen Vitaminen, besonders bei Vitamin A und D, kann ein Überschuss nicht einfach über die Niere ausgeschieden werden. Überdosen von Vitamin A und D wirken toxisch, es besteht die Gefahr einer **Hypervitaminose**. Die Mehrzahl der Vitamine ist jedoch wasserlöslich; sie lassen sich vom Organismus nicht speichern und ein Überschuss kann mit dem Urin ausgeschieden werden. Eine Überdosierung bleibt ohne Folgen.

**Die Vitamine dienen als Vorläufer für die Synthese von Coenzymen, Cosubstraten und Signalstoffen** – Manche Vitamine werden erst im Organismus zur biologisch aktiven Wirkform umgewandelt. Von allen Vitaminen sind die molekularen Funktionen zumindest teilweise bekannt.

**Fettlösliche Vitamine** – Alle fettlöslichen Vitamine haben Polyisoprenstruktur. Eine Übersicht gibt Tabelle 36.6.

gel führt zu einer Störung des Dämmerungssehens (Hemeralopie, „Nachtblindheit"), Verhornung von Schleimhäuten, Schädigung der Hornhaut des Auges (Xerophthalmie), die bis zum Erblinden führen kann, und zu Wachstumsstörungen. Überdosen führen zu einer Hypervitaminose, die sich in Hauterscheinungen, Haarausfall und Skelettstörungen äußert. Eine Aknebehandlung mit Retinoat-Derivaten bei Schwangeren kann zu Missbildungen des Embryos führen.

**Vitamin D** ist das antirachitische Vitamin. Unter dieser Bezeichnung werden alle Steroide zusammengefasst, welche qualitativ die gleiche Wirkung wie Calciol (= Cholecalciferol = Vitamin $D_3$) zeigen. Calciol kann in der Haut durch eine photochemische Ringöffnung aus 7-Dehydrocholesterol, einem in der Leber gebildeten Steroid, gebildet werden:

7-Dehydrocholesterol

UV-Licht

Calciol
Cholecalciferol
Vitamin $D_3$

**Vitamin A** umfasst als Bezeichnung Retinol, Retinal, Retinsäure und weitere Derivate. Vitamin A kommt nur in tierischen Nahrungsmitteln vor. Vitamin-A-Wirkung haben allerdings auch die pflanzlichen Carotinoide, welche als Provitamine im Dünndarmepithel zu Retinal umgewandelt werden. Retinal ist als Chromophor des Sehpurpurs Rhodopsin am Sehvorgang beteiligt (s. Kapitel 31.2). Retinoat, das Anion der Retinsäure, steuert, ähnlich wie die Steroidhormone, die Transkription von Genen, z. B. von Laminin und Keratinen, und ist an Entwicklungs- und Wachstumsvorgängen beteiligt. Vitamin A-Man-

Nur wenn diese Eigenproduktion nicht ausreicht, z. B. bei mangelnder UV-Bestrahlung der Haut, ist der Organismus auf die Zufuhr mit der Nahrung angewiesen. In den Tropen sind Vitamin-D-Mangelerscheinungen unbekannt. Calciol wird in der Leber in Stellung 25, darauf in der Niere in Stellung 1 hydroxyliert. Das entstehende Calcitriol (= 1,25 Dihydroxycholecalciferol) ist die Wirkform des Vitamins und wird über das Blut zu den Zielorganen gebracht. Calcitriol entspricht damit der Definition eines Hormons. Es reguliert zusammen mit zwei weiteren Hormonen (Parathyrin und Calcitonin) den Calcium-

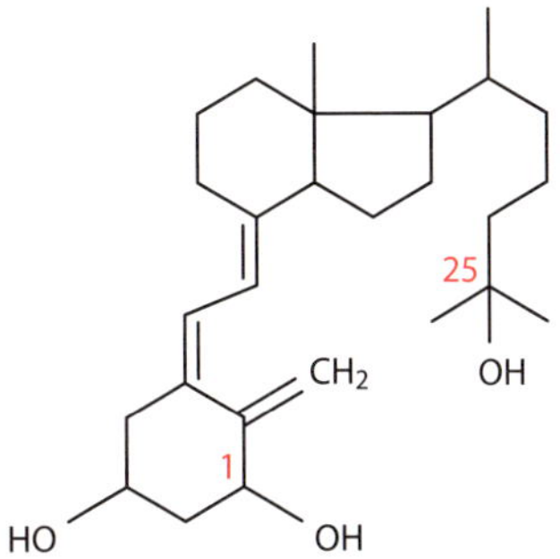

Calcitriol
1,25-Dihydroxy-
cholecalciferol

Stoffwechsel (s. Kapitel 30.6). Ein Mangel an Vitamin D führt zu einer Störung der Knochenmineralisierung, die sich beim Kind als **Rachitis** und beim Erwachsenen als **Osteomalazie** (Knochenerweichung) äußert.

Bei Vitamin D als fettlöslichem Vitamin besteht bei Überdosierung die Gefahr einer Hypervitaminose. Eine überdosierte Rachitis-Prophylaxe mit Vitamin D führt zu einer erhöhten $Ca^{2+}$-Konzentration im Blut. $Ca^{2+}$-Ablagerungen in Gefäßen und der Niere sind die Folge. Wenn die Überdosierung unerkannt bleibt, kann sie zum Tod durch Nierenversagen führen.

**Vitamin E** (Tocopherol) sammelt sich in der Lipiddoppelschicht biologischer Membranen an. Tocopherole schützen als Radikalfänger die ungesättigten Lipide vor reaktiven Sauerstoffspezies (ROS; s. Kapitel 33.3). Die Peroxyradikale der ungesättigten Fettsäurereste werden in Form der stabileren Tocopherolradikale abgefangen:

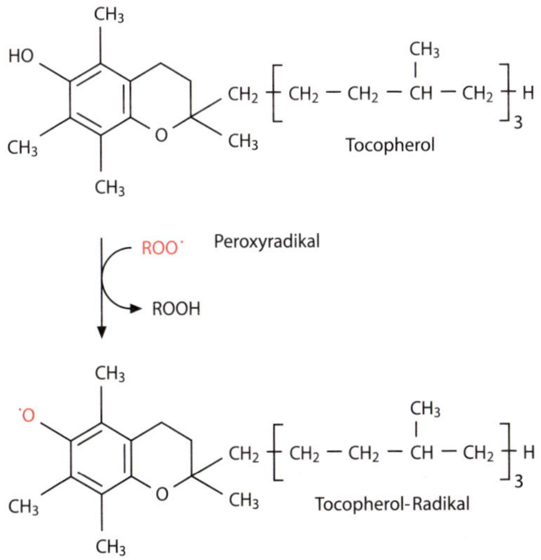

Das Tocopherolradikal seinerseits reagiert mit anderen Radikalen oder wird durch Ascorbinsäure oder reduziertes Glutathion reduziert. In beiden Fällen wird die Radikalkette beendet. Ein Molekül pro tausend Membranlipidmoleküle genügt, um die Membran zu schützen. Eine spezifische Vitamin-E-Mangelkrankheit beim Menschen ist nicht bekannt.

**Vitamin K** (Phyllochinon und ähnliche Verbindungen) fungiert als Cofaktor bei der $\gamma$-Carboxylierung von Glutamatresten in Prothrombin und anderen in der Leber synthetisierten Gerinnungsfaktoren.

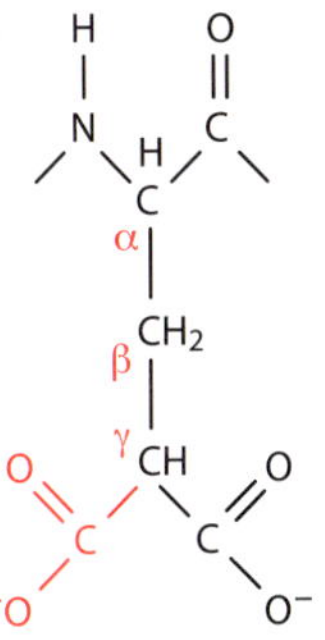

$\gamma$-Carboxyglutamatrest
eines Proteins

Die an der Carboxylierung als Cosubstrat beteiligte Hydrochinon-Form von Vitamin K wird durch enzymatische Reduktion gebildet. Vitamin-K-Antagonisten wie Dicumarole hemmen diese Reduktion. Sie dienen in der Medizin als Hemmstoffe der Blutgerinnung zur Thromboseprophylaxe. Sie werden auch als Rattengift verwendet. Beim Menschen wird etwa die Hälfte des Bedarfs an Vitamin K durch Synthese in Darmbakterien gedeckt. Ein Mangel an Vitamin K tritt daher selten auf. Gefährdet sind allerdings Neugeborene, deren Darm noch steril ist. Dazu kommt, dass Vitamin K nicht gespeichert werden kann, bei ungenügender Zufuhr können schon nach einem Tag Gerinnungsstörungen auftreten. Um den gefürchteten durch Vitamin-K-Mangel entstehenden Hirnblutungen vorzubeugen, wird allen Neugeborenen eine prophylaktische Dosis von Vitamin K verabreicht.

**Tabelle 36.7.** Die wasserlöslichen Vitamine

| Vitamin | Struktur | Wirkform | Bekannte Molekulare Funktion | Mangelkrankheit beim Menschen | Täglicher Bedarf | Hauptsächliches Vorkommen |
|---|---|---|---|---|---|---|
| Thiamin $B_1$ | | Thiamin-diphosphat (TDP) | Coenzym der 2-Oxosäuren-Decarboxylasen und Transketolase | Beriberi | 1-2 mg | Cerealien, Leber, Fleisch |
| Riboflavin $B_2$ | | FMN FAD | Flavinenzyme | Dermatitis | 1-2 mg | Leber, Fleisch, Milch, grünes Blattgemüse |
| Pyridoxol $B_6$ | | Pyridoxal-5'-phosphat Pyridoxamin-5'-phosphat | Coenzym von Enzymen des Aminosäurenstoffwechsels | Störungen des ZNS, Dermatitis | 1,2 mg | Gemüse, Hefe, Leber, Fleisch, Milch, Eier |
| Nicotinat Niacin | | $NAD^+$ $NADP^+$ | Cosubstrat von Dehydrogenasen | Pellagra (3D) | 15 mg (900 mg Tryptophan) | Cerealien, Leber, Fleisch, Milch, Gemüse |

**Tabelle 36.7** (Fortsetzung)

| Vitamin | Struktur | Wirkform | Bekannte Molekulare Funktion | Mangelkrankheit beim Menschen | Täglicher Bedarf | Hauptsächliches Vorkommen |
|---|---|---|---|---|---|---|
| Cobalamin Extrinsic factor $B_{12}$ | | 5′-Desoxy-adenosyl-cobalamin Methyl-cobalamin | Coenzym von $B_{12}$-Enzymen | Perniziöse Anämie | 0,4 mg | Leber, Fleisch, Milch |
| Folat | | Tetrahydrofolat ($FH_4$) | Übertragung von $C_1$-Fragmenten | Anämie | 0,4 mg | Leber, Fleisch, Milch, Eigelb, Gemüse |

**Tabelle 36.7** (Fortsetzung)

| Vitamin | Struktur | Wirkform | Bekannte Molekulare Funktion | Mangelkrankheit beim Menschen | Täglicher Bedarf | Hauptsächliches Vorkommen |
|---|---|---|---|---|---|---|
| Biotin | | Carboxybiotin | Coenzym von Carboxylasen (z.B. Pyruvatcarboxylase) | | 0,2 mg | Leber, Eigelb, Cerealien |
| Pantothenat | | CoA | Coenzym der Acyl-Übertragung | | 5 mg | Leber, Fleisch, Eigelb, Gemüse, Cerealien |
| Ascorbat C | | | Redox-System Antioxidans Cofaktor in Kollagensynthese | Skorbut | 60 mg | Citrusfrüchte, Kartoffeln, Kohlarten, Hagebutten |

**Wasserlösliche Vitamine.** Hierzu gehören alle Vitamine der B-Gruppe und Vitamin C. Die B-Vitamine sind alle Vorstufen von Coenzymen und Cosubstraten (Tabelle 36.7).

**Vitamin $B_1$ (Thiamin)** wird durch Diphosphorylierung zur Wirkform, dem **Thiamindiphosphat TDP** (= Thiaminpyrophosphat). TDP fungiert als Coenzym bei der oxidativen Decarboxylierung von 2-Oxosäuren wie Pyruvat und 2-Oxoglutarat (s. Abb. 14.5, 14.6) und bei der Transketolasereaktion im Pentosephosphatweg (s. Kapitel 16.4). Beim Menschen führt ein Mangel an Vitamin $B_1$ zu Beriberi (Singhalesisch: große Schwäche), eine Krankheit mit Störungen des peripheren und zentralen Nervensystems, Herzmuskelschädigung und Muskelatrophie.

**Vitamin $B_2$** (Riboflavin, lat.: *flavus*, gelb) ist ein Baustein der Redox-Coenzyme Flavinmononucleotid FMN und Flavin-Adenin-Dinucleotid FAD, welche jeweils zwei H-Atome übertragen. Eine spezifische Mangelkrankheit ist beim Menschen nicht bekannt.

**Vitamin $B_6$** (Pyridoxol = Pyridoxin) ist Vorstufe für die Wirkform Pyridoxal-5′-phosphat (PLP). Pyridoxal und Pyridoxamin sind auch als Vitamine wirksam. Die aktive Form von Vitamin $B_6$ ist PLP, welches als prosthestische Gruppe von Enzymen des Aminosäurestoffwechsels dient. Die Reaktionen, an denen PLP als Coenzym beteiligt ist, sind äußerst vielfältig: Transaminierung, Decarboxylierung, Seitenkettenabspaltung, Razemisierung, Eliminations- und Substitutionsreaktionen (Abb. 4.8, 4.9). Bei der Transaminierung von Aminosäuren tritt als weitere Form des Coenzyms Pyridoxamin-5′-phosphat auf. PLP ist auch prosthetische Gruppe der Glykogen-Phosphorylase. Vitamin-$B_6$-Mangelerscheinungen äußern sich als Hautveränderungen und Störungen des Zentralnervensystems; sie werden beim Menschen selten beobachtet.

PLP spielt in Enzymen des Aminosäurestoffwechsels und bei der Glykogen-Phosphorylase gänzlich verschiedene Rollen. An den Reaktionen mit Aminosäuren ist die Aldehydgruppe des Coenzyms beteiligt, bei der Phosphorylase ist hingegen die Phosphatgruppe katalytisch wirksam. Die gleiche chemische Struktur wird für völlig verschiedene Zwecke benutzt. Ein bemerkenswertes Beispiel zur Findigkeit der Natur!

**Nicotinsäure und Nicotinsäureamid** werden zusammengefasst als **Niacin** bezeichnet. Diese Verbindungen sind Bausteine von Nicotinamid-Adenin-Dinucleotid $NAD^+$ und Nicotinamid-Adenin-Dinucleotid-Phosphat $NADP^+$. Diese Redox-Cosubstrate übertragen im Energiestoffwechsel bzw. bei Biosynthesen ein Hydridion ($H^+ + 2e^-$). Der menschliche und tierische Organismus kann Nicotinat aus Tryptophan synthetisieren. Mangelerscheinungen treten deshalb nur auf, wenn die Nahrung nicht nur zuwenig Nicotinat, sondern auch zuwenig Tryptophan enthält, wie das z.B. bei der Ernährung mit Mais der Fall ist (s. Tabelle 36.4). Die auftretende Mangelkrankheit ist die Pellagra (lat.: *pellis aegra*, kranke Haut), die spezifische Symptome zeigt: Hautveränderungen an belichteten Stellen (**D**ermatitis), **D**urchfälle, **D**epression und andere psychische Störungen. Die früher epidemieartig aufgetretene Pellagra wird daher auch als die Krankheit der drei D bezeichnet.

**Vitamin $B_{12}$ (Cobalamin)** ist das Vitamin mit der kompliziertesten Struktur, ein zyklisches Tetrapyrrol mit Cobalt als Zentralatom. Das Tetrapyrrolgerüst ist ein Corrin, bei welchem im Gegensatz zu den Porphyrinen eine der Methingruppen zwischen den Pyrrolringen durch eine einfache C-C-Bindung ersetzt ist. Derivate des Cobalamins sind bei Mensch und Tier als Coenzyme an Umlagerungen von Alkylgruppen beteiligt, z.B. der Umwandlung von Methylmalonyl-CoA zu Succinyl-CoA (s. Abbau ungeradzahliger Fettsäuren, Kapitel 17.1) und der Bildung von Methionin aus Homocystein (s. Abb. 19.8). Der tägliche Bedarf an Vitamin $B_{12}$ ist sehr gering (1–3 µg/Tag). Cobalamin wird in der Leber gespeichert, ein Mangel wird erst nach Monaten ungenügender Zufuhr manifest. Das Vitamin wird durch die Darmflora synthetisiert. Auch Vegetarier erhalten daher genügend Vitamin $B_{12}$, obwohl es in Pflanzen nicht vorkommt. Die Ursache von Vitamin-$B_{12}$-Mangelzuständen ist meist nicht mangelnde Zufuhr, sondern eine Störung der Resorption des Vitamins aus dem Darm. Cobalamin wird in tiefer gelegenen Dünndarmabschnitten (Ileum) resorbiert, und zwar als Komplex mit einem spezifischen Protein. Das Cobalamin-bindende Protein, der *Intrinsic factor*, wird durch die Magenschleimhaut gebildet (Vitamin $B_{12}$ ist der *Extrinsic factor*). Ein Mangel an *Intrinsic factor* (infolge Atrophie der Magenschleimhaut oder nach ausgedehnter Magenresektion) wie auch Erkrankungen des Dünndarms können zu einem Vitamin-$B_{12}$-Mangel führen. Die Mangelkrankheit, die perniziöse Anämie (lat.: *perniciosus*, schadenbringend) äußert sich als eine megalocytäre Anämie begleitet von neurologischen (Seitenstrangdegeneration des Rückenmarks) und psychischen Störungen. Die früher tödlich verlaufende Krankheit kann heute durch eine monatliche Spritze von Vitamin $B_{12}$ wirksam behandelt werden.

**Folsäure** fungiert nach Reduktion zur Wirkform Tetryhydrofolat als Cosubstrat des $C_1$-Stoffwechsels (s. Kapitel 19.6). Ein Mangel an Folat führt zu Störungen der Nucleotidsynthese und damit der Zellproliferation. Die Folgen sind eine megalocytäre Anämie wie beim Vitamin-$B_{12}$-Mangel. Ein Mangel an Folsäure in der Frühschwangerschaft führt zu Entwicklungsdefekten des Rückenmarks (fehlendem Verschluss des Neuralrohrs, *Spina bifida*). Sulfonamide hemmen die Synthese der Folsäure in Bakterien und werden deshalb als Bacteriostatica verwendet. Folsäure-Antagonisten besitzen eine der Tetrahydrofolsäure sehr ähnliche Struktur und hemmen die Dihydrofolatreduktase. Sie werden als Bacteriostatica und Cytostatica eingesetzt (s. Kapitel 20.4).

**Biotin** wird auch von der Darmflora gebildet. Das Vitamin dient als prosthetische Gruppe von Carboxylasen, z.B. der Pyruvat-Carboxylase (s. Kapitel 14.4) und der Acetyl-CoA-Carboxylase (s. Kapitel 17.2). Biotin bindet mit hoher Affinität ($K_d = 10^{-15}$ M!) an Avidin, ein Protein des Hühnereiklars. Diese überaus starke Bindung wird im biochemischen Labor für bestimmte experimentelle Zwecke ausgenutzt. Mangelerscheinungen sind beim Menschen kaum bekannt.

**Pantothensäure** ist eine Vorstufe zur Synthese von CoA (s. Abb. 14.3), ebenso enthält das *Acyl-Carrier-Protein* Pantothenat als prosthetische Gruppe (s. Kapitel 17.2). Mangelerscheinungen sind beim Menschen nicht bekannt.

**Vitamin C (Ascorbinsäure)** ist nur für Mensch, Menschenaffen und Meerschweinchen essentiell. Die anderen Tiere können Ascorbat (2-Oxogulonolacton) synthetisieren. Die beiden Hydroxylgruppen von Ascorbinsäure haben saure Eigenschaften. Ascorbinsäure dient als Reduktionsmittel bei Hydroxylierungsreaktionen wie der Synthese von Kollagen, Catecholaminen, Steroiden und Gallensäuren. Ascorbinsäure spielt auch eine Rolle als Antioxidans und Radikalfänger im Organismus (Abb. 36.4). Ein Mangel an Vitamin C wird heutzutage selten beobachtet. Früher war der **Skorbut** eine gefürchtete Krankheit, die mit über Monate sich entwickelnden Bindegewebsschäden und sich daraus ergebenden Blutungen durch Kapillarrupturen und Zahnausfall äußerte und über weitere Organschäden zum Tode führen konnte.

■ Fettlösliche Vitamine (A, D, E, K) kommen in Fetten und Ölen vor. Vitamin A und D können bei Überdosierung Hypervitaminosen verursachen. Bei den wasserlöslichen Vitaminen besteht kaum eine Gefahr der Überdosierung.

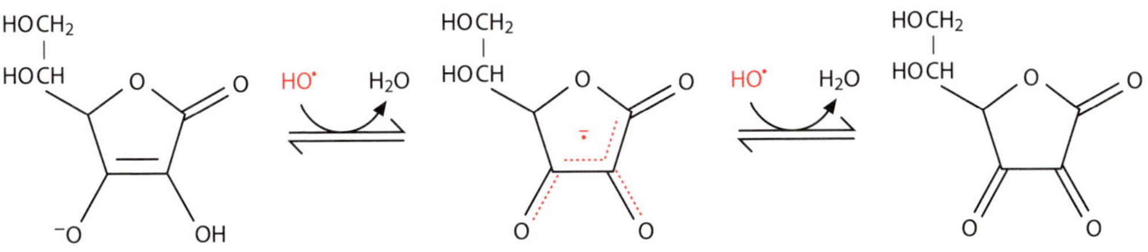

Ascorbat — Ascorbylradikal — Dehydroascorbat

**Abb. 36.4.** Redoxreaktionen von Ascorbat. Bei der Oxidation entsteht als Zwischenprodukt das Ascorbylradikal, das sofort ein weiteres Elektron abgibt und damit zu Dehydroascorbat wird. Als Radikalfänger gibt Ascorbat ein Elektron und ein Proton zum Beispiel an ein Hydroxylradikal ab. Das entstehende Ascorbylradikal reagiert mit einem zweiten Hydroxylradikal oder disproportioniert zu Ascorbat und Dehydroascorbat. In beiden Fällen wird die Radikalreaktion abgebrochen. Dehydroascorbinsäure kann unter Verbrauch von NADH oder reduziertem Glutathion zu Ascorbat reduziert werden

## 36.4
## Elektrolyte, Mineralstoffe und Spurenelemente

Unter den anorganischen Bestandteilen der Nahrung steht Wasser an erster Stelle. Ein erwachsener Mensch benötigt 2–3 l Wasser pro Tag. Die Bedeutung des Wassers als das allgemeine biologische Lösungsmittel ist in Kapitel 1.4 erläutert. Die Flüssigkeitskompartimente und der Wasserhaushalt des Körpers werden im Kapitel 35.4 dargestellt. In größeren Mengen benötigt werden die **Elektrolyte** $Na^+$, $K^+$ und $Cl^-$ und die **Mineralstoffe** $Ca^{2+}$, $Mg^{2+}$, Phosphat und Sulfat (Tabelle 36.8). In kleineren Mengen notwendig sind die Spurenelemente Fe, Zn, Mn, Cu, Co, Cr, Mo, Se, I und F (der Bedarf an Fluorid ist nicht gesichert). Insgesamt ist der menschliche Körper aus 23 essentiellen Elementen aufgebaut.

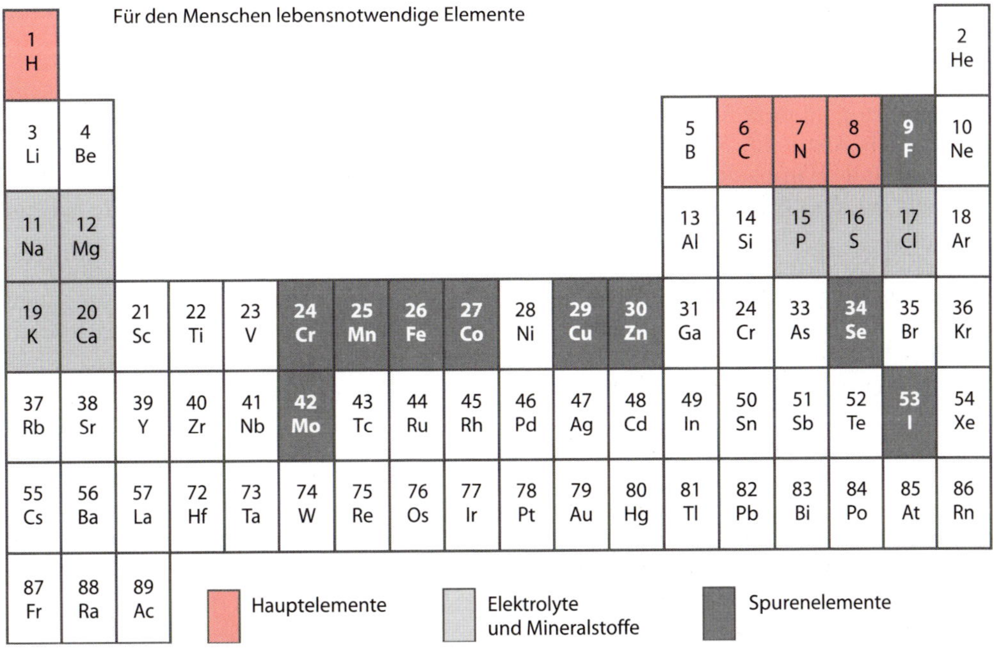

Für den Menschen lebensnotwendige Elemente

Hauptelemente — Elektrolyte und Mineralstoffe — Spurenelemente

**Tabelle 36.8.** Anorganische Bestandteile des Körpers. Die Zahlen gelten für einen erwachsenen Menschen (65 kg)

| | Gehalt | Empfohlene Tagesdosis | Hauptvorkommen |
|---|---|---|---|
| **Elektrolyte** | (g) | (g/Tag) | |
| Na | 100 | 0,55[a] | Extrazellulär |
| K | 150 | 2,0[a] | Intrazellulär |
| Cl | 100 | 0,7[a] | Extrazellulär |
| **Mineralstoffe** | (g) | (g/Tag) | |
| Ca | 1300 | 0,8–1,0 | Knochen |
| Mg | 20 | 0,3 | Knochen |
| P | 650 | 1,2–1,5 | Knochen |
| **Spurenelemente** | (g) | (mg/Tag) | |
| Fe | 4–5 | 10–15 | Hämoglobin, Myoglobin |
| Zn | 3 | 12–15 | Zinkenzyme, Zinkfinger |
| Mn | 0,02 | 2–5 | Pyruvatcarboxylase |
| Cu | 0,1 | 1,5–3,0 | Cytochromoxidase |
| Co | 0,001 | ? | Cobalamin |
| Mo | 0,02 | ? | Xanthinoxidase |
| Se | 0,01–0,015 | 0,02–0,1 | Glutathionperoxidase |
| I | 0,02 | 0,2 | Thyreoglobulin |

[a] Minimaler Tagesbedarf

Die Bezeichnung „Spurenelemente" stammt aus der Zeit, als der geringe Gehalt dieser Elemente noch nicht quantitativ erfasst werden konnte. Die Spurenelemente sind zumeist Cofaktoren von Proteinen, insbesondere von Enzymen.

Die anorganischen Bestandteile werden im Körper bis zu einem gewissen Grad gespeichert. Schwankungen in der Zufuhr können damit ausgeglichen werden. Wasser wird im gesamten Körper gespeichert, Calcium als Apatit im Knochen, Eisen als Ferritin und Hämosiderin in Knochenmark, Leber und Milz, Iod als Thyreoglobulin in der Schilddrüse. Die Aufnahme und Ausscheidung von Wasser, $Na^+$, $Ca^{2+}$ und Phosphat wird durch Hormone reguliert. Im Folgenden werden einige besonders wichtige Aspekte des Stoffwechsels anorganischer Körperbestandteile diskutiert.

**Pflanzennahrung enthält weniger $Na^+$ und mehr $K^+$ als Nahrung tierischen Ursprungs** – $Na^+$ ist das Hauptkation im extrazellulären Kompartiment. Pflanzengewebe enthalten nur wenig extrazelluläre Flüssigkeit und dementsprechend wenig $Na^+$.

| | $Na^+$ (mmol/100 g) | $K^+$ (mmol/100 g) | $Na^+/K^+$ |
|---|---|---|---|
| Kartoffeln | 0,3 | 15 | 0,02 |
| Fleisch | 3 | 9 | 0,33 |

Da bei erhöhter $K^+$-Zufuhr mehr $K^+$ ausgeschieden wird und dabei auch mehr $Na^+$ mitausgeschieden wird (s. Kapitel 35.4), kommt es bei pflanzlicher Nahrung zu einer Steigerung des Bedarfs an NaCl. Pflanzliche Nahrung muss mit NaCl supplementiert werden. Damit erklärt sich der Salzhunger der Wiederkäuer. Bei der Entwicklung der menschlichen Zivilisation war die Verfügbarkeit von Kochsalz die Voraussetzung für den Übergang zum Ackerbau und zur sesshaften Lebensweise.

**Calcium ist der mengenmäßig wichtigste Mineralstoff des Körpers** – Knochen und Zähne enthalten insgesamt etwa 1–1,5 kg Calcium als Teil des Apatits. Nur eine kleine Menge $Ca^{2+}$ (5–10 g) findet sich in der extrazellulären Flüssigkeit (2,5 mM) und in den Zellen (0,1 µM), wo $Ca^{2+}$ als *Second messenger* bei der hormonalen Regulation und der Muskelkontraktion fungiert. Die Resorption von $Ca^{2+}$

aus dem Darm (Ileum) wird durch Calcitriol (= 1,25-Dihydroxycholecalciferol), einem Derivat von Vitamin D, gefördert. Calcitriol induziert die Synthese des $Ca^{2+}$-Transportsystems in den Darmepithelzellen. Ein $Ca^{2+}$-Mangel kann sich als Mineralisationsstörung des Knochens (Osteoporose) äußern.

**Eisen ist das häufigste Spurenelement und unentbehrlich für alle Lebewesen –** Drei Eigenschaften liegen der wichtigen biologischen Rolle von Eisen zugrunde:
- Ein Wechsel der Oxidationsstufe ist möglich: $Fe^{3+} + e^- \rightleftharpoons Fe^{2+}$,
- $Fe^{2+}$ bildet mit $O_2$ einen Komplex,
- Eisen geht mit Proteinen eine feste Bindung ein.

Der Gesamtbestand von Eisen beim erwachsenen Menschen beträgt 4–5 g, davon ist der größte Teil (fast 3 g) Hämeisen in Hämoglobin. Daraus folgt, dass jeder Eisenmangel sich als ungenügende Bildung von Hämoglobin (Eisenmangel-Anämie) äußert, und dass umgekehrt ein Verlust an Hämoglobin (Blutverlust) sich im Eisenstoffwechsel manifestiert. Auch ohne Blutverlust verliert der Organismus dauernd etwas Eisen durch Abschilferung von Darmepithelzellen und anderen Zellen. Der Eisenbedarf von Frauen (2 mg/Tag) ist wegen des Blutverlusts bei der Menstruation etwa doppelt so hoch wie derjenige von Männern. Während der Schwangerschaft und der Stillzeit liegt der Bedarf nochmals höher. Die empfohlene Zufuhr entspricht dem Zehnfachen des obligatorischen Verlusts, da Eisen im Darm schlecht resorbiert wird. Für den Transport von $Fe^{2+}$ im Blut und die Speicherung in den Geweben dienen besondere Proteine, das **Transferrin** und das **Ferritin** (Abb. 36.5). In Sekreten wie Speichel, Tränen und Milch ist das Eisen an Lactoferrine gebunden. Durch diese Eisen-bindenden Proteine wird die Konzentration von freiem Eisen in den Körperflüssigkeiten <0,1 nM gehalten. Diese besonderen Mechanismen für Transport und Speicherung von Eisen sind notwendig, weil bei höheren Konzentrationen von freiem Eisen in den Körperflüssigkeiten unlösliche Eisensalze (Phosphate und Hydroxide) ausfallen würden. Zudem würde freies gelös-

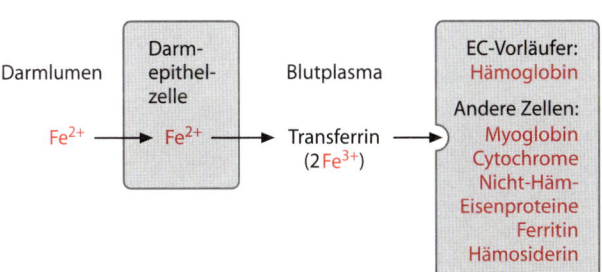

**Abb. 36.5.** Stoffwechsel des Eisens: Aufnahme und Transport. Freies Eisen wird in reduzierter Form ($Fe^{2+}$) durch einen besonderen Transporter für zweiwertige Metallionen in die Darmepithelzellen übergeführt. Aus tierischer Nahrung wird Häm in die Epithelzellen aufgenommen. Erst in der Zelle wird durch eine Hämoxygenase $Fe^{3+}$ freigesetzt, welches zu $Fe^{2+}$ reduziert wird. Im Blutplasma wird $Fe^{2+}$ wiederum zu $Fe^{3+}$ oxidiert und an das Transportprotein Transferrin gebunden. Transferrin bindet 2 $Fe^{3+}$-Ionen und wird, ähnlich wie das LDL, über Membranrezeptoren und Endocytose in die Zellen aufgenommen. In lysosomenartigen Vesikeln gibt das Transferrin bei tiefem pH das Eisen ab und wird anschließend durch Exocytose wieder aus der Zelle befördert (beim LDL-Rezeptor findet kein Recycling statt). Vom Eisen, das mit Transferrin im Plasma transportiert wird, werden etwa 80% von Erythrocyten (EC)-Vorläuferzellen im Knochenmark verbraucht, um Hämoglobin zu synthetisieren. Der Rest dient zur Synthese von Cytochromen und Nicht-Häm-Eisenproteinen in den andern Zellen des Organismus. Überschüssiges Eisen wird in Ferritin gespeichert. Das Eisenspeicherprotein Ferritin besteht aus 24 Untereinheiten, die eine Hohlkugel (Innendurchmesser 7–8 nm) bilden, in welcher bis zu 4500 $Fe^{3+}$-Ionen als Ferri-Hydroxid-Phosphat gelagert sind. Hämosiderin ist ein weiterer Eisenspeicher, der neben Ferritin auch Lipide und Nucleotide enthält

tes Eisen schädliche Sauerstoffderivate ($H_2O_2$, $O_2^-$, $HO^\cdot$) bilden.

Die **Eisenresorption** aus dem Darm wird auf den Bedarf abgestimmt. Die Eisenaufnahme wird reguliert, bei Eisenmangel erfolgt sie 2- bis 3-mal effizienter als bei ausreichender Eisenversorgung. Die Eisenmangelanämie ist die weltweit häufigste Mangelkrankheit überhaupt. Um die 20% der Erdbevölkerung leiden an einer manifesten Eisenmangelanämie. Es gilt aber auch, ein Zuviel an Eisen zu vermeiden. Verfügt der Körper über genug Eisen, wird die Resorption aus dem Darm gedrosselt (Mucosablock). Der Organismus verfügt über keine Möglichkeit, überschüssiges Eisen auszuscheiden. Zu hohe Konzentrationen von Eisen im Organismus führen zur **Hämochromatose**, einer Krankheit mit schweren Organstörungen. Der Grund für die Eisenüberladung kann eine genetisch bedingte Störung der Regulation der Eisenresorption im Dünndarm sein. Wiederholt empfangene Bluttransfusionen können ebenfalls zu Hämochromatose führen.

**Iod ist nach Eisen das medizinisch wichtigste Spurenelement** – Iod wird benötigt zur Synthese der Schilddrüsenhormone Triiodthyronin ($T_3$) und Thyroxin ($T_4$); ein anderer Verwendungszweck für dieses essentielle Spurenelement besteht nicht. Mit der Nahrung aufgenommenes Iodid wird durch aktiven $Na^+$-gekoppelten Transport ausschließlich in der Schilddrüse angereichert.

Radioaktives Iodid, welches bei Strahlenkatastrophen frei werden kann, würde sich in der Schilddrüse ansammeln. Durch sofortige Zufuhr von nicht-radioaktivem Iodid kann die gefährliche Akkumulation von radioaktivem Iodid und die Auslösung von Schilddrüsencarcinomen verhindert werden.

Der Iodidgehalt der Nahrungsmittel ist abhängig vom Iodidgehalt des Bodens. Die Böden in manchen Regionen der Erde sind arm an Iodid, weil die gut wasserlöslichen Iodidsalze in geologischen Zeiträu-

men ausgewaschen worden sind. In Europa sind in erster Linie das Gebiet der Alpen und der Pyrenäen betroffen. Der Iodidmangel in diesen Gebieten führte zu weitverbreitetem Kropf und Unterfunktion der Schilddrüse (Hypothyreodismus). Bei Kindern kam es zu Entwicklungsstörungen (Kretinismus mit Kleinwuchs, Gehörstörungen und Schwachsinn). Eine sehr einfache Maßnahme, die Zufuhr genügender Mengen Iodid mit der Nahrung, z.B. durch Zugabe von Natriumiodid zum Kochsalz, hat alimentär bedingten Kretinismus und Kropf zum Verschwinden gebracht. Die Iodidprophylaxe von Kropf und Kretinismus ist ein Großerfolg der Präventivmedizin!

■ Die für den Menschen essentiellen organischen und anorganischen Stoffe, die mit der Nahrung zugeführt werden müssen, sind heute gut bekannt. Die Gefahr durch eine mangelhafte Ernährung Schaden zu erleiden, ist für Kinder und Erwachsene in den entwickelten Regionen der Erde gebannt. Mit der sich verändernden Altersstruktur der Bevölkerung zeigt sich jedoch zunehmend deutlicher, dass viele alte Menschen sich nicht adäquat ernähren. In Hungergebieten ist die Unterernährung häufig begleitet von einer ungenügenden Zufuhr essentieller Nahrungsbestandteile.

## 36.5
## Nahrungsmittel

Bisher haben wir ausschließlich **Nährstoffe** besprochen, chemisch definierte Verbindungen wie Protein, Kohlenhydrat, Triacylglycerole und essentielle Nahrungsfaktoren. Die Nahrung besteht jedoch aus **Nahrungsmitteln** wie Milch, Brot und Wurst, komplexen Gemischen aus verschiedenen Nährstoffen. Im Folgenden sind die ernährungsphysiologischen Eigenschaften der wichtigsten Nahrungsmittel und auch die aus verschiedenen

Gründen zugegebenen Zusatzstoffe kurz zusammengestellt.

**Der Protein- und Mineralgehalt der Milch korreliert mit der speziestypischen Wachstumsgeschwindigkeit** – Bei Mensch und Säugetier ist die Milch das einzige Nahrungsmittel im ersten Lebensabschnitt, die Korrelation ist damit wohl begründet:

| | Verdoppelung des Geburtsgewichts (Tage) | Milch | |
| | | Proteingehalt (g/100ml) | Mineralgehalt (g/100ml) |
|---|---|---|---|
| Mensch | 180 | 1,2 | 0,2 |
| Rind | 47 | 3,3 | 0,7 |
| Schwein | 14 | 5,2 | 0,8 |
| Kaninchen | 6 | 10,4 | 2,5 |

Die Unterschiede in der Zusammensetzung von Humanmilch und Kuhmilch machen verständlich, warum in der Säuglingsernährung Humanmilch nicht einfach durch Kuhmilch ersetzt werden kann:

| | Humanmilch g/100ml | Kuhmilch g/100ml |
|---|---|---|
| Protein | 1,2 | 3,3 |
| Lactose | 7,0 | 4,8 |
| Fett | 3,8 | 3,8 |
| Mineralstoffe | 0,2 | 0,7 |

Um als Säuglingsnahrung zu taugen, muss die Kuhmilch verdünnt und Zucker zugesetzt werden.

**Tierische Nahrung liefert Protein und Fett** – Fleisch und Fisch sind Quellen hochwertiger Proteine. Der Fettgehalt ist variabel, Kohlenhydrat ist keines vorhanden. Das Glykogen wird bei der Lagerung des Fleisches zu Milchsäure abgebaut. Der sich daraus ergebende pH-Wert von 5–6 hemmt das Wachstum von Bakterien und Pilzen. Das Fleisch gejagter Tiere, die ihr Glykogen verbraucht haben, ist weniger haltbar. Innereien sind im Proteingehalt mit Fleisch vergleichbar. Die Leber enthält besonders viel Vitamine und Eisen.

**Cerealien** (Getreide: Weizen, Reis, Mais) und die daraus hergestellten Produkte (Brot, Teigwaren) sind, zusammen mit den Kartoffeln, die wichtigste und billigste Energie- und Proteinquelle. Das Speicherkohlenhydrat, die Stärke, befindet sich im Mehlkern des Getreidekorns, die Proteine in der den Kern umgebenden Aleuronschicht. Dort finden sich auch die Vitamine. Die Proteine, beim Weizen das Gliadin und Glutenin, sind wichtig für die Backfähigkeit des Mehls. Ihre Aminosäurenzusammensetzung ist für die menschliche Ernährung nicht optimal (Tabelle 36.4).

**Kartoffeln und Leguminosen** (Erbsen, Bohnen, Linsen) liefern Stärke und vergleichsweise recht hochwertige Proteine (Tabelle 36.4). Kartoffeln wie auch Leguminosen enthalten Proteaseinhibitoren, welche die Proteinverdauung im Magendarmtrakt hemmen. Durch Kochen werden diese Inhibitoren denaturiert und unschädlich gemacht.

**Gemüse und Früchte** enthalten etwas Kohlenhydrat und haben einen geringen Brennwert. Sie sind eine gute Quelle für Vitamin A und C, Thiamin, Riboflavin, Calcium und Eisen.

**Die Zubereitung der Nahrung durch Hitzebehandlung hat eine Reihe von Vorteilen** – Das Kochen, Braten oder Rösten der Nahrungsmittel führt bei pflanzlichen Nahrungsmitteln zum Aufschluss der Cellulosemembranen und der Stärkekörner. Die Nährstoffe können dadurch besser verwertet werden. Überdies tötet die Hitzebehandlung mögliche Krankheitserreger ab und denaturiert die Nahrungsproteine, die damit durch die proteolytischen Enzyme in Magen und Darm besser angegriffen werden können. Bei der Nahrungszubereitung entstehen ferner neue Aroma- und Geruchsstoffe (Bratenduft!). Ein Nachteil der Hitzebehandlung ist der damit einhergehende Verlust gewisser Vitamine. Dieser Verlust kann verringert werden durch kurze Kochzeit und den Ausschluss von Luft, wie das z. B. im Dampfkochtopf oder auch schon beim Kochen mit Pfannendeckel der Fall ist.

**Vielen Lebensmittel-Fertigprodukten und Halbfertigprodukten werden Zusatzstoffe beigegeben** – Die Verwendung von

Zuatzstoffen ist durch Positivlisten geregelt. Grundsätzlich sind jegliche Zusätze verboten, außer sie seien ausdrücklich erlaubt und auf der Liste aufgeführt. Die Zusatzstoffe werden in Europa einheitlich mit E-Nummern bezeichnet. Sie gehören folgenden Gruppen an: Farbstoffe (z.B. $\beta$-Carotin, Anthocyane), Konservierungsmittel (z.B. Benzoesäure, Ameisensäure, Zucker, NaCl), Antioxidantien (z.B. Ascorbinsäure), Emulgatoren (z.B. Glycerolmonostearat), Gelier- und Verdickungsmittel (z.B. Gelatine, Pektine), Aromastoffe (z.B. Natriumglutamat, das für die fünfte Geschmacksqualität „Umami" verantwortlich ist und als Geschmacksverstärker verwendet wird) und künstliche Süßstoffe (wie Saccharin, Cyclamat oder Aspartam = $N\text{-}\alpha\text{-}$L–Aspartyl-L-phenylalanin-Methylester).

**Das Vorkommen von Schadstoffen in Lebensmitteln ist nicht zu vermeiden** –

Das Konzept der Nulltoleranz ist mit zunehmender Verbesserung der Analytik nicht mehr haltbar. Für alle in der Praxis wichtigen Wirkstoffe sind Maximalwerte des Gehalts in Lebensmitteln festgelegt worden, deren Einhaltung amtlich überwacht wird. Insbesondere geht es um Rückstände von Herbiziden, Pestiziden, Insektiziden, Antibiotika, aber auch von Schwermetallen. Mit der heutigen Kontrolle der Lebensmittel auf Schadstoffe spielen diese eine durchaus untergeordnete Rolle, eigene Ernährungsfehler fallen viel stärker ins Gewicht.

■ Alle ding sind gifft/und nichts ohn gifft/allein die dosis macht das ein ding kein gifft ist. (Paracelsus, um 1530)

# VI Biochemische und gentechnische Methoden

# 37 Trenn- und Analysemethoden

Zur Analyse biochemischer Vorgänge müssen oftmals Zellbestandteile voneinander getrennt werden. Die Biomoleküle unterscheiden sich in Struktur, Größe, Ladung und der Affinität zu bestimmten Bindungspartnern (Liganden). Diese Eigenschaften der Moleküle werden zu ihrer Trennung genutzt. Ein besonderes Problem besteht darin, dass viele Biomoleküle, insbesondere die Makromoleküle, Polymere aus einer sehr beschränkten Anzahl von Bausteinen sind. So ist es schwierig, zwei DNA-Stücke von 100 bp Länge, deren Sequenzen sich nur in einem Nucleotid unterscheiden, voneinander zu trennen. Zwei Moleküle von gleicher Größe und Ladung können sich sogar nur in der Sequenz der Bausteine unterscheiden. Auch die niedrige Konzentration von Biomolekülen kann ein Problem darstellen; DNA-Moleküle kommen pro Zelle meist in nur 1 oder 2 Kopien vor. Erst in den letzten Jahrzehnten sind effiziente Amplifizierungs- und Trennmethoden für Makromoleküle entwickelt worden. Unter diesen Methoden sind die physikalischen Trennmethoden, wie sie in diesem Kapitel vorgestellt werden, von großer Bedeutung. Aber auch enzymatische Methoden zur Amplifizierung und biologische Methoden zur Klonierung von Molekülen spielen eine wichtige Rolle in der experimentellen Biochemie. Sie kommen in den Kapiteln 39 und 40 zur Sprache.

## 37.1 Zentrifugation

**Masse, Dichte und Form sowie das Zentrifugationsmedium bestimmen die Sedimentationseigenschaften von Molekülen im Zentrifugalfeld** – Die Umdrehungszahlen von Zentrifugen variieren zwischen einigen Hundert bis etwas über 100 000 pro Minute. In den hohen Beschleunigungsfeldern von Ultrazentrifugen, deren Rotoren zur Vermeidung der Wärmeentwicklung durch Luftreibung im Hochvakuum drehen, können sogar gelöste Makromoleküle zur Sedimentation gebracht werden. Die Sedimentationsgeschwindigkeit der Moleküle und Partikel hängt von deren Masse und Form, sowie vom Dichteunterschied zwischen Partikel und umgebendem Milieu und der Zentrifugalbeschleunigung ab. Bei gleicher Dichte von Milieu und Partikel ergibt sich weder Sedimentation noch Auftrieb, d.h. das Zentrifugationsgut sammelt sich in der Zone gleicher Dichte an.

**Die Sedimentationseigenschaften von Partikeln lassen sich wie folgt berechnen:** Die Erdbeschleunigung g beträgt 981 cm s$^{-2}$ und wird als Einheit der relativen Zentrifugalbeschleunigung (RZB) verwendet. Die RZB wird als das Vielfache der g-Zahl angegeben, z.B. RZB = 10 000 g. Bei Zentrifugation mit konstanter Winkelgeschwindigkeit $\omega$ ($\omega = 2\pi \mathrm{rpm}/60$, rpm =

Rotationen pro min) um eine Drehachse erfährt ein Teilchen im Abstand r von der Drehachse eine Zentrifugalbeschleunigung $B = \omega^2 r$ (in cm s$^{-2}$) oder eine RZB $= \omega^2 r / 981$ g und RZB $= 1118 \cdot 10^{-5} \cdot r \cdot rpm^2$ g. Die Sedimentationsgeschwindigkeit eines kugelförmigen Partikels in einer Flüssigkeit berechnet sich nach Svedberg als $v = d^2 (\rho_p - \rho_m) RZB / 18\eta$ wobei $v$ die Sedimentationsgeschwindigkeit, RZB die relative Zentrifugalbeschleunigung, d der Durchmesser des Teilchens, $\rho_p$ und $\rho_m$ die Dichte des Teilchens bzw. des Mediums und $\eta$ die Viskosität des Mediums bedeuten. Der Sedimentationskoeffizient s, die Sedimentationsgeschwindigkeit pro Einheit der Zentrifugalbeschleunigung, wird in Svedberg-Einheiten S angegeben, s $= v / \omega^2 r$ (1S $= 10^{-13}$ s). Der Sedimentationskoeffizient größerer biologischer Moleküle liegt im Bereich einiger Svedberg-Einheiten, z. B. werden ribosomale RNAs nach ihren Sedimentations-Koeffizienten benannt (18S-RNA usw.).

**Bei der differentiellen Zentrifugation werden Partikel nach ihrer Größe getrennt** – Die Zentrifugation ist eine der ältesten Methoden zur Abtrennung unlöslicher Bestandteile aus einer Suspension und zur Isolierung von Organellen aus geöffneten Zellen. Zur Sedimentierung von Partikeln aus einer Suspension wird das Zentrifugenröhrchen mit der Suspension gefüllt und anschließend zentrifugiert. Ein Teil des Zentrifugierguts setzt sich am Boden des Röhrchens ab und bildet das Sediment (*Pellet*); der Überstand (*Supernatant*) wird abgegossen und nochmals bei höherer Drehzahl zentrifugiert (vgl. Abb. 13.1). Dieses Verfahren ist bekannt als **differentielle Zentrifugation**. Zur Trennung von Zellorganellen und anderer großer Partikel wie mRNA mit mehreren Ribosomen (Polysomen) verwendet man Medien mit geringerer Dichte als die der Partikel. Zellkerne mit viel DNA und RNA sedimentieren unter diesen Bedingungen rascher als Mitochondrien und Membranvesikel. Zur Teilchentrennung mit höherer Auflösung wird die Technik der **Zonenzentrifugation** verwen-

det. Eine Probe mit einem kleinen Volumen wird oben als schmale Zone auf ein Medium mit höherer Dichte gegeben, das meist als Dichtegradient vorgelegt wird und den Hauptteil des Zentrifugenröhrchens füllt. Solche vor der Zentrifugation hergestellte Gradienten mit zunehmender Dichte sind weniger anfällig für Störungen der Schichtlage als homogene Flüssigkeiten. Sie verringern die Durchmischung der Flüssigkeitssäule durch Konvektionsströmungen und verbessern dadurch die Trennschärfe. Als typische Medien für Gradienten-Zentrifugationen werden Zuckerlösungen, v. a. Saccharose (*Sucrose*) oder, um eine zu hohe Osmolarität zu vermeiden, Lösungen von Polymeren (Glykogen, Dextran und Ficoll) verwendet. Bei allen diesen Gradienten wie auch bei der differentiellen Zentrifugation erfolgt die Trennung aufgrund der unterschiedlichen Sedimentationsgeschwindigkeit der Partikel. Beide Zentrifugationsarten werden entweder in Festwinkel- oder in Ausschwingrotoren durchgeführt (Abb. 37.1a und b).

**Plasmid-DNA und andere Partikel lassen sich durch Dichtegleichgewichts-Zentrifugation in CsCl-Gradienten reinigen** – Bei der Dichtegleichgewichtszentrifugation wird das Zentrifugationsgut aufgrund seiner Dichte meist in Vertikalrotoren (Abb. 37.1c) aufgetrennt. Es wird so lange zentrifugiert, bis sich das Material am Ort seiner eigenen Dichte im Dichtegradienten des Zentrifugationsmediums eingeschichtet hat. Mit dieser Methode lässt sich z. B. hochreine Plasmid-DNA herstellen. Ein Rohextrakt aus Bakterien wird mit dem (kanzerogenen) DNA-Fluoreszenzfarbstoff Ethidiumbromid versetzt und mit CsCl auf eine Dichte von rund 1,6 g/ml gebracht und zentrifugiert. Die Cäsiumionen sedimentieren wegen ihrer hohen Dichte und geringen Größe rasch und bilden im Zentrifugalfeld einen Gradienten mit nach außen zunehmender Dichte. In diesem Dichtegradienten reichert sich die Plasmid-DNA am Ort ihrer eigenen Dichte an und kann nach Abschluss der Zentrifugation im UV-Licht

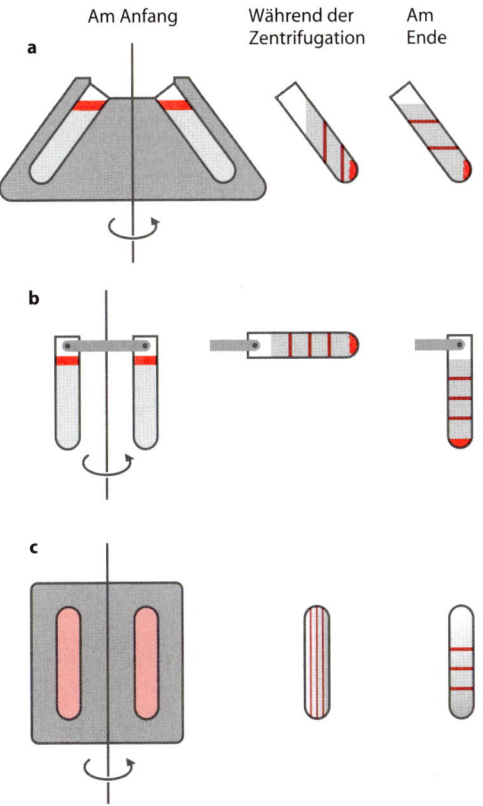

Am Anfang    Während der    Am
            Zentrifugation    Ende

**a**

**b**

**c**

**Abb. 37.1 a–c.** Rotortypen. Die Lage der Probenröhrchen bei der Zentrifugation ist entscheidend für die Trennzeit und die erreichte Trennschärfe. Wir unterscheiden zwischen **a** Festwinkelrotoren, in welchen die geneigte Lage der Proben während der Zonenzentrifugation unverändert bleibt, und **b** Ausschwingrotoren, in welchen sich der Lagewinkel der Zentrifugenröhrchen während der Zonenzentrifugation ändert. Für die nicht gezeigte differentielle Zentrifugation werden sowohl Festwinkel- wie auch Ausschwingrotoren verwendet. **c** In Vertikalrotoren, die sich besonders für die Dichtegleichgewichtszentrifugation eignen, bleiben die Röhrchen während des ganzen Laufs senkrecht stehen. In diesem Fall sind die Röhrchen vollständig gefüllt und oben versiegelt. Die Proben lagern sich aufgrund der Dichteunterschiede im wechselnden Beschleunigungsfeld (vertikal-horizotal-vertikal) um. Der Auftragebereich der Probe und die Zonen mit den getrennten Molekülen sind *rot* markiert

als orange leuchtende Bande sichtbar gemacht und abgesaugt werden. Lineare und einzelsträngige DNA sammelt sich in anderen Regionen des Gradienten an als die superhelicale DNA des Plasmids. Dichtegradienten werden auch zur Trennung größerer Partikel aufgrund subtiler Dichteunterschiede verwendet (Tabelle 37.1).

**Die Masse von Makromolekülen kann durch analytische Ultrazentrifugation ermittelt werden** – In analytischen Ultrazentrifugen erlaubt ein Glasfenster im Rotor die Beobachtung des Zentrifugalgutes bei laufender Zentrifuge. Zwei Verfahren zur Bestimmung der Molekularmasse stehen zur Verfügung.

– Bei der Sedimentations-Diffusions-Gleichgewichts-Zentrifugation wird das Material so lange zentrifugiert, bis sich am Boden der Probenkammer ein Gleichgewicht zwischen Zentrifugalbewegung und entgegenwirkender Diffusion eingestellt hat. Dieser Gradient kann optisch ausgemessen werden und erlaubt die Molekularmasse zu berechnen.

– Die analytische Ultranzentrifuge kann auch zur Sedimentationsanalyse verwendet werden. Dazu wird die Probe während der Sedimentation beobachtet und aus der gemessenen Sedimentationsgeschwindigkeit der Sedimentationskoeffizient berechnet. Nach separater Bestimmung des Diffusionskoeffizienten des beobachteten Proteins lässt sich die Molekularmasse nach der Svedberg-Gleichung berechnen:

$$M_r = \frac{R \cdot T \cdot s}{D(1 - v\rho)} \, ,$$

R = allgemeine Gaskonstante, D = Diffusionskoeffizient des Moleküls, T = absolute Temperatur, $\rho$ = Dichte des Mediums bei 20 °C, $v$ = partielles spezifisches Volumen des Moleküls (Volumen der Substanz pro g in verdünnter Lösung, bei Proteinen etwa 0,73 cm$^3$ g$^{-1}$). Die bei verschiedenen Proteinkonzentrationen gemessenen Werte für s und D werden auf unendliche Verdünnung des

**Tabelle 37.1.** Sedimentationseigenschaften biologischer Partikel. Die unterschiedliche Größe oder Dichte verschiedener Zellorganellen und Makromoleküle lässt sich zur Trennung der Teilchen ausnützen. Die Sedimentationsanalyse ergibt den größenabhängigen Sedimentationskoeffizienten, die Dichte der Teilchen bestimmt ihre Position im Dichtegradienten bei der Dichtegleichgewichtszentrifugation. Zur Technik der Isolierung von Zellorganellen und Membranvesikeln mittels differentieller Zentrifugation s. auch Abb. 13.1

|  | Durchmesser (µm) | Sedimentationskoeffizient (S) | Dichte (g/ml) |
|---|---|---|---|
| Zellen | 1–50 | $10^7$–$10^8$ | 1,05–1,2 |
| Kerne | 3–12 | $10^6$–$10^7$ | >1,3 |
| Kernmembran | 1–12 |  | 1,18–1,22 |
| Plasmamembran | 3–20 |  | 1,15–1,18 |
| Golgi-Apparat | 1 |  | 1,12–1,16 |
| Mitochondrien | 0,5–4 | $1 \cdot 10^4$–$5 \cdot 10^4$ | 1,17–1,21 |
| Lysosomen | 0,5–0,8 | $4 \cdot 10^3$–$2 \cdot 10^4$ | 1,17–1,21 |
| Peroxisomen | 0,5–0,8 | $4 \cdot 10^3$ | 1,19–1,4 |
| Glatte ER-Vesikel | 0,05–0,3 | $10^3$ | 1,06–1,23 |
| Ribosomen |  | 70–80 | 1,55–1,58 |
| Lösliche Proteine | 0,001–0,01 | 1–25 | 1,2–1,7 |
| DNA |  |  | 1,7 |
| RNA |  |  | 2,0 |

gelösten Stoffes in Wasser bei 20 °C extrapoliert.

■ Zellen, Zellorganellen, Membranvesikel und Makromoleküle können durch Zentrifugation in Medien geringerer Dichte nach ihrer Größe oder in einem Dichtegradienten nach ihrer Dichte getrennt werden. Die analytische Ultrazentrifugation ermöglicht die Bestimmung der Molekularmasse.

## 37.2
## Chromatographie

**Die Chromatographie trennt Moleküle aufgrund ihrer unterschiedlichen Verteilung auf eine mobile und eine stationäre Phase** – Im Gleichgewichtszustand verteilt sich ein Molekül auf zwei verschiedene Phasen nach Maßgabe seiner relativen Affinität für die beiden Phasen. Das Ausschütteln organischer Substanzen aus wässriger Phase in ein mit Wasser nicht mischbares organisches Lösungsmittel ist ein einfaches, häufig verwendetes Trennverfahren, das auf dieser Grundlage beruht. In der Chromatographie wird die Verteilung des Trennguts auf eine stationä-

re Phase und eine daran stetig vorbeifließende mobile Phase ausgenützt. Eine Substanz, die sich nur in der stationären Phase aufhalten kann, wird sich nicht in die mobile Phase begeben und damit am Start der Chromatographie zurückbleiben. Im anderen Extremfall wird eine Substanz, die sich nur in der mobilen Phase aufhält, mit der Front der mobilen Phase wandern. Substanzen, die sich sowohl in der stationären als auch in der mobilen Phase aufhalten können, wandern nach Maßgabe ihrer Verteilung auf die zwei Phasen. Die beste Trennleistung wird erreicht, wenn die mobile Phase genügend langsam fließt, so dass die Einstellung des Verteilungsgleichgewichts während des ganzen Trennvorgangs gewährleistet ist. Eine ganze Reihe von Eigenschaften kann zur Stofftrennung durch Chromatographie ausgenützt werden (Tabelle 37.2).

Bei der **Gelfiltration** (Größenausschluss-Chromatographie, *Size exclusion chromatography*) transportiert ein Flüssigkeitsstrom gelöste Moleküle durch eine stationäre Phase aus vielen kleinen schwammartigen Polysaccharid-Partikeln (Gel; Abb. 37.2). Die Gelkügelchen befinden sich in einer Chromatographiesäule. Große Moleküle können nicht in die Gelpartikel eindringen.

**Tabelle 37.2.** Molekültrennung mittels Chromatographie. Die unterschiedliche Verteilung der zu trennenden Moleküle auf eine stationäre und eine mobile Phase wird zur Trennung ausgenützt

| Moleküleigenschaft | Chromatographietyp | Stationäre Phase | Mobile Phase |
|---|---|---|---|
| Molekülgröße und Form | Gelfiltration, Ausschluss großer Moleküle aus porösen Gelpartikeln (*Size exclusion*) | Puffer innerhalb Gelpartikel | Puffer außerhalb Gelpartikel |
| Ladung | Ionenaustausch | Geladene Gruppen auf inertem Träger | Puffer |
| Löslichkeit | Verteilung | Wässrig, z.B. Hydrathülle der Cellulosefasern in Papier | Apolare organische Lösungsmittel |
| Bindung an spezifische Liganden | Affinität | Spezifischer Ligand auf inertem Träger | Puffer |
| Bindung an hydrophobe Matrix | Hydrophobe Wechselwirkung (*Hydrophobic interaction chromatography*, HIC) | Hydrophob | Puffer-Salz-Lösung |
| Bindung an hydrophobe Matrix | Reversed Phase (RP)-HPLC | Hydrophob | Laufmittel mit zunehmend apolarem Gradienten |
| Komplexierung[a] | Metallchelate (*Immobilized metal ion affinity chromatography*, IMAC) | Metall an Matrixchelat | Puffer mit Komplexbildner |

[a] Dieser Chromatographietyp wird zur einfachen Isolierung rekombinanter Proteine benutzt, welche mit einem Histidintag (His$_6$) als Chelatbildner markiert sind

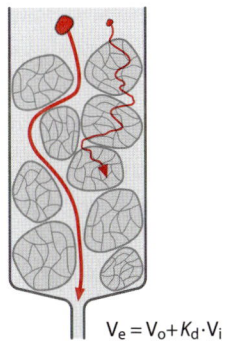

$$V_e = V_o + K_d \cdot V_i$$

Sie bleiben außerhalb der schwammartigen Gelpartikel und wandern deshalb rasch mit dem äußeren Flüssigkeitsstrom durch die Säule. Kleine Teilchen, z.B. Ionen, können in die Hohlräume des Gels eindringen und werden später mit einem größeren Volumen aus der Säule eluiert.

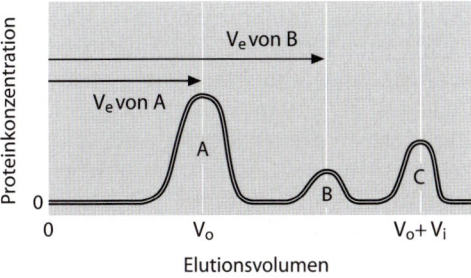

**Abb. 37.2.** Gelfiltration. **Oben**: Eine Gelfiltrationssäule ist vereinfacht dargestellt. Große Moleküle (Substanz A) passieren außerhalb der Gelpartikel und werden rasch eluiert. Kleinere Moleküle (Substanzen B und C) nehmen den längeren Weg durch die Poren der Gelpartikel und werden später eluiert. $V_o$: äußeres Volumen, *Outer volume*; $V_i$: inneres Volumen der Gelpartikel; $V_e$: Elutionsvolumen. **Unten**: Das Elutionsprofil einer Gelfiltration. Die Gelfiltration trennt Substanzen aufgrund von Unterschieden im Verteilungskoeffizienten $K_d$ ($0 \leq K_d \leq 1$), d.h. des Anteils des inneren Volumens, welcher der Substanz zugänglich ist

> **Elutionsvolumen:** Das Volumen, welches durch die Chromatographiesäule fließen muss, bis im herausfließenden Eluat die maximale Konzentration eines gegebenen gelösten Stoffes erreicht wird.

Moleküle, welche nur durch einen Teil der unterschiedlich großen Poren der Gelpartikel passieren können, eluieren nach Maßgabe ihrer Verteilung auf das innere und das äußere Volumen der Säule. Durch Kalibrierung der Säule mit bekannten Proteinen kann eine Molekularmassen-Standardkurve ermittelt werden. Ein Vergleich des Elutionsvolumens des untersuchten Proteins mit der Standardkurve erlaubt, dessen Molekularmasse zu bestimmen. Die **Ionenaustauschchromatographie** nutzt die Ladungsunterschiede von Molekülen zur Trennung aufgrund der unterschiedlichen Bindungstärke an eine mit elektrisch geladenen Gruppen besetzte stationäre Phase. Bei der **Gaschromatographie (GC)** wird die Probe verdampft und in der mobilen Gasphase (einem Inertgas wie $N_2$, einem Edelgas oder $CO_2$) über eine geheizte immobile Phase (meist ein Flüssigkeitsfilm auf einem inerten Träger) transportiert. Die **Affinitätschromatographie** trennt Moleküle aufgrund ihrer Bindung an spezifische Liganden (z. B. Ausnützen der spezifischen Antigen-Antikörper-Wechselwirkung durch Gelpartikel mit kovalent gebundenen Antikörpern). Gentechnisch hergestellte Proteine mit einem eingebauten Histidin-Tag (6 aufeinander folgende Histidinresten; *Tag*, engl. Kennzeichen) binden verschiedene Metallionen präferenziell, was bei der **Nickel-Chelat-Chromatographie** zur Reinigung solcher rekombinanter Proteine häufig verwendet wird. Im Prinzip wird jede Möglichkeit der Wechselwirkung mit einer stationären Phase zur Trennung von Molekülen genutzt. In modernen spezialisierten Geräten kann beschleunigte Chromatographie unter mittlerem bis hohem Druck mit feinkörnigen Trägermaterialien (FPLC, *Fast Protein Liquid Chromatogra-*phy bei einigen Bar (= einigen Hunder kPa); HPLC, *High Performance/Pressure Liquid Chromatography* bei über 10 bar) durchgeführt werden. Das hervorragende Auflösungsvermögen dieser Verfahren beruht auf der Kleinheit und Uniformität des meist kugelförmigen Materials der stationären Phase. Diese Eigenschaften der stationären Phase bringen jedoch einen erhöhten hydrodynamischen Widerstand mit sich. Um die Chromatographie innerhalb nützlicher Frist durchführen zu können, muss der Druck erhöht werden.

Chromatographien werden je nach Probemengen und verwendetem Trennprinzip in zahlreichen verschiedenen Formaten durchgeführt: Papierchromatographie, Dünnschichtchromatographie, Säulenchromatographie, Kapillarchromatographie. Genügt die Auflösung eines einzelnen Verfahrens zur Trennung einer Probe in ihre Komponenten nicht, werden Kombinationen zweier Verfahren (zweidimensionale Chromatographie) oder auch mehrerer Verfahren (multidimensionale Chromatographie) oft auch unter Einbezug elektrophoretischer Auftrennungen (s. unten) eingesetzt.

■ In verschiedenen Chromatographieverfahren lassen sich praktisch alle Biomoleküle aufgrund ihrer unterschiedlichen Verteilung auf eine mobile und eine stationäre Phase trennen.

## 37.3
# Elektrophorese

**In einem elektrischen Feld bewegen sich die Moleküle entsprechend ihrer Ladung, Größe und Form** – Unter Elektrophorese versteht man die Wanderung geladener Teilchen in einem elektrischen Feld. Je nachdem ob die Nettoladung der Substanzen positiv oder negativ ist, bewegen sie sich in Richtung Kathode (negativer Pol, meist schwarz markiert) oder Anode (positiver Pol, rot markiert). Proteine und

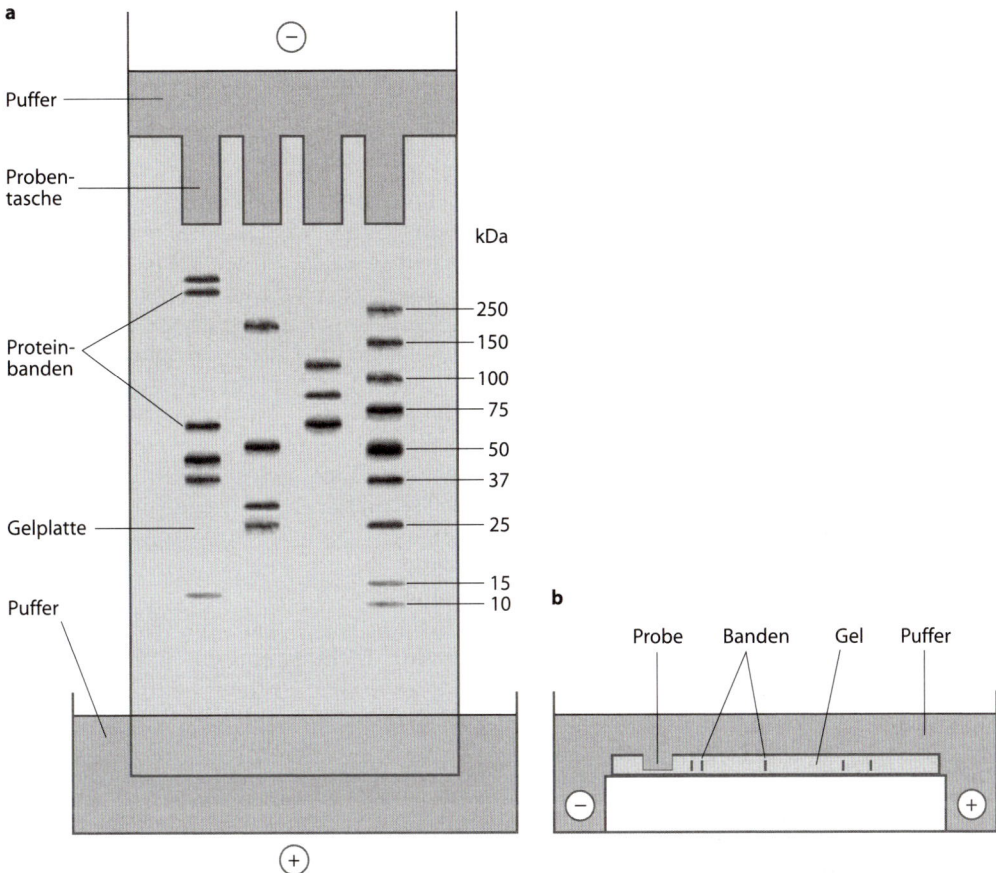

**Abb. 37.3 a, b.** Zwei häufig zur Trennung von Makromolekülen verwendete Typen der Gelelektrophorese. **a** SDS-Polyacrylamid-Gelelektrophorese von Proteinen. Das ionische Detergens Natriumdodecylsulfat (*Sodium dodecyl sulfate*, SDS) denaturiert Proteine, und das Dodecylsulfat-Anion bindet in stöchiometrischem Verhältnis ans Protein (1,4 g SDS pro g Protein). Bei konstantem Ladungs-Massenverhältnis spielt praktisch nur noch die Größe des Moleküls eine Rolle für die Auftrennung im Gel. Die Laufdistanz ist umgekehrt proportional zum Logarithmus der Molekularmasse. Durch Vergleich mit einem Standardgemisch von Proteinen mit bekannter Molekularmasse kann die Molekularmasse der Probe ermittelt werden. Das Polyacrylamidgel wird als Lösung von Acrylamid und Quervernetzungsreagens in Puffer zwischen zwei Glasplatten gegossen und polymerisiert einige Minuten nach der Zugabe eines Katalysators. Danach wird das Glasplatten-Sandwich mit dem Gel in eine Elektrophoreseapparatur montiert und Puffer eingefüllt. Die Proben werden vor dem Auftragen mit Saccharose oder Glycerin vermengt, damit sie eine genügend hohe Dichte aufweisen und in die Probentaschen absinken. Nachdem die Proteingemische in die Probentaschen eingefüllt sind, wird Gleichspannung an die Elektroden angelegt. Nach der Auftrennung der Proteingemisches der Proben wird das Gel gefärbt. Im Lauf rechts ist ein Standardgemisch mit Proteinen bekannter Molekularmasse aufgetragen. **b** Horizontales Submers-Gel aus Agarose zur Trennung von DNA oder RNA. Das Gel liegt auf einem Elektrophoresetisch in einer Pufferlösung

Peptide wandern wegen ihres Ampholytcharakters (s. Kapitel 2.4) nach Maßgabe ihres isoelektrischen Punkts und des pH-Werts des Puffers. Die elektrophoretische Beweglichkeit hängt nicht nur von der Ladung sondern auch von der Größe und Form der Teilchen sowie vom Medium ab. Die Trennung wird in Lösung (trägerfreie Elektrophorese, gewisse Typen der Kapillarelektrophorese) oder in einer großporigen Matrix (z. B. Gelelektrophorese, Membranelektrophorese) durchgeführt. Durch Elektrophorese lässt sich eine hohe Auflösung der Trennung erreichen; Hunderte verschiedener Proteine oder Nucleinsäuren können auf einem Gel getrennt werden. Diese Verfahren werden deshalb heute zur Sequenzanalyse von DNA verwendet, die auf der Trennung Hunderter jeweils um eine Base unterschiedlich langer DNA-Stücke beruht (s. Kapitel 39.7). DNA-Moleküle besitzen eine konstante Ladung pro Masseneinheit und sind deshalb gut zur elektrophoretischen Trennung nach Größe geeignet. Proteine können durch Binden des denaturierenden Detergens Natrium-Laurylsulfat (SDS, *Sodium dodecyl sulfate*) ebenfalls in eine Form mit konstantem Ladung/Massenverhältnis gebracht werden. Etwa ein SDS-Anion pro zwei Aminosäurereste bindet an das Protein. Die Eigenladung des Proteins wird vernachlässigbar und für Protein-SDS-Komplexe ergibt sich ein annähernd konstantes Ladung/Massenverhältnis. Die viel verwendete SDS-Gelelektrophorese trennt unterschiedliche Proteine nach ihrer Größe auf (Abb. 37.3).

Die Wanderungsgeschwindigkeit der Teilchen ist proportional zur angelegten elektrischen Feldstärke. Die bei der Elektrophorese infolge des Stromflusses entstehende Wärme beschränkt die anwendbaren Feldstärken auf einige $V\,cm^{-1}$ bis zu etwa hundert $V\,cm^{-1}$.

---

Die elektrische Feldstärke U (in Volt/m$^{-1}$) bestimmt die Kraft P (in Newton), welche auf ein Teilchen mit der Ladung q (in Coulomb) wirkt: $P = q \cdot U$.

---

## Die isoelektrische Fokussierung von Proteinen erreicht höchste Trennschärfen

– Grundlage für diese Methode ist ein pH-Gradient, der beispielsweise durch kovalenten Einbau verschiedener Puffersubstanzen ins Trenngel hergestellt wird. Ein bestimmtes Protein bewegt sich während der Elektrophorese genau bis zu demjenigen Ort hin, wo seine Nettoladung Null beträgt, d.h. beim pH-Wert im pH-Gradien-

ten, welcher seinem isoelektrischen Punkt entspricht. Sobald sich ein Protein von diesem Ort wegbewegt, sei es durch Diffusion oder infolge von Konvektionsströmungen, gerät es in eine Zone mit einem höheren oder tieferen pH-Wert und wird durch Deprotonierung bzw. Protonierung erneut geladen und zurückgetrieben. Dadurch reichern sich die Proteine in einer schmalen Zone an, sie werden fokussiert. Die Kombination dieses Verfahrens mit einer SDS-Gelelektrophorese, welche senkrecht zur isoelektrischen Fokussierung verläuft, ermöglicht die Trennung von einigen Tausend Proteinflecken auf einer einzigen Gelplatte. Eine solche zweidimensionale Gelelektrophorese ist wegen ihres derzeit unerreicht hohen Auflösungsvermögens wichtig bei der Analyse des Proteoms (s. Kapitel 40.4).

**Bislang haben v.a. zwei Trägermaterialien für Elektrophoresen weite Verbreitung gefunden: Polyacrylamid- und Agarose-Gele** – Polyacrylamid-Gele sind quervernetzte Kunststoff-Gele, die mit variabler Porenweite herstellbar sind. Sie sind optisch besonders klar und erlauben den Nachweis auch kleinster Mengen von Proteinen oder Nucleinsäuren. Die Gele werden meist zwischen Glasplatten gegossen und vertikal zwischen zwei Pufferbecken mit Elektroden montiert. Die erreichbare Auflösung ist beachtlich, im Idealfall können zwei DNA-Fragmente von 1000 und 1001 Basen voneinander getrennt werden. Solche hohe Auflösungen sind insbesondere zur DNA-Sequenzierung (Elektrophorese in Kapillaren) nützlich. Kunststoff-Gele sind etwas aufwändiger herzustellen als Agarose-Gele und benötigen toxische Chemikalien wie Acrylamid (ein starkes Neurotoxin und Kanzerogen). Agarose ist ein Polysaccharid, das aus Meeresalgen hergestellt wird. Ein Agarose-Gel verflüssigt sich bei erhöhter Temperatur und erstarrt bei tieferer Temperatur wieder zu einem Gel mit einer bestimmten Porengröße, je nach Konzentration der Agarose. In der üblichen Versuchsanordnung liegt das Gel horizontal auf einem Elektrophoresetisch in Puffer eingetaucht

(Abb. 37.3). Während des Gießens des Gels sorgt ein kammähnlicher Taschenformer für das Aussparen von Probentaschen. Die Proben mit den zu trennenden Makromolekülen werden in einer Saccharoselösung hoher Dichte in die Taschen gefüllt. Die Elektrophorese läuft in diesen Submers-Gelen (*Submarine gels*) unter einer dünnen Schicht Puffer ab. Diese Gele sind sehr beliebt zur Trennung von DNA- und RNA-Molekülen in der Größenordnung von 0,1–100 kb Länge.

**Nach elektrophoretischer Trennung werden Proteine und Nucleinsäuren durch spezifische Färbungen nachgewiesen** – Der Fluoreszenzfarbstoff Ethidiumbromid interkaliert zwischen die Basen doppelsträngiger DNA und RNA und leuchtet bei Belichtung im Ultraviolettbereich orange. Die Nachweisgrenze liegt

Das Ethidium-Kation liegt als planares Ringsytem vor. Es lagert sich zwischen den Basen des Nucleinsäuren-Doppelstrangs ein. Dabei wird seine organefarbige Fluoreszenz nach Anregung mit UV-Licht markant verstärkt. Ethidiumbromid wirkt als potentes Mutagen und ist daher ein Kanzerogen.

liegt in der Praxis bei ungefähr einem Nanogramm DNA. Proteine werden meist durch Färbung mit Coomassie Brilliant Blue (einem Farbstoff, der früher zur Färbung von *Blue jeans* verwendet wurde) nachgewiesen. Die Nachweisgrenze liegt hier im Bereich von 10 ng. Sowohl für die Nucleinsäurefärbung als auch die Proteinfärbung stehen noch empfindlichere und auch teurere Verfahren zur Verfügung,

wie z. B. eine Färbung, welche auf der Ausfällung von Silberkomplexen beruht und bereits 0,1 ng Protein nachweist.

■ Elektrophoretische Trennungen von Makromolekülen in Gelen werden heute ihrer hohen Auflösung wegen sehr häufig verwendet. Bis zu 2000 verschiedene Proteine können mit zweidimensionaler Geleleketrophorese voneinander getrennt werden.

## 37.4
# Spektroskopie

**Spektroskopische Methoden beruhen auf der Wechselwirkung zwischen elektromagnetischer Strahlung und dem Untersuchungsobjekt** – Elektromagnetische Strahlung bestimmter Wellenlänge und Intensität wird in das zu untersuchende Objekt eingestrahlt. In der Biochemie werden in der Regel die Moleküle in gelöster Form untersucht. Die Lösung absorbiert oder streut das Licht. In der Photometrie wird das austretende Licht auf Intensität und Wellenlänge untersucht und mit der eintretenden Strahlung verglichen. Strahlung einer bestimmten Energie bzw. Frequenz oder Wellenlänge ($E = h \cdot v = h \cdot \lambda^{-1}$) regt diejenigen Elektronen oder Molekülteile an, bei denen der Wechsel des Energieniveaus der Energie der Strahlung entspricht. Deshalb hat jeder Stoff ein charakteristisches Absorptionsspektrum; die Extinktion E ist eine Funktion der Wellenlänge $\lambda$, Schichtdicke d und Substanzkonzentration c: $E(\lambda) = k \cdot c \cdot d$. Spektroskopische Messungen werden im gesamten sichtbaren Bereich und in einem weiten Teil des unsichtbaren Bereichs des elektromagnetischen Spektrums durchgeführt. Sie sprechen verschiedene Teile der Moleküle an und verlangen unterschiedliche Lichtquellen und Detektionsgeräte (Tabelle 37.3).

Elektromagnetische Wellen bestehen aus einer elektrischen und einer magnetischen Komponente, deren Feldvektoren senkrecht zueinander stehen und die beide

**Tabelle 37.3.** Wellenlängenbereiche für spektroskopische Analysen

| Bereich | Wellenlänge | Anregung von | Anwendungen |
|---|---|---|---|
| Röntgen (*X-ray*) | 0,01–100 nm | inneren Elektronen | Röntgenkristallographie |
| Ultraviolett (UV) | 100–400 nm | äußeren Elektronen und | UV–VIS Spektroskopie |
| Sichtbar (*Visible*, VIS) | 400–760 nm | delokalisierten Elektronen | |
| Infrarot (IR) | 0,76–1000 µm | diversen Molekülschwingungen | Infrarotspektroskopie |
| Mikrowellen | 0,1–10 cm | Elektronenspin | Elektronenspinresonanz (ESR) |
| Radiowellen | 10 cm–100 m | Kernspin | Nuklearmagnetische Resonanz (NMR) |

senkrecht zur Ausbreitungsrichtung der Strahlung stehen:

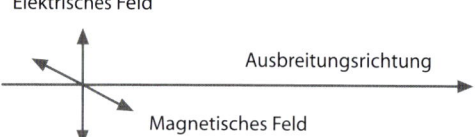

Bei natürlichem Licht oszillieren die elektrischen und magnetischen Felder in allen Drehrichtungen isotrop um die Ausbreitungsachse. Bei linear polarisiertem Licht liegt der elektrische und damit auch der magnetische Feldvektor in je einer Ebene vor. Bei zirkular polarisiertem Licht beschreiben die Feldvektoren Schraubenbahnen entlang der Ausbreitungsrichtung des Lichts.

Im Folgenden werden die drei in der Biochemie gebräuchlichsten spektroskopischen Methoden diskutiert:

– In der **Absorptionsspektrometrie** wird das vom Untersuchungsobjekt absorbierte Licht bestimmt.
– In der **Fluoreszenzspektrometrie** wird das Objekt mit Licht eines bestimmten Wellenlängenbereichs angeregt und das bei einer höheren Wellenlänge wieder ausgesandte (energieärmere) Licht gemessen.
– In der **Zirkulardichroismus-Spektroskopie** wird die unterschiedliche Absorption von rechts- und links-polarisiertem Licht gemessen.

**Das Ausmaß der Lichtabsorption ist abhängig vom untersuchten Stoff, dessen Konzentration und der Schichtdicke** – Wird Licht einer bestimmten Wellenlänge (monochromatisches Licht) durch eine Farbstofflösung gestrahlt und dabei teilweise absorbiert, ist die Intensität des austretenden Lichts entsprechend niedriger als diejenige des eingestrahlten Lichts. Der Quotient $I/I_0$ wird als Durchlässigkeit D oder *Transmittance* T bezeichnet und hängt von der Konzentration c des Farbstoffs und der Schichtdicke d ab.

$$D(\lambda) = I/I_0 = 10^{-k \cdot c \cdot d}$$

D wird oft in % angegeben, $\%D = I/I_0 \cdot 100$.

Die gebräuchliche Messgröße für photometrische Messungen ist die Extinktion (E) oder optische Dichte (OD). Die Extinktion ist gemäß dem Beer-Lambert-Gesetz direkt proportional zu c und d:

$$E(\lambda) = -\log(I/I_0) = -\log D = k \cdot c \cdot d,$$

wobei die Konstante $k$ als Extinktionskoeffizient bezeichnet wird. Wird d in cm und c in mol/L angegeben, so wird k als **molarer Extinktionskoeffizient ε** bezeichnet. Der molare Extinktionskoeffizient beschreibt demnach die theoretische Absorption einer 1-M Lösung des Stoffes bei einer bestimmten Wellenlänge und einer Schichtdicke von 1 cm.

Ist der Extinktionskoeffizient einer Substanz bekannt, kann ihre Konzentration in einer Lösung der reinen Substanz mit einer einfachen Extinktionsmessung bestimmt werden. Enzymatische Reaktionen können mit photometrischen Messungen verfolgt werden, falls sich Substrat und Produkt in ihren Absorptionsspektren unterscheiden. Insbesondere laufen viele enzymatische Reaktionen unter Umsatz von NADH oder NADPH ab. Reaktionen, welche nicht direkt photometrisch messbar sind, können in machen Fällen mit einer messbaren Reaktion gekoppelt werden, d.h. die Bildung eines Produkts oder das Verschwinden eines Substrats wird mit Hilfe einer weiteren enzymatischen Reaktion verfolgt, welche NAD$^+$/NADH-abhängig ist. Die Konzentrationen der Enzyme und ihrer Substrate sind dabei so zu wählen, dass die zu messende Reaktion geschwindigkeitsbegrenzend für die Gesamtreaktion ist.

**Messung der Fluoreszenz erlaubt einen sehr empfindlichen Nachweis vieler Stoffe** – Fluoreszenzmessungen sind 10- bis 100fach empfindlicher als photometrische Messungen. Proteine fluoreszieren wegen ihres Gehalts an aromatischen Aminosäureresten. Da die Nahumgebung eines Fluorophors die Wellenlänge und die Intensität

der Fluoreszenz stark beeinflusst, eignet sich die Fluoreszenz bei manchen Proteinen als Indikator für Konformationsänderungen. Auch das Binden eines Liganden an ein Protein kann u. U. fluorometrisch erfasst werden. Falls das zu untersuchende Protein keinen geeigneten Tryptophanrest enthält, kann durch kovalente Koppelung eine fluoreszierende Gruppe eingeführt werden, die als Reportergruppe das Protein der Fluoreszenzspektroskopie zugänglich macht. Ein im nahen UV angeregtes Protein aus einer Quallenart, das **Green fluorescent protein** (GFP), fluoresziert im Grünbereich. Das Fluorophor wird gebildet durch einen spontan ablaufenden Ringschluss zwischen der Amidgruppe eines Glycinrests mit der Carbonylgruppe eines Serinrests und nachfolgender Oxidation der Cα-Cβ-Bindung eines dazwischenliegenden Tyrosinrests, wobei ein delokalisiertes π-Elektronensystem entsteht. GFP kann deshalb in beliebigen gentechnisch manipulierten Zellen unter oxidativen Bedingungen produziert werden und fluoresziert dort ohne weitere Faktoren. Expressionsvektoren für gentechnisch hergestellte Fusionsproteine mit GFP liefern nach Transfektion in intakte Zellen ein markiertes Zielprotein. Dort kann das Protein *in situ* mittels Fluoreszenzmikroskopie mit so hoher Sensitivität nachgewiesen werden, dass sogar Bewegungen von Strukturen wie des Cytoskeletts in Echtzeit in der lebenden Zelle verfolgt werden können.

**Die Zirkulardichroismus (CD)-Spektroskopie untersucht die Sekundärstruktur von Proteinen** – Optisch aktive Substanzen absorbieren links- und rechts-zirkular polarisiertes Licht in verschiedenem Ausmaß. In der CD-Spektroskopie wird der Unterschied in der Absorption der beiden Lichtarten gemessen. Die Differenz zwischen den Extinktionskoeffizienten für links- und rechts-polarisiertes Licht $\varepsilon_L$ und $\varepsilon_R$ wird als Elliptizität oder $\theta(\lambda) = (\varepsilon_L - \varepsilon_R) \cdot c \cdot d$ bezeichnet. Dabei bedeuten c die Konzentration und d die Schichtdicke. Die Elliptizität ist abhängig von der Wellenlänge $\lambda$ des eingestrahlten Lichts. Im

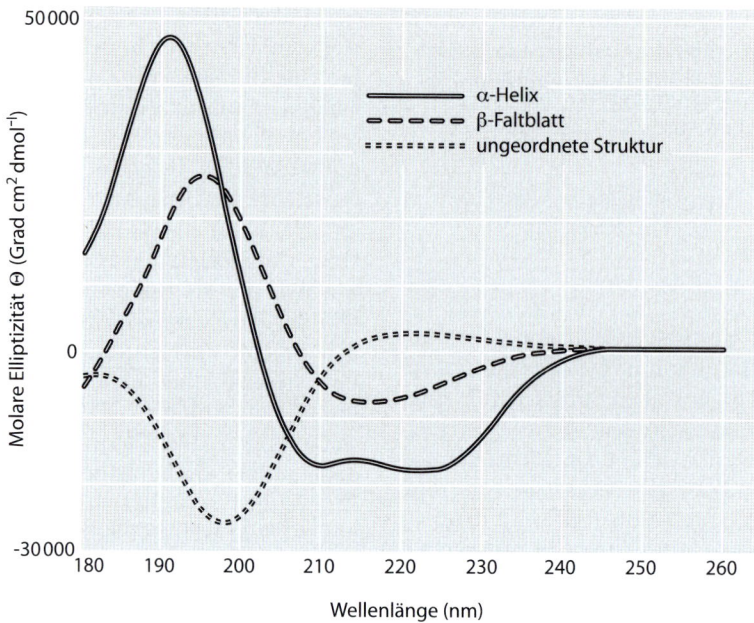

**Abb. 37.4.** CD-Spektren von Peptiden mit verschiedener Sekundärstruktur. Je nach ihrer Aminosäure-sequenz zeigen Peptide in Lösung unterschiedliche Sekundärstrukturen oder liegen auch als ungeord-nete Moleküle (Zufallsknäuel, *Random coil*) vor. Die CD-Spektren solcher Peptide sind deutlich ver-schieden

CD-Spektrum wird die Abhängigkeit der Elliptizität $\theta$ von der Wellenlänge $\lambda$ dar-gestellt. Die wohl wichtigste Anwendung der CD-Spektroskopie ist die Analyse von Sekundärstrukturen in Proteinen im Spek-tralbereich von 160–250 nm. In diesem Be-reich, in dem die Peptidbindungen Licht absorbieren, ist das CD-Spektrum emp-findlich für Sekundärstrukturen. Spektren von Peptiden mit unterschiedlicher Sekun-därstruktur sind stark verschieden (Abb. 37.4). Der prozentuale Gehalt eines Pro-teins an $\alpha$-Helix und $\beta$-Struktur lässt sich auf Grund seines CD-Spektrums abschät-zen.

■ Die in der Biochemie gebräuchlichs-ten spektroskopischen Methoden umfassen die Messung von Absorpti-on, Fluoreszenz und Zirkulardichrois-mus verschiedenster Substanzen. Spektroskopische Messungen werden zur Bestimmung der Substanzkon-zentration, der Aktivität von Enzy-men, des Konformationszustandes von Makromolekülen, des Bindens von Liganden und der Sekundärstruk-turanteile von Proteinen verwendet. Die Fluoreszenz proteineigener Tryp-tophanreste, von Reportergruppen oder besonderer Proteine wie des GFP kann mit hoher Empfindlichkeit gemessen werden.

### 37.5
# Massenspektrometrie

**Ein Massenspektrometer misst die La-dungs/Masse-Quotienten freier Ionen im Hochvakuum** – Die hochpräzise Technik der Massenspektrometrie bestimmt die Ladung/Masse-Quotienten der Teilchen mit der Genauigkeit von bis zu $1 \cdot 10^{-5}$. Die Ladung/Massen-Verhältnisse aller Teilchen eines komplexen Gemisches können in einem einzelnen Messgang ge-nau bestimmt werden. Die MS ist eine de-

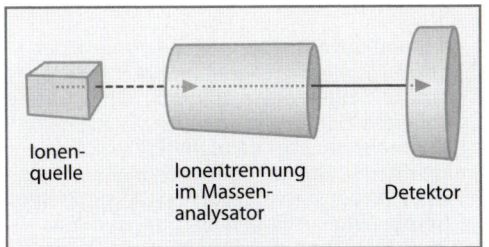

**Abb. 37.5.** Massenspektrometer. Eine Reihe verschiedener Typen von Massenspektrometern erlaubt die Bestimmung der Molekülmasse freier Ionen im Hochvakuum. Die Ionenquelle produziert und beschleunigt die Ionen. Der Massenanalysator trennt die Ionen des Strahls im Hochvakuum nach ihrem Ladung/Massen-Verhältnis. Der Detektor registriert die auftreffenden Ionen. Alle drei Teile eines Massenspektrometers kommen in verschiedenen Versionen vor. Für die Analyse biologischer Makromoleküle eignen sich vor allem zwei Kombinationen von Ionenerzeugung und Massenanalysator: Im Fall des MALDI-TOF-Massenspektrometers werden die Moleküle in eine organische Matrix eingebettet und mit einem Laser-Puls verdampft (*Matrix-assisted laser desorption*, MALDI). Die Flugzeit (*Time of flight*, TOF) von der Erzeugung bis zum Eintreffen auf dem Detektor erlaubt die Bestimmung des Ladung/Massen-Verhältnisses. Im Fall der Elektrospray-Ionisiation (*Electrospray ionisation*, ESI) werden Ionen durch Einsprühen der Lösung in ein elektrisches Feld erzeugt, wobei es je nach Bedingungen zur Fragmentierung größerer Moleküle kommen kann. Die Auftrennung der Ionen erfolgt z.B. mittels eines Quadrupol- oder Ionenfallen-Massenanalysators

Fällen eine rasche vorläufige Identifizierung ermöglicht. Die Methode eignet sich deshalb hervorragend zur Qualitätskontrolle biotechnisch hergestellter Proteine. Zur Strukturbestimmung werden speziell ausgerüstete Massenspektrometer verwendet. Das Ursprungsmolekül wird fragmentiert und die Massenbestimmung der entstandenen Fragmente erlaubt Rückschlüsse auf die chemische Struktur des Ursprungsmoleküls. Weil die Massenspektrometrie-Methoden mit geringem Zeitaufwand pro Probe verbunden sind, können sie auch bei Versuchansätzen mit hohem Durchsatz angewandt werden. In der Proteomik werden die Proteine vielfach mittels Massenspektrometrie identifiziert. Proteinfragmente, welche durch enzymatische oder chemische Spaltung erzeugt werden, können ebenfalls zur massenspektrometrischen Identifizierung der zugehörigen Proteine herangezogen werden.

■ Die genaue Bestimmung der Molekülmasse mit Massenspektrometrie ermöglicht die schnelle Identifizierung vieler Moleküle, einschließlich der Makromoleküle und ihrer Fragmente. Deshalb eignet sich die Massenspektrometrie auch zur Strukturbestimmung oder für Analysen der komplexen Proteinmischungen bei der Untersuchung eines Proteoms.

struktive Technik; sie benötigt jedoch nur sehr geringe Substanzmengen im Bereich von ng Material pro Messung. Die Probe wird in einer Ionenquelle ionisiert, durch einen Massenanalysator geschickt und die getrennten Ionen in einem Detektor aufgefangen (Abb. 37.5).

**Massen- und Strukturbestimmungen sind die Hauptanwendungen der Massenspektrometrie** – Je nach Messtechnik lassen sich die Massen von niedermolekularen Verbindungen, aber auch von Proteinen, Nucleinsäuren und sogar Proteinkomplexen direkt bestimmen. Der Vorteil der Massenspektrometrie liegt in der schnellen und absolut genauen Bestimmung der Molekularmasse, die in vielen

## 37.6
## Isotopenmarkierung, Radionuclide und Strahlenschutz

**Isotope werden zur Markierung von Biomolekülen eingesetzt** – Der Atomkern besteht aus Protonen und Neutronen. Die Protonen- oder Ladungszahl bestimmt die Art des Elements; die Formen eines Elements mit verschiedener Neutronenzahl werden als Isotope bezeichnet. Das Protonen/Neutronen-Verhältnis ist variabel, z.B. kann der Kern des einfachsten Elements Wasserstoff aus einem Proton ($^1_1$H-Isotop = Wasserstoff, stabil) oder einem Neutron und einem Proton ($^2_1$H-Isotop = Deuterium; schwerer Wasserstoff, stabil) oder einem Proton und zwei Neutronen ($^3_1$H-Isotop = Tritium; radioaktiv) bestehen. Das Verhältnis der Neutronen- und Protonenzahl bestimmt die Stabilität des Kerns. Sowohl bei Protonen- wie auch bei Neutronenüberschuss ist der Kern instabil und zerfällt unter Aussendung von Strahlung, er ist somit radioaktiv. Isotopenmarkierte Verbindungen verhalten sich bei chemischen und biochemischen Umsetzungen meist gleich wie nicht-markierte Verbindungen.

Sie lassen sich jedoch physikalisch von nichtmarkierten Verbindungen unterscheiden und quantitativ bestimmen: stabile Isotope durch Massenspektrometrie,

> **Isotopeneffekt:** Die Veränderung einer physikalischen, chemischen oder biochemischen Eigenschaft aufgrund eines veränderten Gehalts an Isotopen. Es handelt sich meist um eher geringfügige reaktionskinetische Effekte oder Verschiebungen des Reaktionsgleichgewichts. Die größten Isotopeneffekte finden sich bei den Wasserstoffisotopen, weil sie die anteilmäßig größten Unterschiede in der Atommasse aufweisen.

radioaktive Isotope durch Messung der Radioaktivität. Beides sind sehr empfindliche Messmethoden, eine isotopenmarkierte Verbindung lässt sich auch bei einem großen Überschuss der entsprechenden nichtmarkierten Verbindung nachweisen.

**Tabelle 37.4.** Eigenschaften von Isotopen, die in der Biochemie häufig verwendet werden

| Nuclid | Art der Strahlung[a] | Reichweite der Strahlung in Luft[b] | Reichweite der Strahlung in Wasser[b] | Halbwertszeit des Zerfalls[c] | Freigrenze, Bq/kg[d] | Typische markierte Moleküle |
|---|---|---|---|---|---|---|
| $^2_1$H | keine | – | – | stabil | | Wasser, diverse Moleküle |
| $^3$H | $\beta$ | 6 mm | 0,006 mm | 12 Jahre | $3 \cdot 10^5$ | Diverse Moleküle |
| $^{14}$C | $\beta$ | 22 cm | 0,026 cm | 5730 Jahre | $2 \cdot 10^4$ | Organische Moleküle |
| $^{32}$P | $\beta$ | 6,5 m | 0,79 cm | 14 Tage | $4 \cdot 10^3$ | Nucleinsäuren |
| $^{35}$S | $\beta$ | 25 cm | 0,03 cm | 87 Tage | $4 \cdot 10^4$ | Proteine |
| $^{125}$I | $\gamma, \beta$ | ~100 m | ~1 m | 60 Tage | $6 \cdot 10^2$ | Proteine |

[a] $\beta$-Strahlung besteht aus Elektronen; $\gamma$-Strahlung ist elektromagnetisch. Beide Strahlenarten werden mit für das Nuclid typischen Energien ausgesandt und sind deshalb unterschiedlich durchdringend.

[b] Reichweite, diejenige Distanz, bei welcher praktisch keine Dosis mehr gemessen wird. Die Reichweite kann nur für partikuläre Strahlenarten angegeben werden, für elektromagnetische Strahlung wie Röntgen ist die Abschwächung in wenig dichten Materialien gering. Bei dichten Materialien wie Blei rechnet man mit der Zehntelswertdicken. Eine Bleiabschirmung von 5 cm Dicke reduziert Röntgenstrahlung auf ungefähr ein Zehntel der Ursprungsdosis, etwas verschieden je nach Energiebereich der Strahlung. In der Tabelle sind für Röntgenstrahlung ungefähre Zehntelswertdicken angegeben.

[c] Die Halbwertszeit ist diejenige Zeit, in der die Hälfte der radioaktiven Kerne zerfällt. Zerfallsgesetz:

$$N_t = N_0 \cdot e^{-kt} \quad t_{1/2} = \frac{\ln 2}{k} = \frac{0{,}69}{k}$$

$N_t$: Zahl der radioaktiven Kerne zur Zeit t; $N_0$: Anzahl der radioaktiven Kerne zur Anfangszeit 0; $k$: Geschwindigkeitskonstante des Zerfalls; e = 2,718, Basis der natürlichen Logarithmen (ln).

[d] „Freigrenze" bedeutet die vom Gesetzgeber in der EU festgelegte Maximalmenge des Nuclids, welche gerade noch als „inaktiv", d.h. unwesentlich über der lokalen Untergrundaktivität, betrachtet werden darf. 1 Bq = 1 Becquerel = 1 Zerfall pro s.
Das Becquerel (1 s$^{-1}$) ist die SI-Einheit der Zerfallsrate. Die Zerfallsrate wird in der Praxis oft auch in cpm (*Counts per min*, gemessene Zerfälle pro min) oder dpm (*Decays per min*, effektive Zerfälle pro min) angegeben.

Eine bestimmte Verbindung oder auch eine bestimmte Gruppe eines Moleküls kann deshalb mit einem geeigneten Isotop markiert werden, so dass ihr Weg in chemischen und biochemischen Umsetzungen verfolgt werden kann. Isotope, die auf diese Weise verwendet werden, werden auch als Leitisotope (*Tracer*) bezeichnet. Weil prinzipiell jeder einzelne Kernzerfall eines radioaktiven Isotops gemessen werden kann, eignen sich radioaktive Nuclide besonders gut zur Markierung biologischer Substanzen. Der Nachteil der Verwendung radioaktiver Nuclide besteht in ihrer Toxizität und Kanzerogenität. Dennoch sollte man nicht vergessen, dass radioaktive Nuclide in unserer Umgebung allgegenwärtig sind und dass unsere Zellen über gute Abwehrmechanismen gegen Strahlenschäden verfügen. Die wichtigsten Eigen-

---

**Handschuhe und Arbeitssicherheit:** Nicht nur das Tragen der Handschuhe fördert die Arbeitssicherheit, sondern auch deren korrektes und rechtzeitiges Entsorgen. Das Prinzip gilt sowohl für radioaktive, wie auch für jegliche andere Art der Kontamination. Es ist immer kontraproduktiv, wenn Türgriffe oder Liftknöpfe mit kontaminierten Handschuhen bedient werden!

---

Die Strahlenbelastung bei einem Transatlantikflug beträgt etwa 50 Mikro-Sievert, eine ähnliche Dosis wie diejenige bei einem dreitägigen Aufenthalt im Alpengebiet oder einer Röntgenaufnahme des Brustkorbs.

---

schaften der in der Biochemie am häufigsten verwendeten Isotope sind in Tabelle 37.4 zusammengefasst.

**Strahlenschutz bedeutet: so wenig wie möglich Kontakt mit Radionucliden, Abstandhalten und Abschirmen** – Der Strahlenschutz verlangt als Grundlage eine solide Ausbildung der Fachleute, welche mit Radioisotopen umgehen. Die Inkorporation von Radionucliden muss *a priori* minimalisiert werden, weil viele im menschlichen Körper resorbierte radioaktive Substanzen kaum wieder ausgeschieden werden können. Schutz der Hände mit Handschuhen ist deshalb erstes Gebot beim Hantieren mit größeren Mengen von Radioaktivität. Die Intensität jeder Strahlung nimmt mit dem Quadrat des Abstands von der Strahlenquelle ab. Deshalb empfiehlt sich insbesondere bei Strahlungen mit großer Reichweite den Abstand von den markierten Substanzen groß zu halten, z. B. bei Gammastrahlung von Iodnucliden. In diesem Fall kann das Handhaben der Probenröhrchen mit einer Pinzette die Strahlenbelastung der Finger der experimentierenden Person massiv verringern. Abschirmung mit Plexiglas und/oder Blei kann die Exposition bei bestimmten Strahlenenergien deutlich reduzieren. Die Dauer der Exposition ist ebenfalls so niedrig wie möglich zu halten. Man spricht beim Strahlenschutz vom „ALARA"-Prinzip: die Exposition soll immer „*As low as reasonably achievable*" (so niedrig wie mit vertretbarem Aufwand erreichbar) sein. Der minimal anzuwendende Strahlenschutz wird vom Gesetzgeber festgelegt.

■ Isotopenmarkierung verändert die biochemischen Eigenschaften der untersuchten Moleküle praktisch nicht. Wegen dieser Tatsache und der empfindlichen physikalischen Nachweismethoden für Isotope eignen sich diese hervorragend für vielfältige Markierungen biologischen Materials. Durch sachgemäßen Umgang mit radioaktiv markierten Substanzen kann eine Gefährdung der experimentierenden Personen sowie der Umwelt vermieden werden.

## 37.7
## pH-Puffer

**pH-Puffer sind Mischungen schwacher Säuren/Basen mit ihren konjugierten Basen/Säuren** – Der pH-Wert ist definiert als $pH = -^{10}log[H^+]$. Starke Säuren und Basen sind in wässriger Lösung vollständig dissoziiert. Eine 0,1 M HCl-Lösung liegt beispielsweise vollständig in Form von Protonen und Chloridionen vor. Ihr pH-Wert beträgt demnach 1,0. Bei einer schwachen Säure ist die Dissoziation unvollständig. Die Säuredissoziationskonstante $K_a$ definiert das Gleichgewicht zwischen der dissoziierten und der undissoziierten Form:

$$[A^-] \cdot [H^+]/[AH] = K_a$$

$A^-$ dissoziierte Säure; $H^+$ freies Proton, AH undissoziierte Säure. Eine entsprechende Gleichung lässt sich auch für Basen formulieren:

$$[B] \cdot [H^+]/[BH^+] = K_b$$

Eine 0,1-M-Essigsäurelösung ist z.B. nur zu 1,5% dissoziiert. Ihr pH-Wert ist etwa 2,85. Der $pK_a$-Wert ist definiert als $^{10}logK_a$. Je schwächer eine Säure ist, desto höher liegt ihr $pK_a$.

Bei der Titration einer schwachen Säure mit einer starken Base ergibt sich ein Bereich in der Region des $pK_a$-Wertes der schwachen Säure, wo sich der pH-Wert bei Basenzugabe oder Säurenzugabe nur geringfügig verändert: die Lösung ist gepuffert. Das gleiche gilt für die Titration einer schwachen Base mit einer starken Säure. Entsprechende Titrationskurven ergeben sich beispielsweise bei der Titration einer Aminosäure (s. Abb. 2.5).

In der Praxis werden oft die Lösung einer schwachen Säure (z.B. Essigsäure) und die Lösung eines ihrer Alkalisalze (z.B. Natriumacetat) gemischt. Unter der Annahme, dass [AH] der zugegebenen totalen Säurekonzentration und $[A^-]$ der zugegebenen totalen Salzkonzentration entspricht, ergibt sich:

$$pH = pK_a + {}^{10}log\frac{A^-}{AH}$$

Das ist die **Henderson-Hasselbalchsche Puffer-Gleichung**. Es gilt, dass $pH = pK_a$, wenn $[A^-] = [AH]$, d.h. wenn die Säure zu 50% dissoziiert vorliegt. Weil in diesem Bereich am meisten Protonen abgefangen bzw. abgegeben werden können, puffert eine Säure (Base) am besten, wenn der pH-Wert der Lösung ihrem pK-Wert entspricht. Wird eine gute Pufferkapazität angestrebt, sollte der pH-Wert der Pufferlösung nicht weiter als etwa 0,5 pH-Einheiten vom $pK_a$ der Puffersubstanz entfernt liegen.

■ Viele biochemische Reaktionen und Vorgänge laufen nur in einem bestimmten pH-Bereich ab. Die Pufferwirkung von schwachen Basen/Säuren mit ihren konjugierten Säuren/Basen hält den pH-Wert von Lösungen bei Zugabe geringer Mengen von Säure oder Base annähernd stabil.

# 38 Proteinanalytik

Die Komplexität der Proteine erschöpft sich nicht in der Existenz vieler verschiedener Aminosäuresequenzen und der sich daraus ergebenden Raumstrukturen. Posttranslationale Modifikationen erweitern das Spektrum der möglichen Proteinvarianten. Assoziationen von Proteinen mit anderen Proteinen und Makromolekülen tragen weiter zur Vielfalt bei. Dieses Kapitel befasst sich mit den Methoden, welche zur Aufklärung der Strukturen von Proteinen angewendet werden. Ohne Ausnahme erfüllen Proteine ihre Funktion, indem sie mit bestimmten anderen Proteinen, anderen Makromolekülen oder niedermolekularen Verbindungen und Ionen Komplexe bilden. Daher werden hier auch die Techniken eingeführt, die solche molekularen Wechselwirkungen qualitativ und quantitativ erfassen.

## 38.1 Bestimmung der Aminosäurezusammensetzung und Sequenzanalyse eines Proteins

**Vor der chromatographischen Bestimmung der Aminosäurezusammensetzung wird das Protein vollständig in Aminosäuren gespalten** – Die Polypeptide werden durch hydrolytische Spaltung der Peptidbindungen in 6 N HCl bei 110 °C unter Sauerstoffausschluss in ihre Aminosäuren zerlegt. Die Aminosäuren im Hydrolysat werden mit einem fluoreszierenden Reagenz kovalent markiert und durch Ionenaustauschchromatographie auf einem Kationen-bindenden Harz oder durch *Reverse-phase*-HPLC aufgetrennt. Jede markierte Aminosäure erscheint mit einem bestimmten Elutionsvolumen. Ein Vergleich mit Standardwerten der Fluoreszenzintensität erlaubt die einzelnen Aminosäuren quantitativ zu bestimmen (Abb. 38.1). Daraus kann die Aminosäurezusammensetzung des Proteins berechnet werden. Sie ist für jedes Protein charakteristisch und reicht in gewissen Fällen schon aus, um das Protein über eine Datenbankabfrage zu identifizieren. Der Aussagewert der Aminosäurezusammensetzung eines Proteins ist mit dem Aussagewert der Elementaranalyse einer niedermolekularen Verbindung zu vergleichen.

Zur Bestimmung der Aminosäuresequenz werden Proteine mittels gezielter enzymatischer oder chemischer Spaltung zuerst in Peptide zerlegt, welche voneinander getrennt und mittels schrittweisem chemischem Abbau (Edman-Abbau) oder

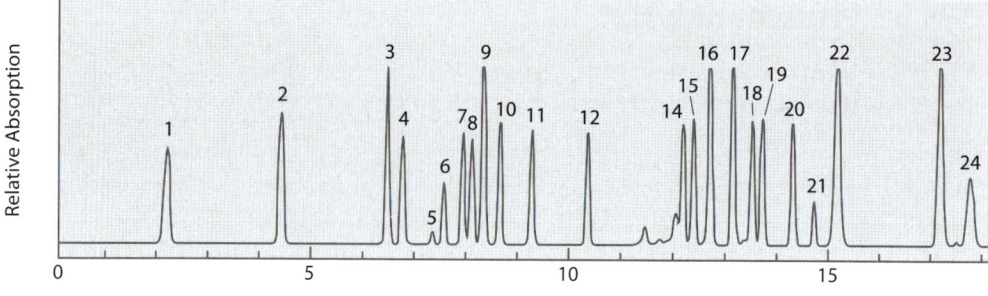

**Abb. 38.1.** Auftrennung eines Gemisches von Aminosäuren. Ein Standardgemisch mit je 125 pmol von 21 Aminosäuren und einigen seltener vorkommenden Aminosäurederivaten wurde mittels HPLC aufgetrennt. Die großen Spitzen (Haupt-*Peaks*) des Chromatogramms entsprechen den eingesetzten Standardsubstanzen, kleine Spitzen zeigen Zerfallsprodukte oder Verunreinigungen an. Die Sensitivität für bestimmte Aminosäuren hängt stark von der Nachweismethode ab. Durch Vergleich der Positionen der *Peaks* und der darunter liegenden Flächen im Standardchromatogramm und im experimentellen Chromatogramm kann die Aminosäurezusammensetzung der Probe quantitativ ermittelt werden. Die in den Haupt-*Peaks* nachgewiesenen Substanzen sind: 1 Aspartat, 2 Glutamat, 3 Asparagin, 4 Serin, 5 Glutamin, 6 Histidin, 7 Glycin, 8 Threonin, 9 Citrullin, 10 Arginin, 11 Alanin, 12 Tyrosin, 13 Cystin, 14 Valin, 15 Methionin, 16 Norvalin, 17 Tryptophan, 18 Phenylalanin, 19 Isoleucin, 20 Leucin, 21 Lysin, 22 Hydroxyprolin, 23 Sarkosin, 24 Prolin

enzymatischem Abbau von den Enden der Peptidkette her in einzelne Aminosäuren zerlegt werden. Nach jedem Abbauschritt wird die abgespaltene Aminosäure chromatographisch identifiziert. Die Aminosäuresequenz eines einzelnen Satzes nicht überlappender Peptide ergibt die Sequenz des Proteins nur in Stücken, deren Reihenfolge noch unklar ist. Deshalb müssen wenigstens zwei Sätze überlappender Peptide sequenziert werden, um die Gesamtsequenz des Proteins zusammenstellen zu können. Die direkte Sequenzbestimmung eines Proteins ist somit sehr aufwändig und lohnt sich nur, wenn man darauf angewiesen ist, die effektive kovalente Struktur des Proteins einschließlich seiner Disulfidbrücken und posttranslationalen Modifikationen zu kennen. Der indirekte Weg der Sequenzbestimmung über die Klonierung der betreffenden DNA und die Ermittlung der Sequenz der Codons ist heute einfach und schnell möglich und deshalb zur Methode der Wahl zur Bestimmung der Aminosäuresequenz von Proteinen geworden (Kapitel 39.7). In denjenigen Spezies, deren gesamte genomische DNA sequenziert ist, reicht meist ein kleines Stück der Aminosäuresequenz oder der Nucleotidsequenz der codierenden Region aus, um die Primärstruktur des entsprechenden Proteins mit Hilfe von Computeranalyse in der entsprechenden Datenbank zu finden. Allerdings handelt es sich hierbei nicht um eine direkt bestimmte, sondern eine indirekt ermittelte wahrscheinliche Struktur, die immer mit einem gewissen Fehlerrisiko, u.a. wegen differenziellem Spleißen oder posttranslationaler Modifikationen, behaftet ist und welche deshalb je nach Fragestellung der experimentellen Verfikation bedarf.

■ Die direkte chemische Analyse der Aminosäurezusammensetzung eines Proteins ist mit einfachen Mitteln möglich. Die direkte Analyse der Aminosäuresequenz eines Proteins ist aufwändig, liefert jedoch Informationen über posttranslational erworbene Strukturmerkmale des Proteins, wie Disulfidbrücken oder Glykosylierungen. Am einfachsten ist es, die Aminosäuresequenz aus der Nucleotidsequenz der entsprechenden DNA abzuleiten.

## 38.2
## Analyse der Raumstruktur von Makromolekülen durch Röntgenkristallographie

**Röntgenlicht mit einer Wellenlänge, welche den Atomabständen entspricht, wird durch ein Kristallgitter gestreut** – Konzentrierte Lösungen von reinen Makromolekülen können unter geeigneten Bedingungen auskristallisieren. Wird Röntgenlicht durch einen Kristall mit regelmäßig angeordneten Molekülen geschickt, wird es gebeugt. Das Beugungsmuster liefert Information über die Lage der Atome im Raum. Röntgenlicht, das durch kristallin angeordnete Materie geschickt wird, durchdringt den Kristall zum großen Teil ungehindert. Ein kleiner Teil der Strahlung wird jedoch durch Wechselwirkung mit der Elektronenhülle der Atome im Kristallgitter gestreut. Im Kristallgitter sind die Streuungszentren regelmäßig und periodisch angeordnet. Deshalb verstärken Interferenzeffekte das Licht in bestimmten Richtungen. Man kann dieses Interferenzverstärkte gebeugte Röntgenlicht mit einem Detektor außerhalb des Kristalls auffangen und quantifizieren (Abb. 38.2). Das Muster und die Intensität dieser Reflexionen zusammen mit der Kenntnis der Phasen der gebeugten Wellen erlaubt mittels Fourier-Transformation die Elektronendichte im Kristall und somit die Lage der Atome zu berechnen. Das Ergebnis der Röntgenkristallanalyse ist eine dreidimensionale **Elektronendichtekarte**, in welche nun die Polypeptidkette, deren Aminosäuresequenz bekannt sein muss, eingepasst wird. In typischen Laborgeräten zur Proteinstrukturanalyse wird Röntgenstrahlung von 0,1542 nm Wellenlänge an Kupferanoden erzeugt. Für verfeinerte Analytik kommt heute jedoch oft Röntgenlicht aus Synchrotron-Anlagen zum Einsatz. In diesen Großgeräten werden Elektronen in Ringbeschleunigern mit einem Umfang von 300 m und mehr auf nahezu Lichtgeschwindigkeit gebracht und danach durch Magnetfelder von ihrer Bahn abgelenkt. Dabei entsteht extrem gebündeltes Röntgenlicht von hoher Intensität. Monochromatisches Licht von definierter Wellenlänge steht innerhalb des für die Proteinkristallographie geeigneten Bereichs von 0,02– 0,4 nm zur Verfügung. Die hohe Intensität und die feine Fokussierung erlauben, Datensätze von Kristallen mit Kantenlängen von einigen Mikrometern bei kurzen Belichtungszeiten von einigen Sekunden und Tieftemperaturen um 100 K aufzunehmen. Neben der schnellen Datengewinnung stellen die Möglichkeiten, die Wellenlänge zur Phasenbestimmung gezielt zu variieren und kleine Proteinkristalle zu untersuchen, die Hauptvorteile von Synchrotronanalysen dar. Die Herstellung großer durchwegs uniformer Kristalle gelingt oft nicht.

## 38.3
## Analyse der Raumstruktur von Makromolekülen durch magnetische Kernresonanz (*Nuclear magnetic resonance* NMR)

**Die NMR-Technik beruht darauf, dass bestimmte Atomkerne, insbesondere der Wasserstoffkern, ein magnetisches Moment (Kernspin) besitzen** – Die röntgenkristallographische Ermittlung der Raumstruktur von Proteinen, verlangt die Kristallisation des Proteins. Manche Proteine lassen sich leicht kristallisieren, manche Proteine, insbesondere Membranproteine, widerstehen jedoch hartnäckig allen Versuchen, sie zu kristallisieren. Bei einigen dieser Proteine kann mit Kernresonanzspektroskopie die Struktur in Lösung bestimmt werden. Die Strukturbestimmung mit NMR ist jedoch nur mit einer Proteinmenge von mehreren hundert Milligramm und auch nur mit einem relativ kleinen Protein unter etwa 30 kDa durchführbar. NMR misst die Distanz zwischen bestimmten Kernen, z. B. der Wasserstoffkerne der Amidgruppen der Hauptkette der Proteine. Diese Kerne verhalten sich ähnlich wie Stabmagnete. Starke elektromag-

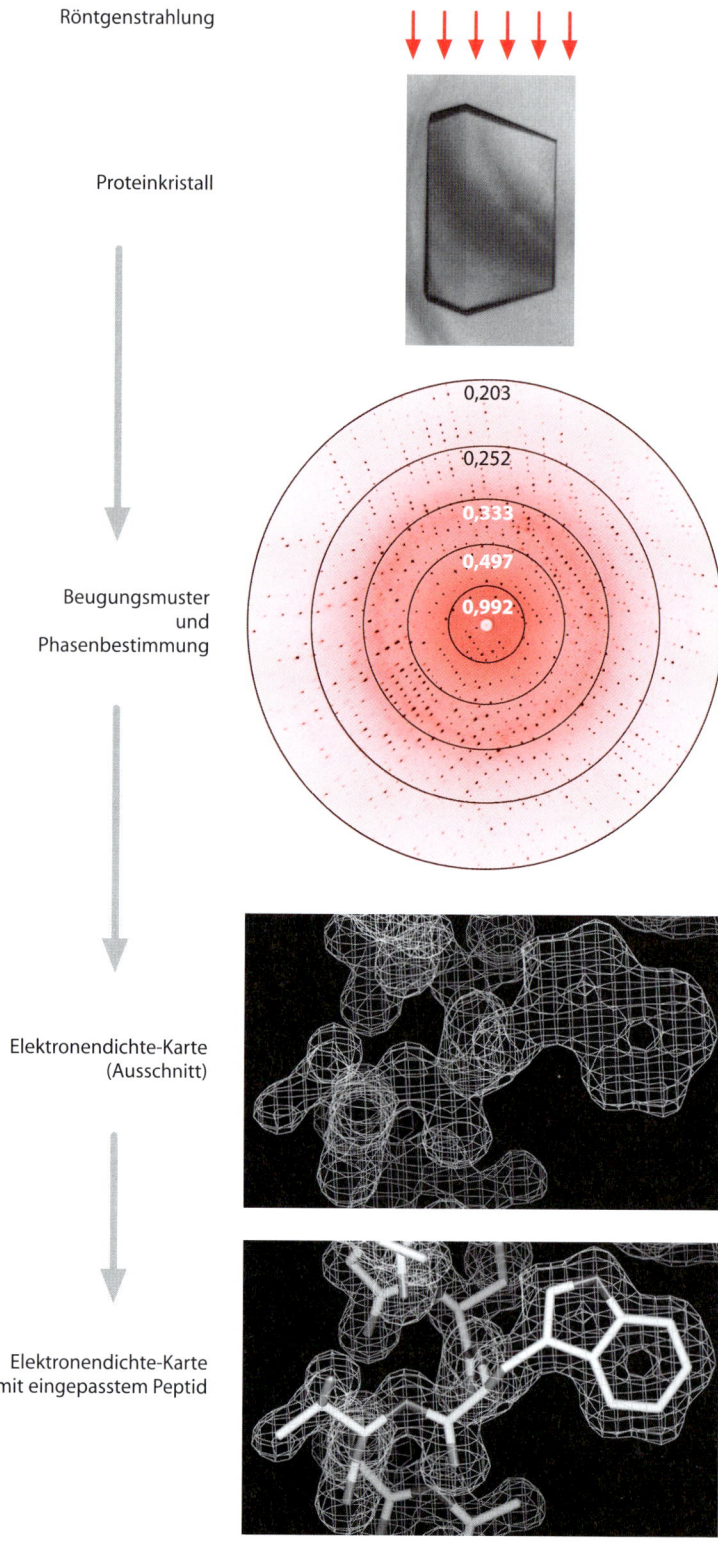

Röntgenstrahlung

Proteinkristall

Beugungsmuster
und
Phasenbestimmung

0,203

0,252

0,333

0,497

0,992

Elektronendichte-Karte
(Ausschnitt)

Elektronendichte-Karte
mit eingepasstem Peptid

netische Wellen im Bereich von Radiofrequenzen können den Kernspin der Atome in einem Molekül stören. Wenn die dadurch angeregten und neu orientierten Atome in den Grundzustand zurückkehren, so geben sie Strahlung im Radiofrequenzbereich ab. Die abgegebene Strahlung hängt dabei von der Nachbarschaft des angeregten Atoms ab. Ein angeregter Kern beeinflusst die Absorption und Emission der Strahlung durch die benachbarten Kerne. Es ist somit möglich, die Signale von Kernen in verschiedener Umgebung voneinander zu unterscheiden. Die Signale einzelner Kerne verändern sich etwas bei verschiedener Nachbarschaft, wobei die Signaländerung von den Abständen der interferierenden Atome abhängt. Aus der Analyse der NMR-Signale des Proteins ergeben sich die Abstände zwischen den Atomen. Dieses Resultat wird mit der Kenntnis der Aminosäuresequenz des Proteins kombiniert und zur Ableitung einer Reihe wahrscheinlicher räumlicher Konformationen verwendet (Abb. 38.3). Die NMR-Struktur eines Proteins ist demnach nicht eindeutig, das Ensemble der Strukturen trägt der Flexibilität des Proteins in Lösung Rechnung. In den Datenbanken ist häufig nur eine über die Strukturen des Ensembles gemittelte NMR-Struktur deponiert.

■ Die Röntgenkristallographie setzt die Kristallisation des Proteins voraus und ergibt die Struktur des ins Kristallgitter eingebauten Proteins. Die NMR-Technik liefert ein Ensemble mehrerer möglicher Strukturen des Proteins in Lösung.

## 38.4
## Untersuchung posttranslationaler Modifikationen eines Proteins (Phosphorylierung, Glykosylierung, Methylierung, Ubiquitin-Markierung)

**Proteinmodifikationen (Phosphorylierung, Glykosylierung, Methylierung, Ubiquitin-Markierung) werden mit physikalischen und biochemischen Methoden analysiert** – Die Vielfalt der posttranslationalen Modifikationen von Proteinen bedingt eine entsprechend spezifische Analytik, die hier anhand einiger Beispiele kurz besprochen wird. **Phosphorylierungen** sind besonders wichtig für die intrazelluläre Signalübermittlung. Weil an jeder Phosphorylierungsstelle bei neutralem pH eine zusätzliche negative Ladung auftritt, eignen sich elektrophoretische Verfahren wie die isoelektrische Fokussierung gut zum Nachweis dieser Modifikationen. Außerdem werden Massenspektrometrie (s. Kapitel 37.5) und immunologische Techniken zum Nachweis der Phosphorylierung bekannter Phospho-Epitope (phosphorylierte Stellen eines Peptids oder Proteins) verwendet. Gegen die Phospho-Epitope wichtiger Signalübermittlungsproteine gerichtete Antikörper sind heute kommerziell erhältlich. Ähnliches gilt für die Analyse der **Glykosylierung** von Proteinen. Weil aber die angehängten Oligosaccharide oft eine heterogene Struktur aufweisen, ist die genaue Bestimmung der Modifikation aufwändig und wird nur selten durchgeführt. Hierbei gelangen chemische Me-

◄ **Abb. 38.2.** Kristallographische Ermittlung der Raumstruktur eines Proteins. Nach der Kristallisation des Proteins (im gezeigten Fall Lysozym, ein Protein aus dem Eiklar des Hühnereis, das auch in der Tränenflüssigkeit vorkommt und bakterielle Zellwände verdaut) werden möglichst regelmäßig gebaute Kristalle ausgewählt und in einen Röntgenstrahl gebracht. Das gebeugte Licht wird auf einem Detektor (Röntgenfilm oder Teilchendetektor) aufgefangen. Die Genauigkeit der Struktur hängt davon ab, wie viele Streupunkte gemessen werden können, die erreichbare Auflösung ist innerhalb der eingezeichneten Ringe in nm (1 Å = 0,1 nm) angegeben. In die mittels der Fourier-Transformation berechnete räumliche Elektronendichte-Karte wird die bekannte Aminosäuresequenz eingepasst. Der Indol-Doppelring eines Tryptophanrests, welcher aus einer $\alpha$-Helix (Blickrichtung senkrecht zur Helixachse) des Proteins herausragt, ist leicht zu erkennen

**Abb. 38.3.** Vergleich zweier Raumstrukturen eines Proteins, die mittels Röntgenkristallanalyse und NMR erhalten wurden. Metallothionein, ein cysteinreiches Protein von rund 10 kDa, ist an der Kontrolle der Konzentration des metabolisch aktiven Zinks, bei Entgiftungen und an Redoxprozessen beteiligt. Das Protein konnte zur Kristallisation gebracht und der röntgenkristallographischen Analyse unterzogen werden. Metallothionein war auch eines der ersten Proteine, deren Struktur in Lösung mittels NMR bestimmt werden konnte. Die beiden Strukturen sind in der Projektion überlagert; *dicker Strich*: Verlauf der Kette der C$\alpha$-Atome gemäß der Röntgenkristallanalyse; *dünne Striche*: NMR-Strukturen. Die NMR-Struktur ist im Gegensatz zur kristallographisch ermittelten Struktur nicht eindeutig. Deshalb ist in diesem Fall eine Reihe der gefundenen wahrscheinlichsten Strukturen dargestellt. Die beiden Strukturen gleichen sich stark mit Ausnahme einzelner Bereiche, wo Proteinmoleküle in Lösung vermutlich mehr Bewegungsfreiheit besitzen als Proteinmoleküle, welche im Kristallgitter fixiert sind

thoden und die analytische Verwendung spezifischer Deglykosylasen zusammen mit Massenspektrometrie zur Anwendung. Eine grobe Analytik ist durch gelelektrophoretische Bestimmung der durch die Glykosylierung erhöhten Molekularmasse möglich. **Methylierungen** können verschiedene und variable Positionen im Protein betreffen und sind daher auch schwierig im Detail zu erfassen. Chromatographische Auftrennungen und Massenspektrometrie sind in diesem Fall die Analysemethoden der Wahl. **Ubiquitin-Markierungen** von Proteinen (s. Proteinabbau, Kapitel 19.1) werden meist mittels kommerziell erhältlicher anti-Ubiquitin-An-

tikörper erfasst. Sie sind auch aufgrund der veränderten Molekularmasse mittels Gelelektrophorese nachweisbar.

## 38.5
## Untersuchung von Wechselwirkungen zwischen Proteinen und Liganden

**Die Bildung von Proteinkomplexen kann mit Ultrazentrifugation nachgewiesen werden** – Die **Sedimentationsgeschwindigkeit** von Makromolekülen hängt von der Größe und Form der Moleküle ab und wird in der präparativen Ultrazentrifuge zur

Trennung der Moleküle verwendet. Da sich der pH-Wert und die ionischen Bedingungen während der Zentrifugation nicht ändern, eignet sich die Methode auch zur Bestimmung der Wechselwirkung zwischen Bindungspartnern: In gewissen Fällen sind sowohl die freien Komponenten eines Komplexes wie auch der Komplex selbst als verschieden schnell sedimentierende Partikel quantitativ nachweisbar. Im häufigeren Fall stellt sich das Bindungsgleichgewicht relativ schnell ein und eine klare Trennung der Bindungspartner in freiem und gebundenem Zustand lässt sich nicht erreichen. Die Analyse solcher Bindungsgleichgewichte ist demzufolge schwierig. Die gleichen Einschränkungen gelten auch für die Ermittlung von Wechselwirkungen zwischen Proteinen mittels **Sedimentations-Gleichgewichtszentrifugation** in der analytischen Ultrazentrifuge.

Wechselwirkungen zwischen Proteinuntereinheiten und zwischen Proteinen und kleinen Molekülen oder Ionen lassen sich – mit den gleichen Einschränkungen – auch mittels **Gelfiltration oder Elektrophorese** unter nichtdenaturierenden Bedingungen nachweisen.

**Bei der Gleichgewichtsdialyse trennt eine semipermeable Membran die proteingebundene von der freien Form eines niedermolekularen Liganden** – Im einfachsten Fall beobachten wir die Wechselwirkung zwischen einem Protein mit nur einer Bindungsstelle und seinem Liganden:

$$P + L \rightleftharpoons PL .$$

Bei einer gegebenen Konzentrationen des Proteins $[P_{tot}]$ im einen Kompartiment wird, nachdem sich das Bindungsgleichgewicht eingestellt hat, im proteinlosen Kompartiment die Konzentration des freien Liganden $[L]$ und im proteinhaltigen Kompartiment die Gesamtkonzentration des Liganden $[L] + [PL]$ gemessen. Durch Subtraktion ergibt sich die Konzentration des Protein-Ligand-Komplexes $[PL]$. Die Konzentration des freien Proteins ist $[P] = [P_{tot}] - [PL]$. Die **Dissoziations-Gleichgewichtskonstante $K_d$** wird wie folgt berechnet:

$$K_d = [P] \cdot [L]/[PL] .$$

Die **Bindungskonstante $K_a$** entspricht dem reziproken Wert von $K_d$. Nach dem gleichen Prinzip können diese Konstanten auch mittels Gelfiltration bestimmt werden.

**Bei manchen Proteinen verändert die Bindung eines Liganden die optischen Eigenschaften (Absorption, Fluoreszenz, Zirkulardichroismus) des einen oder anderen Bindungspartners** – In solchen Fällen kann das Binden und die Freisetzung des Liganden auch optisch verfolgt und die Geschwindigkeit dieser Vorgänge gemessen werden. Durch Titration mit dem Liganden lässt sich auch die Dissoziations-Gleichgewichtskonstante $K_d$ bestimmen. Durch die Einführung von kovalent gebundenen Reportergruppen, deren Absorption oder Fluoreszenz von ihrer Mikroumgebung abhängig ist, lässt sich der Anwendungsbereich der optischen Methoden ausweiten.

Zur qualitativen Feststellung von Protein-Protein-Wechselwirkungen stehen auch Hochdurchsatzmethoden wie das *Yeast-Two-Hybrid-System* zur Verfügung (s. Kapitel 40.5).

**Die Biacore-Methode beruht auf der Veränderung der *Surface* (Oberflächen)-Plasmon-Resonanz** – Die Wechselwirkung zwischen Proteinen findet an einer metallischen Oberfläche statt, auf welche polarisiertes Licht eingestrahlt wird. Ein Goldfilm auf einem Reflektorplättchen wird mit dem einen Bindungspartner (z. B. einem Antigen) beschichtet. Danach wird mit einem Durchfluss-System der gelöste Ligand (ein Antikörper) über das Plättchen geschickt. Der Brechungswinkel des vom Plättchen reflektierten Lichts verändert sich mit der Änderung der Massenkonzentration auf dem Plättchen, d. h. mit dem Binden des darüberströmenden Liganden. Der gebundene Ligand kann durch Waschen mit Puffer wieder abgelöst werden. Deshalb kann mit dieser Methode die Kinetik der Bildung und der Dissoziation des Komplexes und indirekt auch die Stärke der Bindung erfasst werden: $K_d = k_1/k_{-1}$, wobei $k_1$ und $k_{-1}$ die Geschwindigkeitskonstanten der Bindung, bzw. der Dissoziation sind. Die Technik ist so empfindlich, dass etwa 1 pg gebundenes Protein pro mm$^2$ erfasst werden kann.

■ Die quantitative Messung der Wechselwirkung zwischen Proteinen und ihren Bindungspartnern (Makromoleküle, kleinere Moleküle und Ionen) beruht auf der Trennung der freien und gebundenen Moleküle und deren nachfolgender Quantifizierung. Die Komplexbildung lässt sich auch mittels spektroskopischer Methoden oder Oberflächeneffekten (Biacore-Technik) verfolgen.

# 39 Gentechnik

Die Auswirkungen der Biotechnologie und insbesondere der Gentechnik sind heute allgegenwärtig, sie sind genauso wenig wegzudenken wie z. B. die Fortschritte der Elektrotechnik und der Elektronik. Wichtige Werkzeuge der Gentechnik sind Enzyme, welche RNA und DNA kopieren oder modifizieren. In diesem Kapitel besprechen wir eine Auswahl solcher Enzyme, welche DNA- und RNA-Moleküle rekombinieren oder zur Genreplikation und Genexpression benötigt werden. Die kommerzielle Verfügbarkeit dieser Enzyme und die Möglichkeit, Genstücke einer Länge von bis zu 200 Basen chemisch zu synthetisieren, erlauben, das genetische Material *in vitro* nahezu beliebig zu manipulieren. Mittels ständig verbesserter Transfektionstechniken können lange Abschnitte von DNA und RNA in Zellen hineingebracht werden. Den Empfängerzellen wird nackte oder mit diversen Trägersubstanzen komplexierte DNA oder RNA angeboten. Bei der Elektroporation durchqueren die Nucleinsäuren die Membran der Empfängerzelle durch Poren, welche mittels Elektroschock induziert werden. Bei der chemischen Transfektion werden zelleigene Transportsysteme zum Import der Nucleinsäuren benutzt.

Die Aktivität chemisch synthetisierter Gene nach Transfer in einen Organismus ist mehrfach gezeigt worden. Kürzlich wurden sogar infektiöse Viren auf diese Weise produziert: Die DNA des viralen Genoms wurde chemisch synthetisiert und in geeignete Empfängerzellen transfiziert, wonach diese Zellen vermehrungsfähige Viruspartikel produzierten.

Fremde DNA oder RNA, die in eine Zelle gelangt, wird im Rahmen der Abwehr gegen fremdes genetisches Material meist rasch abgebaut. Falls jedoch besondere Erkennungssequenzen auf den Nucleinsäuren vorliegen, wird die DNA als extrachromosomales Element, z. B. als Plasmid, oder als artifizielles Chromosom beibehalten. Unter Umständen wird die DNA in ein bestehendes Chromosom eingebaut; dabei spielen die Rekombinationsenzyme eine wichtige Rolle. Am Schluss des Kapitels werden die Möglichkeiten der gentechnischen Manipulation von Zellen und Organismen besprochen.

## 39.1
## Werkzeuge der Gentechnik: Restriktionsenzyme und andere Nucleasen, Ligasen, DNA-Polymerasen und Rekombinationsenzyme

**Restriktionsendonucleasen erkennen bestimmte DNA-Abschnitte und schneiden dort die DNA entzwei** – Zur Herstellung rekombinanter DNA wird die DNA in Fragmente zerlegt und neu zusammengesetzt. DNA-Fragmente können durch enzymatische, chemische oder physikalische Spaltung erhalten werden. Die spezifische Spaltung von DNA mit Restriktionsenzymen, welche bestimmte Sequenzen erkennen und die DNA dort entzweischneiden, ist wegen ihrer Einfachheit neben der PCR eine Methode der Wahl zur Herstellung von DNA-Fragmenten.

**Unmethylierte DNA wird in Bakterien oft von Restriktionsenzymen gespalten** – Als potentielle Wirtszellen für fremde DNA, z.B. für DNA von Bakteriophagen, produzieren Bakterien Restriktionsendonucleasen, welche Fremd-DNA bei spezifischen Sequenzen (Erkennungsstellen) spalten. Neben den Restriktionsenzymen verfügt das Bakterium über sequenzspezifische DNA-Methylasen, welche die zelleigene DNA an den Erkennungsstellen der Restriktionsenzyme methylieren. Das Restriktionsenzym spaltet die DNA nur, falls sie an der Erkennungsstelle nicht methyliert ist. Durch die Methylierung wird die Spaltung der eigenen DNA verhindert, und durch Restriktionsspaltung wird die eingedrungene DNA fragmentiert. Die in der Gentechnik gebräuchlichen Restriktionsendonucleasen erkennen Tetra-, Penta- und Hexa-Nucleotidsequenzen oder auch etwas längere DNA-Regionen, die konventionsgemäß immer in 5′→3′ -Richtung geschrieben werden. Die Mehrzahl der Erkennungsstellen, der **Restriktionsstellen**, zeichnet sich durch eine zweizählige Symmetrieachse aus. Damit ergibt sich eine Rotationssymmetrie in der dsDNA, z.B.:

5′GAATTC 3′

3′CTTAAG 5′.

Wörter, welche sich vorwärts und rückwärts gleich lesen, werden als **Palindrome** bezeichnet. Das wohl längste Palindrom wurde von Arthur Schopenhauer gefunden: „Reliefpfeiler". In Analogie zu solchen Palindromen nennt man auch die Erkennungsstellen der Restriktionsenzyme Palindrome, obwohl sie eine etwas andere Symmetrieform zeigen: die Nucleotidsequenz liest sich auf dem einen Strang gleich wie auf dem Komplementärstrang in umgekehrter Richtung, auf ein und demselben Strang liegt jedoch kein Palindrom vor. Liegen die Schnittstellen auf beiden Strängen am selben Ort, entstehen vollständig doppelsträngige Enden, die glatten Enden oder *Blunt ends*. Liegen die Schnittstellen versetzt auf den beiden Strängen, entstehen einzelsträngige freie Enden. Je nach Position der Schnittstellen ergeben sich 5′-oder 3′-Überhänge (Tabelle 39.1). Die einzelsträngigen Enden sind komplementär zu einzelsträngigen Enden anderer mit der gleichen Restriktionsendonuclease herausgeschnittener Restriktionsfragmente. Sie hybridisieren miteinander und werden deshalb als *Sticky ends* (engl. klebrige Enden) bezeichnet. *Sticky ends* binden nur an passende *Sticky ends*, *Blunt ends* sind jedoch beliebig untereinander rekombinierbar. Ungefähr 1600 verschiedene Restriktionsenzyme sind heute bekannt, davon sind rund 300 kommerziell erhältlich. Mit dieser Auswahl können von einer DNA sehr viele verschiedene DNA-Fragmente erzeugt werden.

**Unspezifische Endo- und Exonucleasen werden zur Entfernung unerwünschter DNA oder RNA verwendet** – Heute steht eine große Palette kommerziell erhältlicher Nucleasen zur Verfügung. In vielen Fällen wird nach der Herstellung eines rekombinanten Proteins in einem Bakterium der Rohextrakt aus den Zellen mit unspezifischen Nucleasen verdaut, welche sowohl DNase- als auch RNase-Aktivität besitzen. DNA

**Tabelle 39.1.** Restriktionsenzyme. Beispiele typischer Restriktionsenzyme und ihre Schnittstellen sind aufgeführt

| Restriktionsenzym | Quelle und Stamm | Erkennungs- und Schnittstellen | Enden |
|---|---|---|---|
| Bam HI | *Bacillus amyloliquefaciens* HI | 5′ G GATC C<br>3′ C CTAG G | 5′ sticky |
| Eco RI | *Escherichia coli* R | 5′ G AATT C<br>3′ C TTAA G | 5′ sticky |
| Tsp EI | *Thermus sp.* EI | 5′  AATT<br>3′  TTAA | 5′ sticky |
| Kpn I | *Klebsiella pneumoniae* | 5′ G GTAC C<br>3′ C CATG G | 3′ sticky |
| Eco RV | *Escherichia coli* RV | 5′ GAT ATC<br>3′ CTA TAG | blunt |

und RNA lassen sich so leichter vom Protein abtrennen. Pankreatische RNase wird verwendet, um bei der Isolierung von Plasmid-DNA kontaminierende RNA zu verdauen; RNase-freie DNasen entfernen unerwünschte DNA aus RNA-Präparationen.

dieser Art. Es hydrolysiert bei der Ligation ATP und stellt die Phosphodiesterbrücken zwischen Restriktionsfragmenten wieder her, ohne eine Auswahl der zu vereinenden DNA-Stücke zu treffen:

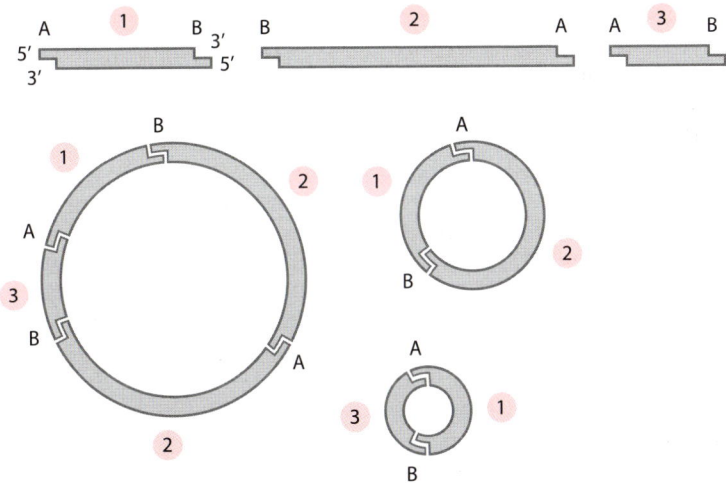

**DNA-Ligasen verbinden DNA-Stücke** – DNA-Fragmente, welche durch Restriktionsenzyme erzeugt worden sind, werden mittels Ligation in neuer Kombination kovalent miteinander verbunden. Die Auswahl an Ligasen im Labor beschränkt sich auf einige wenige typische Enzyme. Die DNA-Ligase aus T4-Bakteriophagen, die **T4-Ligase**, ist das gebräuchlichste Enzym

A und B bezeichnen Enden, welche bei der Spaltung mit zwei verschiedenen Restriktionsenzymen entstanden sind. Nur eine kleine Auswahl aller möglichen Rekombinationen ist gezeigt. Das Kriterium für rasche Ligation ist die Kompatibilität der Enden; überhängende Enden mit komplementären Einzelstrangabschnitten rekombinieren gut; das Gleiche gilt für glatte Enden. Außerdem muss das 5′-Ende der DNA in phosphorylierter Form vorliegen, eine Voraussetzung, die in der Regel bei enzymatisch produzierten Fragmenten erfüllt ist, bei chemisch synthetisierten DNA-Stücken jedoch nicht zutrifft. Fragmente mit einem 5′-Hydroxylende können vor der Ligation mit Hilfe von ATP und einer Polynucleotid-Kinase, z. B. der **T4-Kinase**, phosphoryliert werden, so dass die Ligase anschließend das 5′-Phosphat des Donorfragments der DNA mit der 3′-Hydroxylgruppe des Akzeptorfragments über eine Phosphodiesterbrücke verbinden kann.

**Transposasen eignen sich gut zur** *Invitro*-**Rekombination von DNA** – Die auch **Rekombinasen** genannten Transposasen sind in vielen Plasmiden codiert (s. Kapitel 12). Die Transposasen spalten die DNA bei einer Erkennungssequenz, welche auf den beiden zu rekombinierenden DNA-Stücken ähnlich oder gleich ist. Demnach können zwei gleiche oder auch zwei verschiedene DNAs gespalten und über Kreuz ligiert werden. Einige wenige Enzyme dieses Typs sind heute als gentechnische Werkzeuge gebräuchlich, darunter die Cre-Rekombinase aus P1 Bakteriophagen, welche DNA an den loxP-Stellen (eine 34 bp lange Erkennungsstelle mit *Inverted repeats*) erkennt und rekombiniert. Das Enzym ist so spezifisch, dass es sich auch als Hilfsenzym zum *In-vivo*-Einbau von DNA-Segmenten in bestimmte Chromosomenregionen (mit loxP-homologer Sequenz) eignet. Ein weiteres gebräuchliches Rekombinationsenzym ist die Integrase des Bakteriophagen Lambda, welche beim lysogenen Zyklus das Phagengenom ins Wirtsgenom einbaut.

■ Restriktionsenzyme schneiden DNA an bestimmten Stellen. Dabei entstehen definierte Enden, welche mit anderen passenden Enden rekombiniert werden können. Ligasen können solche Fragmente kovalent verbinden; Rekombinasen schneiden und ligieren gleichzeitig über Kreuz.

## 39.2
## Plasmide als Vektoren (Genfähren)

**Plasmide sind als mobile genetische Elemente besonders geeignet als Vehikel für den Transfer von Genen in eine Zelle und ermöglichen die molekulare Klonierung von DNA-Segmenten** – Die Plasmide sind als mobile genetische Elemente in Kapitel 12.1 diskutiert worden. Plasmide können mit Hilfe von Restriktionsenzymen geschnitten und *in vitro* mit neuen DNA-Segmenten rekombiniert werden. Solange durch die Rekombination diejenigen Abschnitte der Plasmid-DNA nicht unterbrochen werden, welche für den Erhalt des Plasmids notwendig sind, bleibt das Plasmid funktionell, d. h. es wird in einer Wirtszelle repliziert, wodurch auch die neu eingebrachte DNA vermehrt wird. Wenn die Wirtszelle sich vermehrt, entsteht ein Klon der Wirtszelle. Dieser Klon vermehrt mit jeder Zellteilungsrunde auch das Plasmidmolekül mit seiner eingefügten DNA. Die ins Plasmid eingebrachte DNA wird molekular kloniert. Dank **molekularer Klonierung** kann praktisch jede DNA beliebig amplifiziert, d. h. vermehrt, werden und danach im Labor analysiert und manipuliert werden. Manipulierte DNA kann wiederum durch Transfektion in eine neue Zielzelle eingeführt und zur Expression gebracht werden.

**Als Wirtszellen von Plasmiden werden am häufigsten Bakterien, insbesondere das Darmbakterium** *Escherichia coli,* **verwendet** – Die Verdoppelungszeit von Bakterien in typischen Kulturen beträgt rund 30 min. Entsprechend effizient amplifizieren Bakterien die DNA. Aus Sicherheitsgründen werden besondere Zellen als Wirtszellen eingesetzt, die defizient sind für die Mehrzahl der Restriktionsenzyme und der dazugehörigen Methylasen. Die Plasmid-DNA wird in diesen Zellen nicht methyliert und daher, falls sie in Wildtyp-Zellen gerät, als Fremd-DNA erkannt, durch Restriktionsenzyme gespalten und abgebaut. Zudem finden als Vektoren fast immer Plasmide Verwendung, welche ihre Rekombinase verloren haben. Im Labor produzierte Plasmid-DNA kann sich demnach unter natürlichen Bedingungen nur schlecht vermehren.

■ Die Transfektion und molekulare Klonierung von DNA in Wirtszellen, meist Bakterien, erlaubt deren beliebige Vermehrung und Manipulation.

## 39.3
## Viren als Vektoren

**Gewisse Bakteriophagen, d. h. Viren, die Bakterien befallen, stellen ssDNA her** – Die große Vielfalt der natürlichen Viren erlaubt deren breiten Einsatz als Vektoren zu verschiedensten Zwecken. Bakteriophagen haben sich in der frühen Zeit der Gentechnik rasch etabliert als Produzenten einzelsträngiger DNA beispielsweise für Sequenzierungen oder Hybridisierungen. Das M13-Virus wächst als Kommensale in *E.-coli*-Zellen, ohne sie zu lysieren. Kommensalen sind tierische oder pflanzliche Organismen, die zusammen von der gleichen Nahrungsquelle leben, ohne einander zu schädigen. Die replikative Form des M13-Bakteriophagen ist eine zirkuläre dsDNA, gleicht also einem Plasmid. Die virale Form des Bakteriophagen besteht aus einer ssDNA, welche mit einer Proteinhülle bedeckt von der Zelle als infektiöses Partikel sezerniert wird. Defekte Viren, denen gewisse Gene, z. B. Gene für Replikationsenzyme, fehlen, können sich mit der Unterstützung eines Hilfsvirus (*Helpervirus*), welches die fehlenden Gene ersetzt, vermehren. Durch den Einsatz eines *Helpervirus* kann die ssDNA eines unvollständigen Bakteriophagen (*Phagemid*, Wortkombination aus *Bakteriophage* und *Plasmid*) in transfizierende, aber nichtinfektiöse virale Partikel verpackt werden, weil die DNA des *Phagemids* die Erkennungssignale zur Verpackung in die Partikel enthält. Der Wechsel von einem Plasmid-ähnlichen *Phagemid* zu virusähnlichen Partikeln mit ssDNA geschieht durch Infektion der Wirtszelle mit dem *Helpervirus*. Die Größe der in M13-Bakteriophagen vermehrbaren Genome ist wegen der schraubenartigen Anordnung der Untereinheiten des Hüllproteins, welche erlaubt, die Länge der Partikel der Größe des Genoms anzupassen, recht variabel, erreicht aber mit etwas über 10 kb die obere Grenze.

Eine wichtige Alternative zu M13 stellen deshalb Vektoren dar, die aus dem Bakteriophagen Lambda entwickelt worden sind und bis zu 14 kb Fremd-DNA (Viren) oder 45 kb Fremd-DNA (*Cosmide*) enthalten können. *Cosmide* (Wortkombination aus *Cohesive ends* und *Plasmid*) sind Viren mit stark reduziertem eigenem Genom, die sich nicht selbständig replizieren können. Das Lambda Virus kann einen lytischen oder einen lysogenen Zyklus durchlaufen. Es kann über Generationen von *E. coli* stabil im Genom weitergegeben werden, ohne die Zellen zu lysieren (s. Kapitel 12.2). Der lytische Zyklus kann induziert und dazu benützt werden, bestimmte Zielproteine zu exprimieren. Zur Klonierung noch größerer DNA-Segmente (90–100 kb) eignet sich der Bakteriophage P1, welcher sich mit Hilfe der viralen Cre-Rekombinase an den so genannten loxP-Stellen in die DNA des Wirts integriert und ebenfalls einen lysogenen und einen lytischen Vermehrungszyklus hat.

**Viren eukaryontischer Zellen werden als Vektoren in der Zellbiologie und bei Gentherapie-Versuchen gebraucht** – Bei der Produktion von Proteinen in Bakterien werden viele posttranslationale Modifikationen wie Glykosylierungen oder Phosphorylierungen nicht ausgeführt. Daher versucht man, diese Proteine in eukaryontischen Zellen zur Expression zu bringen. Hierzu werden vorzugsweise nicht pathogene Viren als Expressionsvektoren verwendet. Virale Infektionen zeichnen sich durch vehemente Produktion der viralen Proteine aus. Häufig verwendet werden Baculoviren und Adenoviren. Baculoviren befallen Insektenzellen und werden zur Produktion von Proteinen in Zellkulturen aus Schmetterlingen benutzt. Adenoviren wachsen in Säugerzellen. Die **somatische Gentherapie** versucht, Patienten mit einem Gendefekt durch Einbringen eines gesunden Ersatzgens zu heilen. Adenoviren haben sich leider in den Versuchen zur somatischen Gentherapie als Verursacher einer tödlichen Leberentzündung herausgestellt. Deshalb strebt man heute in der Gentherapie die Verwendung abgeschwächter Viren wie modifizierter Lentiviren (HIV-ähnliche Viren) oder apathogener Viren wie das Adeno-associated Virus an. Nach den ersten enttäuschenden Erfahrungen mit Gentherapieversuchen ist klar geworden, dass noch ein weiter Weg zu gehen ist, bis somatische Gentherapien angewendet werden können.

■ Bakteriophagen mit raschem Wachstum sind beliebte Vektoren für die molekulare Klonierung von Fremd-DNA bis zu 100 kb Länge. Sie werden oft auch zur Massenproduktion bestimmter Zielproteine verwendet. Viren eukaryontischer Zellen sind unter Laborbedingungen schwieriger zu vermehren, erlauben aber die Produktion von Proteinen höherer Organismen mit ihren posttranslationalen Modifikationen.

## 39.4
## Künstliche Chromosomen als Vektoren

**Bakterielle artifizielle Chromosomen (BACs) sind Derivate des Fertilitätsfaktors von *E. coli*** – Der Fertilitätsfaktor (F-Faktor) von *E. coli* liegt in 1 oder 2 Kopien pro Zelle vor. Er spielt bei der Konjugation zwischen einer F-Faktor tragenden ($F^+$)-Zelle und einer F-Faktor-freien ($F^-$)-Zelle und dem dabei ablaufenden Gentransfer eine zentrale Rolle.

Der F-Faktor kann sehr große DNA-Segmente enthalten; natürliche F-Faktoren können bis zu einem Viertel der Länge des Genoms des Bakteriums aufnehmen (*E.-coli*-Genom: $4{,}6 \cdot 10^6$ bp). Weil der

F-Faktor als ein freies zirkuläres DNA-Molekül in den Bakterien vorliegt, ist er ähnlich wie ein Plasmid leicht isolierbar. Viele genomische DNA-Banken (s. unten) sind als BACs hergestellt worden, die eine wichtige technische Grundlage für die Kartierung und Sequenzierung großer Genome wie das des Menschen darstellen.

Unter Konjugation versteht man die Vereinigung zweier Gameten oder Zellen, welche zum Transfer von genetischem Material führt. Eine ($F^+$)-Zelle enthält das F-Faktor-Plasmid mit den Genen für die F-Pili, d.h. schlauchartige Zelloberflächenanhängsel, welche den Kontakt zu ($F^-$)-Zellen herstellen und den Transfer des F-Faktor-Plasmids erlauben.

*Yeast artificial chromosomes* (YACs) **können DNA-Stücke von mehreren Hundert kb Länge propagieren** – Leere YAC-Vektoren sind ein etwa 12 kb langes Mosaik aus diversen genetischen Elementen von *Escherichia coli* , *Saccharomyces cerevisiae* (Bäckerhefe) und dem Protozoon *Tetrahymena*. Die leeren Vektoren werden in der Regel in *E.coli* vermehrt und nach *In-vitro*-Rekombination mit großen Stücken genomischer DNA in Hefen gehalten. Zwei Telomersequenzen und eine Centromersequenz erlauben die Bildung stabiler Chromosomen in den Hefezellen. Die Herstellung und Lagerung genomischer DNA-Banken in YACs ist eine heikle Technik, welche die geschickte Manipulation sehr großer DNA-Stücke, Robotertechnik (Lagerung der Banken in Mikrotiterplatten) und gute Kenntnisse der molekularen Genetik der Hefen verlangt. Sie kann deshalb nur in spezialisierten Laboratorien durchgeführt werden. Das *Screening* von Proben aus den dort hergestellten Banken und die weitere Verarbeitung der YAC-DNA kann danach aber in jedem guten Labor ausgeführt werden. Die heute kommerziell erhältlichen YAC-Banken sind zu einem wichtigen Ausgangspunkt für die Kartierung und Sequenzierung aller großen Genome geworden.

■ Die gebräuchlichsten Vektoren zur Vermehrung von Fremd-DNA in Bakterien und Hefen:

| Vektor | Insertgröße | Organismus |
|---|---|---|
| Plasmide | 0–10 kb | *E.coli* |
| M13-Viren | 0–8 kb | *E.coli* |
| Lambda-Viren | 12–25 kb | *E.coli* |
| Cosmide | 0–45 kb | *E.coli* |
| (Lambda-Viren) | | |
| BACs | 0–1000 kb | *E.coli* |
| YACs | 0–1000 kb | *S.cerevisiae* |

## 39.5
## PCR (*Polymerase chain reaction*)

**DNA kann *in vitro* durch die Polymerase-Kettenreaktion vermehrt werden** – Die klassische Art der Vermehrung von DNA im Labor benutzt eine Wirtszelle zur Replikation der molekular klonierten DNA. Die Umgehung dieses Schritts mittels der PCR hat der modernen Gentechnik großen Auftrieb verliehen, weil damit in sehr kurzer Zeit im Reagenzgefäß einige wenige Moleküle einer DNA soweit amplifiziert werden können, dass ihre Analyse und Manipulation möglich wird. Die Technik ist sehr einfach (Abb. 39.1). Eine DNA-Polymerase aus einem thermophilen Organismus kopiert die vorliegende DNA ausgehend von zwei synthetischen Oligonucleotid-Primern. Die DNA wird durch Erhitzen auf 95 °C in Gegenwart eines Über-

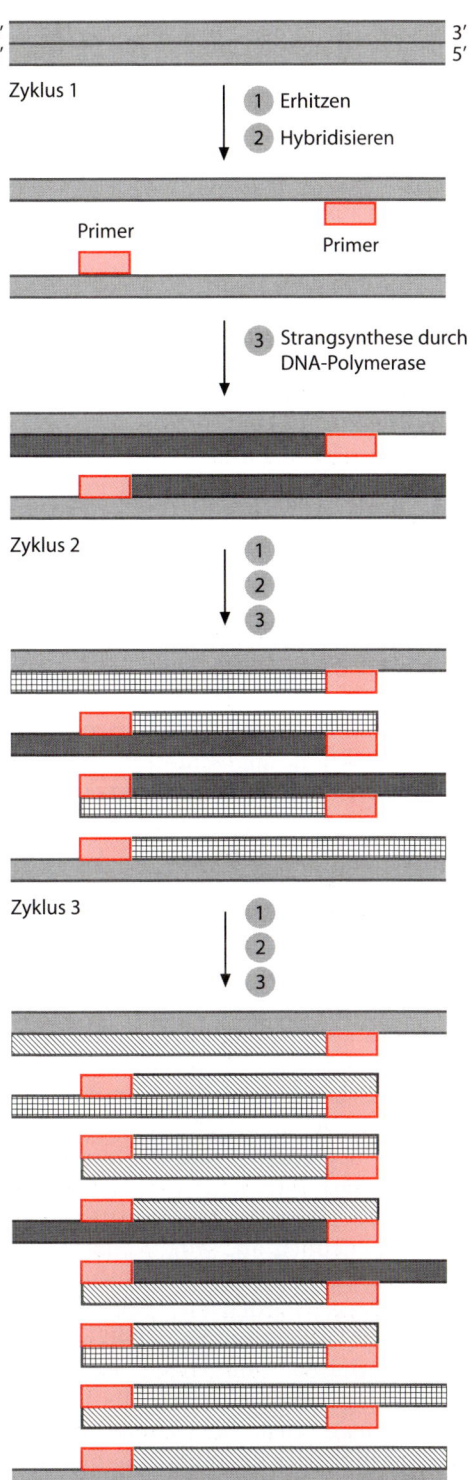

**Abb. 39.1.** Die PCR. In einem automatischen programmierbaren Heiz- und Kühlgerät, dem *Thermocycler*, wird mit Hilfe einer thermostabilen DNA-Polymerase und zweier zum Plus- und Minus-Strang passender Primer-Oligonucleotide eine Matrizen-DNA abgelesen und vielfach kopiert. Der *Thermocycler* enthält einen thermostatisierbaren Heiz- und Kühlblock aus Metall zur elektrischen Temperaturkontrolle. Kleine Reaktionsvolumen von etwa 50 Mikrolitern in dünnwandigen Plastikgefäßen mit guter Wärmeleitfähigkeit garantieren das rasche Aufheizen und Abkühlen der PCR. Nach 25 Zyklen ist die Zielsequenz etwa $10^6$fach amplifiziert worden. Die Primer sind an den Enden der neu synthetisierten DNA-Stücke eingebaut

schusses der Primer in Einzelstränge dissoziiert. Der eine Primer enthält die Sequenz eines bekannten Stücks am 5′-Ende der Ziel-DNA. Der zweite Oligonucleotid-Primer, der stromabwärts liegt, ist komplementär zum 3′ Ende der Ziel-DNA. Nach dem Denaturierungsschritt wird die 95 °C heiße Lösung bis zum Schmelzpunkt der Primer-Matrizen-Hybride abgekühlt, so dass die Primer mit den ihnen entsprechenden komplementären DNA-Einzelstrangsegmenten hybridisieren. Die hohe Konzentration der Primer sorgt dafür, dass nicht die zwei DNA-Einzelstränge, sondern je ein Einzelstrang und der zugehörige Primer hybridisieren. Sobald ein Primer einen Doppelstrang mit der Matrize gebildet hat (*Annealing*), wird er von der Polymerase verlängert. Mit der Verlängerung des Hybrids steigt der Schmelzpunkt an. Nun wird wieder erhitzt, bis die optimale Elongationstemperatur (etwa 70 °C bei den gebräuchlichen thermostabilen DNA-Polymerasen) erreicht ist und die Polymerasereaktion abgeschlossen ist. Nach diesem ersten Polymerisationszyklus werden die entstandenen zwei DNA-Doppelstränge durch Erhitzen auf 95 °C denaturiert. Nach Abkühlen der Mischung hybridisieren die im Überschuss zugegebenen Primer jeweils erneut mit dem passenden Strang und die Polymerase verlängert die Primer. Die beiden DNA-Synthesen laufen nun auch auf den zwei neu synthetisierten Strängen ab. Schon nach dem dritten Zyklus von Erhitzen und Abkühlen liegt eine kurze dsDNA vor, welche von den beiden Primern begrenzt ist und die nun in weiteren Zyklen vermehrt wird: Das ausgewählte Segment der Matrizen-DNA häuft sich exponentiell an, seine Konzentration kann in einer PCR bis $10^9$fach anwachsen. In der Praxis werden die Matrizen-Moleküle so oft kopiert, bis einige Mikrogramm DNA vorliegen. Ausgehend von dieser DNA-Menge sind praktisch alle gängigen Experimente der Gentechnik möglich. Die Spezität der Reaktion erlaubt, ein bestimmtes DNA-Segment im Gemisch der Gesamt-DNA aus Zellkernen gezielt zu amplifizieren.

**Die PCR lässt sich zu verschiedenen Zwecken einsetzen** – Am häufigsten wird die PCR für die Amplifikation spezifischer DNA-Segmente verwendet. Die Technik taugt aber auch für vielseitige andere Anwendungen. Mittels PCR können **Schnittstellen für Restriktionsenzyme an den 5′-Enden der PCR-Primer eingebaut** werden, womit die Restriktionsspaltung des PCR-Produkts und die nachfolgende Ligation mit beliebigen passenden Restriktionsfragmenten möglich wird. Durch die PCR können DNA-Stücke auch ohne Restriktion und Ligation zusammengefügt werden. Immer wenn ein DNA-Stück an seinem Ende eine Sequenz von wenigstens etwa 20 Basen besitzt, welche identisch mit einem Ende einer anderen DNA ist, können diese beiden **DNA-Stücke mittels PCR miteinander gespleißt** werden. Eine Insertion, Deletion oder Ersatz-Synthese (ein neues DNA-Segment ersetzt ein vorhandenes DNA-Segment) eines beliebigen DNA-Segments in einen Vektor (Plasmid), ist auf diese Weise einfach zu erreichen. Nach den Synthesezyklen treten die linearen PCR-Fragmente zu einem zirkulären Plasmid zusammen. Die Enden werden dabei nicht ligiert, sodass auf dem Plasmid mindestens zwei Einzelstrangbrüche vorliegen. Die Einzelstrangbrüche in der DNA werden nach der Transfektion durch die *E. coli*-Zelle repariert.

PCR-Fragmente mit besonders hergestellten langen zueinander passenden *Sticky ends* können rekombiniert werden. Die **Rekombination von PCR-Fragmenten mit langen *Sticky ends*** von 12 Basen oder mehr ermöglicht die hochspezifische und stabile Hybridisierung zwischen zueinander komplementären Enden. Die Hybride sind genügend stabil, um die Transfektion in *E. coli*-Zellen unbeschadet zu überstehen und anschließend in der Zelle zu kovalenter dsDNA repariert zu werden. Mit Techniken, welche genügend lange *Sticky ends* ergeben, lässt sich DNA also sehr einfach und an beliebiger Stelle rekombinieren. Zwei Methoden sind vor kurzem zu diesem Zweck entwickelt worden, das *Ligase-independent cloning* (LIC) und die Terminator-Primer-Methode.

Für die **LIC-Methode** wird eine modifizierte DNA-Polymerase aus dem Bakteriophagen T4 benutzt, welche ausgeglichene Aktivitäten der Polymerase und der 3'-Exonuclease aufweist. Besteht das ursprünglich doppelsträngige 12 Basen lange Segment einer geplanten *Sticky-end*-Region eines PCR-Fragments nur aus 3 der 4 möglichen Basen, kann einer der beiden Stränge in der *Sticky-end*-Region durch einen einfachen Trick selektiv abgebaut werden: Die Reaktionslösung enthält T4-DNA-Polymerase, das PCR-Fragment und das eine Nucleotid, welches in den abzubauenden Teilen der *Sticky ends* fehlt. Unter diesen Bedingungen wird durch die Exonucleaseaktivität der Polymerase die DNA am 3'-Ende abgebaut, bis sie auf das eine zur Verfügung stehende Nucleotid trifft. Dort pausiert der Abbau und die DNA mit dem *Sticky end* kann zum Klonieren verwendet werden.

Noch eleganter, aber heikler in der Durchführung, ist die Verwendung modifizierter **Terminator-Primer** für die PCR. Beide Terminator-Primer können mit einer beliebigen DNA-Sequenz am 5' Ende beginnen. Nach dieser mindestens 12 Basen langen Sequenz wird bei der chemischen Oligonucleotidsynthese ein methyliertes Ribonucleotid (2'-*O*-Methyl-Ribonucleotid, der Riboserring ist an der 2'-Position *O*-methyliert) eingebaut. Die nachfolgende 3'-Sequenz kann weiter aus beliebigen Desoxyribonucleotiden aufgebaut sein. Es kommt somit ein einzelnes methyliertes Ribonucleotid ins Innere des DNA-Primers zu liegen. Während der PCR kann die Polymerase den Matrizenstrang auf dem verlängerten Terminator-Primer an der Stelle mit dem methylierten Ribonucleotid nur schlecht kopieren. Die Synthese bricht bei der Position der Base vor dem Ribonucleotid ab und *Sticky ends* entstehen an beiden Enden des PCR-Produkts. Die 3'-*Proofreading*-Exonucleaseaktivität der Polymerase ist unerlässlich für die Bildung der *Sticky ends*. Diese Technik ermöglicht die schnelle Herstellung von DNA-Modulen mit passenden Enden, welche gezielt miteinander hybri-

disieren. Nach Transfektion werden die Hybridmoleküle in den *E. coli*-Zellen ligiert und die Ribonucleotide werden in einem Reparaturschritt durch Desoxyribonucleotide ersetzt. Neue genetische Konstrukte aus austauschbaren Modulen wie Antibiotikumresistenzen, Replikations-Origins, Promotoren und exprimierbaren Proteindomänen können mit den obigen Methoden sehr effizient produziert werden. Das modulare Vorgehen der Natur bei der Evolution der Gene und Proteine kann im Labor nachvollzogen werden.

Bei der **RT-PCR** wird die Ziel-DNA nach reverser Transkription der Matrizen-mRNA amplifiziert. Nicht nur die Amplifikation der Ziel-DNA, sondern auch die quantitative Bestimmung der Matrizen-DNA oder -RNA ist mit PCR möglich. Dazu wird dem PCR- oder RT-PCR-Ansatz ein DNA-bindender Fluoreszenzfarbstoff beigemischt, der nach Bindung an DNA eine erhöhte Fluoreszenz zeigt. Die fortwährende Synthese des PCR-Fragments führt zu einer kontinuierlichen Zunahme der Fluoreszenz. Je früher ein Anstieg der Fluoreszenz beobachtet wird, desto mehr DNA (oder RNA) lag zu Beginn der PCR vor. Diese Technik wird ***Real-time-PCR*** genannt und oft zur Bestimmung sehr niedriger RNA- und DNA-Konzentrationen verwendet.

Als letzte Anwendung sei noch die rasche Herstellung eines gewünschten Proteins *in vitro* durch **gekoppelte Transkription und Translation** (*Coupled transcription-translation*) erwähnt (*In-vitro*-Translation, s. Kapitel 39.9). Die PCR-Primer enthalten sowohl das Start-Signal für eine RNA-Polymerase (z. B. den Promotor der RNA-Polymerase aus dem Bakteriophagen T7) als auch eine Bindungsstelle für bakterielle Ribosomen. Außerdem entspricht die Sequenz des Primers, welcher am 5'-Ende des PCR-Produkts liegt, der Region des Initiator-Codons für das gewünschte Protein. Der Primer am 3'-Ende des Produkts enthält die Region des Stoppcodons gefolgt von einem Transkriptionsterminator-Signal. Das PCR-Produkt (Matrize ist die das Protein codierende cDNA) wird im gleichen Ansatz nach Zugabe eines bakteriellen Zellextrakts, der T7-RNA-Polymerase und der notwendigen Substrate in mRNA transkribiert. Die mRNA dient als Matrize zur Synthese des gewünschten Proteins im selben Reaktionsgemisch. Die Methode ermöglicht die Bereitstellung von einigen wenigen Milligramm Protein, d.h. genügend Material für funktionelle Untersuchungen oder Kristallisationsversuche.

■ Die PCR ist eine der gebräuchlichsten Methoden der Molekularbiologie. Sie erlaubt die kopientreue Amplifikation von DNA-Fragmenten im Reagenzglas. Mittels PCR können DNA-Fragmente gespleißt oder mit langen einzelsträngigen Enden versehen und danach rekombiniert werden. PCR-Fragmente können mit gekoppelter Transkription-Translation in mRNA und Protein umgesetzt werden.

## 39.6
## Genbanken:
## cDNA und genomische DNA

Sammlungen vieler Einzelmoleküle, welche in Zellen kloniert sind, werden als Bibliotheken (*Libraries*) oder Banken (*Banks*) bezeichnet – Nach der molekularen Klonierung von DNA in Bakterien kann diese zusammen mit den Wirtszellen vermehrt werden. Bei der Transfektion eines Gemisches von Vektormolekülen mit unterschiedlichen Fragmenten von Fremd-DNA wird jeweils ein einzelnes Vektormolekül in eine einzelne Bakterienzelle eingebracht. Jedes Fremd-DNA-Fragment ist nach Aussonderung der Einzelzelle, in der es enthalten ist, beliebig als Passagier des Klons dieser Zelle vermehrbar (Abb. 39.2). Die Fremd-DNA ist damit kloniert und vermehrt worden.

**Die Verwendung von cDNAs erleichtert die Analyse und Expression eukaryontischer Genprodukte** – Die meisten Gene eukaryontischer Zellen sind durch Introns

unterbrochen und lassen sich deshalb nicht in Bakterien exprimieren. Das Problem wurde gelöst durch die Entdeckung der in Retroviren vorkommenden reversen Transkriptasen. Die im Kern der Zelle gespleißten mRNAs werden isoliert und durch reverse Transkription in cDNAs umgesetzt (Abb. 39.3), so dass der Produktion der Proteine in Bakterien nichts mehr im Wege steht. ☚

**cDNA-Banken enthalten revers transkribierte Kopien eines ganzen Ensembles von mRNAs** – Die meisten mRNAs höherer Zellen zeichnen sich durch einen poly(A)-Schwanz am 3′-Ende aus und hybridisieren mit synthetischen (dT)-Oligonucleotiden von 8–12 Basen Länge. Die angelagerten (dT)-Oligonucleotide werden von der viralen reversen Transkriptase als Primer erkannt und an ihrem 3′-Ende durch kovalente Polymerisation von Desoxynucleotiden verlängert. Als Matrize der Reaktion dient die mRNA, die somit in einen komplementären Strang cDNA revers transkribiert wird (Abb. 39.3). Der mRNA-Strang liegt nun in einem RNA-DNA-Hybrid vor und wird anschließend, zumeist mittels einer Reparatursynthese-Reaktion, durch DNA ersetzt. RNase H baut den RNA-Strang in RNA-DNA-Hybriden zu kurzen Stücken ab. In einer Mischung dieses Enzyms mit DNA-Polymerase, welche die verbleibenden RNA-Fragmente als Primer erkennt und am 3′-Ende zu DNA verlängert, und mit NAD$^+$-abhängiger Ligase aus *E. coli*, welche die Einzelstranglücken zwischen den DNA-Fragmenten schließt, wird die RNA in DNA umgesetzt. Der von der reversen Transkriptase synthetisierte cDNA-Strang dient dabei als Matrize. Die restlichen RNA-Primer werden durch das Korrektur-Lesen (3′-Exonuclease) der DNA-Polymerase eliminiert und durch DNA ersetzt.

In der Regel wird als Matrize für eine cDNA-Synthese ein Gemisch von mRNAs eingesetzt, welches aus bestimmten Zellen isoliert worden ist. Das Produkt der cDNA-Synthese ist in diesem Fall ein Gemisch verschiedener cDNAs und ergibt nach Ligation mit einem geeigneten Vektor

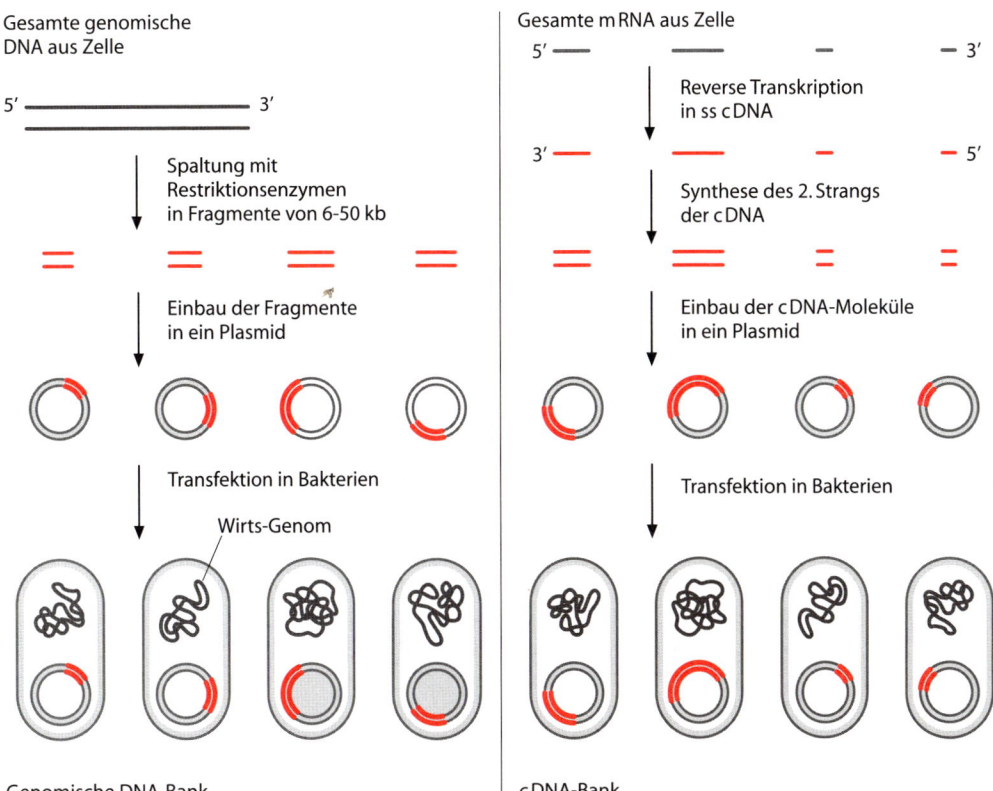

**Abb. 39.2.** Herstellung genomischer DNA-Banken oder cDNA-Banken. Die zu rekombinierenden DNA-Fragmente sind entweder genomische Restriktionsfragmente oder cDNA, welche durch reverse Transkription der Gesamt-mRNA von Zellen gewonnen wurden. Nach Insertion in ein entsprechend gespaltenes bakterielles Plasmid werden diese rekombinanten Moleküle in Bakterien transfektiert und als Passagiere der transformierten Zellen vermehrt

und Transfektion in Bakterien eine cDNA-Bank, welche das **Transkriptom,** die Gesamtheit der gebildeten mRNAs, der Zellen repräsentiert.

**Zur Herstellung einer genomischen Bank, welche das gesamte Genom einer Spezies als Fragmente enthält, genügt es, das Zielgenom zu fragmentieren und in Bakterienklone einzubauen** – Gereinigte genomische DNA aus einem Organismus wird durch ein Restriktionsenzym in Fragmente geeigneter Größe gespalten, in einen Vektor ligiert und zur Transformation von Bakterien verwendet. Zur Abdeckung eines menschlichen Genoms ($3 \cdot 10^6$ kb) mit einer Genbank, in der ein bestimmtes Gen mit 99%iger Wahrscheinlichkeit vorhanden ist, werden rund 800 000 Klone

von durchschnittlich 17 kb Länge benötigt. Je länger die DNA-Segmente (*Inserts*) in der Bank sind, umso kleiner wird natürlich die Anzahl benötigter Klone, damit die Bank das Genom annähernd vollständig repräsentiert.

**Die gesuchte DNA kann mittels Hybridisierung mit einer DNA- oder RNA-Sonde aus einer Bank isoliert werden** – Das Hauptproblem der DNA-Klonierung besteht in der Suche nach der Stecknadel im Heuhaufen, d.h. den Klon mit dem gesuchten DNA-Abschnitt in einer DNA-Bank mit etwa einer Million Klone zu finden. Die Zellen mit den verschiedenen Plasmiden oder Viren einer DNA-Bank werden in verdünnter Suspension auf der Oberfläche eines gelartigen Agarmediums

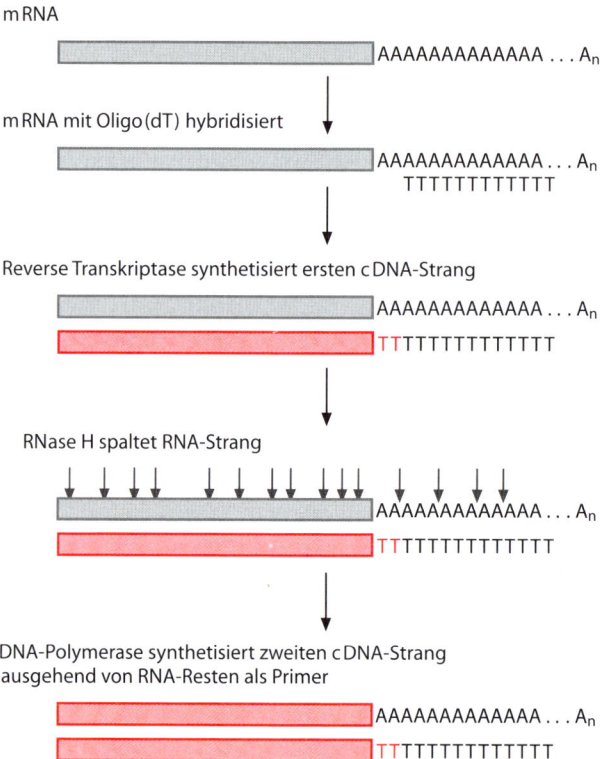

mRNA

mRNA mit Oligo(dT) hybridisiert

Reverse Transkriptase synthetisiert ersten cDNA-Strang

RNase H spaltet RNA-Strang

DNA-Polymerase synthetisiert zweiten cDNA-Strang
ausgehend von RNA-Resten als Primer

**Abb. 39.3.** Synthese doppelsträngiger cDNA durch reverse Transkription von mRNA. Poly(A)-haltige mRNA wird meist mit synthetischen Oligo(dT)-Oligonucleotiden von 8–12 Basen Länge hybridisiert und danach als Matrize für die reverse Transkriptase zur Synthese des ersten Strangs der cDNA verwendet. In einem zweiten DNA-Synthese- und DNA-Reparaturschritt wird die mRNA im DNA-RNA-Hybridstrang verdaut und durch DNA ersetzt. Nach der Transfektion in ein Wirtsbakterium werden verbliebene Ribonucleotide durch Desoxyribonucleotide ersetzt

aufgetragen, so dass sich aus den vereinzelten Zellen nach wiederholten Teilungen Kolonien bilden, welche einem Klon entsprechen. Mit einer DNA-bindenden Folie wird ein Abklatsch der Klone auf der Oberfläche der Agarplatte hergestellt. Die an der Folie haftenden Zellen werden an Ort und Stelle lysiert, so dass ihre DNA an die Folie bindet. Die hohe Spezifität der DNA-DNA- und RNA-DNA-Hybridisierung erlaubt mit einem etwa 20 Basen langen z.B. radioaktiv markierten Oligonucleotid als Sonde die gesuchten Klone auf der Folie zu finden. Radioaktive DNA reichert sich nur an denjenigen Stellen der Folie an, wo sich zur Oligonucleotidsonde komplementäre DNA befindet. Nach dem Wegwaschen der überschüssigen radioaktiven Sonden-Lösung werden die radioaktiven Zonen durch Auflegen eines Röntgenfilms oder durch direktes Erfassen mit Radioaktivitätsdetektoren lokalisiert. Die Position der markierten Klone in der Ursprungskultur, z.B. auf der Agarplatte, ist nun bekannt und die Zellen können zur weiteren Vermehrung isoliert werden.

**Genbanken, die alle für die Expression der klonierten cDNAs notwendigen Signale enthalten (Promotor, Ribosomenbindungsstelle, Start- und Stoppcodon, Transkriptionsterminator), ermöglichen die Expression der Genprodukte in entsprechenden Wirtszellen** – Nach der Expression einer cDNA-Bank kann ein bestimmtes Genprodukt, beispielsweise ein Enzym, unter den vielen exprimierten Proteinen aufgrund seiner biologischen Aktivität identifiziert werden. Die Verwendung mutierter Zellen, welche das entsprechende zelleigene Enzym nicht exprimieren, erleichtert die Suche nach dem gewünschten Enzym. Solche Zellen mit einem Stoffwechseldefekt wachsen zwar auf reichen Medien, welche das Produkt der Enzymreaktion enthalten, können aber auf einem Minimalmedium ohne das Produkt des Enzyms oft nicht wachsen. Nur wenn in die defizienten Zellen die cDNA, welche das fehlende Enzym codiert, aus der Genbank wieder eingeführt worden ist, werden sie sich auf dem Minimalmedium vermehren. Alle Zellen mit unerwünschten cDNAs wachsen nicht. Die Auswahl der gewünschten Zellen kann natürlich auch aufgrund eines direkten Nachweises der enzymatischen Aktivität oder über die Bindung von Antikörpern erfolgen.

**Bei auch nur teilweise bekannter Nucleotidsequenz des gesuchten Klons kann die PCR zur Identifizierung des Klons herangezogen werden** – Oft werden DNA-Banken in Mikrotiterplatten gelagert. Durch Robotertechnik können von solchen Platten leicht Replikas hergestellt werden. Einige wenige Zellen aus einer Vertiefung einer solchen Platte genügen als Substrat für eine PCR, welche ein ausgewähltes Genstück nur dann amplifiziert, wenn die zu spezifischen Primern passende Matrize vorhanden ist. Es genügt also, zwei spezifische synthetische Primer, die das offene Leseraster (ORF, *Open reading frame*) des gesuchten Proteins einschließen, herzustellen und durch PCRs mit diesen Primern diejenigen Klone zu suchen, welche das PCR-Produkt mit der erwarteten Länge enthalten.

■ Gen- und cDNA-Bibliotheken mit Millionen von Klonen werden mittels Kolonie-Hybridisierung oder PCR nach bestimmten Sequenzen durchsucht.

## 39.7
## Bestimmung der Nucleotidsequenz von DNA

**Die Nucleotidsequenz der DNA wird mit einer Synthesereaktion bestimmt** – Die Aminosäuresequenz eines Proteins liefert oft den Schlüssel zum Erkennen von dessen Funktion. Durch Vergleichen der Sequenz des Proteins mit unbekannter Funktion mit Sequenzen in Datenbanken lassen sich oft Homologien mit Proteinen bekannter Funktion aufdecken. Sehr häufig wird in solchen Fällen das unbekannte Protein die gleiche oder eine ähnliche Funktion besitzen. Da die Aminosäuresequenz eines Proteins am leichtesten über die Sequenzierung der DNA erhalten werden kann, wird für die Suche nach solchen Homologien meist die aus der Nucleotidsequenz abgeleitete Aminosäuresequenz benutzt. Ein größeres Labor kann täglich DNA-Sequenzen in der Größenordnung von Megabasen bestimmen und Automaten mit etwa 5 Megabasen ($5 \cdot 10^6$ Basen) Sequenzierkapazität pro Gerät und Tag sind in Entwicklung. Es gibt eine Reihe von Möglichkeiten, die Nucleotidsequenz von DNA zu bestimmen. Wir beschränken uns hier auf die zur Zeit gebräuchlichste Methode. Ein synthetischer Primer wird an die Ziel-DNA hybridisiert und mittels einer DNA-Polymerase verlängert. Bei dieser Reaktion ist den 4 Desoxynucleotidtriphosphaten ein Nucleotidtriphosphat in niedriger Konzentration beigemischt, welchem nicht nur in 2′-Stellung sondern auch in der 3′-Position die Hydroxylgruppe fehlt. Falls dieses 2′,3′-Didesoxyribonucleotid durch die Polymerase in eine DNA-Kette eingebaut wird, kann diese nicht durch eine 3′-5′ Phosphodiesterbrücke mit dem nächsten Nucleotid verbunden werden, es erfolgt daher ein Kettenabbruch. Ein Kettenabbruch wird immer erfolgen, wenn ein 2′,3′-Didesoxy-Nucleotid anstelle des 2′-Desoxynucleotids eingebaut wird. Bei jedem Verlängerungsschritt wird jedoch nur ein geringer Teil der DNA-Ketten nicht weiter verlängert;

in den meisten Ketten wird das in höherer Konzentration vorliegende normale 2′-Desoxynucleotid eingebaut. Wenn alle vier Didesoxynucleotide (ddATP, ddCTP, ddGTP, ddTTP) eingesetzt werden, ergeben sich bei jedem Verlängerungsschritt Kettenabbrüche bei einem Teil der wachsenden DNA-Ketten. Für die automatisierte DNA-Sequenzierung werden Primer verwendet, die mit Fluoreszenzfarbstoffen markiert sind. In 4 separaten Ansätzen mit je einem der 4 verschiedenen Didesoxynucleotide wird der Primer in jedem Ansatz mit einem von 4 verschiedenen Farbstoffen gekennzeichnet. Jeder Ansatz mit einem bestimmten Didesoxynucleotid ist damit mit einer bestimmten Farbe markiert. Nach Abschluss der DNA-Polymerase-Reaktionen werden die 4 Ansätze miteinander gemischt. Das Gemisch der DNA-Stücke wird nun mittels Elektrophorese in langen Kapillarschläuchen, die ein Polyacrylamidgel enthalten, nach ihrer Größe aufgetrennt. Am Ende der Kapillare werden die Fluoreszenzfarbstoffe mit einem Laser angeregt und deren Emission laufend bestimmt. Immer wenn ein DNA-Fragment einer bestimmten Länge den Laserstrahl passiert, emittiert es dasjenige Licht, welches der Markierung seines Primers und somit einem der 4 Didesoxynuc-

leotide ddATP, ddCTP, ddGTP oder ddTTP entspricht, das den Kettenabbruch verursacht hat. Weil alle möglichen DNA-Fragmente von 1–1000 Nucleotiden Länge der Größe nach voneinander getrennt werden können, ergibt sich aus der Abfolge der Emissionspeaks (Spitzenwerte der Emission) der vier verschiedenen Markierungen die Nucleotidsequenz der untersuchten DNA (Abb. 39.4).

■ Die Nucleotidsequenz von DNA wird heute mit Automaten mit hohem Durchsatz bestimmt und liefert den Großteil der Sequenzdaten auch für Proteine.

## 39.8
## Southern, Northern und Western Blots

**Die auf plattenförmigen Gelen aufgetrennten Proben werden durch *Blotting* zum späteren Nachweis auf Trägerfolien übertragen** – Nach der Elektrophorese liegen DNA-, RNA- oder Proteingemische aufgetrennt in den Gelen vor. Wegen der Einbettung im Gel sind die Trennprodukte nicht leicht nachweisbar, was Anlass gab

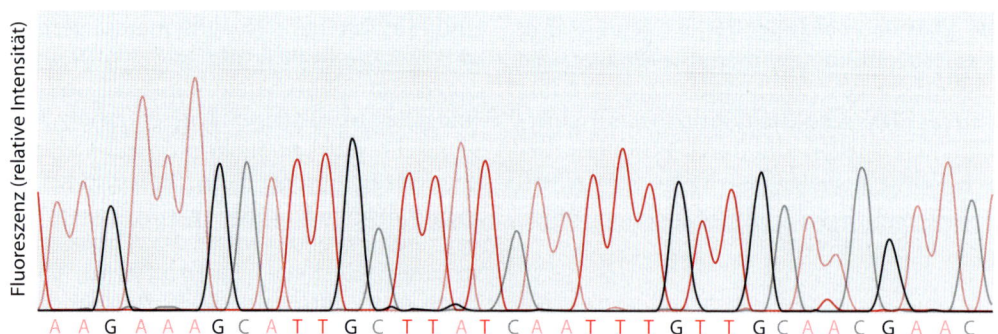

**Abb. 39.4.** Bestimmung der Nucleotidsequenz von DNA. Die 4 verschiedenen Fluorophore, welche die in der Kapillare des Sequenziergeräts elektrophoretisch aufgetrennten DNA-Fragmente markieren, werden durch Laserlicht angeregt. Die Fluoreszenzintensität wird bei den 4 entsprechenden Wellenlängen als Funktion der Elutionszeit registriert. Ein spezielles Programm liest aus den Daten die Nucleotidsequenz der DNA ab und speist sie in den Computer ein. Eine DNA wird meist erst dann als korrekt sequenziert betrachtet, wenn die Sequenzen beider Stränge der DNA unabhängig voneinander bestimmt worden sind. Um die für genomische Sequenzen verlangte Fehlerquote von nur rund $10^{-4}$ zu erreichen, ist eine etwa sechsfache Bestimmung der Sequenz vonnöten

zur Entwicklung von Blottingverfahren (engl. *to blot*, einen Abklatsch herstellen, z. B. mit Löschpapier) für jedes der drei Makromoleküle: Southern Blotting für DNA, Northern Blotting für RNA und Western Blotting für Proteine (Abbildung 39.5). Das Southern Blotting war das zuerst entwickelte Verfahren und ist nach seinem Erfinder E. M. Southern benannt worden. Die später entwickelten anderen Verfahren wurden im Sinne eines Wortspiels Northern und Western Blottings genannt.

Für einen **Southern Blot** wird die DNA in einem Agarose-Gel oder einem Polyacrylamidgel (s. Abb. 37.3) aufgetrennt und das Gel danach auf eine Folie aus Nitrocellulose oder Kunststoff gelegt, welche die DNA bindet. Kapillarsaugwirkung quer zur Fläche des Plattengels erzeugt einen Flüssigkeitsstrom, der die in Banden aufgetrennten DNA-Stücke auf die Folie überführt, wo sie gebunden werden. Dadurch wird das Bandenmuster des Gels exakt auf die Nitrocellulose übertragen. Nach

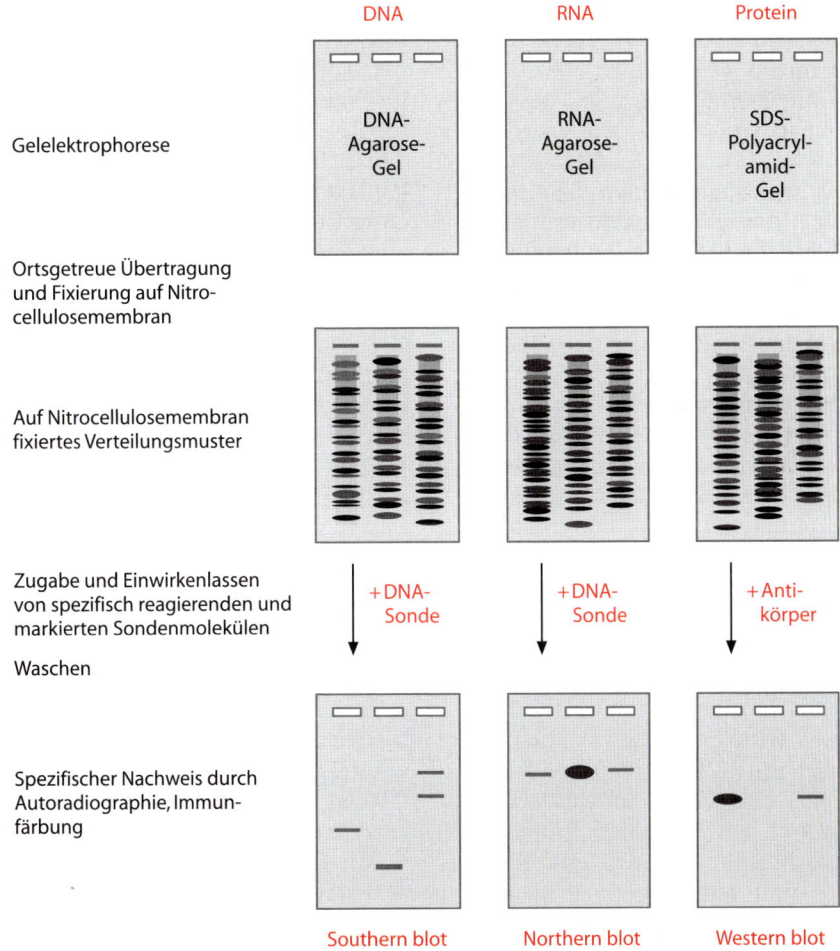

**Abb. 39.5.** Blottingverfahren zur Übertragung von RNA, DNA oder Proteinen von Gelen auf Trägermembranen. Die drei häufig verwendeten Blottingverfahren sind schematisch dargestellt. Neben den gezeigten typischen experimentellen Ansätzen gibt es viele Varianten mit anderen Geltypen und anderen Färbungen wie dem Nachweis der Glykosylierung oder RNA-Sonden anstelle von DNA-Sonden. Die Übertragung der Banden aus dem Gel auf die Trägerfolie erfolgt meist mittels Flüssigkeits-Saugverfahren oder durch Elektrophorese

dem Transfer der DNA-Banden wird die Folie vom Gel gelöst. Die an die Folienoberfläche gebundenen Bandenmuster können nun mittels Färbung oder Hybridisierung spezifisch nachgewiesen werden. So markiert beispielsweise eine spezifische DNA-Sonde nach Restriktionsverdau genomischer DNA nur diejenigen Banden, welche die entsprechenden Sequenzen enthalten und demnach aus dem gesuchten Zielgen stammen. Damit ist es möglich, eine **Restriktionskarte** (Verzeichnis der Lage einer Reihe von Restriktionsstellen) eines Gens zu erhalten, ohne dass das Gen isoliert werden muss.

Das Vorgehen für einen **Northern Blot** ist demjenigen des Southern Blots sehr ähnlich, mit dem Unterschied, dass RNA elektrophoretisch aufgetrennt wird und das Substrat für den Transfer ist. Der Nachweis der übertragenen RNA erfolgt meist auch mittels Hybridisierungstechniken. Northern Blots werden oft zur Analyse der Genexpression in Geweben verwendet, wobei die Menge einer bestimmten mRNA im Gemisch der Gewebe-RNAs gemessen wird.

Der **Western Blot** dürfte der am häufigsten verwendete Blot sein. Die elektrophoretisch aufgetrennten Proteine werden bei diesem Verfahren durch ein besonderes elektrophoretisches Verfahren auf eine Folie übertragen. Der Blot dient dem differenzierten Nachweis der übertragenen Proteine und ist insbesondere zusammen mit immunologischen Techniken sehr empfindlich und spezifisch für bestimmte Proteine. In Kombination mit 2D-Gelelektrophorese (isoelektrische Fokussierung kombiniert mit SDS-Gelelektrophorese, s. Kapitel 37.3 und 40.4) kann mittels Western blotting ein einzelner Proteinfleck aus einem Muster von etwa 2000 Flecken spezifisch und quantitativ nachgewiesen werden.

■ Die drei häufig verwendeten Blottingverfahren des Northern, Southern und Western Blots überführen in Gelen aufgetrennte DNA-Fragmente, RNAs und Proteine auf die Oberfläche von

Trägerfolien, wo die Moleküle besser differenziert und nachgewiesen werden können als innerhalb der Gele.

## 39.9
## Expression von Proteinen und RNA

**Die Produktion rekombinanter Proteine stellt eine wichtige Anwendung der Gentechnik dar** – Proteine haben strukturelle, katalytische und regulatorische Funktionen und finden daher breite medizinische und technische Verwendung. Mittels Gentechnik kann der häufig aufwändige Weg der Isolierung der Zielprodukte aus biologischem Material wesentlich vereinfacht werden, indem die Genprodukte in leichter zugänglichen und billig kultivierbaren Organismen, z.B. Mikroorganismen anstatt Säugetieren, herstellbar sind. In vielen Fällen kann eine sehr hohe Expression des gesuchten Proteins erreicht werden. Deshalb hat die Gentechnik mittlerweile auf allen Gebieten mit Bedarf an Bioprodukten Einzug gehalten. Insbesondere medizinisch wichtige Proteine wie Insulin gehören zu den ersten Produkten, welche mittels Gentechnik hergestellt worden sind. Der heutige Bedarf an Insulin könnte mit Schlachttieren gar nicht mehr gedeckt werden. Früher wurde aus Rinder- und Schweinepankreas isoliertes Insulin verwendet. Eine Auswahl der wichtigsten in der Medizin verwendeten gentechnisch hergestellten Proteine und Peptide gibt Tabelle 39.2. Zudem sind vielfältige Anwendungen der Gentechnik insbesondere in der Landwirtschaft (genetisch modifizierte Organismen, GMOs) und der chemischen Industrie anzutreffen oder in Entwicklung begriffen.

**Mit Hilfe von Viren lässt sich oft eine sehr hohe Expression von Zielgenen erreichen** – Viren sind von Natur aus darauf spezialisiert, mit ihren eigenen Produkten die Regie in Wirtszellen zu führen. Deshalb werden ihre Gene oft stark überexprimiert. Die entsprechenden Steuersignale und Produktionsenzyme, welche durch die virale DNA codiert sind, lassen sich

**Tabelle 39.2.** Beispiele gentechnisch hergestellter und als Arzneimittel zugelassener Proteine und Peptide

| Arzneimittel | Indikation |
| --- | --- |
| Human-Insulin | *Diabetes mellitus* |
| Menschliches Wachstumshormon | Substitution bei Mangel des Hormons |
| Impfstoff gegen Hepatitis B | Prophylaxe gegen Hepatitis |
| Interferon $\alpha$2a | Haarzell-Leukämie |
| Interferon $\alpha$2b | Haarzell-Leukämie |
| Tissue-type Plasminogenaktivator (tPA) | Akuter Myokardinfarkt |
| Erythropoietin | Anämie, chronisches Nierenversagen |
| Interferon $\alpha$N3 | Genitalwarzen |
| Interferon $\gamma$1b | Septische Granulomatose |
| Humaner Granulocyten-Koloniestimulierender Faktor (hG-CSF) | Chemotherapeutisch induzierte Neutropenie |
| Humaner Granulocyten/Makrophagen-Kolonie-stimulierender Faktor (hGM-CSF) | Autologe Knochenmarkstransplantation |
| Glucagon | Hypoglykämie |
| Blutgerinnungs-Faktor VIII | Hämophilie |

denn auch mit Vorteil zu gentechnischen Zwecken einspannen: z. B. produziert die RNA-Polymerase des Bakteriophagen T7 große Mengen von RNA ausgehend von ihrem spezifischen T7-Promotor, der vor jedes beliebige Gen platziert werden kann. Die Expression dieses Gens kann so stark sein, dass das codierte Protein in der Wirtszelle bis zu 30% des Gesamtproteins ausmacht. Die Wirtszelle stirbt meist infolge dieser extremen Überexpression. Während des Wachstums der Wirtszellen wird daher das Expressionssystem durch einen starken Repressor an der Proteinproduktion gehindert. Erst wenn eine genügend hohe Dichte der Zellpopulation erreicht ist, wird der Kultur ein Induktor zugesetzt, der die Überexpression in Gang bringt. Primär hängt die Stärke der Expression des Zielgens von den genetischen Eigenschaften des Expressionssystems ab. Die Wirtszelle kann die Expression des Proteins ebenfalls stark beeinflussen. Eine große Palette von Mikroorganismen mit besonders vorteilhaften Mutationen (z. B. mehrfachem Proteasen-Mangel, um den Abbau der Zielproteine zu verhindern) steht heute zur Verfügung als Wirtszellen für die Expression rekombinanter Proteine. Es ist auch möglich geworden, RNAs und mehrere Proteine gleichzeitig in einer Wirtszelle zu exprimieren, beispielsweise die Bestandteile eines Multiprotein-Komplexes.

**Die *In-vitro*-Translation liefert rekombinante Proteine ohne Zellen** – Die *In-vitro*-Translation (Translation im Reagenzgefäß) synthetisiert rekombinante Proteine durch direkte Expression der RNA. Bei der Herstellung von Zellextrakten, welche die notwendigen Maschinerie zur Translation exogener mRNA enthalten, wird die endogene mRNA mit Hilfe einer $Ca^{2+}$-abhängigen Nuclease aus Bakterien verdaut. Nach dem Verdau wird diese Nuclease durch Zugabe des Chelatbildners EGTA, welcher die $Ca^{2+}$-Ionen spezifisch bindet, inaktiviert. Danach translatieren ausschließlich die endogenen Ribosomen die zugegebene Fremd-mRNA. Zur *In-vitro*-Translation werden Extrakte von Bakterien wie auch von Säugerzellen verwendet. Pro Ansatz können einige Milligramm eines Proteins gewonnen werden.

**Gene lassen sich durch gentechnische Expression von *Antisense*-RNA oder von dsRNA spezifisch hemmen** – Zur Translation durch die Ribosomen muss die mRNA in einzelsträngiger Form vorliegen. Durch genetische Manipulation kann eine Zielzelle dazu gebracht werden, *Antisense*-RNA zu produzieren, d. h. RNA, welche komplementär zu einer bestimmten mRNA ist. Die *Antisense*-RNA bildet mit dem passenden endogenen mRNA-Segment ein dsRNA-Hybrid. Dieses dsRNA-Hybrid kann nicht translatiert werden, wodurch die Produktion des entsprechenden Proteins zum Erliegen kommt. Je nach Umsatzgeschwindigkeit des betroffenen Proteins wird dieses rascher oder langsamer aus der Zelle verschwinden.

Ein zweites Mittel zur Unterdrückung der Genexpression wird wegen seiner hohen Zuverlässigkeit neuerdings viel verwendet: Das Gen-*Silencing* wird durch die Transfektion einer dsRNA mit Teilen der mRNA-Sequenz des Zielgens ausgelöst. Die dsRNA wird erkannt vom zelleigenen RNA-Interferenz-Abwehrsystem gegen viralen Befall (dsRNA tritt als ein typisches Begleitzeichen bei vielen viralen Infekten auf, vgl. Kapitel 12.2). Die RNase *Dicer* spaltet die eingeführte dsRNA zu RNA-Duplexen von etwa 21 Nucleotiden Länge mit *Sticky ends*, welche den sequenz-spezifischen Abbau der mRNA einleiten und **Small interfering RNA (siRNA)** genannt werden.

■ Die gekoppelte *In-vitro*-Transkription und -Translation eines isolierten Gens produziert nahezu reines Protein im Reagenzglas in einer Menge, die für die meisten biochemischen Experimente genügt. Die selektive Hemmung der Expression eines Gens kann durch Transfektion von *Antisense*-RNA oder dsRNA in die Zielzellen erreicht werden.

## 39.10
## Präsentation von Genprodukten auf Bakteriophagen (*Phage display*) oder Ribosomen (*Ribosome display*)

**Die Expression eines Genprodukts als Fusionsprotein mit einem Strukturprotein der Hülle eines Bakteriophagen führt zur Koppelung zwischen Genotyp und Phänotyp** – Die Technik des *Phage display* erlaubt die rasche Isolierung eines Gens, welches ein Protein mit bestimmten Eigenschaften codiert. Dazu stellt man Genbanken in Bakteriophagen (M13- oder Lambda-Phagen werden häufig benutzt) her, in welchen das Leseraster der interessierenden Proteine mit dem Leseraster eines ihrer Hüllproteine (*Coat proteins*) fusioniert ist, so dass die Transkription die mRNA des entsprechenden Fusionsproteins ergibt. Nach Produktion des Bakteriophagen erscheint das Fusionsprotein auf der Hülle des Virus, während das zugehörige Gen im Innern derselben Viruspartikel verpackt ist. Weil unter den gewählten Bedingungen jeweils nur ein einziger Bakteriophage eine Zelle befällt, bleibt diese Koppelung zwischen dem Gen und dem Phän (Protein) auch während der Vermehrung der Viren bestehen. Die Herstellung von Genbanken dieser Art ermöglicht beispielsweise die Isolierung der Gene von Antikörpern, welche eine hohe Affinität für ein bestimmtes Antigen aufweisen. Zuerst wird eine *Phage-display*-Genbank mit vielen verschiedenen Antikörpern hergestellt. Die Diversität der Antikörper wird meist durch Mutagenese der Antigen-Bindungsstelle eines Ursprungsantikörpers erreicht. Die Phagen dieser Bank, welche ein bestimmtes Antigen mit einer gewissen Affinität binden, werden durch Affinitätschromatographie mit oberflächengebundenem Antigen angereichert und danach durch erneute Infektion in Bakterien vermehrt (Abb. 39.6). Durch Wiederholen des Zyklus von Infektion-Phagenvermehrung-Affinitätschromatographie werden Phagen mit hoher Affinität stark angereichert. Der Prozess eines solchen Zyklus wird als **Panning** (engl. *to pan*, Gold auswaschen) bezeichnet. Vielfach werden die hochaffinen Bakteriophagen während drei bis fünf solcher Panning-Schritte praktisch zur Homogenität angereichert.

Wenn nach einer ersten Anreicherung noch keine Antikörper mit genügend hoher Affinität gewonnen sind, kann die Affinität mittels **forcierter molekularer Evolution im Reagenzglas** verbessert werden: die Antikörper, welche bei den ersten Panning-Runden erhalten worden sind, wer-

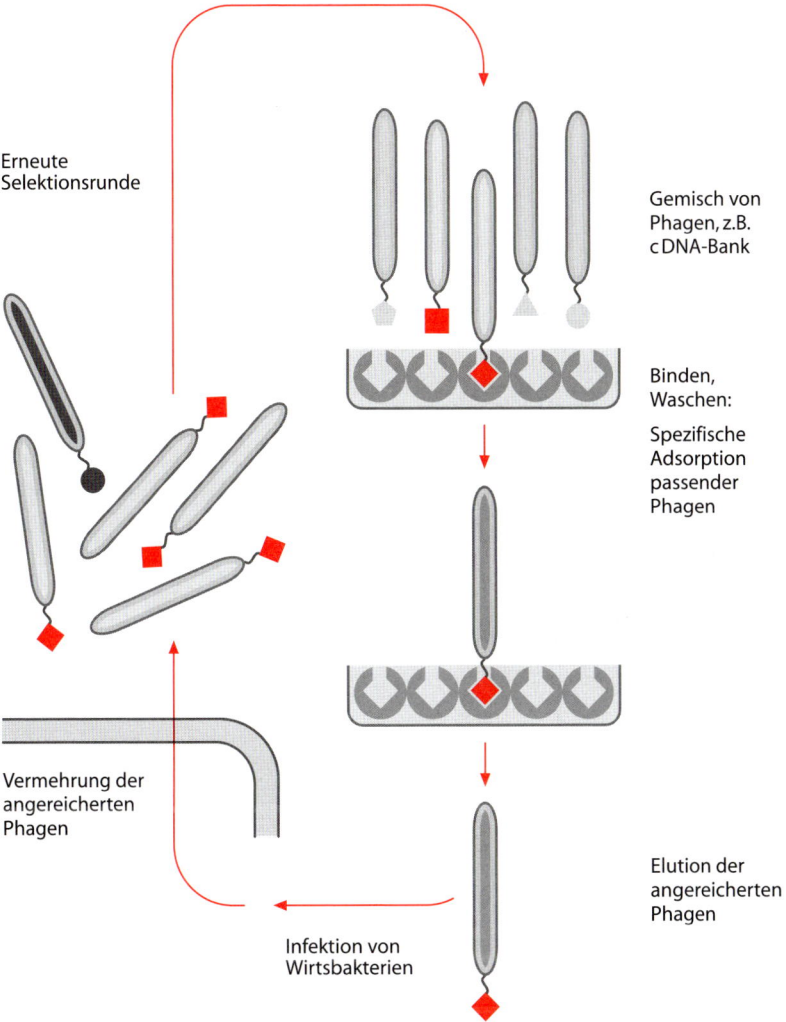

Erneute
Selektionsrunde

Gemisch von
Phagen, z.B.
cDNA-Bank

Binden,
Waschen:

Spezifische
Adsorption
passender
Phagen

Vermehrung der
angereicherten
Phagen

Elution der
angereicherten
Phagen

Infektion von
Wirtsbakterien

**Abb. 39.6.** *Phage display* von Proteinen. Die gesuchten Display-Bakteriophagen werden durch wiederholtes Durchlaufen des hier dargestellten Panning-Zyklus angereichert. Nach 3 bis 4 Panning-Zyklen werden einzelne Phagen kloniert und weiter untersucht. Vielfach wird auf dieser Stufe die Nucleotidsequenz der klonierten Phagen bestimmt

den einer Zufallsmutagenese unterworfen und danach wiederum mit Panning-Schritten angereichert. Wiederholte Zyklen von Mutagenese-Panning-Amplifikation liefern mutierte, evoluierte Antikörper mit erhöhter Bindungsstärke.

**Ribosomen-Display bestimmter Genprodukte führt ebenfalls zur Koppelung zwischen Phänotyp und Genotyp** – cDNA-Banken werden *in vitro* zu mRNA-Gemischen transkribiert (Abb. 39.7). Die mRNAs werden anschließend durch gereinigte Ribosomen translatiert. Wenn das Protein beispielsweise aufgrund des Fehlens eines Stoppcodons nicht vom Ribosom freigesetzt wird, bleibt es mit dem Ribosom-mRNA-Komplex verbunden. Somit erlaubt auch diese Technik die rasche Anreicherung von Nucleinsäuren aufgrund einer Eigenschaft des durch sie codierten Proteins. Die gesuchte mRNA wird isoliert, und kann danach durch RT-PCR amplifi-

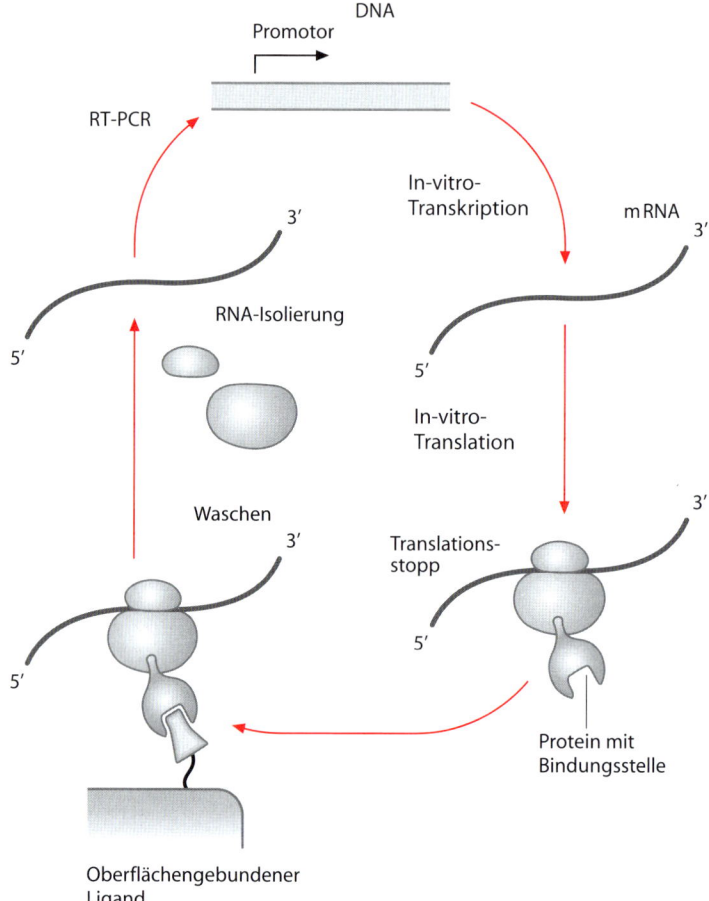

**Abb. 39.7.** *Ribosome display* von Proteinen

ziert werden. Die Koppelung von Protein und zugehörigem Gen erlaubt, auch mittels *Ribosome-Display,* ein Protein durch wiederholte Zyklen von Zufallsmutagenese-Biopanning-Amplifikation *in vitro* einer gezielten molekularen Evolution zu unterziehen. Die Techniken des Ribosomen- und Phagendisplays werden deshalb in zunehmendem Maße für biotechnische und medizinische Entwicklungen eingesetzt.

■ Bei den Display-Techniken wird der Genotyp der Proteine mit dem zugehörigen Phänotyp gekoppelt. Damit kann das Gen eines Proteins, welches durch eine spezifische Bindung an einen Liganden angereichert worden ist, leicht isoliert und amplifiziert werden. Durch zyklische Anwendung von Zufallsmutagenese, Panning und Amplifikation können neue Eigenschaften eines Display-Proteins im Reagenzglas entwickelt werden.

## 39.11
## Gezielte und zufällige Mutagenese

**Mutationen von Proteinen und RNA können im Reagenzglas erzeugt werden** – Kenntnis der Raumstruktur eines Makromoleküls kann in Kombination mit biochemischen und zellbiologischen Versuchen wertvolle Informationen über dessen Funktion und molekularen Wirkungsmechanismus liefern. Daraus lassen sich Voraussagen über die Bedeutung gewisser Aminosäurereste an der aktiven Stelle eines Enzyms ableiten. Diese Hypothesen können mittels gezielter Mutagenese überprüft werden. In einem iterativen Zyklus von Hypothese und deren experimenteller Überprüfung mittels Punktmutationen lassen sich neuartige Proteine und auch RNAs konstruieren. Die Mutationen werden heute fast ausnahmslos durch den Einbau synthetischer DNA-Primer, welche das Codon der neu einzubauenden Aminosäure enthalten, mittels PCR gesetzt. Als Alternative zu diesem gezielten Vorgehen können auch zufällige Mutationen (*Random mutations*) durch PCR-Techniken mit hoher Fehlerhäufigkeit oder durch so genannte Mutator-Bakterien-Stämme in Plasmide eingeführt werden. Gemische solcher mutierter Plasmide werden in Zellen transfiziert und in Banken gehalten. Klone mit bestimmten Effekten einzelner Mutationen können durch geeignete Selektionsverfahren aus der Bank angereichert werden. Hierzu eignen sich z. B. die oben im Kapitel 39.10 aufgeführten *Display*-Verfahren.

*Reverse Genetics*: **vom Phänotyp zum Genotyp** – Verschiedene Wege führen von einem veränderten Phänotyp zum verursachenden Gen; hier wird ein typisches Beispiel des Vorgehens geschildert. Eine hyperaktive Form einer Transposase aus dem Plasmid „Transposon T5" baut ihr Transposon an praktisch jeder beliebigen Stelle eines Zielgenoms ein. Dadurch kann ein Genom wahllos durch Insertion (Einfügen) eines Markergens, z. B. eines Antibiotikumresistenzgens, mutiert werden. Gewisse Klone aus einem mutierten Zellstamm werden infolge der Insertion einen veränderten Phänotyp aufweisen. Gelingt es, Klone aufgrund des veränderten Phänotyps zu isolieren, so lässt sich der Ort der Transposon-Insertion im Genom solcher Klone rasch finden, indem mittels Hybridisierungstechniken nach dem Marker gesucht wird, oder mit Oligonucleotid-Primern vom Markergen aus *upstream* und *downstream* sequenziert wird.

■ Die durch gezielte Mutagenese erhaltenen Proteine sind wichtig für das Studium von Struktur-Funktionsbeziehungen. Der Einsatz der Mutagenese als Mittel zum Ausschalten von Genen ermöglicht den Weg der *Reverse genetics*, d. h. den raschen Weg vom Phän zum Gen.

## 39.12
## Klonierung von Zellen und Organismen; transgene Organismen

**Die Klonierung von Zellen erlaubt die Vermehrung genetisch einheitlicher Populationen und erleichtert damit die Analyse des Zellmaterials** – Die molekulare Klonierung von DNA ist in Kapitel 39.6 behandelt worden; im Folgenden besprechen wir nun die Klonierung von Zellen und Organismen. Die Isolierung von Bakterienklonen aus Einzelzellen nach dem Aufwachsen stark verdünnter Zellsuspensionen auf gallertartigen Agarmedien in Kulturschalen ist eine der gebräuchlichsten Techniken zur Klonierung von Mikroorganismen. Höhere Zellen wachsen meist nicht auf Agar und werden nach starker Verdünnung und Aussäen in kleine Kulturgefäße (etwa 0,1 ml) auf Mikrotiterplatten zu Klonen herangezüchtet.

**Die Klonierung höherer Organismen ist eine moderne umstrittene Zuchtmethode, bei welcher ein somatischer Zellkern in eine entkernte Eizelle eingebracht wird** – Durch experimentelle Tricks lassen sich

Zellen schonend entkernen und mit einem fremden Kern besetzen: Zellen werden auf einem Sieb aus Kunststoffgewebe mit einer Porenweite, welche das Passieren eines Kerns, nicht aber einer Zelle erlaubt, zentrifugiert und verlieren dadurch ihren Kern. Sie bleiben aber sonst intakt. Mittels Mikroinjektion kann danach ein Kern aus einer beliebigen Zelle in eine entkernte Oocyte eingeführt werden. Wenn der injizierte Kern aus einer somatischen Zelle stammt, muss sein Genom eine Umprogrammierung auf ein embryonales Genom durchlaufen. Dabei werden z. B. viele Methylierungen der DNA rückgängig gemacht. Weil dieser Prozess innerhalb sehr kurzer Zeit nach der Injektion abläuft, ist er anfällig für Fehler. Entsprechend häufig finden sich im Entwicklungsgang solcher umprogrammierter „klonierter" Kerne Missbildungen. Nur ein kleiner Teil der transplantierten Kerne führt zur Entwicklung scheinbar gesunder Organismen. Dennoch sind bis heute in einigen Tierspezies wie der Maus, dem Schaf und dem Huhn solche Organismen hergestellt worden. Die Klonierung dieser Organismen ist keine Klonierung im strikten Sinne, weil die Nachfolgerzellen Genomteile aus zwei Organismen enthalten, nämlich das Kerngenom aus der ausgewählten somatischen Zelle des zu klonierenden Organismus und die mitochondriale DNA aus der Oozyte. Weil die mitochondriale DNA sehr viel kleiner als die Kern-DNA ist, trägt sie jedoch nur wenig bei zum Phänotyp des klonierten Organismus. Die Klonierungstechnik könnte zur gezielten Verbesserung bestimmter Eigenschaften bei Nutztieren eingesetzt werden. Es ist denkbar, dass sich die aufgrund der erzwungenen raschen genetischen Umprogrammierung des Kerns anfallenden genetischen Schäden bei Nutztieren nicht äußern. Die Schäden werden vielleicht erst bei Tieren höheren Alters manifest. Ein weiterer Nachteil der Methode besteht auch in der Herstellung genetisch einheitlicher Populationen, deren Schwächen wie die Anfälligkeit auf gewisse Krankheitserreger unter Umständen erst nach Expansion der Population zutage treten.

**Pflanzliche Spezies lassen sich durch Expansion von Meristemen (Wachstumsgeweben) aus Wurzel- oder Spross-Spitzen klonieren** – Pflanzen können leicht durch asexuelle Vermehrung kloniert werden, d. h. aus Stücken einer Pflanze können viele Nachfolgepflanzen gezogen werden. Kleine Zellansammlungen aus unstrukturiert wachsenden Schüttelkulturen von Meristemzellen können sich zu intakten Pflanzen entwickeln, wenn sie auf einer Oberfläche ruhend kultiviert werden. Die genetische Manipulation der kultivierten Meristemzellen mittels der nachfolgend beschriebenen Techniken führt zu transgenen Pflanzen.

**Mäuse aus Stämmen mit einzelnen experimentell veränderten Genen oder deletierten Genen nennt man transgene Mäuse** – Durch Mikroinjektion kann Fremd-DNA direkt in den Kern einer Zelle injiziert werden. Nach Injektion von etwa 5000 Molekülen Fremd-DNA pro Kern werden in den meisten Fällen eine oder mehrere Kopien der Fremd-DNA ins Kerngenom eingebaut. Ist die Empfängerzelle eine befruchtete Oozyte, kann diese in den Uterus einer Trägermutter implantiert werden und sich dort zum Tier entwickeln. Auch Zellen aus frühen Embryonalstadien eignen sich zu diesem Zweck. Diese Zellen mit den neu erworbenen Genen können vor der Implantation in die Träger-Mutter *in vitro* vermehrt und analysiert werden. In solchen Zellkulturen kann ein bestimmtes Gen durch Insertion eines Markergens, einer Punktmutation oder einer Deletion inaktiviert werden. Auch neue Gene mit anderen Promotoren oder Gene aus anderen Spezies lassen sich in die Zellen transfizieren. Danach lassen sich diejenigen Zellen isolieren und vermehren, welche die gewünschte genetische Veränderung besitzen, bevor sie zu einem Tier heranwachsen. Mit dieser Technik können nicht nur Gene neu eingeführt werden, bestehende Gene können auch gezielt mutiert werden. Gene lassen sich z. B. durch Veränderungen in der Promotorregion unter- oder überexprimieren sowie an anderen Orten im Körper (durch gewebespezifische

Promotoren) exprimieren. Nach Aufzucht der ersten Generation solcher Mäuse erhält man Tiere mit der Mutation in einem der beiden Allele des diploiden Organismus. Nach einer Rückkreuzung, d. h. einer Kreuzung unter Geschwistern, der mutierten Mäuse erhält man auf beiden Allelen mutierte Mäuse, welche bei fehlendem Genprodukt oft auch Null- oder K.o.-Mäuse (*Knock-out*-Mäuse) genannt werden. Solche mutierten oder K.o.-Mäuse können Hinweise auf die biologische Funktion des deletierten Gens liefern. In vielen Fällen findet man aber keine oder nur geringe Auswirkungen von Genveränderungen oder Gendeletionen. Viele Gene sind daher zumindest unter Laborbedingungen als ersetzbar zu betrachten; im Genom befinden sich redundante, verwandte Gene, welche die Funktion des mutierten Gens übernehmen können.

■ Die fehlerfreie experimentelle Klonierung ganzer Organismen ist heutzutage nicht möglich. Klonierte Organismen weisen ausnahmslos vielfältige genetische Schäden auf. Transgene Mäuse sind zu einem wichtigen Mittel des Studiums der Genfunktion geworden. Es fällt bei diesen Studien auf, dass die meisten Gene nicht absolut lebensnotwendig sind; ihre Funktion kann durch andere Genprodukte übernommen werden.

# 40 Genomik, Proteomik, Bioinformatik

Wie aus dem vorangehenden Kapitel zur Gentechnik hervorgeht, ist die Auswertung und das Verstehen der großen Datenmengen, welche mittels neuer technischer Errungenschaften eingebracht werden können, zu einem zentralen Problem der Biochemie geworden. Dieses Kapitel befasst sich mit den Hochdurchsatz-Techniken zur Beschaffung der Daten und den Möglichkeiten zu deren Auswertung. Wir werden uns zuerst vor Augen führen, was auf der Ebene der Sequenzierung des Genoms verschiedener Spezies bekannt ist. Danach betrachten wir die Diversität der Sequenz des menschlichen Genoms in verschiedenen Individuen, d.h. die Einzelnucleotidpolymorphismen oder *Single nucleotide polymorphisms* (SNPs).

Die Herstellung qualitativ hochstehender Banken von genomischer DNA oder cDNA und hochaufgelöster Blots mit Nucleinsäuren oder Proteinen ist arbeitsintensiv und verlangt einiges Wissen und Können. Die Produktion von Mikro-Anordnungen (Mikroarrays oder Mikrochips) von Proteinen oder Nucleinsäuren verlangt sogar spezialisierte Laboratorien. Viele cDNA-Banken und Genbanken sowie alle Arten von Blots und Mikroarrays sind deshalb käuflich erhältlich. Verfügt man über geeignete Sonden zur Analyse der Banken, Blots oder Mikrochips, können die entsprechenden Fragestellungen rasch angegangen werden. Beispielsweise stehen Sammlungen von Blots mit Extrakten aus vielen verschiedenen Tumorgeweben zur Verfügung; auch histologische Schnitte verschiedener Tumorgewebe sind erhältlich und können z.B. mit Antikörpern oder durch *In-situ*-Hybridisierung mit be-

stimmten Sonden analysiert werden. Mit einem Northern Blot von mRNA lässt sich das Expressionsniveau eines einzelnen Gens oder einiger weniger Gene abschätzen. Die Mikrochiptechnologie hingegen erlaubt, den Expressionsgrad **aller** Gene in einer Zelle oder einem Gewebe als Momentaufnahme zu erfassen. Dasselbe gilt grundsätzlich für die Proteinanalyse mittels Chiptechnologie, auch hier können z.B. mit vielen verschiedenen Antikörpern auf dem Chip gleichzeitig quantitative Daten über das Vorkommen vieler verschiedener Proteine erhoben werden. Nicht nur die Handhabung von DNA-Banken und die Nucleotidsequenzanalyse haben große Fortschritte gemacht, auch die Proteinanalytik produziert heute enorme Mengen von Daten. Trotz nicht zu unterschätzender Probleme bei der Kristallisation einzelner Proteine macht auch die Bestimmung der Raumstruktur einer großen Zahl von Proteinen Fortschritte. Die Herstellung von Proteindomänen mittels Expressionsbanken ergibt bei vielen Proteinen lösliche Produkte und damit oft auch kristallisierbare Proteinteile. Die Strukturanalyse dieser Proteinteile wird zunehmend automatisiert.

Die Analyse aller dieser Daten wäre ohne Computer schlicht undenkbar. Immer bessere Computer mit benutzerfreundlichen Programmpaketen stehen zur Verfügung. Durch die weltweite Vernetzung über das Internet sind viele Datensammlungen frei zugänglich, so dass heute interessante biochemische Analysen auch ohne experimentelle Arbeit möglich sind. Nicht zu vergessen sind die Literaturdatenbanken, wie z.B. die öffentliche amerikanische Datenbank *Public Medline*, welche den Zugriff auf die Zusammenfassungen neuerer medizinisch-biologischer Originalartikel enorm vereinfacht hat. Viele Zeitschriften können zudem im Volltext vom Netzwerk heruntergeladen werden. Die Beschaffung der Information ist auch hier sehr einfach geworden; das Verstehen der Information hingegen bleibt wie eh und je die Aufgabe und das Privileg des forschenden Menschen.

# 40.1
# Genomanalyse
# und Gendiagnostik

**Die Nucleotidsequenz eines Genoms wird nach ihrer Bestimmung im Internet zugänglich gemacht** – Die Nucleotidsequenzen der gesamten Genome verschiedenster Organismen werden in immer rascherer Folge bestimmt. Wenn ein kurzes Stück der Nucleotidsequenz eines Gens oder der codierten Aminosäuresequenz ermittelt worden ist, lässt sich das Gen rasch über eine Suche in diesen Datenbanken finden. Interessieren bestimmte Bezirke eines solchen Gens, so können sie durch PCR aus dem Gemisch der Gesamt-DNA des Organismus amplifiziert werden. Meist sind die Klone, welche zur Sequenzierung verwendet wurden, ebenfalls erhältlich. Molekulare Klone von Genen können heute in vielen Fällen auf einem dieser Wege

beschafft werden. Die öffentlich zugänglichen Datenbanken mit Totalsequenzen von Genomen verschiedener Spezies umfassen ein breites Spektrum von Arten. In der Tabelle 40.1 finden sich einige wichtige Beispiele solcher bekannter Genomsequenzen.

Im Falle des menschlichen Genoms stehen Sequenzen bestimmter Bereiche aus verschiedenen Individuen zur Verfügung. Es zeigt sich, dass die Genome verschiedener Individuen grundsätzlich die gleiche Sequenz aufweisen, aber doch eine gewisse Variabilität zeigen.

**Die Nucleotidsequenzen verschiedener menschlicher Individuen unterscheiden sich nur an bestimmten Positionen, den *Single nucleotide polymorphisms* (SNPs)** – Diese Stellen, an welchen Basen ausgetauscht sein können, werden als SNPs bezeichnet und finden sich durchschnittlich etwa einmal pro 1000 Basenpaare.

```
CATAAGAAGGAGGCTTTTTCAAAGCAGAAAGT
CATATAGAAGGAGGCTTTTTCAAAGCAGAAAGT
CATAGAGAAGGAGGCTTTTTCAAACCAGAAAGT
CATAGAGAAGGAGGCTTTTTCAAACCAGAAAGT
```

Im menschlichen Genom gibt es einige Millionen solcher SNPs. Die Mehrzahl der SNPs sind phänotypisch bedeutungslos. Das örtliche Verteilungsmuster der SNPs im Genom ist je nach menschlicher Population charakteristisch verschieden. Die SNP-Kartierung im Genom zusammen mit dem Vergleich von SNP-Karten gesunder und kranker Individuen kann Hinweise auf eine genetische Prädisposition für bestimmte Krankheiten geben. Viele menschliche SNPs sind heute bereits durch kommerzielle Konsortien kartiert. Die Mikrochiptechnologie (s. unten) erlaubt das rasche Erfassen eines großen Satzes prognostisch relevanter SNPs in Proben menschlicher DNA. Das Aufkommen dieser individuellen Prädispositionsanalyse wirft ethische Fragen auf, z. B. bei der Krankenversicherung oder dem Abschluss beruflicher Anstellungsverträge.

■ Eine immer schneller wachsende Zahl von Nucleotidsequenzen ganzer Ge-

**Tabelle 40.1.** Charakteristika einiger der vollständig bekannten Genom-Sequenzen

| Organismus | Beschreibung | Größe des Genoms (Mb) | Publikations-Jahr | Geschätzte Anzahl Gene |
|---|---|---|---|---|
| *Haemophilus influenzae* | Pathogenes Bakterium | 1,8 | 1995 | 1 700 |
| *Saccharomyces cerevisiae* | Bäckerhefe | 12,1 | 1996 | 6 000 |
| *Escherichia coli* | Darmbakterium | 4,6 | 1997 | 4 300 |
| *Caenorhabditis elegans* | Fadenwurm | 97 | 1998 | 19 000 |
| *Arabidopsis thaliana* | Pflanze, Ackerschmalwand | 100 | 2000 | 25 000 |
| *Drosophila melanogaster* | Fruchtfliege | 180 | 2000 | 13 000 |
| *Homo sapiens* | Mensch | 2 900 | 2001 | 30 000 |
| *Mus musculus* | Maus | 2 500 | 2002 | 30 000 |

nome wird im Internet publiziert. Die Unterschiede zwischen Individuen (SNPs) liefern wertvolle Hinweise für die medizinische Genetik.

**Informationen über exprimierte Gene sind wichtig für das Verstehen der Funktion eines Genoms** – Die Funktion großer Bereiche des menschlichen Genoms ist weitgehend unbekannt, und es ist denkbar, dass im Genom funktionslose Bereiche vorkommen. Um aus der Fülle der Sequenzdaten funktionell wichtige Bereiche zu identifizieren, braucht man Zusatzinformation, z. B. Marker für exprimierte Gene. Die *Expressed sequence tags* (ESTs) sind solche Marker, welche durch partielle Sequenzierung (30 bis mehrere hundert Basen) zufällig ausgewählter cDNAs aus Genbanken gewonnen wurden. Praktisch vollständige Sammlungen solcher ESTs verschiedener Genome sind öffentlich zugänglich, und die entsprechenden Gene sind in den Sequenzdatenbanken meist schon markiert. Die EST-Datenbanken haben es ermöglicht, mit Hilfe ausgeklügelter Software die aktiven Gene des menschlichen Genoms zu finden und deren Struktur grob zu definieren. In der Regel genügt es heute, eine Teilsequenz oder den Namen eines Gens zu kennen, um binnen Minuten mit Hilfe des Internets über dessen gesamte Nucleotidsequenz und Exon-Intron-Struktur samt Promotor- und Terminator-Region zu verfügen.

■ Banken mit gesammelten ESTs erlauben das rasche Kartieren aktiver Gene

in der Nucleotidsequenz eines Genoms. Die modernen Sequenzdatenbanken enthalten neben der vollständigen Nucleotidsequenz eines Genoms auch Informationen über die Organisation der Gene.

## 40.2
# Modulare DNA-Rekombination

**DNA-Transfer mittels Rekombinasen gelingt fehlerfrei und ist automatisierbar** – An den Enden von cDNAs können durch PCR-Amplifikation mit speziellen Primern die Erkennungssequenzen für bestimmte Rekombinasen eingeführt werden. Diese PCR-Fragmente werden von der entsprechenden Rekombinase fehlerfrei in einen Vektor eingefügt, wenn dieser die passenden Rekombinationssignale enthält. Diese Art von Rekombination beruht auf einem präzisen Schnitt und einer Ligation der passenden DNA-Enden und behält ein gegebenes Leseraster und die Orientierung des DNA-Fragments bei. Eine bestimmte cDNA kann daher rasch und fehlerfrei in verschiedene Expressionsvektoren eingebaut werden.

**Serienweise fehlerfreie Rekombination bestimmter DNA-Segmente (Module) ermöglicht die Analyse aller Expressionsprodukte eines Genoms unter verschiedenen Bedingungen** – Sind alle cDNAs eines Genoms in einer cDNA-Bank kloniert, können sie in diversen Vektoren zur Expression gebracht werden. Je nach Fragestellung bedarf es einer quantitativ guten Expression, z. B. viel Protein für kristallographische Strukturanalysen, oder einer qualitativ guten Expression mit korrekter posttranslationaler Modifikation der Produkte für funktionelle Tests. Das eine oder andere dieser beiden Ziele kann nur durch Expression in verschiedenen Zellen erreicht werden. Expression der cDNA in Bakterien oder Hefen ist oft quantitativ vorteilhaft, ergibt jedoch zumeist keine oder nur mangelhafte posttranslationale Modifikationen der Proteine. Die Expression in Säugerzellen ergibt zwar meist die gewünschten Modifikationen, doch ist die Produktivität der Zellkulturen nicht besonders hoch. Insektenzellen sind vielfach produktiver als Säugerzellen und ergeben meist, aber nicht immer, die erwünschten Proteinmodifikationen. Im Einzelfall zeigt häufig nur das Experiment, welches Expressionssystem am besten geeignet ist. Deshalb ist es wichtig, über eine Möglichkeit zu verfügen, das Expressionssystem schnell und effizient zu wechseln.

Die **Rekombinationsklonierung** erlaubt, ganze cDNA-Banken verlust- und fehlerfrei umzuklonieren. Rekombinasen wie diejenigen, welche zur präzisen Integration des Genoms des Bakteriophagen *Lambda* ins bakterielle Genom beim lysogenen Vermehrungszyklus und zur Freisetzung des Phagen beim lytischen Zyklus dienen, sind zu diesem Zweck gut geeignet (s. Kapitel 12.2). Die Rekombinasen binden an bestimmte Erkennungssequenzen und spalten dort die DNA. Die Enzyme können die gespaltene DNA danach über Kreuz mit einer zweiten gespaltenen DNA rekombinieren. Der Rekombinationsvorgang läuft praktisch fehlerfrei ab und ergibt eine vorbestimmte Orientierung der DNA. Die einzige Bedingung für die Rekombination ist das Vorhandensein geeigneter Erkennungsstellen für die Rekombinase. Die Länge dieser Erkennungsstellen variiert zwischen 25 und etwa 200 bp. Die *Lambda*-Rekombinase sowie andere Rekombinasen und zugehörige Vektorplasmide sind kommerziell erhältlich. Modulartige Rekombination verschiedener genetischer

Elemente ist außerdem mit dem Einsatz von Terminator-Primern bei der PCR möglich geworden (s. Kapitel 39.5). Bei Anwendung dieser Methode darf allerdings die PCR-bedingte Mutationsrate nicht außer Acht gelassen werden.

## 40.3
## Mikrochiptechnologie zur Quantifizierung von Nucleinsäuren und Proteinen

**Mikrochips ermöglichen die globale Analyse der Expression und Funktion von Genen** – Jede Zelle stellt ein komplexes Netzwerk interagierender Biomoleküle dar, das sich laufend den Verhältnissen der Umgebung anpasst. Zum vertieften Verstehen dieser Vorgänge sind Informationen über den Aktivierungszustand aller Gene in einer Zelle oder in einem Gewebe notwendig. Auch die Menge und den Modifikationszustand wie Phosphorylierung oder Glykosylierung aller Proteine gilt es in verschiedenen Entwicklungsstadien oder in verschiedenen funktionellen Zuständen der Zelle zu ermitteln. Mit Hilfe der Chiptechnologie ist die hierzu notwendige globale Analyse in den letzten Jahren in den Bereich der Machbarkeit gerückt. Aufgrund der Kenntnis der Sequenz des menschlichen Genoms und der heutigen Mikrotechnologie können Mikrochips (auch Mikroarrays genannt, Abb. 40.1) hergestellt werden. Auf diesen Mikrochips (z. B. Glasplättchen von $1 \times 1$ cm) sind Sonden wie verschiedene Oligonucleotide oder Antikörper, welche die Zellkomponenten oder ihren Modifikationszustand spezifisch erkennen, an vorbestimmten Orten kovalent fixiert. Die Position jedes der Tausende von mikroskopisch kleinen Sondenflecken wird in einer Datei festgehalten. Gesamt-mRNA oder Protein aus Zellen wird nun mit dem Mikrochip inkubiert, so dass die Zielmoleküle an die Sondenflecken binden. Danach wird der Mikrochip gewaschen und das auf den Flecken gebundene Material nach einer Fluo-

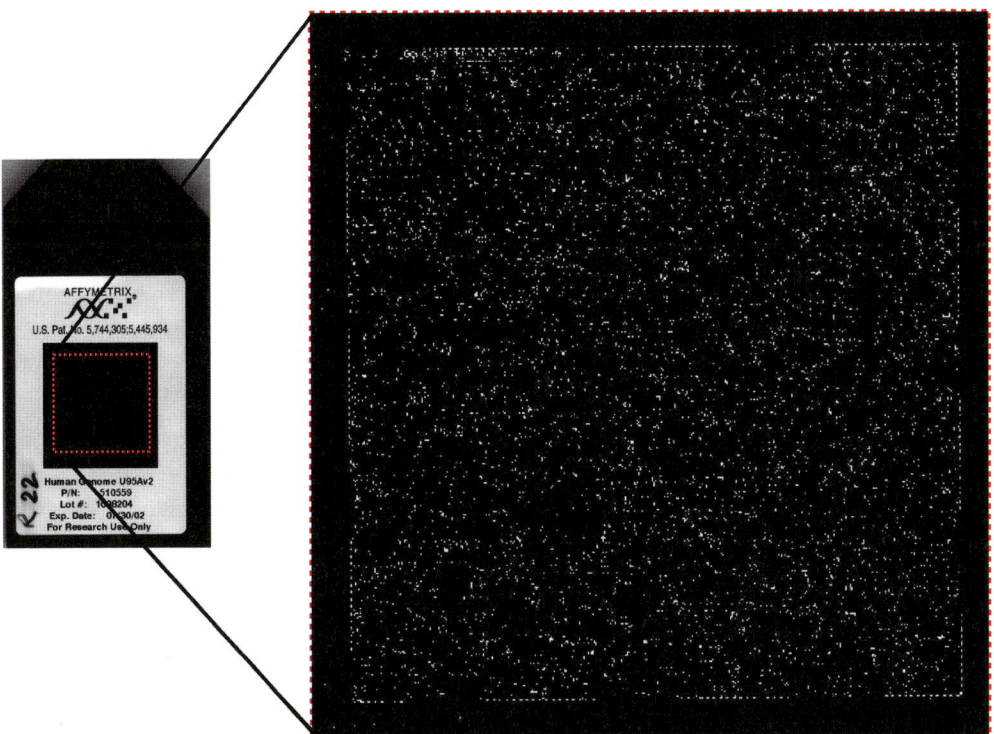

**Abb. 40.1.** DNA-Mikrochip für die Bestimmung der Expression von 12500 menschlichen Genen. Vier solcher Chips genügen zur vollständigen Erfassung der Expressionsniveaus aller menschlicher Gene. Immer dichtere Chips sind erhältlich, so dass heute auch schon ein einzelner Chip für die Analyse aller menschlichen Gene ausreicht. Jeder Sondenfleck enthält ein bestimmtes Oligonucleotid, welches eindeutig einem bestimmten Gen entspricht. Von den 12500 Sondenflecken sind hier nur diejenigen sichtbar, welche mit einer mRNA hybridisiert sind und daher beim Fluoreszenznachweis aufleuchten

reszenz-Färbung durch Abrastern mit einem feinen Laser angeregt und in einem empfindlichen Fluorimeter quantitativ gemessen (*Laser-scanning fluorimeter*). Die riesigen Datenmengen werden anschließend computerunterstützt ausgewertet. Ein Mikrochip kann mehrere zehntausend Flecken zur quantitativen RNA-Messung enthalten. Die mRNAs sämtlicher menschlicher Gene können mit einem einzigen Chip erfasst werden. Mikrochips können auch zur Bestimmung von Mutationen in Genen (Abschätzung der Prädisposition für bestimmte Krankheiten, z. B. über SNPs) verwendet werden.

**Die Technik der *Serial analysis of gene expression* (SAGE) erfasst alle aktiven Gene ohne Vorkenntnis ihrer Sequenz** – Die SAGE identifiziert exprimierte Gene und bestimmt die relative Häufigkeit der entsprechenden mRNA-Moleküle in der Gesamtpopulation der mRNAs. Die mRNA-Moleküle werden zu cDNA-Molekülen revers transkribiert. Je mehr Kopien eines bestimmten mRNA-Moleküls vorliegen, umso mehr entsprechende cDNA-Moleküle werden gebildet. Mit einem komplizierten Verfahren wird aus jedem cDNA-Molekül ein bestimmtes Stück herausgeschnitten. Alle diese Fragmente werden miteinander ligiert, in einen Plasmidvektor eingebaut und sequenziert. Die relative Häufigkeit des gentypischen Fragments liefert ein Maß für den Grad der Expression des zugehörigen Gens.

## 40.4
## Proteomik: 2D-Gelelektrophorese, Massenspektrometrie und Mikrochips

**Auf einem zweidimensionalen Gel sind rund 2000 Proteinflecken auflösbar, welche anschließend analysiert werden können** – Die Kombination von isoelektrischer Fokussierung und SDS-Gelelektrophorese ergibt hochauflösende Gele. Die Proteinflecken solcher Gele werden durch Western Blotting auf eine Membran übertragen und weiter analysiert. Viele Proteine lassen sich aufgrund ihres elektrophoretischen Verhaltens, d.h. ihrer Lokalisation auf dem 2D-Gel, mindestens provisorisch identifizieren. Antikörper, Sequenzanalyse und Massenspektrometrie erlauben, unbekannte Proteine zu identifizieren. Große Datenbanken mit Massenspektren vieler Proteine und ihrer proteolytischen Fragmente, welche aus Sequenzdaten berechnet worden sind, stehen heute zur Verfügung. Durch den Vergleich eines experimentell erhaltenen Massenspektrums eines intakten Proteins oder seiner proteolytischen Fragmente kann das Protein in vielen Fällen identifiziert werden. Die densitometrische Auswertung von 2D-Gelmustern durch Einscannen der Färbemuster der Gele und Digitalisierung der Daten ermöglicht rasches quantitatives Erfassen ganzer Expressionsmuster von Zellen oder Geweben.

Wie DNA und RNA können auch Proteine mittels Mikrochipverfahren in großer Zahl auf einen Schlag quantitativ erfasst werden. Hierzu sind zur Zeit Arrays mit oberflächenfixierten Antikörpern gebräuchlich. Techniken zur Verwendung von Display-Phagenbanken oder von synthetischen Peptiden als Bindungspartner für Zielproteine sind in der Entwicklung. Auch wenn die Chiptechnologie für Proteine noch nicht so weit fortgeschritten ist wie diejenige für Nucleinsäuren, ist doch mit einem raschen Aufholen auf diesem Gebiet zu rechnen.

**Die Beschaffung von Daten zur räumlichen Struktur von Makromolekülen ist** schwieriger als diejenige von Sequenzdaten – Hochdurchsatzverfahren zur röntgenkristallographischen Bestimmung der Raumstruktur verlangen automatisierte Klonierungsschritte zur Produktion von cDNA in Expressionsvektoren. Ebenso automatisiert werden muss die Expression und Reinigung verhältnismäßig großer Mengen der rekombinanten Proteine. Die serienmäßige Reindarstellung von Proteinen in Milligramm-Mengen und damit Versuche zu deren Kristallisation und Strukturanalyse werden dadurch möglich. Allerdings können nicht alle Proteine im gleichen Bakterienstamm in großer Menge produziert werden; in manchen Fällen sind Versuche zur Expression in verschiedenen Bakterien oder auch in eukaryontischen Zellen nicht zu umgehen. Es besteht somit ein großes Interesse an seriellen Umklonierungen von cDNAs aus einer Ursprungsbank in neue Banken mit anderen Expressionsvektoren und deren Transfektion in eine Reihe verschiedener Wirtszellen.

**Die Rekombinationsklonierung erleichtert die Automatisierung der Subklonierung und damit die effiziente Produktion von Proteinvarianten** – Die Bereitstellung einer großen Zahl von Expressionsklonen mit vielen mittels Mutagenese erhaltenen Varianten des interessierenden Proteins erhöht die Chancen auf erfolgreiche Kristallisation bei einem schwierig zu kristallisierenden Protein. Erste Versuche auf diesem Gebiet haben die automatisierte Klonierung der meisten Leseraster aus einem Bakteriengenom ermöglicht, wobei rund 80% der erhaltenen Polypeptide löslich waren und Kristallisationsversuchen zugeführt werden konnten.

**Die Bedingungen für eine erfolgreiche Kristallisation eines Proteins müssen experimentell ermittelt werden** – Um alle in Frage kommenden Bedingungen durchzutesten, sind eine Reihe variabler Parameter und deren verschiedene Kombinationen zu prüfen: Art und Konzentration des Mittels zur Herabsetzung der Löslichkeit des Proteins (Salze wie Ammoniumsulfat, organische Lösungsmittel, Polyethylenglykol, pH-Wert), Temperatur und Proteinkonzentration. Die teilweise Automatisierung der notwendigen Pipettierschritte und der Prüfung der einzelnen Ansätze auf Kristallwachstum verringert den Arbeitsaufwand sowie die pro Ansatz notwendige Proteinmenge (heute wird mit Ansätzen von 1 Mikroliter gearbeitet), so dass gleichzeitig mehrere hundert verschiedene Bedingungen für die Kristallisation eines bestimmten Proteins getestet werden können. Das Ziel dieser zunehmend automatisierten Verfahren ist, die Raumstrukturen aller Proteine diverser Organismen zu bestimmen.

## 40.5
## Kartierung der Wechselwirkungen zwischen Proteinen mit der *Two-Hybrid*-Technik

Bei der DNA-Sequenzanalyse von Genomen verschiedener Spezies fällt auf, dass die Anzahl der Gene pro Spezies nicht entsprechend der Komplexität des Organismus zunimmt. Die Komplexität wird offenbar nicht nur durch die Anzahl der verschiedenen Proteine bestimmt, sondern zu einem wesentlichen Teil durch die Anzahl möglicher Wechselwirkungen zwischen den Proteinen. Durchschnittlich finden sich etwa 10 Genprodukte pro Proteinkomplex in menschlichen Zellen.

> Die maximale Anzahl möglicher Wechselwirkungen zwischen Proteinen nimmt mit zunehmender Anzahl der Proteine stärker als linear zu. Je mehr Komponenten (Proteine und auch niedermolekulare Verbindungen) eine Zelle aufweist, ein umso komplexeres Netzwerk von Wechselwirkungen kann sich entwickeln. Die maximale Anzahl der möglichen Wechselwirkungen $n$ von insgesamt $N$ Proteinen lässt sich berechnen als $n = N(N-1)/2$. Nach derselben Formel lässt sich die maximale Anzahl von Gläserklängen beim Anstoßen während einer Party berechnen.

Genprodukte können mit der *Two-Hybrid*-Technik auf das Vorkommen gegenseitiger Wechselwirkungen geprüft werden. Ein Transkriptionsfaktor besteht zumindest aus einer DNA-Bindungsdomäne, welche an den Enhancer bindet, einer Aktivierungsdomäne, welche die RNA-Polymerase II aktiviert, und einem Verbindungsstück. Diese Domänen können durch gentechnische Methoden modulartig ausgetauscht werden. Neue Transkriptionsfaktoren können aus einem Fusionsprotein der DNA-Bindungsdomäne mit einem Fremdprotein und einem Fusionsprotein der Aktivierungsdomäne mit einem anderen Protein gebildet werden. Diesen zweiteiligen Transkriptionsfaktoren fehlt das Verbindungsstück, sie können aber aktiv sein, wenn die zwei Fremdproteine aneinander binden. Die Wechselwirkung der Verbindungsstückteile lässt sich folglich anhand der Aktivität des Transkriptionsfaktors, d. h. dem Ausmaß der Synthese eines Genprodukts, erfassen (Abb. 40.2). Mit dieser Technik kann eine große Anzahl möglicher Wechselwirkungspartner für ein gegebenes Zielprotein getestet werden. Mittels

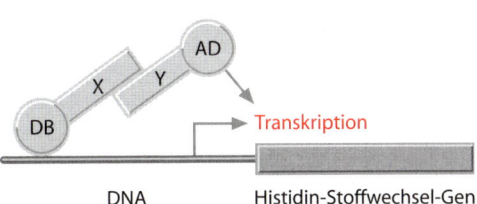

**Abb. 40.2.** *Two-Hybrid*-Technik zum Auffinden aneinander bindender Proteine. In Hefezellen, welche mangels eines Enzyms des Histidinstoffwechsels auf Histidin-freiem Medium nicht wachsen können, wird die DNA-Bindungsdomäne als Fusionsprotein mit dem Protein X exprimiert. Diese Zellen werden mit einer cDNA-Expressionsbank der folgenden Art transformiert: Die Aktivierungsdomäne des Transkriptionsfaktors wird als Fusionsprotein mit allen Proteinen Y, welche durch die cDNA-Bank codiert werden, exprimiert. Bindet eines der Proteine Y an das Protein X, wird der Transkriptionsfaktor aktiv, das Histidinstoffwechsel-Gen des *Two-Hybrid*-Systems wird exprimiert und die Hefezelle wächst nun auf dem Minimalmedium ohne Histidin. DB: DNA-Bindungsdomäne; X: erstes Protein (*Bait*, engl. Köder); Y: zweites Protein; AD: Aktivierungsdomäne

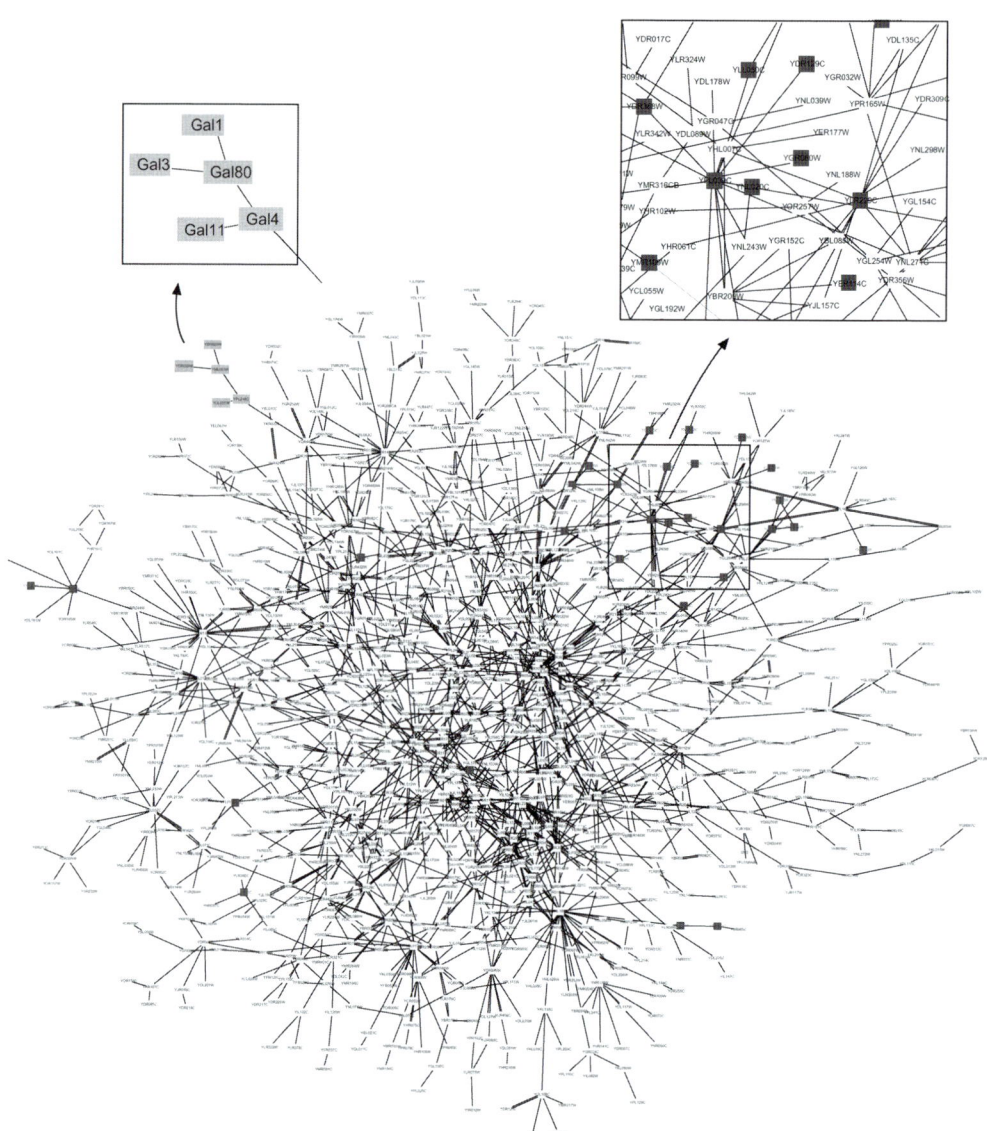

**Abb. 40.3.** Karte der festgestellten Wechselwirkungen zwischen sämtlichen Hefeproteinen. Alle Hefe-proteine, welche aufgrund der Befunde mit dem *Two-Hybrid*-System eine Wechselwirkung miteinander gezeigt haben, sind miteinander verbunden. Der vergrößerte Ausschnitt mit den hellgrauen Feldern zeigt eine besondere Region mit Proteinen der Regulation des Galactose-Stoffwechsels. Der zweite Ausschnitt mit den dunkelgrauen Feldern zeigt eine Region, wo Proteine der Zellstruktur wie Actin oder Tubulin als Gruppe auftreten

Hefe-Paarung (*Mating*) lassen sich aber auch zwei cDNA-Banken, welche in zwei miteinander paarungsfähige Hefestämme eingebracht worden sind, über Kreuz auf Protein-Wechselwirkungen untersuchen (Abb. 40.3). Ein positiver Befund bedeutet, dass die zwei Partnerproteine in der Hefe-zelle wahrscheinlich eine Bindung einge-hen, er zeigt jedoch nicht an, ob eine fest-gestellte Interaktion biologisch relevant ist. In der Praxis erweist sich etwa die Hälfte der positiven Befunde als irrelevant.

## 40.6
## Computerprogramme, Datenbanken und wichtige Internetadressen

Moderne Biochemie setzt computergestützte Datensuche und Analyse von Datenbanken auf dem Internet routinemäßig ein – Eine immer größere Zahl informationsreicher Internetadressen auf dem Gebiet der Biochemie macht die Auswahl schwer. Viele Internetadressen sind ungenügend unterhalten und voller Fehler. Deshalb empfiehlt es sich, vor allem mit von den offiziellen Stellen unterhaltenen Datenbanken oder mit Informationen aus überprüfbaren Quellen zu arbeiten. In Tabelle 40.2 sind einige *Internet sites* als Beispiele solcher qualitativ hoch stehender Informationsplattformen angegeben.

**Genauso wie die Informationsplattformen sind auch die Programme zu deren Analyse einer schnellen Entwicklung unterworfen** – Oft werden Analyseprogramme deswegen auch mit den Datenbanken zusammen angeboten. Ein typisches Beispiel hierfür ist das Programm „*Blast*" zur Suche nach homologen Nucleotid- und Aminosäuresequenzen, welches von der *National Center for Biotechnology Information NCBI*-Website angeboten und dauernd verbessert wird.

> Homologie = Evolutionsbedingte Strukturähnlichkeit, z. B. der Aminosäuresequenz oder der räumlichen Faltung von Proteinen.

Dieses Programm findet in wenigen Minuten alle Sequenzen in der Datenbank, welche zur Suchsequenz homolog sind.

**Die Literaturflut bedingt die computergestützte Triage der Information** – Zusammen mit der Flut experimenteller Daten ist auch die Fülle der Publikationen so stark gewachsen, dass oft nicht mehr das Vorhandensein einschlägiger Literatur

**Tabelle 40.2.** Beispiele wichtiger Internetadressen für biochemische Anfragen. Obwohl das Internet oft nur kurzlebige Adressen aufweist, darf angenommen werden, dass die hier erwähnten Sites auf Grund ihrer hohen Besucherzahlen längerfristig zur Verfügung stehen werden

| Institution | Server/ Datenbank | Typ der Information | Website |
|---|---|---|---|
| NCBI, USA | Entrez PubMed | Literatur, Diverse Datenbanken und Programme | http://www.ncbi.nlm.nih.gov/entrez |
| New England Biolabs, USA | Rebase | Sämtliche Restriktionsenzyme | http://rebase.neb.com |
| The Jackson Laboratory, USA | MGI | Maus-Genom-Informatik | http://www.informatics.jax.org |
| Atomic Energy Research Institute Korea | Nuklid-Karte | Sämtliche Isotope | http://www2.bnl.gov/ton |
| Swiss Institute of Bioinformatics | Expasy | Diverse Datenbanken und Programme | http://us.expasy.org |
| European Molecular Biology Laboratory | SRS | Diverse Datenbanken und Programme | http://www.ebi.ac.uk/services |
| Research Collaboratory for Structural Bioinformatics | PDB Browser | Alle 3D-Strukturen | http://www.rcsb.org/pdb |
| University of California at San Diego | Transport classification database | Alle Transmembranproteine | http://tcdb.ucsd.edu/ |

das Problem darstellt, sondern die Auswahl der wichtigsten Publikationen. Dazu sind Datenbanken wie beispielsweise das führende Literaturverzeichnis auf biomedizinischem Gebiet, die öffentliche *Public Medline PubMed*-Datenbank des *NCBI*, sehr nützlich. Die in dieser Datenbank durch Suche mit Stichwörtern oder Autoren gefundenen Publikationen werden auf den eigenen Computer heruntergeladen, gedruckt und gelesen. Mittels eines lokalen Programms werden die Referenzen in eine zitierbare Datenbank eingebaut.

**Globale Analysen entdecken Zusammenhänge in biologischen Netzwerken** – Bei der klassischen biochemischen Analyse wird beispielsweise ein Stoffwechselweg Schritt für Schritt aufgeschlüsselt und seine regulatorischen Aspekte können nach Beeinflussung des Systems mit Induktoren oder allosterischen Effektoren erfasst werden. Die globale Analyse, z. B. mittels Chiptechnologie, erfasst hingegen nach einem Stimulus nicht nur die bekannten Komponenten eines Stoffwechselwegs, sondern die Gesamtheit der Genprodukte des Systems. Dadurch lassen sich oft unerwartete Effekte im beeinflussten System finden. Unbekannte Zusammenhänge zwischen verschiedenen Signalübermittlungsketten in komplexen Organismen offenbaren sich und können nachfolgend experimentell verifiziert werden. Das Erfassen vollständiger Muster zellulärer Antworten auf veränderte Bedingungen ist ei-

ner der bedeutendsten Fortschritte, welche dank der neuen Techniken möglich geworden sind.

**Neue Datenbanken kartieren die Vernetzung zwischen Proteinen** – Ausgehend von der Nucleotidsequenz des Genoms lässt sich das gesamte Proteom eines Organismus definieren. Nächstes Ziel ist nun die Kartierung der Wechselwirkungen zwischen sämtlichen Proteinen einer Zelle. Dazu werden verschiedene Kriterien für die Wechselwirkung zwischen Proteinen gewichtet. Speziesübergreifende Information zu funktionell entsprechenden (orthologen) Proteinen in der Datenbank wird ebenfalls erfasst. Aufgrund solcher Datensammlungen können neue Signalübermittlungssysteme gefunden werden. Die Kombination der Information solcher Datenbanken mit der Information aus genetischen Datenbanken wie beispielsweise der SNP-Sammlungen kann die Treffsicherheit von Voraussagen, z. B. die Identifizierung von Zielproteinen für neue Medikamente, verbessern.

■ Die computerunterstützte globale Analyse des Genoms und Proteoms eröffnet neue Perspektiven beim Studium komplexer Zusammenhänge in Organismen. Eine vollständige Erfassung der genetischen Prädispositonen zu Krankheiten liegt im Bereich des Machbaren.

# Sachverzeichnis

**Fettgedruckte Zahlen** verweisen auf die Seiten mit der Definition, den wichtigsten Angaben zum Begriff oder mit einer Molekülstruktur

# Abkürzungen

Abkürzungen für Aminosäuren S. 26, Basen, Nucleotide S. 102
Genetischer Code S. 140

| | | | |
|---|---|---|---|
| ACE | *Angiotensin-converting enzyme* | $M_r$ | relative Molekülmasse |
| ACTH | Adrenocorticotropes Hormon = Corticotropin | mRNA | messenger-Ribonucleinsäure |
| | | N | Nucleosid mit beliebiger Base |
| ADH | Antidiuretisches Hormon = Vasopressin | $NAD^+$ | Nicotinamid-adenin-dinucleotid |
| b | Basen | NADH | reduziertes Nictoinamid-adenin-dinucleotid |
| BAC | *Bacterial artificial chromosome* | | |
| $BH_4$ | Tetrahydrobiopterin | $NADP^+$ | Nicotinamid-adenin-dinucleotid-phosphat |
| bp | Basenpaare | | |
| cAMP | cyclisches 3′, 5′-Adenosinmonophosphat | NADPH | reduziertes Nicotinamid-adenin-dinucleotid-phosphat |
| CAP | Katabolit-Aktivatorprotein | | |
| cDNA | komplementäre DNA, *copy* DNA | NMP | Nucleosidmonophosphat mit beliebiger Base |
| cGMP | cyclisches 3′, 5′-Guanosinmonophosphat | | |
| CoA | Coenzym A | NMR | *Nuclear magnetic resonance* |
| d | desoxy- | P | Phosphat-Rest |
| Da | Dalton | PAGE | Polyacrylamid-Gelelektrophorese |
| DAG | Diacylglycerol | PCR | Polymerase-Kettenreaktion |
| DNA | Desoxyribonucleinsäure | PEP | Phosphoenolpyruvat |
| dsDNA | doppelsträngige DNA | $P_i$ | anorganisches (*inorganic*) Phosphat |
| EF | Elongationsfaktor | PLP | Pyridoxal-5′-phosphat |
| ER | Endoplasmatisches Retikulum | $PP_i$ | Diphosphat (anorganisches) = Pyrophosphat |
| FAD | Flavin-adenin-dinucleotid | | |
| $FH_2$ | Dihydrofolsäure | PTH | Parathormon = Parathyrin |
| $FH_4$ | Tetrahydrofolsäure | Q | Ubichinon |
| fMet | *N*-Formylmethionin | RFLP | Restriktionsfragment-Längenpolymorphismus |
| FMN | Flavinmononucleotid | | |
| GABA | γ-Aminobutyrat (*γ-Aminobutyric acid*) | RNA | Ribonucleinsäure |
| GlcNAc | *N*-Acetyl-glucosamin | ROS | *Reactive oxygen species* (reaktives Sauerstoffderivat) |
| GSH | reduziertes Glutathion | | |
| GSSG | oxidiertes Glutathion | rRNA | ribosomale Ribonucleinsäure |
| HDL | *High-density lipoproteins* | SAM | *S*-Adenosylmethionin |
| HIV | humanes Immundefizienzvirus | SDS | *Sodium dodecylsulfate* (Natriumlaurylsulfat) |
| HMG-CoA | 3-Hydroxy-3-methyl-glutaryl-CoA | | |
| hnRNA | heterogene nukleäre Ribonucleinsäure | siRNA | *small interfering RNA* |
| HPLC | Hochdruck-Flüssigkeitschromatographie | SNP | *Single nucleotide polymorphism* |
| Hsp | Hitzeschockprotein | snRNA | *small nuclear RNA* |
| IF | Initiationsfaktor | SPF | *S*-Phase-promoting factor (Proteinkinase im Zellzyklus) |
| Ig | Immunglobin (z. B. IgG) | | |
| IL | Interleukin | SRP | *Signal recognition particle* |
| IMP | Inosinmonophosphat | ssDNA | einsträngige DNA (*single-stranded* DNA) |
| $IP_3$ | Inositol-1,4,5-trisphosphat | TDP | Thiamindiphosphat |
| IPTG | Isopropylthiogalactosid | TF | Transkriptionsfaktor |
| ITP | Inosintriphosphat | TRH | Thyroliberin |
| kDa | Kilodalton | Tris | Tris(hydroxymethyl)aminomethan |
| LDL | *Low-density lipoproteins* | tRNA | transfer-Ribonucleinsäure |
| MHC | *Major histocompatibility complex* | VLDL | *Very-low-density lipoproteins* |
| MPF | *Maturation-promoting factor* (Proteinkinase im Zellzyklus) | YAC | *Yeast artificial chromosome* |